大型发电机组继电保护整定计算与运行技术

第二版

高春如　编著

中国电力出版社
CHINA ELECTRIC POWER PRESS

内 容 提 要

本书总结30多年来大型发电机变压器组继电保护整定计算和运行经验，对国内外各种不同类型的微机保护以动作判据为起点，结合运行经验讲述保护整定计算方法及应注意的问题。全书着重讲述和讨论大型发电机、变压器、发电机变压器组微机保护和高低压厂用系统中高低压电动机、高低压厂用变压器、高低压厂用馈线常用的各种不同类型微机综合保护以及发电厂电气自动装置的整定计算方法，书中列举不同类型保护应用于不同容量、不同机型的整定计算实例。并介绍发电机继电保护整定计算以外的其他运行技术问题。本书主要针对大型发电机组同时亦适用于中小型发电机组继电保护及电气自动装置的整定计算；高低压电动机及高低压厂用变压器的整定计算，同时适用于大中型工矿企业用电设备继电保护的整定计算。

本书可供设计、运行、制造、科研部门继电保护专业的工程技术人员学习使用，也可供大专院校师生参考，可作为广大电气专业的工程技术人员在较短时间内了解和掌握继电保护整定计算的培训教材。

读者对象，发电厂、电力自动化设备厂、电力设计院、电力科学研究院的电气技术人员及大专院校相关专业师生，同时可作为电气专业技术人员的培训教材。

图书在版编目(CIP)数据

大型发电机组继电保护整定计算与运行技术/高春如编著. —2版. —北京：中国电力出版社，2010.6 (2020.8重印)

ISBN 978-7-5123-0168-9

Ⅰ.①大… Ⅱ.①高… Ⅲ.①发电机—机组—继电器整定配合—电力系统计算②发电机—机组—电力系统运行 Ⅳ.①TM77

中国版本图书馆CIP数据核字(2010)第034079号

中国电力出版社出版、发行

(北京市东城区北京站西街19号 100005 http://www.cepp.sgcc.com.cn)

三河市航远印刷有限公司印刷

各地新华书店经售

*

2006年1月第一版

2010年6月第二版 2020年8月北京第九次印刷

787毫米×1092毫米 16开本 41.75印张 1003千字

印数16001—17000册 定价**120.00**元

序

2009年，我国电力装机容量已超过8亿kW，近年来1000MW火电和核电机组、700MW水电机组陆续投入运行，从而使我国电力技术水平接近和达到国际先进水平，并且在电力二次技术方面尤其是继电保护方面走在国际前列。

继电保护是电力系统能够正常运行的重要保障，而整定计算则是继电保护装置可靠运行的关键。由于发电机自身结构复杂，各种类型不同容量发电机对保护配置方案和保护原理要求都有所不同，因此，发电机定值计算具有保护原理、配置方案等方面的复杂性。而目前发电机组保护整定计算的依据只有DL/T 684—1999《大型发电机变压器继电保护整定计算导则》，近年来，大容量发电机组保护发展了一些新原理，定值计算需要相适应的指导原则；发电机保护定值的设定除依据保护动作判据外，在很大程度上需要结合设备现场安装、运行的实际情况而调整；发电机所配置的保护除满足发电机本身的安全运行要求外，还需要与电网保护配合，确保设备的安全性和系统的稳定性。发电厂的厂用电和自动装置等电气设备接线方式复杂多样，导致了厂用电保护的定值整定计算缺少理论依据及应用指导。对于发电厂和工矿企业用电部门，迫切需要系统地进行分析和提供实用的整定指导方法，从而确保发供电设备处于良好的运行状态。

本文作者长期以来从事发电厂继电保护应用及研究工作，在发电机组继电保护以及厂用电保护整定计算、现场调试以及技术管理等方面做了大量的实际工作，积累了丰富、宝贵的经验。作者注重理论联系实际，具有与时俱进、务实求真的敬业精神。作者紧跟继电保护及电气自动装置技术的发展，在第一版基础上进行了修订和升级，适时地进行了相关内容的修正和应用介绍。作者从短路电流计算着手，全面系统地介绍了大型发电机变压器继电保护的整定计算，对不同厂家产品判据给出了分析，并列举了多个整定计算实例，具有很好的参考价值。厂用电继电保护整定计算介绍了电动机、馈线、起备变等保护的计算方法，并对励磁调节装置、同期装置、厂用电快切、零功率切机等自动装置的整定计算进行了分析与举例，方便了现场整定，起到了良好的指导作用。本书介绍的大型发电厂继电保护和自动装置的运行技术，拓展了本书的内涵。

本书反映了我国发电厂继电保护运行实际，内容充实完整，有助于更多的继电保护专业人员和电气运行技术人员在较短时间内有效地了解、掌握整定计算方法，我相信本书的发行和推广可以提高发电厂继电保护整定计算的相关知识和运行技术。

沈国荣

2009 年 9 月 5 日

前　言

本书第一版问世后，不断收到广大同仁、读者来信来电建议本书内容应随着电力工业迅猛发展和大型发电机组继电保护技术的进展作调整补充，特别是为了用好已引进的国外保护装置，应增加在国内运行的国外相关保护的整定计算内容及实例。为此根据广大同仁、读者建议，第二版增加以下内容：

（1）第一章增加变压器中性点经小电阻接地系统短路电流计算、断相与断路器断口闪络故障计算。

（2）第二章对发电机定子绕组单相接地保护和转子绕组一点接地保护进行大幅度修改补充并增加600MW及1000MW机组整定计算实例。

（3）新增加第三章，重点介绍ABB、GE、西门子继电保护整定计算。

（4）第四章第二节新增加0.4kV第一类智能保护和第二类智能保护整定计算。

（5）第五章新增加第四节大型发电机组零功率切机装置的整定计算。

在此应说明：书中内容仅给读者提供使用装置整定计算时参考，内容篇幅多少和保护的优劣无关。

诸多同仁对第二版内容提供了很多宝贵的资料、建议，并协助在现场做了大量有关的实验。他们有：嘉兴电厂周平，北京圣海汇泉电力科技发展公司李红军，宁海电厂一期于海东，宁海电厂二期罗保顺、周志刚，乐清电厂林彤，望亭发电厂林伟、周怀南、苏汉章，秦山核电一期朱芳、陆玲，秦山核电三期张金水，江苏大唐国际吕四港发电有限责任公司李玮，桐柏抽水蓄能电站吴耀富、叶炜敏、龚剑超，琅琊山抽水蓄能电站邢继宏、吴培枝，天荒坪抽水蓄能电站朱兴兵、常玉红、李建光、朱中山，上海外高桥三厂王雷、徐新平，邹县发电厂卜繁薇，无锡惠联热电有限公司杨海明，华东电力研究院王红青、李晔，山东电力研究院王大鹏、刘延华、王昕、王涛、井雨刚、张国辉、牟旭涛，上海电力公司卢菊良、杨景华，华东电监局李耀芳，江苏省电力试验研究院周栋骥、袁宇波，浙江电力研究院黄晓明、孙德本，山西省电力研究院景敏慧，广东电力研究院刘军，华东电网公司胡宏、韩学军、倪腊琴，浙江电力公司裘愉涛、陈水耀、方愉冬、方天宇、徐灵江，中国电力科学研究院沈晓凡，河北省电力研究院范辉，国电华北电力工程有限公司李和，清华大学桂林，南瑞继保沈全荣、陈俊、王慧敏，许继集团张旭琛、赵斌、张鹏远，东大金智叶留金、郭伟，常熟开关厂朱大华、管瑞良、殷建强，西门子公司高迪军，ABB公司龚卫星、徐永生，GE公司尹治标，施耐德公司曾思萌。本书第四章第二节《四、0.4kV 第一类智能保护整定计算》和《五、0.4kV 第二类智能保护整定计算》由无锡供电公司高旭平执笔。在第二版编著过程中始终得到江苏省电力公司生产技术部部长鲁庭瑞，无锡国联环保能源集团公司总经理蒋志坚、副总经理秦春森的鼓励、支持、帮助。本书第二版全稿由华北电力大学研究生院副院长王增平教授初审，清华大学王维俭教授复审。在此一并致以衷心的感谢！

由于本人水平有限，书中错误难免，敬请各位读者及同仁不吝指正。

高春如

2010 年 3 月 无锡

第一版序一

继电保护作为保障电网安全稳定运行的第一道防线，担负着保卫电网和设备安全的重要职责。多年来在一批批继电保护专业技术人员的不懈努力下，我国的继电保护专业技术水平取得了长足的进步和发展，同时产生了许多富有理论、实践经验的专家和技术人员，本书作者即为其中一位。正是通过他们卓有成效的工作，使我国继电保护的装备水平和运行管理水平不断提高和完善，为保障电网安全稳定运行做出了贡献。

众所周知，继电保护任何不正确的动作（拒动和误动）都将造成或扩大事故，有时甚至会加重电气主设备损坏程度或造成大面积停电和电力系统瓦解的重大事故，国内外电力系统中发生的大面积停电事故大多和继电保护的不正确动作有关。随着电力系统的快速发展和全国联网的逐步形成，大型发电机组在电力系统中的作用越来越重要，其继电保护装置的设置、应用水平也不断提高，同时对大型发电机组继电保护的要求也越来越高，大型发电机组继电保护正确、合理的整定计算是提高其应用水平和保证其正确动作的关键和重要环节。

本书作者长期以来在多家发电厂从事大型发电机组继电保护整定计算和继电保护现场调试、检验等技术管理的一线工作，积累了大量宝贵的经验、教训。作者以其丰富的实践经验和充实的专业理论，全面系统地介绍了大型发电机变压器继电保护和自动装置的整定计算问题，并广泛讨论发电厂厂用系统的继电保护整定计算等技术问题及在整定计算中对容易发生的错误而应引起注意的问题，列举应用实例，便于读者在使用过程中参考，实用性很强，同时总结和介绍了发电厂继电保护其他多方面的运行技术经验。

《大型发电机组继电保护整定计算与运行技术》一书反映我国发电厂继电保护运行实际，内容翔实，不失为一本既适用于提高继电保护专业人员整定计算的技术水平，同时又适用于广大电气技术人员在较短时间内了解和掌握、普及发电机组继电保护整定计算知识和其他运行技术的专业参考书。

在此谨向以高度的事业责任感和严谨的工作作风完成此书的作者致敬。希望继电保护专业人员继续发扬刻苦钻研、认真负责、爱岗敬业精神，不断完善继电保护技术管理和运行管理工作，以提高整个电网的安全稳定运行水平。

王玉玲

2005年7月12日

第一版序二

作为电网安全生产体系中的重要环节，继电保护在电力安全生产中起着重要的作用，继电保护快速性、灵敏性、选择性、可靠性的体现在很大程度上取决于保护装置本身的可靠性及保护整定值设置的合理性。作为电力系统生产发电、输电、配电、供电四个环节中的重要组成部分，发电机因其结构上的复杂性和价格上的昂贵性，使得发电机相关保护的配置一直比较复杂，保护的配置方案也往往因现场的主接线方式的不同而有所差异。因此，发电机结构上的特征带来的对设备故障判定的难度，以及发电厂所涉及电气设备、接线的复杂性，一直以来使发电厂保护的整定计算呈现为一种比较困难的状况。

为有效地指导现场对发电机保护的应用，国调中心牵头组织编写了《大型发电机、变压器保护整定计算导则》，为规范发电机保护的整定计算提供了依据。但发电机保护整定值的设定除依据保护动作原理等因素外，在很大程度上需要结合设备现场安装的实际情况，才能获取比较合理的整定值设置，使发电机所配置的保护除满足发电机本身的运行要求外，还可以比较好地与电网的保护取得合适的配合，确保设备的安全性和系统的可靠性。

作者长期以来从事发电厂生产一线继电保护现场工作，积累了丰富的整定计算和现场调试检验经验，在本书的编写过程中充分结合了运行中出现的问题，阐述整定计算的要点和注意事项，采用简单的经验公式和改进计算方法避开了复杂理论的数学公式推导。该书根据各种不同类型、不同判据微机发变组继电保护的应用特点，较全面地介绍了目前常用的高低压厂用电动机、高低压厂用变压器、高低压厂用馈线等多种类型综合保护的整定计算，对于大型发电机组及中、小型发电机组继电保护的整定计算与运行具有较高的实用参考价值。

发电机保护整定必须掌握内容较为复杂的继电保护工作原理，本书的编写充分注意理论联系实际，根据保护动作判据提出的整定计算方法和过程，确定动作判据中的有关参数，辅之以严格的计算过程确定保护装置的整定值，有助于更多的继电保护专业人员和电气运行技术人员在较短时间内有效地掌握发电厂继电保护整定计算相关知识。

高　翔

2005年7月15日

第一版前言

本人从事（前期从事中小型发电厂，后30年从事大型发电厂）发电厂继电保护整定计算和现场继电保护调试、检验工作近50年，本书是在众多继电保护老前辈和同仁们的教导帮助支持下编写整理而成。

本书大纲经清华大学王维俭教授、华东电网公司调度通信中心陈建民副总工程师、东南大学陆于平教授审核并提出很多宝贵意见。望亭发电厂韩秀芳、毛潮海、杨纬、沈俭、吴政华，华能石洞口第二发电厂张立人，华能石洞口第一发电厂李大伟，华能太仓发电厂周耀忠、周肖平、王玲，南瑞继保公司沈全荣，东南大学陆于平，黄岛发电厂贺秀兰，江苏电网公司调度通信中心屈蕴华、浦南桢，华东电网公司调度通信中心林敏成，常熟供电局沈文怀，青岛电业局于立涛，新安江水力发电厂陈学珍，无锡惠联热电厂任文兴，无锡友联热电厂赵旭东，无锡双河尖热电厂顾晓明、丁峰，无锡协联热电厂刘俊良、杨健军、曹大真等同仁均对本书提出诸多宝贵意见。全书插图由华能太仓发电厂许伟铭、姚晓峰、彭慧韬、张玖利、姜有志等同志画制，无锡供电局高旭平协助画制部分插图及全书实例的复算工作，由胡琛老师进行全书文字修饰工作，全书由清华大学王维俭教授审稿并提出很多深刻的宝贵意见后帮助定稿，在成书过程中自始至终得到华能太仓发电厂童旭生总经理、廖成虎总工程师及叶志刚、许世诚，望亭发电厂孙孜平厂长、吕国强副厂长、何玉书副厂长，无锡地方电力公司无锡双河尖热电厂徐振华厂长，无锡协联热电厂朱朝煌总经理等领导的大力支持和帮助，在此一并致以衷心的感谢！

谨以此书献给生我养我的祖国和家乡父老乡亲们！

谨以此书献给辛勤耕耘的同仁朋友们！

谨以此书献给在我最艰难贫困时支持和帮助我完成一生最关键时刻学业的恩师胡琛老师和我的叔父高振生先生！

谨以此书献给病魔缠身而始终支持我笔耕的妻子!

本书共分五章，第一章短路电流计算，重点叙述经 YNd11 变压器短路时变压器两侧电流电压的计算方法。第二章大型发电机变压器组继电保护整定计算，重点叙述发电机变压器组不同类型微机保护的动作判据、整定计算方法和应注意的问题。第三章厂用系统继电保护整定计算，重点叙述高低压厂用系统中高低压电动机、高低压厂用变压器、高低压厂用馈线常用的各种不同类型微机综合保护动作判据、整定计算方法及应注意的问题。第四章发电厂电气自动装置的整定计算，重点叙述发电机微机型自动励磁调节装置、自动准同步装置、厂用电快速切换装置的动作判据、整定计算方法及应注意的问题。第五章发电厂继电保护运行技术，叙述整定计算以外的运行技术问题。本书主要针对大型发电机组，同时也适用于中小型发电机组继电保护及电气自动装置的整定计算；高低压电动机及高低压厂用变压器保护的整定计算，同时适用于大中型工矿企业用电设备继电保护的整定计算。

本书始稿于望亭发电厂，终稿于华能太仓发电厂。

由于作者水平有限，书中错误难免，敬请各位读者及同仁不吝指正。联系方式：0510—85800401，18921130136；邮箱 gaochunru36@sina.com。

作　者

2005 年 2 月于华能太仓发电厂

符号说明

一、设备文字符号

名　称	符　号	名　称	符　号
自动励磁调节器	AVR	电压继电器	KV
放电间隙	FG	断路器	QF
熔断器	FU	隔离开关	QS
发电机	G	接地开关	QSE
变压器	T	母　线	W
电动机	M	电流互感器	TA
励磁机	GE	辅助电流互感器	TAA
继电器	K	电压互感器	TV
电流继电器	KA	中性点接地变压器	TN

二、主要物理量文字符号

名　称	符　号	名　称	符　号
视在功率	S	阻　抗	Z
有功功率	P	电　阻	R
无功功率	Q	电　抗	X
电压有效值	U	系　数	K
电动势有效值	E	变　比	n
电流有效值	I	匝　数	W
电压瞬时值	u	功　角	δ
电流瞬时值	i	角　差	θ
频　率	f	功率因数角	φ
时　间	T、t	角速度	ω
滑　差	s		

三、主要角标符号

名　称	符　号	名　称	符　号
零、正、负序	0、1、2	励磁涌流	ee
三相（高压侧）	A、B、C	断　开	off
三相（低压侧）	a、b、c	接　通	on
非周期	ap	起　动	st
同　型	cc	自起动	ast
发电机（一、二次）	G、g	残　余	rem
电动机（一、二次）	M、m	分　流	di
变压器（一、二次）	T、t	计　算	c（cal）
系统（一、二次）	S、s	联　系	con
短路（一、二次）	K、k	有　功	a
额定（一、二次）	N、n	无　功	r
动作（一、二次）	OP、op	有　效	rms
高压侧	H、h	误　差	er
中压侧	M、m	内　部	I（in）
低压侧	L、l	外　部	O（ou）
周　期	per	保　护	p
返　回	re	中性点	N、n
可　靠	rel	始　端	i
制　动	res	终　端	f
饱　和	sa	相	p、ph
整　定	set	信　号	s
灵　敏	sen	线　路	L
等　效	eq	直　轴	d
不平衡	unb	交　轴	q
平　衡	bal	励　磁	fd
允　许	al	励磁机励磁	fde
正　向	po	静稳极限	sl
反　向	ne	动稳极限	dl
差　动	d	上　限	up
速　断	qu	下　限	dow
导前（超前）	ah	切断、遮断	brk
闭　锁	atr	最　大	max
强行励磁	fo	最　小	min
发　热	he	基　准	bs
散　热	eh	极　限	lim
过　程	unl	总　和	Σ
分　支	bra	平　均	av
反　馈	fb	振　荡	osc
转　移	tr	制　动	res

目　录

第一章 短路电流计算

第一节 概　　述

一、电力系统或电气设备的短路故障原因

（1）自然方面的原因。如雷击、雾闪、暴风雪、动物活动、大气污染、其他外力破坏等，造成单相接地短路和相间短路。

（2）人为原因。如误操作、运行方式不当、运行维护不良或安装调试错误，导致电气设备过负荷、过电压、设备损坏等造成单相接地短路和相间短路。

（3）设备本身原因。如设备制造质量、设备本身缺陷、绝缘老化等原因造成单相接地短路和相间短路。

二、短路种类

1. 单相接地短路

电力系统及电气设备最常见的短路是单相接地，约占全部短路的75%以上。对大电流接地系统，继电保护应尽快切断单相接地短路。对中性点经小电阻或中阻接地系统，继电保护应瞬时或延时切断单相接地短路。对中性点不接地系统，当单相接地电流超过允许值时，继电保护也应有选择性地切断单相接地短路。对中性点经消弧线圈接地或不接地系统，单相接地电流不超过允许值时，允许短时间单相接地运行，但要求尽快消除单相接地短路点。

2. 两相接地短路

两相接地短路一般不超过全部短路的10%。大电流接地系统中，两相接地短路大部分发生于同一地点，少数在不同地点发生两相接地短路。中性点非直接接地的系统中，常见是先发生一点接地，而后其他两相对地电压升高，在绝缘薄弱处将绝缘击穿造成第二点接地，此两点多数不在同一点，但也有时在同一点，继电保护应尽快切断两相接地短路。

3. 两相及三相短路

两相及三相短路不超过全部短路的10%。这种短路更为严重，继电保护应迅速切断两相及三相短路。

4. 断相或断相接地

线路断相一般伴随断相接地。而发电厂的断相，大都是断路器合闸或分闸时有一相拒动造成两相运行，或电机绕组一相开焊的断相，或三相熔断器熔断一相的两相运行，两相运行一般不允许长期存在，应由继电保护自动或运行人员手动断开键全相。

5. 绕组匝间短路

这种短路多发生在发电机、变压器、电动机、调相机等电机电器的绕组中，虽然占全部短路的概率很少，但对某一电机来说该概率却不一定少。例如，变压器绕组匝间短路占变压器全部短路的比例相当大，这种短路能严重损坏设备，要求继电保护迅速切除这种短路。

6. 转换性故障和重叠性故障

发生以上五种故障之一，有时由于故障的演变和扩大，可能由一种故障转换为另一种故障，或发生两种及两种以上的故障（称之复故障），这种故障不超过全部故障的5%。

第二节 对称短路电流计算

一、阻抗归算

为方便和简化计算，通常将发电机、变压器、电抗器、线路等元件的阻抗归算至同一基准容量 S_{bs}（一般取100MVA或1000MVA）和基准电压 U_{bs}（一般取电网的平均额定电压 U_{av}）时的基准标么阻抗（以下不作单独说明，简称标么阻抗）；归算至额定容量的标么阻抗称相对阻抗。

（一）标么阻抗的归算

1. 发电机等旋转电机阻抗的归算

发电机等旋转电机一般给出的是额定条件下阻抗相对值，其标么阻抗可计算为

$$X_G^* = X_G \frac{S_{bs}}{S_{GN}} \tag{1-1}$$

式中 X_G^*——发电机在基准条件下电抗的标么值；

X_G——发电机额定条件电抗的相对值；

S_{bs}——基准容量（MVA）；

S_{GN}——发电机的额定容量（MVA）。

于是有

$$X''^*_d = X''_d \frac{S_{bs}}{S_{GN}}$$

式中 X''_d——发电机额定条件下次暂态电抗的相对值。

当基准容量 S_{bs} 为100MVA时，则

$$X_G^* = X_G \frac{S_{bs}}{S_{GN}} = X_G \times \frac{100}{S_{GN}} \tag{1-2}$$

2. 变压器阻抗的归算

其计算式为

$$X_T^* = \frac{u_k\%}{100} \times \frac{S_{bs}}{S_{TN}} \tag{1-3}$$

式中 X_T^*——变压器基准条件下电抗的标么值；

$u_k\%$——变压器额定条件下短路电压的百分值；

S_{TN}——变压器的额定容量（MVA）。

3. 电抗器阻抗的归算

其计算式为

$$X_L^* = \frac{X_L\%}{100} \times \frac{U_{LN} I_{bs}}{U_{bs} I_{LN}} = \frac{X_L\%}{100} \times \frac{U_{LN}}{\sqrt{3} I_{LN}} \times \frac{S_{bs}}{U_{bs}^2} \tag{1-4}$$

式中 $X_L\%$——电抗器在额定条件下电抗的百分值；

U_{LN}、I_{LN}——分别为电抗器的额定电压（kV）、额定电流（kA）；

其他符号含义同前。

4. 线路阻抗的归算

计算式为

$$\left.\begin{aligned} Z_L^* &= Z_L \times \frac{S_{bs}}{U_{bs}^2} = Z_L \times \frac{S_{bs}}{U_{av}^2} \\ R_L^* &= R_L \times \frac{S_{bs}}{U_{bs}^2} = R_L \times \frac{S_{bs}}{U_{av}^2} \\ X_L^* &= X_L \times \frac{S_{bs}}{U_{bs}^2} = X_L \times \frac{S_{bs}}{U_{av}^2} \\ Z_L^* &= R_L^* + jX_L^* \\ Z_L &= R_L + jX_L \end{aligned}\right\} \tag{1-5}$$

式中 R_L、X_L、Z_L——分别为线路的电阻分量、电抗分量和阻抗的有名值（Ω）；

U_{av}——线路的平均额定电压（kV）；

其他符号含义同前。

5. 三绕组变压器等效阻抗的归算

三绕组变压器电路如图 1-1 所示。

图中

$$\left.\begin{aligned} X_1 &= \frac{1}{2}(X_{1-2} + X_{1-3} - X_{2-3}) \\ X_2 &= \frac{1}{2}(X_{1-2} + X_{2-3} - X_{1-3}) \\ X_3 &= \frac{1}{2}(X_{1-3} + X_{2-3} - X_{1-2}) \end{aligned}\right\} \tag{1-6}$$

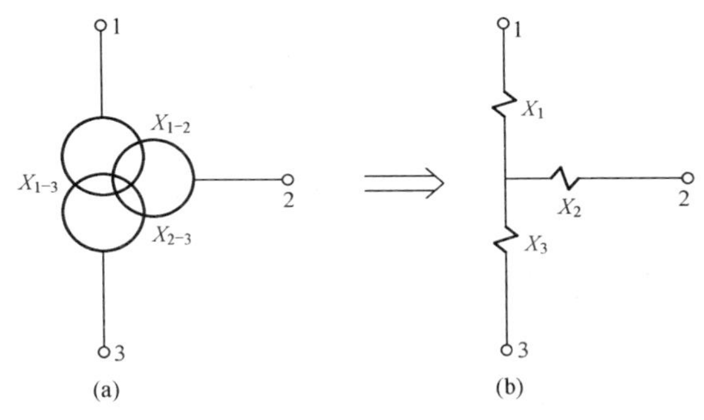

图 1-1 三绕组变压器电路图
（a）三绕组变压器原理电路图；
（b）三绕组变压器的等效电路图

式中 X_1、X_2、X_3——三绕组变压器三侧（高、中、低）归算后的等效电抗；

X_{1-2}、X_{1-3}、X_{2-3}——三绕组变压器三侧 1—2、1—3、2—3 之间的阻抗。

6. 分裂绕组变压器等效阻抗的归算

低压侧有两个分裂绕组变压器电路如图 1-2 所示。

图 1-2 中

$$\left.\begin{aligned} X_1 &= X_{1-2}\left(1 - \frac{K_f}{4}\right) = X_{1-2} - \frac{1}{4} X_{2'-2''} \\ X_{2'} &= X_{2''} = \frac{1}{2} K_f X_{1-2} = \frac{1}{2} X_{2'-2''} \\ X_{1-2} &= \frac{X_{1-2'}}{1 + K_f/4} \\ K_f &= X_{2'-2''}/X_{1-2} \end{aligned}\right\} \tag{1-7}$$

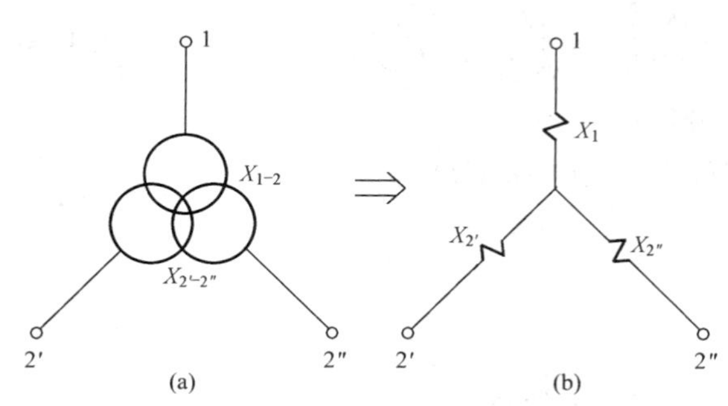

图 1-2 低压侧有两个分裂绕组变压器电路图
(a) 低压侧有两个分裂绕组变压器的原理电路图；
(b) 低压侧有两个分裂绕组变压器的等效电路图

式中 X_1——双绕组变压器高压侧等效电抗；
X_{1-2}——高压绕组与总低压绕组间的穿越电抗；
$X_{2'}$、$X_{2''}$——双绕组变压器低压侧分裂绕组等效电抗；
$X_{2'-2''}$——分裂绕组间的分裂电抗；
$X_{1-2'}$——高压绕组与一个低压绕组间的半穿越电抗；
K_f——分裂系数（分裂绕组间的分裂电抗与穿越电抗之比值）。

（二）阻抗有名值的计算

各电气元件的阻抗有名值可由对应的标么值和百分值求得

$$\left.\begin{aligned}&\text{由标么值求阻抗有名值}\quad Z_{(\Omega)}=Z^*\times Z_{bs}=Z^*\times\frac{U_{bs}^2}{S_{bs}}\\&\text{由百分值求阻抗有名值}\quad Z_{(\Omega)}=\frac{Z\%}{100}\times Z_N=\frac{Z\%}{100}\times\frac{U_N}{\sqrt{3}I_N}=\frac{Z\%}{100}\times\frac{U_N^2}{S_N}\end{aligned}\right\}\tag{1-8}$$

式中 $Z_{(\Omega)}$——阻抗有名值（Ω）；
Z^*——阻抗标么值；
$Z\%$——阻抗百分值；

其他符号含义同前。

二、常用网络变换

发电厂一次系统接线远比电网的一次系统接线简单，阻抗网络图也相对简单得多，而出现最多的是多电源的并联支路网络图，如图 1-3 所示。

（一）多电源并联支路等效电抗的计算

1. 等效电抗的计算

图 1-3 中等效电抗 X_Σ 为

$$X_\Sigma=\frac{1}{\dfrac{1}{X_{G1}}+\dfrac{1}{X_{G2}}+\cdots+\dfrac{1}{X_{Gn}}}\tag{1-9}$$

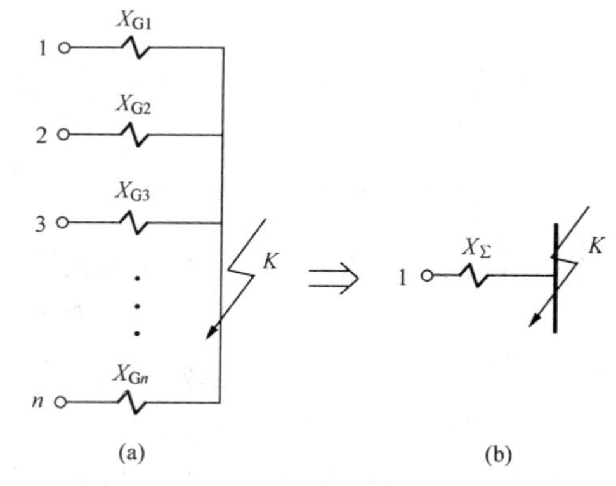

图 1-3 多电源并联支路网络图
(a) 多电源并联阻抗网络图；
(b) 多电源并联阻抗等效电路图

式中 X_Σ——多电源的综合电抗；
X_{G1}——支路 1 的总电抗；
X_{G2}——支路 2 的总电抗；
X_{Gn}——支路 n 的总电抗。

2. 电源各支路的分支系数计算

其计算式为

$$\left.\begin{array}{ll}\text{支路 1 的分支系数} & K_{bra.G1}=\dfrac{X_{\Sigma}}{X_{G1}}\\ \text{支路 2 的分支系数} & K_{bra.G2}=\dfrac{X_{\Sigma}}{X_{G2}}\\ \vdots & \vdots\\ \text{支路 } n \text{ 的分支系数} & K_{bra.Gn}=\dfrac{X_{\Sigma}}{X_{Gn}}\end{array}\right\}\tag{1-10}$$

式中　$K_{bra.G1}$、$K_{bra.G2}$、…、$K_{bra.Gn}$——分别为支路 1、2、…、n 的分支系数；

其他符号含义同前。

（二）多支路星形网络化简计算

多支路星形网络如图 1-4 所示。

1. 等效综合电抗计算

图 1-4 中等效综合电抗为

$$X_{\Sigma}=\frac{1}{\dfrac{1}{X_{G1}}+\dfrac{1}{X_{G2}}+\cdots+\dfrac{1}{X_{Gn}}}+X_{xl}=\frac{1}{\Sigma Y}+X_{xl}\tag{1-11}$$

式中　X_{Σ}——多支路星形网络的等效综合电抗；

X_{G1}——支路 1 的总电抗；

X_{G2}——支路 2 的总电抗；

X_{Gn}——支路 n 的总电抗；

X_{xl}——公共电抗；

ΣY——综合分支导纳。

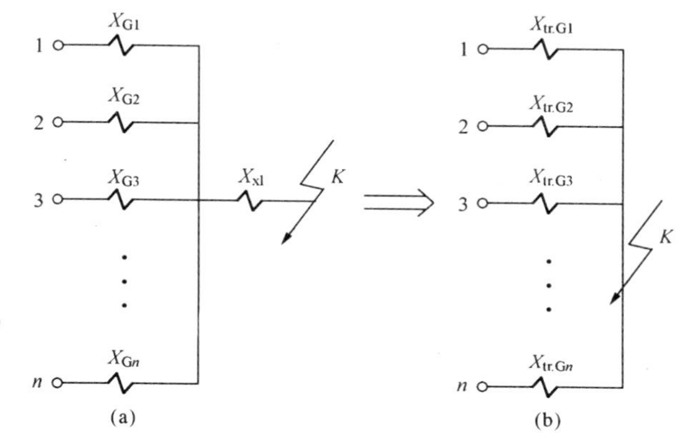

图 1-4　多支路星形网络图

（a）多支路星形网络阻抗图；

（b）多支路星形网络等效综合阻抗图

2. 综合分支导纳计算

其计算式为

$$\Sigma Y=\frac{1}{X_{G1}}+\frac{1}{X_{G2}}+\cdots+\frac{1}{X_{Gn}}\tag{1-12}$$

3. 各电源支路分支系数计算

其计算式为

$$\left.\begin{array}{ll}\text{支路 1 的分支系数} & K_{bra.G1}=\dfrac{1}{\Sigma Y}\times\dfrac{1}{X_{G1}}\\ \text{支路 2 的分支系数} & K_{bra.G2}=\dfrac{1}{\Sigma Y}\times\dfrac{1}{X_{G2}}\\ \vdots & \vdots\\ \text{支路 } n \text{ 的分支系数} & K_{bra.Gn}=\dfrac{1}{\Sigma Y}\times\dfrac{1}{X_{Gn}}\end{array}\right\}\tag{1-13}$$

4. 各电源的转移阻抗计算

其计算式为

$$
\left.\begin{aligned}
&\text{支路 1 的转移电抗} \quad X_{\text{tr.G1}}=\frac{X_{\Sigma}}{K_{\text{bra.G1}}}=\frac{\dfrac{1}{\Sigma Y}+X_{\text{xl}}}{\dfrac{1}{X_{\text{G1}}\Sigma Y}}=X_{\text{G1}}+\frac{X_{\text{xl}}}{K_{\text{bra.G1}}}\\
&\text{支路 2 的转移电抗} \quad X_{\text{tr.G2}}=\frac{X_{\Sigma}}{K_{\text{bra.G2}}}=\frac{\dfrac{1}{\Sigma Y}+X_{\text{xl}}}{\dfrac{1}{X_{\text{G2}}\Sigma Y}}=X_{\text{G2}}+\frac{X_{\text{xl}}}{K_{\text{bra.G2}}}\\
&\qquad\vdots \qquad\qquad\qquad\qquad\qquad\qquad \vdots\\
&\text{支路 } n \text{ 的转移电抗} \quad X_{\text{tr.G}n}=\frac{X_{\Sigma}}{K_{\text{bra.G}n}}=\frac{\dfrac{1}{\Sigma Y}+X_{\text{xl}}}{\dfrac{1}{X_{\text{G}n}\Sigma Y}}=X_{\text{G}n}+\frac{X_{\text{xl}}}{K_{\text{bra.G}n}}
\end{aligned}\right\} \tag{1-14}
$$

式中 $X_{\text{tr.G1}}$、$X_{\text{tr.G2}}$、…、$X_{\text{tr.G}n}$——分别为支路 1、2、…、n 的转移阻抗；

其他符号含义同前。

5. 各电源支路短路电流计算

其计算式为

$$
\left.\begin{aligned}
&\text{支路 1 三相短路电流} \quad \dot{I}^{(3)}_{\text{K.G1}}=K_{\text{bra.G1}}\times\frac{I_{\text{bs}}}{\text{j}X_{\Sigma}}=\frac{I_{\text{bs}}}{\text{j}X_{\text{tr.G1}}}\\
&\text{支路 2 三相短路电流} \quad \dot{I}^{(3)}_{\text{K.G2}}=K_{\text{bra.G2}}\times\frac{I_{\text{bs}}}{\text{j}X_{\Sigma}}=\frac{I_{\text{bs}}}{\text{j}X_{\text{tr.G2}}}\\
&\qquad\vdots \qquad\qquad\qquad\qquad \vdots\\
&\text{支路 } n \text{ 三相短路电流} \quad \dot{I}^{(3)}_{\text{K.G}n}=K_{\text{bra.G}n}\times\frac{I_{\text{bs}}}{\text{j}X_{\Sigma}}=\frac{I_{\text{bs}}}{\text{j}X_{\text{tr.G}n}}
\end{aligned}\right\} \tag{1-15}
$$

式中 $I^{(3)}_{\text{K.G1}}$、$I^{(3)}_{\text{K.G2}}$、…、$I^{(3)}_{\text{K.G}n}$——分别为各电源支路供给的三相短路电流（A）；

其他符号含义同前。

6. 短路点的总短路电流计算

其计算式为

$$
\dot{I}^{(3)}_{\text{K.}\Sigma}=\frac{I_{\text{bs}}}{\text{j}X_{\Sigma}}=-\text{j}\,\frac{I_{\text{bs}}}{X_{\Sigma}}=\dot{I}^{(3)}_{\text{K.G1}}+\dot{I}^{(3)}_{\text{K.G2}}+\cdots+\dot{I}^{(3)}_{\text{K.G}n}=\sum_{i=1}^{n}\dot{I}^{(3)}_{\text{K.G}i} \tag{1-16}
$$

式中 $\dot{I}^{(3)}_{\text{K.}\Sigma}$——短路点的总短路电流（A）；

其他符号含义同前。

三、对称短路电流计算

（一）无限大容量电源供给的短路电流计算

当供电电源为无限大系统（系统电源阻抗 $X_{\text{S}}=0$）或计算电抗（以电源额定容量为基准的归算阻抗）$X_{\text{cal}}\geqslant 3$ 时，基本上可不考虑短路电流的衰减，此时可用以下方法计算三相短路电流。

1. 电抗 X_{cal} 的计算

其计算式为

$$X_{cal} = X_{\Sigma}^{*} \frac{S_N}{S_{bs}} \tag{1-17}$$

式中 X_{cal}——计算电抗；

X_{Σ}^{*}——综合电抗标么值；

S_N——电源额定容量（MVA）；

S_{bs}——基准容量（MVA）。

2. 短路电流周期分量（有效值）标么值计算

其计算式为

$$I_{per}^{*(3)} = I_K^{*}{}'' = I_t^{*(3)} = I_{\infty}^{*(3)} = \frac{1}{X_{1\Sigma}^{*}} \tag{1-18}$$

式中 $I_{per}^{*(3)}$——三相短路电流周期性分量的标么值；

$I_K^{*}{}''$——0s时刻三相短路电流（次瞬间短路电流）周期性分量的标么值；

$I_t^{*(3)}$——三相短路电流任意时刻周期性分量的标么值；

$I_{\infty}^{*(3)}$——稳态三相短路电流周期性分量的标么值；

$X_{1\Sigma}^{*}$——短路点正序综合阻抗标么值。

3. 三相短路电流周期分量有名值计算

其计算式为

$$\dot{I}_K^{(3)} = \dot{I}_{per}^{(3)} = -\mathrm{j}\frac{I_{bs}}{X_{1\Sigma}^{*}} \tag{1-19}$$

式中 $\dot{I}_{per}^{(3)}$、$\dot{I}_K^{(3)}$——短路点三相短路电流周期分量有名值（A）；

I_{bs}——基准电流（A）。

4. 短路容量有名值计算

其计算式为

$$S_K'' = \frac{S_{bs}}{X_{\Sigma}^{*}} = \frac{S_N}{X_{cal}} = I_K^{*}{}'' S_{bs} \tag{1-20}$$

式中 S_K''——0s三相短路容量的有名值（MVA）。

（二）有限电源供给的短路电流计算

对有限电源供给的短路电流，在不同时刻的短路电流是不相同的，一般是随时间增加，短路电流是衰减的（由于AVR作用的结果有时是增加的），其计算方法如下。

1. 计算电抗 X_{cal} 的计算

由式（1-17）将各电源综合阻抗的标么值 X_{Σ}^{*} 归算至以电源额定容量为基准的计算电抗 X_{cal}，即

$$X_{cal} = X_{\Sigma}^{*} \frac{S_N}{S_{bs}}$$

2. 任意时刻 t 短路电流周期分量相对值 I_{kt}^{*} 及有名值计算

由计算电抗 X_{cal} 查相应发电机的运算曲线图A-1～图A-9或表A-1～表A-2，得任意时刻 t 的短路电流周期分量的相对值 I_{kt}^{*}，对应的有名值为

$$I_{kt}^{(3)} = I_{kt}^{*} \times I_N \tag{1-21}$$

3. 多电源计算阻抗相差很大时衰减短路电流的计算

当电源计算阻抗相差很大时，应用多支路星形网络化简，求得各电源分支的转移阻抗 $X_{tr.G1}$、$X_{tr.G2}$、…、$X_{tr.Gn}$，并归算至各电源额定容量的计算阻抗。于是有：

$$\left.\begin{aligned}
&\text{支路 1 计算电抗} && X_{cal.1}=X_{tr.G1}\frac{S_{N1}}{S_{bs}}\\
&\text{支路 2 计算电抗} && X_{cal.2}=X_{tr.G2}\frac{S_{N2}}{S_{bs}}\\
&\quad\vdots && \vdots\\
&\text{支路 } n \text{ 计算电抗} && X_{cal.n}=X_{tr.Gn}\frac{S_{Nn}}{S_{bs}}
\end{aligned}\right\} \tag{1-22}$$

式中 $X_{cal.1}$、$X_{cal.2}$、…、$X_{cal.n}$——分别为支路 1、2、…、n 电源等效计算电抗；

S_{N1}、S_{N2}、…、S_{Nn}——分别为支路 1、2、…、n 电源的额定容量（MVA）；

其他符号含义同前。

4. 各支路电源衰减短路电流计算

由计算电抗 $X_{cal.1}$、$X_{cal.2}$、…、$X_{cal.n}$ 分别查发电机的运算曲线图 A-1～图 A-9 或图表A-1～表 A-2，得各电源任意时刻短路电流周期分量的相对值 $I^*_{kt.1}$、$I^*_{kt.2}$、$I^*_{kt.n}$，其有名值为

$$\left.\begin{aligned}
&\text{支路 1 时刻 } t \text{ 的三相短路电流} && I^{(3)}_{kt.1}=I^*_{kt.1}I_{N1}\\
&\text{支路 2 时刻 } t \text{ 的三相短路电流} && I^{(3)}_{kt.2}=I^*_{kt.2}I_{N2}\\
&\quad\vdots && \vdots\\
&\text{支路 } n \text{ 时刻 } t \text{ 的三相短路电流} && I^{(3)}_{kt.n}=I^*_{kt.n}I_{Nn}
\end{aligned}\right\} \tag{1-23}$$

5. 短路点任意时刻短路总电流 $I^{(3)}_{kt}$ 计算

其计算式为

$$I^{(3)}_{kt}=\sum_{i=1}^{n}I^{(3)}_{kt.i} \tag{1-24}$$

第三节 不对称短路电流的计算

在三相对称条件时的短路电流计算，可以化简为单相电路进行计算。而三相对称电路的不对称短路电流计算，可将 A、B、C 三相电压和电流分解成三组对称分量（零、正、负序分量，又称 0、1、2 分量）进行计算。

一、对称分量法

（一）三相电流（电压）用三组对称分量电流（电压）合成的基本关系式

为进行三相不对称短路电流的计算，通常将 A、B、C 三相电流和电压分解成三组对称分量或用三组对称分量表达三相电流（电压）。

以三相电流（电压）为例的基本表达式为

$$\begin{bmatrix}\dot I_A\\ \dot I_B\\ \dot I_C\end{bmatrix}=\begin{bmatrix}\dot I_{A0}+&\dot I_{A1}+&\dot I_{A2}\\ \dot I_{B0}+&\dot I_{B1}+&\dot I_{B2}\\ \dot I_{C0}+&\dot I_{C1}+&\dot I_{C2}\end{bmatrix}=\begin{bmatrix}1&1&1\\1&a^2&a\\1&a&a^2\end{bmatrix}\begin{bmatrix}\dot I_0\\ \dot I_1\\ \dot I_2\end{bmatrix}=\begin{bmatrix}\dot I_0&+&\dot I_1&+&\dot I_2\\ \dot I_0&+&a^2\dot I_1&+&a\dot I_2\\ \dot I_0&+&a\dot I_1&+&a^2\dot I_2\end{bmatrix} \tag{1-25}$$

式中 $\dot{I}_A$、$\dot{I}_B$、$\dot{I}_C$——A、B、C三相电流相量；

$\dot{I}_{A0}$、$\dot{I}_{B0}$、$\dot{I}_{C0}$——A、B、C三相零序电流分量相量，$\dot{I}_{A0}=\dot{I}_{B0}=\dot{I}_{C0}=\dot{I}_0$；

$\dot{I}_{A1}$、$\dot{I}_{B1}$、$\dot{I}_{C1}$——A、B、C三相正序电流分量相量，$\dot{I}_{A1}=\dot{I}_1$、$\dot{I}_{B1}=a^2\dot{I}_1$，$\dot{I}_{C1}=a\dot{I}_1$；

$\dot{I}_{A2}$、$\dot{I}_{B2}$、$\dot{I}_{C2}$——A、B、C三相负序电流分量相量，$\dot{I}_{A2}=\dot{I}_2$、$\dot{I}_{B2}=a\dot{I}_2$、$\dot{I}_{C2}=a^2\dot{I}_2$；

$\dot{I}_1$、$\dot{I}_2$、$\dot{I}_0$——正、负、零序电流分量相量；

$a=e^{j120^\circ}$矢量运算算子。

正、负、零序电流分量相量如图1-5所示。

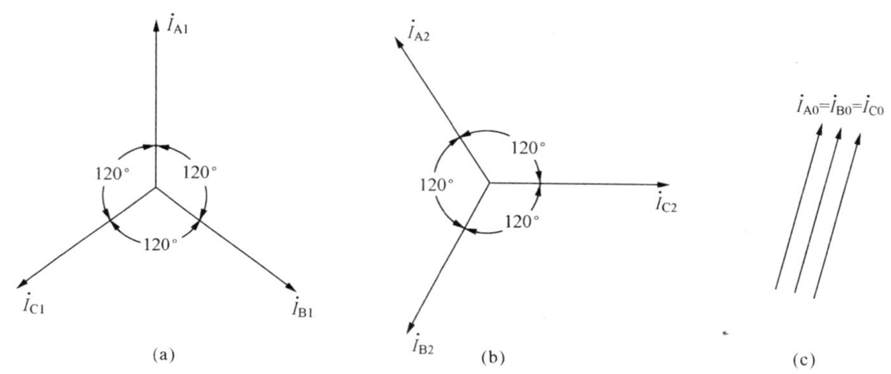

图1-5 正、负、零序电流分量相量图

(a) 正序电流相量图；(b) 负序电流相量图；(c) 零序电流相量图

（二）A、B、C三相电流（电压）分解成三组对称分量的基本关系式

求解式（1-25）可得各序电流的基本表达式

$$\begin{bmatrix}\dot{I}_0\\\dot{I}_1\\\dot{I}_2\end{bmatrix}=\begin{bmatrix}1&1&1\\1&a^2&a\\1&a&a^2\end{bmatrix}^{-1}\begin{bmatrix}\dot{I}_A\\\dot{I}_B\\\dot{I}_C\end{bmatrix}=\frac{1}{3}\begin{bmatrix}1&1&1\\1&a&a^2\\1&a^2&a\end{bmatrix}\begin{bmatrix}\dot{I}_A\\\dot{I}_B\\\dot{I}_C\end{bmatrix}=\frac{1}{3}\begin{bmatrix}\dot{I}_A&+&\dot{I}_B&+&\dot{I}_C\\\dot{I}_A&+&a\dot{I}_B&+&a^2\dot{I}_C\\\dot{I}_A&+&a^2\dot{I}_B&+&a\dot{I}_C\end{bmatrix}\tag{1-26}$$

式（1-25）、式（1-26）中，将$\dot{I}$换成$\dot{U}$则为各相电压及各序电压的基本关系表达式。

（三）对称分量电压和电流的基本关系

1. 三相基本电路

不对称短路的三相电路各序阻抗基本电路如图1-6所示。

图1-6中S为电源，L为任一阻抗元件（如输电线路），电源具有正、负、零序电抗（阻抗）$X_{1.S}$、$X_{2.S}$、$X_{0.S}$；阻抗元件（如输电线路）具有正、负、零序电抗（阻抗）$X_{1.L}$、$X_{2.L}$、$X_{0.L}$。

2. 正、负、零序电路

所有三相电路都可分解成正、负、零序电路，如图1-6（b）、（c）、（d）所示，图中

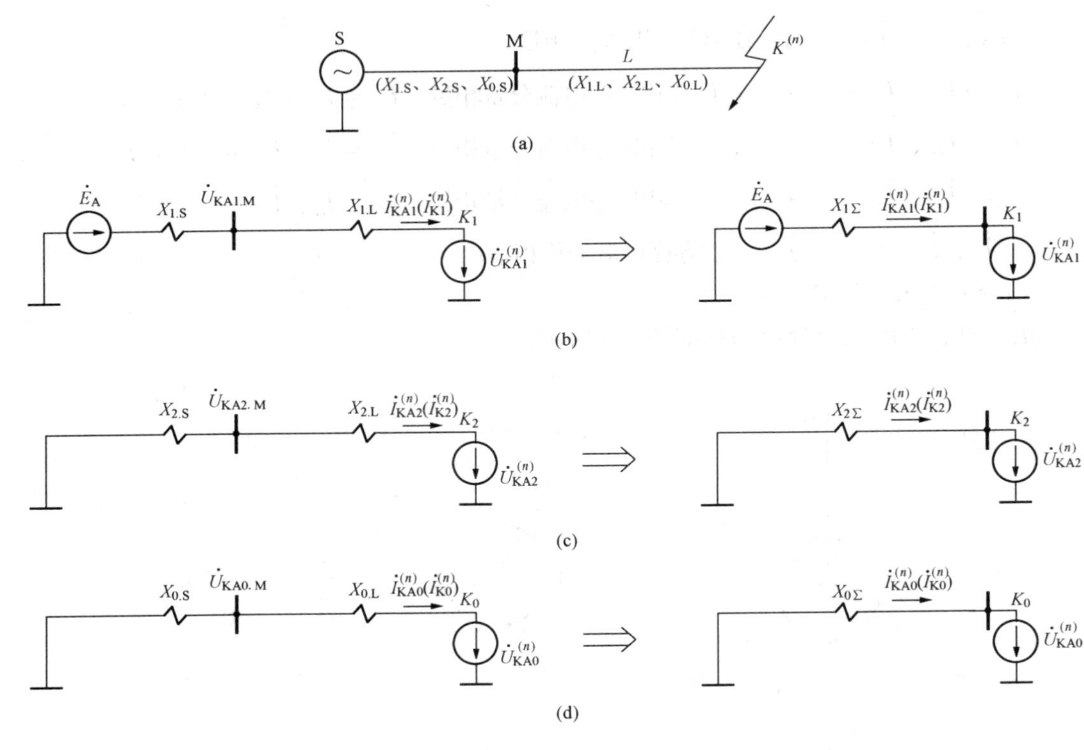

图 1-6 不对称短路的三相电路各序阻抗基本电路图

(a) 三相电路图；(b) 正序阻抗电路图；(c) 负序阻抗电路图；(d) 零序阻抗电路图

$$\left.\begin{aligned} X_{1\Sigma} &= X_{1.S} + X_{1.L} \\ X_{2\Sigma} &= X_{2.S} + X_{2.L} \\ X_{0\Sigma} &= X_{0.S} + X_{0.L} \end{aligned}\right\} \tag{1-27}$$

式中 $X_{1\Sigma}$、$X_{2\Sigma}$、$X_{0\Sigma}$——分别为短路点的正、负、零序综合电抗。

3. 各序电流和各序电压的基本关系式

(1) 短路点各序电流各序电压的基本关系式为

$$\left.\begin{aligned} &\text{短路点正序电压和正序电流关系} && \dot{U}_{KA1}^{(n)} = \dot{E}_A - j\dot{I}_{K1}^{(n)} X_{1\Sigma} \\ &\text{短路点负序电压和负序电流关系} && \dot{U}_{KA2}^{(n)} = 0 - j\dot{I}_{K2}^{(n)} X_{2\Sigma} \\ &\text{短路点零序电压和零序电流关系} && \dot{U}_{KA0}^{(n)} = 0 - j\dot{I}_{K0}^{(n)} X_{0\Sigma} \end{aligned}\right\} \tag{1-28}$$

式中 $\dot{I}_{K1}^{(n)}$、$\dot{I}_{K2}^{(n)}$、$\dot{I}_{K0}^{(n)}$——短路点的正、负、零序电流；

$\dot{U}_{KA1}^{(n)}$、$\dot{U}_{KA2}^{(n)}$、$\dot{U}_{KA0}^{(n)}$——短路点的正、负、零序电压；

$\dot{E}_A$——A 相电源电动势；

其他符号含义同前。

(2) M 点各序电流各序电压的关系式为

$$\left.\begin{array}{ll}\text{M 点正序电压电流关系} & \dot{U}_{\mathrm{KA1.M}}^{(n)}=\dot{U}_{\mathrm{KA1}}^{(n)}+\mathrm{j}\,\dot{I}_{\mathrm{K1}}^{(n)}X_{1.\mathrm{L}}=\dot{E}_{\mathrm{A}}-\mathrm{j}\,\dot{I}_{\mathrm{K1}}^{(n)}(X_{1\Sigma}-X_{1.\mathrm{L}})\\ \text{M 点负序电压电流关系} & \dot{U}_{\mathrm{KA2.M}}^{(n)}=\dot{U}_{\mathrm{KA2}}^{(n)}+\mathrm{j}\,\dot{I}_{\mathrm{K2}}^{(n)}X_{2.\mathrm{L}}=0-\mathrm{j}\,\dot{I}_{\mathrm{K2}}^{(n)}X_{2.\mathrm{S}}\\ \text{M 点零序电压电流关系} & \dot{U}_{\mathrm{KA0.M}}^{(n)}=\dot{U}_{\mathrm{KA0}}^{(n)}+\mathrm{j}\,\dot{I}_{\mathrm{K0}}^{(n)}X_{0.\mathrm{L}}=0-\mathrm{j}\,\dot{I}_{\mathrm{K0}}^{(n)}X_{0.\mathrm{S}}\end{array}\right\} \tag{1-29}$$

式中 $\dot{U}_{\mathrm{KA1.M}}^{(n)}$、$\dot{U}_{\mathrm{KA2.M}}^{(n)}$、$\dot{U}_{\mathrm{KA0.M}}^{(n)}$——分别为 M 点的正、负、零序电压；

其他符号含义同前。

4. M 点各相电压计算

（1）M 点各相电压用 M 点各序电压叠加计算。将式（1-29）计算结果代入式(1-25)，可计算 M 点各相电压，其计算式为

$$\left.\begin{array}{l}\dot{U}_{\mathrm{KA.M}}^{(n)}=\dot{U}_{\mathrm{KA1.M}}^{(n)}+\dot{U}_{\mathrm{KA2.M}}^{(n)}+\dot{U}_{\mathrm{KA0.M}}^{(n)}\\ \dot{U}_{\mathrm{KB.M}}^{(n)}=a^{2}\,\dot{U}_{\mathrm{KA1.M}}^{(n)}+a\,\dot{U}_{\mathrm{KA2.M}}^{(n)}+\dot{U}_{\mathrm{KA0.M}}^{(n)}\\ \dot{U}_{\mathrm{KC.M}}^{(n)}=a\,\dot{U}_{\mathrm{KA1.M}}^{(n)}+a^{2}\,\dot{U}_{\mathrm{KA1.M}}^{(n)}+\dot{U}_{\mathrm{KA0.M}}^{(n)}\end{array}\right\} \tag{1-30}$$

（2）M 点各相电压用短路点电压叠加各序电压降计算。其计算式为

$$\left.\begin{array}{l}\dot{U}_{\mathrm{KA.M}}^{(n)}=\dot{U}_{\mathrm{KA}}^{(n)}+\mathrm{j}\,\dot{I}_{\mathrm{K1}}^{(n)}X_{1.\mathrm{L}}+\mathrm{j}\,\dot{I}_{\mathrm{K2}}^{(n)}X_{2.\mathrm{L}}+\mathrm{j}\,\dot{I}_{\mathrm{K0}}^{(n)}X_{0.\mathrm{L}}\\ \dot{U}_{\mathrm{KB.M}}^{(n)}=\dot{U}_{\mathrm{KB}}^{(n)}+a^{2}\mathrm{j}\,\dot{I}_{\mathrm{K1}}^{(n)}X_{1.\mathrm{L}}+a\mathrm{j}\,\dot{I}_{\mathrm{K2}}^{(n)}X_{2.\mathrm{L}}+\mathrm{j}\,\dot{I}_{\mathrm{K0}}^{(n)}X_{0.\mathrm{L}}\\ \dot{U}_{\mathrm{KC.M}}^{(n)}=\dot{U}_{\mathrm{KC}}^{(n)}+a\mathrm{j}\,\dot{I}_{\mathrm{K1}}^{(n)}X_{1.\mathrm{L}}+a^{2}\mathrm{j}\,\dot{I}_{\mathrm{K2}}^{(n)}X_{2.\mathrm{L}}+\mathrm{j}\,\dot{I}_{\mathrm{K0}}^{(n)}X_{0.\mathrm{L}}\end{array}\right\} \tag{1-31}$$

二、两相短路电流计算

B、C 两相短路电流计算如图 1-7 所示。

（一）全电流法计算

全电流法计算 B、C 两相短路时短路点的短路电流，用欧姆定律直接计算得

$$\dot{I}_{\mathrm{KB}}^{(2)}=-\dot{I}_{\mathrm{KC}}^{(2)}=\frac{\dot{E}_{\mathrm{B}}-\dot{E}_{\mathrm{C}}}{\mathrm{j}2X_{1\Sigma}}=\frac{a^{2}-a}{\mathrm{j}2X_{1\Sigma}}\times\dot{E}_{\mathrm{A}}=\frac{-\mathrm{j}\sqrt{3}}{\mathrm{j}2X_{1\Sigma}}\times\dot{E}_{\mathrm{A}}=-\mathrm{j}\frac{\sqrt{3}}{2}\frac{\dot{E}_{\mathrm{A}}}{\mathrm{j}X_{1\Sigma}}=-\mathrm{j}\frac{\sqrt{3}}{2}\dot{I}_{\mathrm{K}}^{(3)}$$

即

$$\left.\begin{array}{ll}\text{短路相电流} & \dot{I}_{\mathrm{KB}}^{(2)}=-\mathrm{j}\dfrac{\sqrt{3}}{2}\dot{I}_{\mathrm{K}}^{(3)}\\ & \dot{I}_{\mathrm{KC}}^{(2)}=-\dot{I}_{\mathrm{KB}}^{(2)}=\mathrm{j}\dfrac{\sqrt{3}}{2}\dot{I}_{\mathrm{K}}^{(3)}\\ \text{非故障相电流} & \dot{I}_{\mathrm{KA}}^{(2)}=0\end{array}\right\} \tag{1-32}$$

式中 $\dot{I}_{\mathrm{KB}}^{(2)}$、$\dot{I}_{\mathrm{KC}}^{(2)}$——分别为 B、C 两相短路时短路点 B、C 相电流；

$X_{1\Sigma}$——短路点的正序综合电抗；

其他符号含义同前。

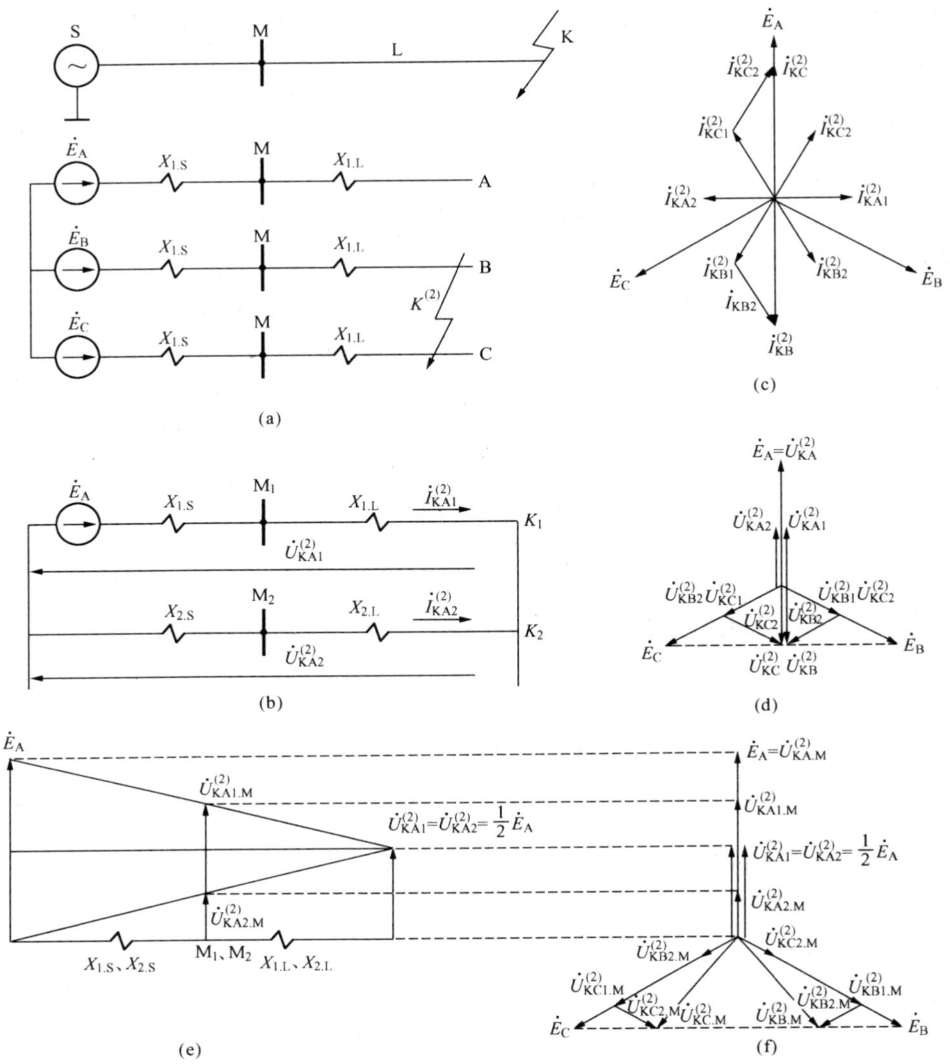

图 1-7 两相短路电流计算图

(a) 两相短路电路图；(b) 两相短路的复合序网络图；(c) B、C 两相短路时各序电流和各相电流相量图；(d) B、C 两相短路时短路点各序电压和各相电压相量图；(e) 各序电压分布图；(f) 母线 M 点各序电压各相电压相量图

(二) 对称分量计算法求复合序网络图

1. 短路点的边界条件

$$\left.\begin{aligned}&\text{故障相电流} && \dot{I}_{KB}^{(2)}=-\dot{I}_{KC}^{(2)}\\&\text{故障相电压} && \dot{U}_{KB}^{(2)}=\dot{U}_{KC}^{(2)}\\&\text{非故障相电流} && \dot{I}_{KA}^{(2)}=0\end{aligned}\right\}\tag{1-33}$$

2. 短路点各序电流的关系

将 $\dot{I}_{KB}^{(2)}=-\dot{I}_{KC}^{(2)}$ 代入基本表达式（1-26）得短路点各序电流为

$$\left.\begin{aligned}
&\text{故障点正序电流} && \dot{I}_{KA1}^{(2)}=\frac{1}{\sqrt{3}}\mathrm{j}\,\dot{I}_{KB}^{(2)}\\
&\text{故障点负序电流} && \dot{I}_{KA2}^{(2)}=-\frac{1}{\sqrt{3}}\mathrm{j}\,\dot{I}_{KB}^{(2)}\\
&\text{故障点零序电流} && \dot{I}_{KA0}^{(2)}=0\\
&\text{故障点正、负序电流关系} && \dot{I}_{KA1}^{(2)}=-\dot{I}_{KA2}^{(2)}
\end{aligned}\right\}\tag{1-34}$$

3. 短路点各序电压的关系

将$\dot{U}_{KB}^{(2)}=\dot{U}_{KC}^{(2)}$代入基本表达式（1-26）得短路点各序电压的关系为

$$\left.\begin{aligned}
&\text{故障点正序电压} && \dot{U}_{KA1}^{(2)}=\frac{1}{3}(\dot{U}_{KA}^{(2)}-\dot{U}_{KB}^{(2)})\\
&\text{故障点负序电压} && \dot{U}_{KA2}^{(2)}=\frac{1}{3}(\dot{U}_{KA}^{(2)}-\dot{U}_{KB}^{(2)})\\
&\text{故障点零序电压} && \dot{U}_{KA0}^{(2)}=0-\dot{I}_{KA0}^{(2)}X_{0\Sigma}=0\\
&\text{故障点正、负序电压关系} && \dot{U}_{KA1}^{(2)}=\dot{U}_{KA2}^{(2)}
\end{aligned}\right\}\tag{1-35}$$

将式（1-35）代入式（1-25）得非故障相电压$\dot{U}_{KA}^{(2)}$为

$$\dot{U}_{KA}^{(2)}=\dot{U}_{KA1}^{(2)}+\dot{U}_{KA2}^{(2)}+\dot{U}_{KA0}^{(2)}=2\,\dot{U}_{KA1}^{(2)}\tag{1-36}$$

4. 两相短路时的复合序网络图

由式（1-34）、式（1-35）可画出两相短路时的复合序网络图如图 1-7（b）所示。

（三）对称分量计算法计算两相短路电流

1. 两相短路时各序电流计算

B、C 两相短路时，可由复合序网络图 1-7（b）计算 A 相各序电流，如 $X_{1\Sigma}=X_{2\Sigma}$，则

$$\left.\begin{aligned}
&\dot{I}_{KA1}^{(2)}=\frac{\dot{E}_A}{\mathrm{j}(X_{1\Sigma}+X_{2\Sigma})}=\frac{\dot{E}_A}{\mathrm{j}2X_{1\Sigma}}=\frac{1}{2}\,\dot{I}_K^{(3)}\\
&\dot{I}_{KA2}^{(2)}=-\dot{I}_{KA1}^{(2)}=-\frac{1}{2}\,\dot{I}_K^{(3)}\\
&\dot{I}_K^{(3)}=\frac{\dot{E}_A}{\mathrm{j}X_{1\Sigma}}
\end{aligned}\right\}\tag{1-37}$$

式中 $\dot{I}_K^{(3)}$——三相短路电流；

$\dot{E}_A$——A 相电源电动势；

其他符号含义同前。

2. 两相短路时故障相电流计算

由式（1-34）、式（1-37）得短路点三相电流分别为

$$\left.\begin{aligned}\dot{I}_{KB}^{(2)} &= -\mathrm{j}\sqrt{3}\,\dot{I}_{KA1}^{(2)} = -\mathrm{j}\frac{\sqrt{3}}{2}\dot{I}_{K}^{(3)}\\ \dot{I}_{KC}^{(2)} &= -\dot{I}_{KB}^{(2)} = \mathrm{j}\frac{\sqrt{3}}{2}\dot{I}_{K}^{(3)}\\ \dot{I}_{KA}^{(2)} &= 0\end{aligned}\right\} \tag{1-38}$$

式中符号含义同前。

两相短路时各序电流和各相电流相量如图 1-7（c）所示。

（四）B、C 两相短路时短路点各序电压和各相电压计算

1. 两相短路时短路点各序电压计算

由复合序网络图 1-7（b）及式（1-28）、式（1-36）可计算短路点各序电压为

$$\left.\begin{aligned}\dot{U}_{KA1}^{(2)} &= \dot{E}_{A} - \mathrm{j}\,\dot{I}_{KA1}^{(2)}X_{1\Sigma}\\ \dot{U}_{KA2}^{(2)} &= -\mathrm{j}\,\dot{I}_{KA2}^{(2)}X_{2\Sigma} = \mathrm{j}\,\dot{I}_{KA1}^{(2)}X_{1\Sigma}\\ \dot{U}_{KA0}^{(2)} &= 0\\ \dot{U}_{KA1}^{(2)} &= \dot{U}_{KA2}^{(2)} = \frac{1}{2}\dot{E}_{A}\end{aligned}\right\} \tag{1-39}$$

式中符号含义同前。

2. 两相短路时短路点各相电压计算

将式（1-39）代入基本方程式（1-25），令$\dot{E}_{A}=1$计算得

$$\left.\begin{aligned}\dot{U}_{KA}^{(2)} &= \dot{U}_{KA1}^{(2)} + \dot{U}_{KA2}^{(2)} + \dot{U}_{KA0}^{(2)} = \dot{E}_{A} = 1\\ \dot{U}_{KB}^{(2)} &= a^{2}\dot{U}_{KA1}^{(2)} + a\dot{U}_{KA2}^{(2)} + \dot{U}_{KA0}^{(2)} = -\frac{1}{2}\dot{E}_{A} = -0.5\\ \dot{U}_{KC}^{(2)} &= a\dot{U}_{KA1}^{(2)} + a^{2}\dot{U}_{KA2}^{(2)} + \dot{U}_{KA0}^{(2)} = -\frac{1}{2}\dot{E}_{A} = -0.5\end{aligned}\right\} \tag{1-40}$$

式中符号含义同前。

B、C 两相短路时短路点各序电压和各相电压相量如图 1-7（d）所示。

（五）B、C 两相短路时母线 M 点各序电压和各相电压标么值计算

1. 两相短路时母线 M 点各序电压计算

令$\dot{E}_{A}=1$，由图 1-7（b）和式（1-29）则有

$$\left.\begin{aligned}\dot{U}_{KA1.M}^{(2)} &= \dot{U}_{KA1}^{(2)} + \mathrm{j}\,\dot{I}_{KA1}^{(2)}X_{1.L} = 0.5 + \mathrm{j}\frac{1}{\mathrm{j}2X_{1\Sigma}}X_{1.L} = 0.5 + 0.5K_{1}\\ \dot{U}_{KA2.M}^{(2)} &= \dot{U}_{KA2}^{(2)} + \mathrm{j}\,\dot{I}_{KA2}^{(2)}X_{2.L} = \dot{U}_{KA1}^{(2)} - \mathrm{j}\,\dot{I}_{KA1}^{(2)}X_{1.L} = 0.5 - 0.5K_{1}\\ \dot{U}_{KA0.M}^{(2)} &= 0\\ &\text{正序阻抗分压比}\ K_{1} = \frac{X_{1.L}}{X_{1\Sigma}}\end{aligned}\right\} \tag{1-41}$$

式中　$\dot{U}_{KA1.M}^{(2)}$、$\dot{U}_{KA2.M}^{(2)}$——B、C 两相短路时母线 M 点正、负序电压；

其他符号含义同前。

B、C 两相短路时母线 M 点各序电压分布如图 1-7（e）所示。

2. 两相短路时母线 M 点各相电压计算

将式（1-41）代入基本方程式（1-25）得

$$\left.\begin{aligned}
&\dot{U}^{(2)}_{KA.M}=\dot{U}^{(2)}_{KA1.M}+\dot{U}^{(2)}_{KA2.M}=\dot{E}_A=1\\
&\dot{U}^{(2)}_{KB.M}=a^2\dot{U}^{(2)}_{KA1.M}+a\dot{U}^{(2)}_{KA2.M}=a^2(0.5+0.5K_1)+a(0.5-0.5K_1)=-0.5-j\frac{\sqrt{3}}{2}K_1\\
&\dot{U}^{(2)}_{KC.M}=a\dot{U}^{(2)}_{KA1.M}+a^2\dot{U}^{(2)}_{KA2.M}=a(0.5+0.5K_1)+a^2(0.5-0.5K_1)=-0.5+j\frac{\sqrt{3}}{2}K_1
\end{aligned}\right\}$$

或为

$$\left.\begin{aligned}
&\dot{U}^{(2)}_{KA.M}=2\dot{U}^{(2)}_{KA1}=\dot{E}_A=1\\
&\dot{U}^{(2)}_{KB.M}=\dot{U}^{(2)}_{KB}+j\dot{I}^{(2)}_{KB}X_{1.L}=-0.5+j\left(-j\frac{\sqrt{3}}{2}\frac{1}{jX_{1\Sigma}}\right)X_{1.L}=-0.5-j\frac{\sqrt{3}}{2}K_1\\
&\dot{U}^{(2)}_{KC.M}=\dot{U}^{(2)}_{KC}+j\dot{I}^{(2)}_{KC}X_{1.L}=-0.5-j\left(-j\frac{\sqrt{3}}{2}\frac{1}{jX_{1\Sigma}}\right)X_{1.L}=-0.5+j\frac{\sqrt{3}}{2}K_1
\end{aligned}\right\}\quad(1\text{-}42)$$

式中 $\dot{U}^{(2)}_{KA.M}$、$\dot{U}^{(2)}_{KB.M}$、$\dot{U}^{(2)}_{KC.M}$——分别为B、C两相短路时母线M点A、B、C相电压；

其他符号含义同前。

3. 两相短路时母线M点各相间电压计算

由式（1-42）可直接计算母线M点各相间电压

$$\left.\begin{aligned}
&\dot{U}^{(2)}_{KAB.M}=\dot{U}^{(2)}_{KA.M}-\dot{U}^{(2)}_{KB.M}=1.5\dot{E}_A-j\dot{I}^{(2)}_{KB}X_{1.L}=1.5+j\frac{\sqrt{3}}{2}K_1\\
&\dot{U}^{(2)}_{KBC.M}=\dot{U}^{(2)}_{KB.M}-\dot{U}^{(2)}_{KC.M}=2j\dot{I}^{(2)}_{KB}X_{1.L}=-j\sqrt{3}K_1\\
&\dot{U}^{(2)}_{KCA.M}=\dot{U}^{(2)}_{KC.M}-\dot{U}^{(2)}_{KA.M}=-1.5\dot{E}_A-j\dot{I}^{(2)}_{KB}X_{1.L}=-1.5+j\frac{\sqrt{3}}{2}K_1
\end{aligned}\right\}\quad(1\text{-}43)$$

式中 $\dot{U}^{(2)}_{KAB.M}$、$\dot{U}^{(2)}_{KBC.M}$、$\dot{U}^{(2)}_{KCA.M}$——分别为B、C两相短路时母线M点AB、BC、CA相间电压；

其他符号含义同前。

$\dot{U}^{(2)}_{KBC.M}$表示B、C两相短路时，母线M点BC相间电压，为B、C两相短路电流在阻抗$X_{1.L}$上的电压降$\dot{U}^{(2)}_{KBC.M}=2j\dot{I}^{(2)}_{KB}X_{1.L}=-j\sqrt{3}K_1$。

B、C两相短路时母线M点各序电压和各相电压相量如图1-7（f）所示。

三、单相接地短路电流计算

无分支电路A相接地短路电流计算如图1-8所示。

（一）单相接地短路点边界条件和复合序网络阻抗图

1. 单相接地短路时短路点的边界条件

$$\left.\begin{aligned}
&\text{故障相电压为}\qquad \dot{U}^{(1)}_{KA}=0\\
&\text{非故障相电流为}\qquad \dot{I}^{(1)}_{KB}=\dot{I}^{(1)}_{KC}=0
\end{aligned}\right\}\quad(1\text{-}44)$$

式中 $\dot{U}^{(1)}_{KA}$——短路点A相对地电压；

$\dot{I}^{(1)}_{KB}$、$\dot{I}^{(1)}_{KC}$——短路点非故障相B、C相电流。

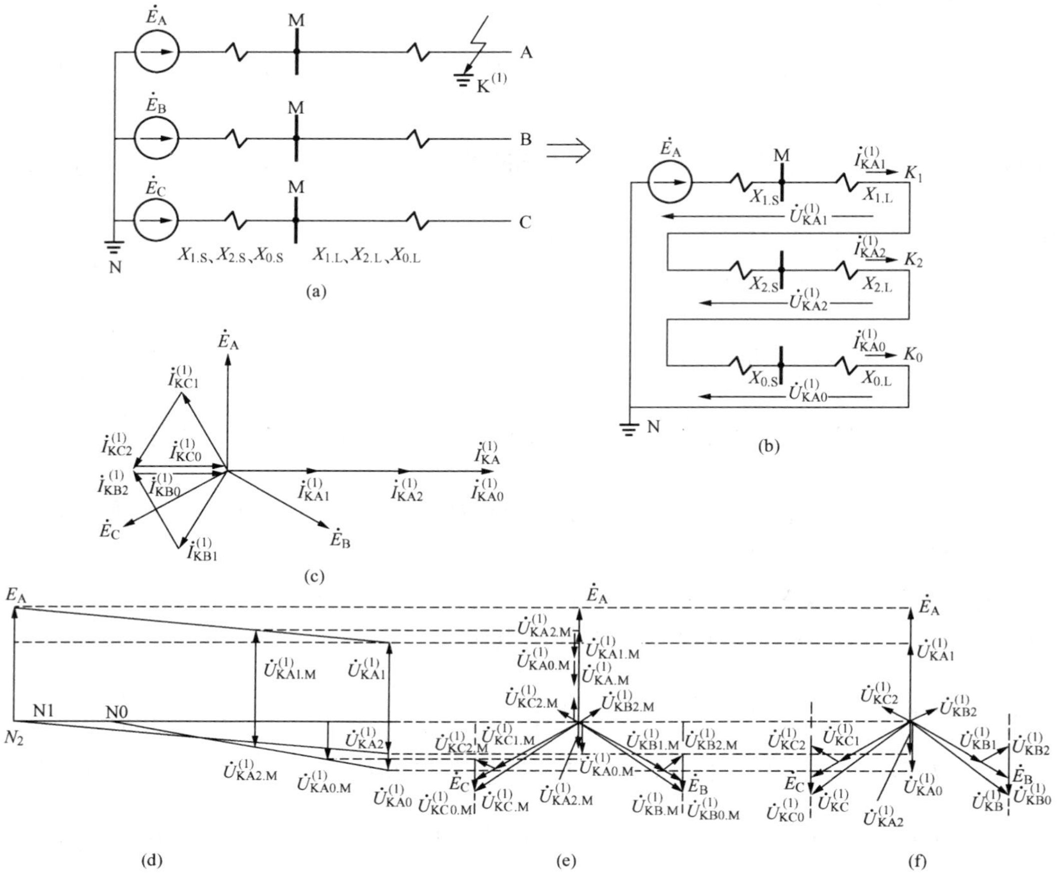

图 1-8 无分支电路 A 相接地短路电流计算图

(a) 无分支电路 A 相接地短路电路图；(b) 单相接地短路复合序网络图；(c) 短路点各序电流各相电流相量图；(d) 各序电压分布图；(e) M 点各序电压和各相电压相量图；(f) 短路点各序电压和各相电压相量图

2. 单相接地短路时短路点各序电流计算

将式（1-44）代入对称分量法基本公式（1-26），得 A 相各序电流分量为

$$\left.\begin{aligned}\dot{I}_{KA1}^{(1)} &= \frac{1}{3}(\dot{I}_{KA}^{(1)} + a\,\dot{I}_{KB}^{(1)} + a^2\,\dot{I}_{KC}^{(1)}) = \frac{1}{3}\,\dot{I}_{KA}^{(1)} \\ \dot{I}_{KA2}^{(1)} &= \frac{1}{3}(\dot{I}_{KA}^{(1)} + a^2\,\dot{I}_{KB}^{(1)} + a\,\dot{I}_{KC}^{(1)}) = \frac{1}{3}\,\dot{I}_{KA}^{(1)} \\ \dot{I}_{KA0}^{(1)} &= \frac{1}{3}(\dot{I}_{KA}^{(1)} + \dot{I}_{KB}^{(1)} + \dot{I}_{KC}^{(1)}) = \frac{1}{3}\,\dot{I}_{KA}^{(1)}\end{aligned}\right\} \tag{1-45}$$

式中 $\dot{I}_{KA1}^{(1)}$、$\dot{I}_{KA2}^{(1)}$、$\dot{I}_{KA0}^{(1)}$——分别为 A 相单相接地短路时，短路点正、负、零序电流相量；

$\dot{I}_{KA}^{(1)}$——A 相单相接地短路时故障相电流相量。

3. 短路点 A 相接地短路电流和各序电流的关系

由式（1-45）得

$$\dot{I}_{KA1}^{(1)}=\dot{I}_{KA2}^{(1)}=\dot{I}_{KA0}^{(1)}=\frac{1}{3}\dot{I}_{KA}^{(1)} \tag{1-46}$$

4. 短路点A相电压和各序电压的关系

由式（1-25）得

$$\dot{U}_{KA}^{(1)}=\dot{U}_{KA1}^{(1)}+\dot{U}_{KA2}^{(1)}+\dot{U}_{KA0}^{(1)}=0$$

即
$$\dot{U}_{KA1}^{(1)}=-(\dot{U}_{KA2}^{(1)}+\dot{U}_{KA0}^{(1)}) \tag{1-47}$$

式中 $\dot{U}_{KA1}^{(1)}$、$\dot{U}_{KA2}^{(1)}$、$\dot{U}_{KA0}^{(1)}$——分别为A相单相接地短路时短路点A相正、负、零序电压相量；

其他符号含义同前。

5. 单相接地短路时的复合序网络图

由式（1-46）、式（1-47）可画出单相接地短路时的复合序网络图如图1-8（b）所示。

（二）单相接地短路电流的计算

1. A相单相接地时各序电流计算

当 $X_{1\Sigma}=X_{2\Sigma}$，由图1-8（b）计算得A相各序电流及短路点电流为

$$\dot{I}_{KA1}^{(1)}=\dot{I}_{KA2}^{(1)}=\dot{I}_{KA0}^{(1)}=\frac{\dot{E}_A}{j(X_{1\Sigma}+X_{2\Sigma}+X_{0\Sigma})}=\frac{\dot{E}_A}{j(2X_{1\Sigma}+X_{0\Sigma})}=\frac{\dot{E}_A}{jX_{1\Sigma}\left(2+\frac{X_{0\Sigma}}{X_{1\Sigma}}\right)} \tag{1-48}$$

式中 $\dot{E}_A$——电源A相电动势；

$X_{1\Sigma}$、$X_{2\Sigma}$、$X_{0\Sigma}$——分别为短路点正、负、零序综合电抗；

其他符号含义同前。

同一点的三相短路电流 $\dot{I}_{KA}^{(3)}=\frac{\dot{E}_A}{jX_{1\Sigma}}$

令零序综合阻抗和正序综合阻抗比 $\beta=\frac{X_{0\Sigma}}{X_{1\Sigma}}$，则

$$\dot{I}_{KA1}^{(1)}=\dot{I}_{K}^{(3)}\frac{1}{2+\frac{X_{0\Sigma}}{X_{1\Sigma}}}=\dot{I}_{K}^{(3)}\frac{1}{2+\beta} \tag{1-49}$$

2. A相单相接地时短路点电流计算

$$\dot{I}_{KA}^{(1)}=3\dot{I}_{KA1}^{(1)}=\frac{3\dot{E}_A}{j(X_{1\Sigma}+X_{2\Sigma}+X_{0\Sigma})}=\frac{3\dot{E}_A}{j(2X_{1\Sigma}+X_{0\Sigma})}=\frac{3\dot{E}_A}{jX_{1\Sigma}\left(2+\frac{X_{0\Sigma}}{X_{1\Sigma}}\right)}=\frac{3\dot{I}_K^{(3)}}{2+\beta} \tag{1-50}$$

式中符号含义同前。

当 $\beta=0\rightarrow1\rightarrow\infty$，$I_K^{(1)}=\frac{3}{2}I_K^{(3)}\rightarrow I_K^{(3)}\rightarrow0$。短路点各序电流各相电流相量如图1-8（c）所示。

（三）单相接地短路点各序电压及各相电压的计算

1. 短路点A相各序电压计算

由式（1-28）可得

$$\left.\begin{aligned}\dot{U}_{KA1}^{(1)} &= \dot{E}_A - j\,\dot{I}_{KA1}^{(1)}X_{1\Sigma}\\ \dot{U}_{KA2}^{(1)} &= -j\,\dot{I}_{KA2}^{(1)}X_{2\Sigma} = -j\,\dot{I}_{KA1}^{(1)}X_{1\Sigma}\\ \dot{U}_{KA0}^{(1)} &= -j\,\dot{I}_{KA0}^{(1)}X_{0\Sigma}\end{aligned}\right\} \tag{1-51}$$

式中符号含义同前。

2. 短路点各序电压标么值计算

设$\dot{E}_A=1$，阻抗均为标么值，将式（1-48）代入式（1-51），经化简后可按下列两组不同形式表达。

（1）用电抗表达短路点各序电压标么值，则

$$\left.\begin{aligned}\dot{U}_{KA1}^{(1)} &= 1 - j\frac{1}{j(2X_{1\Sigma}+X_{0\Sigma})}X_{1\Sigma} = \frac{X_{1\Sigma}+X_{0\Sigma}}{2X_{1\Sigma}+X_{0\Sigma}}\\ \dot{U}_{KA2}^{(1)} &= -j\frac{1}{j(2X_{1\Sigma}+X_{0\Sigma})}X_{2\Sigma} = -\frac{X_{1\Sigma}}{2X_{1\Sigma}+X_{0\Sigma}}\\ \dot{U}_{KA0}^{(1)} &= -j\frac{1}{j(2X_{1\Sigma}+X_{0\Sigma})}X_{0\Sigma} = -\frac{X_{0\Sigma}}{2X_{1\Sigma}+X_{0\Sigma}}\end{aligned}\right\} \tag{1-52}$$

式中符号含义同前。

（2）用β表达短路点各序电压标么值，则

$$\left.\begin{aligned}\dot{U}_{KA1}^{(1)} &= \frac{1+\beta}{2+\beta}\\ \dot{U}_{KA2}^{(1)} &= -\frac{1}{2+\beta}\\ \dot{U}_{KA0}^{(1)} &= -\frac{\beta}{2+\beta}\end{aligned}\right\} \tag{1-53}$$

式中符号含义同前。

3. 单相接地时短路点各相电压计算

将式（1-52）、式（1-53）分别代入式（1-25），化简后可按下列两组不同形式表达。

（1）用电抗表达各相电压标么值，则

$$\left.\begin{aligned}\dot{U}_{KA}^{(1)} &= 0\\ \dot{U}_{KB}^{(1)} &= -1.5\frac{X_{0\Sigma}}{2X_{1\Sigma}+X_{0\Sigma}} - j\frac{\sqrt{3}}{2}\\ \dot{U}_{KC}^{(1)} &= -1.5\frac{X_{0\Sigma}}{2X_{1\Sigma}+X_{0\Sigma}} + j\frac{\sqrt{3}}{2}\end{aligned}\right\} \tag{1-54}$$

式中符号含义同前。

（2）用β表达各相电压标么值，则

$$\left.\begin{aligned}\dot{U}_{KA}^{(1)} &= 0\\ \dot{U}_{KB}^{(1)} &= -1.5\frac{\beta}{2+\beta} - j\frac{\sqrt{3}}{2}\\ \dot{U}_{KC}^{(1)} &= -1.5\frac{\beta}{2+\beta} + j\frac{\sqrt{3}}{2}\end{aligned}\right\} \tag{1-55}$$

式中符号含义同前。

短路点各序电压和各相电压相量如图 1-8（f）所示。

（四）母线 M 点各序电压及各相电压的计算

设 M 点至 K 点的序阻抗分别为 X_{1L}、X_{2L}、X_{0L}。

1. M 点各序电压计算

将式（1-48）代入式（1-29），化简后可得如下两组不同表达形式。

（1）用电抗表达 M 点各序电压标么值，则

$$\left.\begin{aligned}\dot{U}^{(1)}_{KA1.M}&=1-\frac{X_{1\Sigma}-X_{1.L}}{2X_{1\Sigma}+X_{0\Sigma}}\\\dot{U}^{(1)}_{KA2.M}&=-\frac{X_{1\Sigma}-X_{1.L}}{2X_{1\Sigma}+X_{0\Sigma}}\\\dot{U}^{(1)}_{KA0.M}&=-\frac{X_{0\Sigma}-X_{0.L}}{2X_{1\Sigma}+X_{0\Sigma}}\end{aligned}\right\}\qquad(1\text{-}56)$$

式中符号含义同前。

（2）用 β 和 K_1、K_2、K_0 表达 M 点各序电压标么值，则

$$\left.\begin{aligned}\dot{U}^{(1)}_{KA1.M}&=\frac{1+\beta+K_1}{2+\beta}\\\dot{U}^{(1)}_{KA2.M}&=-\frac{1-K_1}{2+\beta}\\\dot{U}^{(1)}_{KA0.M}&=-\frac{\beta(1-K_0)}{2+\beta}\end{aligned}\right\}\qquad(1\text{-}57)$$

式中 K_1、K_2——分别为正、负序电压分压比，$K_1=K_2=\dfrac{X_{1.L}}{X_{1\Sigma}}$；

K_0——零序电压分压比，$K_0=\dfrac{X_{0.L}}{X_{0\Sigma}}$；

其他符号含义同前。

各序电压分布如图 1-8（d）所示。

2. M 点各相电压计算

（1）用 M 点各序电压叠加计算。将式（1-56）代入式（1-25）简化后得

$$\dot{U}^{(1)}_{KA.M}=\dot{U}^{(1)}_{KA1}+\dot{U}^{(1)}_{KA2}+\dot{U}^{(1)}_{KA0}=\frac{2X_{1.L}+X_{0.L}}{2X_{1\Sigma}+X_{0\Sigma}}\qquad(1\text{-}58)$$

（2）用故障相电压叠加各序电压降计算。由式（1-31）可得

$$\dot{U}^{(1)}_{KA.M}=\dot{U}^{(1)}_{KA}+\mathrm{j}(\dot{I}^{(1)}_{K1}X_{1.L}+\dot{I}^{(1)}_{K2}X_{2.L}+\dot{I}^{(1)}_{K0}X_{0.L})=\frac{2X_{1.L}+X_{0.L}}{2X_{1\Sigma}+X_{0\Sigma}}$$

M 点各相电压类同式（1-58），计算可得以下两种表达式

（3）用电抗表达 M 点各相电压标么值，则

$$\left.\begin{aligned}\dot{U}^{(1)}_{KA.M}&=\frac{2X_{1.L}+X_{0.L}}{2X_{1\Sigma}+X_{0\Sigma}}\\\dot{U}^{(1)}_{KB.M}&=-\frac{1.5X_{0\Sigma}-X_{0.L}+X_{1.L}}{2X_{1\Sigma}+X_{0\Sigma}}-\mathrm{j}\frac{\sqrt{3}}{2}\\\dot{U}^{(1)}_{KC.M}&=-\frac{1.5X_{0\Sigma}-X_{0.L}+X_{1.L}}{2X_{1\Sigma}+X_{0\Sigma}}+\mathrm{j}\frac{\sqrt{3}}{2}\end{aligned}\right\}\qquad(1\text{-}59)$$

式中 $\dot{U}_{KA.M}^{(1)}$、$\dot{U}_{KB.M}^{(1)}$、$\dot{U}_{KC.M}^{(1)}$ ——分别为 A 相接地时母线 M 的 A、B、C 三相电压；

其他符号含义同前。

(4) 用 β 和 K_1、K_2、K_0 表达 M 点各相电压标么值，则

$$\left.\begin{aligned}\dot{U}_{KA.M}^{(1)} &= \frac{2K_1+\beta K_0}{2+\beta}\\ \dot{U}_{KB.M}^{(1)} &= -\frac{\beta(1.5-K_0)+K_1}{2+\beta}-j\frac{\sqrt{3}}{2}\\ \dot{U}_{KC.M}^{(1)} &= -\frac{\beta(1.5-K_0)+K_1}{2+\beta}+j\frac{\sqrt{3}}{2}\end{aligned}\right\}\quad(1\text{-}60)$$

式中符号含义同前。

(5) 用 β 和 K_1、K_2、K_0 表达 M 点各相间电压标么值，则

$$\left.\begin{aligned}\dot{U}_{KAB.M}^{(1)} &= \dot{U}_{KA.M}^{(1)}-\dot{U}_{KB.M}^{(1)}=\frac{3K_1+1.5\beta}{2+\beta}+j\frac{\sqrt{3}}{2}\\ \dot{U}_{KBC.M}^{(1)} &= \dot{U}_{KB.M}^{(1)}-\dot{U}_{KC.M}^{(1)}=-j\sqrt{3}\\ \dot{U}_{KCA.M}^{(1)} &= \dot{U}_{KC.M}^{(1)}-\dot{U}_{KA.M}^{(1)}=-\frac{3K_1+1.5\beta}{2+\beta}+j\frac{\sqrt{3}}{2}\end{aligned}\right\}\quad(1\text{-}61)$$

M 点各序电压和各相电压相量如图 1-8（e）所示。

四、两相接地短路电流计算

（一）两相接地短路点边界条件和复合序网络阻抗图

无分支电路 B、C 两相接地短路电流计算如图 1-9 所示。

1. 两相接地短路点的边界条件

由图 1-9（a）B、C 两相接地短路电路图，可得短路点的边界条件为

$$\left.\begin{aligned}&\text{接地短路相电压为}\quad \dot{U}_{KB}^{(1.1)}=\dot{U}_{KC}^{(1.1)}=0\\ &\text{非故障相电流为}\quad \dot{I}_{KA}^{(1.1)}=0\end{aligned}\right\}\quad(1\text{-}62)$$

式中 $\dot{I}_{KA}^{(1.1)}$ ——短路点非故障 A 相电流相量；

$\dot{U}_{KB}^{(1.1)}$、$\dot{U}_{KC}^{(1.1)}$ ——接地短路点 B、C 相电压相量。

2. 两相接地短路时短路点各序电压计算

将式（1-62）代入基本公式（1-26），得 A 相各序电压为

$$\left.\begin{aligned}\dot{U}_{KA1}^{(1.1)} &= \frac{1}{3}(\dot{U}_{KA}^{(1.1)}+a\dot{U}_{KB}^{(1.1)}+a^2\dot{U}_{KC}^{(1.1)})=\frac{1}{3}\dot{U}_{KA}^{(1.1)}\\ \dot{U}_{KA2}^{(1.1)} &= \frac{1}{3}(\dot{U}_{KA}^{(1.1)}+a^2\dot{U}_{KB}^{(1.1)}+a\dot{U}_{KC}^{(1.1)})=\frac{1}{3}\dot{U}_{KA}^{(1.1)}\\ \dot{U}_{KA0}^{(1.1)} &= \frac{1}{3}(\dot{U}_{KA}^{(1.1)}+\dot{U}_{KB}^{(1.1)}+\dot{U}_{KC}^{(1.1)})=\frac{1}{3}\dot{U}_{KA}^{(1.1)}\\ \text{各序电压关系}\quad \dot{U}_{KA1}^{(1.1)} &= \dot{U}_{KA2}^{(1.1)}=\dot{U}_{KA0}^{(1.1)}=\frac{1}{3}\dot{U}_{KA}^{(1.1)}\end{aligned}\right\}\quad(1\text{-}63)$$

式中 $\dot{U}_{KA1}^{(1.1)}$、$\dot{U}_{KA2}^{(1.1)}$、$\dot{U}_{KA0}^{(1.1)}$ ——分别为 B、C 相接地短路时短路点正、负、零序电压；

$\dot{U}_{KA}^{(1.1)}$、$\dot{U}_{KB}^{(1.1)}$、$\dot{U}_{KC}^{(1.1)}$ ——分别为 B、C 相接地短路时 A、B、C 三相电压。

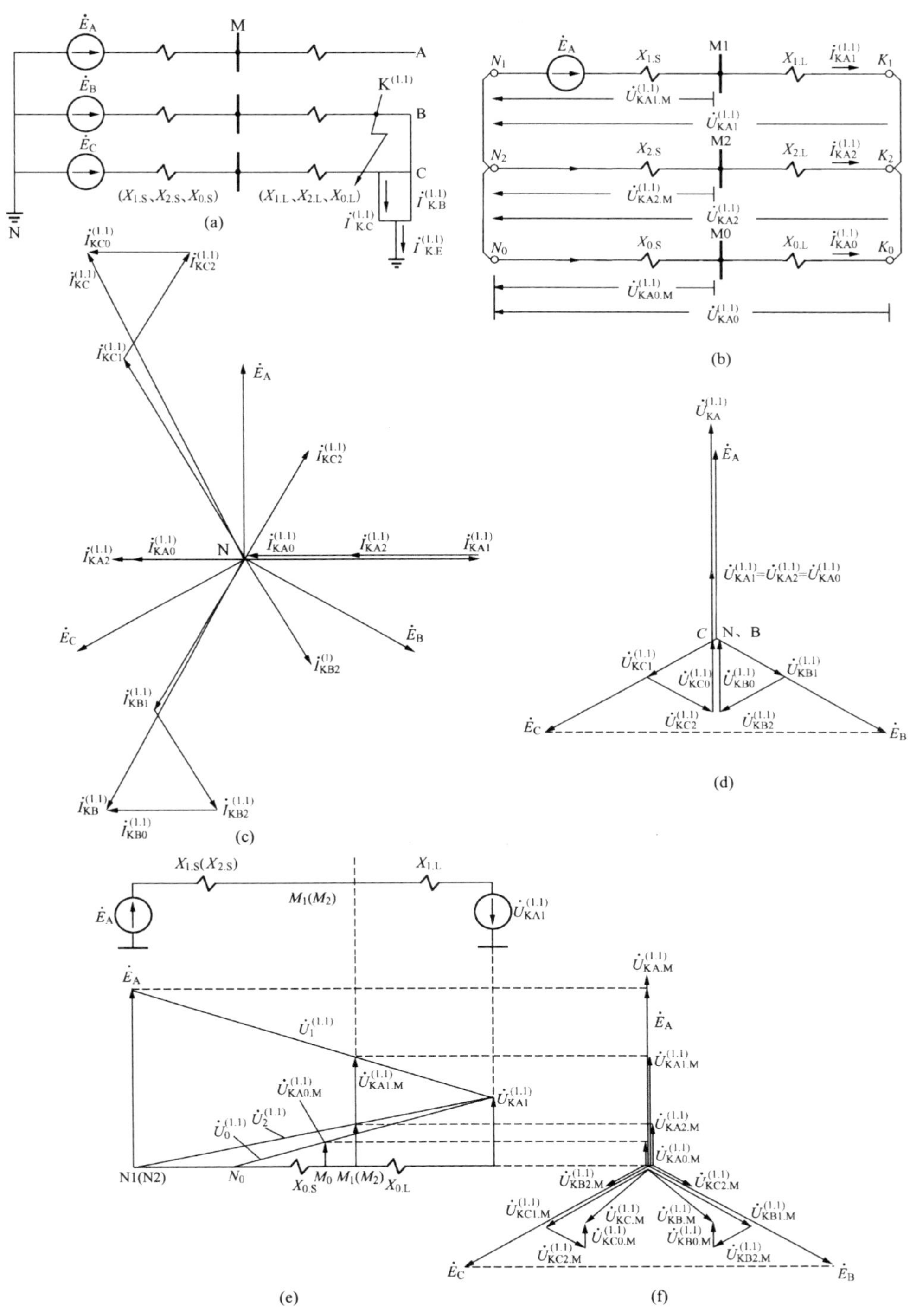

图 1-9 无分支电路 B、C 两相接地短路电流计算图

(a) B、C 两相接地短路电路图；(b) B、C 相接地短路复合序网络图；(c) 短路点各序电流各相电流相量图；(d) 短路点各序电压和各相电压相量图；(e) 各序电压分布图；(f) M 点各序电压和各相电压相量图

3. B、C 相接地时 A 相电流和各序电流的关系

由式（1-25）得
$$\dot{I}_{KA}^{(1.1)}=\dot{I}_{KA1}^{(1.1)}+\dot{I}_{KA2}^{(1.1)}+\dot{I}_{KA0}^{(1.1)}=0 \tag{1-64}$$

A 相各序电流的关系
$$\dot{I}_{KA1}^{(1.1)}=-(\dot{I}_{KA2}^{(1.1)}+\dot{I}_{KA0}^{(1.1)}) \tag{1-65}$$

式中 $\dot{I}_{KA1}^{(1.1)}$、$\dot{I}_{KA2}^{(1.1)}$、$\dot{I}_{KA0}^{(1.1)}$——分别为 B、C 相接地短路时 A 相正、负、零序电流；

其他符号含义同前。

4. 两相接地短路时的复合序网络图

由式（1-63）、式（1-65）可画出 B、C 相接地短路时的复合序网络图如图 1-9（b）所示。

（二）两相接地短路点电流的计算

1. 短路点 A 相各序电流计算

由图 1-9（b）可计算 A 相各序电流。如 $X_{1\Sigma}=X_{2\Sigma}$时，为

$$\left.\begin{aligned}
\dot{I}_{KA1}^{(1.1)}&=\frac{\dot{E}_A}{j\left(X_{1\Sigma}+\dfrac{X_{2\Sigma}X_{0\Sigma}}{X_{2\Sigma}+X_{0\Sigma}}\right)}=\frac{\dot{E}_A}{jX_{1\Sigma}}\times\frac{1}{\left(1+\dfrac{X_{0\Sigma}}{X_{0\Sigma}+X_{1\Sigma}}\right)}=\dot{I}_{KA}^{(3)}\frac{1+\beta}{1+2\beta}\\
\dot{I}_{KA2}^{(1.1)}&=-\dot{I}_{KA1}^{(1.1)}\frac{X_{0\Sigma}}{X_{1\Sigma}+X_{0\Sigma}}=-\dot{I}_{KA}^{(3)}\frac{\beta}{1+2\beta}\\
\dot{I}_{KA0}^{(1.1)}&=-\dot{I}_{KA1}^{(1.1)}\frac{X_{1\Sigma}}{X_{1\Sigma}+X_{0\Sigma}}=-\dot{I}_{KA}^{(3)}\frac{1}{1+2\beta}
\end{aligned}\right\} \tag{1-66}$$

式中符号含义同前。

2. 短路点各相短路电流的计算

（1）B 相短路电流计算。可将式（1-66）代入式（1-25）得故障相电流为

$$\dot{I}_{KB}^{(1.1)}=a^2\dot{I}_{KA1}^{(1.1)}+a\dot{I}_{KA2}^{(1.1)}+\dot{I}_{KA0}^{(1.1)}=\dot{I}_{KA}^{(3)}\frac{\sqrt{3}}{1+2\beta}\left[-\frac{\sqrt{3}}{2}-j\left(\frac{1}{2}+\beta\right)\right] \tag{1-67}$$

$$I_{KB}^{(1.1)}=|\dot{I}_{KB}^{(1.1)}|=I_{KA}^{(3)}\frac{\sqrt{3}}{1+2\beta}\sqrt{1+\beta+\beta^2} \tag{1-68}$$

式中符号含义同前。

（2）C 相短路电流计算。同理可得

$$\dot{I}_{KC}^{(1.1)}=a\dot{I}_{KA1}^{(1.1)}+a^2\dot{I}_{KA2}^{(1.1)}+\dot{I}_{KA0}^{(1.1)}=\dot{I}_{KA}^{(3)}\frac{\sqrt{3}}{1+2\beta}\left[-\frac{\sqrt{3}}{2}+j\left(\frac{1}{2}+\beta\right)\right] \tag{1-69}$$

$$I_{KC}^{(1.1)}=|\dot{I}_{KC}^{(1.1)}|=I_{KA}^{(3)}\frac{\sqrt{3}}{1+2\beta}\sqrt{1+\beta+\beta^2} \tag{1-70}$$

式中符号含义同前。

（3）两相接地短路点接地电流计算。由式（1-66）可得接地点电流为

$$\dot{I}_{KE}^{(1.1)}=3\dot{I}_{KA0}^{(1.1)}=-3\dot{I}_{KA}^{(3)}\frac{1}{1+2\beta} \tag{1-71}$$

式中　$\dot{I}_{KE}^{(1.1)}$——两相接地时短路点的接地电流；

　　其他符号含义同前。

短路点 A 相各序电流和各相电流相量如图 1-9（c）所示。

（4）两相接地短路电流的变化规律。当 β 由 $0\to1\to\infty$ 变化时，两相接地短路电流的变化可用两相接地短路电流和三相短路电流之比 $K_K^{(1.1-3)}=\dfrac{I_K^{(1.1)}}{I_K^{(3)}}$ 的变化规律表示。

当 $X_{0\Sigma}\to0$，即 $\beta\to0$ 时 $K_K^{(1.1-3)}=\lim\limits_{\beta\to0}\dfrac{\sqrt{3}}{1+2\beta}\sqrt{1+\beta+\beta^2}=\sqrt{3}$

$$I_K^{(1.1)}=\sqrt{3}I_K^{(3)} \tag{1-72}$$

当 $X_{0\Sigma}\to X_{1\Sigma}$，即 $\beta\to1$ 时 $K_K^{(1.1-3)}=\lim\limits_{\beta\to1}\dfrac{\sqrt{3}}{1+2\beta}\sqrt{1+\beta+\beta^2}=1$

$$I_K^{(1.1)}=I_K^{(3)} \tag{1-73}$$

当 $X_{0\Sigma}\to\infty$，即 $\beta\to\infty$ 时 $K_K^{(1.1-3)}=\lim\limits_{\beta\to\infty}\dfrac{\sqrt{3}}{1+2\beta}\sqrt{1+\beta+\beta^2}=\dfrac{\sqrt{3}}{2}$

$$I_K^{(1.1)}=\frac{\sqrt{3}}{2}I_K^{(3)} \tag{1-74}$$

结论：当 β 由 $0\to1\to\infty$ 时，$I_{KB}^{(1.1)}$、$I_{KC}^{(1.1)}$ 由 $\sqrt{3}I_K^{(3)}\to I_K^{(3)}\to\dfrac{\sqrt{3}}{2}I_K^{(3)}$。

（三）短路点各序电压及非故障相电压标么值计算

1. 短路点 A 相各序电压计算

由式（1-28）得

$$\left.\begin{aligned}\dot{U}_{KA1}^{(1.1)}&=\dot{E}_A-j\dot{I}_{K1}^{(1.1)}X_{1\Sigma}\\\dot{U}_{KA2}^{(1.1)}&=0-j\dot{I}_{K2}^{(1.1)}X_{2\Sigma}\\\dot{U}_{KA0}^{(1.1)}&=0-j\dot{I}_{K0}^{(1.1)}X_{0\Sigma}\end{aligned}\right\} \tag{1-75}$$

式中符号含义同前。

2. 短路点 A 相各序电压标么值计算

设 $\dot{E}_A=1$，阻抗均为标么值，并将式（1-66）代入式（1-75）经化简后为

$$\left.\begin{aligned}\dot{U}_{KA1}^{(1.1)}&=\dot{E}_A-j\frac{\dot{E}_A}{j\left(X_{1\Sigma}+\dfrac{X_{2\Sigma}X_{0\Sigma}}{X_{2\Sigma}+X_{0\Sigma}}\right)}X_{1\Sigma}=\frac{X_{0\Sigma}}{X_{1\Sigma}+2X_{0\Sigma}}=\frac{\beta}{1+2\beta}\\\dot{U}_{KA2}^{(1.1)}&=-j\frac{\dot{E}_A}{j\left(X_{1\Sigma}+\dfrac{X_{2\Sigma}X_{0\Sigma}}{X_{2\Sigma}+X_{0\Sigma}}\right)}\frac{X_{2\Sigma}X_{0\Sigma}}{X_{2\Sigma}+X_{0\Sigma}}=\frac{X_{0\Sigma}}{X_{1\Sigma}+2X_{0\Sigma}}=\frac{\beta}{1+2\beta}\\\dot{U}_{KA0}^{(1.1)}&=-j\frac{\dot{E}_A}{j\left(X_{1\Sigma}+\dfrac{X_{2\Sigma}X_{0\Sigma}}{X_{2\Sigma}+X_{0\Sigma}}\right)}\frac{X_{2\Sigma}X_{0\Sigma}}{X_{2\Sigma}+X_{0\Sigma}}=\frac{X_{0\Sigma}}{X_{1\Sigma}+2X_{0\Sigma}}=\frac{\beta}{1+2\beta}\end{aligned}\right\} \tag{1-76}$$

式中符号含义同前。

3. 短路点A相各序电压标么值的关系

$$\dot{U}_{KA1}^{(1.1)}=\dot{U}_{KA2}^{(1.1)}=\dot{U}_{KA0}^{(1.1)}=\frac{X_{0\Sigma}}{X_{1\Sigma}+2X_{0\Sigma}}=\frac{\beta}{1+2\beta} \tag{1-77}$$

式中符号含义同前。

4. 两相接地时非故障相电压标么值计算

将式（1-77）代入式（1-26）得

$$\dot{U}_{KA}^{(1.1)}=\dot{U}_{KA1}^{(1.1)}+\dot{U}_{KA2}^{(1.1)}+\dot{U}_{KA0}^{(1.1)}=\frac{3X_{0\Sigma}}{X_{1\Sigma}+2X_{0\Sigma}}=\frac{3\beta}{1+2\beta} \tag{1-78}$$

式中符号含义同前。

B、C两相接地短路点各序电压和各相电压相量如图1-9（d）所示，图中一般$\dot{U}_{KA}^{(1.1)}\neq\dot{E}_A$，只有当$\beta=1$时，$\dot{U}_{KA}^{(1.1)}=\dot{E}_A$。当$\beta>1$时，$\dot{U}_{KA}^{(1.1)}>\dot{E}_A$。当$\beta<1$时，$\dot{U}_{KA}^{(1.1)}<\dot{E}_A$。

（四）母线M点电压标么值的计算

1. M点各序电压标么值计算

M点各序电压由式（1-29）计算得

$$\left.\begin{aligned}
\dot{U}_{KA1.M}^{(1.1)}&=\dot{U}_{KA1}^{(1.1)}+j\dot{I}_{KA1}^{(1.1)}X_{1.L}=\frac{\beta}{1+2\beta}+j\frac{1+\beta}{1+2\beta}\frac{1}{jX_{1\Sigma}}X_{1.L}=\frac{\beta+K_1\beta+K_1}{1+2\beta}\\
\dot{U}_{KA2.M}^{(1.1)}&=\dot{U}_{KA2}^{(1.1)}+j\dot{I}_{KA2}^{(1.1)}X_{2.L}=\frac{\beta}{1+2\beta}+j\frac{-\beta}{1+2\beta}\frac{1}{jX_{1\Sigma}}X_{2.L}=\frac{\beta-K_1\beta}{1+2\beta}\\
\dot{U}_{KA0.M}^{(1.1)}&=\dot{U}_{KA0}^{(1.1)}+j\dot{I}_{KA0}^{(1.1)}X_{0.L}=\frac{\beta}{1+2\beta}+j\frac{-1}{1+2\beta}\frac{1}{jX_{1\Sigma}}X_{0.L}=\frac{\beta-K_0\beta}{1+2\beta}
\end{aligned}\right\} \tag{1-79}$$

式中　$X_{1.L}$、$X_{2.L}$、$X_{0.L}$——分别为短路点$K_{B,C}^{(1.1)}$至M点之间各序电抗；

其他符号含义同前。

各序电压分布如图1-9（e）所示。

2. M点各相电压标么值计算

（1）M点各相电压用M点各序电压叠加计算。将式（1-79）代入式（1-25）得

$$\left.\begin{aligned}
\dot{U}_{KA.M}^{(1.1)}&=\dot{U}_{KA1.M}^{(1.1)}+\dot{U}_{KA2.M}^{(1.1)}+\dot{U}_{KA0.M}^{(1.1)}=\frac{\beta+K_1\beta+K_1}{1+2\beta}+\frac{\beta-K_1\beta}{1+2\beta}+\frac{\beta-K_0\beta}{1+2\beta}\\
&=\frac{3\beta-K_0\beta+K_1}{1+2\beta}\\
\dot{U}_{KB.M}^{(1.1)}&=a^2\dot{U}_{KA1.M}^{(1.1)}+a\dot{U}_{KA2.M}^{(1.1)}+\dot{U}_{KA0.M}^{(1.1)}=a^2\frac{\beta+K_1\beta+K_1}{1+2\beta}+a\frac{\beta-K_1\beta}{1+2\beta}+\frac{\beta-K_0\beta}{1+2\beta}\\
&=\frac{-(K_0\beta+0.5K_1)-j\sqrt{3}(0.5+\beta)K_1}{1+2\beta}=-\frac{K_0\beta+0.5K_1}{1+2\beta}-j\frac{\sqrt{3}}{2}K_1\\
\dot{U}_{KC.M}^{(1.1)}&=a\dot{U}_{KA1.M}^{(1.1)}+a^2\dot{U}_{KA2.M}^{(1.1)}+\dot{U}_{KA0.M}^{(1.1)}=a\frac{\beta+K_1\beta+K_1}{1+2\beta}+a^2\frac{\beta-K_1\beta}{1+2\beta}+\frac{\beta-K_0\beta}{1+2\beta}\\
&=\frac{-(K_0\beta+0.5K_1)+j\sqrt{3}(0.5+\beta)K_1}{1+2\beta}=-\frac{K_0\beta+0.5K_1}{1+2\beta}+j\frac{\sqrt{3}}{2}K_1
\end{aligned}\right\} \tag{1-80}$$

（2）M点各相电压用短路点电压叠加各序电压降计算。

1）M点A相电压计算。将式（1-78）、式（1-66）代入式（1-31）计算得

$$\begin{aligned}\dot{U}_{KA.M}^{(1,1)} &= \dot{U}_{KA}^{(1,1)} + j\dot{I}_{KA1}^{(1,1)}X_{1.L} + j\dot{I}_{KA2}^{(1,1)}X_{2.L} + j\dot{I}_{KA0}^{(1,1)}X_{0.L}\\ &= \frac{3\beta}{1+2\beta} + j\dot{I}_K^{(3)}\left(\frac{1+\beta}{1+2\beta}X_{1.L} - \frac{\beta}{1+2\beta}X_{2.L} - \frac{1}{1+2\beta}X_{0.L}\right)\\ &= \frac{3\beta}{1+2\beta} + \frac{X_{1.L}-X_{0.L}}{X_{1\Sigma}(1+2\beta)} = \frac{3\beta - K_0\beta + K_1}{1+2\beta}\\ \dot{U}_{KA.M}^{(1,1)} &= \frac{3\beta}{1+2\beta} - \frac{K_0\beta - K_1}{1+2\beta}\end{aligned}$$

一般 $K_0\beta - K_1>0$，所以一般 $U_{KA.M}^{(1,1)}<U_{KA}^{(1,1)}$。根据 β 值及 M 点不同位置，$U_{KA.M}^{(1,1)}$可能高于或低于电源电压，M 点靠近电源时 $U_{KA.M}^{(1,1)}=1$（即为电源电压）。

2）M 点 B 相电压计算。同理可得

$$\begin{aligned}\dot{U}_{KB.M}^{(1,1)} &= \dot{U}_{KB}^{(1,1)} + ja^2\dot{I}_{KA1}^{(1,1)}X_{1.L} + ja\dot{I}_{KA2}^{(1,1)}X_{2.L} + j\dot{I}_{KA0}^{(1,1)}X_{0.L}\\ &= 0 + j\dot{I}_K^{(3)}\left(a^2\frac{1+\beta}{1+2\beta}X_{1.L} - a\frac{\beta}{1+2\beta}X_{2.L} - \frac{1}{1+2\beta}X_{0.L}\right)\\ &= j\frac{\dot{I}_K^{(3)}}{1+2\beta}\left[a^2(1+\beta)X_{1.L} - a\beta X_{2.L} - X_{0.L}\right]\\ \dot{U}_{KB.M}^{(1,1)} &= \frac{1}{X_{1\Sigma}(1+2\beta)}\left[\left(-\frac{1}{2} - j\frac{\sqrt{3}}{2} - j\sqrt{3}\beta\right)X_{1.L} - X_{0.L}\right]\\ &= \frac{-(0.5K_1+K_0\beta) - j\sqrt{3}(0.5+\beta)K_1}{(1+2\beta)}\end{aligned}$$

3）M 点 C 相电压计算。同理可得

$$\left.\begin{aligned}\dot{U}_{KC.M}^{(1,1)} &= \frac{1}{X_{1\Sigma}(1+2\beta)}\left[\left(-\frac{1}{2} + j\frac{\sqrt{3}}{2} + j\sqrt{3}\beta\right)X_{1.L} - X_{0.L}\right]\\ &= \frac{-(0.5K_1+K_0\beta) + j\sqrt{3}(0.5+\beta)K_1}{(1+2\beta)}\\ \dot{U}_{KA.M}^{(1,1)} &= \frac{3\beta - K_0\beta + K_1}{1+2\beta}\text{或}\frac{3X_{0\Sigma} - X_{0.L} + X_{1.L}}{X_{1\Sigma}+2X_{0\Sigma}}\\ \dot{U}_{KB.M}^{(1,1)} &= \frac{-(K_0\beta+0.5K_1) - j\sqrt{3}(0.5+\beta)K_1}{1+2\beta}\text{或}\frac{-(X_{0.L}+0.5X_{1.L}) - j\sqrt{3}(0.5+\beta)X_{1.L}}{X_{1\Sigma}+2X_{0\Sigma}}\\ \dot{U}_{KC.M}^{(1,1)} &= \frac{-(K_0\beta+0.5K_1) + j\sqrt{3}(0.5+\beta)K_1}{1+2\beta}\text{或}\frac{-(X_{0.L}+0.5X_{1.L}) + j\sqrt{3}(0.5+\beta)X_{1.L}}{X_{1\Sigma}+2X_{0\Sigma}}\end{aligned}\right\}$$

M 点三相相电压简化为

$$\left.\begin{aligned}\dot{U}_{KA.M}^{(1,1)} &= \frac{3\beta - K_0\beta + K_1}{1+2\beta}\text{或}\frac{3X_{0\Sigma} - X_{0.L} + X_{1.L}}{X_{1\Sigma}+2X_{0\Sigma}}\\ \dot{U}_{KB.M}^{(1,1)} &= -\frac{K_0\beta+0.5K_1}{1+2\beta} - j\frac{\sqrt{3}}{2}K_1\text{或} -\frac{X_{0.L}+0.5X_{1.L}}{X_{1\Sigma}+2X_{0\Sigma}} - j\frac{\sqrt{3}}{2}\frac{X_{1.L}}{X_{1\Sigma}}\\ \dot{U}_{KC.M}^{(1,1)} &= -\frac{K_0\beta+0.5K_1}{1+2\beta} + j\frac{\sqrt{3}}{2}K_1\text{或} -\frac{X_{0.L}+0.5X_{1.L}}{X_{1\Sigma}+2X_{0\Sigma}} + j\frac{\sqrt{3}}{2}\frac{X_{1.L}}{X_{1\Sigma}}\end{aligned}\right\}\quad(1\text{-}81)$$

$$K_1 = \frac{X_{1.L}}{X_{1\Sigma}} = K_2 = \frac{X_{2.L}}{X_{1\Sigma}}, K_0 = \frac{X_{0.L}}{X_{0\Sigma}}, \frac{X_{0.L}}{X_{1\Sigma}} = \frac{X_{0.L}}{X_{1\Sigma}}\times\frac{X_{0\Sigma}}{X_{0\Sigma}} = \frac{X_{0.L}}{X_{0\Sigma}}\times\frac{X_{0\Sigma}}{X_{1\Sigma}} = K_0\beta$$

式中 K_1、K_2、K_0——分别为各序阻抗分压比；

其他符号含义同前。

M 点各序电压、各相电压相量如图 1-9（f）所示。

短路点 $K^{(1.1)}$（$K^{(1)}$）各序电压（电流）及非故障相电压（电流）和 M 点各序电压（电流）及故障相与非故障相电压（电流）计算，均可直接用各序阻抗 $X_{1\Sigma}$、$X_{2\Sigma}$、$X_{0\Sigma}$、$X_{1.L}$、$X_{2.L}$、$X_{0.L}$表达和计算，也可用系数 K_1、K_2、K_0 及 β 表达计算，其结果完全相同。在使用时，有时用前者计算简单，有时用后者计算简单，计算者可以根据具体情况选择不同的计算方法，这是计算的技巧（简单的计算意味着计算工作量和错误的减少）。

五、电源分支电路不对称短路电流计算

分支电源不对称短路电流计算阻抗归算如图 1-10 所示。

图 1-10 中：

（1）$X_{1.SM}$、$X_{2.SM}$、$X_{0.SM}$分别为电源 S_M 至母线 M 点的正、负、零序电抗。

（2）$X_{1.LM}$、$X_{2.LM}$、$X_{0.LM}$分别为短路点 $K^{(n)}$ 至母线 M 点的正、负、零序电抗。

（3）$X_{1.SN}$、$X_{2.SN}$、$X_{0.SN}$分别为电源 S_N 至母线 N 的正、负、零序电抗。

（4）$X_{1.LN}$、$X_{2.LN}$、$X_{0.LN}$分别为短路点 $K^{(n)}$ 至母线 N 的正、负、零序电抗。

分支电路不对称短路电流计算可归纳为以下步骤。

将图 1-10 中参数分 M、N 侧计算之。

1. M、N 侧各序综合阻抗计算

（1）M 侧各序综合阻抗为

$$\left.\begin{aligned} X_{1\Sigma.M} &= X_{1.SM} + X_{1.LM} \\ X_{2\Sigma.M} &= X_{2.SM} + X_{2.LM} \\ X_{0\Sigma.M} &= X_{0.SM} + X_{0.LM} \end{aligned}\right\} \tag{1-82}$$

（2）N 侧各序综合阻抗为

$$\left.\begin{aligned} X_{1\Sigma.N} &= X_{1.SN} + X_{1.LN} \\ X_{2\Sigma.N} &= X_{2.SN} + X_{2.LN} \\ X_{0\Sigma.N} &= X_{0.SN} + X_{0.LN} \end{aligned}\right\} \tag{1-83}$$

2. 短路点各序综合阻抗计算

其计算式为

$$\left.\begin{aligned} &\text{正序综合电抗} \quad X_{1\Sigma} = \frac{1}{\dfrac{1}{X_{1\Sigma.M}} + \dfrac{1}{X_{1\Sigma.N}}} \\ &\text{负序综合电抗} \quad X_{2\Sigma} = \frac{1}{\dfrac{1}{X_{2\Sigma.M}} + \dfrac{1}{X_{2\Sigma.N}}} \\ &\text{零序综合电抗} \quad X_{0\Sigma} = \frac{1}{\dfrac{1}{X_{0\Sigma.M}} + \dfrac{1}{X_{0\Sigma.N}}} \end{aligned}\right\} \tag{1-84}$$

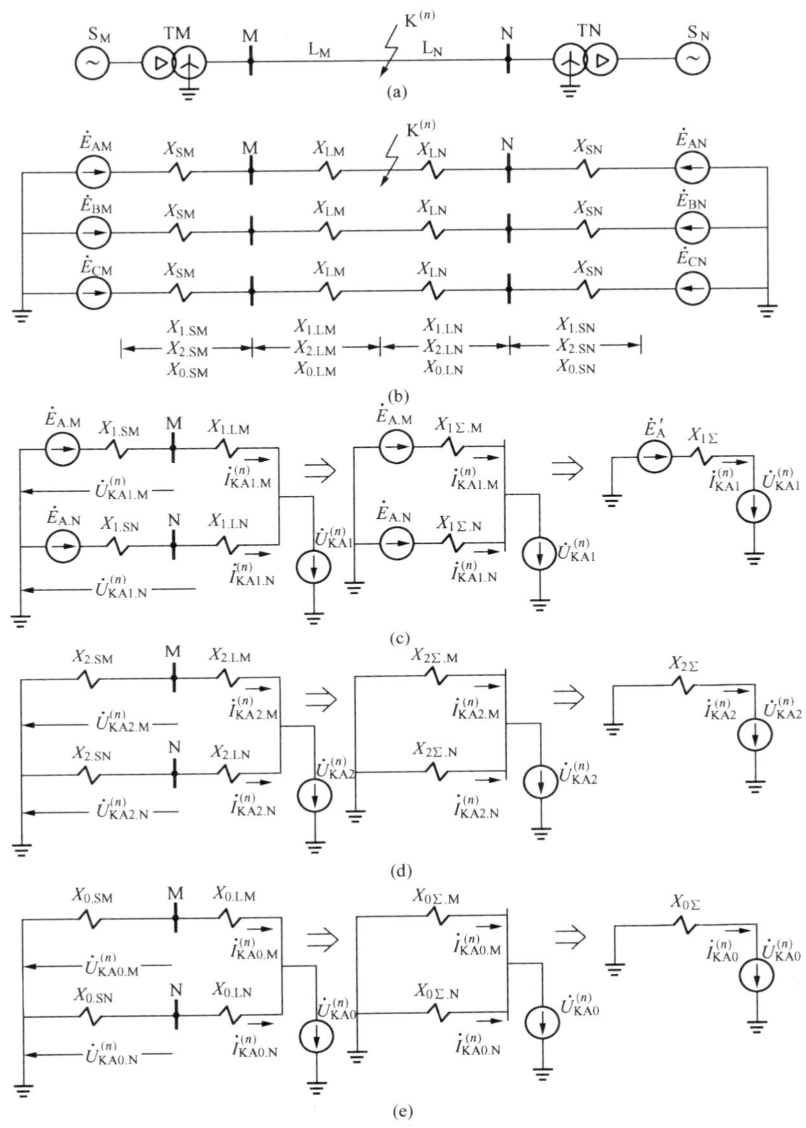

图 1-10 分支电源不对称短路电流计算阻抗归算图

(a) 不同序阻抗电源分支电路图；(b) 三相电路图；(c) 正序阻抗图；(d) 负序阻抗图；(e) 零序阻抗图

3. M、N 侧各分支系数计算

(1) M 侧各序电流分支系数为

$$\left.\begin{aligned}&\text{M 支路正序电流分支系数为}\quad K_{1bra.M}=\frac{X_{1\Sigma}}{X_{1\Sigma.M}}\\&\text{M 支路负序电流分支系数为}\quad K_{2bra.M}=\frac{X_{2\Sigma}}{X_{2\Sigma.M}}\\&\text{M 支路零序电流分支系数为}\quad K_{0bra.M}=\frac{X_{0\Sigma}}{X_{0\Sigma.M}}\end{aligned}\right\}\tag{1-85}$$

（2）N 侧各序电流分支系数为

$$\left.\begin{array}{ll}\text{N 支路正序电流分支系数为} & K_{1\text{bra.N}}=\dfrac{X_{1\Sigma}}{X_{1\Sigma.\text{N}}}\\ \text{N 支路负序电流分支系数为} & K_{2\text{bra.N}}=\dfrac{X_{2\Sigma}}{X_{2\Sigma.\text{N}}}\\ \text{N 支路零序电流分支系数为} & K_{0\text{bra.N}}=\dfrac{X_{0\Sigma}}{X_{0\Sigma.\text{N}}}\end{array}\right\}\tag{1-86}$$

4. M、N 侧母线各序电压分压系数计算

（1）M 侧母线各序电压分压系数为

$$\left.\begin{array}{ll}\text{M 侧母线正序电压分压系数为} & K_{1.\text{M}}=\dfrac{X_{1.\text{LM}}}{X_{1\Sigma.\text{M}}}\\ \text{M 侧母线负序电压分压系数为} & K_{2.\text{M}}=\dfrac{X_{2.\text{LM}}}{X_{2\Sigma.\text{M}}}\\ \text{M 侧母线零序电压分压系数为} & K_{0.\text{M}}=\dfrac{X_{0.\text{LM}}}{X_{0\Sigma.\text{M}}}\end{array}\right\}\tag{1-87}$$

（2）N 侧母线各序电压分压系数为

$$\left.\begin{array}{ll}\text{N 侧母线正序电压分压系数} & K_{1.\text{N}}=\dfrac{X_{1.\text{LN}}}{X_{1\Sigma.\text{N}}}\\ \text{N 侧母线负序电压分压系数} & K_{2.\text{N}}=\dfrac{X_{2.\text{LN}}}{X_{2\Sigma.\text{N}}}\\ \text{N 侧母线零序电压分压系数} & K_{0.\text{N}}=\dfrac{X_{0.\text{LN}}}{X_{0\Sigma.\text{N}}}\end{array}\right\}\tag{1-88}$$

5. 短路点各序电流计算

对各种不同类型的短路，根据本节一～四可计算短路点各序电流 $\dot{I}_{\text{KA1}}^{(n)}$、$\dot{I}_{\text{KA2}}^{(n)}$、$\dot{I}_{\text{KA0}}^{(n)}$。

6. 分支 M、N 侧各序电流计算

（1）分支 M 侧各序电流。由式（1-16）得

$$\left.\begin{array}{ll}\text{M 侧正序电流为} & \dot{I}_{\text{KA1.M}}^{(n)}=K_{1\text{bra.M}}\dot{I}_{\text{KA1}}^{(n)}\\ \text{M 侧负序电流为} & \dot{I}_{\text{KA2.M}}^{(n)}=K_{2\text{bra.M}}\dot{I}_{\text{KA2}}^{(n)}\\ \text{M 侧零序电流为} & \dot{I}_{\text{KA0.M}}^{(n)}=K_{0\text{bra.M}}\dot{I}_{\text{KA0}}^{(n)}\end{array}\right\}\tag{1-89}$$

（2）分支 N 侧各序电流。由式（1-16）得

$$\left.\begin{array}{ll}\text{N 侧正序电流为} & \dot{I}_{\text{KA1.N}}^{(n)}=K_{1\text{bra.N}}\dot{I}_{\text{KA1}}^{(n)}\\ \text{N 侧负序电流为} & \dot{I}_{\text{KA2.N}}^{(n)}=K_{2\text{bra.N}}\dot{I}_{\text{KA2}}^{(n)}\\ \text{N 侧零序电流为} & \dot{I}_{\text{KA0.N}}^{(n)}=K_{0\text{bra.N}}\dot{I}_{\text{KA0}}^{(n)}\end{array}\right\}\tag{1-90}$$

7. 分支 M、N 侧各相电流计算

（1）分支 M 侧各相电流。由基本公式（1-25）可计算分支 M 侧各相电流为

$$\left.\begin{array}{ll}\text{M 侧 A 相电流} & \dot{I}_{\text{KA.M}}^{(n)}=\dot{I}_{\text{KA1.M}}^{(n)}+\dot{I}_{\text{KA2.M}}^{(n)}+\dot{I}_{\text{KA0.M}}^{(n)}\\ \text{M 侧 B 相电流} & \dot{I}_{\text{KB.M}}^{(n)}=a^2\dot{I}_{\text{KA1.M}}^{(n)}+a\dot{I}_{\text{KA2.M}}^{(n)}+\dot{I}_{\text{KA0.M}}^{(n)}\\ \text{M 侧 C 相电流} & \dot{I}_{\text{KC.M}}^{(n)}=a\dot{I}_{\text{KA1.M}}^{(n)}+a^2\dot{I}_{\text{KA2.M}}^{(n)}+\dot{I}_{\text{KA0.M}}^{(n)}\end{array}\right\}\tag{1-91}$$

(2) 分支 N 侧各相电流。由基本公式（1-25）可计算分支 N 侧各相电流为

$$\left.\begin{aligned}&\text{N 侧 A 相电流为} \quad \dot{I}_{\mathrm{KA.N}}^{(n)}=\dot{I}_{\mathrm{KA1.N}}^{(n)}+\dot{I}_{\mathrm{KA2.N}}^{(n)}+\dot{I}_{\mathrm{KA0.N}}^{(n)}\\&\text{N 侧 B 相电流为} \quad \dot{I}_{\mathrm{KB.N}}^{(n)}=a^{2}\dot{I}_{\mathrm{KA1.N}}^{(n)}+a\dot{I}_{\mathrm{KA2.N}}^{(n)}+\dot{I}_{\mathrm{KA0.N}}^{(n)}\\&\text{N 侧 C 相电流为} \quad \dot{I}_{\mathrm{KC.N}}^{(n)}=a\dot{I}_{\mathrm{KA1.N}}^{(n)}+a^{2}\dot{I}_{\mathrm{KA2.N}}^{(n)}+\dot{I}_{\mathrm{KA0.N}}^{(n)}\end{aligned}\right\}\tag{1-92}$$

8. 短路点各序电压计算

各种不同类型的短路，根据本节一～四可计算短路点各序电压 $\dot{U}_{\mathrm{KA1}}^{(n)}$、$\dot{U}_{\mathrm{KA2}}^{(n)}$、$\dot{U}_{\mathrm{KA0}}^{(n)}$。

9. 母线 M、N 点各序电压计算

母线 M、N 点各序电压可用以下两种方法计算，并可相互验证。

(1) 母线 M 点各序电压计算。

1) 由式（1-29）计算母线 M 点各序电压为

$$\left.\begin{aligned}\dot{U}_{\mathrm{KA1.M}}^{(n)}&=\dot{U}_{\mathrm{KA1}}^{(n)}+\mathrm{j}\dot{I}_{\mathrm{KA1.M}}^{(n)}X_{1.\mathrm{LM}}=\dot{E}_{\mathrm{A}}-\mathrm{j}\dot{I}_{\mathrm{KA1.M}}^{(n)}(X_{1\Sigma.\mathrm{M}}-X_{1.\mathrm{LM}})\\\dot{U}_{\mathrm{KA2.M}}^{(n)}&=\dot{U}_{\mathrm{KA2}}^{(n)}+\mathrm{j}\dot{I}_{\mathrm{KA2.M}}^{(n)}X_{2.\mathrm{LM}}=0-\mathrm{j}\dot{I}_{\mathrm{KA2.M}}^{(n)}X_{2.\mathrm{SM}}\\\dot{U}_{\mathrm{KA0.M}}^{(n)}&=\dot{U}_{\mathrm{KA0}}^{(n)}+\mathrm{j}\dot{I}_{\mathrm{KA0.M}}^{(n)}X_{0.\mathrm{LM}}=0-\mathrm{j}\dot{I}_{\mathrm{KA0.M}}^{(n)}X_{0.\mathrm{SM}}\end{aligned}\right\}\tag{1-93}$$

2) 用短路点序电压和 M 侧支路的分压系数计算母线 M 点各序电压为

$$\left.\begin{aligned}\dot{U}_{\mathrm{KA1.M}}^{(n)}&=\dot{U}_{\mathrm{KA1}}^{(n)}+\mathrm{j}\dot{I}_{\mathrm{KA1.M}}^{(n)}X_{1.\mathrm{LM}}=\dot{E}_{\mathrm{A}}-\mathrm{j}\dot{I}_{\mathrm{KA1.M}}^{(n)}X_{1.\mathrm{SM}}\\\dot{U}_{\mathrm{KA2.M}}^{(n)}&=\dot{U}_{\mathrm{KA2}}^{(n)}+\mathrm{j}\dot{I}_{\mathrm{KA2.M}}^{(n)}X_{2.\mathrm{LM}}=\dot{U}_{\mathrm{KA2}}^{(n)}\frac{X_{2.\mathrm{SM}}}{X_{2\Sigma.\mathrm{M}}}\\\dot{U}_{\mathrm{KA0.M}}^{(n)}&=\dot{U}_{\mathrm{KA0}}^{(n)}+\mathrm{j}\dot{I}_{\mathrm{KA0.M}}^{(n)}X_{0.\mathrm{LM}}=\dot{U}_{\mathrm{KA0}}^{(n)}\frac{X_{0.\mathrm{SM}}}{X_{0\Sigma.\mathrm{M}}}\end{aligned}\right\}\tag{1-94}$$

式中符号含义同前。

式（1-93）和式（1-94）计算结果应一致。

(2) 母线 N 点各序电压计算。

1) 由式（1-29）计算母线 N 点各序电压为

$$\left.\begin{aligned}\dot{U}_{\mathrm{KA1.N}}^{(n)}&=\dot{U}_{\mathrm{KA1}}^{(n)}+\mathrm{j}\dot{I}_{\mathrm{KA1.N}}^{(n)}X_{1.\mathrm{LN}}=\dot{E}_{\mathrm{A}}-\mathrm{j}\dot{I}_{\mathrm{KA1.N}}^{(n)}(X_{1\Sigma.\mathrm{N}}-X_{1.\mathrm{LN}})\\\dot{U}_{\mathrm{KA2.N}}^{(n)}&=\dot{U}_{\mathrm{KA2}}^{(n)}+\mathrm{j}\dot{I}_{\mathrm{KA2.N}}^{(n)}X_{2.\mathrm{LN}}=0-\mathrm{j}\dot{I}_{\mathrm{KA2.N}}^{(n)}X_{2.\mathrm{SN}}\\\dot{U}_{\mathrm{KA0.N}}^{(n)}&=\dot{U}_{\mathrm{KA0}}^{(n)}+\mathrm{j}\dot{I}_{\mathrm{KA0.N}}^{(n)}X_{0.\mathrm{LN}}=0-\mathrm{j}\dot{I}_{\mathrm{KA0.N}}^{(n)}X_{0.\mathrm{SN}}\end{aligned}\right\}\tag{1-95}$$

2) 用短路点序电压和 N 侧支路的分压系数计算母线 N 点各序电压为

$$\left.\begin{aligned}\dot{U}_{\mathrm{KA1.N}}^{(n)}&=\dot{U}_{\mathrm{KA1}}^{(n)}+\mathrm{j}\dot{I}_{\mathrm{KA1.N}}^{(n)}X_{1.\mathrm{LN}}=\dot{E}_{\mathrm{A}}-\mathrm{j}\dot{I}_{\mathrm{KA1.N}}^{(n)}X_{1.\mathrm{SN}}\\\dot{U}_{\mathrm{KA2.N}}^{(n)}&=\dot{U}_{\mathrm{KA2}}^{(n)}+\mathrm{j}\dot{I}_{\mathrm{KA2.N}}^{(n)}X_{2.\mathrm{LN}}=\dot{U}_{\mathrm{KA2}}^{(n)}\frac{X_{2.\mathrm{SN}}}{X_{2\Sigma.\mathrm{N}}}\\\dot{U}_{\mathrm{KA0.N}}^{(n)}&=\dot{U}_{\mathrm{KA0}}^{(n)}+\mathrm{j}\dot{I}_{\mathrm{KA0.N}}^{(n)}X_{0.\mathrm{LN}}=\dot{U}_{\mathrm{KA0}}^{(n)}\frac{X_{0.\mathrm{SN}}}{X_{0\Sigma.\mathrm{N}}}\end{aligned}\right\}\tag{1-96}$$

10. 母线 M、N 点各相电压计算

(1) 母线 M 点各相电压用 M 点各序电压叠加计算。将式（1-93）或式（1-94）计算结果代入基本公式（1-25），可计算 M 点各相电压为

$$\left.\begin{aligned}\dot{U}_{\mathrm{KA.M}}^{(n)}&=\dot{U}_{\mathrm{KA1.M}}^{(n)}+\dot{U}_{\mathrm{KA2.M}}^{(n)}+\dot{U}_{\mathrm{KA0.M}}^{(n)}\\\dot{U}_{\mathrm{KB.M}}^{(n)}&=a^2\dot{U}_{\mathrm{KA1.M}}^{(n)}+a\dot{U}_{\mathrm{KA2.M}}^{(n)}+\dot{U}_{\mathrm{KA0.M}}^{(n)}\\\dot{U}_{\mathrm{KC.M}}^{(n)}&=a\dot{U}_{\mathrm{KA1.M}}^{(n)}+a^2\dot{U}_{\mathrm{KA2.M}}^{(n)}+\dot{U}_{\mathrm{KA0.M}}^{(n)}\end{aligned}\right\}\tag{1-97}$$

（2）母线 M 点各相电压用短路点相电压叠加各序电压降计算。由式（1-31）得

$$\left.\begin{aligned}\dot{U}_{\mathrm{KA.M}}^{(n)}&=\dot{U}_{\mathrm{KA}}^{(n)}+\mathrm{j}\dot{I}_{\mathrm{KA1.M}}^{(n)}X_{1.\mathrm{LM}}+\mathrm{j}\dot{I}_{\mathrm{KA2.M}}^{(n)}X_{2.\mathrm{LM}}+\mathrm{j}\dot{I}_{\mathrm{KA0.M}}^{(n)}X_{0.\mathrm{LM}}\\\dot{U}_{\mathrm{KB.M}}^{(n)}&=\dot{U}_{\mathrm{KB}}^{(n)}+a^2\mathrm{j}\dot{I}_{\mathrm{KA1.M}}^{(n)}X_{1.\mathrm{LM}}+a\mathrm{j}\dot{I}_{\mathrm{KA2.M}}^{(n)}X_{2.\mathrm{LM}}+\mathrm{j}\dot{I}_{\mathrm{KA0.M}}^{(n)}X_{0.\mathrm{LM}}\\\dot{U}_{\mathrm{KC.M}}^{(n)}&=\dot{U}_{\mathrm{KC}}^{(n)}+a\mathrm{j}\dot{I}_{\mathrm{KA1.M}}^{(n)}X_{1.\mathrm{LM}}+a^2\mathrm{j}\dot{I}_{\mathrm{KA2.M}}^{(n)}X_{2.\mathrm{LM}}+\mathrm{j}\dot{I}_{\mathrm{KA0.M}}^{(n)}X_{0.\mathrm{LM}}\end{aligned}\right\}\tag{1-98}$$

（3）母线 N 点各相电压用 N 点各序电压叠加计算。将式（1-95）或式（1-96）计算结果代入基本公式（1-25），可计算 N 点各相电压为

$$\left.\begin{aligned}\dot{U}_{\mathrm{KA.N}}^{(n)}&=\dot{U}_{\mathrm{KA1.N}}^{(n)}+\dot{U}_{\mathrm{KA2.N}}^{(n)}+\dot{U}_{\mathrm{KA0.N}}^{(n)}\\\dot{U}_{\mathrm{KB.N}}^{(n)}&=a^2\dot{U}_{\mathrm{KA1.N}}^{(n)}+a\dot{U}_{\mathrm{KA2.N}}^{(n)}+\dot{U}_{\mathrm{KA0.N}}^{(n)}\\\dot{U}_{\mathrm{KC.N}}^{(n)}&=a\dot{U}_{\mathrm{KA1.N}}^{(n)}+a^2\dot{U}_{\mathrm{KA2.N}}^{(n)}+\dot{U}_{\mathrm{KA0.N}}^{(n)}\end{aligned}\right\}\tag{1-99}$$

（4）母线 N 点各相电压用短路点电压叠加各序电压降计算。由式（1-31）得

$$\left.\begin{aligned}\dot{U}_{\mathrm{KA.N}}^{(n)}&=\dot{U}_{\mathrm{KA}}^{(n)}+\mathrm{j}\dot{I}_{\mathrm{KA1.N}}^{(n)}X_{1.\mathrm{LN}}+\mathrm{j}\dot{I}_{\mathrm{KA2.N}}^{(n)}X_{2.\mathrm{LN}}+\mathrm{j}\dot{I}_{\mathrm{KA0.N}}^{(n)}X_{0.\mathrm{LN}}\\\dot{U}_{\mathrm{KB.N}}^{(n)}&=\dot{U}_{\mathrm{KB}}^{(n)}+a^2\mathrm{j}\dot{I}_{\mathrm{KA1.N}}^{(n)}X_{1.\mathrm{LN}}+a\mathrm{j}\dot{I}_{\mathrm{KA2.N}}^{(n)}X_{2.\mathrm{LN}}+\mathrm{j}\dot{I}_{\mathrm{KA0.N}}^{(n)}X_{0.\mathrm{LN}}\\\dot{U}_{\mathrm{KC.N}}^{(n)}&=\dot{U}_{\mathrm{KC}}^{(n)}+a\mathrm{j}\dot{I}_{\mathrm{KA1.N}}^{(n)}X_{1.\mathrm{LN}}+a^2\mathrm{j}\dot{I}_{\mathrm{KA2.N}}^{(n)}X_{2.\mathrm{LN}}+\mathrm{j}\dot{I}_{\mathrm{KA0.N}}^{(n)}X_{0.\mathrm{LN}}\end{aligned}\right\}\tag{1-100}$$

第四节　经变压器后的短路电流计算

电力系统中不论升压或降压，普遍采用 Yd11 或 YNd11、Yyn0、Dyn1 等接线的变压器，在变压器的 Y 侧或 d 侧发生短路时，短路侧和非短路侧的电流、电压在数值上和相位上均有所不同，为了合理配置继电保护和准确校核继电保护的动作性能，需要对变压器两侧短路进行详细计算和分析。

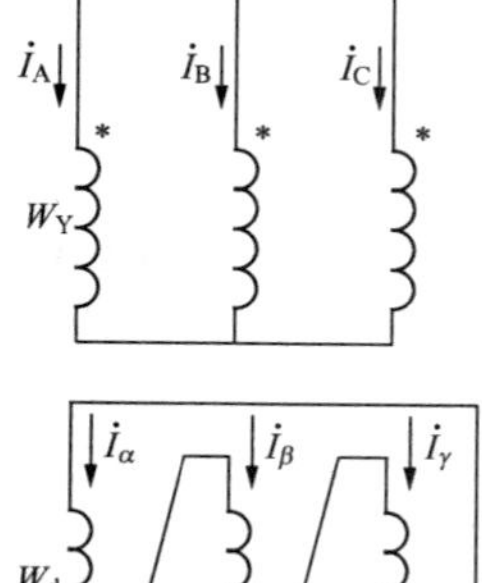

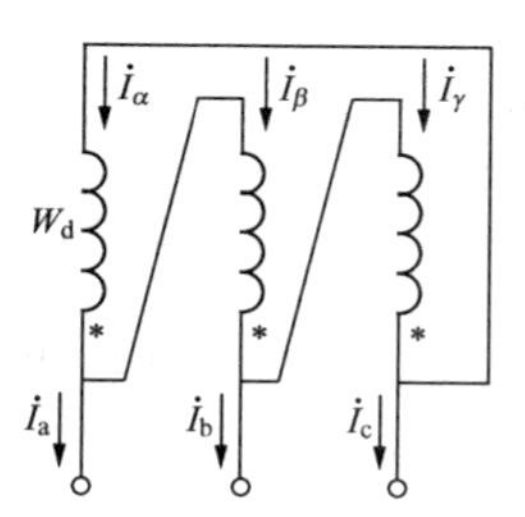

图 1-11　Yd11 接线变压器正常情况或三相短路时两侧电流方向

一、Yd11 接线变压器两侧电流及电压的基本关系

（一）Yd11 接线变压器两侧电流关系

1. 变压器变比 $n_T=1$ 时的变压器两侧绕组匝比关系

Yd11 接线变压器正常情况或三相短路时两侧电流方向如图1-11所示。

图 1-11 中，根据磁动势平衡原理，对于 A 相铁芯及绕组有如下关系

$$\dot{I}_A W_Y=\dot{I}_\alpha W_d\tag{1-101}$$

式中　$\dot{I}_A$、$\dot{I}_\alpha$——分别为 Y 侧、d 侧绕组内的电流相量；

W_Y、W_d——分别为 Y 侧、d 侧绕组的匝数。

设变压器变比 $n_T=1$，电压和绕组匝数成正比的关系，即

$$n_T=\frac{U_{Y.AB}}{U_{d.ab}}=\frac{\sqrt{3}W_Y}{W_d}=1$$

即 $n_T=1$ 时

$$W_d=\sqrt{3}W_Y \tag{1-102}$$

式中 $U_{Y.AB}$、$U_{d.ab}$——分别为 Y 侧、d 侧线电压有效值；

其他符号含义同前。

2. d 侧绕组相电流和 Y 侧绕组相电流的关系

将式（1-102）代入式（1-101）得

同理

$$\left.\begin{aligned}\dot{I}_\alpha&=\dot{I}_A\frac{W_Y}{W_d}=\frac{\dot{I}_A}{\sqrt{3}}\\\dot{I}_\beta&=\frac{\dot{I}_B}{\sqrt{3}}\\\dot{I}_\gamma&=\frac{\dot{I}_C}{\sqrt{3}}\end{aligned}\right\} \tag{1-103}$$

式中 $\dot{I}_A$、$\dot{I}_B$、$\dot{I}_C$——分别为 Y 侧 A、B、C 三相绕组内的电流相量；

$\dot{I}_\alpha$、$\dot{I}_\beta$、$\dot{I}_\gamma$——分别为 d 侧 a、b、c 三相绕组内的电流相量。

（以下用 $\dot{I}$、$\dot{U}$ 表示电流、电压相量，用 I、U 表示电流、电压有效值）

3. d 侧线电流和 Y 侧线电流的关系

（1）用 Y 侧线电流表达 d 侧线电流。由克希荷夫第一定律求得 d 侧线电流与 Y 侧线电流的关系为

$$\left.\begin{aligned}\dot{I}_a&=\dot{I}_\alpha-\dot{I}_\beta=\frac{1}{\sqrt{3}}(\dot{I}_A-\dot{I}_B)\\\dot{I}_b&=\dot{I}_\beta-\dot{I}_\gamma=\frac{1}{\sqrt{3}}(\dot{I}_B-\dot{I}_C)\\\dot{I}_c&=\dot{I}_\gamma-\dot{I}_\alpha=\frac{1}{\sqrt{3}}(\dot{I}_C-\dot{I}_A)\end{aligned}\right\} \tag{1-104}$$

式中 $\dot{I}_a$、$\dot{I}_b$、$\dot{I}_c$——分别为变压器 d 侧 a、b、c 线电流相量；

其他符号含义同前。

（2）用 d 侧线电流表达 Y 侧线电流。当 $\dot{I}_A+\dot{I}_B+\dot{I}_C=0$ 时，解式（1-104）可得

$$\left.\begin{aligned}\dot{I}_A&=\frac{1}{\sqrt{3}}(\dot{I}_a-\dot{I}_c)\\\dot{I}_B&=\frac{1}{\sqrt{3}}(\dot{I}_b-\dot{I}_a)\\\dot{I}_C&=\frac{1}{\sqrt{3}}(\dot{I}_c-\dot{I}_b)\end{aligned}\right\} \tag{1-105}$$

4. Y 侧正、负序电流和 d 侧正、负序电流的关系

(1) 用 Y 侧正序电流表达 d 侧正序线电流。由式 (1-104)、式 (1-25) 计算 d 侧正序线电流得

$$\left.\begin{aligned}\dot{I}_{a1}&=\frac{1}{\sqrt{3}}(\dot{I}_{A1}-\dot{I}_{B1})=\frac{1}{\sqrt{3}}(\dot{I}_{A1}-a^2\dot{I}_{A1})=\dot{I}_{A1}e^{j30^\circ}\\\dot{I}_{b1}&=\frac{1}{\sqrt{3}}(\dot{I}_{B1}-\dot{I}_{C1})=\frac{1}{\sqrt{3}}(\dot{I}_{B1}-a^2\dot{I}_{B1})=\dot{I}_{B1}e^{j30^\circ}\\\dot{I}_{c1}&=\frac{1}{\sqrt{3}}(\dot{I}_{C1}-\dot{I}_{A1})=\frac{1}{\sqrt{3}}(\dot{I}_{C1}-a^2\dot{I}_{C1})=\dot{I}_{C1}e^{j30^\circ}\end{aligned}\right\}\tag{1-106}$$

式中 $\dot{I}_{a1}$、$\dot{I}_{b1}$、$\dot{I}_{c1}$——变压器 d 侧正序线电流相量；

$\dot{I}_{A1}$、$\dot{I}_{B1}$、$\dot{I}_{C1}$——变压器 Y 侧正序线电流相量。

Yd11 接线变压器两侧电流相量如图 1-12 所示。

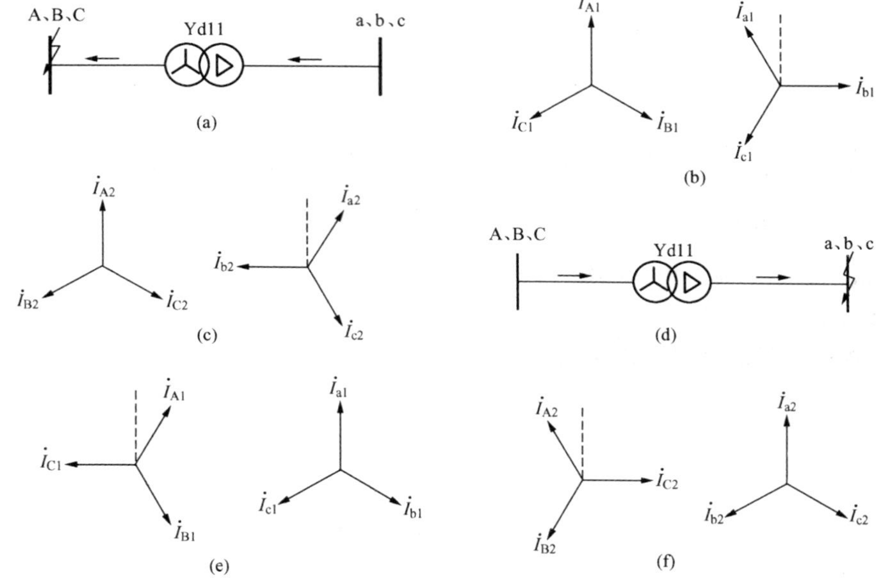

图 1-12 Yd11 接线变压器两侧电流相量图

(a) 变压器 Y 侧短路电路图；(b) Y 侧短路两侧正序电流相量图；(c) Y 侧短路两侧负序电流相量图；(d) 变压器 d 侧短路电路图；(e) d 侧短路两侧正序电流相量图；(f) d 侧短路两侧负序电流相量图

Y 侧短路两侧正序电流相量如图 1-12 (b) 所示。

(2) 用 Y 侧负序线电流表达 d 侧负序线电流。由式 (1-104)、式 (1-25) 计算 d 侧负序电流为

$$\left.\begin{aligned}\dot{I}_{a2}&=\dot{I}_{A2}e^{-j30^\circ}\\\dot{I}_{b2}&=\dot{I}_{B2}e^{-j30^\circ}\\\dot{I}_{c2}&=\dot{I}_{C2}e^{-j30^\circ}\end{aligned}\right\}\tag{1-107}$$

式中 $\dot{I}_{a2}$、$\dot{I}_{b2}$、$\dot{I}_{c2}$——分别为变压器 d 侧负序线电流；

$\dot{I}_{A2}$、$\dot{I}_{B2}$、$\dot{I}_{C2}$——分别为变压器 Y 侧负序线电流。

Y 侧短路两侧负序电流相量如图 1-12（c）所示。

（3）用 d 侧正序线电流表达 Y 侧正序线电流。变压器 d 侧短路电路如图 1-12（d）所示，由式（1-106）可得

$$\left.\begin{aligned}\dot{I}_{A1}&=\dot{I}_{a1}e^{-j30^\circ}\\ \dot{I}_{B1}&=\dot{I}_{b1}e^{-j30^\circ}\\ \dot{I}_{C1}&=\dot{I}_{c1}e^{-j30^\circ}\end{aligned}\right\}\tag{1-108}$$

式中符号含义同前。

d 侧短路两侧正序电流相量如图 1-12（e）所示。

（4）用 d 侧负序线电流表达 Y 侧负序线电流。由式（1-107）可得

$$\left.\begin{aligned}\dot{I}_{A2}&=\dot{I}_{a2}e^{j30^\circ}\\ \dot{I}_{B2}&=\dot{I}_{b2}e^{j30^\circ}\\ \dot{I}_{C2}&=\dot{I}_{c2}e^{j30^\circ}\end{aligned}\right\}\tag{1-109}$$

式中符号含义同前。

d 侧短路两侧负序电流相量如图 1-12（f）所示。

5. d 侧零序电流计算

（1）d 侧线电流零序分量为零。因为 d 侧无中性点，所以有

$$\dot{I}_{a0}=\dot{I}_{b0}=\dot{I}_{c0}=\frac{1}{3}(\dot{I}_a+\dot{I}_b+\dot{I}_c)=0\tag{1-110}$$

（2）d 侧绕组内零序电流计算。由式（1-103）可得

$$\dot{I}_{\alpha0}=\dot{I}_{\beta0}=\dot{I}_{\gamma0}=\frac{1}{\sqrt{3}}\dot{I}_{A0}\tag{1-111}$$

式中 $\dot{I}_{\alpha0}$、$\dot{I}_{\beta0}$、$\dot{I}_{\gamma0}$——分别为 d 侧 a、b、c 三相绕组内零序电流；

其他符号含义同前。

由式(1-106)～式(1-109)可知，Yd11 接线的变压器，不论短路发生于那一侧，d 侧正序电流总是超前于 Y 侧正序电流 30°，而 d 侧负序电流总是落后于 Y 侧负序电流 30°。

（二）Yd11 接线变压器两侧电压关系

Yd11 接线变压器两侧正、负序电压相量如图 1-13 所示。

（1）用 Y 侧正序相电压表达 d 侧正序相电压。类同式（1-106）得

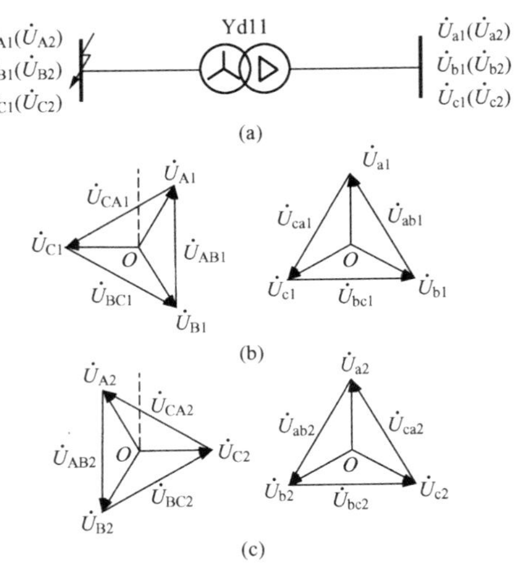

图 1-13 Yd11 接线变压器两侧正、负序电压相量图

（a）变压器 Y 侧短路电路图；（b）Y 侧短路两侧正序电压相量图；（c）Y 侧短路两侧负序电压相量图

$$\left.\begin{aligned}\dot{U}_{a1}&=\dot{U}_{A1}\mathrm{e}^{\mathrm{j}30^\circ}\\\dot{U}_{b1}&=\dot{U}_{B1}\mathrm{e}^{\mathrm{j}30^\circ}\\\dot{U}_{c1}&=\dot{U}_{C1}\mathrm{e}^{\mathrm{j}30^\circ}\end{aligned}\right\}\tag{1-112}$$

（2）用 Y 侧负序相压电表达 d 侧负序相电压。类同式（1-107）得

$$\left.\begin{aligned}\dot{U}_{a2}&=\dot{U}_{A2}\mathrm{e}^{-\mathrm{j}30^\circ}\\\dot{U}_{b2}&=\dot{U}_{B2}\mathrm{e}^{-\mathrm{j}30^\circ}\\\dot{U}_{c2}&=\dot{U}_{C2}\mathrm{e}^{-\mathrm{j}30^\circ}\end{aligned}\right\}\tag{1-113}$$

（3）用 d 侧正序相电压表达 Y 侧正序相电压。由式（1-112）得

$$\left.\begin{aligned}\dot{U}_{A1}&=\dot{U}_{a1}\mathrm{e}^{-\mathrm{j}30^\circ}\\\dot{U}_{B1}&=\dot{U}_{b1}\mathrm{e}^{-\mathrm{j}30^\circ}\\\dot{U}_{C1}&=\dot{U}_{c1}\mathrm{e}^{-\mathrm{j}30^\circ}\end{aligned}\right\}\tag{1-114}$$

（4）用 d 侧负序相电压表达 Y 侧负序相电压。类同式（1-109）得

$$\left.\begin{aligned}\dot{U}_{A2}&=\dot{U}_{a2}\mathrm{e}^{\mathrm{j}30^\circ}\\\dot{U}_{B2}&=\dot{U}_{b2}\mathrm{e}^{\mathrm{j}30^\circ}\\\dot{U}_{C2}&=\dot{U}_{c2}\mathrm{e}^{\mathrm{j}30^\circ}\end{aligned}\right\}\tag{1-115}$$

（5）用 d 侧正序相间电压表达 Y 侧正序相间电压。由式（1-114）得

$$\left.\begin{aligned}\dot{U}_{AB1}&=\dot{U}_{ab1}\mathrm{e}^{-\mathrm{j}30^\circ}\\\dot{U}_{BC1}&=\dot{U}_{bc1}\mathrm{e}^{-\mathrm{j}30^\circ}\\\dot{U}_{CA1}&=\dot{U}_{ca1}\mathrm{e}^{-\mathrm{j}30^\circ}\end{aligned}\right\}\tag{1-116}$$

（6）用 d 侧负序相间电压表达 Y 侧负序相间电压。由式（1-115）得

$$\left.\begin{aligned}\dot{U}_{AB2}&=\dot{U}_{ab2}\mathrm{e}^{\mathrm{j}30^\circ}\\\dot{U}_{BC2}&=\dot{U}_{bc2}\mathrm{e}^{\mathrm{j}30^\circ}\\\dot{U}_{CA2}&=\dot{U}_{ca2}\mathrm{e}^{\mathrm{j}30^\circ}\end{aligned}\right\}\tag{1-117}$$

（7）用 d 侧相间电压表达 Y 侧相间电压得

$$\left.\begin{aligned}\dot{U}_{AB}&=\dot{U}_{ab}\mathrm{e}^{-\mathrm{j}30^\circ}\\\dot{U}_{BC}&=\dot{U}_{be}\mathrm{e}^{-\mathrm{j}30^\circ}\\\dot{U}_{CA}&=\dot{U}_{ca}\mathrm{e}^{-\mathrm{j}30^\circ}\end{aligned}\right\}\tag{1-118}$$

式中 $\dot{U}_{A1}$、$\dot{U}_{B1}$、$\dot{U}_{C1}$、$\dot{U}_{A2}$、$\dot{U}_{B2}$、$\dot{U}_{C2}$——变压器 Y 侧正、负序三相相电压相量；

$\dot{U}_{a1}$、$\dot{U}_{b1}$、$\dot{U}_{c1}$、$\dot{U}_{a2}$、$\dot{U}_{b2}$、$\dot{U}_{c2}$——变压器 d 侧正、负序三相相电压相量；

$\dot{U}_{AB1}$、$\dot{U}_{BC1}$、$\dot{U}_{CA1}$、$\dot{U}_{AB2}$、$\dot{U}_{BC2}$、$\dot{U}_{CA2}$——变压器 Y 侧正、负序相间电压相量；

$\dot{U}_{ab1}$、$\dot{U}_{bc1}$、$\dot{U}_{ca1}$、$\dot{U}_{ab2}$、$\dot{U}_{bc2}$、$\dot{U}_{ca2}$——变压器 d 侧正、负序相间电压相量；

$\dot{U}_{AB}$、$\dot{U}_{BC}$、$\dot{U}_{CA}$、$\dot{U}_{ab}$、$\dot{U}_{bc}$、$\dot{U}_{ca}$——变压器 Y、d 侧三相相间电压相量。

二、Yd11 接线变压器 Y 侧 B、C 两相短路电流的计算

Yd11 接线变压器 T 的 Y 侧 B、C 两相短路电流计算如图 1-14 所示。

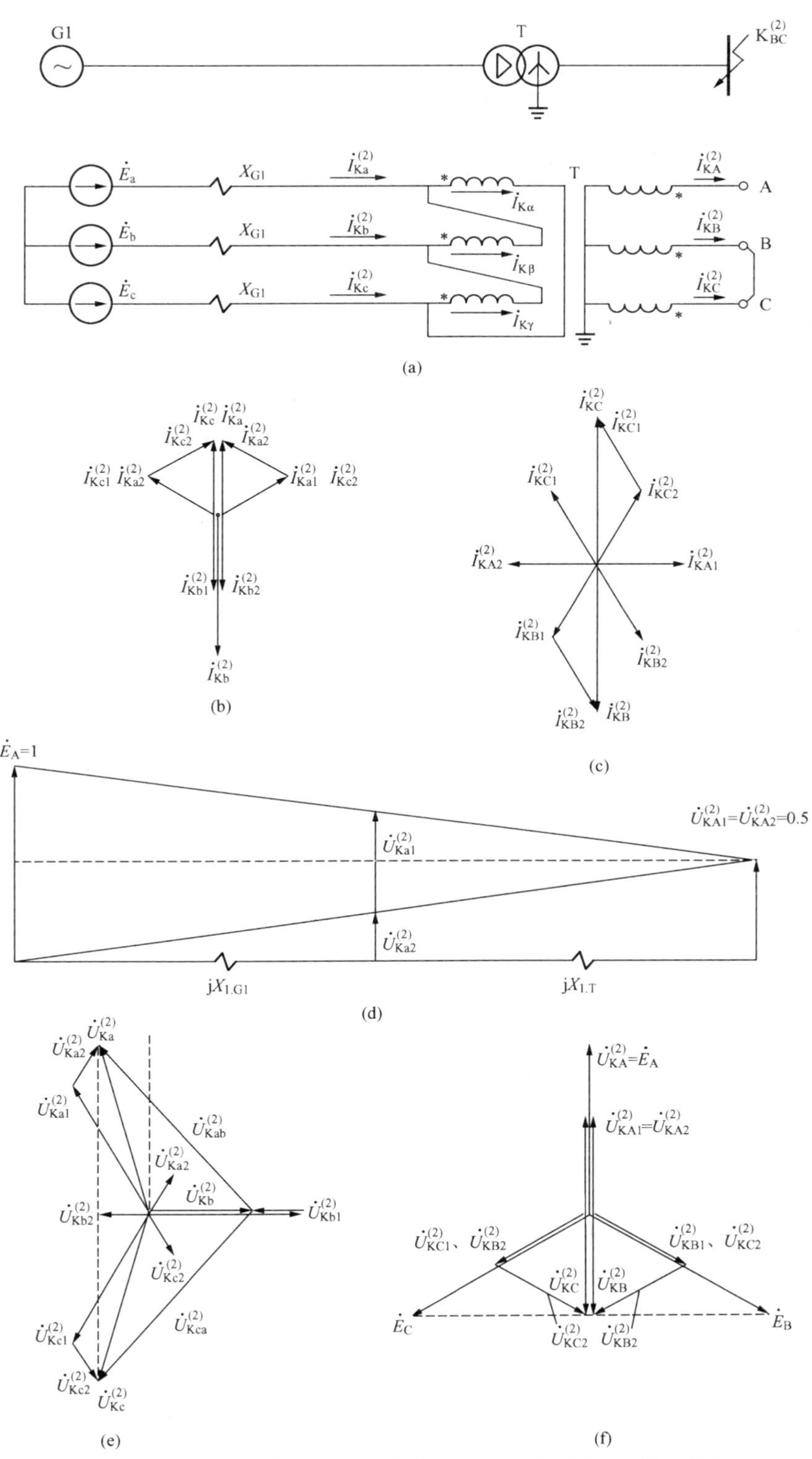

图 1-14 Yd11 接线变压器 T 的 Y 侧 B、C 两相短路电流计算图

(a) 两相短路电路图；(b) d 侧各序电流和各相电流相量图；(c) Y 侧各序电流和各相电流相量图；(d) 两侧正负序电压分布图；(e) d 侧各序电压和各相电压相量图；(f) Y 侧各序电压和各相电压相量图

(一) 两相短路电流计算

1. 全电流法计算

(1) Y侧短路电流计算。用欧姆定律直接计算得

$$\dot{I}_{KB}^{(2)}=-\dot{I}_{KC}^{(2)}=\frac{\dot{E}_B-\dot{E}_C}{j2X_{1\Sigma}}=\frac{a^2-a}{j2X_{1\Sigma}}\times\dot{E}_A$$

$$=\frac{-j\sqrt{3}}{j2X_{1\Sigma}}\times\dot{E}_A=-j\frac{\sqrt{3}}{2}\frac{\dot{E}_A}{jX_{1\Sigma}}=-j\frac{\sqrt{3}}{2}\dot{I}_K^{(3)}$$

即

$$\left.\begin{aligned}\dot{I}_{KB}^{(2)}&=-j\frac{\sqrt{3}}{2}\dot{I}_K^{(3)}\\ \dot{I}_{KC}^{(2)}&=-\dot{I}_{KB}^{(2)}=j\frac{\sqrt{3}}{2}\dot{I}_K^{(3)}\\ \dot{I}_{KA}^{(2)}&=0\end{aligned}\right\}\tag{1-119}$$

非故障相电流 $\dot{I}_{KA}^{(2)}=0$

式中 $\dot{I}_{KB}^{(2)}$、$\dot{I}_{KC}^{(2)}$——分别为Y侧B、C两相短路时变压器Y侧B、C相短路电流；

$X_{1\Sigma}$——短路点的正序综合电抗，$X_{1\Sigma}=X_{1.G1}+X_{1.T1}$；

$X_{1.G1}$——发电机正序电抗；

$X_{1.T1}$——变压器正序电抗；

$\dot{I}_K^{(3)}$——三相短路电流，$\dot{I}_K^{(3)}=-j\dfrac{\dot{E}_A}{X_{1\Sigma}}$。

(2) d侧的线电流计算。由式(1-104)计及变压器变比n可得

$$\left.\begin{aligned}\dot{I}_{Ka}^{(2)}&=\frac{1}{\sqrt{3}}n(\dot{I}_{KA}^{(2)}-\dot{I}_{KB}^{(2)})=-n\frac{\dot{I}_{KB}^{(2)}}{\sqrt{3}}=j\frac{1}{2}n\dot{I}_K^{(3)}\\ \dot{I}_{Kb}^{(2)}&=n\frac{1}{\sqrt{3}}(\dot{I}_{KB}^{(2)}-\dot{I}_{KC}^{(2)})=-n\frac{2\dot{I}_{KB}^{(2)}}{\sqrt{3}}=-jn\dot{I}_K^{(3)}\\ \dot{I}_{Kc}^{(2)}&=\frac{1}{\sqrt{3}}n(\dot{I}_{KC}^{(2)}-\dot{I}_{KA}^{(2)})=-n\frac{\dot{I}_{KB}^{(2)}}{\sqrt{3}}=j\frac{1}{2}n\dot{I}_K^{(3)}\end{aligned}\right\}\tag{1-120}$$

式中 $\dot{I}_{Ka}^{(2)}$、$\dot{I}_{Kb}^{(2)}$、$\dot{I}_{Kc}^{(2)}$——分别为Y侧B、C两相短路时变压器d侧a、b、c三相电流；

n——变压器的变比；

其他符号含义同前。

2. 对称分量法计算

短路点的各序电流、各序电压计算同第二节之二。

(1) 短路点各序电流计算。由式(1-37)可得

$$\left.\begin{aligned}\dot{I}_{KA1}^{(2)}&=\frac{\dot{E}_A}{j(X_{1\Sigma}+X_{2\Sigma})}=\frac{\dot{E}_A}{j2X_{1\Sigma}}=\frac{1}{2}\dot{I}_K^{(3)}\\ \dot{I}_{KA2}^{(2)}&=-\dot{I}_{KA1}^{(2)}=-\frac{1}{2}\dot{I}_K^{(3)}\end{aligned}\right\}\tag{1-121}$$

式中符号含义同式(1-37)。

(2) Y侧各相短路电流计算。由式(1-38)可得

$$\left.\begin{aligned}\dot{I}_{KB}^{(2)} &= -\mathrm{j}\sqrt{3}\dot{I}_{KA1}^{(2)} = -\mathrm{j}\frac{\sqrt{3}}{2}\dot{I}_{K}^{(3)} \\ \dot{I}_{KC}^{(2)} &= -\dot{I}_{KB}^{(2)} = \mathrm{j}\frac{\sqrt{3}}{2}\dot{I}_{K}^{(3)} \\ \dot{I}_{KA}^{(2)} &= 0\end{aligned}\right\} \quad (1\text{-}122)$$

Y 侧各序电流及各相电流相量如图 1-14（c）所示。

（3）d 侧各相电流计算。将式（1-121）代入式（1-106）、式（1-107）、式（1-25）得

$$\dot{I}_{Ka}^{(2)} = \dot{I}_{Ka1}^{(2)} + \dot{I}_{Ka2}^{(2)} + \dot{I}_{Ka0}^{(2)} = n(\dot{I}_{KA1}^{(2)}e^{j30^\circ} + \dot{I}_{KA2}^{(2)}e^{-j30^\circ}) = \mathrm{j}n\dot{I}_{KA1}^{(2)} = \mathrm{j}\frac{1}{2}n\dot{I}_{K}^{(3)}$$

同理可得

$$\left.\begin{aligned}\dot{I}_{Kb}^{(2)} &= -\mathrm{j}2n\dot{I}_{KA1}^{(2)} = -\mathrm{j}n\dot{I}_{K}^{(3)} \\ \dot{I}_{Kc}^{(2)} &= \mathrm{j}n\dot{I}_{KA1}^{(2)} = \mathrm{j}\frac{1}{2}n\dot{I}_{K}^{(3)}\end{aligned}\right\} \quad (1\text{-}123)$$

式中 $\dot{I}_{KA1}^{(2)}$、$\dot{I}_{KA2}^{(2)}$、$\dot{I}_{KA0}^{(2)}$，$\dot{I}_{Ka1}^{(2)}$、$\dot{I}_{Ka2}^{(2)}$、$\dot{I}_{Ka0}^{(2)}$——分别为 Y、d 侧正、负、零序线电流；

其他符号含义同前。

由上可见，当 Yd11 变压器 Y 侧 B、C 两相短路时，变压器 d 侧的 b 相线电流为变压器 Y 侧三相短路时的电流，而 a、c 相线电流为变压器 Y 侧三相短路时电流的$\frac{1}{2}$。Yd11 变压器 Y 侧 B、C 两相短路时变压器 d 侧各序电流及各相电流相量如图 1-14（b）所示。

（二）两相短路时变压器两侧电压标么值的计算

1. Y 侧 A 相正、负、零序电压计算

$\dot{E}_A = 1$ 时，由式（1-39）得 Y 侧各序电压为

$$\left.\begin{aligned}\dot{U}_{KA1}^{(2)} &= \dot{U}_{KA2}^{(2)} = \frac{1}{2}\dot{E}_A = 0.5 \\ \dot{U}_{KA0}^{(2)} &= 0\end{aligned}\right\} \quad (1\text{-}124)$$

式中 $\dot{U}_{KA1}^{(2)}$、$\dot{U}_{KA2}^{(2)}$、$\dot{U}_{KA0}^{(2)}$——分别为 Y 侧短路点正、负、零序电压标么值相量。

2. Y 侧三相相电压和相间电压计算

（1）Y 侧三相相电压计算。将式（1-124）代入式（1-25）得短路点各相电压为

$$\dot{U}_{KA}^{(2)} = \dot{U}_{KA1}^{(2)} + \dot{U}_{KA2}^{(2)} + \dot{U}_{KA0}^{(2)} = 2\times(0.5\dot{E}_A) + 0 = \dot{E}_A$$

$$\dot{U}_{KB}^{(2)} = a^2\dot{U}_{KA1}^{(2)} + a\dot{U}_{KA2}^{(2)} + \dot{U}_{KA0}^{(2)} = (a^2 + a)(0.5\dot{E}_A) + 0 = -0.5\dot{E}_A$$

$$\dot{U}_{KC}^{(2)} = a\dot{U}_{KA1}^{(2)} + a^2\dot{U}_{KA2}^{(2)} + \dot{U}_{KA0}^{(2)} = (a + a^2)(0.5\dot{E}_A) + 0 = -0.5\dot{E}_A$$

即

$$\left.\begin{aligned}\dot{U}_{KA}^{(2)} &= \dot{E}_A = 1 \\ \dot{U}_{KB}^{(2)} &= \dot{U}_{KC}^{(2)} = -0.5\dot{E}_A = -0.5\end{aligned}\right\} \quad (1\text{-}125)$$

（2）Y 侧三相相间电压计算。由式（1-125）可得各相间电压为

$$\dot{U}_{KAB}^{(2)} = \dot{U}_{KA}^{(2)} - \dot{U}_{KB}^{(2)} = \dot{E}_A - (-0.5\dot{E}_A) = 1.5\dot{E}_A$$

$$\dot{U}_{KAC}^{(2)} = \dot{U}_{KA}^{(2)} - \dot{U}_{KC}^{(2)} = \dot{E}_A - (-0.5\dot{E}_A) = 1.5\dot{E}_A$$

$$\dot{U}_{KBC}^{(2)} = \dot{U}_{KB}^{(2)} - \dot{U}_{KC}^{(2)} = -0.5\dot{E}_A - (-0.5\dot{E}_A) = 0$$

即
$$\left.\begin{aligned}&\dot{U}_{\mathrm{KAB}}^{(2)}=\dot{U}_{\mathrm{KAC}}^{(2)}=1.5\dot{E}_{\mathrm{A}}=1.5\\&\dot{U}_{\mathrm{KCA}}^{(2)}=-1.5\\&\dot{U}_{\mathrm{KBC}}^{(2)}=0\end{aligned}\right\}\tag{1-126}$$

式中 $\dot{U}_{\mathrm{KA}}^{(2)}$、$\dot{U}_{\mathrm{KB}}^{(2)}$、$\dot{U}_{\mathrm{KC}}^{(2)}$，$\dot{U}_{\mathrm{KAB}}^{(2)}$、$\dot{U}_{\mathrm{KBC}}^{(2)}$、$\dot{U}_{\mathrm{KCA}}^{(2)}$——分别为 Y 侧各相电压和各相间电压标么值相量；

其他符号含义同前。

Y 侧各序电压和各相电压相量如图 1-14（f）所示。

3. d 侧各序相电压计算

（1）d 侧正序相电压。由式（1-29）、式（1-37）、式（1-112）可得 d 侧正序电压为

$$\dot{U}_{\mathrm{Ka1}}^{(2)}=(\dot{U}_{\mathrm{KA1}}^{(2)}+\mathrm{j}\dot{I}_{\mathrm{KA1}}^{(2)}X_{1.\mathrm{T}})\mathrm{e}^{\mathrm{j}30^{\circ}}=\left(0.5+\mathrm{j}\frac{1}{\mathrm{j}\times 2X_{1\Sigma}}X_{1.\mathrm{T}}\right)\mathrm{e}^{\mathrm{j}30^{\circ}}=\left(0.5+0.5\frac{X_{1.\mathrm{T}}}{X_{1\Sigma}}\right)\mathrm{e}^{\mathrm{j}30^{\circ}}$$

（2）d 侧负序相电压。由式（1-29）、式（1-37）、式（1-113）可得 d 侧负序电压为

$$\begin{aligned}\dot{U}_{\mathrm{Ka2}}^{(2)}&=(\dot{U}_{\mathrm{KA2}}^{(2)}+\mathrm{j}\dot{I}_{\mathrm{KA2}}^{(2)}X_{1.\mathrm{T}})\mathrm{e}^{-\mathrm{j}30^{\circ}}\\&=\left(0.5-\mathrm{j}\frac{1}{\mathrm{j}\times 2X_{1\Sigma}}X_{1.\mathrm{T}}\right)\mathrm{e}^{-\mathrm{j}30^{\circ}}=\left(0.5-0.5\frac{X_{1.\mathrm{T}}}{X_{1\Sigma}}\right)\mathrm{e}^{-\mathrm{j}30^{\circ}}\end{aligned}$$

（3）d 侧各序相电压为

$$\left.\begin{aligned}&\dot{U}_{\mathrm{Ka1}}^{(2)}=\left(0.5+0.5\frac{X_{1.\mathrm{T}}}{X_{1\Sigma}}\right)\mathrm{e}^{\mathrm{j}30^{\circ}}=(0.5+0.5K_1)\mathrm{e}^{\mathrm{j}30^{\circ}}\\&\dot{U}_{\mathrm{Ka2}}^{(2)}=\left(0.5-0.5\frac{X_{1.\mathrm{T}}}{X_{1\Sigma}}\right)\mathrm{e}^{-\mathrm{j}30^{\circ}}=(0.5-0.5K_1)\mathrm{e}^{-\mathrm{j}30^{\circ}}\\&\dot{U}_{\mathrm{Ka0}}^{(2)}=0\end{aligned}\right\}\tag{1-127}$$

$$X_{1\Sigma.\mathrm{T}}=X_{1.\mathrm{T}}+X_{1.\mathrm{G}}$$

式中 $\dot{U}_{\mathrm{Ka1}}^{(2)}$、$\dot{U}_{\mathrm{Ka2}}^{(2)}$、$\dot{U}_{\mathrm{Ka0}}^{(2)}$——分别为 d 侧正、负、零序电压相量；

$X_{1.\mathrm{T}}$——变压器 T 正序电抗标么值；

$X_{1\Sigma.\mathrm{T}}$——变压器 T 支路正序综合电抗标么值；

其他符号含义同前。

两侧正负序电压分布如图 1-14（d）、（e）、（f）所示。

4. d 侧各相电压计算

（1）a 相电压。将式（1-127）代入式（1-25）可得 d 侧 a 相电压为

$$\begin{aligned}\dot{U}_{\mathrm{Ka}}^{(2)}&=\dot{U}_{\mathrm{Ka1}}^{(2)}+\dot{U}_{\mathrm{Ka2}}^{(2)}+\dot{U}_{\mathrm{Ka0}}^{(2)}=\left(0.5+0.5\frac{X_{1.\mathrm{T}}}{X_{1\Sigma}}\right)\mathrm{e}^{\mathrm{j}30^{\circ}}+\left(0.5-0.5\frac{X_{1.\mathrm{T}}}{X_{1\Sigma}}\right)\mathrm{e}^{-\mathrm{j}30^{\circ}}\\&=\frac{\sqrt{3}}{2}+\mathrm{j}\frac{1}{2}\times\frac{X_{1.\mathrm{T}}}{X_{1\Sigma}}=0.866+\mathrm{j}0.5\frac{X_{1.\mathrm{T}}}{X_{1\Sigma}}=0.866+\mathrm{j}0.5K_1\end{aligned}$$

（2）b 相电压。将式（1-127）代入式（1-25）可得 d 侧 b 相电压为

$$\begin{aligned}\dot{U}_{\mathrm{Kb}}^{(2)}&=a^2\dot{U}_{\mathrm{Ka1}}^{(2)}+a\dot{U}_{\mathrm{Ka2}}^{(2)}+\dot{U}_{\mathrm{Ka0}}^{(2)}\\&=a^2\left(0.5+0.5\frac{X_{1.\mathrm{T}}}{X_{1\Sigma}}\right)\mathrm{e}^{\mathrm{j}30^{\circ}}+a\left(0.5-0.5\frac{X_{1.\mathrm{T}}}{X_{1\Sigma}}\right)\mathrm{e}^{-\mathrm{j}30^{\circ}}=-\mathrm{j}\frac{X_{1.\mathrm{T}}}{X_{1\Sigma}}=-\mathrm{j}K_1\end{aligned}$$

（3）c 相电压。将式（1-127）代入式（1-25）可得 d 侧 c 相电压为

$$\begin{aligned}\dot{U}_{Kc}^{(2)} &= a\dot{U}_{Ka1}^{(2)} + a^2\dot{U}_{Ka2}^{(2)} + \dot{U}_{Ka0}^{(2)} \\ &= a\left(0.5 + 0.5\frac{X_{1.T}}{X_{1\Sigma}}\right)e^{j30^\circ} + a^2\left(0.5 - 0.5\frac{X_{1.T}}{X_{1\Sigma}}\right)e^{-j30^\circ} \\ &= -\sqrt{3}\times 0.5 + j0.5\frac{X_{1.T}}{X_{1\Sigma}} = -0.866 + j0.5\frac{X_{1.T}}{X_{1\Sigma}} = -0.866 + j0.5K_1\end{aligned}$$

d 侧三相电压为

$$\left.\begin{aligned}\dot{U}_{Ka}^{(2)} &= 0.866 + j0.5\frac{X_{1.T}}{X_{1\Sigma}} = 0.866 + j0.5K_1 \\ \dot{U}_{Kb}^{(2)} &= -j\frac{X_{1.T}}{X_{1\Sigma}} = -jK_1 \\ \dot{U}_{Kc}^{(2)} &= -0.866 + j0.5\frac{X_{1.T}}{X_{1\Sigma}} = -0.866 + j0.5K_1\end{aligned}\right\}\quad(1\text{-}128)$$

式中 $\dot{U}_{Ka}^{(2)}$、$\dot{U}_{Kb}^{(2)}$、$\dot{U}_{Kc}^{(2)}$——分别为 d 侧各相电压标么值相量；

其他符号含义同前。

5. d 侧三相相间电压的计算

由式（1-128）计算得

$$\dot{U}_{Kab}^{(2)} = \dot{U}_{Ka}^{(2)} - \dot{U}_{Kb}^{(2)} = 0.866 + j0.5\frac{X_{1.T}}{X_{1\Sigma}} - \left(-j\frac{X_{1.T}}{X_{1\Sigma}}\right) = 0.866 + j1.5\frac{X_{1.T}}{X_{1\Sigma}}$$

$$\dot{U}_{Kbc}^{(2)} = \dot{U}_{Kb}^{(2)} - \dot{U}_{Kc}^{(2)} = \left(-j\frac{X_{1.T}}{X_{1\Sigma}}\right) - \left(-0.866 + j0.5\frac{X_{1.T}}{X_{1\Sigma}}\right) = 0.866 - j1.5\frac{X_{1.T}}{X_{1\Sigma}}$$

$$\dot{U}_{Kca}^{(2)} = \dot{U}_{Kc}^{(2)} - \dot{U}_{Ka}^{(2)} = -0.866 + j0.5\frac{X_{1.T}}{X_{1\Sigma}} - \left(0.866 + j\frac{X_{1.T}}{X_{1\Sigma}}\right) = -\sqrt{3}$$

d 侧三相相间电压为

$$\left.\begin{aligned}\dot{U}_{Kab}^{(2)} &= 0.866 + j1.5\frac{X_{1.T}}{X_{1\Sigma}} = 0.866 + j1.5K_1 \\ \dot{U}_{Kbc}^{(2)} &= 0.866 - j1.5\frac{X_{1.T}}{X_{1\Sigma}} = 0.866 - j1.5K_1 \\ \dot{U}_{Kca}^{(2)} &= -\sqrt{3}\end{aligned}\right\}\quad(1\text{-}129)$$

式中 $\dot{U}_{KA1}^{(2)}$、$\dot{U}_{KA2}^{(2)}$、$\dot{U}_{KA0}^{(2)}$，$\dot{U}_{Ka1}^{(2)}$、$\dot{U}_{Ka2}^{(2)}$、$\dot{U}_{Ka0}^{(2)}$——分别为 Y、d 侧正、负、零序相电压标么值；

$\dot{U}_{KA}^{(2)}$、$\dot{U}_{KB}^{(2)}$、$\dot{U}_{KC}^{(2)}$，$\dot{U}_{Ka}^{(2)}$、$\dot{U}_{Kb}^{(2)}$、$\dot{U}_{Kc}^{(2)}$——分别为 Y、d 侧三相相电压标么值；

$\dot{U}_{Kab}^{(2)}$、$\dot{U}_{Kbc}^{(2)}$、$\dot{U}_{Kca}^{(2)}$——分别为 d 侧三相相间电压标么值；

其他符号含义同前。

d 侧各序电压和各相电压相量如图 1-14（e）所示。

由上述计算知，Yd11 接线变压器 Y 侧 B、C 两相短路时变压器 d 侧 b 相相电压为变压器短路时的电压降，但 d 侧相间电压有的接近正常电压。

三、YNd11 接线变压器 YN 侧 A 相单相接地短路电流计算

有电源分支 YNd11 接线变压器 YN 侧 A 相接地短路电流计算如图 1-15 所示。

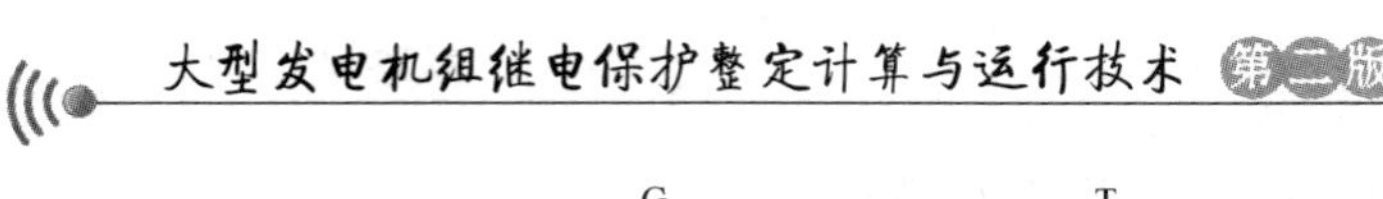

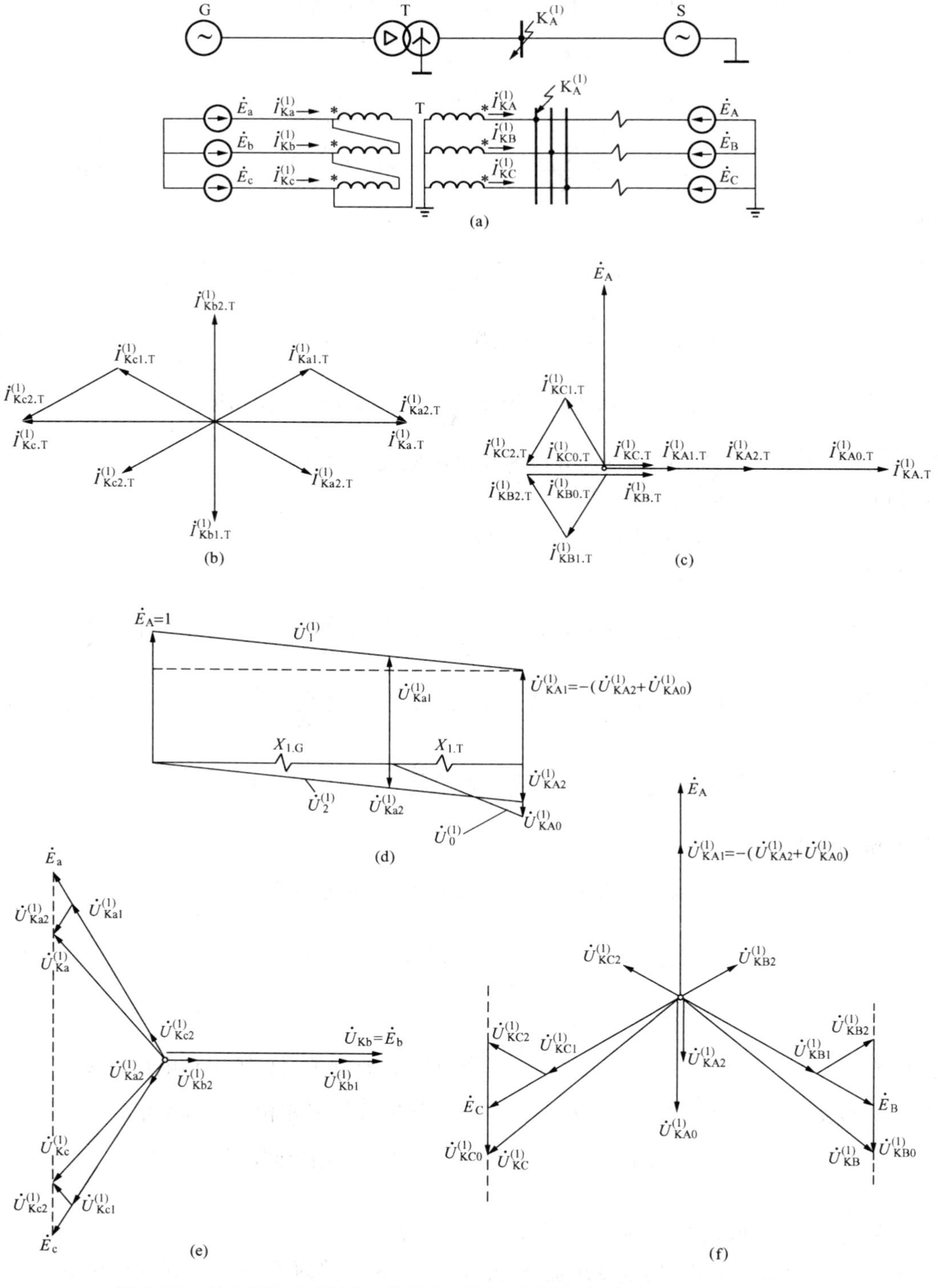

图 1-15 有电源分支 YNd11 接线变压器 YN 侧 A 相接地短路电流计算图

(a) YNd11 接线变压器 YN 侧 A 相接地电路图；(b) d 侧各序电流和各相电流相量图；(c) YN 侧各序电流和各相电流相量图；(d) 变压器两侧各序电压分布图；(e) d 侧各序电压和各相电压相量图；(f) YN 侧各序电压和各相电压相量图

图 1-15 中 G、T 为发电机和主变压器，其各序电抗为 $X_{1.GT}=X_{1.G}+X_{1.T}$、$X_{2.GT}=X_{2.G}+X_{2.T}$、$X_{0.T}=X_{1.T}$；S 为系统，系统各序阻抗为 $X_{1.S}$、$X_{2.S}$、$X_{0.S}$。

（一）单相接地短路时变压器两侧电流计算

1. 单相接地短路时短路点的参数计算

电源分支电路 YNd11 接线变压器 YN 侧 A 相接地电路如图 1-15（a）所示，用式（1-82）～式（1-88）可计算短路点的各序综合阻抗 $X_{1\Sigma}$、$X_{2\Sigma}$、$X_{0\Sigma}$ 及各序电流分支系数 $K_{1bra.T}$、$K_{2bra.T}$、$K_{0bra.T}$。

2. 单相接地短路时短路点的各序电流和各相电流计算

（1）短路点各序电流计算。由式（1-48）计算得单相接地短路时故障点的各序电流为

$$\dot{I}_{KA1}^{(1)}=\dot{I}_{KA2}^{(1)}=\dot{I}_{KA0}^{(1)}=\frac{\dot{E}_A}{j(X_{1\Sigma}+X_{2\Sigma}+X_{0\Sigma})}=\frac{1}{2+\beta}\dot{I}_{KA}^{(3)} \tag{1-130}$$

式中 $\dot{I}_{KA1}^{(1)}$、$\dot{I}_{KA2}^{(1)}$、$\dot{I}_{KA0}^{(1)}$——分别为短路点的正、负、零序电流；

其他符号含义同前。

（2）短路点故障相电流计算。由式（1-50）计算得单相接地短路时故障点电流 $\dot{I}_{KA}^{(1)}$ 为

$$\dot{I}_{KA}^{(1)}=3\times\dot{I}_{KA1}^{(1)}=\frac{3}{2+\beta}\dot{I}_{KA}^{(3)} \tag{1-131}$$

3. 变压器 YN 侧正、负、零序电流及各相电流计算

（1）变压器 YN 侧各序短路电流计算。将式（1-130）代入式（1-89）计算得变压器 YN 侧各序短路电流为

$$\left.\begin{aligned}\dot{I}_{KA1.T}^{(1)}&=K_{1bra.T}\dot{I}_{KA1}^{(1)}\\\dot{I}_{KA2.T}^{(1)}&=K_{2bra.T}\dot{I}_{KA2}^{(1)}\\\dot{I}_{KA0.T}^{(1)}&=K_{0bra.T}\dot{I}_{KA0}^{(1)}\end{aligned}\right\} \tag{1-132}$$

式中 $\dot{I}_{KA1.T}^{(1)}$、$\dot{I}_{KA2.T}^{(1)}$、$\dot{I}_{KA0.T}^{(1)}$——分别为变压器 T 的 YN 侧正、负、零序电流；

$K_{1bra.T}$、$K_{2bra.T}$、$K_{0bra.T}$——分别为变压器 T 的 YN 侧正、负、零序分支系数；

其他符号含义同前。

（2）变压器 YN 侧各相短路电流计算。将式（1-132）计算结果代入式（1-25），计算得变压器 YN 侧各相短路电流为

$$\left.\begin{aligned}\dot{I}_{KA.T}^{(1)}&=\dot{I}_{KA1.T}^{(1)}+\dot{I}_{KA2.T}^{(1)}+\dot{I}_{KA0.T}^{(1)}\\\dot{I}_{KB.T}^{(1)}&=a^2\dot{I}_{KA1.T}^{(1)}+a\dot{I}_{KA2.T}^{(1)}+\dot{I}_{KA0.T}^{(1)}\\\dot{I}_{KC.T}^{(1)}&=a\dot{I}_{KA1.T}^{(1)}+a^2\dot{I}_{KA2.T}^{(1)}+\dot{I}_{KA0.T}^{(1)}\end{aligned}\right\} \tag{1-133}$$

式（1-133）计算结果 $\dot{I}_{KB.T}^{(1)}$、$\dot{I}_{KC.T}^{(1)}$不等于零。YN 侧各序电流和各电流相量如图 1-15（c）所示。

4. 变压器 d 侧正、负、零序电流及各相电流计算

（1）变压器 d 侧正、负序电流计算。d 侧绕组内零序电流自成环流，所以 d 侧零序线电流为零，仅有正序和负序线电流，将式（1-132）代入式（1-106）、式（1-107），计算得 d 侧

各序线电流为

$$\left.\begin{aligned}\dot{I}_{\mathrm{Ka1.T}}^{(1)}&=n\dot{I}_{\mathrm{KA1.T}}^{(1)}\mathrm{e}^{\mathrm{j30^{\circ}}}\\\dot{I}_{\mathrm{Ka2.T}}^{(1)}&=n\dot{I}_{\mathrm{KA2.T}}^{(1)}\mathrm{e}^{-\mathrm{j30^{\circ}}}\\\dot{I}_{\mathrm{Ka0.T}}^{(1)}&=0\end{aligned}\right\}\tag{1-134}$$

式中 n——变压器变比；

$\dot{I}_{\mathrm{Ka1.T}}^{(1)}$、$\dot{I}_{\mathrm{Ka2.T}}^{(1)}$、$\dot{I}_{\mathrm{Ka0.T}}^{(1)}$——分别为变压器 T 的 d 侧正、负、零序电流；

其他符号含义同前。

（2）变压器 d 侧三相线电流计算。将式（1-134）代入式（1-25）得 d 侧三相线电流为

$$\left.\begin{aligned}\dot{I}_{\mathrm{Ka.T}}^{(1)}&=\dot{I}_{\mathrm{Ka1.T}}^{(1)}+\dot{I}_{\mathrm{Ka2.T}}^{(1)}=\sqrt{3}n\dot{I}_{\mathrm{KA1.T}}^{(1)}\\\dot{I}_{\mathrm{Kb.T}}^{(1)}&=a^{2}\dot{I}_{\mathrm{Ka1.T}}^{(1)}+a\dot{I}_{\mathrm{Ka2.T}}^{(1)}=0\\\dot{I}_{\mathrm{Kc.T}}^{(1)}&=a\dot{I}_{\mathrm{Ka1.T}}^{(1)}+a^{2}\dot{I}_{\mathrm{Ka2.T}}^{(1)}=-\sqrt{3}n\dot{I}_{\mathrm{KA1.T}}^{(1)}\end{aligned}\right\}\tag{1-135}$$

式中 $\dot{I}_{\mathrm{Ka.T}}^{(1)}$、$\dot{I}_{\mathrm{Kb.T}}^{(1)}$、$\dot{I}_{\mathrm{Kc.T}}^{(1)}$——分别为变压器 T 的 d 侧三相线电流；

其他符号含义同前。

YNd11 接线变压器 YN 侧 A 相单相接地短路时，d 侧各序电流和各相电流相量如图1-15（b）所示。

（3）变压器 d 侧绕组内的电流计算。将式（1-133）计算结果代入式（1-103）得 d 侧三相绕组内的电流为

$$\left.\begin{aligned}\dot{I}_{\mathrm{K\alpha.T}}^{(1)}&=n\frac{\dot{I}_{\mathrm{KA.T}}^{(1)}}{\sqrt{3}}\\\dot{I}_{\mathrm{K\beta.T}}^{(1)}&=n\frac{\dot{I}_{\mathrm{KB.T}}^{(1)}}{\sqrt{3}}\\\dot{I}_{\mathrm{K\gamma.T}}^{(1)}&=n\frac{\dot{I}_{\mathrm{KC.T}}^{(1)}}{\sqrt{3}}\end{aligned}\right\}\tag{1-136}$$

式中 $\dot{I}_{\mathrm{K\alpha.T}}^{(1)}$、$\dot{I}_{\mathrm{K\beta.T}}^{(1)}$、$\dot{I}_{\mathrm{K\gamma.T}}^{(1)}$——分别为变压器 T 的 d 侧绕组内的三相电流；

其他符号含义同前。

由上述计算知，单相接地短路时，d 侧绕组内的短路电流可能大于三相短路时绕组内的电流。

（二）单相接地短路时变压器两侧电压的计算

1. YN 侧短路点 A 相各序电压和各相电压标么值计算

（1）YN 侧短路点 A 相各序电压计算。由式（1-52）、式（1-53），用综合阻抗或系数 β 计算短路点 A 相各序电压为

$$\left.\begin{aligned}\dot{U}_{\mathrm{KA1}}^{(1)}&=\frac{X_{1\Sigma}+X_{0\Sigma}}{2X_{1\Sigma}+X_{0\Sigma}}=\frac{1+\beta}{2+\beta}\\\dot{U}_{\mathrm{KA2}}^{(1)}&=-\frac{X_{1\Sigma}}{2X_{1\Sigma}+X_{0\Sigma}}=-\frac{1}{2+\beta}\\\dot{U}_{\mathrm{KA0}}^{(1)}&=-\frac{X_{0\Sigma}}{2X_{1\Sigma}+X_{0\Sigma}}=-\frac{\beta}{2+\beta}\\\text{其中}\quad\beta&=\frac{X_{0\Sigma}}{X_{1\Sigma}}\end{aligned}\right\}\tag{1-137}$$

式中 β——短路点零序综合电抗与正序综合电抗之比；

其他符号含义同前。

(2) YN 侧各相电压计算。将式（1-137）计算结果代入式（1-25）得各相相电压为

$$\left.\begin{aligned}\dot{U}_{KA}^{(1)}&=\dot{U}_{KA1}^{(1)}+\dot{U}_{KA2}^{(1)}+\dot{U}_{KA0}^{(1)}=0\\\dot{U}_{KB}^{(1)}&=a^2\dot{U}_{KA1}^{(1)}+a\dot{U}_{KA2}^{(1)}+\dot{U}_{KA0}^{(1)}=-1.5\frac{\beta}{2+\beta}-j\frac{\sqrt{3}}{2}\\\dot{U}_{KC}^{(1)}&=a\dot{U}_{KA1}^{(1)}+a^2\dot{U}_{KA2}^{(1)}+\dot{U}_{KA0}^{(1)}=-1.5\frac{\beta}{2+\beta}+j\frac{\sqrt{3}}{2}\end{aligned}\right\}\tag{1-138}$$

式中符号含义同前。

(3) YN 侧各相间电压计算。由式（1-138）可计算 YN 侧各相间电压为

$$\left.\begin{aligned}\dot{U}_{KAB}^{(1)}&=\dot{U}_{KA}^{(1)}-\dot{U}_{KB}^{(1)}=0-\left(-1.5\frac{\beta}{2+\beta}-j\frac{\sqrt{3}}{2}\right)=1.5\frac{\beta}{2+\beta}+j\frac{\sqrt{3}}{2}\\\dot{U}_{KBC}^{(1)}&=\dot{U}_{KB}^{(1)}-\dot{U}_{KC}^{(1)}=-1.5\frac{\beta}{2+\beta}-j\frac{\sqrt{3}}{2}-\left(-1.5\frac{\beta}{2+\beta}+j\frac{\sqrt{3}}{2}\right)=-j\sqrt{3}\\\dot{U}_{KCA}^{(1)}&=\dot{U}_{KC}^{(1)}-\dot{U}_{KA}^{(1)}=-1.5\frac{\beta}{2+\beta}+j\frac{\sqrt{3}}{2}-0=-1.5\frac{\beta}{2+\beta}+j\frac{\sqrt{3}}{2}\end{aligned}\right\}\tag{1-139}$$

式中符号含义同前。

YN 侧各序电压和各相电压相量如图 1-15（f）所示。

2. d 侧各序电压和各相电压计算

(1) d 侧各序电压计算。由式（1-29）、式（1-112）、式（1-113）可计算 d 侧各序相电压为

$$\left.\begin{aligned}\dot{U}_{Ka1}^{(1)}&=\dot{U}_{Ka1.T}^{(1)}=(\dot{U}_{KA1}^{(1)}+j\dot{I}_{KA1.T}^{(1)}X_{1.T})e^{j30^\circ}=\frac{1+\beta+K_1}{2+\beta}e^{j30^\circ}\\\dot{U}_{Ka2}^{(1)}&=\dot{U}_{Ka2.T}^{(1)}=(\dot{U}_{KA2}^{(1)}+j\dot{I}_{KA2.T}^{(1)}X_{2.T})e^{-j30^\circ}=\frac{K_1-1}{2+\beta}e^{-j30^\circ}\\\dot{U}_{Ka0}^{(1)}&=\dot{U}_{Ka0.T}^{(1)}=0\end{aligned}\right\}\tag{1-140}$$

式中 K_1——变压器分支的分压系数，$K_1=\dfrac{X_{1.T}}{X_{1.G}+X_{1.T}}=\dfrac{X_{1.T}}{X_{1\Sigma.T}}$；

其他符号含义同前。

变压器两侧各序电压分布如图 1-15（d）所示。

(2) d 侧各相电压计算。将式（1-140）代入式（1-25），可计算 d 侧各相电压为

$$\left.\begin{aligned}\dot{U}_{Ka}^{(1)}&=\dot{U}_{Ka1}^{(1)}+\dot{U}_{Ka2}^{(1)}=\frac{\sqrt{3}}{2}\frac{\beta+2K_1}{2+\beta}+j\frac{1}{2}\\\dot{U}_{Kb}^{(1)}&=a^2\dot{U}_{Ka1}^{(1)}+a\dot{U}_{Ka2}^{(1)}=-j1\\\dot{U}_{Kc}^{(1)}&=a\dot{U}_{Ka1}^{(1)}+a^2\dot{U}_{Ka2}^{(1)}=-\frac{\sqrt{3}}{2}\frac{\beta+2K_1}{2+\beta}+j\frac{1}{2}\end{aligned}\right\}\tag{1-141}$$

式中符号含义同前。

(3) d 侧各相间电压的计算。由式（1-141）计算的结果可直接计算得

$$
\left.\begin{aligned}
\dot{U}_{\mathrm{Kab}}^{(1)} &= \dot{U}_{\mathrm{Ka}}^{(1)} - \dot{U}_{\mathrm{Kb}}^{(1)} = \frac{\sqrt{3}}{2}\frac{\beta+2K_1}{2+\beta} + \mathrm{j}0.5 + \mathrm{j}1 = \frac{\sqrt{3}}{2}\frac{\beta+2K_1}{2+\beta} + \mathrm{j}1.5 \\
\dot{U}_{\mathrm{Kbc}}^{(1)} &= \dot{U}_{\mathrm{Kb}}^{(1)} - \dot{U}_{\mathrm{Kc}}^{(1)} = -\mathrm{j}1 + \frac{\sqrt{3}}{2}\frac{\beta+2K_1}{2+\beta} - \mathrm{j}0.5 = \frac{\sqrt{3}}{2}\frac{\beta+2K_1}{2+\beta} - \mathrm{j}1.5 \\
\dot{U}_{\mathrm{Kca}}^{(1)} &= \dot{U}_{\mathrm{Kc}}^{(1)} - \dot{U}_{\mathrm{Ka}}^{(1)} = -\frac{\sqrt{3}}{2}\frac{\beta+2K_1}{2+\beta} + \mathrm{j}0.5 - \frac{\sqrt{3}}{2}\frac{\beta+2K_1}{2+\beta} - \mathrm{j}0.5 = -\sqrt{3}\frac{\beta+2K_1}{2+\beta}
\end{aligned}\right\} \tag{1-142}
$$

式中符号含义同前。

d 侧各序电压和各相电压相量如图 1-15（e）所示。

由上述计算知，YNd11 接线变压器 YN 侧单相接地短路时，变压器 d 侧相电压和相间电压有的接近正常电压，有的比短路时变压器电压降高很多。

四、YNd11 接线变压器 YN 侧 B、C 两相接地短路电流计算

有电源分支 YNd11 接线变压器 YN 侧 B、C 两相接地短路电流计算如图 1-16 所示。

（一）两相接地短路时变压器两侧电流计算

1. 短路点各序电流计算

由式（1-66）计算短路点各序电流为

$$
\left.\begin{aligned}
\dot{I}_{\mathrm{KA1}}^{(1.1)} &= \frac{\dot{E}_{\mathrm{A}}}{\mathrm{j}\left(X_{1\Sigma} + \dfrac{X_{2\Sigma}X_{0\Sigma}}{X_{2\Sigma}+X_{0\Sigma}}\right)} = \frac{\dot{E}_{\mathrm{A}}}{\mathrm{j}X_{1\Sigma}} \times \frac{1}{\left(1+\dfrac{X_{0\Sigma}}{X_{0\Sigma}+X_{1\Sigma}}\right)} = \dot{I}_{\mathrm{KA}}^{(3)}\frac{1+\beta}{1+2\beta} \\
\dot{I}_{\mathrm{KA2}}^{(1.1)} &= -\dot{I}_{\mathrm{KA1}}^{(1.1)}\frac{X_{0\Sigma}}{X_{1\Sigma}+X_{0\Sigma}} = -\dot{I}_{\mathrm{KA}}^{(3)}\frac{\beta}{1+2\beta} \\
\dot{I}_{\mathrm{KA0}}^{(1.1)} &= -\dot{I}_{\mathrm{KA1}}^{(1.1)}\frac{X_{1\Sigma}}{X_{1\Sigma}+X_{0\Sigma}} = -\dot{I}_{\mathrm{KA}}^{(3)}\frac{1}{1+2\beta}
\end{aligned}\right\} \tag{1-143}
$$

式中符号含义同前。

YN 侧 B、C 两相接地短路时故障点各序电流相量如图 1-16（d）所示。

2. 变压器 YN 侧各序电流计算

考虑变压器 T 各序电流分支系数后，由式（1-89）计算 YN 侧各序电流为

$$
\left.\begin{aligned}
\dot{I}_{\mathrm{KA1.T}}^{(1.1)} &= K_{\mathrm{1bra.T}}\dot{I}_{\mathrm{KA1}}^{(1.1)} \\
\dot{I}_{\mathrm{KA2.T}}^{(1.1)} &= K_{\mathrm{2bra.T}}\dot{I}_{\mathrm{KA2}}^{(1.1)} \\
\dot{I}_{\mathrm{KA0.T}}^{(1.1)} &= K_{\mathrm{0bra.T}}\dot{I}_{\mathrm{KA0}}^{(1.1)}
\end{aligned}\right\} \tag{1-144}
$$

式中 $K_{\mathrm{1bra.T}}$、$K_{\mathrm{2bra.T}}$、$K_{\mathrm{0bra.T}}$——分别为变压器 T 的 YN 侧正、负、零序分支系数。

3. 变压器 YN 侧各相电流计算

将式（1-144）计算结果代入式（1-25），可得变压器 YN 侧各相电流为

$$
\left.\begin{aligned}
\dot{I}_{\mathrm{KA.T}}^{(1.1)} &= \dot{I}_{\mathrm{KA1.T}}^{(1.1)} + \dot{I}_{\mathrm{KA2.T}}^{(1.1)} + \dot{I}_{\mathrm{KA0.T}}^{(1.1)} \\
\dot{I}_{\mathrm{KB.T}}^{(1.1)} &= a^2\dot{I}_{\mathrm{KA1.T}}^{(1.1)} + a\dot{I}_{\mathrm{KA2.T}}^{(1.1)} + \dot{I}_{\mathrm{KA0.T}}^{(1.1)} \\
\dot{I}_{\mathrm{KC.T}}^{(1.1)} &= a\dot{I}_{\mathrm{KA1.T}}^{(1.1)} + a^2\dot{I}_{\mathrm{KA2.T}}^{(1.1)} + \dot{I}_{\mathrm{KA0.T}}^{(1.1)}
\end{aligned}\right\} \tag{1-145}
$$

式中符号含义同前。

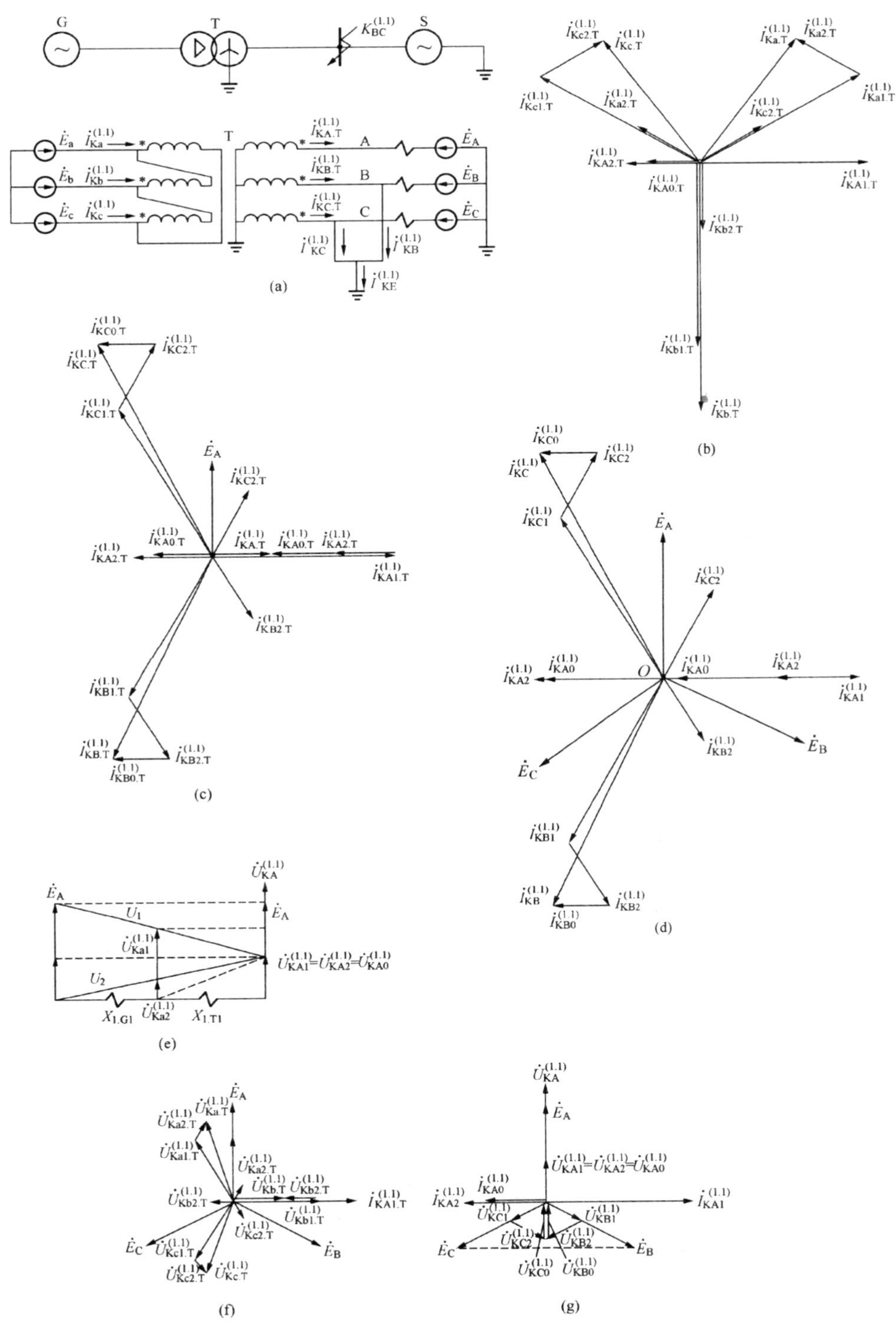

图 1-16　有电源分支 YNd11 接线变压器 YN 侧 B、C 两相接地短路电流计算图

(a) YN 侧 B、C 两相接地短路电路图；(b) d 侧各序电流和各相电流相量图；
(c) YN 侧各序电流各相电流相量图；(d) 故障点各序电流各相电流相量图；
(e) 变压器两侧各序电压分布图；(f) d 侧各序电压和各相电压相量图；
(g) YN 侧各序电压和各相电压相量图

YNd11 接线变压器 YN 侧 B、C 两相接地短路时，YN 侧各序电流各相电流相量如图 1-16（c)所示。由于 $K_{1bra.T}=K_{2bra.T}\neq K_{0bra.T}$，所以变压器 T 非故障 A 相电流 $\dot{I}_{KA.T}^{(1.1)}=\dot{I}_{KA1.T}^{(1.1)}+\dot{I}_{KA2.T}^{(1.1)}+\dot{I}_{KA0.T}^{(1.1)}\neq 0$。

4. 变压器 d 侧正、负序电流计算

d 侧绕组内零序电流自成环流，所以 d 侧线电流内无零序电流，仅有正序和负序电流。将式（1-145）代入式（1-106)、式（1-107)，计算得 d 侧各序线电流为

$$\left.\begin{aligned}\dot{I}_{Ka1.T}^{(1.1)}&=n\dot{I}_{KA1.T}^{(1.1)}e^{j30^\circ}\\ \dot{I}_{Ka2.T}^{(1.1)}&=n\dot{I}_{KA2.T}^{(1.1)}e^{-j30^\circ}\\ \dot{I}_{Ka0.T}^{(1.1)}&=0\end{aligned}\right\}\qquad(1\text{-}146)$$

式中 n——变压器 T 的变比；

$\dot{I}_{Ka1.T}^{(1.1)}$、$\dot{I}_{Ka2.T}^{(1.1)}$、$\dot{I}_{Ka0.T}^{(1.1)}$——分别为 B、C 相接地短路时变压器 T 的 d 侧正、负、零序线电流。

5. 变压器 d 侧三相线电流计算

将式（1-146）代入式（1-25）得 d 侧三相线电流为

$$\left.\begin{aligned}\dot{I}_{Ka.T}^{(1.1)}&=\dot{I}_{Ka1.T}^{(1.1)}+\dot{I}_{Ka2.T}^{(1.1)}\\ \dot{I}_{Kb.T}^{(1.1)}&=a^2\dot{I}_{Ka1.T}^{(1.1)}+a\dot{I}_{Ka2.T}^{(1.1)}\\ \dot{I}_{Kc.T}^{(1.1)}&=a\dot{I}_{Ka1.T}^{(1.1)}+a^2\dot{I}_{Ka2.T}^{(1.1)}\end{aligned}\right\}\qquad(1\text{-}147)$$

式中符号含义同前。

YNd11 接线变压器 YN 侧 B、C 两相接地短路时，d 侧各序电流和各相电流相量如图 1-16（b)所示。

6. d 侧绕组内三相电流的计算

由式（1-145）计算结果代入式（1-103)，得 d 侧各相绕组内的电流为

$$\left.\begin{aligned}\dot{I}_{K\alpha.T}^{(1.1)}&=n\frac{\dot{I}_{KA.T}^{(1.1)}}{\sqrt{3}}\\ \dot{I}_{K\beta.T}^{(1.1)}&=n\frac{\dot{I}_{KB.T}^{(1.1)}}{\sqrt{3}}\\ \dot{I}_{K\gamma.T}^{(1.1)}&=n\frac{\dot{I}_{KC.T}^{(1.1)}}{\sqrt{3}}\end{aligned}\right\}\qquad(1\text{-}148)$$

式中 $\dot{I}_{K\alpha.T}^{(1.1)}$、$\dot{I}_{K\beta.T}^{(1.1)}$、$\dot{I}_{K\gamma.T}^{(1.1)}$——分别为 B、C 相接地短路时变压器 T 的 d 侧绕组内的三相电流；

其他符号含义同前。

（二）BC 两相接地短路时变压器两侧电压标么值计算

1. YN 侧短路点 A 相各序电压和各相电压标么值计算

（1）YN 侧短路点 A 相各序电压计算。由式（1-76）用综合阻抗或系数 β 计算短路点 A

相各序电压为

$$\left.\begin{aligned}
\dot{U}_{KA1}^{(1.1)} &= \dot{E}_A - j\frac{\dot{E}_A}{j\left(X_{1\Sigma}+\dfrac{X_{2\Sigma}X_{0\Sigma}}{X_{2\Sigma}+X_{0\Sigma}}\right)}X_{1\Sigma} = \frac{X_{0\Sigma}}{X_{1\Sigma}+2X_{0\Sigma}} = \frac{\beta}{1+2\beta} \\
\dot{U}_{KA2}^{(1.1)} &= -j\frac{\dot{E}_A}{j\left(X_{1\Sigma}+\dfrac{X_{2\Sigma}X_{0\Sigma}}{X_{2\Sigma}+X_{0\Sigma}}\right)}\frac{X_{2\Sigma}X_{0\Sigma}}{X_{2\Sigma}+X_{0\Sigma}} = \frac{X_{0\Sigma}}{X_{1\Sigma}+2X_{0\Sigma}} = \frac{\beta}{1+2\beta} \\
\dot{U}_{KA0}^{(1.1)} &= -j\frac{\dot{E}_A}{j\left(X_{1\Sigma}+\dfrac{X_{2\Sigma}X_{0\Sigma}}{X_{2\Sigma}+X_{0\Sigma}}\right)}\frac{X_{2\Sigma}X_{0\Sigma}}{X_{2\Sigma}+X_{0\Sigma}} = \frac{X_{0\Sigma}}{X_{1\Sigma}+2X_{0\Sigma}} = \frac{\beta}{1+2\beta} \\
\dot{U}_{KA1}^{(1.1)} &= \dot{U}_{KA2}^{(1.1)} = \dot{U}_{KA0}^{(1.1)} = \frac{X_{0\Sigma}}{X_{1\Sigma}+2X_{0\Sigma}} = \frac{\beta}{1+2\beta}
\end{aligned}\right\} \quad (1\text{-}149)$$

式中符号含义同前。

（2）YN 侧各相电压计算。将式（1-149）计算结果代入式（1-25）计算各相电压为

$$\left.\begin{aligned}
\dot{U}_{KA}^{(1.1)} &= \dot{U}_{KA1}^{(1.1)} + \dot{U}_{KA2}^{(1.1)} + \dot{U}_{KA0}^{(1.1)} = \frac{3\beta}{1+2\beta} \\
\dot{U}_{KB}^{(1.1)} &= a^2\dot{U}_{KA1}^{(1.1)} + a\dot{U}_{KA2}^{(1.1)} + \dot{U}_{KA0}^{(1.1)} = 0 \\
\dot{U}_{KC}^{(1.1)} &= a\dot{U}_{KA1}^{(1.1)} + a^2\dot{U}_{KA2}^{(1.1)} + \dot{U}_{KA0}^{(1.1)} = 0
\end{aligned}\right\} \quad (1\text{-}150)$$

式中符号含义同前。

（3）YN 侧各相间电压计算。由式(1-150)的计算结果直接计算 YN 侧各相间电压为

$$\left.\begin{aligned}
\dot{U}_{KAB}^{(1.1)} &= \dot{U}_{KA}^{(1.1)} - \dot{U}_{KB}^{(1.1)} = 3\dot{U}_{KA1}^{(1.1)} = \frac{3\beta}{1+2\beta} \\
\dot{U}_{KBC}^{(1.1)} &= \dot{U}_{KB}^{(1.1)} - \dot{U}_{KC}^{(1.1)} = 0 \\
\dot{U}_{KCA}^{(1.1)} &= \dot{U}_{KC}^{(1.1)} - \dot{U}_{KA}^{(1.1)} = -3\dot{U}_{KA1}^{(1.1)} = -\frac{3\beta}{1+2\beta}
\end{aligned}\right\} \quad (1\text{-}151)$$

式中符号含义同前。

YNd11 接线变压器 YN 侧 B、C 两相接地短路时，YN 侧各序电压和各相电压相量如图 1-16（g）所示。

2. 变压器 d 侧各序电压和各相电压计算

（1）变压器 d 侧各序电压计算。由式（1-149）、式（1-29）、式（1-112）、式（1-113）可计算 d 侧各序相电压为

$$\left.\begin{aligned}
\dot{U}_{Ka1}^{(1.1)} &= (\dot{U}_{KA1}^{(1.1)} + j\dot{I}_{KA1.T}^{(1.1)}X_{1.T})e^{j30^\circ} = \frac{\beta+K_1\beta+K_1}{1+2\beta}e^{j30^\circ} \\
\dot{U}_{Ka2}^{(1.1)} &= (\dot{U}_{KA2}^{(1.1)} + j\dot{I}_{KA2.T}^{(1.1)}X_{2.T})e^{-j30^\circ} = \frac{\beta-K_1\beta}{1+2\beta}e^{-j30^\circ} \\
\dot{U}_{Ka0}^{(1.1)} &= 0
\end{aligned}\right\} \quad (1\text{-}152)$$

式中符号含义同前。

YNd11 接线变压器 YN 侧 B、C 两相接地短路时，变压器两侧各序电压分布如图 1-16（e）所示。

（2）变压器 d 侧各相电压计算。将式（1-152）代入式（1-25）计算 d 侧各相电压

$$\left.\begin{aligned}\dot{U}_{Ka}^{(1.1)}&=\dot{U}_{Ka1}^{(1.1)}+\dot{U}_{Ka2}^{(1.1)}=\frac{\sqrt{3}}{2}\frac{K_1+2\beta}{1+2\beta}+j\frac{1}{2}K_1\\ \dot{U}_{Kb}^{(1.1)}&=a^2\dot{U}_{Ka1}^{(1.1)}+a\dot{U}_{Ka2}^{(1.1)}=-jK_1=-j\frac{X_{1.T}}{X_{1\Sigma.T}}\\ \dot{U}_{Kc}^{(1.1)}&=a\dot{U}_{Ka1}^{(1.1)}+a^2\dot{U}_{Ka2}^{(1.1)}=-\frac{\sqrt{3}}{2}\frac{K_1+2\beta}{1+2\beta}+j\frac{1}{2}K_1\end{aligned}\right\}\tag{1-153}$$

式中 $\dot{U}_{Ka}^{(1.1)}$、$\dot{U}_{Kb}^{(1.1)}$、$\dot{U}_{Kc}^{(1.1)}$——分别为B、C相接地短路时变压器T的d侧各相电压标么值；

其他符号含义同前。

(3) 变压器d侧各相间电压的计算。由式（1-153）可计算得

$$\left.\begin{aligned}\dot{U}_{Kab}^{(1.1)}&=\dot{U}_{Ka}^{(1.1)}-\dot{U}_{Kb}^{(1.1)}=\frac{\sqrt{3}}{2}\frac{K_1+2\beta}{1+2\beta}+j1.5K_1\\ \dot{U}_{Kbc}^{(1.1)}&=\dot{U}_{Kb}^{(1.1)}-\dot{U}_{Kc}^{(1.1)}=\frac{\sqrt{3}}{2}\frac{K_1+2\beta}{1+2\beta}-j1.5K_1\\ \dot{U}_{Kca}^{(1.1)}&=\dot{U}_{Kc}^{(1.1)}-\dot{U}_{Ka}^{(1.1)}=-\sqrt{3}\frac{K_1+2\beta}{1+2\beta}\end{aligned}\right\}\tag{1-154}$$

式中 $\dot{U}_{Kab}^{(1.1)}$、$\dot{U}_{Kbc}^{(1.1)}$、$\dot{U}_{Kca}^{(1.1)}$——分别为B、C相接地短路时变压器T的d侧三相相间电压标么值；

其他符号含义同前。

YNd11接线变压器在YN侧B、C相短路接地时，变压器d侧各序电压和各相电压相量如图1-16（f）所示。由式（1-153）知，变压器d侧b相电压值为短路电流在变压器阻抗上的电压降，即

$$\dot{U}_{Kb}^{(1.1)}=\dot{U}_{Kb1}^{(1.1)}+\dot{U}_{Kb2}^{(1.1)}=-j\frac{X_{1.T}}{X_{1\Sigma.T}}=-jK_1\tag{1-155}$$

五、Yd11接线变压器d侧b、c两相短路电流计算

（一）Yd11接线变压器d侧b、c两相短路时两侧电流计算

1. 全电流法计算

(1) d侧b、c两相短路时d侧短路电流。由式（1-32）得

$$\left.\begin{aligned}\dot{I}_{Kb}^{(2)}&=-j\frac{\sqrt{3}}{2}\frac{\dot{E}_a}{jX_{1\Sigma}}=-j\frac{\sqrt{3}}{2}\dot{I}_{Ka}^{(3)}\\ \dot{I}_{Kc}^{(2)}&=-\dot{I}_{Kb}^{(2)}=j\frac{\sqrt{3}}{2}\dot{I}_{Ka}^{(3)}\\ \dot{I}_{Ka}^{(2)}&=0\end{aligned}\right\}\tag{1-156}$$

非故障相电流 $\dot{I}_{Ka}^{(2)}=0$

$$\dot{I}_{Ka}^{(3)}=\frac{\dot{E}_a}{jX_{1\Sigma}}=-j\frac{\dot{E}_a}{X_{1\Sigma}}$$

式中 $\dot{I}_{Kb}^{(2)}$、$\dot{I}_{Kc}^{(2)}$——分别为变压器d侧b、c相短路时b、c故障相电流相量；

$\dot{I}_{Ka}^{(3)}$——变压器d侧三相短路时a相电流相量；

$\dot{E}_a$——变压器d侧a相电动势；

其他符号含义同前。

(2) d侧b、c两相短路时Y侧的线电流计算。由式（1-156）代入式（1-105）可得

$$\left.\begin{aligned}
\dot{I}_{\mathrm{KA}}^{(2)} &= \frac{1}{\sqrt{3}}(\dot{I}_{\mathrm{Ka}}^{(2)} - \dot{I}_{\mathrm{Kc}}^{(2)})\frac{1}{n} = -\frac{\dot{I}_{\mathrm{Kc}}^{(2)}}{n\times\sqrt{3}} = -\mathrm{j}\frac{\dot{I}_{\mathrm{Ka}}^{(3)}}{2n}\\
\dot{I}_{\mathrm{KB}}^{(2)} &= \frac{1}{\sqrt{3}}(\dot{I}_{\mathrm{Kb}}^{(2)} - \dot{I}_{\mathrm{Ka}}^{(2)})\frac{1}{n} = \frac{\dot{I}_{\mathrm{Kb}}^{(2)}}{n\times\sqrt{3}} = -\mathrm{j}\frac{\dot{I}_{\mathrm{Ka}}^{(3)}}{2n}\\
\dot{I}_{\mathrm{KC}}^{(2)} &= \frac{1}{\sqrt{3}}(\dot{I}_{\mathrm{Kc}}^{(2)} - \dot{I}_{\mathrm{Kb}}^{(2)})\frac{1}{n} = \frac{2\dot{I}_{\mathrm{Kc}}^{(2)}}{n\times\sqrt{3}} = \mathrm{j}\frac{\dot{I}_{\mathrm{Ka}}^{(3)}}{n}
\end{aligned}\right\} \tag{1-157}$$

式中 n——变压器的变比；

其他符号含义同前。

由上可见，当 Yd11 接线变压器 d 侧 b、c 两相短路时，变压器的 Y 侧 C 相电流为变压器 d 侧三相短路时的电流，而 A、B 相电流为变压器 d 侧三相短路时电流的$\frac{1}{2}$。

2. 对称分量法计算

Yd11 接线变压器 T 的 d 侧 b、c 两相短路电流计算如图 1-17 所示。

(1) 短路点各序电流计算。由两相短路复合序网络图及式（1-37）可得

$$\left.\begin{aligned}
\dot{I}_{\mathrm{Ka1}}^{(2)} &= \frac{\dot{E}_{\mathrm{a}}}{\mathrm{j}(X_{1\Sigma}+X_{2\Sigma})} = \frac{\dot{E}_{\mathrm{a}}}{\mathrm{j}2X_{1\Sigma}} = \frac{1}{2}\dot{I}_{\mathrm{Ka}}^{(3)}\\
\dot{I}_{\mathrm{Ka2}}^{(2)} &= -\dot{I}_{\mathrm{Ka1}}^{(2)} = -\frac{1}{2}\dot{I}_{\mathrm{Ka}}^{(3)}\\
\dot{I}_{\mathrm{Ka0}}^{(2)} &= 0
\end{aligned}\right\} \tag{1-158}$$

式中 $\dot{I}_{\mathrm{Ka1}}^{(2)}$、$\dot{I}_{\mathrm{Ka2}}^{(2)}$——分别为变压器 T 的 d 侧 b、c 两相短路时 d 侧正、负序线电流；

其他符号含义同前。

(2) d 侧各相电流计算。由式（1-158）代入式（1-26）计算得

$$\left.\begin{aligned}
\dot{I}_{\mathrm{Kb}}^{(2)} &= -\mathrm{j}\sqrt{3}\dot{I}_{\mathrm{Ka1}}^{(2)} = -\mathrm{j}\frac{\sqrt{3}}{2}\dot{I}_{\mathrm{Ka}}^{(3)}\\
\dot{I}_{\mathrm{Kc}}^{(2)} &= -\dot{I}_{\mathrm{Kb}}^{(2)} = \mathrm{j}\frac{\sqrt{3}}{2}\dot{I}_{\mathrm{Ka}}^{(3)}\\
\dot{I}_{\mathrm{Ka}}^{(2)} &= 0
\end{aligned}\right\} \tag{1-159}$$

Yd11 接线变压器 d 侧 b、c 两相短路时，d 侧各序电流和各相线电流相量如图 1-17（c）所示。

(3) Y 侧各相电流计算。将式（1-158）代入式（1-108）、式（1-109）、式(1-25)可得

$$\left.\begin{aligned}
\dot{I}_{\mathrm{KA}}^{(2)} &= \dot{I}_{\mathrm{KA1}}^{(2)} + \dot{I}_{\mathrm{KA2}}^{(2)} + \dot{I}_{\mathrm{KA0}}^{(2)} = \frac{1}{n}(\dot{I}_{\mathrm{Ka1}}^{(2)}\mathrm{e}^{-\mathrm{j}30^\circ} + \dot{I}_{\mathrm{Ka2}}^{(2)}\mathrm{e}^{\mathrm{j}30^\circ})\\
&= -\mathrm{j}\frac{1}{n}\dot{I}_{\mathrm{Ka1}}^{(2)} = -\mathrm{j}\frac{1}{2n}\dot{I}_{\mathrm{Ka}}^{(3)}\\
\dot{I}_{\mathrm{KB}}^{(2)} &= -\mathrm{j}\frac{1}{n}\dot{I}_{\mathrm{Ka1}}^{(2)} = -\mathrm{j}\frac{1}{2n}\dot{I}_{\mathrm{Ka}}^{(3)}\\
\dot{I}_{\mathrm{KC}}^{(2)} &= \mathrm{j}\frac{2}{n}\dot{I}_{\mathrm{Ka1}}^{(2)} = \mathrm{j}\frac{1}{n}\dot{I}_{\mathrm{Ka}}^{(3)}
\end{aligned}\right\} \tag{1-160}$$

同理可得（$\dot{I}_{\mathrm{KB}}^{(2)}$、$\dot{I}_{\mathrm{KC}}^{(2)}$ 见上式）

式中 $\dot{I}_{\mathrm{KA1}}^{(2)}$、$\dot{I}_{\mathrm{KA2}}^{(2)}$、$\dot{I}_{\mathrm{KA0}}^{(2)}$，$\dot{I}_{\mathrm{Ka1}}^{(2)}$、$\dot{I}_{\mathrm{Ka2}}^{(2)}$、$\dot{I}_{\mathrm{Ka0}}^{(2)}$——分别为 Y、d 侧正、负、零序线电流；

$\dot{I}_{\mathrm{KA}}^{(2)}$、$\dot{I}_{\mathrm{KB}}^{(2)}$、$\dot{I}_{\mathrm{KC}}^{(2)}$，$\dot{I}_{\mathrm{Ka}}^{(2)}$、$\dot{I}_{\mathrm{Kb}}^{(2)}$、$\dot{I}_{\mathrm{Kc}}^{(2)}$——分别为 Y、d 侧三相线电流；

其他符号含义同前。

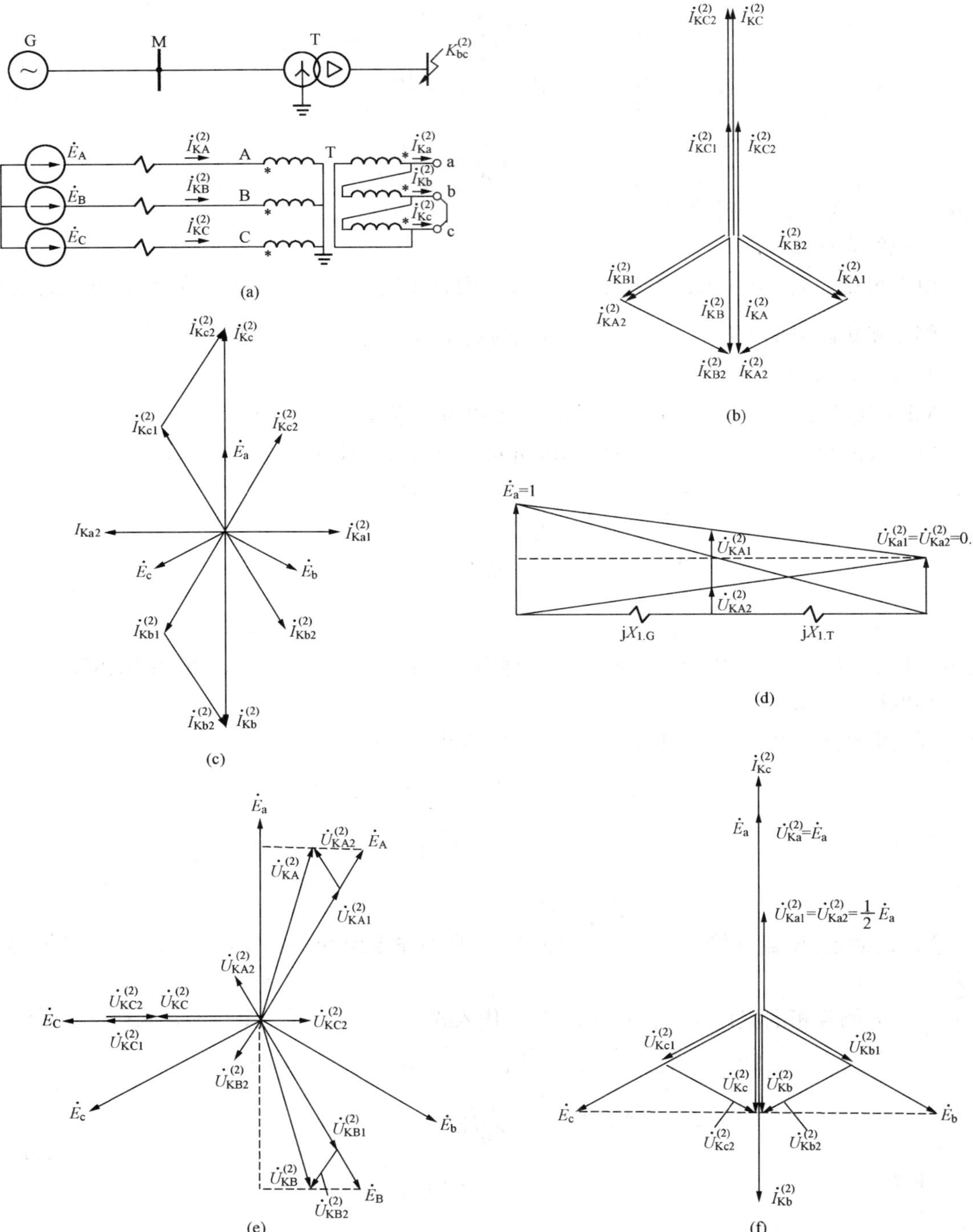

图 1-17　Yd11 接线变压器 T 的 d 侧 b、c 两相短路电流计算图

（a）Yd11 接线变压器 d 侧 b、c 两相短路电路图；（b）Y 侧各序电流和各相电流相量图；（c）d 侧各序电流和各相线电流相量图；（d）变压器两侧各序电压分布图；（e）Y 侧各序电压及各相电压相量图；（f）d 侧各序电压和各相电压相量图

Yd11 接线变压器 d 侧 b、c 两相短路时，变压器的 Y 侧各序电流和各相电流相量如图 1-17（b）所示。

（二）Yd11 接线变压器 T 的 d 侧 b、c 两相短路时两侧电压标么值计算

1. 变压器 d 侧各序电压各相电压计算

（1）变压器 d 侧各序电压计算。由式（1-39）可得 d 侧 a 相正、负序电压为

$$\left.\begin{aligned}\dot{U}_{\mathrm{Ka1}}^{(2)}&=\dot{U}_{\mathrm{Ka2}}^{(2)}=\frac{1}{2}\dot{E}_{\mathrm{a}}=0.5\\\dot{U}_{\mathrm{Ka0}}^{(2)}&=0\end{aligned}\right\}\tag{1-161}$$

（2）变压器 d 侧各相电压计算。将式（1-161）代入式（1-25）可得 d 侧三相相电压为

$$\dot{U}_{\mathrm{Ka}}^{(2)}=\dot{U}_{\mathrm{Ka1}}^{(2)}+\dot{U}_{\mathrm{Ka2}}^{(2)}+\dot{U}_{\mathrm{Ka0}}^{(2)}=2\times(0.5\dot{E}_{\mathrm{a}})+0=\dot{E}_{\mathrm{a}}$$

$$\dot{U}_{\mathrm{Kb}}^{(2)}=a^2\dot{U}_{\mathrm{Ka1}}^{(2)}+a\dot{U}_{\mathrm{Ka2}}^{(2)}+\dot{U}_{\mathrm{Ka0}}^{(2)}=(a^2+a)(0.5\dot{E}_{\mathrm{a}})+0=-0.5\dot{E}_{\mathrm{a}}$$

$$\dot{U}_{\mathrm{Kc}}^{(2)}=a\dot{U}_{\mathrm{Ka1}}^{(2)}+a^2\dot{U}_{\mathrm{Ka2}}^{(2)}+\dot{U}_{\mathrm{Ka0}}^{(2)}=(a+a^2)(0.5\dot{E}_{\mathrm{a}})+0=-0.5\dot{E}_{\mathrm{a}}$$

即

$$\left.\begin{aligned}\dot{U}_{\mathrm{Ka}}^{(2)}&=\dot{E}_{\mathrm{a}}=1\\\dot{U}_{\mathrm{Kb}}^{(2)}&=\dot{U}_{\mathrm{Kc}}^{(2)}=-0.5\dot{E}_{\mathrm{a}}=-0.5\end{aligned}\right\}\tag{1-162}$$

式中 $\dot{U}_{\mathrm{Ka1}}^{(2)}$、$\dot{U}_{\mathrm{Ka2}}^{(2)}$、$\dot{U}_{\mathrm{Ka0}}^{(2)}$——分别为变压器 T 的 d 侧 a 相正、负、零序电压；

$\dot{U}_{\mathrm{Ka}}^{(2)}$、$\dot{U}_{\mathrm{Kb}}^{(2)}$、$\dot{U}_{\mathrm{Kc}}^{(2)}$——分别为变压器 T 的 d 侧 a、b、c 三相相电压；

其他符号含义同前。

Yd11 接线变压器 d 侧 b、c 两相短路时，d 侧各序电压和各相相电压相量如图 1-17（f）所示。

（3）变压器 d 侧各相间电压计算。由式（1-162）的计算结果可直接计算 d 侧各相间电压为

$$\left.\begin{aligned}\dot{U}_{\mathrm{Kab}}^{(2)}&=\dot{U}_{\mathrm{Ka}}^{(2)}-\dot{U}_{\mathrm{Kb}}^{(2)}=\dot{E}_{\mathrm{a}}-(-0.5\dot{E}_{\mathrm{a}})=1.5\dot{E}_{\mathrm{a}}=1.5\\\dot{U}_{\mathrm{Kbc}}^{(2)}&=\dot{U}_{\mathrm{Kb}}^{(2)}-\dot{U}_{\mathrm{Kc}}^{(2)}=-0.5\dot{E}_{\mathrm{a}}-(-0.5\dot{E}_{\mathrm{a}})=0\\\dot{U}_{\mathrm{Kca}}^{(2)}&=\dot{U}_{\mathrm{Kc}}^{(2)}-\dot{K}_{\mathrm{Ka}}^{(2)}=-0.5\dot{E}_{\mathrm{a}}-\dot{E}_{\mathrm{a}}=-1.5\dot{E}_{\mathrm{a}}=-1.5\end{aligned}\right\}\tag{1-163}$$

式中 $\dot{U}_{\mathrm{Kab}}^{(2)}$、$\dot{U}_{\mathrm{Kbc}}^{(2)}$、$\dot{U}_{\mathrm{Kca}}^{(2)}$——分别为变压器 T 的 d 侧三相相间电压；

其他符号含义同前。

2. 变压器 Y 侧各序电压各相电压计算

（1）变压器 Y 侧各序电压计算。将式（1-161）、式（1-158）代入式（1-29）、式（1-114）、式（1-115）得 Y 侧各序电压为

$$\begin{aligned}\dot{U}_{\mathrm{KA1}}^{(2)}&=(\dot{U}_{\mathrm{Ka1}}^{(2)}+\mathrm{j}\dot{I}_{\mathrm{Ka1}}^{(2)}X_{1.\mathrm{T}})\mathrm{e}^{-\mathrm{j}30^\circ}\\&=\left[0.5\dot{E}_{\mathrm{a}}+\mathrm{j}0.5\dot{E}_{\mathrm{a}}\frac{X_{1.\mathrm{T}}}{\mathrm{j}(X_{1.\mathrm{T}}+X_{1.\mathrm{G}})}\right]\mathrm{e}^{-\mathrm{j}30^\circ}\\&=\left(0.5+0.5\frac{X_{1.\mathrm{T}}}{X_{1\Sigma.\mathrm{T}}}\right)\mathrm{e}^{-\mathrm{j}30^\circ}=0.5(1+K_1)\mathrm{e}^{-\mathrm{j}30^\circ}\end{aligned}$$

同理可得 $\dot{U}_{\mathrm{KA2}}^{(2)}=(\dot{U}_{\mathrm{Ka2}}^{(2)}+\mathrm{j}\dot{I}_{\mathrm{Ka2}}^{(2)}X_{2.\mathrm{T}})\mathrm{e}^{\mathrm{j}30^\circ}=0.5(1\text{-}K_1)\mathrm{e}^{\mathrm{j}30^\circ}$

$$\dot{U}_{KA0}^{(2)}=0$$

Y 侧各序电压标么值为

$$\left.\begin{aligned}\dot{U}_{KA1}^{(2)}&=(\dot{U}_{Ka1}^{(2)}+j\dot{I}_{Ka1}^{(2)}X_{1.T})e^{-j30^{\circ}}=\left(0.5+0.5\frac{X_{1.T}}{X_{1\Sigma.T}}\right)e^{-j30^{\circ}}\\&=0.5(1+K_1)e^{-j30^{\circ}}\\\dot{U}_{KA2}^{(2)}&=(\dot{U}_{Ka2}^{(2)}+j\dot{I}_{Ka2}^{(2)}X_{2.T})e^{j30^{\circ}}=\left(0.5-0.5\frac{X_{1.T}}{X_{1\Sigma.T}}\right)e^{j30^{\circ}}\\&=0.5(1-K_1)e^{j30^{\circ}}\\\dot{U}_{KA0}^{(2)}&=0\end{aligned}\right\}\quad(1-164)$$

式中 $\dot{U}_{KA1}^{(2)}$、$\dot{U}_{KA2}^{(2)}$、$\dot{U}_{KA0}^{(2)}$——分别为变压器 T 的 Y 侧 A 相正、负、零序电压标么值相量；

其他符号含义同前。

Yd11 接线变压器 d 侧 b、c 两相短路时，变压器两侧各序电压分布如图 1-17（d）所示。

（2）变压器 Y 侧各相电压计算。将式（1-164）代入基本方程式（1-25），可计算 Y 侧三相电压为

$$\left.\begin{aligned}\dot{U}_{KA}^{(2)}&=\dot{U}_{KA1}^{(2)}+\dot{U}_{KA2}^{(2)}+\dot{U}_{KA0}^{(2)}=\frac{\sqrt{3}}{2}-j\frac{1}{2}K_1=0.866-j0.5\frac{X_{1.T}}{X_{1\Sigma.T}}\\\dot{U}_{KB}^{(2)}&=a^2\dot{U}_{KA1}^{(2)}+a\dot{U}_{KA2}^{(2)}+\dot{U}_{KA0}^{(2)}=-\frac{\sqrt{3}}{2}-j\frac{1}{2}K_1=-0.866-j0.5\frac{X_{1.T}}{X_{1\Sigma.T}}\\\dot{U}_{KC}^{(2)}&=a\dot{U}_{KA1}^{(2)}+a^2\dot{U}_{KA2}^{(2)}+\dot{U}_{KA0}^{(2)}=jK_1=j\frac{X_{1.T}}{X_{1\Sigma.T}}\end{aligned}\right\}\quad(1-165)$$

式中 $\dot{U}_{KA}^{(2)}$、$\dot{U}_{KB}^{(2)}$、$\dot{U}_{KC}^{(2)}$——分别为变压器 T 的 Y 侧三相相电压标么值相量；

其他符号含义同前。

Yd11 接线变压器 d 侧 b、c 两相短路时，YN 侧各序电压及各相电压相量如图 1-17（e）所示。

（3）变压器 Y 侧各相间电压的计算。由式（1-165）计算得

$$\left.\begin{aligned}\dot{U}_{KAB}^{(2)}&=\dot{U}_{KA}^{(2)}-\dot{U}_{KB}^{(2)}=\frac{\sqrt{3}}{2}-j0.5K_1+\frac{\sqrt{3}}{2}+j0.5K_1=\sqrt{3}\\\dot{U}_{KBC}^{(2)}&=\dot{U}_{KB}^{(2)}-\dot{U}_{KC}^{(2)}=-\frac{\sqrt{3}}{2}-j0.5K_1-jK_1=-\frac{\sqrt{3}}{2}-j1.5K_1=-\frac{\sqrt{3}}{2}-j1.5\frac{X_{1.T}}{X_{1\Sigma.T}}\\\dot{U}_{KCA}^{(2)}&=\dot{U}_{KC}^{(2)}-\dot{U}_{KA}^{(2)}=jK_1-\frac{\sqrt{3}}{2}+j0.5K_1=-\frac{\sqrt{3}}{2}+j1.5K_1=-\frac{\sqrt{3}}{2}+j1.5\frac{X_{1.T}}{X_{1\Sigma.T}}\end{aligned}\right\}$$

(1-166)

式中 $\dot{U}_{KAB}^{(2)}$、$\dot{U}_{KBC}^{(2)}$、$\dot{U}_{KCA}^{(2)}$——分别为变压器 T 的 Y 侧三相相间电压；

其他符号含义同前。

3. 几点结论

由图 1-17（b）、（c）、（d）、（e）、（f）知：

（1）d 侧 b、c 两相短路相间电压值：$U_{bc}^{(2)}=0$，其他两相间电压 $U_{ab}^{(2)}=U_{ca}^{(2)}=1.5U_p$（$U_p$ 为正常相电压）。

（2）d 侧 b、c 两相短路相电压值：$U_b^{(2)}=U_c^{(2)}=0.5U_p$，$U_a^{(2)}=U_p$。

（3）Y 侧相电压。最低相电压为 d 侧三相短路时的电压降，其他两相相电压均大于 d 侧三相短路时的相电压降。

（4）Y 侧三相相间电压。Y 侧三相相间电压均大于 d 侧三相短路时的相间电压降。

（5）Y 侧三相电流。Y 侧三相电流中有一相（C 相）为 d 侧三相短路时 Y 侧的电流，另外两相为 d 侧三相短路时 Y 侧电流的 1/2 倍。

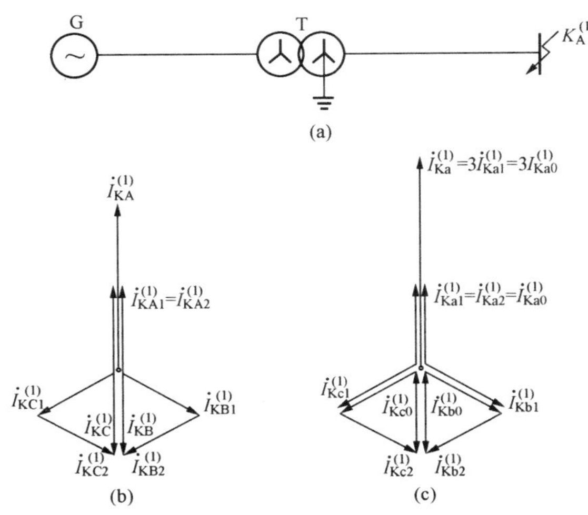

图 1-18 Yyn0 接线变压器 yn 侧单相接地短路电流计算图

（a）变压器 yn 侧 a 相接地电路图；（b）Y 侧各序和各相电流相量图；（c）yn 侧各序和各相电流相量图

六、无分支 Yyn0 接线变压器 yn 侧 A 相单相接地短路电流计算

无电源分支 Yyn0 接线变压器（大多用于低压厂用变压器）yn 侧 a 相接地短路电流计算如图 1-18 所示，设 Yyn0 接线变压器变比 $n=1$。

（一）变压器 yn 侧单相接地两侧的短路电流计算

芯式 Yyn0 接线变压器，零序阻抗 $X_{0.T}$ 应按实测值计算。如无实测值可取正序阻抗 $X_{1.T}$ 的 8～10 倍计算，即

$$X_{0.T}=(8\sim10)X_{1.T} \tag{1-167}$$

式中 $X_{0.T}$——Yyn0 接线变压器零序阻抗；

$X_{1.T}$——Yyn0 接线变压器正序阻抗。

1. 变压器 yn 侧各序电流和故障相电流计算

（1）短路点各序电流计算。由式（1-48）可计算 Yyn0 接线变压器 yn 侧单相接地短路时，短路点各序电流为

$$\dot I_{Ka1}^{(1)}=\dot I_{Ka2}^{(1)}=\dot I_{Ka0}^{(1)}=\frac{\dot E_a}{2X_{1\Sigma}+X_{0\Sigma}} \tag{1-168}$$

式中 $\dot I_{Ka1}^{(1)}$、$\dot I_{Ka2}^{(1)}$、$\dot I_{Ka0}^{(1)}$——分别为 yn 侧单相接地时短路点各序电流；

$X_{1\Sigma}$、$X_{0\Sigma}$——正、零序综合电抗；

$\dot E_a$——yn 侧 a 相电动势。

（2）故障相电流 $\dot I_{Ka}^{(1)}$ 计算。由式（1-50）得

$$\dot I_{Ka}^{(1)}=3\dot I_{Ka1}^{(1)}=3\dot I_{Ka0}^{(1)} \tag{1-169}$$

Yyn0 接线变压器 yn 侧单相接地，yn 侧短路点各序电流和各相电流相量如图 1-18（b）

所示。

2. 变压器Y侧各序电流及各相电流计算

(1) Y侧A相各序电流计算。由于Y侧无零序电流，根据变压器磁动势平衡原则可得

$$\left.\begin{aligned}\dot{I}_{KA1}^{(1)} &= \dot{I}_{Ka1}^{(1)} = \frac{1}{3}\dot{I}_{Ka}^{(1)}\\ \dot{I}_{KA2}^{(1)} &= \dot{I}_{Ka2}^{(1)} = \frac{1}{3}\dot{I}_{Ka}^{(1)}\\ \dot{I}_{KA0}^{(1)} &= 0\end{aligned}\right\}\tag{1-170}$$

(2) Y侧B相各序电流计算。同理可得B相各序电流为

$$\left.\begin{aligned}\dot{I}_{KB1}^{(1)} &= \dot{I}_{KA1}^{(1)}e^{-j120^\circ} = \frac{1}{3}\dot{I}_{Ka}^{(1)}e^{-j120^\circ}\\ \dot{I}_{KB2}^{(1)} &= \dot{I}_{KA2}^{(1)}e^{j120^\circ} = \frac{1}{3}\dot{I}_{Ka}^{(1)}e^{j120^\circ}\\ \dot{I}_{KB0}^{(1)} &= 0\end{aligned}\right\}\tag{1-171}$$

(3) Y侧C相各序电流计算。同理可得C相各序电流为

$$\left.\begin{aligned}\dot{I}_{KC1}^{(1)} &= \dot{I}_{KA1}^{(1)}e^{j120^\circ} = \frac{1}{3}\dot{I}_{Ka}^{(1)}e^{j120^\circ}\\ \dot{I}_{KC2}^{(1)} &= \dot{I}_{KA2}^{(1)}e^{-j120^\circ} = \frac{1}{3}\dot{I}_{Ka}^{(1)}e^{-j120^\circ}\\ \dot{I}_{KC0}^{(1)} &= 0\end{aligned}\right\}\tag{1-172}$$

式中 $\dot{I}_{KA1}^{(1)}$、$\dot{I}_{KA2}^{(1)}$、$\dot{I}_{KA0}^{(1)}$——分别为Y侧A相正、负、零序电流；

$\dot{I}_{KB1}^{(1)}$、$\dot{I}_{KB2}^{(1)}$、$\dot{I}_{KB0}^{(1)}$——分别为Y侧B相正、负、零序电流；

$\dot{I}_{KC1}^{(1)}$、$\dot{I}_{KC2}^{(1)}$、$\dot{I}_{KC0}^{(1)}$——分别为Y侧C相正、负、零序电流；

$\dot{I}_{Ka}^{(1)}$——变压器yn侧a相接地电流。

(4) Y侧各相电流计算。将式(1-170)～式(1-172)代入式(1-25)得Y侧各相电流为

$$\left.\begin{aligned}\dot{I}_{KA}^{(1)} &= \dot{I}_{KA1}^{(1)} + \dot{I}_{KA2}^{(1)} = \frac{2}{3}\dot{I}_{Ka}^{(1)}\\ \dot{I}_{KB}^{(1)} &= \dot{I}_{KB1}^{(1)} + \dot{I}_{KB2}^{(1)} = \frac{1}{3}\dot{I}_{Ka}^{(1)}(e^{j120^\circ} + e^{-j120^\circ}) = -\frac{1}{3}\dot{I}_{Ka}^{(1)}\\ \dot{I}_{KC}^{(1)} &= \dot{I}_{KC1}^{(1)} + \dot{I}_{KC2}^{(1)} = \frac{1}{3}\dot{I}_{Ka}^{(1)}(e^{-j120^\circ} + e^{j120^\circ}) = -\frac{1}{3}\dot{I}_{Ka}^{(1)}\end{aligned}\right\}\tag{1-173}$$

式中 $\dot{I}_{KA}^{(1)}$、$\dot{I}_{KB}^{(1)}$、$\dot{I}_{KC}^{(1)}$——分别为Y侧A、B、C相短路电流；

其他符号含义同前。

无电源分支Yyn0接线变压器yn侧a相接地短路时，Y侧各序电流及各相电流相量如图1-18(c)所示。由上述计算知，当Yyn0接线变压器yn侧单相接地时，Y侧有一相电流为yn侧单相接地电流的$\frac{2}{3}$，Y侧另外两相电流为yn侧单相接地电流的$\frac{1}{3}$。

（二）变压器 yn 侧单相接地两侧电压计算

1. yn 侧各序电压各相电压计算

（1）yn 侧各序电压计算。由式（1-137）得

$$\left.\begin{aligned}\dot U_{\mathrm{Ka1}}^{(1)}&=\frac{X_{1\Sigma}+X_{0\Sigma}}{2X_{1\Sigma}+X_{0\Sigma}}=\frac{1+\beta}{2+\beta}\\ \dot U_{\mathrm{Ka2}}^{(1)}&=-\frac{X_{1\Sigma}}{2X_{1\Sigma}+X_{0\Sigma}}=-\frac{1}{2+\beta}\\ \dot U_{\mathrm{Ka0}}^{(1)}&=-\frac{X_{0\Sigma}}{2X_{1\Sigma}+X_{0\Sigma}}=-\frac{\beta}{2+\beta}\end{aligned}\right\}\tag{1-174}$$

其中
$$\beta=\frac{X_{0\Sigma}}{X_{1\Sigma}}$$

式中 $\dot U_{\mathrm{Ka1}}^{(1)}$、$\dot U_{\mathrm{Ka2}}^{(1)}$、$\dot U_{\mathrm{Ka0}}^{(1)}$——分别为变压器 yn 侧正、负、零序电压标么值相量；

β——零序综合电抗与正序综合电抗之比；

其他符号含义同前。

（2）yn 侧各相电压计算。由式（1-138）得

$$\left.\begin{aligned}\dot U_{\mathrm{Ka}}^{(1)}&=\dot U_{\mathrm{Ka1}}^{(1)}+\dot U_{\mathrm{Ka2}}^{(1)}+\dot U_{\mathrm{Ka0}}^{(1)}=0\\ \dot U_{\mathrm{Kb}}^{(1)}&=a^2\dot U_{\mathrm{Ka1}}^{(1)}+a\dot U_{\mathrm{Ka2}}^{(1)}+\dot U_{\mathrm{Ka0}}^{(1)}=-1.5\frac{\beta}{2+\beta}-\mathrm{j}\frac{\sqrt3}{2}\\ \dot U_{\mathrm{Kc}}^{(1)}&=a\dot U_{\mathrm{Ka1}}^{(1)}+a^2\dot U_{\mathrm{Ka2}}^{(1)}+\dot U_{\mathrm{Ka0}}^{(1)}=-1.5\frac{\beta}{2+\beta}+\mathrm{j}\frac{\sqrt3}{2}\end{aligned}\right\}\tag{1-175}$$

式中 $\dot U_{\mathrm{Ka}}^{(1)}$、$\dot U_{\mathrm{Kb}}^{(1)}$、$\dot U_{\mathrm{Kc}}^{(1)}$——分别为变压器 yn 侧 a、b、c 三相电压标么值相量；

其他符号含义同前。

2. Y 侧各序电压和各相电压计算

（1）Y 侧各序电压计算。将式（1-174）代入式（1-29）得

$$\left.\begin{aligned}\dot U_{\mathrm{KA1}}^{(1)}&=\frac{1+\beta+K_1}{2+\beta}\\ \dot U_{\mathrm{KA2}}^{(1)}&=-\frac{1-K_2}{2+\beta}\\ \dot U_{\mathrm{KA0}}^{(1)}&=0\end{aligned}\right\}\tag{1-176}$$

$$K_1=K_2=\frac{X_{1.\mathrm{T}}}{X_{1\Sigma}}$$

式中 K_1、K_2——分别为正、负序电压分压比；

其他符号含义同前。

（2）Y 侧各相电压计算。将式（1-176）代入式（1-26）得

$$\left.\begin{aligned}\dot U_{\mathrm{KA}}^{(1)}&=\dot U_{\mathrm{KA1}}^{(1)}+\dot U_{\mathrm{KA2}}^{(1)}=\frac{\beta+2K_1}{2+\beta}\\ \dot U_{\mathrm{KB}}^{(1)}&=a^2\dot U_{\mathrm{Ka1}}^{(1)}+a\dot U_{\mathrm{Ka2}}^{(1)}=-0.5\frac{\beta+2K_1}{2+\beta}-\mathrm{j}\frac{\sqrt3}{2}\\ \dot U_{\mathrm{KC}}^{(1)}&=a\dot U_{\mathrm{Ka1}}^{(1)}+a^2\dot U_{\mathrm{Ka2}}^{(1)}=-0.5\frac{\beta+2K_1}{2+\beta}+\mathrm{j}\frac{\sqrt3}{2}\end{aligned}\right\}\tag{1-177}$$

式中 $\dot U_{\mathrm{KA}}^{(1)}$、$\dot U_{\mathrm{KB}}^{(1)}$、$\dot U_{\mathrm{KC}}^{(1)}$——分别为变压器 Y 侧三相电压标么值；

其他符号含义同前。

七、无分支 Dyn1 接线的变压器 yn 侧单相接地时短路电流计算

无分支 Dyn1 接线的变压器 yn 侧单相接地时短路电流计算同本节三。

八、变压器中性点经小电阻接地系统短路电流计算

大型发电机组高压厂用系统接线组别为 Dyn11（或 Dyn1）变压器中性点经小电阻 R_N 接地，对小电阻 R_N 接地系统各种不同类型短路电流计算比较简单，但实际很多计算人员常采用较为复杂的对称分量计算法，这既大大地增加了计算工作量，同时又容易出现不必要的计算错误，为此将变压器中性点经小电阻接地系统短路电流简化计算方法介绍于下。

（一）三相短路电流 $I_K^{(3)}$ 计算

$$I_K^{(3)}=\frac{I_{bs}}{X_{1\Sigma}^*}$$

式中 I_{bs}——基准电流；

$X_{1\Sigma}^*$——短路点正序综合电抗标么值。

（二）两相短路电流 $I_K^{(2)}$ 计算

1. yn 侧短路点两相短路电流计算

yn 侧短路点两相短路电流为 $I_K^{(2)}=\frac{\sqrt{3}}{2}\times\frac{I_{bs}}{X_{1\Sigma}^*}$

2. yn 侧两相短路 D 侧电流计算

（1）yn 侧两相短路 D 侧其中两相电流 $I_{KA}^{(2)}=I_{KC}^{(2)}$ 为三相短路电流 $I_K^{(3)}$ 的一半，即

$$I_{KA}^{(2)}=I_{KC}^{(2)}=\frac{1}{2}\times\frac{I_{bs}}{X_{1\Sigma}^*}=\frac{1}{2}\times I_K^{(3)}$$

（2）yn 侧两相短路 D 侧其中另一相电流 $I_{KB}^{(2)}$ 为三相短路电流，即

$$I_{KB}^{(2)}=I_K^{(3)}=\frac{I_{bs}}{X_{1\Sigma}^*}$$

（三）单相接地短路电流计算

1. 全电路欧姆定律简化计算法

由于变压器中性点经小电阻 R_N 接地时一般均满足 $R_{0\Sigma}=3R_N\gg\max(X_{1\Sigma}、X_{2\Sigma}、X_{0\Sigma}、R_{1\Sigma}、R_{2\Sigma})$ 当单相接地时，接地电阻 R_N 两端电压为额定相电压 $U_{T.N.p}$，即 $U_{T.N.p}=\frac{U_{T.N}}{\sqrt{3}}$，从而单相接地短路电流 $I_K^{(1)}$ 等于单相接地电流 $I_{K.E}^{(1)}$，由欧姆定律可直接计算为

$$I_K^{(1)}=I_{K.E}^{(1)}=\frac{U_{T.N}}{\sqrt{3}\times R_N} \tag{1-177a}$$

式中 $U_{T.N}$——变压器中性点接地电阻侧额定电压；

R_N——变压器中性点接地电阻有名值；

$R_{0\Sigma}$——短路点综合零序电阻有名值；

$X_{0\Sigma}$——短路点综合零序电抗有名值；

$R_{1\Sigma}$——短路点综合正序电阻有名值；

$X_{1\Sigma}$——短路点综合正序电抗有名值；

$R_{2\Sigma}$——短路点综合负序电阻有名值；

$X_{2\Sigma}$——短路点综合负序电抗有名值。

2. 对称分量计算法

接地点各序电流由式（1-48）计算为

$$I_{K1}^{(1)}=I_{K2}^{(1)}=I_{K0}^{(1)}=\frac{U_{bs}/\sqrt{3}}{Z_{1\Sigma}+Z_{2\Sigma}+Z_{0\Sigma}}=\frac{U_{bs}/\sqrt{3}}{2Z_{1\Sigma}+Z_{0\Sigma}}=\frac{U_{bs}/\sqrt{3}}{2(R_{1\Sigma}+\mathrm{j}X_{1\Sigma})+R_{0\Sigma}+\mathrm{j}X_{0\Sigma}}$$

$R_{0\Sigma}=3R_N$ 当 $R_{0\Sigma}=3R_N\gg\max(X_{1\Sigma}、X_{2\Sigma}、X_{0\Sigma}、R_{1\Sigma}、R_{2\Sigma})$ 时

$$I_{K1}^{(1)}=I_{K2}^{(1)}=I_{K0}^{(1)}=\frac{U_{bs}/\sqrt{3}}{Z_{1\Sigma}+Z_{2\Sigma}+Z_{0\Sigma}}=\frac{U_{bs}/\sqrt{3}}{2Z_{1\Sigma}+Z_{0\Sigma}}=\frac{U_{bs}/\sqrt{3}}{2(R_{1\Sigma}+\mathrm{j}X_{1\Sigma})+R_{0\Sigma}+\mathrm{j}X_{0\Sigma}}$$

$$\approx\frac{U_{bs}}{\sqrt{3}\times R_{0\Sigma}}=\frac{U_{bs}}{\sqrt{3}\times 3R_N}$$

式中 $Z_{0\Sigma}$——短路点综合零序阻抗有名值；

$Z_{1\Sigma}$——短路点综合正序阻抗有名值；

$Z_{2\Sigma}$——短路点综合负序阻抗有名值；

U_{bs}——基准电压，$U_{bs}=U_{T.N}$。

单相接地电流为

$$I_K^{(1)}=I_{K.E}^{(1)}=3I_{K0}^{(1)}=\frac{3U_{bs}}{\sqrt{3}\times R_{0\Sigma}}=\frac{3U_{bs}}{\sqrt{3}\times 3R_N}=\frac{U_{bs}}{\sqrt{3}\times R_N}\qquad(1\text{-}177\text{b})$$

常易发生的错误为：

错误计算式(1)：$I_K^{(1)}=I_{K.E}^{(1)}=I_{K0}^{(1)}=\dfrac{I_{bs}}{2X_{1\Sigma}^*+X_{0\Sigma}^*+R_N^*}$

错误计算式(2)：$I_{K.E}^{(1)}=3I_{K0}^{(1)}=3\times\dfrac{I_{bs}}{2X_{1\Sigma}^*+X_{0\Sigma}^*+R_N^*}$

错误计算式(3)：$I_{K.E}^{(1)}=3I_{K0}^{(1)}=3\times\dfrac{I_{bs}}{2X_{1\Sigma}^*+X_{0\Sigma}^*+3R_N^*}$

$$I_{K.E}^{(1)}=\frac{I_{bs}}{R_N^*}\neq I_{K0}^{(1)}\neq\frac{3I_{bs}}{2X_{1\Sigma}^*+X_{0\Sigma}^*+R_{0\Sigma}^*}\neq\frac{3I_{bs}}{2X_{1\Sigma}^*+X_{0\Sigma}^*+R_N^*}$$

当阻抗用标幺值时，用下式计算是正确的，即

$$I_{K.E}^{(1)}=3I_{K0}^{(1)}=3\times\frac{I_{bs}}{\mathrm{j}2X_{1\Sigma}^*+\mathrm{j}X_{0\Sigma}^*+R_{0\Sigma}^*}=\frac{3I_{bs}}{\mathrm{j}2X_{1\Sigma}^*+\mathrm{j}X_{0\Sigma}^*+3R_N^*}\approx\frac{3I_{bs}}{3R_N^*}=\frac{I_{bs}}{R_N^*}$$

$$I_{K.E}^{(1)}=3I_{K0}^{(1)}=\frac{I_{bs}}{R_N^*}\qquad(1\text{-}177\text{c})$$

由上计算知：两种方法计算结果相同，但前者非常简单且不易出错，反之后者计算过程非常复杂而极易出错。建议采用式(1-177a)、式(1-177b) 或式(1-177c) 直接计算。

（四）两相接地短路电流计算

1. 两相接地短路故障相电流计算

（1）yn 侧两相接地短路故障相电流计算。bc 相接地短路故障相电流近似为

$$I_{Kb.c}^{(1.1)}=I_{Kb.c}^{(2)}=\frac{\sqrt{3}}{2}\times\frac{I_{bs}}{X_{1\Sigma}^*}=\frac{\sqrt{3}}{2}I_K^{(3)}$$

（2）yn 侧两相接地短路 D 侧其中两相电流 $I_{KA}^{(1.1)}=I_{KC}^{(1.1)}$ 近似为三相短路电流 $I_K^{(3)}$ 的一

半，即

$$I_{KA}^{(1.1)}=I_{KC}^{(1.1)}\approx\frac{1}{2}\times\frac{I_{bs}}{X_{1\Sigma}^{*}}=\frac{1}{2}\times I_{K}^{(3)}$$

（3）yn 侧两相接地短路 D 侧其中另一相电流 $I_{KB}^{(1.1)}$ 近似为三相短路电流，即

$$I_{KB}^{(1.1)}\approx I_{K}^{(3)}=\frac{I_{bs}}{X_{1\Sigma}^{*}}$$

2. 两相接地电流计算

（1）全电路欧姆定律简化计算法。由于两相接地短路时故障相电压为 $0.5U_{T.N.p}$，此时变压器中性点接地电阻 R_N 两端电压为 $0.5U_{T.N.p}$，由全电路欧姆定律简化计算为

$$I_{K.E}^{(1.1)}=3I_{K.0}^{(1.1)}=\frac{0.5U_{T.N.p}}{R_N}=\frac{0.5U_{T.N}}{\sqrt{3}\times R_N}=\frac{1}{2}\times I_{K.E}^{(1)} \tag{1-177d}$$

（2）对称分量计算法。当 $Z_{1\Sigma}=Z_{2\Sigma}$ 故障点正序电流由式（1-43）计算为

$$\dot{I}_{KA1}^{(1.1)}=\frac{\dot{E}_A}{\left(Z_{1\Sigma}+\dfrac{Z_{2\Sigma}Z_{0\Sigma}}{Z_{2\Sigma}+Z_{0\Sigma}}\right)}=\frac{\dot{U}_{T.N}}{\sqrt{3}\times Z_{1\Sigma}}\times\frac{1}{\left(1+\dfrac{Z_{0\Sigma}}{Z_{0\Sigma}+Z_{1\Sigma}}\right)}$$

故障点零序电流为

$$\dot{I}_{KA0}^{(1.1)}=\frac{\dot{U}_{T.N}}{\sqrt{3}\times Z_{1\Sigma}}\times\frac{1}{\left(1+\dfrac{Z_{0\Sigma}}{Z_{0\Sigma}+Z_{1\Sigma}}\right)}\times\frac{Z_{1\Sigma}}{Z_{0\Sigma}+Z_{1\Sigma}}=\frac{\dot{U}_{T.N}}{\sqrt{3}\times Z_{1\Sigma}}\times\frac{Z_{1\Sigma}}{Z_{1\Sigma}+2Z_{0\Sigma}}$$

$$=\frac{\dot{U}_{T.N}}{\sqrt{3}}\times\frac{1}{Z_{1\Sigma}+2Z_{0\Sigma}}$$

由此故障点接地电流为

$$I_{K.E}^{(1.1)}=3I_{K0}^{(1.1)}=\sqrt{3}\times U_{T.N}\times\frac{1}{Z_{1\Sigma}+2Z_{0\Sigma}}$$

当 $3R_N\gg\max(X_{1\Sigma}、X_{2\Sigma}、X_{0\Sigma}、R_{1\Sigma}、R_{2\Sigma})$ 时，$Z_{0\Sigma}\approx 3R_N$，$Z_{1\Sigma}+2Z_{0\Sigma}\approx 2\times 3R_N$

于是 $I_{K.E}^{(1.1)}=3I_{K0}^{(1.1)}=\sqrt{3}\times U_{T.N}\times\dfrac{1}{Z_{1\Sigma}+2Z_{0\Sigma}}=\sqrt{3}\times U_{T.N}\times\dfrac{1}{2\times 3R_N}=\dfrac{1}{2}\times\dfrac{U_{T.N}}{\sqrt{3}\times R_N}$

$$=\frac{1}{2}\times I_{K.E}^{(1)}$$

$$I_{K.E}^{(1.1)}=3I_{K0}^{(1.1)}=\frac{1}{2}\times\frac{U_{T.N}}{\sqrt{3}\times R_N}=\frac{1}{2}\times I_{K.E}^{(1)} \tag{1-177e}$$

由以上计算可知：两种方法计算结果相同，但前者非常简单且不易出错，反之后者计算过程非常复杂而极易出错。建议采用式（1-177d）或式（1-177e）直接计算。

第五节 短路电流计算实例

某发电厂实际一次系统接线及阻抗如图 1-19 所示，计算 K1、K2 各短路点及各分支的三相短路、两相短路、单相接地短路、两相接地短路时的短路电流及变压器两侧的电压。

1. 阻抗归算（以 $S_{bs}=100\text{MVA}$ 为基准）

发电机次暂态电抗标么值　$X_{1.G1}=X_{1.G2}=X''_d\times\dfrac{S_{bs}}{S_N}=0.16\times\dfrac{100}{353}=0.0453$

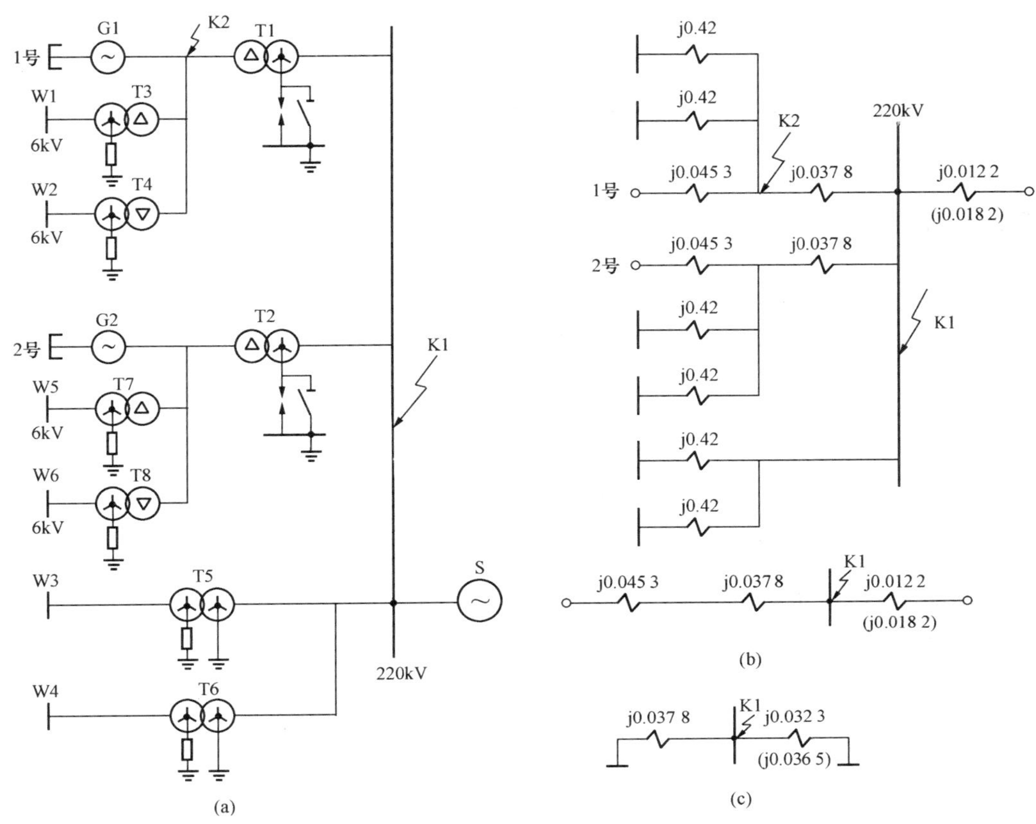

图 1-19 一次系统接线及阻抗图

(a) 系统一次接线图；(b) 正序网络图；(c) 零序网络图

主变压器电抗标么值 $X_{1.T1}=X_{1.T2}=\dfrac{u_K\%}{100}\times\dfrac{S_{bs}}{S_{TN}}=\dfrac{14}{100}\times\dfrac{100}{370}=0.0378$

$$X_{1\Sigma.T1}=X_{1\Sigma.T2}=X_{1.G1}+X_{1.T1}=0.0453+0.0378=0.0831$$

主变压器零序电抗标么值 $X_{0.T1}=X_{0.T2}=0.0378$

系统最大运行方式：

系统正序电抗 $X_{1.S.min}=0.0122$
系统零序电抗 $X_{0.S.min}=0.0323$

系统最小运行方式：

系统正序电抗 $X_{1.S.max}=0.0182$
系统零序电抗 $X_{0.S.max}=0.0365$

画出各序网络图，如图 1-19（b）、（c）所示。

2. 综合阻抗计算

（1）综合正、负序电抗计算。由式（1-84）得

$$X_{1\Sigma}=X_{2\Sigma}=\frac{1}{\dfrac{1}{0.0831}+\dfrac{1}{0.0831}+\dfrac{1}{0.0122}}=0.00943$$

（2）综合零序电抗计算。由式（1-84）得

$$X_{0\Sigma}=\frac{1}{\dfrac{1}{0.0378}+\dfrac{1}{0.0323}}=0.017417$$

(3) 综合零序电抗和综合正序电抗比为

$$\beta=\frac{X_{0\Sigma}}{X_{1\Sigma}}=\frac{0.017\ 417}{0.009\ 43}=1.847$$

(4) T1 (T2) 及系统的正、负序电流分支系数计算。由式 (1-85) 得

$$K_{1\mathrm{bra.T1}}=K_{2\mathrm{bra.T1}}=\frac{0.009\ 43}{0.0831}=0.113\ 48$$

T2 与 T1 相同。

$$K_{1\mathrm{bra.S}}=K_{2\mathrm{bra.S}}=\frac{0.009\ 43}{0.0122}=0.773$$

(5) T1 (T2) 及系统的零序电流分支系数计算。由式 (1-85) 得

$$K_{0\mathrm{bra.T1}}=\frac{0.017\ 417}{0.037\ 8}=0.46$$

$$K_{0\mathrm{bra.T2}}=\frac{0.017\ 417}{\infty}=0$$

$$K_{0\mathrm{bra.S}}=\frac{0.017\ 417}{0.032\ 3}=0.539\ 2$$

一、短路点 K1 三相短路电流计算

1. 短路点总电流计算

短路点 K1 的三相短路电流计算由式 (1-16) 得

$$\dot{I}_{\mathrm{K}}^{(3)}=\frac{I_{\mathrm{bs}}}{\mathrm{j}X_{1\Sigma}}=-\mathrm{j}\frac{0.251}{0.009\ 43}=-\mathrm{j}26.617(\mathrm{kA})$$

$$I_{\mathrm{bs}}=\frac{100}{\sqrt{3}\times U_{\mathrm{av}}}=\frac{100}{\sqrt{3}\times 230}=0.251(\mathrm{kA})$$

式中 I_{bs}——$S_{\mathrm{bs}}=100\mathrm{MVA}$ 时的基准电流。

2. 各支路的三相短路电流计算

(1) T1 (G1)、T2 (G2) 支路高压侧的短路电流。由式 (1-15) 得

$$\dot{I}_{\mathrm{K.T1}}^{(3)}=\dot{I}_{\mathrm{K.T2}}^{(3)}=K_{1\mathrm{bra.T1}}\times I_{\mathrm{K}}^{(3)}=-\mathrm{j}0.113\ 48\times 26.617=-\mathrm{j}3.02(\mathrm{kA})$$

亦可直接由式 (1-15) 计算得

$$\dot{I}_{\mathrm{K.T1}}^{(3)}=\dot{I}_{\mathrm{K.T2}}^{(3)}=\frac{I_{\mathrm{bs}}}{X_{1\Sigma\cdot\mathrm{T1}}}=\frac{0.251}{\mathrm{j}0.083\ 1}=-\mathrm{j}3.02(\mathrm{kA})$$

(2) T1 (G1)、T2 (G2) 支路 20kV 侧的短路电流。考虑变比 $n_{\mathrm{T}}=\frac{U_{\mathrm{H.N}}}{U_{\mathrm{L.N}}}=\frac{230}{20}=11.5$，则 $t=0\mathrm{s}$ 时刻的短路电流为

$$\dot{I}_{\mathrm{K.G1}}^{(3)}=\dot{I}_{\mathrm{K.G2}}^{(3)}=-\mathrm{j}\frac{230}{20}\times 3.02=-\mathrm{j}34.73(\mathrm{kA})$$

或

$$\dot{I}_{\mathrm{K.G1}}^{(3)}=\dot{I}_{\mathrm{K.G2}}^{(3)}=-\mathrm{j}\frac{2.887}{0.083\ 1}=-\mathrm{j}34.73(\mathrm{kA})$$

(3) 衰减短路电流计算。由式 (1-17) 计算得

$$X_{\mathrm{cal}}=(X_{1.\mathrm{G1}}+X_{1.\mathrm{T1}})\frac{S_{\mathrm{N}}}{S_{\mathrm{bs}}}=0.083\ 1\times\frac{353}{100}=0.3$$

查表 A-1 得

$t=1$s 时刻的短路电流 $I^{(3)}_{Kt=1.G1}=2.379\times10.19=24.2$ (kA)

$t=4$s 时刻的短路电流 $I^{(3)}_{Kt=4.G1}=2.347\times10.19=23.91$ (kA)

(4) T1、T2 的 d 侧绕组内的短路电流计算。由式 (1-103) 可得

$t=0$s 时 $I^{(3)}_{\alpha.T1}=I^{(3)}_{\beta.T1}=I^{(3)}_{\gamma.T1}=n\dfrac{I^{(3)}_{KA}}{\sqrt{3}}=11.5\times\dfrac{3.02}{\sqrt{3}}=20.05(\text{kA})$

(5) 系统 S 所供的短路电流计算。由式 (1-15) 得

$$I^{(3)}_{K.S}=-\text{j}\,\frac{0.251}{0.0122}=-\text{j}20.573(\text{kA})$$

3. G1、G2 机端残压标么值（以额定相电压为基准）的计算

相电压 $U^{(3)}_{K.G1}=U^{(3)}_{K.G2}=\dfrac{X_{1.T1}}{X_{1.G1}+X_{1.T1}}=\dfrac{0.0378}{0.0453+0.0378}=0.455$

相间电压 $U_{K.ab}=U_{K.bc}=U_{K.ca}=\sqrt{3}\times0.455=0.788$

二、短路点 K1 B、C 两相短路电流计算

(一) 变压器 T1 (T2 与 T1 相同) 两侧短路电流计算

1. 用全电流法计算

(1) 变压器 T1 高压侧的短路电流计算。由式 (1-119) 得

$$\dot{I}^{(2)}_{KB}=-\dot{I}^{(2)}_{KC}=-\text{j}\,\frac{\sqrt{3}}{2}\dot{I}^{(3)}_{K}=-\text{j}\,\frac{\sqrt{3}}{2}\,\frac{I_{bs}}{\text{j}X_{1\Sigma.T1}}=-\frac{\sqrt{3}}{2}\times\frac{0.251}{0.0831}=-2.6157(\text{kA})$$

$$X_{1\Sigma.T1}=X_{1.G1T1}=X_{G1}+X_{T1}=0.0831$$

$$\dot{I}^{(2)}_{KC}=2.6157(\text{kA})$$

(2) 变压器低压侧的三相电流计算。由式 (1-120) 得

$$\dot{I}^{(2)}_{Ka}=\frac{1}{\sqrt{3}}(\dot{I}^{(2)}_{KA}-\dot{I}^{(2)}_{KB})\times n=\frac{1}{\sqrt{3}}(0-\dot{I}^{(2)}_{KB})\times n$$

$$=\text{j}\,\frac{1}{2}\dot{I}^{(3)}_{K}\times n=\frac{1}{\sqrt{3}}[-(-2.6157)]\times11.5=17.368(\text{kA})$$

$$\dot{I}^{(2)}_{Kb}=\frac{1}{\sqrt{3}}(\dot{I}^{(2)}_{KB}-\dot{I}^{(2)}_{KC})\times n=-\text{j}\dot{I}^{(3)}_{K}\times n=-3.02\times11.5=-34.73(\text{kA})$$

$$\dot{I}^{(2)}_{Kc}=\frac{1}{\sqrt{3}}(\dot{I}^{(2)}_{KC}-\dot{I}^{(2)}_{KA})\times n=\text{j}\,\frac{1}{2}\dot{I}^{(3)}_{K}\times n=\frac{1}{2}\times3.02\times11.5=17.368(\text{kA})$$

由上述计算知，在 Y 侧两相短路时，d 侧 b 相电流为三相短路电流，而另两相电流为三相短路电流的一半。

2. 对称分量法计算

变压器 T1 (T2) 高压侧短路电流。

1) 高压侧各序电流计算。由式 (1-121) 得

$$\dot{I}^{(2)}_{KA1}=-\dot{I}^{(2)}_{KA2}=\frac{\dot{E}_A}{\text{j}2X_{1\Sigma.T1}}=\frac{1}{2}\dot{I}^{(3)}_{K}=\frac{1}{2}(-\text{j}3.02)=-\text{j}1.51(\text{kA})$$

2) Y 侧故障相电流计算。由式 (1-122) 得

$$\dot{I}^{(2)}_{KB}=a^2\dot{I}^{(2)}_{KA1}+a\dot{I}^{(2)}_{KA2}=-\text{j}\sqrt{3}\dot{I}^{(2)}_{KA1}=-\text{j}\sqrt{3}\times(-\text{j}1.51)=-2.615(\text{kA})$$

$$\dot{I}_{KC}^{(2)}=a\dot{I}_{KA1}^{(2)}+a^2\dot{I}_{KA2}^{(2)}=j\sqrt{3}\dot{I}_{KA1}^{(2)}=j\sqrt{3}\times(-j1.51)=2.615(kA)$$

3）d侧线电流计算。由式（1-123）得

$$\dot{I}_{Ka}^{(2)}=(\dot{I}_{KA1}^{(2)}e^{j30^\circ}+\dot{I}_{KA2}^{(2)}e^{-j30^\circ})n$$
$$=j\dot{I}_{KA1}^{(2)}\times n=j(-j1.51)\times11.5=17.365(kA)$$
$$\dot{I}_{Kb}^{(2)}=(a^2\dot{I}_{KA1}^{(2)}e^{j30^\circ}+a\dot{I}_{KA2}^{(2)}e^{-j30^\circ})n$$
$$=-j2\dot{I}_{KA1}^{(2)}\times n=-j2\times(-j1.51)\times11.5=-34.73(kA)$$
$$\dot{I}_{Kc}^{(2)}=(a\dot{I}_{KA1}^{(2)}e^{j30^\circ}+a^2\dot{I}_{KA2}^{(2)}e^{-j30^\circ})n$$
$$=j\dot{I}_{KA1}^{(2)}\times n=j(-j1.51)\times11.5=17.365(kA)$$

以上两种方法计算结果相同。

（二）变压器T1（或T2）两侧电压标么值计算

当电源电动势用标么值表示，并设$E_A=1$时，则各相电动势为

$$\dot{E}_A=E_A=1,\ \dot{E}_B=\dot{E}_Ae^{j240^\circ}=a^2,\ \dot{E}_C=\dot{E}_Ae^{j120^\circ}=a$$

1. Y侧A相的正、负、零序电压及故障相电压计算

（1）Y侧A相正、负、零序电压计算。由式（1-124）得

$$\dot{U}_{KA1}^{(2)}=\dot{U}_{KA2}^{(2)}=\frac{1}{2}\dot{E}_A=0.5$$
$$\dot{U}_{KA0}^{(2)}=0$$

（2）Y侧三相相电压计算。由式（1-125）得

$$\dot{U}_{KB}^{(2)}=\dot{U}_{KC}^{(2)}=-\frac{1}{2}\dot{E}_A=-\frac{1}{2}=-0.5$$
$$\dot{U}_{KA}^{(2)}=\dot{E}_A=1$$

（3）Y侧相间电压计算。由式（1-126）得

$$\dot{U}_{KAB}^{(2)}=\dot{U}_{KA}^{(2)}-\dot{U}_{KB}^{(2)}=1.5$$
$$\dot{U}_{KBC}^{(2)}=\dot{U}_{KB}^{(2)}-\dot{U}_{KC}^{(2)}=0$$
$$\dot{U}_{KCA}^{(2)}=\dot{U}_{KC}^{(2)}-\dot{U}_{KA}^{(2)}=-1.5$$

2. 变压器T1的d侧电压计算

（1）d侧a相正序电压。由式（1-127）可得

$$\dot{U}_{Ka1}^{(2)}=(\dot{U}_{KA1}^{(2)}+\Delta\dot{U}_{KA1}^{(2)})e^{j30^\circ}=(0.5+0.5K_{1.T1})e^{j30^\circ}$$
$$=\left(0.5+0.5\times\frac{0.0378}{0.0831}\right)e^{j30^\circ}=0.7274e^{j30^\circ}$$

或由式（1-29）、式（1-112）可得

$$\dot{U}_{Ka1}^{(2)}=(\dot{U}_{KA1}^{(2)}+j\dot{I}_{KA1}^{(2)}X_{1.T1})e^{j30^\circ}$$
$$=\left(0.5+\frac{1.51}{0.251}\times0.0378\right)e^{j30^\circ}=0.7274e^{j30^\circ}$$

（2）d侧a相负序电压。由式（1-127）可得

$$\dot{U}_{Ka2}^{(2)}=(\dot{U}_{KA2}^{(2)}-\Delta\dot{U}_{KA2}^{(2)})e^{-j30^\circ}=\left(0.5-0.5\times\frac{0.0378}{0.0831}\right)e^{-j30^\circ}=0.2726e^{-j30^\circ}$$

或由式（1-29）、式（1-112）可得

$$\dot{U}_{\mathrm{Ka2}}^{(2)}=(\dot{U}_{\mathrm{KA2}}^{(2)}+\mathrm{j}\dot{I}_{\mathrm{KA2}}^{(2)}X_{2.\mathrm{T1}})\mathrm{e}^{-\mathrm{j}30^{\circ}}$$

$$=\left(0.5-\frac{1.51}{0.251}\times0.0378\right)\mathrm{e}^{-\mathrm{j}30^{\circ}}=0.2726\mathrm{e}^{-\mathrm{j}30^{\circ}}$$

（3）d 侧 a 相零序电压为零，即 $\dot{U}_{\mathrm{Ka0}}^{(2)}=0$。

（4）d 侧各相电压计算。由基本公式（1-25）可计算各相电压。

1）d 侧 a 相电压为

$$\dot{U}_{\mathrm{Ka}}^{(2)}=\dot{U}_{\mathrm{Ka1}}^{(2)}+\dot{U}_{\mathrm{Ka2}}^{(2)}=0.7274\mathrm{e}^{\mathrm{j}30^{\circ}}+0.2726\mathrm{e}^{-\mathrm{j}30^{\circ}}$$

$$=0.6299+\mathrm{j}0.3637+0.236-\mathrm{j}0.1363=0.866+\mathrm{j}0.2274=0.895\mathrm{e}^{\mathrm{j}14.71^{\circ}}$$

2）d 侧 b 相电压为

$$\dot{U}_{\mathrm{Kb}}^{(2)}=a^{2}\dot{U}_{\mathrm{Ka1}}^{(2)}+a\dot{U}_{\mathrm{Ka2}}^{(2)}=a^{2}\times0.7274\mathrm{e}^{\mathrm{j}30^{\circ}}+a\times0.2726\mathrm{e}^{-\mathrm{j}30^{\circ}}$$

$$=0.7274\mathrm{e}^{\mathrm{j}270^{\circ}}+0.2726\mathrm{e}^{\mathrm{j}90^{\circ}}=-\mathrm{j}0.7274+\mathrm{j}0.2726=-\mathrm{j}0.4548$$

3）d 侧 c 相电压为

$$\dot{U}_{\mathrm{Kc}}^{(2)}=a\dot{U}_{\mathrm{Ka1}}^{(2)}+a^{2}\dot{U}_{\mathrm{Ka2}}^{(2)}=a\times0.7274\mathrm{e}^{\mathrm{j}30^{\circ}}+a^{2}\times0.2726\mathrm{e}^{-\mathrm{j}30^{\circ}}$$

$$=0.7274\mathrm{e}^{\mathrm{j}150^{\circ}}+0.2726\mathrm{e}^{\mathrm{j}210^{\circ}}=-0.866+\mathrm{j}0.2274=0.895\mathrm{e}^{\mathrm{j}165.29^{\circ}}$$

4）由式（1-128）直接计算 d 侧三相相电压值得

$$\left.\begin{aligned}\dot{U}_{\mathrm{Ka}}^{(2)}&=0.866+\mathrm{j}0.5\frac{X_{1.\mathrm{T}}}{X_{1\Sigma.\mathrm{T1}}}=0.866+\mathrm{j}0.5\frac{0.0378}{0.0831}=0.895\mathrm{e}^{\mathrm{j}14.71^{\circ}}\\\dot{U}_{\mathrm{Kb}}^{(2)}&=-\mathrm{j}\frac{X_{1.\mathrm{T}}}{X_{1\Sigma.\mathrm{T1}}}=-\mathrm{j}\frac{0.0378}{0.0831}=-\mathrm{j}0.4548\\\dot{U}_{\mathrm{Kc}}^{(2)}&=-0.866+\mathrm{j}0.5\frac{X_{1.\mathrm{T}}}{X_{1\Sigma.\mathrm{T1}}}=-0.866+\mathrm{j}0.5\frac{0.0378}{0.0831}=0.895\mathrm{e}^{\mathrm{j}165.29^{\circ}}\end{aligned}\right\}$$

（5）d 侧相间电压计算。可直接由相电压计算，也可按式（1-129）计算。

1）d 侧 a、b 相间电压为

$$\dot{U}_{\mathrm{K.ab}}^{(2)}=\dot{U}_{\mathrm{Ka}}^{(2)}-\dot{U}_{\mathrm{Kb}}^{(2)}$$

$$=0.866+\mathrm{j}0.2274+\mathrm{j}0.4548=0.866+\mathrm{j}0.6822=1.1024\mathrm{e}^{\mathrm{j}38.23^{\circ}}$$

或由式（1-129）得

$$\dot{U}_{\mathrm{Kab}}^{(2)}=0.866+\mathrm{j}1.5\frac{X_{1.\mathrm{T1}}}{X_{1.\mathrm{T1}}+X_{1.\mathrm{G1}}}=-0.866+\mathrm{j}0.6823=1.1024\mathrm{e}^{\mathrm{j}38.23^{\circ}}$$

2）d 侧 b、c 相间电压为

$$\dot{U}_{\mathrm{Kbc}}^{(2)}=\dot{U}_{\mathrm{Kb}}^{(2)}-\dot{U}_{\mathrm{Kc}}^{(2)}=-\mathrm{j}0.4548+0.866-\mathrm{j}0.2274$$

$$=0.866-\mathrm{j}0.6822=1.1024\mathrm{e}^{-\mathrm{j}38.23^{\circ}}$$

3）d 侧 c、a 相间电压为

$$\dot{U}_{\mathrm{Kca}}^{(2)}=\dot{U}_{\mathrm{Kc}}^{(2)}-\dot{U}_{\mathrm{Ka}}^{(2)}=-0.866+\mathrm{j}0.2274-(0.866+\mathrm{j}0.2274)=1.732$$

3. 结论

由上述计算知，对 YNd11 或 Yd11 接线的变压器，当 Y 侧 B、C 相短路时有以下结论：

（1）两侧电流。Y 侧 B、C 故障相电流为 $0.866I_{\mathrm{K}}^{(3)}$。而 d 侧有一相电流为 Y 侧三相短

路时的电流，另外两相电流为Y侧三相短路电流的一半。

（2）两侧电压。Y侧短路B、C相间电压为零，最低相电压为正常相电压的$\frac{1}{2}$，非故障相电压为正常相电压。d侧的电压值，其中最低一相相电压为三相短路时的电压降，而最低的相间电压约为正常相间电压的$\frac{1.1}{1.732}=0.635$倍，并大于变压器高压侧三相短路时的电压降，最高相间电压为正常相间电压。

（3）d侧正、负序电压。正序电压为0.73，负序相电压约为0.27。

（4）不同计算方法，其计算复杂程度不同，但计算结果相同，计算技巧反应在不同的计算方法上。

三、短路点K1 A相接地短路电流计算

（一）短路点各序短路电流及故障相电流计算

1. 短路点各序电流计算

由式（1-130）得

$$\dot{I}^{(1)}_{KA1.\Sigma}=\dot{I}^{(1)}_{KA2.\Sigma}=\dot{I}^{(1)}_{KA0.\Sigma}=\frac{I_{bs}}{j(2X_{1\Sigma}+X_{0\Sigma})}$$

$$=-j\frac{0.251}{2\times0.00943+0.017417}=-j6.919(kA)$$

2. 短路点A相电流计算

由式（1-131）得

$$\dot{I}^{(1)}_{KA.\Sigma}=3\dot{I}^{(1)}_{KA1.\Sigma}=3\times(-j6.919)=-j20.757(kA)$$

接地点电流 $\dot{I}^{(1)}_{KE.\Sigma}=3\dot{I}^{(1)}_{KA0.\Sigma}=3\times(-j6.919)=-j20.757(kA)$

（二）变压器T1（G1）两侧的电流计算

1. YN侧各序电流及各相电流计算

（1）YN侧各序电流计算。由式（1-89）得

$$\dot{I}^{(1)}_{KA1.T1}=\dot{I}^{(1)}_{KA2.T1}=K_{1bra.T1}\times\dot{I}^{(1)}_{KA1.\Sigma}=0.11348\times(-j6.919)=-j0.7852(kA)$$

$$\dot{I}^{(1)}_{KA0.T1}=K_{0bra.T1}\times\dot{I}^{(1)}_{KA0.\Sigma}=0.4608\times(-j6.919)=-j3.188(kA)$$

（2）YN侧各相电流由式（1-133）计算。

1）YN侧A相短路电流为

$$\dot{I}^{(1)}_{KA.T1}=\dot{I}^{(1)}_{KA1.T1}+\dot{I}^{(1)}_{KA2.T1}+\dot{I}^{(1)}_{KA0.T1}$$

$$=-j2\times0.7852-j3.188=-j4.7584(kA)$$

而同一点三相短路时T1电源分支Y侧的短路电流为

$$\dot{I}^{(3)}_{KA.T1}=-j3.02(kA)$$

单相接地电流和三相短路电流之比为

$$\frac{I^{(1)}_{KA.T1}}{I^{(3)}_{KA.T1}}=1.5754$$

如用式（1-131）直接计算，则

$$\dot{I}^{(1)}_{KA.T1}=\frac{3I_{bs}}{j[2(X_{1.G1}+X_{1.T1})+X_{0.T1}]}=\frac{3\times 0.251}{j(2\times 0.0831+0.0378)}=-j3.691(kA)$$

后者计算比实际值小22%，显然这种计算方法是错误的，不可采用。

2）YN侧B相短路电流为

$$\dot{I}^{(1)}_{KB.T1}=a^2\dot{I}^{(1)}_{KA1.T1}+a\dot{I}^{(1)}_{KA2.T1}+\dot{I}^{(1)}_{KA0.T1}$$
$$=a^2(-j0.7852)+a(-j0.7852)-j3.188=-j2.4(kA)$$

3）YN侧C相短路电流为

$$\dot{I}^{(1)}_{KC.T1}=a\dot{I}^{(1)}_{KA1.T1}+a^2\dot{I}^{(1)}_{KA2.T1}+\dot{I}^{(1)}_{KA0.T1}$$
$$=a(-j0.7852)+a^2(-j0.7852)-j3.188=-j2.4(kA)$$

由上述计算知，当YN侧A相单相接地时，对变压器T1有 $\dot{I}^{(1)}_{KB}=\dot{I}^{(1)}_{KC}\neq 0$。

2. 变压器T1的d侧各序电流及各相电流计算

变压器d侧零序电流在绕组内自成环流，所以绕组外无零序电流，仅有正、负序电流，绕组外a相正、负序电流及各相电流计算。

（1）T1的d侧绕组外各序电流。由式（1-134）得

$$\dot{I}^{(1)}_{Ka1.T1}=n\dot{I}^{(1)}_{KA1.T1}e^{j30^\circ}=11.5\times(-j0.7852)e^{j30^\circ}=9.03e^{-j60^\circ}(kA)$$

$$\dot{I}^{(1)}_{Ka2.T1}=n\dot{I}^{(1)}_{KA2.T1}e^{-j30^\circ}=11.5\times(-j0.7852)e^{-j30^\circ}=9.03e^{-j120^\circ}(kA)$$

（2）T1的d侧绕组外各相电流。由式（1-135）得

$$\dot{I}^{(1)}_{Ka.T1}=\dot{I}^{(1)}_{Ka1.T1}+\dot{I}^{(1)}_{Ka2.T1}=9.03(e^{-j60^\circ}-e^{-j120^\circ})=-j15.64(kA)$$

或

$$\dot{I}^{(1)}_{Ka.T1}=\sqrt{3}n\dot{I}^{(1)}_{KA1.T1}=\sqrt{3}\times 11.5(-j0.7852)=-j15.64(kA)$$

$$\dot{I}^{(1)}_{Kb.T1}=a^2\dot{I}^{(1)}_{Ka1.T1}+a\dot{I}^{(1)}_{Ka2.T1}=9.03(e^{j180^\circ}-e^{j0^\circ})=0$$

$$\dot{I}^{(1)}_{Kc.T1}=a\dot{I}^{(1)}_{Ka1.T1}+a^2\dot{I}^{(1)}_{Ka2.T1}=9.03(e^{j60^\circ}-e^{j120^\circ})=j15.64(kA)$$

或

$$\dot{I}^{(1)}_{Kc.T1}=-\sqrt{3}n\dot{I}^{(1)}_{KA1.T1}=-\sqrt{3}\times 11.5(-j0.7852)=j15.64(kA)$$

（3）T1的d侧变压器绕组内各相电流。由式（1-136）得

$$\dot{I}^{(1)}_{K\alpha.T1}=n\frac{\dot{I}^{(1)}_{KA.T1}}{\sqrt{3}}=11.5\times\frac{-j4.7584}{\sqrt{3}}=-j31.594(kA)$$

$$\dot{I}^{(1)}_{K\beta.T1}=n\frac{\dot{I}^{(1)}_{KB.T1}}{\sqrt{3}}=11.5\times\frac{-j2.4}{\sqrt{3}}=-j15.93(kA)$$

$$\dot{I}^{(1)}_{K\gamma.T1}=n\frac{\dot{I}^{(1)}_{KC.T1}}{\sqrt{3}}=11.5\times\frac{-j2.4}{\sqrt{3}}=-j15.94(kA)$$

而高压侧三相短路时，$\dot{I}^{(3)}_{K\alpha.T1}=n\frac{\dot{I}^{(1)}_{KA.T1}}{\sqrt{3}}=11.5\times\frac{-j3.02}{\sqrt{3}}=-j20.05(kA)$。可见，高压侧单相接地时，T1的d侧变压器绕组内最大相电流是高压侧三相短路时T1电源分支d侧变压器绕组内相电流的1.5倍。

（三）变压器 T1 两侧电压计算

1. 短路点 A 相正序电压标么值计算

可用下列三种不同方法计算：

（1）由式（1-51）得

$$\dot{U}_{KA1}^{(1)}=\dot{E}_{A1}-j\frac{\dot{I}_{KA1.\Sigma}^{(1)}}{I_{bs}}X_{1\Sigma}=1-\frac{6.919}{0.251}\times 0.009\ 43=0.74$$

（2）由式（1-28）得

$$\dot{U}_{KA1}^{(1)}=\dot{E}_{A1}-j\frac{\dot{I}_{KA1.T1}^{(1)}}{I_{bs}}(X_{1.G1}+X_{1.T1})=1-\frac{0.785\ 2}{0.251}\times 0.083\ 1=0.74$$

（3）由式（1-137）得

$$\dot{U}_{KA1}^{(1)}=\frac{1+\beta}{2+\beta}=\frac{1+1.847}{2+1.847}=0.74$$

2. 短路点 A 相负序电压标么值计算

（1）由式（1-51）得

$$\dot{U}_{KA2}^{(1)}=-j\frac{\dot{I}_{KA2.\Sigma}^{(1)}}{I_{bs}}X_{2\Sigma}=-\frac{6.919}{0.251}\times 0.009\ 43=-0.26$$

（2）由式（1-28）得

$$\dot{U}_{KA2}^{(1)}=-j\frac{\dot{I}_{KA1.T1}^{(1)}}{I_{bs}}(X_{1.G1}+X_{1.T1})=-\frac{0.785\ 2}{0.251}\times 0.083\ 1=-0.26$$

（3）由式（1-137）得

$$\dot{U}_{KA2}^{(1)}=-\frac{1}{2+\beta}=-\frac{1}{2+1.847}=-0.26$$

3. 短路点 A 相零序电压标么值计算

（1）由式（1-51）得

$$\dot{U}_{KA0}^{(1)}=-j\frac{\dot{I}_{KA0.\Sigma}^{(1)}}{I_{bs}}X_{0\Sigma}=-\frac{6.919}{0.251}\times 0.017\ 414=-0.48$$

（2）由式（1-28）得

$$\dot{U}_{KA0}^{(1)}=-j\frac{\dot{I}_{KA0.T1}^{(1)}}{I_{bs}}X_{0.T1}=-\frac{3.188}{0.251}\times 0.037\ 8=-0.48$$

（3）由式（1-137）得

$$\dot{U}_{KA0}^{(1)}=-\frac{\beta}{2+\beta}=-\frac{1.847}{2+1.847}=-0.48$$

4. 变压器 T1 两侧电压计算

（1）变压器 T1 的 YN 侧各相电压标么值计算。由式（1-138）得

$$\dot{U}_{KA}^{(1)}=\dot{U}_{KA1}^{(1)}+\dot{U}_{KA2}^{(1)}+\dot{U}_{KA0}^{(1)}=0.74-0.26-0.48=0$$

$$\dot{U}_{KB}^{(1)}=-1.5\frac{\beta}{2+\beta}-j0.866=-1.5\frac{1.847}{2+1.847}-j0.866$$

$$=-0.72-j0.866=1.126e^{-j129.74^{\circ}}$$

$$\dot{U}_{KC}^{(1)}=-1.5\frac{\beta}{2+\beta}+j0.866=-1.5\frac{1.847}{2+1.847}+j0.866$$

$$=-0.72+j0.866=1.126e^{j129.74°}$$

（2）变压器 T1 的 YN 侧各相间电压标么值计算。由各相电压直接计算得

$$\dot{U}_{KAB}^{(1)}=\dot{U}_{KA}^{(1)}-\dot{U}_{KB}^{(1)}=0-1.126e^{-j129.74°}=1.126e^{j50.26°}$$

$$\dot{U}_{KBC}^{(1)}=\dot{U}_{KB}^{(1)}-\dot{U}_{KC}^{(1)}=1.126e^{-j129.74°}-1.126e^{j129.74°}=-j1.732$$

$$\dot{U}_{KCA}^{(1)}=\dot{U}_{KC}^{(1)}-\dot{U}_{KA}^{(1)}=1.126e^{j129.74°}-0=1.126e^{j129.74°}$$

（3）变压器 T1 的 d 侧各序电压计算。由式（1-39）得

$$\dot{U}_{Ka1.T1}^{(1)}=(\dot{U}_{KA1}^{(1)}+j\dot{I}_{KA1.T1}^{(1)}X_{1.T1})e^{j30°}$$

$$=\left[0.74+\left(-j\frac{0.7852}{0.251}\times j0.0378\right)\right]e^{j30°}=0.8582e^{j30°}$$

或由式（1-140）得

$$\dot{U}_{Ka1.T1}^{(1)}=\frac{1+\beta+K_1}{2+\beta}e^{j30°}=\frac{1+1.847+0.455}{2+1.847}e^{j30°}=0.8582e^{j30°}$$

$$\dot{U}_{Ka2.T1}^{(1)}=(\dot{U}_{KA2}^{(1)}+j\dot{I}_{KA2.T1}^{(1)}X_{1.T1})e^{-j30°}=\dot{U}_{KA2}^{(1)}\frac{X_{1.G1}}{X_{1.G1}+X_{1.T1}}e^{-j30°}$$

$$=-0.26\times\frac{0.0453}{0.0831}e^{-j30°}=-0.1417e^{-j30°}=0.1417e^{j150°}$$

$$\dot{U}_{Ka0.T1}^{(1)}=0$$

（4）变压器 T1 的 d 侧各相电压计算。由式（1-141）得

$$\dot{U}_{Ka.T1}^{(1)}=\dot{U}_{Ka1.T1}^{(1)}+\dot{U}_{Ka2.T1}^{(1)}+\dot{U}_{Ka0.T1}^{(1)}$$

$$=0.8582e^{j30°}+0.1417e^{j150°}=0.62+j0.5=0.7963e^{j38.86°}$$

或 $$\dot{U}_{Ka.T1}^{(1)}=\frac{\sqrt{3}}{2}\frac{\beta+2K_1}{2+\beta}+j\frac{1}{2}=0.62+j0.5=0.7963e^{j38.86°}$$

$$\dot{U}_{Kb.T1}^{(1)}=a^2\dot{U}_{Ka1.T1}^{(1)}+a\dot{U}_{Ka2.T1}^{(1)}+\dot{U}_{Ka0.T1}^{(1)}=a^2\times0.8582e^{j30°}+a\times0.1417e^{j150°}$$

$$=0.8582e^{j270°}+0.1417e^{j270°}=-j0.99999=-j1$$

$$\dot{U}_{Kc.T1}^{(1)}=a\dot{U}_{Ka1.T1}^{(1)}+a^2\dot{U}_{Ka2.T1}^{(1)}+\dot{U}_{Ka0.T1}^{(1)}=a\times0.8582e^{j30°}+a^2\times0.1417e^{j150°}$$

$$=0.8582e^{j150°}+0.1417e^{j30°}=-0.62+j0.5=0.7963e^{j141.14°}$$

（5）变压器 T1 的 d 侧各相间电压为

$$\dot{U}_{Kab.T1}^{(1)}=\dot{U}_{Ka.T1}^{(1)}-\dot{U}_{Kb.T1}^{(1)}=0.7963e^{j38.86°}-(-j0.9999)$$

$$=0.62+j0.5+j0.9999=0.62+j1.5=1.623e^{j67.54°}$$

或由式（1-142）得

$$\dot{U}_{\mathrm{Kab.T1}}^{(1)}=\frac{\sqrt{3}}{2}\frac{\beta+2K_1}{2+\beta}+\mathrm{j}1.5=0.62+\mathrm{j}1.5=1.623\mathrm{e}^{\mathrm{j}67.54^{\circ}}$$

$$\begin{aligned}\dot{U}_{\mathrm{Kbc.T1}}^{(1)}&=\dot{U}_{\mathrm{Kb.T1}}^{(1)}-\dot{U}_{\mathrm{Kc.T1}}^{(1)}=(-\mathrm{j}0.9999)-0.7963\mathrm{e}^{\mathrm{j}141.14^{\circ}}\\&=-\mathrm{j}0.9999+0.62-\mathrm{j}0.5=0.62-\mathrm{j}1.5=1.623\mathrm{e}^{-\mathrm{j}67.54^{\circ}}\end{aligned}$$

$$\begin{aligned}\dot{U}_{\mathrm{Kca.T1}}^{(1)}&=\dot{U}_{\mathrm{Kc.T1}}^{(1)}-\dot{U}_{\mathrm{Kb.T1}}^{(1)}=0.7963\mathrm{e}^{\mathrm{j}141.14^{\circ}}-0.7963\mathrm{e}^{\mathrm{j}38.86^{\circ}}\\&=-0.62+\mathrm{j}0.5-0.62-\mathrm{j}0.5=-1.24\end{aligned}$$

由上述计算知，当 Y 侧单相接地时，发电机机端最低相电压为 0.796 3，约为 80%的正常相电压；发电机机端最低相间电压为$\frac{1.24}{\sqrt{3}}=0.716$，约为 72%的正常相间电压；发电机机端负序相电压 $\dot{U}_{\mathrm{Ka2.T1}}^{(1)}=0.1417$。

（四）变压器 T2 分支的故障分析计算

1. 变压器 T2 的 Y 侧各序电流及各相电流计算

（1）Y 侧各序电流。由式（1-90）得

$$\dot{I}_{\mathrm{KA1.T2}}^{(1)}=\dot{I}_{\mathrm{KA2.T2}}^{(1)}=K_{\mathrm{1bra.T2}}\times\dot{I}_{\mathrm{KA1.\Sigma}}^{(1)}=0.11348\times(-\mathrm{j}6.919)=-\mathrm{j}0.7852(\mathrm{kA})$$

$$\dot{I}_{\mathrm{KA0.T2}}^{(1)}=K_{\mathrm{0.bra.T2}}\times\dot{I}_{\mathrm{KA0.\Sigma}}^{(1)}=0\times(-\mathrm{j}6.919)=0$$

（2）Y 侧各相电流由式（1-133）计算。

1）Y 侧 A 相短路电流为

$$\dot{I}_{\mathrm{KA.T2}}^{(1)}=\dot{I}_{\mathrm{KA2.T2}}^{(1)}+\dot{I}_{\mathrm{KA1.T2}}^{(1)}+\dot{I}_{\mathrm{KA0.T2}}^{(1)}=-\mathrm{j}2\times0.7852-0=-\mathrm{j}1.5704(\mathrm{kA})$$

2）Y 侧 B 相短路电流为

$$\begin{aligned}\dot{I}_{\mathrm{KB.T2}}^{(1)}&=a^2\dot{I}_{\mathrm{KA1.T2}}^{(1)}+a\dot{I}_{\mathrm{KA2.T2}}^{(1)}+\dot{I}_{\mathrm{KA0.T2}}^{(1)}\\&=a^2(-\mathrm{j}0.7852)+a(-\mathrm{j}0.7852)=\mathrm{j}0.7852(\mathrm{kA})\end{aligned}$$

3）Y 侧 C 相短路电流为

$$\begin{aligned}\dot{I}_{\mathrm{KC.T2}}^{(1)}&=a\dot{I}_{\mathrm{KA1.T2}}^{(1)}+a^2\dot{I}_{\mathrm{KA2.T2}}^{(1)}+\dot{I}_{\mathrm{KA0.T2}}^{(1)}\\&=a(-\mathrm{j}0.7852)+a^2(-\mathrm{j}0.7852)=\mathrm{j}0.7852(\mathrm{kA})\end{aligned}$$

由上述计算知，当 YN 侧单相接地时，由于 T1 分支 YN 中性点接地，所以 T1 分支 YN 侧有零序电流。而 T2 分支 YN 侧中性点不接地，所以 T2 分支 Y 侧无零序电流，T1、T2 分支在 Y 侧的正、负序电流一致，而 T1、T2 两分支 Y 侧的三相电流不一样，各为

$$\dot{I}_{\mathrm{KA.T1}}^{(1)}=-\mathrm{j}4.7854(\mathrm{kA}),\dot{I}_{\mathrm{KA.T2}}^{(1)}=-\mathrm{j}1.5704(\mathrm{kA})$$

$$\dot{I}_{\mathrm{KB.T1}}^{(1)}=-\mathrm{j}2.4(\mathrm{kA}),\dot{I}_{\mathrm{KB.T2}}^{(1)}=\mathrm{j}0.7852(\mathrm{kA})$$

$$\dot{I}_{\mathrm{KC.T1}}^{(1)}=-\mathrm{j}2.4(\mathrm{kA}),\dot{I}_{\mathrm{KC.T2}}^{(1)}=\mathrm{j}0.7852(\mathrm{kA})$$

2. 变压器 T2 的 d 侧各序电流和各相电流计算

由于变压器 T1、T2 分支 d 侧各正、负序电流分别相同，两分支零序电流均为零；各正、负序电压相同；各零序电压均为零，从而变压器 T2 和 T1 的 d 侧各相线电流、各相电压、相间电压相同。变压器 T2 和 T1 的 d 侧电流和电压计算相同。

(1) 变压器 T2 的 d 侧绕组外各序电流。由式（1-134）得

$$\dot{I}^{(1)}_{\text{Ka1. T2}} = n\dot{I}^{(1)}_{\text{KA1. T2}}\mathrm{e}^{\mathrm{j}30^\circ} = 11.5\times(-\mathrm{j}0.785\,2)\mathrm{e}^{\mathrm{j}30^\circ} = 9.03\mathrm{e}^{-\mathrm{j}60^\circ}(\text{kA})$$

$$\dot{I}^{(1)}_{\text{Ka2. T2}} = n\dot{I}^{(1)}_{\text{KA2. T2}}\mathrm{e}^{-\mathrm{j}30^\circ} = 11.5\times(-\mathrm{j}0.785\,2)\mathrm{e}^{-\mathrm{j}30^\circ} = 9.03\mathrm{e}^{-\mathrm{j}120^\circ}(\text{kA})$$

(2) 变压器 T2 的 d 侧绕组外各相电流。由式（1-135）得

$$\dot{I}^{(1)}_{\text{Ka. T2}} = \dot{I}^{(1)}_{\text{Ka1. T2}} + \dot{I}^{(1)}_{\text{Ka2. T2}} = 9.03(\mathrm{e}^{-\mathrm{j}60^\circ} - \mathrm{e}^{-\mathrm{j}120^\circ}) = -\mathrm{j}15.64(\text{kA})$$

或 $\dot{I}^{(1)}_{\text{Ka. T2}} = \dot{I}^{(1)}_{\text{Ka1. T2}} + \dot{I}^{(1)}_{\text{Ka2. T2}} = \sqrt{3}n\dot{I}^{(1)}_{\text{KA1. T2}} = \sqrt{3}\times 11.5\times(-\mathrm{j}0.785\,2) = -\mathrm{j}15.64(\text{kA})$

$$\dot{I}^{(1)}_{\text{Kb. T2}} = a^2\dot{I}^{(1)}_{\text{Ka1. T2}} + a\dot{I}^{(1)}_{\text{Ka2. T2}} = 9.03(\mathrm{e}^{\mathrm{j}180^\circ} - \mathrm{e}^{\mathrm{j}0^\circ}) = 0$$

$$\dot{I}^{(1)}_{\text{Kc. T2}} = a\dot{I}^{(1)}_{\text{Ka1. T2}} + a^2\dot{I}^{(1)}_{\text{Ka2. T2}} = 9.03(\mathrm{e}^{\mathrm{j}60^\circ} - \mathrm{e}^{\mathrm{j}120^\circ}) = \mathrm{j}15.64(\text{kA})$$

(3) 变压器 T2 的 d 侧绕组内电流由式（1-136）得

$$\dot{I}^{(1)}_{\text{K}\alpha\text{. T2}} = n\frac{\dot{I}^{(1)}_{\text{KA. T2}}}{\sqrt{3}} = 11.5\times\frac{-\mathrm{j}1.570\,4}{\sqrt{3}} = -\mathrm{j}10.427(\text{kA})$$

$$\dot{I}^{(1)}_{\text{K}\beta\text{. T2}} = n\frac{\dot{I}^{(1)}_{\text{KB. T2}}}{\sqrt{3}} = 11.5\times\frac{-\mathrm{j}0.785\,2}{\sqrt{3}} = -\mathrm{j}5.213\,5(\text{kA})$$

$$\dot{I}^{(1)}_{\text{K}\gamma\text{. T2}} = n\frac{\dot{I}^{(1)}_{\text{KC. T2}}}{\sqrt{3}} = 11.5\times\frac{-\mathrm{j}0.785\,2}{\sqrt{3}} = -\mathrm{j}5.213\,5(\text{kA})$$

3. 变压器 T2 的 d 侧各序电压和各相电压计算

(1) d 侧各序电压计算。由式（1-140）得

$$\begin{aligned}\dot{U}^{(1)}_{\text{Ka1. T2}} &= (\dot{U}^{(1)}_{\text{KA1}} + \mathrm{j}\dot{I}^{(1)}_{\text{KA1. T2}}X_{1.\text{T2}})\mathrm{e}^{\mathrm{j}30^\circ}\\ &= \left[0.74 + \left(-\mathrm{j}\frac{0.785\,2}{0.251}\times\mathrm{j}0.037\,8\right)\right]\mathrm{e}^{\mathrm{j}30^\circ} = 0.858\,2\mathrm{e}^{\mathrm{j}30^\circ}\end{aligned}$$

$$\begin{aligned}\dot{U}^{(1)}_{\text{Ka2. T2}} &= (\dot{U}^{(1)}_{\text{KA2}} + \mathrm{j}\dot{I}^{(1)}_{\text{KA2. T2}}X_{1.\text{T2}})\mathrm{e}^{-\mathrm{j}30^\circ} = \dot{U}^{(1)}_{\text{KA2}}\frac{X_{1.\text{G2}}}{X_{1.\text{G2}} + X_{1.\text{T2}}}\mathrm{e}^{-\mathrm{j}30^\circ}\\ &= -0.26\times\frac{0.045\,3}{0.083\,1}\mathrm{e}^{-\mathrm{j}30^\circ} = 0.141\,7\mathrm{e}^{\mathrm{j}150^\circ}\end{aligned}$$

$$\dot{U}^{(1)}_{\text{Ka0. T2}} = 0$$

(2) d 侧各相电压计算。由式（1-141）得

$$\begin{aligned}\dot{U}^{(1)}_{\text{Ka. T2}} &= \dot{U}^{(1)}_{\text{Ka1. T2}} + \dot{U}^{(1)}_{\text{Ka2. T2}} + \dot{U}^{(1)}_{\text{Ka0. T2}}\\ &= 0.858\,2\mathrm{e}^{\mathrm{j}30^\circ} + 0.141\,7\mathrm{e}^{\mathrm{j}150^\circ} = 0.62 + \mathrm{j}0.5 = 0.796\,3\mathrm{e}^{\mathrm{j}38.86^\circ}\end{aligned}$$

$$\dot{U}_{Kb.T2}^{(1)}=a^2\dot{U}_{Ka1.T2}^{(1)}+a\dot{U}_{Ka2.T2}^{(1)}+\dot{U}_{Ka0.T2}^{(1)}$$

$$=a^2\times0.8582e^{j30^\circ}+a\times0.1417e^{j150^\circ}=0.8582e^{j270^\circ}+0.1417e^{j270^\circ}=-j1$$

$$\dot{U}_{Kc.T2}^{(1)}=a\dot{U}_{Ka1.T2}^{(1)}+a^2\dot{U}_{Ka2.T2}^{(1)}+\dot{U}_{Ka0.T2}^{(1)}=a\times0.8582e^{j30^\circ}+a^2\times0.1417e^{j150^\circ}$$

$$=0.8582e^{j150^\circ}+0.1417e^{j30^\circ}=-0.62+j0.5=0.7963e^{j141.14^\circ}$$

（3）d侧各相间电压计算。由式（1-142）得

$$\dot{U}_{Kab.T2}^{(1)}=\dot{U}_{Ka.T2}^{(1)}-\dot{U}_{Kb.T2}^{(1)}=0.7963e^{j38.86^\circ}-(-j0.9999)$$

$$=0.62+j0.5+j0.9999=0.62+j1.5=1.623e^{j67.54^\circ}$$

$$\dot{U}_{Kbc.T2}^{(1)}=\dot{U}_{Kb.T2}^{(1)}-\dot{U}_{Kc.T2}^{(1)}=(-j0.9999)-0.7963e^{j141.14^\circ}$$

$$=-j0.9999+0.62-j0.5=0.62-j1.5=1.623e^{-j67.54^\circ}$$

$$\dot{U}_{Kca.T2}^{(1)}=\dot{U}_{Kc.T2}^{(1)}-\dot{U}_{Kb.T2}^{(1)}=0.7963e^{j141.14^\circ}-0.7963e^{j38.86^\circ}$$

$$=-0.62+j0.5-0.62-j0.5=-1.24$$

四、短路点K1 B、C两相接地短路电流计算

（一）短路点K1各序电流及故障相电流计算

1. 短路点各序电流计算

由式（1-143）得

$$\dot{I}_{KA1.\Sigma}^{(1.1)}=\frac{I_{bs}}{jX_{1\Sigma}}\times\frac{1}{\left(1+\frac{X_{0\Sigma}}{X_{1\Sigma}+X_{0\Sigma}}\right)}$$

$$=\frac{0.251}{j0.00943}\times\frac{1}{\left(1+\frac{0.017417}{0.00943+0.017417}\right)}=-j16.144(\text{kA})$$

$$\dot{I}_{KA2.\Sigma}^{(1.1)}=-\dot{I}_{KA.1\Sigma}^{(1.1)}\times\frac{X_{0\Sigma}}{X_{2\Sigma}+X_{0\Sigma}}=j16.144\times\frac{0.017417}{0.00943+0.017417}=j10.473(\text{kA})$$

$$\dot{I}_{KA0.\Sigma}^{(1.1)}=-\dot{I}_{KA1.\Sigma}^{(1.1)}\times\frac{X_{2\Sigma}}{X_{2\Sigma}+X_{0\Sigma}}=j16.144\times\frac{0.00943}{0.00943+0.017417}=j5.67(\text{kA})$$

2. 短路点各相电流计算

（1）由基本公式（1-25）得

$$\dot{I}_{KB.\Sigma}^{(1.1)}=a^2\dot{I}_{KA1.\Sigma}^{(1.1)}+a\dot{I}_{KA2.\Sigma}^{(1.1)}+\dot{I}_{KA0.\Sigma}^{(1.1)}$$

$$=(-0.5-j0.866)\times(-j16.144)+(-0.5+j0.866)\times(j10.473)+(j5.67)$$

$$=-23.05+j8.5055=24.57e^{j159.75^\circ}(\text{kA})$$

$$\dot{I}_{KC.\Sigma}^{(1.1)}=a\dot{I}_{KA1.\Sigma}^{(1.1)}+a^2\dot{I}_{KA2.\Sigma}^{(1.1)}+\dot{I}_{KA0.\Sigma}^{(1.1)}$$

$$=(-0.5+j0.866)\times(-j16.144)+(-0.5-j0.866)\times(j10.473)+(j5.67)$$

$$=23.05+j8.5055=24.57e^{j20.25^\circ}(\text{kA})$$

$$\dot{I}_{KA.\Sigma}^{(1.1)} = 0$$

接地点接地电流为

$$\dot{I}_{KE.\Sigma}^{(1.1)} = 3\dot{I}_{KA0.\Sigma}^{(1.1)} = 3 \times (-j5.67) = -j17.01(kA)$$

（2）用式（1-67）和式（1-69）得

$$\dot{I}_{KB.\Sigma}^{(1.1)} = \dot{I}_{K\Sigma}^{(3)} \times \frac{\sqrt{3}}{1+2\beta}[-0.866 - j(0.5+\beta)]$$

$$= -j26.617 \times \frac{\sqrt{3}}{1+2\times 1.847}[-0.866 - j(0.5+1.847)]$$

$$= -j9.821(-0.866 - j2.347) = -23.05 + j8.505\,5 = 24.57e^{j159.75°}$$

$$\dot{I}_{KC.\Sigma}^{(1.1)} = \dot{I}_{K\Sigma}^{(3)} \times \frac{\sqrt{3}}{1+2\beta}[-0.866 + j(0.5+\beta)]$$

$$= -j26.617 \times \frac{\sqrt{3}}{1+2\times 1.847}[-0.866 + j(0.5+1.847)]$$

$$= -j9.821(-0.866 + j2.347) = 23.05 + j8.505\,5 = 24.57e^{j20.25°}$$

3. T1 分支 YN 侧的各序电流及各相全电流计算

（1）T1 分支 YN 侧的各序电流计算。由式（1-89）得

$$\dot{I}_{KA1.T1}^{(1.1)} = \dot{K}_{1bra.T1}^{(1.1)}\dot{I}_{KA1.\Sigma}^{(1.1)} = 0.113\,48 \times (-j16.144) = -j1.832(kA)$$

$$\dot{I}_{KA2.T1}^{(1.1)} = K_{2bra.T1}^{(1.1)}\dot{I}_{KA2.\Sigma}^{(1.1)} = 0.113\,48 \times (j10.473) = j1.188(kA)$$

$$\dot{I}_{KA0.T1}^{(1.1)} = K_{0bra.T1}^{(1.1)}\dot{I}_{KA0.\Sigma}^{(1.1)} = 0.46 \times (j5.67) = j2.61(kA)$$

（2）T1 分支 YN 侧的各相电流计算。由式（1-145）得

$$\dot{I}_{KA.T1}^{(1.1)} = \dot{I}_{KA1.T1}^{(1.1)} + \dot{I}_{KA2.T1}^{(1.1)} + \dot{I}_{KA0.T1}^{(1.1)}$$

$$= -j1.832 + j1.188 + j2.61 = j1.969(kA) \neq 0$$

$$\dot{I}_{KB.T1}^{(1.1)} = a^2\dot{I}_{KA1.T1}^{(1.1)} + a\dot{I}_{KA2.T1}^{(1.1)} + \dot{I}_{KA0.T1}^{(1.1)}$$

$$= (-0.5 - j0.866)(-j1.832) + (-0.5 + j0.866)(j1.188) + j2.61$$

$$= -2.615 + j2.932 = 3.928e^{j131.73°}(kA)$$

$$\dot{I}_{KC.T1}^{(1.1)} = a\dot{I}_{KA1.T1}^{(1.1)} + a^2\dot{I}_{KA2.T1}^{(1.1)} + \dot{I}_{KA0.T1}^{(1.1)}$$

$$= (-0.5 + j0.866)(-j1.832) + (-0.5 - j0.866)(j1.188) + j2.61$$

$$= 2.615 + j2.932 = 3.928e^{j48.27°}(kA)$$

$$3\dot{I}_{KA0.T1}^{(1.1)} = 3(j2.61) = j7.83(kA)$$

$$\dot{I}_{K.T1}^{(3)} = \frac{0.251}{j0.083\,1} = -j3.02(kA)$$

4. T1 分支 d 侧的各序电流及各相线电流计算

由于在 d 侧的零序电流在变压器绕组内自成环流，各相线电流内无零序电流。

(1) T1 分支 d 侧绕组外各序电流计算。由式 (1-146) 得

$$\dot{I}_{\mathrm{Ka1.T1}}^{(1.1)}=n\dot{I}_{\mathrm{KA1.T1}}^{(1.1)}\mathrm{e}^{\mathrm{j}30^{\circ}}=11.5\times(-\mathrm{j}1.832)\mathrm{e}^{\mathrm{j}30^{\circ}}=21.068\mathrm{e}^{-\mathrm{j}60^{\circ}}(\mathrm{kA})$$

$$\dot{I}_{\mathrm{Ka2.T1}}^{(1.1)}=n\dot{I}_{\mathrm{KA2.T1}}^{(1.1)}\mathrm{e}^{-\mathrm{j}30^{\circ}}=11.5\times(-\mathrm{j}1.188)\mathrm{e}^{-\mathrm{j}30^{\circ}}=13.662\mathrm{e}^{-\mathrm{j}120^{\circ}}(\mathrm{kA})$$

(2) T1 分支 d 侧绕组外各相电流。由式 (1-147) 得

$$\dot{I}_{\mathrm{Ka.T1}}^{(1.1)}=\dot{I}_{\mathrm{Ka1.T1}}^{(1.1)}+\dot{I}_{\mathrm{Ka2.T1}}^{(1.1)}=21.068\mathrm{e}^{-\mathrm{j}60^{\circ}}+13.662\mathrm{e}^{-\mathrm{j}120^{\circ}}$$

$$=21.068(0.5-\mathrm{j}0.866)+13.662(-0.5-\mathrm{j}0.866)=3.703-\mathrm{j}30.076=30.3\mathrm{e}^{-\mathrm{j}82.98^{\circ}}(\mathrm{kA})$$

$$\dot{I}_{\mathrm{Kb.T1}}^{(1.1)}=a^{2}\dot{I}_{\mathrm{Ka1.T1}}^{(1.1)}+a\dot{I}_{\mathrm{Ka2.T1}}^{(1.1)}=21.068\mathrm{e}^{\mathrm{j}180^{\circ}}+13.662\mathrm{e}^{\mathrm{j}0^{\circ}}=7.406(\mathrm{kA})$$

$$\dot{I}_{\mathrm{Kc.T1}}^{(1.1)}=a\dot{I}_{\mathrm{Ka1.T1}}^{(1.1)}+a^{2}\dot{I}_{\mathrm{Ka2.T1}}^{(1.1)}=21.068\mathrm{e}^{\mathrm{j}60^{\circ}}+13.662\mathrm{e}^{\mathrm{j}120^{\circ}}$$

$$=3.703+\mathrm{j}30.076=30.03\mathrm{e}^{\mathrm{j}82.98^{\circ}}(\mathrm{kA})$$

K1 点三相短路时 T1 电源分支 d 侧各相线电流为

$$\dot{I}_{\mathrm{Ka.T1}}^{(3)}=\frac{100}{\sqrt{3}\times20}\times\frac{1}{\mathrm{j}0.0831}=\frac{2.8868}{\mathrm{j}0.0831}=-\mathrm{j}34.74(\mathrm{kA})$$

(3) T1 分支 d 侧变压器绕组内各相电流计算。由式 (1-148) 得

$$\dot{I}_{\mathrm{K\alpha.T1}}^{(1.1)}=n\frac{\dot{I}_{\mathrm{KA.T1}}^{(1.1)}}{\sqrt{3}}=11.5\times\frac{\mathrm{j}1.969}{\sqrt{3}}=\mathrm{j}13.736(\mathrm{kA})$$

$$\dot{I}_{\mathrm{K\beta.T1}}^{(1.1)}=n\frac{\dot{I}_{\mathrm{KB.T1}}^{(1.1)}}{\sqrt{3}}=11.5\times\frac{3.928\mathrm{e}^{\mathrm{j}131.73^{\circ}}}{\sqrt{3}}=26.08\mathrm{e}^{\mathrm{j}131.73^{\circ}}(\mathrm{kA})$$

$$\dot{I}_{\mathrm{K\gamma.T1}}^{(1.1)}=n\frac{\dot{I}_{\mathrm{KC.T1}}^{(1.1)}}{\sqrt{3}}=11.5\times\frac{3.928\mathrm{e}^{\mathrm{j}48.27^{\circ}}}{\sqrt{3}}=26.08\mathrm{e}^{\mathrm{j}48.27^{\circ}}(\mathrm{kA})$$

以上述计算知:

T1 变压器高压侧三相短路时

$$\dot{I}_{\mathrm{K\alpha.T1}}^{(3)}=n\frac{\dot{I}_{\mathrm{KA.T1}}^{(3)}}{\sqrt{3}}=11.5\times\frac{-\mathrm{j}3.02}{\sqrt{3}}=-\mathrm{j}20.05(\mathrm{kA})$$

T1 变压器高压侧单相接地时

$$\dot{I}_{\mathrm{K\alpha.T1}}^{(1)}=n\frac{\dot{I}_{\mathrm{KA.T1}}^{(1)}}{\sqrt{3}}=11.5\times\frac{-\mathrm{j}4.7584}{\sqrt{3}}=-\mathrm{j}31.594(\mathrm{kA})$$

T1 变压器高压侧两相接地时

$$\dot{I}_{\mathrm{K\beta.T1}}^{(1.1)}=n\frac{\dot{I}_{\mathrm{KB.T1}}^{(1.1)}}{\sqrt{3}}=11.5\times\frac{3.928\mathrm{e}^{\mathrm{j}131.73^{\circ}}}{\sqrt{3}}=26.08\mathrm{e}^{\mathrm{j}131.73^{\circ}}(\mathrm{kA})$$

可见，高压侧单相接地时，T1 电源分支 d 侧变压器绕组内最大相电流是高压侧三相短路时 T1 电源分支 d 侧变压器绕组内相电流的 1.5 倍；而高压侧两相接地时，T1 电源分支 d 侧变压器绕组内最大相电流是高压侧三相短路时 T1 电源分支 d 侧变压器绕组内相电流的

1.3 倍。

5. T2 分支电源 Y 侧的各序电流及各相全电流计算

(1) T2 分支电源 Y 侧的各序电流计算。由式 (1-90) 得

$$\dot{I}_{KA1.T2}^{(1.1)} = K_{1bra.T2}^{(1.1)} \dot{I}_{KA1.\Sigma}^{(1.1)} = 0.113\ 48 \times (-j16.144) = -j1.832(kA)$$

$$\dot{I}_{KA2.T2}^{(1.1)} = K_{2bra.T2}^{(1.1)} \dot{I}_{KA2.\Sigma}^{(1.1)} = 0.113\ 48 \times (j10.473) = j1.188(kA)$$

$$\dot{I}_{KA0.T2}^{(1.1)} = K_{0bra.T2}^{(1.1)} \dot{I}_{KA0.\Sigma}^{(1.1)} = 0 \times (j5.67) = 0$$

(2) T2 分支电源 Y 侧的各相电流计算。由式 (1-147) 得

$$\dot{I}_{KA.T2}^{(1.1)} = \dot{I}_{KA1.T2}^{(1.1)} + \dot{I}_{KA2.T2}^{(1.1)} + \dot{I}_{KA0.T2}^{(1.1)} = -j1.832 + j1.188 = j0.644(kA)$$

$$\begin{aligned}\dot{I}_{KB.T2}^{(1.1)} &= a^2 \dot{I}_{KA1.T2}^{(1.1)} + a\dot{I}_{KA2.T2}^{(1.1)} + \dot{I}_{KA0.T2}^{(1.1)} \\ &= (-0.5 - j0.866)(-j1.832) + (-0.5 + j0.866)(j1.188) + 0 \\ &= -2.615 + j0.322 = 2.634e^{j172.98^\circ}(kA)\end{aligned}$$

$$\begin{aligned}\dot{I}_{KC.T2}^{(1.1)} &= a\dot{I}_{KA1.T2}^{(1.1)} + a^2 \dot{I}_{KA2.T2}^{(1.1)} + \dot{I}_{KA0.T2}^{(1.1)} \\ &= (-0.5 + j0.866)(-j1.832) + (-0.5 - j0.866)(j1.188) + 0 \\ &= 2.615 + j0.322 = 2.634e^{j7.02^\circ}(kA)\end{aligned}$$

$$3\dot{I}_{KA0.T2}^{(1.1)} = 0$$

$$\dot{I}_{K.T2}^{(3)} = \frac{0.251}{j0.083\ 1} = -j3.02(kA)$$

6. T2 分支电源 d 侧的各序电流及各相全电流计算

(1) T2 分支 d 侧绕组外各序电流计算。由式 (1-146) 得

$$\dot{I}_{Ka1.T2}^{(1.1)} = n\dot{I}_{KA1.T2}^{(1.1)} e^{j30^\circ} = 11.5 \times (-j1.832)e^{j30^\circ} = 21.068e^{-j60^\circ}(kA)$$

$$\dot{I}_{Ka2.T2}^{(1.1)} = n\dot{I}_{KA2.T2}^{(1.1)} e^{-j30^\circ} = 11.5 \times (-j1.188)e^{-j30^\circ} = 13.662e^{-j120^\circ}(kA)$$

(2) T2 分支 d 侧绕组外各相电流。由式 (1-147) 得

$$\begin{aligned}\dot{I}_{Ka.T2}^{(1.1)} &= \dot{I}_{Ka1.T2}^{(1.1)} + \dot{I}_{Ka2.T2}^{(1.1)} = 21.068e^{-j60^\circ} + 13.662e^{-j120^\circ} \\ &= 21.068(0.5 - j0.866) + 13.662(-0.5 - j0.866) = 3.703 - j30.076 = 30.3e^{-j82.98^\circ}(kA)\end{aligned}$$

$$\dot{I}_{Kb.T2}^{(1.1)} = a^2 \dot{I}_{Ka1.T2}^{(1.1)} + a\dot{I}_{Ka2.T2}^{(1.1)} = 21.068e^{j180^\circ} + 13.662e^{j0^\circ} = 7.406(kA)$$

$$\begin{aligned}\dot{I}_{Kc.T2}^{(1.1)} &= a\dot{I}_{Ka1.T2}^{(1.1)} + a^2 \dot{I}_{Ka2.T2}^{(1.1)} = 21.068e^{j60^\circ} + 13.662e^{j120^\circ} \\ &= 3.703 + j30.076 = 30.03e^{j82.98^\circ}(kA)\end{aligned}$$

由于 T2 分支电源 d 侧无零序电流，所以 T2 分支电源 d 侧的各序电流及各相线电流和 T1 分支内各序电流和各相线电流是相同的；而 T2 分支 d 侧变压器绕组内的电流和 T1 分支 d 侧变压器绕组内的电流不相同。

（3）T2 分支 d 侧变压器绕组内各相电流计算。由式（1-148）得

$$\dot{I}_{\mathrm{K\alpha.T2}}^{(1.1)}=n\frac{\dot{I}_{\mathrm{KA.T2}}^{(1.1)}}{\sqrt{3}}=11.5\times\frac{\mathrm{j}0.644}{\sqrt{3}}=\mathrm{j}4.276(\mathrm{kA})$$

$$\dot{I}_{\mathrm{K\beta.T2}}^{(1.1)}=n\frac{\dot{I}_{\mathrm{KB.T2}}^{(1.1)}}{\sqrt{3}}=11.5\times\frac{2.634\mathrm{e}^{\mathrm{j}172.98^{\circ}}}{\sqrt{3}}=17.489\mathrm{e}^{\mathrm{j}172.98^{\circ}}(\mathrm{kA})$$

$$\dot{I}_{\mathrm{K\gamma.T2}}^{(1.1)}=n\frac{\dot{I}_{\mathrm{KC.T2}}^{(1.1)}}{\sqrt{3}}=11.5\times\frac{2.634\mathrm{e}^{\mathrm{j}7.02^{\circ}}}{\sqrt{3}}=17.489\mathrm{e}^{\mathrm{j}7.02^{\circ}}(\mathrm{kA})$$

（二）变压器 T1 的两侧电压标么值计算

1. 短路点各序电压计算

（1）由式（1-75）得

$$\dot{U}_{\mathrm{KA1}}^{(1.1)}=\dot{U}_{\mathrm{KA2}}^{(1.1)}=\dot{U}_{\mathrm{KA0}}^{(1.1)}=\dot{E}_{\mathrm{A}}-\mathrm{j}\dot{I}_{\mathrm{KA1.\Sigma}}^{(1.1)}X_{1\Sigma}=1-\mathrm{j}\frac{(-\mathrm{j}16.114)}{0.251}\times0.00943=0.3946$$

或 $$\dot{U}_{\mathrm{KA1}}^{(1.1)}=\dot{U}_{\mathrm{KA2}}^{(1.1)}=\dot{U}_{\mathrm{KA0}}^{(1.1)}=\dot{E}_{\mathrm{A}}-\mathrm{j}\dot{I}_{\mathrm{KA1.T1}}^{(1.1)}X_{1.\mathrm{T1}}=1-\mathrm{j}\frac{-\mathrm{j}1.874}{0.251}\times0.0378=0.3946$$

（2）由式（1-149）得

$$\dot{U}_{\mathrm{KA1}}^{(1.1)}=\dot{U}_{\mathrm{KA2}}^{(1.1)}=\dot{U}_{\mathrm{KA0}}^{(1.1)}=\dot{E}_{\mathrm{A}}\frac{\beta}{1+2\beta}=\frac{1.847}{1+2\times1.847}=0.394$$

2. YN 侧各相电压计算

（1）非故障相电压计算。由式（1-150）得

$$\dot{U}_{\mathrm{KA}}^{(1.1)}=\dot{U}_{\mathrm{KA1}}^{(1.1)}+\dot{U}_{\mathrm{KA2}}^{(1.1)}+\dot{U}_{\mathrm{KA0}}^{(1.1)}=\dot{E}_{\mathrm{A}}\frac{3\beta}{1+2\beta}=\frac{3\times1.847}{1+2\times1.847}=3\times0.394=1.18>1$$

（2）故障相电压计算。由式（1-150）得

$$\dot{U}_{\mathrm{KB}}^{(1.1)}=\dot{U}_{\mathrm{KC}}^{(1.1)}=0$$

3. d 侧各序电压各相电压计算

（1）d 侧各序电压计算。由式（1-152）得

$$\dot{U}_{\mathrm{Ka1.T1}}^{(1.1)}=(\dot{U}_{\mathrm{KA1}}^{(1.1)}+\mathrm{j}\dot{I}_{\mathrm{KA1.T1}}^{(1.1)}X_{1.\mathrm{T1}})\mathrm{e}^{\mathrm{j}30^{\circ}}=\left(0.3946+\mathrm{j}\frac{-\mathrm{j}1.832}{0.251}\times0.0378\right)\mathrm{e}^{\mathrm{j}30^{\circ}}=0.6705\mathrm{e}^{\mathrm{j}30^{\circ}}$$

或 $$\dot{U}_{\mathrm{Ka1.T1}}^{(1.1)}=\frac{\beta+K_1\beta+K_1}{1+2\beta}\mathrm{e}^{\mathrm{j}30^{\circ}}=\frac{1.847+0.455\times1.847+0.455}{1+2\times1.847}\mathrm{e}^{\mathrm{j}30^{\circ}}=0.67\mathrm{e}^{\mathrm{j}30^{\circ}}$$

$$\dot{U}_{\mathrm{Ka2.T1}}^{(1.1)}=(\dot{U}_{\mathrm{KA2}}^{(1.1)}+\mathrm{j}\dot{I}_{\mathrm{KA2.T1}}^{(1.1)}X_{2.\mathrm{T1}})\mathrm{e}^{-\mathrm{j}30^{\circ}}=\left(0.3946+\mathrm{j}\frac{\mathrm{j}1.188}{0.251}\times0.0378\right)\mathrm{e}^{-\mathrm{j}30^{\circ}}=0.2157\mathrm{e}^{-\mathrm{j}30^{\circ}}$$

$$\dot{U}_{\mathrm{Ka0.T1}}^{(1.1)}=\dot{U}_{\mathrm{KA0}}^{(1.1)}+\mathrm{j}\dot{I}_{\mathrm{KA0.T1}}^{(1.1)}X_{0.\mathrm{T1}}=0.3946+\mathrm{j}\frac{\mathrm{j}2.61}{0.251}\times0.0378=0.0015=0$$

（2）d 侧各相电压计算。由式（1-153）得

$$\begin{aligned}\dot{U}_{\mathrm{Ka.T1}}^{(1.1)}&=\dot{U}_{\mathrm{Ka1.T1}}^{(1.1)}+\dot{U}_{\mathrm{Ka2.T1}}^{(1.1)}+\dot{U}_{\mathrm{Ka0.T1}}^{(1.1)}=0.6705\mathrm{e}^{\mathrm{j}30^{\circ}}+0.2157\mathrm{e}^{-\mathrm{j}30^{\circ}}\\&=0.7674+\mathrm{j}0.2274=0.8\mathrm{e}^{\mathrm{j}16.5^{\circ}}\end{aligned}$$

或 $\dot{U}_{\text{Ka}}^{(1.1)}=\dfrac{\sqrt{3}}{2}\dfrac{K_1+2\beta}{1+2\beta}+\text{j}\,\dfrac{1}{2}K_1=0.866\,\dfrac{0.455+2\times1.847}{1+2\times1.847}+\text{j}0.5\times0.455=0.8\text{e}^{\text{j}16.5^\circ}$

$$\dot{U}_{\text{Kb.T1}}^{(1.1)}=a^2\dot{U}_{\text{Ka1.T1}}^{(1.1)}+a\dot{U}_{\text{Ka2.T1}}^{(1.1)}+\dot{U}_{\text{Ka0.T1}}^{(1.1)}=0.670\,5\text{e}^{\text{j}270^\circ}+0.215\,7\text{e}^{\text{j}90^\circ}=-\text{j}0.455$$

$$\dot{U}_{\text{Kc.T1}}^{(1.1)}=a\dot{U}_{\text{KA1.T1}}^{(1.1)}+a^2\dot{U}_{\text{KA2.T1}}^{(1.1)}+\dot{U}_{\text{KA0.T1}}^{(1.1)}=0.670\,5\text{e}^{\text{j}150^\circ}+0.215\,7\text{e}^{\text{j}210^\circ}$$

$$=-0.767\,4+\text{j}0.227\,4=0.8\text{e}^{\text{j}163.5^\circ}$$

(3) d侧各相间电压计算。由式(1-154)得

$$\dot{U}_{\text{Kab.T1}}^{(1.1)}=\dot{U}_{\text{Ka.T1}}^{(1.1)}-\dot{U}_{\text{Kb.T1}}^{(1.1)}=0.767\,4+\text{j}0.227\,4-(-\text{j}0.454\,8)=0.767\,4+\text{j}0.682\,2$$

$$=1.026\,8\text{e}^{\text{j}41.64^\circ}$$

或 $\dot{U}_{\text{Kab.T1}}^{(1.1)}=\dfrac{\sqrt{3}}{2}\dfrac{K_1+2\beta}{1+2\beta}+\text{j}1.5K_1=0.866\,\dfrac{0.455+2\times1.847}{1+2\times1.847}+\text{j}1.5\times0.455=1.026\,8\text{e}^{\text{j}41.64^\circ}$

$$\dot{U}_{\text{Kbc.T1}}^{(1.1)}=\dot{U}_{\text{Kb.T1}}^{(1.1)}-\dot{U}_{\text{Kc.T1}}^{(1.1)}=-\text{j}0.455-(-0.767\,4+\text{j}0.227\,4)$$

$$=0.767\,4-\text{j}0.682\,2=1.026\,8\text{e}^{-\text{j}41.64^\circ}$$

$$\dot{U}_{\text{Kca.T1}}^{(1.1)}=\dot{U}_{\text{Kc.T1}}^{(1.1)}-\dot{U}_{\text{Ka.T1}}^{(1.1)}=(-0.767\,4+\text{j}0.227\,4)-(0.767\,4+\text{j}0.227\,4)=1.534\,8$$

由上述计算知，YNd11 接线变压器的 YN 侧 B、C 相接地时，机端 b 相电压为三相短路时的电压降，d 侧各相间电压均大于三相短路时的电压降。

五、短路点 K2 三相短路电流计算

(一) 0s 时短路电流

1. 发电机 G1 支路短路电流

由式(1-19)得

$$\dot{I}_{\text{K.G1}}^{(3)}=\frac{I_{\text{bs}}}{\text{j}X_{1.\text{G1}}}=\frac{2.886\,8}{\text{j}0.045\,3}=-\text{j}63.73(\text{kA})$$

$$I_{\text{bs}}=\frac{100}{\sqrt{3}\times20}=2.886\,8(\text{kA})$$

式中 I_{bs}——20kV 的基准电流。

2. 发电机 G2、S 支路转移阻抗的计算

(1) 综合阻抗计算。由式(1-11)得

$$X_{1\Sigma}=0.037\,8+\frac{1}{\dfrac{1}{0.012\,2}+\dfrac{1}{0.083\,1}}=0.037\,8+0.010\,64=0.048\,44$$

$$\Sigma Y=\frac{1}{0.012\,2}+\frac{1}{0.083\,1}=93.34$$

(2) G2 的分支系数。由式(1-13)得

$$K_{\text{bra.G2}}=\frac{1}{X_{1\Sigma.\text{T2}}\times\Sigma Y}=\frac{1}{0.083\,1\times93.34}=0.128\,9$$

(3) S 的分支系数。由式(1-13)得

$$K_{\text{bra.S}}=\frac{1}{X_{1.\text{S}}\times\Sigma Y}=\frac{1}{0.012\,2\times93.34}=0.878\,15$$

（4）G2 的转移阻抗。由式（1-14）得

$$X_{tr.G2}=X_{1\Sigma.T2}+\frac{X_{1.T1}}{K_{bra.G2}}=0.0831+\frac{0.0378}{0.1289}=0.3764$$

（5）S 的转移阻抗。由式（1-14）得

$$X_{tr.S}=X_{1.s}+\frac{X_{1.T1}}{K_{bra.S}}=0.0122+\frac{0.0378}{0.87815}=0.055245$$

（6）变压器 T1 的 d 侧三相短路电流为

$$\dot{I}_{KA.T1}^{(3)}=\frac{I_{bs}}{jX_{1\Sigma.T1}}=\frac{2.8868}{j0.04844}=-j59.6(kA)$$

（7）G2 支路的短路电流。由式（1-15）得

$$\dot{I}_{KA.G2}^{(3)}=\frac{I_{bs}}{jX_{tr.G2}}=\frac{2.8868}{j0.3764}=-j7.6695(kA)$$

或 $$\dot{I}_{KA.G2}^{(3)}=K_{bra.G2}\frac{I_{bs}}{jX_{\Sigma}}=0.1289\frac{2.8868}{j0.04844}=-j7.68(kA)$$

220kV 侧 T2 供给的短路电流为

$$I_{KA.T2}^{(3)}=\frac{I_{bs}}{jX_{tr.G2}}=-j\frac{0.251}{0.3764}=-j0.667(kA)$$

（8）S 支路的短路电流。由式（1-15）计算

$$\dot{I}_{KA.S}^{(3)}=\frac{I_{bs}}{jX_{tr.S}}=\frac{2.8868}{j0.055245}=-j52.2545(kA)$$

或 $$\dot{I}_{KA.S}^{(3)}=K_{bra.S}\frac{I_{bs}}{jX_{\Sigma}}=-j52.33(kA)$$

220kV 侧系统供的短路电流

$$I_{KA.S}^{(3)}=\frac{I_{bs}}{jX_{tr.S}}=-j\frac{0.251}{0.055245}=-j4.54(kA)$$

所以 0s 时的短路电流用以上两种方法计算是一致的。

（二）衰减短路电流计算

1. G1 支路的衰减短路电流

（1）G1 支路的计算电抗。由式（1-17）计算

$$X_{cal.G1}=X_{1.G1}\frac{S_{G1.N}}{100}=0.0453\times\frac{353}{100}=0.16$$

（2）G1 支路的衰减短路电流。查附录表 A-1，短路电流的相对值为

$$\dot{I}_{Kt=1s}=3.06、\dot{I}_{Kt=2s}=2.706、\dot{I}_{Kt=4s}=2.49\quad I_{G.N}=\frac{353}{\sqrt{3}\times 20}=10.19(kA)$$

$$t=0s\qquad I_{Kt}^{(3)}=\frac{10.19}{0.16}=63.69(kA)$$

$$t=1s\qquad I_{Kt}^{(3)}=3.06\times10.19=31.18(kA)$$

$$t=2s\qquad I_{Kt}^{(3)}=2.706\times10.19=27.58(kA)$$

$$t=4s\qquad I_{Kt}^{(3)}=2.49\times10.19=25.37(kA)$$

未衰减时为 63.69kA，G1 支路短路电流衰减明显。

2. G2 支路的衰减短路电流

（1）G2 支路的计算电抗。由式（1-17）计算

$$X_{cal.G2}=X_{tr.G2}\frac{S_{G2.N}}{100}=0.3764\times\frac{353}{100}=1.3287$$

（2）G2 支路的衰减短路电流。查附录表 A-1，短路电流的相对值为

$$I^{*}_{\mathrm{Kt=2s}} = 0.815$$

$$I_{\mathrm{Kt=2s}} = 0.815 \times \frac{353}{\sqrt{3} \times 20} = 8.305(\mathrm{kA})$$

未衰减电流为 7.68kA，所以 G2 支路衰减不多（稍有上升）。

3. S 支路的衰减短路电流

S 支路为无限大容量系统，可不考虑短路电流的衰减；实际当计算阻抗 $X_{\mathrm{cal}} \geqslant 3$ 时基本上不必考虑短路电流的衰减。

4. K2 点三相短路时 220kV 母线电压标么值计算

由基本分压公式计算得

$$U_{\mathrm{rest}} = \frac{X_{\mathrm{T1}}}{X_{1\Sigma}} = \frac{0.0378}{0.04844} = 0.89$$

六、短路点 K2 b、c 两相短路电流计算

（一）变压器 T1 两侧的短路电流计算

1. 全电流法计算

（1）电源 G2 和系统 S 支路供的短路点电流。由式（1-156）计算，得

$$\dot{I}^{(2)}_{\mathrm{Ka}} = 0$$

$$\dot{I}^{(2)}_{\mathrm{Kb}} = -\dot{I}^{(2)}_{\mathrm{Kc}} = -\mathrm{j}\frac{\sqrt{3}}{2}\dot{I}^{(3)}_{\mathrm{Ka}} = -\mathrm{j}\frac{\sqrt{3}}{2}\frac{I_{\mathrm{bs}}}{\mathrm{j}X_{1\Sigma}} = -\mathrm{j}\frac{\sqrt{3}}{2} \times \frac{2.8868}{\mathrm{j}0.04844} = -51.61(\mathrm{kA})$$

$$\dot{I}^{(2)}_{\mathrm{Kc}} = 51.61\mathrm{kA}$$

其中 $\dot{I}^{(3)}_{\mathrm{Ka}} = \frac{I_{\mathrm{bs}}}{\mathrm{j}X_{1\Sigma}} = \frac{2.8868}{\mathrm{j}0.04844} = -\mathrm{j}59.599(\mathrm{kA})$［折算至高压侧为 $I^{(3)}_{\mathrm{K}} = 59.599 \times \frac{1}{11.5} = 5.18(\mathrm{kA})$］

式中 $\dot{I}^{(3)}_{\mathrm{Ka}}$——三相短路电流。

（2）变压器 T1 高压（Y 侧）侧三相电流由式（1-157）计算。

1）A 相电流为

$$\dot{I}^{(2)}_{\mathrm{KA}} = \frac{1}{\sqrt{3}}(\dot{I}^{(2)}_{\mathrm{Ka}} - \dot{I}^{(2)}_{\mathrm{Kc}}) \times \frac{1}{n} = -\mathrm{j}\frac{1}{2n}\dot{I}^{(3)}_{\mathrm{Ka}} = -\frac{1}{2 \times 11.5} \times 59.599 = -2.591(\mathrm{kA})$$

变比 $n = \frac{230}{20} = 11.5$

2）B 相电流为

$$\dot{I}^{(2)}_{\mathrm{KB}} = \frac{1}{\sqrt{3}}(\dot{I}^{(2)}_{\mathrm{Kb}} - \dot{I}^{(2)}_{\mathrm{Kc}}) \times \frac{1}{n} = -\mathrm{j}\frac{1}{2}\dot{I}^{(3)}_{\mathrm{Ka}} \times \frac{1}{n} = -2.591(\mathrm{kA})$$

3）C 相电流为

$$\dot{I}^{(2)}_{\mathrm{KC}} = \frac{1}{\sqrt{3}}(\dot{I}^{(2)}_{\mathrm{Kc}} - \dot{I}^{(2)}_{\mathrm{Kb}}) \times \frac{1}{n} = \mathrm{j}\dot{I}^{(3)}_{\mathrm{Ka}} \times \frac{1}{n} = 59.599 \times \frac{1}{11.5} = 5.1825(\mathrm{kA})$$

由上述计算知，在 d 侧两相短路时，Y 侧一相（C 相）电流为三相短路电流，而另两相（A、B 相）电流为三相短路电流的一半。

2. 对称分量法计算

(1) 电源G2和系统S支路供给的各序电流。由式（1-158）得

$$\dot{I}_{\text{Ka1}}^{(2)}=-\dot{I}_{\text{Ka2}}^{(2)}=\frac{\dot{E}_{\text{a}}}{\text{j}2X_{1\Sigma}}=\frac{1}{2}\dot{I}_{\text{Ka}}^{(3)}=\frac{1}{2}(-\text{j}59.598)=-\text{j}29.799(\text{kA})$$

$$\dot{I}_{\text{Ka0}}^{(2)}=0$$

(2) d侧故障相电流。电源G2和系统S支路供给的短路电流由式（1-159）计算得

$$\dot{I}_{\text{Kb}}^{(2)}=a^2\dot{I}_{\text{Ka1}}^{(2)}+a\dot{I}_{\text{Ka2}}^{(2)}=-\text{j}\sqrt{3}\dot{I}_{\text{Ka1}}^{(2)}=-\text{j}\sqrt{3}\times(-\text{j}29.799)=-51.61(\text{kA})$$

$$\dot{I}_{\text{Kc}}^{(2)}=a\dot{I}_{\text{Ka1}}^{(2)}+a^2\dot{I}_{\text{Ka2}}^{(2)}=\text{j}\sqrt{3}\dot{I}_{\text{Ka1}}^{(2)}=\text{j}\sqrt{3}\times(-\text{j}29.799)=51.61(\text{kA})$$

$$\dot{I}_{\text{Ka}}^{(2)}=0$$

(3) Y侧线电流由式（1-160）计算。

1) Y侧A相线电流为

$$\dot{I}_{\text{KA}}^{(2)}=-\text{j}\dot{I}_{\text{Ka1}}^{(2)}\times\frac{1}{n}=-\text{j}(-\text{j}29.799)\times\frac{1}{11.5}=-2.591(\text{kA})$$

2) Y侧B相线电流为

$$\dot{I}_{\text{KB}}^{(2)}=-\text{j}\dot{I}_{\text{Ka1}}^{(2)}\times\frac{1}{n}=-\text{j}\times(-\text{j}29.799)\times\frac{1}{11.5}=-2.591(\text{kA})$$

3) Y侧C相线电流为

$$\dot{I}_{\text{KC}}^{(2)}=\text{j}2\dot{I}_{\text{Ka1}}^{(2)}\times\frac{1}{n}=\text{j}2(-\text{j}29.799)\times\frac{1}{11.5}=5.18(\text{kA})$$

（二）变压器T1两侧电压标幺值计算

当电源电动势用标幺值表示，且设 $\dot{E}_{\text{a}}=E_{\text{a}}=1$ 时，则 $\dot{E}_{\text{b}}=\dot{E}_{\text{a}}\text{e}^{\text{j}240^\circ}=a^2$，$\dot{E}_{\text{c}}=\dot{E}_{\text{a}}\text{e}^{\text{j}120^\circ}=a$。

1. d侧a相的正、负、零序电压及故障相电压计算

(1) d侧a相的正、负、零序电压。由式（1-161）可得

$$\dot{U}_{\text{Ka1}}^{(2)}=\dot{U}_{\text{Ka2}}^{(2)}=\frac{1}{2}\dot{E}_{\text{a}}=\frac{1}{2}=0.5$$

$$\dot{U}_{\text{Ka0}}^{(2)}=0$$

(2) d侧三相电压。由式（1-162）得

$$\dot{U}_{\text{Kb}}^{(2)}=\dot{U}_{\text{Kc}}^{(2)}=a^2\dot{U}_{\text{Ka1}}^{(2)}+a\dot{U}_{\text{Ka2}}^{(2)}=-\frac{1}{2}\dot{E}_{\text{a}}=-\frac{1}{2}=-0.5$$

$$\dot{U}_{\text{Ka}}^{(2)}=\dot{E}_{\text{a}}=1$$

(3) d侧相间电压。由式（1-163）得

$$\dot{U}_{\text{Kab}}^{(2)}=\dot{U}_{\text{Ka}}^{(2)}-\dot{U}_{\text{Kb}}^{(2)}=1.5$$

$$\dot{U}_{\text{Kbc}}^{(2)}=\dot{U}_{\text{Kb}}^{(2)}-\dot{U}_{\text{Kc}}^{(2)}=0$$

$$\dot{U}_{\text{Kca}}^{(2)}=\dot{U}_{\text{Kc}}^{(2)}-\dot{U}_{\text{Ka}}^{(2)}=-1.5$$

2. 220kV 母线（变压器 T1 的 Y 侧）电压计算

（1）Y 侧 A 相正序电压。由式（1-164）得

$$\dot{U}_{KA1}^{(2)}=(\dot{U}_{Ka1}^{(2)}+\Delta\dot{U}_{Ka1}^{(2)})e^{-j30^\circ}=\left(0.5+0.5\times\frac{0.0378}{0.04844}\right)e^{-j30^\circ}=0.89e^{-j30^\circ}$$

或 $$\dot{U}_{KA1}^{(2)}=(\dot{U}_{Ka1}^{(2)}+j\dot{I}_{Ka1}^{(2)}X_{1.T1})e^{-j30^\circ}=\left(0.5+\frac{-j29.799}{2.8868}\times j0.0378\right)e^{-j30^\circ}=0.89e^{-j30^\circ}$$

（2）Y 侧 A 相负序电压。同理可得

$$\dot{U}_{KA2}^{(2)}=(\dot{U}_{Ka2}^{(2)}+\Delta\dot{U}_{Ka2}^{(2)})e^{j30^\circ}=\left(0.5-0.5\times\frac{0.0378}{0.04844}\right)e^{j30^\circ}=0.1098e^{j30^\circ}$$

或 $$\dot{U}_{KA2}^{(2)}=(\dot{U}_{Ka2}^{(2)}+j\dot{I}_{Ka2}^{(2)}X_{2.T1})e^{j30^\circ}=\left(0.5-\frac{-j29.799}{2.8868}\times j0.0378\right)e^{j30^\circ}=0.1098e^{j30^\circ}$$

（3）Y 侧零序电压为

$$\dot{U}_{KA0}^{(2)}=0$$

（4）Y 侧三相电压可由以上计算值代入式（1—25）求得。

1）Y 侧 A 相电压为

$$\dot{U}_{KA}^{(2)}=\dot{U}_{KA1}^{(2)}+\dot{U}_{KA2}^{(2)}=0.89e^{-j30^\circ}+0.1089e^{j30^\circ}=0.866-j0.3906=0.949e^{-j24.3^\circ}$$

2）Y 侧 B 相电压为

$$\dot{U}_{KB}^{(2)}=a^2\dot{U}_{KA1}^{(2)}+a\dot{U}_{KA2}^{(2)}=a^2\times0.89e^{-j30^\circ}+a\times0.1089e^{j30^\circ}=0.89e^{j210^\circ}+0.1089e^{j150^\circ}$$
$$=-0.866-j0.3906=0.949e^{-j155.7^\circ}$$

3）Y 侧 C 相电压为

$$\dot{U}_{KC}^{(2)}=a\dot{U}_{KA1}^{(2)}+a^2\dot{U}_{KA2}^{(2)}=a\times0.89e^{-j30^\circ}+a^2\times0.1089e^{j30^\circ}$$
$$=0.89e^{j90^\circ}+0.1089e^{j270^\circ}=j0.7811$$

（5）Y 侧三相电压。由式（1-165）得

$$\left.\begin{aligned}\dot{U}_{KA}^{(2)}&=0.866-j0.5\frac{X_{1.T1}}{X_{1\Sigma}}=0.866-j0.5\times\frac{0.0378}{0.04844}\\&=0.866-j0.39=0.949e^{-j24.3^\circ}\\\dot{U}_{KB}^{(2)}&=-0.866-j0.5\frac{X_{1.T1}}{X_{1\Sigma}}=-0.866-j0.5\times\frac{0.0378}{0.04844}\\&=-0.866-j0.39=0.949e^{-j155.7^\circ}\\\dot{U}_{KC}^{(2)}&=j\frac{X_{1.T1}}{X_{1.\Sigma}}=j\frac{0.0378}{0.04844}=j0.7811\end{aligned}\right\}$$

以上两种方法计算结果相同。

(6) Y侧相间电压。可由式 $\dot{U}_{KAB}^{(2)}=\dot{U}_{KA}^{(2)}-\dot{U}_{KB}^{(2)}$ 直接计算Y侧相间电压，也可由式(1-166)计算。

1) Y侧A、B相间电压为

$$\dot{U}_{KAB}^{(2)}=\dot{U}_{KA}^{(2)}-\dot{U}_{KB}^{(2)}=0.866-j0.3906-(-0.866-j0.3906)=1.73=\sqrt{3}$$

2) Y侧B、C相间电压为

$$\dot{U}_{KBC}^{(2)}=\dot{U}_{KB}^{(2)}-\dot{U}_{KC}^{(2)}=-0.866-j0.3906-j0.7811=-0.866-j1.1717$$
$$=1.45e^{-j136.5^\circ}$$

$$\dot{U}_{KBC}^{(2)}=-\frac{\sqrt{3}}{2}-j1.5K_1=-\frac{\sqrt{3}}{2}-j1.5\frac{X_{1.T1}}{X_{1\Sigma}}=0.866+j\frac{0.0378}{0.04844}=1.45e^{-j136.5^\circ}$$

3) Y侧C、A相间电压为

$$\dot{U}_{KCA}^{(2)}=\dot{U}_{KC}^{(2)}-\dot{U}_{KA}^{(2)}=j0.7811-(0.866-j0.3906)=-0.866+j1.1717$$
$$=1.457e^{j136.5^\circ}$$

或 $\dot{U}_{KCA}^{(2)}=-\frac{\sqrt{3}}{2}+j1.5K_1=-\frac{\sqrt{3}}{2}+j1.5\frac{X_{1.T1}}{X_{1\Sigma}}=-0.866+j\frac{0.0378}{0.04844}=1.45e^{j136.5^\circ}$

3. 结论

由上述计算可知，YNd11或Yd11接线变压器的d侧两相短路时有以下结论：

(1) 变压器T1两侧电流。d侧故障相电流为0.866倍的三相短路电流 $I_K^{(3)}$，而Y侧有一相电流为d侧三相短路时的电流，另外两相电流为d侧三相短路时电流的一半。

(2) 变压器T1两侧电压。d侧故障相间电压为零，最低相电压为正常相电压的 $\frac{1}{2}$，非故障相电压为正常相电压。Y侧电压值，其中最低一相相电压接近三相短路时的电压降；而最大的相间电压接近正常相间电压，其负序相电压约为0.11。

(3) 不论电源在何侧，当采用低电压闭锁过电流保护作变压器的后备保护时，为使电流元件有足够高的灵敏度，应在电源侧装设三相（三继电器式）电流元件，这样一侧两相短路在另一侧的灵敏度即为三相短路时的灵敏度；而低电压闭锁元件不论装在变压器的那一侧，亦不论采用反应相电压还是相间电压的接线方式，当在未装设低电压元件的一侧发生两相短路时，电压元件的灵敏度总是不够的（低电压元件此时基本上是拒动的），所以此时低电压元件应在变压器的两侧同时装设反应相间电压的低电压元件，或在一侧加装复合电压的低电压闭锁元件，其低电压元件应接于相间电压，而负序电压元件的负序相电压动作值不应超过8%$U_{N.p}$（以7%$U_{N.p}$为佳）。

七、计算结果

K1、K2点短路电流计算结果分别如表1-1、表1-2所示。

表 1-1　　**K1 点短路电流计算一览表**

短路点及短路类型		$K1^{(3)}$	$K1^{(2)}$	$K1^{(1)}$	$K1^{(1.1)}$
短路点故障量	$I_{K1\Sigma}$ (kA)	26.617	13.308	6.919	16.144
	$I_{K2\Sigma}$ (kA)	0	13.308	6.919	10.473
	$I_{K0\Sigma}$ (kA)	0	0	6.919	5.67
	I_{KA} (kA)	26.617	0	20.757	0
	I_{KB} (kA)	26.617	23.05	0	24.57
	I_{KC} (kA)	26.617	23.05	0	24.57
	U_{KA1}	0	0.5	0.74	0.394 6
	U_{KA2}	0	0.5	0.26	0.394 6
	U_{KA0}	0	0	0.48	0.394 6
	U_{KA}	0	1	0	1.18
	U_{KB}	0	0.5	1.126	0
	U_{KC}	0	0.5	1.126	0
	U_{KAB}	0	1.5	1.126	1.18
	U_{KBC}	0	0	1.732	0
	U_{KCA}	0	1.5	1.126	1.18
变压器 T1 的 YN 侧故障量	$I_{KA1.T1}$ (kA)	3.02	1.51	0.785	1.832
	$I_{KA2.T1}$ (kA)	0	1.51	0.785	1.18
	$I_{KA0.T1}$ (kA)	0	0	3.188	2.61
	$I_{KA.T1}$ (kA)	3.02	0	4.758	1.969
	$I_{KB.T1}$ (kA)	3.02	2.615	2.4	3.928
	$I_{KC.T1}$ (kA)	3.02	2.615	2.4	3.928
变压器 T1 的 d 侧故障量	$I_{Ka1.T1}$ (kA)	34.73	17.365	9.03	21.068
	$I_{Ka2.T1}$ (kA)	0	17.365	9.03	13.662
	$I_{Ka0.T1}$ (kA)	0	0	0	0
	$I_{Ka.T1}$ (kA)	34.73	17.365	15.64	30.3
	$I_{Kb.T1}$ (kA)	34.73	34.73	0	7.407
	$I_{Kc.T1}$ (kA)	34.73	17.365	15.64	30.3
	$I_{K\alpha.T1}$ (kA)	20.05	0	31.59	13.736
	$I_{K\beta.T1}$ (kA)	20.05	17.263	15.93	26.08
	$I_{K\gamma.T1}$ (kA)	20.05	17.263	15.93	26.08
	$U_{Ka1.T1}$	0.455	0.727 4	0.858 2	0.670 5
	$U_{Ka2.T1}$	0	0.272 6	0.141 7	0.215 7
	$U_{Ka0.T1}$	0	0	0	0
	U_{Ka}	0.455	0.895	0.796 3	0.8
	U_{Kb}	0.455	0.455	1	0.455

续表

短路点及短路类型		$K1^{(3)}$	$K1^{(2)}$	$K1^{(1)}$	$K1^{(1.1)}$
变压器 T1 的 d 侧故障量	U_{Kc}	0.455	0.895	0.7963	0.8
	U_{Kab}	0.786	1.102	1.623	1.026 8
	U_{Kbc}	0.786	1.102	1.623	1.026 8
	U_{Kca}	0.786	1.732	1.24	1.535
变压器 T2 的 YN 侧故障量	$I_{KA1.T2}$ (kA)	3.02	1.51	0.785	1.832
	$I_{KA2.T2}$ (kA)	0	1.51	0.785	1.188
	$I_{KA0.T2}$ (kA)	0	0	0	0
	$I_{KA.T2}$ (kA)	3.02	0	1.57	0.664
	$I_{KB.T2}$ (kA)	3.02	2.615	0.785	2.634
	$I_{KC.T2}$ (kA)	3.02	2.615	0.785	2.634
变压器 T2 的 d 侧故障量	$I_{Ka1.T2}$ (kA)	34.73	17.365	9.03	21.068
	$I_{Ka2.T2}$ (kA)	0	17.365	9.03	13.662
	$I_{Ka0.T2}$ (kA)	0	0	0	0
	$I_{Ka.T2}$ (kA)	34.73	17.365	15.64	30.3
	$I_{Kb.T2}$ (kA)	34.73	34.73	0	7.407
	$I_{Kc.T2}$ (kA)	34.73	17.365	15.64	30.3
	$I_{K\alpha.T2}$ (kA)	20.05	0	10.427	4.276
	$I_{K\beta.T2}$ (kA)	20.05	17.263	5.214	17.489
	$I_{K\gamma.T2}$ (kA)	20.05	17.263	5.214	17.489
	$U_{Ka1.T2}$	0.455	0.727 4	0.858 2	0.670 5
	$U_{Ka2.T2}$	0	0.272 6	0.141 7	0.215 7
	$U_{Ka0.T2}$	0	0	0	0
	U_{Ka}	0.455	0.895	0.796 3	0.8
	U_{Kb}	0.455	0.455	1	0.455
	U_{Kc}	0.455	0.895	0.796 3	0.8
	U_{Kab}	0.788	1.102	1.623	1.026 8
	U_{Kbc}	0.788	1.102	1.623	1.026 8
	U_{Kca}	0.788	1.732	1.24	1.535

注 表中电流为有名值，电压是以额定相电压为基准的相对值。

表 1-2　　K2 点短路电流计算一览表

短路点及短路类型		K2(3)	K2(2)	短路点及短路类型		K2(3)	K2(2)
变压器 T1 的 d 侧故障量	$I_{Ka1\Sigma}$ (kA)	59.6	29.799	变压器 T1 的 YN 侧故障量	$I_{KA1.T1}$ (kA)	5.18	2.591
	$I_{Ka2\Sigma}$ (kA)	0	29.799		$I_{KA2.T1}$ (kA)	0	2.591
	$I_{Ka0\Sigma}$ (kA)	0	0		$I_{KA0.T1}$ (kA)	0	0
	I_{Ka} (kA)	59.6	0		$I_{KA.T1}$ (kA)	5.18	2.591
	I_{Kb} (kA)	59.6	51.61		$I_{KB.T1}$ (kA)	5.18	2.591
	I_{Kc} (kA)	59.6	51.61		$I_{KC.T1}$ (kA)	5.18	5.182 5
	$I_{K\alpha.T1}$ (kA)	34.41	17.2		U_{KA1}	0.78	0.89
	$I_{K\beta.T1}$ (kA)	34.41	17.2		U_{KA2}	0	0.109 8
	$I_{K\gamma.T1}$ (kA)	34.41	34.4		U_{KA0}	0	0
	$U_{Ka1.T1}$	0	0.5		U_{KA}	0.89	0.949
	$U_{Ka2.T1}$	0	0.5		U_{KB}	0	0.949
	$U_{Ka0.T1}$	0	0		U_{KC}	0	0.781 1
	$U_{Ka.T1}$	0	1		U_{KAB}	1.54	1.73
	$U_{Kb.T1}$	0	0.5		U_{KBC}	1.54	1.45
	$U_{Kc.T1}$	0	0.5		U_{KCA}	1.54	1.45
	$U_{Kab.T1}$	0	1.5				
	$U_{Kbc.T1}$	0	0				
	$U_{Kca.T1}$	0	1.5				

注　表中电流为有名值，电压是以额定相电压为基准的相对值。

第六节　断相与断路器断口闪络故障计算

一、概述

线路断线，分相操作断路器跳开单相，跳开两相或合上单相，合上两相，单相重合闸在重合过程中单相断开，断路器在三相分闸后其断口主触头发生单相或两相闪络，均属断相状态且有相似的计算方法。断相与断路器断口主触头间闪络均产生对发电机有害的负序电流，不同之处后者具有突然短路的特征，后者比前者产生的后果更为严重，断相与断路器断口闪络故障电流计算是发电机保护整定计算必须掌握的基本计算方法。

二、单相断线计算

1. 单相断线的边界条件

图 1-20（a）单相断线简化电路图，图中 A 相于 mn 点断相，断相前的负荷电流为 I_L，在断相点 mn 之间产生纵向电压 ΔU。应用叠加原理，在图 1-20（a）的 mn 之间加一组纵向电压，如图 1-20（b）所示，在此电压作用下产生一组故障分量电流，此电流和 A 相负荷电流叠加后的合成电流为零，断相后 A 相电流为零，即 $\dot{I}^{(1)}_{A.brk}=0$；对 B、C 相而言，附加纵向电压为 0，即 $\Delta\dot{U}^{(1)}_{B.brk}=0$、$\Delta\dot{U}^{(1)}_{C.brk}=0$，于是非全相状态等于正常运行和附加纵向电压单独作

用下两组全相状态的叠加，即附加纵向电压单独作用下的故障分量与正常负荷分量叠加，为断相后的计算量。

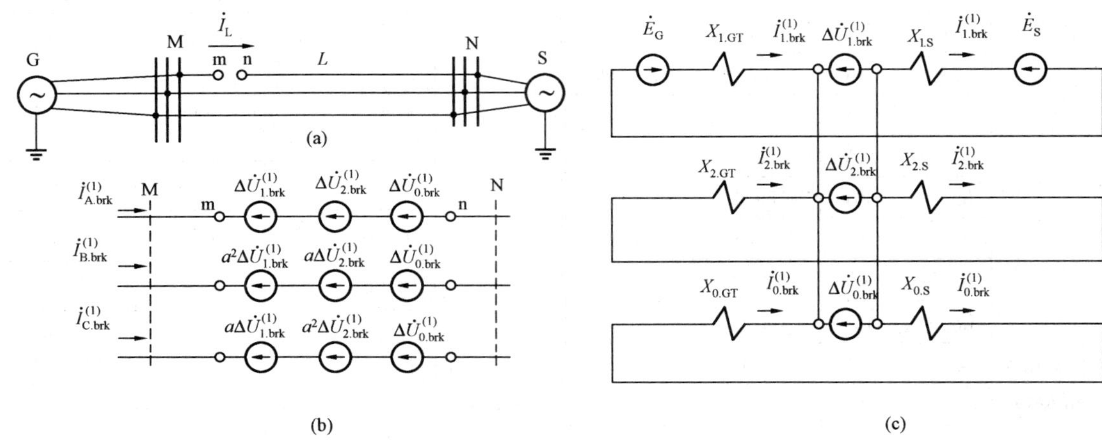

图 1-20　A 相断线计算电路图

(a) A 相断线简化电路图；(b) 断线处附加电压；(c) 断相计算用复合序网图

单相断线的边界条件，为

$$\left.\begin{aligned}\dot{I}^{(1)}_{A.brk}&=\dot{I}^{(1)}_{1.brk}+\dot{I}^{(1)}_{2.brk}+\dot{I}^{(1)}_{0.brk}=0\\ \Delta\dot{U}^{(1)}_{B.brk}&=a^2\Delta\dot{U}^{(1)}_{1.brk}+a\Delta\dot{U}^{(1)}_{2.brk}+\Delta\dot{U}^{(1)}_{0.brk}=0\\ \Delta\dot{U}^{(1)}_{C.brk}&=a\Delta\dot{U}^{(1)}_{1.brk}+a^2\Delta\dot{U}^{(1)}_{2.brk}+\Delta\dot{U}^{(1)}_{0.brk}=0\end{aligned}\right\}\tag{1-178}$$

式中 $\dot{I}^{(1)}_{A.brk}$——A 相断线后 A 相电流；

$\dot{I}^{(1)}_{1.brk}$、$\dot{I}^{(1)}_{2.brk}$、$\dot{I}^{(1)}_{0.brk}$——A 相断线后正、负、零序电流；

$\Delta\dot{U}^{(1)}_{1.brk}$、$\Delta\dot{U}^{(1)}_{2.brk}$、$\Delta\dot{U}^{(1)}_{0.brk}$——A 相断线后断口处附加纵向正、负、零序电压；

$\Delta\dot{U}^{(1)}_{A.brk}$、$\Delta\dot{U}^{(1)}_{B.brk}$、$\Delta\dot{U}^{(1)}_{C.brk}$——A 相断线后断口处 A、B、C 相纵向附加电压。

由
$$\begin{aligned}\Delta\dot{U}^{(1)}_{A.brk}&=\Delta\dot{U}^{(1)}_{A.brk}+\Delta\dot{U}^{(1)}_{B.brk}+\Delta\dot{U}^{(1)}_{C.brk}=\Delta\dot{U}^{(1)}_{1.brk}+\Delta\dot{U}^{(1)}_{2.brk}+\Delta\dot{U}^{(1)}_{0.brk}\\&\quad+a^2\Delta\dot{U}^{(1)}_{1.brk}+a\Delta\dot{U}^{(1)}_{2.brk}+\Delta\dot{U}^{(1)}_{0.brk}\\&\quad+a\Delta\dot{U}^{(1)}_{1.brk}+a^2\Delta\dot{U}^{(1)}_{2.brk}+\Delta\dot{U}^{(1)}_{0.brk}\\&=0+0+3\Delta\dot{U}^{(1)}_{0.brk}\end{aligned}$$

可得 $\Delta\dot{U}^{(1)}_{A.brk}=3\Delta\dot{U}^{(1)}_{0.brk}$

同理由 $\Delta\dot{U}^{(1)}_{A.brk}=\Delta\dot{U}^{(1)}_{A.brk}+a\Delta\dot{U}^{(1)}_{B.brk}+a^2\Delta\dot{U}^{(1)}_{C.brk}=3\Delta\dot{U}^{(1)}_{1.brk}$ (1-179a)

由 $\Delta\dot{U}^{(1)}_{A.brk}=\Delta\dot{U}^{(1)}_{A.brk}+a^2\Delta\dot{U}^{(1)}_{B.brk}+a\Delta\dot{U}^{(1)}_{C.brk}=3\Delta\dot{U}^{(1)}_{2.brk}$

由上式可得
$$\Delta\dot{U}^{(1)}_{1.brk}=\Delta\dot{U}^{(1)}_{2.brk}=\Delta\dot{U}^{(1)}_{0.brk}=\frac{1}{3}\Delta\dot{U}^{(1)}_{A.brk}\tag{1-179b}$$

由式（1-178）得 $\dot{I}^{(1)}_{1.brk}=-(\dot{I}^{(1)}_{2.brk}+\dot{I}^{(1)}_{0.brk})$，用该式和式（1-179b），可作出 A 相断线时计

算用复合序网图 1-20（c）所示。

2. 断线相的故障分量电流计算

假定两侧电源电动势 $\dot{E}_G=0$、$\dot{E}_S=0$，在附加正、负、零序电压单独作用下产生断相的各序故障分量电流，为

$$\left.\begin{aligned}\dot{I}'^{(1)}_{1.\mathrm{brk}}&=-\frac{\Delta\dot{U}^{(1)}_{1.\mathrm{brk}}}{Z_{1\Sigma}}\\ \dot{I}^{(1)}_{2.\mathrm{brk}}&=-\frac{\Delta\dot{U}^{(1)}_{2.\mathrm{brk}}}{Z_{2\Sigma}}\\ \dot{I}^{(1)}_{0.\mathrm{brk}}&=-\frac{\Delta\dot{U}^{(1)}_{0.\mathrm{brk}}}{Z_{0\Sigma}}\end{aligned}\right\}\tag{1-180}$$

其中 $Z_{1\Sigma}=Z_{1.\mathrm{GT}}+Z_{1.\mathrm{S}}$，$Z_{2\Sigma}=Z_{2.\mathrm{GT}}+Z_{2.\mathrm{S}}$，$Z_{0\Sigma}=Z_{0.\mathrm{GT}}+Z_{0.\mathrm{S}}$

式中 $\dot{I}'^{(1)}_{1.\mathrm{brk}}$ $\dot{I}^{(1)}_{2.\mathrm{brk}}$ $\dot{I}^{(1)}_{0.\mathrm{brk}}$ ——单相断线时附加正、负、零序故障分量电流；

$Z_{1\Sigma}$、$Z_{2\Sigma}$、$Z_{0\Sigma}$ ——mn 端口的输入阻抗；

$Z_{1.\mathrm{GT}}$、$Z_{2.\mathrm{GT}}$、$Z_{0.\mathrm{GT}}$ ——单相断线时断相点 m 侧正、负、零序综合阻抗；

$Z_{1.\mathrm{S}}$、$Z_{2.\mathrm{S}}$、$Z_{0.\mathrm{S}}$ ——单相断线时断相点 n 侧系统正、负、零序综合阻抗。

3. 断相前负荷电流 $\dot{I}_{\mathrm{A.L}}=\dot{I}_{\mathrm{L}}$ 计算

断相前负荷电流为两侧电动势单独作用下的电流，为

$$\dot{I}_{\mathrm{A.L}}=\dot{I}_{\mathrm{L}}=\frac{\dot{E}_G-\dot{E}_S}{Z_{1\Sigma}}\tag{1-181}$$

式中 $\dot{E}_G$，$\dot{E}_S$ ——单相断线前两侧电源电动势；

其他符号含义同前。

由叠加原理，断相电流为零，即 $\dot{I}_{\mathrm{A.brk}}=\dot{I}_{\mathrm{L}}+\dot{I}'^{(1)}_{1.\mathrm{brk}}+\dot{I}^{(1)}_{2.\mathrm{brk}}+\dot{I}^{(1)}_{0.\mathrm{brk}}=0$，得 $\dot{I}_{\mathrm{L}}=-(\dot{I}'^{(1)}_{1.\mathrm{brk}}+\dot{I}^{(1)}_{2.\mathrm{brk}}+\dot{I}^{(1)}_{0.\mathrm{brk}})$

由式（1-180）可求得断相前的负荷电流，为

$$\dot{I}_{\mathrm{A.L}}=\dot{I}_{\mathrm{L}}=-(\dot{I}'^{(1)}_{1.\mathrm{brk}}+\dot{I}^{(1)}_{2.\mathrm{brk}}+\dot{I}^{(1)}_{0.\mathrm{brk}})=\Delta\dot{U}_{1.\mathrm{brk}}\left(\frac{1}{Z_{1\Sigma}}+\frac{1}{Z_{2\Sigma}}+\frac{1}{Z_{0\Sigma}}\right)\tag{1-182}$$

4. 附加纵向电压计算

附加纵向各序电压为

$$\Delta\dot{U}^{(1)}_{1.\mathrm{brk}}=\Delta\dot{U}^{(1)}_{2.\mathrm{brk}}=\Delta\dot{U}^{(1)}_{0.\mathrm{brk}}=\frac{\dot{E}_G-\dot{E}_S}{\left(\frac{1}{Z_{1\Sigma}}+\frac{1}{Z_{2\Sigma}}+\frac{1}{Z_{0\Sigma}}\right)Z_{1\Sigma}}=\frac{\dot{I}_{\mathrm{L}}}{\left(\frac{1}{Z_{1\Sigma}}+\frac{1}{Z_{2\Sigma}}+\frac{1}{Z_{0\Sigma}}\right)}\tag{1-183a}$$

A 相附加纵向电压为

$$\Delta\dot{U}^{(1)}_{\mathrm{A.brk}}=\frac{3(\dot{E}_G-\dot{E}_S)}{\left(\frac{1}{Z_{1\Sigma}}+\frac{1}{Z_{2\Sigma}}+\frac{1}{Z_{0\Sigma}}\right)Z_{1\Sigma}}=\frac{3\dot{I}_{\mathrm{L}}}{\left(\frac{1}{Z_{1\Sigma}}+\frac{1}{Z_{2\Sigma}}+\frac{1}{Z_{0\Sigma}}\right)}\tag{1-183b}$$

5. 断相后的各序电流计算

(1) 正序分量电流。断相后正序分量电流为负荷电流叠加正序故障分量电流为

$$\dot{I}_{1.\mathrm{brk}}^{(1)}=\dot{I}_{\mathrm{L}}+\dot{I}'^{(1)}_{1.\mathrm{brk}}=\dot{I}_{\mathrm{L}}-\frac{\Delta\dot{U}_{1.\mathrm{brk}}^{(1)}}{Z_{1\Sigma}}=\frac{\dot{E}_{\mathrm{G}}-\dot{E}_{\mathrm{S}}}{Z_{1\Sigma}+\dfrac{Z_{2\Sigma}Z_{0\Sigma}}{Z_{2\Sigma}+Z_{0\Sigma}}}=\frac{\dot{I}_{\mathrm{L}}Z_{1\Sigma}}{Z_{1\Sigma}+\dfrac{Z_{2\Sigma}Z_{0\Sigma}}{Z_{2\Sigma}+Z_{0\Sigma}}}$$

(2) 负序分量电流。断相后负序分量电流就是故障负序分量电流，计算式为

$$\dot{I}_{2.\mathrm{brk}}^{(1)}=-\frac{\Delta\dot{U}_{2.\mathrm{brk}}^{(1)}}{Z_{2\Sigma}}=-\frac{\dot{I}_{\mathrm{L}}}{\left(\dfrac{1}{Z_{1\Sigma}}+\dfrac{1}{Z_{2\Sigma}}+\dfrac{1}{Z_{0\Sigma}}\right)Z_{2\Sigma}}=-\dot{I}_{1.\mathrm{brk}}^{(1)}\times\frac{Z_{0\Sigma}}{Z_{2\Sigma}+Z_{0\Sigma}}$$

$$=-\frac{\dot{I}_{\mathrm{L}}Z_{1\Sigma}}{Z_{1\Sigma}+\dfrac{Z_{2\Sigma}Z_{0\Sigma}}{Z_{2\Sigma}+Z_{0\Sigma}}}\times\frac{Z_{0\Sigma}}{Z_{2\Sigma}+Z_{0\Sigma}}=-\frac{\dot{E}_{\mathrm{A.G}}-\dot{E}_{\mathrm{A.S}}}{Z_{1\Sigma}+\dfrac{Z_{2\Sigma}Z_{0\Sigma}}{Z_{2\Sigma}+Z_{0\Sigma}}}\times\frac{Z_{0\Sigma}}{Z_{2\Sigma}+Z_{0\Sigma}}$$

(3) 零序分量电流。断相后零序分量电流就是故障零序分量电流，计算式为

$$\dot{I}_{0.\mathrm{brk}}^{(1)}=-\frac{\Delta\dot{U}_{0.\mathrm{brk}}^{(1)}}{Z_{0\Sigma}}=-\frac{\dot{I}_{\mathrm{L}}}{\left(\dfrac{1}{Z_{1\Sigma}}+\dfrac{1}{Z_{2\Sigma}}+\dfrac{1}{Z_{0\Sigma}}\right)Z_{0\Sigma}}=-\dot{I}_{1.\mathrm{brk}}^{(1)}\times\frac{Z_{2\Sigma}}{Z_{2\Sigma}+Z_{0\Sigma}}$$

$$=-\frac{\dot{I}_{\mathrm{L}}Z_{1\Sigma}}{Z_{1\Sigma}+\dfrac{Z_{2\Sigma}Z_{0\Sigma}}{Z_{2\Sigma}+Z_{0\Sigma}}}\times\frac{Z_{2\Sigma}}{Z_{2\Sigma}+Z_{0\Sigma}}=-\frac{\dot{E}_{\mathrm{A.G}}-\dot{E}_{\mathrm{A.S}}}{Z_{1\Sigma}+\dfrac{Z_{2\Sigma}Z_{0\Sigma}}{Z_{2\Sigma}+Z_{0\Sigma}}}\times\frac{Z_{2\Sigma}}{Z_{2\Sigma}+Z_{0\Sigma}}$$

断相后的各序电流为

$$\left.\begin{aligned}
&\dot{I}_{1.\mathrm{brk}}^{(1)}=\dot{I}_{\mathrm{L}}+\dot{I}'^{(1)}_{1\mathrm{brk}}=\frac{\dot{E}_{\mathrm{G}}-\dot{E}_{\mathrm{S}}}{Z_{1\Sigma}+\dfrac{Z_{2\Sigma}Z_{0\Sigma}}{Z_{2\Sigma}+Z_{0\Sigma}}}=\frac{\dot{I}_{\mathrm{L}}Z_{1\Sigma}}{Z_{1\Sigma}+\dfrac{Z_{2\Sigma}Z_{0\Sigma}}{Z_{2\Sigma}+Z_{0\Sigma}}}\\
&\dot{I}_{2.\mathrm{brk}}^{(1)}=-\dot{I}_{1.\mathrm{brk}}^{(1)}\times\frac{Z_{0\Sigma}}{Z_{2\Sigma}+Z_{0\Sigma}}\\
&\dot{I}_{0.\mathrm{brk}}^{(1)}=-\dot{I}_{1\mathrm{brk}}^{(1)}\times\frac{Z_{2\Sigma}}{Z_{2\Sigma}+Z_{0\Sigma}}\\
&3\dot{I}_{0.\mathrm{brk}}^{(1)}=-3\dot{I}_{1.\mathrm{brk}}^{(1)}\times\frac{Z_{2\Sigma}}{Z_{2\Sigma}+Z_{0\Sigma}}
\end{aligned}\right\}\tag{1-184}$$

6. 断相处的全电流计算

(1) A 相电流为 $\dot{I}_{\mathrm{A.brk}}^{(1)}=\dot{I}_{1.\mathrm{brk}}^{(1)}+\dot{I}_{2.\mathrm{brk}}^{(1)}+\dot{I}_{0.\mathrm{brk}}^{(1)}=0$

(2) B 相电流为

$$\dot{I}_{\mathrm{B.brk}}^{(1)}=a^{2}\dot{I}_{1.\mathrm{brk}}^{(1)}+a\dot{I}_{2.\mathrm{brk}}^{(1)}+\dot{I}_{0.\mathrm{brk}}^{(1)}=\dot{I}_{L}\frac{-1.5\dfrac{Z_{2\Sigma}}{Z_{0\Sigma}}-j\sqrt{3}\left(1+\dfrac{Z_{2\Sigma}}{2Z_{0\Sigma}}\right)}{1+\dfrac{Z_{2\Sigma}}{Z_{1\Sigma}}+\dfrac{Z_{2\Sigma}}{Z_{0\Sigma}}}\tag{1-185}$$

(3) C 相电流为

$$\dot{I}_{\mathrm{C.brk}}^{(1)}=a\dot{I}_{1.\mathrm{brk}}^{(1)}+a^{2}\dot{I}_{2.\mathrm{brk}}^{(1)}+\dot{I}_{0.\mathrm{brk}}^{(1)}=\dot{I}_{L}\frac{-1.5\dfrac{Z_{2\Sigma}}{Z_{0\Sigma}}+j\sqrt{3}\left(1+\dfrac{Z_{2\Sigma}}{2Z_{0\Sigma}}\right)}{1+\dfrac{Z_{2\Sigma}}{Z_{1\Sigma}}+\dfrac{Z_{2\Sigma}}{Z_{0\Sigma}}}\tag{1-186}$$

7. 当 $Z_{1\Sigma}=Z_{2\Sigma}$ 并令 $\beta=Z_{0\Sigma}/Z_{1\Sigma}$ 时断相后各序电流和各相电流计算

(1) 断相后的各序电流。由式 (1-184) 得

$$\left.\begin{aligned}
\dot{I}_{\mathrm{L}}&=\frac{\dot{E}_{\mathrm{G}}-\dot{E}_{\mathrm{S}}}{Z_{1\Sigma}}\\
\dot{I}_{1.\mathrm{brk}}^{(1)}&=\dot{I}_{\mathrm{L}}\times\frac{1}{1+\dfrac{Z_{0\Sigma}}{Z_{1\Sigma}+Z_{0\Sigma}}}=\frac{1+\beta}{1+2\beta}\times\dot{I}_{\mathrm{L}}\\
\dot{I}_{2.\mathrm{brk}}^{(1)}&=-\dot{I}_{\mathrm{L}}\times\frac{1}{2+\dfrac{Z_{1\Sigma}}{Z_{0\Sigma}}}=-\frac{\beta}{1+2\beta}\times\dot{I}_{\mathrm{L}}\\
\dot{I}_{0.\mathrm{brk}}^{(1)}&=-\dot{I}_{\mathrm{L}}\times\frac{1}{1+\dfrac{2Z_{0\Sigma}}{Z_{1\Sigma}}}=-\frac{1}{1+2\beta}\times\dot{I}_{\mathrm{L}}
\end{aligned}\right\}\tag{1-187}$$

（2）断相后的各相电流。由式（1-184）～式（1-186）得

$$\left.\begin{aligned}
3\dot{I}_{0.\mathrm{brk}}^{(1)}&=-3\dot{I}_{\mathrm{L}}\times\frac{1}{1+\dfrac{2Z_{0\Sigma}}{Z_{1\Sigma}}}=-3\dot{I}_{\mathrm{L}}\times\frac{1}{1+2\beta}\\
\dot{I}_{\mathrm{B.brk}}^{(1)}&=\dot{I}_{\mathrm{L}}\times\frac{-1.5-j\sqrt{3}\left(0.5+\dfrac{Z_{0\Sigma}}{Z_{1\Sigma}}\right)}{1+\dfrac{2Z_{0\Sigma}}{Z_{1\Sigma}}}=\dot{I}_{\mathrm{L}}\times\frac{-1.5-j\sqrt{3}(0.5+\beta)}{1+2\beta}\\
\dot{I}_{\mathrm{C.brk}}^{(1)}&=\dot{I}_{\mathrm{L}}\times\frac{-1.5+j\sqrt{3}\left(0.5+\dfrac{Z_{0\Sigma}}{Z_{1\Sigma}}\right)}{1+\dfrac{2Z_{0\Sigma}}{Z_{1\Sigma}}}=\dot{I}_{\mathrm{L}}\times\frac{-1.5+j\sqrt{3}(0.5+\beta)}{1+2\beta}
\end{aligned}\right\}\tag{1-188}$$

8. 断相后断口 m、n 点各序故障电压分量计算

（1）m 点各序故障电压分量为

$$\left.\begin{aligned}
\dot{U}'^{(1)}_{1.\mathrm{m}}&=-\dot{I}'^{(1)}_{1.\mathrm{brk}}Z_{1.\mathrm{GT}}\\
\dot{U}^{(1)}_{2.\mathrm{m}}&=-\dot{I}^{(1)}_{2.\mathrm{brk}}Z_{2.\mathrm{GT}}\\
\dot{U}^{(1)}_{0.\mathrm{m}}&=-\dot{I}^{(1)}_{0.\mathrm{brk}}Z_{0.\mathrm{GT}}
\end{aligned}\right\}\tag{1-189}$$

式中 $\dot{U}'^{(1)}_{1.\mathrm{m}}$、$\dot{U}^{(1)}_{2.\mathrm{m}}$、$\dot{U}^{(1)}_{0.\mathrm{m}}$——单相断线时断相后断口处 m 点正、负、零序故障分量电压；

其他符号含义同前。

（2）n 点各序故障电压分量为

$$\left.\begin{aligned}
\dot{U}'^{(1)}_{1.\mathrm{n}}&=\dot{I}'^{(1)}_{1.\mathrm{brk}}Z_{1.\mathrm{S}}\\
\dot{U}^{(1)}_{2.\mathrm{n}}&=\dot{I}^{(1)}_{2.\mathrm{brk}}Z_{2.\mathrm{S}}\\
\dot{U}^{(1)}_{0.\mathrm{n}}&=\dot{I}^{(1)}_{0.\mathrm{brk}}Z_{0.\mathrm{S}}
\end{aligned}\right\}\tag{1-190}$$

式中 $\dot{U}'^{(1)}_{1.\mathrm{n}}$、$\dot{U}^{(1)}_{2.\mathrm{n}}$、$\dot{U}^{(1)}_{0.\mathrm{n}}$——单相断线时断相后断口处 n 点正、负、零序故障分量电压；

其他符号含义同前。

9. 断相后断口 m、n 点各相序电压分量计算

（1）m 点各相序电压为

$$\left.\begin{aligned}\dot{U}_{1.\mathrm{m}}^{(1)} &= \dot{U}_{\mathrm{m}} - \dot{I}'^{(1)}_{1.\mathrm{brk}} Z_{1.\mathrm{GT}} \\ \dot{U}_{2.\mathrm{m}}^{(1)} &= -\dot{I}^{(1)}_{2.\mathrm{brk}} Z_{1.\mathrm{GT}} \\ \dot{U}_{0.\mathrm{m}}^{(1)} &= -\dot{I}^{(1)}_{0.\mathrm{brk}} Z_{0.\mathrm{GT}}\end{aligned}\right\} \tag{1-191}$$

（2）n 点各相序电压为

$$\left.\begin{aligned}\dot{U}_{1.\mathrm{n}}^{(1)} &= \dot{U}_{\mathrm{n}} - \dot{I}'^{(1)}_{1.\mathrm{brk}} Z_{1.\mathrm{S}} \\ \dot{U}_{2.\mathrm{n}}^{(1)} &= \dot{I}^{(1)}_{2.\mathrm{brk}} Z_{1.\mathrm{S}} \\ \dot{U}_{0.\mathrm{n}}^{(1)} &= \dot{I}^{(1)}_{0.\mathrm{brk}} Z_{0.\mathrm{S}}\end{aligned}\right\} \tag{1-192}$$

式中 $\dot{U}_{\mathrm{m}}$、$\dot{U}_{\mathrm{n}}$ ——单相断线前 m、n 点正常运行电压 $\dot{U}_{\mathrm{m}} = \dot{U}_{\mathrm{n}}$；

$\dot{U}_{1.\mathrm{m}}^{(1)}$、$\dot{U}_{2.\mathrm{m}}^{(1)}$、$\dot{U}_{0.\mathrm{m}}^{(1)}$ ——单相断线后断口处 m 点正、负、零序电压分量；

$\dot{U}_{1.\mathrm{n}}^{(1)}$、$\dot{U}_{2.\mathrm{n}}^{(1)}$、$\dot{U}_{0.\mathrm{n}}^{(1)}$ ——单相断线后断口处 n 点正、负、零序电压分量。

三、两相断线计算

图 1-21（a）为两相断线简化电路图，图中 B、C 相于 m n 点断相，B、C 相电流为零，当断相前的负荷电流为 I_{L}，在断相点 m n 之间产生纵向电压 ΔU。应用叠加原理在图 1-21（a）的 mn 之间加一组纵向电压，如图 1-21（b）所示，在此电压作用下产生一组故障分量电流，此电流和 B、C 相负荷电流叠加后的合成电流为零，即 $\dot{I}^{(1.1)}_{\mathrm{B.brk}} = \dot{I}^{(1.1)}_{\mathrm{C.brk}} = 0$，对 A 相而言，附加纵向电压为 0，即 $\Delta\dot{U}^{(1.1)}_{\mathrm{A.brk}} = 0$，于是非全相状态等于正常运行和附加纵向电压单独作用下产生的故障分量的叠加，因此计算后一状态的故障分量与正常负荷分量叠加，即为断相后的计算量。

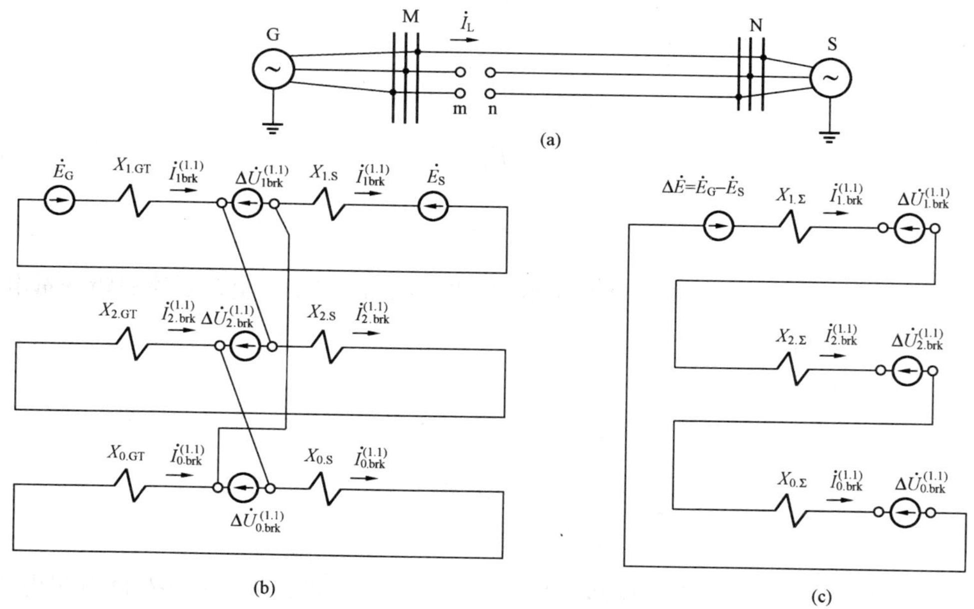

图 1-21 B、C 相断线计算电路图

（a）B、C 相断线简化电路图；（b）两相断线复合序网图；（c）两相断线计算用复合序网图

1. B、C 两相断线的边界条件

B、C 两相断线的边界条件为

$$\left.\begin{aligned}\dot I_{B.brk}^{(1,1)} &= a^2\dot I_{1.brk}^{(1,1)} + a\dot I_{2.brk}^{(1,1)} + \dot I_{0.brk}^{(1,1)} = 0\\ \dot I_{C.brk}^{(1,1)} &= a\dot I_{1.brk}^{(1,1)} + a^2\dot I_{2.brk}^{(1,1)} + \dot I_{0.brk}^{(1,1)} = 0\\ \Delta\dot U_{A.brk}^{(1,1)} &= \Delta\dot U_{1.brk}^{(1,1)} + \Delta\dot U_{2.brk}^{(1,1)} + \Delta\dot U_{0.brk}^{(1,1)} = 0\end{aligned}\right\}\tag{1-193}$$

由式 $\dot I_{A.brk}^{(1,1)} + \dot I_{B.brk}^{(1,1)} + \dot I_{C.brk}^{(1,1)} = \dot I_{1.brk}^{(1,1)} + \dot I_{2.brk}^{(1,1)} + \dot I_{0.brk}^{(1,1)} + a^2\dot I_{1.brk}^{(1,1)} + a\dot I_{2.brk}^{(1,1)} + \dot I_{0.brk}^{(1,1)}$

$$+ a\dot I_{1.brk}^{(1,1)} + a^2\dot I_{2.brk}^{(1,1)} + \dot I_{0.brk}^{(1,1)}$$

$$= 3\dot I_{0.brk}^{(1,1)} = \dot I_{A.brk}^{(1,1)}\tag{1-194a}$$

同理

$$\dot I_{A.brk}^{(1,1)} + a\dot I_{B.brk}^{(1,1)} + a^2\dot I_{C.brk}^{(1,1)} = 3\dot I_{1.brk}^{(1,1)} = \dot I_{A.brk}^{(1,1)};\tag{1-194b}$$

$$\dot I_{A.brk}^{(1,1)} + a^2\dot I_{B.brk}^{(1,1)} + a\dot I_{C.brk}^{(1,1)} = 3\dot I_{2.brk}^{(1,1)} = \dot I_{A.brk}^{(1,1)}\tag{1-194c}$$

由上三式可得

$$\dot I_{1.brk}^{(1,1)} = \dot I_{2.brk}^{(1,1)} = \dot I_{0.brk}^{(1,1)} = \frac{1}{3}\dot I_{A.brk}^{(1,1)}\tag{1-194d}$$

式中 $\dot I_{1.brk}^{(1,1)}$、$\dot I_{2.brk}^{(1,1)}$、$\dot I_{0.brk}^{(1,1)}$——两相断线后正、负、零序电流；

$\dot I_{A.brk}^{(1,1)}$、$\dot I_{B.brk}^{(1,1)}$、$\dot I_{C.brk}^{(1,1)}$——两相断线后 A、B、C 三相电流；

$\Delta\dot U_{1.brk}^{(1,1)}$、$\Delta\dot U_{2.brk}^{(1,1)}$、$\Delta\dot U_{0.brk}^{(1,1)}$——两相断线时附加纵向正、负、零序电压。

两相断线时由边界条件所得关系式为

$$\left.\begin{aligned}\dot I_{1.brk}^{(1,1)} = \dot I_{2.brk}^{(1,1)} = \dot I_{0.brk}^{(1,1)} = \frac{1}{3}\dot I_{A.brk}^{(1,1)}\\ \Delta\dot U_{1.brk}^{(1,1)} + \Delta\dot U_{2.brk}^{(1,1)} + \Delta\dot U_{0.brk}^{(1,1)} = 0\end{aligned}\right\}\tag{1-195}$$

由式(1-195)可画出两相断线时的复合序网络图 1-21(b)和简化复合序网络图 1-21(c)。

2. 断相前负荷电流计算

断相前负荷电流为两侧电动势单独作用下的电流，计算式为

$$\dot I_A = \dot I_L = \frac{\dot E_G - \dot E_S}{Z_{1\Sigma}}\tag{1-196}$$

3. 断相后各相序电流计算

断相后各序电流可由图 1-20（c）计算为

$$\dot I_{1.brk}^{(1,1)} = \dot I_{2.brk}^{(1,1)} = \dot I_{0.brk}^{(1,1)} = \frac{\dot E_G - \dot E_S}{Z_{1\Sigma} + Z_{2\Sigma} + Z_{0\Sigma}} = \frac{\dot I_L Z_{1\Sigma}}{Z_{1\Sigma} + Z_{2\Sigma} + Z_{0\Sigma}}\tag{1-197}$$

4. 两相断线后故障分量的正序电流计算

两相断线后正序电流 $\dot I_{1.brk}^{(1,1)}$ 为断相前负荷电流 $\dot I_L$ 与断相后故障分量的正序电流之和，断相后故障分量的正序电流为 $\dot I'^{(1,1)}_{1.brk}$，即

$$\dot I'^{(1,1)}_{1.brk} = \dot I_{1.brk}^{(1,1)} - \dot I_L = \frac{\dot I_L Z_{1\Sigma}}{Z_{1\Sigma} + Z_{2\Sigma} + Z_{0\Sigma}} - \dot I_L = -\frac{\dot I_L\ (Z_{2\Sigma} + Z_{0\Sigma})}{Z_{1\Sigma} + Z_{2\Sigma} + Z_{0\Sigma}}\tag{1-198}$$

5. 断相处的全电流计算

$$\dot{I}_{\mathrm{A.brk}}^{(1.1)}=3\dot{I}_{\mathrm{1.brk}}^{(1.1)}=\frac{3\dot{I}_{\mathrm{L}}Z_{1\Sigma}}{Z_{1\Sigma}+Z_{2\Sigma}+Z_{0\Sigma}} \tag{1-199}$$

6. $Z_{1\Sigma}=Z_{2\Sigma}$ 并令 $\beta=Z_{0\Sigma}/Z_{1\Sigma}$ 时断相后各序电流和各相电流计算

（1）断相后各序电流。由式（1-197）得

$$\dot{I}_{\mathrm{1.brk}}^{(1.1)}=\dot{I}_{\mathrm{2.brk}}^{(1.1)}=\dot{I}_{\mathrm{0.brk}}^{(1.1)}=\frac{\dot{E}_{\mathrm{G}}-\dot{E}_{\mathrm{S}}}{Z_{1\Sigma}+Z_{2\Sigma}+Z_{0\Sigma}}=\frac{\dot{I}_{\mathrm{L}}Z_{1\Sigma}}{Z_{1\Sigma}+Z_{2\Sigma}+Z_{0\Sigma}}=\frac{\dot{I}_{\mathrm{L}}}{2+\frac{Z_{0\Sigma}}{Z_{1\Sigma}}}=\frac{\dot{I}_{\mathrm{L}}}{2+\beta} \tag{1-200}$$

（2）断相后相电流。由式（1-198）得

$$\dot{I}_{\mathrm{A.brk}}^{(1.1)}=3\dot{I}_{\mathrm{1.brk}}^{(1.1)}=\frac{3\dot{I}_{\mathrm{L}}}{2+\frac{Z_{0\Sigma}}{Z_{1\Sigma}}}=\frac{3\dot{I}_{\mathrm{L}}}{2+\beta} \tag{1-201}$$

（3）断相后正序故障分量电流 $\dot{I}'^{(1.1)}_{\mathrm{1.brk}}$。由式（1-198）得

$$\begin{aligned}\dot{I}'^{(1.1)}_{\mathrm{1.brk}}&=-\frac{\dot{I}_{\mathrm{L}}\ (Z_{2\Sigma}+Z_{0\Sigma})}{Z_{1\Sigma}+Z_{2\Sigma}+Z_{0\Sigma}}=-\frac{\dot{I}_{\mathrm{L}}\ (Z_{1\Sigma}+Z_{0\Sigma})}{2Z_{1\Sigma}+Z_{0\Sigma}}\\&=-\frac{(\dot{E}_{\mathrm{G}}-\dot{E}_{\mathrm{S}})\left(1+\frac{Z_{0\Sigma}}{Z_{1\Sigma}}\right)}{2Z_{1\Sigma}+Z_{0\Sigma}}=-\frac{\dot{I}_{\mathrm{L}}(1+\beta)}{2+\beta}\end{aligned}$$

7. $Z_{1\Sigma}=Z_{2\Sigma}$ 时两相断相处的附加纵向各序电压计算

两相断相处的附加纵向各序电压由式（1-180）得

$$\left.\begin{aligned}\Delta\dot{U}_{\mathrm{1.brk}}^{(1.1)}&=-\dot{I}'^{(1.1)}_{\mathrm{1.brk}}Z_{1\Sigma}=(\dot{E}_{\mathrm{G}}-\dot{E}_{\mathrm{S}})\frac{(Z_{1\Sigma}+Z_{0\Sigma})}{2Z_{1\Sigma}+Z_{0\Sigma}}=(\dot{E}_{\mathrm{G}}-\dot{E}_{\mathrm{S}})\frac{(1+\beta)}{2+\beta}\\\Delta\dot{U}_{\mathrm{2.brk}}^{(1.1)}&=-\dot{I}_{\mathrm{2.brk}}^{(1.1)}Z_{1\Sigma}=-\frac{\dot{I}_{\mathrm{L}}Z_{1\Sigma}^{2}}{2Z_{1\Sigma}+Z_{0\Sigma}}=-\frac{(\dot{E}_{\mathrm{G}}-\dot{E}_{\mathrm{S}})Z_{1\Sigma}}{2Z_{1\Sigma}+Z_{0\Sigma}}=-\frac{(\dot{E}_{\mathrm{G}}-\dot{E}_{\mathrm{S}})}{2+\beta}\\\Delta\dot{U}_{\mathrm{0.brk}}^{(1.1)}&=-\dot{I}_{\mathrm{0.brk}}^{(1.1)}Z_{0\Sigma}=-\frac{\dot{I}_{\mathrm{L}}Z_{1\Sigma}Z_{0\Sigma}}{2Z_{1\Sigma}+Z_{0\Sigma}}=-\frac{(\dot{E}_{\mathrm{G}}-\dot{E}_{\mathrm{S}})Z_{0\Sigma}}{2Z_{1\Sigma}+Z_{0\Sigma}}=-\frac{(\dot{E}_{\mathrm{G}}-\dot{E}_{\mathrm{S}})\beta}{2+\beta}\end{aligned}\right\} \tag{1-202}$$

8. 两相断相处 m、n 点各相序电压计算

两相断相处 m、n 点各相序电压的计算式同式（1-189）～式（1-192）。

四、断路器断口单相闪络（flashover）计算

断路器断口单相闪络和两相断线的等效电路与计算方法有类同之处，所不同的仅是两侧电动势相角差不同，闪络时 $\dot{E}_{\mathrm{G}}-\dot{E}_{\mathrm{S}}=1$ 或最严重闪络时 $\dot{E}_{\mathrm{G}}-\dot{E}_{\mathrm{S}}=2$，两侧电动势存在频差，闪络过程是一个突然加压和暂态过程，由此断路器断口闪络时出现的故障电流比断相时的电流要大得多，对设备损坏的程度和后果也严重得多，因此对断路器断口闪络必须采用专用的断路器断口闪络保护。

（一）两侧电动势相角差为60°时断口单相闪络计算

两侧电动势相角差为60°或两侧电动势差的标么值为1，即 $\dot{E}_{\mathrm{G}}^{*}-\dot{E}_{\mathrm{S}}^{*}=1$ 时，且当 $Z_{1\Sigma}=Z_{2\Sigma}$ 或 $X_{1\Sigma}=X_{2\Sigma}$，并令 $\beta=Z_{0\Sigma}/Z_{1\Sigma}$。

1. 单相闪络时正序故障分量电流 $I'^{(1)}_{1.\text{fla}}$ 计算

由式（1-198）计算：

单相闪络时正序故障分量电流为

$$I'^{(1)}_{1.\text{fla}} = \frac{(\dot{E}_{\text{G}} - \dot{E}_{\text{S}})\left(1 + \dfrac{Z_{0\Sigma}}{Z_{1\Sigma}}\right)}{2Z_{1\Sigma} + Z_{0\Sigma}} \tag{1-203}$$

经简化得

$$I'^{(1)}_{1.\text{fla}} = I_{\text{bs}} \times \frac{\left(1 + \dfrac{X_{0\Sigma}}{X_{1\Sigma}}\right)}{2X_{1\Sigma} + X_{0\Sigma}} \tag{1-204}$$

式中　I_{bs}——基准电流；

$X_{1\Sigma}$、$X_{0\Sigma}$——对应基准电流 I_{bs}各序电抗标么值；

$\dot{I}^{(1)}_{1.\text{fla}}$、$\dot{I}^{(1)}_{2.\text{fla}}$、$\dot{I}^{(1)}_{0.\text{fla}}$——单相闪络时正、负、零序电流；

其他符号含义同前。

2. 单相闪络时各序电流计算

由式（1-200）得　$\dot{I}^{(1)}_{1.\text{fla}} = \dot{I}^{(1)}_{2.\text{fla}} = \dot{I}^{(1)}_{0.\text{fla}} = \dfrac{\dot{E}_{\text{G}} - \dot{E}_{\text{S}}}{Z_{1\Sigma} + Z_{2\Sigma} + Z_{0\Sigma}} = \dfrac{\dot{E}_{\text{G}} - \dot{E}_{\text{S}}}{2Z_{1\Sigma} + Z_{0\Sigma}}$

经简化得

$$I^{(1)}_{1.\text{fla}} = I^{(1)}_{2.\text{fla}} = I^{(1)}_{0.\text{fla}} = \frac{I_{\text{bs}}}{2X_{1\Sigma} + X_{0\Sigma}} \tag{1-205}$$

3. 单相闪络时相电流计算

由式（1-201）得　$\dot{I}^{(1)}_{\text{A.fla}} = 3 \times \dot{I}^{(1)}_{1.\text{fla}} = 3 \times \dfrac{\dot{E}_{\text{G}} - \dot{E}_{\text{S}}}{2Z_{1\Sigma} + Z_{2\Sigma}}$

经简化得

$$I^{(1)}_{\text{A.fla}} = 3\, I^{(1)}_{1.\text{fla}} = 3 \times \frac{I_{\text{bs}}}{2X_{1\Sigma} + X_{0\Sigma}} \tag{1-206}$$

（二）两侧电动势相角差为 180°时断口单相闪络计算

两侧电动势相角差为 180°或两侧电动势差的标么值为 2，即 $\dot{E}^{*}_{\text{G}} - \dot{E}^{*}_{\text{S}} = 2$ 时，且当 $Z_{1\Sigma} = Z_{2\Sigma}$ 或 $X_{1\Sigma} = X_{2\Sigma}$，并令 $\beta = Z_{0\Sigma}/Z_{1\Sigma}$，由式（1-204）～式（1-206）得

$$\left.\begin{aligned}
&\text{单相闪络时正序故障分量} \quad I'^{(1)}_{1.\text{fla}} = 2I_{\text{bs}} \times \frac{\left(1 + \dfrac{X_{0\Sigma}}{X_{1\Sigma}}\right)}{2X_{1\Sigma} + X_{0\Sigma}} \\
&\text{单相闪络时各序电流} \quad I^{(1)}_{1.\text{fla}} = I^{(1)}_{2.\text{fla}} = I^{(1)}_{0.\text{fla}} = \frac{2I_{\text{bs}}}{2X_{1\Sigma} + X_{0\Sigma}} \\
&\text{单相闪络时相电流} \quad I^{(1)}_{\text{A.fla}} = I^{(1)}_{1.\text{fla}} = 3 \times \frac{2I_{\text{bs}}}{2X_{1\Sigma} + X_{0\Sigma}}
\end{aligned}\right\} \tag{1-207}$$

（三）断路器断口单相闪络计算实例

已知 600MW 机组 500kV 断路器断口单相闪络，720MVA 变压器高压侧额定电流 $I_{1.\text{H}} = 792\text{A}$，以 1000MVA 为基准的阻抗值：

$X_{1.\text{GT}} = X_{2.\text{GT}} = 0.499$，$X_{0.\text{GT}} = 0.154$，$X_{1.\text{S}} = X_{2.\text{S}} = 0.12$，$X_{0.\text{S}} = 0.3$，

$X_{1\Sigma} = X_{2\Sigma} = 0.449 + 0.12 = 0.619$，$X_{0\Sigma} = 0.154 + 0.3 = 0.454$，

$$I_{bs}=\frac{1000\times10^3}{\sqrt{3}\times525}=1100(\text{A})$$

（1）闪络时 $\dot{E}_G-\dot{E}_S=1$

1）单相闪络时正序故障分量电流，由式（1-204）计算

$$I'^{(1)}_{1,fla}=I_{bs}\times\frac{\left(1+\dfrac{X_{0\Sigma}}{X_{1\Sigma}}\right)}{2X_{1\Sigma}+X_{0\Sigma}}=1100\times\frac{1+0.733}{2\times0.619+0.454}=1126.7(\text{A})$$

2）单相闪络时各相序电流，由式（1-205）计算

$$I^{(1)}_{1.fla}=I^{(1)}_{2.fla}=I^{(1)}_{0.fla}=\frac{I_{bs}}{2X_{1\Sigma}+X_{0\Sigma}}=\frac{1}{2\times0.619+0.454}\times\frac{1000\times10^3}{\sqrt{3}\times525}$$

$$=0.591\times1.1=0.65(\text{kA})$$

$$I^{(1)}_{1.fla*}=I^{(1)}_{2.fla*}=I^{(1)}_{0.fla*}=650/792=0.823I_{T.N}$$

3）单相闪络时的全电流。由式（1-206）计算

$$I^{(1)}_{A.fla}=3I^{(1)}_{2.fla}=3\times\frac{I_{bs}}{2X_{1\Sigma}+X_{0\Sigma}}=3\times\frac{1}{2\times0.619+0.454}\times1.1=1.95(\text{kA})$$

$$I^{(1)}_{A.fla*}=1950/792=2.46I_{T.N}$$

（2）闪络时 $\dot{E}_G-\dot{E}_S=2$

1）单相闪络时正序故障分量电流，由式（1-207）计算

$$I'^{(1)}_{1.fla}=2I_{bs}\times\frac{\left(1+\dfrac{X_{0\Sigma}}{X_{1\Sigma}}\right)}{2X_{1\Sigma}+X_{0\Sigma}}=2\times1100\times\frac{1+0.733}{0.619+0.454}=3554(\text{A})$$

2）单相闪络时各相序电流，由式（1-207）计算

$$I^{(1)}_{1.fla}=I^{(1)}_{2.fla}=I^{(1)}_{0.fla}=\frac{2I_{bs}}{2X_{1\Sigma}+X_{0\Sigma}}=\frac{2}{2\times0.619+0.454}\times\frac{1000\times10^3}{\sqrt{3}\times525}$$

$$=1.182\times1.1=1.3(\text{kA})$$

$$I^{(1)}_{1.fla*}=I^{(1)}_{2.fla*}=I^{(1)}_{0.fla*}=1300/792=1.646I_{T.N}$$

3）单相闪络时的全电流，由式（1-207）计算

$$I^{(1)}_{A.fla}=3I^{(1)}_{2.fla}=3\times\frac{I_{bs}}{2X_{1\Sigma}+X_{0\Sigma}}=3\times\frac{2}{2\times0.619+0.454}\times\frac{1000\times10^3}{\sqrt{3}\times525}$$

$$=3\times1.182\times1.1=3.9(\text{kA})$$

$$I^{(1)}_{A.fla*}=3.9/0.792=4.9I_{T.N}$$

某厂600MW机组单相非同期合闸电流曾高达3778A（造成变压器严重损坏），这和计算基本吻合。

五、断路器断口两相闪络计算

（一）两侧电动势相角差为60°时两相断口闪络计算

两侧电动势相角差为60°或两侧电动势差的标么值为1，即 $\dot{E}^*_G-\dot{E}^*_S=1$ 时，且当 $Z_{1\Sigma}=Z_{2\Sigma}$ 或 $X_{1\Sigma}=X_{2\Sigma}$，并令 $\beta=Z_{0\Sigma}/Z_{1\Sigma}$。

1. 两相闪络各相序电流计算

由式（1-187）计算

$$\left.\begin{aligned}
\dot{I}_{1.\mathrm{fla}}^{(1.1)} &= \frac{\dot{E}_{\mathrm{G}}-\dot{E}_{\mathrm{S}}}{Z_{1\Sigma}} \times \frac{Z_{1\Sigma}+Z_{0\Sigma}}{Z_{1\Sigma}+2Z_{0\Sigma}} = \frac{\dot{E}_{\mathrm{G}}-\dot{E}_{\mathrm{S}}}{Z_{1\Sigma}} \times \frac{1\times\beta}{1+2\beta} = \frac{I_{\mathrm{bs}}}{Z_{1\Sigma}} \times \frac{1\times\beta}{1+2\beta} \\
\dot{I}_{2.\mathrm{fla}}^{(1.1)} &= -\dot{I}_{1.\mathrm{fla}}^{(1.1)} \frac{Z_{0\Sigma}}{Z_{1\Sigma}+Z_{0\Sigma}} = -\frac{\dot{E}_{\mathrm{G}}-E_{\mathrm{S}}}{Z_{1\Sigma}} \times \frac{Z_{0\Sigma}}{Z_{1\Sigma}+2Z_{0\Sigma}} = \frac{I_{\mathrm{bs}}}{Z_{1\Sigma}} \times \frac{\beta}{1+2\beta} \\
\dot{I}_{0.\mathrm{fla}}^{(1.1)} &= -\dot{I}_{1.\mathrm{fla}}^{(1.1)} \frac{Z_{2\Sigma}}{Z_{2\Sigma}+Z_{0\Sigma}} = -\frac{\dot{E}_{\mathrm{G}}-E_{\mathrm{S}}}{Z_{1\Sigma}} \times \frac{Z_{1\Sigma}}{Z_{1\Sigma}+2Z_{0\Sigma}} = \frac{I_{\mathrm{bs}}}{Z_{1\Sigma}} \times \frac{1}{1+2\beta}
\end{aligned}\right\} \quad (1\text{-}208)$$

式中 I_{bs}——基准电流；

$X_{1\Sigma}$、$X_{2\Sigma}$、$X_{0\Sigma}$——对应基准电流 I_{bs}各序电抗标么值；

$\dot{I}_{1.\mathrm{fla}}^{(1.1)}$、$\dot{I}_{2.\mathrm{fla}}^{(1.1)}$、$\dot{I}_{0.\mathrm{fla}}^{(1.1)}$——两相闪络时正、负、零序电流；

其他符号含义同前。

2. 两相闪络各相电流计算

由式（1-188）计算得

$$\left.\begin{aligned}
3\dot{I}_{0.\mathrm{fla}}^{(1.1)} &= -3\frac{\dot{E}_{\mathrm{G}}-\dot{E}_{\mathrm{S}}}{Z_{1\Sigma}} \times \frac{1}{1+\dfrac{2Z_{0\Sigma}}{Z_{1\Sigma}}} = -3\frac{\dot{E}_{\mathrm{G}}-\dot{E}_{\mathrm{S}}}{Z_{1\Sigma}} \times \frac{1}{1+2\beta} \\
\dot{I}_{\mathrm{B.fla}}^{(1.1)} &= \frac{\dot{E}_{\mathrm{G}}-\dot{E}_{\mathrm{S}}}{Z_{1\Sigma}} \times \frac{-1.5-\mathrm{j}\sqrt{3}\left(0.5+\dfrac{Z_{0\Sigma}}{Z_{1\Sigma}}\right)}{1+\dfrac{2Z_{0\Sigma}}{Z_{1\Sigma}}} = \frac{\dot{E}_{\mathrm{G}}-\dot{E}_{\mathrm{S}}}{Z_{1\Sigma}} \times \frac{-1.5-\mathrm{j}\sqrt{3}(0.5+\beta)}{1+2\beta} \\
\dot{I}_{\mathrm{C.fla}}^{(1.1)} &= \frac{\dot{E}_{\mathrm{G}}-\dot{E}_{\mathrm{S}}}{Z_{1\Sigma}} \times \frac{-1.5+\mathrm{j}\sqrt{3}\left(0.5+\dfrac{Z_{0\Sigma}}{Z_{1\Sigma}}\right)}{1+\dfrac{2Z_{0\Sigma}}{Z_{1\Sigma}}} = \frac{\dot{E}_{\mathrm{G}}-\dot{E}_{\mathrm{S}}}{Z_{1\Sigma}} \times \frac{-1.5+\mathrm{j}\sqrt{3}(0.5+\beta)}{1+2\beta}
\end{aligned}\right\}$$

（1-209）

（二）两侧电动势相角差为 60°或 180°时两相闪络实用计算

当 $Z_{1\Sigma}=Z_{2\Sigma}$ 或 $X_{1\Sigma}=X_{2\Sigma}$，并令 $\beta=X_{0\Sigma}/X_{1\Sigma}$，由式（1-187）或式（1-188）计算得

$$\left.\begin{aligned}
&\text{两相闪络 } \dot{E}_{\mathrm{G}}-\dot{E}_{\mathrm{S}}=1 \text{ 时正序电流} \quad I_{1.\mathrm{fla}}^{(1.1)} = \frac{I_{\mathrm{bs}}}{X_{1\Sigma}} \times \frac{X_{1\Sigma}+X_{0\Sigma}}{2X_{1\Sigma}+X_{0\Sigma}} = \frac{I_{\mathrm{bs}}}{X_{1\Sigma}} \times \frac{1+\beta}{1+2\beta} \\
&\text{两相闪络 } \dot{E}_{\mathrm{G}}-\dot{E}_{\mathrm{S}}=1 \text{ 时负序电流} \quad I_{2.\mathrm{fla}}^{(1.1)} = \frac{I_{\mathrm{bs}}}{X_{1\Sigma}} \times \frac{X_{0\Sigma}}{2X_{1\Sigma}+X_{0\Sigma}} = -\frac{I_{\mathrm{bs}}}{X_{1\Sigma}} \times \frac{\beta}{1+2\beta} \\
&\text{两相闪络 } \dot{E}_{\mathrm{G}}-\dot{E}_{\mathrm{S}}=1 \text{ 时零序电流} \quad I_{0.\mathrm{fla}}^{(1.1)} = \frac{I_{\mathrm{bs}}}{X_{1\Sigma}} \times \frac{X_{1\Sigma}}{2X_{1\Sigma}+X_{0\Sigma}} = -\frac{I_{\mathrm{bs}}}{X_{1\Sigma}} \times \frac{1}{1+2\beta} \\
&\text{两相闪络 } \dot{E}_{\mathrm{G}}-\dot{E}_{\mathrm{S}}=1 \text{ 时 B 相电流} \quad I_{\mathrm{B.fla}}^{(1.1)} = \frac{I_{\mathrm{bs}}}{X_{1\Sigma}} \times \frac{-1.5-\mathrm{j}\sqrt{3}(0.5+\beta)}{1+2\beta} \\
&\text{两相闪络 } \dot{E}_{\mathrm{G}}-\dot{E}_{\mathrm{S}}=1 \text{ 时 C 相电流} \quad I_{\mathrm{C.fla}}^{(1.1)} = \frac{I_{\mathrm{bs}}}{X_{1\Sigma}} \times \frac{-1.5+\mathrm{j}\sqrt{3}(0.5+\beta)}{1+2\beta}
\end{aligned}\right\}$$

（1-210）

$$\left.\begin{aligned}
&\text{两相闪络 } \dot{E}_G-\dot{E}_S=2 \text{ 时正序电流} \quad I_{1.\text{fla}}^{(1.1)}=\frac{I_{bs}}{X_{1\Sigma}}\times\frac{X_{1\Sigma}+X_{0\Sigma}}{2X_{1\Sigma}+X_{0\Sigma}}=\frac{2I_{bs}}{X_{1\Sigma}}\times\frac{1+\beta}{1+2\beta}\\
&\text{两相闪络 } \dot{E}_G-\dot{E}_S=2 \text{ 时负序电流} \quad I_{2.\text{fla}}^{(1.1)}=\frac{I_{bs}}{X_{1\Sigma}}\times\frac{X_{0\Sigma}}{2X_{1\Sigma}+X_{0\Sigma}}=-\frac{2I_{bs}}{X_{1\Sigma}}\times\frac{\beta}{1+2\beta}\\
&\text{两相闪络 } \dot{E}_G-\dot{E}_S=2 \text{ 时零序电流} \quad I_{0.\text{fla}}^{(1.1)}=\frac{I_{bs}}{X_{1\Sigma}}\times\frac{X_{1\Sigma}}{2X_{1\Sigma}+X_{0\Sigma}}=-\frac{2I_{bs}}{X_{1\Sigma}}\times\frac{1}{1+2\beta}\\
&\text{两相闪络 } \dot{E}_G-\dot{E}_S=2 \text{ 时 B 相电流} \quad I_{B.\text{fla}}^{(1.1)}=\frac{2I_{bs}}{X_{1\Sigma}}\times\frac{-1.5-j\sqrt{3}(0.5+\beta)}{1+2\beta}\\
&\text{两相闪络 } \dot{E}_G-\dot{E}_S=2 \text{ 时 C 相电流} \quad I_{C.\text{fla}}^{(1.1)}=\frac{2I_{bs}}{X_{1\Sigma}}\times\frac{-1.5+j\sqrt{3}(0.5+\beta)}{1+2\beta}
\end{aligned}\right\} \tag{1-211}$$

（三）断路器断口两相闪络计算实例（参数同单相闪络计算实例）

$X_{1.GT}=X_{2.GT}=0.499$；$X_{0.GT}=0.154$；$X_{1.S}=X_{2.S}=0.12$，$X_{0.S}=0.3$；$X_{1\Sigma}=X_{2\Sigma}=0.499+0.12=0.619$；$X_{0\Sigma}=0.154+0.3=0.454$；$X_{2\Sigma}/\!/X_{0\Sigma}=0.262$；$\beta=0.454/0.619=0.733$，由式（1-210）和式（1-211）计算。

(1) 两相闪络时 $\dot{E}_G^*-\dot{E}_S^*=1$

1）两相闪络正序电流由式（1-210）计算

$$I_{1.\text{fla}}^{(1.1)}=\frac{I_{bs}}{X_{1\Sigma}+(X_{1\Sigma}/\!/X_{0\Sigma})}=\frac{1}{0.619+0.262}\times\frac{1000\times10^3}{\sqrt{3}\times525}$$

$$=1248(\text{A}),\ I_{1.\text{fla}}^{(1.1)}=\frac{1248}{792}=1.577I_{T.N}$$

或

$$I_{1.\text{fla}}^{(1.1)}=\frac{I_{bs}}{Z_{1\Sigma}}\times\frac{1+\beta}{1+2\beta}=\frac{1100}{0.619}\times\frac{1+0.733}{1+2\times0.733}=1248(\text{A})$$

以上两式计算相同。

2）两相闪络时的负序电流由式（1-210）计算

$$I_{2.\text{fla}}^{(1.1)}=-\frac{I_{bs}}{X_{1\Sigma}+(X_{1\Sigma}/\!/X_{0\Sigma})}\times\frac{Z_{0\Sigma}}{Z_{2\Sigma}+Z_{0\Sigma}}=-1.577\times\frac{0.454}{0.619+0.454}$$

$$=-0.667I_{T.N}=-528(\text{A})$$

3）两相闪络时的零序电流由式（1-210）计算

$$I_{0.\text{fla}}^{(1.1)}=-\frac{I_{bs}}{X_{1\Sigma}+(X_{1\Sigma}/\!/X_{0\Sigma})}\times\frac{Z_{2\Sigma}}{Z_{2\Sigma}+Z_{0\Sigma}}=-1.577\times\frac{0.619}{0.619+0.454}$$

$$=-0.906I_{T.N}=-717(\text{A})$$

4）$3I_{0.\text{fla}}^{(1.1)}=-3\times0.906I_{T.N}=-2.71I_{T.N}=-3\times717=-2151(\text{A})$

5）闪络相电流，$I_B=I_C=|a^2I_{1.\text{fla}}+aI_{2.\text{fla}}+I_{0.\text{fla}}|$

$$=|1.577(-0.5-j0.866)+(-0.667)(-0.5+j0.866)-0.906|I_{T.N}$$

$$=|(-0.7885+0.3335-0.906-j1.3656-j0.5776)|I_{T.N}$$

$$=|(-1.361-\mathrm{j}1.943)|I_{T.N}=2.37I_{T.N}=1878(\mathrm{A})$$

或 $$\dot{I}_{B.fla}^{(1.1)}=\frac{I_{bs}}{X_{1\Sigma}}\times\left(\frac{-1.5-\mathrm{j}\sqrt{3}(0.5+\beta)}{1+2\beta}\right)=\left(\frac{1100}{0.619}\times\frac{-1.5-\mathrm{j}\sqrt{3}(0.5+0.733)}{1+2\times0.733}\right)$$

$$=-1080-\mathrm{j}1539$$

$$I_{B.fla}^{(1.1)}=|-1080-\mathrm{j}1539|=1880(\mathrm{A})$$

以上两式计算基本相同。

(2) 两相闪络时当 $\dot{E}_G^*-\dot{E}_S^*=2$

1) 两相闪络正序电流由式 (1-211) 计算

$$I_{1.fla}^{(1.1)}=\frac{2I_{bs}}{X_{1\Sigma}+(X_{1\Sigma}\ /\!/\ X_{0\Sigma})}=\frac{2}{0.619+0.262}\times\frac{1000\times10^3}{\sqrt{3}\times525}=2496(\mathrm{A})$$

$$I_{1.fla}^{(1.1)}=\frac{2496}{792}=3.154I_{T.N}$$

或 $$I_{1.fla}^{(1.1)}=\frac{2I_{bs}}{Z_{1\Sigma}}\times\frac{1+\beta}{1+2\beta}=\frac{2\times1100}{0.619}\times\frac{1+0.733}{1+2\times0.733}=2496(\mathrm{A})$$

以上两式计算结果相同。

2) 两相闪络时的负序电流由式 (1-211) 计算

$$I_{2.fla}^{(1.1)}=-\frac{2I_{bs}}{X_{1\Sigma}+(X_{1\Sigma}\ /\!/\ X_{0\Sigma})}\times\frac{Z_{0\Sigma}}{Z_{2\Sigma}+Z_{0\Sigma}}=-3.154\times\frac{0.454}{0.619+0.454}$$

$$=-1.334I_{T.N}=-1056(\mathrm{A})$$

3) 两相闪络时的零序电流由式 (1-211) 计算

$$I_{0.fla}^{(1.1)}=-\frac{2I_{bs}}{X_{1\Sigma}+(X_{1\Sigma}\ /\!/\ X_{0\Sigma})}\times\frac{Z_{2\Sigma}}{Z_{2\Sigma}+Z_{0\Sigma}}=-3.154\times\frac{0.619}{0.619+0.454}$$

$$=-1.812I_{T.N}=-1434(\mathrm{A})$$

4) $3I_{0.fla}^{(1.1)}=-3\times1.812I_{T.N}=-5.42I_{T.N}=-4302(\mathrm{A})$

5) 闪络相电流，$I_B=I_C=|a^2I_{1.fla}+aI_{2.fla}+I_{0.fla}|$

$$=|3.154(-0.5-\mathrm{j}0.866)+(-0.1334)(-0.5+\mathrm{j}0.866)-1.812|I_{T.N}$$

$$=|(-1.577+0.667-1.812-\mathrm{j}2.731\,2-\mathrm{j}1.155\,2)|I_{T.N}$$

$$=|(-2.722-\mathrm{j}3.86)|I_{T.N}=4.74I_{T.N}=3756(\mathrm{A})$$

或 $$I_{B.fla}^{(1.1)}=\frac{I_{bs}}{X_{1\Sigma}}\times\left|\frac{-1.5-\mathrm{j}\sqrt{3}(0.5+\beta)}{1+2\beta}\right|=\left|\frac{2\times1100}{0.619}\times\frac{-1.5-\mathrm{j}\sqrt{3}(0.5+0.733)}{1+2\times0.733}\right|$$

$$=|-2160-\mathrm{j}3078|=3760\ (\mathrm{A})$$

以上两式计算结果基本相同。

（四）断路器断口闪络电流计算说明

式（1-207）～式（1-211）是基于断路器断口两侧电源电压大小相等方向相反时计算的最大闪络电流，实际上闪络时，由于两侧电源电压大小、频率不等，从而出现断路器断口闪络相电流及各序电流有效值 $I_{fla}(t)$ 按频差随时间周期性变化，当两侧电源电压大小相等、频率不等时，$I_{fla}(t)$ 可由下式计算，为

$$I_{fla}(t)=I_{fla.b}\times\left|\sin\left\{\frac{2\pi(f_s-f_g)}{2}t\right\}\right| \tag{1-212}$$

式中　$I_{fla.b}$——断路器断口闪络由式（1-207）～式（1-211）计算的相电流或各序电流有效值；

f_s、f_g——分别为系统和发电机频率。

当两侧电源电压不等、频率不等时，则断路器断口闪络相电流及各序电流不同时刻有效值 $I_{fla}(t)$ 按频差随时间变化的计算式，为

$$\left.\begin{aligned}I_{fla}(t)&=I_{fla.b}\times K(t)\\K(t)&=\frac{\sqrt{U_s^2+U_g^2-2U_sU_g\cos\{2\pi(f_s-f_s)t\}}}{2}\end{aligned}\right\} \tag{1-213}$$

式中　$K(t)$——随时间变化的函数；

U_s、U_g——分别为系统和发电机相电压相对值（额定时为 1）。

由此可知，两侧频差较大时，断路器断口闪络电流大小有效值 $I_{fla}(t)$ 不同时刻是不同的。如果断路器断口闪络保护整定值过大，保护启动元件可能周期性动返，当动作时间整定值过长，保护可能拒动，这是断路器断口闪络保护整定计算必须充分考虑的。由式（1-213）计算知：

当 $2\pi(f_s-f_g)t=\pi$ 时，断路器断口闪络电流最大为 $I_{fla}(t)=I_{fla.max}=I_{fla.b}\times\frac{\sqrt{U_s^2+U_g^2+2U_sU_g}}{2}$

当 $2\pi(f_s-f_g)t=0$ 时，断路器断口闪络电流最小为 $I_{fla}(t)=I_{fla.min}=I_{fla.b}\times\frac{\sqrt{U_s^2+U_g^2-2U_sU_g}}{2}$

六、故障分析计算所用发电机正序阻抗说明

短路、断路器断口闪络、发电机突加电压、断相、系统振荡等等的故障电流计算（第二章、第三章中有关发电机失步振荡电流计算），发电机故障电流计算公式中所用的发电机正序阻抗 X_1，前三项故障电流计算均应采用 $X_1=X''_d$ 饱和值，而断相、系统振荡等等发电机故障电流计算公式中所用的发电机正序阻抗 X_1 实际可能既不是 X''_d 饱和值，也不是 X'_d 或 X_d 饱和值，实际是一个介于这三者中间的复杂的值，为简化计算，实用计算时都简单采用 X''_d 饱和值（采用 X'_d 饱和值计算可能更接近实际值），只有在某种特殊要求正确计算时，才进一步考虑采用逼近真实的近似值。

第二章 大型发电机变压器组继电保护整定计算(一)

第一节 概　　述

发电厂继电保护整定计算属于整个电力系统继电保护整定计算的一部分，通常高压母线及以外设备的继电保护整定计算属系统；而高压母线以内设备的继电保护整定计算属发电厂。该两者：

(1) 两者有共同之处。都应严格遵循：① 保护在安全可靠性、配合选择性、保护范围及灵敏性满足要求后，动作速度应越快越好（动作时间越短越好）；而为了能容易寻找故障点，有意识地增加动作延时的观点是值得商榷或不可取的。② 保护在安全可靠性、配合选择性、快速性满足后，保护范围越大灵敏度越高越好。③ 主系统和主设备保护的安全可靠性、配合选择性、灵敏性、快速性都必须满足要求。④ 某些三类负荷，特别是短时停电不危及人身和设备安全，不影响正常连续生产的负荷，必要时可以牺牲某些三类负荷保护的动作选择性，以保证主系统或主设备保护的安全可靠性、配合选择性、特别是快速性的要求。

(2) 两者有不同之处。由于被保护设备性能、运行状态、故障类型（后者有“严重”故障与“轻微[1]”故障、有正常运行和异常运行之分）两者有很大的不同，从而其保护方式、动作原理判据、整定计算要求、整定计算方法就有很多不同。两者间更多的是要相互配合并构成统一的整体，本书主要讨论的是发电厂的发电机、主变压器及厂用系统的厂用变压器、电动机、厂用馈线等电气设备元件继电保护的整定计算。

一、继电保护整定计算的目的和任务

继电保护的整定计算，是继电保护运行技术的重要组成部分，也是继电保护装置在运行中保证其正确动作的重要环节，由于继电保护整定计算不当，造成继电保护拒动或误动而导致电气事故扩大，其后果是非常严重的，有可能造成电气设备的重大损坏，甚至能引起电力系统瓦解，造成大面积停电事故。为此在继电保护整定计算前，计算人员必须十分明确继电保护整定计算的目的和任务：

(1) 通过整定计算，给出一套完整和合理的最佳整定方案和整定值。

(2) 对所用保护装置予以正确的评价。

(3) 通过整定计算，应确定现有保护装置配置是否合理或现有保护装置是否能满足一次设备的要求。如有不合理或不符合要求时，及时提出保护装置可行的改进方案，使保护装置能满足一次设备和系统的安全运行要求。

---

[1] 指小匝数短路，实际内部短路电流特大，所以并不“轻微”。

（4）为制定继电保护运行规程提供依据。

二、继电保护整定计算前的准备工作

（一）掌握发电厂主电气系统、厂用系统及所有电气设备情况并建立资料档案

（1）绘制标有主要电气设备参数和电流互感器 TA、电压互感器 TV 变比和等级（5P、10P 或 TP）的主系统接线图。

（2）绘制标有主要电气设备参数和 TA、TV 变比的高、低压厂用系统接线图。

（3）收集全厂电气设备所有电气参数，按发电机、主变压器、高压厂用变压器、低压厂用变压器、电抗器、高压电动机、低压电动机等电气设备分门别类建立参数表。

（4）收集全厂电气设备继电保护用 TA、TV 的型号变比、容量、饱和倍数、准确等级、二次回路的最大负载，建立 TA、TV 参数表。

（5）掌握发电厂内所有高、低压电动机在生产过程中机械负荷的性质（过负荷可能性、重要性），并分类立表。

（二）收集并掌握全厂主设备及厂用设备继电保护及有关二次设备技术资料

（1）收集并掌握主设备及厂用设备继电保护配置图。

（2）收集并掌握主设备和厂用设备继电保护原理展开图与操作控制回路展开图、厂用系统程控联锁图等等。

（3）收集并掌握主设备及厂用设备与汽轮机、锅炉、电气保护有关的联锁图。

（4）收集并掌握主设备及厂用设备继电保护及自动装置的技术说明书和使用说明书。

（三）绘制全厂电气设备等效阻抗图

（1）计算全厂所有主设备、厂用设备的等效标么阻抗并建表。

（2）绘制标有标么阻抗的等效电路图。

（3）绘制并归算至各级母线的电源等效综合阻抗图（图中标有等效综合阻抗值）。

（4）绘制并计算不对称短路电流用的正、负、零序阻抗及各序综合阻抗图。

（四）有关的短路电流计算

发电厂继电保护整定计算中所用的短路电流计算，比系统继电保护整定计算所用短路电流计算要简单得多，发电厂继电保护整定计算所用的短路电流计算，工作量最大和最复杂的是 YNd11 接线变压器两侧发生不对称短路时两侧电流和电压的计算。

（1）YNd11 接线变压器两侧不对称短路时，计算 YNd11 接线变压器两侧短路电流和电压，并将计算结果列表。

（2）计算归算至高压厂用母线的综合阻抗（高压母线三相短路时短路电流和短路容量）。

（3）简单短路电流计算只需在整定计算过程中用到时计算，这样更为方便和灵活。

（五）和有关部门（调度部门、值长组、电气运行）确定各种可能的运行方式

（1）正常运行方式。

（2）检修运行方式。

（3）事故运行方式。

（4）特殊运行方式。

（六）学习有关文件

（1）学习有关规程制度。

(2) 学习有关反事故措施及有关的事故通报。

(3) 学习有关的继电保护整定计算导则。

(4) 了解同类型厂的经验教训。

(5) 根据本厂的实际情况，制订不违反规程制度而又符合具体方针政策的补充技术措施和整定计算原则。

三、继电保护整定计算的技巧和应注意的几个问题

大型发电机变压器组保护整定计算本身并无十分复杂的计算，然而要真正能得到一份非常合理和性能最佳的整定方案或一份最佳的整定值，却不是一件容易的工作。单凭继电保护的一般知识，套用书本给定的计算公式，就能得到一套完整的继电保护整定值，这样的想法是不现实的。继电保护整定值是正确计算和合理选择相结合的结果，因而必须做到：

(1) 非常熟知各电气设备（如发电机、变压器、断路器、互感器等等）的性能、参数、结构、特点等。

(2) 熟练掌握电气设备的短路电流计算和各种故障分析。

(3) 熟知一次系统的接线图和一次系统的运行方式。

(4) 熟知保护配置和保护装置的动作判据（工作原理）及该保护功能、作用等。

(5) 尽可能多了解电力系统中历年、历次典型事故的教训（原因、对策、措施等）。然后将以上各方面的知识有机地联系起来，围绕着继电保护的选择性、速动性、灵敏性、安全可靠性进行全面、系统、综合的考虑，通过反复计算，反复修正，权衡利弊，选择最佳整定值，从而收到保护装置功能的预期效果。所以继电保护整定计算，不只是一项单纯的计算工作，而实际上是一项比较复杂的系统工程。

四、整定计算步骤

(1) 完成整定计算前的一切准备工作。

(2) 整定计算顺序。计算时可先由 0.4kV 低压厂用电气设备的整定计算开始，然后逐级从低压厂用变压器、高压电动机、高压厂用变压器向电源侧计算，最后整定计算主设备中发电机变压器组的保护；也可首先计算主设备中发电机变压器组的保护，然后计算厂用系统的继电保护，最后修正主设备的后备保护整定值，并完善整套整定方案。

(3) 每一被保护设备保护装置整定计算顺序。一般先计算短路故障主保护，依次计算短路故障后备保护、异常运行保护，并在整定计算过程中随时调整计算定值，使其渐趋合理，最后得到一份合理完整的整定计算书，并编制整定方案和整定值单。

(4) 绘制保护一次定值配置图。

(5) 编制整定方案说明书，应包括编制整定方案的依据（运行方式说明、运行限额、系统运行数据如振荡周期、最低运行电压，制造厂提供的依据如发电机、主变压器的过励磁能力，发电机及主变压器过负荷能力、暂态和稳态负序电流承受能力等等）。整定方案中对选择性、快速性及灵敏度等方面有特殊之处，应作明确的说明；整定方案中存在的问题及解决问题的措施应单独说明。特殊运行方式和运行方式有关定值的更改也应单独说明。

(6) 整定的继电保护应作评价说明。

(7) 整定方案和整定值执行前的审批手续：最后的整定计算方案，先组织有关的技术人员讨论，再经主管领导审核、批准后才能生效执行，如在执行过程和调试时发现有问题时，整定计算人员和调试人员应及时商量并修正，对修正部分应补办审核、批准手续。

第二节 大型发电机变压器组继电保护整定计算方法

一、发电机纵差动保护

（一）动作特性与动作判据

1. 发电机比率制动纵差动保护

（1）动作判据。由发电机常规比率制动纵差动保护（以下简称比率制动纵差动保护）动作特性和独立的差动电流速断特性组成，其动作判据为

$$\left.\begin{array}{ll}\text{当 } I_{res} \leqslant I_{res.min} \text{ 时} & I_d \geqslant I_{d.op} = I_{d.op.min} \\ \text{当 } I_{res} \geqslant I_{res.min}\text{、}I_d \leqslant I_{d.op.qu} \text{ 时} & I_d \geqslant I_{d.op} = I_{d.op.min} + S(I_{res} - I_{res.min}) \\ & \text{（由比率制动纵差动保护动作）} \\ \text{当 } I_d \geqslant I_{d.op.qu} \text{ 时} & I_d \geqslant I_{d.op} = I_{d.op.qu}\text{（由差动速断保护动作）}\end{array}\right\} \quad (2\text{-}1)$$

在制动区定义
$$S = \frac{\Delta I_{d.op}}{\Delta I_{res}} = \tan\alpha$$

式中 I_d——发电机纵差动保护的差动电流；

$I_{d.op}$——发电机比率制动纵差动保护动作电流；

$I_{d.op.min}$——发电机比率制动纵差动保护的最小动作电流；

S——发电机比率制动纵差动保护的制动特性线斜率；

I_{res}——发电机比率制动纵差动保护的制动电流；

$I_{res.min}$——发电机纵差动保护的最小制动电流（或称拐点电流）；

$I_{d.op.qu}$——发电机纵差动保护常规的差动速断动作电流 ；

$\Delta I_{d.op}$——发电机比率制动纵差动保护动作电流增量；

ΔI_{res}——发电机比率制动纵差动保护制动电流增量；

α——制动特性曲线 BC 段的倾斜角。

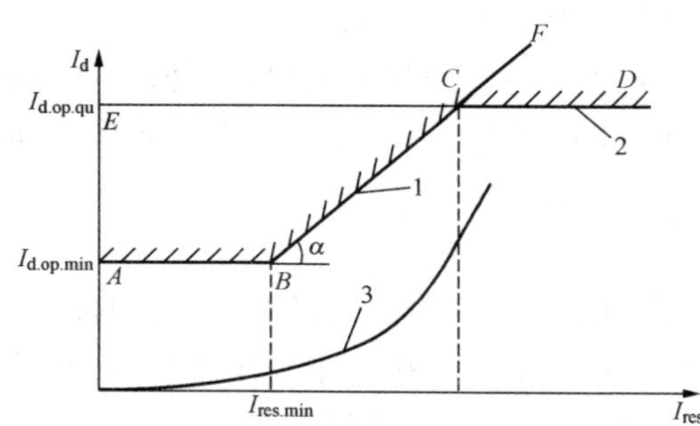

图 2-1 发电机比率制动纵差动保护动作特性曲线
1—发电机比率制动纵差动保护动作特性曲线；
2—发电机差动电流速断保护动作特性曲线；
3—发电机区外短路时纵差动保护不平衡电流曲线

（2）动作特性。发电机纵差动保护动作判据式（2-1）对应于图 2-1 所示的动作特性曲线。

图 2-1 中曲线 1 的 AB 段，当 $I_{res} \leqslant I_{res.min}$ 时，$I_{d.op}$ 为不变的 $I_{d.op.min}$；BCF 段，当 $I_{res} > I_{res.min}$时，$I_{d.op}$以不变斜率 S 按 I_{res}增量 ΔI_{res}线性递增。直线 2 的 ECD 段为纵差动电流速断保护动作特性曲线，当 $I_d \geqslant I_{d.op.qu}$时，由与制动电流大小无关的差动电流速断保护动作，即 $I_{d.op} = I_{d.op.qu}$。图 2-1 中曲线 $ABCD$ 之上侧为比率制动纵差动保护和差动电流速断保护合成的完整动作区，下侧为其制动区。

（3）差动电流与制动电流的计算。根据两侧电流互感器 TA 不同的接线方式，发电机比率制动纵差动保护的 I_d、I_{res}有不同的计算。

1）两侧 TA 按“电流和”接线方式的计算。当发电机差动保护要求两侧 TA 按“电流和”接线方式（正常运行时发电机两侧 TA 同名相二次电流相角差为 180°）时有

$$\left.\begin{aligned}&\text{差动电流} && I_d = |\dot{I}_T + \dot{I}_N| \\ &\text{制动电流} && I_{res} = \frac{1}{2}|\dot{I}_T - \dot{I}_N| \\ &\text{或} && I_{res} = \frac{1}{2}(I_T + I_N)\end{aligned}\right\} \quad (2-2)$$

式中 $\dot{I}_T$——发电机机端侧 TA 二次电流相量；

$\dot{I}_N$——发电机中性点侧 TA 二次电流相量。

2）两侧 TA 按“电流差”接线方式的计算。当发电机差动保护要求两侧 TA 按“电流差”接线方式（正常运行时发电机两侧 TA 同名相二次电流相角差为 0°）时有

$$\left.\begin{aligned}&\text{差动电流} && I_d = |\dot{I}_T - \dot{I}_N| \\ &\text{制动电流} && I_{res} = \frac{1}{2}|\dot{I}_T + \dot{I}_N| \\ &\text{或} && I_{res} = \frac{1}{2}(I_T + I_N)\end{aligned}\right\} \quad (2-3)$$

式中符号含义同前。

2. 发电机第一类变制动系数三折线比率制动纵差动保护

(1) 动作判据 1。由发电机第一类变制动系数比率制动动作特性和独立的差动电流速断特性组成，其动作判据为

$$\left.\begin{aligned}&\text{当 } I_{res} \leqslant I_{res1} \text{ 时} \quad I_d \geqslant I_{d.op} = I_{d.op.min} \\ &\text{当 } I_{res1} < I_{res} \leqslant I_{res2} \text{ 时} \quad I_d \geqslant I_{d.op} = I_{d.op.min} + S_1(I_{res} - I_{res1}) \\ &\text{当 } I_{res} > I_{res2} \text{ 时} \quad I_d \geqslant I_{d.op} = I_{d.op.min} + S_1(I_{res2} - I_{res1}) + S_2(I_{res} - I_{res2}) \\ &\text{(由第一类变制动系数比率制动差动保护动作)} \\ &\text{当 } I_d \geqslant I_{d.op.qu} \text{ 时 } I_d \geqslant I_{d.op} = I_{d.op.qu}\text{(由差动速断保护动作)}\end{aligned}\right\} \quad (2-4a)$$

$$S_1 = \mathrm{tg}\alpha_1,\ S_2 = \mathrm{tg}\alpha_2$$

式中 S_1——第一段制动特性线斜率；

S_2——第二段制动特性线斜率；

I_{res1}、I_{res2}——分别为第一、第二拐点电流；

α_1、α_2——分别为$\overline{BC}$、$\overline{CD}$的倾斜角；

其他符号含义同前。

(2) 动作判据 2。为

$$\left.\begin{aligned}&\text{当 } I_{res} \leqslant I_{res1} \text{ 时}, I_d \geqslant I_{d.op} = I_{d.op.min} \\ &\text{当 } I_{res1} < I_{res} \leqslant 4I_{g.n} \text{ 时}, I_d \geqslant I_{d.op} = I_{d.op.min} + S_1(I_{res} - I_{res1}) \\ &\text{当 } I_{res} > 4I_{g.n} \text{ 时}, I_d \geqslant I_{d.op} = I_{d.op.min} + S_1(4I_{g.n} - I_{res1}) + 0.6(I_{res} - I_{res2}) \\ &\text{由第一类变制动系数比率制动差动保护动作。} \\ &\text{当 } I_d \geqslant I_{d.op.qu} \text{ 时}, I_d \geqslant I_{d.op} = I_{d.op.qu} \text{ 由差动速断保护动作。} \\ &I_d \geqslant 0.5I_{d.op.min} \text{ 差动电流越限经 5s 延时动作报警}\end{aligned}\right\} \quad (2-4b)$$

式中符号含义同前。

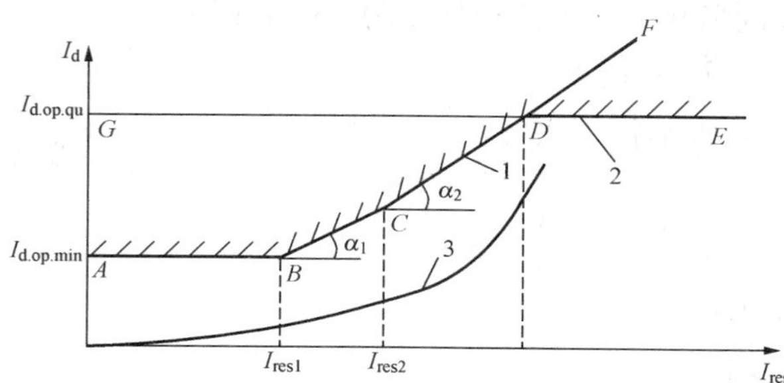

图 2-2 发电机第一类变制动系数比率制动差动保护的动作特性曲线

1—发电机第一类变制动系数比率制动纵差动保护动作特性曲线；2—发电机差动电流速断保护动作特性曲线；3—发电机区外短路时纵差动保护不平衡电流曲线

（3）动作特性。发电机第一类变制动系数比率制动差动保护动作判据式（2-4a）及（2-4b）对应于图 2-2 所示的动作特性曲线。

图 2-2 中曲线 1 的 AB 段，当 $I_{res} \leqslant I_{res1}$ 时，$I_{d.op}$ 为不变的 $I_{d.op.min}$；BC 段，当 $I_{res2} \geqslant I_{res} \geqslant I_{res1}$ 时，$I_{d.op}$ 以不变斜率 S_1 按 I_{res} 增量 ΔI_{res} 线性递增，直至 C 点；CDF 段，当 $I_{res} > I_{res2}$ 时，$I_{d.op}$ 以斜率 S_2 按 ΔI_{res} 线性递增。直线 2 的 GDE 段为纵差动电流速断保护动作特性曲线，当 $I_d \geqslant I_{d.op.qu}$ 时，由与制动电流大小无关的差动电流速断保护动作，即 $I_{d.op} = I_{d.op.qu}$。图 2-2 中曲线 $ABCDE$ 之上侧为发电机第一类变制动系数比率制动纵差动保护和差动电流速断保护合成的完整动作区，下侧为其制动区。

（4）差动电流与制动电流的计算。发电机第一类变制动系数的比率制动纵差动保护 I_d、I_{res} 的计算同式（2-2）、式（2-3）。

3. 发电机第二类变制动系数比率制动差动保护

（1）动作判据。由发电机第二类变制动系数比率制动动作特性和独立的差动电流速断特性组成，其动作判据为

$$\left.\begin{array}{l}
\text{当 } I_{res}^* < n \text{ 时} \quad I_d^* \geqslant I_{d.op}^* = K_{res} I_{res}^* + I_{d.op.min}^* = (K_{res1} + \Delta K_{res} I_{res}^*) I_{res}^* + I_{d.op.min}^* \\
\text{当 } I_{res}^* \geqslant n、I_d^* \leqslant I_{d.op.qu}^* \text{ 时} \quad I_d^* \geqslant I_{d.op}^* = K_{res2}(I_{res}^* - n) + (K_{res1} + \Delta K_{res} n) n + I_{d.op.min}^* \\
\text{（由第二类变制动系数比率制动差动保护动作）} \\
\text{当 } I_d^* \geqslant I_{d.op.qu}^* \text{ 时 } I_d^* \geqslant I_{d.op}^* = I_{d.op.qu}^* \text{（由差动速断保护动作）} \\
\Delta K_{res} = \dfrac{K_{res2} - K_{res1}}{2n}
\end{array}\right\} \tag{2-5}$$

式（2-5）也可用式（2-6）表示

$$\left.\begin{array}{l}
\text{当 } I_{res}^* < n \text{ 时} \quad I_d^* \geqslant I_{d.op}^* = K_{res1} I_{res}^* + \Delta K_{res} I_{res}^{*2} + I_{d.op.min}^* \\
\text{当 } I_{res}^* \geqslant n、I_d^* \leqslant I_{d.op.qu}^* \text{ 时 } I_d^* \geqslant I_{d.op}^* = K_{res2}(I_{res}^* - n) + 0.5(K_{res1} + K_{res2}) n + I_{d.op.min}^* \\
\text{（由第二类变制动系数比率制动差动保护动作）} \\
\text{当 } I_d^* \geqslant I_{d.op.qu}^* \text{ 时 } I_d^* \geqslant I_{d.op}^* = I_{d.op.qu}^* \text{（由差动速断保护动作）} \\
\Delta K_{res} = \dfrac{K_{res2} - K_{res1}}{2n}
\end{array}\right\} \tag{2-6}$$

式中 I_d^*——发电机纵差动保护差动电流的相对值（以发电机额定二次电流为基准）；

$I_{d.op}^*$——发电机纵差动保护动作电流的相对值；

$I_{d.op.min}^*$——发电机纵差动保护最小动作电流的相对值；

I_{res}^*——发电机纵差动保护制动电流的相对值；

K_{res1}——发电机纵差动保护最小制动系数；

K_{res2}——发电机纵差动保护最大制动系数（$K_{res2}=tg\alpha$）；

α——直线$\overline{BCF}$的倾斜角；

ΔK_{res}——发电机纵差动保护制动系数增量；

n——按最大制动系数制动时的最小制动电流（拐点制动电流）相对值；

$I_{d.op.qu}^*$——发电机纵差动保护速断动作电流相对值。

K_{res}——变制动系数（$K_{res}=K_{res1}+\Delta K_{res}I_{res}^*$）；

其他符号含义同前。

（2）动作特性。发电机第二类变制动系数的比率制动差动保护动作判据式（2-6）对应于图 2-3 所示的动作特性曲线。

图 2-3 中曲线 1 的 AB 段，当 I_{res}^* 在 $0\sim n$范围内时，$I_{d.op}^*$与 I_{res}^*的关系是二次抛物线；曲线的 BC 段，I_{res}^*超过 n 后，$I_{d.op}^*$以不变的斜率 K_{res2}与 I_{res}^*的增量 ΔI_{res}^*按线性递增。直线 2 的 ECD 段为纵差动电流速断保护动作特性曲线，当 $I_d\geqslant I_{d.op.qu}$时，由与制动电流大小无关的差动电流速断保护动作，即 $I_{d.op}=I_{d.op.qu}$。图 2-3 中曲线 $ABCD$ 之上侧为发电机第二类变制动系数比率制动纵差动保护和差动电流速断保护合成的完整动作区，下侧为其制动区。

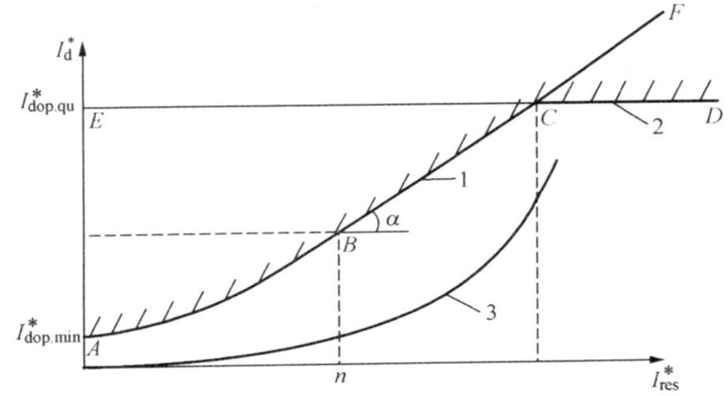

图 2-3 发电机第二类变制动系数比率制动差动保护的动作特性曲线

1—发电机第二类变制动系数比率制动纵差动保护动作特性曲线；2—发电机差动电流速断保护动作特性曲线；3—发电机区外短路时纵差动保护不平衡电流曲线

（3）差动电流相对值与制动电流相对值的计算。发电机第二类变制动系数的比率制动差动保护的 I_d、I_{res}的算式同式（2-2）、式（2-3）。I_d、I_{res}用发电机额定二次电流为基准的相对值为

$$\left.\begin{aligned}&\text{差动电流相对值}\quad I_d^*=\frac{I_d}{I_{g.n}}\\&\text{制动电流相对值}\quad I_{res}^*=\frac{I_{res}}{I_{g.n}}\end{aligned}\right\}\qquad(2\text{-}7)$$

式中 $I_{g.n}$——发电机额定二次电流；

其他符号含义同前。

4. 发电机标积制动式比率纵差动保护

由发电机两侧 TA 同名相二次电流相量标积平方根决定制动电流的比率制动式差动保护，称为发电机标积制动式比率差动保护。

（1）动作判据。发电机标积制动式比率差动保护动作判据与式（2-1）相同。

（2）动作特性。发电机标积制动式比率纵差动保护动作特性曲线如图 2-1 所示。

（3）差动电流与制动电流计算。

1）两侧电流互感器TA按“电流和”接线方式，即正常运行时发电机两侧TA同名相二次电流相角差为180°时进行计算

$$\left.\begin{array}{ll}\text{差动电流} & I_d=|\dot{I}_T+\dot{I}_N| \\ \text{两侧 TA 二次电流相量标积} & S=\dot{I}_T\cdot(-\dot{I}_N)=I_TI_N\cos\varphi \\ \text{制动电流} & I_{res}=\sqrt{S}=\sqrt{\dot{I}_T\cdot(-\dot{I}_N)}=\sqrt{I_TI_N\cos\varphi} \\ \multicolumn{2}{l}{\text{当}\cos\varphi<0\text{、}\sqrt{S}\text{为虚数时，令}I_{res}=0\text{；当}\cos\varphi>0\text{时，}I_{res}>0}\end{array}\right\}\quad(2\text{-}8)$$

式中 $\dot{I}_T$——发电机机端侧TA二次电流相量；

$\dot{I}_N$——发电机中性点侧TA二次电流相量；

φ——$\dot{I}_T$、$-\dot{I}_N$之间相角差。

2）两侧电流互感器TA按“电流差”接线方式，即正常运行时发电机两侧TA同名相二次电流相角差为0°时进行计算

$$\left.\begin{array}{ll}\text{差动电流} & I_d=|\dot{I}_T-\dot{I}_N| \\ \text{两侧 TA 二次电流相量标积} & S=\dot{I}_T\cdot\dot{I}_N=I_TI_N\cos\varphi \\ \text{制动电流} & I_{res}=\sqrt{S}=\sqrt{\dot{I}_T\cdot\dot{I}_N}=\sqrt{I_TI_N\cos\varphi} \\ \multicolumn{2}{l}{\text{当}\cos\varphi<0\text{、}\sqrt{S}\text{为虚数时，令}I_{res}=0\text{；当}\cos\varphi>0\text{时，}I_{res}>0}\end{array}\right\}\quad(2\text{-}9)$$

式中 φ——$\dot{I}_T$、$\dot{I}_N$之间相角差；

其他符号含义同式（2-8）。

由式（2-8）、式（2-9）知，当正常运行或区外短路时，$-90°<\varphi<90°$（$\varphi\approx0°$），$\cos\varphi\neq0$，$I_{res}>0$，标积制动式比率差动保护此时具有制动作用。当区外短路且$\varphi\approx0°$时，$\cos\varphi=1$，I_{res}达最大值，标积制动式比率差动保护此时具有最大的强制动作用。当发电机区内短路时，$90°<\varphi<270°$，$\cos\varphi<0$（$\varphi\approx180°$时，$\cos\varphi=-1$）。式（2-8）、式（2-9）根式$\sqrt{S}$为虚数时令$I_{res}=0$，此时标积制动式比率差动保护无制动作用，差动保护按$I_{d.op.min}$动作。所以，标积制动式比率差动保护在发电机区外短路时有最大的强制动作用，在发电机区内短路时，差动保护无制动作用，具有很高的灵敏度，这是标积制动式比率差动保护最大的优点。

（二）整定计算

自比率制动式纵差动保护问世以来，各国均采用最小动作电流$I_{d.op.min}$远小于额定电流的定值（但BCH型差动继电器除外），以下仅讨论各种类型比率制动纵差动保护的整定计算。

在整定计算开始前必须注意：

（1）明确搞清所用差动保护是何种类型的比率制动型差动保护。

（2）该差动保护要求电流互感器是“电流和”接线还是“电流差”接线。

（3）了解电流互感器的型号和特性（最大区外短路电流时的稳态和暂态误差情况，区内短路时的饱和情况等等）。

1．发电机比率制动纵差动保护

目前多数发电机采用的还是这种类型的差动保护，根据比率制动特性纵差动保护的动作

特性和动作判据，计算并确定以下定值。

(1) 最小动作电流 $I_{d.op.min}$ 的计算。

1) 按躲过正常最大负荷时的不平衡电流计算，即

$$I_{d.op.min} \geqslant K_{rel} I_{unb.n} = K_{rel} K_{er.n} \times \frac{I_{G.N}}{n_{TA}} = 0.09 \frac{I_{G.N}}{n_{TA}} = 0.09 I_{g.n} \quad (2\text{-}10)$$

式中 $I_{d.op.min}$——差动继电器最小动作电流；

K_{rel}——可靠系数，取 1.5；

$I_{unb.n}$——正常最大负荷时的不平衡电流；

$K_{er.n}$——发电机额定负荷电流时 TA 的误差，取 0.06 (10P) 或 0.02 (5P)；

$I_{G.N}$——发电机额定电流；

$I_{g.n}$——发电机额定二次电流；

n_{TA}——电流互感器 TA 的变比。

2) 按躲过区外远处短路电流 $I_{K.ou}$ 接近 $I_{G.N}$ 时的不平衡电流计算。即 $I_{K.ou} \approx I_{G.N}$ 时的暂态不平衡电流为

$$I_{d.op.min} \geqslant K_{rel} I_{unb.k} = K_{rel} K_{ap} K_{cc} K_{er} \frac{I_{K.ou}}{n_{TA}} = 1.5 \times 1.5 \times 1 \times 0.06 \times \frac{I_{G.N}}{n_{TA}} = 0.135 I_{g.n} \quad (2\text{-}11)$$

式中 $I_{unb.k}$——远区外短路最大不平衡电流；

K_{ap}——非周期分量系数取 1.5～2 (因 $I_{K.ou}$ 较小，但仍有非周期分量，取 K_{ap} = 1.5)；

K_{cc}——两侧 TA 同型系数 (两侧 TA 型号相同时 K_{cc}=0.5，两侧 TA 型号不相同时 K_{cc}=1)；

K_{er}——两侧 TA 幅值误差系数 (正常负荷时取 6%)；

其他符号含义同式 (2-10)。

以上两式可合并为

$$I_{d.op.min} = (0.1 \sim 0.2) I_{g.n} \quad (2\text{-}12)$$

3) 按经验公式计算。式 (2-12) 是发电机纵差动保护最小动作电流理论的计算值，当发电机两侧用 P 级 TA 在远区外短路或电流突变增量时，由于远区外短路或非短路 (含有直流分量) 的突变量电流增量，两侧 P 级 TA 的暂态特性不一致，使两侧 TA 二次电流的幅值、波形、相角差出现较大不一致的畸变，从而产生较大的附加差动电流，甚至引起发电机纵差动保护误动作。此附加差动电流值难以用数学公式准确计算，为此我国 300MW 及以上发电机两侧最好要求选用 TPY 型 TA (TPY 型 TA 暂态不平衡电流远比 P 级 TA 要小)，这样发电机两侧用 TPY 型 TA 后发电机纵差动保护最小动作电流可用较小整定值 $I_{d.op.min}$ = (0.1～0.2)$I_{g.n}$，当靠近发电机中性点经过渡电阻的小匝数相间短路时，发电机纵差动保护也能灵敏可靠动作，起到最理想的最佳保护效果。如发电机两侧用 P 级 TA，只能根据运行经验采用躲过突变量未超过额定电流或超过额定电流不多时暂态特性不一致产生的不平衡电流计算，最小动作电流用以下经验公式 (权宜之计) 计算

$$I_{d.op.min} = (0.2 \sim 0.4) I_{g.n} \quad (2\text{-}13)$$

一般取
$$I_{d.op.min}=0.3I_{g.n}$$
式中符号含义同式（2-11）。

（2）最小制动电流或拐点电流 $I_{res.min}$ 计算。最小制动电流为
$$I_{res.min}=(0.8\sim1)I_{g.n} \tag{2-14}$$
一般取
$$I_{res.min}=0.8I_{g.n}$$

（3）最大动作电流 $I_{d.op.max}$ 的计算。按躲过区外短路最大不平衡电流计算，即
$$I_{d.op.max}\geqslant K_{rel}I_{unb.k.max}=K_{rel}K_{ap}K_{cc}K_{er}\frac{I_{K.max}}{n_{TA}} \tag{2-15a}$$
$$=1.5\times2\times(0.5\sim1)\times0.1\times\frac{I_{K.max}}{n_{TA}}=(0.15\sim0.3)\frac{I_{K.max}}{n_{TA}}$$
实际计算宜取
$$I_{d.op.max}=(0.3\sim0.4)I_{k.max} \tag{2-15b}$$
式中 $I_{unb.k.max}$——区外短路时发电机纵差动保护的最大不平衡电流；
$I_{K.max}$——区外短路时的最大短路电流；
$I_{k.max}$——区外短路时的最大短路二次电流；
K_{ap}——非周期分量系数（因在 $I_{K.max}$ 较大时，非周期分量较大取 $K_{ap}=2$，实际暂态不平衡电流可能更大）；
K_{er}——互感器幅值误差系数（最大误差为10%）。

其他符号含义同前。

上式在计算过程中应进行经验修正。

（4）比率制动特性线斜率 S 计算。
$$S=\frac{I_{d.op.max}-I_{d.op.min}}{I_{res.max}-I_{res.min}} \tag{2-16a}$$
式中 $I_{res.max}$——对应 $I_{d.op.max}$ 时的制动电流；

其他符号含义同前。

如按发电机的次瞬间电抗的相对值 $X''_d=0.16$ 计算，发电机出口区外短路最大电流的相对值为
$$I''_K=I_{res.max}=\frac{1.05}{X''_d}=\frac{1.05}{0.16}=6.5625$$
则制动系数斜率的计算值为
$$S=\frac{I_{d.op.max}-I_{d.op.min}}{I_{res.max}-I_{res.min}}=\frac{0.3\times6.525-0.3}{6.525-0.8}=\frac{1.66}{5.45}=0.289$$
以上计算 S 的结果，由于式（2-15b）中计算外部暂态短路的 TA 最大误差仅为 $1.5\times2\times1\times0.1=0.3$，太小，故按以上计算也偏小。在整定计算时为可靠起见，一般采用经验公式计算发电机比率制动纵差动保护制动系数斜率，经验公式为
$$S=0.3\sim0.5 \tag{2-16b}$$

（5）差动保护的灵敏系数 K_{sen} 的计算，即
$$K_{sen}=\frac{I^{(2)}_{k.min}}{I_{d.op}}\geqslant1.5$$
式中 $I^{(2)}_{k.min}$——发电机在未并入系统时出口两相短路时 TA 二次电流（并不表示定子绕组

短路的最小电流）；

$I_{d.op}$——制动电流为 $I_{res}=0.5I_{k.min}^{(2)}$ 时的动作电流。

$I_{d.op}$ 可用式（2-1）计算，即

$$I_{d.op}=I_{d.op.min}+S(I_{res}-I_{res.min})=I_{d.op.min}+S(0.5I_{k.min}^{(2)}-I_{res.min}) \tag{2-16c}$$

式中符号含义同式（2-1）。

（6）动作时间 $t_{d.op}$ 的计算。发电机纵差动保护动作时间整定值取 $t_{d.op}=0s$。

（7）差动电流速断保护动作电流 $I_{d.op.qu}$ 的计算。差动电流速断保护是比率制动纵差动保护的补充部分，其定值按主变压器合闸励磁涌流和最大外部短路电流不误动整定，对大型发电机组，根据经验一般取

$$I_{d.op.qu}=(3\sim4)I_{g.n} \tag{2-17}$$

2. 发电机第一类变制动系数比率制动纵差动保护

目前国内外已广泛采用变制动系数比率制动纵差动保护，由于差动回路内的差电流和短路电流（或制动电流）并不是线性关系，而是一上凹的递增曲线，如果采用变制动系数比率制动纵差动护会更加合理一些，其整定计算原则亦应该按躲过正常最大负荷电流时的不平衡电流和躲过区外短路时的最大不平衡电流计算。在制动（短路）电流较小时，制动系数斜率较小一些；制动（短路）电流较大时，制动系数斜率较大一些，其计算按比率制动纵差动保护类似的经验公式计算。

（1）最小动作电流 $I_{d.op.min}$ 为

$$I_{d.op.min}=(0.2\sim0.4)I_{g.n} \tag{2-18}$$

一般取 $I_{d.op.min}=0.3I_{g.n}$

（2）第一制动特性线斜率 S_1 为

$$S_1=0.25\sim0.3 \tag{2-19a}$$

（3）第一拐点电流 I_{res1}。取等于或略小于发电机额定电流为

$$I_{res1}=0.8\sim1.0I_{g.n} \tag{2-19b}$$

（4）第二制动特性线斜率 S_2 为

$$S_2=0.3\sim0.6 \tag{2-20}$$

（5）第二拐点电流 I_{res2}。应小于区外最大短路电流，取

$$I_{res2}=3\sim4I_{g.n} \tag{2-21}$$

（6）纵差动保护动作时间与差动电流速断动作电流及灵敏系数计算。方法与公式与上述1. 相同。

3. 发电机第二类变制动系数比率制动纵差动保护

由于第二类变制动系数比率制动纵差动保护的动作特性，其第一段制动特性实际为二次抛物线（其形状更接近实际的差电流曲线），在达到躲过区外短路不平衡电流有相同效果的前提下，最小动作电流整定值取得比比率制动特性纵差动保护稍许小一些计算。

（1）最小动作电流 $I_{d.op.min}$ 为

$$I_{d.op.min}=(0.2\sim0.3)I_{g.n} \tag{2-22}$$

（2）最小制动系数 K_{res1} 和最大制动系数 K_{res2} 一般分别取

$$\left.\begin{aligned}K_{res1}&=0.1\sim0.3\\K_{res2}&=0.5\end{aligned}\right\}\tag{2-23}$$

（3）最大制动系数对应的最小制动电流倍数 n 计算。制造厂已设定发电机纵差动保护的 $n=4$。

（4）制动系数斜率增量 ΔK_{res} 计算。$\Delta K_{res}=\dfrac{K_{res2}-K_{res1}}{2n}$，由装置自动计算。

（5）校核 $I_{g.n}$ 和发电机区外最大短路电流时能躲过最大不平衡电流。即

$$\left.\begin{aligned}&\text{当 } I_{res}^{*}=1<n=4\text{ 时}, I_{d.op}^{*}=K_{res1}I_{res}^{*}+\Delta K_{res}I_{res}^{*2}+I_{d.op.min}^{*}\geqslant0.3\sim0.4\\&\text{当 } I_{res}^{*}=I_{k.max}^{*(3)}>n\text{ 时}, I_{d.op}^{*}=K_{res2}(I_{res}^{*}-n)+0.5(K_{res1}+K_{res2})n+I_{d.op.min}^{*}\\&\qquad\geqslant(0.3\sim0.4)I_{k.max}^{*(3)}\end{aligned}\right\}\tag{2-24}$$

式中 I_{res}^{*}——发电机区外最大短路电流时的制动电流相对值；

其他符号含义同前。

所选择的 $I_{d.op.min}^{*}$、K_{res1} 代入式（2-24），计算值过大或过小时，可适当调整 $I_{d.op.min}^{*}$、K_{res1} 的整定值，使其恰好满足式（2-24）要求，则所选择的 $I_{d.op.min}^{*}$、K_{res1} 合理正确。

（6）纵差动保护动作时间与差动电流速断动作电流及灵敏系数计算。方法与公式与上述 1. 相同。

4. 发电机标积制动式比率纵差动保护

由于标积制动纵差动保护区外短路故障具有强制动作用，而区内短路故障无制动或为弱制动，所以可取较小的最小动作电流 $I_{d.op.min}$ 和较小的拐点电流 $I_{res.min}$ 及较大的制动特性线斜率 S。

（1）最小动作电流 $I_{d.op.min}$ 计算。按经验公式计算

$$I_{d.op.min}=(0.2\sim0.4)I_{g.n}\tag{2-25a}$$

$$\left.\begin{aligned}&\text{制动特性延长线通过原点一般取}\quad I_{d.op.min}=(0.15\sim0.2)I_{g.n}\\&\text{制动特性延长线不通过原点一般取}\quad I_{d.op.min}=0.3I_{g.n}\end{aligned}\right\}\tag{2-25b}$$

（2）最小制动电流或拐点电流 $I_{res.min}$ 计算。一般取

$$I_{res.min}=(0.8\sim1.0)I_{g.n}\tag{2-26a}$$

（3）制动特性线斜率 S 的计算。由于标积制动式比率差动保护，在发电机区外短路时有最大的强制动作用，在发电机区内短路时，差动保护为弱制动或无制动作用，具有很高的灵敏度，可取

$$S=0.3\sim0.5(\text{一般取 }0.45)\tag{2-26b}$$

（4）其他参数整定计算。方法与公式与上述 1. 相同。

5. 发电机（大型水轮发电机）多分支完全纵差动保护整定计算

（1）不同类型纵差动保护基本动作整定值同式（2-10）～式（2-26b）计算。

（2）平衡系数及基准电流 I_b 的计算。

选取机端侧为基准侧，机端侧额定二次电流为 $I_{g.n}$，则基准电流 $I_b=I_{g.n}$，机端 TA 的平衡系数为 $K_{bal.1}=1$

由发电机一次额定电流 $I_{G.N}$ 计算中性点分支 1、2 的一次额定电流 $I_{G.N1}$、$I_{G.N2}$，

中性点侧分支 1 额定一次电流 $I_{G.N1}=\dfrac{\alpha_1}{\alpha}I_{G.N}$，分支 1 额定二次电流 $I_{g.n.1}=\dfrac{\alpha_1\times I_{G.N}}{\alpha\times n_{TA1}}$；

中性点侧分支 2 额定一次电流 $I_{G.N2}=\frac{\alpha_2}{\alpha}I_{G.N}$，分支 2 额定二次电流 $I_{g.n.2}=\frac{\alpha_2\times I_{G.N}}{\alpha\times n_{TA2}}$；

中性点侧分支组 1、2 的 TA 的综合平衡系数为

$$K_{bal.1.2}=\frac{I_{g.n}}{I_{g.n.n1}+I_{g.n.n2}}=\frac{I_{G.N}/n_{TA}}{\frac{I_{G.N}\times\alpha_1}{\alpha\times n_{TA1}}+\frac{I_{G.N}\times\alpha_2}{\alpha\times n_{TA2}}}=\frac{\alpha\times n_{TA1}\times n_{TA2}}{(\alpha_1 n_{TA1}+\alpha_2 n_{TA2})n_{TA}} \tag{2-27}$$

式中 α——为每相并联总分支数；

α_1、α_2——分别为分支 1、2 的并联分支数；

n_{TA}、n_{TA1}、n_{TA2}——分别为机端和中性点侧两组并联分支 1、2 的 TA 变比。

选机端侧为基准。各侧平衡系数通过输入系统参数由装置自动计算并显示，平衡系数计算值作为查看和核对和调试时的参考。

6. 发电机（大型水轮发电机）不完全纵差动保护整定计算

不完全纵差动保护不平衡电流，由两部分组成，一部分为两组互感器在负荷工况下的比误差所造成的不平衡电流，另一部分是由于定子与转子间气隙不同，使各分支定子绕组一次电流不相同所产生的不平衡电流。因此不完全纵差动保护的最小动作电流 $I_{d.op.min}$ 和相应制动系数斜率应比完全纵差动保护的最小动作电流和相应制动系数斜率略大一些。

（1）不同类型不完全纵差动保护动作整定计算同式（2-10）～式（2-26b）计算。在计算时最小动作电流 $I_{d.op.min}$ 和制动系数斜率应适当比发电机完全纵差保护的整定值略大一些。不完全纵差动保护最小动作电流 $I_{d.op.min}$ 整定值可取

$$\left.\begin{aligned}&\text{当用 TPY 型时最小动作电流 } I_{d.op.min}=(0.15\sim0.3)I_{g.n}\\&\text{当用 5P20 型时最小动作电流 } I_{d.op.min}=(0.2\sim0.4)I_{g.n}\end{aligned}\right\} \tag{2-28a}$$

（2）平衡系数及基准电流 I_b 的计算。选取机端侧为基准侧，则机端 TA 的平衡系数为 $K_{bal}=1$，不完全纵差动保护 1 中性点侧分支组 1 的平衡系数为

$$K_{bal.1}=\frac{I_{g.n}}{I_{g.n.n1}}=\frac{I_{G.N}/n_{TA}}{\frac{I_{G.N}\times\alpha_1}{\alpha\times n_{TA1}}}=\frac{\alpha\times n_{TA1}}{\alpha_1\times n_{TA}} \tag{2-28b}$$

不完全纵差动保护 2 中性点侧分支组 2 的平衡系数为

$$K_{bal.1}=\frac{I_{g.n}}{I_{g.n.n2}}=\frac{I_{G.N}/n_{TA}}{\frac{I_{G.N}\times\alpha_2}{\alpha\times n_{TA2}}}=\frac{\alpha\times n_{TA2}}{\alpha_2\times n_{TA}} \tag{2-28c}$$

式中符号含义同前。

7. 发电机纵差动保护辅助参数计算

（1）两侧电流互感器 TA 设置。

1）两侧 TA 变比根据实际使用变比设置。即设置 TA 一次额定电流，TA 二次额定电流。

2）两侧 TA 接线方式设置。应根据差动保护要求接线方式设置两侧 TA 的接线，有的差动保护规定为“电流和”接线方式；有的规定为“电流差”接线方式；有的可在整定计算时根据实际接线，整定时可选用“电流和”或“电流差”接线方式。在整定 TA 接线方式的控制字时，按 TA 实际接线方式输入装置。并根据纵差动保护要求设置 TA 为 YN（完全星形）接线方式。

（2）差动电流回路 TA 断线保护。

1）解除差动电流回路断线闭锁电流倍数 I_{unl} 为

$$I_{unl} = 1.2$$

2）解除差动循环闭锁负序动作电压 $U_{2.op}$ 为

$$U_{2.op} = (0.06 \sim 0.08)U_{g.n}$$

3）差动电流回路 TA 断线保护闭锁的使用。一般退出闭锁纵差动保护功能。

（3）动作出口逻辑电路选择。一般同时选用单相出口和循环闭锁出口方式。

（三）注意的问题

发电机纵差动保护用电流互感器二次回路断线闭锁保护问题。目前的大型发电机组保护基本上都采用微机保护，其纵差动保护都具有 TA 断线闭锁功能，一旦 TA 二次电流回路断线，实践证明均可能将二次设备严重烧损，所以纵差动保护用 TA 二次回路断线保护，不应闭锁纵差动保护。当 TA 二次电流回路断线时，应视为设备故障，由纵差动保护动作于跳闸，电流回路断线保护仅发报警信号。

二、发电机横差动保护

（一）发电机三元件裂相横差保护

多分支分布中性点水轮发电机可采用反应发电机不同相两分支间的相间短路、同相不同分支间的匝间短路、同一分支的匝间短路和大负荷时一分支绕组开焊的三元件裂相横差保护，发电机三元件裂相横差保护原理接线如图 2-4 所示。

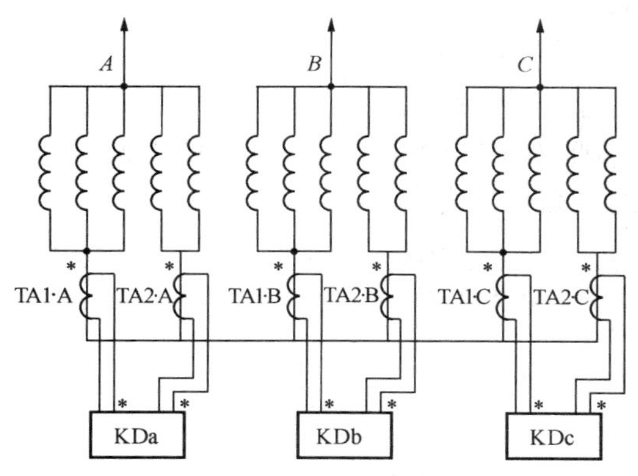

图 2-4 发电机三元件裂相横差保护原理接线图

图 2-4 中以每相并联分支总数 $a=5$ 为例，将 a 一分为二，第一并联分支数 $a_1=3$，第二并联分支数 $a_2=2$（当 $a=6$ 时，$a_1=3$、$a_2=3$），两分部各装电流互感器 TA1 和 TA2，它们的变比选择以保证正常运行时横差保护中不平衡电流最小为原则，微机保护可设置平衡系数，由软件计算自动平衡由于 TA1 和 TA2 变比不匹配产生的不平衡电流，使 TA 不匹配误差 $\Delta m=0$。

1. 动作特性与动作判据

发电机三元件裂相横差保护可以采用比率制动式或标积制动式差动保护。裂相横差保护动作判据与式（2-1）、式（2-4a）、式（2-4b）、式（2-5）、式（2-6）、式（2-8）、式（2-9）相同。

（1）差动电流和制动电流计算。裂相横差动保护所用 TA 与完全差动、不完全差动公用，因此保护软件采用“电流差”接线方式

差动电流计算式

$$I_d = |K_{bal1} \times \dot{I}_1 - K_{bal.2} \times \dot{I}_2| \tag{2-29a}$$

制动电流计算式

$$\left.\begin{aligned} I_{res} &= \frac{1}{2} \times | K_{bal1} \times \dot{I}_1 + K_{bal.2} \times \dot{I}_2 | \\ \text{或 } I_{res} &= \frac{1}{2} \times (K_{bal1} \times I_1 + K_{bal.2} \times I_2) \end{aligned}\right\} \tag{2-29b}$$

式中　$\dot{I}_1$、$\dot{I}_2$——分别为第1组、第2组分支二次电流相量；

$K_{bal.1}$、$K_{bal.2}$——分别为第1组、第2组分支平衡系数。

（2）平衡系数计算。

中性点侧第1组分支额定一次电流 $I_{G.N1} = \frac{\alpha_1}{\alpha} I_{G.N}$；额定二次电流 $I_{g.n.1} = \frac{\alpha_1 \times I_{G.N}}{\alpha \times n_{TA1}}$；

第2组分支额定一次电流 $I_{G.N2} = \frac{\alpha_2}{\alpha} I_{G.N}$；额定二次电流 $I_{g.n.2} = \frac{\alpha_2 \times I_{G.N}}{\alpha \times n_{TA2}}$；

设置中性点侧第1组分支为基准侧，基准电流 $I_b = I_{g.n.1} = \frac{\alpha_1 \times I_{G.N}}{\alpha \times n_{TA1}}$

第1组分支平衡系数为　$K_{bal.1} = \frac{I_{g.n1}}{I_{g.n1}} = 1$

第2组分支平衡系数为

$$K_{bal.2} = \frac{I_{g.n1}}{I_{g.n2}} = \frac{\alpha_1 \times n_{TA2}}{\alpha_2 \times n_{TA1}} \tag{2-30}$$

式中符号含义同前。

2. 整定计算

（1）最小动作电流 $I_{d.op.min}$ 计算。在正常运行时，三元件裂相横差动保护不平衡电流由下三部分组成：

1）在负荷状态下，TA1和TA2比误差的最大值+0.03－（－0.03）＝0.06；

2）由于同一相各分支绕组位于电机的不同空间位置，水轮发电机的气隙不均，各分支对应的磁场强度和感应电动势不等，产生额外的裂相横差动不平衡电流；

3）在远区外短路或突变量电流由于TA1和TA2暂态特性不一致产生比正常负荷状态下更大的裂相横差动不平衡电流。

不同类型裂相横差动保护动作整定计算同式（2-10）～式（2-26b）、式（2-28）。在计算时最小动作电流 $I_{d.op.min}$ 和制动系数斜率可适当比发电机完全纵差保护的整定值略大一些。

（2）平衡系数 K_{bal1}、K_{bal2} 计算。当选取发电机在额定电流时的TA1二次电流为基准值时

$$\left.\begin{aligned} &\text{分支1侧额定二次电流} \quad I_{g.n1} = (\alpha_1/\alpha) I_{g.n} \\ &\text{分支2侧额定二次电流} \quad I_{g.n2} = (\alpha_2/\alpha) I_{g.n} \end{aligned}\right\}$$

$$\left.\begin{aligned} &\text{分支1侧的平衡系数} \quad K_{bal1} = 1 \\ &\text{分支2侧平衡系数} \quad K_{bal2} = \frac{I_{g.n1}}{I_{g.n2}} = \frac{\alpha_1 n_{TA2}}{\alpha_2 n_{TA1}} \end{aligned}\right\} \tag{2-31}$$

式中符号含义同前。

（3）动作时间整定值 $t_{d.op}$ 取

$$t_{d.op} = 0\text{s}$$

（二）发电机传统单元件横差动保护

动作量取自发电机双星形两中性点之间连线的零序电流互感器 TA0（一次额定电流约为发电机额定电流的 20%～30%）二次侧电流，构成零序单元件横差动保护，可反应发电机定子绕组同一分支的匝间短路、同相不同分支间短路、不同相分支相间短路以及分支开焊保护。

1. 单元件横差动保护动作判据

单元件横差动保护有两种动作判据：

（1）无制动特性动作判据 1

$$I_{d} \geqslant I_{d.op} = I_{d.op.min} = I_{d.op.set} \tag{2-32a}$$

（2）有制动特性动作判据 2

$$\left.\begin{aligned}&当 I_{res} \leqslant I_{res.0} 时，I_{d} \geqslant I_{d.op} = I_{d.op.min}\\&当 I_{res} > I_{res.0} 时，I_{d} \geqslant I_{d.op} = I_{d.op.min} + \frac{K_{rel}(I_{res} - I_{res.0})}{I_{res.0}} \times I_{d.op.min}\end{aligned}\right\} \tag{2-32b}$$

式中 $I_{d.op.min}$——横差动保护最小动作电流整定值；

I_{res}——制动电流（取机端最大相电流值）；

$I_{res.0}$——最小制动电流整定值；

K_{rel}——可靠系数，一般取 1.2。

应滤去单元件横差动电流中的三次谐波分量，要求三次谐波滤过比大于 50（微机保护三次谐波滤过比≥80）。

2. 整定计算

（1）传统的单元件横差动保护电流互感器 TA0 变比的计算。按经验公式为

$$n_{TA0} \approx 0.25 \times \frac{I_{G.N}}{I_{TA0.n}} \tag{2-32c}$$

式中 n_{TA0}——单元件横差动保护用电流互感器变比；

$I_{G.N}$——发电机额定电流；

$I_{TA0.n}$——单元件横差动保护用电流互感器额定二次电流，一般为 5A。

（2）传统的单元件横差动保护动作电流计算。按躲过区外短路时最大不平衡电流计算，一般用经验公式计算为

$$I_{d.op.set} = (0.2 \sim 0.3)\frac{I_{G.N}}{n_{TA0}} \tag{2-32d}$$

式中符号含义同前。

（3）单元件横差动保护动作时间整定值 $t_{d.op.set}$ 计算。发电机正常运行时取 $t_{d.op.set}=0s$。当发电机转子绕组一点接地时，过去是将动作时间切换至 0.5s。对大机组来说，一旦转子出现瞬时两点接地，其后果也是严重的，此时如单元件横差动保护瞬时动作，起到发电机转子绕组两点接地短路的保护功能，同时一旦确认发电机转子一点接地，对大型发电机应平稳停机检修，不再继续运行，所以建议发电机转子绕组一点接地时，不必将动作时间切换至 0.5s，而用 0s。

自有微机保护以来，实际上单元件横差动保护三次谐波滤过比均大于 80，所以都符合高灵敏单元件横差动保护的条件。所以现在都是高灵敏单元件横差动保护，其整定值均按高

灵敏单元件横差动保护条件计算。

（三）发电机高灵敏单元件横差动保护

发电机高灵敏单元件横差动保护，如果整定合理，是迄今为止作为发电机内部短路及分支开焊故障最灵敏和最有效的保护。

1. 无制动特性动作判据1高灵敏单元件横差动保护整定计算

高灵敏单元件横差动保护用电流互感器变比 n_{TA0}，根据发电机满载时实测中性点连线内的最大不平衡电流选择，初选为200A～1000A/[5A(1A)]。

（1）高灵敏单元件横差动保护动作电流计算。按躲过区外短路时的最大不平衡基波电流计算。以发电机出口三相短路为额定电流时基波、三次谐波不平衡电流有效值为基数，用线性外推法计算区外短路时的最大不平衡电流，并由此整定高灵敏单元件横差动保护动作电流

$$I_{d.op.set} = K_{rel}\sqrt{I_{unb.1.max}^2 + (I_{unb.3.max}/K_3)^2} = K_{rel}K\sqrt{I_{unb.1.n}^2 + (I_{unb.3.n}/K_3)^2}$$

当 $K_3 \geqslant 80$ 时，可用下式

$$I_{d.op.set} = K_{rel}I_{unb.1.max} = K_{rel}KI_{unb.1.n} \tag{2-33a}$$

式中 $I_{d.op.set}$——高灵敏单元件横差动保护动作电流整定值；

K_{rel}——可靠系数，取1.5～2.0；

K——区外故障最大短路电流倍数；

K_3——三次谐波滤过比，要求微机保护 $K_3 \geqslant 80$；

$I_{unb.1.max}$——区外短路时最大不平衡基波电流有效值；

$I_{unb.3.max}$——区外短路时最大不平衡三次谐波电流有效值；

$I_{unb.1.n}$——发电机出口三相短路电流为额定电流时基波不平衡电流有效值；

$I_{unb.3.n}$——发电机出口三相短路电流为额定电流时三次谐波不平衡电流有效值。

（2）按躲过灭磁开关跳闸或机组突然甩负荷机组瞬时较大振动时最大不平衡电流 $I_{unb.x.max}$ 计算。由于机组瞬时较大振动的最大不平衡电流 $I_{unb.x.max}$ 难以计算。只能在运行中根据积累经验进行修正计算，在暂无实验值时，暂按5倍正常运行时最大不平衡基波电流有效值 $I_{unb.1.n}$ 计算，即取

$$I_{d.op.set} = 5I_{unb.1.n}$$

根据近年来数十台大型水轮发电机组，实测并计算 $I_{d.op.set}=0.05I_{G.N}/n_{TA0}$。

（3）动作时间计算。取 $t_{d.op.set}=0s$。

2. 有制动特性动作判据2高灵敏单元件横差动保护整定计算

（1）横差动保护最小动作电流整定值 $I_{d.op.min.set}$ 计算。按躲过发电机出口短路电流为额定电流时最大不平衡基波电流 $I_{unb.n.max}$ 计算

$$I_{d.op.min.set}=2I_{unb.n.max} \tag{2-33b}$$

（2）最小制动电流整定值 $I_{res.0}$，取 $I_{res.0}=(0.8\sim1)I_{g.n}$。

（3）可靠系数 K_{rel}，取 $K_{rel}=1.2$。

（4）动作时间计算，取 $t_{d.op.set}=0s$。

3. 高灵敏单元件横差动保护整定计算实例

某火电厂有三台QFS-300型发电机组，在运行中满负荷时测得最大不平衡电流的基波有效值约为0.25A（利用原有TA0变比为3000/5A），出口三相短路电流为发电机额定电流

时不平衡电流的基波有效值 $I_{unb.1.n}=0.28A$，不平衡电流的三次谐波有效值 $I_{unb.3.n}=0.01A$（三次谐波滤去后的残余电流），按式（2-33a）计算

$$I_{d.op.set}=K_{rel}KI_{unb.1.n}=2\times3.4\times0.28=1.9\text{（A）}，取\ I_{d.op.set}=2.0A$$

式中 $K=3.4$。一次动作电流 $I_{d.OP}=2.0\times600=1200$（A），是发电机额定电流的 1200/11 323=0.106（倍）。

某水电站 4×320MW 机组，采用高灵敏单元件横差动保护，TA0 变比为 600/5A，用线性外推法计算区外最大不平衡电流和动作电流整定值，动作电流整定值采用 $I_{d.op.set}=0.0368I_{g.n}$运行已达 20 年之久，经多次区外短路高灵敏单元件横差动保护未发生误动，而发电机曾发生一次小匝数匝间短路，由高灵敏单元件横差动保护以 0s 快速、灵敏的动作切除发电机内部短路故障，所以高灵敏单元件横差动保护优点非常明显，是发电机内部短路故障的理想保护，在发电机具备装设条件时应广为采用。

三、发电机纵向基波零序过电压保护

当发电机无法分别引出双星形的中性点时，就无法采用原理比较成熟的单元件高灵敏横差动保护，当发电机定子绕组同分支匝间、同相不同分支间短路或分支开焊以及不同相分支间相间短路时，会出现纵向零序电压，目前采用较多的是动作量取自机端专用电压互感器（该电压互感器的中性点与发电机中性点相连，但不接地）开口三角绕组纵向零序电压，当其值大于整定值时保护就动作。

（一）动作判据

1. 灵敏段动作判据

（1）三次谐波电压比率制动型保护。区外短路出现较大三次谐波电压时，利用三次谐波电压比率制动纵向基波零序过电压保护的动作判据，为

$$\left.\begin{aligned}&当\quad 3U_{3\omega}\leqslant 3U_{3\omega.set}\ 时\quad 3U_{01}\geqslant 3U_{01.op}=3U_{01.set}\\&当\quad 3U_{3\omega}\geqslant 3U_{3\omega.set}\ 时\quad 3U_{01}\geqslant 3U_{01.op}=3U_{01.set}+K_{res.3\omega}(3U_{3\omega}-3U_{3\omega.set})\end{aligned}\right\}\tag{2-34}$$

式中 $3U_{01}$——纵向 3 倍基波零序电压；

$3U_{01.op}$——纵向 3 倍基波零序动作电压；

$3U_{01.set}$——灵敏段纵向 3 倍基波零序动作电压整定值；

$K_{res.3\omega}$——三次谐波电压制动系数斜率，一般取 0.3～0.5；

$3U_{3\omega.set}$——3 倍三次谐波电压整定值；

$3U_{3\omega}$——区外短路时纵向零序电压中的 3 倍三次谐波分量。

（2）电流比率制动型保护。区外短路出现较大负序电流和较大相电流，电流比率制动纵向基波零序过电压保护动作判据为

$$\left.\begin{aligned}&当\quad I_{max}\leqslant I_{g.n}\ 时\ I_{res}=3I_2\\&当\quad I_{max}\geqslant I_{g.n}\ 时\ I_{res}=3I_2+(I_{max}-I_{g.n})\\&3U_{01}\geqslant 3U_{01.op}=3U_{01.set}\left(1+K_{res}\frac{I_{res}}{I_{g.n}}\right)\end{aligned}\right\}\tag{2-35}$$

式中 K_{res}——电流制动系数斜率；

I_{res}——制动电流(A);

$I_{g.n}$——发电机额定二次电流(A);

I_{max}——发电机最大相二次电流(A);

I_2——发电机负序电流二次值(A);

其他符号含义同式(2-34)。

2. 次灵敏段或高定值动作判据

动作判据为

$$3U_{01} \geqslant 3U_{01.h.set} \tag{2-36}$$

式中 $3U_{01.h.set}$——次灵敏段3倍基波零序动作电压(高定值)整定值。

3. 负序功率方向闭锁纵向基波零序过电压保护动作判据

负序功率方向闭锁纵向基波零序过电压保护有两种不同的闭锁动作判据。

(1)负序功率方向第一种闭锁动作判据方式。其逻辑框图及区内外故障相量图如图2-5所示。

图中,区外故障时,$\dot{I}_2$超前$\dot{U}_2$相角110°,负序功率方向指向发电机,负序功率方向元件P2不动作(相当于常开触点断开)闭锁纵向基波零序过电压$3U_0$保护;当发电机内部匝间短路时,$\dot{I}_2$滞后$\dot{U}_2$相角70°,负序功率方向指向系统,负序功率方向元件P2动作(相当于常开触点接通)开放纵向基波零序过电压$3U_0$保护,并经短延时动作出口跳闸。第一种闭锁方式,优点是不必加装比较两组TV相间电压不平衡断线闭锁回路,对防止正常运行时误动有好处;缺点是区内匝间短路故障时,如负序功率方向元件动作灵敏度不够,纵向基波零序过电压保护可能拒动。目前大都采用负序功率方向第一种闭锁方式,如国内生产及ABB、GE生产的保护大多采用负序功率方向第一种闭锁动作判据方式。

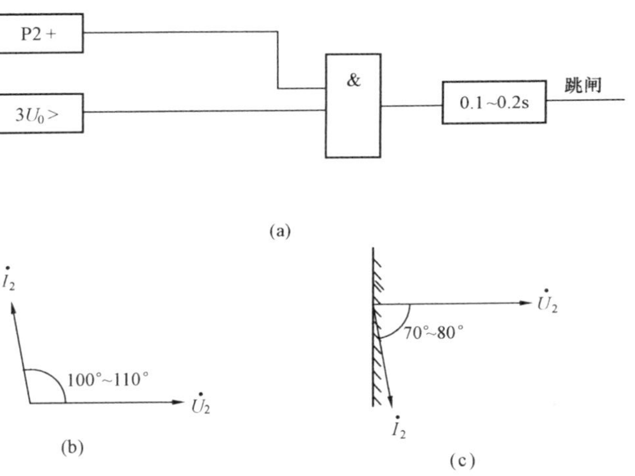

图2-5 负序功率方向第一种闭锁动作判据方式

(a)第一种闭锁动作方式逻辑框图;(b)区外短路P2不动作相量图;(c)区内短路P2动作相量图

(2)负序功率方向第二种闭锁动作判据方式。其逻辑框图及区内外故障相量图如图2-6所示。图中,区外故障时,$\dot{I}_2$超前$\dot{U}_2$相角110°,负序功率方向指向发电机,P2动作(相当于常闭触点断开)闭锁纵向基波零序过电压$3U_0$保护;当发电机内部匝间短路时,$\dot{I}_2$滞后$\dot{U}_2$相角70°,负序功率方向指向系统,负序功率方向元件P2不动作(相当于常闭触点接通),开放纵向基波零序过电压$3U_0$保护,并经短延时动作出口跳闸。第二种闭锁方式,优点是区内匝间短路故障时,如负序功率方向元件动作灵敏度不够,纵向基波零序过电压保护也不会拒动;缺点是必须加装比较两组TV相间电压不平衡断线闭锁回路,同时正常运行如某种原

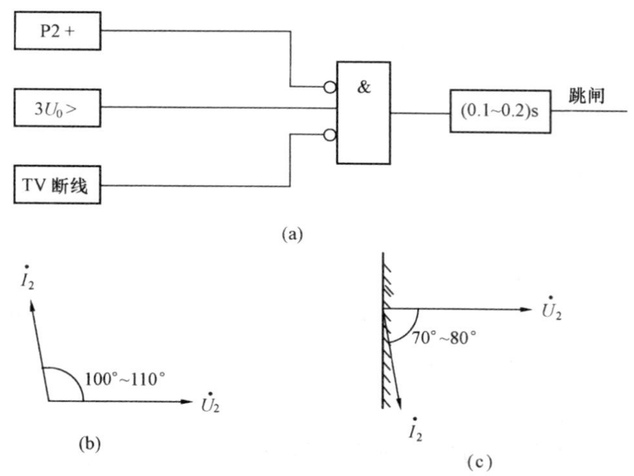

图 2-6　负序功率方向第二种闭锁方式

(a) 第二种闭锁动作方式逻辑框图；(b) 区外短路 P2 动作相量图；(c) 区内短路 P2 不动作相量图

因引起纵向基波零序过电压保护误动，则无正常闭锁纵向基波零序过电压保护误动的功能，纵向基波零序过电压保护可能误动，综合考虑，负序功率方向第一种闭锁动作判据方式优于第二种闭锁动作判据方式。

(3) 负序功率方向第三种闭锁动作判据方式。其逻辑框图如图 2-7 所示。

图中，发电机并网后运行时，纵向零序电压元件 $3U_0$ 及故障分量负序方向元件 P2 组成"与"门实现匝间保护；在并网前，因 $I_2=0$，则故障分量负序方向元件 P2 判据失效，仅由纵向零序电压元件 $3U_0$ 经短延时 t 实现匝间保护。并网后不允许纵向零序电压元件 $3U_0$ 单独出口，为此以相电流 $I>I_{set}$ 闭锁该判据，I_{set} 由装置固定为 $0.06I_{g.n}$。

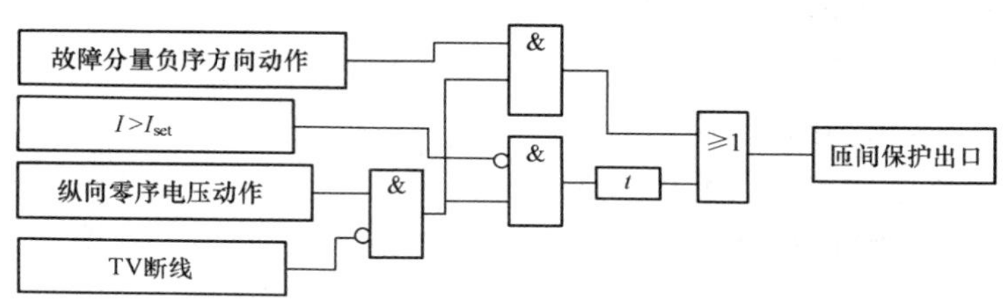

图 2-7　负序功率方向第二种闭锁方式

4. 负序功率方向闭锁方式注意之点

(1) 负序功率方向第一种闭锁方式。调试时加入负序电流 $\dot{I}_2$ 、负序电压 $\dot{U}_2$ 满足区外故障条件，即 $\dot{I}_2$ 超前 $\dot{U}_2$ 相角 110°时，负序功率方向 P2 不动作并闭锁 $3U_0$ 纵向零序过电压保护，出口不动作；当加入负序电流 $\dot{I}_2$、负序电压 $\dot{U}_2$ 满足区内故障条件，即 $\dot{I}_2$ 滞后 $\dot{U}_2$ 相角 70°时，负序功率方向 P_2 动作并开放 $3U_0$ 纵向零序过电压保护，出口动作。

(2) 负序功率方向第二种闭锁方式。调试时加入负序电流 $\dot{I}_2$、负序电压 $\dot{U}_2$ 满足区外故障条件，即 $\dot{I}_2$ 超前 $\dot{U}_2$ 相角 110°时，负序功率方向 P2 动作并闭锁 $3U_0$ 纵向零序过电压保护，出口不动作；当加入负序电流 $\dot{I}_2$、负序电压 $\dot{U}_2$ 满足区内故障条件，即 $\dot{I}_2$ 滞后 $\dot{U}_2$ 相角 70°时，负序功率方向 P2 不动作开放 $3U_0$ 纵向零序过电压保护，出口动作。

(3) 发电机带负荷后。应实测负序功率方向 P2 所接 TA、TV 的功率方向，如果与发电机所带实际负荷方向一致，则负序功率方向 P2 所接 TA、TV 的极性接线正确。反之负序功率方向 P2 所接 TA、TV 的极性接线错误，应予以改正。

5. 专用电压互感器TV一次断线闭锁判据

比较专用TV和测量TV相间电压差组成的电压不平衡保护，当专用TV一次侧断线时，TV一次断线不平衡保护动作，闭锁纵向基波零序过电压保护，并发报警信号。

（二）整定计算

1. 灵敏段整定计算

（1）灵敏段纵向基波零序电压动作整定值 $3U_{01.set}$。按躲过正常运行时最大纵向基波零序不平衡电压计算，即

$$3U_{01.set}=K_{rel}\times 3U_{01.max} \tag{2-37a}$$

式中 K_{rel}——可靠系数，取1.5～2；

$3U_{01.max}$——正常运行时最大纵向3倍基波零序不平衡电压的实测值。

在机组投运前可暂取 $3U_{01.set}=2V$。待正常运行后，满负荷时实测 $3U_{01.max}$，然后按式(2-37a)修正整定值。

例如，某厂两台300MW机组在满负荷情况下实测的 $3U_{01.max}=1V$ 左右，正常最大负荷时实测机端的三次谐波分量为 $3U_{3\omega.max}=2V$ 左右。

（2）三次谐波电压比率制动型保护整定计算。

1）灵敏段3倍纵向基波零序动作电压整定值为

$$3U_{01.set}=K_{rel}\times(3U_{01.max})=2\times(3U_{01.max}) \tag{2-37b}$$

2）三次谐波电压制动系数为

$$K_{res.3\omega}=0.5 \tag{2-37c}$$

3）三次谐波电压整定值为

$$3U_{3\omega.set}=(0.8\sim 1)3U_{3\omega.max} \tag{2-37d}$$

式中 $3U_{3\omega.max}$——正常最大负荷时实测机端开口三角绕组三次谐波分量有效值。

（3）电流比率制动型保护整定计算。

1）灵敏段3倍纵向基波动作电压计算同式（2-37a）。

2）电流制动系数为

$$K_{res}=1.0 \tag{2-37e}$$

2. 次灵敏段动作电压整定计算

次灵敏段3倍基波零序动作电压整定值 $3U_{01.h.set}$，按躲过区外短路时的最大纵向不平衡基波零序电压计算，即

$$3U_{01.h.set}=K_{rel}\times 3U_{k01.max}$$

由于一般难于实测区外短路时的最大纵向不平衡基波零序电压 $3U_{k01.max}$，一般只能取

$$3U_{01.h.set}\geqslant K_{rel}\times 3U_{k01.max}=5\sim 10V \tag{2-37f}$$

式中 K_{rel}——可靠系数，可取2～2.5；

$3U_{k01.max}$——区外短路时出现的最大3倍纵向不平衡基波零序电压。

3. 动作时间整定值 $t_{op.set}$ 为

$$t_{op.set}=0.1\sim0.2s \tag{2-37g}$$

4. 专用 TV 断线闭锁整定计算

应按躲过正常运行时专用 TV 和测量 TV 之间的电压差计算，两组 TV 正常电压差（不平衡电压）一般不超过 5V，于是有

$$U_{unb.op}=K_{rel}\times\Delta U_{unb.max}=5\sim8V$$

式中 $U_{unb.op}$——TV 不平衡动作电压整定值；

K_{rel}——可靠系数，可取 1.5～2；

$\Delta U_{unb.max}$——正常运行时两组 TV 最大不平衡电压值。

5. 负序功率方向 P2 的整定计算

（1）负序功率方向 P2 动作功率整定值内部已设置。一般负序功率方向 P2 动作功率在装置内部固定设置，P2 动作功率方向，根据 TA、TV 极性接法在调试过程中由控制字设置。

（2）负序功率方向 P2 动作功率整定值计算。某些保护负序功率方向 P2 动作功率需要整定负序动作电流整定值 $I_{2.set}$，一般取 $I_{2.set}\leqslant5\%I_{g.n}$；负序极化电压整定值 $U_{2.set}$ 一般取 $U_{2.set}=(1\sim2)\%U_{g.n}$；以及决定动作方向的最大灵敏角整定值 φ_{sen}，要求发电机内部匝间短路 $\dot{I}_2$ 滞后 $\dot{U}_2$ 相角 70°，负序功率方向指向系统，负序功率方向 P2 动作。负序功率方向元件 P2 动作整定的最大灵敏角取 $\varphi_{sen}=75°$。

（三）注意问题

（1）由于纵向基波零序过电压保护动作判据比较薄弱，从而其动作可靠性比较差，只要专用电压互感器稍有产生纵向零序电压的因素，如专用电压互感器一次回路接触不良或专用电压互感器瞬时匝间绝缘不良，保护均可能误动作，国内已多次发生因专用测量 TV 回路瞬时不良引起该保护的误动。

（2）纵向零序电压三次谐波滤过比应大于 80，动作量只反应基波分量。

（3）在发电机正常运行后，应在不同负荷时实测 $3U_{01.max}$、$U_{3\omega.max}$，并根据实测值修改整定值。

四、发电机变压器组及主变压器纵差动保护

发电机变压器组纵差动保护和主变压器纵差动保护完全相同（下述变压器纵差动保护包含发电机变压器组纵差动保护），变压器和发电机纵差动保护虽然有很多相似之处，但由于发电机和变压器的电磁关系完全不同，从而两者的纵差动保护有很大的不相同。

（一）动作特性与动作判据

1. 变压器比率制动纵差动保护

（1）动作判据。由变压器比率制动纵差动保护和独立的差动电流速断特性组成。其动作判据与式（2-1）相同。

（2）动作特性。变压器比率制动纵差动保护动作判据对应的动作特性曲线与图 2-1 相同。

（3）差动电流和制动电流的计算。

1）两侧 TA 按“电流和”接线方式。无分支双绕组变压器纵差动保护，要求两侧 TA

按“电流和”接线方式（正常运行时变压器两侧 TA 同名相二次电流相角差为 180°）计算，即

$$\left.\begin{aligned}&\text{差动电流 } I_{\mathrm{d}}=|\dot{I}_{\mathrm{h}}+\dot{I}_{\mathrm{l}}|\\&\text{制动电流 } I_{\mathrm{res}}=\frac{1}{2}|\dot{I}_{\mathrm{h}}-\dot{I}_{\mathrm{l}}|\\&\text{或}\qquad I_{\mathrm{res}}=\frac{1}{2}(I_{\mathrm{h}}+I_{\mathrm{l}})\end{aligned}\right\}\tag{2-38a}$$

式中 $\dot{I}_{\mathrm{h}}$——变压器高压侧 TA 二次电流相量；

$\dot{I}_{\mathrm{l}}$——变压器低压侧 TA 二次电流相量。

2）两侧 TA 按“电流差”接线方式。无分支双绕组变压器纵差动保护，要求两侧 TA 按“电流差”接线方式（正常运行时变压器两侧 TA 同名相二次电流相角差为 0°）计算，即

$$\left.\begin{aligned}&\text{差动电流}\qquad I_{\mathrm{d}}=|\dot{I}_{\mathrm{h}}-\dot{I}_{\mathrm{l}}|\\&\text{制动电流}\qquad I_{\mathrm{res}}=\frac{1}{2}|\dot{I}_{\mathrm{h}}+\dot{I}_{\mathrm{l}}|\\&\text{或}\qquad I_{\mathrm{res}}=\frac{1}{2}(I_{\mathrm{h}}+I_{\mathrm{l}})\end{aligned}\right\}\tag{2-38b}$$

式中符号含义同式（2-38a）。

3）发电机变压器组或多侧变压器（两侧以上）I_{d}、I_{res}的计算。各侧 TA 只能按“电流和”接线方式（正常运行时电源侧和负载侧同名相电流相量和的相角差为 180°）计算，即

$$\left.\begin{aligned}&\text{差动电流为}\qquad I_{\mathrm{d}}=|\dot{I}_1+\dot{I}_2+\dot{I}_3+\cdots+\dot{I}_{\mathrm{n}}|\\&\text{制动电流为}\qquad I_{\mathrm{res}}=\max\{I_1,I_2,I_3,\cdots,I_{\mathrm{n}}\}\end{aligned}\right\}\tag{2-38c}$$

$$\text{制动电流或为}\quad\left.\begin{aligned}&I_{\mathrm{res}}=\frac{1}{2}(I_1+I_2+I_3+\cdots+I_{\mathrm{n}})\\&I_{\mathrm{res}}=(I_1+I_2+I_3+\cdots+I_{\mathrm{n}})\end{aligned}\right\}$$

式中 $\dot{I}_1$、$\dot{I}_2$、$\dot{I}_3$、…、$\dot{I}_{\mathrm{n}}$——分别为变压器各侧 TA 二次电流归算至基本侧的电流相量；

I_1、I_2、I_3、…、I_{n}——分别为变压器各侧 TA 二次电流归算至基本侧的电流有效值；

$\max\{I_1,I_2,I_3,\cdots,I_{\mathrm{n}}\}$——变压器各侧 TA 二次电流归算至基本侧最大电流的有效值。

2. 变压器第一类变制动系数比率制动差动保护

（1）动作判据。由变压器第一类变制动系数比率制动动作特性和独立的差动电流速断特性组成，其动作判据与式（2-4a）、式（2-4b）相同。

（2）动作特性。变压器第一类变制动系数比率制动差动保护动作判据对应的动作特性曲线与图 2-2 相同。

（3）差动电流和制动电流的计算。同式（2-38a）、式（2-38b）、式（2-38c）。

3. 变压器第二类变制动系数比率制动差动保护

（1）动作判据。由变压器第二类变制动系数比率制动动作特性和独立的差动电流速断特性组成，其动作判据与式（2-5）、式（2-6）相同。

（2）动作特性。变压器第二类变制动系数的比率制动差动保护动作特性曲线如图 2-3 所示。

（3）差动电流和制动电流的计算。TA 按“电流和”接线方式，此时有

$$\left.\begin{aligned}&\text{差动电流} && I_d = |\dot{I}_1+\dot{I}_2+\dot{I}_3+\cdots+\dot{I}_n|\\&\text{制动电流} && I_{res}=\frac{1}{2}(I_1+I_2+\cdots+I_n)\end{aligned}\right\}\tag{2-39a}$$

$$\left.\begin{aligned}&\text{差动电流相对值} && I_d^*=\frac{I_d}{I_{t.n}}\\&\text{制电流相对值} && I_{res}^*=\frac{I_{res}}{I_{t.n}}\end{aligned}\right\}\tag{2-39b}$$

式中符号含义同前。

（4）工频变化量比率制动差动保护动作判据。为

$$\left.\begin{aligned}&\Delta I_d > 1.25\Delta I_{d.op.ch}+\Delta I_{d.op.con}\ \text{保护动作}\\&\text{当}\ \Delta I_{res}<2I_{t.n}\ \text{时}\ \Delta I_d>0.6\Delta I_{res}\ \text{保护动作}\\&\text{当}\ \Delta I_{res}>2I_{t.n}\ \text{时}\ \Delta I_d>0.75\Delta I_{res}-0.3I_{t.n}\ \text{保护动作}\\&\Delta I_{res}=|\Delta I_1|+|\Delta I_2|+|\Delta I_3|+|\Delta I_4|+\cdots+|\Delta I_n|\\&\Delta I_d=|\Delta\dot{I}_1+\Delta\dot{I}_2+\Delta\dot{I}_3+\Delta\dot{I}_4+\cdots+\Delta\dot{I}_n|\end{aligned}\right\}\tag{2-40}$$

式中 ΔI_d——差动电流工频变化量；

$\Delta I_{d.op.con}$——差动电流工频变化量固定动作门槛；

$\Delta I_{d.op.ch}$——差动电流工频变化量浮动动作门槛；

ΔI_{res}——制动电流工频变化量；

$\Delta I_1,\Delta I_2,\Delta I_3,\Delta I_4,\cdots,\Delta I_n$——分别为发电机两侧或主变压器各侧差动电流工频变化量；

其他符号含义同前。

差动电流工频变化量浮动动作门槛 $\Delta I_{d.op.ch}$随着变化量输出增大而逐步自动提高，取 $1.25\Delta I_{d.op.ch}$可保证门槛电压始终略高于不平衡输出，以保证当系统振荡和频率偏移情况下，保护不误动。变压器工频变化量比率制动差动保护，仍经过二次谐波和波形判据闭锁或制动，工频变化量比率制动差动保护大大提高了变压器或发电机内部小电流故障检测的灵敏度。其整定值在装置内部设定，不需外部输入。

4. 变压器标积制动式比率差动保护

（1）动作特性。变压器标积制动式比率差动保护动作特性曲线与图 2-1～图 2-3 相同。

（2）动作判据。变压器标积制动式比率差动保护动作判据与式（2-1）、式（2-4a）、式（2-4b）、式（2-5）、式（2-6）相同。

（3）差动电流 I_d与制动电流 I_{res}的计算式为

$$\left.\begin{aligned}&\text{差动电流相量} && \dot{I}_{d}=\dot{I}_{1}+\dot{I}_{2}+\cdots+\dot{I}_{n}\\&\text{归算至基本侧最大电流相量} && \dot{I}_{max}=\max(\dot{I}_{1},\dot{I}_{2},\cdots,\dot{I}_{n})\\&\dot{I}_{max}\text{与同名相差电流相量差} && \dot{I}_{m.d}=\dot{I}_{max}-\dot{I}_{d}\\&\dot{I}_{max}\text{与}\dot{I}_{m.d}\text{相量标积} && S=\dot{I}_{max}\cdot\dot{I}_{m.d}=I_{max}I_{m.d}\cos\varphi\\&\text{制动电流} && I_{res}=\sqrt{S}=\sqrt{\dot{I}_{max}\cdot\dot{I}_{m.d}}=\sqrt{I_{max}I_{m.d}\cos\varphi}\\&\text{当}\cos\varphi<0\text{,相量标积为负数,}\sqrt{S}\text{为虚数时,令}I_{res}=0\text{;当}\cos\varphi>0\text{时}I_{res}>0\end{aligned}\right\}\quad(2\text{-}41)$$

式中 I_1，I_2，…，I_n——变压器归算至基本侧各侧同名相 TA 的二次电流；

$\max(I_1,I_2,\cdots,I_n)$——变压器归算至基本侧各侧同名相 TA 的二次电流最大值；

φ——同名相电流相量 $\dot{I}_{max}$ 和 $\dot{I}_{m.d}$ 之间相角差。

由式（2-41）知，当正常运行或区外短路时，$-90°<\varphi<90°$（$\varphi\approx0°$），$\cos\varphi\neq0$，$I_{res}>0$，标积制动式比率差动保护此时具有制动作用。当变压器区外短路且 $\varphi\approx0°$时 $\cos\varphi=1$，I_{res} 达最大值，标积制动式比率差动保护此时具有最大的强制动作用。当变压器区内短路时 $90°<\varphi<270°$，$\cos\varphi<0$（$\varphi\approx180°$时 $\cos\varphi=-1$），同名相电流相量 $\dot{I}_{max}$ 和 $\dot{I}_{m.d}$ 标积 $S<0$，$\sqrt{S}$ 为虚数，令 $I_{res}=0$，此时标积制动式比率差动保护无制动作用，差动保护按最小动作电流动作。所以标积制动式比率差动保护在变压器区外短路时有最大的强制动作用，在变压器区内短路时，差动保护无制动作用，具有很高的灵敏度。

5. 变压器纵差动保护的其他动作判据和闭锁判据

（1）变压器躲励磁涌流闭锁判据。

1）变压器励磁涌流二次谐波制动的闭锁判据。满足下式时差动保护被闭锁（不动作）

$$\left.\begin{aligned}&K_{2\omega}>K_{2\omega.set}\\&\text{或 } I_{2\omega}>K_{2\omega.set}I_{1\omega}\\&K_{2\omega}=\frac{I_{2\omega}}{I_{1\omega}}\end{aligned}\right\}\quad(2\text{-}42a)$$

式中 $K_{2\omega}$——变压器纵差动保护差动电流中的二次谐波比；

$K_{2\omega.set}$——二次谐波制动系数的整定值，在整定计算时一般取 0.15～0.2；

$I_{2\omega}$——变压器纵差动保护相电流的二次谐波电流有效值；

$I_{1\omega}$——变压器纵差动保护相电流的基波电流有效值。

2）变压器励磁涌流间断角闭锁判据。变压器空载合闸时，变压器励磁涌流偏于时间轴的一侧，从而励磁涌流出现间断角，当三相差动电流中任意一相满足电流波形间断角的闭锁判据时差动保护被闭锁（不动作）

$$\theta\geqslant\theta_{atr.set}\quad(2\text{-}42b)$$

式中 θ——差动电流波形间断角；

$\theta_{atr.set}$——差动电流波形间断闭锁角整定值。

3）变压器励磁涌流波形对称判据。变压器空载合闸励磁涌流为偏于时间轴一侧的不对称电流波形，当变压器内部短路时基本上是对称于时间轴的正弦波形短路电流，根据电流波形对称性原理以判断变压器区内短路与励磁涌流的区别，励磁涌流为偏于时间轴一侧的不对称电流波形时闭锁差动保护。

设流入保护的差动电流为 i_d，各采样点的差动电流为 i_d（k），采样率为 N 点/周期，为了消除衰减直流分量的影响，对其进行差分滤波 Δi_d（k）$=i_d$（k）$-i_d\left(k-\frac{N}{6}\right)$，将 i_d（k）的前、后半波的对应值作对称比较，定义波形对称系数 K 为 i_d（k）的前、后半波对应值之和的绝对值与前、后半波（即对应的全波）各对应点绝对值和之比，于是励磁涌流波形对称判据为

$$\left.\begin{aligned}&K=\frac{\sum_{k=0}^{\frac{N}{2}-1}\left|\Delta i_d(n-k)+\Delta i_d\left(n-k-\frac{N}{2}\right)\right|}{\sum_{k=0}^{N-1}\left|\Delta i_d(n-k)\right|}\\&K\geqslant K_{set}=0.15\quad\text{比率差动保护被闭锁}\\&K<K_{set}=0.15\quad\text{比率差动保护被开放}\end{aligned}\right\}\tag{2-43a}$$

对于内部短路电流，i_d（k）的前、后半波基本上是对称的，在半个周期的数据窗内，绝大多数采样值满足 Δi_d（$n-k$）$+\Delta i_d\left(n-k-\frac{N}{2}\right)\approx0$，因此 K 值比较小，满足式（2-43a）时差动保护不闭锁。

而对于励磁涌流，波形间断，前、后半波不对称，在半个周期的数据窗内，只有极少数采样值满足 $\Delta i_d(n-k)+\Delta i_d\left(n-k-\frac{N}{2}\right)\approx0$，因此 K 值比较大，不满足式（2-43a）时差动保护被闭锁。

波形对称判据兼有二次谐波制动原理，还充分利用二次谐波以外的偶次谐波分量制动，具有较好躲过励磁涌流的能力，K_{set} 值相当于二次谐波制动系数整定值 $K_{2\omega.set}=0.15$ 并在装置内部已设置。

（2）TA 饱和时的闭锁判据。为防止变压器区外短路 TA 暂态与稳态饱和时，可能引起比率制动差动保护误动作，用各相差动电流的综合谐波作为 TA 饱和闭锁判据，即

$$I_{\omega}>K_{\omega.set}\times I_{1\omega}\tag{2-43b}$$

式中　I_{ω}——三相差动电流中的综合谐波电流；

$K_{\omega.set}$——综合谐波制动系数整定值；

$I_{1\omega}$——差动电流中的基波分量。

当区外短路时，保护利用差动电流和制动电流工频变化量是否同步出现，判断是区内还是区外短路，如区外短路，投入 TA 饱和时的闭锁判据，满足式（2-43b）时，差动保护被闭锁（不动作）。TA 饱和时的闭锁判据在装置软件内已设置。

（3）高值比率制动差动动作判据。为避免区内严重短路时 TA 饱和等因素引起比率制动差动保护拒动或延时动作，装置设有高比例和高起动值的比率差动保护，保证区内短路 TA 饱和时可靠动作，稳态高值比率差动动作判据为

$$\left.\begin{aligned}&\text{当 } I_{res}\leqslant1.2I_{t.n}\text{ 时}\qquad I_d>1.2I_{t.n}\\&\text{当 } I_{res}>1.2I_{t.n}\text{ 时}\qquad I_d>1.0I_{res}\end{aligned}\right\}\tag{2-44}$$

式中　I_{res}——变压器第二类变制动系数差动保护制动电流；

I_d——变压器第二类变制动系数差动保护差动电流；

$I_{t.n}$——变压器基准侧额定二次电流。

满足式（2-44）时，高值比率制动差动保护动作，式（2-44）判据在装置软件内已设置。

（4）变压器在过励磁状态时的闭锁判据。由于变压器在过励磁时，变压器励磁电流大增，可能引起变压器纵差动保护误动作，此时差动电流中出现很大的五次谐波分量，判据为

$$I_{5\omega} > K_{5\omega.set} \times I_{1\omega} \quad (2\text{-}45)$$

式中 $I_{5\omega}$——三相差动电流中的五次谐波电流有效值；

$K_{5\omega.set}$——五次谐波制动系数整定值（装置中固定为0.25）；

$I_{1\omega}$——差动电流中的基波分量。

当满足式（2-45）时差动保护被闭锁。当 $U_t \geqslant 1.3U_{t.n}$ 且变压器在特别严重过励磁状态时，过励磁状态闭锁差动保护功能自动解除，过励磁状态时的闭锁判据在装置软件内已设置。

（5）TA 断线闭锁判据。各生产厂家 TA 断线闭锁判据很不相同，如有的判据为

$$\left.\begin{array}{l}\text{一相差动电流} \geqslant 0.15I_{t.n}\\ \text{本侧三相电流中至少有一相电流为零}\\ \text{本侧三相电流中至少有一相电流不为零}\\ \text{最大相电流} \leqslant 1.2I_{unl}\end{array}\right\} \quad (2\text{-}46)$$

式中 $I_{t.n}$——变压器基本侧额定二次电流；

I_{unl}——TA 断线保护解除闭锁差动保护电流整定值。

当满足式（2-46）时差动保护被闭锁，大型发电机变压器组纵差动 TA 断线保护应退出闭锁纵差动保护，仅作报警信号。

（二）整定计算

在变压器纵差动保护的整定计算中，最关键的问题是不平衡电流的产生原因和数值大小的计算，这与发电机纵差动保护有很大不同。到目前为止，在各种不同情况时理论上真正准确计算变压器纵差动保护的不平衡电流方法并不理想，实用中只能用经验公式计算。

1. 变压器比率制动纵差动保护

（1）计算不平衡电流应考虑的因素：

1）电流互感器的稳态最大误差 K_{er}。一般考虑采用 $K_{er}=10\%$。

2）电流互感器的暂态最大误差。一般用非周期分量系数 $K_{ap}=1.5\sim2$ 处理，为安全起见可适当放大。

3）变压器分接头误差。变压器实际运行分接头和计算不一致造成的误差，其最大可能的误差为 $\Delta u=0.05$，然而对于无带载调压的变压器，在计算时完全可以做到用运行分接头进行计算，取 $\Delta u=0$。

4）变压器变比和电流互感器变比不匹配误差。当前采用的微机变压器纵差动保护，由于变压器各侧电流互感器变比不匹配引起的附加误差 Δm 完全可消除。如果按以上诸原因引起的误差，计算变压器正常运行和区外短路时最大不平衡电流，就可计算比率制动差动保护的最小动作电流和制动系数斜率。

5）变压器纵差动保护其他因素产生的误差。变压器各侧电流是通过电磁耦合转换的，存在着励磁分支对变压器各侧电流的影响，其中特别是励磁涌流对纵差动保护差动电流的影

响更为严重，由于变压器存在励磁分支，这时变压器各侧一次电流（无区内短路）同名相归算至同一基准侧后并不满足 $\sum\dot{I}=0$，因此变压器各侧一次电流在幅值、波形和相位上已存在不一致，这样变压器各侧 TA 对一次电流的转换和发电机 TA 对两侧完全相同的一次电流（无区内短路）转换情况有着更大的不相同，变压器各侧 TA 比发电机两侧 TA 在二次电流幅值、波形和相位转换产生更大的不一致，从而产生更加难以计算的变压器纵差动保护不平衡电流附加分量，同时变压器纵差动保护不平衡电流附加分量比发电机纵差动保护不平衡电流附加分量要大得多。

6）自并励磁变压器产生的不平衡电流。当自并励磁变压器在发电机变压器组（变压器）范围内时，发电机变压器组纵差动保护最小动作电流应考虑自并励磁变压器最大负荷电流，自并励磁变压器最大负荷电流就是发电机变压器组纵差动保护直接增加的正常运行时的不平衡电流。

到目前为止，大型发电机变压器组或大型变压器纵差动保护误动的情况较多。其原因主要是不同运行方式的短路故障或短路故障切除电压恢复过程、变压器空载合闸对运行变压器纵差动保护出现的不平衡电流现象较复杂，特别是以上情况电流互感器由于暂态特性不一致，而导致出现难以计算的很大的差动不平衡电流，从有关统计资料知，在区外短路时，很多差动保护实际上比率制动已在动作区，因为 TA 有抗饱和判据闭锁了保护的动作。但这样同样出现区内短路时 TA 抗饱和判据闭锁比率制动差动保护的正确动作，此时只能依赖于无饱和判据差动速断动作切除区内短路故障，或待谐波分量衰减后比率制动差动保护动作。然而无饱和判据差动速断动作电流，亦应按躲过穿越性短路最大不平衡电流计算，则其动作电流就很大了，导致区内短路动作灵敏度很小。差动保护最小动作电流、拐点电流、制动系数斜率及差动速断动作电流计算选取合理与否，直接影响保护动作安全可靠性和内部短路故障的保护范围和灵敏度。大型发电机变压器组或大型变压器，不同原理不同类型的纵差动保护，其整定计算方法各不相同，但考虑的问题和整定计算原则应是相似的。所以差动保护最小动作电流、拐点电流、制动系数斜率及差动速断动作电流计算，应充分考虑主接线是双母线还是 3/2 断路器接线方式；差动保护的 TA 用主变压器出口 TA，3/2 断路器支路 TA，发电机出口是否有主断路器，TA 是 TPY 型或是 5P 型（从提高保护动作性能 600～1000MW 机组宜采用 TPY 型 TA，以便降低差动保护整定值），这些均应进行综合分析、考虑计算。

（2）最小动作电流 $I_{d.op.min}$ 的常规方法计算：

1）躲过正常最大负荷时的不平衡电流计算。即

$$I_{d.op.min} \geqslant K_{rel} I_{unb.n} = K_{rel}(K_{er}+\Delta u+\Delta m)\times\frac{I_{T.N}}{n_{TA}} \tag{2-47a}$$

式中 $I_{d.op.min}$——变压器比率制动纵差动保护的最小动作电流；

$I_{T.N}$——变压器基准侧的额定电流；

n_{TA}——变压器基准侧电流互感器变比；

K_{er}——电流互感器比误差，10P 型取 0.03×2，5P 型取 0.01×2；

K_{rel}——可靠系数，取 1.3～1.5；

Δu——变压器调压引起的误差，对带载调压的变压器取 $\Delta u=0.05$，对无有载调压的变压器按实际行运分接头计算时，可取 $\Delta u=0$；

Δm——由于电流互感器变比不匹配产生的误差，模拟型保护在初算时取 $\Delta m=0.05$，待选定后按实际误差复算修正，微机保护取 $\Delta m=0.01$。

按式（2-47a）计算得

$$I_{d.op.min}=(0.09\sim0.24)\times\frac{I_{T.N}}{n_{TA}}=(0.09\sim0.24)I_{t.n} \tag{2-47b}$$

式中 $I_{t.n}$——变压器基本侧的额定二次电流。

2）躲过远区外短路时的暂态不平衡电流计算。此时短路电流接近额定电流 $I_{K.ou}\approx I_{T.N}$ 时有

$$\begin{aligned}I_{d.op.min}&\geqslant K_{rel}I_{unb.k}=K_{rel}(K_{ap}K_{cc}K_{er}+\Delta u+\Delta m)\frac{I_{K.ou}}{n_{TA}}\\&=1.5(1.5\times1\times0.06+0.05+0.05)\times\frac{I_{T.N}}{n_{TA}}\\&=0.285I_{t.n}\end{aligned}$$

式中 K_{rel}——可靠系数，1.3～1.5；

K_{ap}——非周期分量系数，1.5～2（因 $I_{K.ou}$较小，但仍有非周期分量，取 $K_{ap}=1.5$，实际可能远超过此值）；

K_{cc}——互感器的同型系数，两侧电流互感器型号不相同时 $K_{cc}=1$；

K_{er}——互感器幅值误差系数（正常负荷时取±3%，为0.06）；

其他符号含义同式前。

当 $\Delta u=0.05$、$\Delta m=0.05$ 时有

$$I_{d.op.min}=0.285I_{t.n} \tag{2-48a}$$

当 $\Delta u=0$、$\Delta m=0$ 时有

$$I_{d.op.min}=0.135I_{t.n} \tag{2-48b}$$

因此计算变压器纵差动保护最小动作电流的理论计算公式为

$$I_{d.op.min}=(0.135\sim0.285)\frac{I_{T.N}}{n_{TA}}=(0.135\sim0.285)I_{t.n} \tag{2-48c}$$

（3）最小动作电流的经验计算公式。

1）纵差动保护不平衡电流和最小动作电流计算方法存在的问题。

① 当变压器各侧为5P、10P或5P、10P混合使用TA的纵差动保护最小动作电流，如按躲过正常最大负荷时不平衡电流理论计算，或按实测正常时的最大不平衡电流计算均欠合理，由于不平衡电流理论计算值和实测值均很小，如A厂、B厂实测正常最大负荷时不平衡电流均小于 $0.1I_{t.n}$。所以应按躲过变压器远区外短路或有突变量电流时，各侧5P、10P或5P、10P混合使用TA暂态特性严重不一致，而产生随机的且数值很大的附加不平衡差动电流。此附加不平衡差动电流很难进行准确的理论计算，实际上远比理论计算值大的多。为此300MW及以上的机组对各侧5P、10P或5P、10P和TPY型混合使用TA的情况应予技改。

② 近年来变压器在区外短路切除后，当电压恢复时多次出现变压器一次电流还未超过额定电流时，差动电流已超过差动保护的最小动作电流而误动的情况，如当变压器纵差动保护最小动作电流整定值为 $I_{d.op.min}=0.3I_{t.n}$左右时，多次出现变压器带有一定负荷，在区外短路切除时，变压器负荷电流 $<I_{t.n}$，但变压器纵差动保护的差动电流却高达 $0.4I_{t.n}$以上，以

致变压器纵差动保护误动作跳闸的情况。例如：①某降压变压器微机比率制动差动保护，最小动作电流 $I_{d.op.min}=0.36I_{t.n}$，区外两相短路切除后，三相电流仅为变压器的额定电流，而差动电流约为 $I_{d}=0.47I_{t.n}$，差动保护误动跳闸；②某发电厂发电机变压器组微机比率制动差动保护，最小动作电流整定值为 $I_{d.op.min}=0.327I_{t.n}$，区外三相短路故障切除后，三相电流仅为 $0.7I_{t.n}$，而差动电流 $I_{d}=0.4I_{t.n}$，发电机变压器组的纵差动保护误动作跳闸。如按躲过变压器带负荷切除区外短路后由于各侧 TA 暂态特性和 TA 各侧二次回路衰减时间常数不同及由短路残压恢复至正常电压时变压器励磁涌流（不同于变压器空载励磁涌流）等因素造成的附加不平衡差动电流计算，应取 $I_{d.op.min}\geqslant 0.5I_{t.n}$。

③最小动作电流按躲过变压器的和应涌流计算。近年来多次出现大型发电机变压器组在带有一定负荷情况下，当相邻一台大型变压器空充电时，正常运行变压器产生和应涌流，考虑和应涌流的影响，取 $I_{d.op.min}\geqslant 0.5I_{t.n}$。

综上所述，当变压器各侧采用 5P、10P 或 5P、10P 混合使用 TA 暂态特性严重不一致时，比率制动差动保护最小动作电流应取 $I_{d.op.min}\geqslant 0.5I_{t.n}$比较合理。

2）比率制动差动保护最小动作电流经验计算公式。变压器各侧为 5P、10P 或 5P、10P 混合使用 TA 的纵差动保护最小动作电流为

$$I_{d.op.min}=(0.5\sim 0.7)I_{t.n} \tag{2-49a}$$

发电机变压器组纵差动保护取

$$I_{d.op.min}=(0.5\sim 0.6)I_{t.n} \tag{2-49b}$$

降压变压器纵差动保护取

$$I_{d.op.min}=(0.6\sim 0.7)I_{t.n} \tag{2-49c}$$

式中　$I_{t.n}$——变压器基本侧二次额定电流值。

式（2-49a）～式（2-49c）是考虑到变压器两侧用 P 级 TA，暂态特性严重不一致而采取权宜之计的计算公式。为使变压器纵差动保护能灵敏地检测变压器内部小匝数的匝间短路（此时短路匝存在很大的短路电流，而变压器纵差动保护检测到的差动电流却并不大），为此变压器各侧应尽可能采用暂态特性一致的 TA，只有均采用 TPY 型 TA 或其他线性准确反应一次电流且暂态特性一致新型的 TA，此时变压器纵差动保护最小动作电流方可按躲过正常负荷时最大不平衡电流公式（2-50）计算

$$I_{d.op.min}=(0.3\sim 0.5)I_{t.n} \tag{2-50}$$

在避免变压器纵差动保护误动的情况下，根据实际情况取较小值，$I_{d.op.min}=0.3I_{t.n}$，尽可能使变压器纵差动保护达到理想的保护效果（在变压器内部小匝数匝间短路时灵敏地动作）。

（4）最小制动电流或拐点电流 $I_{res.min}$计算。取 $I_{res.min}=(0.8\sim 1)I_{t.n}$，一般取

$$I_{res.min}=0.8I_{t.n} \tag{2-51}$$

（5）比率制动特性线斜率计算。

1）最大动作电流 $I_{d.op.max}$及最大不平衡电流 $I_{unb.k.max}$计算。按躲过区外故障最大不平衡电流计算，即

$$I_{d.op.max}\geqslant K_{rel}I_{unb.k.max}=K_{rel}(K_{ap}K_{cc}K_{er}+\Delta u+\Delta m)\frac{I_{K.max}}{n_{TA}}$$

$$=1.5\times(2\times 1\times 0.1+0.05+0.05)\times\frac{I_{K.max}}{n_{TA}}=0.45\frac{I_{K.max}}{n_{TA}}$$

$$\Delta u=0,\ \Delta m=0,\ I_{d.op.max}=0.3I_{k.max}$$

实际计算宜取 $$I_{d.op.max}=(0.4\sim0.6)\ I_{k.max} \tag{2-52}$$

式中 $I_{d.op.max}$——躲过区外故障时的最大动作电流（A）；

$I_{unb.k.max}$——区外故障时的最大不平衡电流（A）；

K_{rel}——可靠系数，1.5；

K_{ap}——非周期分量系数，（因 $I_{K.max}$较大，非周期分量较大，取 $K_{ap}=2$）；

K_{cc}——电流互感器的同型系数（两侧电流互感器型号不相同时 $K_{cc}=1$）；

K_{er}——电流互感器幅值误差系数（最大误差为10%）；

n_{TA}——变压器基本侧电流互感器变比；

$I_{k.max}$——区外故障时基本侧最大故障电流二次值（A）。

其他符号含义同前。

2）制动特性线斜率 S 计算。将式（2-49a）、式（2-51）、式（2-52）计算的值代入下式即可求得

$$S=\frac{I_{d.op.max}-I_{d.op.min}}{I_{res.max}-I_{res.min}} \tag{2-53a}$$

式中符号含义同前。

（6）比率制动特性线斜率 S 经验公式计算。变压器纵差动保护比率制动特性线斜率用以上方法计算，存在着与不平衡电流和最小动作电流计算方法相同情况的问题，虽然已考虑了非周期分量和暂态过程对差动电流影响的因素（取 $K_{ap}=2$），实践说明这对P级TA是不够的。因涉及难以准确计算，考虑到在短路电流超过额定电流时，即使制动特性线斜率取0.5，其灵敏度也是足够的，所以实际在计算时为可靠起见，一般采用经验公式，即

$$S=0.5\sim0.7 \tag{2-53b}$$

高压侧当用变压器高压出口侧TA时，变压器组纵差动保护取 $S=0.5$，高压侧当用3/2断路器回路内TA时，变压器组纵差动保护 S 适当取大一些，如取 $S=0.7$。

（7）比率制动差动保护灵敏度计算。计算式为

$$K_{sen}=\frac{I_{k.min}^{(2)}}{I_{d.op}}\geqslant1.5$$

式中 $I_{k.min}^{(2)}$——最小运行方式时变压器区内两相短路时最小短路电流TA二次值（A）；

$I_{d.op}$——变压器区内故障最小短路电流对应的差动保护动作电流（A）。

区内故障时差动保护动作电流 $I_{d.op}$ 计算与保护制动电流的计算公式有关，如果 $I_{res}=\max\{I_1,\ I_2,\ I_3,\ \cdots,\ I_n\}$ 则

$$I_{d.op}=I_{d.op.min}+S(I_{k.min}-I_{res.min}) \tag{2-54a}$$

如果 $I_{res}=\frac{1}{2}(I_1+I_2+I_3+\cdots+I_n)$，则

$$I_{d.op}=I_{d.op.min}+S(0.5I_{k.min}-I_{res.min}) \tag{2-54b}$$

由此可见，后者灵敏度计算值较前者为高。

注意：严格说来，比率制动差动保护的灵敏系数应由下式计算

$$K_{sen}=\frac{I_{k.d}}{I_{d.op}} \tag{2-55a}$$

式中 $I_{k.d}$——变压器区内短路时比率制动差动保护的差动电流（A）；

$I_{d.op}$——变压器区内短路时比率制动差动保护的动作电流（A）。

变压器区内短路时，比率制动差动保护的差动电流为各侧短路电流相量和的绝对值，即

$$I_{k.d}=\left|\sum_{i=1}^{n}\dot{I}_i\right| \tag{2-55b}$$

式中 $\dot{I}_1$，$\dot{I}_2$，…，$\dot{I}_n$——变压器区内短路时，各侧短路电流相量。

而差动保护动作电流 $I_{d.op}=f\ (I_{res})$ 不同的动作判据对应不同的动作方程，微机型比率制动差动保护动作电流和灵敏系数与过去传统的过量保护的灵敏系数计算方法和含义、要求有很大的不同，即微机型比率制动差动保护的灵敏系数不一定要追求灵敏系数 $K_{sen}\geqslant2$ 的要求，甚至只需满足 $K_{sen}\geqslant1.5$ 的要求（在区内故障时，即使实际故障量小于计算故障量，但只要满足 $K_{sen}\geqslant1.5$，此时微机型比率制动纵差动保护，是随保护测量到的实际故障量，自动调整动作量的大小，实际动作量总是恒小于保护测量到的故障量，微机型比率制动差动保护就能可靠动作，但对于传统的过量保护，如果实际测量到的故障量小于计算的故障量或实际故障量小于或接近过量保护整定值时，保护就可能拒动作）。由于变压器存在区内相间短路和内部小匝数短路，两者在纵差动保护有完全不同的差动电流值的区别，因此变压器区内相间短路时纵差动保护灵敏度即使合格，也不一定保证变压器内部小匝数短路时一定动作。

（8）变压器纵差动电流速断保护动作电流 $I_{d.op.qu}$ 计算。差动速断保护是纵差动保护的补充部分。

1）按躲过区外短路时最大不平衡电流计算

$$I_{d.op.qu}=K_{unb}\times I_{k.max} \tag{2-56a}$$

式中 K_{unb}——躲过变压器区外最大短路电流时的不平衡系数，取0.4～0.6；

$I_{k.max}$——变压器区外最大短路电流。

2）按躲过变压器空载合闸时的最大励磁涌流计算

$$I_{d.op.qu}=K\times I_{t.n} \tag{2-56b}$$

式中 $I_{t.n}$——变压器基本侧额定二次电流（A）；

K——躲过变压器励磁涌流倍数。

最大励磁涌流大小的相对值 $I_{\mu.max}$ 与变压器的容量、系统（电源容量）阻抗和空载合闸在高压或低压侧等因素有关，其值在很大范围内变化，最大励磁涌流大小的相对值 $I_{\mu.max}$ 见表2-1。

表2-1　最大励磁涌流大小的相对值 $I_{\mu.max}$

额定容量（MVA）	高压侧合闸最大励磁涌流相对值	低压侧合闸最大励磁涌流相对值	衰减到50%所经历时间（周期数）
1	12	20	19
5	8.5	14	20
10	5～7	10～12	20
50以上	4.5	9.0	60～360

躲过变压器励磁涌流倍数 K 参考数据见表2-2。用于降压变压器，K 值可适当取大一

些。而用于升压变压器，K 值可适当取小一些。在整定计算时，360～1200MVA 发电机变压器组的差动速断动作电流 $I_{d.op.qu}=(3\sim4)I_{t.n}$，而 25MVA 高压起动/备用变压器的差动速断动作电流 $I_{d.op.qu}=(6\sim7)I_{t.n}$。根据运行实践，对于不同的变压器，纵差动电流速断保护动作电流 $I_{d.op.qu}$ 选取 K 值相差较大，而不能一概而论，根据实际情况有时可适当提高一些。

表 2-2　变压器躲过励磁涌流倍数和变压器的容量的关系

变压器的容量(MVA)	躲过变压器励磁涌流倍数 K
6.3MVA 及以下	$K=7\sim12$
6.3～31.5MVA	$K=5\sim7$
40～120MVA	$K=3\sim6$
120MVA 以上	$K=2\sim5$

差动电流速断灵敏系数为

$$K_{sen}=\frac{I_{K.min}^{(2)}}{n_{TA}\times I_{d.op.qu}}\geqslant1.2 \tag{2-57}$$

式中　$I_{K.min}^{(2)}$——发电机变压器组用并入系统后出口两相短路时短路点的最小短路电流（A）。

（9）二次谐波制动系数整定值 $K_{2\omega.set}$ 计算。利用二次谐波制动躲过励磁涌流，防止差动保护误动作，一般采用交叉制动，二次谐波制动系数整定值取

$$K_{2\omega.set}=0.15\sim0.2 \tag{2-58}$$

发电机变压器组取

$$K_{2\omega.set}=0.16 \tag{2-59}$$

降压变压器取

$$K_{2\omega.set}=0.15 \tag{2-60}$$

（10）励磁涌流间断闭锁角整定计算。利用励磁涌流波形的间断角闭锁差动保护，以躲过励磁涌流，防止差动保护误动作，取间断闭锁角整定值 $\theta_{atr.set}=60°\sim70°$，一般取

$$\theta_{atr.set}=60° \tag{2-61}$$

（11）各侧电流相角补偿和幅值平衡计算。目前各厂家生产的微机型纵差动保护，对各侧电流相角补偿和幅值平衡输入整定值的要求各不相同。整定计算人员必须事先了解清楚，对各厂家生产的微机型纵差动保护，给予相应要求的整定值和辅助参数的设置。大多数保护需要在整定值中输入变压器和电流互感器的额定参数和联结组别，但也有的保护在出厂前将变压器和电流互感器的额定参数和联结组别已固定在软件中，整定值中不必再输入变压器和电流互感器的额定参数和联结组别。

1）输入变压器的额定容量、变压器的联结组别、变压器各侧额定电压。对于非有载调压的变压器，可根据实际运行分接头电压设置变压器各侧额定电压，这可减小区外短路时差动保护的最大不平衡电流，在计算时用 $\Delta u=0$。对有载调压的变压器，根据实际运行调压分接头可能最大调节范围中间分接头电压，计算调压侧的额定电压，由变压器各侧设置的额定电压计算对应的额定一次电流。

2）根据实际 TA 变比，设置各侧 TA 一、二次额定电流和接线方式（一般要求各侧 TA 为完全星形的“电流和”接线方式）。各侧电流的相角补偿、零序电流滤除、各侧电流幅值的平衡均在软件算式中实现（个别厂家生产的保护需在控制字中设定）。

3）关于平衡系数的计算。不同厂家生产的保护装置，其基本侧可能有的设置为低压侧，

有的设置为高压侧，平衡系数的定义也不相同，这是整定计算人员和检验人员应注意的，否则可能出现错误。

有的发电机变压器组（变压器）纵差动保护，规定变压器的低压侧为基本侧，即以低压侧额定二次电流为基准，各侧电流互感器为完全星形接线，变压器 Y 接线侧的额定二次电流应乘$\sqrt{3}$后再计算平衡系数，即

$$\left.\begin{aligned}&\text{变压器低压侧绕组为 d 接线时，低压侧平衡系数}\quad K_{bal.l}=1\\&\text{变压器中压侧绕组为 d 接线时，中压侧平衡系数}\quad K_{bal.m}=\frac{I_{l.n}}{I_{m.n}}=\frac{U_{M.N}n_{TA.M}}{U_{L.N}n_{TA.L}}\\&\text{变压器高压侧绕组为 YN 接线时，高压侧平衡系数}\ K_{bal.h}=\frac{I_{l.n}}{\sqrt{3}I_{h.n}}=\frac{U_{H.N}n_{TA.H}}{\sqrt{3}U_{L.N}n_{TA.L}}\end{aligned}\right\}\tag{2-62}$$

式中 $I_{h.n}$、$I_{m.n}$、$I_{l.n}$——分别为变压器运行分接头高、中、低压侧的额定二次电流；

$U_{H.N}$、$U_{M.N}$、$U_{L.N}$——分别为变压器运行分接头高、中、低压侧的额定电压；

$n_{TA.H}$、$n_{TA.M}$、$n_{TA.L}$——分别为变压器高、中、低压侧电流互感器的额定变比。

而有的发电机变压器组（变压器）纵差动保护，规定变压器的高压侧为基本侧，即以高压侧额定二次电流为基准，各侧电流互感器为完全星形接线，计算平衡系数时，用变压器 Y 接线侧的 TA 额定二次电流直接计算平衡系数，即

$$\left.\begin{aligned}&\text{高压侧平衡系数}\qquad K_{bal.h}=1\\&\text{中压侧平衡系数}\qquad K_{bal.m}=\frac{I_{h.n}}{I_{m.n}}=\frac{U_{M.N}\times n_{TA.M}}{U_{H.N}\times n_{TA.H}}\\&\text{低压侧平衡系数}\qquad K_{bal.l}=\frac{I_{h.n}}{I_{l.n}}=\frac{U_{L.N}\times n_{TA.L}}{U_{H.N}\times n_{TA.H}}\end{aligned}\right\}\tag{2-63}$$

$$I_{h.n}=\frac{I_{H.N}}{n_{TA.H}},I_{m.n}=\frac{I_{M.N}}{n_{TA.M}},I_{l.n}=\frac{I_{L.N}}{n_{TA.L}}$$

式中符号含义同前。

由式（2-62）、式（2-63）知，不同厂家生产的保护装置，平衡系数定义不相同，计算的值也不相同。

4）变压器带负荷检测纵差动保护不平衡电流时，如发现不平衡电流超过理论计算值（实际当 $I_d\geqslant0.1I_{t.n}$）时应查明原因，如变压器和电流互感器的额定参数和联结组别设置是否符合实际值，平衡系数计算和设置是否正确，电流互感器接线和极性是否正确等，并消除不平衡电流过大的原因。

5）当变压器中性点直接接地的 YN 侧 TA 为完全星形接线时，国产的微机型纵差动保护均在装置内部软件算式中自动滤除零序电流。但国外进口的变压器微机型纵差动保护，用控制字设置滤除零序电流，也可以设置不滤除零序电流，这是在整定计算时应特别注意的问题。对国外进口的变压器微机型纵差动保护，都应将控制字设置滤除零序电流（如 GE 生产的 T60 型微机纵差动保护，要求变压器各侧电流互感器采用完全星形“电流和”接线方式，各侧相角补偿在软件算式中自动实现，但变压器 YN 侧的零序电流滤除必须在整定值的控制字内设置。整定计算时因未了解此要求，整定值内未设置滤除零序电流的控制字，以致当区外单相接地时造成发电机变压器组或变压器纵差动保护多次误动跳闸）。

(12) 差动保护 TA 二次回路断线保护整定计算与闭锁功能。大型发电机变压器组（大型变压器）差动电流回路断线解闭锁动作电流 I_{unl} 为

$$I_{unl}=1.2I_{t.n} \tag{2-64}$$

式中 $I_{t.n}$——变压器基本侧额定二次电流（A）。

对大机组的微机型纵差动保护，各厂家虽均可做到当 TA 电流回路断线时可闭锁差动保护，但根据实践，大机组 TA 电流回路当断线或开路时基本上都出现危及人身和设备的过电压。某 300MW 机组在运行中出现电流端子接线接触不良，由于 TA 电流回路断线闭锁未投闭锁差动保护，差动保护瞬时动作跳闸，事后检查保护屏的电流端子和导线一部分已经烧坏，经处理后，发电机迅速并网发电，这样损失较小。如果这情况仍然闭锁差动保护，其结果将是设备的严重损坏，要恢复正常运行的时间肯定要延长，类似的例子在国内已发生多起。更严重的是，变压器区内短路时，差动电流回路断线误闭锁差动保护，致使差动保护拒动作。所以，大型发电机变压器组（或变压器）的纵差动保护，差动电流回路断线不应闭锁纵差动保护，应作用于信号。

2. 变压器第一类变制动系数比率制动纵差动保护

变制动系数比率制动纵差动保护整定计算原则，基本上同比率制动差动保护整定计算。

(1) 最小动作电流的计算。变压器各侧为 5P、10P 或 5P、10P 混合使用 TA 的纵差动保护最小动作电流为

$$I_{d.op.min}=(0.5\sim0.7)I_{t.n} \tag{2-65}$$

发电机变压器组(主变压器)纵差动保护取

$$I_{d.op.min}=(0.5\sim0.6)I_{t.n} \tag{2-66}$$

降压变压器纵差动保护取

$$I_{d.op.min}=(0.6\sim0.7)I_{t.n} \tag{2-67}$$

式中 $I_{t.n}$——变压器基本侧二次额定电流值。

以上计算仅为权宜之计，为使变压器纵差动保护能灵敏地检测变压器内部小匝数的匝间短路，为此变压器各侧应尽可能采用暂态特性一致的 TA，只有均采用 TPY 型 TA 或其他线性准确反应一次电流且暂态特性一致新型的 TA，此时变压器纵差动保护最小动作电流方可按躲过正常负荷时的最大不平衡电流计算，即

$$I_{d.op.min}=(0.3\sim0.5)I_{t.n} \tag{2-68a}$$

当各侧采用 TPY 级 TA 时一般取

$$I_{d.op.min}=0.3I_{t.n} \tag{2-68b}$$

(2) 第一拐点电流计算。可按 $I_{res1}=(0.8\sim1)I_{t.n}$，一般取

$$I_{res1}=0.8I_{t.n} \tag{2-69}$$

(3) 第一制动特性线斜率计算。可取

$$S_1=0.3\sim0.5 \tag{2-70}$$

(4) 第二拐点电流计算。可取

$$I_{res2}=4\sim6 \tag{2-71}$$

(5) 第二制动特性线斜率计算。可取

$$S_2=0.5\sim0.7 \tag{2-72}$$

(6) 其他辅助数据整定计算。同本节二、(二)1. 的(8)～(12)。

3. 变压器第二类变制动系数比率制动纵差动保护

其第一段制动特性实际为二次抛物线（其形状更接近实际的差动电流曲线），这样最小动作电流可比比率制动特性的纵差动保护小一些，

(1) 最小动作电流 $I_{d.op.min}$ 计算。变压器各侧为 5P、10P 或 5P、10P 混合使用 TA 的纵差动保护最小动作电流取

$$I_{d.op.min}=(0.4\sim0.6)I_{t.n} \tag{2-73}$$

发电机变压器组纵差动保护取

$$I_{d.op.min}=(0.4\sim0.5)I_{t.n} \tag{2-74}$$

降压变压器纵差动保护取

$$I_{d.op.min}=(0.5\sim0.6)I_{t.n} \tag{2-75}$$

式中 $I_{t.n}$——变压器基准侧二次额定电流值。

以上计算仅为权宜之计，为使变压器纵差动保护能灵敏的检测变压器内部小匝数的匝间短路，为此变压器各侧应尽可能采用暂态特性一致的 TA，只有各侧均采用 TPY 型 TA 或其他线性准确反应一次电流且暂态特性一致新型的 TA，此时变压器纵差动保护最小动作电流可按躲过正常负荷时的最大不平衡电流计算，即

$$I_{d.op.min}=(0.3\sim0.5)I_{t.n} \tag{2-76}$$

(2) 第一（最小）制动系数 K_{res1} 和第二（最大）制动系数 K_{res2} 计算。一般取

$$\left.\begin{aligned}K_{res1}&=0.1\sim0.3\\K_{res2}&=0.7\end{aligned}\right\} \tag{2-77}$$

(3) 拐点制动电流倍数 n 的计算。变压器纵差动保护装置内部固定为 $n=6$。

(4) 校核 $I_{t.n}$ 和变压器区外最大短路电流时应能躲过最大不平衡电流。即

$$\left.\begin{aligned}&\text{当 } I_{res}^{*}=1<n=6 \text{ 时}\\&I_{d.op}^{*}=K_{res1}I_{res}^{*}+\Delta K_{res}I_{res}^{*2}+I_{d.op.min}^{*}\geqslant(0.5\sim0.6)\\&\text{当 } I_{res}^{*}=I_{k.max}^{*(3)}>n \text{ 时}\\&I_{d.op}^{*}=K_{res2}(I_{res}^{*}-n)+0.5(K_{res1}+K_{res2})n+I_{d.op.min}^{*}\geqslant(0.375\sim0.5)I_{k.max}^{*(3)}\end{aligned}\right\} \tag{2-78}$$

式中符号含义同前。

所选择的 $I_{d.op.min}^{*}$、K_{res1} 代入式（2-78）计算值过大或过小时，可适当调整 $I_{d.op.min}^{*}$、K_{res1} 的整定值使其恰好满足式（2-78）要求，则所选择的 $I_{d.op.min}^{*}$、K_{res1} 合理正确。

(5) 纵差动保护的其他辅助数据整定计算。同本节二、(二)、1. 的（8）～（12）。

4. 变压器标积制动式比率纵差动保护

(1) 最小动作电流 $I_{d.op.min}$ 的计算。变压器各侧为 5P、10P 或 5P、10P 混合使用 TA 的

纵差动保护最小动作电流取

$$I_{d.op.min}=(0.5\sim0.7)I_{t.n} \tag{2-79}$$

发电机变压器组取

$$I_{d.op.min}=(0.5\sim0.6)I_{t.n} \tag{2-80}$$

降压变压器纵差动保护取

$$I_{d.op.min}=(0.6\sim0.7)I_{t.n} \tag{2-81}$$

式中　$I_{t.n}$——变压器基本侧二次额定电流值。

以上计算仅为权宜之计，为使变压器纵差动保护能灵敏地检测变压器内部小匝数的匝间短路，为此变压器各侧应尽可能采用暂态特性一致的TA，只有各侧均采用TPY型TA或其他线性准确反应一次电流且暂态特性一致新型的TA，此时变压器纵差动保护最小动作电流方可按躲过正常负荷时的最大不平衡电流计算，即

$$I_{d.op.min}=(0.3\sim0.5)I_{t.n} \tag{2-82}$$

(2) 最小制动电流或拐点电流 $I_{res.min}$ 计算。由于变压器区内短路时无制动作用，可取

$$I_{res.min}=(0.8\sim1)I_{t.n} \tag{2-83}$$

(3) 制动系数斜率计算。由于标积制动式比率差动保护在变压器区外短路时有最大的强制动作用，在变压器区内短路时，差动保护无制动作用而具有很高的灵敏度，可取

$$K_{res}=0.5\sim0.7 \tag{2-84}$$

(4) 其他辅助参数的整定计算。与变压器比率差动保护的整定计算相同。

五、发电机及发电机变压器组不完全纵差动保护

不完全纵差动保护既反应相间和匝间短路故障保护，又兼顾反应分支开焊故障保护，不完全纵差动保护接线如图2-8所示。

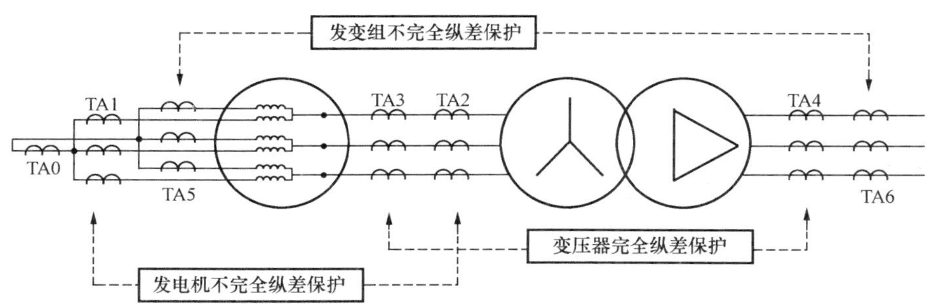

图2-8　不完全纵差动保护接线图

图中定子绕组每相并联支路总数为 a，机端侧TA2和主变高压侧TA6接入每相全相电流，中性点侧TA1、TA5每相仅接入 N 个分支电流，TA1、TA2组成发电机不完全纵差动保护。TA5、TA6组成发电机变压器组不完全纵差动保护。TA1、TA5的变比按 $\frac{I_{G.N}}{a}N/I_{2n}$ 条件选择，TA2、TA6的变比按 $\frac{I_{G.N}}{I_{2n}}$ 条件选择，其中 $I_{G.N}$ 为发电机定子额定电流；I_{2n} 为电

流互感器额定二次电流。

不完全纵差动保护 a 与 N 的关系为

$$1 \leqslant N \leqslant \frac{a}{2} \tag{2-85}$$

a 与 N 的取值关系见表 2-3。

表 2-3　　a 与 N 的取值关系

a	2	3	4	5	6	7	8	9	10
N	1	1	2	2	2 或 3*	2 或 3*	3 或 4*	3 或 4*	4 或 5*
	$N=a$ 时为完全差动保护								

*　装设一套或二套单元件横差动保护时的 N 值。

由此可知，TA1、TA2 两者变比一定不相同。但对于微机保护，TA1、TA2 也可以选取相同变比，两侧电流的平衡根据平衡系数由软件实现。对 TA5、TA6 组成发电机变压器组不完全纵差动保护，也根据平衡系数由软件实现两侧电流的平衡。

比率制动特性发电机和发电机变压器组不完全纵差动保护动作判据和整定计算基本上同前述的完全纵差动保护，仅对电流互感器的选择不相同或两侧设置不同的平衡系数。两侧平衡系数为

$$\left.\begin{aligned}&\text{基本侧选择为机端时，机端平衡系数}\ K_{\text{bal.T}}=1\\&\text{中性点侧平衡系数}\quad K_{\text{bal.N}}=\frac{I_{\text{T.n}}}{I_{\text{N.n}}}\end{aligned}\right\} \tag{2-86}$$

式中　$I_{\text{T.n}}$——发电机在额定条件时机端侧 TA1 的二次电流（A）；

$I_{\text{N.n}}$——发电机在额定条件时中性点侧 TA2 的二次电流（A）。

如 TA1、TA2 变比相同，$a=3$，$N=1$，基本侧选择为发电机机端侧，机端平衡系数 $K_{\text{bal.T}}=1$，则中性点侧平衡系数 $K_{\text{bal.N}}=\frac{I_{\text{T.n}}}{I_{\text{N.n}}}=\frac{1}{1/3}=3$。

比率制动差动保护最小动作电流 $I_{\text{d.op.min}}$ 和制动系数斜率 K_{res} 的整定值适当比完全纵差动保护相应的整定值选取稍大一些的值。

六、变压器零序电流差动保护与变压器高压绕组单侧分相差动保护

中性点直接接地的变压器，当变压器内部单相接地时，变压器相电流比率制动纵差动保护的灵敏度一般较小，如果装设专用的变压器零序比率制动差动保护，反应变压器内部单相接地时的零序差动电流，则其灵敏度可能比相电流纵差动保护要高。但零序电流差动保护的缺点是在安装过程中当发生零序电流互感器极性接线错误时，难以用变压器的工作电流来检验。实际上在变压器投运前，可用外加电流法检验零序电流差动保护用零序电流互感器极性的正确性，试验接线如图 2-9 所示。

图 2-9 中 T 为 YNd11 接线变压器，TA·A、TA·B、TA·C 为 A、B、C 三相电流互感器，组成变压器出口处的零序电流滤过器，零序电流差动保护由零序电流滤过器取得变压器出口侧的 3 倍零序电流 $3\dot{I}_{0.\text{T}}$。TA0 为变压器中性点零序电流互感器，零序电流差动保护由 TA0 取得变压器中性点侧 3 倍零序电流 $3\dot{I}_{0.\text{N}}$，区外单相接地短路时 $3\dot{I}_{0.\text{T}}$ 和 $3\dot{I}_{0.\text{N}}$ 大小相

等方向相反，在零序电流差动保护回路内仅产生不平衡零序差电流 $3I_{0.nub} \ll 3I_{0d.op}$（$3I_{0d.op}$为零序差动保护动作电流），零序电流差动保护不动作；区内单相接地短路时 $3\dot{I}_{0.T}$和 $3\dot{I}_{0.N}$大小不等，方向相同，在零序电流差动保护差动回路内流过短路点的 3 倍零序电流 $3I_{k0.\Sigma}$，即 $3I_{0d}=3I_{k0.\Sigma} \gg 3I_{0d.op}$，零序电流差动保护可靠动作。为模拟区外单相接地短路，将图 2-9 中变压器高压侧 A、B、C 短接，将接地开关 QS1 断开后，接通外加电源 G（外加电源 G 为 380V 交流电压），然后检测两侧零序电流是否大小相等方向相反且零序差电流接近于零，以确定零序电流差动保护电流回路接线正确性。这对区外单相接地短路时，防止零序电流差动保护因 TA0 极性接线错误，造成零序电流差动保护误动作十分有效。

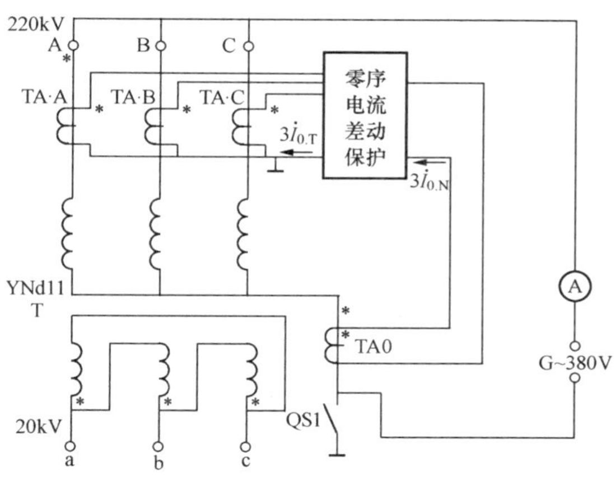

图 2-9 外加电流法检验零序电流差动保护用零序电流互感器极性的正确性试验接线图

（一）变压器简单零序电流差动保护

1. 动作判据

变压器简单零序电流差动保护动作判据为

$$3I_{0d}=|3\dot{I}_{0.T}+3\dot{I}_{0.N}| \geqslant 3I_{0d.op.set} \tag{2-87}$$

式中 $3I_{0d}$——零序差动电流；

$3\dot{I}_{0.T}$——变压器出口侧 3 倍零序电流相量；

$3\dot{I}_{0.N}$——变压器中性点侧 3 倍零序电流相量；

$3I_{0d.op.set}$——零序电流差动保护动作电流整定值。

2. 动作电流 $3I_{0d.op}$计算

简单零序电流差动保护动作电流按以下原则计算：

(1) 按躲过区外单相（或二相）接地时最大不平衡零序差动电流计算，即

$$\begin{aligned}3I_{0d.op.set} &\geqslant K_{rel}(3I^{(1)}_{k0.unb.max})=K_{rel}(K_{ap}K_{cc}K_{er}+\Delta m)(3I^{(1)}_{k0.max})\\ &=0.3\times(3I^{(1)}_{k0.max})\end{aligned} \tag{2-88}$$

式中 $3I^{(1)}_{k0.unb.max}$——区外单相（两相）接地短路时最大零序不平衡电流（A）；

$3I^{(1)}_{k0.max}$——区外单相（两相）接地短路时流过变压器最大 3 倍零序电流二次值（A）；

K_{rel}——可靠系数，1.5；

K_{ap}——非周期分量系数（TP 级取 $K_{ap}=1$，P 级取 $K_{ap}=1.5\sim2$）；

K_{cc}——互感器的同型系数（取 $K_{cc}=1$）；

K_{er}——互感器幅值误差系数（最大误差为 10%）；

Δm——变压器两侧零序电流未能完全平衡产生的误差（微机保护 $\Delta m=0$）。

(2) 按躲过区外三相短路时的最大不平衡零序电流计算。计算式为

$$3I_{0d.op.set}\geqslant K_{rel}I_{k.unb.max}^{(3)}=K_{rel}K_{ap}K_{cc}K_{er}I_{k.max}^{(3)}=0.15I_{k.max}^{(3)} \tag{2-89}$$

式中 $I_{k.max}^{(3)}$——区外三相短路时 TA 最大二次电流(A);

$I_{k.unb.max}^{(3)}$——区外三相短路由于三相 TA 误差不一致零序电流滤过器产生的最大不平衡电流(A);

K_{cc}——互感器的同型系数(三相电流互感器型号相同时取 $K_{cc}=0.5$);

其他符号含义同前。

(3) 按躲过励磁涌流产生最大不平衡零序差动电流计算。变压器一次侧的励磁涌流对零序差动而言是穿越电流,但考虑到两侧 TA 暂态特性传变的不一致,不可避免产生含有较大二次、三次谐波分量的差动不平衡电流,为躲过励磁涌流产生最大不平衡零序差动电流,一般取

$$3I_{0d.op.set}=(0.4\sim0.6)\ I_{t.n} \tag{2-90}$$

式中 $I_{t.n}$——变压器 YN 侧二次额定电流(A)。

(4) 单相接地灵敏度计算。计算式为

$$K_{sen}^{(1)}=\frac{I_{K.min}^{(1)}}{3I_{0d.op.set}n_{TA}}\geqslant2$$

式中 $I_{K.min}^{(1)}$——区内单相接地短路时接地点的电流(A);

其他符号含义同前。

(5) 动作时间计算。取 $t_{0d.op}=0$s。

取式(2-88)~式(2-90)计算结果的最大值,如果 $3I_{0d.op.set}\geqslant I_{t.n}$,此时选用变压器简单零序电流差动保护,则在变压器内部单相接地时灵敏度高的优点就不明显了。当式(2-88)计算的 $3I_{0d.op.set}$ 大于式(2-89)计算的 $3I_{0d.op.set}$ 时,则可选用零序电流制动的零序电流差动保护。反之式(2-89)计算的 $3I_{0d.op.set}$ 大于式(2-88)计算的 $3I_{0d.op.set}$ 时,则应选用最大相电流制动的零序电流差动保护。

(二) 变压器零序电流制动的零序电流差动保护

1. 动作特性

当制动电流为 $3I_{0res}$、差动电流为 $3I_{0d}$ 时,用零序电流制动的零序电流差动保护动作特性曲线与图 2-1 相同。

2. 动作判据

由零序电流制动的零序电流差动保护可以是比率制动(制动电流为 $3I_{0res}$,差动电流为 $3I_{0d}$)的动作判据或零序标积制动式差动保护动作判据与式(2-1)相同。

3. 零序差动电流和零序制动电流的计算

(1) 两侧电流互感器零序电流按"电流和"接线方式时。区外单相接地短路时两侧零序电流相角差为 180°,零序差动电流和零序制动电流为

$$\left.\begin{aligned}&\text{零序差动电流}\quad 3I_{0d}=|3\dot{I}_{0.T}+3\dot{I}_{0.N}|\\&\text{零序制动电流}\quad 3I_{0res}=\frac{1}{2}|3\dot{I}_{0.T}-3\dot{I}_{0.N}|\\&\qquad 3I_{0.res}=\frac{1}{2}(3I_{0.T}+3I_{0.N})\end{aligned}\right\} \tag{2-91}$$

式中 $3I_{0d}$——零序差动电流(A);

$3I_{0res}$——零序制动电流（A）；

$3\dot{I}_{0.T}$、$3\dot{I}_{0.N}$——分别为变压器出口侧和中性点侧折算至同一 TA0 变比的 3 倍零序电流相量。

（2）两侧电流互感器零序电流按“电流差”接线方式时。区外单相接地短路时两侧零序电流相角差为 0°，零序差动电流和零序制动电流为

$$\left.\begin{aligned}&\text{零序差动电流} && 3I_{0d}=|3\dot{I}_{0.T}-3\dot{I}_{0.N}|\\&\text{零序制动电流} && 3I_{0res}=\frac{1}{2}|3\dot{I}_{0.T}+3\dot{I}_{0.N}|\\&\text{或} && 3I_{0.res}=\frac{1}{2}(3I_{0.T}+3I_{0.N})\end{aligned}\right\} \tag{2-92}$$

式中符号含义同式（2-91）。

4. 整定计算

（1）最小动作电流 $3I_{0d.op.min}$计算。躲过区外三相短路最大不平衡电流，可按式（2-89）计算。

（2）最小制动电流计算式为

$$3I_{0res.min}=(0.5\sim0.8)I_{t.n} \tag{2-93}$$

（3）制动系数斜率 K_{0res}计算式为

$$K_{0res}=0.5 \tag{2-94}$$

（4）二次谐波制动比 $K_{2\omega}$计算式为

$$K_{2\omega}=0.15\sim0.18 \tag{2-95}$$

（5）零序差动速断动作电流 $3I_{0d.op.qu}$计算。由于变压器空载合闸的励磁涌流对变压器纵差动保护的作用就是差动电流，应由差动速断动作电流躲过；变压器空载合闸的励磁涌流对变压器零序差动保护来说却是穿越性电流，用相电流作制动电流的方法可有效地躲过区外短路时不平衡电流和励磁涌流产生的差动不平衡电流，同时励磁涌流产生的差动不平衡电流也可由二次谐波电流有效地制动，所以零序差动保护的差动速断动作电流 $3I_{0d.op.qu}$和变压器纵差动保护的差动速断动作电流 $I_{d.op.qu}$作用不同，从而其整定计算就不相同。不过变压器零序差动保护中差动电流中含有较大的三次谐波分量，一般零序差动速断动作电流 $3I_{0d.op.qu}$应躲过区外短路时的最大不平衡电流，即

$$3I_{0d.op.qu}=(3\sim4)I_{t.n} \tag{2-96}$$

（6）动作时间计算式为

$$t_{0d.op}=0\text{s}$$

（三）变压器相电流制动的零序电流差动保护

1. 动作特性

若零序电流制动的零序电流差动保护无法躲过区外三相短路时的最大不平衡电流，为躲过区外三相短路最大不平衡电流，可用最大相电流制动的零序电流差动保护，由相电流制动的零序电流差动保护动作特性和独立零序差动电流速断保护动作特性组成变压器用相电流制动的零序电流差动保护动作特性曲线与图 2-1 基本相同。

2. 动作判据

由相电流制动的零序电流差动保护可以是比率制动[制动电流 $I_{res}=\max(I_A、I_B、I_C)$为

三相电流中的最大相电流，差动电流为 $3I_{0d}$]的动作判据或零序标积制动式差动保护动作判据，与式(2-1)相同。

3. 整定计算

(1) 最小动作电流 $3I_{0d.op.min}$计算。变压器区外单相接地和相间短路产生的零序不平衡差动电流，均可由相电流制动特性躲过，最小动作电流按躲过正常时三相 TA 误差不一致产生的三相不平衡电流，其值从理论上讲不超过(0.1～0.2)$I_{t.n}$。实际上当三相电流突变时，由于三相 TA 暂态特性不一致产生的三相不平衡电流就是零序差动电流，其值远超过(0.1～0.2)$I_{t.n}$，在无制动作用时，三相电流突变产生的零序差动电流根据经验最大可能达(0.2～0.4)$I_{t.n}$。躲过无制动时的三相不平衡电流的经验公式为

$$3I_{0d.op.min}=(0.3\sim0.5)I_{t.n} \tag{2-97}$$

(2) 最小制动电流计算式为

$$I_{res.min}=(0.8\sim1)I_{t.n} \tag{2-98}$$

(3) 制动系数斜率 K_{res}计算式为

$$K_{res}=0.5 \tag{2-99}$$

(4) 二次谐波制动比 $K_{2\omega}$计算同式(2-95)。

(5) 零序差动速断动作电流 $3I_{0d.op.qu}$计算同式(2-96)，即

$$3I_{0d.op.qu}=(3\sim4)I_{t.n}$$

(6) 动作时间计算。取 $t_{od.op}=0$s。

(四) 变压器零序电流差动保护使用中的几个问题

变压器零序电流差动保护原理很简单，但实际使用起来并不简单，变压器相电流纵差动保护有害的不平衡电流主要是由变压器励磁分支和各侧电流互感器变比不一致产生，可以用比率制动特性，自动提高纵差动保护动作电流以躲过不平衡电流，防止纵差动保护的误动作。变压器零序电流差动保护，除两侧零序电流经 TA 传变误差不一致产生零序差动电流外，即使一次侧三相电流平衡（无零序电流）的情况，但由于三相 TA 暂态特性不一致产生的不平衡电流就是零序差动电流，也比一般的相电流纵差动保护产生不平衡差动电流的因素更为复杂，为防止区外短路产生最大不平衡零序差电流的误动作，应考虑下列相关因素：

(1) 变压器简单的零序电流差动保护。按躲过区外单相或两相接地时产生的最大不平衡零序差电流和按躲过区外三相短路时产生的最大不平衡零序差电流计算，简单的零序电流差动保护动作电流往往较大而灵敏度较低，单相接地灵敏度高的优点就完全失去。

(2) 零序电流制动的零序差动保护。可躲过区外单相接地时产生的最大不平衡零序差电流，但却无法躲过区外三相短路时产生的最大不平衡零序差电流，所以这种零序电流差动保护的优点也并不明显，使用也有局限性。

(3) 相电流制动的零序差动保护。变压器出口三相短路时，由于变压器出口三相 TA 误差不一致产生的最大不平衡电流，而变压器中性点侧无零序电流，零序差动电流就等于变压器出口三相 TA 误差不一致产生的最大不平衡电流。这不能用零序短路电流制动方法躲过，只能用相电流制动的零序电流差动保护躲过区外三相（相间）短路时的最大不平衡电流。相电流制动的零序差动保护比其他各种零序差动保护性能的优点要多，其综合灵敏度要高，由此也应优先采用相电流制动的零序差动保护。

(4) 在投运前为保证零序电流互感器和零序电流滤过器极性的正确接线，可用外加电流检验零序电流互感器和零序电流滤过器两侧零序电流平衡的方法，以验证其接线的正确性。

由于以上诸原因，该保护方式目前应用还不广泛，在使用时也应审慎。

(五) 变压器高压绕组单侧分相差动保护

超高压大型变压器，当采用三台单相变压器组成三相变压器组时，变压器高压侧绕组具有加装单侧分相差动保护的条件，则应尽可能采用高压侧绕组单侧分相差动保护，该保护反应变压器高压侧相间和内部单相接地短路故障，特别对变压器高压侧绕组单相接地具有较高的灵敏度。因为变压器区外三相短路时由于 TA 特性不一致，变压器高压侧零序差动保护会出现很大的零序差动电流，实际上这就降低了变压器高压侧零序差动保护的灵敏度，变压器高压侧绕组单侧分相差动保护，在变压器区外单相接地和三相短路时，该差动保护呈现同发电机纵差动保护相同的穿越性故障特征，变压器高压侧绕组单相接地时，其动作行为比变压器高压侧零序差动保护具有更好的动作条件，亦即具有较高的灵敏度。变压器空载合闸时的励磁涌流，对变压器高压绕组单侧分相差动保护，也呈现同发电机纵差动保护相同的穿越性特征，由于变压器空载合闸的励磁涌流具有很大的直流分量，这虽具有穿越性特征，但直流分量对两侧 5P20 型 TA 造成的不良影响，还是产生严重的暂态不一致特性，因而其整定值不能采用与发电机纵差动保护完全相同的计算方法。同时由于变压器高压侧分相差动保护不反映变压器绕组的匝间短路，所以不能替代变压器纵差动保护的功能。单侧分相差动保护采用高压侧套管 TA 或 3/2 断路器回路内 TA 和中性点侧套管 TA0 组成，单侧分相差动保护原理接线如图 2-10 所示。

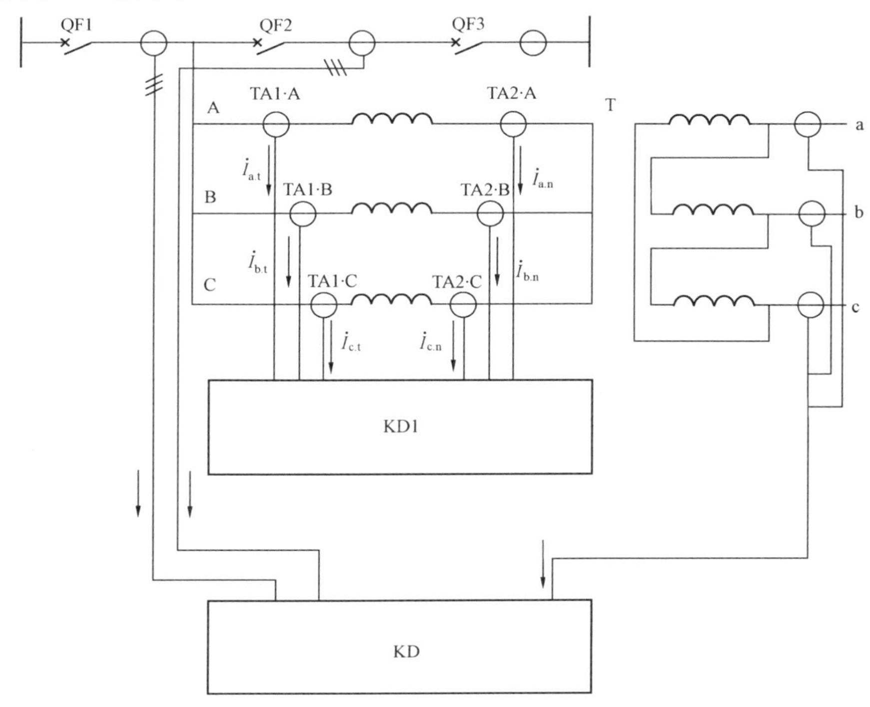

图 2-10 单侧分相差动保护原理接线图

图中，TA1 为变压器高压绕组出口侧套管电流互感器，TA2 为变压器中性点侧套管电流互感器，供变压器高压绕组单侧分相差动保护 KD1 的测量电流，组成变压器高压绕组单侧分相差动保护；KD 为变压器纵差动保护；QF 为高压断路器；$\dot{I}_{a.t}$、$\dot{I}_{b.t}$、$\dot{I}_{c.t}$、$\dot{I}_{a.n}$、$\dot{I}_{b.n}$、$\dot{I}_{c.n}$ 分别为变压器高压绕组出口侧和中性点侧二次电流相量。

1. 变压器高压绕组单侧分相差动保护动作特性与动作判据

主变压器高压侧绕组单侧分相差动保护，其动作特性与动作判据与发电机纵差动保护完全相同，即与式（2-1）、式（2-4a）、式（2-4b）、式（2-5）、式（2-6）、式（2-8）、式（2-9）相同。

2. 变压器高压绕组单侧分相差动保护整定计算

变压器高压绕组单侧分相差动保护，呈现同发电机纵差动保护相同的穿越性特征，由于变压器空载合闸的励磁涌流具有很大的直流分量，这虽具有穿越性特征，但直流分量对两侧 5P20 型 TA 造成的不良影响与发电机纵差动保护不完全相同，从而产生严重的暂态不一致特性，因而其整定值不能采用与发电机纵差动保护完全相同的计算方法，有关相应整定值比发电机纵差动保护应适当提高一些。根据运行实践，变压器空载合闸时两侧 TA 二次电流波形畸变严重且不一致，差动电流中含有大量二次谐波分量，以致造成该保护多次误动，因此应采用二次谐波制动。

（1）最小动作电流计算。按躲过主变压器额定负荷运行时的最大不平衡电流计算，计算原则与发电机纵差动保护相似，为 $I_{d.op.min}=(0.3\sim0.4)I_{t.n}$。

（2）第一拐点电流计算。取第一拐点电流 $I_{res.1}=0.8I_{t.n}$。

（3）第一制动特性斜率 S_1 计算。取第一制动特性斜率 $S_1=0.5$。

（4）第二拐点电流 $I_{res.2}$ 和第二制动特性斜率 S_2 计算。

1）当两侧均为变压器套管 TA 时，由于区外短路故障 TA 电流不超过 $3I_{t.n}$，两侧 TA 远离稳态饱点。

① 第二拐点电流 $I_{res.2}$。取 $I_{res.2}=2I_{t.n}$。

② 第二制动特性斜率 S_2。可取第二斜率等于第一斜率，即 $S_2=S_1=0.5$。

2）当一侧用 3/2 断路器接线断路器回路内 TA 时，由于此时区外短路故障 TA 电流可能超过 $10\sim20I_{t.n}$ 或更大。

① 第二拐点电流 $I_{res.2}$。取 $I_{res.2}=6I_{t.n}$。

② 第二制动特性斜率 S_2。可取 $S_2=0.6\sim0.7$。

（5）二次谐波制动比 $K_{2\omega}$ 整定。取 $K_{2\omega}=0.15$ 采用交叉制动方式。

（6）差动速断动作电流计算。

1）按躲过变压器空载合闸时励磁涌流计算。$I_{d.op.qu}=k\times I_{t.n}$，对额定容量在 380MVA 及以上的变压器，可取 $I_{d.op.qu}=k\times I_{t.n}=(3\sim4)I_{t.n}$。

2）按躲过变压器区外最大短路故障电流计算。$I_{d.op.qu}=K_{unb}\times I_{k.max}=(0.4\sim0.6)I_{K.max}$。

七、发电机定子绕组单相接地保护

（一）概述

1. 大型发电机中性点接地方式

发电机中性点不接地或经电压互感器接地方式，这种接地方式主要用于中小型发电机组。我国现阶段大型发电机中性点主要有以下两种接地方式：

(1) 中性点经消弧线圈欠补偿接地方式。补偿后的残余电流（容性）小于发电机接地安全电流允许值，发电机定子绕组单相接地保护带延时动作于跳闸或动作于信号。

(2) 中性点经专用接地变压器高阻接地方式。如不考虑中性点接地专用变压器内阻 R_i 及漏磁电抗 X_k 对单相接地电流的影响，则单相接地电流约为 $I_K^{(1)}=\sqrt{2}(3I_C)$；当发电机机端综合等效电容较大（如大型水轮发电机）并考虑中性点接地专用变压器内阻 R_i 及漏磁电抗 X_k 较大不能忽略对单相接地电流的影响，则单相接地电流可能是 $I_K^{(1)}<3I_C$；一般情况 $I_K^{(1)}$ 均大于安全接地电流允许值，发电机定子绕组单相接地保护带短延时作用于跳闸。

发电机经消弧线圈欠补偿接地方式，合理补偿后的残余电流（容性）小于发电机接地安全电流允许值，当发电机定子绕组单相接地时，经理论分析计算和实验数据说明，健全相对地电压不会超过危及其短时运行的过电压，单相接地保护可作用于信号，允许发电机在短时间内平稳停机进行检修，以减少对机组的不必要的冲击（本书作者认为尽可能动作用于跳闸停机）；20 世纪 80 年代后期，发电机定子绕组单相接地，为降低危及发电机的定子绕组的过电压，300MW 及以上发电机组开始采用发电机中性点经专用接地变压器高阻接地方式，当发电机定子绕组单相接地，以尽快动作时间切除发电机定子绕组单相接地故障。目前对 300MW 及以上发电机组均要求发电机中性点经专用接地变压器高阻接地方式，发电机定子绕组基波零序过电压单相接地保护动作时应作用于跳闸方式，并以较短动作时间尽快切除发电机定子绕组单相接地故障。

2. 大型发电机定子绕组单相接地保护作用方式

大型发电机定子绕组单相接地基波零序过电压 U_{01} 或 $3U_{01}$ 保护，均应作用于跳闸方式。即大型发电机中性点不论何种接地方式（大型发电机中性点经消弧线圈欠补偿接地方式或经专用接地变压器高阻接地方式），一旦发电机定子绕组单相接地基波零序过电压 U_{01} 或 $3U_{01}$ 保护动作，均应作用于跳闸方式，这无疑是正确的。特别是近年来 600MW 机组，由于某种原因主绝缘性能下降，曾多次出现当定子绕组一点接地，虽然发电机定子绕组单相接地基波零序过电压 U_{01} 或 $3U_{01}$ 保护已起动，但由于整定动作时间过长或单相接地电流过大，在未到跳闸出口时间，定子绕组随之而来出现另一点接地，以致造成可怕的定子绕组两相、三相接地短路或匝间短路，造成发电机严重损坏。因此对大型发电机定子绕组单相接地基波零序过电压 U_{01} 或 $3U_{01}$ 保护，应视作发电机定子绕组的主保护之一，在保证不误动的情况下，动作时间尽可能地短。

(二) 主变压器高压侧单相接地发电机机端零序电压计算

定子绕组单相接地基波零序过电压保护动作电压整定值，除应躲过正常时的不平衡电压外，还应躲过主变压器高压侧或高压厂用变压器低压侧单相接地时，经变压器高低压绕组电场耦合传递至发电机机端的零序电压，根据计算，一般前者大于后者，所以为校核发电机基波零序过电压定子绕组单相接地保护整定值时，一般只考虑主变压器高压侧单相接地经主变压器高低压绕组电场耦合传递至发电机机端零序电压值。主变压器高压侧单相接地机端的零序电压计算等效电路如图 2-11 所示，图中 $U_{K0.H.max}^{(1)}$ 为系统单相接地短路时高压母线最大零序电压；$U_{G0.max}^{(1)}$ 为主变压器高压侧单相接地时经主变压器高低压绕组电场耦合传递至机端零序电压最大值；C_M为变压器高低压绕组每相等效耦合电容；$C_{G.\Sigma}$为发电机机端每相对地综合等效电容；$3Z_N$为发电机中性点等效接地阻抗；$Z_{G.\Sigma}$为发电机机端每相对地的等效阻抗；X_M为主变压器高低压绕组等效耦合容抗，$X_M = \dfrac{10^6}{2\pi f(0.5C_M)} = \dfrac{10^6}{\pi f C_M}$。

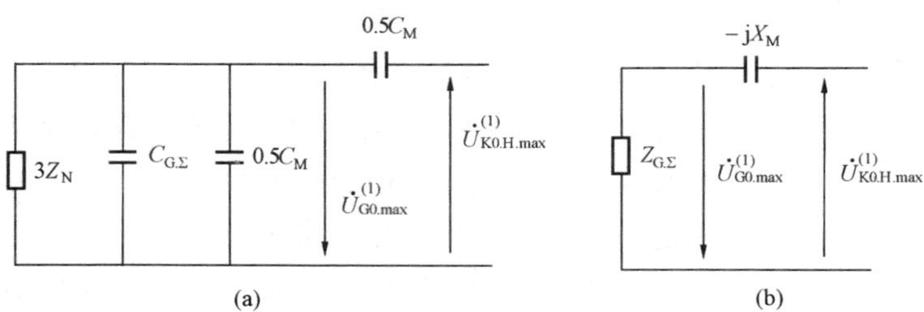

图 2-11 主变压器高压侧单相接地机端零序电压计算等效电路

(a) 变压器高低压绕组零序电压电路图；(b) 简化等效电路图

注：图中变压器中性点接地时等效耦合电容为 0.5C_M，中性点不接地时等效耦合电容为 C_M且机端无并联电容 0.5C_M。

1. 主变压器高压侧最大零序电压 $U_{K0.H.max}^{(1)}$ 计算

系统给予的 $\beta = \dfrac{X_{0\Sigma}}{X_{1\Sigma}}$ 值，由式（1-53）可计算

$$U_{K0.H.max}^{(1)} = \frac{\beta}{2+\beta} \times \frac{U_{H.N}}{\sqrt{3}} = \frac{\beta}{2+\beta} \times U_{H.N.p} \tag{2-100}$$

式中 $X_{0\Sigma}$、$X_{1\Sigma}$——分别为高压母线综合零序和正序阻抗标幺值；

$U_{H.N}$——主变压器高压侧额定线电压；

$U_{H.N.p}$——主变压器高压侧额定相电压。

$U_{K0.H.max}^{(1)}/U_{H.N.p}$ 与 β 的关系见表 2-4。

表 2-4 **$U_{K0.H.max}^{(1)}/U_{H.N.p}$ 与 β 的关系**

β	1	1.5	2	2.5	3
$U_{K0.H.max}^{(1)}/U_{H.N.p}$	0.333	0.429	0.5	0.556	0.6

2. 发电机定子绕组单相接地电流计算

(1) 发电机定子绕组单相接地电容电流 $3I_C$。为

$$\left.\begin{aligned} 3I_C &= 3 \times 2\pi f(C_{G.\Sigma} + 0.5C_M) \times 10^{-6} \times \frac{U_{G.N}}{\sqrt{3}} \\ C_{G.\Sigma} &= C_G + C_T + C_Z \end{aligned}\right\} \tag{2-101}$$

式中 I_C——发电机相对地电容电流（A）；

$C_{G.\Sigma}$——发电机机端每相对地综合等效电容（μF）；

C_M——主变压器高低压侧每相等效耦合电容（μF）；

f——额定频率（Hz）；

$U_{G.N}$——发电机额定电压（kV）；

C_G——发电机每相对地等效电容（μF）；

C_T——主变压器低压绕组每相对地等效电容（μF）；

C_Z ——发电机 C_G 和主变压器 C_T 以外其他设备每相对地电容（μF）。

(2) 发电机中性点等效接地电阻 R_N 计算。发电机中性点等效接地电阻 R_N 选择原则，一般按发电机单相接地电流电阻分量大于或等于电容分量原则选择，即发电机中性点等效接地电阻 $R_N \leqslant X_{G.\Sigma}$，由于大型发电机组 $C_{G.\Sigma}$ 都比较大，为尽可能减小单相接地电流 $I_K^{(1)}$，实际采用 R_N 等于或略大于 $X_{G.\Sigma}$。如某大型水电站，2 号机 $C_{G.\Sigma}=2.23\mu F$，$R_N=557.3\Omega$，$R_N/X_{G.\Sigma}=1.17$；5 号机 $C_{G.\Sigma}=1.55\mu F$，$R_N=757.3\Omega$，$R_N/X_{G.\Sigma}=1.11$。有文献说明，当 $R_N/X_{G.\Sigma}\approx 1.0$，发电机定子绕组单相接地重燃弧过电压值不超过 2.6pu。所以一般取

$$R_N \approx \frac{1}{3}\times\frac{10^6}{2\pi f(C_{G.\Sigma}+0.5C_M)}(\Omega) \tag{2-102a}$$

发电机中性点专用接地变压器二次额定电压为 $U_{L.N}$ 时，二次负载电阻 R_n 应选择

$$R_n = R_N\times\left(\frac{U_{L.N}}{U_{G.N}}\right)^2(\Omega)$$

(3) 发电机机端单相接地电流电阻分量 $I_R^{(1)}$ 计算

$$I_R^{(1)}=\frac{U_{G.N}}{\sqrt{3}\times R_N}\ (A) \tag{2-102b}$$

(4) 发电机机端单相接地电流 $I_K^{(1)}$ 计算。当接地变压器漏抗 $X_k<(1/3)R_n$ 时可略去 X_k 近似计算

$$I_K^{(1)}=\sqrt{(3I_C)^2+I_R^{(1)2}}=\sqrt{2}\times(3I_C)(A) \tag{2-103a}$$

3. 不计及接地变压器漏抗 X_k 时发电机中性点经高阻接地方式机端最大零序电压计算

当接地变压器漏抗 $X_k<(1/3)R_n$ 时，可略去 X_k 后进行以下近似计算。

(1) 发电机机端等效综合阻抗 $Z_{G.\Sigma}$ 计算。机端等效综合阻抗为

$$Z_{G.\Sigma}=\frac{1}{Y_{G.\Sigma}}=\frac{1}{\dfrac{1}{3Z_N}+j2\pi f(C_{G.\Sigma}+0.5C_M)\times 10^{-6}}$$

$$=\frac{\dfrac{1}{3R_N}-j2\pi f(C_{G.\Sigma}+0.5C_M)\times 10^{-6}}{\left(\dfrac{1}{3R_N}\right)^2+[2\pi f(C_{G.\Sigma}+0.5C_M)\times 10^{-6}]^2}$$

式中 $Y_{G.\Sigma}$ ——发电机端每相对地等效导纳；

其他符号含义同前。

(2) 接地电流的电阻分量等于电容分量时机端最大零序电压的计算。由于

$$3R_N\approx\frac{10^6}{2\pi f(C_{G.\Sigma}+0.5C_M)}(\Omega) \tag{2-103b}$$

此时 $Z_{G.\Sigma}=\dfrac{\dfrac{1}{3R_N}-j2\pi f(C_{G.\Sigma}+0.5C_M)\times 10^{-6}}{\left(\dfrac{1}{3R_N}\right)^2+[2\pi f(C_{G.\Sigma}+0.5C_M)\times 10^{-6}]^2}=\dfrac{10^6}{2\times 2\pi f(C_{G.\Sigma}+0.5C_M)}(1-j)$

机端最大零序电压 $U_{G0.max}^{(1)}$ 由图 2-11（b）计算

$$U_{G0.max}^{(1)}=U_{K0.H.max}^{(1)}\frac{Z_{G.\Sigma}}{Z_{G.\Sigma}-jX_M} \tag{2-104}$$

式中符号含义同前。

$$\dot{U}^{(1)}_{G0.\max}=\dot{U}^{(1)}_{K0.H.\max}\frac{1}{2\times2\pi f(C_{G.\Sigma}+0.5C_M)}(1-j)\times\frac{1}{\dfrac{1}{2\times2\pi f(C_{G.\Sigma}+0.5C_M)}(1-j)-j\dfrac{1}{\pi f C_M}}$$

由于 $C_{G.\Sigma}\gg C_M$ 所以 $\dfrac{1}{2\times2\pi f(C_{G.\Sigma}+0.5C_M)}\ll\dfrac{1}{2\pi f\times0.5C_M}$

$$\dot{U}^{(1)}_{G0.\max}\approx\dot{U}^{(1)}_{K0.H.\max}\times\frac{1}{2\times2\pi f(C_{G.\Sigma}+0.5C_M)}(1-j)j\pi fC_M=\dot{U}^{(1)}_{K0.H.\max}\times\frac{(1+j)\times0.5C_M}{2(C_{G.\Sigma}+0.5C_M)}$$

主变中性点接地时简化计算 $\quad U^{(1)}_{G0.\max}\approx U^{(1)}_{K0.H.\max}\dfrac{0.5C_M}{\sqrt{2}(C_{G.\Sigma}+0.5C_M)}$

主变中性点不接地时简化计算 $\quad U^{(1)}_{G0.\max}\approx U^{(1)}_{K0.H.\max}\dfrac{C_M}{\sqrt{2}C_{G.\Sigma}}$ (2-105a)

(3) 接地电流电阻分量不等于电容分量机端最大零序电压计算。由于 $3R_N\neq\dfrac{10^6}{2\pi f(C_{G.\Sigma}+0.5C_M)}$，可用下式计算变压器高压侧发生单相接地短路时，传递到发电机端的最大基波零序电压值，为

$$U^{(1)}_{G0.\max}=U^{(1)}_{K0.H.\max}\frac{Z_{G.\Sigma}}{Z_{G.\Sigma}-jX_M}=U^{(1)}_{K0.H.\max}\times\frac{\dfrac{1}{\dfrac{1}{3R_N}+\dfrac{1}{-jX_{C.G.\Sigma}}+\dfrac{1}{-jX_M}}}{\dfrac{1}{\dfrac{1}{3R_N}+\dfrac{1}{-jX_{C.G.\Sigma}}+\dfrac{1}{-jX_M}}-jX_M} \tag{2-105b}$$

或

$$U^{(1)}_{G0.\max}=U^{(1)}_{K0.H.\max}\times\frac{\dfrac{1}{\dfrac{1}{3R_N}+j2\pi f(C_{G.\Sigma}+0.5C_M)\times10^{-6}}}{\dfrac{1}{\dfrac{1}{3R_N}+j2\pi f(C_{G.\Sigma}+0.5C_M)\times10^{-6}}-j\dfrac{10^6}{\pi fC_M}} \tag{2-105c}$$

4. 计及接地变压器内阻 R_i 及漏抗 X_k 时发电机中性点经高阻接地方式机端最大零序电压计算

以上计算式（2-103）、式（2-105a）、式（2-105b）、式（2-105c）均未考虑发电机中性点专用接地变压器内阻 R_i 及漏抗 X_k 对接地电流大小及高压线路单相接地传递至机端零序电压的影响。当专用接地变压器内阻 R_i 及漏抗 X_k 的值不能忽略计及接地变压器内阻 R_i 及漏抗 X_k 时 $Z_N=R_N+jX_N$，其中 $R_N=(R_n+R_i)\times\left(\dfrac{U_{G.N}}{U_{L.N}}\right)^2$，$X_N=X_k$，此时每相等效综合零序阻抗为

$$Z_{0.\Sigma}=\frac{1}{\dfrac{1}{3R_N+j3X_N}+\dfrac{1}{-jX_{CG\Sigma}}+\dfrac{1}{-jX_M}} \tag{2-106a}$$

三相对地等效综合阻抗 Z_Σ 为

$$Z_\Sigma=\frac{1}{\dfrac{1}{R_N+jX_N}+\dfrac{1}{-jX_{G\Sigma}/3}+\dfrac{1}{-jX_M/3}}=\frac{1}{3}Z_{0.\Sigma} \tag{2-106b}$$

(1) 考虑接地变压器内阻 R_i 及漏抗 X_k 影响后发电机机端单相接地电流 $I^{(1)}_K$ 计算。略去系统电源其他阻抗，发电机机端单相金属性接地电流为

$$I^{(1)}_K=3\times\frac{U_{G.N}}{\sqrt{3}\times Z_{0.\Sigma}}=3\times\frac{U_{G.N}}{\sqrt{3}\times\dfrac{1}{\left(\dfrac{1}{3R_N+j3X_N}+\dfrac{1}{-jX_{CG.\Sigma}}+\dfrac{1}{-jX_M}\right)}} \tag{2-106c}$$

或
$$I_K^{(1)}=\frac{U_{G.N}}{\sqrt{3}\times Z_\Sigma}=\frac{U_{G.N}}{\sqrt{3}\times\frac{1}{\left(\frac{1}{R_N+jX_N}+\frac{1}{-jX_{CG.\Sigma}/3}+\frac{1}{-jX_M/3}\right)}}\tag{2-106d}$$

式中符号含义同前。

实际上此值可能小于 $3I_C$，即 $I_K^{(1)}<3I_C$。

【例 2-1】 某 700MW 大型水轮发电机组，发电机中性点专用接地变压器：$S_N=125\text{kVA}$，$U_{N1}=20\text{kV}$，$U_{N2}=\sqrt{3}\times0.9\text{kV}$，$u_k\%=8$，$X_k=1.514\Omega$，（大型水轮发电机为减少接地电容电流，采用较大漏抗 X_k）内阻 $R_i=0.349\Omega$，$R_n=1\Omega$，一次侧等效阻抗为 $Z_N=R_N+jX_N=222+j249$（Ω），发电机机端每相综合等效电容 $C_{G.\Sigma}=4.07\mu\text{F}$，主变压器高低压绕组间每相耦合电容 $C_M=0.009\ 81\mu\text{F}$。计算发电机机端金属性单相接地时接地电流。

解 发电机机端三相综合容抗

$$X_{C.G\Sigma}=10^6/[3\times\omega(C_{G.\Sigma}+0.5C_M)]=10^6/[3\times314(4.07+0.5\times0.009\ 8)]=260.2(\Omega)$$

此时三相对地综合等效阻抗为

$$Z_\Sigma=\frac{1}{\frac{1}{R_N+jX_N}+\frac{1}{-jX_{C.G.\Sigma}}}=\frac{1}{\frac{1}{222+j249}+\frac{1}{-j260.2}}$$
$$=304-j224.9=390e^{-j33.38^\circ}(\Omega)$$

或每相等效综合零序阻抗由式（2-106a）计算为

$$Z_{0.\Sigma}=\frac{1}{\frac{1}{3R_N+j3X_N}+\frac{1}{-j3X_{C.G.\Sigma}}}=\frac{1}{\frac{1}{3\times222+j3\times249}+\frac{1}{-j3\times260.2}}$$
$$=912-j674.7=1170e^{-j33.38^\circ}(\Omega)$$

单相接地时接地电容电流 $3I_C=3\times\frac{U_{G.N}}{\sqrt{3}\times X_{C.G.\Sigma}}=3\times\frac{20\ 000}{\sqrt{3}\times780.6}=44.38(\text{A})$

由于专用接地变压器 $X_N=X_k=1.514\Omega$ 具有补偿电容电流的作用

发电机机端金属性单相接地电流为

$$I_K^{(1)}=3\times\frac{U_{G.N}}{\sqrt{3}\times Z_{0.\Sigma}}=3\times\frac{20\ 000}{\sqrt{3}\times1170}=29.6\text{A}<44.38(\text{A})$$

或
$$I_K^{(1)}=\frac{U_{G.N}}{\sqrt{3}\times Z_\Sigma}=\frac{20\ 000}{\sqrt{3}\times390}=29.6(\text{A})$$

由此可知，发电机中性点专用接地变压器合理选择短路阻抗，经专用接地变压器高阻接地后，可适当降低接地电流，使单相接地时接地电流小于接地电容电流，即 $I_K^{(1)}<3I_C$。

（2）考虑接地变压器漏抗 $X_k=X_N$影响后高压线路出口单相接地传递至机端零序电压计算。传递到发电机端的最大基波零序电压值，为

$$U_{G0.\max}^{(1)}=U_{K0.H.\max}^{(1)}\times\frac{\frac{1}{\frac{1}{3R_N+j3X_N}+\frac{1}{-jX_{CG.\Sigma}}+\frac{1}{-jX_M}}}{\frac{1}{\frac{1}{3R_N+j3X_N}+\frac{1}{-jX_{CG.\Sigma}}+\frac{1}{-jX_M}}-jX_M}\tag{2-107}$$

式中符号含义同前。

5. 发电机中性点经消弧线圈欠补偿接地方式机端最大零序电压计算

(1) 发电机中性点经消弧线圈欠补偿接地时机端对地等效阻抗。为

$$\left.\begin{aligned}Z_{G.\Sigma}&=\frac{1}{\mathrm{j}\dfrac{1}{X_{G.\Sigma}+X_{M}}-\mathrm{j}\dfrac{1}{X_{L}}}=\frac{1}{\mathrm{j}\dfrac{I_{C.\Sigma}^{(1)}}{U_{K0}^{(1)}}-\mathrm{j}\dfrac{I_{L}^{(1)}}{U_{K0}^{(1)}}}=-\mathrm{j}\frac{U_{K0}^{(1)}}{I_{C.\Sigma}^{(1)}}\times\frac{1}{1-K}\\&=-\mathrm{j}\frac{10^{6}}{2\pi fC_{G.\Sigma}(1-K)}\\K&=\frac{I_{L}^{(1)}}{I_{C.\Sigma}^{(1)}}=\frac{I_{L}^{(1)}}{3I_{C}}=\frac{3I_{C}-I_{al}}{3I_{C}}\end{aligned}\right\}\tag{2-108}$$

式中 K——消弧线圈欠补偿系数；

$I_{L}^{(1)}$——发电机单相接地时消弧线圈补偿电流（A）；

I_{al}——消弧线圈欠补偿后发电机允许安全接地电流或未被补偿的残余电容电流（A）；

其他符号含义同前。

(2) 发电机中性点经消弧线圈欠补偿接地时机端基波最大零序电压计算。变压器高压侧发生单相接地短路时，传递到发电机端的基波最大零序电压值，为

$$U_{G0.\max}^{(1)}=\dot{U}_{K0.H.\max}^{(1)}\frac{Z_{G.\Sigma}}{Z_{G.\Sigma}-\mathrm{j}X_{M}}=\dot{U}_{K0.H.\max}^{(1)}\frac{-\mathrm{j}\dfrac{1}{2\pi fC_{G.\Sigma}(1-K)}}{-\mathrm{j}\dfrac{1}{2\pi fC_{G.\Sigma}(1-K)}-\mathrm{j}\dfrac{1}{2\pi f\times0.5C_{M}}}$$

即

$$U_{G0.\max}^{(1)}=U_{K0.H.\max}^{(1)}\frac{0.5C_{M}}{0.5C_{M}+C_{G.\Sigma}(1-K)}\tag{2-109}$$

式中符号含义同前。

以上计算的发电机端最大零序电压 $U_{G0.\max}^{(1)}$，其正确性主要取决于 $C_{G.\Sigma}$ 和 C_M 的正确程度，其中特别是 C_M 的正确程度。

6. 发电机电容参数实测和计算

C_G、C_T、C_M 由制造厂提供或实测求得。

(1) C_M 实测法。C_M 实测法简单介绍于下，在主变压器测介质损耗和电容时，可分别做以下三次试验：

1) 主变压器低压绕组三相短路接地，高压侧三相短路加压测电容，$C_1=C_H+C_M$。

2) 主变压器高压绕组三相短路接地，低压侧三相短路加压测电容，$C_2=C_L+C_M$。

3) 主变压器高低压绕组三相短路并相联后加压测电容，$C_3=C_L+C_H$。

由上测得的值可计算三相电容：

三相高压绕组对地电容 $C_{H.3p}=0.5\times(C_1+C_3-C_2)$

三相低压绕组对地电容 $C_{L.3p}=0.5\times(C_2+C_3-C_1)$

三相高低压绕组之间的耦合电容 $C_{M.3p}=0.5\times(C_1+C_2-C_3)$

单相电容值分别为

$$C_{H.1p}=0.167\times(C_1+C_3-C_2)$$
$$C_{L.1p}=0.167\times(C_2+C_3-C_1)$$
$$C_{M.1p}=0.167\times(C_1+C_2-C_3)$$

对单相变压器用相似方法测得为单相电容值。

(2) C_M近似计算法。在缺乏原始资料或实测数据时，可采用近似计算法，C_M 计算式为

$$C_M = K_{M.0}\sqrt{S_N} \times 10^{-4} \tag{2-110}$$

式中 $K_{M.0}$——主变压器高低压侧耦合电容计算系数，见表 2-5；

S_N——主变压器额定容量（MVA）。

表 2-5 **$K_{M.0}$值**

电压等级 $U_{H.N}$（kV）	110	220	330	500
$K_{M.0}$	5.35	4.7	3.8	2.5

7. 计算实例

【例 2-2】 某 1000MW 机组中性点接地专用接地变压器二次负载电阻值：$R_n = 0.105\Omega$

中性点接地专用接地变压器变比：27/0.23kV；

3×380MVA 主变压器，每台变压器实测电容为

$$C_1 = C_H + C_M = 0.022\ 09\mu F,$$
$$C_2 = C_L + C_M = 0.015\ 22\mu F,$$
$$C_3 = C_L + C_H = 0.014\ 07\mu F$$
$$C_{H.1p} = 0.5 \times (C_1 + C_3 - C_2) = 0.010\ 47\mu F,$$
$$C_{L.1p} = 0.5 \times (C_2 + C_3 - C_1) = 0.003\ 6\mu F,$$
$$C_{M.1p} = 0.5 \times (C_1 + C_2 - C_3) = 0.011\ 62\mu F,$$

发电机定子绕组每相对地电容 $C_G = 0.284\mu F$(实测值 $C_G = 0.332\mu F$)，

主变压器高低压绕组间每相耦合电容 $C_{M.1p}=0.0116\ 2\mu F$，

主变压器低压绕组每相对地电容 $C_{L.1p}=0.003\ 6\mu F$，

2 台高压厂用变压器高压绕组每相对地电容 $C_{t.h}=2\times0.020\ 96\mu F$，

发电机出口主断路器每相对地电容 $C_F=0.13+0.26=0.39$ (μF)，

发电机机端其他设备每相对地电容 $C_z=0.011\ 37\mu F$。

计算：(1) 发电机单相接地电流；(2) 主变压器高压侧单相接地时，发电机端最大零序电压。

解 (1) 单相接地电流计算。发电机端每相对地综合电容

$C_{G.\Sigma} = 0.332 + 0.003\ 6 + 2 \times 0.020\ 96 + 0.39 + 0.5 \times 0.011\ 62 + 0.011\ 37 = 0.785(\mu F)$，

每相对地容抗 $X_{CG.\Sigma} = 1/(2\pi f C_{G.\Sigma} \times 10^{-6}) = 4058\Omega$，$R_N \approx X_{CG.\Sigma}/3 = 4058/3 = 1353.3(\Omega)$，

每相对地电容电流 $I_C = U_p/X_C = 27\ 000/(1.732 \times 4058) = 3.84(A)$

单相接地电容电流 $3I_C = I_C^{(1)} = 3 \times \dfrac{U_p}{X_{CG.\Sigma}} = 3 \times \dfrac{27\ 000}{\sqrt{3} \times 4058} = 11.52(A)$

中性点等效接地电阻 $R_N = 0.105 \times (27/0.23)^2 = 1447(\Omega)$

单相接地电阻电流 $I_R^{(1)} = \dfrac{U_p}{R_N} = \dfrac{27\ 000}{\sqrt{3} \times 1447} = 10.8(A) \approx 3I_C$

忽略漏抗 X_k的影响，发电机机端单相接地电流 $I_K^{(1)} = \sqrt{I_C^{(1)2} + I_R^{(1)2}} = \sqrt{11.52^2 + 10.8^2}$

$=15.77(\text{A})$，

（2）主变压器高压侧单相接地时发电机机端最大零序电压的计算。系统给予的 $\beta=1.5$，由式(2-100) 计算 $U_{\text{K0. H. max}}^{(1)}=\dfrac{\beta}{2+\beta}\dfrac{U_{\text{H. N}}}{\sqrt{3}}=\dfrac{1.5}{2+1.5}\times\dfrac{525}{\sqrt{3}}=130(\text{kV})$

主变压器高压侧 TV0 开口三角绕组电压，为 $3U_0=3\times\sqrt{3}\times\dfrac{130\ 000}{500/0.1}=135(\text{V})$

忽略漏抗 X_k 对机端最大零序电压影响由式（2-105a）计算

$$U_{\text{G0. max}}^{(1)}\approx U_{\text{K0. H. max}}^{(1)}\frac{0.5C_\text{M}}{\sqrt{2}(C_{\text{G.}\Sigma}+0.5C_\text{M})}=130\times\frac{0.5\times0.011\ 62}{\sqrt{2}\times(0.078\ 5+0.5\times0.011\ 62)}$$
$$=130\times0.005\ 23=0.68(\text{kV})$$

中性点专用接地变压器二次侧零序电压 $U_{01}=680\times0.23/27=5.8(\text{V})$

发电机端 TV0 开口三角绕组零序电压 $3U_{01}=3\times680\times0.033/15.588\ 9=4.3(\text{V})$

8. 300～1000MW 机组单相接地参数

300～1000MW 火电机组单相接地参数见表 2-6。

由表 2-6 知，发电机中性点侧经消弧线圈欠补偿接地时，主变压器高压侧单相接地时经变压器高低压绕组电场耦合传递至机端的零序电压，U_{01} 接近 33%发电机额定相电压。中性点变压器二次侧零序电压 $U_{01}=3828\times0.19/20=36(\text{V})$。机端开口三角零序电压 $3U_{01}=3\times3828\times0.033/11.547=32.82(\text{V})$。

表 2-6　　300～1000MW 火电机组单相接地参数表*

发电机额定容量	$P_{\text{G. N}}$(MW)	300	300	390	600	600	1000
	$S_{\text{G. N}}$(MVA)	352	353	459	667	667	1111
发电机额定电压 $U_{\text{G. N}}$(kV)		20	20	20	20	20	27
主变压器高压侧额定电压 $U_{\text{T. N}}$(kV)		230	230	230	525	525	525
主变压器额定容量 $S_{\text{T. N}}$(MVA)		360	360	460	720	720	1140
发电机定子绕组每相对地电容 C_G(μF)		0.209	0.209	0.452	0.21	0.21	0.332
主变压器低压绕组每相对地电容 $C_{\text{T. L}}$(μF)		0.024 3	0.024 3	0.007 37	0.012 5	0.012 5	0.003 6
厂用变压器高压绕组每相对地电容 $C_{\text{t. h}}$(μF)		2×0.012	2×0.012		2×0.020 9	2×0.020 9	2×0.020 9
发电机主断路器每相对地电容 C_F(μF)				0.26		0.39	0.39
其他设备每相对地电容 C_Z(μF)		0.015	0.015	0.015	0.015	0.015	0.015
主变压器高低压每相耦合电容 C_M(μF)*		0.009 43	0.009 43	0.003 37	0.004 2	0.004 2	0.011 6
接地专用变压器变比 n_T		20/0.19	20/0.19	12/0.24	20/0.23	20/0.23	27/0.23
发电机机端每相对地综合电容 $C_{\text{G.}\Sigma}$(μF)		0.25	0.25	0.721	0.282	0.672	0.785
发电机机端每相对地综合容抗 $X_{\text{C. G.}\Sigma}$(Ω)		4264	4264	1472	3710	1579.7	1353

续表

发电机额定容量							
发电机额定容量	$P_{G.N}$(MW)	300	300	390	600	600	1000
	$S_{G.N}$(MVA)	352	353	459	667	667	1111
主变压器高低压每相耦合容抗 X_M(kΩ)		675.4	675.4	1890	1516	1516	549
发电机中性点等效接地电阻 R_N(Ω)		4432		1475	3844.3	1588	1447
接地专用变压器二次负载电阻 R_n(Ω)		0.40		0.59	0.47	0.21	0.105
发电机机端接地电容电流 $3I_C$(A)		2.7	2.7	7.84	3.11	7.31	11.52
发电机机端单相接地电流电阻分量 I_R(A)		2.6	I_L=1.9**	7.84	2.97	7.27	10.8
发电机机端金属性单相接地电流 I_K(A)		3.75	0.8	11.08	4.62	10.3	15.77
线路接地母线最大零序电压 $U_{K.0.max}$(kV)		66.4	66.4	66.4	156.7	156.7	130
线路接地机端最大零序电压 $U_{G.0.max}$(kV)		0.866	3.828	0.11	0.825	0.337	0.68
最大传递系数 $n=U_{G.0.max}/U_{K.0.max}$		0.013	0.057 6	0.001 67	0.005 26	0.002 15	0.005 23
线路接地变压器二次最大电压 U_{01}(V)		8.42	36	2.2	9.49	3.88	5.8
线路接地机端 TV0 最大电压 $3U_{01}$(V)		7.59	32.82	0.94	7.14	2.89	4.3

* 表中未考虑接地变压器内阻 R_i及漏抗 X_k的值；主变压器高低压耦合电容 C_M、低压对地电容 $C_{T.L}$各厂提供的值相差很大。

** $K=1.9/2.7=0.7$，$I_K=0.8$A。

结论：300～1000MW 机组当主变压器高压侧单相接地传递至机端最大零序电压。

(1) 发电机中性点经专用接地变压器高阻接地传递至机端最大零序电压。

1) 发电机出口有主断路器时。一般 U_{01}或 $3U_{01}$总是小于 $5\%U_{0.n}$。

2) 发电机出口无主断路器时。当 $C_M<0.005\mu$F 时，一般 U_{01}或 $3U_{01}$小于 $10\%U_{0.n}$。

3) 发电机出口无主断路器时。当 $C_M>0.01\mu$F 时，一般 U_{01} 或 $3U_{01}$ 接近或略大于 $10\%U_{0.n}$。

(2) 发电机中性点经经消弧线圈欠补偿接地传递至机端最大零序电压一般 U_{01}或 $3U_{01}$大于 $10\%U_{0.n}$，有时可能高达并超过 $30\%U_{0.n}$。

(3) 在计算发电机单相接地电流及传递零序电压时，600MW 及以上的大型水轮发电机出口有主断路器时发电机中性点侧专用接地变压器内阻 R_i及漏抗 X_k的值不能忽略。

(三) 发电机定子绕组单相接地基波零序过电压保护动作判据

1. 具有零序电压制动的定子绕组单相接地基波零序过电压保护动作判据

近年来，随着对大型发电机组定子绕组单相接保护的重视，希望发电机定子绕组单相接地基波零序过电压动作电压整定值，既能躲过主变压器高压侧单相接地经变压器高低压绕组电场耦合传递至发电机机端零序电压，又尽可能有较小的死区，现代微机保护很容易实现采用主变压器高压侧零序电压 $3U_0$进行制动或闭锁发电机定子绕组单相接地基波零序过电压保护，从而对这种保护在整定计算时可不考虑躲过主变压器高压侧单相接地经主变压器高低压绕组电场耦合传递至发电机机端零序电压，这样可将发电机定子绕组单相接地基波零序过电压动作电压整定值和动作时间整定值均取较小值。具有高压侧零序电压制动的定子绕组单相接地基波零序过电压保护，利用主变压器高压侧 TV0 开口三角零序电压作为制动电压，当主变压器高压侧 TV0 开口三角零序电压超过制动电压整定值时，闭锁基波零序过电压低定值段保护。

（1）低定值段动作判据。

$$\left.\begin{array}{l}\text{当 } 3U_{0.\mathrm{h}} \geqslant 3U_{0.\mathrm{h.res.set}} \\ \quad 3U_{01} \text{ 或 } U_{01} \text{ 为任何值,低定值段被闭锁不动作。} \\ \text{当 } 3U_{0.\mathrm{h}} < 3U_{0.\mathrm{h.res.set}} \\ \quad 3U_{01} \geqslant 3U_{01.\mathrm{op.set}} \text{ 或 } U_{01} \geqslant U_{01.\mathrm{op.set}}\text{,低定值起动} \\ \quad t \geqslant t_{\mathrm{op.1}} \text{ 低定值段动作跳闸出口}\end{array}\right\} \tag{2-111}$$

式中 $3U_{0.\mathrm{h}}$——主变压器高压侧 TV0 开口三角零序制动电压；

$3U_{0.\mathrm{h.res.set}}$——主变压器高压侧 TV0 开口三角零序制动电压整定值；

$3U_{01}$、U_{01}——分别为发电机机端 TV0 开口三角和中性点侧二次基波零序电压；

$3U_{01.\mathrm{op.set}}$、$U_{01.\mathrm{op.set}}$——分别为发电机 TV0 开口三角和中性点侧低定值段零序动作电压整定值；

t_{op1}——定子绕组单相接地基波零序过电压保护动作时间整定值。

这种动作判据，实现较容易同时也较为合理，在国内大型发电机组保护中已广为采用。

（2）高定值段动作判据。发电机定子绕组单相接地基波零序过电压保护高定值段不受主变压器高压侧 TV0 开口三角零序电压 $3U_{0.\mathrm{h}}$制动，高定值段动作与否和高压侧 TV0 开口三角零序电压 $3U_{0.\mathrm{h}}$值大小无关，只要 $3U_{01} \geqslant 3U_{01.\mathrm{op.h.set}}$或 $U_{01} \geqslant U_{01.\mathrm{op.h.set}}$发电机定子绕组单相接地基波零序过电压保护高定值段起动，当时间 $t \geqslant t_{\mathrm{op1}}$，发电机定子绕组单相接地基波零序过电压保护高定值段动作出口跳闸，高定值段为低定值段的辅助补充保护。

2. 无高压侧零序电压制动的定子绕组单相接地基波零序过电压保护动作判据

无高压侧零序电压制动的定子绕组单相接地基波零序过电压保护与具有高压侧零序电压制动的定子绕组单相接地基波零序过电压保护高定值段的动作判据相同。

（四）发电机定子绕组单相接地基波零序过电压保护整定计算

1. 无主变压器高压侧单相接地零序电压制动的单相接地基波零序动作电压整定值计算

（1）按躲过正常运行时中性点最大零序不平衡电压 $U_{0.\mathrm{unb.max}}$或发电机机端 TV0 开口三角绕组最大零序不平衡电压 $3U_{0.\mathrm{unb.max}}$计算。由于 $U_{0.\mathrm{unb.max}}$ 及 $3U_{0.\mathrm{unb.max}}$ 含有大量的三次谐波分量，保护应增设三次谐波滤波环节，其滤过比应大于 100，使 $U_{0.\mathrm{unb.max}}$ 与 $3U_{0.\mathrm{unb.max}}$ 主要是基波零序电压，这样可极大地提高动作灵敏度，按躲过正常不平衡电压并有 90%～95%的保护范围计算，由于正常运行时最大零序不平衡电压一般不超过 $3\%U_{0.\mathrm{n}}$，所以取 $U_{0.\mathrm{op.set}} = (0.05 \sim 0.1)U_{0.\mathrm{n}}$ 和 $3U_{0.\mathrm{op.set}} = (0.05 \sim 0.1)3U_{0.\mathrm{n}}$，其计算式为

$$\left.\begin{array}{r}U_{01.\mathrm{op.set}} = K_{\mathrm{rel}}U_{0.\mathrm{unb.max}} = (0.05 \sim 0.1)U_{0.\mathrm{n}} \\ 3U_{01.\mathrm{op.set}} = K_{\mathrm{rel}}3U_{0.\mathrm{unb.max}} = (0.05 \sim 0.1)3U_{0.\mathrm{n}}\end{array}\right\} \tag{2-112a}$$

式中 K_{rel}——可靠系数，取 1.2～1.3；

$U_{0.n}$、$3U_{0.n}$——分别为发电机机端单相金属性接地时中性点专用接地变压器二次侧和机端TV0开口三角零序电压值。

1) 接于发电机机端TV0开口三角$3U_{01}$基波零序过电压动作整定值$3U_{01.op.set}$。当TV0变比n_{TV0}为$\frac{U_{G.N}}{\sqrt{3}}\Big/\frac{100}{\sqrt{3}}\Big/\frac{100}{3}$时，则$U_{0.n}=33.3V$，$3U_{0.n}=100V$，

$$3U_{01.op.set}=(0.05\sim0.1)3U_{0.n}=5\sim10V \tag{2-112b}$$

2) 接于发电机中性点专用接地变压器T二次侧U_{01}基波零序过电压保护动作整定值$U_{01.op.set}$。当T变比n_T为$\frac{U_{G.N}}{\sqrt{3}}\Big/\frac{U_{t.n}}{\sqrt{3}}=\frac{U_{G.N}}{\sqrt{3}\times0.133}=U_{G.N}/0.23kV$时，则

$$U_{0.n}=230/1.732=133(V)$$

$$U_{01.op.set}=(0.05\sim0.1)U_{0.n}=6.65\sim13.3V \tag{2-112c}$$

当U_{01}基波零序过电压接100V抽头时整定值为

$$U_{01.op.set}=(0.05\sim0.1)U_{0.n}=5\sim10(V) \tag{2-112d}$$

3) 接于发电机中性点测量TVN0二次侧U_{01}基波零序过电压保护动作整定值$U_{0.op.set}$。当TVN0变比n_{TVN0}为$U_{G.N}/U_{TV.n}=U_{G.N}/0.1kV$时，则$U_{0.n}=U_{TV.n}/1.732=100/1.732=57.7(V)$

$$U_{01.op.set}=(0.05\sim0.1)U_{0.n}=2.89\sim5.77(V) \tag{2-112e}$$

(2) 按躲过主变压器高压侧单相接地经主变压器高低压绕组电场耦合传递至发电机机端零序电压计算整定值$U_{01.op.set}$、$3U_{01.op.set}$。

1) 机端TV0开口三角绕组基波零序动作电压整定值，为

$$3U_{01.op.set}=K_{rel}3U_{G0.max}^{(1)}\frac{1}{n_{TV0}} \tag{2-113a}$$

式中 K_{rel}——可靠系数取1.2～1.3；

其他符号含义同前。

2) 中性点专用接地变压器二次侧基波零序动作电压整定值，为

$$U_{01.op.set}=K_{rel}U_{G0.max}^{(1)}\frac{1}{n_T} \tag{2-113b}$$

式中符号含义同前。

3) 中性点经测量TVN0二次侧基波零序动作电压整定值，为

$$U_{01.op.set}=K_{rel}U_{G0.max}^{(1)}\frac{1}{n_{TVN0}} \tag{2-113c}$$

式中符号含义同前。

2. 高压侧单相接地零序电压制动的单相接地基波零序过电压保护整定值计算

(1) 基波零序过电压保护低定值段动作电压整定值计算。主变压器高压侧有$3U_0$制动的定子绕组单相接地基波零序过电压低定值段保护动作电压整定值，只需躲过正常时最大不平衡电压计算，所以可取动作整定值为

$$\left.\begin{aligned}U_{01.op.set}&=0.05U_{0.n}\\3U_{01.op.set}&=0.05\times3U_{0.n}\end{aligned}\right\} \tag{2-113d}$$

(2) 高压侧 $3U_0$ 制动电压整定值 $3U_{0.\text{res. set}}$ 计算。主变压器高压侧 TV0 变比一般为 $\frac{U_{\text{H.N}}}{\sqrt{3}}/0.1\text{kV}$，当不计及 X_k 时，经电压比转换并考虑可靠系数，由式（2-105a）得

$$3U_{0.\text{res. set}}=\frac{U_{01.\text{op. set}}}{K_{\text{rel}}}\times\frac{\sqrt{2}(C_{\text{G.}\Sigma}+0.5C_{\text{M}})}{0.5C_{\text{M}}}\times\frac{U_{\text{G.N}}}{U_{\text{TV.H..N}}}\times300(\text{V})\tag{2-114}$$

式中 K_{rel}——可靠系数，取1.3；

$U_{01.\text{op. set}}$——基波零序过电压保护低定值段动作电压整定值；

$U_{\text{G.N}}$——发电机额定电压；

$U_{\text{TV.H.N}}$——主变压器高压侧 TV0 一次额定电压；

其他符号含义同前。

当计及 $X_N=X_k$ 时，经电压比转换并考虑可靠系数，由式（2-107）得

$$3U_{0.\text{res. set}}=\frac{U_{01.\text{op. set}}}{K_{\text{rel}}}\times\frac{\dfrac{1}{\dfrac{1}{3R_{\text{N}}+\text{j}3X_{\text{N}}}+\dfrac{1}{-\text{j}X_{\text{CG.}\Sigma}}+\dfrac{1}{-\text{j}X_{\text{M}}}}-\text{j}X_{\text{M}}}{\dfrac{1}{\dfrac{1}{3R_{\text{N}}+\text{j}3X_{\text{N}}}+\dfrac{1}{-\text{j}X_{\text{CG.}\Sigma}}+\dfrac{1}{-\text{j}X_{\text{M}}}}}\times\frac{U_{\text{G.N}}}{U_{\text{TV.H..N}}}\times300(\text{V})\tag{2-115}$$

式中符号含义同前。

【例 2-3】 $U_{01.\text{op. set}}=0.05U_{0.\text{n}}$，计算 $3U_{0.\text{res. set}}$。

解 高压传递至机端零序电压为 $U_{\text{G.0}}=0.05\times U_{\text{G.N}}/\sqrt{3}$ 时，对应高压母线零序电压由式（2-105a）计算为

$$U_{\text{K.0}}=0.05\times\frac{U_{\text{G.N}}}{\sqrt{3}}\times\frac{\sqrt{2}(C_{\text{G.}\Sigma}+0.5C_{\text{M}})}{0.5C_{\text{M}}}$$

可能最小值 $C_{\text{G.}\Sigma}=0.275\mu\text{F}$，可能最大值 $C_{\text{M}}=0.01\mu\text{F}$，高压侧零序电压，为

$$U_{\text{K.0}}=0.05\times\frac{U_{\text{G.N}}}{\sqrt{3}}\times\frac{\sqrt{2}(C_{\text{G.}\Sigma}+0.5C_{\text{M}})}{0.5C_{\text{M}}}=0.05\times\frac{20}{\sqrt{3}}\times\frac{\sqrt{2}\times(0.275+0.5\times0.01)}{0.5\times0.01}$$
$$=45.7(\text{kV})$$

高压侧 TV0 变比为 $\frac{500}{\sqrt{3}}/0.1\text{kV}$，$U_{\text{K.0}}=45.7\text{kV}$ 时高压侧 TV0 开口三角电压，为

$$3U_0=45.7\times\frac{3\times100}{500/\sqrt{3}}=47.5(\text{V})，\text{则 }3U_{0.\text{res. set}}=1.3\times47.5/1.732=36.5(\text{V})$$

$U_{\text{TV.H.N}}=500\text{kV}$，$U_{\text{L.N}}=20\text{kV}$，或直接由式（2-114）计算

$$3U_{0.\text{res. set}}=\frac{U_{01.\text{set}}}{K_{\text{rel}}}\times\frac{\sqrt{2}(C_{\text{G.}\Sigma}+0.5C_{\text{M}})}{0.5C_{\text{M}}}\times\frac{U_{\text{L.N}}}{U_{\text{TV.H..N}}}\times300(\text{V})$$
$$=\frac{0.05}{1.3}\times\frac{\sqrt{2}\times(0.275+0.5\times0.01)}{0.5\times0.01}\times\frac{20}{500}\times300$$
$$=36.5(\text{V})$$

取 $3U_{0.\text{res. set}}=35\text{V}$，即高压侧单相接地，TV0 开口三角电压当超过 35V 时，闭锁发电机

单相接地基波零序过电压低定值段保护。从以上计算知，目前RCS985保护装置内部固定设置$3U_{0.res.set}=40V$，现在该定值可根据计算值设定。

(3) 基波零序过电压保护高定值段动作电压整定值。一般同时设置无主变压器高压侧$3U_0$制动定子绕组单相接地基波零序过电压高定值段保护，对发电机中性点经高阻接地方式，按躲过主变压器高压侧单相接地经变压器高低压绕组电场耦合，传递至发电机机端零序电压整定，按式（2-105a）、式（2-105b）、式（2-105c）、式（2-107）、式（2-108）、式（2-109）计算，对中性点经高阻接地方式，由于已有灵敏的低定值段基波零序过电压保护，高定值段其定值取10%～15%接地时零序电压，一般取不超过$15\%U_{0.n}$，即为

$$\left.\begin{aligned}U_{01.op.h.set} &\leqslant 0.15U_{0.n}\\ 3U_{01.op.h.set} &\leqslant 0.15\times 3U_{0.n}\end{aligned}\right\} \tag{2-116}$$

3. 发电机定子绕组单相接地基波零序过电压保护动作时间整定值计算

根据近年来运行经验，大型发电机组定子绕组单相接地发生后，虽基波零序过电压定子绕组单相接地保护已起动，但由于基波零序过电压定子绕组单相接地保护动作时间整定值太长，在基波零序过电压定子绕组单相接地保护还未达到出口动作跳闸时间，随之出现另一点接地，以致造成严重的定子绕组两相、三相接地短路或匝间短路。这一情况在国内已多次出现，造成发电机严重的损坏，由此应将发电机定子绕组单相接地基波零序过电压保护，视为重要的主保护之一对待。为此基波零序过电压定子绕组单相接地保护，跳闸动作时间整定值应尽可能短，发电机定子绕组单相接地基波零序过电压动作电压整定值，由于躲过主变压器高压侧单相接地经变压器高低压绕组电场耦合传递至发电机机端零序电压，则动作时间可比线路单相接地瞬时动作保护时间高Δt计算，动作时间整定值，取

$$t_{0.op}=(0.3\sim 0.5)\text{s} \tag{2-117}$$

发电机定子绕组单相接地基波零序过电压保护整定值计算归纳如下：

(1) 具有主变压器高压侧单相接地零序电压制动的单相接地基波零序动作电压低定值取$U_{01.op.set}=0.05U_{0.n}$或$3U_{01.op.set}=0.05(3U_{0.n})$，动作时间取$t_{0.op1}=0.4s$。

(2) 具有主变压器高压侧单相接地零序电压制动的单相接地基波零序动作电压高定值取$U_{01.op.h.set}=0.15U_{0.n}$或$3U_{01.op.h.set}=0.15(3U_{0.n})$，动作时间取$t_{0.op}=0.4s$。

(3) 无主变压器高压侧单相接地零序电压制动的单相接地基波零序动作电压整定值取$U_{01.op.set}=0.1U_{0.n}$或$3U_{01.op.set}=0.1(3U_{0.n})$，动作时间取$t_{0.op}=0.4s$。

4. TV0高压侧断线闭锁

$3U_{01}$定子绕组单相接地基波零序过电压保护，必须采用TV01高压侧断线闭锁，以防止TV01高压侧断线时$3U_{01}$保护误动。TV01高压侧断线闭锁有以下两种方式，机端基波零序过电压保护TV01断线闭锁动作逻辑框图如图2-12所示。

(1) 采用TV02负序电压和零序电压闭锁方式。TV02负序电压和零序电压闭锁机端TV01基波零序过电压保护动作逻辑框图如图1-12(a)所示。

图2-12(a)中，正常时TV02无负序电压和零序电压，此时如$3U_{01}$保护用TV01一次断线，$3U_{01}$保护虽然动作，但由于TV02负序电压和零序电压继电器不动作，TV01的$3U_{01}$保护被正常闭锁；如发电机出现单相接地，此时TV01和TV02同时出现零、负序电压，所以TV01的$3U_{01}$保护动作被开放，保护经延时动作出口，所以达到正常闭锁，定子绕组单相接

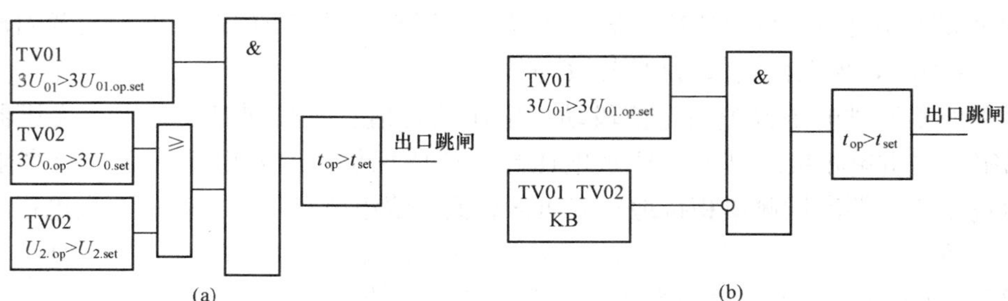

图 2-12　机端基波零序过电压保护 TV01 断线闭锁动作逻辑框图

(a) TV02 零、负序电压闭锁动作逻辑框图；(b) TV01、TV02、KB 闭锁动作逻辑框图

地故障开放保护的功能。负序电压和零序电压继电器开放动作电压整定值，按躲过正常不平衡负序电压和零序电压计算，取

1）TV02 开放零序动作电压整定值

$$3U_{0.op.set}=(3\%\sim5\%)U_{0.n}=3\sim5(\mathrm{V}) \tag{2-118}$$

2）TV02 开放负序动作电压整定值

$$U_{2.op.set}=(3\%\sim5\%)U_{2.n}=3\sim5(\mathrm{V}) \tag{2-119}$$

（2）采用 TV01、TV02、KB 闭锁方式。TV01、TV02、KB 闭锁动作逻辑框图如图 2-12(b)所示，图中当 TV01 断线时，TV01、TV02、KB 动作，闭锁 TV01 定子绕组单相接地基波零序过电压保护 $3U_{01}$，保护出口不动作；TV01 回路正常时，KB 不动作，当发电机定子绕组单相接地时，定子绕组单相接地基波零序过电压保护 $3U_{01}$ 保护经延时动作出口跳闸。KB 不平衡动作电压整定值，应不超过 $3U_{01.op.set}$，取

$$\Delta U_{op.set}=(0.04\sim0.06)U_{g.n} \tag{2-120}$$

（五）三次谐波电压定子绕组单相接地保护

1. 三次谐波电压定子绕组单相接地保护动作判据

大型发电机变压器组应装设 100%保护范围的定子绕组单相接地保护，目前广为采用的是靠近机端 90%保护范围的基波零序过电压保护，和靠近发电机中性点 25%以上的三次谐波电压定子绕组单相接地保护，组成 100%保护范围的定子绕组单相接地保护。下面介绍三次谐波电压定子绕组单相接地保护常用的两种动作判据。

（1）第一类三次谐波单相接地保护。用机端和中性点侧三次谐波电压比构成动作判据为

$$\frac{|\dot{U}_{3\omega.T}|}{|\dot{U}_{3\omega.N}|}=\frac{U_{3\omega.T}}{U_{3\omega.N}}\geqslant K_{rel}\times K=K_{op.set} \tag{2-121}$$

式中　$U_{3\omega.T}$——取自机端 TV 开口三角绕组的机端三次谐波电压；

$U_{3\omega.N}$——取自发电机中性点接地 TV 或接地变压器二次侧的中性点侧三次谐波电压；

$K_{op.set}$——机端三次谐波电压与中性点侧三次谐波电压动作比的整定值；

K_{rel}——可靠系数，一般取 1.2～1.5；

K——发电机在各种工况时，实测机端三次谐波电压与中性点侧三次谐波电压最大比值。

由于该判据原理简单，所以用得较多。

(2) 第二类三次谐波单相接地保护。用机端和中性点侧三次谐波电压复式比构成动作判据，该类单相接地保护为差动型，其优点是同时反映机端单相接地故障。动作判据为

$$\frac{|\dot{U}_{3\omega.T}-\dot{K}_{p}\dot{U}_{3\omega.N}|}{\beta|\dot{U}_{3\omega.N}|}\geqslant 1 \tag{2-122}$$

式中 $|\dot{U}_{3\omega.T}-\dot{K}_{p}\dot{U}_{3\omega.N}|$——动作分量；

$\beta U_{3\omega.N}$——制动分量；

$\dot{K}_{p}$——动作分量调整系数，使发电机正常运行时动作分量最小；

β——制动分量调整系数，使制动分量在正常运行时恒大于动作分量。

三次谐波电压定子绕组单相接地保护均作用于信号。

2. 三次谐波电压定子绕组单相接地保护整定计算

(1) 第一类三次谐波单相接地保护。三次谐波动作比整定值取

$$K_{op.set}=K_{rel}K \tag{2-123}$$

式中 K_{rel}——可靠系数，一般取 $K_{rel}=1.2\sim1.5$；

K——实测的机端三次谐波电压与中性点侧三次谐波电压最大比值。

K 的计算值为

$$K=\frac{Z_{3\omega.T}}{Z_{3\omega.N}}\times\frac{n_{TV0}}{n_{T}}=\frac{Y_{3\omega.N}}{Y_{3\omega.T}}\times\frac{n_{TV0}}{n_{T}} \tag{2-124a}$$

K 的实测值为

$$K=\frac{U_{3\omega.T}}{U_{3\omega.N}} \tag{2-124b}$$

式中 $Z_{3\omega.T}$、$Z_{3\omega.N}$——分别为机端和中性点侧对地的三次谐波阻抗；

$Y_{3\omega.T}$、$Y_{3\omega.N}$——分别为机端和中性点侧对地的三次谐波导纳；

n_{TV0}、n_{T}——分别为机端接地 TV0 和中性点侧专用接地变压器变比；

其他符号含义同前。

不同的发电机组有完全不同的 K 值，可大于 1 也可小于 1，最后整定值以实测值为准。

1) 某厂 4 台 QFSN2-300 型发电机，在额定工况下测得三次谐波电压比。$\frac{U_{3\omega.T}}{U_{3\omega.N}}=\frac{2.294\text{V}}{2.765\text{V}}=0.83$；

发电机在小负荷时（接近空载时）测得的三次谐波电压比 $\frac{U_{3\omega.T}}{U_{3\omega.N}}=\frac{0.718\text{V}}{0.918\text{V}}=0.788$；整定值为 1.2。

2) 某厂 4 台 600MW 发电机机端有断路器，不同负荷测得 $\frac{U_{3\omega.T}}{U_{3\omega.N}}=\frac{0.894\text{V}}{2.511\text{V}}=0.356$。

3) 某厂 2 台 1000MW 发电机机端有断路器，不同负荷测得 $\frac{U_{3\omega.T}}{U_{3\omega.N}}=\frac{2\text{V}}{4\text{V}}=0.5$。

(2) 第二类三次谐波单相接地保护。该类保护动作判据，比第一类动作判据要复杂得多，其整定值取 10～15kΩ，在现场模拟发电机中性点经 10～15kΩ 接地时调试确定。

(3) 三次谐波电压定子绕组单相接地保护动作于信号。

3. 注意问题

三次谐波电压定子绕组单相接地保护，由于动作判据比较薄弱，在运行中只要稍有干扰，特别是中性点回路中稍有不正常时，该保护就可能误动作。早期该保护投入跳闸，由于发电机中性点回路中接触不良，多次引起该保护误动使发电机跳闸。如今该保护均投入信号，如某厂因中性点接地闸刀松动而引起误动数十次（投入信号）而未停机（类似的情况发生于多家发电厂）。由于该保护均只投信号，动作判据不必太复杂，应尽可能采用较简单可靠的动作判据。但对原理确实完善，具有防止发电机中性点侧一次接地点断开判据，而且经实践证明发电机中性点侧一次接地点断开和正常运时不可能误动，为保护发电机安全运行，必要时亦可考虑投入跳闸。

（六）注入低频式发电机定子绕组100%单相接地保护

1. 注入低频式发电机定子绕组100%单相接地保护动作原理

注入低频式发电机定子绕组100%单相接地保护，通过辅助电源装置将20Hz低频电压加在负载电阻R_n上，并通过接地变压器将低频电压信号注入发电机定子绕组对地的零序回路中，注入低频式发电机定子绕组100%单相接地保护原理图及等效电路图如图2-13所示。

图中，R_E为发电机定子绕组接地过渡电阻；C_G为发电机定子绕组对地电容；$C_{T.L}$为主

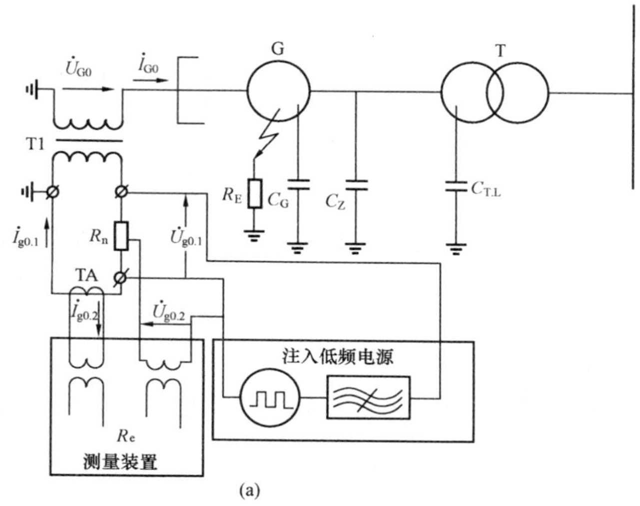

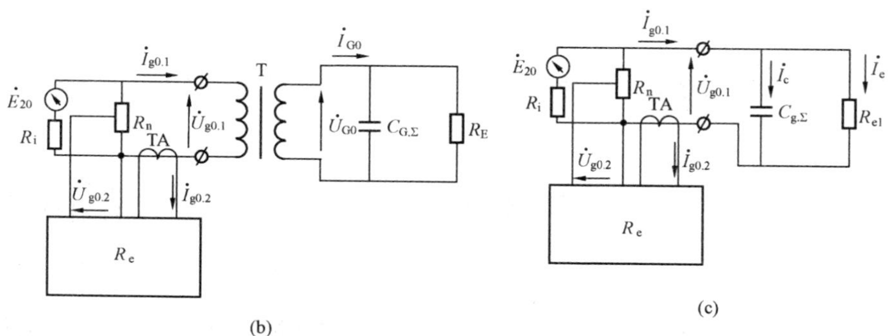

图2-13 注入低频式发电机定子绕组100%单相接地保护原理图及等效电路图

(a) 保护原理图；(b) 等效电路图；(c) 计算等效电路图

变压器低压侧对地电容；C_z为发电机母线其他所有设备对地电容总和；$C_{G.\Sigma}$为发电机机端对地综合电容，$C_{G.\Sigma}=C_G+C_{TL}+C_Z$；$R_n$为中性点接地变压器二次负载电阻；$\dot{E}_{20}$ 为注入低频电源电动势；R_i 为低频电源的内阻；$C_{g.\Sigma}$ 为折算至接地专用变压器二次侧发电机机端对地电容；R_{e1}为折算至接地变压器二次侧发电机接地过渡电阻；R_e为装置测量到的发电机定子绕组接地过渡电阻值；$\dot{I}_{G0}$ 为发电机经过渡电阻接地时流过接地变压器一次侧 20Hz 的电流；$\dot{I}_{g0.1}$ 为流过接地变压器二次绕组的 20Hz 电流（滤去 50Hz 工频电流），即接地变压器二次绕组等效接地电阻上的电流 $\dot{I}_e$ 和发电机等效电容电流 $\dot{I}_c$ 之和；$\dot{I}_{g0.2}$ 为 $\dot{I}_{g0.1}$ 经辅助 TA 变换后输入装置的 20Hz 测量电流；$\dot{U}_{G0}$ 为接地变压器一次侧 20Hz 的电压；$\dot{U}_{g0.1}$ 为接地变压器二次负载电阻 R_n上 20Hz 的电压；$\dot{U}_{g0.2}$ 为接地变压器二次负载电阻经过分压后输入装置 20Hz 的测量电压。发电机定子绕组绝缘正常情况下，注入电流主要为电容电流；当发生接地故障后，注入电流出现电阻性电流。检测注入的测量电压 $U_{g0.2}$和测量电流 $I_{g0.2}$，经过滤波和测量环节的补偿，通过测量导纳计算出接地故障的过渡电阻，从而判定发电机定子绕组是否存在接地故障。测量导纳计算

$$Y=G+\mathrm{j}B=\frac{\dot{I}_{g0.2}}{\dot{U}_{g0.2}}=\frac{\dot{I}_{g0.1}/n_{TA}}{\dot{U}_{g0.1}/n_{DIV}}=\frac{n_T\dot{I}_{G0}/n_{TA}}{\dot{U}_{G0}/(n_{DIV}\times n_T)}=\frac{n_T^2\times n_{DIV}}{n_{TA}}\times\frac{\dot{I}_{G0}}{\dot{U}_{G0}}=k\times\frac{\dot{I}_{G0}}{\dot{U}_{G0}}$$

装置测量电阻

$$R_e=\frac{1}{G}=\frac{1}{Re\left(\frac{\dot{I}_{g0.2}}{\dot{U}_{g0.2}}\right)}=\frac{1}{k\times Re\left(\frac{\dot{I}_{G0}}{\dot{U}_{G0}}\right)}=\frac{R_E}{k} \tag{2-125}$$

式中 Y——测量导纳；

G——测量电导；

B——测量电纳；

k——电阻折算系数；

R_E——发电机定子绕组的接地过渡电阻；

R_e——保护装置测量到的接地过渡电阻值；

$\dot{I}_{G0}$、$\dot{I}_{g0.1}$、$\dot{I}_{g0.2}$——分别为接地变压器一次、二次电流及装置测量的注入低频电流；

$\dot{U}_{G0}$、$\dot{U}_{g0.1}$、$\dot{U}_{g0.2}$——分别为接地变压器一次、二次电压及装置测量的注入低频电压；

n_T——接地变压器的变比；

n_{TA}——辅助测量变流器 TA 的变比；

n_{DIV}——电阻分压器的分压比。

分压比定义为 $n_{DIV}=U_{g0.1}/U_{g0.2}=R_n/R_{c0}$，如从 R_n 抽取 1/3 电压，则 $n_{DIV}=3$。

定子绕组接地故障的过渡电阻

$$R_E=\frac{1}{Re\left(\frac{\dot{I}_{G0}}{\dot{U}_{G0}}\right)} \tag{2-126}$$

式中符号含义同前。

电阻变换系数或电阻折算系数

$$k=\frac{R_{E}}{R_{e}}=\frac{n_{T}^{2}\times n_{DIV}}{n_{TA}} \tag{2-127}$$

式中符号含义同前。

2. 注入低频式发电机定子绕组100%单相接地保护动作判据

注入低频式发电机定子绕组100%单相接地保护动作判据，由接地电阻判据和接地零序电流判据共同构成。接地电阻判据可实现定子绕组100%单相接地保护；接地零序电流判据，反应发电机中性点接地变压器二次TA接地零序电流（主要为工频），可保护80%左右范围内的定子绕组接地故障。

（1）接地电阻动作判据。接地电阻动作判据由低定值跳闸段和高定值报警段组成。

1）低定值跳闸段接地电阻动作判据为

$$\left.\begin{array}{r}R_{e}\leqslant R_{e.l.set}\\ t\geqslant t_{T}=t_{op.l.set}\ \text{保护动作于跳闸停机}\end{array}\right\} \tag{2-128}$$

2）高定值报警段接地电阻动作判据为

$$\left.\begin{array}{r}R_{e}\leqslant R_{e.h.set}\\ t\geqslant t_{A}=t_{op.h.set}\ \text{保护作于报警发信}\end{array}\right\} \tag{2-129}$$

式中 $R_{e.l.set.}$、$R_{e.h.set}$——分别为接地过渡电阻低整定值和高整定值；

t_{T}、$t_{op.l.set}$——低定值跳闸段动作时间整定值；

t_{A}、$t_{op.h.set}$——高定值报警段动作时间整定值；

其他符号含义同前。

（2）接地零序电流动作判据。为

$$\left.\begin{array}{r}I_{g.0}\geqslant I_{0.op.set}\\ t\geqslant t_{T}=t_{op.l.set}\ \text{保护动作于跳闸停机}\end{array}\right\} \tag{2-130}$$

式中 $I_{g.0}$——保护装置检测到的注入回路中的零序电流；

$I_{0.op.set}$——零序动作电流整定值；

其他符号含义同前。

$I_{g.0}$为保护装置检测到的注入回路中的零序电流，而定值$I_{0.op.set}$是按发电机运行时出现接地故障（一般为距离发电机中性点20%位置金属性接地）产生的工频电流整定，$I_{g.0}$不单纯是工频电流，$I_{g.0}$是采用与频率无关算法计算的零序电流。所以式（2-130）中$I_{g.0}$是对应发电机电动势频率的电流值，发电机在运行时出现接地故障，保护装置检测到的注入回路中的电流$I_{g.0}$。由于3次谐波以及20Hz低频产生的零序电流很小，所以$I_{g.0}$主要为工频分量；当启停机过程中发电机出现接地故障，$I_{g.0}$的频率对应发电机电势的频率。式（2-125）中的$I_{go.1}$、$I_{go.2}$、I_{Go}是20Hz测量电流值。

（3）注入低频式发电机定子绕组100%单相接地保护动作逻辑框图。注入低频式发电机定子绕组100%单相接地保护动作逻辑框图如图2-14所示。图中，U_{lf0}为注入电压，$U_{lf0.set}$为注入电压监视整定值，I_{lf0}为注入电流，$I_{lf0.set}$为注入电流监视整定值，当U_{lf0}、I_{lf0}小于整定值时，发装置异常信号，同时闭锁注入低频式定子绕组100%单相接地保护；当频率闭锁未

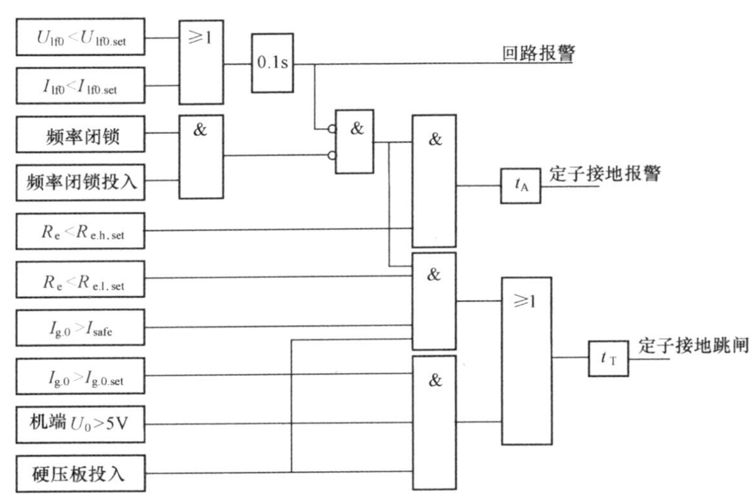

图 2-14 注入低频式发电机定子绕组 100%单相接地保护动作逻辑框图

动作或未投入，而 $R_e \leqslant R_{e.h.set}$ 经延时 t_A 发接地报警信号；$R_e \leqslant R_{e.l.set}$ 并同时满足检测接地零序电流 $I_{g.o}$ 大于等于发电机定子接地安全电流 I_{safe}，即 $I_{g.o} \geqslant I_{safe}$ 经 t_T 延时，定子绕组 100%单相接地保护动作出口跳闸；当 $I_{g.o}$ 大于等于发电机定子接地零序电流整定值 $I_{0.op.set}$ 时，即 $I_{g.o} \geqslant I_{0.op.set}$，同时满足检测零序电压 $U_{01} \geqslant 5$V，经 t_T 延时，定子绕组 100%单相接地保护动作出口跳闸。

(4) 注入低频式定子接地保护动作特点。

1) 保护范围为 100%的定子绕组单相接地，包括发电机中性点，无保护死区。

2) 整个定子绕组各点具有相同的动作灵敏度，不受接地位置影响。

3) 当定子绕组对地绝缘电阻下降至 $R_{e.h.set}$ 时，发报警信号，所以能监视定子绕组绝缘的缓慢老化。

4) 保护不受发电机运行工况的影响，在发电机静止、起停过程、空载运行、并网运行、甩负荷等各种工况下均能正常工作。

3. 中性点接地设备的选择原则

(1) 负载电阻阻值的选择。发电机中性点接地专用变压器及其负载电阻的阻抗一次值一般不应超过定子绕组侧对地容抗值。或者要求发电机接地故障时流过中性点接地设备的故障电流不应超过(5～25)A。

阻抗一次值确定后，再根据接地专用变压器的电压变比、容量及短路阻抗等参数，可以计算出需要的负载电阻阻值。

(2) 接地专用变压器电压变比的选择。接地专用变压器高压侧额定电压一般选择高于发电机的额定相电压，考虑不让接地变压器饱和，可选择发电机的额定电压（线电压）为接地专用变压器高压侧额定电压。

变压器低压侧电压一般为 120V 或 240V。具体选择多少没有严格的要求，一般只要满足发电机机端发生接地故障后，低压侧负载电阻上的电压不超过 500V 即可。

当发电机组采用注入低频式定子接地保护时，为保证一次设备与注入低频式定子接地保护实现良好配合，负载电阻值 R_n 宜大于 1Ω，一般应采用 1Ω，并相应适当提高接地专用变压器低压侧额定电压。

（3）接地专用变压器及其负载电阻容量的选择。按发电机机端金属性接地故障，并考虑一定裕量和过载能力，设计接地专用变压器及其负载电阻的短时额定容量。要求在规定的时间内，如 1min 接地专用变压器及其负载电阻的温升不应超过规定的值。

（4）接地专用变压器短路阻抗的选择。接地专用变压器短路阻抗选择适当，可大为减小发电机单相接地电流。

4. 注入低频式定子接地保护的整定计算

注入低频式定子接地保护与外加电源设备、中性点接地设备（接地专用变压器、负载电阻）以及发电机机端对地总电容相关，必须进行相关试验，以实测的数据进行校正计算值。注入电压监视整定值 $U_{\mathrm{lf0.set}}$、注入电流监视定值 $I_{\mathrm{lf0.set}}$、测量回路相角补偿角度 φ_{C}、测量回路电阻补偿值 R_{C}、测量回路电抗补偿值 $X_{\mathrm{L.C}}$、并联电阻补偿值 $R_{\mathrm{P.C}}$ 和接地电阻的折算系数 k 均由现场试验确定。

（1）接地动作电阻整定值计算。发电机中性点经接地专用变压器高阻接地，当定子绕组发生单相接地故障时基波零序等效电路如图 2-15所示。图中，α 为接地故障点至中性点的匝数与定子绕组一相串联总匝数的比；$\dot{E}$ 为发电机相电动势；R_n 为中性点接地电阻（接地变压器二次侧负载电阻）；$X_{\mathrm{CG.\Sigma}}$ 为发电机定子三相绕组对地综合电容的容抗；R_{E} 为故障点的接地过渡电阻；$\dot{U}_0$ 为基波零序电压；$\dot{I}_{\mathrm{E}}$ 为流过故障点的基波零序电流，$\dot{I}_{\mathrm{R}}=\dot{I}_{\mathrm{N}}$ 为流过中性点等效接地电阻的电流；$3\dot{I}_{\mathrm{C}}$ 为发电机三相电容电流。

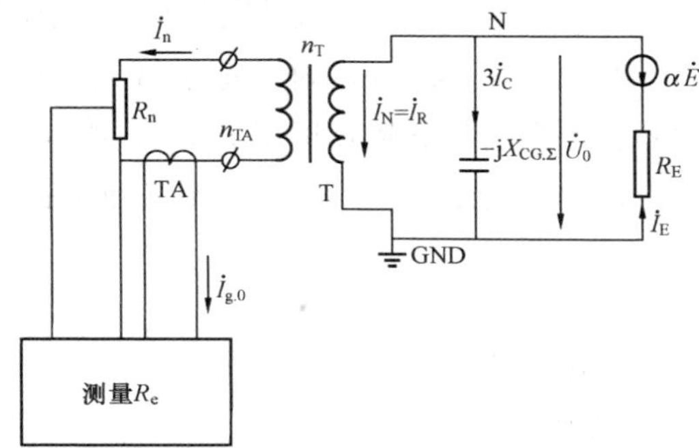

图 2-15 定子绕组发生单相接地故障时基波零序等效电路图

考虑发生严重的机端接地故障，根据规程允许的接地故障电流值，通过上述等效电路求出接地过渡电阻值。此电阻值可作为保护的接地电阻报警值和跳闸值的整定依据。接地故障过渡电阻报警整定值（一次值）为 $R_{\mathrm{E.h.set}}$；接地故障过渡电阻跳闸整定值（一次值）为 $R_{\mathrm{E.l.set}}$。发电机定子绕组经过渡电阻 R_{E} 接地时接地电流计算公式为

$$3I_0=\frac{\alpha\times 3U_{\mathrm{G.N}}/\sqrt{3}}{3R_{\mathrm{E}}+\dfrac{1}{\dfrac{1}{3(R_{\mathrm{N}}+\mathrm{j}X_{\mathrm{N}})}+\dfrac{1}{-\mathrm{j}X_{\mathrm{CG.\Sigma}}}+\dfrac{1}{-\mathrm{j}X_{\mathrm{M}}}}} \tag{2-131}$$

式中 X_{N}——接地变压器短路电抗，$X_{\mathrm{N}}=X_{\mathrm{k}}$；

其他符号含义同前。

1）电阻变换系数或电阻折算系数 k 计算，k 定义为发电机定子绕组的接地电阻 R_{E} 与装置对应的计算测量电阻 R_{e} 之比，电阻变换系数或电阻折算系数整定值由式（2-127）计算

$$k_{\mathrm{set}}=\frac{R_{\mathrm{E}}}{R_{\mathrm{e}}}=\frac{n_{\mathrm{T}}^2\times n_{\mathrm{DIV}}}{n_{\mathrm{TA}}} \tag{2-132}$$

实际的专用接地变压器电压变比 n_T、辅助 TA 电流变比 n_{TA}、分压器分压比 n_{DIV} 与设计值之间有偏差，因此需按模拟接地故障试验调整该系数。

2）报警段接地电阻一次高定值，由定子绕组允许安全电流 $I_{safe}=1A$，由式（2-131）计算为

$$3I_0=\frac{\alpha\times 3U_{G.N}/\sqrt{3}}{3R_E+\cfrac{1}{\cfrac{1}{3(R_N+jX_N)}+\cfrac{1}{-jX_{CG.\Sigma}}+\cfrac{1}{-jX_M}}}\leqslant I_{safe} \tag{2-133a}$$

机端接地时 $\alpha=1$，将参数代入方程可解得 $R_E=R_{E.h.set}$ 值。600MW 机组当有机端断路器时 R_N、X_N、$X_{CG.\Sigma}$均小于（1/3）$R_{E.h.set}$值时，式（3-133a）经简化后近似计算式为

$$3I_0=\frac{\alpha\times 3U_{G.N}/\sqrt{3}}{3R_E}=\frac{\alpha\times U_{G.N}}{\sqrt{3}R_E}\leqslant I_{safe} \tag{2-133b}$$

此时可采用式（2-133b）计算 $R_{E.h.set}$值

$$R_{E.h.set}=\frac{U_{G.N}}{\sqrt{3}\times I_{safel}} \tag{2-134}$$

例如，(300～1000)MW 发电机当额定电压为(20～27)kV，$I_{safe}=1A$ 时，由式(2-133a)或式(2-134)计算 $R_{E.h.set}=(11.5～15.5)k\Omega$，根据运行经验取 $R_{E.h.set.}=(10.0～15.0)k\Omega$，一般取

$$R_{E.h.set}=10.0k\Omega \tag{2-135}$$

3）报警段动作时间整定值，取 $t_A=t_{op.h.set}=5.0s$，动作于报警发信。

4）跳闸段接地电阻一次低定值，由于 R_N、X_N、$X_{CG.\Sigma}$和 $R_{E.l.set}$相比不能忽略不计，从而应由式（2-133a）计算 R_E，当 $R_N=X_{CG.\Sigma}$并略去 X_N时，式（2-133a）可简化为

$$3I_0=\frac{\alpha\times 3U_{G.N}/\sqrt{3}}{3R_E+1.5R_N-j1.5X_{CG.\Sigma}}=1 \tag{2-136a}$$

$$\frac{(\alpha\times 3U_{G.N}/\sqrt{3})^2}{(3R_E+1.5R_N)^2+(1.5X_{CG.\Sigma})^2}=1 \text{ 或为}(3R_E+1.5R_N)^2+(1.5X_{CG.\Sigma})^2=(\alpha\times 3U_{G.N}/\sqrt{3})^2$$

$$R_E=\frac{1}{3}\times\left[\sqrt{(0.2\times\sqrt{3}\times U_{G.N})^2-(1.5X_{CG.\Sigma})^2}-1.5R_N\right] \tag{2-136b}$$

例如，(300～1000)MW 发电机当额定电压为(20～27)kV 出口有断路器并忽略 X_N，$I_{safe}=1A$，假定 $\alpha=0.2$ 和 $R_N=X_{CG.\Sigma}=1.5k\Omega$ 时

$$R_{E.l.set}=R_E=\frac{1}{3}\times\left[\sqrt{(0.2\times\sqrt{3}\times U_{G.N})^2-(1.5X_{CG.\Sigma})^2}-1.5R_N\right]$$

$$=\frac{1}{3}\times\left[\sqrt{(0.2\times\sqrt{3}\times 20)^2-2.25^2}-2.25\right]=1.43(k\Omega)$$

和

$$R_{E.l.set}=R_E=\frac{1}{3}\times\left[\sqrt{(0.2\times\sqrt{3}\times 27)^2-2.25^2}-2.25\right]=2.27(k\Omega)$$

根据运行经验可取

$$R_{E.l.set}=(1\sim 2.0)k\Omega \tag{2-136c}$$

5）跳闸段动作时间整定值，取 $t_T=t_{op.l.set}=(0.3～0.5)s$，动作于跳闸停机。

(2) 安全电流整定值 I_{safe} 确定。

1) 现场试验法,发电机静止时,机端金属性接地,串一电流表,发电机 0V 起升压,当电流表显示接地故障电流到达安全电流(如 1A)时,则保护装置检测到的 $I_{g.0}$ 就是测量安全电流整定值 I_{safe},这是比较准确的方法。

2) 根据参数计算法,由等效电路图 2-15 及发电机机端对地容抗和发电机中性点接地电阻阻值,并根据电容电流和中性点接地电阻电流之间的关系,计算出接地故障电流到达安全电流(如 1A)时的测量安全电流整定值 I_{safe};由等效电路可简化计算得

$$\left.\begin{aligned}3I_C &= \frac{R_n n_T^2}{X_{C\Sigma}} I_N \\ I_E &= \sqrt{(3I_C)^2 + I_N^2}\end{aligned}\right\}$$

当 $R_N = R_n \times n_T^2 = X_{C.\Sigma}$ 时,保护装置检测到的零序电流为

$$I_{g.0} = \frac{n_T I_N}{n_{TA}} = \frac{n_T}{n_{TA}} \times \frac{I_E}{\sqrt{\left(\frac{R_n n_T^2}{X_{C.\Sigma}}\right)^2 + 1}} = \frac{n_T}{n_{TA}} \times \frac{I_E}{\sqrt{2}} \tag{2-137}$$

测量安全电流整定值为

$$I_{safe} = K_{rel} \times \frac{n_T}{n_{TA}} \times \frac{I_{safe.P}}{\sqrt{\left(\frac{R_n n_T^2}{X_{C.\Sigma}}\right)^2 + 1}} \approx K_{rel} \times \frac{n_T}{n_{TA}} \times \frac{I_{safe.P}}{\sqrt{2}} \tag{2-138}$$

式中 K_{rel}——可靠系数,取 0.7~0.9;

$I_{safe.P}$——安全电流的一次值(如 $I_{safe.P}=1A$);

其他符号含义同前。

当不设安全电流限制,退出此辅助判据取 $I_{safe}=0$。

(3) 接地零序电流跳闸段整定计算。

1) 接地零序动作电流整定值的确定。接地零序电流动作判据,作为接地电阻动作判据的补充和辅助保护,保护距发电机机端 80%~90%范围的定子绕组单相接地故障可靠动作。由于它反应的是流过发电机中性点接地连线上接地工频零序电流,其动作电流整定值为

$$I_{0.op.set} = \alpha \times \frac{U_{Rn.sec}}{K_{rel} R_n} \times \frac{1}{n_{TA}} \tag{2-139}$$

式中 $U_{Rn.sec}$——发电机机端单相金属性接地时负载电阻 R_n 上的工频零序电压;

K_{rel}——或靠系数取 1.1;

其他符号含义同前。

2) 动作时间整定值 t_{op},取 $t_{op}=(0.3\sim0.5)$s 动作于跳闸停机。

【例 2-4】 某 600MW 发电机组,专用接地变压器变比为(20/0.41)kV,$R_n=1\Omega$,$n_{TA}=(400/5)$A。计算工频零序电流整定值。

解 发电机机端单相金属性接地时负载电阻 R_n 上的电压

$$U_{Rn.sec} = \frac{20}{\sqrt{3}} \times \frac{0.41}{20} = 0.237\ (\text{kV})$$

取 $\alpha=0.15$，接地工频零序动作电流整定值按式（2-139）计算

$$I_{0.op.set}=\alpha\times\frac{U_{Rn.sec}}{1.1\times R_n}\times\frac{1}{n_{TA}}=0.15\times237/(1.1\times1\times80)=0.4(A)$$

（4）电压、电流回路监视整定值的确定。可在发电机静止状态下，无接地故障时，注入式辅助电源装置投入，低频信号注入回路工作，保护装置实测零序测量电流为 $I_{g.0.min}$。发电机中性点做金属性短路试验，实测零序测量电压为 $U_{g.0.min}$。根据实测的 $I_{g.0.min}$、$U_{g.0.min}$ 计算确定 20Hz 接地检测系统的报警值，按小于等于正常运行的 50%实测值进行计算

$$\left.\begin{aligned}I_{lf0.set}&=K_{rel}I_{g0.min}=0.5I_{g0.min}\\U_{lf0.set}&=K_{rel}U_{g0.min}=0.5U_{g0.min}\end{aligned}\right\}\qquad(2\text{-}140)$$

式中　K_{rel}——可靠系数为 0.4～0.6，一般取 0.5；

其他符号含义同前。

（5）补偿环节整定值确定。

1）测量回路相角补偿角度 φ_C，按相角补偿试验确定整定值。

2）测量回路电阻补偿值 R_C，按阻抗补偿试验确定整定值。

3）测量回路电抗补偿值 $X_{L.C}$，按阻抗补偿试验确定整定值。

4）接地电阻的折算系数 k 由现场试验确定后修正计算值。

5）并联电阻补偿，一般情况下取默认值（最大值），无需整定。在正常接线状态和正常绝缘情况下，经过上述补偿，补偿后的电阻值若仍有一定的测量偏差，则读取当前补偿后的电阻值作为并联电阻补偿定值。补偿后的电阻值应接近最大值，表示绝缘良好。

（七）国产汽轮发电机定子绕组单相接地电流允许值

国产汽轮发电机定子绕组单相接地电流允许值见表 2-7、表 2-8。

表 2-7　　国产汽轮发电机定子绕组单相接地电流允许值

容量（MW）	额定电压（kV）	每相对地电容（μF）	单相接地电容电流 $3I_C$（A）
50	10.5	0.16	0.914
100	10.5	0.25	1.43
200	15.75	0.2	1.75
300	20（18）	0.23～0.3	1.97～2.57
600	20（22）	0.23～0.33	2.5～3.6
1000	27	0.33	4.85

表 2-8　　国产汽轮发电机定子绕组单相接地电流允许值

发电机额定电压（kV）	发电机额定容量（MW）		单相接地电流允许值（A）
6.3	≤50		4
10.5	汽轮发电机	50～100	3
	水轮发电机	10～100	
13.85～15.75	汽轮发电机	125～200	2（对于氢冷发电机为 2.5A）
	水轮发电机	40～225	2
18～20	300～600		1

八、发电机转子绕组接地保护

在国内外已出现过多种不同原理和不同类型的发电机转子一点、两点接地保护装置，目前微机型发电机转子接地保护常用三种不同类型的装置，现分别介绍其动作判据和整定计算。

（一）第一类型发电机转子接地保护

1. 动作判据

（1）转子绕组一点接地保护。在发电机转子绕组叠加直流电压，经先后两次测量不同附加电阻时转子对地电流值，通过内部软件计算转子回路接地电阻 R_g 原理的动作判据为

$$\left.\begin{array}{l}\text{当 } R_g \leqslant R_{g1.set}\text{、持续时间 } t \geqslant t_{op1.set}\text{ 时动作发信号}\\ \text{当 } R_g \leqslant R_{g2.set}\text{、持续时间 } t \geqslant t_{op2.set}\text{ 时动作发信号或跳闸}\end{array}\right\} \tag{2-141}$$

式中 R_g——发电机转子绕组对地绝缘电阻；

$R_{g1.set}$——转子绕组一点接地保护Ⅰ段动作电阻整定值；

$R_{g2.set}$——转子绕组一点接地保护Ⅱ段动作电阻整定值；

$t_{op1.set}$——转子绕组一点接地保护Ⅰ段动作时间整定值；

$t_{op2.set}$——转子绕组一点接地保护Ⅱ段动作时间整定值。

（2）转子绕组两点接地保护。当转子绕组一点接地保护动作后，自动投入转子绕组两点接地保护。两点接地保护动作判据为

$$\left.\begin{array}{l}R_g < \text{转子一点接地保护动作整定值}\\ U_{2\omega 2} > U_{2\omega.op.set}\\ U_{2\omega 2} > U_{2\omega 1}\end{array}\right\} \tag{2-142}$$

式中 R_g——发电机转子绕组对地绝缘电阻；

$U_{2\omega 1}$、$U_{2\omega 2}$——发电机定子电压二次谐波正序分量和负序分量；

$U_{2\omega.op.set}$——二次谐波电压动作整定值。

2. 整定计算

（1）转子一点接地保护Ⅰ段高定值报警段。其整定值为

$$\left.\begin{array}{l}\text{Ⅰ段高定值报警段动作电阻整定值 } R_{g1.set} = (8 \sim 10)\text{k}\Omega\\ \text{动作时间整定值 } t_{op1.set} = 5\text{s 动作于发信号}\end{array}\right\} \tag{2-143}$$

（2）转子一点接地保护Ⅱ段低定值段。空冷及氢冷汽轮发电机，电阻定值一般整定为(2～5)kΩ，对于水轮发电机或直接水冷的励磁绕组，整定(1～2)kΩ，动作于发信或停机。根据实践经验，对于水轮发电机、空冷及氢冷汽轮发电机跳闸段整定值确定正式投入跳闸时，Ⅱ段低定值段作跳闸段，动作时间 $t_{1.set}=5$s，根据运行经验

$$\left.\begin{array}{l}\text{空冷氢冷发电机组 } R_{op.set} = (2 \sim 5)\text{k}\Omega\\ \text{水轮发电机组或转子绕组直接水内冷发电机组 } R_{g2.set} = (1 \sim 2)\text{k}\Omega\\ \text{跳闸动作时间 } t_{op2.set} = 5\text{s}\end{array}\right\} \tag{2-144}$$

（3）发电机转子绕组两点接地保护。二次谐波电压动作整定值 $U_{2\omega.op.set}$ 按躲过发电机正

常运行和区外各种类型的短路计算，因短路情况下实测最大二次谐波负序电压有困难，所以按躲过发电机额定工况时机端测得的最大二次谐波负序电压计算。二次谐波电压动作整定值为

$$U_{2\omega.op.set}=K_{rel}U_{2\omega2.max} \tag{2-145}$$

式中 K_{rel}——可靠系数，取1.5～2；

$U_{2\omega2.max}$——发电机正常额定工况时机端测得的最大二次谐波负序电压。

转子绕组两点接地保护动作时间整定值为

$$t_{op.set}=0.5\sim1\text{s} \tag{2-146}$$

在实测过程中，实际值变化很大，如有的机组正常情况实测值约在0.05～0.6V之间变动，某厂QSF-300/2型机组在各种负荷实测$U_{2\omega2.max}<0.35$V，取$U_{2\omega.op.set}=1$V，在运行中多次发生区外短路时该转子绕组两点接地保护误发报警信号。

（二）第二类型发电机转子接地保护

1. 动作判据

（1）转子绕组一点接地保护。该保护用乒乓式开关切换原理，通过内部软件计算转子回路接地电阻R_g和接地位置α，并记忆接地位置α，动作判据为

$$\left.\begin{array}{l}\text{当 }R_g\leqslant R_{g1.set}\text{、持续时间 }t\geqslant t_{op1.set}\text{时动作发信号}\\ \text{当 }R_g\leqslant R_{g2.set}\text{、持续时间 }t\geqslant t_{op2.set}\text{时动作发信号或跳闸}\end{array}\right\} \tag{2-147}$$

（2）转子绕组两点接地保护。当转子绕组一点接地保护动作后，保护装置继续测量转子回路接地绝缘电阻R_g和接地位置α。若再发生一点接地时，则测得的α值变化，当其变化量$\Delta\alpha$超过整定值$\Delta\alpha_{set}$时，即

$$\left.\begin{array}{l}R_g<\text{动作整定值}\\ \Delta\alpha\geqslant\Delta\alpha_{set}\end{array}\right\} \tag{2-148}$$

式中 $\Delta\alpha$——转子绕组一点接地位置变化量；

$\Delta\alpha_{set}$——转子绕组一点接地位置变化量整定值。

保护装置判发电机转子绕组两点接地，动作出口发信号或跳闸。

2. 整定计算

（1）发电机转子绕组一点接地保护。其计算取值同式（2-143）～式（2-144）。

（2）发电机转子绕组两点接地保护。转子绕组一点接地位置变化量整定值取

$$\Delta\alpha_{set}=0.05\sim0.1 \tag{2-149}$$

动作时间整定值取

$$t_{op.set}=0.5\sim1\text{s} \tag{2-150}$$

（三）第三类转子绕组接地保护——发电机注入式转子绕组接地保护

1. 注入式转子绕组接地保护动作原理

注入低频方波电压转子绕组接地保护，可根据转子绕组引出方式选择采用双端注入方式或单端注入方式。在转子绕组的一端（或两端）与大轴之间注入低频方波电源，低频方波频率可在(0.1～1)Hz之间调整，通过测量方波电压两种状态下的转子泄漏电流，计算转子接地电阻的阻值。

注入低频方波电压转子绕组接地保护原理图如图2-16所示。图中，U_{fd}为转子电压，U_s

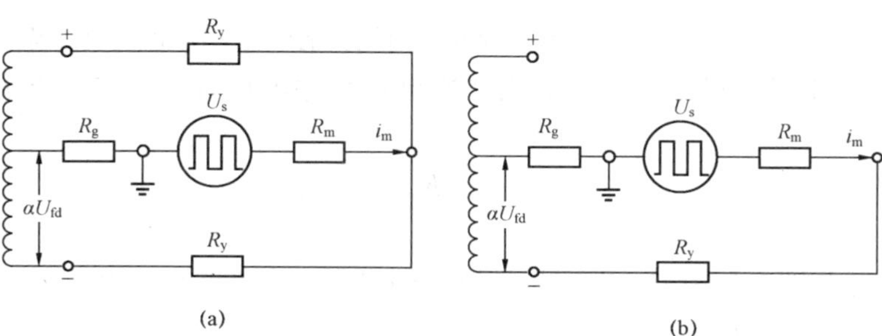

图 2-16　注入低频方波电压转子绕组接地保护原理图

(a) 双端注入方式转子绕组接地保护原理图；

(b) 单端注入方式转子绕组接地保护原理图

为注入方波电源电压，R_y 为注入大功率耦合阻抗，R_m 为注入回路测量电阻，i_m 为转子绕组接地故障泄漏电流，α 为以百分比表示的转子绕组故障接地位置（负端为 0%，正端为 100%），R_g为转子绕组接地过渡电阻。

注入式转子绕组接地保护方波电源有正负半波两种状态，对应测量电流为 i_{m1}、i_{m2}，对应方波电压为 U_{s1}、U_{s2}。为方便分析，可假定方波电源两种状态下转子电压不变。对于图 2-16 (a)所示双端注入式原理，根据等效电路，可推导出转子绕组接地故障过渡电阻 R_g 和接地位置 α，其计算式为

$$\left.\begin{aligned}R_g &= \frac{\Delta U_S}{i_{m1}-i_{m2}} - \left(R_m + \frac{R_y}{2}\right)\\ \alpha &= 0.5 + \frac{(i_{m1}+i_{m2})\times[R_y + 2\times(R_m+R_g) - 2\times\Delta U_S]}{4U_R}\end{aligned}\right\} \tag{2-151}$$

$$\Delta U_s = U_{s1} - U_{s2} \tag{2-152}$$

式中　ΔU_s ——方波正负半波电动势差；

其他符号含义同前。

图 2-14 (b) 所示的单端注入式原理，类似可得转子绕组接地故障过渡电阻 R_g 的计算式，为

$$R_g = \frac{\Delta U_S}{i_{m1}-i_{m2}} - (R_m + R_y) \tag{2-153}$$

2. 注入式转子一点接地保护动作判据

注入式转子一点接地保护设有两段，分别为高定值Ⅰ段和低定值Ⅱ段，其动作判据为

$$\left.\begin{aligned}&R_g \leqslant R_{g1.set}，\text{高定值 Ⅰ 段动作后延时 } t_{op1.set}，\text{报警}\\ &R_g \leqslant R_{g2.set}，\text{低定值 Ⅱ 段动作后延时 } t_{op2.set}，\text{报警或跳闸}\end{aligned}\right\} \tag{2-154}$$

式中　$R_{g1.set}$、$R_{g2.set}$——分别为高定值Ⅰ段和低定值Ⅱ段动作电阻整定值；

$t_{op1.set}$、$t_{op2.set}$——分别为高定值Ⅰ段和低定值Ⅱ段动作时间整定值；

3. 转子两点接地保护动作判据

对于双端注入式转子绕组接地保护，可检测出转子绕组一点接地位置 α_1，进而实现转子两点接地保护。当转子一点接地灵敏段动作发告警信号后，经延时（约 15s）自动投入转子两点接地保护。若转子绕组发生第二点接地，则部分励磁绕组被短接，此时检测出的接地

位置 α_2 与前测得的接地位置 α_1 必将发生变化，转子两点接地保护判据为 $|\alpha_2-\alpha_1|>3\%$ 时，判转子两点接地。

转子两点接地保护经短延时动作于停机。转子两点接地保护宜在转子一点接地电阻稳定后，由手动经连接片投入。大型发电机组一旦确定转子一点接地，不允许继续运行，应停机检修，所以实际上转子两点接地保护不投入运行。

上述注入式转子绕组接地保护原理，具有可在无励磁状态下正常工作的特点。注入方波电源的频率为(0.1～1)Hz 可调，可有效消除转子绕组对地电容的影响。对于双端注入方式，还可测量转子一点接地位置，为故障排查提供参考。

4. 注入式转子绕组接地保护整定值计算

(1) 转子一点接地保护高定值Ⅰ报警段。其整定计算同式（2-143）。

(2) 转子一点接地保护低定值Ⅱ报警或跳闸段。其整定计算同式（2-144）。

(3) 转子两点接地保护接地位置变化整定值。装置内部固定为 3%，两点接地延时一般整定为 0.5～1s。

(四) 第四类转子绕组接地保护——叠加 50Hz 工频交流转子绕组接地保护

叠加 50Hz 工频交流转子绕组接地保护，利用不平衡电桥原理，测量发电机转子对地绝缘电阻 R_g 的方法，判转子是否接地。

1. 动作判据

叠加 50Hz 工频交流不平衡电桥原理发电机转子接地保护，设置高定值Ⅰ段和低定值Ⅱ段，其动作判据与式（2-141）相同。

2. 整定计算

大型发电机转子对地电容对叠加 50Hz 工频交流转子绕组接地保护动作值影响特别严重，从原理上讲其误动作几率较前三种转子绕组接地保护要大，所以其整定值计算与以上三种动作判据有着原则的区别。其整定值应取较小值。

(1) 转子一点接地保护高定值Ⅰ段整定值。为

$$\left.\begin{aligned} R_{g1.set} &= (2\sim5)\mathrm{k\Omega} \\ t_{op1.set} &= 5\mathrm{s} \end{aligned}\right\} \tag{2-155}$$

(2) 转子一点接地保护低定值Ⅱ段整定值。

空冷氢冷和水轮发电机组或转子绕组直接水内冷发电机组

$$\left.\begin{aligned} R_{g2.set} &= (1\sim2)\mathrm{k\Omega} \\ t_{op2.set} &= 5\mathrm{s} \end{aligned}\right\} \tag{2-156a}$$

如确定正常投入跳闸时不论是空冷氢冷水内冷发电机组

$$\left.\begin{aligned} R_{g2.set} &= (0.5\sim1)\mathrm{k\Omega} \\ t_{op2.set} &= 5\mathrm{s} \end{aligned}\right\} \tag{2-156b}$$

叠加 50Hz 工频交流转子绕组接地保护，由于受转子绕组对地电容及轴电刷接触电阻的影响极易误动，一般不投入跳闸。

3. 注意的问题

大型发电机转子一点、两点接地保护，正确动作率很低，即使是国外进口的大型发电机转子一点、两点接地保护正确动作率也较低，这是由于：

（1）大型发电机转子对地大电容的影响，不论用何种原理，很难完全消除发电机转子对地电容对测量电阻值的影响，一旦发电机转子对地电容对测量电阻值影响的因素出现，特别是采用叠加50Hz工频交流电压源信号测量对地电阻时，轴电刷接触电阻对测量电阻有严重影响，当接地轴电刷接触电阻增大时容易误动，所以应特别注意对接地轴电刷的维护并保持接触良好。国内微机保护基本上已不再采用该原理的发电机转子绕组接地保护。

（2）大型发电机转子绕组两点接地保护，由于其动作判据测量值非常之小，亦即动作判据非常薄弱，其动作可靠性亦不理想，误动作的几率也很高。例如，某厂，动作判据用式（2-142），发电机转子绕组接地保护，在区外短路故障时，发电机转子绕组两点接地保护曾多次误动发信号。目前发电机转子接地保护大都动作于信号，发电机转子两点接地保护如投入跳闸应慎重，如经一段时间运行确实无误动考验，方可投入跳闸。由于发电机转子绕组两点接地保护动作可靠性极差，同时一旦确认发电机转子一点接地，对大型发电机应平稳停机检修，不再继续运行，所以大型发电机（水、火电机组）可不设转子绕组两点接地保护。

九、发电机定子绕组过电流保护

对于发电机因定子绕组过负荷或区外短路引起定子绕组过电流，应装设定子绕组三相过电流保护，由定时限和反时限两部分组成。

（一）动作判据

发电机定子绕组过电流保护的动作特性曲线如图2-17所示，动作特性曲线由三部分组成，图中曲线1的ABF为定时限过电流保护动作特性，曲线2的CD为反时限过电流动作特性，DEH为反时限上限（高定值）动作区。对应的动作判据由三部分组成。

1. 定时限过电流保护

图2-17中，曲线1的ABF段，当满足下式则动作后发信号

$$\left.\begin{array}{l}I_{g} \geqslant I_{op.s} \\ t \geqslant t_{op.s}\end{array}\right\} \tag{2-157}$$

式中 I_g——发电机定子绕组中性点侧TA二次电流；

$I_{op.s}$——定时限过电流保护动作电流整定值；

t——发电机定子电流满足动作条件作用持续时间；

$t_{op.s}$——定时限过电流动作时间整定值。

2. 反时限过电流保护

（1）反时限动作判据。图2-17中曲线2的CD段为反时限部分，当$I_{op.dow} \leqslant I_g \leqslant I_{op.up}$时，若满足下式则动作后跳闸

$$(I_{g}^{*2}-K_{2})\ t \geqslant K_{he.al} \tag{2-158}$$

式中 I_g^*——发电机定子最大相电流相对值(以发电机定子额定二次电流为基准)；

$K_{he.al}$——发电机允许发热时间常数；

$I_{op.dow}$——反时限过电流保护下限动作电流（最小动作电流）；

$I_{op.up}$——反时限过电流保护上限动作电流（最大动作电流）；

K_2——散热时间常数，数值上等于或略大于发电机额定电流相对值；

其他符号含义同前。

(2) 反时限上限动作判据。如图2-17中曲线2的 DEH 段所示，此时有

$$\left.\begin{array}{l} I_g \geqslant I_{op.up} \\ t \geqslant t_{op.up} \end{array}\right\} \qquad (2\text{-}159)$$

式中 t——电流超过上限动作电流的作用时间；

$t_{op.up}$——上限动作时间整定值；

其他符号含义同前。

反时限过电流保护动作于跳闸。

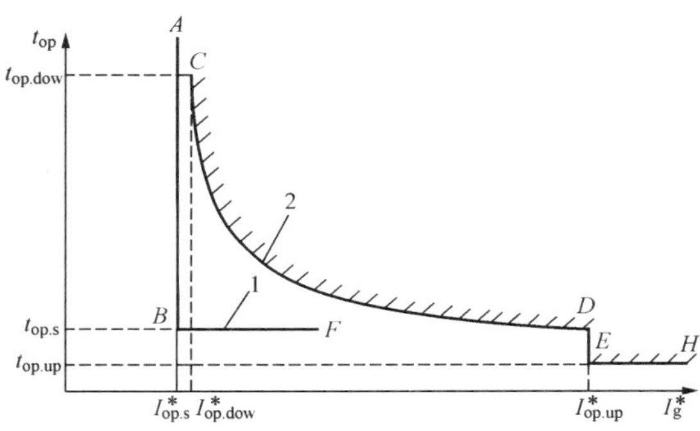

图 2-17 发电机定子绕组过电流保护的动作特性曲线

1—定时限过电流保护动作特性曲线；

2—反时限过电流保护动作特性曲线

(二) 整定计算

1. 定时限过电流保护

动作电流整定值为

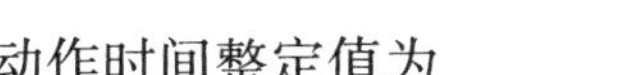

$$I_{op.s} = K_{rel}\frac{I_{g.n}}{K_{re}} \qquad (2\text{-}160)$$

动作时间整定值为

$$t_{op.s} = t_{op.l.max} + \Delta t \qquad (2\text{-}161)$$

式中 K_{rel}——可靠系数，一般取 $K_{rel}=1.05\sim1.1$；

K_{re}——返回系数，微机保护取 $K_{re}=0.95$（模拟型保护取 $K_{re}=0.85$）；

$t_{op.l.max}$——线路后备保护动作时间最大整定值；

Δt——时间级差，一般取 $\Delta t=0.5$s；

其他符号含义同前。

定时限过电流保护动作于信号。

2. 反时限过电流保护

(1) 反时限过电流保护下限动作电流 $I_{op.dow}$ 的计算。与定时限过电流保护动作电流配合计算，即

$$I_{op.dow} = K_{rel} \times I_{op.s} \qquad (2\text{-}162)$$

式中符号含义同前。

(2) 反时限过电流保护动作时间计算。应根据制造厂提供的发电机定子过电流允许发热特性配合计算。制造厂提供的发电机发热特性

$$t_{al} = \frac{K_{he.al}}{I_g^* - I}$$

保护动作计算应和发电机发热特性一致，即

$$t_{op} = \frac{K_{he.set}}{I_g^* - K_{2.set}} \qquad (2\text{-}163)$$

式中 t_{op}——反时限保护动作时间；

t_{al}——发电机允许发热时间；

$K_{he.al}$——发电机允许发热时间常数；

$K_{he.set}$——允许发热时间常数整定值；

$K_{2.set}$——发电机散热时间常数整定值取 $1\sim1.05$；

I_{g}^{*}——发电机定子电流相对值。

允许发热时间常数整定值可根据制造厂提供的值进行整定，如 QFSN2-300-2 型发电机，制造厂提供的发电机定子绕组过电流能力为 $1.16I_{G.N}$（发电机额定电流为 $I_{G.N}$），允许运行时间为 120s，$1.3I_{G.N}$允许运行时间为 60s，故可计算允许发热时间常数为

$$K_{he.al}=(1.16^2-1)\times120=(1.3^2-1)\times60=41.5s$$

在整定计算时取

$$K_{he.al.set}=\frac{K_{he.al}}{1\sim1.1}=(1\sim0.9)K_{he.al} \tag{2-164}$$

一般取 $K_{he.al.set}=37.5s$。

(3) 反时限过电流保护下限动作时间计算。将下限动作电流相对值 $I_{op.dow}^{*}$代入式（2-163），可计算下限动作时间 $t_{op.dow}$为

$$t_{op.dow}=\frac{K_{he.al.set}}{I_{op.dow}^{*2}-K_{2.set}} \tag{2-165}$$

式中 $I_{op.dow}^{*}$——反时限过电流保护下限动作电流相对值；

其他符号含义同前。

(4) 反时限过电流保护上限动作电流计算。上限动作电流按躲过高压母线最大短路电流计算，即

$$I_{op.up}=K_{rel}\frac{I_{K.max}^{(3)}}{n_{TA}} \tag{2-166}$$

式中 $I_{op.up}$——反时限过电流保护上限动作电流；

K_{rel}——可靠系数，一般取 1.3；

$I_{K.max}^{(3)}$——发电机变压器组取高压母线三相短路时的最大短路电流，发电机有出口断路器时，取发电机出口三相最大短路电流。

(5) 上限动作时间计算。与线路保护第一段时间配合，取

$$t_{op.up}=0.3\sim0.4s \tag{2-167}$$

并校核是否能躲过系统振荡，如躲不过系统振荡，取 $t_{op.up}=1s$。

(6) 上限过电流保护当作为发电机严重过荷保护整定值计算。

1）动作电流整定值取 $I_{op.up}=(1.6\sim1.8)I_{g.n}$。

2）动作时间整定值按小于对应的允许时间并和线路后备保护最长动作时间配合计算，一般可取 $t_{op.up}=(6\sim8)s$。

(7) 反时限定子绕组过电流保护动作于全停。

3. 反时限过电流保护 2

对于发电机允许过负荷发热时间特性式（2-163）有附加条件时，即式（2-163）仅适用于范围为下限允许时间 t_{dow}和上限允许时间 t_{up}的要求时，如式（2-163）适用范围为 $t_{dow}\sim t_{up}=60\sim10s$，在适用范围 $t_{dow}\sim t_{up}$之间保护按反时限动作时间特性动作，且最大动作时间不超过 t_{dow}，当发电机定子绕组电流 I_g 大于上限时间 t_{up}对应的上限动作电流 $I_{op.up}$，即 $I_g>I_{op.up}$时说明发电机定子绕组为严重过负荷，此时应以较短的定时限时间动作，以保证发电机更为安全的运行，从而其整定值按以下原则计算。

（1）定时限过电流保护按式（2-160）～式（2-161）计算且动作于发信号。

（2）反时限过电流保护下限动作电流（或最小动作电流）$I_{op.dow}$按式（2-162）计算。

（3）反时限过电流保护下限动作时间（或最大动作时间）$t_{op.dow}$。按发电机允许过负荷发热时间特性下限允许时间 t_{dow}（或最长允许时间）计算，取

$$t_{op.dow}=t_{dow} \tag{2-167a}$$

如 $t_{dow}=60s$，则 $t_{op.dow}=t_{dow}=60s$。

（4）反时限过电流保护上限动作电流（如发电机额定电流为基准）相对值 $I^{*}_{op.up}$由式（2-163）计算，为

$$I^{*}_{op.up}=\sqrt{\frac{K_{he.al}}{t_{al}}-K_{2.set}}=\sqrt{\frac{K_{he.al}}{t_{up}}-K_{2.set}} \tag{2-167b}$$

式中符号含义同前。

如 $K_{he.al}=37.5s$；$t_{up}=10s$；$K_{2.set}=1.02$，则

$$I^{*}_{op.up}=\sqrt{\frac{K_{he.al}}{t_{up}}-K_{2.set}}=\sqrt{\frac{37.5}{10}-1.02}=1.65$$

上限动作电流 $I_{op.up}=I^{*}_{op.up}\times I_{g.n}=1.65I_{g.n}$。

（5）上限动作电流对应的动作时间即上限动作时间 $t_{op.up}$。按和线路后备保护最长动作时间 $t_{op.max}$配合计算，即

$$t_{op.up}=t_{op.max}+\Delta t \tag{2-167c}$$

式中时间级差取 $\Delta t=0.5s$。如 $t_{op.max}=2.5s$，则 $t_{op.up}=2.5+0.5=3s$。

（6）当发电机电流 I_g 等于上限动作电流 $I_{op.up}$时，动作间为上限允许时间 t_{up}，如 $t_{up}=10s$，则 $t_{op}=t_{up}=10s$。

（7）当发电机电流 I_g 在下限动作电流 $I_{op.dow}$与上限动作电流 $I_{op.up}$之间的动作时间，按反时限特性式（2-163）动作。

（8）当发电机电流 I_g 超过上限动作电流 $I_{op.up}$时。即 $I_g>I_{op.up}$时，动作时间 $t_{op.up}=t_{op.max}+\Delta t$，如 $t_{op.up}=2.5+0.5=3s$。

（9）反时限过电流保护动作于全停发电机组。

（三）注意的问题

不同生产厂家生产的发电机定子绕组过电流保护整定时须注意以下问题。

1. 关于保护的基准电流问题

（1）有的厂家生产的保护，在装置内设置电流互感器额定二次电流 $I_{TA.n}$为基准电流，对这种保护必须将允许发热时间常数整定值 $K_{he.al.set}$和散热时间常数 $K_{2.set}$整定值由发电机的额定电流归算至 TA 二次额定电流 $I_{TA.n}$，即

$$K'_{he.al.set}=K_{he.al.set}\times\left(\frac{I_{g.n}}{I_{TA.n}}\right)^2 \tag{2-168}$$

$$K'_{2.set}=(1.03\sim1.05)\times\left(\frac{I_{g.n}}{I_{TA.n}}\right)^2 \tag{2-169}$$

式中 $K'_{he.al.set}$——归算至 TA 二次额定电流 $I_{TA.n}$时的允许发热时间常数整定值；

$K'_{2.set}$——归算至 TA 二次额定电流 $I_{TA.n}$时的散热时间常数整定值；

其他符号含义同前。

对应的动作时间特性为

$$\left[\left(\frac{I_{g}}{I_{TA.n}}\right)^{2}-K_{2.set}\left(\frac{I_{g.n}}{I_{TA.n}}\right)^{2}\right]t_{op}\geqslant K_{he.al.set}\left(\frac{I_{g.n}}{I_{TA.n}}\right)^{2} \tag{2-170}$$

以发电机额定电流为基准时的 $K_{he.al.set}$、$K_{2.set}=1.03\sim1.05$，动作时间特性为

$$(I_{g}^{*2}-K_{2.set})\ t_{op}\geqslant K_{he.al.set} \tag{2-171}$$

式（2-170）、式（2-171）是等效的，但输入保护的整定值却完全不相同。

建议：生产厂家应改为可在现场输入发电机二次额定电流为基准电流，而不应固定基准电流为 TA 的二次额定电流，否则容易在现场使用中出错，造成错误整定和错误调试。事实上这种情况已在多台大型发电机组上错误运行很长一段时间，有的经一两年后才发现并纠正，这是非常危险的，同时也容易造成整定计算的混乱。这一情况在发电机转子表层负序过负荷保护（负序电流反时限保护）中同样存在，应特别注意。

（2）现在大多数厂家生产的保护，在整定值中输入发电机额定二次电流为保护基准电流，此时 $K_{he.al.set}$ 和 $K_{2.set}$ 均是以发电机额定电流为基准值的整定值，即 $K_{he.al.set}$ 和 $K_{2.set}=1.03\sim1.05$，不必另行归算。

2. 关于反时限过电流保护上限的整定计算问题

反时限过电流保护上限整定计算，即使动作电流高值已躲过区外短路，但仍然不能采用无时限电流速断，在时限上应和线路的快速保护相配合，即有 0.3～0.4s 延时并应躲过系统振荡（事实上已出现区外短路时，该保护因未带延时而造成两台 300MW 机组同时误动作跳闸的例子）。动作量应取自发电机中性点侧 TA 三相电流，既作发电机过负荷保护又作短路故障后备保护。

十、发电机转子表层负序过负荷保护

发电机不论何种原因产生负序过电流时，当负序电流相对值 I_2^* 平方与作用时间 t（s）之乘积的积分值达到一定数值时，发电机的转子表层将过热，有时可能严重烧损发电机转子，为此应装设发电机转子表层负序过负荷保护（负序过电流保护）。

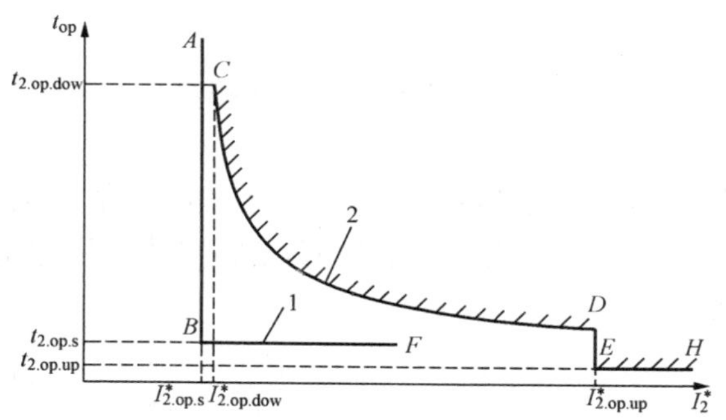

图 2-18 发电机转子表层负序过负荷保护的动作特性曲线
1—定时限过电流保护动作特性曲线；
2—反时限过电流保护动作特性曲线

（一）动作判据

发电机转子表层负序过负荷保护的动作特性曲线如图 2-18 所示。图中动作特性曲线由三部分组成，图中曲线 1 的 ABF 为定时限负序过负荷保护的动作特性，曲线 2 的 CD 为反时限负序过负荷的动作特性，DEH 为负序过负荷上限（高值）动作区。对应的动作判据由下面三部分组成。

1. 定时限负序过负荷保护

图 2-18 中曲线的 ABF 段为上限动作特性，当满足下式时，保护动作后发信号

$$\left.\begin{array}{l}I_2 \geqslant I_{2.op.s} \\ t \geqslant t_{2.op.s}\end{array}\right\} \tag{2-172}$$

式中 I_2——发电机定子绕组的负序电流二次值（A）；

$I_{2.op.s}$——发电机定时限转子表层负序过负荷保护动作电流整定值（A）；

t——发电机定时限转子表层负序过负荷保护满足动作条件的持续时间（s）；

$t_{2.op.s}$——发电机定时限转子表层负序过负荷保护动作时间整定值（s）。

2. 负序反时限过负荷保护

（1）负序反时限动作判据。图 2-18 中 CD 段为负序反时限动作特性曲线，当 $I_{2.op.dow} \leqslant I_2 \leqslant I_{2.op.up}$时，若满足下式，则负序反时限保护动作

$$(I_2^{*2} - I_{2.\infty}^{*2})\ t_{2.op} \geqslant A \tag{2-173}$$

式中 I_2^*——发电机定子负序电流的相对值（以发电机额定二次电流为基准）；

A——发电机转子表层允许负序电流发热时间常数（s）；

$I_{2.op.dow}$——发电机转子表层负序过负荷保护反时限下限动作电流（A）；

$I_{2.op.up}$——发电机转子表层负序过负荷保护反时限上限动作电流（A）；

$I_{2.\infty}^*$——发电机长期连续运行允许的负序电流相对值（以发电机额定二次电流为基准）；

$t_{2.op}$——负序电流反时限动作时间（s）；

其他符号含义同前。

（2）负序反时限上限动作判据。图 2-18 中 DEH 段为上限动作特性曲线，若满足下式，则保护动作

$$\left.\begin{array}{l}I_2 \geqslant I_{2.op.up} \\ t \geqslant t_{2.op.up}\end{array}\right\} \tag{2-174}$$

式中 t——负序电流超过上限动作电流的持续作用时间（s）；

$t_{2.op.up}$——上限动作时间（s）；

其他符号含义同前。

发电机转子表层负序反时限过负荷保护动作于全停。

（二）整定计算

1. 定时限负序过负荷保护

（1）定时限负序动作电流整定值 $I_{2.op.s}$的计算。按躲过发电机长期连续运行允许的负序电流或根据发电机正常运行时可能出现的最大负序电流计算，我国电力系统内实际运行可能最大负序电流约为$(0.02\sim0.03)I_{g.n}$，为了早报警、早发现、早处理，按长期限运行允许的负序电流计算为

$$I_{2.op.s} = K_{rel}\frac{I_{2.\infty}^*}{K_{re}}I_{g.n}$$

或按躲过正常运行最大负序电流计算为

$$I_{2.op.s} = (0.05\sim0.06)I_{g.n} \tag{2-175}$$

式中 K_{rel}——可靠系数，一般取 $K_{rel}=1.05$；

K_{re}——返回系数（微机保护一般取 $K_{re}=0.95$，模拟型保护取 $K_{re}=0.85$）；

$I_{g.n}$——发电机额定二次电流（A）；

其他符号含义同前。

（2）负序定时限动作时间整定值计算。按与线路后备保护最大动作时间配合计算，即

$$t_{2.op.s}=t_{op.l.max}+\Delta t \tag{2-176}$$

式中 $t_{2.op.s}$——转子表层负序过负荷保护定时限动作时间整定值（s）；

$t_{op.l.max}$——线路后备保护动作时间最大整定值（s）；

Δt——时间级差，一般取 $\Delta t=0.5$s。

发电机转子表层负序过负荷保护定时限过电流动作于信号。

2. 负序反时限过负荷保护

（1）下限负序动作电流 $I_{2.op.dow}$整定值计算。

1）按与定时限负序过电流保护动作电流配合计算，并取下式计算较大值，即

$$\left.\begin{aligned}I_{2.op.dow}&=I_{rel}\times I_{2.op.s}\\ I_{2.op.dow}&=1.05I_{2.\infty}\end{aligned}\right\} \tag{2-177}$$

或

式中符号含义同前。

2）按下限负序动作时间为1000s计算。由式（2-173）计算下限负序动作电流，即

$$I_{2.op.dow}=\left(\sqrt{\frac{A_{set}}{1000}+I_{2.\infty}^{*2}}\right)I_{g.n} \tag{2-178}$$

式中符号含义同前。

式（2-177）和式（2-178）计算值接近相等，即

$$I_{2.op.dow}=0.1I_{g.n} \tag{2-179}$$

（2）负序电流发热时间常数整定值 A_{set}计算。发电机负序电流发热时间常数整定值应根据制造厂提供的负序电流发热时间常数 A 值计算，一般取

$$A_{set}=(0.9\sim1)A \tag{2-180}$$

汽轮发电机长期连续运行的允许负序电流值和负序电流发热时间常数 A 值（参考表）见表2-9。

表 2-9　汽轮发电机长期连续运行的允许负序电流值和负序电流发热时间常数 A 值（参考表）

生产厂家	转子直接冷却的发电机额定功率（MW）	长期连续运行时允许的最大负序电流相对值 $I_{2.\infty}^{*}=\frac{I_{2.\infty}}{I_{g.n}}$	A 值（s）
我国所作规定	≤350	0.08	8
	>350～900	$0.08-\frac{S_{G.N}-350}{30\ 000}$	8−0.005 45（$S_{G.N}$−350）
	>900～1250		5
	>1250～1600	0.05	5
前苏联	500	0.05～0.06	8
意大利	320	0.06	10
法国	330		≤10
	600	<0.06～0.08	6
德国	300～400（MVA）	0.06～0.08	
	>400（MVA）	<0.04～0.06	

续表

<table>
<tr><th>生产厂家</th><th colspan="2">转子直接冷却的发电机额定功率（MW）</th><th>长期连续运行时允许的最大负序电流相对值 $I_{2.\infty}^{*}=\frac{I_{2.\infty}}{I_{g.n}}$</th><th>A 值（s）</th></tr>
<tr><td>日本</td><td colspan="2">350</td><td>0.08</td><td>≤10</td></tr>
<tr><td>英国</td><td colspan="2"></td><td>0.1～0.15</td><td></td></tr>
<tr><td>捷克</td><td colspan="2">500</td><td>0.08</td><td>8</td></tr>
<tr><td rowspan="5">美国</td><td colspan="2">间接冷却式隐极机</td><td>0.1</td><td></td></tr>
<tr><td rowspan="2">直接冷却式隐极机</td><td><960</td><td>0.08</td><td>10</td></tr>
<tr><td>961～1200</td><td>0.06</td><td></td></tr>
<tr><td rowspan="2">凸极机</td><td>有阻尼</td><td>0.1</td><td></td></tr>
<tr><td>无阻尼</td><td>0.05</td><td></td></tr>
</table>

（3）不同负序电流时的动作时间 $t_{2.op}$ 计算。应根据制造厂提供的发电机负序电流允许发热特性配合计算

$$\left.\begin{aligned}&\text{制造厂提供的发电机负序电流允许发热特性}\quad t_{2.al}=\frac{A}{I_2^{*}-I_{2.\infty}^{*}}\\&\text{保护动作方程应和发电机发热特性配合}\quad t_{2.op}=\frac{A_{set}}{I_2^{*}-I_{2.set}^{*}}\end{aligned}\right\}\tag{2-181}$$

式中符号含义同前。

（4）负序电流下限动作时间 $t_{2.op.dow}$ 计算。由式（2-181）计算

$$t_{2.op.dow}=\frac{A_{set}}{I_{2.op.dow}^{*2}-I_{2.\infty}^{*2}}\tag{2-182}$$

式中符号含义同前。

当计算值大于 1000s 时取 $t_{2.op.dow}=1000s$，但下限负序动作电流整定值应符合式(2-177)计算值。

（5）负序上限动作电流 $I_{2.op.up}$ 计算。发电机转子表层负序过负荷保护上限动作电流 $I_{2.op.up}$，按躲过高压母线二相短路时的最大负序电流，由式（1-37）计算，即

$$K_{2.op.up}=K_{rel}\frac{I_{G.N}}{(X''_d+X_2+2X_T)n_{TA}}=K_{rel}\frac{I_{G.N}}{2\times(X''_d+X_T)n_{TA}}\tag{2-183}$$

式中 K_{rel}——可靠系数，一般取 1.3；

X''_d、X_2——发电机的次暂态电抗（饱和值）及负序电抗（饱和值）相对值；

X_T——主变压器阻抗归算至发电机额定容量的相对值；

n_{TA}——发电机电流互感器变比。

（6）负序上限动作时间计算。发电机转子表层负序过负荷保护上限动作时间按与线路保护第一段时间配合计算，即

$$t_{2.op.up}=0.3\sim0.4s\tag{2-184}$$

（7）负序上限过电流保护当作为发电机出现严重负序电流保护整定值计算。

1）动作电流整定值按线路末端两相短路最小负序电流 $I_{k.2.min}^{(2)}$ 灵敏系数为 2 或发电机额定负荷断相时可靠动作计算，取

$$I_{2.op.up}=0.5I_{k.2.min}^{(2)}\text{ 或 }I_{2.op.up}=0.38I_{g.n}$$

2）动作时间整定值按小于对应的允许时间并和线路后备保护最长动作时间配合计算，一般可取 $t_{2.op.up}=(6\sim8)$s。

通过以上整定计算知，国内均采用动作判据式（2-158）、式（2-173）。这明显优于国外产保护的动作判据。

（三）注意的问题

发电机转子表层负序过负荷保护和发电机定子绕组过电流保护具有类似性质的问题。

（1）应注意保护装置的基准电流是 TA 二次额定电流，还是发电机额定二次电流，前者必须将 $I^{*}_{2.\infty}$和 A 值归算至 TA 二次额定电流。

（2）发电机转子表层负序过负荷保护反时限上限动作电流整定值，即使已躲过区外短路，但仍然不能采用无时限的电流速断，上限动作时间应和线路的快速保护相配合，即有 0.3～0.4s 延时。

十一、发电机转子绕组励磁过电流保护

现代大型发电机组的自动励磁调节器和继电保护装置中同时设置发电机转子绕组过电流保护，自动励磁调节器有转子绕组过电流限制和保护两种功能（详见第四章第一节）。继电保护装置设置发电机转子绕组过电流保护，动作后作用于跳闸停机。两套励磁过电流保护动作特性相似，但在整定计算时应考虑相互间的配合。

（一）动作判据

根据不同方式的励磁系统，发电机转子绕组励磁过电流保护有四种不同方式的动作量。

（1）直接反映发电机转子绕组电流 I_{fd}并取自转子绕组电流分流器输出电压 U_{Ifd}（mV）的动作量。如常规三机励磁系统和自并励磁系统尽可能取转子绕组电流分流器输出电压 U_{Ifd}（mV）或经变送器隔离输出电流 I_{Ifd}（mA）为动作量。

（2）间接反映发电机转子绕组电流并取自主励磁机励磁电流分流器输出电压 U_{Ifde}（mV）的动作量。由于 U_{Ifde}和转子绕组电流 I_{fd}基本上是线性关系，因此旋转整流励磁系统只能取主励磁机励磁绕组电流分流器的输出电压 U_{Ifde}（mV）为动作量。

（3）间接反映发电机转子绕组电流并取自主励磁机交流侧或自并励磁变压器 TA 二次电流有效值的动作量 I_{ac}。由于 I_{ac}和转子绕组电流 I_{fd}具有线性关系，即 $I_{ac}=K_{3\Phi}I_{fd}/n_{TA}$（式中 $K_{3\Phi}$为三相桥式整流系数的倒数，理论值为 0.816，实际计算时应以发电机在额定运行时的实测值为准进行修正，n_{TA}为 TA 的变比）。

（4）间接反映发电机转子绕组电流并取自 AVR 交流侧 TA 二次电流瞬时值的动作量。AVR 交流侧 TA 二次电流瞬时值经微机软件计算能准确反映发电机转子绕组电流 I_{fd}的动作量，如副励磁机交流侧或自并励磁变压器 TA 二次电流瞬时值。

以上四种不同方式的动作量，第一种方式的动作量最为直接、简单，但在现场调试时应对分流器至保护装置测量电缆电压降进行补偿。而其他三种方式的动作量都是间接反映发电机转子绕组电流，在整定计算时都应根据现场调试时的实测数据进行修正计算，所以对发电机励磁过电流保护和限制器有条件时尽可能采用直接反映发电机转子绕组电流 I_{fd}并取自转子绕组电流分流器输出电压 U_{Ifd}（mV）或 I_{Ifd}（mA）的动作量。以上四种不同方式的动作量的励磁过电流保护的动作特性和动作判据基本相同，以下仅叙述取自转子绕组电流分流器输出电压 U_{Ifd}（mV）为动作量的励磁过电流保护动作特性和动作判据，励磁过电流保护的动作特性曲线如图 2-19 所示。

图 2-19 中动作特性曲线由三部分组成，曲线 1 的 ABF 为定时限过电流保护的动作特性，曲线 2 的 CD 为反时限过电流的动作特性，DEH 为过电流上限（高值）动作区。发电机转子绕组过电流保护动作特性曲线对应的动作判据由三部分组成。动作量取自发电机转子电流分流器电压 U_{Ifd}（I_{Ifd}）的动作判据如下。

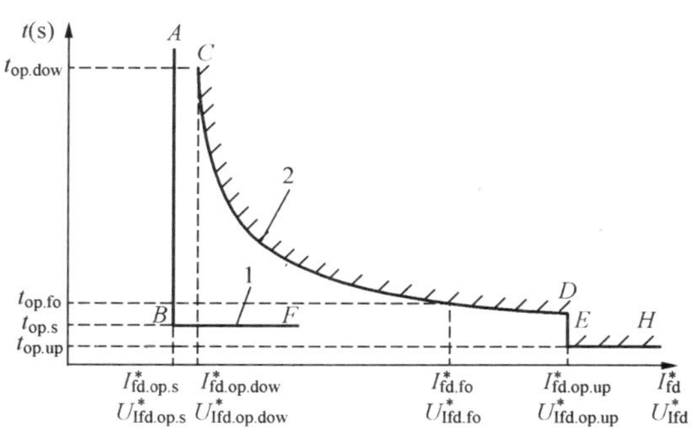

图 2-19　发电机转子绕组过电流保护动作特性曲线

1—定时限过电流保护动作特性曲线；
2—反时限过电流保护动作特性曲线

（1）定时限过电流保护。图 2-19 中曲线 1 的 ABF 为定时限过电流保护的动作区，动作判据为

$$\left.\begin{aligned}&U_{\mathrm{Ifd}}\geqslant U_{\mathrm{Ifd.op.s}}\\&t\geqslant t_{\mathrm{op.s}}\end{aligned}\right\}\tag{2-185}$$

式中　U_{Ifd}——发电机转子绕组励磁电流为 I_{fd} 时分流器的电压（mV）；

$U_{\mathrm{Ifd.op.s}}$——定时限过电流保护动作时发电机转子电流分流器的电压（mV）；

$t_{\mathrm{op.s}}$——定时限过电流保护动作时间（s）。

定时限过电流保护动作后发信号。

（2）反时限过电流保护。图 2-19 中曲线 2 的 CD 为反时限过电流的动作特性曲线，动作判据为

$$\left.\begin{aligned}&U_{\mathrm{Ifd.op.up}}\geqslant U_{\mathrm{Ifd}}\geqslant U_{\mathrm{Ifd.op.dow}}\\&(U_{\mathrm{Ifd}}^{*2}-K_{2.\mathrm{set}})\ t\geqslant K_{1.\mathrm{set}}\\&\text{或 } t\geqslant t_{\mathrm{op}}=\frac{K_{1.\mathrm{set}}}{U_{\mathrm{Ifd}}^{*2}-K_{2.\mathrm{set}}}=\frac{K_{1.\mathrm{set}}}{I_{\mathrm{fd}}^{*2}-K_{2.\mathrm{set}}}\end{aligned}\right\}\tag{2-186}$$

$$U_{\mathrm{Ifd}}^{*}=\frac{U_{\mathrm{Ifd}}}{U_{\mathrm{Ifd.n}}}$$

式中　$U_{\mathrm{Ifd.op.dow}}$——反时限过电流保护下限动作时分流器输出电压（mV）；

$U_{\mathrm{Ifd.op.up}}$——反时限过电流保护上限（最大）动作时分流器电压（mV）；

U_{Ifd}^{*}——发电机转子绕组电流分流器的输出电压相对值；

$U_{\mathrm{Ifd.n}}$——发电机转子额定电流时分流器的输出电压（mV）；

$K_{1.\mathrm{set}}$——发电机转子绕组额定电流为基准时的发热时间常数整定值（s）；

$K_{2.\mathrm{set}}$——发电机转子绕组额定电流为基准时的散热时间常数整定值（s）；

t_{op}——反时限过电流保护动作时间（s）；

t——发电机转子绕组电流分流器的输出电压大于动作值的持续时间（s）。

（3）反时限过电流上限动作判据。图 2-19 中曲线 2 的 DEH 为反时限上限动作特性曲线，动作判据为

$$\left.\begin{aligned}&U_{\mathrm{Ifd}}\geqslant U_{\mathrm{Ifd.op.up}}\\&t\geqslant t_{\mathrm{op.up}}\end{aligned}\right\}\tag{2-187}$$

式中 $U_{\text{Ifd. op. up}}$——反时限过电流保护上限（最大）动作时分流器电压（mV）；

$t_{\text{op. up}}$——反时限过电流保护上限（最小）动作时间（s）。

反时限过电流保护动作于跳闸。

（二）动作量取自发电机转子电流分流器电压U_{Ifd}时励磁过电流保护整定计算

1. 定时限过电流保护

（1）定时限过电流保护动作时分流器电压$U_{\text{Ifd. op. s}}$计算。保护装置内部设置的基准值为分流器额定输出电压75mV，定时限过电流保护动作时分流器电压为

$$\left.\begin{aligned} U_{\text{Ifd. op. s}} &= \frac{K_{\text{rel}}}{K_{\text{re}}} \times \frac{I_{\text{fd. n}}}{I_{\text{di. n}}} \times 75 \text{ (mV)} \\ \text{或 } U_{\text{Ifd. op. s}} &= \frac{K_{\text{rel}}}{K_{\text{re}}} U_{\text{Ifd. n}} \text{ (mV)} \end{aligned}\right\} \tag{2-188}$$

式中 K_{rel}——可靠系数，一般为1.05；

K_{re}——返回系数，微机保护一般为0.95；

$I_{\text{fd. n}}$——发电机在额定工况运行时的转子电流（A）；

$I_{\text{di. n}}$——转子电流分流器额定电流（A）；

$U_{\text{Ifd. n}}$——发电机在额定工况运行时转子电流分流器的输出电压（mV）。

（2）定时限过电流保护动作时间计算。按躲过正常强行励磁时间计算，可取5s（最大强行励磁时间可至8～10s），即

$$t_{\text{op. s}} = 5\text{s} \tag{2-189}$$

定时限过电流保护动作后发信号。

2. 发电机转子电流分流器额定电流为基准时反时限励磁过电流保护整定计算

（1）下限动作时分流器电压$U_{\text{Ifd. op. dow}}$计算。按与定时限励磁过电流保护动作电流配合计算，即

$$U_{\text{Ifd. op. dow}} = 1.05 U_{\text{Ifd. op. s}} = 1.16 U_{\text{Ifdl. n}} \tag{2-190}$$

式中符号含义同前。

（2）转子绕组发热时间常数整定值K'_{1set}计算。以发电机转子电流分流器额定电流或分流器额定输出电压75mV为基准的保护，转子绕组发热时间常数K_1应归算至分流器额定电流值，即

$$K'_{\text{1set}} = \frac{K_1}{K_{\text{rel}}} \left(\frac{I_{\text{fd. n}}}{I_{\text{di. n}}} \right)^2 \tag{2-191}$$

式中 K_1——发电机转子绕组允许发热时间常数（s）；

K_{rel}——可靠系数，一般取1～1.1；

其他符号含义同前。

（3）转子绕组散热时间常数整定值K'_{2set}计算。K_2归算至分流器额定电流值后为

$$K'_{\text{2set}} = K_2 \left(\frac{I_{\text{fd. n}}}{I_{\text{di. n}}} \right)^2 \tag{2-192}$$

式中 K_2——发电机转子绕组散热时间常数，取1.03～1.05；

其他符号含义同前。

（4）反时限动作时间计算。由式（2-186）可得

$$\left.\begin{aligned} t_{op} &= \frac{K'_{1.set}}{U^{*2}_{Ifd} - K'_{2.set}} \\ U^{*}_{Ifd} &= \frac{U_{Ifd}}{75} \end{aligned}\right\} \tag{2-193}$$

式中 U^{*}_{Ifd}——以发电机转子电流分流器输出电压 75mV 为基准时的相对值。

其他符号含义同前。

(5) 下限动作时间 $t_{op.dow}$ 计算。由式 (2-193) 计算得

$$\left.\begin{aligned} t_{op.dow} &= \frac{K'_{1.set}}{U^{*2}_{Ifd.dow} - K'_{2.set}} \\ U^{*}_{Ifd.dow} &= \frac{U_{Ifd.dow}}{75} \end{aligned}\right\} \tag{2-194}$$

式中 $U^{*}_{Ifd.op.dow}$——励磁过电流保护下限动作时分流器电压的相对值(以 75mV 为基准);

其他符号含义同前。

(6) 发电机强行磁励时反时限过电流保护转子分流器输出电压 $U_{Ifd.fo}$ 计算。计算式为

$$U_{Ifd.fo} = K_{al} U_{Ifd.n} \tag{2-195}$$

(7) 发电机强行磁励时反时限过电流保护动作时间 $t_{op.fo}$ 计算。由式 (2-193) 或式 (2-186)计算得

$$t_{fo.n} < t_{op.fo} = t_{op} = \frac{K'_{1.set}}{U^{*2}_{Ifd.fo} - K'_{2.set}} = \frac{K_{1.set}}{K^{2}_{al} - K'_{2.set}} \leqslant t_{al} \tag{2-196}$$

式中 $t_{fo.n}$——发电机正常强行励磁时间 (s);

K_{al}——允许强行励磁倍数(取 $K_{al}=1.8\sim2$);

t_{al}——允许强行励磁时间 (s);

其他符号含义同前。

(8) 上限动作时转子分流器电压 $U_{Ifd.op.up}$ 计算。按躲过发电机强行磁励计算,即

$$U_{Ifd.op.up} = K_{rel} K_{al} U_{Ifd.n} \tag{2-197}$$

式中 K_{rel}——可靠系数,取 1.15~1.2;

其他符号含义同前。

(9) 反时限过电流保护上限动作时间 $t_{op.up}$ 计算。反时限过电流保护上限动作时转子回路为严重短路或 AVR 严重失控故障,应尽快切断故障,一般取

$$t_{op.up} = 0.5\sim1\text{s} \tag{2-198}$$

3. 以发电机额定转子电流 $I_{fd.n}$ 为基准时反时限过电流保护整定计算

当保护用 $I_{fd.n}$ 或 $U_{Ifd.n}$ 为基准值和用 $I_{di.n}$ 或 75mV 为基准值时,转子绕组反时限过电流保护整定计算是不相同的。

(1) 反时限过电流保护下限动作时分流器电压计算同式 (2-190)。

(2) 发热时间常数的整定值 $K_{1.set}$ 计算。计算式为

$$K_{1.set} = \frac{K_1}{K_{rel}} \tag{2-199}$$

式中 K_{rel}——可靠系数,取 1~1.1;

其他符号含义同前。

（3）散热时间常数整定值 $K_{2.set}$ 计算。一般取

$$K_{2.set}=K_2=1.03\sim1.05 \tag{2-200}$$

式中符号含义同前式。

（4）动作时间计算。由式（2-186）得

$$\left.\begin{aligned}t_{op}&=\frac{K_{1.set}}{U_{Ifd}^{*2}-K_{2.set}}=\frac{K_{1.set}}{I_{fd}^{*2}-K_{2.set}}\\U_{Ifd}^{*}&=\frac{U_{Ifd}}{U_{Ifd.n}}\end{aligned}\right\} \tag{2-201}$$

式中 U_{Ifd}^{*}——分流器输出电压相对值(以额定转子电流 $I_{fd.n}$时的分流器输出电压为基准)；

I_{fd}^{*}——发电机转子电流相对值（以转子额定电流为基准）。

其他符号含义同前。

（5）下限动作时间 $t_{op.dow}$ 计算。由式（2-201）计算得

$$\left.\begin{aligned}t_{op.dow}&=\frac{K_{1.set}}{U_{Ifd.dow}^{*2}-K_{2.set}}\\U_{Ifd.dow}^{*}&=\frac{U_{Ifd.dow}}{U_{Ifd.n}}\end{aligned}\right\} \tag{2-202}$$

式中符号含义同式（2-201）。

（6）其他整定值计算。与式（2-195）～式（2-198）相同。

4. 注意的问题

以上由式（2-191）、式（2-192）计算的 $K'_{1.set}$、$K'_{2.set}$ 和由式（2-199）、式（2-200）计算的 $K_{1.set}$、$K_{2.set}$ 是完全不同的数值，而式（2-191）、式（2-192）、式（2-193）和式（2-199）、式（2-200）、式（2-201）是等效的，装置内部设置的基准值不同时用不同的计算公式，虽然装置内部是由式（2-193）计算，但在调试时实测的动作时间仍然应符合式（2-201）计算的结果，即式（2-193）和式（2-201）是等效的，计算结果是相同的，否则应查明原因。

（三）动作量反映转子电流 I_{fd} 的过励磁保护整定计算

以取自 AVR 交流侧 TA 二次电流瞬时值经微机算法运算能准确反映 I_{fd} 的动作量的励磁过流保护整定计算为例。

1. 定时限过电流保护

（1）动作电流 $I_{fd.op.s}$。按躲过正常最大转子绕组励磁电流计算得

$$I_{fd.op.s}=\frac{K_{rel}}{K_{re}}I_{fd.n} \tag{2-203}$$

式中符号含义同前。

（2）动作时间计算同式（2-189）。

2. 反时限过电流保护

（1）反时限过电流保护下限动作电流 $I_{fd.op.dow}$ 计算。按与定时限过电流保护动作电流配合计算，计算式为

$$I_{fd.op.dow}=1.05I_{fd.op.s}=1.16I_{fd.n} \tag{2-204}$$

式中符号含义同前。

(2) 反时限过电流保护发热时间常数整定值 $K_{1.set}$ 计算，同式 (2-199)。

(3) 反时限过电流保护散热时间常数整定值 $K_{2.set}$ 计算，同式 (2-200)。

(4) 反时限动作时间计算。由式 (2-186) 得

$$t_{op}=\frac{K_{1.set}}{I_{fd}^{*2}-K_{2.set}} \tag{2-205}$$

式中符号含义同前。

(5) 下限动作时间 $t_{op.dow}$ 计算。由式 (2-205) 计算得

$$\left.\begin{aligned}t_{op.dow}&=\frac{K_{1.set}}{I_{fd.op.dow}^{*2}-K_{2.set}}\\I_{fd.op.dow}^{*}&=\frac{I_{fd.op.dow}}{I_{fd.n}}\end{aligned}\right\} \tag{2-206}$$

(6) 反时限过电流保护强行励磁动作时励磁电流 $I_{fd.fo}$ 计算。计算式为

$$I_{fd.fo}=K_{al}I_{fd.n} \tag{2-207}$$

(7) 反时限过电流保护强行励磁时动作时间 $t_{op.fo}$ 计算。由式 (2-205) 计算得

$$t_{fo.n}<t_{op.fo}=\frac{K_{1.set}}{I_{fd.fo}^{*2}-K_{2.set}}\leqslant t_{al} \tag{2-208}$$

(8) 反时限过电流保护上限动作电流 $I_{fd.op.up}$ 计算。计算式为

$$I_{fd.op.up}=K_{rel}K_{al}I_{fd.n} \tag{2-209}$$

式中 K_{rel}——可靠系数，取 1.15～1.2；

其他符号含义同前。

(9) 反时限过电流保护上限动作时间 $t_{op.up}$ 计算与式 (2-198) 相同。

(四) 动作量取自主励磁机交流侧或自并励磁变压器 TA 二次电流有效值时的整定计算

1. 定时限过电流保护

(1) 动作电流。按躲过正常最大转子绕组励磁电流计算得

$$\left.\begin{aligned}I_{ac.op.s}&=\frac{K_{rel}}{K_{re}}\times\frac{I_{ac.fd.N}}{n_{TA}}=\frac{K_{rel}}{K_{re}}I_{ac.fd.n}\\I_{ac.fd.n}&=K_{3\Phi}I_{fd.n}/n_{TA}=0.816I_{fd.n}/n_{TA}\end{aligned}\right\} \tag{2-210}$$

式中 $I_{ac.op.s}$——定时限过电流保护主励磁机交流侧或自并励磁变压器 TA 二次动作电流整定值 (A)；

$I_{ac.fd.N}$——发电机额定工况运行时主励磁机交流侧或自并励磁变压器电流有效值 (A)；

$I_{ac.fd.n}$——发电机额定工况运行时主励磁机或自并励磁变压器 TA 二次电流有效值 (A)；

n_{TA}——主励磁机交流侧或自并励磁变压器 TA 的变比；

$K_{3\Phi}$——三相桥式整流系数的倒数，理论值为 0.816。

初算时取 $I_{ac.fd.n}=0.816I_{fd.N}/n_{TA}$，准确计算 $I_{ac.fd.n}$ 应以实测值进行修正。

（2）动作时间。同式（2-189）。

定时限过电流保护动作发信号。

2. 反时限过电流保护

（1）反时限过电流保护下限动作电流 $I_{ac.op.dow}$ 计算。按与定时限过电流保护动作电流配合计算得

$$I_{ac.op.dow}=(1.05\sim1.1)I_{ac.op.s}=1.16I_{ac.fd.n} \tag{2-211}$$

式中符号含义同前。

（2）反时限过电流保护发热时间常数整定值 $K_{1.set}$ 计算，同式（2-199）。

（3）反时限过电流保护散热时间常数整定值 $K_{2.set}$ 计算，同式（2-200）。

（4）反时限动作时间计算。由式（2-186）得

$$t_{op}=\frac{K_{1.set}}{I_{ac}^{*2}-K_{2.set}}=\frac{K_{1.set}}{I_{fd}^{*2}-K_{2.set}} \tag{2-212}$$

式中 I_{ac}^{*}——主励磁机或自并励磁变压器 TA 二次交流电流（有效值）的相对值（以 $I_{ac.fd.n}$ 为基准）；

其他符号含义同前。

（5）反时限过电流保护强行励磁动作时电流 $I_{ac.op.fo}$ 计算。计算式为

$$I_{ac.op.fo}=K_{al}I_{ac.fd.n} \tag{2-213}$$

（6）反时限过电流保护强行励磁时动作时间 $t_{op.fo}$ 计算。由式（2-212）得

$$t_{fo.n}<t_{op.fo}=\frac{K_{1.set}}{I_{ac.op.fo}^{*2}-K_{2.set}}=\frac{K_{1.set}}{K_{al}^{2}-K_{2.set}}\leqslant t_{al} \tag{2-214}$$

（7）反时限过电流保护上限动作电流 $I_{ac.op.up}$ 计算。按躲过发电机强行励磁计算，即

$$I_{ac.op.up}=K_{rel}K_{al}I_{ac.fd.n} \tag{2-215}$$

式中 K_{rel}——可靠系数，取 1.2～1.3（由于用 I_{ac} 计算误差较大）；

其他符号含义同前。

（8）反时限过电流保护上限动作时间 $t_{op.up}$ 计算与式（2-198）相同。

（五）注意的问题

1. 动作量取自励磁变压器 TA 二次交流电流有效值的励磁过电流保护

自并励磁系统发电机转子励磁过电流保护，动作量应尽可能取发电机转子电流分流器电压或该电压经变送器输出的电流，这样实现的保护从设置到整定计算均较简单。而动作量取自励磁变压器 TA 二次电流有效值时，由于发电机在不同工况运行时（特别是区外不同类型短路时），转子绕组励磁电流和励磁变压器的交流电流有效值之比并不恒定，因此励磁变压器 TA 二次电流有效值很难准确反映发电机转子励磁过电流，从而使其整定计算误差较大。

2. 允许发热时间常数 K_1 及反时限过电流保护上限动作值计算依据

发电机转子过电流保护在整定计算时，允许发热时间常数 K_1 及反时限过电流保护上限动作值计算依据是由制造厂提供的允许强行励磁倍数和允许强行励磁时间决定的。制造厂提

供的发电机转子允许发热时间常数为

$$K_1=\left(K_{al}^2-1\right)t_{al} \tag{2-216}$$

式中符号含义同前。

3. 发电机转子过电流保护和AVR励磁过电流保护、限制相互配合问题

发电机转子过电流保护在整定计算时，必须和发电机转子绕组允许过电流特性曲线及发电机AVR励磁过电流保护、限制相互配合计算：

（1）发电机允许发热时间常数≥发电机转子过电流保护发热时间常数整定值>AVR励磁过电流保护发热时间常数整定值>AVR励磁过电流限制发热时间常数整定值。

（2）发电机转子过电流保护下限动作电流整定值>AVR励磁过电流保护下限动作电流整定值=AVR励磁过电流限制下限动作电流整定值。

（3）发电机转子过电流保护上限动作电流整定值>AVR励磁过电流保护上限动作电流整定值>AVR励磁过电流限制上限动作电流整定值。

（4）发电机转子过电流保护上限动作时间整定值>AVR励磁过电流保护上限动作时间整定值>AVR励磁过电流限制上限动作时间整定值。

十二、发电机低励及失磁保护

（一）动作判据

发电机低励及失磁保护动作判据可分为：

1. 系统侧主判据

由于发电机低励失磁故障，无功储备不足，引起系统侧高压母线三相相间电压同时下降至低于最低允许电压值，可能造成系统电压崩溃，引起系统瓦解，造成大面积停电的重大事故。其低电压元件动作判据为

$$U_{3ph}\leqslant U_{op.set} \tag{2-217a}$$

式中 U_{3ph}——高压母线三相相间电压测量值；

$U_{op.set}$——高压母线相间低电压动作整定值。

2. 发电机侧主判据

（1）发电机机端低电压动作判据

$$U_{g.3ph}\leqslant U_{g.op.set} \tag{2-217b}$$

式中 $U_{g.3ph}$——发电机机端三相测量电压；

$U_{g.op.set}$——发电机机端三相动作电压整定值。

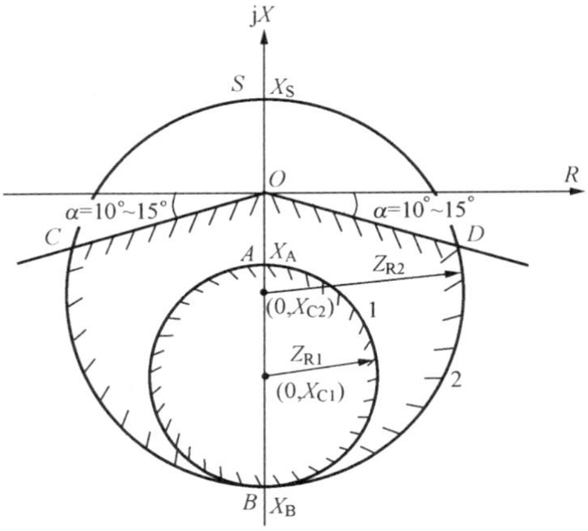

（2）异步边界阻抗圆判据。当发电机低励或失磁时，发电机机端测量阻抗轨迹进入异步边界阻抗圆（作为发电机进入异步运行状态的判据）内，此时保护动作。发电机失磁异步边界阻抗圆为图2-20中之圆1，为异步边界阻抗圆，阻抗圆1内为动作区，圆1的圆心在jX轴上，圆心坐标为（0，X_{C1}），半径为Z_{R1}，圆1和jX轴的交点A、B由下式决定

图2-20 发电机失磁异步边界阻抗圆和静稳边界阻抗圆

1—异步边界阻抗圆；

2—静稳边界阻抗圆

$$\left.\begin{aligned} X_{A.set} &= -0.5X'_{d}Z_{g.n} \\ X_{B.set} &= -X_{d}Z_{g.n} \\ Z_{g.n} &= \frac{U_{G.N}^{2}}{S_{G.N}} \times \frac{n_{TA}}{n_{TV}} = \frac{U_{g.n}}{\sqrt{3}I_{g.n}} \end{aligned}\right\} \tag{2-218}$$

式中 $X_{A.set}$——异步边界圆（下抛圆）和 jX 轴的第一交点的纵坐标整定值（Ω）；

$X_{B.set}$——异步边界圆（下抛圆）和 jX 轴的第二交点的纵坐标整定值（Ω）；

X_d、X'_d——发电机同步电抗和暂态电抗的相对值（不饱和值）；

$Z_{g.n}$——发电机额定基准二次阻抗有名值（Ω）；

$U_{G.N}$、$S_{G.N}$——发电机额定电压（kV）、额定视在功率（MVA）；

n_{TA}、n_{TV}——发电机电流互感器 TA、电压互感器 TV 变比；

$U_{g.n}$——发电机额定二次电压；

$I_{g.n}$——发电机额定二次电流。

（3）静稳极限边界阻抗圆判据。当发电机低励磁或失磁时，发电机机端测量阻抗进入静稳边界阻抗圆内，判发电机静稳破坏，此时保护动作。汽轮发电机机端测量阻抗，在边界圆周上发电机功角 $\delta=90°$，在圆内功角 $\delta>90°$，在圆外功角 $\delta<90°$。图 2-20 的圆 2 为静稳极限边界阻抗圆，圆 2 的圆心在 jX 轴上，圆心坐标为（0，X_{C2}），半径为 Z_{R2}，直线$\overrightarrow{OC}$、$\overrightarrow{OD}$和R 轴夹角 $\alpha=10°\sim15°$，将圆 2 划分为两区，直线 $\overrightarrow{OC}$、$\overrightarrow{OD}$ 和圆 2 围成保护动作区，即 $CODBC$ 的内部为动作区，外部为不动作区。圆 2 与 jX 轴的交点 S、B 由下式决定

$$\left.\begin{aligned} X_{S.set} &= X_{con}Z_{g.n} \\ X_{B.set} &= -X_{d}Z_{g.n} \\ Z_{g.n} &= \frac{U_{G.N}^{2}}{S_{G.N}} \times \frac{n_{TA}}{n_{TV}} = \frac{U_{g.n}}{\sqrt{3}I_{g.n}} \\ X_{con} &= X_{S} + X_{T} \end{aligned}\right\} \tag{2-219}$$

式中 $X_{S.set}$——静稳边界圆和 jX 轴的第一交点（jX 轴正向交点）的纵坐标整定值（Ω）；

$X_{B.set}$——静稳边界圆和 jX 轴的第二交点（jX 轴负向交点）的纵坐标整定值（Ω）；

X_{con}——发电机和系统的联系电抗相对值（发电机额定容量为基准）；

X_S——至高压母线的系统电抗相对值（发电机额定容量为基准）；

X_T——变压器电抗相对值（发电机额定容量为基准）；

其他符号含义同前。

3. 静稳极限转子绕组变励磁低电压动作判据（一）

与系统并列运行的发电机，对应某一有功功率 P 输出时，相应为维持机组静稳极限所必需的励磁电压为最低励磁电压 $U_{fd.min}$（或用最小励磁电流 $I_{fd.min}$），当 P 变化时，在静稳极限条件下，励磁电压对应不同的变励磁电压 U_{fd}。本动作判据主要用于防止发电机低励失磁故障引起相应励磁电压太低，使发电机超出静稳极限运行。各厂家生产的低励失磁保护，其动作判据结果虽然一样，但形式却不相同，这很容易给整定计算和调试带来不必要的麻烦和错误，现介绍一种比较清晰和典型的动作判据，即

$$\left.\begin{aligned}
&\text{当 } U_{fd} \leqslant U_{fd.op.min} \text{ 时}\\
&\text{按 } U_{fd} \leqslant U_{fd.op} = U_{fd.op.min} \text{ 动作}\\
&\text{当 } U_{fd} > U_{fd.op.min} \text{ 时，按变励磁低电压动作特性动作}\\
&U_{fd} \leqslant U_{fd.op} = K_t \frac{X_{d\Sigma} U_{fd.0}}{S_{g.n}} (P - P_t) = K_{set}(P - P_t)\ (\mathrm{V}) \text{ 时动作}\\
&K_{set} = K_t \frac{X_{d\Sigma} U_{fd.0}}{S_{g.n}} \left(\frac{\mathrm{V}}{\mathrm{W}}\right)\\
&P_t = \frac{U_S^2}{2}\left(\frac{1}{X_q + X_{con}} - \frac{1}{X_d + X_{con}}\right) S_{g.n}\ (\mathrm{W})\\
&K_t = \frac{2\cos 2\delta_{sl}}{\cos\delta_{sl} - 2\sin^3\delta_{sl}} = f\left(\frac{P_{g.n}}{P_t}\right)\\
&S_{g.n} = \sqrt{3} U_{g.n} I_{g.n}\\
&X_{d\Sigma} = X_d + X_{con}\\
&X_{con} = X_T + X_S
\end{aligned}\right\} \qquad (2\text{-}220)$$

式中 $U_{fd.op.min}$——发电机转子低励磁最小动作电压（V）；

$U_{fd.op}$——发电机转子变励磁动作电压（V）；

U_{fd}——发电机转子励磁电压（V）；

$U_{fd.0}$——发电机空载额定电压时转子励磁电压（V）；

K_{set}——转子变励磁动作电压和功率的比例系数整定值；

K_t——比例系数整定值的修整系数（隐极机 $P_t=0$，$K_t=1$；凸极机 $P_t\neq0$，$K_t>1$）；

$X_{d\Sigma}$——总电抗相对值（归算至发电机额定容量）；

X_d——发电机直轴同步电抗相对值；

X_{con}——发电机机端与无限大容量系统间的联系电抗相对值；

X_T——变压器的电抗相对值（归算至发电机额定容量）；

X_S——至变压器高压母线系统电抗相对值；

$S_{g.n}$——发电机额定视在功率二次值（VA）；

P——发电机运行二次功率（W）；

P_t——发电机的反应功率二次幅值（W）（汽轮发电机 $P_t=0$；水轮发电机 $P_t>0$）；

δ_{sl}——发电机静稳极限角（隐极机 $P_t=0$，$\delta_{sl}=90°$；凸极机 $P_t\neq0$，$\delta_{sl}=70°\sim80°$）；

U_S——归算至发电机机端侧的系统电压相对值；

X_q——发电机交轴同步电抗相对值；

$U_{g.n}$——发电机额定二次电压；

$I_{g.n}$——发电机额定二次电流；

其他符号含义同前。

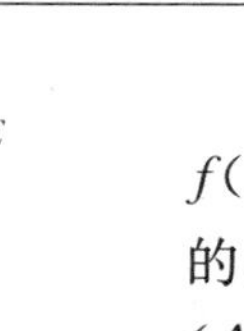
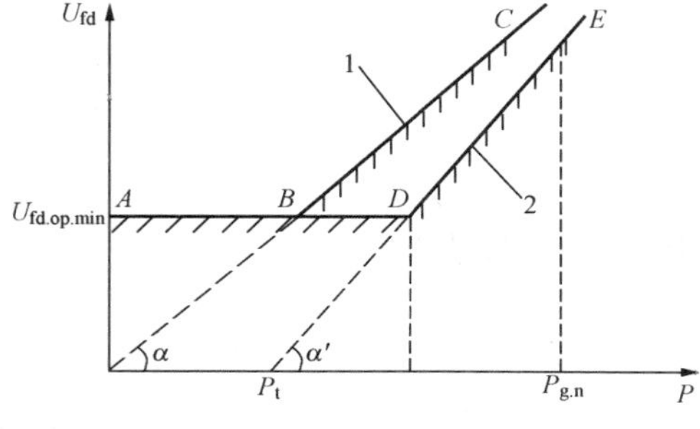

图 2-21 变励磁低电压判据 $U_{fd}=f$（P）的动作特性曲线

1—汽轮发电机变励磁电压动作特性曲线；2—水轮发电机变励磁电压动作特性曲线

式（2-220）表达的变励磁低电压判据 $U_{fd}=f(P)$的动作特性曲线如图 2-21 所示。图 2-21 中的曲线 1 为汽轮发电机变励磁电压动作特性曲线（ABC），AB 段，当 $U_{fd}\leqslant U_{fd.op.min}$时，$U_{fd.op}$为不变的 $U_{fd.op.min}$；BC 段，当 $U_{fd}\geqslant U_{fd.op.min}$时，$U_{fd.op}$与发电机测量二次功率 P 成正比增加，变励磁动作低电压上升的斜率为 $K_{set}=\text{tg}\alpha$，曲线下侧为动作区，曲线上侧为不动作区。曲线 2 为水轮发电机变励磁电压动作特性曲线（$ABDE$），ABD 段，当 $U_{fd}\leqslant U_{fd.op.min}$时，$U_{fd.op}$为不变的 $U_{fd.op.min}$；DE 段，当 $U_{fd}\geqslant U_{fd.op.min}$时，$U_{fd.op}$与发电机测量二次功率（$P-P_t$）成正比增加，变励磁动作低电压上升的斜率为 $K'_{set}=\text{tg}\alpha'$，曲线下侧为动作区，曲线上侧为不动作区。由于汽轮发电机和水轮发电机的 P_t、δ_{sl}、X_d、$U_{fd.0}$及 K_t 不相同，所以汽轮发电机和水轮发电机变励磁低电压 $U_{fd}=f$（P）动作特性曲线的斜率 $K_{set}\neq K'_{set}$、$\alpha\neq\alpha'$。

4. 发电机低励及失磁保护动作辅助判据

（1）闭锁失磁保护的负序电压元件。闭锁的动作判据为

$$U_2\geqslant U_{2.op.set} \tag{2-221}$$

式中 U_2——发电机机端负序电压二次值；

$U_{2.op.set}$——负序动作电压整定值。

（2）闭锁失磁保护的负序电流元件。闭锁的动作判据为

$$I_2\geqslant I_{2.op.set} \tag{2-222}$$

式中 I_2——发电机负序电流二次值；

$I_{2.op.set}$——负序动作电流整定值。

当保护满足式（2-221）、式（2-222）时瞬时起动闭锁失磁保护，经 8～10s 自动解除闭锁。

（3）TV 断线闭锁。机端两组 TV 不平衡保护动作时，闭锁失磁保护（或负序电压元件动作闭锁失磁保护）。

（4）延时元件。当满足以上动作判据并经一定延时 t_{op}时，保护动作出口，分别作用于发信号或关闭主汽门停机。

（二）整定计算

1. 高压母线三相低电压元件

按躲过系统母线允许正常最低电压计算，即

$$U_{op.set}=K_{rel}\frac{U_{h.min}}{n_{TV}}=（0.85\sim0.9）\frac{U_{h.min}}{n_{TV}} \tag{2-223a}$$

式中 K_{rel}——可靠系数，取 0.85～0.9。

$U_{op.set}$——高压母线三相低电压相间电压动作整定值；

$U_{h.min}$——高压母线最低正常运行电压，其值由调度部门确定（对 220kV 系统，有的电厂规定为 222kV，而有的规定为 218kV）；

n_{TV}——高压母线电压互感器变比。

当系统无功储备充足，一台发电机失磁时，系统高压母线电压很少降低，因此有时可不用此判据。

2. 发电机机端低电压动作判据整定

按躲过发电机正常运行最低电压计算，为

$$U_{g.op.set}=K_{rel}\frac{U_{G.min}}{n_{TV}}=(0.85\sim0.9)\frac{U_{G.N}}{n_{TV}}=(0.85\sim0.9)U_{g.n} \tag{2-223b}$$

一般取 $U_{g.op.set}=0.9U_{g.n}$

式中 $U_{G.min}$、$U_{G.N}$——分别为发电机正常运行最低电压和发电机额定电压；

n_{TV}——发电机 TV 变比；

其他符号含义同前。

3. 异步边界阻抗圆的整定计算

汽轮发电机一般采用异步边界阻抗圆定值可用式（2-218）计算，当装置要求给定异步边界阻抗圆的圆心和半径整定值时，可由式（2-218）计算的值代入下式计算圆心和半径的整定值

$$\left.\begin{aligned}&\text{异步边界圆心坐标整定值}\quad\left(0,\mathrm{j}\frac{X_{A.set}+X_{B.set}}{2}\right)\\&\text{异步边界圆半径整定值}\quad R_{set}=\left|\frac{X_{A.set}-X_{B.set}}{2}\right|\end{aligned}\right\} \tag{2-224}$$

式中符号含义同前。

4. 静稳边界阻抗圆的整定计算

水轮发电机一般采用静稳边界阻抗圆定值可用式（2-219）计算，当装置要求给定静稳边界阻抗圆的圆心和半径整定值时，可将式（2-219）计算的值代入下式计算静稳边界阻抗圆的圆心和半径的整定值

$$\left.\begin{aligned}&\text{静稳边界阻抗圆心坐标整定值}\quad\left(0,\mathrm{j}\frac{X_{S.set}+X_{B.set}}{2}\right)\\&\text{静稳边界阻抗圆半径整定值}\quad R_{set}=\left|\frac{X_{S.set}-X_{B.set}}{2}\right|\end{aligned}\right\} \tag{2-225}$$

式中符号含义同前。

5. 静稳极限转子绕组变励磁低电压动作判据（一）的整定计算

（1）发电机转子低励磁最小动作电压 $U_{fd.op.min}$ 计算。计算式为

$$U_{fd.op.min}=K_{rel}U_{fd.0} \tag{2-226}$$

式中 K_{rel}——可靠系数，取 0.5～0.8（一般取 $K_{rel}=0.6$）；

$U_{fd.0}$——发电机空载额定电压时的励磁电压（V）。

（2）转子绕组变励磁低电压动作整定计算。转子绕组变励磁低电压动作时功率的比例系

数整定值 K_{set} 和反应功率二次幅值 P_t 按典型动作判据式（2-220）的计算如下。

1）汽轮发电机。参数整定计算式为

$$\left.\begin{aligned}&\text{反应功率二次幅值有名值}\quad P_t = 0(\text{W})\\&\text{比例系数定值}\quad K_{set} = K_t\frac{(X_d+X_{con})U_{fd0}}{S_{g.n}}\left(\frac{\text{V}}{\text{VA}}\right)\\&K_t = 1\\&\text{变励磁低电压动作方程}\quad U_{fd}\leqslant U_{fd.op} = K_{set}P\end{aligned}\right\}\tag{2-227}$$

式中符号含义同前。

2）水轮发电机。水轮发电机由于是凸极机，$X_d\neq X_q$、$P_t\neq 0$，变励磁低电压动作参数整定计算式为

$$\left.\begin{aligned}&\text{反应功率二次幅值有名值}\ P_t = \frac{U_S^2}{2}\left(\frac{1}{X_q+X_{con}}-\frac{1}{X_d+X_{con}}\right)S_{g.n}(\text{W})\\&\text{比例系数整定值}\ K'_{set} = K_t\frac{(X_d+X_{con})U_{fd0}}{S_{g.n}}\left(\frac{\text{V}}{\text{VA}}\right)\\&K_t = \frac{2\cos 2\delta_{sl}}{\cos\delta_{sl}-2\sin^3\delta_{sl}} = f\left(\frac{P_{g.n}}{P_t}\right)\\&\text{变励磁低电压动作方程}\ U_{fd}\leqslant U_{fd.op} = K'_{set}(P-P_t)\end{aligned}\right\}\tag{2-228}$$

式中符号含义同前。

水轮发电机是凸极机，$X_d\neq X_q$，$P_t\neq 0$，K_t 和 $P_{g.n}/P_t$ 的关系见表 2-10。

表 2-10　K_t 和 $P_{g.n}/P_t$ 的关系表

$P_{g.n}/P_t$	K_t	$P_{g.n}/P_t$	K_t	$P_{g.n}/P_t$	K_t
3.3	1.215	5.6	1.146	7.7	1.112
3.6	1.203	6	1.138	8.0	1.109
4	1.188	6.3	1.133	8.3	1.105
4.3	1.178	6.6	1.128	8.7	1.102
4.7	1.161	6.8	1.124	9.0	1.098
5	1.159	7.1	1.120	9.5	1.094
5.3	1.152	7.4	1.116	10	1.090

对凸极机，$X_d\neq X_q$ 时，发电机静稳极限角 $\delta_{sl}=70°\sim 80°$，此时对应的 $K_t=1.215\sim 1.08$。

6. 其他辅助判据的整定计算

（1）闭锁失磁保护的负序电压元件整定值 $U_{2.op.set}$ 计算。计算式为

$$U_{2.op.set}=K_{unb}\times\frac{U_{G.N.P}}{n_{TV}}=K_{unb}U_{g.n.p}\tag{2-229}$$

式中　$U_{G.N.P}$、$U_{g.n.p}$——分别为发电机一、二次额定相电压；

K_{unb}——不平衡系数，取 0.05～0.08。

（2）闭锁失磁保护的负序电流元件整定值 $I_{2.op.set}$ 计算。计算式为

$$I_{2.op.set}=K_{rel}\frac{I_{2\infty}^*}{n_{TA}}I_{G.N}=K_{rel}I_{2\infty}^*I_{g.n}$$

式中　K_{rel}——可靠系数，取1.2～1.5。

为防止发电机失磁时负序电流元件误闭锁失磁保护，可适当取较大的动作电流，即

$$I_{2.op.set}=0.2I_{g.n} \tag{2-230}$$

7. 动作时间计算

(1) 用系统低电压判据与异步边界圆判据和转子绕组变励磁低电压动作判据组成与门，用较小动作时间，如取 $t_{op}=0.5s$ 作用于停机。

(2) 用系统低电压判据（或机端低电压闭锁）与异步边界圆判据组成与门，可取动作时间 $t_{op}=1\sim1.5s$（一般取1s）作用于停机。

(3) 单独用异步边界圆判据。以较长动作时间，可取动作时间 $t_{op}=1.5\sim2s$（一般取1.5s）作用于停机。

以上动作阻抗圆均应经过TV断线闭锁。

(三) 注意问题

1. 静稳极限转子绕组变励磁低电压动作保护整定计算问题

由于该保护动作判据本来比较抽象，如果生产厂家对该保护动作判据再加入一些不必要的数据，极易误导使用者，造成运行中不必要的错误。

(1) 静稳极限转子绕组变励磁低电压动作判据（二）。测量有功功率 P^*、P_t^* 为二次相对值时的动作判据为

$$\left.\begin{array}{l}
\text{当}\, U_{fd}\leqslant U_{fd.op.min}\,\text{时} \\
\text{按}\, U_{fd}\leqslant U_{fd.op}=U_{fd.op.min}\,\text{动作} \\
\text{当}\, U_{fd}>U_{fd.op.min}(\text{V})\,\text{时} \\
\text{按}\, U_{fd}\leqslant U_{fd.op}=K_tX_{d\Sigma}U_{fd0}(P^*-P_t^*)=K_{set}U_{fd.o}(P^*-P_t^*)(\text{V})\,\text{动作} \\
\text{汽轮发电机整定系数为} \\
K_{set}=K_tX_{d\Sigma} \\
\text{汽轮发电机:动作方程}\, U_{fd}\leqslant U_{fd.op}=K_{set}U_{fd.o}P^* \\
P_t=0, K_{set}=X_{d\Sigma} \\
\text{水轮发电机:动作方程}\, U_{fd}\leqslant U_{fd.op}=K'_{set}U_{fd.o}(P^*-P_t^*) \\
P_t^*=\dfrac{U_S^2}{2}\left(\dfrac{1}{X_q+X_{con}}-\dfrac{1}{X_d+X_{con}}\right) \\
\text{水轮发电机整定系数为} \\
K'_{set}=K_tX_{d\Sigma}
\end{array}\right\} \tag{2-231}$$

式中　P^*——发电机运行二次功率相对值；

P_t^*——发电机反应功率二次幅值相对值(汽轮发电机 $P_t^*=0$;水轮发电机 $P_t^*\neq0$)；

其他符号含义同前。

(2) 动作判据（二）的整定计算。静稳极限转子绕组变励磁低电压动作判据（二）由式(2-231)计算 P_t^*、K_{set}或K'_{set}，由式(2-226)计算 $U_{fd.op.min}$。

(3) 静稳极限转子绕组变励磁低电压动作判据（三）。动作判据为

$$\left.\begin{aligned}
&\text{当 } U_{fd} \leqslant U_{fd.op.min} \text{ 时}\\
&\text{按 } U_{fd} \leqslant U_{fd.op} = U_{fd.op.min} \text{ 动作}\\
&\text{当 } U_{fd} > U_{fd.op.min}(\mathrm{V}) \text{ 时}\\
&\text{汽轮发电机：动作方程为 } U_{fd} \leqslant U_{fd.op} = \frac{125}{K_{set} \times 866} P(\mathrm{V})\\
&P_t = 0, K_{set} = \frac{125 \times S_{g.n}}{866 \times X_{d\Sigma} U_{fd0}} \left(\frac{\mathrm{V}}{\mathrm{W}}\right)\\
&\text{水轮发电机：动作方程为 } U_{fd} \leqslant U_{fd.op} = \frac{125}{K'_{set} \times 866}(P - P_t)(\mathrm{V})\\
&P_t = \frac{U_S^2}{2}\left(\frac{1}{X_q + X_{con}} - \frac{1}{X_d + X_{con}}\right) S_{g.n}(\mathrm{W})\\
&K'_{set} = \frac{125 \times S_{g.n}}{866 \times K_t X_{d\Sigma} U_{fd0}} \left(\frac{\mathrm{V}}{\mathrm{W}}\right)
\end{aligned}\right\} \quad (2\text{-}232)$$

式中　K_{set}、K'_{set}——转子绕组变励磁动作低电压和功率相关系数整定值；

其他符号含义同式（2-220）。

由式（2-232）计算的 K_{set} 与由式（2-220）计算的 K_{set} 有不同的含义和不同的计算公式。

（4）动作判据（三）的整定计算。静稳极限转子绕组变励磁低电压动作判据（三）由式（2-232）计算 P_t、K_{set} 或 K'_{set}，由式（2-226）计算 $U_{fd.op.min}$。

由式（2-227）、式（2-228）与由式（2-231）、式（2-232）计算的整定值完全不同，但三者分别代入各自的动作方程后的结果却完全相同，以下用实例说明，并比较三种不同判据的静稳极限转子绕组变励磁低电压失磁保护整定计算结果及其在使用时的差异。

2. 实例

【例 2-5】　QFS-300-2 型汽轮发电机，$U_{G.N}=18\mathrm{kV}$，$S_{G.N}=353\mathrm{MVA}$，$X_d=2.22$，$X'_d=0.225$，$X''_d=0.168$，$U_{fd.0}=135\mathrm{V}$，$U_{fd.N}=485\mathrm{V}$，$I_{fd.N}=1850\mathrm{A}$，TV 变比 $n_{TV}=\frac{18\,000}{\sqrt{3}}\Big/\frac{100}{\sqrt{3}}$，TA 变比 $n_{TA}=15\,000/5$，主变压器额定容量 $S_{T.N}=360\mathrm{MVA}$，短路阻抗 $u_k=14.9\%$，主变压器变比为 236/18，系统阻抗 $X_S=0.012\,2$（归算至 100MVA）。

解　（1）动作判据（一）的转子绕组变励磁低电压动作失磁保护的整定计算。

1）将 X_{con}、X_T、X_S 归算至发电机额定视在功率的相对值，即

$$X_{con}=X_T+X_S=0.149\times\frac{353}{360}+0.012\,2\times\frac{353}{100}=0.146+0.035=0.183$$

2）发电机二次额定视在功率 $S_{g.n}$ 计算。由式（2-220）计算得

$$S_{g.n}=\frac{S_{G.N}}{n_{TV}n_{TA}}=\frac{353\times10^6}{180\times3000}=653.6\ (\mathrm{VA})$$

3）转子变励磁动作电压和功率的比例系数整定值 K_{set} 计算。由式（2-227）计算得

$$K_{set}=\frac{(X_d+X_{con})\ U_{fd.0}}{S_{g.n}}=\frac{(2.2+0.183)\ \times135}{653.6}=0.492$$

4）转子低励磁最小动作电压 $U_{fd.op.min}$ 计算。由式（2-226）计算得

$$U_{fd.op.min}=K_{rel}U_{fd.0}=\ (0.6\sim0.8)\ U_{fd.0}$$

取 $U_{fd.op.min}=0.6\times135=81\ (\mathrm{V})$。

5) $P_t=0$。

6) 验证保护计算的整定值和装置实际整定值的准确性。由式(2-227)得静稳极限变励磁低电压动作调试方程为

$$U_{fd.op}=K_{set}P=0.492P$$

如发电机一次有功功率为150MW,则二次侧加入的三相有功功率为

$$P=\frac{P_I}{n_{TV}n_{TA}}=\frac{150\times10^6}{180\times3000}=277.78\ (W)$$

静稳极限变励磁低电压动作值为

$$U_{fd.op}=K_{set}P=0.492P=0.492\times277.78=136.72\ (V)$$

如发电机一次有功功率为300MW,则二次侧加入的三相有功功率为

$$P=\frac{P_I}{n_{TV}n_{TA}}=\frac{300\times10^6}{180\times3000}=555.556\ (W)$$

静稳极限变励磁低电压动作值为

$$U_{fd.op}=K_{set}P=0.492P=0.492\times555.556=273.45\ (V)$$

如果调试时符合以上数据,则证明装置动作符合整定计算,否则应查明原因。

(2) 动作判据(二)的转子绕组变励磁低电压动作失磁保护的整定计算。

1) 将 X_{con}、X_T、X_S 归算至发电机额定视在功率,即

$$X_{con}=X_T+X_S=0.183$$

2) 计算发电机二次额定视在功率 $S_{g.n}$,即

$$S_{g.n}=\frac{S_{G.N}}{n_{TV}n_{TA}}=653.6\ (VA)$$

3) 转子低励磁动作电压整定系数值 K_{set}^* 计算。由式(2-231)计算得

$$K_{set}^*=X_d+X_{con}=2.2+0.183=2.383$$

4) 转子低励磁最小动作电压 $U_{fd.op.min}$ 计算。由式(2-226)计算得

$$U_{fd.op.min}=0.6\times135=81\ (V)$$

5) 静稳极限变励磁低电压动作方程。由式(2-231)得

$$U_{fd.op}=K_{set}U_{fd.o}P^*=321.7P^*$$

发电机一次有功功率为150MW时,有功功率相对值为

$$P^*=\frac{P_I}{S_{G.N}}=\frac{150}{353}=0.425$$

静稳极限变励磁低电压动作值为

$$U_{fd.op}=321.7P^*=321.7\times0.425=136.72\ (V)$$

发电机一次有功功率为300MW时,有功功率相对值为

$$P^*=\frac{P_I}{S_{G.N}}=\frac{300}{353}=0.85$$

静稳极限变励磁低电压动作值为

$$U_{fd.op}=321.7P^*=321.7\times0.85=273.4\ (V)$$

(3) 动作判据(三)的转子绕组变励磁低电压动作失磁保护的整定计算。由式(2-232)计算得

$$\left.\begin{aligned}&\text{相关系数整定值 } K_{set}=\frac{125\times S_{g.n}}{866\times X_{d\Sigma}U_{fd0}}=\frac{125\times 653.6}{866\times(2.2+0.183)\times 135}=0.293\\&\text{反应功率二次幅值 } P_t=0\end{aligned}\right\}$$

将 $K_{set}=0.293$ 代入式（2-232），可得静稳极限转子绕组变励磁低电压动作方程为

$$U_{fd.op}=\frac{125}{K_{set}\times 866}P=\frac{125}{0.293\times 866}P=0.492P$$

此结果和以上两种不同判据的整定计算完全一样，但整定值 K_{set} 却完全不相同。

由上计算知，不同动作判据的保护装置要求输入不同方法计算出的 K_{set}，最后保护动作特性虽然是相同的，但用动作判据（一）和（二）的整定值 K_{set} 比较直观，在现场调试时可直接验证整定值 K_{set} 和装置的准确性。静稳极限转子绕组变励磁低电压动作失磁保护的动作判据（三）的整定值 $K_{set}=0.293$，必须将 $K_{set}=0.293$ 代入式（2-232）的动作方程后，再建立调试时的动作方程，才能验证整定值和装置的准确性。

水轮发电机在整定计算时，除应计算整定值 K'_{set}、$U_{fd.op.min}$ 外，还应计算反应功率 P_t 整定值，而反应功率二次幅值有名值 P_t 对应的 K'_{set} 和反应功率二次幅值相对值 P_t^* 对应的 K'_{set} 两者也是不相同的。

3. 失磁保护几种不同的观点

(1) 第一种观点。认为发电机失磁后用减负荷的方法可允许发电机在异步状态运行一段时间，尽可能减少停机停炉的次数。

(2) 第二种观点。认为发电机失磁保护动作后没有必要继续维持发电机稳定的异步运行，应作用于跳闸，其理由为：

1）根据目前多数大机组现场运行人员的操作经验，对大型汽轮发电机组来说，当发电机组在接近额定功率运行时，一旦发电机失磁，想用迅速减负荷的方法继续维持发电机组稳定在异步状态运行是不可能的，因为此时锅炉无法维持稳定燃烧（只有全旁路的汽机用迅速减负荷的方法才能维持锅炉稳定燃烧）。

2）根据近年对大型发电机组的低励和失磁故障统计，如 2003 年 1～4 月 50 家火电厂的不完全统计，其中 300MW 机组励磁系统故障引起发电机失磁保护动作共计 8 次，而故障发生于发电机转子绕组引线短路或旋转整流器短路烧损的有 4 次，以下为一些具体实例。

① 2003 年 1 月 8 日，某电厂 355MW 发电机（英国 GEC 公司生产）由于穿过负极测量环的转子绕组正极导电杆绝缘磨损，造成正极导电杆与负测量环间短路，数百安培的短路电流引起的电弧迅速使正极导电杆烧断，同时电弧又将导电螺钉、集电环内侧和大轴以及转子中心孔内壁严重烧损，最后造成励磁主引线正负极之间严重短路，经 0.55s 失磁保护动作，（转子先接地 5s）使发电机跳闸停机。

② 某电厂 300MW 机组（上海电机厂生产的 QFSN2-300-2 型）为旋转整流励磁系统，2003 年 2 月 18 日，由于导电环和旋转整流盘之间导电环固定螺栓绝缘低劣，导致整流子正负极间短路，整流盘和其熔断器等严重烧损，进一步造成导电环和整流盘之间稳定短路，失磁保护动作跳闸停机。

③ 某电厂 350MW 机组（日本三菱造）为全封闭无刷励磁，2003 年 3 月 23 日，由于旋转整流器和其熔断器损坏并造成导电环之间短路，最后失磁保护动作跳闸停机。

④ 1996 年，某厂静止整流励磁系统，发电机转子绕组串过滑环的发电机转子励磁引线和滑环之间绝缘不良引起短路时，失磁保护未能正常动作，后由整流柜整流器熔断器熔断，经整流柜故障保护动作跳机，结果造成发电机转子引线和滑环之间严重烧损。

以上实例说明，当由于发电机转子励磁绕组引线导电杆、导电环、旋转整流盘及其熔断器等主励磁元器件损坏，最后造成转子回路短路而失磁时，这种短路对损坏主设备的后果比较严重，如果此时失磁保护动作后不迅速作用于跳闸停机，可能引起主设备更加严重的破坏。

根据以上两点理由，发电机一旦失磁，失磁保护应该迅速作用于停机跳闸，没有必要维持其异步运行。

4. 失磁保护动作逻辑电路及作用方式

（1）采用系统低电压判据、异步边界圆判据和静稳极限变励磁低电压动作判据。系统低电压判据、异步边界圆判据和静稳极限变励磁低电压动作判据组成与门，以较短动作时间（t_{op}=0.5s）作用于停机；同时用异步边界圆判据躲过系统振荡，以较长动作时间（t_{op}=1.5s）作用于停机。

（2）还应注意如系统无功储备严重不足，发电机失磁时将立即引起系统低电压，危及系统安全，但异步边界圆动作太晚，不利于系统稳定，这时可用系统低电压判据和静稳极限变励磁低电压动作判据组成与门，以 t_{op}=0.5s 作用于停机；同时用异步边界圆判据躲过系统振荡，以较长动作时间（t_{op}=1.5s）作用于停机。

（3）一般单独采用静稳边界阻抗圆判据、静稳极限变励磁低电压动作判据，可发信号或起动自动合 50Hz 手动励磁（如某发电厂 300MW 发电机组，曾多次发生自动励磁调节器故障，出现低励和失磁，由静稳极限变励磁低电压动作判据动作，不经延时或经 0.1s 延时，在失磁保护动作前自动投入 50Hz 手动励磁，使励磁迅速恢复正常而避免不必要的停机）。

以上阻抗圆的作用方式均应经机端 TV 断线闭锁。

（4）近 20 多年来电力系统发电容量大幅度增长，当发电机失磁时，系统电压基本维持正常，所以系统低电压判据已不适用，应将系统低电压判据改用发电机机端低电压判据。

（5）失磁保护动作逻辑电路及作用方式实例。

1）某厂（A 厂）两台 300MW 机组失磁保护是按以下方式组成。

① 用系统低电压判据、异步边界圆判据、静稳极限变励磁低电压判据组成与门，以动作时间 t_{op}=0.5s 作用于停机。

② 用异步边界圆判据和静稳极限变励磁低电压判据组成与门，以动作时间 t_{op}=1s 作用于停机。

③ 用异步边界圆判据以动作时间 t_{op}=1.5s 作用于停机。

④ 用静稳边界阻抗圆判据或静稳极限变励磁低电压动作判据，动作后经 t_{op}=0.1s 延时，自动投入 50Hz 手动励磁。

2）某厂（B 厂）两台 300MW 机组失磁保护是按以下方式组成。

① 静稳边界圆判据用作失磁保护的起动元件与系统低电压判据和异步边界圆判据组成与门，以动作时间 t_{op}=1s 作用于停机。

② 静稳边界圆判据用作失磁保护的起动元件和异步边界圆判据组成与门，以动作时间

$t_{op}=1.5s$ 作用于停机。

其他辅助判据主要用于闭锁阻抗圆动作判据在 TV 断线时的误动作，必要时亦可在逻辑电路中合理地采用，但原则上不要太复杂，否则会影响保护动作的可靠性。

十三、发电机失步保护

随着电力系统容量不断增加，大型发电厂高压母线的系统阻抗 jX_S 比较小，一旦发生系统非稳定性振荡，其振荡中心很容易进入失步发电机变压器组的内部，这将严重威胁失步的发电机和系统的安全运行，所以自 20 世纪 90 年代以来，我国大型发电机组均加装发电机失步保护，并有多种不同类型判据的失步保护。我国各生产厂家基本上只采用三元件失步保护和双遮挡器原理的失步保护，以下介绍这两种失步保护的整定计算。

（一）发电机三阻抗元件失步保护

1. 动作判据

三阻抗元件失步保护动作判据特性如图 2-22 所示，由以下三部分组成：

（1）透镜特性的阻抗元件 Z_1。透镜特性的阻抗元件 Z_1 把阻抗平面分成透镜内部分 in 和透镜外部分 out。如果发电机机端测量阻抗 Z_m 进入透镜圆内，则发电机电动势和系统等效电动势间的功角 δ 已大于动稳极限角 δ_{sd}。

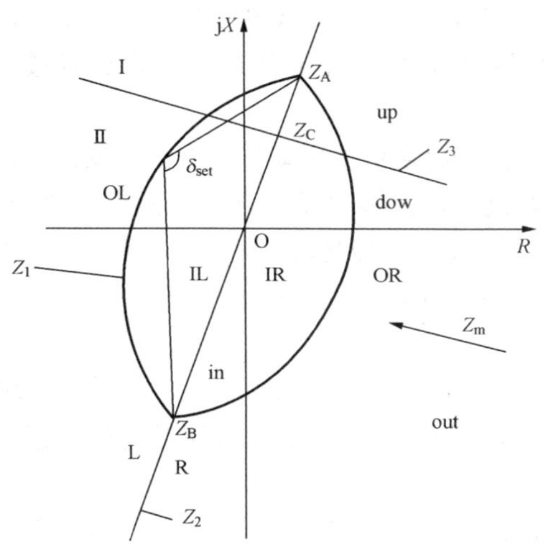

图 2-22 三阻抗元件失步保护动作判据特性图

（2）遮挡器直线阻抗元件 Z_2。遮挡器直线阻抗元件 Z_2 即透镜主轴，它把阻抗平面分成左半部分 L 和右半部分 R。如果发电机机端测量阻抗 Z_m 落在此直线上，则功角 $\delta=180°$；若出现不稳定振荡，机端测量阻抗 Z_m 越过该直线，功角 $\delta>180°$，判发电机已失步。以上两阻抗元件将阻抗平面分成四个区 OL、IL、IR、OR（OL、OR 为透镜区外，IL、IR 为透镜区内）。若出现不稳定振荡，机端测量阻抗 Z_m 轨迹顺序穿过四个区（OL→IL→IR→OR 或 OR→IR→IL→OL）并在每区停留时间大于一时限，则保护判断为发电机已失步振荡。每顺序穿过一次，保护滑极计数加 1，达滑极整定次数 N_0 时失步保护动作。

（3）电抗线阻抗元件 Z_3。电抗线阻抗元件 Z_3 垂直于透镜主轴，它将动作区一分为二，电抗线以上为Ⅰ段（up），电抗线以下为Ⅱ段（dow）。机端测量阻抗 Z_m 轨迹在电抗线以下顺序穿过四个区（OL→IL→IR→OR 或 OR→IR→IL→OL），则认为振荡中心位于发电机变压器组内；反之机端测量阻抗 Z_m 轨迹在电抗线以上顺序穿过四个区（OL→IL→IR→OR 或 OR→IR→IL→OL），则认为振荡中心位于发电机变压器组外。两种情况的滑极次数可以分别整定，前者保护动作时作用于跳闸，而后者保护动作时作用于信号。

2. 整定计算

（1）透镜特性阻抗元件 Z_1 和遮挡器直线阻抗元件 Z_2 及电抗线阻抗元件 Z_3 的整定计算式为

$$\left.\begin{array}{l}\text{第 I 象限最远点整定阻抗 } Z_{A.set}=(X_T+nX_S)Z_{g.n}e^{j\Phi_S}\\ \text{第 III 象限最远点整定阻抗 } Z_{B.set}=X'_dZ_{g.n}e^{j(180^\circ+\Phi_S)}=-X'_dZ_{g.n}e^{j\Phi_S}\\ \text{遮挡器直线阻抗元件 } Z_2 \text{ 阻抗线和 } R \text{ 轴的夹角 } \varphi=\Phi_S\\ Z_{g.n}=\dfrac{U_{G.N}^2n_{TA}}{S_{G.N}n_{TV}}=\dfrac{U_{g.n}}{\sqrt{3}I_{g.n}}\end{array}\right\}\quad(2\text{-}233)$$

式中 X'_d——发电机暂态电抗相对值（发电机额定值为基准值）；

X_T——主变压器电抗相对值（发电机额定值为基准值）；

X_S——最大方式时系统电抗相对值（发电机额定值为基准值）；

n——同一发电厂同容量并联运行机组台数；

Φ_s——系统阻抗角（一般为 80°～85°），取 90°；

$Z_{g.n}$——发电机额定二次阻抗有名值（Ω）；

$U_{G.N}$——发电机额定电压（kV）；

$S_{G.N}$——发电机额定视在功率（MVA）；

n_{TA}——发电机电流互感器变比；

n_{TV}——发电机电压互感器变比；

$U_{g.n}$——发电机额定二次电压（V）；

$I_{g.n}$——发电机额定二次电流（A）。

（2）电抗线 Z_C 的动作阻抗整定值 $Z_{C.set}$ 计算。一般取

$$Z_{C.set}=0.9X_T\quad(2\text{-}234)$$

（3）透镜内角 δ_{set} 整定值计算。透镜内角 δ_{set} 越小，透镜越大，保护计时越准确，但必须保证发电机组正常运行时的最小负荷阻抗 $Z_{L.min}$ 位于透镜之外，以保证保护动作选择性要求。为此选择透镜宽度 $Z_r\leqslant\frac{1}{1.3}R_{L.min}$，透镜内角整定值 δ_{set} 为

$$\delta_{set}=180^\circ-2\mathrm{arctg}\frac{2Z_r}{Z_{A.set}-Z_{B.set}}=180^\circ-2\mathrm{arctg}\frac{1.54R_{L.min}}{nX_S+X_T+X'_d}\quad(2\text{-}235)$$

$$R_{L.min}=\cos\varphi_n$$

式中 $R_{L.min}$——最小负荷阻抗相对值；

$\cos\varphi_n$——发电机额定功率因数。

（4）失步保护跳闸允许电流整定值 $I_{off.al.set}$ 计算。生产厂家规定发电机失步时两侧电动势相角差达 180°时，220～500kV 断路器允许断开失步电流 $I_{brk.al}$ 为断路器 25% 的额定遮断电流 $I_{brk.n}$，即 $I_{brk.al}=0.25I_{brk.n.t}$；发电机出口主断路器允许断开失步电流 $I_{brk.al}$ 为断路器 50% 的额定遮断电流 $I_{brk.n}$，即 $I_{brk.al}=0.5I_{brk.n.g}$。当跳闸允许电流 $I_{off.al}\leqslant I_{brk.al}$ 时，有的失步保护自动选择在电流变小时动作断开失步电流，有的失步保护按小于跳闸允许电流整定值 $I_{off.al.set}$ 动作断开失步电流。有的失步保护按设置的跳闸角动作断开失步电流。

$$\left.\begin{array}{ll}\text{发电机出口断路器} & I_{off.al.set}\leqslant I_{off.al}=0.5I_{brk.n.g}/n_{TA}\\ \text{主变压器高压侧断路器} & I_{off.al.set}\leqslant I_{off.al}=0.25I_{brk.n.t}\times\dfrac{U_{T.N.H}}{U_{G.N}\times n_{TA}}\end{array}\right\}\quad(2\text{-}236)$$

式中 $I_{brk.n.g}$——发电机出口主断路器额定遮断电流；

$I_{brk.n.t}$——主变压器高压侧断路器额定遮断电流；

$U_{T.N.H}$——主变压器高压侧额定电压；

$U_{T.N.H}$——发电机额定电压；

n_{TA}——发电机失步保护 TA 变比；

其他符号含义同前。

失步时两侧电势相位差为 δ 时发电机失步振荡电流 I_{osc} 为

$$I_{osc}\frac{2I_{G.N}}{X''_d+X_t+nX_S}\sin\frac{\delta}{2} \tag{2-237a}$$

式中：X''_d、X_t、X_S分别为发电机、变压器、系统电抗相对值（以发电机额定容量为基准）；其他符号含义同前。（为简化计算，式中采用 X''_d饱和值、如采用 X'_d可能更近实际值，以下类似计算不再说明）。

我国现阶段大型发电机组高压母线短路时，短路电流水平都比较高，如 220～500kV 等级高压母线短路电流不低于 25kA，有的高达 50kA，所以高压断路器额定遮断电流 $I_{brk.n}$都选用 50kA 或以上的水平，即主变压器高压断路器额定遮断电流 $I_{brk.n.t}\geqslant$50kA，如按 $I_{brk.al}=0.25I_{brk.n.t}$计算，并折算至发电机侧 $I_{brk.al}=0.25\times50\times525/20=328$（kA）；或 $I_{brk.al}=0.25\times50\times230/20=143.7$（kA）。所以当用主变压器高压侧断路器断开失步电流，一般 $I_{brk.al}>I_{osc.max}$，断路器基本上都能满足断开最大振荡电流的要求；发电机出口断路器额定遮断电流一般为 $I_{brk.n.t}=160$（kA），当用发电机出口断路器断开失步电流时，如按 $I_{brk.al}=0.5I_{brk.n.g}$计算，$I_{brk.al}=0.5\times160=80$（kA），可能 $I_{brk.al}<I_{osc.max}$，断路器就不满足断开最大振荡电流的要求。当断路器不满足断开最大振荡电流的要求时，失步保护按设置自动选择在电流变小时动作断开失步电流；或失步保护按设置的跳闸角动作断开失步电流；或失步保护按设置的跳闸角变小时断开失步电流；当失步保护按小于跳闸允许电流整定值 $I_{off.al.set}$动作断开失步电流时，只能计算跳闸角 $\delta=90°$时振荡电流作为整定电流，为

$$I_{off.al.set}=I_{osc.90°}=\frac{2I_{G.N}}{(X''_d+X_t+nX_S)n_{TA}}\sin45° \tag{2-237b}$$

式中符号含义同前。

（5）滑极次数 N_0整定计算。振荡中心在区外时，滑极次数 N_0可整定 2～3 次（一般整定 2 次）动作于信号。

振荡中心在区内时，滑极次数 N_0根据发电机实际能够承受的失步滑极次数整定，美国一般，取 $N_0=1$；德国一般，取 $N_0=2$；我国在整定中一般，取 $N_0=2$。

取

$$N_0=2 \tag{2-238}$$

3. 实例

【例 2-6】 计算［例 2-5］中三阻抗元件失步保护的整定值。

解 （1）第Ⅰ象限的最远点 $Z_{A.set}$计算。由式（2-233）计算

$$Z_{A.set}=(X_T+nX_S)\times\frac{U^2_{G.N}n_{TA}}{S_{G.N}n_{TV}}e^{j\Phi_s}=(0.146+2\times0.035)\times\frac{20^2\times3000}{353\times200}e^{j90°}$$

$$=j0.216\times16.997=j3.67\ (\Omega)$$

（2）第Ⅲ象限的最远点 $Z_{B.set}$计算。由式（2-233）计算得

$$Z_{B.set}=-X'_{d}\times\frac{U_{G.N}^{2}n_{TA}}{S_{G.N}n_{TV}}e^{j\Phi_s}=-0.225\times\frac{20^2\times3000}{353\times200}e^{j90^\circ}=-j3.82436\ (\Omega)$$

(3) 遮挡线 Z_2 的倾斜角 $\varphi=\varphi_S=90°$。

(4) 阻抗线动作阻抗整定值 $Z_{C.set}$ 计算。由式(2-234)得

$$Z_{C.set}=K_{rel}X_T\times\frac{U_{G.N}^{2}n_{TA}}{S_{G.N}n_{TV}}e^{j\Phi_s}=0.9\times0.146\times16.997e^{j90^\circ}=j2.233\ (\Omega)$$

(5) 透镜内角 δ_{set} 整定计算。由式(2-235)得

$$\delta_{set}=180^\circ-2\text{arctg}\frac{2Z_r}{Z_{A.set}-Z_{B.set}}=180^\circ-2\text{arctg}\frac{1.54R_{L.min}}{nX_S+X_T+X'_d}$$

$$=180^\circ-2\text{arctg}\frac{1.54\times0.85}{2\times0.035+0.146+0.225}=37.24^\circ$$

取 $\delta_{set}=90°$,所以失步保护透镜实际是圆心在 jX 轴上的圆。

(6) 最小负荷阻抗的有名值为

$$R_{L.min}=\cos\varphi_n\times Z_{g.n}=0.85\times16.997=14.447\ (\Omega)$$

透镜圆和 R 轴的交点电阻值为

$$R_0=\left|\frac{X_{A.set}-X_{B.set}}{2}\right|=\left|\frac{j3.67-(-j3.82)}{2}\right|=3.745(\Omega)$$

由于 $R_{L.min}\gg R_0$,所以发电机正常运行时远离透镜圆。

(7) 跳闸允许电流的整定计算。按断路器允许遮断电流计算,并尽可能有足够的余度考虑。由式(2-236)计算为 $I_{off.al}=0.25I_{brk.al}/n_{TA}=0.25\times35\ 000/250=35$ (A),取 $I_{off.al}=$ 15A(发电机侧一次电流为 $15\times250\times\frac{236}{20}=44\ 250$ (A),二次电流整定值 $I_{off.al.set}=$ 44 250/3000=14.75 (A) 取 $I_{off.al.set}=15$A 失步保护实际都自动选择振荡电流变小时作用于跳闸。

(8) 滑极次数 N_0 的整定计算。振荡中心在区外时,滑极次数 $N_{0.out}=4$,动作于信号。

振荡中心在区内时,由式(2-238)计算滑极次数 $N_0=2$,动作于跳闸。整定失步动作特性圆如图 2-23 所示,图中 $X_{A.set}=\text{j}3.67\Omega$,$X_{B.set}=-\text{j}3.82\Omega$,$X_{C.set}=\text{j}2.233\Omega$,$R_0=3.745\Omega$,$R_{L.min}=14.447\Omega$。

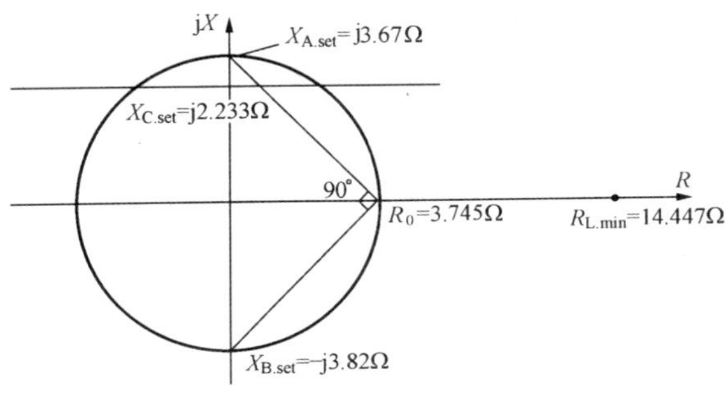

图 2-23 整定失步动作特性圆

(二) 发电机双遮挡器失步保护

1. 动作判据

双遮挡器失步保护动作判据如图 2-24 所示,图中阻抗最高点 X_A、最低点 X_B 和四组电阻线 R_1、R_2、R_3、R_4 将阻抗平面分为 0~4 共五个区。发电机加速失步时,测量阻抗轨迹从 $+R$ 向 $-R$ 方向变化,0~4 区依次从右到左排列。发电机减速失步时,测量阻抗轨迹从 $-R$ 向 $+R$ 方向变化,0~4 区依次从左到右排列。当测量阻抗从右向左穿过 1 区进入 2 区,并在 1 区及 2 区停留的时间分别大于 t_1、t_2 后,对于加速过程发加速失步信号,对于减速过

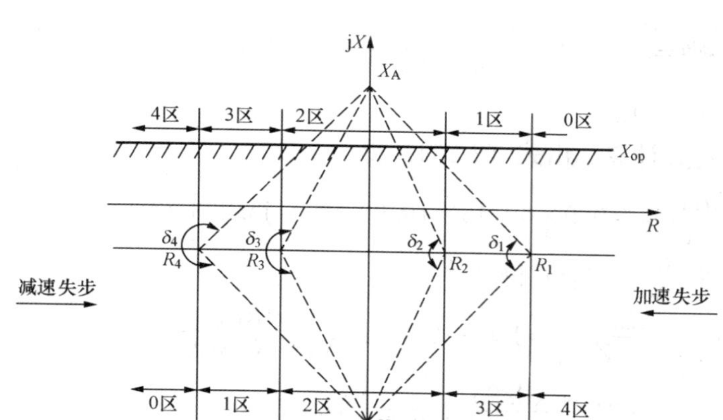

图 2-24 双遮挡器失磁保护动作判据图

程发减速失步信号。如果振荡没平息，测量阻抗继续穿过 3 区和 4 区，并在 3 区及 4 区停留的时间分别大于 t_3、t_4 后，进行滑极计数加 1。当滑极次数累计到整定值 N_0 时，失步保护动作出口。

无论加速过程还是减速过程在电抗线上侧，则判断振荡中心在发电机变压器组之外，此时滑极次数另作累计。

无论加速过程还是减速过程在电抗线下侧，则判断振荡中心在发电机变器组内，当测量阻抗顺序穿过 0～4 区内，任何一区停留的时间大于对应的整定时间（t_1～t_4）就进入下一区时，此时滑极次数累计加 1。

无论是加速过程还是减速过程，当机端测量阻抗 Z_m 在 1～4 区内任何一区停留的时间小于对应的整定时间（t_1～t_4）就进入下一区时，则判断为短路。

当机端测量阻抗 Z_m 轨迹部分穿越这些区域后以相反方向返回时，则判断为可恢复的振荡。

当机端测量阻抗 Z_m 轨迹进入失步阻抗区内但未达到遮挡器的直线动作区时，失步保护不动作。

测量阻抗元件取自机端 TV 二次电压和机端或中性点侧 TA 二次电流。

2. 整定计算

（1）电抗元件动作电抗 X_{op} 计算。计算式为

$$X_{op}=K_{rel}X_TZ_{g.n} \tag{2-239}$$

式中 $Z_{g.n}$——发电机额定二次阻抗有名值（Ω）；

K_{rel}——可靠系数，取 0.9（当滑极次数 $N_0\geqslant2$ 时也可取 1）；

X_T——变压器阻抗相对值（以发电机额定容量为基准）。

（2）阻抗区边界整定值 $X_{A.set}$、$X_{B.set}$、R_1、δ_1 及最小负荷阻抗电阻分量 $R_{L.min}$ 的计算。由图 2-24 可得

$$\left.\begin{aligned}X_{A.set}&=j(X_T+nX_S)Z_{g.n}\\X_{B.set}&=-jX'_dZ_{g.n}\end{aligned}\right\} \tag{2-240}$$

为保证发电机正常运行，发电机机端测量阻抗电阻分量 R_m 应远离失步动作边界区，可取

$$R_1=\frac{1}{2}R_{L.min} \tag{2-241}$$

$$R_{L.min}=\cos\varphi_nZ_{g.n}$$

由图 2-24 可得

$$\delta_1 = 2\mathrm{arctg}\frac{X_{A.set}-X_{B.set}}{j2R_1} = 2\mathrm{arctg}\frac{X_{A.set}-X_{B.set}}{jR_{L.min}} \tag{2-242}$$

式中 $X_{A.set}$、$X_{B.set}$——阻抗边界上、下最远点的整定电抗(Ω);

δ_1——双遮挡器失步保护动作区第一内角;

其他符号含义同前。

当 δ_1 计算值 $\delta_1<90°$时,取 $\delta_1=90°$。

(3)阻抗区边界 R_2 计算。由图 2-24 可得

$$R_2=\frac{1}{2}R_1 \tag{2-243}$$

(4)阻抗区边界$-R_3$ 计算。由图 2-24 可得

$$-R_3=R_2 \tag{2-244}$$

(5)阻抗区边界$-R_4$ 计算。由图 2-24 可得

$$-R_4=R_1 \tag{2-245}$$

(6)1 区整定时间 $t_{1.set}$计算。$t_{1.set}$和系统振荡周期 T_{per}有关,其值应小于系统振荡时测量阻抗在该区停留的时间,一般振荡周期为 0.5~1.5s,由调度部门给定的最小振荡周期 $T_{per.min}$计算。由图 2-24 可计算双遮挡器失步保护动作区第二内角 δ_2 为

$$\delta_2=2\mathrm{arctg}\frac{0.5(X_{A.set}-X_{B.set})}{jR_2} \tag{2-246}$$

由图 2-24 并考虑到有一定的可靠性得

$$t_{1.set}=\frac{1}{K_{rel}}\times T_{per.min}\frac{\delta_2-\delta_1}{360°}\ (s) \tag{2-247}$$

式中 K_{rel}——可靠系数,一般取 1.3~1.5;

其他符号含义同前。

(7)2 区整定时间 $t_{2.set}$计算。由图 2-14 并考虑到有一定的可靠性得

$$t_{2.set}=\frac{1}{K_{rel}}\times 2T_{per.min}\frac{180°-\delta_2}{360°} \tag{2-248}$$

(8)3 区整定时间 $t_{3.set}$计算。由图 2-14 可得

$$t_{3.set}=t_{1.set} \tag{2-249}$$

(9)4 区整定时间 $t_{4.set}$计算。由图 2-14 并考虑到有一定的可靠性得

$$t_{4.set}=\frac{1}{K_{rel}}T_{per.min}-t_{1.set}-t_{2.set}-t_{3.set} \tag{2-250}$$

(10)跳闸允许电流 $I_{off.al}$同三阻抗元件失步保护的整定计算。

(11)滑极次数 N_0 同三阻抗元件失步保护的整定计算。

3. 实例

【例 2-7】 计算[例 2-5]中双遮挡器失步保护整定值(并联机组台数 $n=2$)。

解 (1)电抗元件动作电抗 X_{op}计算。由式(2-239)得

$$X_{op}=K_{rel}X_T=0.9\times0.146\times16.997=2.233\ (\Omega)$$

式中 K_{rel}——可靠系数,取 0.9。

（2）阻抗区边界 $X_{A.set}$、$X_{B.set}$、R_1、δ_1 及最小负荷阻抗 $R_{L.min}$ 计算。由式（2-240）得

$$X_{A.set}=j(X_T+X_S)=j(0.146+2\times0.035)\times16.997=j3.67$$

$$X_{B.set}=-jX'_d=-j0.225\times16.997=-j3.824$$

发电机正常运行时，发电机机端测量阻抗电阻分量 R_m 应远离失步动作边界区，由式（2-241）得

$$R_1=\frac{1}{2}R_{L.min}=0.5\times0.85\times16.997=7.22\ (\Omega)$$

由式（2-242）得

$$\delta_1=2\text{arctg}\frac{X_{A.set}-X_{B.set}}{j2R_1}=2\text{arctg}\frac{X_{A.set}-X_{B.set}}{jR_{L.min}}=2\text{arctg}\frac{3.82+3.67}{14.47}=54.7^\circ$$

计算值 $\delta_1<90^\circ$，取 $\delta_1=90^\circ$，$\delta_4=270^\circ$。

由式（2-242）得

$$R_1=\frac{1}{j2}(X_{A.set}-X_{B.set})\ \text{ctg}\frac{\delta_1}{2}=0.5(3.824+3.67)\ \text{ctg}45^\circ=3.75\ (\Omega)$$

（3）阻抗区边界 R_2 计算。由式（2-243）得

$$R_2=\frac{1}{2}R_1=0.5\times3.75=1.87\ (\Omega)$$

（4）阻抗区边界 $-R_3$ 计算。由式（2-244）得

$$-R_3=R_2=1.87\ (\Omega),\ R_3=-1.87\ (\Omega)$$

（5）阻抗区边界 $-R_4$ 计算。由式（2-245）得

$$-R_4=R_1=3.75\ (\Omega),\ R_4=-3.75\ (\Omega)$$

（6）1 区整定时间 $t_{1.set}$ 计算。由调度部门给定的最小振荡周期 $T_{per.min}=0.5$s 计算，由式（2-246）得

$$\delta_2=2\text{arctg}\frac{0.5(X_{A.set}-X_{B.set})}{jR_2}=2\text{arctg}\frac{0.5(3.824+3.67)}{1.87}=126.9^\circ$$

由式（2-247）得

$$t_{1.set}=\frac{1}{K_{rel}}\times T_{per.min}\frac{\delta_2-\delta_1}{360^\circ}=\frac{1}{1.3}\times0.5\times\frac{126.9^\circ-90^\circ}{360^\circ}=0.0394\ (\text{s})$$

由于目前 DGT-801A 双遮挡器失步保护 $t_{1.set}$ 最小整定时间为 0.05s，取 $t_{1.set}=0.05$s，则可判最小振荡周期为

$$T_{per.min}=K_{rel}\times\frac{360^\circ}{\delta_2-\delta_1}t_{1.set}=1.3\times\frac{360^\circ}{126.9^\circ-90^\circ}=0.635\ (\text{s})$$

按 $T_{per.min}=0.635$s 计算得

$$t_{1.set}=\frac{1}{K_{rel}}\times T_{per.min}\frac{\delta_2-\delta_1}{360^\circ}=\frac{1}{1.3}\times0.635\times\frac{126.9^\circ-90^\circ}{360^\circ}=0.05\ (\text{s})$$

（7）2 区整定时间 $t_{2.set}$ 计算。由式（2-248）得

$$t_{2.set}=\frac{1}{K_{rel}}\times2T_{per.min}\frac{180^\circ-\delta_2}{360^\circ}=\frac{1}{1.3}\times2\times0.635\times\frac{180^\circ-126.9^\circ}{360^\circ}=0.144\ (\text{s})$$

（8）3 区整定时间 $t_{3.set}$。由式（2—249）得

$$t_{3.set}=t_{1.set}=0.05\ (s)$$

（9）4 区整定时间 $t_{4.set}$。由式（2-250）得

$$t_{4.set}=\frac{1}{K_{rel}}T_{per.min}-t_{1.set}-t_{2.set}-t_{3.set}=\frac{1}{1.3}\times 0.635-0.05-0.144-0.05=0.244\ (s)$$

（10）跳闸允许电流 $I_{off.al}=15A$（同例 2-5）。

（11）滑极次数 $N_0=2$（同例 2-5）。

十四、发电机定子绕组过电压保护

发电机过电压能力远低于过电流能力，而且发电机在起动未并网前，一旦出现自动励磁调节装置故障失控，将出现严重过电压并威胁发电机及主变压器的安全运行，现在大型发电机组均设置过电压保护并以较短时限作用于全停和灭磁，发电机过电压保护按不同类型机组进行整定计算。

1. 汽轮发电机

（1）动作电压整定值 $U_{op.set}$。200MW 及以上的汽轮发电机，装设于机端 TV 二次相间过电压保护的动作电压整定值 $U_{op.set}$ 为

$$U_{op.set}=K\frac{U_{G.N}}{n_{TV}}=KU_{g.n}\ (V) \tag{2-251}$$

式中 K——汽轮发电机允许过电压倍数，一般取 1.25～1.3；

$U_{G.N}$——发电机一次额定电压（V）；

n_{TV}——发电机电压互感器 TV 变比；

$U_{g.n}$——发电机额定二次电压（V）。

（2）动作时间为

$$t_{op}=0.5s \tag{2-252}$$

2. 水轮发电机

（1）动作电压整定值 $U_{op.set}$ 为

$$U_{op.set}=K\frac{U_{G.N}}{n_{TV}}=KU_{g.n}\ (V) \tag{2-253}$$

式中 K——水轮发电机允许过电压倍数，一般取 1.4～1.5。

（2）动作时间为

$$t_{op}=0.5s$$

3. 晶闸管励磁的水轮发电机

（1）动作电压整定值 $U_{op.set}$ 为

$$U_{op.set}=K\frac{U_{G.N}}{n_{TV}}=KU_{g.n}\ (V) \tag{2-254}$$

式中 K——晶闸管励磁的水轮发电机允许过电压倍数，一般取 1.3。

（2）动作时间为

$$t_{op}=0.5s$$

十五、发电机变压器组过励磁保护

发电机、变压器在同一过励磁倍数 n 下允许的持续时间长短，与额定磁通密度 B_n、饱

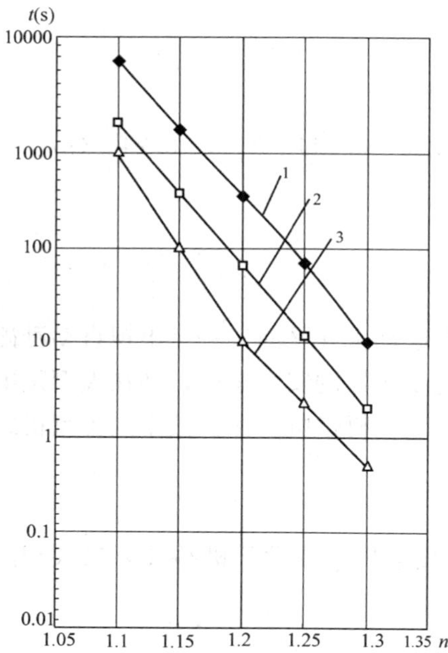

图 2-25 美国西屋公司空载过励倍数曲线
1—电力变压器允许过励磁能力曲线；2—汽轮发电机允许过励磁能力曲线；3—发电机过励磁保护动作特性曲线

和磁通密度 B_s 的大小以及磁化曲线的形状有密切关系，B_n 越接近 B_s，磁化曲线饱和段的斜率越小，则在同一过励磁倍数 n 下允许持续时间越短。由于铁芯饱和的非线性和材料以及工艺上的差异，使变压器过励磁特性千差万别，这给过励磁保护的整定计算带来困难，发电机允许过励磁特性具有同样的情况。要求生产厂家提供非常符合发电机和变压器过励磁能力曲线也是困难的，现在国内生产厂家均未提供发电机变压器过励磁能力曲线，即使提供特性，也只是引用国外的，如上海电机厂提供的是美国西屋公司的资料。美国西屋公司空载过励磁倍数曲线如图 2-25 所示，图中由于变压器允许过励磁能力比发电机允许过励磁能力强，所以发电机、变压器过励磁保护的动作判据应和发电机的允许过励磁特性曲线配合。

（一）发电机平滑曲线型过励磁保护动作判据和整定计算

发电机主变压器允许过励磁特性是连续平滑曲线或可用函数公式表达时，为能充分利用发电机主变压器允许过励磁能力，并保证发电机主变压器的安全运行（与发电机主变压器允许过励磁特性实现良好配合），发电机过励磁保护按比发电机或主变压器允许过励磁特性曲线低一时间级差而得到相应平滑曲线的动作判据。

1. 发电机变压器组允许过励磁特性

西屋公司提供的发电机（国产引进 300MW 发电机组 QFSN2-300/2 型）过励磁、过电压允许时间特性基本上按指数（或对数）曲线变化，即

$$\left.\begin{aligned} n &= A - B\ln t_{al} \\ t_{al} &= e^{(A-n)/B} \end{aligned}\right\} \tag{2-255}$$

或

$$n = \frac{U_g/U_{g.n}}{f_g/f_{g.n}} = \frac{U_g^*}{f_g^*}$$

式中 n——过励磁或过电压倍数；

U_g、f_g——分别为发电机机端电压和频率；

$U_{g.n}$、$f_{g.n}$——分别为发电机机端电压和频率的额定值；

U_g^*、f_g^*——分别为发电机机端电压和频率的相对值；

t_{al}——允许过励磁时间（s）；

A、B——待定常数。

西屋公司提供的发电机过励磁、过电压允许时间特性资料中规定

n=1.1 时，t_{al}=2100s

$n=1.25$ 时，$t_{al}=12s$

代入式（2-255）解得 $A=1.322$，$B=0.02895$。

发电机允许过励磁特性方程为

$$\left.\begin{aligned} n &= 1.322-0.02895\ln t_{al} \\ t_{al} &= e^{(1.322-n)/0.02895} \end{aligned}\right\} \quad (2\text{-}256)$$

或

由式（2-256）计算国产引进 300MW 发电机组（QFSN2-300/2 型）允许过励磁特性见表 2-11，与制造厂提供的数据完全吻合。

表 2-11 国产引进 QFSN2-300/2 型机组允许过励磁特性和发电机过励磁保护（离散型动作判据）动作时间特性表

n	1.05	1.1	1.15	1.2	1.25	1.25^{+}	1.3
主变压器允许过励磁时间 $t_{al.1}$（s）	∞	9000	1800	360	70	70	10
发电机允许过励磁时间 $t_{al.2}$（s）	∞	2100	378	67	12	12	2.1
过励磁保护动作时间 $t_{3.op}$（s）	∞	1000	100	10	2	0.5	0.5
整定时间级差 Δt（s）		1100	278	57	10	11.5	1.6

2. 平滑曲线型过励磁保护动作判据和整定计算

（1）发电机过励磁保护动作判据为

$$\left.\begin{aligned} n &= A_3-B_3\ln t_{3op} \\ t_{3op} &= e^{(A_3-n)/B_3} \end{aligned}\right\} \quad (2\text{-}257)$$

或

式中 A_3、B_3——发电机过励磁保护动作特性整定常数；

t_{3op}——发电机过励磁保护动作时间（s）；

其他符号含义同前。

（2）发电机过励磁保护整定计算。由式（2-256）和表 2-8 知，$t_{al.2}$ 和 n 的关系是对数特性，$t_{al.2}$ 随 n 的变化率为 $\frac{dt_{al.2}}{dn}=-\frac{n}{0.02895}e^{(1.322-n)/0.02895}$。当 n 在 1.1～1.15～1.2 之间变化时，$\frac{\Delta t_{al.2}}{\Delta n}=-34440\sim-6220$，亦即 n 变化 0.05 时 $t_{al.2}$ 变化 5.5～5.7 倍。当 n 增加 2%时，$t_{al.2}$ 下降 2 倍（如 $n=1.1$ 对应 $t_{al.2}=2100s$，而 $n=1.12$ 对应 $t_{al.2}=1070s$）。所以，为保证发变组安全运行，应使 $t_{3.op}$ 和 $t_{al.2}$ 有足够大的级差。为与发电机过励磁、过电压允许时间特性式（2-256）配合，取 $n_1=1.1$、$t_{3op.1}=1000s$（$t_{3op.1}<2100s$）和 $n_2=1.2$、$t_{3op.2}=10s$（$t_{3op.2}<67s$）代入式（2-257），解得发电机过励磁保护动作特性整定常数 $A_3=1.25$，$B_3=0.0217$。

发电机过励磁保护动作整定方程为

$$\left.\begin{aligned} n &= 1.25-0.0217\ln t_{3op} \\ t_{3op} &= e^{(1.25-n)/0.0217} \end{aligned}\right\} \quad (2\text{-}258)$$

或

由整定方程式（2-258），并取上限 $n=1.25^{+}$ 时的 $t_{3op}=0.5s$，得发电机过励磁保护的动作时间特性如表 2-8 所示。

（二）发电机反时限离散型及阶梯型过励磁保护动作判据与整定计算

1. 动作判据

（1）反时限离散型（线性内插法决定内点）过励磁保护动作判据为

$$\left.\begin{aligned} n_1 &= \frac{U^*_{g.1}}{f^*_{g.1}} = K_{3set.1}, t = t_{3op.1} \text{ 时动作} \\ n_2 &= \frac{U^*_{g.2}}{f^*_{g.2}} = K_{3set.2}, t = t_{3op.2} \text{ 时动作} \\ &\vdots \\ n_n &= \frac{U^*_{g.n}}{f^*_{g.n}} = K_{3set.n}, t = t_{3op.n} \text{ 时动作} \end{aligned}\right\} \tag{2-259}$$

式中　n_1、n_2、…、n_n——发电机离散型过励磁保护 1～n 点的电压频率比；

$K_{3set.1}$、$K_{3set.2}$、…、$K_{3set.n}$——发电机离散型过励磁保护 1～n 点的电压频率比整定值；

$t_{3op.1}$、$t_{3op.1}$、…、$t_{3op.n}$——发电机离散型过励磁保护 1～n 点的动作时间整定值（s）。

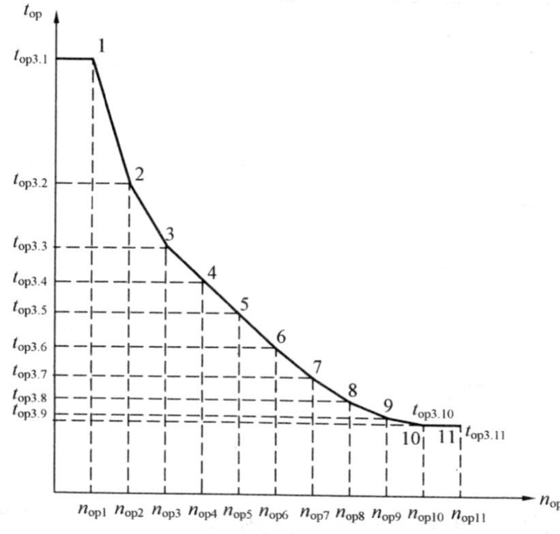

图 2-26　反时限离散型过励磁保护动作特性

对离散型（线性内插法决定内点）动作判据，各整定点之间是通过反时限线性内插法确定电压频率比 n 和动作时间 t_{3op}（如 n_1、n_2 之间的点通过反时限线性内插法确定 $n_{1.2}$ 的动作时间 $t_{3op.1.2}$；同样 n_2、n_3 之间的点通过反时限线性内插法确定 $n_{2.3}$ 的动作时间 $t_{3op.2.3}$；直至 n_{n-1}、n_n 之间的点通过反时限线性内插法确定 $n_{n-1.n}$的动作时间 $t_{3op.n-1.n}$）。通过插入方法得到的各整定点之间动作时间实际上是连续的动作特性曲线。

（2）反时限离散型过励磁保护动作特性如图 2-26 所示。图中，反时限离散型过励磁保护动作特性曲线上的点 1，为过励磁倍数 n_{op1} 和对应的动作时间 $t_{op3.1}$ 组成第一组整定值；点 2 的 n_{op2}、$t_{op3.2}$组成第二组整定值；以此类推曲线上各点的 n_{op3}，$t_{op3.3}$，…，n_{op11}，$t_{op3.11}$为第三组～第十一组整定值。

（3）反时限阶梯型过励磁保护作判据为

$$\left.\begin{aligned} n_1 &= \frac{U^*_{g.1}}{f^*_{g.1}} \geqslant K_{3set.1}, t = t_{3op.1} \text{ 时动作} \\ n_2 &= \frac{U^*_{g.2}}{f^*_{g.2}} \geqslant K_{3set.2}, t = t_{3op.2} \text{ 时动作} \\ &\vdots \\ n_n &= \frac{U^*_{g.n}}{f^*_{g.n}} \geqslant K_{3set.n}, t = t_{3op.n} \text{ 时动作} \end{aligned}\right\} \tag{2-260}$$

式中　n_1、n_2、…、n_n——发电机阶梯型过励磁保护 1～n 点的电压频率比；

$K_{3set.1}$、$K_{3set.2}$、…、$K_{3set.n}$——发电机阶梯型过励磁保护 1～n 点的电压频率比整定值；

$t_{3op.1}$、$t_{3op.2}$、…、$t_{3op.n}$——发电机阶梯型过励磁保护 1～n 点的动作时间整定值（s）。

阶梯型动作判据各点之间为分段定时限动作特性曲线，是不连续的动作特性曲线。

2. 整定计算

为能充分利用发电机主变压器允许过励磁能力，并保证发电机主变压器的安全运行（与发电机主变压器允许过励磁特性实现良好配合），发电机离散型或阶梯型过励磁保护按比发电机或主变压器允许过励磁特性曲线低一时间级差计算，即

$$\left.\begin{aligned} n_1 &= K_{3set.1}\text{时}, t_{3op.1} = t_{al.1} - \Delta t_1 \\ n_2 &= K_{3set.2}\text{时}, t_{3op.2} = t_{al.2} - \Delta t_2 \\ &\vdots \\ n_n &= K_{3set.n}\text{时}, t_{3op.n} = t_{al.n} - \Delta t_n \end{aligned}\right\} \tag{2-261}$$

式中 $t_{3op.1}$、$t_{3op.2}$、…、$t_{3op.n}$——发电机过励磁保护离散型（阶梯型）1～n点的动作时间整定值（s）；

$t_{al.1}$、$t_{al.2}$、…、$t_{al.n}$——发电机过励磁允许特性曲线1～n点过励磁允许时间（s）；

Δt_1、Δt_2、…、Δt_n——发电机过励磁保护1～n点动作时间与允许过励磁时间的级差（s）。

离散型动作判据和阶梯型动作判据整定计算公式都采用式（2-261），但所用的时间级差Δt_1、Δt_2、…、Δt_n是不相同的。

由已知发电机、变压器各点允许过励磁时间，用式（2-261）可计算离散型或阶梯型各点整定值。对QFSN2-300/2型机组，离散型动作判据的过励磁保护可由式（2-256）、式（2-261）计算各点整定值［或用式（2-258）计算］，见表2-11。

对同样的机组，阶梯型动作判据的过励磁保护可由式（2-256）、式（2-261）计算各点整定值，见表2-12。

表2-12 国产引进QFSN2-300/2型机组阶梯型动作判据过励磁保护的动作时间特性表

n	1.05	1.1	1.15	1.2	1.25	1.25^{+}	1.3
主变压器允许过励磁时间 $t_{al.1}$（s）	∞	9000	1800	360	70	70	10
发电机允许过励磁时间 $t_{al.2}$（s）	∞	2100	378	67	12	12	2.1
过励磁保护动作时间 $t_{3.op}$（s）	∞	120	12	5	1	0.5	0.5
整定点最大时间级差 Δt_{max}（s）		1980	366	52	11	11.5	1.6
整定点最小时间级差 Δt_{min}（s）		258	55	7	1.1	1.6	1.6

由表2-11、表2-12知，离散型和阶梯型动作判据的过励磁保护整定计算方法相同，但取值完全不同，前者既能充分利用发电机过励磁能力，同时又能良好地与发电机允许过励磁特性配合，后者比前者要差些。发电机和AVR装置尽可能采用离散型（线性内插法决定内点）动作判据的过励磁保护，其优点是整定计算简单，各特性曲线之间易于配合。多年运行经验表明，发电机、变压器及AVR采用离散型过励磁动作特性，明显优于其他类型的过励磁动作特性，其整定计算既简单又容易配合，所以目前国内产继电保护基本上均采用离散型过励磁保护动作特性。

其他发电机组如已知其允许过励磁能力，同样可用式（2-261）计算离散型或阶梯型动作判据的过励磁护保护各点整定值。

十六、发电机逆功率保护

发电机逆功率保护指的是汽轮发电机在某种原因主汽门关闭时，汽轮机处于无蒸汽状态运行，此时发电机变为电动机带动汽轮机转子旋转，汽轮机转子叶片的高速旋转会引起风磨损耗，特别在尾端的叶片可能引起过热，造成汽轮机转子叶片的损坏事故。汽轮机处于无蒸汽状态运行时，电功率由发电机送出有功（P 为正值）变为送入有功（P 为负值），即为逆功率（与正常相比，功率为负值）。利用功率倒向（逆功率）可以构成逆功率保护，所以逆功率保护的功能是作为汽轮机无蒸汽运行的保护。

（一）动作判据

从发电机机端 TV 二次电压和机端（或中性点侧）TA 二次电流取得的发电机测量功率 P_m 为逆功率保护的动作量，其动作判据为

$$\left.\begin{array}{l}\text{当测量功率 } P_m \leqslant -P_{op.set} \text{ 时}\\ t \geqslant t_{op.set} \text{ 时保护动作}\end{array}\right\} \tag{2-262}$$

式中 P_m——测量功率（W）；

$-P_{op.set}$——动作逆功率整定值，负号表示逆功率（W）；

$t_{op.set}$——动作时间整定值（s）。

测量功率可以是三相功率，也可以是单相功率。保护装置动作时，断开主断路器。

（1）三相功率动作判据为

$$\left.\begin{array}{l} u_A i_A + u_B i_B + u_C i_C = \sqrt{3}UI\cos\varphi \leqslant -P_{op.3ph.set}\\ \text{或} \quad U_{AB}I_{AB}\cos\varphi = \sqrt{3}UI\cos\varphi \leqslant -P_{op.3ph.set}\end{array}\right\} \tag{2-263}$$

式中 u_A、i_A，u_B、i_B，u_C、i_C——分别为 A、B、C 三相瞬时电压、瞬时电流值；

U、I、φ——分别为发电机二次线电压、线电流有效值及功率因数角；

$-P_{op.3ph.set}$——逆功率继电器三相动作功率整定值；

U_{AB}、I_{AB}——分别为发电机 A、B 相间电压和 A、B 相线电流相量差的有效值。

（2）单相功率动作判据为

$$I_A U_A \cos\varphi \leqslant -P_{op.1ph.set} \tag{2-264}$$

式中 I_A、U_A——分别为 A 相电流、电压有效值；

$-P_{op.1ph.set}$——逆功率继电器单相动作功率整定值；

其他符号含义同前。

（二）整定计算

当主汽门全关闭时，相同容量机组的实测逆功率的值有很大的差别，如某发电厂有 4 台 300MW 的发电机组，实测三相一次逆功率为－6000kW 左右；而另一发电厂，两台 300MW 机组实测三相一次逆功率为－3600kW，在整定计算时应根据实测的三相逆功率计算，同时还应注意动作量取自三相还是单相功率测量值。

1. 动作功率计算

（1）三相功率判据的动作逆功率整定值计算。计算式为

$$P_{op.3ph.set} = \frac{P_m \times 10^3}{K_{sen} n_{TA} n_{TV}} \tag{2-265}$$

式中 $P_{op.3ph.set}$——三相动作逆功率整定值（W）；

P_m——实测三相逆功率值（kW）；

K_{sen}——灵敏系数，一般取1.5～2；

n_{TA}——发电机电流互感器变比；

n_{TV}——发电机电压互感器变比。

当无实测值时可暂按 $P_{op.3ph.set}=(0.008\sim0.012)P_{g.n}$ 计算。

（2）单相功率判据的动作逆功率整定值计算。计算式为

$$P_{op.1ph.set}=\frac{P_m\times10^3}{3K_{sen}n_{TA}n_{TV}} \tag{2-266}$$

式中 $P_{op.1ph.set}$——单相动作逆功率整定值；

其他符号含义同前。

2. 动作时间计算

动作时间按汽轮发电机允许无蒸汽运行时间并有足够余量计算，一般200MW及以上的发电机组其允许无蒸汽运行时间为1～2min，所以其动作时间整定值为

$$t_{op.set}=30\sim50s \tag{2-267}$$

十七、发电机程序跳闸逆功率保护

发电机程序跳闸逆功率保护的主要功能是防止发电机在带有一定有功负荷情况下，突然跳开主断路器而汽轮机主汽门又未全部关闭。此时汽轮发电机有可能出现超速而飞车的事故，这在国内外均有过多次沉痛的教训。为避免此类重大事故的发生，所以对非短路故障的某些类型的保护（如失磁保护、失步保护、发电机断水保护、主变压器冷却器故障保护、热机保护等等），动作后作用于先关闭汽轮机的主汽门，待发电机逆功率继电器动作后，与主汽门关闭后接通的辅助触点组成与门，经一短时限组成程跳逆功率保护，动作后作用于全停。为防止汽轮发电机组严重超速损坏机组，正常手动停机操作过程应采用在负荷减至接近零时，先关闭主汽门，然后由程跳逆功率保护动作，自动断开主断路器和灭磁。

1. 发电机程序跳闸逆功率保护的动作判据

发电机程序跳闸逆功率保护动作判据与式（2-262）、式（2-263）、式（2-264）相同。

2. 发电机程序跳闸逆功率保护的整定计算

（1）发电机程序跳闸逆功率保护动作功率的计算与式（2-265）、式（2-266）相同。

（2）动作时间整定值 $t_{op.set}$ 为

$$t_{op.set}=0.5\sim1s \tag{2-268}$$

3. 注意问题

(1) 逆功率继电器在主汽门关闭后拒动作的情况。我国早期投运的机组均未装设此保护，国内也无厂家生产逆功率继电器，如某发电厂在1974年、1976年分别投运的2台QFS-300-2型机组，当时均未装设该保护，后根据国内外飞车事故的教训，在1976年用电能表改制了一套逆功率程序跳闸保护。在20世纪80年代，生产厂家开始生产逆功率继电器，但由于逆功率继电器的动作功率较小，而且动作功率的角度特性曲线不理想，加上整定计算又不太合理，以至经常出现拒动的情况，逆功率继电器的拒动困扰着很多大机组的安全

运行。如某电厂，1999 年投运第一台 300MW 机组，投运后发电机程跳逆功率保护每次拒动，其主要原因是：

1）实际生产的逆功率继电器动作功率的角度特性曲线不理想，在电流落后于机端电压大于 90°而接近 90°时，动作功率迅速变大，而发电机在全负荷运行并带有一定无功情况时，突然跳机后关闭主汽门时正在此工况运行（如 300MW 机组发电机带有 P=300MW、Q=100～180MVA，突然跳机后关闭主汽门，此时 P 由 300MW 降至－3.6～－6MW，Q 由 100～180MVA 降至 60～100MVA，此时对应最不利的功率因数角 $\varphi\approx97°$）。这时逆功率保护特性较差，于是程跳逆功率保护可能拒动作，所以在调试过程中应特别注意电流落后于机端电压大于 90°而接近 90°（97°～110°）时的动作功率，此时动作功率不能太大。

2）逆功率继电器的动作功率整定值偏大，该整定值按某发电厂同类型机组的整定值，即三相二次动作功率为 $P_{op.3ph}=-6W$，实际机组在主汽门完全关闭后，实测一次三相逆功率值 $P_{m.1}=-3600kW$，对应的实测二次三相逆功率值 $P_{m.2}=-6W$，逆功率继电器测量功率在动作功率的边界，所以该保护每次拒动。后将整定值由－6W 降至－3W，同时将逆功率继电器的动作功率的角度特性曲线改善，使发电机机端电压 U 超前电流 I 的相角 φ=97°～110°时，继电器动作功率仍应接近整定动作功率。至今运行已达 5 年之久，在多次因主汽门关闭时，程序跳闸逆功率继电器均正确动作。

（2）保证逆功率继电器可靠动作的几个问题。

1）考虑采用合理的算法。生产厂家在制造设计时应考虑合理的算法，保证逆功率继电器的特性适合于实际运行条件，在 $\dot{U}_g$ 超前于 $\dot{I}_g$97°～110°时，逆功率继电器动作特性应保持动作功率接近不变的动作功率整定值$-P_{op.3ph.set}$。

2）根据主汽门全关闭时实测逆功率值进行整定计算。在整定计算时应以主汽门全关闭时的实测三相功率为依据，如 QFSN2-300-2 型同类型机组，在主汽门全关闭时，实际逆功率有的是－6000kW，而有的却为－3600kW，相差甚大。

3）逆功率保护应加装 TV 断线闭锁。逆功率继电器（其中特别早期投运的单相逆功率继电器）应加装 TV 断线闭锁，以防止 TV 一、二次断线时逆功率继电器误动作（对程跳逆功率保护可以不加装 TV 断线闭锁）。

十八、发电机频率异常保护

300MW 及以上的汽轮发电机组，运行中允许其频率变化范围为 48.5～50.5Hz。低于 48.5Hz 或高于 50.5Hz 时，累计允许运行时间和每次允许持续运行时间国内尚无正式的统一规定，现有的数据仅供参考。

（一）动作判据

保护装置对发电机频率进行采样，当频率 f 在正常范围（48.5～50.5Hz）运行时，不进行时间累加。当频率离开正常范围运行时，进行时间累加。当累加时间或每次持续运行时间到达整定值时，保护动作发信号或跳闸。通常用不同的低频段和不同的高频段作为动作判据。

1. 低频段时间累加保护动作判据

低频段时间累加保护动作判据为

$$\text{Ⅰ段：} f_{\mathrm{I.d}}\leqslant f<f_{\mathrm{I.u}}\text{，}\Sigma t_{\mathrm{I}}\geqslant\Sigma t_{\mathrm{I.set}}\text{或 } t_{\mathrm{I.L}}\geqslant t_{\mathrm{I.L.set}} \tag{2-269}$$

$$\text{Ⅱ段：} f_{\mathrm{II.d}}\leqslant f<f_{\mathrm{II.u}}\text{，}\Sigma t_{\mathrm{II}}\geqslant\Sigma t_{\mathrm{II.set}}\text{或 } t_{\mathrm{II.L}}\geqslant t_{\mathrm{II.L.set}} \tag{2-270}$$

Ⅲ段：$f_{Ⅲ.d} \leqslant f < f_{Ⅲ.u}$，$\Sigma t_{Ⅲ} \geqslant \Sigma t_{Ⅲ.set}$或$t_{Ⅲ.L} \geqslant t_{Ⅲ.L.set}$ (2-271)

式中 $f_{Ⅰ.d}$、$f_{Ⅰ.u}$——低频Ⅰ段累加保护下限频率和上限频率；

$f_{Ⅱ.d}$、$f_{Ⅱ.u}$——低频Ⅱ段累加保护下限频率和上限频率；

$f_{Ⅲ.d}$、$f_{Ⅲ.u}$——低频Ⅲ段累加保护下限频率和上限频率；

$t_{Ⅰ.L}$、$t_{Ⅱ.L}$、$t_{Ⅲ.L}$——低频Ⅰ、Ⅱ、Ⅲ段每次连续低频时间；

$t_{Ⅰ.L.set}$、$t_{Ⅱ.L.set}$、$t_{Ⅲ.L.set}$——低频Ⅰ、Ⅱ、Ⅲ段每次连续低频时间整定值；

$\Sigma t_{Ⅰ}$、$\Sigma t_{Ⅱ}$、$\Sigma t_{Ⅲ}$——低频Ⅰ、Ⅱ、Ⅲ段累加时间；

$\Sigma t_{Ⅰ.set}$、$\Sigma t_{Ⅱ.set}$、$\Sigma t_{Ⅲ.set}$——低频Ⅰ、Ⅱ、Ⅲ段累加时间整定值。

低频段累加时间达整定值或每次低频时间达整定值时频率异常保护动作。

2. 低频保护的动作判据

低频保护的动作判据为

$$\left.\begin{aligned} f \leqslant f_{op.l.set} \\ t \geqslant t_{op.l.set} \end{aligned}\right\} \tag{2-272}$$

式中 $f_{op.l.set}$——低频保护动作频率整定值；

$t_{op.l.set}$——低频动作时间整定值。

3. 高频段时间累加保护的动作判据

动作判据为

Ⅳ段：$f_{Ⅳ.d} \leqslant f < f_{Ⅳ.u}$，$\Sigma t_{Ⅳ} \geqslant \Sigma t_{Ⅳ.set}$或$t_{Ⅳ.h} \geqslant t_{Ⅳ.h.set}$ (2-273)

Ⅴ段：$f_{Ⅴ.d} \leqslant f < f_{Ⅴ.u}$，$\Sigma t_{Ⅴ} \geqslant \Sigma t_{Ⅴ.set}$或$t_{Ⅴ.h} \geqslant t_{Ⅴ.h.set}$ (2-274)

式中 $f_{Ⅳ.d}$、$f_{Ⅳ.u}$——高频Ⅳ段累加保护下限频率和上限频率；

$f_{Ⅴ.d}$、$f_{Ⅴ.u}$——高频Ⅴ段累加保护下限频率和上限频率；

$t_{Ⅳ.h}$、$t_{Ⅴ.h}$——高频Ⅳ、Ⅴ段每次连续高频时间；

$t_{Ⅳ.h.set}$、$t_{Ⅴ.h.set}$——高频Ⅳ、Ⅴ段每次连续高频时间整定值；

$\Sigma t_{Ⅳ}$、$\Sigma t_{Ⅴ}$——高频Ⅳ、Ⅴ段累加时间；

$\Sigma t_{Ⅳ.set}$、$\Sigma t_{Ⅴ.set}$——高频Ⅳ、Ⅴ段累加时间整定值。

高频段累加时间达整定值或每次高频时间达整定值时频率异常保护动作。

4. 高频保护的动作判据

动作判据为

$$\left.\begin{aligned} f \geqslant f_{op.h.set} \\ t \geqslant t_{op.h.set} \end{aligned}\right\} \tag{2-275}$$

式中 $f_{op.h.set}$——高频保护动作频率整定值；

$t_{op.h.set}$——高频动作时间整定值。

（二）整定计算

1. 低频段时间累加保护整定计算

（1）低频Ⅰ段：

Ⅰ段下限频率整定值 $f_{\mathrm{I.d.set}}=48\mathrm{Hz}$；

Ⅰ段上限频率整定值 $f_{\mathrm{I.u.set}}=48.5\mathrm{Hz}$；

Ⅰ段累加时间整定值 $\Sigma t_{\mathrm{I.set}}=300\mathrm{min}$；

Ⅰ段每次连续低频时间整定值 $t_{\mathrm{I.L.set}}=300\mathrm{s}$。

（2）低频Ⅱ段：

Ⅱ段下限频率整定值 $f_{\mathrm{II.d.set}}=47.5\mathrm{Hz}$；

Ⅱ段上限频率整定值 $f_{\mathrm{II.u.set}}=48\mathrm{Hz}$；

Ⅱ段累加时间整定值 $\Sigma t_{\mathrm{II.set}}=60\mathrm{min}$；

Ⅱ段每次连续低频时间整定值 $t_{\mathrm{II.L.set}}=60\mathrm{s}$。

（3）低频Ⅲ段：

Ⅲ段下限频率整定值 $f_{\mathrm{III.d.set}}=47\mathrm{Hz}$；

Ⅲ段上限频率整定值 $f_{\mathrm{III.u.set}}=47.5\mathrm{Hz}$；

Ⅲ段累加时间整定值 $\Sigma t_{\mathrm{III.set}}=10\mathrm{min}$；

Ⅲ段每次连续低频时间整定值 $t_{\mathrm{III.L.set}}=10\mathrm{s}$。

2. 高频段时间累加保护整定计算

（1）Ⅳ段（高频Ⅰ段）：

Ⅳ段下限频率整定值 $f_{\mathrm{IV.d.set}}=50.5\mathrm{Hz}$；

Ⅳ段上限频率整定值 $f_{\mathrm{IV.u.set}}=51\mathrm{Hz}$；

Ⅳ段累加时间整定值 $\Sigma t_{\mathrm{IV.set}}=180\mathrm{min}$；

Ⅳ段每次连续高频时间整定值 $t_{\mathrm{IV.h.set}}=180\mathrm{s}$。

（2）Ⅴ段（高频Ⅱ段）：

Ⅴ段下限频率整定值 $f_{\mathrm{V.d.set}}=51\mathrm{Hz}$；

Ⅴ段上限频率整定值 $f_{\mathrm{V.u.set}}=51.5\mathrm{Hz}$；

Ⅴ段累加时间整定值 $\Sigma t_{\mathrm{V.set}}=30\mathrm{min}$；

Ⅴ段每次连续高频时间整定值 $t_{\mathrm{V.h.set}}=30\mathrm{s}$。

3. 低频率保护整定计算

此时有

$$f_{\mathrm{op.l.set}}=47\mathrm{Hz}$$

$$t_{\mathrm{op.l.set}}=0.5\mathrm{s}$$

4. 高频率保护整定计算

此时有

$$f_{\mathrm{op.h.set}}=51.5\mathrm{Hz}$$

$$t_{\mathrm{op.h.set}}=0.5\mathrm{s}$$

5. 发电机频率异常保护动作后发信号或跳闸停机

整定原则按“大机组频率异常运行时间建议值”整定并仅作用于信号，发电机频率异常保护的整定建议值见表 2-13。

表 2-13　　发电机频率异常保护的整定建议值

频率 f (Hz)	允许运行时间		频率 f (Hz)	允许运行时间	
	累计时间 (min)	每次时间 (s)		累计时间 (min)	每次时间 (s)
51.5～51	30	30	48.5～48.0	300	300
51.0～50.5	180	180	48～47.5	60	60
48.5～50.5	连续运行		47.5～47	10	10

(三) 注意问题

目前国产机组的频率异常保护大多仅作用于信号，针对我国国情，并列于系统的发电机，如果低频时作用于跳闸停机，则一旦出现系统低频率时，其中一台机组首先因低频率跳闸停机，就导致系统频率更下降，于是进一步引起更多机组跳闸停机，这样恶性循环的后果就是整个系统全部崩溃。所以，一般情况发电机频率异常保护仅动作于信号，而不作用于跳闸。出现系统低频率时，从整个系统安全角度考虑，应首先选择按频率依次切除或限制足够的负荷，使系统迅速恢复至允许的最低频率。

但根据近年来电力系统的变化，按保机组的观点，已有相当数量的大型发电机组，在48Hz及以下的低频段和51.5Hz及以上的高频段投入跳闸停机方式。

十九、发电机变压器组低阻抗保护

大型发电机变压器组，绕组内部及其引线的相间短路均设置了双重化主保护，并设置反时限特性三相过电流保护和反时限特性反应负序电流的转子表层负序过负荷保护，该两种保护虽然是发电机异常运行保护，但由于是按发电机发热条件整定，所以在高压母线之内的任何相间短路的动作时间比发电机变压器组其他类型（短路故障后备保护）的电流电压保护动作时间要短，而其灵敏度也比任何其他类型的电流电压保护要高。为尽可能简化相间短路的后备保护，当高压母线的母差保护停用时，为不失去母线后备保护，可加装主变压器高压侧正方向指向主变压器内部的偏移阻抗保护，而10%～15%偏移度的反方向指向高压母线，作为高压母线的后备保护。

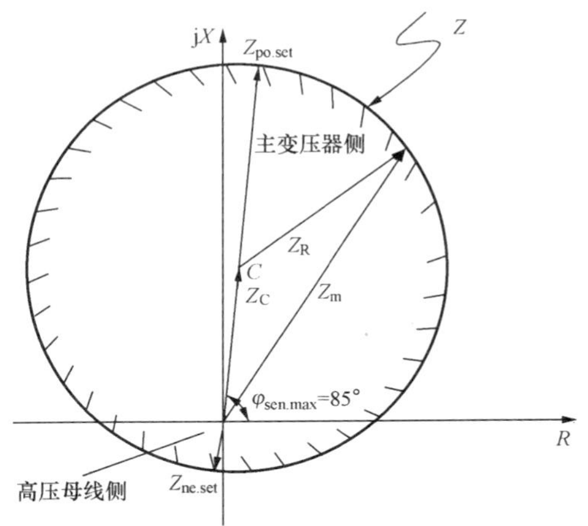

图 2-27　发电机变压器组偏移低阻抗保护动作特性图

(一) 动作判据

发电机变压器低阻抗保护的测量电流取自主变压器高压侧TA二次相电流之差，测量电压取自高压母线TV二次相间电压，测量阻抗 Z_m 采用0°接线方式，最大灵敏角为变压器阻抗角，一般为80°～85°，其动作特性为偏移阻抗，发电机变压器组偏移低阻抗保护动作特性如图2-27所示。图中，C 为测量圆 Z 的圆心，Z_R 为圆 Z 的半径，$Z_{po.set}$ 为正方向动作阻抗的整定值，$Z_{ne.set}$ 为反方向动作阻抗的整定值，Z_m 为低阻抗继电器动作边界的测量阻抗，$\varphi_{sen.max}$ 为最大灵敏角。

发电机变压器组偏移低阻抗保护动作判据为

$$\left.\begin{aligned} &|Z_m - Z_C| \leqslant |Z_{po.set} - Z_C| \\ &Z_C = \frac{1}{2}(Z_{po.set} - Z_{ne.set}) \\ &t \geqslant t_{op.set} \end{aligned}\right\} \tag{2-276}$$

式中 Z_m——主变压器高压侧测量复阻抗；

Z_C——偏移阻抗圆心坐标复阻抗；

$Z_{po.set}$——偏移阻抗圆正方向动作复阻抗；

$Z_{ne.set}$——偏移阻抗圆反方向动作复阻抗；

$t_{op.set}$——动作时间整定值。

$$\left.\begin{aligned} &\text{AB 相测量复阻抗} \quad Z_{AB.m} = \frac{\dot{U}_{AB}}{\dot{I}_A - \dot{I}_B} \\ &\text{BC 相测量复阻抗} \quad Z_{BC.m} = \frac{\dot{U}_{BC}}{\dot{I}_B - \dot{I}_C} \\ &\text{CA 相测量复阻抗} \quad Z_{CA.m} = \frac{\dot{U}_{CA}}{\dot{I}_C - \dot{I}_A} \end{aligned}\right\} \tag{2-277}$$

式中 $\dot{U}_{AB}$、$\dot{U}_{BC}$、$\dot{U}_{CA}$——分别为高压母线 TV 二次侧 AB、BC、CA 相间电压相量；

$\dot{I}_A$、$\dot{I}_B$、$\dot{I}_C$——分别为主变压器高压侧 TA 二次侧 A、B、C 相电流相量。

三相测量阻抗之一进入圆内时保护起动，进入圆内时间 t 大于或等于动作整定时间 $t_{op.set}$，即 $t \geqslant t_{op.set}$ 时低阻抗保护动作出口。

（二）整定计算

1. 低阻抗保护动作阻抗计算

指向线路侧（高压母线侧）按与线路第Ⅰ（Ⅱ）段距离保护配合整定，因其功能主要是当母差保护停用时，作母线相间短路的后备保护，所以其保护范围不必太大（可设定保护范围为 1～1.5km）。

（1）指向高压母线侧的动作阻抗计算。

1）按与线路第Ⅰ（或Ⅱ）段距离保护配合计算，计算式为

$$Z_{ne.set} = K_{rel} K_{inf.min} Z_{\mathrm{I}} \tag{2-278}$$

式中 $Z_{ne.set}$——偏移阻抗（指向母线）反方向动作阻抗的整定值（Ω）；

K_{rel}——可靠系数，取 0.8；

$K_{inf.min}$——系统最小运行方式时的助增系数；

Z_{I}——线路第Ⅰ（或Ⅱ）段距离保护整定值。

实际系统最小运行方式时的助增系数 $K_{inf.min}$ 可能高达 3 左右，也可取为 1 计算。

2）按可靠保护高压母线计算。如按可靠保护一定长度的线路阻抗计算，则有

$$Z_{ne.set} = K_{sen} K_{inf.max} X_L \times L \ (\Omega) \tag{2-279}$$

式中 X_L——线路每千米的阻抗（Ω/km）；

$K_{inf.max}$——系统最大运行方式时的助增系数；

L——可靠保护线路的长度（km）。

其值应小于或等于式(2-278)的计算值。

(2)指向变压器的动作阻抗计算。指向变压器的保护范围可以大一些，一般可以保护至主变压器低压侧，但不必太多地伸入高压厂用变压器内。

1)按偏移度 $\alpha=0.1\sim0.15$ 计算指向变压器侧的动作阻抗整定值(计算时取 $\alpha=0.10$，或根据实际保护偏移度 α 计算)，计算式为

$$Z_{po.set}=\frac{Z_{ne.set}}{\alpha} \tag{2-280}$$

2)核算该整定阻抗不应伸入高压厂变压器低压侧，即

$$Z_{po.set}\leqslant K_{rel}(X_T+X_t) \tag{2-281}$$

式中 $Z_{po.set}$——偏移阻抗正方向动作阻抗的整定值(Ω)；

X_T——主变压器阻抗有名值(归算至主变压器高压侧额定电压)(Ω)；

X_t——高压厂用变压器阻抗有名值(归算至主变压器高压侧额定电压)(Ω)；

K_{rel}——可靠系数，取0.8。

(3)最大灵敏角 $\varphi_{sen.max}$ 计算。最大灵敏角 $\varphi_{sen.max}$ 一般按变压器阻抗角整定，取 $\varphi_{sen.max}=80°\sim85°$。

(4)动作时间整定值 $t_{op.set}$。当 $Z_{ne.set}$ 与线路 Z_{I} 配合时，则动作时间应与线路第Ⅰ段距离保护动作时间配合整定；当 $Z_{ne.set}$ 与线路 Z_{II} 配合时，则动作时间应与线路第Ⅱ段距离保护动作时间配合整定，同时应躲过系统振荡。一般可取动作时间整定值为

$$t_{op.set}=1.5\text{s} \tag{2-282}$$

2. 防止TV断线误动作闭锁元件整定计算

为防止TV断线误动作，应加装三相过电流元件闭锁，三相过电流元件动作电流整定值 $I_{op.set}$ 按躲过变压器额定电流计算，即

$$I_{op.set}=K_{rel}\frac{I_{T.N}}{K_{re}n_{TA}} \tag{2-283}$$

式中 K_{rel}——可靠系数，取1.15～1.2；

$I_{T.N}$——主变压器高压侧额定电流(A)；

K_{re}——返回系数，为0.85～0.95(微机保护用0.95)；

n_{TA}——主变压器高压侧电流互感器变比。

(三)注意问题

(1)过去在运行中，低阻抗保护正确动作率极低，虽然加装了TV断线闭锁，但TV闭锁功能很不完善，大部分误动原因是继电器内部电压回路断线所引起，为此可加装过电流闭锁元件。例如，某发电厂低阻抗保护采用过电流闭锁元件，数十年来，虽然运行过程中也有过TV断线(如原采用整流型低阻抗保护，因分压电阻过热，将继电器内部电压回路小线烧断)，但均未造成低阻抗保护出口误动作，所以采用过电流元件闭锁低阻抗保护是十分简单而有效的措施。

(2)由于偏移度一般来说其离散值较大，应注意正方向动作阻抗实际值不可大于式(2-281)的计算值，否则应进行修正。总之，其一侧不可伸至线路距离保护的配合段(Ⅰ或Ⅱ段)之外，另一侧不可伸至高压厂用变压器低压侧。

二十、发电机变压器组复合电压闭锁过电流保护

由于复合电压闭锁过电流保护为远后备保护，其动作时间比发电机变压器组其他后备保护动作时间要长，所以大机组很少采用复合电压闭锁过电流保护、低电压闭锁过流保护、相电流和负序定时限过电流保护。发电机变压器组复合电压闭锁过电流保护整定计算如下。

1. 过电流元件计算

（1）动作电流按躲过发电机额电流计算。过电流元件取自发电机中性点侧 TA 二次电流，动作电流值为

$$I_{op}=\frac{K_{rel}}{K_{re}}\times\frac{I_{G.N}}{n_{TA}} \tag{2-284}$$

式中 I_{op}——过电流元件动作电流（A）；

K_{rel}——可靠系数，一般取 1.2；

K_{re}——返回系数 0.85～0.95（微机保护取 0.95）；

$I_{G.N}$——发电机一次额定电流（A）；

n_{TA}——发电机电流互感器变比。

（2）过电流元件灵敏系数计算。由第一章分析知，Yd11 接线的变压器，当 Y 侧两相短路时，发电机中性点侧其中有一相电流等于 Y 侧三相短路时的电流，即 Y 侧二相短路时，d 侧有 $I_{d.K}^{(2)}=n_T\dfrac{2}{\sqrt{3}}I_{Y.K}^{(2)}=n_T\dfrac{2}{\sqrt{3}}\times\dfrac{\sqrt{3}}{2}I_{Y.K}^{(3)}=n_TI_{Y.K}^{(3)}$（式中 $I_{d.K}^{(2)}$为 Y 侧二相短路时 d 侧其中一相电流，$I_{Y.K}^{(2)}$为 Y 侧两相短路电流，$I_{Y.K}^{(3)}$为 Y 侧三相短路电流），所以发电机中性点侧 TA 为完全星形接线的三元件过电流保护在 Y 侧两相短路和三相短路时的灵敏度相同，即

$$K_{sen}^{(2)}=K_{sen}^{(3)}=\frac{I_{Kt.min}^{(3)}}{I_{op}\times n_{TA}} \tag{2-285}$$

式中 $K_{sen}^{(3)}$——变压器高压侧三相短路时的灵敏系数；

$I_{Kt.min}^{(3)}$——变压器高压侧三相短路计及衰减后的最小短路电流（A）。

对三机励磁系统，变压器高压侧三相短路时的最小短路电流用衰减短路电流校核灵敏度；对自并励励磁系统的发电机，用短路电流 $I_K^{(3)}=\dfrac{I_{bs}}{X'_d+X_T}$校核灵敏度。三相短路时，由于自并励系统发电机励磁电流和短路电流迅速衰减，为防止过电流元件拒动，必须采用过电流元件动作后的记忆功能，在发电机机端电压恢复时，过电流记忆自动复归。

2. 相间低电压元件（取自机端 TV 二次侧相间电压）动作电压计算

（1）相间低电压元件动作电压 U_{op}计算。计算式为

$$U_{op}=\frac{1}{K_{rel}K_{re}}\times\frac{U_{G.min}}{n_{TV}} \tag{2-286}$$

式中 K_{rel}——可靠系数，一般取 1.1～1.2；

K_{re}——返回系数 1.05～1.15（微机保护取 1.05）；

$U_{G.min}$——发电机正常最低运行电压（V）；

n_{TV}——发电机电压互感器变比；

一般取 $U_{op}=(0.6\sim0.7)U_{g.n}$，汽轮发电机和水轮发电机均取 $U_{op}=0.7U_{g.n}$，$U_{g.n}$为发电机额定电压二次值（V）。

（2）高压母线三相短路时灵敏度计算。计算式为

$$K_{u.sen}^{(3)}=\frac{U_{op}}{U_{K}^{(3)}\times n_{TV}} \tag{2-287}$$

式中 $U_{K}^{(3)}$——高压母线三相短路时发电机机端电压。

3. 负序元件动作电压计算

（1）负序元件动作电压计算。按躲过正常运行时的最大不平衡电压计算，即

$$U_{2.op}=(0.06\sim0.09)U_{g.n} \tag{2-288}$$

一般取 $U_{2.op}=0.07U_{g.n}$，负序相电压动作值应为 $U_{2.op.p}=\frac{0.07}{\sqrt{3}}U_{g.n}=4$（V）。

（2）高压母线两相短路时灵敏度计算。计算式为

$$K_{u.sen}^{(2)}=\frac{U_{K.2}^{*2}}{U_{2.op}^{*}} \tag{2-289}$$

式中 $U_{K.2}^{*2}$——高压母线两相短路时发电机机端负序电压的标么值；

$U_{2.op}^{*2}$——负序动作电压的标么值。

4. 复合电压（低电压）闭锁过电流保护动作时间计算

应与相邻出线后备保护最长动作时间配合计算，即

$$t_{op.set}=t_{l.op.max}+2\Delta t \tag{2-290}$$

式中 $t_{l.op.max}$——相邻出线后备保护最长动作时间（s）；

$2\Delta t$——动作时间级差。

一般取 $2\Delta t=(0.5\sim0.6)$s。

二十一、主变压器高压侧零序过电流保护

大型发电机变压器组主变压器高压侧电压均是220kV及以上，这样等级主变压器的高压绕组主绝缘均为分级绝缘（一般不采用全绝缘），所以主变压器高压侧的中性点均为选择性直接接地（当多台变压器同时运行时，每一发电厂正常时保证其中有一台主变压器中性点直接接地），高压侧电压为500kV的主变压器中性点直接接地，对其他不直接接地的变压器均经间隙接地（其间隙放电电压为最低相电压值，如220kV等级的间隙放电电压为125kV）。对直接接地的变压器，其后备接地保护采用中性点侧两阶段零序过电流保护（或取自主变压器高压侧三相电流互器组成的零序电流滤过器两阶段零序过电流保护）。对于间隙接地的主变压器，取自间隙接地零序电流互感器TA0的二次电流和高压母线TV开口三角形绕组$3U_0$零序电压组成间隙接地的专用保护。当系统单相接地短路而系统失去直接接地的中性点时，应通过中性点间隙放电接地，间隙零序过电流保护动作。如中性点间隙不能放电接地，由间隙零序过电压保护动作于全停。

（一）主变压器高压侧零序过电流保护整定计算

1. Ⅰ段零序过电流保护整定计算

（1）动作电流计算。主变压器Ⅰ段零序过电流元件动作电流应与相邻线路第Ⅰ段或第Ⅱ段零序过电流保护配合。如与相邻线路第Ⅰ段配合，该保护可能灵敏度不够，一般可与相邻线路第Ⅱ（或第Ⅲ）段配合计算，即

$$3I_{0.op.I}=K_{rel}K_{0.bra.max}3I_{0.OP.max}/n_{TA0} \tag{2-291}$$

式中 $3I_{0.op.I}$——主变压器Ⅰ段零序过电流保护动作电流（A）；

$3I_{0.OP.max}$——与之相配合的相邻线路零序过电流保护相关段最大一次动作电流（A）；

K_{rel}——可靠系数，取1.15～1.2；

$K_{0.bra.max}$——系统最小运行方式时主变压器零序电流的最大分支系数；

n_{TA0}——主变压器零序电流互感器TA0的变比。

系统最小运行方式时主变压器零序电流的最大分支系数，其值等于零序过电流保护配合段末端发生单相接地时，流过本保护的零序电流与流过线路的零序电流之比。最大分支系数为

$$K_{0bra.max}=\frac{X_{0\Sigma.min}}{X_{0T}}=\frac{X_{0S.min}}{X_{0S.min}+X_{0T}} \tag{2-292}$$

$$X_{0\Sigma.min}=X_{0S.min}//X_{0T} \tag{2-293}$$

式中 X_{0T}——主变压器的零序阻抗标么值；

$X_{0S.min}$——最小运行方式时系统至高压母线零序阻抗标么值；

$X_{0\Sigma.min}$——最小运行方式时高压母线综合零序阻抗标么值。

（2）灵敏系数的计算。计算式为

$$K_{0.sen}=\frac{3I_{K0}^{(1)}}{3I_{0.op.I}\times n_{TA0}}\geqslant 1.5\sim 2 \tag{2-294}$$

式中 $3I_{K0}^{(1)}$——线路出口单相接地时保护安装处3倍零序电流最小值（A）。

（3）动作时间整定值$t_{0.op.I}$计算。与相邻出线配合相关段的零序过电流保护最长动作时间配合计算，即

$$t_{0.op.I}=t_{0.op.max}+\Delta t \tag{2-295}$$

式中 $t_{0.op.max}$——相邻出线配合相关段零序过电流保护最长动作时间（s）；

Δt——动作时间级差，微机保护取0.3～0.4s。

2. Ⅱ段零序过电流保护整定计算

（1）动作电流计算。与相邻线路末段零序过电流保护配合计算，计算式为

$$3I_{0.op.II}=K_{rel}K_{0bra.max}3I_{0.OP.en.max}/n_{TA0} \tag{2-296}$$

式中 $3I_{0.op.II}$——主变压器Ⅱ段零序过电流保护动作电流（A）；

$3I_{0.OP.en.max}$——与之相配合的相邻线路零序过电流保护末段最大动作电流（A）；

K_{rel}——可靠系数，取1.15～1.2；

其他符号含义同前。

（2）灵敏系数的计算。计算式为

$$K_{0.sen}=\frac{3I_{K0}^{(1)}}{3I_{0.op.II}\times n_{TA0}}\geqslant 1.5\sim 2 \tag{2-297}$$

式中 $3I_{K0}^{(1)}$——线路末端单相接地时保护安装处3倍零序电流最小值（A）。

（3）动作时间的计算。与相邻出线末段的零序过电流保护最长时间配合计算，即

$$t_{0.op.II}=t_{0.op.en.max}+\Delta t \tag{2-298}$$

式中 $t_{0.op.en.max}$——相邻出线零序过电流末段最长动作时间（s）；

Δt——动作时间级差（s）。

（二）注意的问题

（1）动作量 $3I_0$ 取自主变压器中性点侧 TA0 二次电流。其优点是主变压器在未并网时任何部位发生单相接地时，总是有零序电流的。其缺点是，正常时较难检查零序回路的完整性。

（2）动作量 $3I_0$ 取自主变压器出口侧 TA 组成的零序电流滤过器。其缺点是主变压器在未并网时，任何部位发生单相接地时，总是没有零序电流。其优点是，可用正常负荷电流来验证零序回路的完整性。

（3）经综合考虑，动作量 $3I_0$ 取自主变压器中性点侧 TA0 二次电流为佳。

二十二、主变压器高压侧中性点间隙接地保护

电力系统发生单相接地短路，大电流接地系统当失去全部中性点直接接地的变压器时，应由主变压器高压侧中性点间隙接地零序保护动作切除短路点。主变压器高压侧中性点间隙接地零序保护应分别整定计算中性点间隙接地零序过电流保护和中性点间隙接地零序过电压保护。

1. 中性点间隙接地零序过电流保护动作电流计算

动作量取自间隙接地回路零序电流互感器 TA0 的二次电流 $3I_0$，其值当考虑到间隙电弧放电因素时，根据运行经验取一次动作电流为 100A，TA0 选变比为 100/5，则有

$$\left.\begin{array}{ll}\text{一次动作电流整定值} & 3I_{0.\text{OP.set}}=100\text{A}\\ \text{二次动作电流整定值} & 3I_{0.\text{op.set}}=100/n_{\text{TA0}}=100/20=5\text{A}\end{array}\right\}\qquad(2\text{-}299\text{a})$$

2. 中性点间隙接地零序过电压保护动作电压计算

整定原则是动作电压整定值 $3U_{0.\text{op.set}}$ 应满足

$$3U_{\text{K0.max}}^{(1)}<3U_{0.\text{op.set}}<3U_{\text{K0.min}}^{(1)}\qquad(2\text{-}299\text{b})$$

式中 $3U_{\text{K0.max}}^{(1)}$——中性点直接接地的电网中发生单相接地时，保护安装处 TV 开口三角绕组可能出现的 3 倍最大零序电压（V）；

$3U_{\text{K0.min}}^{(1)}$——当系统失去直接接地的中性点，而又发生单相接地时，TV 开口三角绕组出现的 3 倍最小零序电压（V）。

$U_{\text{K0.max}}^{(1)}$ 由式（1-52）或式（1-53）计算得

$$U_{\text{K0.max}}^{(1)}=-\frac{X_{0.\Sigma}/X_{1.\Sigma}}{2+(X_{0.\Sigma}/X_{1.\Sigma})}U_{\text{ph}}=-\frac{\beta}{2+\beta}U_{\text{ph}}\qquad(2\text{-}299\text{c})$$

$$\beta=\frac{X_{0.\Sigma}}{X_{1.\Sigma}}$$

式中 β——系统综合零序电抗和综合正序阻抗之比，一般 $\beta<3$；

$X_{0.\Sigma}$——系统综合零序电抗标么值；

$X_{1.\Sigma}$——系统综合正序电抗标么值；

U_{ph}——系统相电压，110kV 及以上 TV 开口三角形绕组的相电压为 100V。

当 $\beta=\frac{X_{0.\Sigma}}{X_{1.\Sigma}}=3$ 时，$3U_{\text{K0.max}}^{(1)}=3\times\frac{3}{2+3}\times100=180$（V），$\beta=\frac{X_{0.\Sigma}}{X_{1.\Sigma}}=2.5$ 时，$3U_{\text{K0.max}}^{(1)}=3\times\frac{3}{2+2.5}\times100=167$（V）；$\beta=\frac{X_{0.\Sigma}}{X_{1.\Sigma}}=2$ 时，$3U_{\text{K0.max}}^{(1)}=3\times\frac{2}{2+2}\times100=150$（V）。

当系统失去直接接地的中性点，而又发生单相接地时，此时 TV 开口三角形绕组出现的

电压（TV 不饱和时）$3U_0=300V$，但实际上当 $3U_0=200V$ 时 TV 已开始饱和［电磁型 TV 测量回路的伏安特性，根据实测为：TV 二次绕组加电压 70V 时，绕组励磁电流为 20A，即饱和电压约为 70V，所以系统失去直接接地的中性点，而又发生单相接地时，此时 TV 开口三角形绕组饱和电压约为 $3U_0=\sqrt{3}\times\frac{70}{57.7}\times100=210$（V）］，所以当系统失去中性点直接接地，而又发生单相接地时，TV 开口三角绕组电压 $3U_{K0.min}^{(1)}=200V$，于是有

$$167V=3U_{K0.max}^{(1)}<3U_{0.op.set}<3U_{K0.min}^{(1)}=200V$$

所以中性点经间隙接地，零序过电压保护动作电压整定值取

$$3U_{0.op.set}=180V \tag{2-299d}$$

3. 中性点间隙接地零序过电流和零序过电压保护动作时间计算

动作时间应躲过暂态过电压时间，可整定 $t_{0.op}=0.3\sim0.5s$ 一般取

$$t_{0.op}=0.4s \tag{2-299e}$$

二十三、发电机突加电压保护

由于发电机的突加电压、断路器断口闪络、低频起动时发电机出现内部短路以及非同期并列等故障，都是在发电机组起停机过程中出现的故障，所以有时统称其为起停机保护。但这 4 种故障，各有其不同原因、不同的特征、不同的动作判据，所以又分别称之谓突加电压保护、断路器断口闪络保护、低频起动保护以及非同期并列保护。方案一如下。

（一）方案一

1. 突加电压（俗称误上电）保护

（1）保护功能。发电机突加电压保护，主要用于保护发电机在盘车和减速过程中发生的误合闸，特别是发电机停机过程和热备用状态，容易出现某种原因突然合上主断路器，此时造成发电机转子很大的电流，即可怕的发电机异步电动机起动状态，以致严重损坏整个机组。这在国内已出现过多次，为此大型发电机组必须加装突加电压保护。突加电压保护，由发电机离线判据与低电压和过电流判据组成，由于该保护不同生产厂家和不同地区有不完全相同的动作逻辑判据，现介绍几种常用的发电机突加电压保护动作判据，其逻辑判据框图如图 2-28 所示。

（2）动作判据：

1）动作逻辑判据 1。图 2-28（a）中，断路器 GQF 由分闸状态转为合闸状态，辅助触点输出由 0 转为 1，GQF 辅助触点非门输出 1 并保持 1s 后转为 0，即经 1s 此条件退出；满足机端低电压 $U_g<(0.7\sim0.8)U_{g.n}$ 或低频率 $f<48.5Hz$ 转为正常电压和正常频率保持 1s，经 1s 此条件退出；满足过电流动作 $I>1.1I_{g.n}$ 且连接片在投入位置，以上三条件同时满足经短延时出口动作于解列、起动失灵。即断路器为分闸状态、低电压、低频率组成发电机离线判据，同时出现过电流，发电机突加电压保护起动。以上保护动作逻辑功能，在发电机有励磁和无励磁时误合闸，均能可靠动作解列发电机。一旦断路器合闸后经 1s 延时（1s 延时以保证断路器跳闸和断路器失灵保护全部动作时间），该保护自动退出，正常运行或停役检修时为防止保护不必要的误动作，保护出口连接片应在退出位置。

2）动作逻辑判据 2。图 2-28（b）中，发电机离线判据由低电压和断路器分闸状态组成，无低频率判据，其他动作判据，与动作逻辑判据 1 相同。

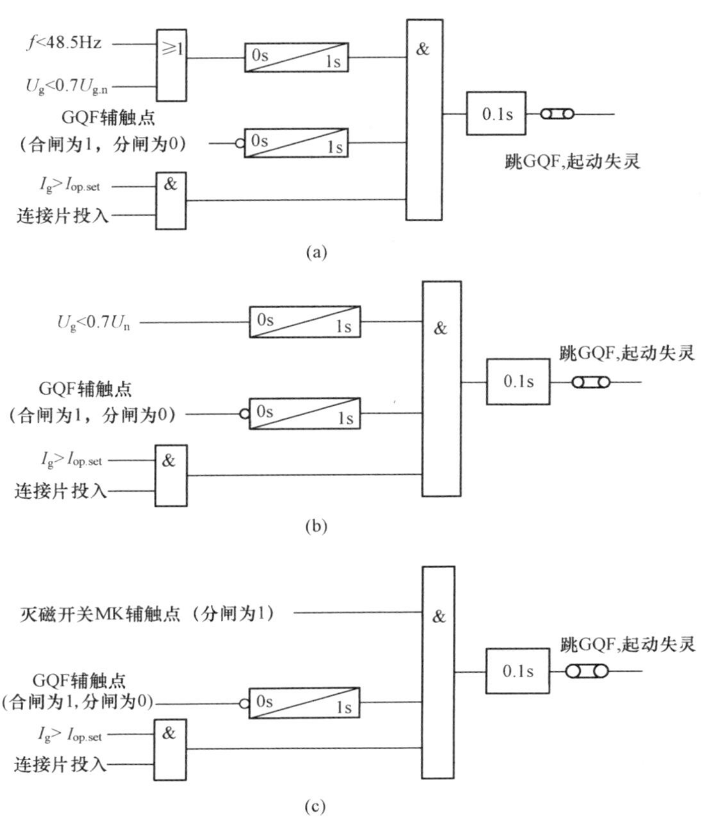

图 2-28 发电机突加电压保护——方案一动作逻辑判据框图

(a) 动作逻辑判据 1 框图；(b) 动作逻辑判据 2 框图；(c) 动作逻辑判据 3 框图

3）动作逻辑判据 3。图 2-28（c）中，发电机离线判据由灭磁开关 MK 分闸和断路器 GQF 分闸状态组成，灭磁开关分闸替代低电压和低频率判据，其他动作判据，与动作逻辑判据 1 相同。

比较以上三种发电机突加电压保护动作逻辑判据，动作逻辑判据 1、2 同时具有发电机无励磁和有励磁的突加电压保护功能。而动作逻辑判据 3 无有励磁的突加电压保护功能，因此采用动作逻辑判据 1、2 比较合理。

（3）整定计算：

1）低电压判据整定值。取

$$U_{op}=(0.5\sim0.7)U_{g.n} \tag{2-300a}$$

2）低频率判据整定值。取

$$f_{op}=48.0\text{Hz} \tag{2-300b}$$

3）过电流判据整定值。发电机出口有断路器。出口断路器突然误合闸，过电流元件 I 动作，电流 I_{op}整定值按发电机出口有断路器突然误合闸有足够灵敏度计算，取

$$I_{op}=1.1I_{g.n} \tag{2-300c}$$

发电机出口无断路器。除考虑主变压器高压侧断路器突然误合闸，同时考虑高压厂用变压器低压侧断路器突然误合闸。过电流元件 I 动作，电流 I_{op}整定值按高压厂用变压器低压

侧断路器突然误合闸有足够灵敏度计算，一般取

$$I_{op} = (0.2 \sim 0.5) I_{g.n} \tag{2-300d}$$

4）突加电压保护出口动作时间。取

$$t_{op} = 0.1\text{s} \tag{2-300e}$$

5）发电机离线状态转为在线状态保持时间 t_{re}。按发电机突加电压保护动作时，保证可靠跳开主断路器和断路器失灵保护全部动作时间并有 0.3s 裕度计算，t_{re}=0.1+0.5+0.3=0.9s，取

$$t_{re} = 1\text{s} \tag{2-300f}$$

6）突加电压保护动作于解列、起动失灵保护。

7）突别注意事项。机组并网后正常运行应自动退出该保护，为可靠起见，机组并网后正常运行或检修状态时，出口跳闸回路还必须经连接片将该保护退出运行。

2. 断路器断口闪络保护

（1）断路器断口闪络保护功能。发电机在并网前或解列后，此时断路器在分闸状态，励磁开关在合闸状态，当系统电压和主变压器高压侧电压相位相差 180°时，可能在断路器断口出现单相或两相闪络（在 220kV 及以上电压等级容易发生），这时能出现危发电机变压器组很大的相电流和负序电流，以致造成发电机变压器组严重的损坏，当发电机出口无主断路器时，在 220kV 及以上电压等级的并网断路器，应装设断路器断口闪络保护；反之当发电机出口装设并网主断路器时，在 220kV 及以上电压等级断路器，可不必装设断路器断口闪络保护。

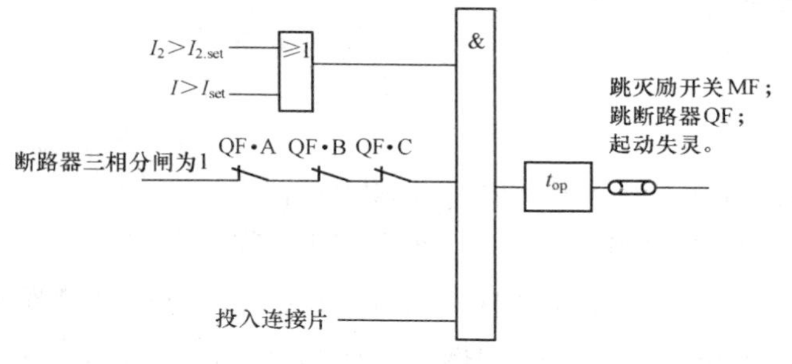

图 2-29 断路器断口闪络保护动作逻辑判据图

（2）断路器断口闪络保护动作判据。220kV 及以上电压等级不同的接线方式，高压断路器断口闪络保护动作判据原则相同，但具体实现时有很大的差异，对 3/2 断路器接线方式，应分别装设中断路器和边断路器断口闪络保护，高压断路器断口闪络保护动作逻辑判据如图 2-29 所示，图中，断路器断口闪络保护动作判据有以下各部分组成：

1）主变压器高压侧相连接的断路器三相均断开判据。断路器 QF 三相分闸接通辅触点 QF • A、QF • B、QF • C 同时为 1，判断路器 QF 三相分闸。

2）负序电流或相电流大于整定值判据。断路器 QF 对应回路的负序电流 $I_2 > I_{2.set}$ 或相电流元件 $I > I_{set}$ 动作，判断路器 QF 在分闸状态有负序电流或相电流，判断路器断口闪络。

3）以上三判据同时满足且连接片接通，经短延时 t_{op} 动作出口，跳灭磁开关 MF，跳本断路器 QF，同时起动失灵保护。

（3）断路器断口闪络保护整定计算。

1）断路器断口闪络相电流和负序电流计算：

① 断路器断口单相闪络相电流和负序电流计算，由式（1-205a）～式（1-207）计算。

② 断路器断口两相闪络相电流和负序电流计算由式（1-210）～式（1-211）计算。

2）相电流判据的整定计算（当不考虑断口三相闪络可取消相电流判据）：

①按保证断路器断口闪络保护有足够灵敏度计算，主变压器额定电流计算

$$I_{op}=(0.25\sim0.5)I_{t.n} \tag{2-301a}$$

②校核闪络最小灵敏系数

$$K_{sen}=I_{fla.min}/I_{op}\geqslant 2$$

3）负序电流判据的整定计算：

① 按躲过主变压器高压侧发电机长期允许负序电流计算

$$I_{2.op}=(1.1\sim1.2)\times I_{2.\infty}=0.1I_{g.n.h} \tag{2-301b}$$

式中 $I_{g.n.h}$——发电机额定电流折算至变压器高压侧的二次值。

② 校核闪络最小灵敏系数

$$K_{sen}=I_{2.fla.min}/I_{2.op}\geqslant 2$$

4）零序电流判据的整定计算：

① 按躲过正常运时零序不平衡电流计算

$$3I_{0.op}=(0.1\sim0.2)\times I_{t.n} \tag{2-301c}$$

② 校核闪络最小灵敏系数

$$K_{sen}=3I_{0.fla.min}/3I_{0.op}\geqslant 2$$

5）动作时间计算：

① 动作时间整定值计算。按躲过断器三相不同时合闸时间整定取

$$t_{op}=0.1s \tag{2-301d}$$

② 跳灭磁开关，跳本断路器，同时起动失灵保护。边断路器断口闪络保护，起动对应边断路器失灵保护，其失灵保护动作跳对应母线的全部边断路器；中断路器断口闪络保护，起动中断路器失灵保护，经短延时跳相邻设备的边断路器；双母线主变压器断路器断口闪络保护，起动断路器所接母线的失灵保护，其失灵保护动作跳对应母线的全部断路器。

6）机组并网后正常运行应自动退出该保护，为可靠起见，机组并网后正常运行或检修状态时，出口跳闸回路还必须经连接片将该保护退出运行。

3. 起停机保护

（1）保护功能。发电机在加有励磁低转速起停机过程中，当发电机组存在短路故障时，发电机组常用的短路故障保护，可能均不会正确动作，所以只能由在低频条件下能可靠动作的起停机保护动作，切除短路故障。

（2）动作判据：

1）低频零序过电压保护。接于发电机中性点侧或机端 TV0 开口三角绕组的低频零序过电压保护，作发电机低频起动时发电机定子绕组单相接地保护。

2）低频相间短路过电流保护。接于发电机中性点侧 TA 的低频三相过电流保护，作发电机低频起动时发电机定子相间短路保护。

（3）整定计算：

1）机端 TV0 开口三角绕组低频零序过电压保护。动作电压整定值取

$$3U_{0.op}=0.05(3U_{0.n}) \tag{2-302a}$$

2）发电机中心点侧低频零序过电压保护。动作电压整定值取

$$U_{0.op}=0.05U_{0.n} \tag{2-302b}$$

3）起停机保护闭锁频率动作整定值一般取

$$f_{op}=45\text{Hz} \tag{2-302c}$$

4）低频三相过电流保护。动作电流整定值，按燃气轮发电机组和抽水蓄能发电/电动机组正常起动过程实测最大相电流 I_{max} 计算

$$\left.\begin{array}{ll}\text{燃气和抽水蓄能机组} & I_{op}=1.2I_{max}\\ \text{其他机组} & I_{op}=0.2I_{g.n}\end{array}\right\} \tag{2-303}$$

5）动作时间整定值，取

$$t_{op}=0\sim0.5\text{s} \tag{2-304}$$

6）保护动作于跳灭磁开关和跳起动电源。

7）机组并网运行后起停机保护应自动退出。

（二）方案二

由于不同生产厂家和不同地区有不完全相同的逻辑判据，现介绍一种早期常用的将突加电压、断路器断口闪络、非同期并列保护置于一体的发电机突加电压保护——方案二动作逻辑框图，如图 2-30 所示。图中由以下单元组成：

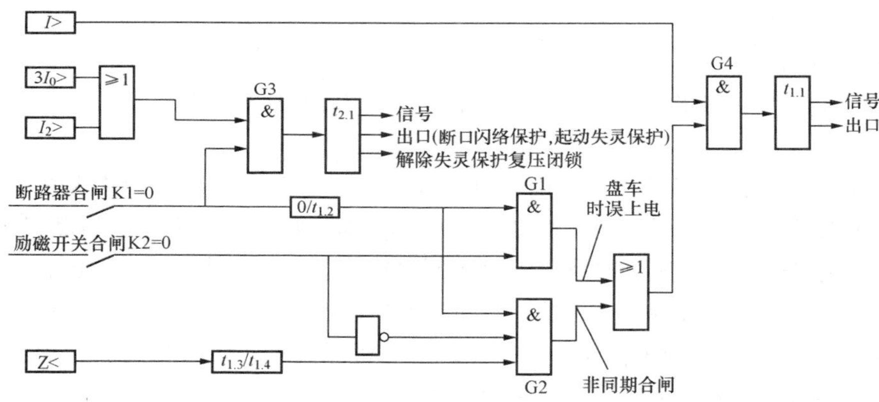

图 2-30　发电机突加电压保护——方案二动作逻辑框图

1. 发电机在盘车或升速过程中（未加励磁）突然误并入电网保护动作判据

（1）灭磁开关合上与断开判据。灭磁开关断开时，灭磁开关辅助触点接通，K2 为 1；灭磁开关合上时，辅助触点断开，K2 为 0，K2 为灭磁开关合上与断开的状态判据。

（2）断路器合闸与分闸判据。断路器分闸时，断路器辅助触点接通，K1 为 1；断路器合闸时，辅助触点断开，K1 为 0，K1 为断路器合闸与分闸的状态判据。

（3）发电机定子有电流判据。发电机定子过电流元件 I 动作为 1 时，判发电机定子有电流。当灭磁开关断开 K2 为 1，断路器由分闸突然合闸，辅助触点 K1 由 1 转为 0，此时与门 G1 输出 1，定子过电流元件 I 动作为 1，与门 G4 输出 1，经延时 $t_{1.1}$ 出口，判发电机在盘车和升速过程中（未加励磁）的误上电，误上电保护出口动作断开断路器。

2. 发电机在并网前或解列后断路器断口出现单相或两相闪络保护动作判据

（1）断路器分闸判据。断路器分闸时辅助触点 K1 为 1；K1 经与门 G3 作断路器分闸

判据。

(2) 发电机定子有负序电流 I_2 或主变压器有零序电流判据。发电机定子负序过电流元件 I_2 动作，I_2 输出为 1（或主变压器零序过电流元件 $3I_0$ 动作，$3I_0$ 输出为 1），判断路器断口单相或两相闪络接通。

断路器分闸时，辅助触点 K1 为 1，发电机定子负序过电流 I_2 动作，I_2 输出为 1（或主变压器零序过电流元件 $3I_0$ 动作，$3I_0$ 输出为 1），K1、I_2（或 $3I_0$）组成与门 G3 输出 1，判发电机在并网前或解列后，当系统电压和主变压器高压侧电压相位相差 180°时，在断路器断口出现单相或两相闪络，此时经延时 $t_{2.1}$ 出口起动失灵保护（解除失灵保护复合电压闭锁）。此动作判据的保护，因为仅有断路器断开和有负序电流动作就判高压侧断路器断口闪络，该保护动作判据非常薄弱，而且一旦误动时后果非常严重，所以机组在正常运行和检修状态（检修状态在保护检验时可能出现符合断路器断口单相或两相闪络判据）时必须经连接片将保护退出。

3. 发电机并网前或解列后非同期合闸保护动作判据

(1) 高压母线低阻抗判据。主变压器高压侧 TA 三相二次电流和高压母线电压的测量低阻抗保护 Z 动作，Z 输出为 1，判高压母线低阻抗。

(2) 突然非同期误合闸判据。励磁开关合闸和断路器由分闸转为合闸时高压母线低阻抗元件动作为突然非同期误合闸的判据。励磁开关合闸，辅助触点 K2 为 0，断路器分闸辅助触点 K1 由 1 转换为 0，作为励磁开关合闸、断路器由分闸转合闸判据。当 Z 输出为 1 经延时 $t_{1.3}$ 时，若 K2 为 0（经非门后为 1）、K1 为 1，则与门 G2 输出为 1。若此时三相过电流 I 动作输出为 1，则与门 G4 输出为 1，判非同期合闸，经延时 $t_{1.1}$ 动作非同期合闸保护出口。

4. 整定计算

(1) 过电流元件 I 动作电流 I_{op} 整定值计算。发电机在盘车和升、减速过程中（未加励磁）。

1) 发电机出口有断路器。出口断路器突然误合闸，过电流元件 I 动作电流 I_{op} 整定值按发电机出口有断路器突然误合闸有足够灵敏度计算，取

$$I_{op}=(1.1\sim1.2)I_{g.n} \tag{2-305}$$

式中 $I_{g.n}$——发电机额定二次电流（A）。

2) 发电机出口无断路器。除考虑主变压器高压侧断路器突然误合闸，同时考虑高压厂用变低压侧断路器突然误合闸。过电流元件 I 动作电流 I_{op} 整定值按高压厂用变压器低压侧断路器突然误合闸有足够灵敏度计算，一般取

$$I_{op}=(0.2\sim0.5)I_{g.n} \tag{2-305a}$$

(2) 发电机负序元件动作电流 $I_{2.op}$ 整定值计算。判断发电机未并网时断路器断口单相或两相闪络接通造成的误上电，应按断路器断口单相或两相闪络接通时可靠动作计算，计算式为

$$I_{2.op}=K_{rel}I_{2\infty}^{*}I_{g.n} \tag{2-306}$$

式中 K_{rel}——可靠系数，取 1.1～1.2；

$I_{2\infty}^{*}$——发电机允许长期运行的负序电流相对值。

(3) 主变压器高压侧负序动作电流整定值。将式（2-306）计算值折算至变压器高压侧 TA 的二次动作电流值为主变压器高压侧负序动作电流整定值。

(4) 主变压器零序元件动作电流 $3I_{0.op}$ 计算。判断发电机未并网时断路器断口单相或两

相闪络接通造成的误上电，按断路器断口单相或两相闪络接通时可靠动作计算，计算式为

$$3I_{0.op}=3I_{0.fla.min}/K_{sen}=(0.2\sim0.5)I_{t.n} \tag{2-307}$$

式中 K_{sen}——零序过电流元件动作灵敏系数，2；

$I_{0.fla.min}$——断路器断口闪络时最小零序电流；

$I_{t.n}$——变压器额定二次电流（A）。

（5）低阻抗元件动作阻抗整定值计算

1）偏移低阻抗元件。接于主变压器高压侧 TV 二次相间电压，与高压侧 TA 二次电流相量差按 0°接线方式，最大灵敏角 $\varphi_{sen.max}=80°$ 的偏移低阻抗元件，为保证在非同期合闸后振荡过程中的低阻抗元件可靠动作，作为发电机非同期合闸的低阻抗判据为

$$\left.\begin{array}{l}\text{指向变压器内部的正向动作阻抗整定值 } Z_{po.op.set}=K_{rel}(X_T+X'_d)\\ \text{指向母线侧的反方向动作阻抗整定值 } Z_{ne.op.set}=(0.1\sim0.15)Z_{po.op.set}\end{array}\right\} \tag{2-308}$$

式中 K_{rel}——可靠系数，取 1.5～2；

X_T——变压器阻抗（归算至变压器高压侧）二次有名值（Ω）；

X'_d——发电机暂态电抗（归算至变压器高压侧）二次有名值（Ω）。

$$X_T=X_T^*\frac{U_{T.N}^2}{S_{T.N}}\times\frac{n_{TA}}{n_{TV}} \tag{2-309}$$

$$X'_d=X_d^{*\prime}\frac{U_{T.N}^2}{S_{G.N}}\times\frac{n_{TA}}{n_{TV}} \tag{2-310}$$

式中 X_T^*——变压器阻抗相对值（以变压器额定容量为基准）；

$X_d^{*\prime}$——发电机暂态电抗相对值（以发电机额定容量为基准）；

$U_{T.N}$——变压器高压侧额定电压（kV）；

$S_{T.N}$——变压器额定容量（MVA）；

$S_{G.N}$——发电机额定容量（MVA）；

n_{TA}——TA 的变比；

n_{TV}——TV 的变比。

2）全阻抗元件。接于主变压器高压侧 TV 二次相间电压，与高压侧 TA 二次电流相量差组成的全阻抗元件（非同期合闸的低阻抗应用全阻抗动作判据；偏移阻抗动作判据不合理），为保证非同期合闸时阻抗元件可靠动作计算，动作阻抗整定值为

$$Z_{op.set}=K_{rel}(X_T+X'_d) \tag{2-311}$$

式中符号含义同前。

（6）断路器断口闪络保护延时 $t_{2.1}$ 整定值计算

按躲过断路器三相不同时合闸时间整定，即

$$t_{2.1}=0.1\text{s} \tag{2-312}$$

（7）非同期合闸误上电保护 $t_{1.1}$ 整定值计算

按躲过断器三相不同时合闸时间整定，即

$$t_{1.1}=0.1\text{s} \tag{2-313}$$

（8）断路器合闸后延时返回时间 $t_{1.2}$ 整定值计算

当发电机误上电时，为保证误上电保护能可靠动作出口跳闸（失灵保护全部动作时间），

其返回时间 $t_{1.2}$ 整定值为

$$t_{1.2}=t_{1.1}+t+\Delta t=0.1+0.5+0.4=1\text{s} \tag{2-314}$$

式中 Δt——时间裕量，取 0.4s。

(9) $t_{1.3}/t_{1.4}$ 整定值计算。

1) $t_{1.3}$ 计算。正常同期合闸所需的延时 $t_{1.3}$ 与振荡测量阻抗动作时间有关，计算式为

$$t_{1.3}<t_{1.2}-t_{1.1}=(0.1\sim0.2)\ \text{s} \tag{2-315}$$

一般取 $t_{1.3}=0.15$s。

2) $t_{1.4}$ 计算。$t_{1.4}$ 应按非同期合闸时防止在振荡时低阻抗返回条件整定，一般取

$$t_{1.4}=0.5\sim1\text{s} \tag{2-316}$$

5. 注意的问题

(1) 正常运行时突加电压保护、断路器断口闪络保护退出运行。突加电压保护、断路器断口闪络保护，和其他保护的功能有很大的不同，当发电机在正常并网运行后，该保护完全不起作用，而只有在起停机过程中才起作用。其逻辑回路比较复杂，电气量动作判据有的正常运行时可能在动作状态，为确保其正常运行时误动（直接起动断路器失灵保护，其误动作后果严重）也不跳闸停机，所以突加电压保护、断路器断口闪络保护，只在起停机过程中短时间内投入，而机组并网后正常运行或检修状态时（检修状态时突加电压保护、断路器断口闪络保护均有误动的实例），跳闸出口回路还必须经连接片将该保护退出运行。

(2) 突加电压保护方案一、二的比较。方案（一）、方案（二）通过使用后比较知，方案（一）逻辑电路比较简单，可靠性高，所以目前较多采用的是方案（一）；但方案（二）目前仍在使用中，建议使用时可优先采用的是方案（一）。

二十四、电压回路断线（电压不平衡）保护

发电机变压器组取自机端 TV 二次测量电压的保护装置，如发电机纵向基波零序过电压保护、逆功率（特别是相电流、相电压接线方式）保护、失磁保护、低阻抗保护、接机端 $3U_0$ 定子单相接地保护等，当测量 TV 一、二次断线时，保护可能误动作。对可能误动作的保护，均应经过 TV 断线保护或不平衡电压保护进行闭锁。

（一）动作判据

1. 动作判据（一）

三相电压回路 TV 断线报警判据：

(1) 正序电压 $U_1\leqslant30$V 且任何一相电流 $>0.04I_n$。

(2) 负序电压 $U_2>8$V。

满足以上任一条件延时 10s 发相应 TV 断线报警信号，报警信号消失后，延时 10s 后信号自动返回。

2. 动作判据（二）

机端两组 TV 电压不平衡保护，发电机机端接入两组电压互感器，比较两组电压互感器的相间电压、正序电压是否一致，以判断 TV 是否断线，各生产厂家对不平衡保护动作判据各不相同，其动作判据分别为：

(1) 比较两组 TV 同名相间电压差的动作判据。若满足下式

$$\left.\begin{array}{l}|U_{1.ab}|-|U_{2.ab}|>\Delta U_{unb.set}\\|U_{1.bc}|-|U_{2.bc}|>\Delta U_{unb.set}\\|U_{1.ca}|-|U_{2.ca}|>\Delta U_{unb.set}\end{array}\right\}\tag{2-317}$$

式中 $U_{2.ab}$、$U_{2.bc}$、$U_{2.ca}$——为 TV2 二次侧的 ab、bc、ca 的相间电压（V）；

$U_{1.ab}$、$U_{1.bc}$、$U_{1.ca}$——为 TV1 二次侧的 ab、bc、ca 的相间电压（V）；

$\Delta U_{unb.set}$——不平衡电压的整定值（V）。

则判 TV2 断线，若满足下式

$$\left.\begin{array}{l}|U_{2.ab}|-|U_{1.ab}|>\Delta U_{unb.set}\\|U_{2.bc}|-|U_{1.bc}|>\Delta U_{unb.set}\\|U_{2.ca}|-|U_{1.ca}|>\Delta U_{unb.set}\end{array}\right\}\tag{2-318}$$

则判 TV1 断线。

式中符号含义同式（2-317）。

（2）比较两组 TV 同名相间电压差和正序电压差的绝对值的动作判据。装置内设置 $\Delta U_{unb.set}=5V$，正序电压差 $\Delta U_{1.set}=3V$，则满足下式时判 TV 断线

$$\left.\begin{array}{l}|U_{1.ab}-U_{2.ab}|>\Delta U_{unb.set}\\|U_{1.bc}-U_{2.bc}|>\Delta U_{unb.set}\\|U_{1.ca}-U_{2.ca}|>\Delta U_{unb.set}\\|U_{1.1}-U_{2.1}|>\Delta U_{1.set}\end{array}\right\}\tag{2-319}$$

式中 $U_{1.1}$、$U_{2.1}$——分别为 TV1、TV2 二次侧的正序相电压；

$\Delta U_{1.set}$——正序不平衡相电压整定值；

其他符号含义同前。

（3）比较两组 TV 同名相间电压差绝对值和其中另一组 TV 的负序电压的动作判据为

$$\left.\begin{array}{l}|U_{1.ab}-U_{2.ab}|>\Delta U_{unb.set}\\|U_{1.bc}-U_{2.bc}|>\Delta U_{unb.set}\\|U_{1.ca}-U_{2.ca}|>\Delta U_{unb.set}\end{array}\right\}\tag{2-320}$$

$$U_2\geqslant U_{2.op.set}\tag{2-321}$$

式中 U_2——测量 TV2 二次负序电压；

$U_{2.op.set}$——测量 TV2 二次负序电压动作整定值。

当满足式（2-320）而不满足式（2-321）时判专用 TV1 断线，闭锁接于 TV1 可能误动作的保护。

当同时满足式（2-320）、式（2-321）时判 TV2 断线，闭锁接于 TV2 可能误动作的保护。

（二）整定计算

不平衡电压整定值 $\Delta U_{unb.set}$ 按躲过正常运行时两组电压互感器之间的不平衡电压计算，即

$$\Delta U_{unb.set}=(5\sim8)V\tag{2-322}$$

一般取 $\Delta U_{unb.set}=5V$。

正序不平衡相电压整定值为

$$\Delta U_{1.set}=3\sim5V$$

一般取 $\Delta U_{1.set}=3V$。

负序相电压整定值为

$$U_{2.op.set} = 3 \sim 4V$$

一般取 $U_{2op.set}=4V$。

二十五、断路器非全相运行保护和非全相运行失灵保护及断路器三相失灵保护

（1）发电机非全相运行的危害。在 20 世纪 90 年代前，大型发电机变压器组 220kV 及以上高压侧的断路器都采用分相操作的断路器，这种断路器在操作过程中曾多次出现非全相运行。从某地区统计说明，由于非全相运行造成多台 125～300MW 发电机组转子严重损坏，所以对分相操动机构的断路器应装设非全相运行保护和非全相运行失灵保护，以防止发电机非全相运行时严重损坏发电机转子。

（2）减少发电机非全相运行的措施。现在新安装的大型发电机变压器组 220kV 及以上高压侧的断路器大多采用三相操动机构，可在很大程度上降低发电机非全相运行的概率。三相操动机构的断路器无法再采用断路器三相位置不对应判据，所以一般不再考虑断路器非全相运行保护和非全相运行失灵保护，仅装设断路器三相失灵保护。然而从近年运行情况分析，三相操动机构断路器的非全相运行的概率并不能完全杜绝，如近年来三相操动机构断路器在操作过程中曾出现一相绝缘拉杆断裂，造成发电机非全相运行，导致发电机转子损坏。也有三相操动机构断路器在操作过程中曾出现液压回路其中一相爆管，造成发电机非全相运行，也导致发电机转子损坏。由此可见，三相操动机构断路器仍有非全相运行造成发电机转子损坏的可能，所以在必要时三相操动机构断路器亦应考虑加装非全相运行失灵保护。

（3）断路器的失灵。在实际运行中也存在一次系统发生短路时，在保护出口动作后，断路器拒绝跳闸的断路器失灵，为切除这种短路应设置断路器失灵保护。

（一）分相操作断路器非全相运行和非全相运行失灵保护动作判据（一）

断路器为分相操动机构时，应设置非全相运行保护、非全相运行失灵保护和三相同时失灵保护，非全相运行保护和非全相运行失灵保护动作逻辑判据如图 2-31 所示，主要由以下各部分组成。

（1）断路器三相位置不对应动作判据。图 2-31 中，QF·A1、QF·B1、QF·C1 为断路器 A、B、C 三相分闸断开动闭触点，QF·A2、QF·B2、QF·C2 为断路器 A、B、C 三相分闸接通动断触点，它们组成断路器三相位置不对应判据。

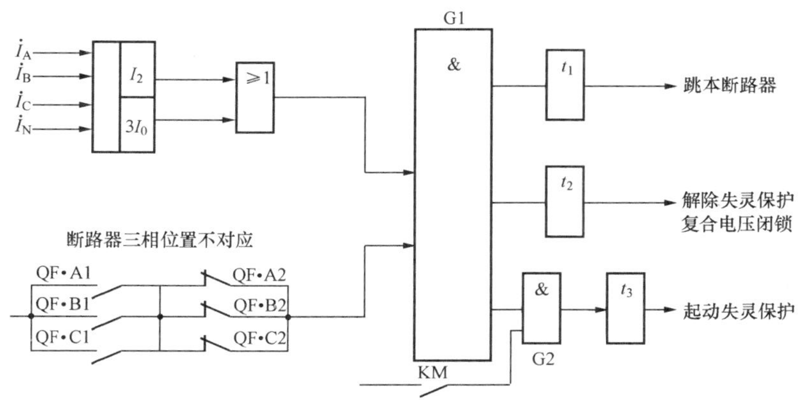

图 2-31 分相操作断路器非全相运行保护和非全相运行失灵保护动作逻辑判据图

(2) 灵敏负序过电流元件和零序过电流元件判据。图 2-31 中，I_2 为主变压器高压侧(或发电机侧)灵敏负序过电流元件；$3I_0$ 为主变压器高压侧零序过电流元件，组成灵敏负序过电流、零序过电流判据。

由该两判据组成与门 G1，判本断路器已非全相运行，经延时 t_1 出口跳本断路器。如经时限 t_1 后非全相运行仍然存在，则经时限 $t_2=t_1+\Delta t$ 后解除失灵保护复合电压闭锁，同时经与门 G2 和延时 t_3 起动失灵保护。当失灵保护起动后，经 0.3s 延时出口先断开母联断路器，经 0.5s 延时出口断开与发变组接同一母线的全部断路器。

(二) 分相操作断路器三相失灵和非全相运行失灵保护动作判据(二)

当断路器为分相操动机构，其辅触点 S1 能反应断路器三相位置时，则三相同时合上为 1 或任何一相合上为 1，断路器三相同时断开为 0。分相操作断路器三相失灵和非全相运行失灵保护护动作逻辑如图 2-32 所示，主要由以下各部分组成。

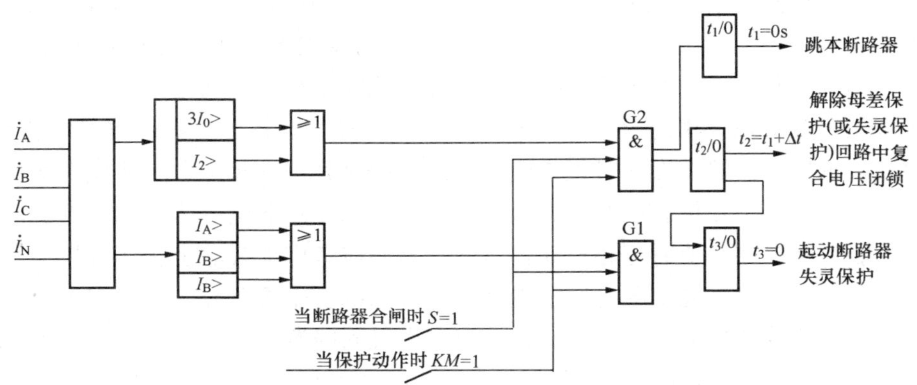

图 2-32 分相操作断路器三相失灵和非全相运行失灵保护动作逻辑图

1. 断路器三相失灵保护判据

断路器失灵保护判据由以下三部分组成。

(1) 三相有电流判据。三相过电流元件($I_A>$、$I_B>$、$I_C>$)动作时判三相有电流。

(2) 断路器任何一相在合闸状态判据。断路器任何一相在合闸状态时 S 为 1，断路器三相同时在分闸状态时 S 为 0。

(3) 保护出口动作判据。保护出口动作时 KM 为 1，保护出口未动作时 KM 为 0。

以上三条件同时满足时，经与门 G1 输出 1 信号，起动断路器失灵保护。

2. 断路器非全相运行和非全相运行失灵保护动作判据

当非全相运行时，上述判据(即 S 为 1、KM 为 1)条件满足，同时满足主变压器高压侧零序过电流 $3I_0$ 动作或负序电流元件 I_2 动作，与门 G2 输出为 1，判断为断路器非全相运行失灵(此时与门 G1 亦动作，同时起动失灵保护，但由于是非全相运行，复合电压闭锁未动作，失灵保护出口等待非全相运行失灵保护解除复合电压闭锁后，才能断开母联和其他断路器)。此时经延时 t_1 跳本断路器，若本断路器仍未断开，再经延时 $t_2=t_1+\Delta t$ 解除断路器失灵保护(母差保护)的复合电压闭锁元件，同时起动断路器失灵保护(对非短路故障的非全相运行，按先动作断开本断路器，再解除复合电压闭锁元件，同时起动失灵保护的先后顺序动作)，使之具备断路器非全相运行失灵保护功能。所以，图 2-32 具有断路器三相同时失灵保护和非全相运行失灵保护的功能。

(三) 三相操作断路器失灵保护动作判据 (三)

当断路器为三相操动机构时，其辅助触点反应合闸位置时为 1，分闸位置时为 0（但不能区分是单相合闸还是三相合闸)，三相操作断路器失灵保护动作逻辑如图 2-33 所示主要由以下各部分组成。

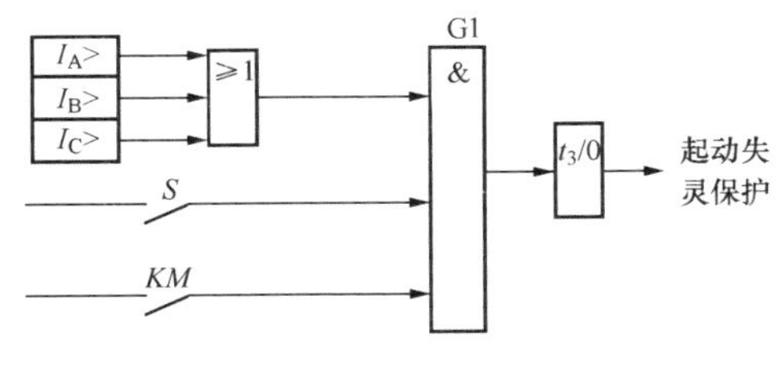

图 2-33 三相操作断路器失灵保护动作逻辑图

(1) 三相有电流判据。三相过电流元件($I_A>$、$I_B>$、$I_C>$)动作时判三相有电流。

(2) 断路器合闸状态（未断开）判据。断路器在合闸状态时 S 为 1，断路器三相同时在分闸状态时 S 为 0。

(3) 保护出口动作判据。保护出口动作 KM 为 1，判保护出口已动作。

此三条件同时满足时，经与门 G 输出 1 信号，起动断路器失灵保护。

(四) 以上三种逻辑框图的比较

1. 三相操作断路器

三相操作断路器失灵保护可采用图 2-33 的逻辑动作框图。

2. 分相操作断路器

(1) 分相操作断路器非全相运行和非全相运行失灵保护。可采用图 2-31 的逻辑动作框图，作为分相操作断路器非全相运行和非全相运行失灵保护。

(2) 三相失灵保护。可采用图 2-33 的逻辑动作框图，作分相操作断路器在一次系统短路故障时三相失灵保护。分相操作断路器同时采用图 2-31 的逻辑动作框图和图 2-33 的逻辑动作框图，组成较为完善的非全相运行、非全相运行失灵和在一次系统短路故障断路器的失灵保护。图 2-32 虽同时具有图 2-31 和图 2-33 的功能，但并不如前者完善与可靠。因存在缺点，一般不推荐使用。

(五) 断路器失灵保护几点说明

根据主接线不同接线运行方式，分别采用不同的断路器失灵保护。由于发电机出口主断路器失灵保护，起动跳主变压器高压侧断路器；而双母线接线方式和 3/2 断路器接线方式，主变压器高压侧断路器失灵保护，动作断开其他正常运行设备。所以主变压器高压侧断路器失灵保护动作后果，远比发电机出口主断路器失灵保护动作后果要严重。

1. 发电机出口主断路器失灵保护

发电机出口主断路器失灵保护，由发电机机端侧相电流动作判据、负序电流动作判据组成或门，并和起动失灵的跳闸出口组成与门，经短延时跳主变压器高压侧断路器。考虑到发电机定子绕组单相接地和定子绕组匝间短路故障时，发电机相电流动作判据、负序电流动作判据不一定动作，则可考虑发电机定子绕组单相接地和定子绕组匝间短路保护和主断路器在线判据组成与门，经短延时跳主变压器高压侧断路器。

2. 双母线接线方式主变压器高压侧断路器失灵保护

由主变压器高压侧相电流动作判据、负序电流动作判据、零序电流动作判据组成或门，并和起动失灵的跳闸出口组成与门，起动主变压器所接高压母线断路器的失灵保护。

3. 3/2 断路器接线方式主变压器高压侧断路器失灵保护

3/2 断路器接线方式，应分别装设中断路器和边断路器失灵保护。

（1）中断路器失灵保护。由中断路器相电流动作判据、负序电流动作判据、零序电流动作判据组成或门，并和起动失灵的跳闸出口组成与门，起动中断路器失灵保护，经短延时跳中断路器相邻设备的边断路器。

（2）边断路器失灵保护。由边断路器相电流动作判据、负序电流动作判据、零序电流动作判据组成或门，并和起动失灵的跳闸出口组成与门，起动边断路器失灵保护，经短延时跳边断路器所在母线全部边断路器。

（六）非全相运行及非全相运行失灵保护整定计算

虽然大机组保护中均装设了负序电流反时限保护，但由于该保护当发电机在非全相运行如主变压器高压断路器偷跳（既不是手动也不是自动的跳闸）等原因造成的非全相运行时，其动作时间较长，此时如不及早消除这种异常运行方式，可能引起系统中其他设备无选择性跳闸。由于断路器非全相运行保护，具有断路器非全相运行判据，所以此时可将负序元件动作电流整定得比较灵敏，其动作时间也可整定得较短些，这有利于发电机的安全运行。

1. 断路器非全相运行负序过电流元件计算

（1）按变压器两相运行有足够灵敏度计算。变压器中性点接地当全负荷运行时，断路器断开一相，这时负序电流仅为额定电流的 23.4%，发电机在 50%负荷两相运行时最小负序电流仅有 11.7%，因此取

$$I_{2.\mathrm{op}} = \frac{0.117}{1.2} I_{\mathrm{g.n}} = 0.1 I_{\mathrm{g.n}} \tag{2-323}$$

（2）按躲过正常允许最大负序电流计算。即

$$I_{2.\mathrm{op}} = K_{\mathrm{rel}} I_{2\infty}^{*} I_{\mathrm{g.n}} = 1.15 I_{2\infty}^{*} I_{\mathrm{g.n}} \tag{2-324}$$

式中 $I_{2\infty}^{*}$——发电机长期运行负序电流允许的相对值；

K_{rel}——可靠系数取 1.1～1.2；

$I_{\mathrm{g.n}}$——发电机额定二次电流（A）。

图 2-31、图 2-32 的逻辑动作框图中非全相运行时负序电流动作判据整定值与式（2-323）、式（2-324）计算相同。

2. 断路器非全相运行保护零序过电流元件计算

主变压器非全相运行时 $3I_0$ 约为正常相电流的 2 倍（主变压器中性点直接接地，当单相运行或两相运行时）。用零序电流判据时，零序过电流元件动作电流取

$$3I_{0.\mathrm{op}} = (0.2 \sim 0.5) I_{\mathrm{t.n}} \tag{2-325}$$

式中符号含义同前。

3. 断路器非全相运行及非全相运行失灵保护动作时间计算

由于动作逻辑已判定断路器为非全相运行，所以尽可能缩短动作时间。

（1）跳本断路器动作时间 $t_{1.\mathrm{op}}$。取

$$t_{1.\mathrm{op}} = 0.5\mathrm{s} \tag{2-326}$$

（2）解除母差及或失灵保护复合电压的动作时间 $t_{2.\mathrm{op}}$。取

$$t_{2.\mathrm{op}} = t_{1.\mathrm{op}} + \Delta t = 0.5 + 0.5 = 1(\mathrm{s}) \tag{2-327}$$

(3) 起动失灵保护动作时间 $t_{3.op}$。取

$$t_{3.op}=t_{2.op}=1\text{s} \text{ 或 } t_{3.op}=t_{2.op}+\Delta t=1+0.5=1.5(\text{s})$$

式中 $t_{1.op}$——非全相运行保护动作时间(s),一般为0.5s;

$t_{2.op}$——非全相运行失灵保护解除母差或失灵保护复合电压闭锁动作时间(s);

$t_{3.op}$——非全相运行失灵保护起动失灵保护动作时间(s);

Δt——时间级差(s),一般取0.5s。

(七)短路故障断路器失灵保护整定计算

短路故障断路器失灵保护和非全相运行失灵保护,两者动作时间的要求是有区别的,前者要求在很短时间内切除短路故障,后者要求在一定的短时间内切除不正常运行方式。

1. 相电流鉴定判据动作电流 I_{op} 整定值计算

由保护出口动作、相电流鉴定断路器未断开组成与门的发电机(主变压器)断路器失灵保护起动判据,相电流鉴定判据动作电流 I_{op} 整定值按以下原则计算。

(1) 发电机(主变压器)断路器失灵保护采用相电流动作和断路器辅助触点的断路器合位状态组成与门作鉴定断路器未断开判据。对相电流可能小于 $I_{g.n}$ 或 $I_{t.n}$ 的某些故障,如发电机定子绕组单相接地、定子绕组匝间短路及主变压器绕组匝间短路、高压厂用变压器短路故障等,当断路器失灵时为保证相电流元件可靠动作,相电流动作判据整定值 I_{op} 宜按小于发电机组正常最小负荷电流 I_{min} 计算,取 $I_{op}=0.8I_{min}$,一般大型发电机组正常最小负荷电流 $I_{min}\leqslant 0.5I_{g.n}$ 为此可取

$$I_{op}=0.8I_{min}=(0.2\sim 0.4)I_{g.n} \text{ 或 } I_{op}=0.8I_{min}=(0.2\sim 0.4)I_{t.n} \tag{2-328a}$$

(2) 发电机(主变压器)断路器失灵保护单独采用相电流动作鉴定断路器未断开判据。此时相电流动作判据(为提高安全可靠性,相电流元件可采用双重化与门判据),整定值 I_{op} 宜按小于发电机组正常最小负荷电流 I_{min} 计算,同式(2-328a)。

(3) 发电机(主变压器)断路器失灵保护采用相电流动作和断路器辅助触点(为提高安全可靠性,辅助触点采用双重化与门判据)的断路器合位状态组成或门作鉴定断路器未断开判据。此时相电流动作判据整定值 I_{op} 按躲过发电机(或主变压器)额定电流计算,取

$$I_{op}=(1.1\sim 1.2)I_{g.n} \text{ 或 } I_{op}=(1.1\sim 1.2)\times I_{t.n} \tag{2-328b}$$

(4) 发电机(主变压器)断路器失灵保护单独采用相电流动作鉴定断路器未断开判据。如不考虑相电流可能小于 $I_{g.n}$ 或 $I_{t.n}$ 的某些故障,此时相电流动作判据整定值 I_{op} 按躲过发电机(或主变压器)额定电流按式(2-328b)计算,但这实际是不合理的,尽可能避免采用这一计算原则。

以上四种方式各有优缺点,但以(1)、(2)较为合理,现场可根据不同的情况分别采用不同的公式进行整定计算。

2. 负序过电流判据动作电流 $I_{2.op}$ 整定值

按躲过发电机正常允许的最大负序电流 $I_{2.\infty}^{*}$ 计算,取

$$I_{2.op}=(1.1\sim 1.2)\times I_{2.\infty}^{*}\times I_{g.n} \tag{2-328c}$$

3. 零序动作电流

主变压器高压侧断路器失灵保护,按躲过正常运行最大不平衡零序电流整定,根据经验取

$$3I_{0.op}=(0.2\sim 0.5)\times I_{t.n} \tag{2-328d}$$

4. 断路器失灵保护动作时间 t_{op} 整定值

(1) 跳本断路器动作时间。取 $t_{op1}=0.0s$。

(2) 断路器失灵保护起动动作时间 t_3。图 2-31、图 2-32 中，取 $t_3=0s$。

(3) 跳本断路器同时起动失灵保护。断路器失灵保护动作时间设置于专用的失灵保护装置内。

(4) 双母线接线方式。专用的断路器失灵保护跳母联或分段断路器动作时间，为

$$t_{op.2}=(0.25\sim0.3)s \tag{2-329}$$

专用的失灵保护跳本断路器所在母线其他所有断路器动作时间，为

$$t_{op.3}=0.5s \tag{2-330a}$$

(5) 3/2 断路器接线方式。专用的断路器失灵保护跳相邻设备边断路器或所接母线其他所有边断路器动作时间，为

$$t_{op.3}=(0.25\sim0.3)s \tag{2-330b}$$

(八) 注意的问题

1. 负序电流元件动作电流计算

负序电流元件动作电流计算采用公式 $I^*_{2op.dow}=\sqrt{\frac{A}{120}}$是不合理的。

2. 非电气量保护

其他保护如瓦斯保护、压力释放阀保护、主变压器冷却器故障保护、冷却水断水保护、热工保护等不应起动失灵保护。

二十六、非电量保护

(一) 发电机内冷却水断水保护

(1) 发电机内冷却水断水判据由热工仪表提供带 30s 延时触点时，为防止因热工仪表输出触点抖动而误动作，一般在电气继电保护内仍然设置 1s 的动作时间，即

$$t_{op}=1s$$

(2) 发电机内冷却水断水判据由热工仪表提供不带延时瞬动触点时，则在电气继电保护内设置 30s 动作时间整定值，即

$$t_{op}=30s$$

(二) 主变压器瓦斯保护

1. 轻瓦斯保护

当变压器油箱内发生轻微故障产生少量瓦斯，或由于某种原因导致油位下降时，气体继电器内充有气体后的整定动作容积 $V_{op}=250\sim300ml$，轻瓦斯保护应瞬时动作于信号。

2. 重瓦斯保护

当变压器油箱内发生较为严重的故障时，产生大量瓦斯，变压器油将以较高速度经连接变压器油箱和瓦斯继电器的油管冲向油枕，达到一定速度的油流冲动重瓦斯继电器动作，重瓦斯保护瞬时动作于跳闸。重瓦斯保护气体继电器动作流速的整定取决于：

(1) 变压器容量。

(2) 变压器的冷却方式。

(3) 连接气体继电器油管的内径。

(4) 气体继电器的型式等等。

表 2-14 为重瓦斯保护气体继电器动作流速整定表。

表 2-14　　重瓦斯保护气体继电器动作流速整定表

变压器容量(MVA)	气体继电器型式	连接油管内径(mm)	变压器冷却方式	动作流速整定值(m/s)
1.0 及以下	QJ-50	ϕ50	自冷或风冷	0.7～0.8
7.0～7.5	QJ-50	ϕ50	自冷或风冷	0.8～1.0
7.5～10	QJ-80	ϕ80	自冷或风冷	0.7～0.8
10 以上	QJ-80	ϕ80	自冷或风冷	0.8～1.0
200 以下	QJ-80	ϕ80	强迫油循环或导向油循环	1.0～1.2
200 及以上	QJ-80	ϕ80	强迫油循环或导向油循环	1.2～1.3
500kV 变压器	QJ-80	ϕ80	强迫油循环或导向油循环	1.3～1.4
有载调压开关	QJ-25	ϕ25		1.0

(三) 主变压器压力释放阀保护

当变压器油箱内发生严重故障时，将产生大量瓦斯，使变压器油箱内的油气压力及流速迅速上升，冲动压力释放阀继电器动作，压力释放阀继电器瞬时动作于信号或跳闸。

(四) 主变压器冷却器故障保护

不同容量、不同冷却方式的变压器的冷却器故障保护，一般根据生产厂家规定在冷却器故障时，不同负荷允许不同的运行时间，可作用于跳闸或作用于信号。

200MVA 及以上变压器冷却方式，一般为强迫油循环 OFAF 或导向油循环 ODAF 方式。此时当冷却器故障时，应由冷却器故障保护动作于程序停机。冷却器故障保护有变压器上层油温判据、冷却器电源全部失去的故障判据。主变压器冷却器故障保护动作判据及整定值为：

(1) 当变压器上层油温 $T<75℃$ 时，冷却器电源全部失去的故障时间 $t=60\text{min}$，冷却器故障保护动作出口，作用于程序跳闸停机。

(2) 当变压器上层油温 $T\geqslant75℃$ 时，冷却器电源全部失去的故障时间 $t=20\text{min}$，冷却器故障保护动作出口，作用于程序跳闸停机。

(五) 主变压器辅助冷却器起动保护

(1) 主变压器辅助冷却器在主变压器上层油温至 $T=55℃$ 时，起动辅助冷却器。

(2) 主变压器辅助冷却器在主变压器上层油温至 $T\leqslant45℃$ 时，停止辅助冷却器。

(3) 主变压器负荷电流达到 $50\%I_{\text{T.N}}$ 时，延时 8s 起动主变压器辅助冷却器。

(4) 起动主变压器辅助冷却器动作电流按下式计算

$$I_{\text{op}}=0.5I_{\text{t.n}}=0.5\frac{S_{\text{T.N}}}{\sqrt{3}U_{\text{T.N}}n_{\text{TA}}} \tag{2-331}$$

式中　I_{op}——起动主变压器辅助冷却器动作电流；

$I_{\text{t.n}}$——主变压器额定二次电流；

$S_{\text{T.N}}$——主变压器额定容量；

$U_{\text{T.N}}$——主变压器额定电压；

n_{TA}——电流互感器变比。

(5) 起动主变压器辅助冷却器动作电流按实际运行计算。在实际运行中，主变压器在低谷负荷运行时，负荷电流可能长期在50%额定电流上、下摆动运行，如按 $I_{op}=0.5I_{t.n}$ 整定辅助冷却器起动保护，该保护可能长期出现频繁的动作、返回现象，造成辅助冷却器起动保护触点烧坏（在A厂、B厂均有过辅助冷却器起动继电器因频繁动作，多次损坏起动继电器的实例，后只得以躲过可能长期低谷负荷点整定该定值。如用 $I_{op}=0.4I_{t.n}$ 后，不再发生辅助冷却器起动继电器因频繁起动和返回而损坏的事例），所以建议辅助冷却器起动保护整定值采用

$$I_{op}=0.4I_{t.n} \tag{2-332}$$

(6) 起动主变压器辅助冷却器动作时间 $t_{op}=8s$ 。

（六）主变压器绕组及上层油温超温度保护

主变压器绕组及上层油温超温度保护，根据运行实践，由于测量回路及测温元件的不稳定，动作极不可靠，一般不动作于跳闸，只动作于发信号。

(1) 上层油温 $T=75$℃时动作发信号。

(2) 绕组温度 $T=100$℃时动作发信号。

二十七、高压厂用变压器纵差动保护

本节四、中述及的是大型升压变压器（指发变组的升压主变压器）的差动保护的整定计算问题，以下主要针对的是高压厂用变压器（高压起动/备用厂用变压器）或其他降压变压器的整定计算。

火电厂高压厂用变压器（高压起动/备用厂用变压器），其主接线一般由两台容量完全相同的双绕组变压器分别供二段母线，由一台分裂绕组变压器分别供两段母线，由单台双绕组变压器同时供两段不同的母线。高压厂用变压器或中等容量的降压变压器与大型升压变压器在整定计算方面的主要区别是：

(1) 降压变压器（高压起动/备用厂用变压器）空载投入时励磁涌流的倍数比发变组的主变压器大得多。

(2) 降压变压器（高压起动/备用厂用变压器）区外短路时的短路电流倍数比升压变压器也大得多。(但当主变压器高压侧采用3/2断路器接线方式时，区外短路流过断路器回路内TA的电流更大。)

(3) 高压厂用变压器（高压起动/备用厂用变压器）均存在着在厂用系统短时失压和电压恢复过程中电动机的自起动问题，这种自起动比一般的变压器要严重得多。

(4) 高压厂用变压器（高压起动/备用厂用变压器）一次系统接线图有多种方式，这与一般的变压器的接线方式也有很大的区别。

以上种种区别必须在保护配置和整定计算时予以考虑。

（一）动作判据

各种变压器纵差动保护的动作判据与式（2-1）、式（2-4）、式（2-5）、式（2-6）相同。

（二）整定计算

1. 基本计算方法

与本节四、基本相同。

2. 特殊问题的处理

两台双绕组高压厂用变压器（高压起动/备用厂用变压器）的一次系统接线如图2-34所示，图中除分别保护变压器T1、T2的纵差动保护KD1、KD2外，还装设同时保护变压器T1、T2变压器组的纵差动保护KDΣ。高压厂用变压器纵差动保护客观上存在着以下情况：①某厂四台370MVA的主变压器，在满负荷时实测的最大不平电流均未超过变压器额定电流的3%（变压器二次额定电流为3.56A，实测的最大不平衡电流均不超过0.1A）。②有8台25MVA的高压厂用变压器，其额定二次电流为3.8A，而满负荷时，差动保护实测的最大不平衡电流也均不超过0.05A，高压厂用变压器正常负荷电流约为$0.5I_{T.N}$（$I_{T.N}$为高压厂用变压器一次额定电流），差动保护起动元件的动作电流为差动保护的最小动作电流整定值$I_{d.op}=I_{d.op.min}=0.6I_{t.n}=2.3A$时，当一台5500kW电动给水泵起动时，高压厂变纵差动保护的差电流每次均超过2.3A（差动保护起动元件每次均动作），按5500kW电动给水泵起动（起动电流倍数$K_{st}=6$）计算，此时变压器相当于有突变量电流$\Delta I=1.55I_{t.n}$（$I_{t.n}$为高压厂用变压器的额定二次电流）电流增量。如果按电流互感器稳态最大误差为10%计算（实际上电流互感器此时的稳态最大误差小于10%），并按实际的$\Delta u=0$，$\Delta m=0$，$K_{ap}=1.5$由式(2-52)计算最大差电流为$I_d=(1.5\times0.1\times1.55+0.1\times0.5)\times3.8=1.07A$，此值远小于2.3A，差动保护起动元件不应该动作。但实际上5500kW电动给水泵起动时，高压厂变纵差动保护起动元件每次都动作，这说明在5500kW电动给水泵起动时，高压厂变纵差动保护差动电流每次超过$0.6\sim0.7I_{t.n}$。类似的情况在不同的多家大型发电厂同时存在，其主要原因不在于保护的原理有缺陷，而是当变压器有突变量电流时，5P、10P级TA的暂态特性因严重不一致而产生难以计算和随机且数值很大的附加不平衡差动电流。所以，变压器各侧使用5P、10P级TA时，变压器纵差动保护的最小动作电流和制动系数斜率应适当取较大值。

(1) 双绕组高压厂用变压器（高压起动/备用变压器）差动保护KD1、KD2。一般将高压厂用变压器的纵差动保护最小动作电流和差动速断动作电流取得比大型发电机变压器的纵差动保护最小动作电流和差动速断动作电流适当大一些，二次谐波制动比适当取小一些，其

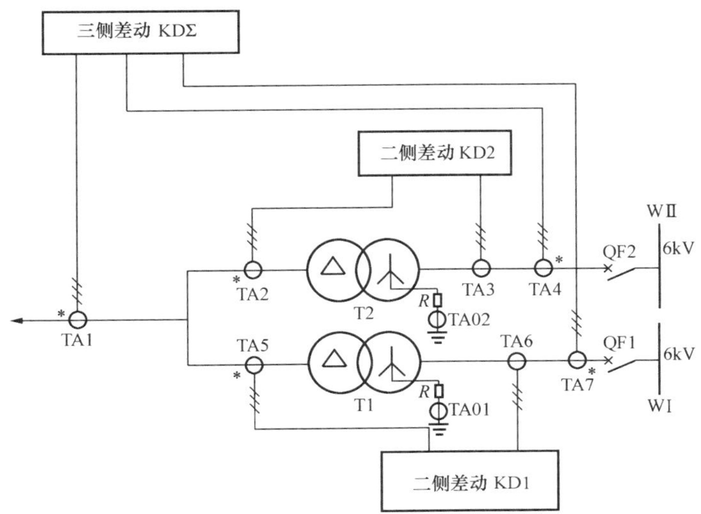

图2-34 双绕组高压厂用变压器一次系统接线图

他整定值可按大型发电机变压器的纵差动保护相同的原则计算。

1）最小动作电流 $I_{d.op.min}=0.6I_{t.n}$ [$I_{t.n}$为一台变压器基本侧额定二次电流值（A）]。

2）拐点电流和制动数斜率计算，根据不同特性类型的保护分别用式（2-51）、式（2-53）、式（2-53a）、式（2-69）～式（2-72）和式（2-77）、式（2-83）、式（2-84）。

3）二次谐波制动比 $K_{2\omega}=0.15$。

4）差动速断动作电流 $I_{d.op.up}=(6\sim7)I_{t.n}$。

（2）两台双绕组高压厂用变压器组（高压起动/备用变压器）纵差动保护 KDΣ。

1）最小动作电流 $I_{d.op.min}=0.6\times2\times I_{t.n}$[$I_{t.n}$为一台变压器基本侧额定二次电流值(A)]。

2）拐点电流和制动数斜率计算，根据不同特性类型的保护分别用式（2-51）、式（2-53）、式（2-53a）、式（2-69）～式（2-72）和式（2-77）、式（2-83）、式（2-84）。

3）二次谐波制动比 $K_{2\omega}=0.15$。

4）差动速断动作电流 $I_{d.op.up}=(6\sim7)\times2I_{t.n}$。

（3）分裂绕组高压厂用变压器（高压起动/备用厂用变压器）差动保护 KD。分裂绕组高压厂用变压器一次系统接线如图 2-35 所示，分裂绕组高压厂用变压器纵差动保护的整定计算。

1）最小动作电流 $I_{d.op.min}=0.6\times I_{t.n}$ [$I_{t.n}$为分裂绕组高压厂用变压器高压侧额定容量为基准的额定二次电流值（A）]。

2）拐点电流和制动数斜率计算，根据不同特性类型的保护分别用式(2-51)、式(2-53)、式(2-53a)、式(2-69)～式(2-72)和式(2-77)、式(2-83)、式(2-84)。

3）二次谐波制动比 $K_{2\omega}=0.15$。

4）差动速断动作电流 $I_{d.op.up}=(6\sim7)I_{t.n}$。

（4）单台双绕组高压厂用变压器（高压起动/备用厂用变压器）纵差动保护 KD。单台双绕组高压厂用变压器一次系统接线如图 2-36 所示，单台双绕组高压厂用变压器差动保护的整定计算与一般降压变压器差动保护的整定计算完全相同。

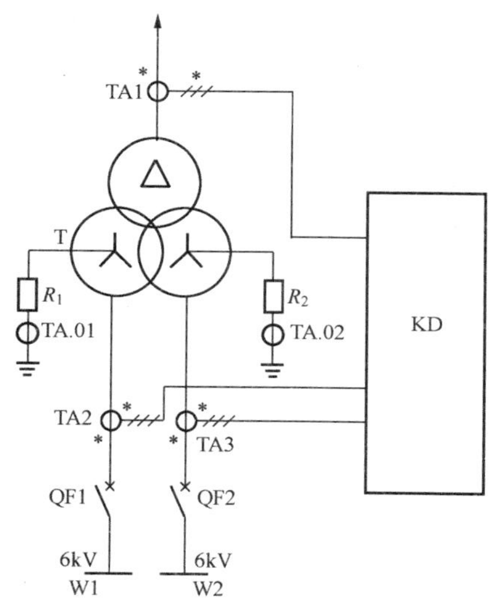

图 2-35 分裂绕组高压厂用变压器一次系统接线图

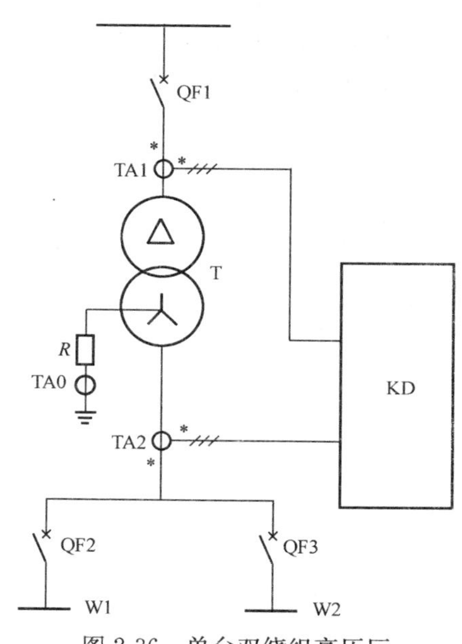

图 2-36 单台双绕组高压厂用变压器一次系统接线图

1)最小动作电流 $I_{d.op.min}=0.6\times I_{t.n}$ [$I_{t.n}$为变压器基本侧额定二次电流值(A)];

2)拐点电流和制动数斜率计算,根据不同特性类型的保护分别用式(2-51)、式(2-53)、式(2-53a)、式(2-69)~式(2-72)和式(2-77)、式(2-83)、式(2-84);

3)二次谐波制动比 $K_{2\omega}=0.15$;

4)差动速断动作电流 $I_{d.op.up}=(6\sim7)I_{t.n}$。

(5)其他辅助参数整定。变压器额定容量、电压变比、联结组别、TA 变比、接线方式、平衡系数的计算和设置、灵敏度的计算等问题类同于本节四、的计算。

(三)注意的问题

降压变压器差动保护对躲过变压器空载投入时励磁涌流的能力、躲过区外短路时的不平衡电流的能力和躲过变压器区外短路切除后电压恢复时励磁涌流的能力,要比升压变压器差一些(因升压变压器电源容量相对要小得多),整定计算时应充分考虑到这一差异。最小动作电流、制动系数斜率、差动速断动作电流应适当取得比发电机变压器组的整定值大一些,而二次谐波制动比适当取得比发电机变压器组的整定值小一些。降压变压器纵差动保护必须经 3~5 次的空载投入试验,以检验纵差动保护躲过变压器空载投入时励磁涌流的能力(如差动速断保护动作,可将差动速断动作电流倍数整定值适当按修正值 $K_{rel}K$ 提高)。

二十八、高压厂用变压器(简称高压厂变)分支相间短路保护

大机组单元的厂用系统一般分为两分支(或两分段),每一分支应装设分支低电压闭锁过电流保护,其设置的原则对不同类型和不同一次接线方式的高压厂用变压器用不同的保护方式处理。高压厂变一次接线如图 2-34~图 2-36 所示。

(1)分支(或进线断路器以下相同)低电压闭锁过电流保护的电流元件装设于低压侧。当电流元件装设于低压侧时,低电压元件电压取自低压母线 TV 二次的相间电压,其动作时限可分两段,第Ⅰ段跳本分支断路器,第Ⅱ段作用于全停。

(2)分支低电压闭锁过电流保护的电流元件装设于高压侧。当电流元件装设于高压侧,低电压元件电压取自变压器低压侧出口 TV 相间电压时,则变压器低压侧短路时保护有足够的灵敏度,但当变压器(Dy1 接线)高压侧发生两相短路时,保护可能拒动,此时如将低电压闭锁改为装设于低压侧的复合电压闭锁(注意:电压只能取自变压器低压侧出口 TV 相间电压,如电压取自母线电压,当变压器低压侧断路器断开后变压器短路时该保护可能拒动,否则应在变压器低压侧断路器断开后自动解除复合电压闭锁),则变压器高、低压侧的相间短路均有足够的灵敏度。其动作时限可分两段,第Ⅰ段跳本分支断路器,第Ⅱ段作用于全停。

(一)电流元件装设于低压侧时分支低电压闭锁过电流保护整定计算

电流元件装设于低压侧,低电压元件电压取自低压母线 TV 二次相间电压。

1. 低电压元件动作电压整定计算

(1)母线最低电压计算。按厂用系统可能最严重自起动时母线最低电压计算,即

$$\left.\begin{aligned}U_{st.min}&=\frac{X_{st}}{X_S+X_T+X_{st}}\\X_{st}&=\frac{1}{K_{st}}\times\frac{S_{T.N}}{S_{M.N\Sigma}}\left(\frac{U_{M.N}}{U_{T.N}}\right)^2\end{aligned}\right\}\qquad(2\text{-}333)$$

式中 $U^*_{st.min}$——电动机自起动时高压厂用母线最低残压的相对值;

X_S——系统阻抗相对值（以高压厂变额定容量为基准）；

X_T——高压厂用变压器阻抗的相对值；

X_{st}——电动机自起动综合阻抗的相对值（以高压厂变额定容量为基准）；

K_{st}——电动机自起动电流倍数，6kV 系统可取 $K_{st}=5$；

$S_{T.N}$——高压厂用变压器额定容量（MVA）；

$S_{M.N\Sigma}$——参与自起动电动机额定视在功率的总和（MVA）。

（2）6kV 母线最低电压经厂用系统自起动试验确定。电动机自起动时 6kV 母线最低电压可经实际厂用系统自起动试验时的实测值确定，如某厂 300MW 机组厂用系统自起动试验时的实测值约为 $70\%U_N$（$S_{T.N}=2\times20$MVA，$u_k\%=10.5$ 时 $U^*_{st.min}=68\%$；$S_{T.N}=2\times25$MVA，$u_k\%=10.5$ 时 $U^*_{st.min}=70\%$）。

（3）低电压动作电压计算。按躲过电动机自起动时最低残压的相对值 $U^*_{st.min}$ 计算，即

$$U^*_{op}=\frac{U^*_{st.min}}{K_{rel}} \tag{2-334}$$

式中 U^*_{op}——低电压闭锁动作电压相对值；

K_{rel}——可靠系数，取 1.1～1.15。

（4）低电压动作电压根据经验公式计算。一般可取

$$U_{op}=\frac{U^*_{st.min}}{K_{rel}}U_n=(0.5\sim0.6)U_n \tag{2-335}$$

式中 U_n——母线额定电压；

其他符号含义同前。

2. 过电流元件动作电流整定计算

（1）传统的计算方法。按躲过对应分支额定电流计算，即

$$I_{op}=\frac{K_{rel}}{K_{re}n_{TA}}I_{T.N} \tag{2-336}$$

式中 K_{rel}——可靠系数，取 1.2；

K_{re}——返回系数（微机保护取 0.95）；

n_{TA}——电流互感器变比；

$I_{T.N}$——电流元件装设处的变压器额定电流（A）。

按式（2-336）计算的最大缺点是该保护动作时间必然应与低压厂变定时限过电流保护动作时间配合计算，这将使整个厂用系统保护动作时间大大加长。

（2）按躲过一台较大电动机起动电流计算。按躲过可能频繁起动的较大容量电动机的起动电流计算时，如运行中可能切换的较大电动机为循环水泵，则可按变压器带有正常负荷电流同时起动一台较大电动机（如循环水泵）起动电流计算，即

$$I_{op}=(K_{rel1}I_L+K_{rel2}\times K_{st}\times I_{M.N})/n_{TA} \tag{2-337}$$

式中 K_{rel1}——正常负荷电流可靠系数，取 1.2；

I_L——正常负荷电流（A）；

K_{rel2}——躲电动机起动电流可靠系数，取 1.5；

K_{st}——电动机起动电流倍数，为 7～8；

$I_{M.N}$——电动机额定电流（A）；

其他符号含义同前。

(3)按与6.3kV母线出线速断保护最大动作电流配合计算。为尽可能缩短保护动作时间，考虑按6.3kV母线出线瞬时动作(0s)保护最大一次动作电流 $I_{OP.L.max}$ 配合的原则计算，一次动作电流为

$$I_{OP}=K_{rel}I_{OP.L.max} \tag{2-338}$$

(4)按与FC回路最大额定电流的高压熔断器瞬时熔断电流配合计算，即

$$I_{OP}=I_K=(20\sim25)I_{FU.N.max} \tag{2-339}$$

式中 K_{rel}——上下级配合可靠系数，取1.2；

$I_{OP.L.max}$——6.3kV母线出线瞬时动作(0s)保护最大一次动作电流(A)；

I_K——FC回路最大额定电流的高压熔断器瞬时熔断电流(A)；

$I_{FU.N.max}$——FC回路高压熔断器最大额定电流(A)。

(5)按电压元件保护范围末端短路有足够电流灵敏度计算。如按式(2-336)计算，经详细分析和计算知，电压元件的保护范围远小于电流元件的保护范围。如按 $U_{op}=0.6U_n$、$I_{op}=1.3I_N$ 计算得电压元件保护范围为 $X_{K.u}=0.165$，而电流元件保护范围为 $X_{K.i}=0.66$，即电流元件保护范围为电压元件保护范围的0.66/0.165=4倍，电流元件保护范围与电压元件保护范围相差太悬殊，这是没有必要的。这样当较大容量的电动机在直接起动时，电流元件就动作，也使得电流元件在运行中动作太频繁，从而降低了该低电压闭锁定时限过电流保护动作的可靠性并加长动作延时，为此按电压元件保护范围末端发生两相短路时电流元件有足够的灵敏度计算更合理些。

1)电压元件保护范围电抗相对值计算。由电压分压公式计算得

$$X_{K.u}=\frac{U_{op}^{*}(X_S+X_T)}{1-U_{op}^{*}} \tag{2-340}$$

式中 $X_{K.u}$——电压元件保护范围电抗相对值(以高压厂用变压器额定容量为基准)。

其他符号含义同前。

2)按电流元件有足够灵敏度计算动作电流。按电压元件保护范围末端发生两相短路时电流元件有足够的灵敏度计算，即

$$I_{op}=\frac{1}{K_{i.sen.min}}\frac{\sqrt{3}}{2}\times\frac{I_{t.n}}{(X_S+X_T+X_{K.u})} \tag{2-341}$$

式中 $K_{i.sen.min}$——电压元件保护范围末端发生两相短路时电流元件的灵敏系数,取1.25~1.5；

$I_{t.n}$——变压器额定二次电流(A)；

其他符号含义同前。

(6)电动机自起动电流计算。计算式为

$$I_{st.\Sigma}=\frac{I_{T.N}}{X_S+X_T+X_{st.\Sigma}}=\frac{I_{T.N}}{X_S+\frac{u_K\%}{100}+\frac{S_{T.N}}{K_{st.\Sigma}S_{M.N.\Sigma}}\left(\frac{U_{M.N}}{U_{T.N}}\right)^2} \tag{2-342}$$

式中符号含义同前。

3. 无低电压闭锁过电流元件动作电流计算

如无低电压闭锁，则按躲过电动机全部自起动电流计算，即

$$I_{OP}=K_{rel}I_{st.\Sigma} \tag{2-343}$$

式中 K_{rel}——可靠系数 1.15～1.2；

$I_{st.\Sigma}$——电动机全部自起动电流。

根据保护配置，权衡选择性、灵敏度、快速性、安全可靠性选择合适的动作电流，如低电压闭锁过电流保护，动作电流按式(2-341)计算，一般能同时满足式(2-337)、式(2-338)和式(2-339)。这样计算既能满足选择性，又有足够的灵敏度，同时动作时间也最小(保证了快速性)，并使正常运行时保护有最少的起动次数，从而又大大提高了保护的安全可靠性。

4. 低电压闭锁过电流保护第Ⅰ段动作时间 $t_{op.\mathrm{I}}$ 计算

与出线电流保护最长动作时间配合计算。

(1) 动作电流已与母线所有出线瞬时动作保护的动作电流配合时，动作时间可取

$$t_{op.\mathrm{I}} = \Delta t = 0.3 \sim 0.4\mathrm{s} \tag{2-344a}$$

当动作时间不能按式（2-344a）计算时，且高压厂变抗短路能力较差，可加装动作电流按低压母线两相短路电流 $I_K^{(2)}$ 灵敏系数为 1.25 的短延时电流速断保护，保证低压母线短路以较小动作时间切断故障，整定值为

$$\left.\begin{aligned} I_{op} &= \frac{I_K^{(2)}}{1.25} \\ t_{op} &= 0.3\mathrm{s} \end{aligned}\right\} \tag{2-344b}$$

(2) 动作电流未与母线所有出线的瞬时动作保护的动作电流配合时，动作时间应考虑与电流未能配合的后备保护动作时间配合，此时动作时间为

$$t_{op.\mathrm{I}} = t_{op.max} + \Delta t \tag{2-345}$$

式中 $t_{op.max}$——和 6kV 厂用出线瞬动保护未能配合设备的过电流保护最长动作时间（s）；

Δt——时间级差，微机保护可用 0.3～0.4s。

分支相间低电压闭锁过电流保护动作电流尽可能与母线所有出线瞬时动作保护的动作电流（FC 瞬时熔断电流）配合，故第Ⅰ段动作时间 $t_{op.\mathrm{I}}$ 可用式（2-344）计算。

第Ⅰ段动作时间作用于跳本分支断路器（进线断路器）。

5. 低电压闭锁过电流保护第Ⅱ段动作时间 $t_{op.\mathrm{II}}$ 计算

按与分支相间低电压闭锁过电流保护第Ⅰ段动作时间配合计算，即

$$t_{op.\mathrm{II}} = t_{op.\mathrm{I}} + \Delta t \tag{2-346}$$

式中符号含义同前。

第Ⅱ段动作时间作用于全停（如考虑快切，则本段动作时间应退出）。

(二) 电流元件装设于变压器高压侧时分支相间复合电压闭锁过电流保护整定计算

电流元件装设于变压器高压侧，电压取自变压器低侧出口 TV 相间电压。

1. 复合电压闭锁元件计算

(1) 低电压元件动作电压计算。同式（2-334）或式（2-335）计算。

(2) 负序过电压元件动作电压计算。按躲过正常时最大不平衡负序电压计算，即

$$U_{2.op} = (0.06 \sim 0.09)U_n \tag{2-347}$$

一般取 $U_{2.op}=0.07U_n$，负序相电压动作整定值为，$U_{2.op.p}=\frac{0.7}{\sqrt{3}}U_n=4\mathrm{V}$。

灵敏系数为

$$K_{2.sen.min}^{(2)} = \frac{U_{K2.min}^{*(2)}}{U_{2.op}^{*}} \tag{2-348}$$

式中 $K_{2.sen.min}^{(2)}$——低压母线两相短路时负序电压元件灵敏系数；

$U_{K2.min}^{*(2)}$——低压母线（或高压侧）两相短路时负序电压标么值；

近后备要求 $K_{2.sen.min}^{(2)} \geqslant 2$，远后备要求 $K_{2.sen.min}^{(2)} \geqslant 1.5$。

2. 过电流元件动作电流计算

同式（2-337）～式（2-341），一般按式（2-341）计算比较合理。

3. 第Ⅰ段动作时间计算

同上式（2-344）～式（2-345）。第Ⅰ段动作时间作用于跳本分支断路器。

4. 第Ⅱ段动作时间计算

同式（2-346）。第Ⅱ段动作时间作用于全停。

（三）注意事项

（1）为保证6kV母线短路时能以最短时间切断短路故障，当6kV厂用出线均采用断路器时，一般而言，高压厂变分支低电压闭锁过电流保护按式（2-341）计算时，能与6kV厂用出线瞬时动作的保护配合，所以其动作时间取0.3～0.4s即可。

（2）当6kV厂用出线未全部采用断路器时，特别是有部分采用真空接触器时，真空接触器所用的高压熔断器在分支过电流保护动作电流时的最大熔断时间＜0.1s，则该低电压闭锁过电流保护仍可取用0.3～0.4s短延时电流速断保护（或为过电流Ⅰ段保护）。

（3）当有备用分支特殊运行方式时，分支过电流保护动作时间应与备用分支过电流保护动作时间配合计算。

二十九、高压厂用变压器组相间短路的后备保护

高压厂用变压器组（高压起动/备用厂用变压器组）所接负荷很大一部分是数千千瓦甚至大于6000kW，并属于Ⅰ类的重要大型电动机，在厂用系统短时失压和电压恢复过程中，电动机的自起动十分严重。如某发电厂300MW机组的高压厂用系统曾分别进行冷态和热态的自起动试验，其自起动电流高达备用高压厂用变压器额定电流的4倍，而自起动时短时瞬间电压降至（68%～70%）U_N（U_N为母线额定电压）。

（一）高压厂用变压器相间短路的后备保护的设置

高压厂用变压器相间短路的后备保护有：

（1）三相定时限过流保护。

（2）三相过流与负序过电流定时限保护。

（3）低电压闭锁的定时限过电流保护。

（4）复合电压闭锁的定时限过电流保护。

由于电动机自起动电流特别大，根据理论计算和实践证明，三相定时限过电流保护如按躲过电动机自起动计算，则一般来说其灵敏度较低或保护范围太小，所以300MW及以上机组的高压厂用变压器后备保护基本上不采用三相定时限过流保护。早期曾用三相定时限过流加负序定时限过流保护，这对Dy1接线的变压器的灵敏度没有明显提高，所以现在也不再采用。对Dy1接线的变压器，如采用低电压闭锁的过电流保护，低电压元件不论装设于何侧，对Dy1接线的变压器一侧两相短路时的分析计算结果都说明，非短路侧的相间电压下降不多。这时装设于非短路侧的电压元件的灵敏度是不够的，这种情况造成低电压闭锁过电流保护整组拒动的实例曾经发生过。为解决这一问题，只有在变压器两侧同时加装相间低

电压闭锁元件，才能解决变压器任何一侧两相短路时电压元件有足够的灵敏度，但这样无疑大大增加保护装置的复杂性。对大型发电机变压器组的Dy1接线的高压厂用变压器相间短路的后备保护，电压元件接于变压器低压出口侧的复合电压闭锁定时限过电流保护就比较合理。

（二）高压厂用变压器组相间短路后备保护整定计算

1. 相间低电压元件计算

装设于Dy1低压侧的相间低电压元件动作电压的计算同式（2-333）～式（2-335）。

2. 负序电压元件计算

同式（2-347）～式（2-348）。

3. 装设于高压侧的电流元件动作电流计算

（1）按躲过正常最大负荷电流计算，即

$$I_{op}=\frac{K_{rel}}{K_{re}n_{TA}}I_N \tag{2-349}$$

式中　K_{rel}——可靠系数，取1.2；

K_{re}——返回系数，（微机保护取0.95）；

n_{TA}——电流互感器变比；

I_N——电流元件装设处的变压器组的额定电流（A）。

（2）按与分支低电压闭锁过电流保护电流元件动作电流配合计算，即

$$\left.\begin{array}{l}\text{单台变压器高压侧过电流元件 } I_{op}=K_{rel}n_{sen}I_{OP.L}/n_{TA}\\ \text{双台变压器高压侧过电流元件 } I_{op}=K_{rel}(I_L+n_{sen}I_{OP.L})/n_{TA}\end{array}\right\} \tag{2-350}$$

式中　K_{rel}——可靠系数，取1.15～1.2；

n_{sen}——高、低压侧过电流元件灵敏系数比（Dy1接线的变压器的$n_{sen}=1.15$）；

$I_{OP.L}$——分支低电压闭锁过电流保护电流元件折算至变压器高压侧的一次动作电流（A）；

I_L——其中一台变压器高压侧最大负荷电流（A）；

n_{TA}——TA变比。

（3）灵敏系数计算。对Dyn1接线的变压器，装设于高压侧的TA为完全星形接线的三电流元件，低压侧两相和三相短路的灵敏度相同，即

$$K_{sen}^{(2)}=K_{sen}^{(3)}=\frac{I_{k.min}^{(3)}}{I_{op}}\geqslant 1.5 \tag{2-351}$$

Dd12接线的变压器灵敏度为

$$K_{sen}^{(2)}=0.866\times\frac{I_{k.min}^{(3)}}{I_{op}}\geqslant 1.5$$

式中 $I_{k.min}^{(3)}$——低压母线三相短路时TA二次侧的最小短路电流（A）。

4. 动作时间计算

（1）Ⅰ段动作时间$t_{op.Ⅰ}$计算。按与分支相间低电压闭锁过电流保护第Ⅰ段动作时间配合计算，即

$$t_{op.Ⅰ}=t_{op.1}+\Delta t \tag{2-352}$$

式中　$t_{op.Ⅰ}$——分支相间低电压闭锁过电流保护第Ⅰ段动作时间；

Δt——时间级差（微机保护可用0.3～0.4s）。

Ⅰ段动作时间 $t_{op.Ⅰ}$ 作用于全停。

（2）Ⅱ段动作时间 $t_{op.Ⅱ}$ 计算。按与Ⅰ段动作时间 $t_{op.Ⅰ}$ 配合计算，即

$$t_{op.Ⅱ}=t_{op.Ⅰ}+\Delta t \tag{2-353}$$

高压厂用变压器相间短路后备保护Ⅱ段动作时间作用于全停（在此情况下Ⅱ段可不用）。

三十、高压厂用变压器单相接地保护

对300MW大型发电机组6kV电压等级的厂用系统，在20世纪90年代以前，高压厂用变压器的中性点是不接地的，当单相接地时，接地保护仅动作于信号，即6kV电压等级的厂用系统，在单相接地电流小于10A时，允许厂用系统运行2h。但实践证明，多家300MW大机组6kV电压等级的厂用系统，绝大多数单相接地（特别是电缆的单相接地）时，即使单相接地电流小于10A（但超过6A而接近10A时），均在很短时间内发展为相间短路。自20世纪90年代以来，300MW及以上大型发电机组6kV电压等级的厂用系统，大多采用4.6～6.06～9.09～18Ω的小电阻接地方式，当单相接地时，金属性接地电流约为800～600～400～200A，这样6kV电压等级的厂用系统单相接地时，接地保护均作用于跳闸。

高压厂变当中性点经小电阻接地方式运行时，均装设取自变压器中性点零序电流互感器TA0二次电流 $3I_0$ 的二段式零序过电流保护，其第一段跳本分支断路器，第二段作用于全停。

1. 零序Ⅰ段动作电流计算

（1）零序Ⅰ段动作电流 $3I_{0.op.Ⅰ}$ 按与6kV厂用出线零序过电流保护最大动作电流配合计算，即

$$3I_{0.op.Ⅰ}=K_{rel}\times 3I_{0.OP.max}/n_{TA0} \tag{2-354}$$

式中 K_{rel}——可靠系数，取1.15～1.2；

$3I_{0.OP.max}$——6kV厂用出线零序过电流保护最大一次动作电流；

n_{TA0}——高压厂变中性点零序电流互感器TA0的变比。

（2）灵敏系数计算。计算式为

$$K_{0.sen}^{(1)}=\frac{3I_{K0.min}^{(1)}}{3I_{0.op.Ⅰ}\times n_{TA0}}\geqslant 2 \tag{2-355}$$

式中 $K_{0.sen}^{(1)}$——高压厂变Ⅰ段零序过电流保护的灵敏系数；

$3I_{K0.min}^{(1)}$——6kV厂用出线最小单相接地电流（A）。

其他符号含义同前。

2. 零序Ⅰ段动作时间 $t_{0.op.Ⅰ}$ 计算

按与6kV厂用出线零序过电流保护最大动作时间配合计算，即

$$t_{0.op.Ⅰ}=t_{0.op.max}+\Delta t \tag{2-356}$$

式中 $t_{0.op.max}$——6kV厂用出线零序过电流保护的最大动作时间（s）；

Δt——时间级差（微机保护 Δt=0.3～0.4s）。

零序Ⅰ段动作时间作用于跳本分支断路器、起动快切。

3. 零序Ⅱ段动作时间 $t_{0.op.Ⅱ}$ 计算

零序Ⅱ段动作时间 $t_{0.op.Ⅱ}$ 应比零序Ⅰ段动作时间 $t_{0.op.Ⅰ}$ 长一时间级差 Δt，即

$$t_{0.op.Ⅱ}=t_{0.op.Ⅰ}+\Delta t \tag{2-357}$$

零序Ⅱ段动作时间作用于机组全停、起动快切。

三十一、交流励磁发电机和自并励励磁变压器保护

交流励磁发电机和自并励励磁变压器的运行工况和运行方式及其所带负载与一般变压器有很大差别：

（1）所接负载为三相桥式整流或为三相可控硅（晶闸管）整流。前者的负荷与一般的三相对称负载没有区别，而后者除正常情况时负载在不断变化外，而且存在着随负载变化的各次谐波分量也在变化（谐波分量大小及谐波次数均在变化）。

（2）发电机正常强励工作状态是励磁发电机和励磁变压器最大负荷状态，励磁发电机和励磁变压器的后备保护应躲过发电机正常强励时的电流。

（一）交流励磁发电机保护整定计算

1. 交流励磁发电机纵差动保护

其动作判据和整定计算同本章第二节一。

2. 定时限过电流保护

定时限过电流保护不同于励磁过电流保护，它是短路故障的后备保护。

（1）动作电流 I_{op} 计算。按躲过发电机强励时的最大电流计算，即

$$I_{op}=\frac{K_{rel}\times I_{L.max}}{K_{re}\times n_{TA}} \tag{2-358}$$

$$I_{L.max}=K_{al}I_{L.N} \tag{2-359}$$

$$I_{L.N}=K_{3\Phi}I_{fd.n} \tag{2-360}$$

式中 K_{rel}——可靠系数，取 1.15～1.2；

K_{re}——返回系数（微机保护取 0.95）；

n_{TA}——电流互感器变比；

$I_{L.max}$——发电机强励时主励磁机最大交流电流有效值（A）；

K_{al}——允许的最大强励倍数，一般为 1.8～2；

$I_{L.N}$——发电机额定工况时励磁发电机交流电流有效值（A）；

$K_{3\Phi}$——三相桥式整流系数的倒数（理论值 $K_{3\Phi}=0.816$，应根据发电机满负荷时实测决定）；

$I_{fd.n}$——发电机额定工况时转子励磁电流（A）。

（2）灵敏系数计算为

$$K_{sen}=\frac{I_K^{(3)}}{I_{op}n_{TA}}\geqslant 2 \tag{2-361}$$

式中 $I_K^{(3)}$——主励磁机输出端三相短路电流（A）。

（3）动作时间整定计算。按躲过强行励磁时的暂态过程计算，一般取

$$t_{op}=0.5\sim 1\text{s} \tag{2-362}$$

（二）自并励励磁变压器保护整定计算

自并励励磁变压器短路故障属于发变组差动保护范围内的故障，励磁变压器纵差动保护或电流速断保护和定时限过电流保护为发变组差动保护范围不足的补充保护。

1. 励磁变压器纵差动保护

由于励磁变压器工作状态的特殊性，发电机在不同负荷时，励磁变压器两侧电流波形畸

变既严重又各不相同，正常运行时差电流可能超过变压器额定电流的60%，当其中一组晶闸管击穿短路，励磁变压器出现很大的直流分量和差动不平衡电流，所以励磁变压器纵差动保护不能按常规变压器计算。

（1）最小动作电流$I_{d.op.min}$计算。按躲过正常负荷时最大不平衡电流计算，即

$$I_{d.op.min}=K_{rel}I_{unb.max}=(0.8\sim1.0)I_{t.n}$$

式中 $I_{t.n}$——变压器基本侧额定二次电流值（A）；

K_{rel}——可靠系数，取1.5～2；

$I_{unb.max}$——正常运行时最大不平衡电流（A）。

（2）拐点电流和制动系数斜率计算，根据不同特性类型的保护分别用式(2-51)、式(2-53a)、式（2-53b）、式（2-69）～式（2-72）和式（2-77）、式（2-83）、式（2-84）。

（3）二次谐波制动比$K_{2\omega}=0.15$。

（4）差动速断动作电流$I_{d.op.up}=(8\sim10)I_{t.n}$。

励磁变压器纵差动保护工作条件极差，最小动作电流虽然比一般变压器纵差动保护动作电流要大得多，但其灵敏度还是比电流速断保护的灵敏度要高。

2. 电流速断保护

有的励磁变压器未配置纵差动保护而只配置电流速断保护。

（1）动作电流按变压器低压侧两相短路有足够灵敏度计算，即

$$I_{op.qu}=\frac{I_K^{(2)}}{K_{sen}^{(2)}\times n_{TA}} \tag{2-363}$$

式中 $I_{op.qu}$——电流速断保护动作电流（A）；

$I_K^{(2)}$——变压器低压侧两相短路电流（A）；

$K_{sen}^{(2)}$——变压器低压侧两相短路灵敏系数，取1.5；

n_{TA}——TA变比。

此时动作时间按和快速熔断器配合计算，一般取0.2～0.3s。

（2）动作电流按躲过变压器出口三相短路电流计算，即$I_{op.qu}=K_{rel}I_K^{(3)}/n_{TA}$时动作时间$t_{op}=0$s。

3. 定时限过电流保护

（1）定时限过电流保护的工作特点。定时限过电流保护为励磁变压器短路故障的后备保护，其功能不同于励磁过电流保护。运行特点与普通变压器的不同之处有：

1）正向短路。无上下级配合的问题，即励磁变压器短路无须与下一级保护配合。

2）反方向短路。由于发电机强行励磁动作，此时励磁变压器一、二次电流都大大超过正常运行时的负荷电流，应按强行励磁电流为2倍发电机额定工况时的励磁电流计算。

（2）励磁变压器最大负荷电流计算。按励磁变压器不同工作状况计算后取较大值。

1）区外三相短路发电机强励时，励磁变压器最大负荷电流计算式为

$$I_{T.l.max}=K_{3\Phi}K_{al}I_{fd.n}=0.816\times2I_{fd.n}=1.632I_{fd.n} \tag{2-364}$$

式中 $I_{T.l.max}$——励磁变压器低压侧最大可能的负荷电流（A）；

$K_{3\Phi}$——三相桥式整流电流整流系数倒数应实测决定，初算时暂取理论值$K_{3\Phi}=0.816$；

K_{al}——发电机允许强励磁倍数；

$I_{fd.n}$——发电机额定工况时转子绕组的励磁电流（A）。

其他符号含义同前。

2）区外不对称短路发电机强励时，励磁变压器两相工作最大负荷电流计算式，为

$$I_{T.l.max}=K_{2\Phi}K_{al}I_{fd.n}=1.11\times 2I_{fd.n}=2.222I_{fd.n} \tag{2-365}$$

式中 $K_{2\Phi}$——三相桥式整流两相运行时电流整流系数的倒数，取 $K_{2\Phi}=1.11$；

其他符号含义同前。

（3）定时限过电流保护动作电流计算。按躲过励磁变压器最大负荷电流（区外不对称短路发电机强励）计算，由式（2-365）得

$$I_{op}=K_{rel}\frac{I_{T.l.max}}{n_T n_{TA}}=K_{rel}\frac{2.22I_{fd.n}}{n_T n_{TA}} \tag{2-366}$$

式中 n_T——励磁变压器变比；

其他符号含义同前。

（4）灵敏度计算。计算式为

$$K_{sen}=\frac{I_{K.min}}{I_{op}n_{TA}}\geqslant 2$$

式中 $I_{K.min}$——励磁变压器低压出口最小三相短路电流；

其他符号含义同前。

（5）动作时间计算。按躲过强行励磁时的暂态过程计算，即

$$t_{op}=0.5\sim 1s$$

励磁变压器定时限过电流保护动作于全停。

4. 励磁变压器—发电机转子绕组过负荷保护

（1）发电机转子绕组过电流允许发热时间和发电机转子过负荷保护动作时间。为了使发电机转子绕组过电流允许发热时间和发电机转子过负荷保护动作时间很好配合，应尽可能使两方程的特性曲线一致，特性和方程为

$$\left.\begin{aligned}&\text{发电机转子绕组励磁过电流允许时间 } t_{al}=\frac{K_{he.al}}{\left(\frac{I_{fd}}{I_{fd.n}}\right)^2-1}=\frac{33.75}{\left(\frac{I_{fd}}{I_{fd.n}}\right)^2-1}\\&\text{反时限过负荷保护动作时间 } t_{op}=\frac{k_1}{\left(\frac{I_{fd.ac}}{I_B}\right)^2-k_2}=\frac{k_1}{\left(\frac{I_{fd.ac}}{I_{fd.n.ac}}\right)^2-k_2}\end{aligned}\right\} \tag{2-367}$$

式中 t_{al}——发电机转子绕组过电流允许发热时间；

t_{op}——发电机转子过负荷保护动作时间；

k_1——反时限过负荷保护发热时间常数整定值；

k_2——散热时间常数整定值；

$I_{fd.ac}$——发电机转子励磁电流折算至励磁变压器高压侧电流二次值；

$I_{fd.n}$——发电机额定工况时转子绕组励磁电流；

I_{fd}——发电机转子绕组励磁电流；

$I_{fd.n.ac}$——发电机转子绕组额定励磁电流折算至励磁变压器高压侧 TA 二次值；

$K_{he.al}$——发电机转子绕组励磁过电流允许发热时间常数。

（2）定时限励磁过电流保护整定值计算。

1）发电机转子额定励磁电流折算至变压器高压侧电流二次值计算，为

$$I_{fd.n.ac} = 0.816 \times I_{fd.n}/(n_T \times n_{TA}) \tag{2-368}$$

式中 n_T——励磁变压器变比；

n_{TA}——励磁变压器高压侧 TA 变比；

其他符号含义同前。

2）动作电流整定值，按躲过正常额定励磁电流计算

$$I_{op} = 1.05 \times I_{fd.n.ac} \tag{2-369}$$

3）动作时间整定值，按躲过正常强励时间计算，正常强励时间不超过 5s，动作时间整定值，取 5s。

4）动作于发信报警。

（3）反时限励磁过电流保护起动电流计算。

1）基准电流 I_B 计算。取 $I_B = I_{fd.n.ac}$。

2）动作电流整定值 $I_{op.set}$ 计算，按躲过转子交流侧额定电流计算

$$I_{op.set} = (1.1/0.95) \times I_{fd.n.ac} = 1.16 I_{fd.n.ac} \tag{2-370}$$

式中 $I_{fd.n.ac}$应采用实测值，并根据实测值进行修正计算整定值。

3）发热时间常数整定值 k_1 计算。按制造厂提供 $2I_{fd.n}$允许强励时间 $t_{fd.fo}$计算

$$k_1 = K_{he.al} = [(2I_{fd.n})^2 - 1] \times t_{fd.fo} \tag{2-371}$$

（4）散热时间常数整定值 k_2 计算。$k_2 = 1.05$。 (2-372)

（5）最小动作时间 $t_{op.min}$。按和快速熔断器熔断时间，$t_{op} = 0.3$s 配合计算，为此可取整定最小动作时间

$$t_{op.min} = 0.5\text{s}$$

（6）最大动作时间 $t_{op.max}$计算。最大动作时间为

$$t_{op.max} = t_{op} = \frac{k_1}{\left(\dfrac{I_{op.set}}{I_{fd.n.ac}}\right)^2 - k_2} \tag{2-373}$$

第三节 大型发电机变压器组继电保护整定计算实例 1

A、B 厂 300MW 发电机变压器组继电保护装置的整定计算

一、准备工作

（一）一次系统接线

一次系统接线如图 1-19（a）所示，一次系统等效阻抗图如图 2-19（b）所示，系统参数：最大方式 $X_{1S.min} = 0.012\ 2$，$X_{0S.min} = 0.032\ 3$；最小方式 $X_{1S.max} = 0.018\ 2$，$X_{0S.max} = 0.036\ 5$。

（二）整定计算时一次设备所需的参数

1. 发电机

（1）发电机型号及额定参数。

1）型号：水氢氢发电机 QFSN2-300-2 型（以下部分计算涉及 QFS-300-2 型双水内冷机组时作单独说明，QFS-300-2 型参数未单独列出）。

2）额定容量：$P_{G.N} = 300$MW，$S_{G.N} = 353$MVA。

3）额定功率因数：$\cos\varphi_n=0.85$。

4）额定电压：$U_{G.N}=20kV$。

5）定子额定电流：$I_{G.N}=10\ 189A$。

6）相数：3。

7）额定频率：$f_{G.N}=50Hz$（额定转速：3000r/min）。

（2）发电机参数。

1）定子绕组每相电阻（15℃）：0.002 12Ω。

2）转子绕组电阻（15℃）：0.092 3Ω。

3）定子绕组每相对地电容：$C_p=0.209\mu F$。$I_C=\frac{U_{G.N}}{\sqrt{3}}(2\pi fC_p\times10^{-6})=0.757A$。

4）转子绕组自感：0.857H。$X_L=2\pi f\times L=269\Omega$。

5）次瞬变直轴同步电抗（不饱和值）：$X''_d=17.4\%$。

6）次瞬变直轴同步电抗（饱和值）：$X''_{d.sa}=16\%$。

7）次瞬变横轴同步电抗（不饱和值）：$X''_q=17.2\%$。

8）次瞬变横轴同步电抗（饱和值）：$X''_{q.sa}=15.8\%$。

9）瞬变直轴同步电抗（不饱和值）：$X'_d=22.9\%$。

10）瞬变直轴同步电抗（饱和值）：$X'_{d.sa}=20.2\%$。

11）瞬变横轴同步电抗（不饱和值）：$X'_q=38.2\%$。

12）瞬变横轴同步电抗（饱和值）：$X'_{q.sa}=33.6\%$。

13）直轴同步电抗（饱和值）：$X_{d.sa}=180\%$。

14）横轴同步电抗（饱和值）：$X_{q.sa}=175\%$。

15）定子漏抗：$X_S=12.9\%$。

16）负序电抗（不饱和值）：$X_2=17.3\%$。

17）负序电抗（饱和值）：$X_{2.sa}=15.9\%$。

18）零序电抗（不饱和值）：$X_0=7.93\%$。

19）零序电抗（饱和值）：$X_{0.sa}=7.53\%$。

20）直轴开路瞬变时间常数：$T'_{d0}=8.6s$。

21）横轴开路瞬变时间常数：$T'_{q0}=0.956s$。

22）直轴短路瞬变时间常数：$T'_d=0.956s$。

23）交轴短路暂态时间常数：$T'_q=0.184s$。

24）直轴开路次暂态时间常数：$T''_{d0}=0.044\ 2s$。

25）交轴开路次暂态时间常数：$T''_{q0}=0.074\ 4s$。

26）直轴短路次暂态时间常数：$T''_d=0.035s$。

27）交轴短路次暂态时间常数：$T''_q=0.035s$。

28）短路比：0.6。

（3）发电机过负荷能力。

1）长期运行允许负序电流相对值：$I^*_{2\infty}=0.08$。

2）瞬时耐负序电流（转子表层负序过负荷）的能力：$(I_2^{*2}-I_{2\infty}^{*2})t=A=8s$。

3）发电机定子允许的短暂过载能力：系统发生短路时发电机定子允许短暂过载能力见表 2-15。

表 2-15　　系统发生短路时发电机允许的短暂过载能力

系统发生短路时允许的短暂时间(s)	10	30	60	120
发电机定子过电流能力 I_G^*（定子额定电流的%值）	226	154	130	116
发电机定子过电流发热时间常数$[K_1=(I_G^{*2}-K_2)t]$(s)	41	41.1	41.4	41.5

（4）励磁参数。

1）发电机额定工况时转子电流（或满载励磁电流）：2510A（90℃）。

2）发电机额定工况时转子电压（或满载励磁电压）：302V。

3）发电机空载励磁电流：987A。

4）发电机空载励磁电压（75℃）：113V。

5）电机额定工况时励磁机励磁电流：147A。

6）发电机额定工况时励磁机励磁电压：14.3V。

7）发电机空载时励磁机励磁电流：78A（2005 年 2 月 17 日实测为 51.6A）。

8）发电机空载时励磁机励磁电压：5V（2005 年 2 月 17 日实测为 5V）。

9）发电机转子允许的短暂过载能力：系统发生短路时发电机转子允许短暂过载能力见表 2-16。

表 2-16　　系统发生短路时发电机转子允许的短暂过载能力

系统发生短路时允许的短暂时间(s)	10	30	60	120	10
发电机转子过电流能力 I_{fd}^*（转子额定电流的%值）	208	146	125	113	200
发电机转子过电流发热时间常数$[K_1=(I_{fd}^{*2}-K_2)t]$(s)	33.26	33.9	33.75	30.5	30

10）强励顶值电压为额定励磁电压的倍数：2。

11）允许强励时间：强励顶值电压允许强励时间 10s。

2. 主变压器

（1）主变压器型号及额定参数。

1）型号：SFP-370000/220。

2）额定容量：370MVA。

3）额定电压：236±2×2.5%/20kV。

4）额定电流：905A/10681A。

5）连接组别 YNd11。

6）冷却方式：ODAF。

7）相数：3。

（2）主变压器参数。

1）阻抗电压：$u_k\%=14$。

2）短路损耗：$P_K=729.1$kW。

3）电阻分量电压：$u_{ka}\%=0.197$。

4）电抗分量电压：$u_{kr}\%=14$。

5）空载电流：$I_0\%=0.2$。

6）空载损耗：$P_0=179.7\text{kW}$。

3. 高压厂用变压器

（1）高压厂用变压器型号及额定参数。

1）型号：SF-25000/20。

2）额定容量：25MVA。

3）额定电压：20±2×2.5%/6.3kV。

4）额定电流：722A/2291A。

5）连接组别：A厂为Dd12连接组别，B厂为Dy1连接组别。

6）冷却方式：ONAN/ONAF，63%/100%。

7）相数：3。

（2）高压厂用变压器参数。

1）阻抗电压：$u_k\%=10.5$。

2）短路损耗：$P_K=111.1\text{kW}$。

3）电阻分量电压：$u_{ka}\%=0.443$。

4）电抗分量电压：$u_{kr}\%=10.5$。

5）空载电流：$I_0\%=0.53$。

6）空载损耗：$P_0=19.9\text{kW}$。

4. 中性点接地方式

（1）主变压器220kV侧中性点接地方式。

1）A厂正常时一台主变压器中性点直接接地，其他主变压器中性点经间隙接地。

2）B厂正常时一台主变压器中性点直接接地，另一台主变压器中性点经间隙接地。

（2）发电机中性点接地方式。

1）A厂一台发电机中性点经接地变压器高阻抗接地，接地变压器容量为 $S_{T.N}=50\text{kVA}$，变比为 $U_{N1}/U_{N2}=20/0.19$，$I_{N1}/I_{N2}=2.5/263$；接地电阻 $R_n=0.460\Omega$，等效接地电阻 $R_N=0.46\times(20/0.19)^2=5097(\Omega)$。发电机单相接地电容电流 $3I_C=3\times0.757=2.27$（A），电阻电流 $I_R=\dfrac{U_{G.N}}{\sqrt{3}R_N}=\dfrac{20\,000}{\sqrt{3}\ (20/0.19)^2\times0.46}=2.27$（A）。发电机单相接地电流 $I_K^{(1)}=\sqrt{2}\times2.27=3.2$（A）。

其他发电机中性点经消弧线圈欠补偿接地。

2）B厂发电机中性点经接地变压器高阻抗接地，接地变压器、接地电阻和发电机单相接地电容电流同A厂。

（3）高压工作厂用变压器接地方式。

B厂6.3kV侧中性点经小电阻20Ω接地（A厂6.3kV侧中性点不接地）。

（4）高压备用/起动厂用变压器接地方式。

1）220kV侧中性点为直接接地方式。

2）B厂6.3kV侧中性点经小电阻20Ω接地（A厂6.3kV侧中性点不接地）。

5. 各侧TA、TV变比

（1）TA变比。

1) 主变压器高压侧：TA 变比为 1250/5，完全星形 YN 接线。

2) 主变压器低压侧、发电机出口、发电机中性点侧、高压厂用变压器高压侧：TA 变比为 15 000/5，完全星形 YN 接线。

3) 主变压器中性点直接接地保护用 TA0 的变比为 600/5。

4) 主变压器中性点间隙接地保护用 TA01 的变比为 100/5。

5) 高压厂用变压器 20kV 侧：变压器套管 TA 的变比为 1000/5，完全星形 YN 接线。

6) 高压厂用变压器 20kV 侧发变组差动保护用 TA 的变比为 15 000/5，完全星形 YN 接线。

7) 高压厂用变压器 6.3kV 侧：变压器中性点套管 TA0 的变比为 200/5。

8) 高压厂用变压器 6.3kV 侧：TA 的变比为 3000/5，完全星形 YN 接线。

(2) TV 变比。

1) 220kV 母线：TV 的变比为$\frac{220}{\sqrt{3}}\bigg/\frac{0.1}{\sqrt{3}}\bigg/\frac{0.1}{\sqrt{3}}\bigg/0.1$。

2) 发电机出口：TV 的变比为$\frac{20}{\sqrt{3}}\bigg/\frac{0.1}{\sqrt{3}}\bigg/\frac{0.1}{\sqrt{3}}\bigg/\frac{0.1}{3}$。

3) 6kV 厂用母线：TV 的变比为$\frac{6}{\sqrt{3}}\bigg/\frac{0.1}{\sqrt{3}}\bigg/\frac{0.1}{3}$。

4) 高压厂用变压器 6.3kV 出口侧：TV 的变比为$\frac{6}{\sqrt{3}}\bigg/\frac{0.1}{\sqrt{3}}$。

6. A、B 厂继电保护配置表

A 厂为三台 QFS-300-2 型发电机组，一台 QFSN2-300-2 型发电机组。B 厂为两台 QFSN2-300-2 型发电机组。A、B 厂继电保护配置见表 2-17。

表 2-17　　A、B 厂继电保护配置表

序号	保护装置类型	A厂 QFS-300-2 型发电机组 (DGT-801A)	A厂 QFSN2-300-2 型发电机组 (RCS-985 型)	B厂 QFSN2-300-2 型发电机组 (WFB-800 型)	作用方式		
					程序跳闸	全停	信号
1	发电机纵差动保护	√	√	√		√	
2	发电机变压器组纵差动保护	√	√	√		√	
3	主变压器纵差动保护	√	√	√		√	
4	发电机定子绕组匝间短路保护	发电机高灵敏横差动保护	纵向基波零序过电压保护	×		√	
5	发电机转子接地保护	√					√
6	发电机定子绕组过电流保护	√	√	√		√	
7	发电机转子表层负序过负荷保护	√	√	√		√	
8	发电机转子绕组励磁过电流保护	√			√		
9	发电机失磁保护	√	√	√	√		
10	发电机失步保护	√	√	√	√		
11	发电机定子绕组过电压保护	√	√	√		√	

续表

序号	保护装置类型	A厂 QFS-300-2 型发电机组（DGT-801A）	A厂 QFSN2-300-2 型发电机组（RCS-985 型）	B厂 QFSN2-300-2 型发电机组（WFB-800 型）	作用方式		
					程序跳闸	全停	信号
12	发电机主变压器过励磁保护	✓	✓	✓		✓	
13	发电机逆功率	✓	✓	✓		✓	
14	程序跳闸逆功率保护	✓	✓	✓		✓	
15	发电机频率异常保护	✓	✓	✓			✓
16	发电机变压器组低阻抗保护	✓	✓	✓		✓	
17	发电机变压器组复合电压闭锁过电流保护	✓	✓	✓		✓	
18	主变压器高压侧零序过电流保护	✓	✓	✓		✓	
19	主变压器高压侧中性点间隙接地零序保护	✓	✓	✓		✓	
20	断路器非全相运行保护	✓				✓	
	断路器非全相运行失灵保护	✓			起动失灵保护		
	断路器失灵保护	✓	✓	✓			
21	电压回路断线（电压不平衡）保护	✓	✓	✓			✓
22	高压厂用变压器纵差动保护	✓	✓			✓	
23	高压厂用变压器分支低电压闭锁过电流保护	✓	✓	✓	Ⅰ段跳分支 Ⅱ段全停		
24	高压厂用变压器 6kV 分支零序过电流保护			✓	Ⅰ段跳分支 Ⅱ段全停		
25	高压厂用变压器组复合电压闭锁过电流保护	✓	✓	✓	Ⅰ段、Ⅱ段全停		
26	发变组非电量保护：发电机水内冷断水保护	✓	✓	✓	✓		
	发变组非电量保护：主变压器瓦斯保护：轻瓦斯保护	✓	✓	✓			✓
	发变组非电量保护：主变压器瓦斯保护：重瓦斯保护	✓	✓	✓		✓	
	发变组非电量保护：主变压器压力释放阀保护	✓	✓	✓			✓
	发变组非电量保护：主变压器冷却器故障保护	✓	✓	✓	✓		
	发变组非电量保护：主变压器绕组及上层油温高保护	✓	✓	✓			✓
27	高压厂用变压器非电量保护：变压器瓦斯保护：轻瓦斯保护	✓	✓	✓			✓
	高压厂用变压器非电量保护：变压器瓦斯保护：重瓦斯保护	✓	✓	✓		✓	
	高压厂用变压器非电量保护：高压厂用变压器压力释放阀保护	✓	✓	✓			✓
	高压厂用变压器非电量保护：高压厂用变压器冷却器故障保护	✓	✓	✓			✓
	高压厂用变压器非电量保护：高压厂用变压器油温高保护	✓	✓	✓			✓

（三）保护装置类型

目前国内生产的发变组微机保护有：

（1）南自厂生产的 DGT-801A 型发电机变压器组微机保护（A 厂 13、14 号机组用）。

（2）南瑞生产的 RCS-985 型发电机变压器组微机保护（A 厂 11 号机组用）。

（3）许继厂生产的 WFB-800 型发电机变压器组微机保护（B 厂 1、2 号机组用）。

由于所举实例的发电厂恰好具有这三种不同类型的发电机变压器组微机保护装置，为此在实例计算过程中，不作单独说明的计算为这三种装置的共性计算，而对装置的个性问题分别作单独计算并说明之。

（四）短路电流计算

（1）主系统短路电流计算详见第一章第三节。

（2）B 厂 6kV 厂用系统单相接地电流为

$$I_K^{(1)}=\frac{U_N}{\sqrt{3}R_N}=\frac{6300}{\sqrt{3}\times 20}=182(A)$$

(3) 其他短路电流计算。其他短路电流在使用时计算。

二、发电机纵差动保护整定计算

(一) DGT-801A 型、WFB-800 型发电机比率制动纵差动保护

1. 最小动作电流 $I_{d.op.min}$ 计算

比率制动特性的纵差动继电器的特性如图 2-1 所示。

(1) 按躲过正常最大负荷时的不平衡电流计算。发电机额定二次电流为

$$I_{g.n}=\frac{I_{G.N}}{n_{TA}}=\frac{10\,189}{3000}=3.4(A)$$

由式 (2-15) 计算得 $I_{d.op.min}\geqslant K_{rel}I_{unb.n}=1.5\times0.06\times3.4=0.306$ (A)。

(2) 按躲过远处短路时的不平衡电流计算。此时短路电流接近额定电流 $I_{K.ou}\approx I_{G.N}$，由式 (2-11) 计算得 $I_{d.op.min}\geqslant K_{rel}I_{unb.k}=K_{rel}K_{ap}K_{cc}K_{er}\frac{I_{K.ou}}{n_{TA}}=1.5\times1.5\times1\times0.06\times3.4=0.46$ (A)

(3) 按经验公式计算。由经验公式 (2-13) 计算得

$$I_{d.op.min}=(0.2\sim0.4)I_{g.n}=(0.2\sim0.4)\times3.4=0.68\sim1.36(A)$$

取 $I_{d.op.min}=1.0A$，则 $I^*_{d.op.min}=0.30$。

2. 最小制动电流或拐点电流 $I_{res.min}$ 计算

由式(2-14)计算得 $I_{res.min}=(0.8\sim1)\times I_{g.n}$，取 $I_{res.min}=0.8\times I_{g.n}=0.8\times3.4=2.7(A)$。

3. 制动系数斜率 S 计算

(1) 最大动作电流 $I_{d.op.max}$ 计算。按躲过区外短路时的最大动作电流计算，由式(2-15)得

$$\begin{aligned}I_{d.op.max}&\geqslant K_{rel}I_{unb.k.max}=K_{rel}K_{ap}K_{cc}K_{er}\frac{I_{K.max}}{n_{TA}}\\&=1.5\times2\times0.5\times0.1\times\frac{I_{K.max}}{n_{TA}}=0.15\times\frac{1.05\times I_{g.n}}{X''_d}\\&=0.15\times\frac{1.05\times3.4}{0.16}\\&=3.35(A)\end{aligned}$$

$$I^*_{K.max}=\frac{1.05}{X''_d}=\frac{1.05}{0.16}=6.6, X''_d=0.16$$

(2) 制动系数斜率 S 的理论值计算。区外最大短路电流的相对值为

$$I_{res.max}=I^*_{K.max}=6.6$$

由式 (2-16a) 计算得 $S=\frac{I_{d.op.max}-I_{d.op.min}}{I_{res.max}-I_{res.min}}=\frac{0.15\times6.6-0.30}{6.6-0.8}=\frac{0.64}{5.8}=0.11$。

(3) 制动系数斜率 S 的经验公式计算值。由式 (2-16b) 计算得 $S=0.3\sim0.5$，取 $S=0.4$。

(4) 灵敏系数计算。发电机在未并入系统时出口两相短路时 TA 的二次电流为

$$I_{k.min}^{(2)}=\frac{\sqrt{3}}{2}\times\frac{1}{X''_d}\times3.4=18.4(A)$$

此时区内短路时差动保护动作电流由式 (2-16c) 计算得

$$I_{d.op}=S(I_{res}-I_{res.min})+I_{d.op.min}=S(0.5I_{k.min}^{(2)}-I_{res.min})+$$

$$I_{d.op.min}=1.0+0.4(0.5\times18.4-2.7)=3.6(A)$$

差动保护灵敏系数为

$$K_{sen}=\frac{I_{k.min}^{(2)}}{I_{d.op}}=\frac{18.4}{3.6}=5.1\geqslant 2$$

发电机出口区外三相短路时差动保护动作电流由式（2-1）计算得

$$I_{d.op}=S(I_{k.max}^{(3)}-I_{res.min})+I_{d.op.min}=0.4\times\left(\frac{3.4}{0.16}-2.7\right)+1.0=8.42(A)$$

$$I_{d.op}^{*}=\frac{I_{d.op}}{I_{g.n}}=\frac{8.42}{3.4}=2.48$$

主变压器高压出口区外三相短路时差动保护动作电流由式（2-1）计算得

$$I_{d.op}=S(I_{k.max}^{(3)}-I_{res.min})+I_{d.op.min}=0.4\times\left(\frac{3.4}{0.16+0.14}-2.7\right)+1.0=4.45(A)$$

$$I_{d.op}^{*}=\frac{I_{d.op}}{I_{g.n}}=\frac{4.45}{3.4}=1.30$$

按躲过区外短路最大不平衡电流计算，$I_{d.op}^{*}=0.370\times3.33=1.23<1.3$ 所以满足要求。

4. 差动速断动作电流 $I_{d.op.qu}$ 计算

差动电流速断是纵差动保护的补充部分，由式（2-17）计算得

$$I_{d.op.qu}=(3\sim4)I_{g.n}=(3\sim4)\times3.4=10.2\sim13.6(A)$$

取

$$I_{d.op.qu}=13.6A,\text{则}\ I_{d.op.qu}^{*}=4$$

差动速断保护灵敏系数为

$$K_{sen}=\frac{I_{k.min}^{(2)}}{I_{d.op}}=\frac{18.4}{13.6}=1.35>1.2$$

5. 保护逻辑电路的选择

保护逻辑电路选择循环闭锁和单差动出口方式。

解除循环闭锁负序过电压元件动作电压计算，取 $U_{2.op}=0.07U_{g.n.p}=0.07\times\frac{100}{\sqrt{3}}=4V$。

6. 动作时间整定值

差动保护动作时间仅为固有动作时间，取动作时间整定值 $t_{d.op}=0s$。

7. TA 断线闭锁整定计算

在大型发电机变压器组的 TA 二次回路断线时，可能产生严重的过电压，这将导致二次回路及其设备严重损坏，所以 TA 断线时不闭锁差动保护，TA 二次回路断线差动保护动作时作用于跳闸停机，同时发 TA 断线信号。

解除 TA 断线闭锁动作电流倍数 $I_{unl}^{*}=1.2$。

（二）RCS-985 型比率制动（变制动系数斜率）差动保护整定计算

RCS-985 型比率制动差动保护动作判据为式（2-6），由于其第一段制动特性实际为二次抛物线（其形状接近实际的差电流曲线），最小动作电流比常规比率制动特性的差动保护稍小一些。

1. 最小动作电流 $I_{d.op.min}$ 计算

由式(2-22)计算得 $I_{d.op.min}=(0.2\sim0.3)I_{g.n}$，取 $I_{d.op.min}=0.25I_{g.n}=0.85$（A），则 $I_{d.op.min}^{*}=0.25$。

2. 最小制动系数 $K_{res.1}$ 和最大制动系数 $K_{res.2}$ 的整定值计算

初选取 $K_{res.1}=0.1$，$K_{res.2}=0.5$。

3. 最大制动系数时的最小制动电流倍数 n 计算

RCS-985 型装置内已设定 $n=4$。

4. 制动系数增量

$\Delta K_{res}=\dfrac{K_{res2}-K_{res1}}{2n}$ 由装置自动计算。

5. 灵敏系数计算

(1) 发电机在未并入系统时，出口两相短路时 TA 的二次电流为

$$I_{k.min}^{(2)}=18.4(A)$$

$$I_{res}^{*}=\frac{I_{K}^{(2)}}{2}=\frac{18.4}{2\times 3.4}=\frac{5.41}{2}=2.706$$

(2) 区内短路时差动保护动作电流计算。由式 (2-6) 得

$$\begin{aligned}I_{d.op}^{*}&=I_{d.op.min}^{*}+(K_{res1}+\Delta K_{res}\times I_{res}^{*})I_{res}^{*}\\&=0.25+\left(0.1+\frac{0.5-0.1}{2\times 4}\times\frac{5.41}{2}\right)\times\frac{5.41}{2}=0.88\end{aligned}$$

(3) 灵敏系数计算。$K_{sen}=5.41/0.88=6.1$。

(4) 区外短路时差动保护动作电流计算。发电机出口区外三相短路时，差动保护动作电流由式 (2-6) 计算得

$$\begin{aligned}I_{d.op}^{*}&=I_{d.op.min}^{*}+(K_{res1}+\Delta K_{res}\times n)n+K_{res2}(I_{res}^{*}-n)\\&=0.25+\left(0.1+\frac{0.5-0.1}{2\times 4}\times 4\right)\times 4+0.5(6.25-4)=2.57>2.3\end{aligned}$$

躲过出口短路时最大不平衡电流计算，$I_{d.op}^{*}=0.37\times 6.25=2.3$

$$I_{res}^{*}=I_{k}^{*}=1/X''_{d}=6.25>4$$

$$I_{d.op}=2.57\times 3.4=8.74\ (A)$$

变压器高压出口区外三相短路时，差动保护动作电流由式 (2-6) 计算得

$$\begin{aligned}I_{d.op}^{*}&=I_{d.op.min}^{*}+(K_{res1}+\Delta K_{res}I_{res}^{*})I_{res}^{*}\\&=0.25+\left(0.1+\frac{0.5-0.1}{2\times 4}\times 3.33\right)\times 3.33=1.13<1.23\end{aligned}$$

$$I_{res}^{*}=I_{k}^{*}=1/(X''_{d}+X_{T})=3.33<4$$

由此可知，变压器高压出口区外三相短路性能不理想，可改取最小制动系数 K_{res1} 和最大制动系数 K_{res2} 的整定值为

$$K_{res1}=0.15$$

$$K_{res2}=0.5$$

此时变压器高压出口区外三相短路时，差动保护动作电流由式 (2-6) 计算得

$$\begin{aligned}I_{d.op}^{*}&=I_{d.op.min}^{*}+(K_{res1}+\Delta K_{res}I_{res}^{*})I_{res}^{*}\\&=0.25+\left(0.25+\frac{0.5-0.15}{2\times 4}\times 3.33\right)\times 3.33=1.234>1.23\end{aligned}$$

由此计算最终取 $I_{d.op.min}^{*}=0.25, K_{res1}=0.15, K_{res2}=0.5$，满足要求。

6. 差动速断动作电流 $I_{d.op.qu}$ 计算

(1) 差动速断动作电流 $I_{d.op.qu.}$。由式 (2-17) 计算取 $I_{d.op.qu}=4I_{g.n}=13.6$ (A)，则 $I^{*}_{d.op.qu}=4$。

(2) 差动速断保护灵敏系数为

$$K_{sen}=\frac{I^{(2)}_{K.min}}{I_{d.op.qu}}=\frac{18.4}{4\times 3.4}=1.35>1.2$$

7. 动作时间计算

差动保护动作时间仅为固有动作时间，取动作时间整定值 $t_{d.op}=0s$。

三、发电机变压器组及主变压器纵差动保护整定计算

(一) DGT-801A 型、WFB-800 型比率制动差动保护的整定计算

1. 变压器各侧电流补偿和平衡计算

(1) 变压器联结组别和实际运行变比及变压器两侧 TA 变比和接线方式设置。

变压器容量：$S_{T.N}=370MVA$。

变压器联结组别：YNd11。

变压器实际运行变比：236/20。

220kV 侧：TA 变比为 1250/5，TA 为完全星形 YN 接线方式。

220kV 侧额定二次电流计算：$I_{h.n}=\frac{S_{T.N}}{\sqrt{3}U_{H.N}n_{TA}}=\frac{370\ 000}{\sqrt{3}\times 236\times 250}=\frac{905.2}{250}=3.62(A)$

20kV 侧：TA 变比为 15 000/5A，TA 为完全星形 YN 接线方式。

20kV 侧二次额定电流计算：$I_{l.n}=\frac{S_{T.N}}{\sqrt{3}U_{L.N}n_{TA}}=\frac{370\ 000}{\sqrt{3}\times 20\times 3000}=\frac{10\ 681}{3000}=3.56(A)$

(2) A 厂用 DGT-801A 型差动保护平衡系数计算。

1) DGT-801A 型差动保护基准侧。选自变压器低压侧（或发电机中性点侧），基准侧二次额定电流为

$$I_{l.n}=\frac{S_{T.N}}{\sqrt{3}U_{L.N}n_{TA}}=3.56(A)$$

2) 20kV 厂用分支侧。TA 变比为 15 000/5，TA 为完全星形 YN 接线方式，二次侧额定电流为 3.56A。

保护要求两侧 TA 为“电流和”接线方式。

3) 平衡系数计算。由式 (2-62) 计算得

低压侧平衡系数 $K_{bal.l}=1$

厂用分支侧平衡系数 $K_{bal.l}=1$

高压侧平衡系数 $K_{bal.h}=\frac{I_{l.n}}{I_{h.n}}=\frac{3.56}{\sqrt{3}\times 3.62}=0.567\ 8$

或高压侧平衡系数 $K_{bal.h}=\frac{U_{H.N}n_{TA.H}}{\sqrt{3}\times U_{L.N}n_{TA.L}}=\frac{236\times 250}{\sqrt{3}\times 20\times 3000}=0.567\ 8$

取 $K_{bal.h}=0.568$。

(3) B 厂用 WFB-800 型差动保护平衡系数计算。

1) WFB-800 型差动保护基准侧。选自变压器高压侧，基准侧二次额定电流为

$$I_{t.n}=I_{h.n}=\frac{S_{T.N}}{\sqrt{3}U_{H.N}n_{TA}}=3.62(A)$$

2）差动保护电流。取自主变压器高压侧（236kV）、发电机出口（或中性点侧）中压侧（20kV）、高压厂用变压器低压侧（6.3kV）为不同电压的三侧差动保护。

3）平衡系数。由式（2-63）计算得

高压侧平衡系数 $K_{bal.h}=1$

20kV 中压侧平衡系数 $K_{bal.m}=\frac{I_{h.n}}{I_{m.n}}=\frac{3.62}{3.56}=1.017$

高压厂用变压器 6.3kV 低压侧，TA 变比为 3000/5，完全星形 YN 接线方式，二次额定电流为

$$I_{L.n}=\frac{S_{T.N}}{\sqrt{3}U_{L.N}n_{TA}}=\frac{370\ 000}{\sqrt{3}\times 6.3\times 600}=\frac{33\ 909}{600}=56.5(A)$$

高压厂用变压器 6.3kV 低压侧平衡系数 $K_{bal.L}=\frac{I_{h.n}}{I_{l.n}}=\frac{3.62}{56.5}=0.064$。

从上述计算可知，对 DGT-801A 型和 WFB-800 型差动保护，在计算其电流幅值的平衡系数时，两者对平衡系数的定义完全不同，选择的基准侧也完全不同，整定计算时必须清楚两者的区别，同时在保护装置调试时亦应注意到这一问题，在投入运行时更应在变压器带负荷试验时注意检测不平衡电流值是否接近零（应符合理论计算值），否则应查明原因：TA 极性接线错误？变压器和 TA 额定参数设置错误？平衡系数错误？并应消除错误后才可投入跳闸方式。

2. 最小动作电流 $I_{d.op.min}$ 计算

发电机变压器组及主变压器比率制动特性的纵差动保护的特性如图 2-1 所示。

（1）按躲过正常最大负荷时的不平衡电流计算。DGT-801A 差动保护基本侧（为低压侧或发电机中性点侧）额定二次电流 $I_{t.n}=3.56A$，$\Delta u=0$，$\Delta m=0$，由式（2-47）得

$$I_{d.op.min}\geqslant K_{rel}I_{unb.n}=K_{rel}(K_{er}+\Delta u+\Delta m)\times\frac{I_{T.N}}{n_{TA}}=1.5(0.06+0+0)\times 3.56=0.32(A)$$

（2）按躲过远区外短路时的不平衡电流计算。短路电流接近额定电流即 $I_{K.ou}\approx I_{T.N}$ 时，$\Delta u=0$，$\Delta m=0$，由式（2-48）得

$$\begin{aligned}I_{d.op.min}&\geqslant K_{rel}I_{unb.k}=K_{rel}K_{ap}K_{cc}K_{er}\frac{I_{K.ou}}{n_{TA}}\\&=1.5\times1.5\times1\times0.06\times\frac{I_{T.N}}{n_{TA}}=0.135I_{t.n}=0.48(A)\end{aligned}$$

（3）按经验公式计算。由经验公式（2-49a）得

$$I_{d.op.min}=(0.5\sim0.6)I_{t.n}$$

由于 $\Delta u=0$，$\Delta m=0$，因此有：

1）DGT-801A 型，$I_{d.op.min}=0.5I_{t.n}=0.5\times3.56=1.78$（A），取 2.0A。

2）WFB-800 型差动保护基本侧（为主变压器高压侧）额定二次电流 $I_{t.n}=3.62A$，故对 WFB-800 型，$I_{d.op.min}=0.5I_{t.n}=0.5\times3.62=1.81$（A），取 2.0A。

3. 最小制动电流或拐点电流 $I_{res.min}$ 计算

由式（2-51）得

GDT-801A 型 $I_{res.min}=0.8\times I_{t.n}=0.8\times3.56=2.85$（A）

取 2.8A。

WFB-800 型 $I_{res.min}=0.8\times I_{t.n}=0.8\times 3.62=2.9$ (A)

取 2.9A。

4. 制动系数斜率 S 计算

(1) 最大动作电流 $I_{d.op.max}$ 计算。按躲过区外短路最大不平衡电流 $I_{unb.k.max}$ 计算，区外短路时的最大短路电流为

$$I_{k.max}^{(3)}=\frac{I_{G.N}}{(X''_d+X_T)n_{TA}}=\frac{10\,189}{\left(0.16+0.14\times\dfrac{353}{370}\right)\times 3000}=\frac{10\,189}{0.295\times 3000}=11.53(A)$$

由式 (2-52) 得

$$I_{d.op.max}\geqslant K_{rel}I_{unb.kmax}=K_{rel}(K_{ap}K_{cc}K_{er}+\Delta u+\Delta m)\frac{I_{K.max}}{n_{TA}}$$

$$=1.5\times(2\times 1\times 0.1+0+0)\frac{I_{K.max}}{n_{TA}}=3.5(A)$$

(2) 制动系数斜率 S 理论计算。由式 (2-81) 得

$$S=\frac{I_{d.op.max}-I_{d.op.min}}{I_{res.max}-I_{res.min}}=\frac{3.5-2}{11.53-2.8}=0.172$$

(3) 制动系数斜率 S 按经验公式计算。由式 (2-82) 得

$$S=0.5$$

5. 比率制动差动保护灵敏度计算

发电机在未并入系统且主变压器出口两相短路时的电流为 11.53A，DGT-801A 型、WFB-800 型比率制动差动保护的制动电流为

$$I_{res}=\max\{I_1,I_2,I_3,\cdots,I_n\}=11.53(A)$$

由式 (2-53)，得

$$I_{d.op}=I_{d.op.min}+S(I_{K.min}-I_{res.min})=2.0+0.5(11.53-2.8)=6.36(A)$$

$$K_{sen}=\frac{I_{kmin}}{I_{d.op}}=\frac{11.53}{6.36}=1.81$$

变压器出口三相短路时动作电流为

$$I_{d.op}=I_{d.op.min}+S(I_{k.min}-I_{res.min})=2.0+0.5(11.53-2.8)=6.36(A)(1.76I_{t.n})$$

6. 纵差动保护的其他辅助数据整定计算

(1) 二次谐波制动系数计算。二次谐波制动应躲过变压器空载合闸或区外短路切除后电压恢复时的励磁涌流，二次谐波制动系数整定值 $K_{2\omega.set}$ 由式 (2-59) 计算，即

$$K_{2\omega.set}=0.15\sim 0.2$$

取

$$K_{2\omega.set}=0.16。$$

(2) 差动速断动作电流 $I_{d.op.qu}$ 整定计算。差动电流速断是纵差动保护的补充部分，一般按躲过变压器空载合闸时的励磁涌流计算。

1) 差动速断动作电流由式 (2-56a) 计算，即

$$I_{d.op.qu}=K\times I_{t.n}=4I_{t.n}=4\times 3.56=14.24(A)$$

$$I_{d.op.qu}^{*}=4$$

2）差动速断灵敏系数计算。发电机变压器组在并入系统后出口两相短路时系统供给的最小短路电流为

$$I_{k.min}^{(2)}=\frac{\sqrt{3}}{2}\frac{I_{bs}}{X_S}\times\frac{U_{H.N}}{U_{L.N}}\times\frac{1}{n_{TA}}=\frac{\sqrt{3}}{2}\frac{251}{0.0182}\times\frac{236}{20}\times\frac{1}{3000}=47(A)$$

$$K_{sen}=\frac{I_{k.min}^{(2)}}{I_{d.op.qu}}=\frac{47}{4\times3.56}=3.3\geqslant1.2$$

(3) 差动电流回路断线闭锁整定计算。差动电流回路断线解闭锁动作电流 $I_{unl}=1.2I_{t.n}$ 时，退出（解除）差动电流回路断线闭锁差动保护功能，差动电流回路断线保护仅作用于发信号。

7. DGT-801A 型差动保护整定值

最小动作电流：$I_{d.op.min}=2.0A$ 或 $0.56I_{t.n}$。

最小制动电流：$I_{res.min}=2.8A$ 或 $0.8I_{t.n}$。

制动系数斜率：$K_{res}=0.5$。

差动速断动作电流：$I_{d.op.qu}=14.24A$ 或 $I_{d.op.qu}^{*}=4$ 。

二次谐波制动系数：$K_{2\omega.res}=0.16$。

平衡系数：主变压器低压侧 $K_{bal}=1$。

主变压器高压侧 $K_{bal.h}=0.568$。

TA 断线解闭锁电流：$I_{unl}^{*}=1.2$，TA 断线解除闭锁差动保护功能，仅动作于信号。

变压器基准侧额定二次电流：$I_{t.n}=3.56A$。

8. WFB-800 型差动保护整定值

最小动作电流：$I_{d.op.min}=2.0A$ 或 $0.55I_{t.n}$。

最小制动电流：$I_{res.min}=2.9A$ 或 $0.8I_{t.n}$。

制动系数斜率：$K_{res}=0.5$。

差动速断动作电流：$I_{d.op.qu}=14.5A$ 或 $I_{d.op.qu}^{*}=4$。

二次谐波制动系数：$K_{2\omega.res}=0.16$。

平衡系数：主变压器高压侧 $K_{bal.h}=1$；主变压器 20kV 中压侧（或发电机中性点侧）$K_{bal.m}=1.02$；高压厂用变压器 6.3kV 低压侧（辅助 TA 变比为 50/5A）$K_{bal.L}=0.64$。

TA 断线解闭锁电流：$I_{unl}^{*}=1.2$，TA 断线解除闭锁差动保护功能，仅动作于信号。

变压器基准侧额定二次电流：$I_{t.n}=3.62A$。

（二）RCS-985 型比率制动纵差动保护整定计算

1. 变压器各侧电流补偿和平衡计算

(1) 据变压器联结组别和实际运行变比及变压器两侧 TA 变比和接线方式确定，同（一）之 1。

2. 最小动作电流 $I_{d.op.min}$ 的计算

RCS-985 型比率制动纵差动保护动作判据见式（2-6），基准侧选定为主变压器低压（20kV）侧，变压器基准侧额定二次电流 $I_{t.n}=3.56A$，最小动作电流由式（2-73）得

$$I_{d.op.min}=0.5I_{t.n}=1.78\ (A)$$

取 $I_{d.op.min}^{*}=0.5$。

3. 最小制动系数斜率 K_{res1} 和最大制动系数斜率 K_{res2} 的计算

初选取

$$K_{res1}=0.1$$
$$K_{res2}=0.7$$

4. 最大制动系数斜率 K_{res2} 时最小制动电流倍数 n

装置内部设置

$$n=6$$

5. RCS-985 型比率制动纵差动保护其他辅助参数整定计算

同 DGT-801A 型整定。

6. 灵敏度计算

机组并网前主变压器高压侧短路时 $I_{k.min}=11.56A$，该保护的制动电流为

$$I_{res}^{*}=0.5\times11.6/3.56=1.62$$

动作电流由式（2-6）得

$$I_{d.op}^{*}=I_{d.op.min}^{*}+(K_{res1}+\Delta K_{res}\times I_{res}^{*})I_{res}^{*}=0.5+\left(0.1+\frac{0.7-0.1}{2\times6}\times1.62\right)\times1.62=0.8$$

主变压器高压侧短路灵敏度为

$$K_{sen}=\frac{I_{K.min}}{I_{d.op}}=\frac{11.56/3.56}{0.8}=4.1\gg1.76$$

区外短路时 RCS-985 的动作电流由式（2-6）得

$$I_{d.op}^{*}=I_{d.op.min}^{*}+(K_{res1}+\Delta K_{res}\times I_{res}^{*})I_{res}^{*}=0.5+\left(0.1+\frac{0.7-0.1}{2\times6}\times3.24\right)\times3.24=1.35$$

7. 制动系数修改

按上述方法计算区外出口短路时 RCS-985 的动作电流太小，取 $K_{res1}=0.3$，$K_{res2}=0.7$，则此时机组并网前主变压器高压侧短路时动作电流由式（2-6）计算为

$$I_{d.op}^{*}=I_{d.op.min}^{*}+(K_{res1}+\Delta K_{res}\times I_{res}^{*})I_{res}^{*}=0.5+\left(0.3+\frac{0.7-0.3}{2\times6}\times1.62\right)\times1.62=1.175$$

主变压器高压侧短路灵敏度为

$$K_{sen}=\frac{I_{K.min}}{I_{op}}=\frac{11.56/3.56}{1.175}=2.76\gg1.76$$

区外短路时动作电流由式（2-6）计算为

$$I_{d.op}^{*}=I_{d.op.min}^{*}+(K_{res1}+\Delta K_{res}\times I_{res}^{*})I_{res}^{*}=0.5+\left(0.3+\frac{0.7-0.3}{2\times6}\times3.24\right)\times3.24=1.822$$

于是选取 $K_{res1}=0.3$，$K_{res2}=0.7$，$n=6$。

机组在未并网前变压器高压侧相间短路时，RCS-985 的 $K_{sen}=2.76$，而 DGT-801A 的 $K_{sen}=1.76$。

区外短路时 RCS-985 的动作电流 $I_{d.op}^{*}=1.822$，而 DGT-801A 的动作电流 $I_{d.op}^{*}=1.76$。

8. RCS-985 型差动保护整定值

最小动作电流：$I_{d.op.min}=1.78A$，$I_{d.op.min}^{*}=0.5$。

最小制动系数斜率：$K_{res1}=0.3$。

最大制动系数斜率：$K_{res2}=0.7$。

$K_{res2}=0.7$ 时的最小制动电流倍数：$n=6$。

差动速断动作电流：$I_{d.op.qu}=14.24A$ 或 $I^{*}_{d.op.qu}=4$ 。

二次谐波制动系数：$K_{2\omega.res}=0.16$。

平衡系数：主变压器低压侧 $K_{bal}=1$，主变压器高压侧 $K_{bal.h}=0.568$。

TA 断线解闭锁电流：$I^{*}_{unl}=1.2$，解除 TA 断线闭锁差动保护，仅动作于信号。

变压器基准侧额定二次电流：$I_{t.n}=3.56A$。

四、发电机定子绕组匝间短路保护整定计算

（一）发电机横差动保护

20 世纪 70 年代投入运行的 QFS-300-2 型 300MW 机组，中性点具有六个引出端子，可以构成定子绕组双星形中性点之间的横差动保护。

1. 横差动保护早期的整定计算

（1）横差动电流互感器 TA0 变比的计算。按经验公式（2-32b）计算得

$$n_{TA0}\approx 0.25\times\frac{I_{G.N}}{I_{TA0.2N}}=0.25\times\frac{11\,322}{5}=566$$

选用 600×5/5，即 3000/5。

（2）横差动保护动作电流计算。躲过区外短路时最大不平衡电流，由经验公式（2-42c）计算得

$$I_{d.op.set}=(0.2\sim 0.3)\times\frac{I_{G.N}}{n_{TA0}}=(0.2\sim 0.3)\times\frac{11\,322}{600}=3.77\sim 5.66(A)$$

取 $I_{d.op.set}=5A$。

（3）动作时间整定值 $t_{d.op.set}$ 计算。正常运行整定值取 $t_{d.op.set}=0s$，过去规程规定，当发电机转子一点接地时，应将动作时间切换至 0.5s，但如今的大型发电机组，实际所使用的发电机转子两点接地保护未必比发电机横差保护更可靠，转子出现两点金属性瞬时接地也属于严重的故障，所以一旦发电机转子一点接地时，继而出现转子两点金属性瞬时接地，横差动保护以较短时间动作于跳闸停机。在发电机转子一点接地后横差动保护动作时间整定值取 $t_{d.op.set}=0s$。

2. 高灵敏元件横差动保护整定计算

使用微机保护后，横差动保护差动电流三次谐波滤过比＞80 时，区外短路时横差动电流中的三次谐波分量基本上可忽略不计，保护动作电流可以只考虑横差动电流中的基波分量。该机组出口三相短路试验，A 厂 13 号机组出口三相额定短路电流时，测得横差动基波不平衡电流 $I_{unb.1.n}=0.21A$（正常运行时最大基波不平衡电流 $I_{unb.1}=0.155A$）；14 号机组出口三相额定短路电流时，横差动基波不平衡电流 $I_{unb.1.n}=0.28A$（正常运行时最大基波不平衡电流为 0.21A），而实测三次谐波不平衡电流基本接近零（$I_{unb.3.n}=0$）。如按出口三相额定短路电流时，横差动基波不平衡电流为 0.28A，经线性外推法躲过区外短路时的最大不平衡电流，则由式（2-33）计算得

$$I_{d.op.set}=K_{rel}K\times I_{unb.1.n}=2\times 3.5\times 0.28=1.96(A)$$

于是取 $I_{d.op.set}=2.0A$，$t_{d.op.set}=0s$。

（二）纵向基波零序过电压保护整定计算

1. DGT-801A 型保护

（1）灵敏段动作电压整定值 $3U_{01.set}$ 计算。按躲过正常运行时最大纵向基波不平衡电压计算。

1）由式（2-37a）得 $3U_{01.set}=K_{rel}\times 3U_{01unb.max}$，在机组投运前可暂取 $3U_{01.set}=2V$。正常运行后在满负荷时实测 $3U_{01.unb.max}$，如对三台 QFSN2-300-2 型机组在各种不同负荷情况下，测得最大纵向基波不平衡电压值 $3U_{01.unb.max}=0.7\sim0.95V$，正常最大负荷时实测机端的三次谐波分量 $U_{3\omega.max}=2V$ 左右。按实测值修正灵敏段动作电压整定值，于是有

$$3U_{01.set}=K_{rel}\times 3U_{01.unb.max}=2\times 3U_{01.unb.max}=2\times 0.95=1.9\ (V)$$

取 $3U_{01.set}=2V$。

2）三次谐波电压制动系数斜率。由式（2-37c）取 $K_{res.3\omega}=0.5$。

3）三次谐波电压整定值。由式（2-37d）取 $U_{3\omega.set}=U_{3\omega.max}=2V$。

（2）不灵敏段动作电压整定值 $3U_{01.h.set}$ 计算。按躲过区外各种类型短路时的最大纵向基波不平衡电压计算，由式（2-37f）得

$$3U_{01.h.set}\geqslant K_{rel}\times 3U_{01.unb.max}=5\sim10V$$

取 $3U_{01.h.set}=6V$。

（3）动作时间整定值 $t_{op.set}$。由式（2-37g）计算，取 $t_{op.set}=0.2s$。

（4）专用 TV 断线闭锁不平衡电压动作整定值 $U_{unb.op}$。按躲过正常运行时专用 TV 和测量 TV 之间的正常相间电压差计算，不平衡电压动作整定值取 $U_{unb.op}=\Delta U_{op}=7V$。

（5）负序功率指向整定。当区外不对称短路时，负序功率流向发电机，负序功率继电器 K2 动作闭锁纵向基波零序过电压保护；当发电机定子绕组匝间短路时，负序功率流向系统，负序功率继电器 K2′动作后开放（解除闭锁）纵向基波零序过电压保护，由纵向基波零序过电压保护出口动作。

（6）整定计算结果。

1）灵敏段动作电压整定值取 $3U_{01.set}=2V$。

2）三次谐波电压制动系数斜率取 $K_{res.3\omega}=0.5$。

3）三次谐波电压整定值取 $U_{3\omega.set}=U_{3\omega.max}=2V$。

4）不灵敏段动作电压整定值取 $3U_{01.h.set}=6V$。

5）动作时间整定值取 $t_{op.set}=0.2s$。

2. RCS-985 型保护整定计算

（1）灵敏段动作电压整定值 $3U_{01.set}$ 计算。

1）灵敏段动作电压整定值为 $3U_{01.set}=K_{rel}\times 3U_{01.unb.max}$，取 $3U_{01.set}=2\times 1=2V$。

2）电流制动系数斜率 $K_{res.i}$。由式（2-37e）取 $K_{res.i}=1.0$。

（2）其他参数的整定计算同 DGT-801A。

五、发电机定子绕组单相接地保护整定计算

DGT-801A、WFB-800、RCS-985 型发电机定子单相接地保护整定计算基本相同。

（一）基波零序过电压整定计算

基波零序过电压动作整定值一般取 5%～10%额定电压。

1. 动作量取自机端三相 TV0 开口三角形绕组单相接地保护

动作量取自机端三相 TV0（TV 中性点接地）开口三角形绕组时，机端三相 TV0 变比为

$n_{TV}=\frac{U_{G.N}}{\sqrt{3}}/\frac{100}{\sqrt{3}}/\frac{100}{3}$，由式（2-112）得

$$3U_{0.op.set}=K_{rel}U_{unb.max}=(0.05\sim0.1)U_n=(0.05\sim0.1)\times100=5\sim10V$$

整定值取 $3U_{0.op.set}=10V$。接于机端三相 TV 开口三角形绕组的单相接地保护，必须经 TV 一次断线不平衡保护闭锁。

2. 动作量取自发电机中性点接地变压器二次侧单相接地保护

动作量取自发电机中性点接地变压器的二次侧时，A、B 厂发电机中性点地变压器变比为 $n_T=\frac{U_{G.N}}{\sqrt{3}\times110}=\frac{20\ 000}{190}$。

基波零序过电压由式（2-112）计算，即

$$U_{0.op.set}=(0.05\sim0.1)\times\frac{190}{\sqrt{3}}=5.5\sim11(V)$$

取 $U_{0.op.set}=11V$。

3. 动作时间整定值 $t_{0.op.set}$ 计算

因为大型发电机基波零序过电压定子绕组单相接地保护是发电机很重要的主保护，所以要求基波零序过电压定子绕组单相接地保护尽快动作于跳闸停机，且动作时间由式（2-117）计算尽可能取 $t_{0.op}=0.3\sim0.5s$ 的较小值。

A 厂：中性点经高阻接地方式动作时间整定值取 $t_{0.op.set}=0.3s$。

B 厂：中性点经高阻接地方式动作时间整定值取 $t_{0.op.set}=0.3s$。

A、B 厂中性点经高阻接地的发电机，其基波零序过电压保护动作于跳闸停机。

（二）三次谐波电压定子单相接地保护整定计算

1. WFB-800 型和 RCS-985 型单相接地保护

WFB-800 型和 RCS-985 型采用第一类动作判据三次谐波电压定子单相接地保护，由式（2-123）计算，动作比整定值在无实测数据时可暂取 $K_{op.set}=K_{rel}K=1.2$。

待机组正常运行后根据实测值进行修正计算。实测的机端三次谐波电压与机尾三次谐波电压最大比值 K，对不同的机组有完全不同的值，可大于 1 也可小于 1，A、B 厂的四台 300MW 机组满负荷时实测结果 $K=0.83$ 左右。

根据实测值修正整定值，即 $K_{op.set}=K_{rel}K=1.5\times0.83=1.2$，取 $K_{op.set}=1.2$。

2. DGT-801A 型三次谐波电压定子单相接地保护

DGT-801A 型三次谐波电压定子单相接地保护，动作判据为式（2-122），整定值取 $R_{g.set}=10$（kΩ），在现场模拟发电机中性点接地电阻为 10kΩ 调试时整定。

3. 动作时间整定值

动作时间整定值取 $t_{op}=3s$，动作于信号。

4. 中性点经消弧线圈欠补偿接地发电机的定子单相接地保护

A 厂 13、14 号机组中性点经消弧线圈欠补偿接地的定子单相接地保护整定值取 $3U_{0.op.set}=10V$，$t_{op}=3s$，该保护运行中因多次误动发信号，应改进后投入跳闸。三次谐波电压定子单相接地保护同上取 $R_{g.set}=10$（kΩ）动作于信号。

六、发电机转子接地保护整定计算

A 厂的 QFS-300 机组具备装设转子接地保护条件。

（一）DGT-801A 型转子接地保护

1. 转子一点接地保护

（1）发电机转子一点接地保护Ⅰ段动作电阻整定值 R_{g1}。取 $R_{g1}=10k\Omega$。

（2）动作时间整定值 $t_{op.1}$。取 $t_{op.1}=5s$，动作于信号。

（3）发电机转子一点接地保护Ⅱ段动作电阻整定值 R_{g2}。取 $R_{g2}=1k\Omega$。

（4）动作时间整定值 $t_{op.2}$。取 $t_{op.2}=5s$，动作于信号。

2. 转子两点接地保护

此保护接于发电机出口 TV 相电压。

（1）二次谐波动作电压整定值。由式（2-145）计算，无实测数据时可暂取

$U_{2\omega.op.set}=K_{rel}U_{2\omega2.max}=1V$（投运前暂整定 1V，待机组满负荷时实测二次谐波电压后再修改整定值）

A 厂 300MW 机组满负荷时实测 $U_{2\omega.max}=0.35V$，实测后修正的整定值为

$$U_{2\omega2.set}=2\times0.35=0.7\ (V)$$

（2）动作时间。取 $t_{op}=1s$，动作于信号（运行中区外短路时，转子两点接地保护曾多次动作于信号）。

（二）RCS-985 型转子接地保护整定计算

1. 转子一点接地保护

（1）发电机转子一点接地保护Ⅰ段动作电阻整定值 R_{g1}。取 $R_{g1}=10k\Omega$。

（2）动作时间整定值 $t_{op.1}$。取 $t_{op.1}=5s$，动作于信号。

（3）发电机转子一点接地保护Ⅱ段动作电阻整定值 R_{g2}。取 $R_{g2}=1k\Omega$。

（4）动作时间整定值 $t_{op.2}$。取 $t_{op.2}=5s$，动作于信号。

2. 转子两点接地保护

（1）转子一点接地位置变化量整定值。由式（2-149）计算，取 $\Delta\alpha_{set}=0.05$。

（2）动作时间整定值。取 $t_{op.set}=1s$，动作于信号。

七、发电机定子绕组过电流保护整定计算

在计算前首先应了解清楚，整定的保护装置所指的基准电流是 TA 的二次额定电流，还是发电机额定二次电流，如是前者，凡是以发电机额定电流为基准给出的常数，均应重新归算至 TA 的二次额定电流为基准时的值（南自厂早期生产的 WFBZ-01 型保护就属这种情况，请在整定计算时注意），目前生产厂家生产的 DGT-801A、RCS-985、WFB-800 型保护装置均以发电机额定二次电流为基准值（但国外进口的保护，很多仍然是以 TA 的二次额定电流为基准。）

（一）定时限过电流（过负荷）保护

1. 动作电流整定值

由式（2-160）得

$$I_{op.s.set}=K_{rel}\frac{I_{g.n}}{K_{re}}=1.05\times\frac{3.4}{0.95}=3.8\ (A)$$

2. 动作时间 $t_{op.s.set}$ 整定值

由式(2-161)得

$$t_{op.s}=t_{op.l.max}+\Delta t=4.5+0.5=5\ (s)$$

线路后备保护最大动作时间整定值 $t_{op.l.max}=4.5s$，时间级差取 $\Delta t=0.5s$。

3. 保护动作于信号

(二)反时限过电流保护

1. 下限动作电流整定值 $I_{op.dow}$ 计算

按与定时过电流保护动作电流配合计算，由式(2-162)得

$$I_{op.dow}=K_{rel}\times I_{op.s.set}=1.05\times 3.8=4\ (A)$$

2. 下限动作时间整定值 $t_{op.dow}$ 计算

由式(2-165)得

$$t_{op.dow}=\frac{K_{he.set}}{I_{op.dow}^{*2}-K_{2.set}}=\frac{37.5}{1.16^2-1.03}=118.8(s)$$

发电机定子反时限过电流保护下限动作电流相对值为

$$I_{op.dow}^{*}=4/3.4=1.16$$

发电机散热时间常数 $K_{2.set}=1.03$，发热时间常数整定值 $K_{he.set}=K_{he}=41.5s$（或 $K_{he.set}=41.5/1.1=37.7$，取 37.5s)。

3. 反时限保护动作时间计算

由式(2-163)得

$$t_{op}=\frac{K_{he.set}}{I_{g}^{*2}-K_{2.set}}$$

保护装置动作时间由保护自动计算，即

$$t_{op}=\frac{K_{he.set}}{I_{g}^{*2}-K_{2.set}}=\frac{37.5}{I_{g}^{*2}-1.03}(s)$$

4. 上限动作电流整定值 $I_{op.up}$ 计算

上限动作电流按躲过高压母线最大短路电流计算，由式(2-166)得

$$I_{op.up}=K_{rel}\frac{I_{K.max}^{(3)}}{n_{TA}}=1.3\times 11.53=15(A)$$

5. 上限动作时间整定值 $t_{op.up}$ 计算

上限动作时间与线路保护第一段时间（快速保护动作时间）配合计算，由式(2-167)并应躲过振荡时保护误动计算，取 $t_{op.up}=1s$。

八、发电机转子表层负序过负荷保护整定计算

(一)定时限过负荷保护

1. 动作电流整定值 $I_{2.op.s}$ 计算

由式(2-175)得

$$I_{2.op.s}=K_{rel}\frac{I_{2\infty}^{*}}{K_{re}}\times I_{g.n}=1.05\times\frac{0.08}{0.95}\times 3.4=0.3(A)$$

2. 动作时间整定值 $t_{2.op.s}$ 计算

由式(2-176)得

$$t_{2.op.s}=t_{op.L.max}+\Delta t=4.5+0.5=5\ (s)$$

保护动作于信号。

（二）反时限过负荷保护

1. 下限动作电流整定值 $I_{2.op.dow}$ 计算

（1）按与定时过电流保护动电流配合计算，由式（2-177）得

$$I_{2.op.dow}=K_{rel}\times I_{2.op.s}=1.05\times0.3=0.315\ (A)$$

（2）按下限动作时间为 1000s 计算，由式（2-178）计算下限动作电流为

$$I_{2.op.dow}=\sqrt{\frac{A}{1000}+I_{2.\infty}^{*2}}=\sqrt{\frac{8}{1000}+0.08^2}\times3.4=0.408\ (A)$$

取 $I_{2.op.dow}=0.32A$，$I_{2.op.dow}^{*}=0.095$。

2. 发电机负序电流发热时间常数整定值 A_{set} 计算

由制造厂提供的发电机负序电流允许发热时间常数 $A=8$，由式（2-180）得

$$A_{set}=(0.9\sim1)\ A=7.2\sim8s$$

取 $A_{set}=7s$。

3. 下限动作时间 $t_{2.op.dow}$ 计算

由式（2-182）得

$$t_{2.op.dow}=\frac{A_{set}}{I_{2.op.dow}^{*2}-I_{2\infty}^{*2}}=\frac{7}{0.106^2-0.08^2}=1447\ (s)$$

取 $t_{2.op.dow}=1000s$。

4. 负序过电流反时限动作时间

由式（2-281）得

$$t_{2.op}=\frac{A_{set}}{I_2^{*2}-I_{2\infty}^{*2}}=\frac{7}{I_2^{*2}-0.0064}$$

5. 上限动作电流整定值 $I_{2.op.up}$ 计算

按躲过高压母线两相短路时的最大负序电流计算，由式（2-183）得

$$I_{2.op.up}=K_{rel}\frac{I_{G.N}}{(K_{set}X''_d+X_2+2X_T)\ n_{TA}}=1.3\times\frac{3.4}{(0.16+0.173+2\times0.135)\ \times3000}=7.34\ (A)$$

或 $$I_{2.op.up}=K_{rel}\frac{I_K^{(3)}}{2}=K_{rel}\frac{I_{g.n}}{2\ (K_{set}X''_d+X_T)}=1.3\ \frac{3.4}{2\ (0.16+0.135)}=7.5\ (A)$$

取 $I_{2.op.up}=7.5A$。

6. 上限动作时间整定值 $t_{2.op.up}$ 计算

按与线路保护第一段时间（快速保护动作时间）配合，由式（2-184）计算，取

$$t_{2.op.up}=0.4s$$

九、发电机转子绕组励磁过电流保护整定计算

QFS-300-2 型或静止整流励磁系统的发电机，可在发电机转子回路内实现转子绕组励磁过电流保护。其整定原则应与发电机励磁绕组允许的发热特性配合，同时亦应与自动励磁调节器（AVR）的励磁过电流保护、励磁过电流限制器的特性配合（详见第四章）。

1. 定时限过电流保护

对 DGT-801A 型保护装置，内部设基准值为 75mV（分流器额定电流时的输出电压）。

（1）定时限过电流动作时分流器电压 $U_{lfd.op.s}$ 计算。由式（2-188）得

动作电压有名值 $U_{\text{Ifd. op. s}}=\dfrac{K_{\text{rel}}}{K_{\text{re}}}\times\dfrac{I_{\text{fd. n}}}{I_{\text{di. n}}}\times75=\dfrac{1.05}{0.95}\times\dfrac{1980}{3000}\times75=54.7$（mV）

式中 $I_{\text{di. n}}$——转子电流分流器额定电流为 3000A；

$I_{\text{fd. n}}$——转子额定电流（对 QFS-300-2 型发电机，$I_{\text{fd. n}}=1980$A)。

动作电压相对值 $U^{*}_{\text{Ifd. op. s}}=\dfrac{K_{\text{rel}}}{K_{\text{re}}}\times\dfrac{I_{\text{fd. n}}}{I_{\text{di. n}}}=\dfrac{1.05}{0.95}\times\dfrac{1980}{3000}=0.729$

（2）动作时间整定值计算。按躲过正常强励时间由式（2-189）计算，取 $t_{\text{op}}=5$s（最大允许强励时间为 10s)，动作于发信号。

2. 反时限过电流保护

（1）下限动作时分流器电压整定值计算。与定时限过电流保护动作电流配合计算，由式（2-190）得

$$U_{\text{Ifd. op. dow}}=1.05U_{\text{Ifd. op. s}}=1.05\times54.7=57.4\ (\text{mV})$$

$$U^{*}_{\text{Ifd. op. dow}}=1.05U^{*}_{\text{Ifd. op. s}}=1.05\times0.73=0.766$$

（2）发电机转子绕组发热时间常数整定值 $K_{1.\text{set}}$ 计算。DGT-801A 型保护装置是以发电机转子电流分流器额定电流或分流器额定输出 75mV 为基准，$K_{1.\text{set}}$ 应归算至分流器的额定电流时的整定值。由式（2-191）得

$$K_{1.\text{set}}=K_1\left(\frac{I_{\text{fd. n}}}{I_{\text{di. n}}}\right)^2=30\times\left(\frac{1980}{3000}\right)^2=13.07\ (\text{s})$$

式中 K_1——发电机转子绕组发热时间常数，取 30s。

（3）发电机转子绕组的散热时间常数整定值 $K_{2.\text{set}}$ 计算。归算至分流器额定电流时的 K_2 整定值由式（2-192）计算，即 $K_{2.\text{set}}=K_2\left(\dfrac{I_{\text{fd. n}}}{I_{\text{di. n}}}\right)^2=1\times\left(\dfrac{1980}{3000}\right)^2=0.4356$。取 $K_{2.\text{set}}=0.45$。

（4）下限动作时间 $t_{\text{op. dow}}$ 整定值计算。

1）以分流器额定电流为基准（或以 75mV 为基准），由式（2-194）得

$$t_{\text{op. dow}}=\frac{K_{1.\text{set}}}{U^{*2}_{\text{Ifd. op. dow}}-K_{2.\text{set}}}=\frac{13.07}{0.766^2-0.45}=95\ (\text{s})$$

2）以发电机转子额定电流为基准（或以 $U_{\text{Ifd. n}}=49.5$mV 为基准)，由式（2-202）得

$$t_{\text{op. dow}}=\frac{K_1}{U^{*2}_{\text{Ifd. op. dow}}-K_2}=\frac{K_1}{I^{*2}_{\text{fd. op. dow}}-K_2}=\frac{30}{1.16^2-1.03}=97\ (\text{s})$$

（5）反时限过电流保护动作时间计算。

1）以分流器额定电流为基准。装置自动由式（2-193）计算动作时间，即

$$t_{\text{op}}=\frac{K_{1.\text{set}}}{U^{*2}_{\text{Ifd}}-K_{2.\text{set}}}=\frac{K_{1.\text{set}}}{\left(\dfrac{I_{\text{fd}}}{I_{\text{di. n}}}\right)^2-K_{2.\text{set}}}=\frac{13.07}{\left(\dfrac{I_{\text{fd}}}{I_{\text{di. n}}}\right)^2-0.4356}=\frac{13.07}{U^{*2}_{\text{Ifd}}-0.45}\tag{2-374}$$

U_{Ifd}、U^{*}_{Ifd}、$K_{1.\text{set}}$、$K_{2.\text{set}}$ 均为以分流器的额定电流 $I_{\text{di. n}}$ 为基准时的值，在现场调试时装置输入电压 $U_{\text{Ifd}}=\dfrac{I_{\text{fd}}}{I_{\text{di. n}}}\times75$mV 时的动作时间符合式（2-374)。

2）以发电机转子额定电流为基准，装置自动由式（2-201）计算动作时间，即

$$t_{\text{op}}=\frac{K_1}{I^{*2}_{\text{fd}}-K_2}=\frac{K_1}{U^{*2}_{\text{Ifd}}-K_2}=\frac{30}{I^{*2}_{\text{fd}}-1.03}\tag{2-375}$$

U_{Ifd}、U_{Ifd}^{*}、I_{fd}^{*}、K_1、K_2均是以转子额定电流 $I_{\mathrm{fd.n}}$为基准时的值，在现场调试时装置输入电压$U_{\mathrm{Ifd}}=\dfrac{I_{\mathrm{fd}}}{I_{\mathrm{fd.n}}}\times U_{\mathrm{Ifd.n}}$（mV）动作时间符合式（2-375）。

注意：式（2-374）、式（2-375）是完全等效的，在现场调试过程中应同时满足，两者仅仅因归算时取不同的基准值，结果应该相同，否则应查明原因。现场调试时，应考虑转子电流分流器至保护输入端电缆电压降对保护动作值的影响，调试时对该电压降进行补偿。

十、发电机失磁保护整定计算

（一）高压母线三相低电压元件

A厂的$U_{\mathrm{h.min}}=207\mathrm{kV}$，由式（2-223）得

$$U_{\mathrm{op.3ph}}=(0.85\sim0.9)\frac{U_{\mathrm{h.min}}}{n_{\mathrm{TV}}}=(0.85\sim0.9)\frac{207\times10^3}{2200}=80\sim82(\mathrm{V})$$

取82V。

B厂的$U_{\mathrm{h.min}}=218\mathrm{kV}$，由式（2-223）得

$$U_{\mathrm{op.3ph}}=(0.85\sim0.9)\frac{U_{\mathrm{h.min}}}{n_{\mathrm{TV}}}=(0.85\sim0.9)\frac{218\times10^3}{2200}=84\sim89(\mathrm{V})$$

取85V。

（二）发电机侧的主判据

1. 发电机机端低电压判据动作电压整定值

$$U_{\mathrm{op.3ph}}=0.9U_{\mathrm{g.n}}=90(\mathrm{V})$$

2. 异步边界阻抗圆

由式（2-218）计算。

（1）整定值$X_{\mathrm{A.set}}$的计算。发电机额定二次基准阻抗值为

$$Z_{\mathrm{g.n}}=\frac{U_{\mathrm{G.N}}^2}{S_{\mathrm{G.N}}}\times\frac{n_{\mathrm{TA}}}{n_{\mathrm{TV}}}=\frac{20^2}{353}\times\frac{3000}{200}=16.997\ (\Omega)$$

整定值$X_{\mathrm{A.set}}$为

$$X_{\mathrm{A.set}}=-0.5X_{\mathrm{d}}'\times Z_{\mathrm{g.n}}=-0.5\times0.229\times16.997=-1.95(\Omega)$$

（2）整定值$X_{\mathrm{B.set}}$为

$$X_{\mathrm{B.set}}=-X_{\mathrm{d}}\times Z_{\mathrm{g.n}}=-2.2\times16.997=-37.4\ (\Omega)$$

取$X_{\mathrm{B.set}}=-37.4\Omega$。

（3）异步边界阻抗圆的圆心和半径计算。由式（2-214）可计算异步边界阻抗圆的圆心和半径。由于

$$\frac{X_{\mathrm{B.set}}+X_{\mathrm{A.set}}}{2}=\frac{-(37.4+1.95)}{2}=-19.67(\Omega)$$

所以有

异步边界阻抗圆圆心坐标$\left(0,\mathrm{j}\,\dfrac{X_{\mathrm{B.set}}+X_{\mathrm{A.set}}}{2}\right)$为$(0,-\mathrm{j}19.67\Omega)$

异步边界阻抗圆半径$R=\left|\dfrac{X_{\mathrm{B.set}}-X_{\mathrm{A.set}}}{2}\right|=\dfrac{37.4-1.95}{2}=17.7(\Omega)$

3. 静稳边界阻抗圆

$X_{\mathrm{S.set}}$、$X_{\mathrm{B.set}}$可由式（2-219）计算。

(1) 整定值 $X_{S.set}$ 的计算。由于

$$X_{con}=(0.0122+0.0378)\times\frac{353}{100}=0.177$$

所以 $$X_{S.set}=X_{con}Z_{g.n}=0.177\times16.997=1.5(\Omega)$$

(2) 整定值 $X_{B.set}$ 为

$$X_{B.set}=-X_dZ_{g.n}=-37.4\ (\Omega)$$

取 $X_{B.set}=-37.4\Omega$。

(3) 静稳边界阻抗圆的圆心和半径计算。由式(2-225)计算静稳边界阻抗圆的圆心和半径。由于

$$\frac{X_{B.set}+X_{S.set}}{2}=\frac{-37.4+1.5}{2}=-17.95(\Omega)$$

所以有

静稳边界阻抗圆圆心坐标 $\left(0, j\frac{X_{B.set}+X_{S.set}}{2}\right)$ 为 $(0,-j17.95\Omega)$

静稳边界阻抗圆半径 $R=\left|\frac{X_{B.set}-X_{S.set}}{2}\right|=\frac{37.4+1.5}{2}=19.45(\Omega)$

4. 静稳极限励磁低电压

对静稳极限励磁低电压保护，QFSN2-300-2 型无法实现该判据的保护；QFS-300-2 型可加装此判据保护，其计算实例可详见本章第二节[例 2-3]。

(1) DGT-801A 型静稳极限励磁低电压整定值。转子低励磁最小动作电压 $U_{fd.op.min}=108V$，整定系数 $K_{set}=0.293A$，反应功率 $P_t=0W$，于是静稳极限变励磁低电压动作方程为 $U_{fd.op}=\frac{125}{K_{set}\times866}P=\frac{125}{0.293\times866}P=0.492P$。

(2) WFB-800 型静稳极限励磁低电压整定值。转子低励磁最小动作电压 $U_{fd.op.min}=108V$，整定系数 $K_{set}=0.492V$，反应功率 $P_t=0W$，于是静稳极限变励磁低电压动作方程为

$$U_{fd.op}=K_{set}P=0.492P$$

(3) RCS-985 型静稳极限励磁低电压整定值。转子低励磁最小动作电压 $U_{fd.op.min}=0.8\times135=108$ (V)，反应功率 $P_t=0W$，整定系数为

$$K_{set}^{*}=(X_d+X_{con})U_{fd.0}=(2.2+0.183)\times135=321.7(V)$$

于是静稳极限变励磁低电压动作方程为

$$U_{fd.op}=K_{set}P^{*}=321.7P^{*}$$

5. 其他辅助判据的整定值计算

(1) 闭锁失磁保护的负序过电压元件整定计算。由式(2-229)计算，负序过电压元件的动作值为

$$U_{2.op}\geqslant0.07\times\frac{U_{G.N}}{\sqrt{3}n_{TV}}=4(V)$$

取 4V。

(2) 闭锁失磁保护的负序过电流元件整定计算。由式 (2-230) 计算，负序过电流闭锁的动作值为

$$I_{2.op} \geqslant (1.2 \sim 1.4)\frac{I_{2\infty}}{n_{TA}} = (1.2 \sim 1.4) \times 0.08 \times 3.4 = 0.33 \sim 0.38(A)$$

$$I_{2.op.set} = (0.2 \sim 0.3) I_{g.n} = (0.2 \sim 0.3) \times 3.4 = 0.68 \sim 1.02A$$

取 $I_{2.op.set} = 0.7A$。

6. 动作时间整定值计算

A 厂 QFS-300-2 型机组：

(1) 用发电机机端低电压判据和异步边界圆判据及静稳极限变励磁低电压判据组成与门，以较短动作时间 $t_{op}=0.5s$ 作用于停机。

(2) 单独用异步边界圆判据，以较长动作时间如 $t_{op}=1.5s$ 作用于停机。

(3) 静稳极限变励磁低电压保护动作于信号，并以 0.1s 延时作用于合 50Hz 手动励磁。

A 厂 QFSN2-300-2 型机组：

(1) 用发电机机端低电压判据和异步边界圆判据组成与门，以较短动作时间 $t_{op}=1.0s$ 作用于停机。

(2) 单独用异步边界圆判据，以较长动作时间 $t_{op}=1.5s$ 作用于程序跳闸停机。

(3) 静稳边界圆动作于信号，并以 0.1s 延时作用于合 50Hz 手动励磁。

B 厂 QFSN2-300-2 型机组：

(1) 用发电机机端低电压判据和异步边界圆判据组成与门，以较短动作时间 $t_{op}=1.0s$ 作用于程序跳闸停机。

(2) 单独用异步边界圆判据，以较长动作时间 $t_{op}=1.5s$ 作用于程序跳闸停机。

(3) 静稳边界圆动作于信号，并以 0.1s 延时作用于合 50Hz 手动励磁。

十一、发电机失步保护整定计算

(一) 三阻抗元件失步保护的整定计算

RCS-985 型、WFB-800 型微机保护为三阻抗元件失步保护，其整定计算过程详见本章［例 2-2］。

(1) 透镜特性的阻抗元件 Z_1、遮挡器直线阻抗元件 Z_2 及电抗线阻抗元件 Z_3 的整定计算结果。

1) 第Ⅰ象限的最远点整定值 $Z_{A.set}=j3.67\Omega$。

2) 第Ⅲ象限的最远点整定值 $Z_{B.set}=-j3.824\Omega$。

3) 遮挡器直线阻抗元件 $\phi=\phi_s=90°$。

4) 阻抗线动作阻抗整定值 $Z_{C.set}=j2.233\Omega$。

(2) 透镜内角 δ_{set} 整定值 $\delta_{set}=90°$。

(3) 最小负荷阻抗的有名值 $R_{L.min}=\cos\varphi_n \times Z_{g.n}=0.8\times16.997=14.447$ (Ω)。

(4) 跳闸允许电流整定值 $I_{off.al}=15A$ (发电机侧一次电流整定值为45 000A)。

(5) 滑极次数 N_0 的整定值：

振荡中心在区外时，滑极次数 $N_0=3$，动作于信号。

振荡中心在区内时，滑极次数 $N_0=2$，动作于程序跳闸。

（二）双遮挡器失步保护整定计算

DGT-801A 型微机保护为双遮挡器失步保护，其整定计算过程详见本章［例 2-3］，整定计算结果如下。

（1）电抗元件动作电抗 $X_{op}=2.233$（Ω）。

（2）阻抗区边界 $X_{A.set}$、$X_{B.set}$、R_1、δ_1 及最小负荷阻抗 $R_{L.min}$的整定值。

1）$X_{A.set}=j(X_T+X_S)=j3.67$（Ω）。

2）$X_{B.set}=-jX'_d=-j3.824$（Ω）。

3）$\delta_1=90°$，$\delta_4=270°$，$R_1=3.75Ω$。

（3）阻抗区边界整定值 $R_2=\frac{1}{2}R_1=0.5\times3.75=1.87$（Ω）。

（4）阻抗区边界整定值 $-R_3=R_2=1.87Ω$（$R_3=-1.87Ω$）。

（5）阻抗区边界整定值 $-R_4=R_1=3.75Ω$（$R_4=-3.75Ω$）。

（6）1 区整定时间 $t_{1.set}$按最小振荡周期 $T_{per.min}=0.635s$ 计算，$\delta_2=126.9°$，$t_{1.set}=0.05s$。

（7）2 区整定时间 $t_{2.set}=0.0144s$。

（8）3 区整定时间 $t_{3.set}=t_{1.set}=0.05s$。

（9）4 区整定时间 $t_{4.set}=0.244s$。

（10）跳闸允许电流整定值 $I_{off.al}=15A$（一次值为 45 000A）。

（11）滑极次数整定值 $N_0=2$。

（12）保护动作于程序跳闸。

十二、发电机定子绕组过电压保护整定计算

QFSN2-300-2 型汽轮发电机装设于机端 TV 二次侧相间过电压保护整定计算。

（一）动作电压整定值 $U_{op.set}$计算

由式（2-251）得

$$U_{op.set}=K_{rel}\frac{U_{G.N}}{n_{TV}}=1.3\times\frac{20\,000}{200}=130(V)$$

（二）动作时间整定值 $t_{op.set}$计算

由式（2-252）计算动作时间整定值，取 $t_{op.set}=0.5s$，作用于全停灭磁。

十三、发电机及主变压器过励磁保护整定计算

对于发电机、主变压器过励磁保护，按生产厂家提供的发电机变压器过励能力整定。对 QFSN2-300-2 型机组，西屋公司提供的发电机允许过励磁特性曲线如图 2-25 所示，对应的表达式为式（2-256），有关数据见表 2-11。

目前发电机、主变压器过励磁保护都采用离散型（RCS-985 型、DGT-801A 型、WFB-800 型）过励磁保护，为充分利用发电机、主变压器过励磁能力和保证发电机、主变压器安全运行，应与发电机、主变压器允许过励磁特性配合，同时考虑与发电机自动励磁调节器过励保护、过励限制器的相互配合。

A 厂、B 厂 QFSN2-300-2 型机组离散型过励磁保护各整定点的整定值见表 2-18。

表 2-18　　QFSN2-300-2 型发电机过励能力及过励保护整定值表

n^*	1.05	1.1	1.15	1.2	1.25	1.25⁺	1.3
发电机允许过励磁时间 t（s）	∞	2100	378	67	12	12	2.1
发电机过励磁保护动作时间整定值 t_{op}（s）	∞	1000	100	10	1	0.5	0.5

十四、发电机逆功率及程序跳闸逆功率保护整定计算

（一）动作逆功率 $P_{op.3ph}$ 计算

目前各厂家生产的发变组微机保护均为三相逆功率继电器（过去的模拟型保护都为单相逆功率继电器），初步整定可由式（2-265）计算。主汽门关闭后发电机的逆功率在计算时暂取 1.5%$P_{G.N}$，于是三相动作逆功率为

$$P_{op.3ph.set}=\frac{P_m\times10^3}{K_{sen}n_{TA}n_{TV}}=\frac{0.015\times300\ 000\times10^3}{1.5\times3000\times200}=5(W)$$

在正常投运后，应按主汽门关闭后发电机实测逆功率值按式（2-265）重新修正计算。对 QFSN2-300-2 型机组，在主汽门完全关闭后实测逆功率值：A 厂为 6000kW；B 厂为 3600kW。于是三相动作逆功率修正后的整定值为

A 厂　$$P_{op.3ph.set}=\frac{P_m\times10^3}{K_{sen}n_{TA}n_{TV}}=\frac{6000\times10^3}{1.5\times3000\times200}=6.7\ (W)$$

取 6W。

B 厂　$$P_{op.3ph.set}=\frac{P_m\times10^3}{K_{sen}n_{TA}n_{TV}}=\frac{3600\times10^3}{1.5\times3000\times200}=4\ (W)$$

取 4W。

（二）动作时间整定值计算

1. 逆功率保护动作时间整定值 $t_{op.set}$

按汽轮发电机允许的无蒸汽运行时间并有足够余量计算，一般 200MW 及以上的机组的允许无蒸汽运行时间为 1～2min，所以对 QFSN2-300-2 型机组，逆功率动作时间整定值由式（2-267）计算，取 $t_{op.set}=50s$。

2. 程序跳闸逆功率保护动作时间整定值 $t_{op.set}$

由式（2-268）计算，取 $t_{op.set}=0.5s$。

十五、发电机频率异常保护整定计算

（一）低频段时间累加保护整定计算

按表 2-13 计算取以下整定值。

1. 低频段时间累加保护整定计算

（1）低频Ⅰ段。

Ⅰ段下限频率整定值 $f_{I.d.set}=48Hz$；

Ⅰ段上限频率整定值 $f_{I.u.set}=48.5Hz$；

Ⅰ段累加时间整定值 $\Sigma t_{I.set}=300min$；

Ⅰ段每次连续低频时间整定值 $t_{I.l.set}=300s$。

（2）低频Ⅱ段。

Ⅱ段下限频率整定值 $f_{II.d.set}=47.5Hz$；

Ⅱ段上限频率整定值 $f_{\mathrm{II.u.set}}=48\mathrm{Hz}$；

Ⅱ段累加时间整定值 $\Sigma t_{\mathrm{II.set}}=60\mathrm{min}$；

Ⅱ段每次连续低频时间整定值 $t_{\mathrm{II.L.set}}=60\mathrm{s}$。

(3) 低频Ⅲ段。

Ⅲ段下限频率整定值 $f_{\mathrm{III.d.set}}=47\mathrm{Hz}$；

Ⅲ段上限频率整定值 $f_{\mathrm{III.u.set}}=47.5\mathrm{Hz}$；

Ⅲ段累加时间整定值 $\Sigma t_{\mathrm{III.set}}=10\mathrm{min}$；

Ⅲ段每次连续低频时间整定值 $t_{\mathrm{III.L.set}}=10\mathrm{s}$。

2. 高频段时间累加保护整定计算

(1) Ⅳ段（高频Ⅰ段）。

Ⅳ段下限频率整定值 $f_{\mathrm{IV.d.set}}=50.5\mathrm{Hz}$；

Ⅳ段上限频率整定值 $f_{\mathrm{IV.u.set}}=51\mathrm{Hz}$；

Ⅳ段累加时间整定值 $\Sigma t_{\mathrm{IV.set}}=180\mathrm{min}$；

Ⅳ段每次连续高频时间整定值 $t_{\mathrm{IV.h.set}}=180\mathrm{s}$。

(2) Ⅴ段（高频Ⅱ段）。

Ⅴ段下限频率整定值 $f_{\mathrm{V.d.set}}=51\mathrm{Hz}$；

Ⅴ段上限频率整定值 $f_{\mathrm{V.u.set}}=51.5\mathrm{Hz}$；

Ⅴ段累加时间整定值 $\Sigma t_{\mathrm{V.set}}=30\mathrm{min}$；

Ⅴ段每次连续高频时间整定值 $t_{\mathrm{V.h.set}}=30\mathrm{s}$。

3. 低频率保护整定计算

计算结果为

$$f_{\mathrm{op.l.min}}=47\mathrm{Hz}$$

$$t_{\mathrm{op.l.min}}=0.5\mathrm{s}$$

4. 高频率保护整定计算

计算结果为

$$f_{\mathrm{op.h.min}}=51.5\mathrm{Hz}$$

$$t_{\mathrm{op.h.min}}=0.5\mathrm{s}$$

(二) 发电机频率异常保护作用

发电机频率异常保护动作后发信号。

十六、发电机变压器组低阻抗保护整定计算

(一) 低阻抗保护动作阻抗

1. 指向高压母线侧的动作阻抗整定值 $Z_{\mathrm{ne.op.set}}$ 计算

指向线路侧（高压母线侧）按与线路第Ⅰ（Ⅱ）段距离保护配合整定，因其功能主要是当母差保护停用时作母线相间短路的后备保护，所以其保护范围不必太远（可设定为1～1.5km）。

(1) 按与输电线距离保护Ⅰ段阻抗配合计算。由式（2-278）可得

$$Z_{\mathrm{ne.set1}}=K_{\mathrm{rel}}K_{\mathrm{inf.min}}Z_{\mathrm{I}}=0.8\times3.33\times3.67=9.69(\Omega)$$

式中 $Z_{\mathrm{ne.set1}}$——指向高压母线侧的动作阻抗一次整定值；

Z_{I}——线路第Ⅰ段距离保护一次动作阻抗整定值，取3.67Ω；

K_{rel}——可靠系数，为可靠起见取0.8；

$K_{inf.min}$——最小助增系数。

系统最小运行方式时系统助增最小，发电厂单机运行时仅有两输电线和系统相联，此时系统阻抗 $X_S=0.0182$，$X_{G.T}=0.0831$，则

$$K_{inf.min}=\frac{X_S+X_{G.T}}{X_S}=\frac{2\times0.0182+0.0831}{2\times0.0182}=3.33$$

令 $K_{inf.min}=1$ 是最可靠的计算，此时有

$$Z_{ne.set1}=K_{rel}K_{inf}Z_{\mathrm{I}}=0.8\times3.67=2.93\ (\Omega)$$

当系统为最大方式时有

$$X_{S.min}=0.0122,\ X_{G.T}=0.0831$$

则最大助增系数为

$$K_{inf.max}=\frac{X_{S.min}+X_{G.T}}{X_{S.min}}=\frac{0.0122+0.0831}{0.0122}=7.81$$

220kV线路阻抗平均值约为0.34Ω/km，如指向高压母侧的一次动作阻抗整定值为3Ω，则计算可保护线路的长度 L 为

$$L=\frac{Z_{ne.set}}{K_{inf.max}Z_1}=\frac{3}{7.81\times0.34}=1.13\ (\mathrm{km})$$

（2）系统最大运行方式时可靠保护母线或一定长度的线路计算。

1）可靠保护1.5km线路的计算。由式（2-279）得

$$Z_{ne.set1}=K_{sen}K_{inf.max}X_1\times L=1.25\times7.81\times0.34\times1.5=5.0\ (\Omega)$$

2）可靠保护1km线路的计算。此时有

$$Z_{ne.set1}=K_{sen}K_{inf.max}X_1\times L=1.25\times7.81\times0.34\times1=3.32\ (\Omega)$$

其值应小于或等于式（2-278）的计算值，取 $Z_{ne.set1}=3.8$。

（3）指向高压母线侧的二次动作阻抗整定值 $Z_{ne.set2}$ 为

$$Z_{ne.set2}=Z_{ne.set1}\frac{n_{TA}}{n_{TV}}=3.8\times\frac{250}{2200}=0.43\ (\Omega)$$

2. 指向变压器侧的动作阻抗整定值 $Z_{po.set}$ 计算

指向变压器的保护范围可以大一些，一般可以保护至主变压器低压侧，但不必太多的伸入高压厂用变压器。

（1）按偏移度 $\alpha=0.1\sim0.15$（计算时取 $\alpha=0.15$ 或根据实际值）计算。指向变压器侧的动作阻抗整定值由式（2-280）计算，若 $Z_{ne.set1}=3.8\Omega$，阻抗圆偏移度 $\alpha=0.15$，则

$$Z_{po.set1}=\frac{Z_{ne.set1}}{\alpha}=\frac{3.8}{0.15}=25\ (\Omega)$$

若 $Z_{ne.set1}=3.8\Omega$，阻抗圆偏移度 $\alpha=0.1$，则

$$Z_{po.set1}=\frac{Z_{ne.set1}}{\alpha}=\frac{3.8}{0.1}=38\ (\Omega)$$

（2）核算整定阻抗伸入主变压器的范围。由式（2-281）可核算该整定阻抗，即

$$Z_{po.set1}\leqslant K_{rel}(X_T+X_t)$$

变压器的阻抗 $X_{T}=u_{k}\times\frac{U_{T.N}^{2}}{S_{T.N}}=0.141\times\frac{236^{2}}{370}=21.2(\Omega)$

式中 $Z_{po.set1}$——指向变压器侧的动作阻抗一次整定值(Ω);

u_{k}——主变压器的短路电压,为 0.141;

$U_{T.N}$——主变压器高压侧额定电压,为 236kV;

$S_{T.N}$——主变压器额定容量,为 370MVA。

高压厂变归算至主变压器高压侧额定电压阻抗有名值为

$$X_{t}=u_{t.k}\times\frac{U_{T.N}^{2}}{S_{t.n}}=0.105\times\frac{236^{2}}{25}=233(\Omega)$$

式中 $u_{t.k}$——高压厂用变压器的短路电压为 0.105;

$S_{t.n}$——高压厂用变压器额定容量为 25MVA。

由于 $Z_{po.set1}\leqslant K_{rel}(X_{T}+X_{t})=0.8(21.2+233)=318\Omega\gg38\Omega$,所以指向变压器侧的动作阻抗整定值 $Z_{po.set}=38\Omega$ 时,可保护至主变压器低压侧,但不可能伸入高压厂变的低压侧。

(3) 指向变压器侧的二次动作阻抗整定值 $Z_{po.set2}$ 为

$$Z_{po.set2}=Z_{po.set1}\frac{n_{TA}}{n_{TV}}=38\times\frac{250}{2200}=4.3\ (\Omega)$$

(二) 动作时间整定值 $t_{op.set}$ 计算

与线路相间距离保护Ⅰ段时间配合整定,并应躲过系统振荡。由式(2-282)得

$$t_{op.set}=1.5\sim2s$$

取 $t_{op.set}=1.5s$。

(三) 电流闭锁元件动作电流整定值 $I_{op.set}$ 计算

为防止 TV 断线低阻抗保护误动作,应加装三相过电流元件(动作量取自变压器高压侧三相 TA 二次侧电流)闭锁,过电流闭锁元件动作流整定值 $I_{op.set}$ 按躲过变压器额定电流计算。正常闭锁,动作开放低阻抗保护,由式(2-283)得

$$I_{op.set}=K_{rel}\frac{I_{T.N}}{K_{re}n_{TA}}=1.15\times\frac{905}{0.95\times250}=4.38(A)$$

式中 K_{rel}——可靠系数,取 1.15;

$I_{T.N}$——主变压器高压侧额定电流,为 905A;

K_{re}——返回系数,取 0.95(微机保护用 0.95);

n_{TA}——主变压器高压侧电流互感器变比,为 250。

取 4.4A。

(四) 计算结果

(1) 指向高压母线的整定阻抗为

一次值 $Z_{ne.set.1}=3.8\Omega$

二次值 $Z_{ne.set.2}=Z_{ne.set.1}\frac{n_{TA}}{n_{TV}}=3.8\times\frac{250}{2200}=0.43\ (\Omega)$

(2) 指向主变压器的整定阻抗为

一次值 $Z_{po.set.1}=38\Omega$

二次值 $Z_{po.set.2}=Z_{po.set.1}\dfrac{n_{TA}}{n_{TV}}=38\times\dfrac{250}{2200}=4.3$（Ω）

（3）偏移阻抗圆的偏移度 $\alpha=0.1\sim0.15$，正方向指向主变压器。

（4）最大灵敏角 $\varphi_{set}=85°$。

（5）动作时间整定值 $t_{op.set}=1.5s$。

（6）三相过电流闭锁元件动作电流整定值 $I_{op.set}=4.4A$。

十七、发电机变压器组复合电压闭锁过电流保护整定计算

（一）过电流元件

1. 动作电流计算

过电流元件动作量取自发电机中性点 TA 的二次电流，按躲过发电机额定电流由式(2-284)计算，即

$$I_{op}=\frac{K_{rel}}{K_{re}}\times\frac{I_{G.N}}{n_{TA}}=\frac{1.2\times10\ 190}{0.95\times3000}=4.3(A)$$

式中 K_{rel}——可靠系数，一般取 1.2；

K_{re}——返回系数取 0.95（微机保护取 0.95）；

$I_{G.N}$——发电机一次额定电流，为 10 189A；

n_{TA}——发电机电流互感器变比，为 15 000/5。

2. 高压母线短路时灵敏系数计算

对 Yd11 接线的变压器，发电机中性点侧完全星形接线的三元件过电流保护在 Y 侧两相短路和三相短路时的灵敏度相同，由式（2-285）得

$$K_{sen}^{(2)}=K_{sen}^{(3)}=\frac{I_{K.min}^{(3)}}{I_{op}\times n_{TA}}=\frac{2.347\times10\ 190}{4.3\times3000}=1.9$$

式中 $I_{K.min}^{(3)}$——高压母线三相短路时发电机供给的衰减短路电流周期性分量。

由 $X_{cal}=0.3$ 查附录表 A-1 知，$t=4s$ 时刻 $I_{K.min}^{(3)}=2.347\times10\ 190=23\ 910A$。

（二）复合电压闭锁元件整定值计算

1. 相间低电压元件动作电压整定值

（1）相间低电压元件（取自机端 TV 二次侧相间电压）动作电压整定值。由式（2-286）得

$$U_{op.set}=\frac{1}{K_{rel}K_{re}}\times\frac{U_{G.min}}{n_{TV}}=\frac{1}{1.2\times1.05}\times\frac{0.9\times20\ 000}{200}=71\ (V)$$

式中 K_{rel}——可靠系数，取 1.2；

K_{re}——返回系数，取 1.05（微机保护取 1.05）；

$U_{G.min}$——发电机正常最低运行电压，取 $0.9U_{G.N}$；

n_{TV}——发电机电压互感器变比，为 200。

（2）由经验公式(2-287)知，$U_{op.set}=(0.6\sim0.7)U_{g.n}$，汽轮发电机取 $U_{op.set}=0.6U_{g.n}$，即 $U_{op.set}=0.6U_{g.n}=60V$。

（3）相间低电压元件的灵敏度计算。高压母线三相短路时相间低电压元件的灵敏度由式（2-288）计算，即

$$K_{u.sen}^{(3)}=\frac{U_{op}}{U_K^{(3)}}=\frac{0.6}{0.455}=1.32>1.25$$

式中 $U_K^{(3)}$——高压母线三相短路时发电机端的残压标么值(查表1-1得 $U_K^{(3)}=0.455$,或直接计算得 $U_K^{(3)}=\frac{X_T}{X_G+X_T}=\frac{0.0378}{0.0453+0.0378}=0.455$)。

2. 负序电压元件整定计算

(1)负序动作电压的整定计算。按躲过正常运行时的最大不平衡电压计算,由式(2-289)得

$$U_{2.op.set}=(0.06\sim0.09)U_{g.n}$$

取 $U_{2.op}=0.07U_{g.n}=7$(V)

负序相电压动作整定值 $U_{2.op.p}=\frac{7}{\sqrt{3}}=4$(V)

(2)高压母线两相短路时的灵敏度计算。由式(2-290)得

$$K_{u.sen}^{(2)}=\frac{U_{K2}^{*(2)}}{U_{2.op}^{*}}=\frac{0.275}{0.07}=3.9$$

式中 $U_{K2}^{*(2)}$——高压母线两相短路时发电机端负序电压的标么值(查表1-1得 $U_{K2}^{*(2)}=0.275$)。

(三)动作时间整定值计算

复合电压(低电压)闭锁过电流保护的动作时间,按与相邻出线相间短路后备保护最长动作时间配合计算。由式(2-291)得

A厂 $t_{op.set}=t_{L.op.max}+2\Delta t=3.8+0.6=4.4$(s)

B厂 $t_{op.set}=t_{L.op.max}+2\Delta t=3.6+0.6=4.2$(s)

式中 $t_{L.op.max}$——相邻出线后备保护最长时间(A厂为3.8s;B厂为3.6s);

$2\Delta t$——动作间时级差,取 $2\times0.3=0.6$(s)。

十八、主变压器高压侧零序过电流保护整定计算

当主变压器中性点直接接地时,一般应加装两段零序过电流保护,其动作量取自主变压器中性点直接接地回路的零序电流互感器TA0二次电流 $3I_0$,也可取自主变压器高压侧三相电流互器所组成零序电流滤过器的电流 $3I_0$。

(一)主变压器Ⅰ段零序过电流保护的计算

(1)与相邻线路第Ⅰ段或第Ⅱ段零序过电流保护配合计算,一般与第Ⅱ段配合计算(B厂线路Ⅱ段整定值为4440A、1.9s)。

1)动作电流。由式(2-291)得

$$3I_{0.op.I}=K_{rel}K_{0bra.max}3I_{0.op.max}/n_{TA0}=1.2\times0.492\times4440/120=21.8\text{(A)}$$

$3I_{0.op.max}=4400\text{A}$,$K_{rel}=1.2$,系统最小运行方式的最大分支系数由式(2-292)得

$$K_{0bra.max}=\frac{X_{0\Sigma.min}}{X_{0T}}=\frac{X_{0S.min}}{X_{0S.min}+X_{0T}}=\frac{0.0365}{2\times0.0365+0.0378}=0.492$$

$X_{0T}=0.0378$,$X_{0S.min}=0.0365$,系统综合零序阻抗 $X_{0\Sigma.min}=X_{0S.min}//X_{0T}=0.0186$

$n_{TA0}=600/5=120$

2）动作时间。与相邻出线配合段零序过电流Ⅱ段保护最长动作时间配合计算，由式（2-295）得

$$t_{0.op.I}=t_{0.op.max}+\Delta t=1.9+0.4=2.3\ (s)$$

式中相邻出线配合段零序过电流Ⅱ段最长动作时间 $t_{0.op.max}=1.9s$，$\Delta t=0.4s$。

（2）按与线路Ⅲ段零序过电流保护配合计算。

1）动作电流。线路Ⅲ段零序过电流保护整定值为960A、2.4s，由式（2-291）得

$$3I_{0.op.I}=K_{rel}K_{0bra.max}3I_{0.op.max}/n_{TA0}=1.2\times0.492\times960/120=4.7\ (A)$$

2）动作时间为

$$t_{0.op.I}=2.4+0.4=2.8\ (s)$$

（3）灵敏系数计算。由式（2-294）计算，即

$$K_{0.sen}=\frac{3I_{K0}^{(1)}}{3I_{0.op.I}\times n_{TA0}}$$

式中 $3I_{K0}^{(1)}$——最小运行方式时线路出口单相接地时保护安装处3倍零序电流的最小值。

由于 $3I_{K0}^{(1)}=3\times\dfrac{I_{bs}}{2X_{1\Sigma}+X_{0\Sigma}}\times\dfrac{X_{0\Sigma}}{X_{0T}}=3\times\dfrac{251}{2\times0.0149+0.0186}\times\dfrac{0.0186}{0.0378}=15558\times0.492=7655\ (A)$

所以 $3I_{0.op.I}=21.8A$ 时，灵敏度为

$$K_{0.sen}=\frac{3I_{K0}^{(1)}}{3I_{0.op.I}\times n_{TA0}}=\frac{7655}{120\times21.8}=2.93$$

$3I_{0.op.I}=4.7A$ 时，灵敏度为

$$K_{0.sen}=\frac{3I_{K0}^{(1)}}{3I_{0.op.I}\times n_{TA0}}=\frac{7655}{120\times4.7}=13.6$$

（4）主变压器Ⅰ段零序过电流保护选定的整定值。由上述计算知，由于线路保护的零序电流Ⅰ段保护线路的范围本来就很小，主变压器的零序电流Ⅰ段如与线路零序电流Ⅰ段配合整定，根本就无保护范围可言，所以应放弃与线路零序电流Ⅰ段配合整定（在A、B厂线路零序过电流Ⅰ段停用）。在本实例中，主变压器零序电流Ⅰ段如与线路零序过电流Ⅱ段配合整定，则动作时间 $t_{0.op.I}=1.9+0.4=2.3$（s），线路出口单相接地时灵敏度为 $K_{0.sen}^{(1)}=2.93$。主变压器的零序电流Ⅰ段如与线路零序过电流Ⅲ段配合整定，则动作时间 $t_{0.op.I}=2.4+0.4=2.8$（s），线路出口单相接地时灵敏度为 $K_{0.sen}=13.6$。权衡选择性、灵敏度和快速性，A、B厂主变压器零序过电流Ⅰ段应与线路零序过电流Ⅲ段配合整定（具体情况应具体考虑），考虑系统的阻抗变化较大，同时灵敏度又足够；整定值适当取较大值为 $3I_{0.op.I}=10A$（一次动作电流整定值为1200A），$t_{0.op.I}=2.8s$，$K_{sen}^{(1)}=6.8$。

（二）主变压器Ⅱ段零序过电流保护的计算

1. 零序Ⅱ段过电流元件动作电流 $3I_{0.op.II}$ 计算

与相邻线路末段零序过电流保护配合（而一般与第Ⅳ段配合），由式（2-296）得

$$3I_{0.op.II}=K_{rel}K_{0bra.max}3I_{0.op.en}/n_{TA0}=1.2\times1\times240/120=288/120=2.4\ (A)$$

式中 $3I_{0.op.en}=240A$，取 $K_{0bra.max}=1$。

2. 零序Ⅱ段动作时间的计算

与相邻出线末段的零序过电流保护最长时间配合计算，由式（2-298）得

$$t_{0.op.Ⅱ}=t_{0.op.en}+\Delta t=3.9+0.4=4.3\ (s)$$

式中 $t_{0.op.en}=3.9s$，$\Delta t=0.4s$。

十九、主变压器高压侧中性点间隙接地零序保护整定计算

（一）间隙接地零序过电流元件动作电流计算

动作量取自变压器中性点间隙接地零序电流互感器 TA0 的二次电流，当考虑到间隙电弧放电因素时，根据运行经验，其值由式（2-299a）计算。一般取一次动作电流为 100A，而电流互感器 TA0 选变比为 100/5，即一次动作电流整定值为 $3I_{0.op.set}=100A$，二次动作电流整定值为 $3I_{0.op.set}=5A$。

（二）间隙接地零序过电压元件动作电压计算

中性点间隙接地零序过电压元件动作电压整定值 $3U_{0.op.set}$ 应满足式

$$3U^{(1)}_{K0.max}<3U_{0.op.set}<3U^{(1)}_{K0.min}$$

$U^{(1)}_{K0.max}=160V$，$3U^{(1)}_{K0.min}=200V$，由式（2-299d）得动作电压整定值 $3U_{0.op.set}=180V$。

（三）间隙接地零序保护动作时间计算

中性点间隙接地零序过电流和零序过电压保护动作时间应躲过暂态过电压时间，零序过电流和零序过电压可用同一动作时间。由式（2-299e）知

$$t_{0.op}=0.3\sim0.4s$$

取 $t_{0.op}=0.4s$。

二十、断路器非全相运行和非全相运行失灵及断路器失灵保护整定计算

（一）断路器三相失灵保护整定计算

1. 三相电流元件的动作电流计算

分相操作机构和三相操作机构的断路器失灵保护，如图 2-33 所示，由相电流判断路器有电流、断路器辅助触点判断路器合位状态、保护出口动作判故障存在组成与门的断路器失灵起动判据，相电流动作判据整定值 $I_{op.set}$ 按小于发电机组正常最小负荷电流 I_{min} 由式(2-328a)计算

$$I_{op.set}=0.8I_{min}=0.3I_{t.n}=0.3\times3.62=1.08A\ 取\ I_{op.set}=1.1A$$

2. 失灵保护动作时间

失灵保护动作时间设置于失灵保护装置内，而起动失灵保护无延时，即图 2-33 中的延时 $t_3=0$。

(1) 跳母联断路器的动作时间。由式（2-329）取 $t_{1.op}=0.3s$。

(2) 跳本回路所在母线所有断路器的动作时间。由式（2-330）取 $t_{2.op}=0.5s$。

（二）非全相运行和非全相运行失灵保护整定计算

A 厂断路器为分相操动机构，具有断路器三相位置不对应判据，可实现非全相运行和非全相运行失灵保护。

1. 零序过电流元件的动作电流 $3I_{0.op}$ 计算

主变高压侧零序过电流元件的动作电流 $3I_{0.op}$ 由式（2-325）计算，取

$$3I_{0.op}=0.5I_{t.n}=0.5\times905/250=1.8\ (A)$$

2. 负序电流元件动作电流 $I_{2.op}$ 计算

按躲过正常运行时最大负序电流及非全相运行时有足够灵敏度计算。

（1）主变高压侧负序电流元件的动作电流 $I_{2.op}$。由式（2-323）、式（2-324）计算，取

$$I_{2.op}=0.1I_{t.n}=0.1\times905/250=0.36\ (A)$$

（2）用发电机负序过电流元件动作电流 $I_{2.op}$，取 $I_{2.op}=0.1I_{g.n}=0.1\times3.4=0.34$（A）。

3. 跳本断路器的时间

非全相运行保护动作跳本断路器的动作时间由式（2-326）计算，取 $t_{1.op}=0.5s$。

4. 解除失灵保护复合电压闭锁动作时间

非全相运行失灵保护解除失灵保护复合电压闭锁动作时间的整定值由式（2-327）计算，取 $t_{2.op}=0.5+0.5=1$（s）。

5. 非全相运行起动失灵保护动作时间

非全相运行起动失灵保护动作时间可与解除失灵保护复合电压闭锁动作时间相同整定，由式（2-327）计算，取 $t_{3.op}=0.5+0.5=1$（s）。

由于非全相运行失灵保护和切断短路电流时的失灵保护有区别，前者是切断异常运行失灵保护，时间稍长一些无严重后果；后者是切断短路电流时的失灵保护，必须尽量快速地切除短路电流。为可靠起见，非全相运行失灵保护起动失灵保护动作时间可比非全相失灵保护解除失灵保护复合电压闭锁动作时间增加一时间级差，即 $t_{3.op}=1+0.5=1.5$（s）。

二十一、电压回路断线保护整定计算

电压回路断线不平衡电压整定值 $U_{unb.set}$ 按躲过正常运行时两组电压互感器之间的不平衡电压计算。由式（2-322）知，$U_{unb.set}=(5\sim8)V$，取 $U_{unb.set}=5V$。

动作后闭锁 TV0 断线后误动的保护及发信号，如闭锁发电机纵向基波零序过电压保护和动作于跳闸停机而取自机端 TV 开口三角 $3U_{01}$ 的定子绕组单相接地基波零序过电压保护。

二十二、高压厂用变压器纵差动保护整定计算

（一）DGT-801A 型差动保护

A 厂高压厂用变压器用 DGT-801A 型差动保护。

1. 双绕组厂用变压器差动保护 KD1、KD2 整定计算

（1）基准侧额定二次电流。DGT-801A 型差动保护基准侧选变压器低压侧，基准侧额定二次电流为

$$I_{t.n}=I_{l.n}=\frac{25\ 000}{\sqrt{3}\times6.3\times600}=3.82\ (A)$$

（2）高压厂变低压母线短路电流计算。至高压厂变高压侧的系统阻抗 $X_S=0.023\ 77$，$X_T=0.42$，由式（1-18）得

$$I_K^{(3)}=\frac{I_{bs}}{X_S+X_T}=\frac{9160}{0.023\ 77+0.42}=20\ 641\ (A)$$

三相短路电流二次值为

$$I_k^{(3)}=\frac{I_K^{(3)}}{n_{TA}}=\frac{20\ 641}{600}=34.4\ (A)$$

两相短路电流二次值为

$$I_k^{(2)}=\frac{\sqrt{3}}{2}\frac{I_K^{(3)}}{n_{TA}}=\frac{\sqrt{3}}{2}\times\frac{20\ 641}{600}=29.8\ (A)$$

(3) 最小动作电流计算。由式(2-49b)计算,取

$$I_{d.op.min}=0.6I_{t.n}=0.6\times3.82=2.3\ (A)$$

(4) 最小制动电流计算。由式(2-51)计算,取 $I_{res.min}=0.8I_{t.n}=0.8\times3.82=3$ (A)。

(5) 制动系数斜率 S 计算。由式(2-53a)计算,取 $S=0.5$。

(6) 灵敏系数计算。制动电流由式(2-39a)计算的保护,其动作电流由式(2-54b)计算,即

$$I_{d.op}=S\left(\frac{I_{k.min}}{2}-I_{res.min}\right)+I_{d.op.min}=0.5\left(\frac{29.8}{2}-3\right)+2.3=8.25(A)$$

$K_{sen}^{(2)}=\frac{29.8}{8.25}=3.61$,与 $K_{sen}^{(3)}=\frac{34.4}{9.4}=3.66$ 基本相同。

制动电流按式(2-38c)计算的保护,其动作电流由式(2-54a)计算,即

$$I_{d.op}=S(I_{k.min}^{(3)}-I_{res.min})+I_{d.op.min}=0.5\times(34.4-3)+2.3=18.0(A)$$

$$K_{sen}^{(3)}=\frac{34.4}{18.0}=1.9$$

$$I_{d.op}=S(I_{k.min}^{(2)}-I_{res.min})+I_{d.op.min}=0.5\times(29.8-3)+2.3=15.7(A)$$

$$K_{sen}^{(2)}=\frac{29.8}{15.7}=1.898$$

以上计算说明,比率制动纵差动保护灵敏度>1.5 时,短路电流变化较大时实际的灵敏度变化并不大。

(7) 区外短路时的最大动作电流计算。由式(2-1)得

$$I_{d.op}=S(I_{k.max}-I_{res.min})+I_{d.op.min}=0.5\times(34.4-3)+2.3=18.0(A)$$

其相对值为 $I_{d.op}^{*}=\frac{18}{3.82}=4.71$。

(8) 二次谐波制动比。由式(2-60)计算,取 $K_{2\omega}=0.15$。

(9) 差动速断动作电流计算。由式(2-56b)得 $I_{d.op.up}=6I_{t.n}=6\times3.82=23.0$ (A)。差动速断动作电流相对值 $I_{d.op.up}^{*}=6$。

(10) 变压器联结组别和实际运行变比。

1) 额定容量 $S_N=25\ 000$kVA。

2) 联结组别为 Dd12。

3) 实际运行变比为 20/6.3。

(11) 变压器两侧 TA 变比及接线方式。

1) 20kV 变压器高压侧,TA 变比为 1000/5,完全星形 YN 接线方式,二次侧额定电流为

$$I_{h.n}=\frac{S_{T.N}}{\sqrt{3}U_{H.N}n_{TA}}=\frac{25\ 000}{\sqrt{3}\times20\times200}=3.61(A)$$

2) 6.3kV、Ⅰ侧 TA 变比为 3000/5,完全星形 YN 接线方式。

3) 6.3kV、Ⅱ侧 TA 变比为 3000/5,完全星形 YN 接线方式。

4）保护要求两侧 TA 的差动电流为“电流和”接线方式。

5）平衡系数。由式（2-62）计算，即

低压侧平衡系数 $K_{bal.l}=1$

高压侧平衡系数 $K_{bal.h}=\frac{I_{l.n}}{I_{h.n}}=\frac{3.82}{3.61}=1.06$

2. 高压厂用变压器组的差动保护 KDΣ 整定计算

A 厂高压厂用变压器组设有差动保护 KDΣ。

（1）基准侧二次额定电流计算。按一台变压器低压二次额定电流计算，即

$$I_{t.n}=I_{l.n}=\frac{S_{T.N}}{\sqrt{3}U_{N}n_{TA}}=\frac{25\ 000}{\sqrt{3}\times 6.3\times 600}=3.82(\text{A})$$

（2）最小动作电流为

$$I_{d.op.min}=0.6\times 2\times I_{t.n}=1.2\times 3.82=4.58\ (\text{A})$$

（3）最小制动电流为

$$I_{res.min}=0.8I_{n}=0.8\times 3.82=3\ (\text{A})$$

（4）制动系数斜率为

$$S=0.5$$

（5）灵敏系数计算。制动电流由式（2-38c）计算，区内短路时差动保护动作电流为

$$I_{d.op}=S(I_{k.min}-I_{res.min})+I_{d.op.min}=0.5(29.8-3)+4.58=17.985(\text{A})$$

灵敏系数 $K_{sen}=\frac{29.8}{17.98}=1.66$

（6）二次谐波制动比计算。由式（2-60）计算，取 $K_{2\omega}=0.15$。

（7）差动速断动作电流计算。由式（2-56b）计算，取 $I_{d.op.qu}=6\times 2\times I_{n}=12\times 3.82=45.84$（A），差动速断动作电流相对值 $I^{*}_{d.op.up}=12$，其中 $I_{t.n}$ 为一台变压器基准侧的额定二次电流值（为 3.82A）。

（8）变压器联结组别和实际运行变比。

1）额定容量 $S_{N}=2\times 25\ 000$kVA。

2）联结组别为 Dd12。

3）实际运行变比为 20/6.3。

（9）变压器两侧 TA 变比及接线方式。

1）20kV 变压器高压侧，TA 变比为 2000/5，完全星形 YN 接线方式，二次侧额定电流为

$$I_{h.n}=\frac{S_{T.N}}{\sqrt{3}U_{H.N}n_{TA}}=\frac{2\times 25\ 000}{\sqrt{3}\times 20\times 400}=3.61(\text{A})$$

2）6.3kV、Ⅰ侧 TA 变比为 3000/5，完全星形 YN 接线方式。

3）6.3kV、Ⅱ侧 TA 变比为 3000/5，完全星形 YN 接线方式。

4）保护要求两侧 TA 的差动电流为“电流和”接线方式。

5）平衡系数。由式（2-62）计算，即

低压侧平衡系数 $K_{bal.l}=1$

高压侧平衡系数 $K_{bal.h}=\frac{I_{l.n}}{I_{h.n}}=\frac{3.82}{3.61/2}=2.12$

(二) RCS-985 型差动保护

A 厂高压厂用变压器用 RCS-985 型差动保护。

1. 双绕组厂用变压器的差动保护 KD1、KD2 的整定计算

(1) 基准侧额定二次电流计算。RCS-985 型差动保护基准侧选变压器低压侧，额定二次电流 $I_{t.n}=3.82A$。

(2) 最小动作电流。由式 (2-75) 计算，得 $I_{d.op.min}=0.5I_n=0.5\times3.82=1.9$ (A)，最小动作电流标么值 $I^*_{d.op.min}=0.5$。

(3) 最小制动系数斜率 K_{res1} 和最大制动系数斜率 K_{res2} 计算。由式 (2-77) 计算，取

$$K_{res1}=0.1\sim0.3$$

$$K_{res2}=0.7$$

(4) 最大制动系数斜率时的最小制动电流倍数 n 的计算。变压器固定为 $n=6$。

(5) 灵敏系数计算。变制动系数增量计算为

$$\Delta K_{res}=\frac{K_{res2}-K_{res1}}{2n}=\frac{0.7-0.1}{2\times6}=0.05$$

区内短路时制动电流相对值为

$$I^*_{res}=\frac{34.4}{2\times3.82}=4.5<6$$

对应区内短路时动作电流由式 (2-6) 计算，即

$$\begin{aligned}I^*_{d.op}&=K_{res}I^*_{res}+I^*_{d.op.min}=K_{res1}I^*_{res}+\Delta K_{res}I^{*2}_{res}+I^*_{d.op.min}\\&=0.1\times4.5+0.05\times4.5^2+0.5=1.96\end{aligned}$$

灵敏系数为

$$K_{sen}=\frac{34.4}{1.96\times3.82}=4.83$$

区内短路时制动电流相对值为

$$I^*_{res}=\frac{29.8}{2\times3.82}=3.9<6$$

对应区内短路时动作电流由式 (2-6) 计算，即

$$\begin{aligned}I^*_{d.op}&=K_{res}I^*_{res}+I^*_{d.op.min}=K_{res1}I^*_{res}+\Delta K_{res}I^{*2}_{res}+I^*_{d.op.min}\\&=0.1\times3.9+0.05\times3.9^2+0.5=1.65\end{aligned}$$

灵敏系数为

$$K_{sen}=\frac{29.8}{1.65\times3.82}=4.73$$

区外短路时制动电流相对值为

$$I^*_{res}=\frac{34.4}{3.82}=9>6$$

区外短路时的动作电流由式 (2-78) 计算，即

$$I_{\mathrm{d.op}}^{*} = K_{\mathrm{res2}}(I_{\mathrm{res}}^{*} - n) + 0.5(K_{\mathrm{res1}} + K_{\mathrm{res2}})n + I_{\mathrm{d.op.min}}^{*}$$
$$= 0.7 \times (9-6) + 0.5(0.1+0.7) \times 9 + 0.5 = 6.2$$

由上述计算知，该保护在区外故障时有很强的制动作用，而区内故障时有很高的灵敏度。

（6）二次谐波制动比由式（2-60）计算，取 $K_{2\omega}=0.15$。

（7）差动速断动作电流计算。由式（2-56b）计算，取 $I_{\mathrm{d.op.up}}=6I_{\mathrm{t.n}}=6\times3.82=23.0$（A），差动速断动作电流标么值 $I_{\mathrm{d.op.up}}^{*}=6$。

（8）变压器联结组别和实际运行变比。

1）额定容量 $S_{\mathrm{N}}=25\ 000\mathrm{kVA}$。

2）联结组别为 Dd12。

3）实际运行变比为 20/6.3。

（9）变压器两侧 TA 变比及接线方式。

1）20kV 变压器高压侧，TA 变比为 1000/5A，完全星形 YN 接线方式，二次侧额定电流为

$$I_{\mathrm{h.n}} = \frac{S_{\mathrm{T.N}}}{\sqrt{3}U_{\mathrm{H.N}}n_{\mathrm{TA}}} = \frac{25\ 000}{\sqrt{3}\times20\times200} = 3.61(\mathrm{A})$$

2）6.3kV、Ⅰ侧 TA 变比为 3000/5，完全星形 YN 接线方式。

3）6.3kV、Ⅱ侧 TA 变比为 3000/5，完全星形 YN 接线方式。

4）保护要求两侧 TA 的差动电流为“电流和”接线方式。

5）平衡系数。由式（2-62）计算，即

低压侧平衡系数 $K_{\mathrm{bal.l}}=1$

$$\text{高压侧平衡系数 } K_{\mathrm{bal.h}}=\frac{I_{\mathrm{l.n}}}{I_{\mathrm{h.n}}}=\frac{3.82}{3.61}=1.06$$

2. 两台变压器组的差动保护 KDΣ 整定计算

（1）最小动作电流为

$$I_{\mathrm{d.op.min}}=0.5\times2\times I_{\mathrm{t.n}}=1\times3.82=3.82\ (\mathrm{A})，取\ 3.82\mathrm{A}$$

最小动作电流标么值为

$$I_{\mathrm{d.op.min}}^{*}=1.0$$

（2）最小制动系数 K_{res1} 和最大制动系数 K_{res2} 计算，取

$$K_{\mathrm{res1}}=0.1$$
$$K_{\mathrm{res2}}=0.7$$

（3）最大动系数斜率时的最小制动电流倍数 n 的计算。变压器固定为 $n=6$。

（4）灵敏系数计算。变制动系数增量为

$$\Delta K_{\mathrm{res}}=\frac{K_{\mathrm{res2}}-K_{\mathrm{res1}}}{2n}=\frac{0.7-0.1}{2\times6}=0.05$$

区内短路时制动电流相对值为

$$I_{\mathrm{res}}^{*}=\frac{34.4}{2\times3.82}=4.5<6$$

对应区内短路制动电流时的动作电流为

$$I_{d.op}^{*}=K_{res}I_{res}^{*}+I_{d.op.min}^{*}=K_{res1}I_{res}^{*}+\Delta K_{res}I_{res}^{*2}+I_{d.op.min}^{*}$$
$$=0.1\times4.5+0.05\times4.5^{2}+1=2.46$$

灵敏系数为

$$K_{sen}=\frac{34.4}{2.46\times3.82}=3.66$$

（5）二次谐波制动比由式（2-60）计算，取 $K_{2\omega}=0.15$。

（6）差动速断动作电流。由式（2-56b）计算得，$I_{d.op.up}=2\times6\times I_{t.n}=12\times3.82=45.8$（A），差动速断动作电流相对值 $I_{d.op.up}^{*}=12$，其中 $I_{t.n}$ 为一台变压器基准侧额定二次电流值。

（7）基准电流。以上计算整定值时，均以单台变压器 6.3kV 侧 TA 额定二次电流为基准电流。

（8）变压器联结组别和实际运行变比。

1）额定容量 $S_N=2\times25\ 000$kVA。

2）联结组别为 Dd12。

3）实际运行变比为 20/6.3。

（9）变压器两侧 TA 变比及接线方式。

1）20kV 变压器高压侧，TA 变比为 2000/5，完全星形 YN 接线方式，二次侧额定电流为

$$I_{h.n}=\frac{S_{T.N}}{\sqrt{3}U_{H.N}n_{TA}}=\frac{2\times25\ 000}{\sqrt{3}\times20\times400}=3.61(\text{A})$$

2）6.3kV、Ⅰ侧 TA 变比为 3000/5，完全星形 YN 接线方式。

3）6.3kV、Ⅱ侧 TA 变比为 3000/5，完全星形 YN 接线方式。

4）保护要求两侧 TA 的差动电流为电流和接线方式。

5）平衡系数。由式（2-62）计算，即

低压侧平衡系数 $K_{bal.l}=1$

$$\text{高压侧平衡系数}\ K_{bal.h}=\frac{I_{l.n}}{I_{h.n}}=\frac{3.82}{3.61/2}=2.12$$

（三）WFB-800 型差动保护整定计算

B 厂高压厂用变压器用 WFB-800 型差动保护，以双绕组厂用变压器纵差动保护 KD1、KD2 的整定计算为例。

（1）基准侧额定二次电流。WFB-800 型差动保护基准侧选变压器高压侧，额定二次电流为

$$I_{t.n}=\frac{25\ 000}{\sqrt{3}\times20\times200}=3.61\ (\text{A})$$

（2）最小动作电流计算。按式（2-49c）计算，即

$$I_{d.op.min}=0.6I_{t.n}=0.6\times3.61=2.2\ (\text{A})$$

（3）最小制动电流计算。按式（2-51）计算，即

$$I_{res.min}=0.8I_{t.n}=0.8\times3.61=2.9\ (\text{A})$$

（4）制动系数斜率 S 计算。按式（2-53b）计算得 $S=0.5$。

（5）灵敏系数计算。制动电流由式（2-39a）计算的保护，其动作电流为

$$I_{d.op}=S\left(\frac{I_{k.min}}{2}-I_{res.min}\right)+I_{d.op.min}=0.5\times\left(\frac{32.5}{2}-2.9\right)+2.53=9.2(A)$$

$$I_{k.min}=6505/200=32.5(A)$$

$$K_{sen}=\frac{32.5}{9.2}=3.53$$

（6）二次谐波制动比计算。由式（2-60）计算，取 $K_{2\omega}=0.15$。

（7）差动速断动作电流。由式（2-56b）计算取 $I_{d.op.up}=6I_{t.n}=6\times3.61=21.6$（A），差动速断动作电流标么值 $I^{*}_{d.op.up}=6$。

（8）变压器连接组别和实际运行变比。

1）额定容量 S_N=25 000kVA。

2）联结组别为 Dyn1。

3）实际运行变比为 20/6.3。

（9）变压器两侧 TA 变比及接线方式。

1）20kV 变压器高压侧，TA 变比为 1000/5，完全星形 YN 接线方式，二次侧额定电流为 $I_{h.n}=3.61$（A）。

2）6.3kV、Ⅰ侧 TA 变比为 3000/5，完全星形 YN 接线方式。

3）6.3kV、Ⅱ侧 TA 变比为 3000/5，完全星形 YN 接线方式。

4）保护要求两侧 TA 的差动电流为电流和接线方式。

5）平衡系数计算。由式（2-63）计算，即

高压侧平衡系数 $K_{bal.h}=1$

低压侧 TA 二次额定电流 $I_{l.n}=\frac{25\,000}{\sqrt{3}\times6.3\times600}=3.82$（A）

低压侧平衡系数 $K_{bal.l}=\frac{I_{h.n}}{I_{l.n}}=\frac{3.609}{3.82}=0.945$

B 厂高压厂用变压器组纵差动保护设在发电机变压器组内，两台高压厂用变压器组未单独装设纵差动保护。

（四）注意的问题

1. 基准侧选择

DGT-801A 型和 WFB-800 型差动保护，在计算电流幅值的平衡系数时，两者对平衡系数的定义完全不同，选择的基准侧也完全不同，在整定计算时必须清楚两者的区别，同时在保护装置调试时应注意到这一问题，在投入运行时应在变压器带负荷试验时注意检测不平衡电流值是否接近零（否则应查明是 TA 极性错误，还是平衡系数或变压器变比和 TA 变比设置错误）。

2. 两台变压器组的纵差动保护

基准侧电流按一台变压器计算和按两台变压器计算时，其整定值不相同，同时装置内部计算的动作值也不相同。

(1) 基准电流取一台变压器的额定电流 $I_{t.n}=3.81A$ 时,RCS-985 型两台变压器组的差动保护 KDΣ 整定值为

$$I_{d.op.min}=0.5\times2\times I_{t.n}=1.0\times3.82=3.82\ (A)$$

$$I^*_{d.op.min}=1.0$$

$$K_{res1}=0.1$$

$$K_{res2}=0.7$$

$$n=6$$

区内短路时 $I^*_{d.op}=2.46$(以 $I_{t.n}$ 为基准),区外短路时 $I^*_{d.op}=6.9$(以 $I_{t.n}$ 为基准)。

(2) 基准电流取两台变压器的额定电流 $I_{t.n}=2\times3.81=7.62$ (A) 时,RCS-985 型两台变压器组的差动保护 KDΣ 整定值为

$$I_{d.op.min}=0.5\times2\times I_{t.n}=1.0\times3.82=3.82\ (A)$$

$$I^*_{d.op.min}=0.5$$

$$K_{res1}=0.1$$

$$K_{res2}=0.7$$

$$n=6$$

区内短路时 $I^*_{res}=34.4/2(2\times3.82)=2.25$,则

$$I^*_{d.op}=K_{res}I^*_{res}+I^*_{d.op.min}=K_{res1}I^*_{res}+\Delta K_{res}I^{*2}_{res}+I^*_{d.op.min}$$
$$=0.1\times2.25+0.05\times2.25^2+0.5=0.978$$

$I^*_{d.op}=0.978$(以 $2I_{t.n}$ 为基准)

区外短路时 $I^*_{res}=34.4/(2\times3.82)=4.5$,则

$$I^*_{d.op}=K_{res}I^*_{res}+I^*_{d.op.min}=K_{res1}I^*_{res}+\Delta K_{res}I^{*2}_{res}+I^*_{d.op.min}$$
$$=0.1\times4.5+0.05\times4.5^2+0.5=1.963$$

$I^*_{d.op}=1.963$(以 $2I_{t.n}$ 为基准)

二十三、高压厂用变压器分支低电压闭锁过电流保护整定计算

(一) 低电压元件动作电压 U_{op} 的计算

(1) 高压厂用变压器 6kV 母线负荷分析。6kV Ⅰ段母线 W1 所接负荷见表 2-19,Ⅱ段母线 W2 所接负荷见表 2-20。

表 2-19　　6kV Ⅰ段母线 W1 所接负荷

设备名称	型　号	额定容量 (kW)	额定电流 (A)	额定电压 (kV)	起动电流倍数
1 号吸风机	YKKL710-6	1800	207	6	
1 号送风机	YKK540-4	630	71.5	6	
1 号一次风机	YKK400-6	1250	140.5	6	
1 号循环水泵	YL1250	1250	157	6	

续表

设备名称	型　　号	额定容量（kW）	额定电流（A）	额定电压（kV）	起动电流倍数
1 号凝结水泵	YKKL500-4	1000	117.7	6	
1 号前置泵	Y335-4	250	28.6	6	
1 号开冷水泵	JSQ1410-6	380	45.7	6	
1 号闭冷水泵	JSQ1410-6	380	45.7	6	
1 号磨煤机	YHP500-6	355	46.7	6	
2 号磨煤机	YHP500-6	355	46.7	6	
3 号磨煤机	YHP500-6	355	46.7	6	
1 号低压厂用变压器	SCR-1250/6.0	1250	114.6	6.3	
1 号除尘变压器	SCR-1250/6.0	1250	114.6	6.3	
1 号公用变压器	SCR-1250/6.0	1250	114.6	6.3	
1 号照明变压器	SCRZ8-400/6.0	400	38.5	6.3	
参加自起动高压电动机额定电流总和 $I_{M.N.\Sigma}=953.8A$（$S_{M.N.\Sigma}=10\ 407kVA$）					
低压厂变额定电流总和 $I_{T.N.\Sigma}=382.3A$					
高低压电动机等效自起动总额定容量 $S_{eq.N.\Sigma}=12140kVA$，$I_{eq.N.\Sigma}=953.8+0.7\times0.8\times382.3=1168$（A）					

表 2-20　　6kV Ⅱ段母线 W2 所接负荷

设备名称	型　　号	额定容量（kW）	额定电流（A）	额定电压（kV）	起动电流倍数
2 号吸风机	YKKL710-6	1800	207	6	
2 号送风机	YKK540-4	630	71.5	6	
2 号一次风机	YKK400-6	1250	140.5	6	
1 号给水泵	Y800-4	5500	590	6	
2 号循环水泵	YL1250	1250	157	6	
2 号凝结水泵	YKKL500-4	1000	117.7	6	
2 号前置泵	Y335-4	250	28.6	6	
2 号开冷水泵	JSQ1410-6	380	45.7	6	
2 号闭冷水泵	JSQ1410-6	380	45.7	6	
4 号磨煤机	YHP500-6	355	46.7	6	
5 号磨煤机	YHP500-6	355	46.7	6	
2 号低压厂用变压器	SCR-1250/6.0	1250	114.6	6.3	
2 号除尘变压器	SCR-1250/6.0	1250	114.6	6.3	
参加自起动高压电动机额定电流总和 $I_{M.N.\Sigma}=1497A$（$S_{M.N.\Sigma}=16\ 335kVA$）					
低压厂变额定电流总和 $I_{T.N.\Sigma}=229.2A$					
高低压电动机等效自起动总额定容量 $S_{eq.N.\Sigma}=16\ 900kVA$，$I_{eq.N.\Sigma}=1497+0.7\times0.8\times229.2=1625$（A）					

(2) 参加自起动电动机的总容量。由表 2-19～表 2-20 可得参加自起动电动机的等效总容量为 $S_{eq.N.\Sigma}=16.9\text{MVA}$，$K_{st}=5$。由式(2-333)得自起动电动机的等效电抗为

$$X_{st}=\frac{1}{K_{st}}\times\frac{S_{T.N}}{S_{M.N.\Sigma}}\left(\frac{U_{M.N}}{U_{T.N}}\right)^2=\frac{1}{5}\times\frac{25}{16.9}\times\left(\frac{6}{6.3}\right)^2=0.272$$

(3) 自起动时 6.3kV 母线电压计算。由式(2-333)得

$$U^*_{st.min}=\frac{X_{st}}{X_s+X_T+X_{st}}=\frac{0.272}{0.00945+0.105+0.272}=0.704$$

(4) 动作电压计算。按躲过电动机自起动时母线最低电压由式(2-334)计算，即

$$U^*_{op}=0.704/1.15=0.61$$

或由式(2-335)计算，取 $U^*_{op}=0.6$。

(二) 动作电流计算

1. 按电压元件保护范围末端两相短路有足够灵敏度计算

(1) 电压元件保护范围电抗相对值计算。由式(2-340)得

$$X_{K.u}=\frac{U^*_{op}(X_S+X_T)}{1-U^*_{op}}=\frac{0.6\times(0.00945+0.105)}{1-0.6}=0.1717$$

(2) 动作电流计算。按电压元件保护范围末端两相短路有足够灵敏度($K_{i.sen.min}=1.25$)计算，由式(2-341)得

$$I_{op}=\frac{1}{K_{i.sen.min}}\frac{\sqrt{3}}{2}\times\frac{I_{t.n}}{X_S+X_T+X_{K.u}}$$

$$=\frac{1}{1.25}\times\frac{\sqrt{3}}{2}\times\frac{3.81}{0.00945+0.105+0.1717}=9.22(\text{A})$$

其中 $I_{t.n}=\frac{S_{T.N}}{\sqrt{3}U_N n_{TA}}=\frac{25000}{\sqrt{3}\times6.3\times600}=3.81(\text{A})$

2. 按变压器额定电流计算

由式(2-336)得

$$I_{op}=\frac{K_{rel}}{K_{re}n_{TA}}I_{T.N}=\frac{1.2\times2291}{0.95\times600}=4.8(\text{A})$$

3. 按躲过一台较大电动机起动电流计算

变压器带有 1/2 负荷，同时起动一台吸风机时由式(2-337)得

$$I_{op}=\left(K_{rel1}\times\frac{I_{T.N}}{2}+K_{rel2}\times K_{st}\times I_{M.N}\right)\Big/n_{TA}$$

$$=(1.2\times2291/2+1.5\times7\times207)/600=5.9(\text{A})$$

4. 按躲过电动机全部自起动电流计算

(1) 电动机全部自起动电流计算。由式(2-342)得

$$I_{st.\Sigma}=\frac{I_{T.N}}{X_S+\frac{u_K\%}{100}+\frac{S_{T.N}}{K_{st.\Sigma}S_{M.\Sigma}}\left(\frac{U_{M.N}}{U_{T.N}}\right)^2}=\frac{I_{T.N}}{X_S+X_T+X_{st.\Sigma}}$$

$$=\frac{2291}{0.00945+0.105+0.272}=5930(A)$$

(2) 躲过全部电动机自起动电流计算一次动作电流。如无低电压闭锁，则按躲过电动机自起动电流值由式（2-343）计算得 $I_{op}=1.2\times5930/600=11.9$ (A)。

5. 与 6.3kV 母线出线速断保护配合计算

为尽可能缩短保护动作时间，考虑按与 6.3kV 母线出线瞬时电流速断（0s）保护最大动作电流配合的原则计算。

(1) A 厂。

1) 吸风机为 1800kW，其速断一次动作电流 $I_{op}=2300$A。

2) 循环水泵为 2000kW，其速断一次动作电流 $I_{op}=2750$A。

3) 电动给水泵为 5500kW，纵差动保护一次动作电流 $I_{op}<1500$A，电动机起动电流 $I_{st}=4130$A。

据此与出线的最大速断动作电流配合时二次动作电流 $I_{op}=1.15\times2750/600=5.25$ (A)。

(2) B 厂。

1) 吸风机为 1800kW，其速断一次动作电流 $I_{op}=2300$A。

2) 循环水泵为 1250kW，其速断一次动作电流 $I_{op}=1750$A。

3) 电动给水泵为 5500kW，纵差动保护一次动作电流 $I_{op}<1500$A，电动机起动电流 $I_{st}=4130$A。

4) 最大低压厂用变压器为 2000kVA，$u_k\%=9$，速断一次动作电流 $I_{op}=2500$A。

5) FC 回路（真空接触器＋高压熔断器）最大的低压厂用变压器为 1250kVA，$u_k\%=5.75$，其高压熔断器的额定电流为 200A，在 5000A 时的熔断时间小于 0.05s。

6) FC 回路（真空接触器＋高压熔断器）最大的高压电动机容量为 1000kW，其高压熔断器的额定电流为 225A，在 5000A 时的熔断时间小于 0.05s。

7) 与 6.3kV 母线出线速断保护最大动作电流配合，由式（2-338）得一次动作电流 $I_{op}=1.15\times2500=2875$ (A)。

8) 与 FC 回路最大额定电流的高压熔断器瞬时熔断电流配合，由式（2-339）得一次动作电流 $I_{op}=5000$A。

(三) 动作电压、动作电流整定值

权衡该保护的总体保护范围、灵敏度及快速性，其动作时间考虑与出线 0s 速断保护配合，并保证低电压元件保护范围末端短路时有足够灵敏度，为此采用低电压闭锁动作电压 $U_{op}=63$V，过电流动作电流 $I_{op}=9$A（一次动作电流为 5400A，此时电压元件保护范围末端短路时灵敏系数 $K_{sen}^{(2)}=\frac{7146}{5400}=1.32$）。

综合上述计算结果，选取

一次动作电压 $U_{op}=0.6\times6300=3780$ (V)

二次动作电压 $U_{op}=0.6\times105=63$ (V)

动作电压标么值 $U_{op}^{*}=0.6$

一次动作电流 $I_{op}=5400A$

二次动作电流 $I_{op}=9A$

(四) 动作时间计算

1. A厂

Ⅰ段动作时间与出线快速保护动作时间配合，由于A厂无FC回路，由式(2-344)计算，取 $t_{op.Ⅰ}=0+0.4s=0.4s$，作用于跳本分支断路器。

2. B厂

Ⅰ段动作时间与出线快速保护动作时间配合，B厂有FC回路和高压熔断器配合，由式(2-344)计算，取 $t_{op.Ⅰ}=0+0.4=0.4$ (s)。

与异常反备用(高压备用厂变因故停用时，高压工作厂变由备用分支供给高压备用母线负载的运行方式)分支低压闭锁过电流保护动作时间配合，由式(2-345)计算，取 $t_{op.Ⅰ}=0.4+0.3=0.7$ (s)，作用于跳本分支断路器。

二十四、高压厂变6kV分支零序过电流保护整定计算

(一) B厂

因B厂高压厂变6.3kV变压器中性点经20Ω小电阻接地，所以6.3kV厂用系统均装设作用于跳闸的单相接地保护。

1. 中性点零序过电流元件动作电流计算

高压厂变6.3kV中性点零序过电流元件动作电流，按与出线最大零序动作电流配合计算，出线最大一次零序动作电流(电动给水泵零序动作电流) $3I_{0.op.max}=40A$。

与电动给水泵配合计算，由式(2-354)得

$3I_{0.op}=K_{rel}3I_{0.op.max}/n_{TA0}=1.2\times40/40=1.2$ (A)，取 $3I_{0.op}=1.5A$

高压厂变中性点侧TA0变比为 $n_{TA0}=200/5$。

高压厂变6.3kV中性点零序过电流元件一次动作电流 $3I_{0.op}=1.5\times40=60$ (A)。

2. 单相接地保护灵敏度计算

由式(2-355)计算，单相接地保护灵敏度为

$$K_{0.sen}^{(1)}=\frac{3I_{K0.min}^{(1)}}{3I_{0.op}\times n_{TA0}}=\frac{182}{60}=3$$

3. 零序过电流保护动作时间计算

(1) 零序过流Ⅰ段动作时间计算。Ⅰ段动作时间与出线零序过电流保护最长动作时间0.4s配合计算，B厂由于出线有真空断路器，此时出线零序电流保护动作时间为0s，同时又有FC回路(真空接触器+高压熔断器)，此时出线零序电流保护最长动作时间为0.4s。由式(2-356)计算得 $t_{0.op.Ⅰ}=t_{0.op.max}+\Delta t=0.4+0.3=0.7$ (s)，作用于跳本分支断路器。

(2) 零序过流Ⅱ段动作时间计算。Ⅱ段动作时间比本保护Ⅰ段时间长一时间级差，由式(2-357)计算得 $t_{0.op.Ⅱ}=t_{0.op.Ⅰ}+\Delta t=0.7+0.4=1.1$ (s)，作用于全停。

(二) A厂

A厂高压厂用变压器中性点不接地，所以6.3kV厂用系统仅在出线装设作用于信号的

单相接地保护、6.3kV 厂用母线 TV 开口三角接地过电压保护。

（1）接地过电压保护动作电压为

$$3U_{0.op}=(0.05\sim0.1)U_n$$

取 $3U_{0.op}=0.1U_n=10V$。

（2）动作时间 $t_{0.op}$ 与可能跳闸的保护最长动作时间配合，取 $t_{0.op}=2s$，动作于信号。

二十五、高压厂变复合电压闭锁过电流保护整定计算

由于高压厂用变压器为 Dyn1 连接组别，为确保有足够的电流灵敏度，电流元件必须采用 TA 为完全星形或不完全星形三电流元件接线方式，取自 20kV 侧两台变压器总电流。为确保有足够的电压灵敏度，电压同时取自两台变压器 6.3kV 侧出口三相 TV 二次相间电压（应考虑工作厂用母线由备用电源供电而高压厂变短路故障时，保护应可靠动作）。

（一）复合电压闭锁电压元件整定计算

1. 相间低电压元件动作电压

与分支低电压闭锁过电流保护计算相同，取 $U_{op}=63V$。

2. 负序过电压动作电压

由式（2-347）计算得 $U_{2.op}=(0.06\sim0.09)U_n$，取 $U_{2.op}=0.07U_n=7V$。负序动作相电压，$U_{2.op.p}=\frac{7}{\sqrt{3}}=4$（V）。

（二）电流元件动作电流整定计算

1. 与分支低电压闭锁过电流保护动作电流配合计算

由式（2-350）与分支低电压闭锁过电流的电流元件配合计算，由式（2-350）得

$$I_{op}=n_{sen}\frac{K_{rel}I_{op.max}}{n_{TA}}\times\frac{U_{L.N}}{U_{H.N}}=1.15\times\frac{1.2\times5400}{400}\times\frac{6.3}{20}=1.15\times\frac{2040}{400}=5.9(A)$$

式中 n_{sen}——高、低压侧过电流元件灵敏系数比。

A 厂变压器连接组别为 Dd12，$n_{sen}=1$；B 厂变压器连接组别为 Dyn1，$n_{sen}=1.15$；20kV 侧 TA 变比为 2000/5。

2. 考虑正常分支负荷电流配合计算

如正常运行时变压器 20kV 侧实际运行负荷电流为 250A（折算至低压侧为 800A），则与另一变压器分支出线短路配合计算得

$$I_{op}=\frac{K_{rel}(n_{sen}I_{op.max}+I_L)}{n_{TA}}\times\frac{U_{L.N}}{U_{H.N}}=\frac{1.15\times(1.15\times5400+800)}{400}\times\frac{6.3}{20}=6.35(A)$$，取 $I_{op}=6.4A$

20kV 侧一次动作电流为

$$I_{op}=6.4\times400=2560\ (A)$$

相当于 6.3kV 侧一次动作电流为

$$I_{op}=2560\times\frac{20}{6.3}=8127\ (A)$$

3. 电流元件灵敏度计算

6.3kV 母线短路时 6.3kV 侧电流为

$$I_K^{(3)}=\frac{I_{bs}}{X_{S.\Sigma}}=\frac{9160}{0.444}=20\ 630\ (A)$$

6.3kV 母线短路时 20kV 侧电流为

$$I_K^{(3)}=\frac{I_{bs}}{X_{S.\Sigma}}=\frac{2887}{0.444}=6500\ (A)$$

电流元件灵敏度为

$$K_{sen}^{(2)}=K_{sen}^{(3)}=\frac{20\ 630}{8127}=2.5 \text{ 或 } K_{sen}^{(2)}=K_{sen}^{(3)}=\frac{6500}{2560}=2.5$$

4. 动作时间计算

(1) A厂。

1) Ⅰ段动作时间。与低压侧分支低压闭锁过电流Ⅰ段动作时间配合计算，由式(2-352)得 $t_{op.I}=0.4+0.3=0.7$ (s)，作用于全停。

2) Ⅱ段动作时间。比Ⅰ段动作时间长一时间级差，由式 (2-353) 得

$$t_{op.II}=0.7+0.4=1.1\ (s)$$

作用于全停。

(2) B厂。

1) Ⅰ段动作时间。与低压侧分支低压闭锁过电流Ⅰ段动作时间配合计算，由式(2-352)得 $t_{op.I}=0.7+0.3=1.0$ (s)，作用于全停。

2) Ⅱ段动作时间。比Ⅰ段动作时间长一时间级差，由式 (2-353) 得

$$t_{op.II}=1+0.4=1.4\ (s)$$

作用于全停。

二十六、非电量保护整定计算

(一) 发电机内冷却水断水保护

1. A厂

发电机内冷却水断水判据由热工仪表提供不带延时的瞬动触点，在电气保护内设置 30s 的动作时间，即 $t_{op}=30s$。

2. B厂

发电机内冷却水断水判据由热工仪表提供 30s 延时触点，为防止因热工仪表输出触点抖动而误动作，在 WFB-800 型电气保护内设置 1s 的动作时间，即 $t_{op}=1s$。

(二) 主变压器瓦斯保护

1. 轻瓦斯保护

整定动作容积 $V_{op}=250\sim300ml$，瞬时动作于信号。

2. 重瓦斯保护

主变压器容量为 370MVA，为 ODAF 冷却方式，重瓦斯保护的动作流速整定值 $V_{op}=1.3m/s$，瞬时动作于全停。

(三) 主变压器压力释放阀保护

主变压器压力释放阀继电器瞬时动作于信号（由于该保护可靠性较差，在运行中曾有多次误动的记录，现由跳闸改为报警）。

（四）主变压器冷却器故障保护

1. 变压器上层油温 $T<75℃$

冷却器电源全部失去的故障时间 $t=60\text{min}$，冷却器故障保护动作于程序跳闸停机。

2. 变压器上层油温 $T\geqslant 75℃$

冷却器电源全部失去的故障时间 $t=20\text{min}$，冷却器故障保护动作出口作用于程序跳闸停机。

（五）主变压器辅助冷却器起动保护

（1）主变压器辅助冷却器在主变压器上层油温至 $T=55℃$ 时，起动辅助冷却器。

（2）主变压器辅助冷却器在主变压器上层油温至 $T\leqslant 45℃$ 时，停止辅助冷却器。

（3）主变压器负荷电流达到 $40\% I_{\text{T.N}}$ 时，延时 8s 起动主变压器辅助冷却器。起动主变压器辅助冷却器动作电流由式（2-332）计算，即

$$I_{\text{op}}=0.4\times\frac{S_{\text{T.N}}}{\sqrt{3}U_{\text{T.N}}n_{\text{TA}}}=0.4\times\frac{370\ 000}{\sqrt{3}\times 20\times 3000}=1.4\ (\text{A})$$

起动主变压器辅助冷却器动作时间 $t_{\text{op}}=8\text{s}$。

（六）主变压器绕组及上层油温高保护

主变压器绕组及上层油温温度保护，动作极不可靠，不动作于跳闸，只动作于发信号。

（1）上层油温 $T=75℃$ 时，动作发信号。

（2）绕组温度 $T=100℃$ 时，动作发信号。

（七）高压厂用变压器瓦斯保护

1. 轻瓦斯保护

整定动作容积 $V_{\text{op}}=250\sim 300\text{ml}$，瞬时动作于信号。

2. 重瓦斯保护

高压厂用变压器容量为 25MVA，为风冷冷却方式。重瓦斯保护的动作流速整定值 $V_{\text{op}}=1\text{m/s}$，瞬时动作于全停。

（八）高压厂用变压器压力释放阀保护

高压厂用变压器压力释放阀继电器瞬时动作于信号。

（九）高压厂用变压器冷却器故障保护

当高压厂用变压器冷却器失去全部电源时，高压厂用变压器冷却器故障保护动作于发信号。

（十）高压厂用变压器油温高保护

变压器绕组及上层油温温度保护动作于发信号。

（1）上层油温 $T=75℃$ 时，动作发信号。

（2）绕组温度 $T=100℃$ 时，动作发信号。

第四节　大型发电机变压器组继电保护整定计算实例 2

某厂 2×1000MW 机组 RCS985 型继电保护的整定计算。

一、准备工作

（一）一次系统接线图

一次系统接线图如图 2-37 所示。

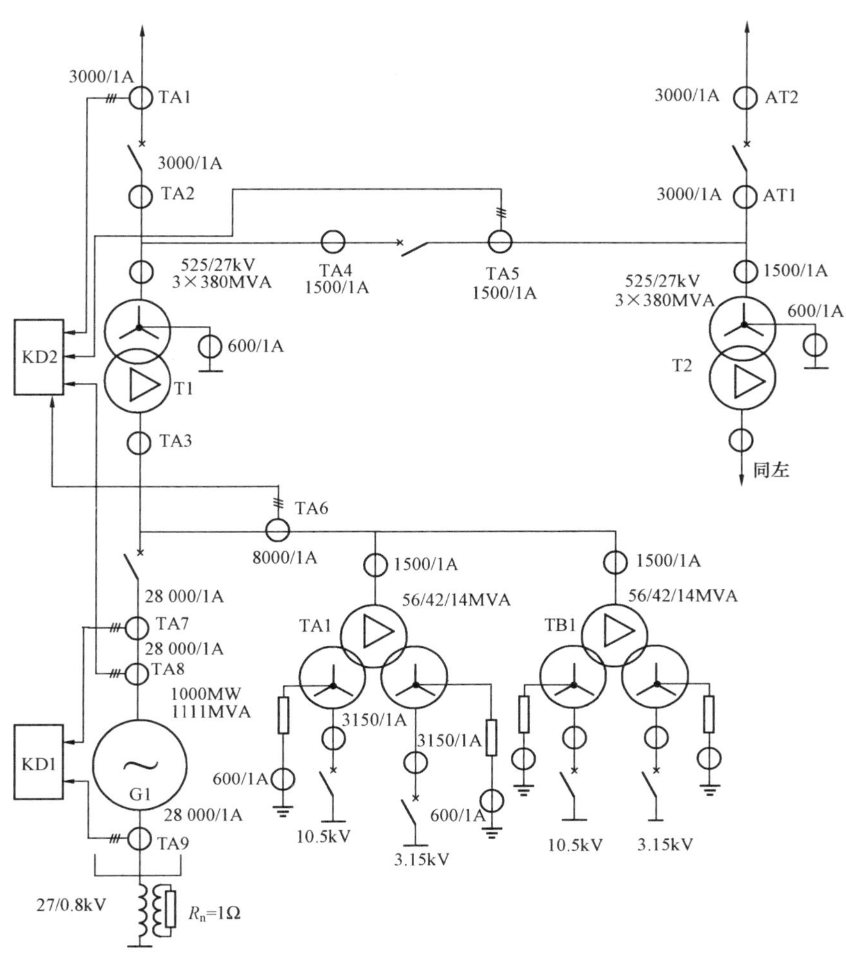

图 2-37 一次系统接线图

(二) 整定计算时系统和设备所需的参数

系统和设备主要参数见表 2-21。

表 2-21 **系统和设备主要参数表**

1. 系统参数(基准容量 S_b=1000MVA)				
项 目 名 称	参 数		项 目 名 称	参 数
大方式系统参数	$X_{1\Sigma}$=0.03	$X_{0\Sigma}$=0.034 2	系统最大振荡周期(s)	1.5
小方式系统参数	$X_{1\Sigma}$=0.045 5	$X_{0\Sigma}$=0.034 2	系统最小振荡周期(s)	0.5
系统最低电压	0.9U_n		动稳极限角	120°

2. 发电机参数			
项 目 名 称	参数	项 目 名 称	参数
额定功率 $P_{G.N}$(MW)	1000	额定容量 $S_{G.N}$(MVA)	1111
额定电压 $U_{G.N}$(kV)	27	额定功率因数	0.9(滞后)
额定电流 $I_{G.N}$(A)	23 778	额定频率(Hz)	50

续表

项 目 名 称	参数	项 目 名 称	参数
额定励磁电压 $U_{fd.n}$（V）	437	额定励磁电流 $I_{fd.n}$（A）	5887
空载励磁电压 $U_{fd.x}$		空载励磁电流 $I_{fd.x}$（A）	1952
短路比	0.48	定子漏抗	17.8%
直轴同步电抗 X_d	261.4%		
直轴瞬变电抗（饱和值）X'_d	23.8%	直轴瞬变电抗（不饱和值）X'_d	26.4%
直轴超瞬变电抗（饱和值）X''_d	18.2%	直轴超瞬变电抗（不饱和值）X''_d	22.5%
负序电抗（饱和值）	19.1%	负序电抗（不饱和值）	23.6%
零序电抗（饱和值）	11.7%	零序电抗（不饱和值）	11.7%

定子绕组每相对地电容	$C_A=0.284\mu F$	$C_B=0.284\mu F$	$C_C=0.284\mu F$	试验值 $0.332\mu F$

发电机出口断路器主变压器侧单相对地电容：$C=260nF=0.26\mu F$；发电机侧单相对地电容：$C=130nF=0.13\mu F$

发电机封闭母线每相对地电容 $C_\Sigma=0.011\ 374\mu F$	主回路	113.48pF/m	50m：5674pF
	主变压器回路△连接回路	79.8pF/m	50m：4990pF
	厂用变压器分支回路	34.2pF/m	50m：1710pF

对称过负荷能力：$1.5I_{G.N}$，$t_{al}=30s$；$K_1=(I^2-1)t=37.5s$（$t=10\sim60s$）

承受负序电流能力：稳态 $I^*_{2.\infty}=I_2/I_{G.N}=6\%$；暂态 $A=(I_2/I_{G.N})^2t=6s$

失磁异步允许能力：失磁后30s减至$0.6P_N$；90s减至$0.4P_N$；定、转子电流不大于$1.0\sim1.1I_N$值，允许失磁运行时间15min

允许失步功率：$1.608P_{G.N}$，5～20个振荡周波

进相运行能力：1000MW，功率因数超前0.95

中性点接地变压器：额定容量200 kVA；变比：27/0.8 kV，Rn=1Ω

允许过励磁特性	U^*/f^*	1.05	1.1	1.15	1.2	1.25
	t_{al}（s）	长期	55	18	6	2

3. 主变压器参数

项 目 名 称	参 数	项 目 名 称	参 数
额定容量 $S_{T.N}$（MVA）	3×380	连接组别	YNd11
额定电压 $U_{T.N}$（kV）	525±2×2.5%/27	接地方式	直接接地
额定电流 $I_{G.N}$（A）	$1254/\sqrt{3}\times14\ 075$	短路阻抗	19.77%
高压绕组每相对地电容	$0.005\mu F$	低压绕组每相对地容	$0.018\ 0\mu F$
高低压绕组间电容	$0.011\ 7\mu F$/ph		

允许过励磁特性	U^*/f^*	1.05	1.10	1.15	1.20	1.25	1.30	1.35	1.40
	t_{al}（s）	连续	1000	500	300	36	18	12	10

4. 高压厂用变压器参数

项 目 名 称	参 数	项 目 名 称	参 数
额定容量 $S_{T.N}$（MVA）	56/42/14	低压绕组对地电容	1.95nF
额定电压 $U_{T.N}$（kV）	27±2×2.5%/10.5—3.15	中压绕组对地电容	5.22nF
额定电流 $I_{G.N}$（A）	1197.5/2309/2566 A	高压绕组对地电容	1.99nF

续表

项目名称	参数	项目名称	参数
u_k (1-2)	11%（以42MVA为基准）	u_k (1-2)	14.13%（以56MVA为基准）
u_k (1-3)	12%（以14MVA为基准）	u_k (1-3)	48.02%（以56MVA为基准）
u_k (2-3)	16%（以14MVA为基准）	u_k (2-3)	68.59%（以56MVA为基准）
连接组别标号	Dyn1yn1	$X1=-0.032\ 2$	$X2=0.173\ 5$　$X3=0.512\ 4$
短路阻抗	19.77%	10.5kVA段计算负荷39MVA	
接地方式	电阻接地	3.15kVA段计算负荷11.7MVA	
中性点接地电阻	10.5kV，12 Ω，$I_K^{(1)}=505$A	10.5kVA反馈负荷功率24.6MW	
中性点接地电阻	3.15kV，3.5Ω，$I_K^{(1)}=519.6$A	3.15kVA反馈负荷功率9.3MW	

5. TA参数

项目名称	参数	项目名称	参数
发电机出口	28 000/1A(28 000/25+25/1)Yy	主变压器高压绕组500kV侧	1500/1A Yy
发电机中性点	28 000/1A(28 000/25+25/1)Yy	主变压器高压绕组中性点侧	1500/1A Yy
GCB主变压器侧	28 000/1A Yy	内桥	1500/1A Yy
		500kV线路	3000/1A Yy
厂用变压器10kV侧	3150/1A Yy	厂用变压器高压侧(主变差动)	8000/1A Yy
厂用变压器3kV侧	3150/1A Yy	厂用变压器高压侧(厂变保护)	1500/1 Yy
		厂用变压器10kV中性点	600/1A
		厂用变压器3kV中性点	600/1A

该实例中机组保护用TA均为5P20级(1000MW容量的大型发电机组差动保护用TA宜采用TPY级)

6. TV参数

项目名称	参数	项目名称	参数
发电机机端	$\frac{27}{\sqrt{3}}/\frac{0.1}{\sqrt{3}}/\frac{0.1}{\sqrt{3}}/\frac{0.1}{3}$kV Yyyd	厂用变压器10kV侧	$\frac{10}{\sqrt{3}}/\frac{0.1}{\sqrt{3}}/\frac{0.1}{\sqrt{3}}$kV Yyy
	$\frac{27}{\sqrt{3}}/\frac{0.1}{\sqrt{3}}/\frac{0.1}{3}$kV Yyd	厂用变压器3kV侧	$\frac{3}{\sqrt{3}}/\frac{0.1}{\sqrt{3}}/\frac{0.1}{\sqrt{3}}$kV Yyy
主变压器低压侧	$\frac{27}{\sqrt{3}}/\frac{0.1}{\sqrt{3}}/\frac{0.1}{3}$kV Yyd	厂用10kV母线	$\frac{10}{\sqrt{3}}/\frac{0.1}{\sqrt{3}}/\frac{0.1}{3}$kV Yyd
内桥(主变压器侧)	$\frac{500}{\sqrt{3}}/\frac{0.1}{\sqrt{3}}/\frac{0.1}{\sqrt{3}}/0.1$kV Yyyd	厂用3kV母线	$\frac{3}{\sqrt{3}}/\frac{0.1}{\sqrt{3}}/\frac{0.1}{3}$kV Yyd
500kV线路	$\frac{500}{\sqrt{3}}/\frac{0.1}{\sqrt{3}}/\frac{0.1}{\sqrt{3}}/0.1$kV Yyyd	注：TV接线中d绕组均为开口三角接线	

二、发电机纵差动保护整定计算

发电机中性点侧TA为5P级，变比28 000/1(28 000/25+25/1)Yy

发电机出口侧TA为5P级，变比28 000/1(28 000/25+25/1)Yy

额定电流$I_{G.N}=23\ 778$A；额定二次电流$I_{g.n}=23\ 778/28\ 000=0.849(A)\approx0.85(A)$

1. 最小动作电流计算

按躲过额定电流和远区外短路电流接近额定电流时的最大不平衡电流计算，其理论计算为$0.09I_{g.n}$，正常运行时实测一般不超过$0.1I_{g.n}$，由于TA为5P级，考虑到运行中发生远区外短路故障及电流的某种突变时，其暂态不平衡电流，可能远超过$0.1I_{g.n}$，发电机两侧由不同厂家生产不同型号的TA，由于本保护起始制动电流为零，由式（2-22）并根据经验取 $I_{d.op.min}=0.25I_{g.n}=0.25\times0.85=0.21$（A），取 $I_{d.op.min}=0.22A$。

2. 按躲过区外短路最大不平衡电流计算动作电流

（1）躲过发电机出口区外短路最大不平衡电流。发电机出口区外短路最大电流的相对值为

$$I_K^{(3)}=I_{res.max}=\frac{1.0}{X''_d}=\frac{1.0}{0.182}=5.5$$

由式（2-11）计算躲过发电机出口区外短路最大不平衡电流时的动作电流

$$I_{d.op}=K_{rel}K_{ap}K_{cc}K_{er}I_k=1.5\times2.0\times1\times0.1\times5.5I_{g.n}=0.30\times5.5I_{g.n}=1.65I_{g.n}$$

（2）躲过线路出口短路最大不平衡电流计算。线路出口短路最大电流的相对值为

$$I_K^{(3)}=I_{res.max}=\frac{1.0}{X''_d+X_t}=\frac{1.0}{0.182+0.1977\times1111/1140}=\frac{1}{0.182+0.1927}=2.67$$

由式（2-11）计算躲过线路出口短路最大不平衡电流时的动作电流

$$I_{d.op}=K_{rel}K_{ap}K_{cc}K_{er}I_k=1.5\times2.0\times1\times0.1\times2.67I_{g.n}=I_{d.op}=0.30\times2.67I_{g.n}=0.8I_{g.n}$$

（3）按躲过额定电流 $I_{g.n}$ 时暂态不平衡电流由式（2-10）计算。$I_{d.op.n}\geqslant0.3I_{g.n}$。

3. 最小制动系数斜率 K_{res1} 和最大制动系数斜率 K_{res2} 计算

由式（2-23）取

$$K_{res1}=0.1,\ K_{res2}=0.5$$

（1）最大制动系数对应的最小制动电流倍数 $n=4$。

（2）制动系数增量 ΔK_{res}。式（2-6）计算制动系数增量 $\Delta K_{res}=\frac{K_{res2}-K_{res1}}{2n}=(0.5-0.1)/8=0.05$。

（3）校核躲过线路出口短路最大不平衡电流。线路出口区外短路最大电流的相对值为2.67取 $K_{res1}=0.1$，$K_{res2}=0.5$，由式（2-24）计算，当 $I^*_{res}=2.67<n=4$ 时，$I^*_{d.op}=K_{res1}I^*_{res}+\Delta K_{res}I^{*2}_{res}+I^*_{d.op.min}$

$I^*_{d.op}=0.1\times2.67+0.05\times2.67^2+0.25=0.873>0.8$；所以取 $K_{res1}=0.1$ 满足要求。

（4）校核 $I_g=I_{g.n}$ 时躲过暂态最大不平衡电流。在 $I_g=I_{g.n}$ 时，要求 $I^*_{d.op}\geqslant0.3$；当 $I^*_{res}=1$ 时，由式（2-24）计算 $I^*_{d.op}=0.1\times1+0.05\times1^2+0.25=0.4>0.3$，满足要求。

（5）校核发电机出口区外短路最大不平衡电流。发电机出口区外短路电流相对值为5.5，由式（2-24）计算，当 $I^*_{res}=5.5>n=4$ 时

$I^*_{d.op}=K_{res2}(I^*_{res}-n)+0.5(K_{res1}+K_{res2})n+I^*_{d.op.min}=0.5(5.5-4)+0.5(0.5+0.1)\times4+0.25=2.2>1.65$

满足要求。

通过以上计算选择 $I_{d.op.min}=0.25I_{g.n}$；$K_{res1}=0.1$；$K_{res1}=0.5$；能躲过发电机正常运行和区外短路时最大不平衡电流。

4. 动作时间 $t_{d.op}$ 计算

发电机纵差动保护动作时间整定值取 $t_{d.op}=0s$。

5. 差动电流速断保护动作电流 $I_{d.op.qu}$ 计算

差动电流速断保护是比率制动纵差动保护的补充部分，其定值按最大外部短路电流不误动

整定，大型发电机组由式(2-17)计算，$I_{d.op.qu}=(3\sim4)I_{g.n}$，取 $I_{d.op.qu}=3I_{g.n}=2.55(A)$。

6. 工频变化量差动保护

工频变化量差动保护投入。

7. TA 断线闭锁

TA 断线视为设备故障，所以 TA 断线时不闭锁发电机纵差动保护，TA 二次回路断线差动保护动作时作用于跳闸停机，同时发 TA 断线信号。

三、发电机纵向基波零序过电压匝间短路保护整定计算

1. 不灵敏段动作电压整定值 $3U_{01.h.set}$ 计算

不灵敏段动作电压整定值 $3U_{01.h.set}$，按躲过区外各种类型短路时的最大纵向基波不平衡电压计算，由式（2-37f）计算，$3U_{01.h.set}\geq K_{rel}\times3U_{01.unb.max}=5\sim10V$。取 $3U_{01.h.set}=7V$。

2. 灵敏段动作电压整定值 $3U_{01.set}$ 计算

（1）灵敏段动作电压整定值。按躲过正常运行实测最大不平衡电压由式（2-37b）计算，取 $3U_{01.set}=2\times3U_{0.unb.max}$，如无实测值可暂取 $3U_{01.set}=3V$。待发电机并网带负荷实测后重新按式（2-37b）修正计算并调整。

（2）电流制动系数斜率 $K_{res.i}$。由式（2-37e）计算，取 $K_{res.i}=1.0$。

3. 动作时间整定值计算

动作时间整定值按躲过区外短路故障切除时暂态过程计算，取 $t_{op.set}=0.2s$。

四、发电机复合电压闭锁过电流保护整定计算

1. 复合电压闭锁

（1）机端相间低电压动作电压整定值。对大型发电机组取 $U_{op}=0.7U_{g.n}=70$（V）。

（2）负序相电压动作电压整定值。取 $U_{2.op}=(0.07U_{g.n}/1.732)=4$（V）。

（3）灵敏系数计算。主变压器 500kV 侧三相短路残压计算

$$U_K^{(3)}=\frac{X_t}{X''_d+X_t}=\frac{0.1927}{0.182+0.1927}=0.51;K_{sen}=0.7/0.51=1.37>1.2$$

2. 动作电流计算

（1）动作电流计算。取 $I_{op}=1.3I_{g.n}=1.3\times0.85=1.1$（A）。

（2）灵敏系数计算。主变压器 500kV 侧三相短路电流按三机励磁衰减计算，计算电抗为 $X_{cal}=0.375$；按 3s，查表 A-1，$I_{kt}=2.1\times I_{g.n}$；$K_{sen}=2.1/1.3=1.6>1.5$。

3. 动作时间计算

按和线路相间短路后备保护动作时间计算，取 $t_{op}=2.5+0.5=3s$。

五、发电机定子绕组单相接地保护整定计算

大型发电机定子绕组单相接地保护应视为主保护看待，在不误动作情况下，动作时间尽可能短。

（一）发电机定子绕组单相接地基波零序过电压保护整定计算

1. 发电机定子绕组机端单相接地电流计算

（1）发电机端每相总电容计算。

$$C_{G.\Sigma}=C_G+C_{QF}+C_T+2C_t+C_z=0.332+0.39+0.18+2\times0.019+0.01137=0.942\ (\mu F)$$

$$C_M=0.0117\ (\mu F)$$

（2）发电机出口单相接地电容电流。按式（2-101）计算

$$3I_{C}=3\times\frac{U_{G.N}}{\sqrt{3}}\times2\pi f(C_{G.\Sigma}+0.5C_{M})\times10^{-6}$$

$$3I_{C}=3\times\frac{27\times10^{3}}{\sqrt{3}}\times314\times0.943\times10^{-6}=13.85A$$

（3）发电机中性点侧等效接地电阻。由式（2-103b）计算

$$R_{N}=1\times10^{6}/3\times2\pi f\ (C_{G.\Sigma}+0.5C_{M})\ =1125.7\ (\Omega)$$

由于同时采用注入低频式定子绕组单相接地保护，要求 R_n 不能过小，一般要求 $R_n\geqslant$ 1Ω，现取 $R_n=1\Omega$。发电机中性点接地变压器变比 $n_T=\sqrt{\frac{1125.7}{1}}=33.55$；接地变压器低压侧额定电压 $U_n=27\ 000/33.6=805$（V）取变比 $n_T=27/0.8$；当发电机定子出口单相接地时接地变压器二次侧最高电压为 $U_0=800/1.732=462$（V）<500（V）。

$R_N=1\times(27/0.8)^2=1139(\Omega)$，由式(2-102b)计算 $I_R^{(1)}=\frac{27\times10^3}{\sqrt{3}\times1139}=13.7(A)$

（4）发电机端定子绕组单相接地电流。由式（2-103a）计算 $I_K^{(1)}=\sqrt{13.7^2+13.85^2}=19.48$（A）。

2. 主变压器高压侧单相接地耦合至机端零序电压计算

系统给予的 $\beta=\frac{X_{0\Sigma}}{X_{1\Sigma}}=1.14$，由式（1-53a）计算

$$U_{K0.H.max}^{(1)}=\frac{\beta}{2+\beta}\times\frac{U_{H.N}}{\sqrt{3}}=\frac{1.14}{2+1.14}\times\frac{525}{\sqrt{3}}=110\ (kV)$$

（1）机端最大零序电压 $U_{G0.max}^{(1)}$。由式（2-105a）计算

$$U_{G0.max}^{(1)}\approx U_{K0.H.max}^{(1)}\frac{0.5C_{M}}{\sqrt{2}\ (C_{G.\Sigma}+0.5C_{M})}=110\times\frac{0.5\times0.0117}{\sqrt{3}\times\ (0.942+0.5\times0.0117)}=392\ (V)$$

（2）机端最大开口三角基波零序电压。$3U_0=100\times392/(27\ 000/1.732)=2.51$（V）。

（3）中性点侧最大基波零序电压。$U_0=392/(27\ 000/800)=11.6$（V）。

3. 主变压器高压侧单相接地零序电压制动的单相接地基波零序动作电压计算

（1）低定值计算。按躲过正常时最大不平衡电压计算。机端基波零序动作电压低整定值取 $3U_{01.set}=0.05(3U_{0.n.t})=0.05\times100=5$(V)。中性点侧基波零序动作电压低整定值取 $U_{01.set}=0.05U_{0.n.n}$，为降低保护装置最大测量电压，按 U_{01} 由 R_n 抽取最大电压接近 100V 计算，即 R_n 抽取（100/462）$U_{T.n}=0.216U_{T.n}$，取 $U_{0.n.n}=0.25U_{T.n}=0.25\times462=115.5$（V），中性点侧零序动作电压低定值，$U_{01.set}=0.05U_{0.n.n}=0.05\times0.25\times462=5.7$（V）（运行定值应根据调试时 R_n 抽取电压，修正）。

（2）高压侧 $3U_0$ 制动电压整定值 $3U_{0.res.set}$ 计算。主变压器高压侧 TV0 变比为 $\frac{500}{\sqrt{3}}/$ 0.1kV，由式（2-114）计算

$$3U_{0.res.set}=\frac{U_{01.set}}{K_{rel}}\times\frac{\sqrt{2}\ (C_{G.\Sigma}+0.5C_{M})}{0.5C_{M}}\times\frac{U_{G.N}}{U_{TV.H.N}}\times300\ (V)$$

$$=\frac{0.05}{1.3}\times\frac{\sqrt{2}\times\ (0.942+0.5\times0.0117)}{0.5\times0.0117}\times\frac{27}{500}\times300=142\ (V)$$

可取 $3U_{0.res.set}=80V$，即高压侧单相接地，TV0 开口三角电压，当超过 80V 时，闭锁发电机单相接地基波零序过电压低整定值保护。

(3) 基波零序过电压保护高定值段动作电压整定值。由于主变压器高压侧单相接地耦合至机端零序电压，根据计算不超过 5%。

为此取机端基波零序过电压保护高定值段整定值 $3U_{01.h.set}=0.1U_{0.n.t}=0.1\times100=10$ (V)。

中性点侧基波零序过电压保护高定值段整定值 $U_{01.h.set}=0.1U_{0.n.n}=0.1\times115.5=11.5$ (V)(运行定值应根据调试时 R_n 抽取电压，修正)。

(4) 基波零序过电压保护高、低定值段动作时间整定值。取 $t_{0.op}=0.3s$。

(5) 动作于跳闸停机。

(二) 发电机三次谐波定子绕组单相接地保护整定计算

发电机三次谐波电压比整定值，应根据发电机运行后在各种不同负荷情况下实测后计算整定，在未并网前暂按比值为 1.5 整定，动作时间取 1.5s，动作于信号。

(三) 注入低频式定子接地保护的整定计算

1. 电阻变换系数或电阻折算系数 k_{set} 整定值计算

(1) 电阻变换系数初算整定值。由式 (2-127) 计算

$$k_{set}=\frac{R_E}{R_e}=\frac{n_T^2\times n_{DIV}}{n_{TA}}=\frac{(27/0.8)^2\times4}{500}=9.1$$

式中 $n_T=27/0.8$；$n_{TA}=500/1=500$；暂取 $n_{DIV}=1/0.25=4$；$k_{set}=9.1$。为计算值作调试时参考，最后运行定值应在调试时按实测数据进行修正。

(2) 模拟接地故障试验调整。实际的专用接地变压器电压变比 n_T、辅助 TA 电流变比 n_{TA}、分压器分压比 n_{DIV} 与设计值之间有偏差，因此最后需按模拟接地故障试验调整该系数。

2. 接地动作电阻整定值计算

(1) 报警段接地电阻一次高整定值。由式 (2-133) 或式 (2-134) 近似计算

$$R_{E.h.set}=\frac{U_{G.N}}{\sqrt{3}\times I_{safel}}=\frac{27}{\sqrt{3}\times1}=15.6\ (k\Omega)，取 R_{E.set.h}=15k\Omega$$

(2) 跳闸段接地电阻一次低定值。$R_N=X_{C.G.\Sigma}=1.125k\Omega$ 并忽略 X_k 由式 (2-136a) 计算

$$R_{E.l.set}=R_E=\frac{1}{3}\times\left[\sqrt{(0.2\times\sqrt{3}\times U_{G.N})^2-(1.5X_{CG.\Sigma})^2}-1.5R_N\right]$$

$$=\frac{1}{3}\times\left[\sqrt{(0.2\times\sqrt{3}\times27)^2-(1.5\times1.125)^2}-1.125^2\right]=2.5(k\Omega)$$

根据运行经验，取 $R_{E.set.l}=2k\Omega$。

(3) 安全电流限制整定值。此辅助判据不用，取 $I_{safe}=0$。

3. 接地零序电流跳闸段整定计算

(1) 接地零序动作电流整定值的确定。按保护距发电机端 80%～90%范围的定子绕组单相接地故障，由参数 27/0.8kV，$R_n=1\Omega$，$n_{TA}=500/1A$，发电机端单相金属性接地时负载电阻 R_n 上的电压 $U_{Rn.sec}=\frac{27}{\sqrt{3}}\times\frac{0.8}{27}=0.462$ (kV)，取 $\alpha=0.15$，接地零序动作电流整定值按式 (2-139) 计算

$$I_{0.op.set}=\alpha\cdot\frac{U_{Rn.sec}}{K_{rel}\times R_n}\cdot\frac{1}{n_{TA}}=0.15\times462/(1\times500\times1.1)=0.126(A)，取 I_{0.op.set}=0.13(A)$$

(2) 动作时间整定值 t_{op}。取 $t_{op}=0.3s$ 动作于全停跳闸。

4. 电压、电流回路监视整定值的确定

计算方法见第二章第二节七、(六)4.(2)及式(2-140)。

5. 补偿环节整定值确定

计算方法见第二章第二节七、(六)4.(2)。

六、发电机对称过负荷保护整定计算

1. 定时限过负荷保护

(1) 动作电流整定值。按发电机长期允许的负荷电流下可靠返回的条件由式 (2-160) 计算

$$I_{op.set}=\frac{k_{rel}}{k_r}I_{g.n}=\frac{1.05}{0.95}I_{g.n}=1.1I_{g.n}=1.1\times0.849=0.93(A)$$

(2) 动作时间。按和线路后备保护最大动作时间配合计算，取 $t_{op}=5s$，动作于报警。

2. 反时限过负荷保护

制造厂提供发电机定子绕组承受的短时过电流倍数与允许持续时间为，$t_{al}=\dfrac{k_{he.al}}{\left(\dfrac{I}{I_{g.n}}\right)^2-1}$；允发热时间常数为，$k_{he.al}=37.5s$，适用范围为 10～60s。

反时限过流保护的动作特性，和制造厂家提供的定子绕组允许的过负荷能力一致由式 (2-163) 计算，为此

$$t_{op}=\frac{K_{he.set}}{\left(\dfrac{I}{I_{g.n}}\right)^2-K_{2.set}}=t_{al}=\frac{37.5}{\left(\dfrac{I}{I_{g.n}}\right)^2-1.05}$$

(1) 下限动作电流整定值 $I_{op.dow}$ 计算。按和定时限过电流保护动作电流配合计算，由式 (2-162)，$I_{op.dow}=K_{rel}\times I_{op.s.set}=1.05\times0.93=0.98A=1.16I_{g.n}$。

(2) 下限动作时间整定值 $t_{op.dow}$ 计算。取发电机散热时间常数 $K_{2.set}=1.05$；发热时间常数整定值 $K_{he.set}=37.5s$，由式 (2-165) 计算

$$t_{op.dow}=\frac{K_{he.set}}{I_{op.dow}^{*2}-K_{2.set}}=\frac{37.5}{1.16^2-1.05}=127(s)$$

取整定值 $t_{op.dow}=t_{al.max}=60s$；发电机定子反时限过电流保护下限动作电流相对值 $I_{op.dow}^{*}=0.98/0.85=1.16$。$I_{op.dow}=0.98A$。

3. 上限动作时间整定值 $t_{op.up}$ 计算

线路出口三相短路时发电机电流

$$I_K^{(3)}=\frac{I_{g.n}}{0.182+0.1927}=2.67I_{g.n}$$

此电流对应反时限动作时间

$$t_{op}=\frac{37.5}{\left(\dfrac{I}{I_{g.n}}\right)^2-1.05}=\frac{37.5}{2.67^2-1.05}=6.17(s)$$

$1.3\times2.67I_{g.n}=3.47I_{g.n}$ 反时限动作时间

$$t_{op}=\frac{37.5}{\left(\dfrac{I}{I_{g.n}}\right)^2-1.05}=\frac{37.5}{3.47^2-1.05}=3.4(s)$$

发电机出口短路反时限动作时间

$$t_{op}=\frac{37.5}{\left(\frac{I}{I_{g.n}}\right)^2-1.05}=\frac{37.5}{(1/0.187)^2-1.05}=0.94(s)$$

线路短路故障反时限动作时间和线路后备保护能很好配合，为在短路电流超过 $2.67I_{g.n}$ 尽可能缩短保护动作时间，取上限动作时间和线路保护第一段时间（快速保护动作时间）配合并按躲过系统振荡，取

$$t_{op.up}=1.0s$$

如果可整定上限动作电流 $I_{op.up}$ 和上限动作时间 $t_{op.up}$，则上限动作电流 $I_{op.up}$ 按躲过高压母线最大短路电流计算，上限动作时间 $t_{op.up}$ 按躲过振荡时间计算则具有更为合理的保护功能。

4. 校核系统振荡时保护动作行为

两侧电势相位差为180°时，最大振荡电流由式(2-237a)计算

$$I_{osc.max}=\frac{2I_{t.n}}{X_G+X_T+X_S}=\frac{2I_{t.n}}{0.183+0.197+0.034\,2}=4.828I_{t.n}$$

动作时间 $t_{op}=\frac{37.5}{4.828^2-1.05}=1.68$（s）。所以系统振荡时保护不会误动。

5. 上限过电流保护当作为发电机严重过荷保护整定值计算

1）动作电流整定值取 $I_{op.up}=1.8I_{g.n}=1.8\times0.85=1.53A$。

2）动作时间整定值按小于对应的允许时间并和线路后备保护最长动作时间配合计算，取

$$t_{op.up}=6s$$

6. 作用方式

反时限过负荷保护作用于程序跳闸（如兼作短路故障后备保护，应动作全停）。

七、发电机转子表层负序过电流保护整定计算

1. 定时限负序电流保护

(1) 动作电流整定值 $I_{2.op.s}$。由式（2-175）计算

$$I_{2.op.s}=K_{rel}\frac{I_{2\infty}^*}{K_r}\times I_{g.n}=1.05\times\frac{0.06}{0.95}\times0.85=0.053(A)$$

按躲过正常可能最大负序电流计算，根据多年运行经验，发电机正常运行可能最大负序电流，一般不超过 2%～3%，为了早报警、早发现、早处理，可取 $I_{2.op1}=0.05I_{g.n}=0.043A<0.06I_{g.n}$，取 $I_{2.op1}=0.05I_{g.n}=0.043A$。

(2) 动作时间整定值 $t_{2.op.s}$。由式（2-176）计算，$t_{2.op.s}=t_{op.L.max}+\Delta t=4.5+0.5=5$（s）。

保护动作于信号。

2. 负序电流反时限保护

(1) 下限动作电流整定值 $I_{2.op.dow}$ 计算。

1）按和定时限过电流保护动电流配合，由式（2-177）计算

$$I_{2.op.dow}=K_{rel}\times I_{2.op.s}=1.05\times0.05I_{g.n}=0.052\,5I_{g.n}$$

2）按下限动作时间为1000s计算。由式（2-178）计算下限动作电流，为

$$I_{2.op.dow}=\sqrt{\frac{A}{1000}+I_{2.\infty}^{*2}}\times I_{g.n}=\sqrt{\frac{6}{1000}+0.06^2}\times 0.85=0.083(A)$$

3）按 $I_{2.op.dow}=1.05\times 0.06\times I_{g.n}=0.0536$（A），取 $I_{2.op.dow}=0.054$（A），$I_{2.op.dow}^{*}=0.063$。

（2）发电机负序电流发热时间常数整定值 A_{set} 计算。由制造厂提供的发电机负序电流允许发热时间常数 $A=6$，由式（2-180）计算，$A_{set}=(0.9\sim1)A=5.4\sim6$（s），取 $A_{set}=6s$。

（3）下限动作时间 $t_{2.op.dow}$。由式（2-182）计算

$$t_{2.op.dow}=\frac{A_{set}}{I_{2.op.dow}^{*2}-I_{2\infty}^{*2}}=\frac{6}{0.063^2-0.06^2}=1626(s)\text{ 取 }t_{2.op.dow}=1000s$$

（4）上限动作电流整定值 $I_{2.op.up}$。按躲过高压母线两相短路时最大负序电流，由式(2-183)计算

$$I_{2.op.up}=K_{rel}\frac{I_{g.n}}{(X''_d+X_2+2X_T)n_{TA}}$$

$$=1.3\times\frac{0.85}{0.182+0.191+2\times 0.1927}=1.3\times\frac{0.85}{0.7584}=1.457(A)$$

（5）上限动作时间整定值 $t_{2.op.up}$。按和线路保护第一段时间（快速保护动作时间）配合，由式（2-184）计算，取 $t_{2.op.up}=0.5s$。

（6）计算结果。取 $I_{2.op.dow}=0.054A$；$I_{2.op.dow}^{*}=0.063$；$A_{set}=6s$；$I_{2.\infty}^{*}=0.06$；$I_{2.op.up}=1.457A$；$I_{2.op.up}^{*}=1.7$；$t_{2.op.up}=0.5s$。

（7）转子表层负序反时限过电流保护动作于全停跳闸。

八、发电机失磁保护整定计算

1. 异步边界阻抗圆计算

（1）异步边界阻抗圆整定值 $X_{A.set}$ 计算。发电机额定二次阻抗 $Z_{g.n}=\frac{100}{\sqrt{3}\times 0.85}=67.9$（Ω）

由式（2-218）计算，$X_{A.set}=-0.5X'_d\times Z_{g.n}=-0.5\times 0.264\times 67.9=-8.96$（Ω）

X'_d采用不饱和值。

（2）异步边界阻抗圆整定值 $X_{B.set}$计算。由式（2-218）计算 $X_{B.set}=-X_d\times Z_{g.n}=-2.61\times 67.9=-177.2$（Ω），取 $X_{B.set}=-177.2$（Ω）。

（3）异步边界阻抗圆的圆心和半径计算。由式（2-224）计算，异步边界阻抗圆圆心

$$X_C=\frac{X_{B.set}+X_{A.set}}{2}=\frac{-(177.2+8.96)}{2}=-93.1(\Omega)$$

异步边界阻抗圆圆心坐标

$$\left(0,\mathrm{j}\frac{X_{B.set}+X_{A.set}}{2}\right)\text{为}(0,-\mathrm{j}93.1\Omega)$$

异步边界阻抗圆半径

$$Z_R=\left|\frac{X_{B.set}-X_{A.set}}{2}\right|=\frac{177.2-8.96}{2}=84.1(\Omega)$$

2. 机端低电压判据整定值计算

取发电机机端三相相间电压，按躲过发电机正常最低电压计算，取 $U_{op.set}=0.9U_{g.n}=90V$。

3. 发电机转子低电压判据

由于是旋转整流励磁，同时转子额定电压超过 470V，无法采用转子低电压判据，该判据退出。

4. 减出力和无功反向判据退出

5. 动作时间整定值计算

由于该机组为旋转整流励磁，励磁回路未装设短路故障保护，发电机失磁保护能间接反映励磁回路的短路故障，为此发电机失磁保护动作时间整定值适当取较小值。

（1）低电压与异步边界阻抗圆判据。动作时间取 $t_{op1}=0.5s$。

（2）单独异步边界阻抗圆判据。动作时间取 $t_{op2}=1.0s$。

6. 发电机失磁保护动作于程序跳闸

九、发电机过电压保护整定计算

1. 动作电压整定值

取 $U_{op}=1.25U_{g.n}=125V$。

2. 动作时间整定值

取 $t_{op}=0.5s$，动作于全停。

十、发电机失步保护整定计算

RCS-985 型为三阻抗元件失步保护。

1. 透镜特性的阻抗元件 Z1 计算

（1）第Ⅰ象限的最远点阻抗整定值 $Z_{A.set}$ 由式（2-233）计算。

$$Z_{A.set}=j(X_T+2X_S)$$

$$=j(0.1927+2\times0.033)Z_{g.n}=j0.2587\times67.9=j15.56(\Omega)$$

$$X_T=0.1977\times1111/1140=0.1927$$

$$X_S=0.03\times1111/1000=0.033$$

（2）第Ⅲ象限的最远点阻抗整定值 $Z_{B.set}$，由式（2-233）计算。

$$Z_{B.set}=-jX'_d=-j0.238Z_{g.n}=-j0.238\times67.9=-j16.16(\Omega)$$

2. 遮挡器直线阻抗元件 Z2

遮挡器直线阻抗元件，$\varphi=\varphi_S=85°$。

3. 电抗线阻抗元件 Z3 的整定计算

由式（2-234）计算，$jX_C=j0.9X_T=j0.9\times0.1927\times67.9=j11.78$（Ω）。

4. 透镜内角 δ_{set} 整定值计算

透镜内角 δ_{set} 越小，透镜越大，保护计时越准确，但必须保证发电机组正常运行时的最小负荷阻抗 $Z_{L.min}$ 位于透镜之外，以保证保护动作选择性要求。为此选择透镜宽度 $Z_r\leqslant\frac{1}{1.3}R_{L.min}$，透镜内角整定值由式（2-235）计算

$$\delta_{set}=180°-2\text{arctg}\frac{2Z_r}{Z_{A.set}-Z_{B.set}}=180°-2\text{arctg}\frac{1.54R_{L.min}}{2X_S+X_T+X'_d}$$

$$=180°-2\text{arctg}\frac{1.54\times61.1}{(2\times0.033+0.1927+0.238)\times67.9}=180°-140.56°=39.4°$$

如选择透镜宽度 $Z_r \leqslant \frac{1}{2}R_{l.min}$，透镜内角整定值

$$\delta_{set} = 180° - 2\text{arctg}\frac{2Z_r}{Z_{A.set} - Z_{B.set}}$$
$$= 180° - 2\text{arctg}\frac{R_{L.min}}{2X_S + X_T + X'_d}$$
$$= 180° - 2\text{arctg}\frac{61.1}{(2\times 0.033 + 0.1927 + 0.238)\times 67.9} = 180° - 122.2° = 57.8°$$

最小负荷阻抗 $R_{L.min} = \cos\varphi_n \times Z_{g.n} = 0.9\times 67.9 = 61.1$（Ω），取 $\delta_{set} = 120°$。

5. 透镜圆和最小负荷阻抗值的关系

最小负荷阻抗的有名值为 $R_{L.min} = \cos\varphi_n \times Z_{g.n} = 0.9\times 67.9 = 61.1$（Ω）。

透镜圆和 R 轴的交点电阻值由图 2-22 计算

$$R_0 = \left|\frac{X_{A.set} - X_{B.set}}{2}\right| = \left|\frac{\text{j}17.57 - (-\text{j}16.16)}{2}\right| = 16.86\ (\Omega) \ll 61.1\Omega$$

$R_{L.min} \gg R_0$，即发电机正常运行时远离透镜圆。

6. 跳闸允许电流整定值 $I_{off.al.set}$ 计算

按断路器允许遮断电流 $I_{brk.n} = 160$kA 计算，当两侧系统电势相角差达 180°时，断路器允许遮断电流 $I_{brk.al}$ 为断路器额定遮断电流 $I_{brk.n}$ 的 50%，由式（2-236）计算

$$I_{brk.al} = 0.5I_{brk.n} = 0.5\times 160 = 80(\text{kA})$$
$$I_{off.al} \leqslant 0.5I_{brk.al}/n_{TA} = 0.5\times 160\,000/28\,000 = 2.86(\text{A})$$
$$I_{off.al} = 2.86/0.85 = 3.76I_{g.n}$$

如按跳闸角 $\delta = 90°$时，计算振荡电流

$$I_{osc.90°} = \frac{2I_{G.N}}{X''_d + X_t + 2X_S}\sin\frac{\delta}{2} = \frac{2I_{G.N}}{0.182 + 0.192\,7 + 2\times 0.033\,3}\times\sin 45°$$
$$= 3.46I_{G.N} = 82.3(\text{kA})$$

如按跳闸角 $\delta = 60°$时，计算振荡电流

$$I_{osc.60°} = \frac{2I_{G.N}}{X_G + X_t + 2X_S}\sin\frac{\delta}{2} = \frac{2I_{G.N}}{0.182 + 0.192\,7 + 2\times 0.033\,3}\times\sin 30°$$
$$= 2.45I_{G.N} = 58.3(\text{kA})$$

此时断口电压为额定电压，允许断开电流为 160kA，当设置 $I_{off.al} = 0.5I_{brk.n}$，则实际跳闸角 $\delta = 90°$，所以设置 $I_{off.al} = 0.5\times 160/28 = 2.85$A，这是安全允许的。

最后取整定值 $I_{off.al.set} = 2.85$A。

7. 失步开放电流整定值计算

取 $I_{op.set} = 1.1I_{g.n} = 1.1\times 0.85 = 0.93$（A）。

8. 滑极次数 N_0 的整定值

振荡中心在区外时，滑极次数 $N_2 = 2$，动作于信号。

振荡中心在区内时，1 号机滑极次数 $N_1 = 1$；2 号机滑极次数 $N_1 = 2$，动作于程序跳闸。

十一、发电机过励磁保护整定计算

制造厂提供的发电机过励磁能力和过励磁保护动作时间整定值配合见表 2-22。

表 2-22　制造厂提供的发电机过励磁能力和过励磁保护动作时间整定值配合表

过励磁允许特性	过励磁倍数 $n=U^*/f^*$	1.05	1.1	1.125	1.15	1.175	1.2	1.215	1.25	1.275
	允许时间 t_{al} (s)	长期	55		18		6		2	
过励磁保护动作整定值	过励磁倍数 $n=U^*/f^*$		1.1	1.125	1.15	1.175	1.2	1.215	1.25	1.275
	动作时间 t_{op} (s)		55	36.5	18	12	6	4	2	1.5

1. 定时限过励磁保护

(1) 过励磁倍数起动值。按和制造厂提供的发电机过励磁能力及 AVR 过励磁限制配合取 $n_{op}=(U^*/f^*)_{op}=1.05$。

(2) 动作时间整定值 $t_{op}=5s$。

(3) 动作于报警发信号。

2. 反时限过励磁保护

(1) 反时限过励磁保护倍数起动值 n_{op}。按和制造厂提供的发电机过励磁允许能力配合计算，由于制造厂提供的发电机过励磁允许能力非常保守，为此取反时限过励磁保护动作特性和制造厂提供的发电机过励磁允许能力一致计算。取反时限过励磁保护倍数起动值，$n_{op}=(U^*/f^*)_{op}=1.1$。

(2) 过励磁保护动作时间整定值如表 2-22 所示。

(3) 反时限过励磁保护动作于全停跳闸灭磁。

十二、发电机逆功率保护整定计算

1. 三相动作逆功率整定值

其计算原则详见率二章第二节十六。

根据运行经验。取三相一次动作功率 $P_{OP.3ph}=-0.008P_{GN}=-0.008\times1000=-8(MW)$，三相二次动作功率 $P_{op.3ph}=P_{OP.3ph}/(n_{TA}\times n_{TV})=-8\times10^6/(270\times28\ 000)=-1.05(W)$。整定值取 $P^*_{op.3ph}=0.8\%P_N$。

2. 动作时间整定值

(1) 程跳逆功率保护动作时间。取 $t_{op1}=0.5s$，作用于全停。

(2) 逆功率保护动作时间。取 $t_{op2}=5s$ 动作于信号；$t_{op2}=30s$ 作用于全停。

十三、发电机频率异常保护整定计算

1. 频率异常保护整定值

根据我国 1000MW 机组频率异常运行时间建议值整定，频率异常保护整定值见表 2-23。

表 2-23　频率异常保护整定值

过频率保护整定值				低频率保护整定值			
频率 (Hz)	过频率保护动作时间			频率 (Hz)	低频率保护动作时间		
	累计 (min)	每次 (s)	作用		累计 (min)	每次 (s)	作用
51.5	30	30	跳闸	48	300	300	信号
51	180	180	信号	47.5	60	60	跳闸
				47	10	10	跳闸

2. 动作方式

发电机频率异常保护动作于程序跳闸。

十四、发电机突加电压保护整定计算

1. 动作逻辑框图

发电机突加电压保护主要用于保护发电机在盘车和减速过程中发生的误合闸，以及严重的非同期合闸，由发电机离线判据与低频率低电压和过电流判据组成，其逻辑框图如图 2-28（a）所示。

2. 整定值计算

（1）动作电流按可能出现的最小故障电流有足够灵敏系数为 2 计算。按 $X''_d=0.225$；$X_t=0.1927$（以发电机额定容量为基准）；系统小方式阻抗（以发电机额定容量为基准）$X_{S.max}=0.045\times1111/1000=0.049$。按 $X''_d=0.182$

$$I_{op}=\frac{1}{2}\times\frac{1}{X''_d+X_t+X_{s.max}}I_{g.n}=\frac{1}{2}\times\frac{1}{0.225+0.1927+0.049}I_{g.n}=1.07I_{g.n}$$

$$I_{op}=\frac{1}{2}\times\frac{1}{X''_d+X_t+X_{s.max}}I_{g.n}=\frac{1}{2}\times\frac{1}{0.182+0.1927+0.049}I_{g.n}=1.18I_{g.n}$$

（2）按躲过发电机额定电流计算。取 $I_{op}=1.1\times I_{g.n}=1.1\times0.85=0.935$（A），取 $I_{op}=0.94$A。

（3）低电压元件动作电压。按可能出现的最大故障电压有足够灵敏度计算

$$U_{op}=K_{sen}\frac{X''_d}{X''_d+X_t+X_{s.min}}=1.3\times\frac{0.182}{0.182+0.1927+0.033}=0.58U_N$$

系统大方式阻抗（以发电机额定容量为基准）$X_{S.min}=0.03\times1111/1000=0.033$。

由于本保护动作逻辑，同时具有发电机非同期并列的保护功能，在发电机不同程度的非同期并列，机端电压下降程度不同，为使发电机非同期并列时保护有较高的灵敏度，为此可取 $U_{op}=0.7U_N$。

（4）频率闭锁整定值。取 $f_{op}=48$Hz。

3. 动作时间整定值

（1）低电压动作后返回时间和断路器合闸后保护退出返回时间 t_{re} 整定值。按保证本保护动作和失灵保护全部跳闸总时间并有一定的裕度计算，取 $t_{re}=0.1+0.5+0.4=1$（s）。

（2）保护动作出口动作时间整定值。取 $t_{op}=0.1$s，动作于解列、灭磁并起动失灵保护。

本保护方式在某厂曾有发电机严重非同期并列正确动作的记录。

4. 保护的退出

在正常运行或停役检修时应用连接片退出本保护。

十五、发电机冷却水断水保护整定计算

发电机冷却水断水保护为开关量，由热工提供 30s 延时动作触点，电气保护内可设置动作延时 0.5s 延时。动作于程序跳闸。

十六、发电机出口断路器失灵保护整定计算

（1）相电流判据动作电流整定值。断路器失灵保护如图 2-33 所示，由相电流判断路器有电流、断路器辅助触点判断路器合位状态、保护出口动作判故障存在组成与门的断路器失灵起动判据，相电流动作判据整定值 $I_{op.set}$ 按小于发电机组正常最小负荷电流 I_{min} 由式（2-

328a)计算，取

$$I_{op.set}=0.8I_{min}=0.3I_{g.n}=0.3\times0.85=0.255(A)，取 I_{op.set}=0.26A。$$

(2)负序电流判据动作电流整定值。由式(2-328b)计算，$I_{2.op}=1.2\times I_{2.\infty}=1.2\times0.06\times0.85=0.062$ (A)，取 $I_{2.op}=0.062A$。

(3)发电机起动失灵保护出口投入。

(4)合闸位置投入。

(5)动作时间整定值：

1)跳本断路器不经延时。

2)失灵保护动作时间在失灵保护内设置。

十七、主变压器高压侧分相差动保护整定计算

由于主变压器由三台单相变压器组成变压器组，所以有条件采用反应变压器高压侧内部单相接地故障的高压侧分相差动保护，无须考虑励磁涌流、过励磁、调压等，高压侧分相差动为两侧TA(高压侧套管TA和中性点侧TA)，变比均为1500/1A，等级5P20。

(一)高压侧分相差动保护系统参数计算与设置

主变压器高压侧一次额定电流 $I_{T.N}=1254A$；二次额定电流 $I_{t.n}=1254/1500=0.836$ (A)。高压侧分相差动保护系统参数整定值设置见表2-24。

表2-24 主变压器高压侧分相差动保护系统参数整定值设置表

整定项目名称	整定参数		备注
	500kV出口侧	中性点侧	
额定容量 $S_{T.N}$ (MVA)	1140	1140	
额定电压 $U_{T.N}$ (kV)	525	525	
额定一次电流 $I_{T.N}$ (A)	1254	1254	
绕组接线	YN	YN	不滤去零序电流
差动TA变比(A)	1500/1	1500/1	
差动TA接线	yn	yn	
额定二次电流(A)	0.836	0.836	
平衡系数(中性点侧基准)	1	1	

(二)基本整定值计算

1.最小动作电流计算

按躲过正常和远区外短路故障最小动作电流计算，变压器励磁涌流是两侧一致的穿越性电流，高压侧分相差动保护类似于发电机差动保护的工作条件，为此最小动作电流取较小值 $I_{d.op.min}=0.4I_{t.n}=0.4\times0.836=0.33$ (A)。

2.按躲过区外短路最大不平衡电流计算

线路出口三相短路最大电流的相对值为

$$I_K^{(3)}=I_{res.max}=\frac{I_{t.n}}{X''_d+X_t}=\frac{I_{t.n}}{0.182\times1140/1111+0.1977}=\frac{I_{t.n}}{0.182+0.1927}=2.6I_{t.n}$$

按躲过线路出口短路最大不平衡电流计算动作电流，取 $I_{d.op}=0.37\times2.6I_{t.n}=0.96I_{t.n}$

3.最小制动系数斜率 K_{res1} 和最大制动系数斜率 K_{res2} 计算

(1)最大制动系数斜率对应的最小制动电流倍数 $n=6$。

(2)线路出口区外短路最大电流的相对值为2.60，取 $K_{res1}=0.3$；$K_{res2}=0.7$。

(3) 制动系数增量 ΔK_{res} 计算。制动系数增量 $\Delta K_{res}=\frac{K_{res2}-K_{res1}}{2n}=(0.7-0.3)/12=0.033$。

(4) 校核躲过线路出口短路最大不平衡电流时的动作电流 $I_{d.op}$。$K_{res1}=0.3$，$\Delta K_{res}=0.033$，由式 (2-78) 计算，当 $I^{*}_{res}=2.6<n=6$ 时，$I^{*}_{d.op}=K_{res1}I^{*}_{res}+\Delta K_{res}I^{*2}_{res}+I^{*}_{d.op.min}=0.2\times2.6+0.033\times2.6^{2}+0.4=1.4>0.96$，满足要求。

(5) 校核在变压器额定电流时，要求 $I^{*}_{d.op}\geqslant0.4$，即 $I^{*}_{res}=1$ 时要求 $I^{*}_{d.op}\geqslant0.4$，由式 (2-78) 计算，当 $I^{*}_{res}=1$ 时，$I^{*}_{d.op}=K_{res1}I^{*}_{res}+\Delta K_{res}I^{*2}_{res}+I^{*}_{d.op.min}=0.3\times1+0.033\times1^{2}+0.4=0.73>0.3$。

通过以上计算，选择 $K_{res1}=0.3$；$K_{res2}=0.7$；$I_{d.op.min}=0.4I_{t.n}$，能躲过线路出口区外短路时最大不平衡电流，满足远区外和近区外短路不误动的要求。

4. 二次谐波制动比 $K_{2\omega}$ 整定值

取 $K_{2\omega}=0.15$ 采用交叉制动方式。

5. 动作时间 $t_{d.op}$ 计算

动作时间整定值取 $t_{d.op}=0s$。

6. 差动电流速断保护动作电流 $I_{d.op.qu.}$ 计算

差动电流速断保护是比率制动纵差动保护的补充部分，其定值按最大外部短路电流不误动整定，大型变压器由式 (2-17) 计算 $I_{d.op.qu}=(3\sim4)I_{t.n}$，取 $I_{d.op.qu}=4I_{t.n}=3.3A$。

7. 工频变化量差动保护

工频变化量差动保护投入。

8. TA 断线闭锁

在大型发电机变压器 TA 断线时不闭锁差动保护，TA 二次回路断线差动保护动作时作用于跳闸停机，同时发 TA 断线信号。

十八、主变压器纵差动保护整定计算

(一) 主变压器纵差动保护系统参数计算与设置

主变压器纵差动保护系统参数整定值设置见表 2-25。

表 2-25　主变压器纵差动保护系统参数整定值设置表

整定项目名称	整定参数			
	500kV 线路侧	500kV 内桥侧	发电机出口侧	厂用变压器高压侧
额定容量 $S_{T.N}$ (MVA)	1140	1140	1140	1140
额定电压 $U_{T.N}$ (kV)	525	525	27	27
额定一次电流 $I_{T.N}$ (A)	1254	1254	24 378	24 378
绕组接线	YN	YN	d11	d11
差动 TA 变比 (A)	3000/1	1500/1	28 000/1	8000/1
差动 TA 接线	yn	yn	yn	yn
差动额定二次电流 (A)	0.418	0.836	0.87	3.05
平衡系数 (发电机侧基准)	2.08	1.04	1	0.285

(二) 基本整定值计算

基准侧选择 27kV 侧。

1. 最小动作电流计算

按躲过正常和远区外短路故障最小动作电流计算，考虑躲过和应涌流，并考虑保护为变制动系数比率差动保护，$I_{res}^{*}>0$ 开始制动，由式（2-73）计算，取 $I_{d.op.min}=0.4I_{t.n}=0.4\times0.87=0.435A$。

2. 按躲过区外短路最大不平衡电流计算

线路出口短路最大短路电流计算

（1）500kV 线路出口最大短路时 TA 电流。为

$$I_{K}^{(3)}=\left(\frac{1}{0.06\times1.14}+\frac{2}{0.187+0.1977}\right)I_{t.n}=(14.6+2.6\times2)I_{t.n}=19.8I_{t.n}$$

（2）500kV 内桥最大短路时 TA 电流。为

$$I_{K}^{(3)}=\frac{I_{t.n}}{0.06\times1.14}+\frac{I_{t.n}}{0.187+0.1977}=(14.6+2.6)I_{t.n}=17.2I_{t.n}$$

（3）主变压器低压侧短路电流。为

$$I_{K}^{(3)}=\frac{I_{t.n}}{X''_{d}+X_{t}}=\frac{I_{t.n}}{0.182\times1140/1111+0.1977}=\frac{I_{t.n}}{0.187+0.1977}=2.6I_{t.n}$$

（4）躲过线路出口短路最大不平衡电流时的动作电流 $I_{d.op}=0.375\times19.8=7.24I_{t.n}$。

3. 最小制动系数斜率 K_{res1} 和最大制动系数斜率 K_{res2} 计算

（1）最大制动系数斜率对应的最小制动电流倍数 $n=6$。

（2）线路出口短路最大短路制动电流 $I_{res}=(19.8+17.2+2.6)I_{t.n}/2=19.8I_{t.n}$。

（3）制动系数增量 ΔK_{res} 计算。取 $K_{res1}=0.2$，$K_{res2}=0.7$ 制动系数增量 $\Delta K_{res}=\frac{K_{res2}-K_{res1}}{2n}=(0.7-0.2)/12=0.04$。

（4）校核 $I_{k}=19.8I_{t.n}$时动作电流。由式（2-78）计算，当 $I_{res}^{*}\geqslant n$，$I_{d.op}^{*}=K_{res2}(I_{res}^{*}-n)+0.5(K_{res1}+K_{res2})n+I_{d.op.min}^{*}=0.7\times(19.8-6)+0.5(0.2+0.7)\times6+0.4=12.76>9.9$。

通过以上计算选择 $I_{d.op.min}=0.4I_{t.n}$，$K_{res1}=0.2$，$K_{res2}=0.7$，能躲过线路出口区外短路时最大不平衡电流。

（5）校核躲过和应涌流的能力。$I_{res}^{*}=1$ 时，由式（2-78）计算，当 $I_{res}^{*}<n$ 时，$I_{d.op}^{*}=K_{res1}I_{res}^{*}+\Delta K_{res}I_{res}^{*2}+I_{d.op.min}^{*}=0.2\times1+0.04\times1+0.4=0.64\geqslant0.5\sim0.6$。所以能躲过和应涌流。

（6）如 $I_{d.op.min}=0.3I_{t.n}$，$K_{res1}=0.2$，$K_{res2}=0.7$，由式（2-78）计算，当 $I_{res}^{*}<n$ 时 $I_{d.op}^{*}=K_{res1}I_{res}^{*}+\Delta K_{res}I_{res}^{*2}+I_{d.op.min}^{*}=0.2\times1+0.04\times1+0.3=0.54$。则不能躲过和应涌流。

由上计算知：取 $I_{d.op.min}=0.4I_{t.n}$；$K_{res1}=0.2$；$K_{res2}=0.7$；能躲过和应涌流，同时能躲过区外短路时最大不平衡电流。

4. 二次谐波制动系数计算

二次谐波制动系数 $K_{2\omega.set}=0.15$；采用交叉制动。

5. 动作时间 $t_{d.op}$ 计算

动作时间整定值取 $t_{d.op}=0s$。

6. 差动电流速断保护动作电流 $I_{d.op.qu.}$ 计算

（1）按躲过变压器空载合闸时励磁涌流计算。由式（2-56b），取 $I_{d.op.qu.}=k\times I_{t.n}=4.0I_{t.n}$。

(2) 按躲过变压器区外最大短路故障电流计算。由式(2-56a)，取 $I_{d.op.qu}=0.4\times19.8=7.9I_{t.n}$，由式(2-56a)，按 $I_{d.op.qu}=0.5\times19.8=9.9I_{t.n}$，取 $I_{d.op.qu}=10I_{t.n}=10\times0.87=8.7$(A)。

7. 工频变化量差动保护

工频变化量差动保护投入。

8. TA 断线闭锁

大型变压器 TA 断线时不闭锁差动保护，TA 二次回路断线差动保护动作时作用于跳闸停机，同时发 TA 断线信号。

十九、主变压器高压侧反时限过电流保护整定计算

低阻抗保护，通过计算既无近后备作用又无远后备作用，其保护功能很差；高低压侧复合电压闭锁定时限过电流保护，通过计算其保护功能也较差，而且在动作时间上很难配合；如采用，当发电机正常运行时，和线路后备保护配合的较长动作延时复合电压闭锁定时限过电流保护，并自动退出短延时复合电压闭锁定时限过电流保护；当发电机停机时，自动投入短延时复合电压闭锁定时限过电流保护。这样配置保护过于复杂。对于大型发电机变压器组，当主变压器侧短路故障时，由于系统阻抗很小，系统短路电流很大的；当高压线路短路故障时，发电机变压器组相比系统阻抗要大得多，发电机变压器组短路电流较小。从而短路电流的大小，具有明显的方向性，如采用，$t_{op}=\dfrac{k_1}{(I/I_{t.n})^2-1}$ 的反时限过电流保护，能取得良好的保护效果。

1. 主变压器两侧短路电流计算

(1) 主变压器高压侧线路出口短路主变压器供短路电流计算

$$I_{K-1}^{(3)}=\frac{I_{t.n}}{X''_d+X_t}=\frac{I_{t.n}}{0.182\times1140/1111+0.1977}=\frac{I_{t.n}}{0.187+0.1977}=2.6I_{t.n}$$

(2) 主变压器低压侧短路，系统最小运行方式时短路电流计算。当系统最小运行方式(一条线路)时

$$I_{K-2}^{(3)}=\frac{I_{t.n}}{X_{S.min}+X_t}=\frac{I_{t.n}}{0.091\times1140/1000+0.1977}=\frac{I_{t.n}}{0.103+0.1977}=3.31I_{t.n}$$

调度给予的系统正常运行方式为两条线路，此时系统短路电流

$$I_{K-2}^{(3)}=\frac{I_{t.n}}{X_{S.min}+X_t}=\frac{I_{t.n}}{0.0455\times1140/1000+0.1977}=\frac{I_{t.n}}{0.0518+0.1977}=4I_{t.n}$$

正常最小方式时两侧短路电流比为 $I_{K3}^{(3)}/I_{K1}^{(3)}=4.0/2.6=1.5$。

(3) 主变压器高压侧短路系统最小方式供短路电流计算

$$I_{K-3}^{(3)}=\frac{I_{t.n}}{X_{S.min}}=\frac{I_{t.n}}{0.0455\times1140/1000}=\frac{I_{t.n}}{0.0518}=19.3I_{t.n}$$

2. 反时限过电流保护起动电流计算

起动电流按躲过主变压器高压侧额定电流计算，$I_{op}=1.16I_{t.n}=1A$。

3. 动作时间

$$t_{op}=\frac{k_1}{(I/I_{t.n})^2-1}$$

式中 k_1——反时限保护动作时间常数；

其他符号含义同前。

4. 动作时间常数计算

(1) 按和线路后备保护 2.5s 动作时间配合计算。取高压母线短路时动作时间为 3s；500kV 线路出口短路电流为 $2.6I_{t.n}$。

(2) 动作时间常数计算。短路电流按 $2.6I_{t.n}$，则 $k_1=(2.6^2-1)\times 3=17.3(s)$。取 $k_1=18$。

5. 各侧短路时动作时间计算

(1) 高压厂用变压器低压侧短路电流，$I_{K2}^{(3)}=\dfrac{I_{t.n}}{0.0518+0.198+2.8}=0.372I_{t.n}$ 保护不起动。

(2) 主变压器低压侧短路保护动作时间 t_{op} 计算。取 $k_1=18$ 时

$$t_{op}=\frac{k_1}{(I/I_{t.n})^2-1}=\frac{18}{4.0^2-1}=1.2s$$，线路后备保护可以很好配合。

(3) 线路出口处短路保护动作时间。$t_{op}=\dfrac{k_1}{(I/I_{t.n})^2-1}=\dfrac{18}{2.6^2-1}=3.1s$，这和线路后备保护动作时间 2.5s 能配合。

(4) $1.16I_{t.n}$动作时间计算。$t_{op}=\dfrac{k_1}{(I/I_{t.n})^2-1}=\dfrac{18}{1.16^2-1}=52s$。

(5) $1.3I_{t.n}$动作时间计算。$t_{op}=\dfrac{k_1}{(I/I_{t.n})^2-1}=\dfrac{18}{1.3^2-1}=26s$。

(6) 主变压器高压侧出口侧短路电流 $I_{K2}^{(3)}=\dfrac{I_{t.n}}{0.0518}=19.3I_{t.n}$，保护动作时间 $t_{op}=\dfrac{k_1}{(I/I_{t.n})^2-1}=\dfrac{18}{19.3^2-1}=0.048(s)$。

(7) 主变压器高压侧短路电流 $I_{K2}^{(3)}=6I_{t.n}$，保护动作时间，$t_{op}=\dfrac{k_1}{(I/I_{t.n})^2-1}=\dfrac{18}{6^2-1}=0.51s$

6. 系统振荡时动作时间计算

(1) 两侧电势相位差为 180°时。最大振荡电流由式（2-237）计算

$$I_{osc.max}=\frac{2I_{t.n}}{X_G+X_T+X_S}=\frac{2I_{t.n}}{0.183+0.197+0.0342}=4.828I_{t.n}$$

动作时间 $t_{op}=\dfrac{k_1}{(I/I_{B.set})^2-1}=\dfrac{18}{4.828^2-1}=0.8s$。

(2) 两侧电动势相位差为 90°时。振荡电流由式（2-237a）计算

$$I_{osc.max}=\frac{1.414I_{t.n}}{X_G+X_T+X_S}=\frac{1.414I_{t.n}}{0.183+0.197+0.0342}=3.41I_{t.n}$$

动作时间 $t_{op}=\dfrac{k_1}{(I/I_{t.n})^2-1}=\dfrac{18}{3.41^2-1}=1.67(s)$。

从上计算知：两侧电动势相位差为 180°时，振荡电流动作时间 $t_{op}=0.8>1.5\times 1/3=$

0.5（s）。

两侧电动势相位差为90°时，振荡电流动作时间 $t_{op}=1.67>1.5\times1/2=0.75$（s）。

所以该整定值，系统振荡时保护不会误动作。

7. 最后整定值选择

通过计算最后取 $I_{B.set}=I_{t.n}$；$k_1=18s$；$I_{op.set}=1.16I_{t.n}=1A$；$t_{op.min}=0.4s$。

8. 动作式

保护动作于全停跳闸、起动快切。

9. 动作时间特性

由式 $t_{op}=\dfrac{k_1}{(I/I_{t.n})^2-1}=\dfrac{18}{(I/I_{t.n})^2-1}$，计算动作时间特性见表2-26。

表2-26　　动作时间特性表

$I_{B.set}=I_{t.n}=0.87A$；$k_1=18$；$I_{op.set}=1.16I_{t.n}=1A$										
I_*	1.16	1.3	1.5	2.6	3	4	6	6.8	10	15
t_{op}（s）	52	26	14.4	3.12	2.24	1.2	0.5	0.4	0.4	0.4

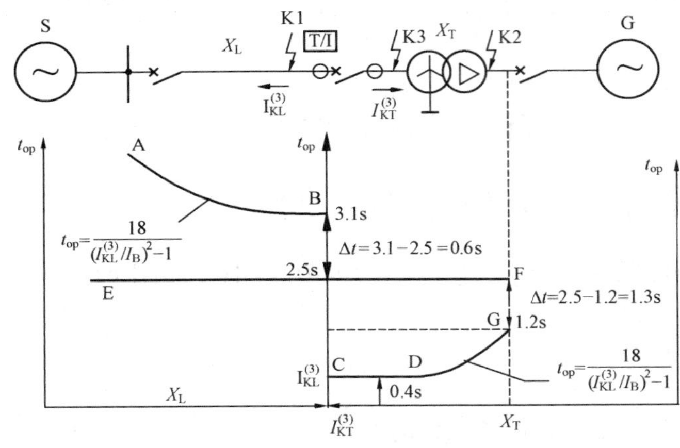

图2-38　主变压器反时限过电流保护和500kV线路后备保护动作时间配合图

主变压器反时限过电流保护和500kV线路后备保护动作时间配合如图2-38所示，图中，主变压器高压侧反时限过电流保护T/I，曲线AB为线路相间短路时主变压器保护T/I反时限动作特性，曲线CDG为主变压器相间短路时主变压器保护T/I反时限动作特性，直线EF为线路及主变压器相间短路故障线路相间后备保护动作时间。K1点短路时，曲线AB和直线EF能很好配合；K2、K3点短路时，直线EF和曲线CDG能很好配合。

10. 结论

反时限过电流保护，按和线路2.5s动作时间配合计算，是主变压器理想的后备保护，作为远后备保护动作时间为3.1s有较好的配合和选择性；在主变压器低压侧短路，作为主变压器近后备，有很高的灵敏度和很短的动作时间1.2s，在主变压器高压侧相间短路动作时间可在0.5s以下。实际上220kV及以上线路采用的是低阻抗后备保护，其保护范围由于其他电源的电流助增作用一般不可能伸入主变压器低压侧，所以其配合选择性实际比以上理论计算值更为良好。

二十、主变压器过励磁保护整定计算

主变压器过励磁保护用主变压器低压侧TV变比为 $\frac{27}{\sqrt{3}}\Big/\frac{0.1}{\sqrt{3}}\Big/\frac{0.1}{3}$。

1. 定时限过励磁保护整定值

根据制造厂提供的主变压器过励磁曲线整定，制造厂提供的主变压器过励磁特性和过励磁保护动作时间整定值配合见表 2-27。

表 2-27　制造厂家提供的主变压器过励磁特性和过励磁保护动作时间整定值配合表

过励倍数 $U_1^*/f^*=U_2^*/f^*$	1.05	1.10	1.15	1.20	1.25	1.30	1.35	1.40	1.45
允许持续时间 t_{al}（s）	连续	1000	500	300	36	18	12	10	
保护动作时间整定值 t_{op}（s）	连续	500	250	150	18	9	6	5	0.5

（1）定时限过励磁起动整定值 $n_{op1}=(U^*/f^*)_{op.1}$。按和主变压器过励磁特性配合，取 $n_{op1}=(U^*/f^*)_{op.1}=1.05$。

（2）动作时间。取 $t_{op}=3s$；定时限过励磁保护动作发信号。

2. 反时限过励磁保护整定值计算

由制造厂家提供的主变压器过励磁特性表知：主变压器过励磁倍数 $n=U^*/f^*=1.1$ 时，允许运行时间 1000s，但考虑到正常运中不可能达 1.1，且发电机在 $U^*/f^*=1.1$ 时动作时间为 55s，由于主变压器过励磁能力明显比发电机高很多，所以主变压器过励磁动作特性适当取得比主变压器允许过励磁能力低些，主变压器 $n_{op2}=(U^*/f^*)_{op.2}=1.1$，动作时间取 500s，变压器过励磁保护为离散动作特性，其他各点整定值按和主变压器过励磁能力配合计算整定。

（1）反时限段过过励磁动作特性起动值 $(U^*/f^*)_{op.set}=1.1$；动作时间 500s。

（2）过励磁保护动作时间整定值。各点离散整定值按和主变压器过励磁允许时间配合计算，如表 2-27 所示。

（3）反时限段过励磁保护动作于全停、灭磁。

二十一、主变压器其他保护整定计算

500kV 侧断路器由于不存在同期并列，因此不考虑断路器断口闪络保护；非全相运行保护设置在断路器二次回路内。主变高压侧中性点零序过电流保护、低压侧单相接地保护、过电流起动通风、非电量保护整定值计算从略。

二十二、高压厂用变压器纵差动保护整定计算

（一）高压厂用变压器纵差动保护系统参数计算与设置

高压厂用变压器纵差动保护系统参数整定值设置见表 2-28。

表 2-28　高压厂用变压器纵差动保护系统参数整定值设置表

整定项目名称	整定参数		
	27kV 侧	10.5kV 侧	3.15kV 侧
额定容量 $S_{T.N}$（MVA）	56	42	14
额定电压 $U_{T.N}$（kV）	27	10.5	3.15
额定一次电流 $I_{T.N}$（A）	1197	2309（3079*）	2566（10 264*）
绕组接线	D	yn，$R_N=12\Omega$	yn，$R_N=3.5\Omega$
差动 TA 变比（A）	1500/1	3150/1	3150/1
差动 TA 接线	yn	yn	yn
各侧额定二次电流（A）	0.8	0.733（0.977*）	0.815（3.25*）
平衡系数（以高压侧为基准）	1	1.22	4.07

* 以 56MVA 计算的额定电流。

（二）基本整定值计算

基准侧选择 27kV 侧。

1. 最小动作电流计算

按躲过正常和远区外短路故障最小动作电流计算，考虑保护为变制动系数比率差动保护，由式（2-73）计算，取 $I_{d.op.min}=0.4I_{t.n}=0.4\times0.8=0.32$（A）。

2. 出口短路最大短路电流计算

（1）10.5kV 最大短路电流计算。

$$X_S=\frac{1}{\dfrac{1}{0.1977\times56/1140}+\dfrac{1}{0.225\times56/1140}}=\frac{1}{\dfrac{1}{0.0097}+\dfrac{1}{0.0133}}=0.0052$$

$$I_K^{(3)}=\frac{I_{t.n.1}}{0.0052\times0.1413}=6.82I_{t.n1};$$

（2）躲过区外短路最大不平衡电流时的动作电流。由式（2-52）计算，$I_{d.op}=0.375\times6.82I_{t.n1}=2.56I_{t.n1}$。

3. 最小制动系数斜率 K_{res1} 和最大制动系数斜率 K_{res2} 计算

（1）最大制动系数斜率对应的最小制动电流倍数 $n=6$。选择 $K_{res1}=0.2$。

（2）10.5kV 线路出口短路最大短路制动电流 $I_{res}^*=6.82$。

（3）制动系数增量 ΔK_{res} 计算。制动系数增量 $\Delta K_{res}=\dfrac{K_{res2}-K_{res1}}{2n}=(0.7-0.2)/12=0.04$。

（4）校核区外短路最大不平衡电流。$I_K^{(3)}=6.82I_{t.n1}$ 时 $I_{res}^*=6.82$，由式（2-78）计算，当 $I_{res}^*\geqslant n, I_{d.op}^*=K_{res2}(I_{res}^*-n)+0.5(K_{res1}+K_{res2})n+I_{d.op.min}^*=0.7\times(6.82-6)+0.5(0.2+0.7)\times6+0.4=3.67>2.56$。

通过以上计算选择 $K_{res1}=0.2$；$K_{res2}=0.7$；能躲过 10.5kV 低压侧出口区外短路最大不平衡电流。

（5）校核额定电流时暂态不平衡电流。$I=I_{t.n1}$，$I_{d.op.min}=0.4I_{t.n}$；$I_{res}^*=1$ 时，由式（2-78）计算，$I_{res}^*<n, I_{d.op}^*=K_{res1}I_{res}^*+\Delta K_{res}I_{res}^{*2}+I_{d.op.min}^*=0.2\times1+0.04\times1^2+0.4=0.64\geqslant0.5\sim0.6$ 满足要求。

（6）取 $I_{d.op.min}=0.3I_{t.n}$，$I_{res}^*=1$，由式（2-78）计算，$I_{d.op}^*=K_{res1}I_{res}^*+\Delta K_{res}I_{res}^{*2}+I_{d.op.min}^*=0.1\times1+0.05\times1\times0.3=0.45$。所以取 $I_{d.op.min}=0.3I_{t.n}$，不满足要求。

由上计算知：取 $I_{d.op.min}=0.4I_{t.n1}$，$K_{res1}=0.2$，$K_{res2}=0.7$，能躲过额定电流时可能最大不平衡电流和最大区外短路时最大不平衡电流。

4. 二次谐波制动系数计算

二次谐波制动系数 $K_{2\omega.set}=0.15$；采用交叉制动。

5. 动作时间 $t_{d.op}$ 计算

动作时间整定值取 $t_{d.op}=0$s。

6. 差动电流速断保护动作电流 $I_{d.op.qu.}$ 计算

（1）按躲过变压器最大励磁涌流。由式（2-56b）计算，取 $I_{d.op.qu.}=k\times I_{t.n1}=7.0I_{t.n1}$。

(2) 按躲过变压器区外最大短路故障不平衡电流。由式(2-56a)计算，$I_{d.op.qu}=0.5\times 6.56I_{t.n1}=3.28I_{t.n1}$，取 $I_{d.op.qu}=7I_{t.n1}=7\times0.798=5.6$(A)。

7. 工频变化量差动保护

工频变化量差动保护投入。

8. TA 断线闭锁

变压器的 TA 断线时不闭锁差动保护，TA 二次回路断线差动保护动作时作用于跳闸停机，同时发 TA 断线信号。

二十三、高压厂用变压器电流速断保护整定计算

1. 电流速断动作电流计算

(1) 按躲过 10.5kV 母线三相短路电流计算。最大运行方式时高压厂用变压器高压侧系统阻抗，$X_S=0.185\times56/1000=0.01$，高压厂用变压器阻抗 $X_t=0.1413$，$I_K^{(3)}=6.82I_{t.n1}$，换算至 27kV 侧电流为，$I_K^{(3)}=6.82\times1197=8163$A(3.15kV 母线三相短路电流小于 10.5kV 母线三相短路电流)。

(2) 按躲过 10.5kV 母线最大短路电流计算。一次动作电流 $I_{OP}=1.25\times8163=10\,200$(A)；二次动作电流 $I_{op}=10\,200/1197=8.5I_{t.n1}$；$I_{op}=10\,200/1500=6.8$(A)。

2. 灵敏度计算

最小运行方式时高压厂用变压器高压侧系统阻抗，$X_S=0.2\times56/1000=0.0112$，高压厂用变压器高压侧短路电流，$I_K^{(3)}=\dfrac{1}{0.0112}I_{t.n1}=89I_{t.n1}$，$K_{sen}=0.866\times89/8.5=9$。

3. 动作时间计算

动作时间 $t_{op}=0$s。

二十四、高压厂用变压器 10.5kV 侧进线过电流保护整定计算

近年来由于高压厂用母线短路，引起高压厂用变压器经受不起短路冲击，造成高压厂用变压器损坏的情况多次发生，这当然主要是高压厂用变压器设计制造质量上存在问题，有的变压器根本无抗出口短路能力，制造厂应按国标耐受抗出口短路能力要求设计制造变压器；除此之外，在保护设置和整定计算时尽可能缩短动作时间，这对安全运行肯定是有好处的，对这一问题往往在整定计算时过多的考虑二、三类负荷的动作选择性，以致造成高压厂用变压器进线断路器动作延时高达 1.5s 及以上，如很多大型发电厂煤码头电源都是双路电源，同时对该电源短时失电后人工恢复供电，并不影响发电厂正常运行，自煤码头第一级用电设备至高压厂用工作母线少则二级，多则三级，如也逐级按选择性配合计算，这必然使高压厂用变压器进线断路器动作延时过长，对这种情况类似煤码头的二、三类负荷电源可适当牺牲选择择性换取快速动作是必要的。为此，以上情况的二、三类负荷电源可根据实际情况装设电缆纵差动(光纤纵差动)保护和下一级牺牲选择性的无延时和短延时电流速断保护，以达到大大缩短高压厂用变压器进线断路器动作延时的目的。

1. 动作电流计算

(1) 按躲过自起动电流计算。自起动电流由式(2-342)计算

$$I_{st.\Sigma}=\frac{I_{T.N1}}{X_S+\dfrac{u_k\%}{100}+\dfrac{1}{5}\times\dfrac{S_{T.N}}{S_{M.N.\Sigma}}\times\left(\dfrac{U_{M.N}}{U_{T.N}}\right)^2}$$

$$=\frac{I_{T.N1}}{0+0.1413+\frac{1}{5}\times\frac{56}{39}\times\left(\frac{10}{10.5}\right)^2}=2.5I_{T.N1}$$

$$I_{st.\Sigma}=2.5I_{T.N2}\times56/42=3.33I_{T.N2}=3.33\times2309=7690(A)$$

按躲过自起动电流计算动作电流，为 $I_{OP}=1.15\times7690=8844$（A）

（2）按躲过最大电动机起动电流计算。最大电动机为引风机额定电流 890A，一次动作电流 $I_{OP}=1.25\times(2309-890+6.5\times890)=9005(A)$，取 $I_{OP}=9000A$。二次动作电流 $I_{op}=3.9I_{t.n2}$，$I_{op}=9000/3150=2.86(A)$。

（3）10.5kV 母线短路灵敏度计算。10.5kV 母线短路电流为

$$I_K^{(3)}=\frac{I_{T.N1}}{0.0052+0.1413}=6.82I_{T.N1}$$

高压厂用变压器两侧短路电流转换计算式为

$$I_{K.2}^{(3)}=I_{K.1}^{*(3)}\times I_{T.N1}\times\frac{U_{T.N1}}{U_{T.N2}}=I_{K.1}^{*(3)}\times I_{T.N2}\times\frac{S_{T.N1}}{S_{T.N2}}\tag{2-376}$$

式中 $I_{K.2}^{(3)}$——折算至变压器 2(低压)侧短路电流；

$I_{K.1}^{*(3)}$——以变压器 1(高压)侧额定电流为基准短路电流相对值；

$I_{T.N1}$、$I_{T.N2}$——分别为变压器 1(高压)、2(低压)侧额定电流；

$U_{T.N1}$、$U_{T.N2}$——分别为变压器 1(高压)、2(低压)侧额定电压；

$S_{T.N1}$、$S_{T.N2}$——分别为变压器 1(高压)、2(低压)侧额定容量。

换算至 10.5kV 侧短路电流为

$$I_{K.10.5kV}^{(3)}=6.82\times1197.5\times27/10.5=21\,000(A)\text{ 或 }I_{K.10.5kV}^{(3)}$$

$$=6.82\times2309.5\times56/42=21\,000(A)$$

$$K_{sen}=0.866\times21\,000/9000=2.02>1.5$$

2. 动作时间整定值计算

由于所有出线动作时间整定值均为 0s，所以进线过电流保护动作时间按和出线 0s 动作时间配合计算，取 $t_{op}=0.4s$。

二十五、高压厂用变压器 3.15kV 侧进线过电流保护整定计算

1. 动作电流计算

（1）按躲过电动机自起动电流计算。自起动电流由式（2-342）计算，为

$$I_{st.\Sigma}=\frac{I_{T.N}}{X_S+\frac{u_k\%}{100}+\frac{1}{5}\times\frac{S_{T.N}}{S_{M.N.\Sigma}}\times\left(\frac{U_{M.N}}{U_{T.N}}\right)^2}$$

$$=\frac{I_{T.N1}}{0+0.48+\frac{1}{5}\times\frac{56}{11.7}\times\left(\frac{3}{3.15}\right)^2}=0.74I_{T.N1}$$

$$I_{st.\Sigma}=0.74I_{T.N3}\times56/14=2.97I_{T.N3}=2.97\times2566=7613(A)$$

按躲过自起动电流计算动作电流，为 $I_{OP}=1.15\times7613=8754$（A），取 $I_{OP}=9000$

(A)。

(2) 按躲过最大电动机起动电流计算。$I_{OP}<9000A$；取 $I_{OP}=9000A$；$I_{op}=9000/3150=2.86A$。$I_{op}=9000/2566=3.5I_{t.n3}$。

(3) 3.15kV 母线短路灵敏度计算。$I_K^{(3)}=\dfrac{I_{T.N1}}{0.0052+0.48}=2.06I_{T.N1}$，换算至 3.15kV 侧，$I_K^{(3)}=2.06\times(56/14)\times2566=8.24\times2566=21\ 444(A)$；$K_{sen}=0.866\times21\ 444/9000=2.03>1.5$。

2. 动作时间整定值计算

由于所有出线动作时间整定值均为 0s，所以进线过电流保护动作时间按和出线 0s 动作时间配合计算，取 $t_{op}=0.4s$。

二十六、高压厂用变压器复合电压闭锁过电流保护整定计算

1. 复合电压闭锁计算

(1) 相间低电压闭锁动作电压计算。按躲过电动机自起动，由式（2-333）计算

$$U_{st.\Sigma}=\frac{\frac{1}{5}\times\frac{S_{T.N}}{S_{M.N.\Sigma}}\times\left(\frac{U_{M.N}}{U_{T.N}}\right)^2}{X_S+\frac{u_k\%}{100}+\frac{1}{5}\times\frac{S_{T.N}}{S_{M.N.\Sigma}}\times\left(\frac{U_{M.N}}{U_{T.N}}\right)^2}=\frac{\frac{1}{5}\times\frac{56}{39}\times\left(\frac{10}{10.5}\right)^2}{0+0.141\ 3+\frac{1}{5}\times\frac{56}{39}\times\left(\frac{10}{10.5}\right)^2}$$

$$=\frac{0.26}{0.141\ 3+0.26}=0.63$$

高压厂用变压器自起动最大倍数不超过 4，按 $K_{st}=4$ 计算

$$U_{st.\Sigma}=\frac{\frac{1}{4}\times\frac{56}{39}\times\left(\frac{10}{10.5}\right)^2}{0+0.141\ 3+\frac{1}{4}\times\frac{56}{39}\times\left(\frac{10}{10.5}\right)^2}=\frac{0.325}{0.141\ 3+0.325}=0.70$$

$$U_{op}=0.6U_n=0.6\times105=63(V)$$

(2) 负序动作电压计算。按躲过正常最大负序相电压计算。$U_{2.op}=0.07U_n/1.732=7/1.732=4$（V）。

(3) 复合电压闭锁应同时分别装设于高压厂用变压器 10.5kV 和 3.15kV 侧。

2. 动作电流计算

(1) 动作电流按和 10.5kV 和 3.15kV 过电流保护动作电流配合计算。$I_{OP}=9000\times10.5/27=3500A$；$3500/1197=2.9I_{t.n1}$。

(2) 3.15kV 母线短路灵敏度计算。$I_K^{(3)}=\dfrac{I_{t.n.1}}{0.005\ 2+0.48}=2.06I_{t.n1}$；$K_{sen}=2.06/2.9<1.5$，所以灵敏度不够。

(3) 按躲过正常最大负荷电流计算。$I_{OP}=1.3I_{t.n1}$。此时灵敏度 $K_{sen}=2.06/1.3=1.57>1.5$。取 $I_{OP}=1.3I_{t.n1}=1.3\times1197=1556$（A）；$I_{op}=1556/1500=1.05$（A）。

3. 动作时间计算

按与 10.5kV 和 3.15kV 过电流保护动作时间 0.4s 配合计算，取 $t_{op}=0.4+0.4=0.8$(s)。

4. 动作方式

高压厂用变压器复合电压闭锁过电流保护作用于全停、起动快切。

二十七、高压厂用变压器 10.5kV 中性点侧零序过电流保护整定计算

TA 变比为 600/1A。

1. 10.5kV 中性点侧Ⅰ段零序过电流保护

(1) Ⅰ段零序动作电流计算。按和出线最大动作电流配合计算，出线为高压电动机和低压厂用变压器，最大电动机为引风机，$I_{\mathrm{M.N}}=890\mathrm{A}$，接地保护动作电流，$3I_{0.\mathrm{OP}}=0.05\times890=44$ (A)。

10.5kV 中性点侧零序过流动作电流，$3I_{0.\mathrm{OP}}=1.3\times44=57$ (A)。

单相接地时 10.5kV 中性点侧零序电流为 $I_{\mathrm{K}}^{(1)}=3I_{0.\mathrm{K}}=\dfrac{10\ 500}{\sqrt{3}\times12}=505(\mathrm{A})$；所以 10.5kV 母线单相接地短路灵敏度很高，可适当提高 10.5kV 中性点侧零序动作电流，按灵敏度为 4 计算，$3I_{0.\mathrm{OP.1}}=505/4=132$ (A)；取 $3I_{0.\mathrm{op.\,I}}=132/600=0.22\mathrm{A}$。

(2) Ⅰ段零序过流动作时间计算。按和出线最大动作时间配合计算，高压电动机和低压厂用变压器零序过流动作时间为 (0～0.1) s，考虑出线最大动作时间为 0.4s；则零序Ⅰ段动作时间 $t_{0.\mathrm{op.1}}=0.4+0.4=0.8$ (s)。动作于跳 10.5kV 进线断路器，起动快切。

2. 10.5kV 中性点侧Ⅱ段零序过电流保护

(1) Ⅱ段零序动作电流计算。按和零序Ⅰ段动作电流配合计算 (或用同一零序电流继电器起动Ⅰ、Ⅱ段动作时间) $3I_{0.\mathrm{OP.\,II}}=1.2\times136=158$ (A)；取 $3I_{0.\mathrm{op.\,II}}=158/600=0.26\mathrm{A}$。

(2) Ⅱ段零序动作时间计算。按和零序Ⅰ段动作时间配合计算，则零序Ⅱ段动作时间 $t_{0.\mathrm{op.\,II}}=0.8+0.4=1.2$ (s)。动作于全停，起动快切。

二十八、高压厂用变压器 3.15kV 中性点侧零序过电流保护整定计算

TA 变比为 600/1A。

1. 3.15kV 中性点侧Ⅰ段零序过电流保护

(1) Ⅰ段零序动作电流计算。按和出线最大动作电流配合计算，出线为高压电动机和低压厂用变压器，最大电动机接地保护动作电流 $3I_{0.\mathrm{OP}}$不超过 35A。

3.15kV 中性点侧零序过电流动作电流 $3I_{0.\mathrm{OP}}=1.3\times35=45.5$ (A)。

单相接地时 3.15kV 中性点侧零序电流，$I_{\mathrm{K}}^{(1)}=3I_{\mathrm{K.0}}=\dfrac{3150}{\sqrt{3}\times3.5}=519$ (A)；所以 3.15kV 母线单相接地短路灵敏度很高，可适当提高 3.15kV 中性点侧零序动作电流，按灵敏度为 4 计算，$3I_{0.\mathrm{OP.\,I}}=519/4=129$ (A)；取 $3I_{0.\mathrm{op.\,I}}=132/600=0.22\mathrm{A}$。

(2) Ⅰ段零序动作时间计算。按和出线最大动作时间配合计算，高压电动机和低压厂用变压器零序过电流动作时间为 (0～0.1) s，考虑出线最大动作时间为 0.4s；则零序Ⅰ段动作时间 $t_{0.\mathrm{op.\,I}}=0.4+0.4=0.8$ (s)。动作于跳 3.15kV 进线断路器，起动快切。

2. 3.15kV 中性点侧Ⅱ段零序过电流保护

(1) Ⅱ段零序动作电流计算。按和零序Ⅰ段动作电流配合计算 (或用同一零序电流继电器起动Ⅰ、Ⅱ段动作时间) $3I_{0.\mathrm{OP.\,II}}=1.2\times132=158\mathrm{A}$；取 $3I_{0.\mathrm{op.\,II}}=158/600=0.26\mathrm{A}$。

(2) Ⅱ段零序动作时间计算。按和零序Ⅰ段动作时间配合计算，则零序Ⅱ段动作时间

$t_{0.\text{op.II}}=0.8+0.4=1.2$ (s)。动作于全停，起动快切。

第五节 大型发电机变压器组继电保护整定计算实例3

某大型水电站700MW机组WFB-800A型继电保护的整定计算。

一、主系统一次接线图和主要参数

(一) 一次系统接线图

某大型水电站700MW机组一次系统接线如图2-39所示。

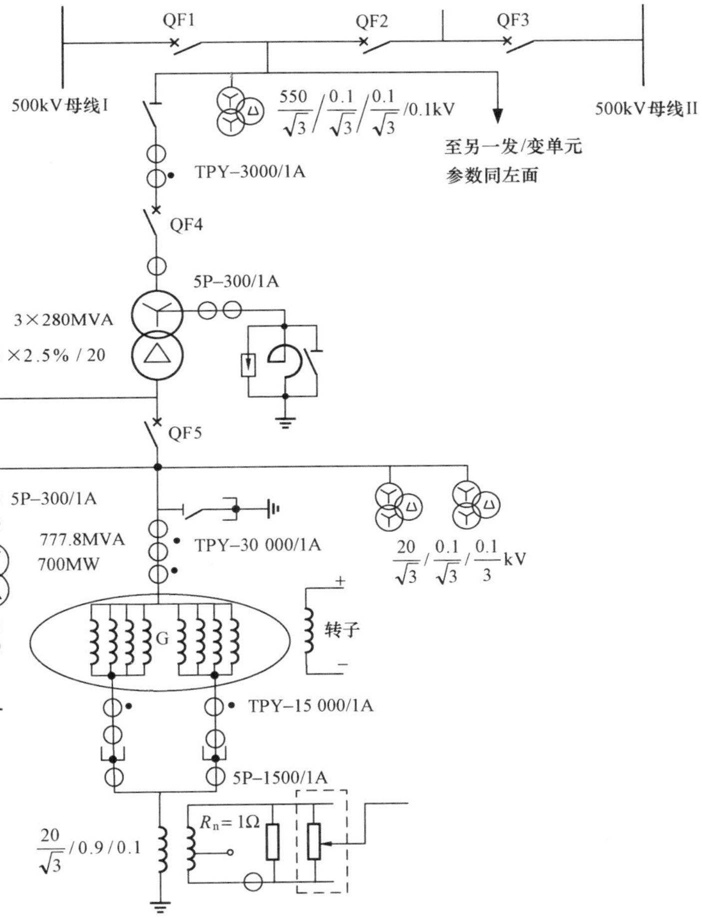

图2-39 大型水电站700MW机组一次系统接线图

(二) 主设备参数

主设备参数如表2-29所示。

表2-29 主设备参数表

(一) 系统阻抗 (基准容量1000MVA)			
最大运行方式时，$X_{1.S.min}$	0.059	最小运行方式时，$X_{1.S.max}$	0.079
最大运行方式时，$X_{0.S.min}$	0.07	最小运行方式时，$X_{0.S.max}$	0.166

续表

（二）发电机基本参数

项目名称	参数		项目名称	参数	
额定功率 $P_{G.N}$（MW）	700		额定容量 $S_{G.N}$（MVA）	777.8	
额定电压 $U_{G.N}$（kV）	20		额定功率因数	0.9（滞后）	
额定电流 $I_{G.N}$（A）	22453		额定频率（Hz）	50	
额定励磁电压 $U_{fd.n}$（V）	457.5		额定励磁电流 $I_{fd.n}$（A）	4147.5	
空载励磁电压 $U_{fd.x}$（V）	247		空载励磁电流 $I_{fd.x}$（A）	1480	
直（纵）轴同步电抗相对值 X_d^*	不饱和值	0.945	交轴同步电抗相对值 X_q^*	不饱和值	0.691
	饱和值	0.821		饱和值	0.649
直（纵）轴瞬变电抗相对值 $X'_d{}^*$	不饱和值	0.301	交轴瞬变电抗相对值 $X'_q{}^*$	不饱和值	0.691
	饱和值	0.281		饱和值	0.649
直（纵）轴瞬变电抗相对值 $X''_d{}^*$	不饱和值	0.247	交轴超瞬变电抗相对值 $X''_q{}^*$	不饱和值	0.259
	饱和值	0.205		饱和值	0.243
负序电抗相对值 X_2^*	不饱和值	0.253	零序电抗 X_0^*	不饱和值	0.132
	饱和值	0.22		饱和值	0.124

发电机定子绕组每相对地总电容 $C_{G.\Sigma}=4.07\mu F$ [GCB每相对地电容 0.13+0.26=0.39（μF）]，$X_{CG.\Sigma}=782.5\Omega$

发电机定子绕组过负荷能力

$I/I_{G.N}$（%）	160	150	140	130	120	115	110	105
允许时间 t_{al}（s）	98	120	158	220	360	480	连续	连续

发电机负序发热时间常数 $A=I_2^2t=40s$，长期允许负序电流相对值 $I_{2\infty}^*=0.09$

发电机转子绕组过负荷能力

$I_{fd}/I_{fd.n}$（%）	210	160	150	140	130	120	115	110	105
允许时间 t_{al}（s）	20	100	112	158	220	340	500	连续	连续

发电机过励磁能力

过励磁倍数 U^*/f^*	1.35	1.30	1.20	1.15	1.11	1.05		
允许时间 t_{al}（s）	5	15	220	650	2000	连续		

发电机中性点专用接地变压器：$S_N=125kVA$；$U_{N1}=20kV$；用于20Hz电源注入式定子单相接地保护 $U_{N2}=\sqrt{3}\times0.9kV$，$u_k\%=8$，$X_k=1.514\Omega$，内阻 $R_i=0.349\Omega$，$R_n=1\Omega$，一次侧等效阻抗 $Z_N=(222+j249)\Omega$；

用于基波零序定子接地保护 $U_{N3}=0.173kV$。

（三）升压主变压器基本参数

额定容量 S_N（MVA）	840	连接组别	YNd11
额定电压 U_N（kV）	550−2×2.5%/20	短路阻抗 $u_k\%$	16.838
额定电流 I_N（A）	927.8/24 249	主变压器高低压绕组每相耦合电容 $C_M=0.009\ 18\mu F$	
中性点接地方式	小电抗接地	小电抗器参数：电抗值20Ω，额定容量392kVA。	

（四）高压厂用变压器基本参数

额定容量 S_N（MVA）	15	连接组别	YNd11
额定电压 U_N（kV）	20±2×2.5%/10.5	短路阻抗 $u_k\%$	6
额定电流 I_N（A）	433/824.8		

续表

(五)励磁变压器基本参数			
额定容量 S_N(MVA)	3×2.925	连接组别	YNd11
额定电压 U_N(kV)	20±2×2.5%/1.243	短路阻抗 u_k%	8
额定电流 I_N(A)	253.3/4075.8		

(六)TA 参数

机端 TA	中性点分支 1	中性点分支 2	零序横差动 TA	励磁变压器 20kV 侧
TPY-30000/1A	TPY-15000/1A	TPY-15000/1A	5P30-1500/1A	5P30-300/1A
励磁变压器 1.243kV 侧	主变压器 500kV 侧	主变压器 20kV 侧	主变压器中性点侧	厂用变压器 20kV 侧
5P30-5000/1A	TPY-3000/1A	TPY-30000/1A	5P20-300/1A	5P30-1000/1A
厂用变压器 10.5kV 侧	厂用变压器 20kV 侧			
5P30-1250/1A	TPY-3000/1A			

(七)TV 参数

发电机机端侧(kV)	发电机中性点接地变压器(kV)	主变压器高压侧(kV)	主变压器低压侧(kV)
$\frac{20}{\sqrt{3}}\Big/\frac{0.1}{\sqrt{3}}\Big/\frac{0.1}{3}$	$\frac{20}{\sqrt{3}}\Big/0.9/0.1$	$\frac{550}{\sqrt{3}}\Big/\frac{0.1}{\sqrt{3}}\Big/\frac{0.1}{\sqrt{3}}\Big/0.1$	$\frac{20}{\sqrt{3}}\Big/\frac{0.1}{\sqrt{3}}\Big/\frac{0.1}{3}$

二、发电机完全纵差动保护

发电机端 TA 为 TPY-30000/1A 型。中性点侧两分支组 TA(中性点侧分支组 1,TA 取自每相 1、3、5、7 分支电流;中性点侧分支组 2,TA 取自每相 2、4、6、8 分支电流),中性点侧分支组 1 并联支数 $\alpha_1=4$;中性点侧分支组 2 并联支数 $\alpha_2=4$;均为 TPY-15000/1A。每相总并联支数 $\alpha=8$。

由于两侧 TA 型号同为 TPY 级,TA 暂态传变特性基本一致,且 TA 暂态误差基本与最大稳态误差相等,所以取非周期分量系数 $K_{ap}=1$,互感器同型系数 $K_{cc}=0.5$,为可靠起见,计算时取互感器同型系数 $K_{cc}=1$,电流互感器的最大比误差 $K_{er}=0.1$。以下在整定计算发电机完全纵差动保护、发电机不完全纵差动保护、发电机完全裂相横差动保护均按此原则计算。

1. 平衡系数及基准电流 I_b 的计算

选取发电机端侧为基准侧,则发电机端 TA 的平衡系数为 $K_{bal.1}=1$。

中性点侧分支组 1、2TA 的平衡系数由式(2-27)计算

$$K_{bal.1.2}=\frac{I_{g.n}}{I_{g.n.n1}+I_{g.n.n2}}=\frac{I_{G.N}/n_{TA}}{\frac{I_{G.N}\times\alpha_1}{\alpha\times n_{TA1}}+\frac{I_{G.N}\times\alpha_2}{\alpha\times n_{TA2}}}=\frac{22\ 453/30\ 000}{\frac{22\ 453\times4}{8\times15\ 000}+\frac{22\ 453\times4}{8\times15\ 000}}$$

$$=\frac{0.75}{0.75+0.75}=0.5$$

基准电流,$I_b=I_{g.n}=\frac{I_{G.N}}{30\ 000/1}=\frac{22\ 453}{30\ 000/1}=0.75(\text{A})$

2. 最小动作电流 $I_{d.op.min}$ 计算

按躲过发电机额定负载时的最大不平衡电流 $I_{unb.n}$ 计算

$$I_{d.op.min}=K_{rel}I_{unb.n}=K_{rel}K_{er}I_{g.n}=1.5\times0.02\times0.75=0.0225\ (A)$$

式中　可靠系数 $K_{rel}=1.5$；TPY 型电流互感器比误差 $K_{er}=0.01\times2$。

由于两侧 TA 型号同为 TPY 级，可取较小经验值 $I_{d.op.min}=0.2\times I_{g.n}=0.2\times0.75=0.15$ (A)。

3. 最小制动电流 $I_{res.0}$ 计算

$I_{res.0}$ 的大小，决定保护开始产生制动作用的电流的大小；取 $I_{res.0}=0.8I_b=0.6A$。

4. 比率制动特性中间段制动特性线斜率 S_1

按躲过区外短路最大不平衡电流计算，发电机区外最大三相短路电流为

$$I_{k.max}^{(3)}=\frac{I_{g.n}}{X''_d}=\frac{I_{g.n}}{0.205}=4.88I_{g.n}$$

最大暂态不平衡差电流由式（2-15a）计算

$$I_{d.op.max}^{*}=K_{rel}I_{unb.max}^{*}=K_{rel}K_{ap}K_{cc}K_{er}I_{k.max}^{(3)}=1.5\times1\times1\times0.1\times4.88=0.72$$

由于两侧 TA 型号同为 TPY 级，暂态传变特性较一致，取非周期分量系数 $K_{ap}=1$，互感器同型系数 $K_{cc}=0.5$（为可靠起见取保守值 1），电流互感器的最大比误差 $K_{er}=0.1$，由式（2-16a）计算

$$S=\frac{I_{d.op.max}^{*}-I_{d.op.min}^{*}}{I_{res.max}^{*}-I_{res.0}^{*}}=\frac{0.72-0.2}{4.88-0.8}=0.143,\text{取 } S=0.25。$$

5. 比率制动特性最大制动特性线斜率 S_2 及其起始制动电流 I_{res2} 确定

保护装置内部固定比率制动特性最大制动系数斜率 $S_2=0.6$ 和对应的起始制动电流 $I_{res2}=4I_{g.n}$。区外三相短路时保护动作电流为 $I_{d.op}^{*}=I_{d.op.min}^{*}+S_1(I_{res2}^{*}-I_{res0}^{*})+0.6(I_{res}^{*}-I_{res2}^{*})=0.2+0.25(4-0.8)+0.6\times(4.88-4)=1.53>I_{d.op.max}^{*}=0.72$，符合要求。

6. 比率差动灵敏度校验

发电机未并网时，发电机端两相短路电流，$I_{k.max}^{(2)}=\frac{\sqrt{3}}{2}\times\frac{I_{g.n}}{X''_d}=\frac{\sqrt{3}}{2}\times\frac{I_{g.n}}{0.205}=4.22I_{g.n}$

$I_{res}=2.11$，$\because I_{res.0}<I_{res}<4I_{g.n}$，由式（2-4b）计算

$\therefore I_{d.op}=I_{d.op.min}+S_1(I_{res}-I_{res.0})=[0.2+0.25\times(2.11-0.8)]I_{g.n}=0.53I_{g.n}$

则灵敏系数 $K_{sen}=4.22/0.53=7.9$。

7. 差流越限动作电流

差流越限动作电流装置内部固定为 $0.5I_{d.op.min}$，延时 5s 发信号。

三、发电机不完全纵差动保护 1

发电机端 TA 为 TPY-30000/1A。

中性点侧分支组 1，TA 取自每相 1、3、5、7 分支电流，TA 为 TPY-15000/1A 型。

1. 平衡系数及基准电流 I_b 的计算

选取机端侧为基准侧，基准电流为 $I_b=I_{g.n}=\frac{I_{G.N}}{30\,000/1}=\frac{22\,453}{30\,000/1}=0.75$ (A)。

机端 TA 的平衡系数为 $K_{bal.1}=1$。

中性点侧分支组 1，TA 的平衡系数由式（2-28b）计算

$$K_{bal.2}=\frac{\alpha}{\alpha_1}\times\frac{n_{TA1}}{n_{TA}}=\frac{8}{4}\times\frac{15\,000/1}{30\,000/1}=1$$

2. 最小动作电流 $I_{d.op.min}$ 计算

不完全纵差动保护不平衡电流，由两部分组成，一部分为两组互感器在负荷工况下的比误差所造成的不平衡电流，另一部分是由于定子与转子间气隙不均匀，使各分支定子绕组一次电流不相同所产生的不平衡电流。因此不完全纵差动保护的最小动作电流 $I_{d.op.min}$ 和相应制动系数斜率应比完全纵差动保护的最小动作电流和相应制动系数斜率略大一些。取

$$I_{d.op.min}=0.25\times I_{g.n}=0.25\times 0.75=0.19(\mathrm{A})$$

3. 最小制动电流 $I_{res.0}$

与发电机完全纵差保护计算相同，可取 $I_{res.0}=0.8I_b=0.6\mathrm{A}$。

4. 比率制动特性中间段制动特性线斜率 S_1

与发电机完全纵差保护计算相同，取略大于完全差动保护中间段制动系数斜率，取 $S_1=0.3$。

5. 比率制动特性最大制动特性线斜率 S_2 及其起始制动电流 I_{res2} 确定

保护装置内部固定比率制动特性最大制动特性线斜率 $S_2=0.6$ 和对应的起始制动电流 $I_{res2}=4I_{g.n}$。

四、发电机不完全纵差动保护 2

与发电机不完全纵差动保护 1 相同。

五、发电机完全裂相横差动保护

中性点侧分支组 1，TA1（取自每相 1、3、5、7 分支组电流）为 TPY-15000/1A 型；中性点侧分支组 2，TA2（取自每相 2、4、6、8 分支组电流）为 TPY-15000/1A 型。

1. 平衡系数及基准电流 I_b 的计算

选取中性点侧分支组 1 为基准侧，基准电流 I_b 为中性点侧分支组 1 侧额定二次电流

$$I_b=I_{g.n1}=\frac{\alpha_1}{\alpha}\times\frac{I_{G.N}}{n_{TA1}}=\frac{4}{8}\times\frac{22\ 453}{15\ 000/1}=0.75(\mathrm{A})$$

则中性点侧分支组 1，TA1 的平衡系数为 $K_{bal.1}=1$。

中性点侧分支组 2，TA2 的平衡系数由式（2-30）计算

$$K_{bal.2}=\frac{\alpha_1}{\alpha_2}\times\frac{n_{TA2}}{n_{TA1}}=\frac{4}{4}\times\frac{15\ 000/1}{15\ 000/1}=1$$

2. 最小动作电流 $I_{d.op.min}$ 计算

按躲过发电机额定负荷时裂相横差保护最大不平衡电流计算，$I_{d.op.min}=K_{rel}\times I_{unb.n.max}$。式中 K_{rel} 为可靠系数取 1.5；$I_{unb.0}$ 为额定负荷条件下裂相横差动保护实测的不平衡电流，它由两部分组成，一部分为两组互感器在负荷工况下的比误差所造成的不平衡电流，另一部分是由于定子与转子间气隙不均匀，使各分支定子绕组一次电流不相同所产生的不平衡电流。因此裂相横差动保护的最小动作电流 $I_{d.op.min}$，应比完全纵差动保护的最小动作电流大一些。

根据以上分析，取 $I_{d.op.min}=0.25I_b=0.19\mathrm{A}$。

3. 最小制动电流 $I_{res.0}$

与发电机完全纵差动保护计算相同，可取 $I_{res.0}=0.8I_b=0.6\mathrm{A}$。

4. 比率制动特性中间段制动特性线斜率 S_1

比率制动特性中间段制动特性线斜率 S_1 应按躲过区外三相短路时产生的最大暂态不平

衡差流来整定。区外三相短路时不平衡电流除了电流互感器带来的误差外，还有定、转子间气隙不对称带来的误差，因此裂相横差动保护的 S_1 应比完全纵差动保护略大。可取 $S_1=0.3$。

5. 比率制动特性最大制动特性线斜率 S_2 及其起始制动电流 I_{res2} 确定

保护装置内部固定比率制动特性最大制动特性线斜率 $S_2=0.6$，其对应的起始制动电流 $I_{res2}=4I_{g.n}$。

六、发电机单元件横差动保护

为提高外部短路时保护的可靠性，增设相电流制动判据，保护动作判据见式（2-32b)。

1. 单元件横差动保护最小动作电流 $I_{d.op.min}$ 整定值计算

（1）按躲过正常运行时最大不平衡电流计算。发电机在额定负荷运行时实测单元件横差动最大不平衡电流 $I_{unb.n.max}=0.15A$，按线性外推法计算发电机区外短路时横差动最大不平衡电流及差动保护动作电流由式（2-33）计算

$$I_{unb.max}=I_{unb.n.max}\times I^*_{k.max}=0.15\times(1/0.205)=0.73(A)$$

按躲过发电机区外短路时横差最大不平衡电流，单元件横差保护动作电流 $I_{d.op}=1.5\times0.73=1.1$（A）。

（2）按躲过灭磁开关跳闸或机组突然甩负荷机组瞬时较大振动时最大不平衡电流 $I_{unb.x.max}$ 计算。灭磁开关跳闸和机组突然甩负荷时机组可能瞬时有较大振动，从而产生较大气隙不均匀不平衡电流 $I_{unb.x.max}$，由于 $I_{unb.x.max}$ 无法实测求得，只能按经验估算取 $I_{d.op.min}=1.5\times I_{unb.x.max}=1.5\times3\times I_{unb.n.max}=1.5\times3\times0.15=0.75$（A），横差 TA 发电机二次额定电流 $I_{g.d.n}=22\ 453/1500=15A$，$I^*_{d.op.min}=I_{d.op.min}/I_{g.d.n}=0.75/15=0.05$（$I_{g.d.n}$）。

（3）按发电机定子绕组在较小匝数匝间短路时有一定灵敏度计算，取

$$I_{d.op.min}=5\%I_{g.n}=0.05\times15=0.75(A)$$

2. 单元件横差动保护最小动作电流 $I_{d.op.min}$ 整定值选定（Ⅰ）

综合以上计算，为取得较为理想保护主设备的效果，可有二种计算方案比较选择。

（1）按躲过灭磁开关跳闸或机组突然甩负荷机组瞬时较大振动时最大不平衡电流 $I_{unb.x.max}$ 计算。通过计算如取 $I_{d.op.min}=5\%I_{g.n}=0.05\times15=0.75$（A）

此整定值已躲过正常运行时最大不平衡电流，同时躲过发电机区外短路时横差最大不平衡电流，并满足较小匝数匝间短路时有一定灵敏度，由此可不用相电流制动判据。

（2）单元件横差动保护动作时间整定值 t_{op} 计算。取 $t_{d.op}=0s$。

3. 单元件横差动保护最小动作电流整定值选定（Ⅱ）

（1）最小动作电流 $I_{d.op.min}$ 整定值按躲过正常运行时最大不平衡电流。取 $I_{d.op.min}=3\times I_{unb.n.max}=3\times0.15=0.45A$；$I^*_{d.op.min}=I_{d.op.min}/I_{g.d.n}=0.45/15=0.03$（$I_{g.d.n}$）。

$$I^*_{d.op.min}=I_{d.op.min}/I_{g.n}=0.3/15=0.02=2\%;I_{d.op.min}=2\%I_{g.n}=0.3A$$

躲过发电机区外短路时横差最大不平衡电流计算投入相电流制动判据。

（2）相电流制动判据可靠系数 K_{rel}。取 $K_{rel}=1.2$。

（3）最小制动电流整定值计算。取 $I_{res.0}=I_{g.n}=0.75A$。

（4）区外短路故障在制动电流作用下单元件横差保护动作电流。由式（2-32b）计算

$$I_{d.op}=I_{d.op.min}+\frac{K_{rel}(I_{res}-I_{res.0})}{I_{res.0}}\times I_{d.op.min}=0.03+\frac{1.2\times(4.88-1)}{1}\times 0.03=0.17I_{g.n}$$

$$I_{d.op}=0.17\times 22\ 453/1500=2.25(A)\gg 0.75A$$

（5）区内匝间短路故障如最大相电流为 $2I_{g.n}$时，在制动电流作用下单元件横差保护动作电流

$$I_{d.op}^{*}=I_{d.op.min}^{*}+\frac{K_{rel}(I_{res}^{*}-I_{res.0}^{*})}{I_{res.0}}\times I_{d.op.min}^{*}=0.03+\frac{1.2\times(2-1)}{1}\times 0.03=0.066$$

$$I_{d.op}=0.066\times 22\ 453/1500=0.99(A)$$

（6）动作时间整定值取 $t_{d.op}=0s$。

4. 单元件横差保护整定值选择说明

（1）按躲过正常运行时最大不平衡电流计算。

（2）按躲过发电机区外短路时横差最大不平衡电流计算。

（3）按躲过灭磁开关跳闸或机组突然甩负荷机组瞬时较大振动时最大不平衡电流 $I_{unb.x.max}$计算。

（4）校验发电机定子绕组匝间短路故障最小灵敏度。

（5）动作时间整定值取 $t_{d.op}=0s$。由于单元件横差保护是发电机重要主保护之一，动作时间整定值应尽可能短。

（6）综合上述（1）～（5）。

1）如要求按躲过灭磁开关跳闸或机组突然甩负荷机组瞬时较大振动时最大不平衡电流 $I_{unb.x.max}$计算。则最后可取

$$I_{d.op.min}=5\%I_{g.d.n}=0.05\times 15=0.75(A)$$

相电流制动判据退出。动作时间整定值取 $t_{d.op}=0s$。

2）如为保机组安全，不允许灭磁开关跳闸或机组突然甩负荷机组出现瞬时强振动，要求只要机组出现超标的强振动，应停机时，则在运行规程中应说明灭磁开关跳闸或机组突然甩负荷机组一旦出现瞬时强振动时，横差动保护可能动作，这种情况可取较为灵敏的整定值。为

$$I_{d.op.min}=3\%I_{g.d.n}=0.45A$$

投入相电流制动判据。相电流制动判据可靠系数取 $K_{rel}=1.2$。

最小制动电流整定值 $I_{res.0}=I_{g.n}=0.75A$。

动作时间整定值取 $t_{d.op}=0s$。

七、发电机复合电压过流保护

1. 过流元件动作电流整定值 I_{op}计算

（1）动作电流整定值 I_{op}。按躲过发电机额定电流计算 $I_{op}=\frac{K_{rel}I_{G.N}}{K_{r}n_{a}}=\frac{1.2\times 22\ 453}{0.95\times 30\ 000/1}$ $=0.95A$。

（2）过流元件的灵敏度计算。对于 Yd11 接线的升压变压器，当主变压器高压侧（Y侧）两相短路时，发电机侧（d 侧）有一相电流等于高压侧的三相短路电流，主变压器高压侧三相短路时由发电机提供的故障电流

$$I_{K2G}^{(3)}=\frac{I_{G.N}}{0.205+0.156}=2.77I_{G.N}$$

校核主变压器高压侧母线两相短路时过流元件的灵敏系数 $K_{sen}=2.77\times0.75/0.95=2.18$。

（3）低电压保持电流记忆功能设置。由于发电机为自并励磁机组，近区三相短路时短路电流在 1s 内很快衰减至 $I_{G.N}$，为防止保护拒动，为此应采用低电压保持电流记忆功能。

2. 低压元件动作电压整定值 U_{op} 计算

（1）在实际可能出现的正常低电压 U_{min} 下不误动，取 $U_{min}=0.9U_{g.n}$，$U_{g.n}$ 为发电机额定电压，$U_{op}=U_{min}/(K_{rel}K_r)=0.9/(1.15\times1.10)U_{g.n}=0.7U_{g.n}$。取 $U_{op}=0.7\times100=70V$。

（2）校核主变压器高压侧母线三相短路时低电压继电器的灵敏度

$$K_{sen}=\frac{0.7}{0.156/(0.156+0.205)}=1.62\geqslant1.2$$

3. 负序电压元件动作电压整定值 $U_{2.op}$ 计算

按躲过正常运行时的最大不平衡负序电压整定，通常取 $U_{2.op}=0.07U_{g.n}$，负序动作相电压整定值为

$$U_{2.op}=0.07\times100/1.732=4\text{（V）}$$

500kV 侧两相短路时，20kV 侧负序电压按式（1-127）计算

$$U_{k2}=0.5-0.5\times\frac{X_t}{X''_d+X_t}=0.5-0.5\times\frac{0.156}{0.205+0.156}=0.284$$

因此负序电压灵敏系数 $K_{sen}=0.284/0.07=4.1$。

4. 动作时间整定值 t_{op} 计算

动作时间整定值按与系统后备保护配合计算，系统后备保护动作时间整定值为 2.5s，取 $t_{op}=2.5+0.5=3$（s）。

5. 动作方式

保护动作于跳闸停机。

八、发电机对称过负荷保护

1. 定时限过负荷保护

（1）动作电流整定值。按发电机长期允许的负荷电流下能可靠返回的条件由式（2-160）计算

$$I_{op}=\frac{K_{rel}I_{g.n}}{K_r}=\frac{1.05\times0.75}{0.95}=0.83(A)$$

（2）动作时间整定值 t_{op} 计算。取 $t_{op}=5s$，动作于信号，有条件时可动作于自动减负荷。

2. 反时限过负荷保护

WFB-800A 型反时限过负荷保护动作时间整定值为

$$t_{op}=\frac{K}{I_g^{*2}-(1+\alpha)}$$

（1）反时限过负荷保护起动电流整定值计算。按和定时限过负荷保护配合计算，取

$$I_{op.set}=1.05\times I_{op}=1.05\times1.1\times I_{g.n}=1.15I_{g.n}=1.15\times0.75=0.86(A)。$$

（2）反时限过负荷保护发热时间常数整定值 K 计算。按和制造厂提供的发电机过负荷

曲线配合由式（2-164）计算，取 $K=0.9\times150=135$（s）。

（3）散热常数整定值 α 计算。取 $\alpha=0.02$。则反时限过负荷保护动作时间整定值为

$$t_{op}=\frac{K}{I_g^{*2}-(1+\alpha)}=\frac{135}{I_g^{*2}-1.02}$$

（4）反时限过负荷保护上限动作电流整定值 $I_{op.up}$ 计算。主变压器高压侧三相短路电流

$$I_{k.max}^{(3)}=\frac{I_{g.n}}{0.156+0.205}=2.79I_{g.n}=2.1\text{A}$$

上限动作电流整定值按躲过主变压器高压侧三相短路电流为

$$I_{op.up}=1.25\times2.1=2.62(\text{A})$$

（5）反时限过负荷保护上限动作时间整定值 $t_{op.up}$ 计算。按和线路快速保护动作时间配合并躲过系统振荡计算

$$t_{op.up}=\frac{135}{I_g^{*2}-1.02}=\frac{135}{(1.25\times2.79)^2-1.02}=12.1(\text{s}),\text{取 } t_{op.up}=1\text{s}$$

（6）对称过负荷保护的反时限特性计算。反时限过负荷保护动作特性，按和发电机制造厂家提供的定子绕组允许的过负荷能力配合计算。定子绕组允许过负荷能力与对称过负荷保护动作时间配合见表 2-30。

表 2-30　　定子绕组允许过负荷能力与对称过负荷保护动作时间配合表

$I_g^*=I_g/I_{G.N}$（%）	160	150	140	130	120	115	110	105
允许时间 t_{al}（s）	98	120	158	220	360	480	连续	连续
发热时间常数 K_{al}（s）	153	150	151.7	151.8	158	154.8		
反时限动作时间 t_{op}（s）	87.7	109.8	143.6	201.5	321	446		

（7）严重过负荷保护整定值计算。发电机在 AVR 误强励等异常运行时可能出现严重过电流，所以可加装严重过负荷定时限保护，动作电流整定值取 $I_{op}=1.8I_{g.n}=1.8\times0.75=1.35$（A）；动作时间和线路后备保护最长动作时间配合计算，取 $t_{op}=6$s。

（8）对称反时限及严重过负荷定时限保护均动作于跳闸停机。

九、发电机转子表层负序过负荷保护

1. 定时限负序过负荷保护

（1）动作电流整定值。按发电机长期允许的负序电流 $I_{2.\infty}$ 下能可靠返回的条件整定

$$I_{2.op}=\frac{K_{rel}I_{2.\infty}^*}{K_r}=\frac{1.05\times0.09\times0.75}{0.95}=0.074(\text{A})$$

由于发电机正常运行可能最大负序电流实际不超过 3%，按早报警、早发现、早处理原则可取较小的动作电流整定值，取 $I_{2.op}=0.05I_{g.n}=0.05\times0.75=0.040$（A）。

（2）动作时间整定值 t_{op}。取 $t_{op}=5$s，动作于信号。

2. 转子表层负序反时限过负荷保护

WFB-800A 型负序反时限过负荷保护的动作方程为

$$t_{2op}=\frac{A}{I_2^{*2}-I_{2.\infty}^{*2}}=\frac{40}{I_2^2-0.09^2}$$

（1）转子表层负序反时限起动电流整定值。按和定时限动作电流配合计算，取

$$I_{2.op.set}=1.05\times0.040=0.05\text{A}$$

按发电机长期允许负序电流计算 $I_{2.op.set}=1.05\times0.09\times0.75=0.07$（A），取 $I_{2.op.set}=0.07$A。

（2）负序反时限保护发热时间常数整定值。按和制造厂提供的发电机负序电流发热时间常数 $A=40$s 配合计算，为确保发电机安全起见，取 $A_{set}=0.9\times40=36$（s）。

（3）负序反时限上限动作电流整定值 $I_{2.op.up}$ 计算。主变压器高压侧两相短路最大负序电流

$$I_{k.2.max}^{(2)}=\frac{1}{2}\times\frac{I_{g.n}}{0.156+0.205}=1.4I_{g.n}=1.05\text{A}$$

按躲过主变压器高压侧两相短路最大负序电流计算，$I_{2.op.up}=1.3\times1.05=1.37$（A）。

（4）负序反时限上限动作时间整定值 $t_{2.op.up}$ 计算。$t_{2.op.up}=\dfrac{36}{(1.37/0.75)^2-0.09^2}=11(\text{s})$，按和线路快速保护动作时间配合计算，取 $t_{2.op.up}=0.5$s。

（5）发电机出口两相短路动作时间计算

$$I_{k.2.max}^{(2)}=\frac{I_{g.n}}{0.22+0.205}=2.35I_{g.n}$$

$$t_{2.op}=\frac{36}{(2.35)^2-0.09^2}=6.6(\text{s})$$

由上计算知，整定值取 $t_{2.op.up}=0.5$s。

（6）严重负序过电流保护整定值计算。线路两相短路或发变组两相运行存在很大负序过电流时，应以较短时间切除故障，此时负序动作电流整定值取 $I_{2.op.up}^{*}=0.57/1.5=0.38$；$I_{2.op.up}=0.38\times0.75=0.285$A 动作时间整定值和线路后备保护最长动作时间配合计算，取 $t_{2.op}=6$s。

（7）负序电流反时限及严重负序过电流保护均动作于跳闸停机。

负序电流反时限动作特性以供调试人员参考，负序电流反时限动作特性见表 2-31。由表 2-31 可见，$A=40$ 动作时间 t_{2op} 非常之长，为此适当降低整定发热时间常数，这对发电机安全运行有利，同时出现不正常负序电流也有充分长的时间让运行人员处理，改取整定发热时间常数 $A=20$。

表 2-31　　负序反时限动作特性

$I_2^*=I_2/I_{g.n}$（%）	0.095	0.1	0.15	0.2	0.3	0.5	1.0	1.5	2	2.67	6.3
I_2（A）	0.07	0.075	0.113	0.15	0.185	0.375	0.75	1.125	1.5	2	4.74
$A=40$ 动作时间 t_{2op}（s）	43 243	21 052	2778	1254	488	165.4	40.3	17.84	10	5.6	1
$A=36$ 动作时间 t_{2op}（s）	38 918	18 497	2500	1127	430	149	36	16	9	5	0.9
$A=20$ 动作时间 t_{2op}（s）	21 622	10 526	1389	627	244	82.7	20.2	8.92	5	2.8	0.5

十、发电机定子绕组单相接地保护

WFB-800A 型发电机变压器组保护装置对水轮发电机组提供两种不同原理的定子单相接地保护。第一套是基波零序电压定子绕组单相接地保护，保护范围最大为 95%；第二套是外加 20Hz 电源注入式定子单相接地保护，保护范围为 100%，接地电阻高定值经延时动作于信号，接地电阻低定值或工频零序电流经延时动作于停机。

（一）基波零序过电压定子绕组单相接地保护

1. 动作量U_{01}取自发电机中性点专用接地变压器二次抽头电压

专用接地变压器二次抽头电压比为$\frac{20}{\sqrt{3}}\Big/\frac{0.173}{\sqrt{3}}$kV。

（1）动作电压整定值按躲过正常最大零序不平衡电压计算。由于正常最大零序不平衡电压不超过2%，取$U_{01.op.set}=0.05U_{01.n}=0.05\times100=5$（V）。

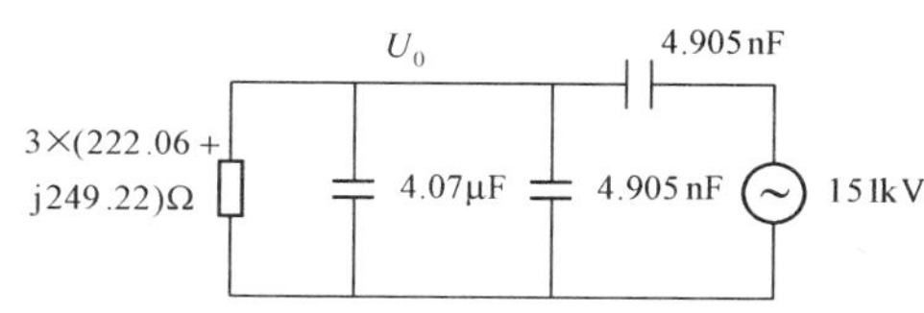

图2-40 单相接地短路计算简化电路图

（2）动作电压整定值按躲过500kV侧单相接地短路计算。单相接地短路计算简化电路如图2-40所示。

500kV高压侧单相接地的零序电压，$U_{H0}=0.5\times525/\sqrt{3}=151$（kV），经主变压器高低压绕组间耦合电容$C_M=9.81$nF传递到发电机机端的零序电压$U_0$由式（2-107）计算

$$U_0=151\times\frac{\dfrac{1}{\dfrac{1}{3\times(222.06+j249.22)}+j\omega\times4.07\times10^{-6}+j\omega\times4.905\times10^{-9}}}{\dfrac{1}{\dfrac{1}{3\times(222.06+j249.22)}+j\omega\times4.07\times10^{-6}+j\omega\times4.905\times10^{-9}}+\dfrac{10^9}{j\omega\times4.905}}$$

$$=151\times\frac{\dfrac{1}{\left(\dfrac{1}{666.18+j747.6}\right)+\dfrac{1}{-j782.1}+\dfrac{1}{-j648\,949.8}}}{\dfrac{1}{\left(\dfrac{1}{666.18+j747.6}\right)+\dfrac{1}{-j782.1}+\dfrac{1}{-j648\,949.8}}-j648\,949.8}$$

$$=151\times\frac{875.95-j781.2}{875.95-j781.2-j648\,949.8}\times10^3=271\text{V}$$

接地专用变压器零序电压抽头电压为

$$U_0=271\times\frac{0.1\times\sqrt{3}}{20}\text{V}=2.35\text{V}$$

按躲过500kV侧单相接地传递到机端最大零序电压计算。$U_{01.op.set}=1.25\times2.35=2.94$V。

根据以上计算取基波零序过电压整定值$U_{0.op.set}=5$V。

（3）发电机机端金属性单相接地时接地电流计算。其详细计算见［例2-1］，计算结果为接地电容电流$3I_C=46.38$A，经专用变压器高阻接地后单相接地时接地电流$I_K^{(1)}=29.6\text{A}<46.38\text{A}$，单相接地时接地电流小于接地电容电流，即$I_K^{(1)}<3I_C$。

（4）中性点基波零序过电压保护灵敏度说明。发电机单相接地时中性点侧专用接地变压器二次负载电阻R_n两端电压$U_{01.K}$为专用接地变压器二次电压$U_{01.t}$分压后的电压，即继电器两端电压为

$$U_{01.K}=U_{01.t}\times\left|\frac{R_n}{R_n+R_k+jX_k}\right|=U_{01.t}\times\left|\frac{1}{1+0.39+j1.51}\right|=0.5\times U_{01.t}$$

由此可知，整定值不考虑专用接地变压器内阻R_i和接地变压器漏抗X_k影响，而当发

电机单相接地时继电器测得中性点侧专用接地变压器二次负载电阻 R_n 上的电压仅为故障电压的 50%，即实际灵敏度大为降低，所以这时宜采用机端 $3U_{01}$ 单相接地保护。

2. 动作量取自发电机机端接地 TV0 开口三角绕组 $3U_{01}$ 电压

TV0 三次绕组电压比 $\frac{20}{\sqrt{3}}\Big/\frac{0.1}{3}$kV。

（1）动作电压整定值按躲过正常最大零序不平衡电压计算。取 $3U_{01.op.set}=0.05U_{01.n}=0.05\times100=5$（V）。

（2）动作电压整定值按躲过 500kV 侧单相接地短路计算。$3U_{01.op.set}=1.25\times2.35=2.94$（V）。根据以上计算取机端基波零序过电压整定值 $3U_{01.op.set}=5$V。

（3）机端基波零序过电压保护灵敏度大于中性点基波零序过电压保护灵敏度。

3. 动作时间整定值 $t_{op.set}$ 计算

由于基波零序过电压整定值，已躲过高压线路出口单相接地时传递到发电机机端的零序电压 U_0，所以动作时间整定值应尽可能小，取动作时间整定值 $t_{op.set}=0.4$s。

（二）外加 20Hz 电源定子接地保护

外加 20Hz 电源注入式定子接地（100%）保护是由接地电阻判别元件和基波零序电流元件组成。

1. 动作电阻高值整定计算

（1）动作电阻高整定值 $R_{OP.h.set}$。按 $\alpha=1$ 时，定子绕组绝缘电阻下降到接地电流为 1A 时报警，由式（2-133a）计算

$$3I_0=\frac{\alpha\times3U_{G.N}/\sqrt{3}}{3R_E+\dfrac{1}{\dfrac{1}{3(R_N+jX_N)}+\dfrac{1}{-jX_{CG.\Sigma}}+\dfrac{1}{-jX_M}}}=\frac{1\times3\times20\ 000/\sqrt{3}}{|(3R_E+875.95)+j781.2|}=1$$

$$R_{E.h.set}=R_E=\frac{1}{3}\times\left[\sqrt{(1\times\sqrt{3}\times U_{G.N})^2-(781.2)^2}-875.95\right]=11\ 250(\Omega)=11.25(k\Omega)$$

或由式（2-134）计算为

$$R_{E.h.set}=R_E=\frac{U_{G.N}}{\sqrt{3}\times I_{safel}}=11.55(k\Omega)$$

发电机机端单相绝缘电阻下降至 $R_{OP.h.set}=11.55$kΩ，接地电流为 1A，取动作电阻高整定值 $R_{OP.h.set}=10$kΩ。

（2）动作时间整定值取 5s。

（3）动作电阻高整定值动作于发信号。

2. 动作电阻低值整定计算

（1）动作电阻低整定值 $R_{OP.l.set}$计算。接地电阻低整定值按在距发电机中性点的 20%发生一点接地，接地故障点电流 $3I_0$ 不大于安全接地电流 $I_{safe.p}=1$A 计算，由于 R_N、X_N、$X_{CG.\Sigma}$和 $R_{E.l.set}$均不能忽略时，将有关参数代入式（2-133a）得到

$$\frac{0.2\times3\times20\ 000/\sqrt{3}}{|(3R_E+875.95)+j781.2|}=1$$

$$\sqrt{(3R_E+875.95)^2+781.2^2}=0.2\times3\times20\ 000/\sqrt{3}$$

$$R_{OP.1.set}=R_E=\frac{1}{3}\times\left[\sqrt{(0.2\times\sqrt{3}\times U_{G.N})^2-(781.2)^2}-875.95\right]=2000(\Omega)$$

取 $R_{OP.1.set}=2k\Omega$

一次接地电阻动作整定值取 $R_{OP.1.set}=2k\Omega$。

(2) 动作时间整定值取 $t_{op}=0.4s$。

(3) 低值动作于跳闸停机。

3. 工频零序过电流单相接地保护整定计算

(1) 工频零序动作电流整定值计算。工频零序过流一般取保护范围为发电机定子绕组的80%~90%,离发电机中性点绕组占全绕组的比,取 $\alpha>10\%$ 处发生单相金属性接地,保护应可靠动作。于是工频零序动作电流整定值 $I_{50.set}$ 由式(2-139)计算

$$I_{50.set}=\frac{\alpha\times U_n}{R_n\times K_{rel}\times n_{TA}}=\frac{0.1\times 900}{1\times 1.1\times 40}=2(A)$$

式中 R_n 为中性点接地专用变压器的二次负载电阻;U_n 为接地专用变压器二次额定电压,$U_n=900V$;$\alpha=10\%$;K_{rel} 为可靠系数,$K_{rel}=1.1$;n_{TA} 为 20Hz 与工频零序过流保护公用 TA 变比,$n_{TA}=40$。

(2) 工频零序过电流单相接地保护动作时间整定值取 $t_{op}=0.4s$。动作于跳闸停机。

十一、发电机定子过电压保护

1. 动作电压整定值

取 $U_{op}=1.3U_{g.n}=130V$。

2. 动作时间整定值

由于是可控硅励磁,取 $t_{op}=0.3s$。

3. 动作于解列灭磁

十二、发电机过励磁保护

1. 定时限过励磁保护

(1) 定时限过励磁动作倍数整定值 n_{op} 计算

$$n_{op}=\frac{U_g/U_{g.n}}{f_g/f_{g.n}}=\frac{U_g^*}{f_g^*}=1.05$$

(2) 定时限过励磁动作时间整定值 t_{op} 计算。取 $t_{op}=5s$。

(3) 动作于发信号。

2. 反时限过励磁保护

根据制造厂家提供的发电机过励磁能力曲线配合计算,过励磁保护为离散型反时限动作判据,发电机反时限过励磁保护动作时间和过励磁能力曲线配合见表 2-32。动作于跳闸停机。

表 2-32　　发电机反时限过励磁保护动作时间和过励磁能力曲线配合表

过励倍数 $n_{op}=\frac{U_g/U_{g.n}}{f_g/f_{g.n}}=\frac{U_g^*}{f_g^*}$	1.10	1.15	1.17	1.2	1.22	1.25	1.28	1.3
发电机允许过励磁时间 t_{al} (s)	1600	600	300	200	120	90	50	10
过励磁保护动作时间 t_{op} (s)	1300	500	250	100	60	45	25	5

3. 高定值特性

(1) 高定值段

$$n_{op}=\frac{U_g/U_{g.n}}{f_g/f_{g.n}}=\frac{U_g^*}{f_g^*}=1.35$$

(2) 动作时间 $t_{op}=1s$。

(3) 动作于跳闸停机。

十三、发电机失磁保护

失磁保护整定的基本参数：

发电机，$X_d=0.821$，$X_q=0.649$（$S_B=777.8MVA$）。

最大运行方式系统联系电抗（包括升压变压器电抗），$X_S=0.1841$（$S_B=777.8MVA$）。

基准阻抗取发电机额定二次阻抗，$Z_b=Z_{g.n}=\frac{100}{\sqrt{3}\times0.75}=77.14\Omega$。

二次电抗有名值，$X_d=0.821\times77.14=63.33\Omega$；$X_S=0.1841\times77.14=14.2\Omega$；$X_q=0.649\times77.14=50.06\Omega$。

水轮发电机失磁保护动作逻辑框图如图 2-41 所示。

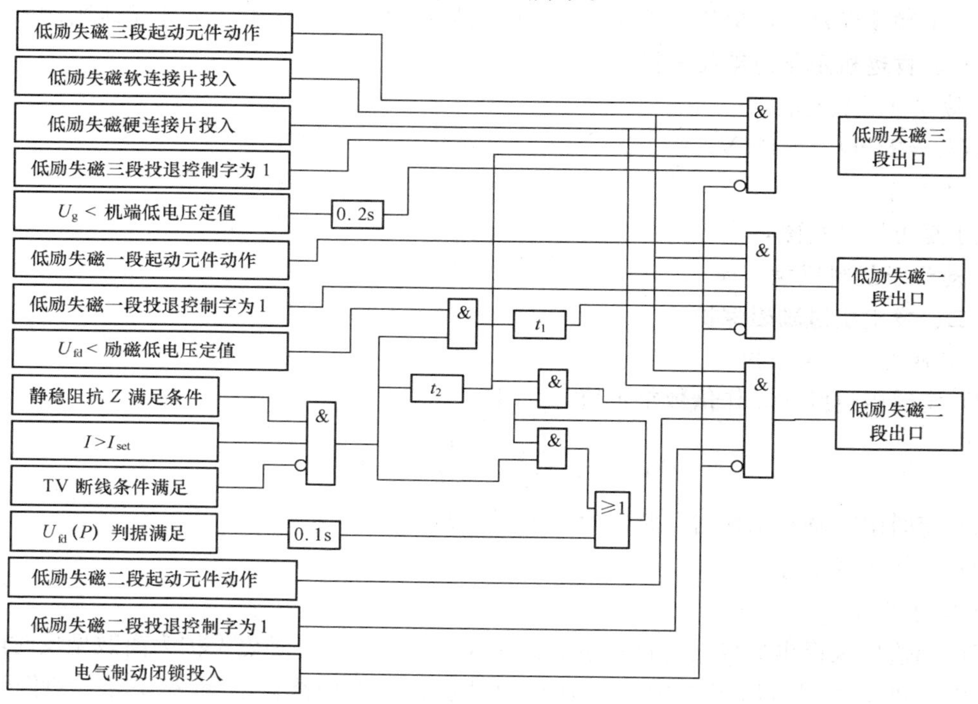

图 2-41 水轮发电机失磁保护动作逻辑框图

1. 静稳极限励磁电压判据（$U_{fd}-P$）

静稳极限励磁电压判据为式（2-220）：$U_{fd}\leqslant U_{fd.op}=K_{set}(P-P_t)$，若实际励磁电压小于静稳极限所必需的最低励磁电压，失磁保护就动作。式中 K_{set} 为整定系数，为 $U_{fd}-P$ 平面上动作特性直线的斜率。P 为发电机有功功率二次值；P_t 为凸极发电机反应功率二次值。

发电机额定视在功率二次值

$$S_{g.n}=\frac{777.8\times10^6}{\frac{20/\sqrt{3}}{0.1/\sqrt{3}}\times\frac{30\ 000}{1}}=129.63(\text{VA})$$

发电机额定有功功率二次值

$$P_{g.n}=\frac{700\times10^6}{\frac{20/\sqrt{3}}{0.1/\sqrt{3}}\times\frac{30\ 000}{1}}=116.66(\text{W})$$

发电机反应功率二次值由式（2-228）计算

$$P_{t.1}=\frac{U_S^2}{2}\times\left(\frac{X_d-X_q}{X_{d\Sigma}X_{q\Sigma}}\right)\times S_{gn}$$

$$=\frac{1}{2}\times\frac{0.821-0.649}{(0.821+0.1841)\times(0.649+0.184\ 1)}\times129.63=13.3(\text{W})$$

式中 U_s 为折算到机端的系统电压相对值。由 $\frac{P_{g.n}}{P_{t.1}}=\frac{116.66}{13.3}=8.77$ 查表 2-10 得 $K_t=1.102$，发电机空载励磁电压 $U_{fd0}=247\text{V}$，由式（2-228）计算

$$K_{set}=K_t\frac{X_{d\Sigma}U_{fd0}}{S_{gn}}=1.102\times\frac{(0.821+0.191\ 5)\times247}{129.63}=2.12(\text{V/W})$$

2. 静稳边界阻抗主判据

静稳边界阻抗圆整定值由式（2-219）计算

$$Z_{1A}=X_S=14.21\Omega,\ Z_{1B}=-\frac{1}{2}(X_d+X_q)=-56.7\Omega$$

为防止该判据在发电机出口经过渡电阻发生相间短路以及发电机正常进相运行时的误动作，用阻抗扇形圆动作判据（采用 0°接线方式）为和发电机静稳边界阻抗圆匹配，将静稳边界阻抗圆在第一、第二象限的动作区切除，扇形与 R 轴的夹角为 10°～15°（见图 2-20）。

3. 励磁低电压辅助判据

励磁低电压判据为 $U_{fd}\leqslant U_{fd.set}$，式中，$U_{fd.set}$ 为励磁低电压动作整定值，由式（2-226）计算，$U_{fd.set}=0.7U_{fd.0}=0.7\times247=173\text{V}$。

4. 机端三相电压辅助判据

取机端三相电压，本判据主要用于防止由发电机失磁故障引发的厂用系统不能正常工作，其三相同时低电压动作判据整定值为 $U_{op.3ph}=0.9U_{g.n}=90\text{V}$。

5. 动作时间整定值计算

（1）动作时间 t_{op1} 整定值计算。对水轮发电机，当静稳阻抗动作判据和变励磁低电压动作判据满足为严重失磁，动作时整定值取 $t_{op1}=t_1=0.2\text{s}$。

（2）动作时间 t_{op2} 整定值计算。当静稳阻抗动作判据满足，动作时整定值取 $t_{op2}=t_2=1.5\text{s}$。

6. 动作方式

保护动作于程序跳闸停机。

十四、发电机失步保护

发电机失步保护主要是检测振荡中心位于发电机变压器组内部的失步振荡。本厂 6 台机组在高压母线上并联运行，而且一年中最多有 4 台机组并列运行，此 4 台机组可合成一台等

值发电机。保护主要分析高压输电线路短路或短路切除引起本等值发电机与系统之间的振荡，因此对于24号机组，其机端所联的总的系统等值电抗为 $Z_{con}=Z_{st}=X_t+4X_{S.max}$。

失步保护整定基本参数，二次电抗有名值：

发电机 $X'_d=0.301\times77.14==23.21$（Ω）

变压器 $X_t=0.156\times77.14==12.03$（Ω）

系统 $X_S=0.0615\times77.14=4.74$（Ω）

失步保护特性为三阻抗元件，即遮挡器、透镜圆和电抗线，见图2-22。

1. 遮挡器特性的整定

$Z_A=Z_{st}=X_t+4X_S=12.03+4\times4.74=30.99\Omega$，系统阻抗角 $\varphi=85°$。

$Z_B=X'_d=23.21\Omega$。

2. 透镜内角 α 的整定

按0.9倍额定电压1.15倍额定电流时最小负荷阻抗

$$R_{L.min}=\frac{0.9Z_{g.n}}{1.15}\cos\varphi=\frac{0.9\times77.14}{1.15}\times0.9=54.33(\Omega)$$

由式（2-235）计算

$$\alpha=180°-2\arctan\frac{1.54R_{L.min}}{Z_{st}+X'_d}$$

$$=180°-2\text{arctg}\frac{1.54\times54.33}{30.99+23.21}=65.87°,\text{取}\ \alpha=90°$$

WFB-800A型保护装置准确检测转差次数的前提是机端测量阻抗穿越透镜圆的最短时间为50ms，如果穿越透镜圆的时间小于50ms，保护不判转差次数。定义 f_s 为转差频率，$f_{s.max}$ 为最大允许的转差频率，穿越透镜圆的时间为 t，对应振荡周期 T_{per} 则

$$t=2\times(180°-\delta_{set})\times\frac{T_{per}}{360}>\frac{50}{1000}$$

或

$$t=2\times(180°-\delta_{set})\times\frac{1}{360f_{s.max}}=\frac{1}{20}$$

由此计算得到 $f_{s.max}=20\times\left(1-\frac{\delta_{set}}{180}\right)=20\times\left(1-\frac{120°}{180°}\right)=6.67\text{Hz}$

装置检测到的 f_s 必须小于 $f_{s.max}$，实际最小振荡周期 $T_{per.min}=0.5\text{s}$，对应的转差频率 $f_s=2\text{Hz}<6.67\text{Hz}$，所以符合要求。

3. 电抗线 Z_c 的整定

由式（2-234）计算，$Z_c=0.9Z_T=0.9\times12.03=10.83$（Ω）。

4. 跳闸允许电流的整定

跳闸允许电流取自发电机机端TA，机端断路器的额定开断电流为160kA（可承受3.0s），由式（2-236）当 $\delta=90°$ 时，按断路器额定开断容量的50%计算跳闸允许电流值

$$I_{off.al}=(160\times10^3)\times0.5\times\frac{1}{30\ 000}=2.67(\text{A})$$

$$I_{off.al}=2.67/0.75=3.56I_{g.n}$$

当 $\delta=180°$ 时，按断路器额定开断容量的50%计算跳闸允许电流值

$$I_{off.al}=(160\times10^3)\times0.5\times\frac{1}{30\ 000}=2.67(\text{A})$$

$$I_{off.al}=2.67/0.75=3.56I_{g.n}$$

如按 $I_{off.al}=3.56I_{g.n}$ 计算对应的 $\delta=2\arcsin\dfrac{I_{osc}\times(X''_d+X_t+X_S)}{2}=2\arcsin\dfrac{3.56\times0.4067}{2}=92.7°$

按 $\delta=90°$ 计算振荡电流

$$I_{ocs.90°}=\frac{2I_{G.N}}{X''_d+X_t+X_S}\sin\frac{\delta}{2}=\frac{2I_{G.N}}{0.205+0.1558+0.0459}\times\sin45°=3.47I_{G.N}=78(kA)$$

即如跳闸允许电流整定值取 $I_{off.al.set}=0.5I_{brk.n}/n_{TA}=0.5\times160/30=2.67$（A），此时跳闸角 $\delta=92.7°$，这是允许的。

取 $I_{off.al.set}=2.67A$。

5. 起动电流的整定

取 $I_{op.set}=1.1I_{g.n}=0.83A$。

6. 失步保护滑极次数定值的整定

(1) 区外滑极次数整定为 3 次，动作于信号；

(2) 区内滑极次数整定为 2 次，动作于跳闸。

十五、发电机逆功率保护

已知发电机满载运行时的效率 $\eta=98.3\%$，水轮机在导水叶关闭后的最小损耗取 2%，所以逆功率保护的一次动作功率为

$$P_{1.set}=K_{rel}[2\%+(100-\eta)\%]P_{G.N}=12.95MW$$

可靠系数 $K_{rel}=0.5$；$P_{G.N}$ 为发电机额定功率。

二次动作功率整定值 $P_{2.set}=\dfrac{12.95\times10^6}{\dfrac{30\,000}{1}\times\dfrac{20}{0.1}}=2.16$（W），取 $P_{2.set}=1.8W$。

逆功率保护 t_{op1} 时限经关导水叶触点闭锁，$t_{op1}=1.0s$ 动作于解列灭磁，t_{op2} 时限不经关导水叶触点闭锁，$t_{op2}=15s$ 动作于解列。

十六、发电机突加电压保护

该保护作为发电机停机状态、盘车状态及并网前机组起动过程中错误闭合断路器时的保护；保护装在机端，瞬时动作于解列灭磁。保护由过流元件和低阻抗元件及断路器、励磁开关辅助触点构成。发电机突加电压保护动作逻辑框图如图 2-42 所示。

1. 低阻抗元件的整定

发电机突加电压保护阻抗和电阻动作特性如图 2-43 所示。图中，Z_{set} 为低阻抗元件的动作圆半径，R_{set} 为低阻抗元件的动作电阻整定值。

低阻抗元件的动作圆半径 Z_{set}，按正常并网瞬间发电机输出最大电流（如果精确并网，则 $I_g=0$；考虑同期允许相角差，取 $I_g=0.3I_{g.n}$）时低阻抗元件不动作整定。动作阻抗

$$Z_{set}=\frac{0.8U_{gn}}{\sqrt{3}\times0.3I_{gn}}\times\frac{30\,000}{1}\Big/\frac{20}{0.1}=\frac{0.8\times20\times1000}{\sqrt{3}\times0.3\times22\,453}\times150=205.7(\Omega)$$

动作电阻 $R_{set.R}=0.85\times Z_{set}=174.85\Omega$。

2. 过流元件动作电流整定值计算

当发电机在盘车状态下误合闸，此时流过发电机机端的最小电流

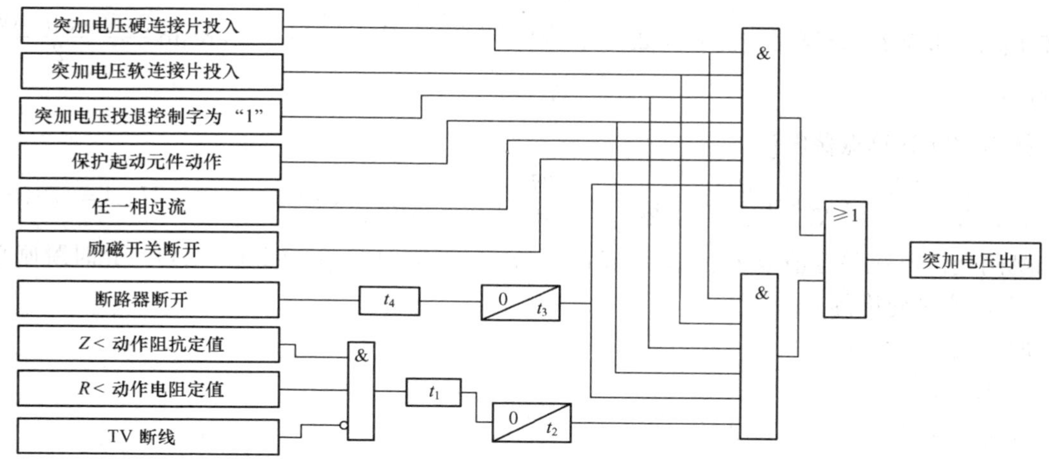

图 2-42 发电机突加电压保护动作逻辑框图

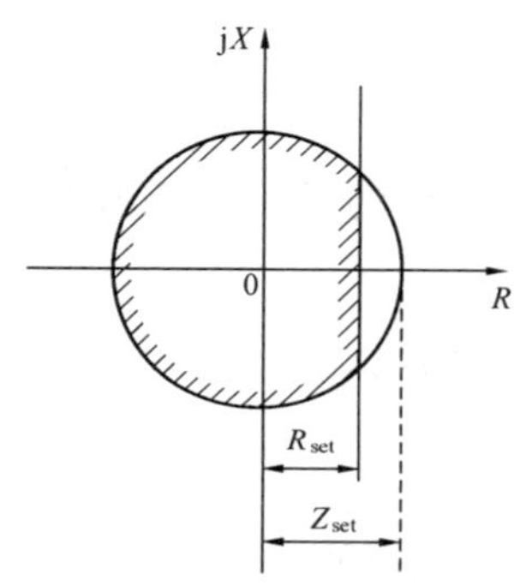

图 2-43 发电机突加电压保护阻抗和电阻动作特性

$$I_g=\frac{1}{0.07+0.156+0.205}\times 22\ 453/\frac{30\ 000}{1}=1.74(\mathrm{A})$$

按此时灵敏度为 2 计算动作电流整定值

$I_{op.set}=1.74/2=0.87\mathrm{A}$ 或按 $I_{op.set}=1.15\times I_{g.n}=1.15\times 0.75=0.86\mathrm{A}$，综上计算取 $I_{opset}=0.87\mathrm{A}$。

3. 发电机突加电压保护动作时间整定值计算

（1）发电机突加电压保护动作出口时间整定值。阻抗元件动作时间 $t_1=0.1\mathrm{s}$。

（2）阻抗元件保持时间 $t_2=1\mathrm{s}$。

（3）断路器合闸后保护退出时间 $t_3=3\mathrm{s}$。

（4）断路器断开后保护投入时间 $t_4=5\mathrm{s}$。

以上时间均由保护软件固定整定。

十七、发电机转子一点接地保护

反应发电机转子对大轴绝缘电阻的下降，保护采用乒乓式切换采样原理。

（1）接地电阻整定值，取 $R_{op.set}=10\mathrm{k\Omega}$。

（2）动作时间整定值，取 $t_{op}=5\mathrm{s}$。

（3）动作于信号。

十八、励磁绕组过负荷保护

1. 转子额定电流时励磁变压器低压侧 TA 的二次电流值计算

转子额定电流时励磁变压器低压侧 TA 的二次电流值

$$I_{fd.n.ac}=\frac{0.816\times I_{fdn}}{5000/1}=\frac{0.816\times 4147.5}{5000}=0.68(\mathrm{A})$$

式中 三相可控硅整流系 $K_i=0.816$；发电机额定励磁电流 $I_{fd.n}=4147.5\mathrm{A}$；励磁变压器低压侧 TA 变比 $n_{TA}=5000/1$。

2. 定时限过负荷保护

（1）动作电流整定值计算。按发电机正常运行的额定励磁电流计算

$$I_{op}=K_{rel}\frac{I_{fd.n.ac}}{K_r}=1.05\times\frac{0.68}{0.95}=0.75(A)\qquad 取0.74A$$

式中　可靠系数 $K_{rel}=1.05$；返回系数 $K_r=0.95$。

(2) 动作时间整定值。取 $t_{op}=5s$。

(3) 动作方式。动作于信号，有条件的动作于降低励磁电流。

3. 反时限过负荷保护

反时限过负荷保护的动作特性与发电机制造厂家提供的转子绕组允许的过负荷能力配合计算。发电机转子绕组反时限过负荷保护的动作特性和过负荷能力配合见表2-33。

表 2-33　发电机转子绕组反时限过负荷保护的动作特性和过负荷能力配合表

$I_{fd}/I_{fd.n}$ (%)	210	160	150	140	130	120	115	110	105
允许时间 t_{al} (s)	20	100	112	158	220	340	500	连续	连续
允许发热时间常数 K	68	156	140	150	152	150	161		
保护动作时间 t_{op} (s)	20	43.6	54.4	70.8	98.5	154.5	225		

(1) 反时限过负荷保护起动电流整定值 $I_{op.min.set}$。按和定时限动作电流整定值配合计算

$$I_{op.min.set}=1.05\times0.74=0.78A$$

$$I_{op.min.set}=0.78/0.68=1.15I_{fd.n.ac}$$

(2) 保护发热时间常数整定值计算。由发电机制造厂家提供的转子绕组允许的过负荷能力计算允许发热时间常数 $K=150s$，由于制造厂家提供的转子绕组允许的过负荷能力很强，考虑有足够的过负荷安全裕度，取保护发热时间常数整定值 $K_{set}=0.8\times150=120s$ 按允许强励时间计算取

$$K_{set}=(2.1^2-1)\times20=68s$$

(3) 反时限过负荷保护散热时间常数取 $K_{2.set}=1.02$，动作方程为

$$t_{op}=\frac{68}{I_{fd.ac}^{*2}-1.02}$$

(4) 反时限过负荷保护上限动作电流计算。按躲过区外三相短路强励电流计算

$$I_{op.up.set}=1.2\times2.1\times0.68=1.72A$$

$$I_{op.up.set}=1.72/0.68=2.52I_{fd.n.ac}$$

(5) 反时限过负荷保护上限动作电流计算。按躲过区外二相短路强励电流计算

$$I_{fd.n.ac}=\frac{1.11\times I_{fdn}}{5000/1}=\frac{1.11\times4147.5}{5000}=0.92(A)$$

$$I_{op.up.set}=1.1\times2.1\times0.92=2.1(A)$$

(6) 反时限过负荷保护上限动作时间 $t_{op.up}$ 计算。按和下一级快熔熔断时间配合计算，取上限动作时间，$t_{op.up}=1s$。

(7) 反时限过负荷保护动作于跳闸停机。

十九、机端断路器（GCB）失灵保护

断路器失灵保护逻辑框图如图2-44所示。断路器合闸位置为三相断路器常开触点，断路器合闸为1，跳闸为0。

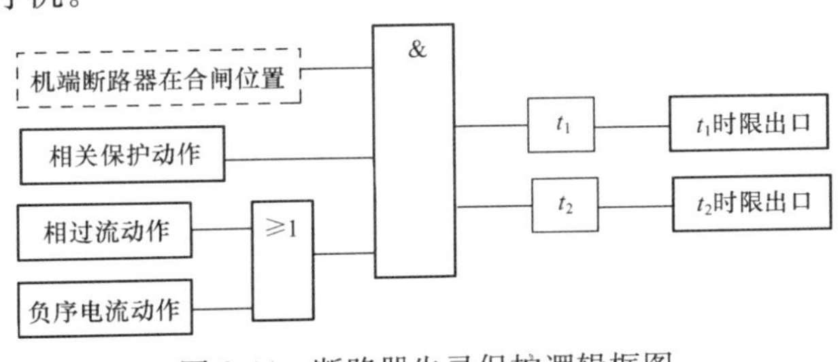

图2-44　断路器失灵保护逻辑框图

1. 失灵保护的定值整定

(1) 负序电流整定值计算。按躲过正常运行时的最大不平衡负序电流计算，为

$$I_{2.op}=K_{rel}\times I_{2.umb}=1.1\times 0.08\times\frac{22\ 453}{30\ 000/1}=0.066(A)$$

(2) 相电流元件定值计算。断路器失灵保护如图 2-44 所示，由相电流、负序电流判断路器有电流、断路器辅助触点判断路器合位状态、保护出口动作判故障存在组成与门的断路器失灵起动判据，相电流动作判据整定值 $I_{op.set}$ 按小于发电机组正常最小负荷电流 I_{min} 由式 (2-328a) 计算，取

$$I_{op.set}=0.8I_{min}=0.3I_{g.n}=0.3\times 0.75=0.225(A),取\ I_{op.set}=0.23A$$

(3) 动作时间整定值计算。失灵保护设两段延时：

1) 重复跳本断路器动作时间整定值，$t_{op1}=0.05s$；

2) 跳主变压器高压侧断路器动作时间整定值，$t_{op1}=0.3s$。

二十、主变压器纵差动保护

主变纵差动保护按接入厂用变压器高压侧电流计算。

1. 二次侧电流相位和幅值补偿

各侧 TA 二次均为 Y 接线，接入保护装置后电流的幅值与相位差异由平衡系数和转角公式自行补偿。

2. 差动保护各侧平衡系数

(1) 各侧的二次额定电流计算

500kV 侧，$I_{t.h.n}=923.8/3000=0.308A$

20kV 发电机侧，$I_{t.l.n}=24\ 248.7/30\ 000=0.808A$

20kV 高压厂用分支侧，TA-3000/1A，$I_{t.m.n}=24\ 248.7/3000=8.083$ (A)

选取 500kV 侧为基准侧，基准电流 $I_b=I_{t.h.n}=923.8/3000=0.308A$

(2) 各侧平衡系数计算

500kV 侧 $K_{bal.h}=1$；20kV 发电机侧，$K_{bal.l}=0.308/0.808=0.381$

20kV 高压厂用分支侧，TA-3000/1A，$K_{bal.m}=0.308/8.083=0.038$，取 $K_{bal.m}=0.04$，$\Delta m=0.002$

3. 最小动作电流 $I_{d.op.min}$ 计算

(1) 按躲过正常运行时最大不平衡差电流计算。当高压厂用变压器不接入主变压器纵差动时，差电流由高压厂用变压器负荷电流、励磁变压器负荷电流、两侧 TA 误差之总和组成。由于主变压器两侧 TA 均为 TPY 型，15MVA 高压厂用变压器负荷电流为

$$I_{t.1}=\frac{15\ 000}{\sqrt{3}\times 525\times 3000}=0.005\ 5A,\ I_{unb.1}=0.005\ 5/0.308=0.017\ 86I_b$$

3×2.925MVA 励磁变压器额定电流

$$I_{t.1}=\frac{3\times 2.925\times 10^3}{\sqrt{3}\times 525\times 3000}=0.004\ 22A,\ I_{unb.2}=0.004\ 22/0.308=0.013\ 7I_b$$

各种误差产生的差动不平衡电流为，$I_{unb.3}=(K_{er}+\Delta u+\Delta m)I_b=(0.02+0.025+0.01)\times I_b=0.055\times I_b$

各项不平衡电流总和，$I_{unb.\Sigma}=0.0178I_b+0.0137I_b+0.055\times I_b=0.0865I_b$

$$I_{d.op.min}=K_{rel}I_{unb.\Sigma}=1.5\times0.0865I_b=0.13I_b=0.13\times0.308=0.04(A)$$

(2) 主变压器差动保护未接入高压厂用变压器高压侧 TA 型整定。按躲过高压厂用变压器与励磁变压器低压出口短路产生的不平衡电流计算。由于高压厂用变压器及励磁变压器均在主变压器差动保护范围内，高压厂用变压器或励磁变压器低压出口短路电流就是差动电流，高压厂用变压器低压侧出口短路电流

$$I_k^{(3)}=\frac{I_b}{0.06\times840/15}=0.298I_b$$

励磁变压器低压侧出口短路电流

$$I_k^{(3)}=\frac{I_b}{0.08\times840/8.775}=0.13I_b$$

此电流均未超过最小制动电流，所以最小动作电流应躲过高压厂用变压器低压侧出口短路电流，为此

$$I_{d.op.min}=K_{rel}\times0.298I_b=1.3\times0.298I_b=0.39I_b=0.12A$$

差动保护未接入高压厂用变压器高压侧 TA5P20 型时最小动作电流取 $I_{d.op.min}=0.4I_b=0.123A$。

(3) 主变压器差动保护接入高压厂用变压器高压侧 TPY 型 TA 最小动作电流整定值计算。由于主变压器各侧均为 TPY 型 TA，理论上各侧 TPY 型 TA 暂态误差与稳态误差相同，且正常运行时误差为±0.02，最大误差为 0.1，最小动作电流理论计算值为

$$\begin{aligned}I^*_{d.op.min}\geqslant K_{rel}I_{unb}&=K_{rel}(K_{ap}K_{cc}K_{er}+\Delta u+\Delta m)+0.0137\\&=1.5(1\times1\times0.04+0.025+0.002)+0.0137=0.1\end{aligned}$$

考虑最大误差为 0.1 时理论计算值 $I^*_{d.op.min}\geqslant K_{rel}I_{unb}=1.5(1\times1\times0.1+0.025+0.002)+0.0137=0.2$，根据实践经验可取 $I^*_{d.op.min}=0.30$。所以差动保护接入高压厂用变压器高压侧 TPY 型 TA 后，最小动作电流整定值取 $I_{d.op.min}=0.30I_b=0.092A$。

结论：

1) 差动保护未接入高压厂用变压器高压侧 TPY 型 TA，最小动作电流整定值取 $I_{d.op.min}=0.4I_b=0.123A$。

2) 差动保护接入高压厂用变压器高压侧 TPY 型 TA，最小动作电流整定值取 $I_{d.op.min}=0.30I_b=0.1A$。

4. 最小制动电流 $I_{res.0}$

取 $I_{res.0}=0.8I_b=0.246A$。

5. 比率制动特性中间段制动特性线斜率 S_1

比率制动特性线斜率 S_1 的整定应按躲过区外三相短路时产生的最大暂态不平衡差流整定。由于两侧 TA 为 TPY 级，非周期分量系数 $K_{ap}=1$；电流互感器的同型系数取保守值 $K_{cc}=1$；最大误差取 $K_{er}=0.1$。主变压器是双绕组变压器，最大不平衡电流由式 (2-48b) 计算

$$\begin{aligned}I_{unb.max}&=(K_{ap}K_{cc}K_{er}+\Delta u+\Delta m)I_{k.max}=(1.0\times1.0\times0.1+0.025+0.002)I_{k.max}\\&=0.127I_{k.max}\end{aligned}$$

取 $I_{unb.max}=0.135I_{k.max}=(0.135\times2.77\times777.8/840)I_b=0.135\times2.56I_b=0.346I_b$

$$I_{d.op.max}=1.5\times0.346I_b=0.52I_b$$

由式（2-53）计算，$S_1=\dfrac{I_{d.op.max}-I_{d.op.min}}{I_{res.max}-I_{res.min}}=\dfrac{0.52-0.3}{2.56-0.8}=0.125$，取 $S_1=0.3$

6. 比率制动特性最大制动特性线斜率 S_2 及其起始制动电流 I_{res2} 确定

保护装置内部固定比率制动特性最大制动特性线斜率 $S_2=0.6$，对应的起始制动电流 $I_{res2}=6I_b$。

7. 灵敏系数 K_{sen} 校验

纵差保护的灵敏系数应按最小运行方式下差动保护区内变压器引出线上两相金属性短路计算。当主变压器高压侧（Y 侧）两相短路时，发电机侧（d 侧）有一相电流等于高压侧的三相短路电流，则差动保护区内短路最小电流（仅由发电机系统提供短路电流）为

$$I_k=\frac{1}{0.205+0.156}\times\frac{777.8}{840}\times I_{t.n}=2.565I_{t.n}=2.565I_b, I_{res}=1.28I_b$$

∵ $I_{res.0}<I_{res}<6I_b$，由式（2-54a）计算，

$$I_{op}=I_{op.0}+S_1(I_{res}-I_{res.0})=[0.3+0.3(1.28-0.8)]I_b=0.444I_b$$

则 $K_{sen}=2.565/0.444=5.78$。

8. 二次谐波制动比

二次谐波制动系数整定取 0.10，采用交叉闭锁。

9. 五次谐波制动比

五次谐波制动系数整定取 0.30。

10. 差动速断保护

（1）按躲过空载合闸时变压器励磁涌流计算，120MVA 及以上变压器最大励磁涌流为（2.0～5.0）倍的变压器额定电流，取差动速断动作电流 $I_{d.op.qu}=4I_b$。

（2）按躲过变压器区外短路故障时最大不平衡电流计算，由于 TA 取主变压器高压侧支路电流，TA 内最大短路电流

$$I_k^{(3)}=2.565I_{t.n}=2.565I_b\text{，TA 为 TPY 型}$$

$$I_{d.op.qu}=K_{rel}I_{unb.max}=1.5\times(K_{ap}K_{cc}K_{er}+\Delta u+\Delta m)I_{k.max}$$

$$=1.5\times0.135\times2.565I_b=0.52I_b$$

按最不利的情况计算，取

$$I_{d.op.qu}=K_{rel}I_{unb.max}=1.5\times0.2\times2.565I_b=0.77I_b。$$

通过以上计算，按躲过空载合闸时变压器励磁涌流计算，取 $I_{d.op.qu}=4I_b$。

500kV 侧两相区内短路校验灵敏度，由 500kV 系统提供短路电流

$$I_k^{(2)}=\frac{1}{0.0615}\times\frac{777.8}{840}\times I_{t.n}=15.06I_{t.n}=15.06I_b, K_{sen}=15.06/4=3.76>1.2$$

二十一、主变压器零序差动保护

本实例主变压器零序差动保护特点分析：

（1）主变压器零序差动保护为相电流制动的比率制动特性。

（2）主变压器出口侧 TA 为 TPY-3000/1A 型；而中性点侧 TA 为 5P20-300/1A 型，两侧 TA 特性严重不一致，特别是 TPY-3000/1A 型暂态误差可视为 $K_{er}=0.1$，而 5P20-300/1A 型暂态误差可能远超过 $K_{er}=0.3$，所以主变压器高压侧区外单相接地时可能有较大的零序差动不平衡电流。

（3）主变压器区外相间短路时，由于高压侧为 TPY-3000/1A 型暂态误差可视为 $K_{er}=0.1$，所以出口由于 TA 特性不一致产生的不平衡零序电流不会很大，同时此时变压器中性点侧一次零序电流也不会很大，所以理论计算，此时产生的零序差动不平衡电流可以不考虑。以上分析知，保护主要考虑应躲过主变压器高压侧区外单相接地零序差动不平衡电流。

1. 差动保护各侧平衡系数 K_{bal} 计算

选高压侧为基准侧，则基准电流 $I_b=I_{t.h.n}=923.8/3000=0.308A$。

高压侧平衡系数 $K_{bal.t}=1$，中性点侧平衡系数 $K_{bal.n}=300/3000=0.1$。

2. 最小动作电流 $I_{d.op.min}$ 计算

（1）按躲过正常最大零序差不平衡电流计算。

（2）考虑到两侧 TA 暂态传变误差严重不一致。根据经验取最小动作电流，$I_{0.d.op.min}=0.5I_b=0.5\times0.308=0.154A$。

3. 最小制动电流 $I_{res.0}$ 计算

$I_{res.0}$的大小，决定保护开始产生制动作用的电流的大小，取 $I_{res.0}=0.8I_b$，即 $I_{res.0}=0.246A$。

4. 比率制动特性的斜率 S

应按躲过区外单相接地短路时产生的最大暂态不平衡差流来整定，为保证可靠性取 $S_1=0.5$。

5. 保护定值的校核

（1）主变压器高压侧区外出口金属性单相接地故障电流计算。主变压器高压侧区外出口金属性单相接地复合序网图如图 2-45 所示。（系统电抗按最小运行方式，正负序电抗最大值 $X_{1.S.max}=0.0615$，零序电抗 $X_{0.S.max}=0.13$）

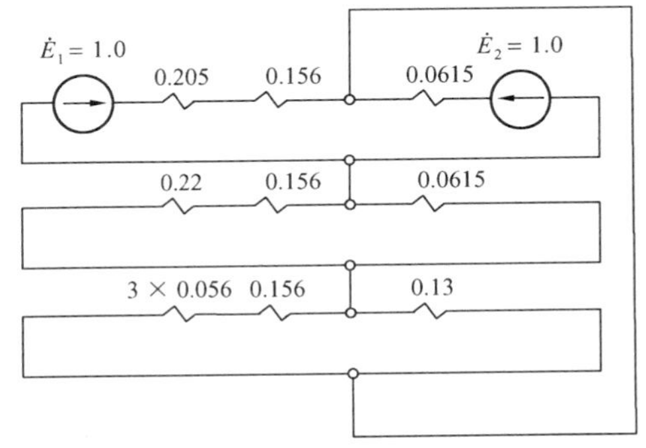

图 2-45 主变压器高压侧金属性单相接地复合序网图

$$X_{1\Sigma}=\frac{(0.205+0.156)\times0.0615}{(0.205+0.156)+0.0615}=0.0525,$$

$$X_{2\Sigma}=\frac{(0.22+0.156)\times0.0615}{(0.22+0.156)+0.0615}=0.0529$$

$$X_{0\Sigma}=\frac{(0.156+3\times0.056)\times0.13}{(0.156+3\times0.056)+0.13}=0.093, E_{1\Sigma}=1$$

式中和图中 0.056 为变压器中性点小电抗以 $S_B=777.8MVA$，$U_B=525kV$ 为基准的电抗值。由式（1-48）计算

$$I_{0\Sigma}=I_{1\Sigma}=I_{2\Sigma}=\frac{E_{1\Sigma}}{X_{1\Sigma}+X_{2\Sigma}+X_{0\Sigma}}=\frac{1}{0.0525+0.0529+0.093}=5.04$$

主变压器中性点零序电流二次值为

$$3I_{\text{k0. n. max}}=3\times\frac{0.13}{(0.156+3\times0.056)+0.13}\times5.04\times\frac{777.8}{840}\times I_{\text{B}}/n_{\text{TA0}}=3\times1.34\times I_{\text{b}}$$

$$=3\times1.34\times923.8/300=12.38(\text{A})$$

主变压器出口侧 TPY 型零序电流二次值为

$$3I_{\text{k0. t. max}}=3\times\frac{0.13}{(0.156+3\times0.056)+0.13}\times5.04\times\frac{777.8}{840}\times I_{\text{B}}/n_{\text{TA}}$$

$$=3\times1.34\times I_{\text{b}}=3\times1.34\times923.8/3000=1.238(\text{A})$$

主变压器高压侧一次相电流由式（1-133）计算

$$I_{\text{k}}^{(1)}=\frac{0.0615}{0.361+0.0615}I_{\text{k1.}\Sigma}+\frac{0.0615}{0.376+0.0615}I_{\text{k2.}\Sigma}$$

$$+\frac{0.13}{(0.156+3\times0.056)+0.13}I_{\text{k0.}\Sigma}$$

$$=0.572I_{\text{k0.}\Sigma}$$

主变压器高压侧二次相电流

$$I_{\text{k}}^{(1)}=0.572\times5.04\times\frac{777.8}{840}\times I_{\text{B}}/n_{\text{TA}}=0.82(\text{A})$$

（2）躲过区外单相接地的能力计算。该保护 TA 存在不合理的配置，区外单相接地时 TPY 型二次电流为 1.238A；而中性点侧 5P20-300/1A 型二次电流为 12.38A；所以中性点侧 5P20-300/1A 型可能出现严重暂态饱和，从而产生很大的零序差动不平衡电流为

$$3I_{\text{d. unb. max}}=(K_{\text{ap}}K_{\text{cc}}K_{\text{er}}+\Delta m)\times3I_{\text{k0. t. max}}=(2.5\times1\times0.1+0.01)\times12.38=3.22(\text{A})$$

考虑中性点侧平衡系数 0.1 后的零序不平衡电流为 0.322。

区外单相接地时高压侧最大相电流为 $I_{\text{k}}^{(1)}=0.82\text{A}$，考虑制动作用后的零序差动动作电流为 $I_{\text{0. d. op}}=0.154+0.5\times(0.82-0.246)=0.441\text{A}$，于是 $I_{\text{0. d. op}}/3I_{\text{d. unb. max}}=0.441/0.322=1.37$，即躲过区外单相接地最大不平衡电流可靠系数为 1.37。由此考虑制动作用后的零序差动保护理论计算说明不会误动。

（3）灵敏系数校验。主变压器高压侧端口发生金属性单相接地故障短路零序差动电流为

$$I_{\text{0. d}}=3\times5.04\times\frac{777.8}{840}\times I_{\text{b}}=14I_{\text{b}}$$

零序差动的制动电流取高压侧最大相电流，此时故障相电流为

$$I_{\text{k}}=\frac{0.361}{0.361+0.0615}I_{1\Sigma}+\frac{0.376}{0.376+0.0615}I_{2\Sigma}+\frac{(0.156+3\times0.056)}{(0.156+3\times0.056)+0.13}I_{0\Sigma}$$

$$=2.43I_{0\Sigma}=12.24$$

即制动电流为 $I_{res}=12.24\times\dfrac{777.8}{840}I_b=11.33I_b$

由于 $I_{res.0}<I_{res}$，所以

$$I_{0.d.op}=I_{0.d.op.min}+S(I_{res}-I_{res.0})=[0.5+0.5(11.33-0.8)]I_b=5.77I_b$$

$$K_{sen}=14/5.77=2.43>2.0$$

(4) 主变压器零序差动保护改进建议。以上无法正确计算零序差动保护区外单相接地时，主变压器中性点侧零序电流互感器 TA0，5P20-300/1A 型产生的暂态不平衡电流，根据经验现在 TA0 变比 300/1A 太小，区外单相接地时产生的实际不平衡电流可能会造成零序差动保护误动，根据经验 TA0 变比越小，产生的暂态不平衡电流就越大，如将 TA0 变比改用 TPY 型 1000/1A，TPY 型 TA0 在区外单相接地时产生的暂态不平衡电流明显大为减小，这对改善零序差动保护工作条件是有利的。

二十二、零序过流保护

由系统调度给定。

二十三、主变压器方向过流保护

当机端带断路器的发电机退出运行时，主变压器失去了相间后备保护，因此该保护在发电机出口断路器 QF1 (GCB) 断开时投入使用，作主变压器倒送电时的相间故障后备保护。

1. 过流元件动作电流整定值 I_{op}

$$I_{op}=\frac{K_{rel}I_{T.N}}{K_r n_{TA}}=\frac{1.2\times923.8}{0.95\times3000/1}=0.39(A)$$

校核主变压器低压侧两相短路时过流元件的灵敏度

$$I_{K.min}^{(2)}=[1/(0.07+0.156)]\times\frac{777.8}{840}\times923.8/\frac{3000}{1}=1.3(A)$$

$$K_{sen}=1.3/0.39=3.33>1.5$$

高压厂用变压器低压母线短路电流 $I_{K.min}^{(3)}=I_{t.n}/\left(0.1683+0.08\times\dfrac{840}{15}\right)=0.251I_{t.n}$，所以该保护不动作。

2. 方向元件的设定

方向元件采用 90°接线，方向指向主变压器，保护灵敏角选择－30°。

3. 动作时间整定值 t_{op} 计算

动作时间整定值躲过系统振荡并与下级保护配合，取 $t_{op}=1s$。

二十四、主变压器低压侧接地保护

(1) 动作电压整定值，取 $3U_{0.op}=10V$。

(2) 动作时间整定值，取 $t_{0.op}=3s$。

(3) 动作于发信号。

二十五、主变压器过励磁保护

1. 主变压器过励磁保护基准电压整定值计算

保护接于500kV侧，TV变比$\frac{550}{\sqrt{3}}\Big/\frac{0.1}{\sqrt{3}}\Big/\frac{0.1}{\sqrt{3}}\Big/0.1$kV，主变压器运行分接头电压525/20kV，电压补偿系数$K=525/550=0.95$。

主变压器过励磁保护基准电压整定值$U_{b.set}=95$V。

2. 定时限过励磁保护

（1）定时限过励磁动作倍数整定值n_{op}计算

$$n_{op}=\frac{U_t/U_{t.n}}{f_t/f_{t.n}}=\frac{U_t^*}{f_t^*}=1.05$$

（2）定时限过励磁动作时间整定值t_{op}计算。取$t_{op}=5$s。

（3）动作于发信号。

3. 反时限过励磁保护

根据制造厂家提供的变压器过励磁能力曲线配合计算，过励磁保护为离散型反时限动作判据，考虑足够的安全裕度，变压器反时限过励磁保护动作时间和过励磁能力曲线配合见表2-34。动作于跳闸全停。

表2-34　变压器反时限过励磁保护动作时间和过励磁能力曲线配合表

过励磁倍数 $n_{op}=\frac{U_t/U_{t.n}}{f_t/f_{t.n}}=\frac{U_t^*}{f_t^*}$	1.15	1.20	1.25	1.28	1.3	1.33	1.35	1.4
过励磁允许时间 t_{al}（s）		1700	270	90	55	27	18	5
过励磁保护动作时间 t_{op}（s）	1500	1300	210	70	20	10	5	2

4. 高定值特性

（1）高定值段$n_{op}=\frac{U_t/U_{t.n}}{f_t/f_{t.n}}=\frac{U_t^*}{f_t^*}=1.45$。

（2）动作时间$t_{op}=1$s。

（3）动作于跳闸全停。

二十六、高压厂用变压器差动保护

1. 二次侧电流相位和幅值补偿

各侧TA二次均为Y接线，接入保护装置后电流的幅值与相位差异由平衡系数和转角公式自行补偿。

2. 各侧平衡系数

（1）各侧的二次额定电流计算。

20kV侧，$I_{t.h.n}=433/1000=0.433$A。

10.5kV侧，$I_{t.l.n}=824.8/1250=0.66$A。

（2）各侧平衡系数计算。

选取20kV侧为基准侧，基准电流$I_b=I_{t.h.n}=0.433$A。

20kV侧，平衡系数$K_{bal.h}=1$；

10.5kV侧，平衡系数$K_{bal.l}=0.433/0.66=0.565$。

3. 最小动作电流 $I_{d.op.min}$ 计算

(1) 按躲过正常运行时最大不平衡差电流计算。

各种误差产生的差动不平衡电流为

$$I_{unb.n.max}=(K_{er}+\Delta u+\Delta m)I_b=(0.02+0.025+0.01)\times I_b=0.055\times I_b$$

$$I_{d.op.min}=K_{rel}I_{unb.n.max}=1.5\times 0.1I_b=0.15I_b$$

(2) 根据经验按躲过正常运行时最大不平衡差电流计算。由于两侧 TA 为 5P20 型，由式（2-72）计算，取 $I_{d.op.min}=0.5I_b=0.5\times 0.433=0.22$（A）。

4. 最小制动电流 $I_{res.0}$

$$I_{res.0}=0.8I_b=0.8\times 0.433=0.344(\text{A})$$

5. 比率制动特性中间段斜率 S_1

S_1 的整定应按躲过区外三相短路时产生的最大暂态不平衡差流来整定。由于两侧 TA 为 5P20 级，非周期分量系数 $K_{ap}=2.5$；电流互感器的同型系数取保守值 $K_{cc}=1$；最大误差取 $K_{er}=0.1$。

高压厂用变压器是双绕组变压器，高压厂用变压器低压母线短路电流 $I_{k.max}=\dfrac{I_b}{0.06}=16.7I_b$

最大不平衡电流为由式（2-48a）计算

$$\begin{aligned}I_{unb.max}&=(K_{ap}K_{cc}K_{er}+\Delta u+\Delta m)I_{k.max}=(2.5\times 1.0\times 0.1+0.025+0.01)I_{k.max}\\&=0.285\times I_{k.max}=0.285\times 16.7I_b=4.75I_b\end{aligned}$$

$$I_{d.op.max}=1.5\times 4.75I_b=7.13I_b$$

由式（2-53）计算 $S_1=\dfrac{I_{d.op.max}-I_{d.op.min}}{I_{res.max}-I_{res.min}}=\dfrac{7.13-0.4}{16.7-0.8}=0.423$　取 $S_1=0.5$

6. 比率制动特性最大制动特性线斜率 S_2 及其起始制动电流 I_{res2} 确定

保护装置内部固定比率制动特性最大制动系数斜率 $S_2=0.6$ 和对应的起始制动电流 $I_{res2}=6I_b$。

7. 灵敏系数 K_{sen} 校验

对于 Yd11 接线的降压变压器，当低压侧（d 侧）两相短路时，高压侧（Y 侧）有一相电流等于低压侧的三相短路电流。

10.5kV 侧区内最小两相短路电流为 $I_{k.min}=\dfrac{I_b}{0.06+0.0042}=15.58I_b$，$I_{res}=7.8I_b$。

式中主变压器为降压变压器时系统阻抗和主变压器阻抗之和是 $(0.1684+0.06636)\times 15/840=0.0042$。

$\because I_{res}>6I_b$；由式（2-4a）计算

$$\begin{aligned}I_{d.op}&=I_{d.op.min}+S_1(6I_b-I_{res.0})+S_2(I_{res}-6I_b)\\&=0.4+0.5\times(6-0.8)+0.6(7.8-6)=4.08I_b\end{aligned}$$

$$K_{sen}=15.58/4.08=3.82$$

8. 二次谐波制动比

二次谐波制动系数整定值取 0.15，采用交叉闭锁。

9. 差动速断保护

高厂用变压器高压侧无断路器，所以没有高压侧空载合闸工况，但 10.5kV 侧有断路器，后者合闸将引起 10.5kV 变压器产生励磁涌流，而且 10.5kV 电动机还将有很大的自起动电流，为此取差动速断保护的动作电流 $I_{d.op.qu}=7I_{t.n}$。

10.5kV 侧最小区内两相短路电流为 $15.58I_b$，$K_{sen}=15.58/7=2.23$。

二十七、高压厂用变压器过流保护

高压厂用变压器 10.5kV 共分二级：

第一级为高压电动机和低压厂用变压器均有瞬时电流速断保护，动作时间 0s。

最大高压电动机（2000kW）瞬时电流速断保护整定值不超过 1650A。

最大低压厂用变压器（1600kVA）瞬时电流速断保护整定值不超过 1900A。

第二级为高压厂用变压器 10.5kV 进线断路器保护整定值。

（一）高压厂用变压器时限电流速断保护

1. 动作电流整定值计算

按低压母线两相短路有足够灵敏度计算。取 $K_{sen}=1.5$；$I_{op}=15.9\times0.433/1.5=4.6$A。

2. 动作时间整定值计算

（1）Ⅰ段动作时间整定值。按和 10.5kV 出线路时限电流速断保护配合计算，取 $t_{op1}=0+0.4=0.4$s，作用于跳高压厂用变压器 10.5kV 侧进线断路器、闭锁快切。

（2）Ⅱ段动作时间整定值。按和Ⅰ段动作时间配合计算，取 $t_{op2}=0.4+0.4=0.8$s，作用于跳闸全停、起动快切。

（二）高压厂用变压器过电流保护

1. 动作电流整定值计算

（1）按躲过电动机自起动计算。取 $I_{op}=3\times I_{t.h.n}=3\times0.433=1.3$A。

（2）灵敏度计算，$K_{sen}=15.9/3=5.3$。

2. 动作时间整定值计算

（1）Ⅰ段动作时间整定值。按和 10.5kV 出线过电流保护动作时间 0.4s 配合计算，取 $t_{op1}=0.4+0.4=0.8$s，作用于跳高压厂用变压器 10.5kV 侧进线断路器、闭锁快切。

（2）Ⅱ段动作时间整定值。按和Ⅰ段动作时间配合计算，取 $t_{op2}=0.8+0.4=1.2$s，作用于跳闸全停、起动快切。

二十八、高压厂用变压器过负荷保护

1. 动作电流整定值计算

按高压厂用变压器额定电流计算。取 $I_{op}=1.1\times I_{t.h.n}=1.1\times0.433=0.47$A。

2. 动作时间整定值计算

取 $t_{op}=5$s，动作于信号。

二十九、励磁变压器差动保护

$S_N=3\times2.925$MVA，$U_N=20\pm2\times2.5\%/1.243$kV，$I_N=253.3/4075.8$A，连接组别 YNd11，$u_k\%=8$。

高压侧 TA，300/1A；低压侧 TA，5000/1A。

1. 二次侧电流相位和幅值补偿

各侧 TA 二次均为 Y 接线，接入保护装置后电流的幅值与相位差异由平衡系数和转角公式自行补偿。

2. 各侧平衡系数

(1) 各侧的二次额定电流计算。

20kV 侧，二次额定电流，$I_{t.h.n}=253.3/300=0.844A$。

1.243kV 侧，二次额定电流，$I_{t.l.n}=4075.8/5000=0.815A$。

(2) 各侧平衡系数计算。选取 20kV 侧为基准侧，基准电流 $I_b=I_{t.h.n}=253.3/300=0.844A$。

20kV 侧，平衡系数 $K_{bal.h}=1$；

1.243kV，侧平衡系数 $K_{bal.l}=0.844/0.815=1.035$。

3. 最小动作电流 $I_{d.op.min}$ 计算

(1) 按躲过正常运行时最大不平衡差电流计算。

各种误差产生的差动不平衡电流

$$I_{unb.n.max}=(K_{er}+\Delta u+\Delta m)I_b=(0.02+0.025+0.01)\times I_b=0.055\times I_b$$

$$I_{d.op.min}=K_{rel}I_{unb.n.max}=1.5\times 0.1I_b=0.15I_b$$

(2) 根据经验按躲过正常运行时最大不平衡差电流计算。由于励磁变压器工作条件较差，为晶闸管整流负载，当波形严重不对称时，由于两侧为 5P20 型 TA，差动保护出现较大不平衡电流，正常运行时最大不平衡差电流有时较其他变压器大得多，所以适当取较大值，励磁变压器差动保护最小动作电流取 $I_{d.op.min}=(0.8\sim 1)I_b=(0.8\sim 1)\times 0.844=0.67\sim 0.844(A)$,取 $I_{d.op.min}=0.8A$。

4. 最小制动电流 $I_{res.0}$

$$I_{res.0}=1I_b=1\times 0.844=0.844\ (A)$$

5. 比率制动特性中间段比率制动特性线斜率 S_1

S_1 整定应按躲过区外三相短路时产生的最大暂态不平衡差流整定。由于两侧 TA 为 5P 型，非周期分量系数 $K_{ap}=2.5$；电流互感器的同型系数取保守值 $K_{cc}=1$；最大误差取 $K_{er}=0.1$。

励磁变压器是双绕组变压器，励磁变压器低压侧短路电流 $I_{k.max}=\dfrac{I_b}{0.08}=12.5I_b$，最大不平衡电流由式（2-48b）计算，为

$$\begin{aligned}I_{unb.max}&=(K_{ap}K_{cc}K_{er}+\Delta u+\Delta m)I_{k.max}\\&=(2.5\times 1.0\times 0.1+0.025+0.01)I_{unb.max}\\&=0.285\times I_{k.max}=0.285\times 12.5I_b=3.56I_b\end{aligned}$$

$$I_{d.op.max}=1.5\times 3.56I_b=5.34I_b$$

由式（2-53）计算

$$S_1 = \frac{I_{\rm d.\,op.\,max} - I_{\rm d.\,op.\,min}}{I_{\rm res.\,max} - I_{\rm res.\,min}} = \frac{5.34 - 0.6}{12.5 - 0.8} = 0.405\text{，取 } S_1 = 0.5$$

6. 比率制动特性最大比率制动特性线斜率 S_2 及其起始制动电流 $I_{\rm res2}$ 确定

保护装置内部固定比率制动特性最大比率制动特性线斜率 $S_2=0.6$ 和对应的起始制动电流 $I_{\rm res2}=6I_{\rm b}$。

7. 灵敏系数 $K_{\rm sen}$ 校验

对于 Yd11 接线的降压变压器，当低压侧（d 侧）两相短路时，高压侧（Y 侧）有一相电流等于低压侧的三相短路电流。

1.243kV 侧，最小区内两相短路电流计算略去系统阻抗

$$I_{\rm k.\,min} = \frac{I_{\rm b}}{0.08} = 12.5I_{\rm b}, I_{\rm res} = 12.5I_{\rm b}$$

∵ $I_{\rm res} > 6I_{\rm b}$；由式（2-4a）计算，

$$I_{\rm d.\,op} = I_{\rm d.\,op.\,min} + S_1(6I_{\rm b} - I_{\rm res.\,0}) + S_2(I_{\rm res} - 6I_{\rm b})$$

$$= 0.9 + 0.5 \times (6 - 1) + 0.6(12.5 - 6) = 7.4I_{\rm b}\text{。}$$

$$K_{\rm sen} = 12.5/7.4 = 1.7$$

8. 二次谐波制动比

二次谐波比率制动系数斜率整定为 0.15，采用交叉闭锁。

9. 差动速断保护

按躲过励磁涌流计算取差动速断保护的动作电流 $I_{\rm d.\,op.\,qu}=7I_{\rm b}=7\times0.844=5.9$（A）

1.243kV 侧区内两相短路电流为 $12.5I_{\rm b}$，$K_{\rm sen}=12.5/7=1.78$。

三十、励磁变压器电流保护

（一）励磁变压器时限电流速断保护

1. 动作电流整定值计算

按励磁变压器低压侧两相短路有足够灵敏度计算。取 $K_{\rm sen}=1.5$；$I_{\rm op}=10.55\times0.866/1.5=6.1$（A）。

2. 动作时间整定值计算

（1）动作时间整定值。按和三相可控桥快熔熔断时间配合计算，取 $t_{\rm op}=0.5$s。

（2）动作于跳闸全停。

（二）励磁变压器过电流保护

1. 动作电流整定值计算

（1）按躲过正常强励计算。转子额定电流时励磁变压器高压侧 TA 的二次电流值

$$I_{\rm fd.\,n.\,ac} = \frac{0.816 \times I_{\rm fdn}}{300/1} \times \frac{U_{\rm L.\,N}}{U_{\rm H.\,N}} = \frac{0.816 \times 4147.5}{300} \times \frac{1.243}{20} = 0.7(\text{A})$$

按躲过正常强励计算 $I_{\rm op}=1.25\times2.1\times0.7=1.84$（A）。

（2）按躲过区外二相短路强励电流计算。励磁变压器高压侧 TA 二次电流近似计算值为

$$I_{\rm fd.\,n.\,ac} = \frac{1.11 \times I_{\rm fdn}}{300/1} \times \frac{U_{\rm L.\,N}}{U_{\rm H.\,N}} = \frac{1.11 \times 4147.5}{300} \times \frac{1.243}{20} = 0.952(\text{A})$$

按躲过区外二相短路强励计算 $I_{op.up.set}=1.1\times2.1\times0.952=2.2$ (A)。取 $I_{op}=2.2A$。

(3) 灵敏度计算 $K_{sen}=10.55/2.2=4.8$。

2. 动作时间整定值计算

(1) 动作时间整定值。按和三相可控桥快熔熔断时间配合计算,取 $t_{op}=1.0s$。

(2) 动作于跳闸全停。

(三) 励磁变压器反时限过电流保护

转子定时限过负荷信号已涵盖励磁变压器过负荷信。

大型发电机变压器组继电保护整定计算（二）

第一节 大型发电机变压器组 ABB 继电保护整定计算

本节内容主要介绍 ABB 生产的 REG216、RET316、RET521、REG670、RET670 型发电机变压器组部分继电保护动作特性和动作判据及整定计算。

一、REG216 型发电机标积制动式纵差动保护

（一）动作特性和动作判据

1. 动作判据

（1）差动电流和制动电流的计算。正常时两侧 TA 二次电流正方向指向被保护设备的电流接线方式时

$$\left.\begin{aligned}&\text{差动电流 } I_{\mathrm{d}}=|\dot{I}_{\mathrm{T}}+\dot{I}_{\mathrm{N}}|\\&\text{制动电流 } I_{\mathrm{res}}=\sqrt{I_{\mathrm{T}}I_{\mathrm{N}}\cos\alpha}\text{，当 }\cos\alpha>0\text{ 时}\\&\text{制动电流 } I_{\mathrm{res}}=0\text{，当 }\cos\alpha\leqslant 0\text{ 时 }\alpha=\angle(\dot{I}_{\mathrm{T}}-\dot{I}_{\mathrm{N}})\end{aligned}\right\}\tag{3-1}$$

式中 $\dot{I}_{\mathrm{T}}$、$\dot{I}_{\mathrm{N}}$——分别为发电机机端和中性点侧二次电流相量；

I_{res}[1]——制动电流；

I_{d}——差动电流；

α——$\dot{I}_{\mathrm{T}}$ 和 $-\dot{I}_{\mathrm{N}}$ 的相角差。

（2）动作判据

$$\left.\begin{aligned}&\text{当}\frac{I_{\mathrm{res}}}{I_{\mathrm{n}}}\leqslant\frac{I^{*}_{\mathrm{d.op.min}}}{S}\text{ 时，}I_{\mathrm{d}}\geqslant I_{\mathrm{d.op.min}}=I^{*}_{\mathrm{d.op.min}}I_{\mathrm{n}}\text{ 差动保护动作}\\&\text{当}\frac{I^{*}_{\mathrm{d.op.min}}}{S}<\frac{I_{\mathrm{res}}}{I_{\mathrm{n}}}<b=1.5\text{ 时，}I_{\mathrm{d}}\geqslant I_{\mathrm{d.op}}=SI_{\mathrm{res}}\text{ 差动保护动作}\\&\text{当}\frac{I_{\mathrm{res}}}{I_{\mathrm{n}}}\geqslant b=1.5\text{，而}\frac{I_{\mathrm{T}}}{I_{\mathrm{n}}}<1.5\text{ 或}\frac{I_{\mathrm{N}}}{I_{\mathrm{n}}}<1.5\text{ 时，}I_{\mathrm{d}}\geqslant I_{\mathrm{d.op}}=SI_{\mathrm{res}}\text{ 差动保护动作}\\&\text{当}\frac{I_{\mathrm{res}}}{I_{\mathrm{n}}}\geqslant b=1.5\text{，而}\frac{I_{\mathrm{T}}}{I_{\mathrm{n}}}>1.5\text{ 和}\frac{I_{\mathrm{N}}}{I_{\mathrm{n}}}>1.5\text{ 时，}I_{\mathrm{d}}\text{ 任何值差动保护不动作，即 }I_{\mathrm{d.op}}\to\infty\end{aligned}\right\}\tag{3-2}$$

式中 $I_{\mathrm{d.op.min}}$——差动保护最小动作电流；

$I^{*}_{\mathrm{d.op.min}}$[2]——差动保护最小动作电流整定值（以 I_{n} 为基准的相对值）$I^{*}_{\mathrm{d.op.min}}=$

---

[1] 符号 I_{res} 在实际装置 REG216、RET316 型中为 I_{H}。

[2] 符号 $I^{*}_{\mathrm{d.op.min}}$ 在实际装置 REG216、RET316、RET521 型中为 g。

$I_{d.op.min}/I_n$；

S[1]——比率制动特性制动特性线斜率；

$I_{g.n}$——发电机额定二次电流；

I_n——继电器额定电流，当设置 TA 通道系数 $R=I_{g.n}/I_n$ 时，$I_n=I_{g.n}$；

b——动作区和制动区分界点（动作、制动区转换点）的制动电流相对值（以 I_n 为基准）；

其他符号含义同前。

区外故障时，$\dot{I}_T$ 和 $-\dot{I}_N$ 的方向相同，$\alpha=0°$，$\cos\alpha=1$，制动电流 $I_{res}=\sqrt{I_T I_N \cos\alpha}$ 为实数，保护为强制动作用。发电机内部相间短路时 $\dot{I}_T$ 和 $-\dot{I}_N$ 的方向相反 $\alpha\approx180°$或$270°>\alpha>90°$，$\cos\alpha<0$，$\sqrt{\cos\alpha}$为虚数，则制动电流 $I_{res}=\sqrt{I_T I_N \cos\alpha}$默认为零，$I_{res}=0$，保护无制动作用，按最小动作电流 $I_{d.op}=I_{d.op.min}$动作。

2. 动作特性

REG216 型发电机标积制动式纵差动保护动作特性如图 3-1 所示。图中：

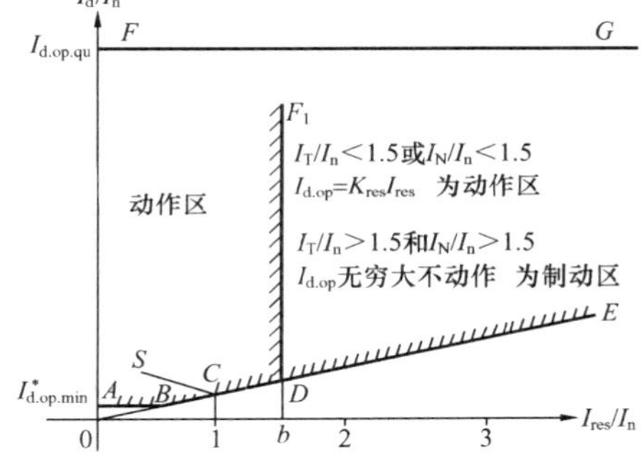

图 3-1 REG216 型发电机标积制动式纵差动保护动作特性

（1）区外故障时 $\cos\alpha>0$，且 $I_{res}/I_n<b=1.5$ 时，保护按动作特性 $ABCD$ 动作，由于此时差动电流 I_d 在 $ABCD$ 直线之下，即 $I_d<I_{d.op}=S\times I_{res}$，保护不动作。

（2）区外故障，当 $I_{res}/I_n\geqslant b=1.5$ 时，此时 $I_T/I_n>1.5$ 和 $I_N/I_n>1.5$，差动电流任何大小保护均不动作，即 $I_{d.op}\to\infty$。

（3）区外故障，当 $I_{res}/I_n\geqslant b=1.5$ 时，此时如果 $I_T/I_n<1.5$ 或 $I_N/I_n<1.5$，由于此时差动电流 I_d 在 DE 直线之下，即 $I_d<I_{d.op}=S\times I_{res}$ 保护不动作。

（4）区内相间短路故障，一般情况 $\cos\alpha<0$，$I_{res}=0$，$I_d>I_{d.op}=I_{d.op.min}$保护非常灵敏动作。

（5）区内故障，当 $I_{d.op.min}/S<I_{res}<bI_n$ 时，此时保护按 $I_d>I_{d.op}=S\times I_{res}$动作，即按 BCD 特性曲线动作。

（6）区内故障，如果 $I_{res}\geqslant bI_n$ 时，此时当 $I_T/I_n<1.5$ 或 $I_N/I_n<1.5$，保护按 $I_d>I_{d.op}=S\times I_{res}$动作，即按 DE 特性曲线动作。

（7）区内故障，如果 $I_{res}\geqslant bI_n$ 时，且 $I_T/I_n>1.5$ 和 $I_N/I_n>1.5$，保护不动作，即 $I_{d.op}\to\infty$（理论上有很小的可能性，实际运行时未发生这样的实例）。

（二）整定计算

1. 最小动作电流整定值计算

按躲过额定负荷时和远区外短路电流接近额定电流时的最大不平衡电流计算，其理论计

---

[1] 符号 S 在实际装置 REG216、RET316 型中为 v。

算为 $0.09I_{g.n}$，正常运行时实测一般不超过 $0.1I_{g.n}$，但考虑到运行中发生远区外短路故障及电流的突变，由于两侧 TA 暂态特性不一致，可能远超过 $0.1I_{g.n}$，通常可取 $I_{d.op.min}=(0.1\sim0.3)I_{g.n}$，考虑到其制动特性的延长线通过原点，装置能自动产生起始拐点，一般可取

$$I_{d.op.min}=0.15I_{g.n}, 或\ I^{*}_{d.op.min}=0.15 \tag{3-3}$$

2. 制动系数斜率 S 计算

理论计算值 $S=K_{rel}K_{ap}K_{cc}K_{er}=1.5\times2.5\times0.5\times0.1=0.1875$ (3-4)

式中 K_{rel}——可靠系数，取 1.5；

K_{ap}——考虑区外短路 TA 暂态非周期分量系数取 2.5；

K_{cc}——电流互感器的同型系数，两侧 TA 型号相同，取 $K_{cc}=0.5$，两侧 TA 型号不相同或特性不一致，取 $K_{cc}=1$；

K_{er}——电流互感器幅值误差，取 $K_{er}=0.1$。

计算值 $S=0.1875\sim0.375$，取 $S=0.25$ 或 0.5，制造厂建议取 $S=0.25$，经验应取 $S=0.3$，但该装置只能取 $S=0.25$ 或 $S=0.5$，当两侧互感器型号相同或特性一致时，可取 $S=0.25$，考虑到标积制动式纵差动保护在区内相间短路故障时，制动电流 $I_{res}=0$ 或仅是很小的值，保护按无制动电流时最小动作电流动作，因此如当两侧互感器型号不同或特性不一致时，可取 $S=0.5$，内部相间短路故障保护仍有很高的灵敏度，而区外相间短路故障时有很强的制动。

3. 动作区和制动区的分界点 b，装置内部设置 $b=I_{res}/I_n=1.5$

二、RET316 型变压器纵差动保护

（一）动作特性和动作判据

1. 动作判据

（1）差动电流和制动电流的计算。正常时两侧 TA 二次电流正方向指向被保护设备的和电流接线方式时，为

$$\left.\begin{array}{ll}\text{差动电流 } \dot{I}_d=|\dot{I}_1+\dot{I}_2+\dot{I}_3| & \\ \text{制动电流 } I_{res}=\sqrt{I'_1I'_2\cos\alpha}, & \text{当 } \cos\alpha>0 \text{ 时}\\ \text{制动电流 } I_{res}=0, & \text{当 } \cos\alpha\leqslant0 \text{ 时}\\ \text{其中 } \dot{I}'_1=\max(\dot{I}_1,\dot{I}_2,\dot{I}_3) & \dot{I}'_2=\dot{I}_d-\dot{I}'_1\\ \alpha=\angle(\dot{I}'_1-\dot{I}'_2) & \end{array}\right\} \tag{3-5}$$

式中 $\dot{I}_1$、$\dot{I}_2$、$\dot{I}_3$——变压器各侧二次电流相量；

其他符号含义同前。

（2）动作判据。RET316 型变压器纵差动保护动作判据和发电机基本相同，所不同的是增加变压器空载合闸时躲励磁涌流的二次谐波制动判据；不经二次谐波制动和不受制动电流 I_{res} 控制的差动速断保护；以及动作区和制动区分界点 b 的可整定值范围为 1.25～2.5（可取值 $b=1.5\sim2$）。

2. 动作特性

动作特性与发电机完全相同，动作特性如图 3-1 中的比率制动特性 $ABCDE$ 和无制动的差动速断动作区 FG。

（二）整定计算

1. 基准侧设置和通道系数和平衡系数计算

RET316 型变压器纵差动保护基准侧固定设置于高压侧。

由于变压器两侧一次额定电流及 TA 变比既不相同，又不匹配，同时 RET316 型变压器纵差动保护动作整定值，均以继电器额定电流（TA 二次额定电流如 5A 或 1A）为基准的相对值，为了能以变压器额定二次电流（变压器二次额定电流变换至 TA 的二次额定电流）为基准，并能使两侧电流平衡，RET316 型变压器纵差动保护，设置可整定的模拟量通道系数 R_1、R_2、R_3 和变压器各侧幅值平衡（匹配、补偿）辅助系数 a_1、a_2、a_3。

（1）模拟量通道系数 R_1、R_2、R_3 的计算。模拟量通道系数 R_1、R_2、R_3 设置后，所接入该通道所有保护都分别以设定的 R_1、R_2、R_3 对应的基准电流 $I_{t.n1}=R_1I_{r.n1}$、$I_{t.n2}=R_2I_{r.n2}$、$I_{t.n3}=R_3I_{r.n3}$整定和动作。R_1、R_2、R_3 的整定范围为 0.5～2

$$\left.\begin{aligned}R_1&=\frac{I_{T.N1}}{I_{TA.N1}}=\frac{I_{T.N1}/n_{TA1}}{I_{TA.N1}/n_{TA1}}=\frac{I_{T.N1}/n_{TA1}}{I_{r.n1}}=\frac{I_{t.n1}}{I_{r.n1}}=\frac{I_{t.n1}}{I_{TA.n1}}\\R_2&=\frac{I_{T.N2}}{I_{TA.N2}}=\frac{I_{T.N2}/n_{TA2}}{I_{TA.N2}/n_{TA2}}=\frac{I_{T.N2}/n_{TA2}}{I_{r.n2}}=\frac{I_{t.n2}}{I_{r.n2}}=\frac{I_{t.n2}}{I_{TA.n2}}\\R_3&=\frac{I_{T.N3}}{I_{TA.N3}}=\frac{I_{T.N3}/n_{TA3}}{I_{TA.N3}/n_{TA3}}=\frac{I_{T.N3}/n_{TA3}}{I_{r.n3}}=\frac{I_{t.n3}}{I_{r.n3}}=\frac{I_{t.n3}}{I_{TA.n3}}\end{aligned}\right\}\tag{3-6}$$

式中 R_1、R_2、R_3——分别为 1TA、2TA、3TA 模拟量通道系数，具有各侧幅值平衡功能，当按式（3-6）计算值在整定范围内，则可取变压器各侧幅值平衡辅助系数，$a_1=a_2=a_3=1$；

$I_{T.N1}$、$I_{T.N2}$、$I_{T.N3}$——分别为变压器 1 侧、2 侧、3 侧同一基准容量时的一次额定电流；

$I_{TA.N1}$、$I_{TA.N2}$、$I_{TA.N3}$——分别为变压器 1 侧、2 侧、3 侧 TA 一次额定电流；

$I_{t.n1}$、$I_{t.n2}$、$I_{t.n3}$——分别为变压器 1 侧、2 侧、3 侧同一基准容量时的二次额定电流；

$I_{TA.n1}$、$I_{TA.n2}$、$I_{TA.n3}$——分别为变压器 1 侧、2 侧、3 侧 TA 二次额定电流；

$n_{TA.1}$、$n_{TA.2}$、$n_{TA.3}$——分别为变压器 1 侧、2 侧、3 侧 TA 变比；

$I_{r.n1}$、$I_{r.n2}$、$I_{r.n3}$——分别为变压器 1 侧、2 侧、3 侧继电器的额定电流。

（2）各侧幅值平衡辅助系数 a_1、a_2、a_3 的计算。a_1、a_2、a_3 的整定范围为 0.05～2.2

$$\left.\begin{aligned}a_1&=\frac{I_{TA.N1}}{I_{T.N1}}=\frac{I_{TA.n1}}{I_{t.n1}}\\a_2&=\frac{I_{TA.N2}}{I_{T.N2}}=\frac{I_{TA.n2}}{I_{t.n2}}\\a_3&=\frac{I_{TA.N3}}{I_{T.N3}}=\frac{I_{TA.n3}}{I_{t.n3}}\end{aligned}\right\}\tag{3-7}$$

式中符号含义同前。

当各侧 TA 为差动保护独立使用，且 R_1、R_2、R_3 计算值超过 0.5～2 的范围，则可由 a_1、a_2、a_3 进行各侧幅值平衡，按式（3-7）的计算值 a_1、a_2、a_3 在整定范围内，可取 $R_1=R_2=R_3=1$，由 a_1、a_2、a_3 进行各侧幅值平衡。当单独用 R_1、R_2、R_3 或 a_1、a_2、a_3 平衡补

偿后，则整定基准电流为变压器额定二次电流 $I_{t.n1}$、$I_{t.n2}$、$I_{t.n3}$。

（3）R_1、R_2、R_3 和 a_1、a_2、a_3 联合幅值平衡计算。当单独用 R_1、R_2、R_3 计算值超过 0.5～2 的范围，或当单独用 a_1、a_2、a_3 计算值超过 0.05～2.2 的范围，则可将 R_1、R_2、R_3 和 a_1、a_2、a_3 联合幅值平衡，以达到要求的平衡。

$$a_1=\frac{R_1 I_{TA.N1}}{KI_{T.N1}} \text{ 或 } R_1=\frac{K\times a_1\times I_{T.N1}}{I_{TA.N1}} \tag{3-8}$$

$$a_2=\frac{R_2 I_{TA.N2}}{KI_{T.N2}} \text{ 或 } R_2=\frac{K\times a_2\times I_{T.N2}}{I_{TA.N2}} \tag{3-9}$$

式中 K——变压器参考额定容量系数，变压器参考额定容量为 K 倍变压器额定容量；

其他符号含义同前。

当同时采用 R_1、R_2、R_3 和 a_1、a_2、a_3 及 K 值后，则整定基准电流，既不是继电器的额定电流 $I_{r.n1}$、$I_{r.n2}$、$I_{r.n3}$，又不是变压器额定二次电流 $I_{t.n1}$、$I_{t.n2}$、$I_{t.n3}$，而应是变压器的参考额定二次电流 $KI_{t.n1}$、$KI_{t.n2}$、$KI_{t.n3}$ 为整定基准电流。

【例 3-1】 某高压厂用变压器参数见表 3-1，变压器采用 RET316 型纵差动保护。计算平衡系数。

表 3-1　某高压厂用变压器参数表

名　称	高　压　侧	低　压　侧
额定容量 $S_{T.N}$（MVA）	38	38
参考额定容量 $KS_{T.N}$（MVA）	50.67	50.67
额定电压（kV）	20	6.3
额定电流（A）	1097	3482.5
参考额定电流（A）	1462.7	4643.3
变压器各侧接线	D	yn1
TA 变比（A）	6000/5	5000/5
变压器二次额定电流 $I_{t.n}$（A）	0.914	3.482
参考二次额定电流 $I_B=KI_{t.n}$（A）	1.219	4.643 3
模拟通道补偿系数	$R_1=0.5$	$R_2=0.929$
幅值平衡辅助系数	$a_1=2.05$	$a_2=1$

解　按式（3-6）计算，$R_1=I_{T.N1}/I_{TA.N1}=1097/6000=0.182\ 8$；$R_2=I_{T.N2}/I_{TA.N2}=3482.5/5000=0.696\ 5$。

按式（3-7）计算，$a_1=I_{TA.N1}/I_{T.N1}=6000/1097=5.469$；$a_2=I_{TA.N2}/I_{T.N2}=5000/3482.5=1.435\ 8$。

由上计算知，单独用 R_1、R_2 或 a_1、a_2 等系数，均超过其整定范围，所以只能用 R_1、R_2 和 a_1、a_2 联合平衡计算。

1）1 侧幅值平衡系数，由于变压器高压侧额定电流与 TA 一次额定电流相差太大，而电流模拟量通道的补偿系数 R_1 计算值太小，a_1 计算值太大。整定差动保护的参考基准额定容量，就不能以变压器的额定容量作为参考基准额定容量，$I_{TA.N1}$ 和 $I_{T.N1}$ 是由一次设备参数决定的，R_1、a_1、K 三者由计算式 $K=\dfrac{R_1 I_{TA.N1}}{a_1 I_{T.N1}}$ 联系决定，这里需要考虑 R_1、a_1 可取范围及步长（$a_1=0.05\sim2.2$，步长 0.01；$R_1=0.5\sim20$，步长 0.001），而且还要考虑差动最小动作电流整定值 $I^*_{d.op.min}$ 取值范围及步长（$I^*_{d.op.min}=0.1\sim0.5$，0.1），因为 K 与 $I^*_{d.op.min}$ 的关系为 $I^*_{d.op.min.set}=I^*_{d.op.min}/K$。于是取可整定最小值 $R_1=0.5$；由 1 侧幅值平衡系数 $a_1=\dfrac{R_1 I_{TA.N1}}{K I_{T.N1}}=\dfrac{0.5\times6000}{K\times1097}$，如取 $K=1$，则 $a_1=2.735>2.2$，为此取可整定最小值 $R_1=0.5$ 和接近可整定最大值 $a_1=2.05$（计算原则为取接近可整定最小值 R_1 和接近可整定最大值 a_1）计算，$K=\dfrac{R_1 I_{CT.N1}}{a_1 I_{T.N1}}=1.333=4/3$ 或 $a_1=\dfrac{R_1 I_{TA.N1}}{K I_{T.N1}}=\dfrac{0.5\times6000}{1.333\times1097}=2.05$。当 $R_1=0.5$；$a_1=2.05$；$K=1.333=4/3$ 选定后，差动保护高压侧基准电流为 $I_{t.n1}=1.333\times0.914=1.219$ (A)。

2）2 侧幅值平衡系数，当 K 值决定后，由式 $a_2=\dfrac{R_2 I_{TA.N2}}{K I_{T.N2}}$ 或 $R_2=\dfrac{K\times a_2\times I_{T.N2}}{I_{TA.N2}}$ 计算，取 $a_2=1$，$K=1.333$，可计算 $R_2=\dfrac{K\times a_2\times I_{T.N2}}{I_{TA.N2}}=\dfrac{1.333\times1\times3482}{5000}=0.929$。

这里参考容量系数 $K=4/3=1.333$，变压器参考额定容量 $KS_{T.N}=38\times4/3=50.67$MVA。

当 $K\neq1$ 时，输入装置的整定值，不是以变压器额定容量 $S_{T.N}$ 为基准，而应以变压器参考额定容量 $KS_{T.N}$ 为基准计算。以上计算极易出错，在保护调试过程中，当实测差动保护动作电流和计算值不符，或实测差动保护不平衡电流较大（正常应基本接近于零）或超过标准，应首先检查 R_1、R_2、R_3、a_1、a_2、a_3 整定值计算和设置的正确性。

2. 变压器绕组接线组别补偿设置

根据变压器实际接线组别，设置各侧绕组接线补偿整定值，以达到各侧电流相位的补偿功能。

（1）1 侧绕组接线补偿 s_1 设置 Y 或 D。

（2）2 侧绕组接线补偿 s_2 设置 y 或 d。

（3）3 侧绕组接线补偿 s_3 设置 y 或 d。

3. 动作整定值计算

（1）最小动作电流整定值计算。按躲过额定负荷时和远区外短路电流接近额定电流时的最大不平衡电流按式（2-1）计算，通常可取 $I_{d.op.min}=(0.3\sim0.5)I_{t.n}$，$I^*_{d.op.min}=(0.3\sim0.5)$。由于制动特性延长线通过原点，装置能自动产生起始拐点，一般取 $I_{d.op.min}=0.3I_{t.n}$，整定值 $I^*_{d.op.min}=0.3$（以变压器额定容量为基准计算整定值）。当变压器参考额定容量系数 $K\neq1$ 时，应换算至变压器参考额定容量为基准时的整定值 $I^*_{d.op.min.set}=I^*_{d.op.min}/K$；实际最小动作电流 $I_{d.op.min}=I^*_{d.op.min.set}\times K\times I_{t.n}=I^*_{d.op.min}I_{t.n}$。

（2）制动系数斜率计算。其理论计算同式（2-2）

$$S=K_{rel}(K_{ap}K_{cc}K_{er}+\Delta u+\Delta m) \tag{3-9a}$$

取 $S=0.5$，起始拐点电流 $I_{res.0}=(I^*_{d.op.min}/S)I_{t.n}$，额定电流时的动作电流 $I_{d.op.n}=SI_{t.n}$。

（3）动作特性转换点（动作区和制动区的分界点）b 计算。b 按小于变压器区外短路故障时短路电流计算，一般取计算值 $b=I_{res}/I_{t.n}=1.5\sim2.0$，整定值 b_{set} 应以变压器参考额定容量为基准计算，整定值 $b_{set}=b/K$。

（4）二次谐波制动系数（Inrush Ratio）$K_{2\omega}$ 计算。$K_{2\omega}=$（15～10）%，RET316 型纵差动保护一般取 $K_{2\omega}=10\%$，并采用交叉制动。

（5）励磁涌流检测激活时间（Inrush Time）t_{inrush} 的整定。变压器差动保护具有励磁涌流检测时间功能，当定值 $I_{nrush}I_{np}$ 设为“Always False”时，涌流制动功能正常情况退出，只在主变压器空载投入充电时激活，激活时间为整定时间，如 $t_{inrush}=5s$。

当定值 InrushInp 设为“Always True”时，涌流制动功能正常运行时常投入起作用。

相关定值项如下：

1）激活时间整定值采用“Always False”，并设置 $t_{inrush}=5s$，则变压器空载投入充电时激活 5s 内二次谐波、波形间断投入制动功能，其他时间退出二次谐波、波形间断制动功能。一般不采用此整定。

2）激活时间整定值采用“Always True”时，二次谐波、波形间断长投入制动。一般采用此整定。

（6）高起动值 $I^*_{d.op.min.h}$。取 $I^*_{d.op.min.h}=0.75I_{t.n}$，$I^*_{d.op.min.h.set}=0.75/K$，使用时应有开入量控制，如变压器过励磁时需要将最小动作电流自动提高至高起动值为 $0.75I_{t.n}$ 时，可采用过励磁判据信号，由过励磁判据信号开入量自动将最小动作电流提高至高起动值为 $0.75I_{t.n}$。在整定时一般不用此功能（不接开入量控制此功能就自动退出）。

（7）差动速断动作电流整定值 $I_{d.op.qu.set}$ 计算。

1）按躲过变压器空载合闸时的励磁涌流计算，大型变压器一般计算值取

$$I_{d.op.qu}=(3\sim4)I_{t.n}$$

2）按躲过变压器穿越性故障时最大不平衡电流计算，计算值取

$$I_{d.op.qu}=0.375I_{K.max}$$

3）输入装置的整定值，为换算至变压器参考额定容量为基准，$I_{d.op.qu.set}=I_{d.op.qu}/K$。当变压器参考额定容量系数 $K\neq1$ 时，输入装置的整定值，均应换算至变压器参考额定容量为基准时的整定值，最小动作电流整定值 $I^*_{d.op.min.set}=I^*_{d.op.min}/K$；制动分界点整定值 $b_{set}=b/K$；高起动整定值 $I^*_{d.op.min.h.set}=0.75/K$；差动速断动作电流整定值 $I_{d.op.qu.set}=I_{d.op.qu}/K$；如上述计算例中，$K=1.333\neq1$ 时计算整定值和输入装置的整定值关系见表 3-2。

表 3-2　　$K=1.333$ 时计算整定值和输入装置的整定值关系表

计算整定值	$I^*_{d.op.min}=0.4$（$I_{t.n}$）	$S=0.5$	$b=2$	$I^*_{d.op.min.h}=1.0$	$I^*_{d.op.qu}=6.65$
输入整定值	$I^*_{d.op.min.set}=0.3$（$KI_{t.n}$）	$S_{set}=0.5$	$b_{set}=1.5$	$I^*_{d.op.min.h.set}=0.75$	$I^*_{d.op.qu.set}=5.0$
通电实测值	$I_{d.op.min}=I^*_{d.op.min}I_{t.n}$	$S=0.5$	$I_{res}=bI_{t.n}$	$I_{d.op.min.h}=1.0\times I_{t.n}$	$I_{d.op.qu}=6.65\times I_{t.n}$

三、RET521 型变压器纵差动保护

（一）动作特性和动作判据

1. 动作判据

（1）差动电流计算 $\dot{I}_d=|\dot{I}_1+\dot{I}_2+\dot{I}_3|$（正常运行时各侧电流均指向变压器）。

（2）制动电流计算 $I_{res}=\max(I_1、I_2、I_3)$。

(3) 动作判据为

$$\left.\begin{array}{l}\text{当 } I_{res}^{*} \leqslant I_{res1}^{*} \text{ 时}, I_{d}^{*} \geqslant I_{d.op.min}^{*} \text{ 比率差动保护动作} \\ \text{当 } I_{res1}^{*} < I_{res}^{*} \leqslant I_{res2}^{*} \text{ 时}, I_{d}^{*} \geqslant I_{d.op}^{*} = I_{d.op.min}^{*} + S_1(I_{res}^{*} - I_{res1}^{*}) \text{ 比率差动保护动作} \\ \text{当 } I_{res2}^{*} < I_{res}^{*}、I_{d}^{*} < I_{d.op.qu}^{*} \text{ 时}, I_{d}^{*} \geqslant I_{d.op}^{*} = I_{d.op.min}^{*} + S_1(I_{res2}^{*} - I_{res1}^{*}) + S_2(I_{res}^{*} - I_{res2}^{*}) \\ \text{比率差动保护动作} \\ \text{当 } I_{d}^{*} > I_{d.op.qu}^{*} \text{ 不受 } I_{res}^{*} \text{ 和谐波制动差动速断保护动作}\end{array}\right\} \tag{3-10}$$

式中 I_{res1}^{*}——第一拐点制动电流 $I_{res1}^{*}=1.25$pu；

$I_{d.op.min}^{*}$——差动保护最小动作电流（以 pu 为单位）；

I_{res2}^{*}——第二拐点制动电流为差动动作电流为 1pu 对应的制动电流；

第二拐点制动电流为

$$I_{res2}^{*} = \frac{1 - I_{d.op.min}^{*}}{S_1} + 1.25 \tag{3-10a}$$

S_1——第一制动特性线斜率，$S_1=0.3$；

S_2——第二制动特性线斜率；

其他符号含义同前。

(4) 2 次谐波制动判据。2 次谐波与基波比 $K_{2\omega} \geqslant K_{2\omega.set}$ 比率制动差动被闭锁。

(5) 5 次谐波制动判据，5 次谐波与基波比 $K_{5\omega} \geqslant K_{5\omega.set}$ 比率制动差动被闭锁。

(6) 无任何制动的差动速断。当 $I_{d}^{*} \geqslant I_{d.op.qu}^{*}$ 保护不受谐波制动和制动电流 I_{res}^{*} 制动。

2. 动作特性

RET521 型变压器纵差动保护动作特性如图 3-2 所示。图中，RET521 型变压器纵差动保护动作特性由四部分组成，AB 段按最小动作电流动作区（斜率 $S_0=0$），BC 段按斜率 $S_1=0.3$ 动作区，CD 段按斜率 S_2 动作区，EF 为无任何制动的差动速断动作区。

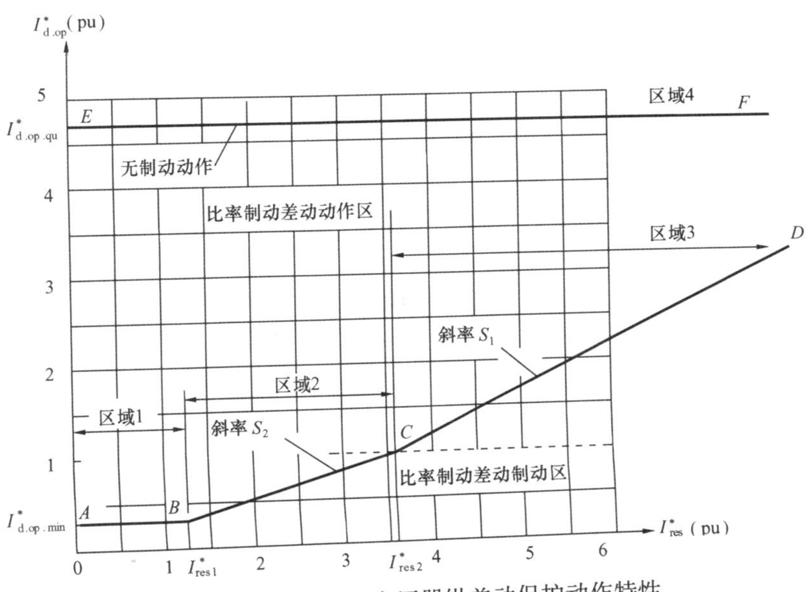

图 3-2 RET521 型变压器纵差动保护动作特性

（二）整定计算

整定值以输入变压器额定参数为基准，制动电流 I^*_{res} 和差动动作电流 $I^*_{d.op}$ 均为变压器额定二次电流 $I_{t.n}$ 为基准的相对值。RET521 型变压器纵差动保护基准侧为高压侧。

1. 最小起动电流

由于制动特性延长线不通过原点，且第一拐点制动电流 $I_{res.1}=1.25I_{t.n}$ 不可整定，最小起动电流应躲过远区外短路故障及变压器和应涌流的最大不平衡电流，取 $I_{d.op.min}=I^*_{d.op.min}I_{t.n}=(0.5\sim0.6)I_{t.n}$，由于本装置 $I^*_{d.op.min}$ 的可取最大值为 50%，所以取

$$I^*_{d.op.min}=50\% \tag{3-11}$$

2. 拐点电流

（1）第一拐点电流 $I^*_{res1}=1.25$（内部固定）。

（2）第二拐点电流为

$$I^*_{res2}=\frac{1-I^*_{d.op.min}}{S_1}+1.25 \tag{3-12}$$

式中 $I^*_{d.op.min}$——最小动作电流以 $I_{t.n}$ 为基准的相对值；

其他符号含义同前。

3. 制动系数斜率

（1）制动系数斜率 $S_1=30\%$。

（2）制动系数斜率 $S_2=50\%$（内部固定）。

RET521 型变压器比率制动差动保护动作特性整定值，如采用 $S_1=30\%$、$S_2=50\%$，RET521 型比率制动差动保护动作特性整定值选取见表 3-3，可选择动作特性号 3。

表 3-3　RET521 型变压器比率制动差动保护动作特性整定值选取表

特性号	第一斜率 S_1	第二斜率 S_2	最小起动电流 $I^*_{d.op.min}$	最小起动电流 $I^*_{d.op.min}$ 缺省值
1	15	50	10～50	10
2	20	50	10～50	20
3	30	50	10～50	30
4	40	50	10～50	40
5	49	50	10～50	50

4. 差动速断动作电流 $I_{d.op.qu}$ 计算

（1）按躲过变压器空载合闸时的励磁涌流计算，大型变压器一般取

$$I_{d.op.qu}=(3\sim4)I_{t.n}$$

（2）按躲过变压器穿越性故障时最大不平衡电流计算，取

$$I_{d.op.qu}=0.375I_{K.max}$$

式中 $I_{K.max}$——区外短路故障流过差动 TA 最大电流。

5. 谐波制动系数整定计算

（1）2 次谐波与基波比定值。为躲过变压器空载投入时励磁涌流，2 次谐波与基波比值取 InrushRatio$=K_{2\omega}=$（15～10）%，一般取 $K_{2\omega}=10\%$。

（2）2 次谐波采用交叉闭锁工频相电流比率差动保护。

（3）5 次谐波与基波比定值。为躲过变压器过励磁时，工频相电流比率差动保护

动，5 次谐波与基波比定值 $K_{5\omega}=(25\sim30)\%$，一般取 $K_{5\omega}=25\%$。

四、REG670 型发电机纵差动保护

（一）动作判据和动作特性

1. 动作判据

REG670 型发电机纵差动保护动作判据与 RET521 型基本相同。不同之处增加了负序电流方向差动动作判据。

（1）工频相电流差动动作判据。REG670 型发电机工频相电流纵差动保护动作判据与 RET521 型相同，不同之处为最小起动电流 $I^*_{d.op.min}$、I^*_{res1}、I^*_{res2}、S_1、S_2 均可选择整定值。

（2）负序电流方向差动保护（区内/区外短路故障识别器）。以比较发电机两侧负序电流方向作为判据，当两侧负序电流方向相反，判区外短路故障，此时 2 次谐波电流分量对工频相电流比率纵差动保护制动；当两侧负序电流方向相同，判区内短路故障，此时不计算 2 次谐波电流分量，2 次谐波电流分量不制动工频相电流比率纵差动保护，负序电流方向判据可提高差动保护的动作速度。负序电流方向差动保护动作判据，为

$$\left.\begin{array}{l}\text{当 } I_{2.N} \text{ 和 } I_{2.T}\geqslant I_{2.set}\\ \text{并满足 } \Delta\varphi=(\angle\dot{I}_{2.N},\dot{I}_{2.T})\leqslant\Delta\varphi_{op.set}=\angle ROA \text{ 判区内故障}\\ \text{以上两条件有一不满足,判断外故障}\\ \text{区内故障负序电流差动保护动作,区外故障负序电流差动保护不动作}\end{array}\right\}\tag{3-13}$$

式中 $I_{2.N}$、$I_{2.T}$——分别为发电机中性点侧和机端侧负序电流；

$I_{2.set}$——差动保护负序电流整定值；

$\Delta\varphi=\angle(\dot{I}_{2.N},\dot{I}_{2.T})$——发电机中性点侧和机端侧负序电流相角差；

$\Delta\varphi_{op.set}$——负序电流方向差动保护动作整定角；

$\angle ROA$——负序电流方向差动保护动作区的一半$\angle ROA=\Delta\varphi_{op.set}$。

（3）负序电流方向差动保护功能。为

1）发电机中性点侧和机端侧负序电流同时大于等于负序电流整定值 $I_{2.set}$，发电机中性点侧和机端侧负序电流相角差 $\Delta\varphi=\angle(\dot{I}_{2.N},\dot{I}_{2.T})<\Delta\varphi_{op.set}=\angle ROA$，判区内短路故障；自动解除谐波制动，此时工频相电流比率差动保护不受谐波制动，当满足 $I_d\geqslant I_{d.op}$ 时直接动作。

2）当发电机中性点侧和机端侧负序电流一侧大于等于负序电流整定值 $I_{2.set}$，另一侧负序电流小于负序电流整定值 $I_{2.set}$，或两侧负序电流均小于负序电流整定值 $I_{2.set}$，不论实际 $\Delta\varphi=\angle(\dot{I}_{2.N},\dot{I}_{2.T})$ 多大，均被赋值 $\Delta\varphi=\angle(\dot{I}_{2.N},\dot{I}_{2.T})=120°$，判区外故障，此时工频相流比率差动保护按谐波制动判据动作。

负序电流方向差动保护动作判据如图 3-3 所示，图 3-3（a）中，当区外短路故障时，发性点侧负序电流 $\dot{I}_{2.N}$ 和机端侧负序电流 $\dot{I}_{2.T}$ 方向相反，或两侧负序电流相角差大于则负序电流方向差动保护判区外短路故障。

-3（b）中，当区内短路故障时，发电机中性点侧负序电流 $\dot{I}_{2.N}$ 和机端侧负序电流相同，或两侧负序电流相角差小于 60°，则负序电流方向差动保护判区内短路故障。

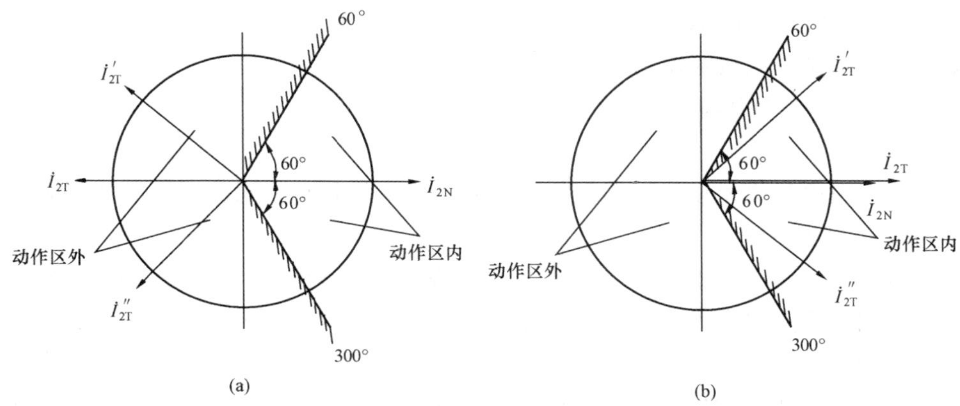

图 3-3　负序电流方向差动保护动作判据图

(a) 区外故障负序电流相量关系图；(b) 区内故障负序电流相量关系图

(4) 谐波制动判据。考虑发电机区外短路故障时，当 TA 饱和时可能产生各次谐波，此时对受谐波影响的差动保护进行制动闭锁。发电机谐波制动判据采用交叉闭锁，根据需要可以在整定时投入和退出。

(5) 直流偏置制动判据。由测量电流中提取直流分量作为制动电流，当区外短路故障时存在较大的非周期性分量电流时，产生较大不平衡电流，此时使用故障电流中的直流分量制动，可防止保护在外部短路故障时误动作。当发电机保护的两侧 TA 型号不一致或对于并联电抗器的差动保护，该功能定值必须投入，直流偏置制动功能定值（OperDCBiasing）设置 On 为投入直流偏置制动功能；直流偏置制动功能定值设置 Off 为退出直流偏置制动功能。

(6) 暂时性提高动作整定值功能。当发电机两侧采用的电流互感器特性不一致时，同时回路具有较长的直流（DC）衰减时间常数，则区外短路故障时可能产生很大的不平衡电流，以致造成比率制动差动保护误动。为防止这一情况发生，保护动作特性可按暂时性提高差动保护最小动作电流值至 $nI_{\mathrm{d.op.min}}$ 的特性动作。

整定暂时性提高最小动作整定值 $I_{\mathrm{d.op.min.h}}=nI_{\mathrm{d.op.min}}$，$I^{*}_{\mathrm{d.op.min.h}}=n$ 为设定提高最小动作电流倍数，如 $n=2$，为将最小动作电流自动提高至 $2I_{\mathrm{d.op.min}}$，而制动特性斜率不变。

当功能模块输入信号（Raise Picup）设置 1 为投入暂时性提高最小动作电流整定值；

当功能模块输入信号设置 0 为退出暂时性提高最小动作电流整定值，最小动作电流仍为 $I_{\mathrm{d.op.min}}$。

该功能并受外部开入量控制，当外部开入量置位，该功能起作用。外部无开入量输入保护，该功能退出。该开入量为可编程外部接入的开入量或其他模块输出的逻辑信号。国内通常不使用该保护功能。

2. 动作特性

REG670 型和 RET521 型纵差动保护比率制动动作特性相同，如图 3-2 所示。

(二) 整定计算

1. 通用整定值

(1) 发电机一次额定电流值 $I_{\mathrm{G.N}}=\dfrac{P_{\mathrm{G.N}}}{\sqrt{3}U_{\mathrm{G.N}}\cos\varphi_{\mathrm{n}}}$。

(2)两侧 TA 极性倒向定值 Invert Curr。Invert Curr 设置“Yes”为倒向，Invert Curr 设置“No”为不倒向。

2. 模拟量通道通用整定值

(1)两侧 TA 一、二次额定电流整定值。

(2)两侧 TA 极性指向设置。非极性端指向发电机设置“ToObjiec”；否则设置“FromObject”。

3. 基本整定值计算

(1)工频相电流差动最小起动电流整定值，按躲过正常最大不平衡电流计算，理论计算和实测均不超过 $0.1I_{g.n}$。但考虑远区外短路和电流的突变等因素，取 $I_{d.OP.min}=0.25I_{G.N}$，整定基准电流 $I_B=I_{G.N}$；则 $I_{d.OP.min}=0.25I_B$。

(2)差动速断动作电流整定值，大型发电机一般取 $I_{d.OP.qu}=3I_{G.N}=3I_B$。

(3)负序电流起动整定值 $I_{2.OP.set}$。按躲过正常最大负序电流计算，我国电力系统内发电机正常运行时最大负序电流不超过(2～3)$\%I_{G.N}$，所以一般取 $I_{2.OP.set}=5\%I_B$。

(4)工频相电流差动拐点 1 电流 I_{res1}，一般取 $I_{res1}=(0.8\sim1.25)I_B$。

(5)工频相电流差动拐点 2 电流 I_{res2}。根据发电机区外短路故障，TA 有较大误差出现时的电流，一般取 $I_{res2}=(3\sim4)I_B$。

(6)恒定特性斜率 S_0，装置内部固定 $S_0=0$。

(7)第一制动特性线斜率 S_1。取 $S_1=0.3$。

(8)第二制动特性线斜率 S_2。由于发电机区外最大短路电流不超过 $4I_{G.N}$可取 $S_2=0.3$。当区外短路电流超过 $4I_{G.N}$，取 $S_2=0.5$。

(9)负序电流方向差动保护动作整定角 $\Delta\varphi_{op.set}$整定值一般取 $\Delta\varphi_{op.set}=60°$。

(10)二次谐波制动整定值 $K_{2\omega.set}$，发电机保护可取 $K_{2\omega.set}=50\%$。

(11)暂时性提高动作整定值 $I_{d.op.min.h}=2I_{d.op.min}$。当输入信号为 1，投入暂时性提高动作整定值；当输入信号为 0，退出暂时性提高动作整定值。暂时性提高动作整定值通常退出。

(12)附加跳闸延时(AddTripDelay)，$t_{op}=0.01s$，当输入信号为 1，投入附加跳闸延时；当输入信号为 0，退出附加跳闸延时。附加跳闸延时功能通常退出。

(13)直流偏置功能。发电机差动保护直流偏置功能通常退出。

【例 3-2】 667MVA 发电机 $U_N=20kV$，$I_N=19\ 255A$，两侧 TA 变比为 25 000/1A。整定计算差动保护 REG670 的整定值。

1. 通用整定值计算

解 (1)发电机一次额定电流

$$I_{G.N}=\frac{P_{G.N}}{\sqrt{3}U_{G.N}\cos\varphi_n}=\frac{667\times10^3}{\sqrt{3}\times20\times0.9}=19\ 255A$$

一次基准电流 $I_B=I_{G.N}=19\ 255A$。

(2)发电机机端 TA 极性倒向定值 Invert Curr。设置为“No”。

(3)发电机中性点侧 TA 极性倒向定值 Invert Curr。设置为“No”。

2. 模拟量通道通用整定值

(1) 发电机机端 TA 一次额定电流 $I_{TA.N1}=25\ 000A$。

(2) 发电机中性点侧 TA 一次额定电流 $I_{TA.N2}=25\ 000A$。

(3) 发电机机端 TA 二次额定电流 $I_{TA.n1}=1A$。

(4) 发电机中性点侧 TA 二次额定电流 $I_{TA.n2}=1A$。

(5) 发电机机端 TA 极性指向发电机设置为“To Object”。

(6) 发电机中性点侧 TA 极性指向发电机设置为“To Object”。

3. 基本整定值计算

(1) 保护基准电流 I_B 设置。一次基准电流 $I_B=I_{G.N}=19\ 255A$。

(2) 工频相电流差动最小起动电流整定值，按躲过正常最大不平衡电流计算，理论计算和实测均不超过 $0.1I_{g.n}$。但考虑远区外短路和电流的突变等因素，取 $I_{0.d.min}=0.25I_{G.N}=0.25I_B$。

(3) 差动速断动作电流整定值。大型发电机取 $I_{d.OP.qu}=3I_{G.N}=3I_B$。

(4) 负序电流起动整定值 $I_{2.OP.set}$。按躲过正常最大负序电流计算，我国电力系统内发电机正常运行时，最大负序电流不超过 (2～3)%$I_{G.N}$，所以取 $I_{2.OP.set}=5\%I_{G.N}=5\%I_B$。

(5) 工频相电流差动拐点 1 电流 I_{res1}。拐点 1 制动电流取 $I^*_{res.1}=1I_{G.N}=1I_B$。

(6) 工频相电流差动拐点 2 电流 I_{res2}。根据发电机区外短路故障，TA 有较大误差出现时的电流，拐点 2 制动电流取 $I^*_{res.2}=3I_{G.N}=3.0I_B$。

(7) 恒定特性斜率 S_0。装置内部固定 $S_0=0$。

(8) 第一斜线制动特性斜率 S_1。取 $S_1=0.3$。

(9) 第二斜线制动特性斜率 S_2。由于区外短路故障电流不超过 $4I_{G.N}$，取 $S_2=0.3$。

(10) 负序电流方向差动保护动作整定角 $\Delta\varphi_{op.set}$ 整定值取 $\Delta\varphi_{op.set}=60°$。

(11) 相对谐波扭曲整定值 $K_{\omega.set}$。发电机将该功能退出不用，取 $K_{\omega.set}=50\%$。

(12) 暂时性提高动作整定值。输入信号 Raise Picup 设置为 0，该功能退出。

(13) 附加跳闸延时。$t_{op}=0.01s$，输入信号 Raise Picup 设置为 0，附加跳闸延时功能退出。

(14) 直流偏置功能。发电机差动保护直流偏置功能退出，取 $I^*_{d.op.min.h}=n=1$。

五、RET670 型变压器纵差动保护

(一) 动作判据和动作特性

RET670 型变压器纵差动保护和 REG670 型发电机纵差动保护动作特性和动作判据基本相同，所不同的仅增加以下功能。

(1) 负序电流方向差动保护当判区内故障、且制动电流 $I_{res}<1.5I_{g.n}$ 时，由于测量电流波形通常正常，TA 不可能饱和，灵敏负序电流方向差动保护可经 20ms 延时动作于跳闸。主变差动保护在外部故障，当制动电流 $I_{res}>1.5I_{g.n}$ 时，TA 有可能饱和，测量电流波形异常，此时会影响负序方向差动保护判断。故跳闸功能在 $I_{res}>1.5I_{g.n}$ 时自动闭锁，但仍继续判断区内/区外短路故障。

(2) 相位补偿和幅值平衡功能。它是由于变压器正常两侧一次电流和相位实际是不相同的，和其他变压器纵差动保护相同，所以必须有相位补偿和幅值平衡功能。

(3) 消除变压器 YN 侧零序电流 $3I_0$ 功能。由于区外接地短路故障时，在变压器 YN 绕组侧存在很大的零序电流 $3I_0$，而 d 侧却不存在零序电流 $3I_0$，因此保护算法中必须设置自动消除 YN 侧零序电流 $3I_0$ 的功能。

(4) 有载调压分接头（OLTC）调节的在线补偿功能。它是当 OLTC 在改变位置时，保护将自动检测到 OLTC 改变后的位置，保护算法自动对变压器按运行中实际变比进行补偿计算，以达到消除差动不平衡电流中 Δu 的影响，以减少差动不平衡电流，从而可降低差动保护的整定值，提高差动保护的动作灵敏度。

(5) 差动电流告警功能。它是增加差动电流告警功能，差动保护对工频相电流差动保护的差电流值，不断地进行测量计算和监视，一旦三相工频差动电流超过设定的门槛整定值，差动保护发出告警信号。

(6) 波形制动判据。它是除有 2 次和 5 次谐波制动判据，增设的波形制动判据。波形制动判据是谐波制动判据的补充，是检测三相电流波形是否间断，当间断时自动闭锁工频差动保护，其闭锁间断角在装置内设置，不需整定。

(7) TA 断线判据。它是当 TA 二次回路断线时，可闭锁差动保护，并发出 TA 断线告警信号。如果不使用差动保护的 TA 断线检测功能，TA 断线监视可通过 RET670 型装置的 TA 回路监视模块 CCSU 实现，CCSU 的监视信号一般不闭锁差动保护，仅作为 TA 断线告警信号。

(二) 整定计算

1. 通用整定值（变压器一次设备的额定参数）

(1) 变压器各侧一次额定电流；一次额定电压；各侧 TA 一次额定电流；有载调压分接头（OLTC）各档位置；变压器各侧绕组接线方式；变压器各侧零序电流 $3I_0$ 消除设置为“on”、不消除设置为“off”。

(2) 差动保护基准电流 I_B 按变压器额定电流计算。即

$$I_B = I_{T.N1} = \frac{S_{T.N}}{\sqrt{3}U_{T.N1}}$$

式中 $I_{T.N1}$——变压器高压侧额定电流；

I_B——保护整定基准电流。

(3) TA 接线方式设置。3/2 接线或 T 接方式设置为“Yes”，单个 TA 接方式设置为“No”。

(4) TA 极性倒向整定值 Invert Curr，设置“Yes”为倒向，设置“No”为不倒向。

(5) TA 极性指向设置整定值。极性端指向变压器时为“ToObjiec”，非极性端指向变压器时为“FromObject”。

2. 基本整定值计算

(1) 差动告警电流整定值 $I_{d.op.A}$。按躲过正常最大不平衡电流计算，取 $I_{d.op.A}=0.15I_B$。

(2) 差动电流告警延时整定值。取 $t_{op}=0.5s$。

(3) 工频相电流差动最小起动电流（动作-制动特性的灵敏 1 段）整定值。按躲过正常最大不平衡电流计算，正常最大不平衡电流理论计算和实测均不超过 $0.1I_{T.N1}$，但考虑远区外短路和电流的突变两侧 TA 暂态误差不一致，以及变压器和应涌流等因素，取 $I_{d.OP.min}=$

$0.5I_{T.N1}=0.5I_B$。

(4) 工频相电流差动拐点1—动作/制动特性1段末整定值 I_{res1}。按变压器额定电流左右开始制动计算，一般取 $I_{res1}=(0.8\sim1.25)I_{T.N1}=(0.8\sim1.25)I_B$。

(5) 工频相电流差动拐点2—动作/制动特性2段末整定值 I_{res2}。按变压器其中有一侧TA误差较大时的电流计算，一般取 $I_{res2}=(3\sim6)I_{T.N1}=(3\sim6)I_B$。

(6) 制动特性的斜率 S_1。内部设置 $S_1=0$。

(7) 制动特性的斜率 S_2。S_2 按躲过区外短路电流 $I_K<I_{res2}$ 且TA未饱和时计算，TA为TPY型理论计算值 S_2 不超过20%，取 $S_2=30\%$；TA为5P20型一般取 $S_2=50\%$。

(8) 制动特性的斜率 S_3。S_3 按躲过区外短路电流 $I_K>I_{res2}$ 计算，或根据实际可能的最大短路电流计算，对双母线接线方式或其他接线方式，流过TA的短路电流 $<5I_{T.N1}$，TA未饱和，此时可取 $S_3=50\%$。对3/2断路器接线方式，当流过T接线支路TA的短路电流 $I_K>10I_{T.N1}$，此时TA可能暂态饱和，导致TA暂态误差很大，此情况一般取 $S_2=70\%\sim80\%$。

(9) 差动速断动作电流整定值。

1) 按躲过变压器空载合闸时的励磁涌流计算，大型变压器一般取 $I_{d.OP.qu}=(3\sim4)I_{T.N1}=(3\sim4)I_B$。

2) 按躲过变压器穿越性故障时最大不平衡电流计算，取 $I_{d.OP.qu}=0.375I_{K.max}$。

(10) 负序电流起动整定值 $I_{2.OP.set}$ 计算。按躲过正常最大负序电流计算，我国电力系统变压器正常运行时最大负序电流不超过 $(2\sim3)\%I_{TN1}$，取 $I_{2.OP.set}=5\%I_{TN1}=5\%I_B$。

(11) 负序电流方向差动保护动作整定角。根据区内短路故障，两侧负序电流最大相角差计算，一般取 $\Delta\varphi_{op.set}=60°$。

(12) 谐波制动系数整定计算。

1) 2次谐波与基波比定值。为躲过变压器空载投入时励磁涌流，2次谐波与基波比定值取 $K_{2\omega}=(15\sim10)\%$，一般取 $K_{2\omega}=15\%$。

2) 2次谐波采用交叉闭锁方式。

3) 5次谐波与基波比定值。为躲过变压器过励磁时工频相电流比率差动保护误动，5次谐波与基波比定值 $K_{5\omega}=(25\sim30)\%$，一般取 $K_{5\omega}=25\%$。

(13) TA断线功能可退出。可利用TA回路监视模块检测回路异常，可作TA断线告警信号，不闭锁差动保护。

【例3-3】 720MVA变压器525/20kV，792/20785A，变压器高压侧TA变比为2500/1A，变压器低压侧TA变比为25000/1A，厂用分支侧TA变比为6000/1A。整定计算差动保护RET670型整定值。

1. 通用整定值计算

解 (1) 主变压器高压侧一次额定电流值 $I_{T.N1}=\dfrac{S_{T.N}}{\sqrt{3}U_{T.N1}}=792A$

变压器低压侧一次额定电流值 $I_{T.N2}=\dfrac{S_{T.N}}{\sqrt{3}U_{T.N2}}=20785A$

(2) 保护基准电流 I_B 设置。设置主变压器高压侧 $I_B=I_{T.N1}=792A$。

(3) 主变压器高压侧 TA 一次额定电流 2500A。

(4) 主变压器低压侧 TA 一次额定电流 25 000A。

(5) 厂用分支侧 TA 一次额定电流 6000A。

(6) 主变压器高压侧 TA 二次额定电流 $I_{TA.n1}=1A$。

(7) 主变压器低压侧 TA 二次额定电流 $I_{TA.n2}=1A$。

(8) 厂用分支侧 TA 二次额定电流 $I_{TA.n3}=1A$。

(9) 主变压器高压侧 TA 是否为 3/2 接线。设置“Yes”。

(10) 主变压器低压侧 TA 是否为 3/2 接线。设置“No”。

(11) 厂用分支侧 TA 是否为 3/2 接线。设置“No”。

(12) 主变压器高压侧 TA 极性指向变压器设置为“To Objiec”。

(13) 主变压器低压侧 TA 极性指向变压器设置为“To Objiec”。

(14) 厂用分支侧 TA 极性指向变压器设置“To Objiec”。

(15) 主变压器高压侧 TA 极性倒向定值 InvertCurr 设置为“No”。

(16) 主变压器低压侧 TA 极性倒向定值 InvertCurr 设置为“No”。

(17) 厂用分支侧 TA 极性是否需要倒向 InvertCurr 设置为“No”。

(18) 有载调压分接头 (OLTC) 各档位置。设置为“Notused”。其他项使用缺省值。

(19) 变压器各侧绕组接线方式。

1) 主变压器高压侧绕组 s_1 设置为“YN”。

2) 主变压器低压侧绕组 s_2 设置为“d11”。

3) 高压厂用变压器高压侧绕组 s_3 设置为“d11”。

(20) 变压器各侧零序电流 $3I_0$ 消除或不消除整定值。

1) 主变压器高压侧 $3I_0$ 消除设置为“On”。

2) 主变压器低压侧 $3I_0$ 不消除设置为“Off”。

3) 高压厂用变压器高压侧 $3I_0$ 不消除设置为“Off”。

2. 基本整定值计算

(1) 差动告警电流整定值 $I_{d.op.A}$。按躲过正常最大不平衡电流计算，取 $I_{d.op.A}=0.15I_B$。

(2) 差动电流告警延时整定值。取 $t_{op}=0.5s$。

(3) 工频相电流差动最小起动电流（动作-制动特性的灵敏 1 段）整定值，按躲过正常最大不平衡电流计算，正常最大不平衡电流理论计算和实测均不超过 $0.2I_{T.N1}$，但考虑远区外短路和电流的突变两侧 TA 暂态误差不一致，以及变压器和应涌流等因素，取 $I_{d.OP.min}=0.5I_{T.N1}=0.5I_B$。

(4) 工频相电流差动拐点 1—动作/制动特性 1 段末整定值 I_{res1}。按变压器额定电流左右开始制动计算，一般取 $I_{res1}=1.25I_{T.N1}=1.25I_B$。

(5) 工频相电流差动拐点 2—动作/制动特性 2 段末整定值 I_{res2}。500kV 线路出口短路时最大短路故障电流约为 $25I_{T.N1}$，按变压器其中有一侧 TA 误差较大时的电流计算，取 $I_{res2}=6I_B$。

(6) 制动特性的斜率 S_1。内部设置 $S_1=0$。

(7) 制动特性的斜率 S_2。S_2 按躲过区外短路电流 $I_K<I_{res2}$ 且 TA 未饱和时计算，TA 为

5P30 型，取 $S_2=50\%$。

（8）制动特性的斜率 S_3。3/2 断路器接线方式，当流过 T 接线支路 TA 的短路电流 $I_K=25I_{T.N1}$，此时 TA 可能暂态饱和，导致 TA 暂态误差很大，取 $S_3=80\%$。

（9）差动速断动作电流整定值。

1）按躲过变压器空载合闸时的励磁涌流计算，大型变压器一般取 $I_{d.OP.qu}=4I_{T.N1}=4I_B$。

2）按躲过变压器穿越性故障时最大不平衡电流计算，$I_{d.OP.qu}=0.375I_{K.max}=0.375\times25=9.3I_{T.N1}$，取 $I_{d.OP.qu}=9I_B$。

（10）负序电流起动整定值 $I_{2.OP.set}$ 计算。按躲过正常最大负序电流计算，我国电力系统变压器正常运行时最大负序电流不超过（2～3）%I_{TN}，取 $I_{2.OP.set}=5\%I_{TN}=5\%I_B$。

（11）负序电流方向差动保护动作整定角。根据区内短路故障，两侧负序电流最大相角差计算，取 $\Delta\varphi_{op.set}=60°$。

（12）谐波制动系数整定计算。

1）2 次谐波与基波比定值。为躲过变压器空载投入时励磁涌流，2 次谐波与基波比定值取 $K_{2\omega}=0.15\sim0.1=(15\sim10)\%$，取 $K_{2\omega}=15\%$。

2）2 次谐波采用交叉闭锁方式。

3）5 次谐波与基波比定值。为躲过变压器过励磁时工频相电流比率差动保护误动，5 次谐波与基波比定值 $K_{5\omega}=0.25\sim0.3=(25\sim30)\%$，取 $K_{5\omega}=25\%$。

（13）TA 断线闭锁差动保护功能退出。

六、变压器制动式零序电流方向差动保护（RET670 型）

（一）动作判据和动作特性

1. 制动式零序电流方向差动保护差电流和制动电流的计算

变压器零序电流方向差动保护区外接地短路动作判据如图 3-4 所示，图中 T 为 YNd11 接线的变压器，零序电流方向差动保护测量电流取自变压器中性点 TA0 二次的零序电流 $\dot I_n$，变压器高压侧三相电流互感器 TA1 的二次电流，经滤去 3 次谐波电流后，取得零序电流 $3\dot I_0=\dot I_A+\dot I_B+\dot I_C$（高压侧有一组三相 TA1 时，取三相电流相量和），或 $3\dot I_0=\dot I_{1A}+\dot I_{1B}+\dot I_{1C}+\dot I_{2A}+\dot I_{2B}+\dot I_{2C}$（取高压侧 3/2 断路器接线方式中二组三相 TA 时，为所有三相电流相量和），当区内、区外单（两）相接地时，$\dot I_n$ 均指向变器绕组，区外单（两）相接地 $3\dot I_0$ 指向变器绕组，区内单（两）相接地 $3\dot I_0$ 指向母线，从而可根据变压器区内/区外单（两）相接地时，$3\dot I_0$、$\dot I_n$ 幅值大小不同，方向相差 180°的变化，可以构成制动式零序电流方向差动保护。

（1）零序差动电流 $I_{0.d}$ 计算。零序差动电流

$$I_{0.d}=|3\dot I_0+\dot I_n| \tag{3-14}$$

（2）零序差动保护制动电流 $I_{0.res}$ 计算。为最大相的电流除以该 TA 的裕度系数，即

$$I_{0.res}=\max\left\{\frac{\max(I_{1A}、I_{1B}、I_{1C})}{K_{TA.m1}},\frac{\max(I_{2A}、I_{2B}、I_{2C})}{K_{TA.m2}},I_n\right\} \tag{3-15}$$

式中　$I_{0.res}$——零序制动电流；

$I_{0.d}$——零序差动电流；

$3\dot{I}_0$——变压器高压出口侧计算零序电流；

$\dot{I}_n$——变压器中性点侧零序电流；

$K_{TA.m1}$、$K_{TA.m2}$——分别为变压器高压侧 T 接线 TA1、TA2 裕度系数（电流互感器一次额定电流与变压器额定电流之比）；变压器高压侧单组 TA 取 $K_{TA.m}=1$，此时测量相电流 I_{1A}、I_{1B}、I_{1C}即为参与制动电流 $I_{0.res}$的计算电流；变压器高压侧为 3/2 断路器接线，对应 TA 可取 $K_{TA.m}>1$，测量相电流 I_{1A}、I_{1B}、I_{1C}经裕度系数缩小 $K_{TA.m}$倍后，再参与制动电流 $I_{0.res}$的计算电流；$K_{TA.m}$在计算过程中仅对 $I_{0.res}$计算值起作用；

I_{1A}、I_{1B}、I_{1C}、I_{2A}、I_{2B}、I_{2C}——分别为变压器高压侧 T 接线回路各相电流；

$\max(I_{1A},I_{1B},I_{1C},I_{2A},I_{2B},I_{2C})$——分别为变压器高压侧 T 接线回路最大相电流。

2. 区内/区外接地短路故障零序电流的方向判据

（1）区外接地短路故障零序电流的方向判据。区外接地短路故障动作判据如图 3-4 所示。图 3-4(a)中，区外接地短路时 $3\dot{I}_0$、$\dot{I}_n$ 理论上幅值相等，零序差动继电器 KD0 的零序不平衡电流理论值为 0，由于 TA 存在实际上误差的不一致，零序差动电流 $I_{0.d}$或不平衡电流 ΔI_d 不为 0，即 $\Delta I_d=I_{0.d}\neq0$。区外接地短路 $3I_0$ 和 I_n 相量关系如图 3-4(b)所示。

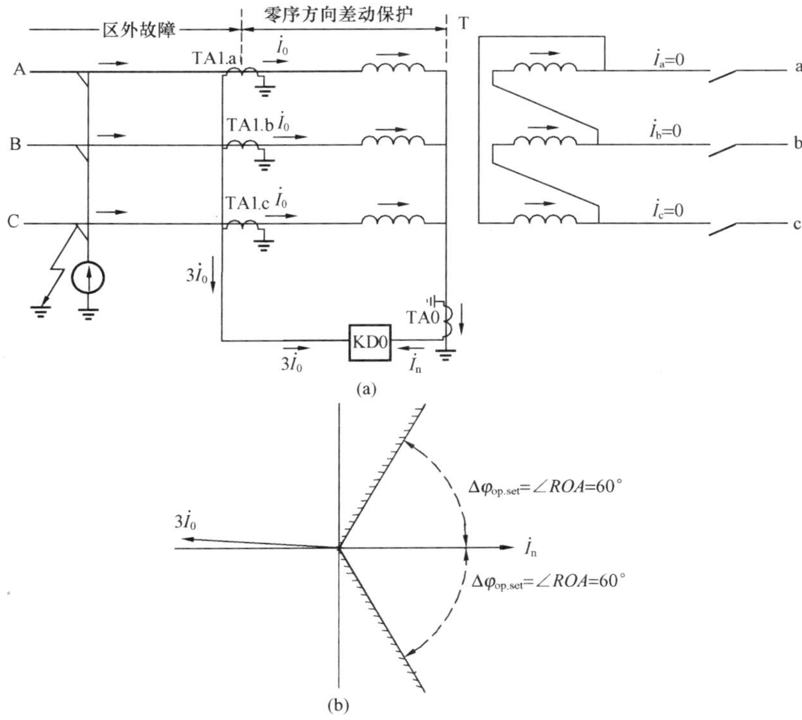

图 3-4 变压器零序电流方向差动保护区外接地短路故障动作判据图

(a) 区外接地短路故障电路图；(b) 区外接地短路 $3I_0$ 和 I_n 相量关系图

图中，理论上相角差$\angle(3\dot{I}_0, \dot{I}_n)=180°$，实际为$-90°>\angle(3\dot{I}_0, \dot{I}_n)>90°$，当$|\angle(3\dot{I}_0, \dot{I}_n)|\geqslant\angle ROA=\Delta\varphi_{op.set}$则判区外接地短路故障，此时闭锁制动式零序电流方向差动保护。

(2) 区内接地短路故障零序电流的方向判据。变压器零序电流方向差动保护区内接地短路故障判据如图 3-5 所示，图 3-5(a)中，区内接地短路 $3\dot{I}_0$、$\dot{I}_n$ 幅值一般不相等，零序电流均由短路点流出，即方向相同。区内接地短路 $3\dot{I}_0$ 和$\dot{I}_n$ 相量关系如图 3-5(b)所示。图中，区内接地短路 $3\dot{I}_0$、$\dot{I}_n$ 相角差理论值为 0°，实际上一般为$-60°<\angle(3\dot{I}_0, \dot{I}_n)<60°$，当中性点侧零序电流 $I_n>0.5I_{0.d.op.min}$，且$|\angle(3\dot{I}_0, \dot{I}_n)|\leqslant\angle ROA$，则判区内接地短路故障，开放制动式零序电流方向差动保护。当中性点侧零序电流 $I_n<0.5I_{0.d.op.min}$，不判方向。

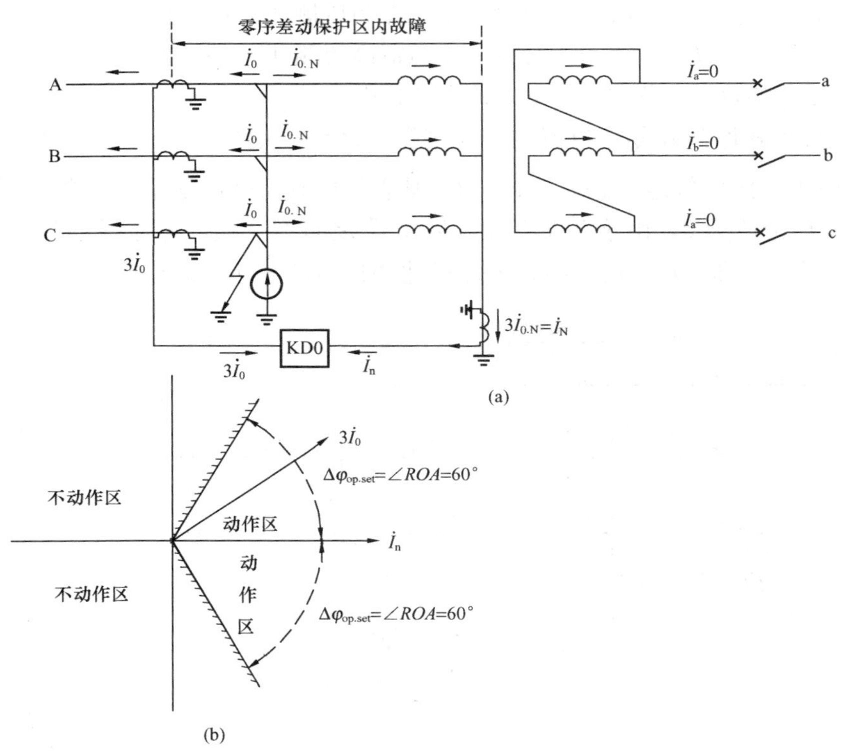

图 3-5　变压器零序电流方向差动保护区内接地短路故障动作判据图
(a)区内接地短路故障电路图；(b)区内接地短路 $3I_0$ 和 I_n 相量关系图

(3) 区外相间短路。由于高压侧三相电流互感器 TA 误差不一致，区外相间短路时 $3\dot{I}_0\neq0$，且方向随机而不确定，由于$\dot{I}_n\approx0$ 或$\dot{I}_n<0.5I_{0.d.op.min}$，此时保护赋值$\angle(3\dot{I}_0, \dot{I}_n)=120°\geqslant\angle ROA$，判区外故障，闭锁制动式零序电流方向差动保护。

3. 制动式零序比率制动差动保护动作特性和动作方程

制动式零序比率制动差动保护动作特性如图 3-2 所示。当用 $I_{0.d}$代替式 (3-10) I_d 后，其动作方程与式（3-10）相同。

4. 二次谐波制动判据

$3\dot{I}_0$ 或 $\dot{I}_n$ 二次谐波分量和基波分量之比>60%，闭锁制动式零序电流方向差动保护；$3\dot{I}_0$ 或 $\dot{I}_n$ 二次谐波分量和基波分量之比<60%，开放制动式零序电流方向差动保护。

5. 制动式零序电流方向差动保护动作判据

$$\left.\begin{array}{l}(1)\ 当中性点零序电流\ I_n \geqslant 0.5I_{0.d.op.min}\\(2)\ |\angle(3\dot{I}_0,\dot{I}_n)| \leqslant \Delta\varphi_{op.set} = \angle ROA\\(3)\ 零序差动电流\ I_{0.d}\ 在动作/制动特性曲线之上侧动作区内\\(4)\ 3I_0 > 0.03I_{T.N}\\(5)\ \dfrac{I_{2\omega}}{I_{1\omega}} = K_{2\omega} < 0.6\end{array}\right\} \tag{3-16}$$

制动式零序电流方向差动保护，同时满足上述5条件，制动式零序电流方向差动保护动作出口跳闸。

传统的制动式零序电流差动保护，条件（3）是判断是区内单（两）相接地故障唯一动作条件。RET670型保护中REF型制动式零序电流方向差动保护式（3-16）包含以下两判据，相互把关是为了保护更加可靠，区外接地短路故障，零序电流方向判区外故障，保护不动作；比率制动零序电流差动保护当差动电流小于动作电流亦把关保护不动作；区外相间短路故障，零序电流方向由于 $I_n<0.5I_{0.d.min}$ 判区外故障，同时比率制动零序电流差动保护动作电流亦把关不动作；只有区内接地短路故障，零序电流方向判区内故障，同时比率制动零序电流差动电流大于动作电流，双重动作判据均动作，保护动作出口切断故障（区内相间短路故障不动作）。

以上两判据都是区内单（两）相接地动作判据，区外单（两）相接地和相间短路故障均判区外短路故障，保护不动作，这样保护动作更加可靠。

（二）制动式零序电流方向差动保护整定计算

制动式零序电流方向差动保护动作特性拐点和制动特性线斜率内部设置不必整定计算。即 $I_{res1}=1.25I_B$；$I_{res2}=I^*_{res2}I_B$（按式 $I^*_{res2}=\dfrac{1-I^*_{d.op.min}}{S_2}+1.25$ 计算）；$S_1=0$；$S_2=70\%$；$S_3=100\%$，均为固定值不用另行设置整定值。

整定值计算仅有：①差动保护基准电流 I_B；②最小起动电流 $I_{0.d.min}$；③零序电流方向差动保护特性动作角整定值 $\Delta\varphi_{op.set}=\angle ROA$；④各侧TA裕度系数 $K_{TA.m}$ 整定值。

（1）差动保护基准电流 I_B 设置值，改变和影响 I_{res1}、I_{res2}、$I_{0.d.min}$；I_B 增大 I_{res1}、I_{res2}、$I_{0.d.min}$ 相应增大，比率制动特性曲线右移。I_B 减小 I_{res1}、I_{res2}、$I_{0.d.min}$ 相应减小，比率制动特性曲线左移。表面看 I_{res1}、I_{res2} 不必整定，实际在设置 I_B 时，间接整定改变了 I_{res1}、I_{res2} 的值。

（2）TA裕度系数 $K_{TA.m}$ 整定值。由于制动式零序电流方向差动保护制动电流 $I_{0.res}$ 为最大相的电流除以TA的裕度系数整定值，即制动式零序电流方向差动保护制动电流计算值由式（3-15）计算。

1. 制动式零序电流方向差动保护基准电流 I_B 计算设置

（1）差动保护基准电流 I_B 一般可按变压器额定电流计算。即

$$I_B = I_{T.N1} = \frac{S_{G.N}}{\sqrt{3}U_{T.N1}}$$

（2）自定义虚拟基准电流整定值 I_{Base}计算。为适应计算最小动作电流 $I_{0.d.min}$、制动电流 I_{res1}、I_{res2}，为了使保护动作特性满足整定要求，可以设置需要的基准电流，选取 $I_{Base}=nI_{T.N1}$，$n\neq1$（可取 $n>1$，或 $n<1$），$I_B\neq I_{T.N}$，对于主变差动保护而言，相当于虚拟提高或降低主变压器参考基准额定容量，如取 $n=1$，$I_{Base}=I_{G.N}$；设置基准电流 I_{Base}大小，从而达到相应提高或降低 $I_{0.d.min}$、I_{res1}、I_{res2}。

2. 最小起动电流 $I_{0.d.min}$计算

按躲过正常情况最大零序不平衡电流计算，当 $I_B=I_{T.N1}$时，由于有双重判据，为提高零序比率制动方向差动保护动作灵敏度，可适当取较小值为 $I_{0.d.min}=(20\sim30)\%I_{T.N1}$，并换算为 I_B百分值，当 $I_B=I_{T.N1}$时，$I^*_{0.d.min}=(30\sim50)\%$；当 $I_B\neq I_{T.N1}$时，$I^*_{0.d.min}=(30\sim50)\%\times\frac{I_{T.N1}}{I_B}$。

3. 各侧 TA 裕度系数计算

设：$I_{H.1TA.N}$、$I_{H.2TA.N}$——分别为高压侧 TA1、TA2 一次额定电流；$I_{L.1TA.N}$、$I_{L.2TA.N}$——分别为低压侧 TA1、TA2 一次额定电流；$I_{T.N.H}$、$I_{T.N.L}$——分别为变压器高低压侧额定电流。则

（1）高压侧 TA1 裕度系数 $K_{H.1TA.m}=I_{H.1TA.N}/I_{T.N.H}$。

（2）高压侧 TA2 裕度系数 $K_{H.2TA.m}=I_{H.2TA.N}/I_{T.N.H}$。

（3）低压侧（对自耦变压器）TA1 裕度系数 $K_{L.1TA.m}=I_{L.1TA.N}/I_{T.N.L}$。

（4）低压侧（对自耦变压器）TA2 裕度系数 $K_{L.2TA.m}=I_{L.2TA.N}/I_{T.N.L}$。

为得到合理的制动特性，TA 裕度系数可不按照上述计算公式计算，在整定时可设置，最小值为 1.0，当采用主变压器高压出口 TA 时，一般取 $K_{TA.m}=1$；当采用 3/2 断路器 TA 为降低变压器区内接地短路时的制动作用，必要时可选取 $K_{TA.m}>1$，以减小制动电流，减小区内短路故障时的动作电流，提高区内接地短路故障的灵敏度；但这同时减小区外短路故障动作电流，降低躲区外短路故障不平衡电流的能力，因此应按短路电流大小取用适当的 $K_{TA.m}$以使保护在区内接地短路时有较高的灵敏度，同时有足以躲过区外短路故障最大不平衡电流的能力。

4. 制动式零序电流方向差动保护特性动作角整定值 $\Delta\varphi_{op.set}=\angle ROA$ 计算

按区内接地短路两侧零序电流可能最大相角差 60°时保证可靠动作，区外接地短路两侧零序电流可能最小相角差 120°时保证可靠不动作计算，所以取 $\Delta\varphi_{op.set}=\angle ROA=60°$。

【例 3-4】 720MVA 变压器 525/20kV；792/20785A，变压器高压侧 TA 变比为 2500/1A。整定计算差动保护 RET670 型零序电流方向差动保护中 REF1 型整定值。

1. 制动式零序电流方向差动保护基准电流 I_B 计算设置

解 （1）差动保护基准电流 I_B 按变压器额定电流计算。即

$$I_B = I_{T.N1} = \frac{S_{G.N}}{\sqrt{3}U_{T.N1}} = 792\text{A}$$

（2）基准电流 I_B自定义虚拟设置值计算。$I_B=I_{T.N1}=792$A。

2. 最小起动电流 $I_{0.d.min}$ 计算

按躲过正常情况最大零序不平衡电流计算，由于有双重判据，保护动作比较可靠，可取 $I_{0.d.min}=25\%I_{T.N1}$ 并换算为 I_B 百分值，$I_{0.d.min}=25\%I_B$。

3. 各侧 TA 裕度系数计算

(1) 高压侧 1TA 裕度系数 $K_{H.1TA.m}=I_{H.1TA.N}/I_{T.N.H}=2500/792=3.15$，整定值取 $K_{H.1TA.m}=2$。

(2) 高压侧 TA2 裕度系数 $K_{H.2TA.m}=I_{H.2TA.N}/I_{T.N.H}=2500/792=3.15$，整定值取 $K_{H.1TA.m}=2$。

4. 零序电流方向差动保护特性动作角整定值 $\Delta\varphi_{op.set}=\angle ROA$ 计算

按区内接地短路故障可能最大角 60°时保证可靠动作，区外接地短路故障可能最小角 120°时，保证可靠不动作计算，取 $\Delta\varphi_{op.set}=\angle ROA=60°$。

(三) 说明

如果采用高压侧单侧分相差动保护后，不再采用高压侧制动式零序电流方向差动保护；采用高压侧单侧分相差动保护动作特性，明显优于高压侧制动式零序电流方向差动保护。

七、逆功率保护

由于发电机逆功率值比较小（实际电流不小），逆功率继电器动作整定值也比较小，所以逆功率测量精度要求较高，三相逆功率较单相逆功率测量精度要高，所以应优先采用三相逆功率继电器。另外为保证继电器的测量精度，可输入到保护的 TA 电流应用计量级（s 级）信号。

1. 发电机逆功率保护 K32-G 型最大灵敏角 $\varphi_{sen.max}$ 计算

最大灵敏角 $\varphi_{sen.max}$ 由逆功率继电器测量接线决定，发电机逆功率保护 K32-G 型最大灵敏角 $\varphi_{sen.max}$ 定义：当发电机功率因数 $\cos\varphi=1$ 时，测量电压 U 和测量电流 I 之间相角差为 α，测量功率 $P=UI\cos(\varphi-\alpha)$ 最大时的角 α，为最大灵敏角 $\varphi_{sen.max}=\alpha$。

(1) 0°接线三相逆功率继电器。采用相电流 I_{ph}、相电压 U_{ph} 的 0°接线三相逆功率继电器，三相测量功率为

$$P_{3ph}=3U_{ph}I_{ph}\cos\varphi=\sqrt{3}UI\cos\alpha=\sqrt{3}UI\cos\varphi \tag{3-17}$$

式中 P_{3ph}——三相测量功率；

U_{ph}——测量相电压；

I_{ph}——测量相电流；

U——测量线电压；

I——测量线电流，$I=I_{ph}$；

φ——功率因数角；

α——测量电压和测量电流的相角差。

发电机功率因数 $\cos\varphi=1$，测量电流测量电压相角差为 $\alpha=\varphi=0°$ 时，测量功率最大，所以最大灵敏角 $\varphi_{sen.max}=\alpha=0°$。

(2) 0°接线单相逆功率继电器。采用相电流、相电压 0°接线的单相逆功率继电器，测量功率为

$$P_{1p}=U_{ph}I_{ph}\cos\varphi=\frac{U}{\sqrt{3}}I\cos\alpha=\frac{U}{\sqrt{3}}I\cos\varphi=P_{3ph}/3 \tag{3-18}$$

式中符号含义同前。

当发电机功率因数 $\cos\varphi=1$，测量电流、测量电压相角差为 $\alpha=\varphi=0°$时，测量功率最大，所以最大灵敏角 $\varphi_{sen.max}=\alpha=0°$。

（3）30°接线。采用电流 I_A、电压 U_{AB}的 30°接线单相逆功率继电器，测量功率为

$$P=UI\cos(\varphi+30°)=UI\cos\alpha=P_{3ph}/\sqrt{3}$$

式中符号含义同前。

$\varphi=\alpha-30°$，当 $\alpha=30°$，功率因数角 $\varphi=0°$时，U_{AB}超前 I_A 相角 $\alpha=30°$，应使测量功率最大，所以最大灵敏角为 $\varphi_{sen.max}=30°$。

结论：0°接线采用相电流、相电压三相逆功率继电器最好。如果由于通道不够，采用单相逆功率继电器时，应优先采用电流 I_A、电压 U_{AB}的 30°接线单相逆功率继电器（或 I_B、U_{BC}或 I_C、U_{CA}的 30°接线单相逆功率继电器），其他接线方式，尽可能避免采用，所以，以下仅介绍 0°接线三相逆功率继电器和 30°接线电流 I_A、电压 U_{AB}的单相逆功率继电器的整定计算。

2. 三相逆功率继电器动作功率整定值 $P_{op.3ph}$计算

（1）三相逆功率继电器动作功率整定值。按机组空载损耗计算

$$P_{op.3ph}=\frac{P_1+P_2}{K_{sen}}=-0.0215P_{GN} \tag{3-19}$$

式中 K_{sen}——灵敏系数取 2；

P_{GN}——发电机额定功率；

P_1——主汽门全关闭后汽轮机在逆功率运行时的最小损耗，取 $0.03P_{GN}$；

P_2——主汽门全关闭后发电机在逆功率运行时的最小损耗，取 $0.013P_{GN}$。

（2）根据运行经验计算。根据多年运行经验，即使是同一型号的发电机组，由于安装和运行情况不同，当主汽门关闭后，实际逆功率大小有很大的不同，如 300～600MW 机组，实测逆功率值，有的为$-2\%P_{GN}$；而有的为$-1.2\%P_{GN}$；如取 $P_{op.3ph}=-0.0215P_{GN}$时，实践证明逆功率保护都可能要拒动，为此三相逆功率继电器动作功率整定值取 $P_{op.3ph}=-(0.008\sim0.012)P_{GN}$；不论是单相还是三相逆功率继电器，其通入三相逆功率时，动作逆功率都应是

$$P_{op.3ph}=-(0.008\sim0.012)P_{GN} \tag{3-20}$$

（3）根据主汽门关闭后实测逆功率值 P_m 修正计算

$$P_{op.3ph}=\frac{P_m}{(2\sim1.5)}=(0.5\sim0.67)P_m \tag{3-21}$$

（4）如无实测逆功率值 P_m 一般可取

$$P_{op.3ph}=-0.008P_{GN} \tag{3-21a}$$

3. 发电机逆功率保护 K32-G 型整定值计算

（1）三相动作逆功率 $P_{op.3ph}$整定值。不论是单相还是三相逆功率继电器，都应采用计算

三相动作逆功率整定值 $P_{op.3ph}=\dfrac{P_m}{(2\sim1.5)}=(0.5\sim0.67)P_m$ 或 $P_{op.3ph}=-0.008P_{GN}$。

(2) 基准功率 $P_N^*=P_N/S_N$ 整定值单位 $U_N\times I_N$ 计算。基准功率单位为

$$(U_N\times I_N)=R_u\times U_N\times R_i\times I_N=U_{g.n}\times I_{g.n}(\mathrm{W}) \tag{3-22}$$

式中 P_N、S_N——分别为发电机二次额定有功功率和额定视在功率；

U_N——继电器额定电压；

I_N——继电器额定电流；

R_u——电压通道系数；

R_i——电流通道系数；

$U_{g.n}$——发电机额定二次电压；

$I_{g.n}$——发电机额定二次电流。

(3) 动作逆功率整定值 P_{set}^* 计算。动作逆功率整定值 P_{set}^*，根据可取的最小整定值计算，取 $P_{set}^*=-0.015(U_N\times I_N)$。

(4) 参考基准功率整定值 $P_N^*=P_N/S_N$ 计算。动作逆功率整定值 P_{set}^* 和参考基准功率 P_N^* 整定值，应符合三相动作逆功率 $P_{op.3ph}$ 整定值。

1) 对0°接线三相逆功率继电器，参考基准功率整定值，为

$$P_N^*=P_N/S_N=P_{op.3ph}/(P_{set}^*\times R_u\times U_N\times R_i\times I_N) \tag{3-23}$$

2) 对30°接线 I_A、U_{AB} 单相逆功率继电器，参考基准功率整定值，为

$$P_N^*=P_N/S_N=P_{op.3ph}/\sqrt{3}(P_{set}^*\times R_u\times U_N\times R_i\times I_N) \tag{3-24}$$

例如，某600MW机组，采用30°接线 I_A、U_{AB} 单相逆功率继电器，逆功率保护整定值为 $P_{set}^*=-0.015$；$R_u=1$；$R_i=0.77$；$P_N^*=P_N/S_N=0.6$；通入三相线电压 $U=100\mathrm{V}$；$\varphi=180°$；逆功率继电器动作相电流为34.6mA；实测单相动作功率 $P_{op.ph}=-100\times0.0346=-3.46\mathrm{W}$；这和整定计算值为 $P_{op.ph}=-0.015\times1\times100\times0.77\times5\times0.6=-3.465$ (W) 一致，一次动作逆功率计算值为 $P_{OP.3ph}=P_{op.3ph}\times n_{TV}\times n_{TA}=6\mathrm{MW}$。逆功率保护整定计算见表3-4。

表3-4　　逆功率保护整定计算表

项目		参考基准功率单位整定值 $U_N\times I_N$	参考基准功率整定值 $P_N^*=P_N/S_N$	逆功率整定值 P_{set}^*①	$P_{op.3ph}$
单位		(VA)	$U_N\times I_N$	P_N	W
整定例值		1×100V×0.77×5A=385W	0.5	−0.015	−2.888
整定范围	整定范围		0.5～2.5	−0.1～1.2	
	步长		0.001	0.005	
整定值计算		$R_u\times U_N\times R_i\times I_N$	$P_N=P_N^*\times(U_N\times I_N)$	P_{set}^*	

续表

项 目	参考基准功率单位整定值 $U_N \times I_N$	参考基准功率整定值 $P_N^* = P_N/S_N$	逆功率整定值 P_{set}^*①	$P_{op.3ph}$
整定值之间关系	$P_{op.3ph} = P_{set}^* \times P_N = P_{set}^*$① $\times P_N^* \times (U_N \times I_N) = P_{set}^* \times P_N^* \times R_u \times U_N \times R_i \times I_N$			
0°接线三相逆功率继电器	参考基准功率整定值，$P_N^* = P_N/S_N = P_{op.3ph}/(P_{set}^* \times R_u \times U_N \times R_i \times I_N)$ 继电器实际动作逆功率值，$P_{op.3ph} = P_{set}^* \times P_N^* \times R_u \times U_N \times R_i \times I_N$ 一次实际动作逆功率值，$P_{OP.3ph} = P_{op.3ph} \times n_{TV} \times n_{TA}$			
30°接线 I_A、U_{AB} 单相逆功率继电器	参考基准功率整定值，$P_N^* = P_N/S_N = P_{op.3ph}/\sqrt{3}(P_{set}^* \times R_u \times U_N \times R_i \times I_N)$ 继电器实际单相动作逆功率值，$P_{op.1ph} = (P_{set}^* \times R_u \times U_N \times R_i \times I_N) \times P_N^*$ 继电器实际三相动作逆功率值，$P_{op.3ph} = \sqrt{3}(P_{set}^* \times R_u \times U_N \times R_i \times I_N) \times P_N^*$ 一次实际动作逆功率值，$P_{OP.3ph} = P_{op.3ph} \times n_{TV} \times n_{TA}$			

① 符号 P_{set}^* 在实际装置 REG216、REG521、REG670 型中为 P-Setting。

4. 返回系数 K_{re} 整定值

返回系数取 $K_{re}=0.6$。

5. 功率继电器动作方式选择

功率继电器动作方式 Max-Min—过功率/欠功率，取欠功率 Min。

6. 补偿角 PHi-Comp 整定值

补偿角 PHi-Comp，由 TA、TV 误差决定，一般选择为 0。

7. 动作时间整定值

(1) 程序跳逆功率保护动作时间。取 $t_1 = (0.5 \sim 1)$s；作用于全停。

(2) 逆功率保护动作时间。取 $t_2 = \text{Delay} = (30 \sim 50)$s；作用于全停。

第二节 大型发电机变压器组 GE 继电保护整定计算

一、G60 型发电机纵差保护

(一) G60 型发电机纵差保护动作判据

1. 差动电流和制动电流计算

$$\left.\begin{aligned}&\text{差动电流 } I_d = |\dot{I}_N + \dot{I}_T|\\&\text{制动电流 } I_{res} = \max(I_N, I_T)\end{aligned}\right\} \quad (3\text{-}25)$$

式中 I_N——发电机中性点侧二次电流；

I_T——发电机机端侧二次电流。

2. 动作判据

$$\left.\begin{aligned}&(1)\ \text{当 } I_{res} \leqslant I_{res0} = I_{d.op.min}/S_1 \text{ 时}, I_d \geqslant I_{d.op.min} \text{ 比率差动保护动作}\\&(2)\ \text{当 } I_{res0} < I_{res} \leqslant I_{res1} \text{ 时}, I_d \geqslant I_{d.op} = S_1 \times I_{res} \text{ 比率差动保护动作}\\&(3)\ \text{当 } I_{res1} < I_{res} \leqslant I_{res2} \text{ 时}, I_d \geqslant I_{d.op} = f(I_{res}^3) \text{ 比率差动保护动作}\\&(4)\ I_{res} > I_{res2} \text{ 时}, I_d \geqslant I_{d.op} = S_2 \times I_{res} \text{ 比率差动保护动作}\\&I_{d.op.min} = I_{d.op.min}^* \times I_n\end{aligned}\right\} \quad (3\text{-}26)$$

式中 $I_{d.op}$——比率差动保护动作电流；

$I_{d.op.min}$——比率差动保护最小动作电流（起动电流）；

$I^{*}_{d.op.min}$[1]——比率差动保护最小动作电流以继电器额定电流 I_n 为基准的相对整定值；

I_{res0}——自然拐点制动电流；

I_{res1}——拐点 1 制动电流；

I_{res2}——拐点 2 制动电流；

S_1——制动特性第一斜率；

S_2——制动特性第二斜率；

$I_{d.op}=f(I^3_{res})$——拟合于拐点 1、拐点 2 过渡动作区的动作电流。

3. 动作特性

G60 型发电机纵差保护动作特性曲线如图 3-6 所示（注：G60 型发电机纵差保护无差动电流速断 EF 线），图中制动特性斜线 1 和制动特性斜线 2 反向延长线均通过原点，B 点为制动特性斜线 1 的始端，对应起始制动电流，$I_{res0}=I_{d.op.min}/S_1$ 为自然拐点制动电流，C 点为制动特性斜线 1 的末端，对应制动电流 I_{res1} 称之为拐点 1，D 点为制动特性斜线 2 的始端，对应制动电流 I_{res2} 称之为拐点 2，C 点和 D 点之间为 $I_{d.op}$ 与 I_{res} 的三次函数关系拟合曲线动作区，动作特性曲线为 $ABCDE$。G60 型发电机纵差保护动作特性由以下 4 部分组成。

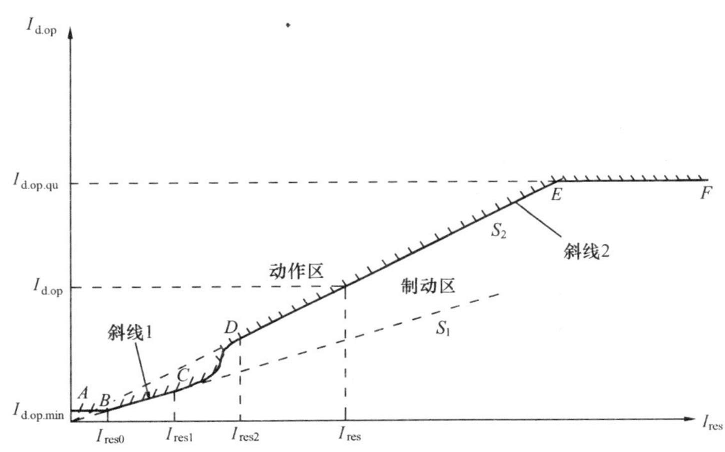

图 3-6 G60 型发电机纵差保护动作特性曲线图

(1) 最小动作电流动作区 AB 段。当 $I_{res}\leqslant I_{res0}=I_{d.op.min}/S_1$ 时，$I_d\geqslant I_{d.op.min}$ 比率差动动作。第一斜线区 BC 段。当 $I_{res0}\leqslant I_{res}\leqslant I_{res1}$ 时，$I_d\geqslant I_{d.op}=S_1 I_{res}$ 比率差动动作。

(2) 第一斜线区和第二斜线区之间 CD 段拟合动作区。动作方程为拟合于 C 点和 D 点的 I_{res} 三次函数。

(3) 第二斜线区 DE 段。当 $I_{res}\geqslant I_{res2}$ 时，$I_d\geqslant I_{d.op}=S_2 I_{res}$ 比率差动动作。

(二) 整定计算

G60 型发电机纵差保护整定参数范围见表 3-5。

---

[1] 符号 $I^{*}_{d.op.min}$ 在实际装置 G60、T60、T35 型中为 Ipickup。

表 3-5　　G60 型发电机纵差保护整定参数范围表

整定参数	$I^{*}_{d.op.min}$	S_1	S_2	I_{res1}	I_{res2}
整定范围	0.050～1.000pu	1%～100%	1%～100%	1.00～1.50pu	1.50～30pu

1. $I_{d.op.min}$和 S_1 的计算

（1）$I_{d.op.min}$的计算。按躲过额定负荷时和远区外短路电流接近额定电流时的最大不平衡电流计算，其理论计算为 $0.09I_{g.n}$，正常运行时实测一般不超过 $0.1I_{g.n}$，但考虑到运行中发生远区外短路故障及电流的突变，由于两侧 TA 暂态特性不一致，可能远超过 $0.1I_{g.n}$，通常可取 $I_{d.op.0}=(0.1\sim0.3)I_{g.n}$，考虑到其制动特性的延长线通过原点，装置能自动产生起始拐点，自然拐点制动电流 $I_{res0}=I_{d.op.min}/S_1$，如取 $I_{d.op.min}=0.15I_{g.n}$，$S_1=0.3$，则 $I_{res0}=I_{d.op.min}/S_1=0.15I_{g.n}/0.3=0.5I_{g.n}$；所以只要 $I_{res}\geqslant0.5I_{g.n}$，装置就具有制动作用，自动提高差动动作电流，因此最小动作电流 $I_{d.op.min}$ 可适当取较小值 $I_{d.op.min}=0.15I_{g.n}$，整定值 $I^{*}_{d.op.min}=0.15I_{g.n}/I_n$（pu）或 $I^{*}_{d.op.min}=0.15$（pu）。

（2）S_1 的计算。根据经验取 $S_1=30\%$。按躲过远区外短路故障时保护不误动作计算，S_1 理论计算值为

$$S_1=K_{rel}K_{ap}K_{cc}K_{er}=1.5\times2\times0.5\times0.1=0.15=15\%$$

式中　K_{rel}——可靠系数，取 1.5；

K_{ap}——非周期分量系数，一般为 1.5～2.0，取 2.0；

K_{cc}——两侧电流互感器 TA 的同型系数，$K_{cc}=0.5$ 或 1；

K_{er}——两侧电流互感器 TA 的比误差系数，取 0.1。

（3）自然拐点制动电流 I_{res0}的计算。$I_{res0}=I_{d.op.min}/S_1$。

2. 拐点 1 制动电流 $I_{res.1}$的确定

拐点 1 和拐点 2 的整定取决于 TA 一次电流在区外故障时正确传变到二次的能力，拐点 1 的整定应考虑低于剩磁和直流分量引起饱和的最小电流，按保护发电机区内短路故障有较大灵敏度计算，由于 $I_{d.op.min}/S_1$ 是装置的自然拐点制动电流，因此实际上在第一拐点前保护已出现制动作用，第一拐点制动电流取值范围为 1～1.5pu，因此实际整定值可取较大值

$$I_{res1}=1.5I_{g.n}\text{ 或 }I^{*}_{res1}=1.5I_{g.n}/I_n(\text{pu})\text{ 或 }I^{*}_{res1}=1.5(\text{pu})$$

3. 拐点 2 制动电流 $I_{res.2}$的确定

拐点 2 是过渡区的终点和斜线 2 的起点，拐点 2 的整定应考虑低于导致 TA 进入交流饱和的最小电流，可设置为差动保护用 TA 开始饱和时的电流值。当大型发电机机组保护用 TA 当选为 5P20 型（按 DL/T 866—2003《300MW 及以上发电机组保护用 TA 宜用 TPY 型》），其稳态饱和电流值很大，区外短路故障时由于 TA 饱和而误差增大，为使保护有足够大的制动以避免误动，所以第二拐点制动电流 I_{res2}一般取小于 TA 开始饱和时的电流值，并小于区外最大短路电流值，而大型发电机区外最大短路电流不大于 5 倍额定电流，因此拐点 2 取 3～4 倍发电机额定电流。即 $I^{*}_{res2}=(3\sim4)I_{g.n}/I_n$(pu)或 $I^{*}_{res2}=(3\sim4)$(pu)。

4. S_2 的计算

因为拐点 2 电流小于区外最大三相短路电流，所以斜率 S_2 的选择原则，以可靠躲过区

外最严重短路故障时的最大不平衡电流，保证保护不误动。斜率 S_2 理论计算值为

$$S_2 = K_{rel}K_{ap}K_{cc}K_{er} = 1.5\times 2.5\times 0.5\times 0.1 = 0.1875 = 18.75\%$$

取 S_2=30%～50%，根据实际情况和经验，大型发电机可取 $S_1=S_2$=30%（此时实际为单斜率比率制动特性）。

5. 灵敏度计算

发电机未并网时，发电机机端保护区内两相短路灵敏度计算

$$K_{sen} = \frac{I_K^{(2)}}{S_2\times I_K^{(2)}} = 1/S_2$$

6. 动作时间整定值

动作时间整定值取 0s。

二、G60 型发电机定子绕组单相接地保护

（一）发电机定子绕组单相接地基波零序过电压保护

定子绕组单相接地基波零序过电压保护，由接于发电机中性点接地变压器或单独的 TV 二次侧的过压元件 U_{01} 实现，或由接于发电机机端接地 TV0 开口三角绕组 $3U_{01}$ 实现，能保护 95%～90%的定子绕组。

1. 基波零序动作电压 $U_{01.op.set}$ 或 $3U_{01.op.set}$ 整定值计算

（1）采用机端 TV0 自产 $3U_{01}$ 基波零序过电压保护。基准电压 U_b 为额定相电压 $U_{n.p}$，即 $U_b=U_{n.p}$=57.7V，当保护范围整定（0.05～0.1）$U_{g.n}$ 时，则整定值 $3U^*_{01.op.set}=3\times$（0.05～0.1）=0.15～0.3（pu）对应的实际动作电压为 $3U_{01.op}=3\times$（0.05～0.1）$\times U_{n.p}$=3×（0.05～0.1）×57.7=8.66～17.3（V）。（现场整定计算时应避免采用 $3U^*_{01.op.set}$=0.05～0.1=0.05～0.1（pu）的错误计算）。

（2）采用机端 TV0 开口三角绕组 $3U_{01}$ 基波零序过电压保护。基准电压 U_b 为发电机机端金属性单相接地时 TV0 开口三角绕组电压 $3U_{0.1.n}$，即 $U_b=3U_{01.n}$=100V（$U_{01.n}$=33V），当保护范围整定（0.05～0.1）$U_{g.n}$时，则整定值

$$3U^*_{01.op.set} = 3\times\frac{U_{01.n}}{3U_{01.n}}\times(0.05\sim 0.1) = 3\times 0.33\times(0.05\sim 0.1) = 0.05\sim 0.1(\text{pu})$$

实际动作电压 $3U_{01.op}$=（0.05～0.1）$\times 3U_{01.n}$=（0.05～0.1）×100=5～10（V）

使用中应尽可能避免采用自产 $3U_{01}$ 基波零序过电压保护，如已使用，整定计算时应特别注意此时基准电压为额定相电压 $U_b=U_{g.n}$=57.7V，有条件建议改用开口三角绕组 $3U_{01}$ 或中性点侧接地变压器二次电压 U_{01} 基波零序过电压保护，基波零序过电压保护动作电压整定值其计算方法详见第二章第二节七。

接于发电机机端接地 1TV0 开口三角绕组 $3U_{01}$ 或机端 1TV0 自产 $3U_{01}$ 单相接地保护，应加装 1TV0 一次熔断器熔断的断线闭锁装置，1TV0 一次熔断器熔断 $3U_{01}$ 断线闭锁装置详见图 2-12（a）。

2. 发电机基波零序过电压定子绕组单相接地保护动作时间整定值计算

其详细计算方法同第二章第二节三，取动作时间 $t_{0.op}$=(0.3～0.5)s。

（二）机端与中性点三次谐波电压比较保护

1. 机端与中性点三次谐波电压比较保护动作判据

机端与中性点三次谐波电压比较保护动作判据为

$$K=\frac{|\dot{U}_{3\omega.N}|}{|\dot{U}_{3\omega.N}+\dot{U}_{3\omega.T}|}<K_{set}\text{[1] 和 }\frac{|\dot{U}_{3\omega.T}|}{|\dot{U}_{3\omega.N}+\dot{U}_{3\omega.T}|}>1-K_{set} \tag{3-27}$$

$$|\dot{U}_{3\omega.N}+\dot{U}_{3\omega.T}|>U_{supv} \tag{3-27a}$$

满足式（3-27）、式（3-27a）保护动作。

式中 $\dot{U}_{3\omega.N}$——发电机中性点侧三次谐波一次电压相量值；

$\dot{U}_{3\omega.T}$——发电机机端三次谐波一次电压相量值；

K_{set}——三次谐波电压比起动整定值；

U_{supv}——三次谐波电压监视整定值。

式中$\dot{U}_{3\omega.N}$和$\dot{U}_{3\omega.T}$都是三次谐波电压一次相量值，所以要特别注意输入装置三次谐波电压的极性的正确性，一般以机端$\dot{U}_{3\omega.T}$极性为基准，而发电机中性点侧三次谐波一次电压相量值和专用接地变压器一二次绕组极性接线有关。以某 600MW 机组负荷在 600MW 为例，输入装置$\dot{U}_{3\omega.N}$的极性接反时，测得

$$\dot{U}_{3\omega.N}=526V;\ |\dot{U}_{3\omega.N}+\dot{U}_{3\omega.T}|=374V;\text{比值 }K=1.4$$

后将输入装置$\dot{U}_{3\omega.N}$极性接线纠正后，测得

$$\dot{U}_{3\omega.N}=523V;\ |\dot{U}_{3\omega.N}+\dot{U}_{3\omega.T}|=932.7V;\text{比值 }K=0.561$$

实测值计算 $K>1$，则判断输入装置$\dot{U}_{3\omega.N}$的极性接线错误，应予以改正。当输入装置$\dot{U}_{3\omega.N}$的极性接线正确时实测值计算 $K<1$。某 600MW 机组输入变比和接线正确带负荷 587.8MW 时实测和计算 3 次谐波电压值见表 3-6。

表 3-6　某 600MW 机组输入变比和接线正确带负荷 587.8MW 时实测和计算 3 次谐波电压值

机端测量 TV 变比$\frac{22}{\sqrt{3}}\Big/\frac{0.1}{\sqrt{3}}\Big/\frac{0.1}{3}=220:1$		中性点侧接地专用变压器 T 变比$\frac{22}{\sqrt{3}}\Big/0.1=127:1$				
测量二次值 $U_{3\omega.a.b.c}$	计算一次值 $U_{3\omega.T}$	测量二次值 $U_{3\omega.n}$	计算一次值 $U_{3\omega.N}$	显示一次值 $U_{3\omega.N}$	显示一次值 $\lvert\dot{U}_{3\omega.N}+\dot{U}_{3\omega.T}\rvert$	K
2.2V	2.2×220=484V	4.12V	4.12×127=523.3V	523V	932.67V	0.56

G60 型中 100%定子接地保护（100% Stator Ground），由机端与中性点三次谐波电压比较元件，和定子绕组单相接地基波零序过电压保护组成 100%定子接地保护，三次谐波电压比较元件，有二段，Ⅰ段用于跳闸，Ⅱ段用于发信。根据我国情要求，定子绕组单相接地保护中的三次谐波电压比较元件仅动作于信号。

2. 整定计算

式（3-27）、（3-27a）中，由于机端取自 TV0 二次绕组三相三次谐波相电压和之 1/3，

[1] 符号 K_{set} 在实际装置 G60 型中为 pickup。

中性点三次谐波电压取自接地专用变压器二次绕组三次谐波电压或取自负载电阻 R_n 抽头三次谐波电压，R_n 抽头位置为发电机机端单相金属性接地时，负载电阻基波零序电压为 100V 时 R_n 抽头。

所以$\dot{U}_{3\omega.T}$和$\dot{U}_{3\omega.N}$在式（3-27）、式（3-27a）中既有测量电压相位要求，又有测量设备的变比及额定二次电压整定值的要求，这三者同时影响装置的测量值，在整定计算和调试时应同时考虑这三个极容易被忽视和混淆的问题。起动整定值 K_{set} 由以下两个条件决定。

（1）起动值 K_{set}整定的第一条件。保证发电机正常运行时不误发信号计算

中性点侧等效接地电阻 $$R_N = R_n \times \left(\frac{U_{T.N1}}{U_{T.N2}}\right)^2 (\Omega) \tag{3-28a}$$

中性点侧等效接地电导 $$G_N = \frac{1}{R_N}\ (1/\Omega) \tag{3-28b}$$

中性点侧等效电容电纳 $$B_N = 3\omega\left(\frac{3}{2}C_G\right)\times 10^{-6}(1/\Omega) \tag{3-28c}$$

中性点侧等效总导纳 $$Y_N = G_N + jB_N(1/\Omega) \tag{3-28d}$$

$$|Y_N| = \sqrt{B_N^2 + \left(\frac{1}{R_N}\right)^2} = \sqrt{B_N^2 + G_N^2}\ (1/\Omega) \tag{3-28e}$$

机端侧等效导纳 $$Y_T = B_T = 3\omega\left(\frac{3}{2}C_G + 3C_z\right)\times 10^{-6}(1/\Omega) \tag{3-28f}$$

式中 C_G——发电机定子绕组每相对地电容（μF）；

C_z——发电机定子绕组以外所有设备每相对地总电容（μF）；

ω——角频率或电角速度。

三次谐波一次电压比值为

$$K = \frac{|\dot{U}_{3\omega.N}|}{|\dot{U}_{3\omega.N} + \dot{U}_{3\omega.T}|} = \frac{\left|\frac{1}{Y_N}\right|}{\left|\frac{1}{Y_N} + \frac{1}{Y_T}\right|} = \frac{|Y_T|}{|Y_N + Y_T|} \tag{3-28g}$$

三次谐波一次电压比整定值为

$$K_{set} < \frac{\left|\frac{1}{Y_N}\right|}{\left|\frac{1}{Y_N} + \frac{1}{Y_T}\right|} = \frac{|Y_T|}{|Y_N + Y_T|} \tag{3-29}$$

$$1 - K_{set} > \frac{\left|\frac{1}{Y_T}\right|}{\left|\frac{1}{Y_N} + \frac{1}{Y_T}\right|} = \frac{|Y_N|}{|Y_N + Y_T|} \tag{3-29a}$$

根据运行经验，正常运行时比值 $K = \frac{|\dot{U}_{3\omega.N}|}{|\dot{U}_{3\omega.N} + \dot{U}_{3\omega.T}|}$ 一般在 0.4～0.85 的范围内变化，因此起动值应可靠小于该值。

（2）起动值 K_{set}整定的第二条件。当定子接地基波零序过电压保护保护范围为 90%时，中性点附近接地故障时，为了保证与定子接地基波零序过电压保护有足够的重叠保护区，起动整定值 K_{set}可取（0.20 ～0.25）pu。

（3）综合第一、第二条件二段保护的起动值取 K_{set}=（0.20 ～0.25）pu，实际整定值应

按实测值计算为准。

(4) 变比和额定二次电压整定值计算。以上诸式计算为一次值，而继电器测量到的是二次值，所以保护存在变比、二次额定电压整定值及相位与极性问题。$\dot{U}_{3\omega.N}$和$\dot{U}_{3\omega.T}$极性在安装调试时极易被忽视。而变比及二次额定电压整定值在整定计算时容易被忽视，必须按以下原则正确计算和设置。

1) GE 保护$\dot{U}_{3\omega.N}$取自变比为$U_{T.N}/U_{T.n}$的中性点专用接地变压器 T 二次电压，则中性点专用接地变压器 T 变比整定值（Auxiliary VT Ratio）为 $n_{T.set}=U_{T.N}/U_{T.n}$；

中性点专用接地变压器额定二次电压整定值(Auxiliary VT Secondary)为 $U_{T.n.set}=\frac{U_{T.n}}{\sqrt{3}}$(V)；

上二式中 $n_{T.set}$——中性点专用接地变压器 T 变比整定值；

$U_{T.N}$——中性点专用接地变压器 T 一次额定电压（V）；

$U_{T.n}$——中性点专用接地变压器 T 二次额定电压（V）；

$U_{T.n.set}$——中性点三次谐波电压测量额定二次电压整定值（V）。

例如，$U_{T.N}=U_{G.N}=20\ 000$V，$U_{T.n}=230$V，则 $n_{T.set}=20\ 000:230=87:1$，中性点专用接地变压器三次谐波测量额定二次电压整定值为

$$U_{T.n.set}=\frac{230}{\sqrt{3}}=133(\text{V})$$

2) GE 保护$\dot{U}_{3\omega.N}$取自变比为$U_{G.N}/U_{T.n}$的中性点专用接地变压器 T 二次负载电阻 R_n 抽头电压，R_n 抽头位置为发电机机端单相金属性接地时负载电阻 R_n 抽头电压恰好为 100V，则中性点专用接地变压器 T 变比整定值为 $n_{T.set}=U_{T.N}/173=U_{G.N}/173$。

例如，$U_{T.N}=U_{G.N}=20\ 000$V，则 $n_{T.set}=20\ 000:173=127:1$，中性点专用接地变压器三次谐波测量额定二次电压整定值为

$$U_{T.n.set}=\frac{173}{\sqrt{3}}=100(\text{V})$$

式中符号含义同前。

3) GE 保护$\dot{U}_{3\omega.T}$取自发电机机端 TV0 二次相电压（非开口三角绕组电压），$\dot{U}_{3\omega.T}$其值为三相三次谐波电压和之 1/3，TV0 变比为$\frac{U_{G.N}}{\sqrt{3}}\Big/\frac{100}{\sqrt{3}}$（V），则发电机机端 TV0 变比整定值（Auxiliary VT Ratio）为 $n_{TV0.set}=\frac{U_{TV0.N}}{\sqrt{3}}\Big/\frac{100}{\sqrt{3}}=\frac{U_{G.N}}{\sqrt{3}}\Big/\frac{100}{\sqrt{3}}$；

发电机机端 TV0 三次谐波测量额定二次电压整定值（Auxiliary VT Secondary）为 $U_{TV0.n.set}=\frac{100}{\sqrt{3}}=57.7$（V）。

上二式中 $n_{TV0.set}$——机端接地 TV0 变比整定值；

$U_{TV0.N}$——机端接地 TV0 一次额定电压一般等于发电机额定电压 $U_{G.N}$（V）；

$U_{TV0.n}$——机端接地 TV0 二次额定电压（V）；

$U_{TV0.n.set}$——发电机机端 TV0 三次谐波测量额定二次电压整定值为 57.7V。

(5) 最后应按各种运行工况时实测 $\dot{U}_{3\omega.N}$和 $|\dot{U}_{3\omega.N}+\dot{U}_{3\omega.T}|$ 值进行修正计算整定值。

(6) 根据实测值修正整定值作为运行整定值。为避免正常时误动，取系数 (0.5～0.8)

$$K_{set}=(0.5\sim0.8)\times\frac{|\dot{U}_{3\omega.N}|}{|\dot{U}_{3\omega.N}+\dot{U}_{3\omega.T}|} \tag{3-30}$$

(7) 监视整定值 U^*_{supv}。应按正常运行实测 $|\dot{U}_{3\omega.N}+\dot{U}_{3\omega.T}|$ 最小值，进行修正计算，监视整定值

$$U^*_{supv}=(0.8\sim0.9)\times\frac{|\dot{U}_{3\omega.N}+\dot{U}_{3\omega.T}|_{min}}{n_{TV0.set}\times U_{TV0.n.set}}=(0.8\sim0.9)\times\frac{|\dot{U}_{3\omega.N}+\dot{U}_{3\omega.T}|_{min}}{n_{T.set}\times U_{T.n.set}} \tag{3-30a}$$

式中 $|\dot{U}_{3\omega.N}+\dot{U}_{3\omega.T}|_{min}$——正常运行实测最小值（发电机空载时的实测值）；

其他符号含义同前。

由上计算知：发电机机端 TV0 变比和额定二次电压整定值、中性点专用接地变压器 T 变比和额定二次电压整定值必须匹配，即符合式

$$n_{TV0.set}\times U_{TV0.n.set}=n_{T.set}\times U_{T.n.set} \tag{3-30b}$$

【例 3-5】 计算 600MW 发电机组 $K=\frac{|\dot{U}_{3\omega.N}|}{|\dot{U}_{3\omega.N}+\dot{U}_{3\omega.T}|}$及 $|\dot{U}_{3\omega.N}+\dot{U}_{3\omega.T}|$ 值，及变比整定值、额定二次电压整定值。

1. 发电机出口有断路器时整定计算

已知：$C_G=0.21\mu F/ph$，$C_z=0.39+0.07=0.46\mu F/ph$，$R_n=0.21\Omega$，$\dot{U}_{3\omega.N}$取自变比为 20/0.23kV 的中性点专用接地变压器 T 二次电压，或$\dot{U}_{3\omega.N}$取自中性点专用接地变压器 T 负载电阻 R_n 变比为 20/0.173kV 抽头电压，$\dot{U}_{3\omega.T}$取自发电机机端 TV0 变比为

$\frac{U_{G.N}}{\sqrt{3}}\Big/\frac{100}{\sqrt{3}}=\frac{20\ 000}{\sqrt{3}}\Big/\frac{100}{\sqrt{3}}$ (V) 二次绕组相电压；

解 (1) 发电机中性点等效接地电阻。由式 (3-28a) 计算

$$R_N=R_n\times\left(\frac{U_{T.N1}}{U_{T.N2}}\right)^2=0.21\times\left(\frac{20}{0.23}\right)^2=1588(\Omega)$$

中性点等效电容电纳由式 (3-28c) 计算

$$B_N=3\omega\left(\frac{3}{2}C_G\right)=3\times314\times\left(\frac{3}{2}\times0.21\times10^{-6}\right)=2.97\times10^{-4}(1/\Omega)$$

(2) 中性点等效总导纳。由式 (3-28d)、式 (3-28e) 计算

$$Y_N=1/R_N+jB_N=6.297\times10^{-4}+j2.973\times10^{-4}(1/\Omega)$$

$$Y_N=\sqrt{B_N^2+\left(\frac{1}{R_N}\right)^2}=\sqrt{(2.97\times10^{-4})^2+\left(\frac{1}{1588}\right)^2}=6.92\times10^{-4}(1/\Omega)$$

(3) 机端等效导纳。由式 (3-28f) 计算

$$Y_T=B_T=3\omega\left(\frac{3}{2}\times C_G+3\times C_z\right)$$

$$=3\times314\times\left(\frac{3}{2}\times0.21+3\times0.46\right)\times10^{-6}$$

$$=1.6\times10^{-3}(1/\Omega)$$

(4) 计算比值 K。由式 (3-28) 计算

$$K=\frac{|\dot{U}_{3\omega.N}|}{|\dot{U}_{3\omega.N}+\dot{U}_{3\omega.T}|}=\frac{|Y_T|}{|Y_N+Y_T|}=\frac{|j1.6\times10^{-3}|}{|(6.297+j2.973)\times10^{-4}+j1.6\times10^{-3}|}$$

$$=\frac{|j1.6|}{|0.629\ 7+j0.297\ 3+j1.6|}=\frac{|j1.6|}{|0.629\ 7+j1.897\ 3|}=0.8$$

实测值：该机组在带 574MW 时实测

$|\dot{U}_{3\omega.N}|=532V$，$|\dot{U}_{3\omega.N}+\dot{U}_{3\omega.T}|=638V$，$K=532/638=0.83$。

带 550MW 时实测 $|\dot{U}_{3\omega.N}|=512V$，$|\dot{U}_{3\omega.N}+\dot{U}_{3\omega.T}|=615V$，$K=512/615=0.83$。

带 450MW 时实测 $|\dot{U}_{3\omega.N}|=500V$，$|\dot{U}_{3\omega.N}+\dot{U}_{3\omega.T}|=600V$，$K=512/615=0.83$。

实测值和计算值非常接近。

整定值根据实测由式 (3-30) 计算

$$K_{set}=(0.5\sim0.8)\times\frac{|\dot{U}_{3\omega.N}|}{|\dot{U}_{3\omega.N}+\dot{U}_{3\omega.T}|}=(0.5\sim0.8)\times0.8=0.4\sim0.64$$

取 $K_{set}=0.4$。

(5) 监视整定值 U_{supv} 计算。实测正常运行空载最小值 $|\dot{U}_{3\omega.N}+\dot{U}_{3\omega.T}|_{min}=98.5V$，由式 (3-30a) 计算监视整定值 U^*_{supv}

$$U^*_{supv.set}=(0.8\sim0.9)\times\frac{|\dot{U}_{3\omega.N}+\dot{U}_{3\omega.T}|_{min}}{n_{TV0.set}\times U_{TV0.n.set}}$$

$$=(0.8\sim0.9)\times\frac{98.5}{200\times57.7}=0.006\ 8\sim0.007\ 6(pu)$$

或

$$U^*_{supv.set}=(0.8\sim0.9)\times\frac{|\dot{U}_{3\omega.N}+\dot{U}_{3\omega.T}|_{min}}{n_{T.set}\times U_{T.n.set}}$$

$$=(0.8\sim0.9)\times\frac{98.5}{87\times133.3}=0.006\ 8\sim0.007\ 6(pu)$$

取整定值 $U^*_{supv.set}=0.007\ 5pu$。

(6) $U_{3\omega.N}$当取自变比为 $U_{G.N}/U_{T.n}$的中性点专用接地变压器 T 二次电压，则 T 变比整定值为 $n_{T.set}=U_{T.N}/U_{T.n}=20\ 000/230=87:1$；

T 额定二次电压整定值为 $U_{T.n.set}=\frac{U_{T.n}}{\sqrt{3}}=\frac{230}{\sqrt{3}}=133.3$ (V)

(7) $\dot{U}_{3\omega.N}$当取自变比为 $U_{T.N}/U_{T.n}$的中性点专用接地变压器 T 二次负载电阻 R_n 抽头电压，R_n 抽头位置为发电机机端单相金属性接地时负载电阻 R_n 恰好 100V 电压，则

T 变比整定值为 $n_{T.set}=U_{T.N}/173=20\ 000/173=115.5:1$；

T 额定二次电压整定值为 $U_{T.n.set}=\frac{173}{\sqrt{3}}=100$ (V)。

由上两种设置结果其乘积值相同 $n_{T.set}\times U_{T.n.set}=87\times133=115.5\times100=11\ 570$

(8) $\dot{U}_{3\omega.T}$取自发电机机端 TV0 二次相电压，变比为$\frac{U_{G.N}}{\sqrt{3}}\Big/\frac{100}{\sqrt{3}}$ (V)，则

TV0 变比整定值为 $n_{\mathrm{TV0.set}}=\frac{U_{\mathrm{G.N}}}{\sqrt{3}}\Big/\frac{100}{\sqrt{3}}=\frac{20\ 000}{\sqrt{3}}\Big/\frac{100}{\sqrt{3}}=200:1$；

TV0 额定二次电压整定值为 $U_{\mathrm{TV0.n.set}}=\frac{100}{\sqrt{3}}=57.7\mathrm{V}$；$n_{\mathrm{TV0.set}}\times U_{\mathrm{TV0.n.set}}=200\times 57.7=11\ 540$。

2. 发电机出口无断路器时整定计算

已知：$C_{\mathrm{G}}=0.21\mu\mathrm{F/ph}$，$C_{\mathrm{z}}=0.07\mu\mathrm{F/ph}$，$R_{\mathrm{n}}=0.49\Omega$，$\dot{U}_{3\omega.\mathrm{N}}$取自变比为 20/0.23kV 的中性点专用接地变压器 T 二次电压，$\dot{U}_{3\omega.\mathrm{T}}$取自发电机机端 TV0 二次绕组相电压。

解 (1) 发电机中性点等效接地电阻。由式（3-28a）计算

$$R_{\mathrm{N}}=R_{\mathrm{n}}\times\left(\frac{U_{\mathrm{T.N1}}}{U_{\mathrm{T.N2}}}\right)^2=0.49\times\left(\frac{20}{0.23}\right)^2=3704(\Omega)$$

中性点等效电容电纳由式（3-28c）计算

$$B_{\mathrm{N}}=3\omega\left(\frac{3}{2}C_{\mathrm{G}}\right)=3\times 314\times\left(\frac{3}{2}\times 0.21\times 10^{-6}\right)=2.97\times 10^{-4}(1/\Omega)$$

(2) 中性点等效总导纳。由式（3-28d）、式（3-28e）计算

$$Y_{\mathrm{N}}=1/R_{\mathrm{N}}+\mathrm{j}B_{\mathrm{N}}=2.7\times 10^{-4}+\mathrm{j}2.97\times 10^{-4}(1/\Omega)$$

$$Y_{\mathrm{N}}=\sqrt{B_{\mathrm{N}}^2+\left(\frac{1}{R_N}\right)^2}=\sqrt{(2.97\times 10^{-4})^2+\left(\frac{1}{3704}\right)^2}=4.014\times 10^{-4}(1/\Omega)$$

(3) 机端等效导纳。由式（3-28f）计算

$$Y_{\mathrm{T}}=B_{\mathrm{T}}=3\omega\left(\frac{3}{2}C_{\mathrm{G}}+C_{\mathrm{z}}\right)=3\times 314\times\left(\frac{3}{2}\times 0.21+0.07\right)\times 10^{-6}=3.96\times 10^{-4}(1/\Omega)$$

(4) 计算比值 K。由式（3-28）计算

$$K=\frac{|\dot{U}_{3\omega.\mathrm{N}}|}{|\dot{U}_{3\omega.\mathrm{N}}+\dot{U}_{3\omega.\mathrm{T}}|}=\frac{|Y_{\mathrm{T}}|}{|Y_{\mathrm{N}}+Y_{\mathrm{T}}|}=\frac{|\mathrm{j}3.96\times 10^{-4}|}{|(2.7+\mathrm{j}2.973)\times 10^{-4}+\mathrm{j}3.96\times 10^{-4}|}$$

$$=\frac{|\mathrm{j}3.96|}{|2.7+\mathrm{j}2.973+\mathrm{j}3.96|}=\frac{|\mathrm{j}3.96|}{|2.7+\mathrm{j}6.93|}=0.53$$

以上计算知：计算值 $K=\frac{|\dot{U}_{3\omega.\mathrm{N}}|}{|\dot{U}_{3\omega.\mathrm{N}}+\dot{U}_{3\omega.\mathrm{T}}|}=0.53\sim 0.8$，这和运行经验比值 $K=\frac{|\dot{U}_{3\omega.\mathrm{N}}|}{|\dot{U}_{3\omega.\mathrm{N}}+\dot{U}_{3\omega.\mathrm{T}}|}=0.4\sim 0.85$，非常接近，整定起动值应可靠小于该值，计算起动整定值取 $K_{\mathrm{set}}=(0.20\sim 0.25)$，其运行整定值应按实测值由式（3-30）修正计算整定值。

发电机出口无断路器时三次谐波实测值见表 3-19，求得实测值 $K=0.56$，整定值由式（3-30）计算 $K_{\mathrm{set}}=(0.5\sim 0.8)\times\frac{|\dot{U}_{3\omega.\mathrm{N}}|}{|\dot{U}_{3\omega.\mathrm{N}}+\dot{U}_{3\omega.\mathrm{T}}|}=(0.5\sim 0.8)\times 0.56=0.28\sim 0.45$，取 $K_{\mathrm{set}}=0.3$。

(5) 监视整定值 U_{supv}计算。实测正常运行空载最小值 $|\dot{U}_{3\omega.\mathrm{N}}+\dot{U}_{3\omega.\mathrm{T}}|_{\min}=98.5\mathrm{V}$，由式（3-30a）计算监视整定值 U_{supv}^*

$$U_{\mathrm{supv.set}}^*=(0.8\sim 0.9)\times\frac{|\dot{U}_{3\omega.\mathrm{N}}+\dot{U}_{3\omega.\mathrm{T}}|_{\min}}{n_{\mathrm{TV0.set}}\times U_{\mathrm{TV0.n.set}}}$$

$$= (0.8 \sim 0.9) \times \frac{98.5}{200 \times 57.7} = 0.0068 \sim 0.0076(\text{pu})$$

或

$$U^*_{\text{supv. set}} = (0.8 \sim 0.9) \times \frac{|\dot{U}_{3\omega.\text{N}} + \dot{U}_{3\omega.\text{T}}|_{\min}}{n_{\text{T. set}} \times U_{\text{T. n. set}}}$$

$$= (0.8 \sim 0.9) \times \frac{98.5}{87 \times 133.3} = 0.0068 \sim 0.0076(\text{pu})$$

取 $U^*_{\text{supv. set}} = 0.0075\text{pu}$。

(6) 变比整定值与额定二次电压整定值和发电机出口有断路器时整定计算相同。

(7) Ⅱ段动作时间整定值。取 1s 动作于信号。

【例 3-6】 对某台发电机组 G60 型保护三次谐波电压保护采样和整定值实测和校核。(由于此保护整定值比较抽象，用调试实例以说明整定值与输入量之间的关系及其正确性，本例输入整定值为调试整定值，并非运行整定值，特此说明。)

已知：某发电机 G60 型保护三次谐波电压保护截取电压互感器相关整定值和三次谐波电压整定值如下所示。

PABAMETER	WT F5
Phase VT Connection	Wye
Phase VT Secondary	57.7V
Phase VT Ratio	220.00:1
Auxiliary VT Connection	Vn
Auxiliary VT Secondary	100.0V
Auxiliary VT Ratio	127.00:1

(a)

SETTING	PARAMETER
Function	Enabled
Stage 1 Pickup	0.150 pu
Stage 1 Pickup Delay	0.50 s
Stage 1 Supv	0.0075pu
Stage 2 pickup	0.150 pu
Stage 2 Pickup Delay	0.50 s
Stage 2 Supv	0.0075 pu
Block	OFF
Target	Latched
Event	Enabled

(b)

图 3-7 截屏图

(a) 电压互感器相关参数截屏；

(b) 三次谐波定子接地保护整定值截屏

解 (1) 电压互感器相关参数截屏如图 3-7 (a) 所示。

发电机机端 TV0 额定二次电压整定值 (Phase VT Secondary) $U_{\text{TV0. n. set}} = 57.7\text{V}$；

发电机机端 TV0 变比整定值 (Phase VT Ratio) $n_{\text{TV0. set}} = 220:1$；

中性点专用接地变压器额定二次电压整定值 (Auxiliary VT Secondary) $U_{\text{T. n. set}} = 100\text{V}$；

中性点专用接地变压器 T 变比整定值 (Auxiliary VT Ratio) $n_{\text{T. set}} = 127:1$。

(2) 三次谐波定子接地保护整定值截屏如图 3-7 (b) 所示。

起动整定值 (Stage 1 Pickup，Stage 2 Pickup) 中的 $K_{\text{set}} = 0.150\text{pu}$ ($K_{\text{set}} = 0.15\text{pu}$ 仅为调试定值，运行整定值应最后按各种运行工况时实测 $\dot{U}_{3\omega.\text{N}}$ 和 $|\dot{U}_{3\omega.\text{N}} + \dot{U}_{3\omega.\text{T}}|$ 值进行修正计算决定)。

监视整定值 (Stage 1 Supv，Stage 2 Supv) $U^*_{\text{sup}} = 0.0075\text{pu}$。

动作时间整定值为 0.5s。

(3) 模拟试验 G60 型保护三次谐波电压采样值校核。

1) 用继电保护测试仪，在中性点加 1V 三次谐波电压计算值和采样值见表 3-7。

表 3-7 中性点加 1V 三次谐波电压计算值和采样值

计 算 值	$\|\dot{U}_{3\omega.\text{N}}\|$ 采样值	$\|\dot{U}_{3\omega.\text{N}} + \dot{U}_{3\omega.\text{T}}\|$ 采样值
$\|\dot{U}_{3\omega.\text{N}}\| = 1 \times 127/1 = 127$ (V) $\|\dot{U}_{3\omega.\text{N}} + \dot{U}_{3\omega.\text{T}}\| = 1 \times 127/1 = 127$ (V)	126.497V	125.928V

2）机端 A 相加 1V 保护三次谐波电压计算值和采样值见表 3-8。

表 3-8　　机端 A 相加 1V 保护三次谐波电压计算值和采样值

计　算　值	$\lvert \dot{U}_{3\omega.N}+\dot{U}_{3\omega.T} \rvert$ 采样值
$\lvert \dot{U}_{3\omega.N}+\dot{U}_{3\omega.T} \rvert$ =（1/3）×220/1=73.33（V）	72.643V

3）机端 A 相和中性点各加 1V 三次谐波电压（同相位）时保护采样值和计算值见表 3-9。

表 3-9　　机端 A 相和中性点各加 1V 三次谐波电压（同相位）时保护采样值和计算值

计　算　值	$\lvert \dot{U}_{3\omega.N} \rvert$ 采样值	$\lvert \dot{U}_{3\omega.N}+\dot{U}_{3\omega.T} \rvert$ 采样值
$\lvert \dot{U}_{3\omega.N} \rvert$ =1×127/1=127（V） $\lvert \dot{U}_{3\omega.N}+\dot{U}_{3\omega.T} \rvert$ =1×127/1+（1/3）×220/1=200.33（V）	126.509V	198.032V

（4）起动值 K_{set} 测试。当中性点加 1V 三次谐波电压时，机端 A 相加同相位三次谐波电压，当增加到 9.8V 时，保护动作，保护动作时三次谐波电压采样值和计算值见表 3-10。

表 3-10　　保护动作时三次谐波电压采样值和计算值

计　算　值	$\lvert \dot{U}_{3\omega.N} \rvert$ 采样值	$\lvert \dot{U}_{3\omega.N}+\dot{U}_{3\omega.T} \rvert$ 采样值
$\lvert \dot{U}_{3\omega.N} \rvert$ =1×127/1=127V $\lvert \dot{U}_{3\omega.N}+\dot{U}_{3\omega.T} \rvert$ =1×127/1+（9.8/3）×220/1=845.7V	126.513V	843.390V

保护动作时三次谐波动作整定值计算和分析见表 3-11。

表 3-11　　保护动作时三次谐波动作整定值计算和分析

计算动作值 $\lvert \dot{U}_{3\omega.N} \rvert / \lvert \dot{U}_{3\omega.N}+\dot{U}_{3\omega.T} \rvert$	采样计算动作值 $\lvert \dot{U}_{3\omega.N} \rvert / \lvert \dot{U}_{3\omega.N}+\dot{U}_{3\omega.T} \rvert$	整定值 K_{set}
127/845.667=0.15	126.513/843.39=0.15	0.15

（5）监视整定值 U_{supv} 测试。中性点加电压 0V，此时满足动作判据式（2-27）动作条件。逐步增加机端电压值，当机端单相三次谐波电压增加到 1.33V 时保护动作。监视整定值 U_{supv} 测试计算值和采样值见表 3-12。

表 3-12　　监视整定值 U_{supv} 测试计算值和采样值

$\lvert \dot{U}_{3\omega.N}+\dot{U}_{3\omega.T} \rvert$ 计算值	$\lvert \dot{U}_{3\omega.N}+\dot{U}_{3\omega.T} \rvert$ 采样值	整定值 U^{*}_{supv}=0.007 5pu
$\lvert \dot{U}_{3\omega.N}+\dot{U}_{3\omega.T} \rvert$ =0+（1.33/3）×（220/1）=97.533V	96.373V	监视整定计算值 U_{supv}=0.007 5×(220/1)×57.7=95.205(V)

本例说明机端与中性点三次谐波电压比较保护动作的正确与否，不仅和整定值 K_{set}、U^{*}_{supv} 有关，而且和中性点专用接地变压器 T 变比整定值，中性点专用接地变压器额定二次电压整定值，发电机机端 TV0 变比整定值，发电机机端 TV0 额定二次电压整定值正确设定有关。

三、电压制动反时限过电流保护

（一）动作判据

1. 电压制动电流动作特性

采用电压制动电流功能，将“Voltage Restraint”设置“ENABLED”。电压制动电流动作特性如图3-8所示。图中，过电流元件动作电流I_{op}受发电机端电压U_g的大小控制，$I_{op.set}$为最小动作电流整定值，$U_{g.n}$为发电机额定二次电压，动作电流和机端电压的关系为

$$\left.\begin{aligned}&当 U_g \geqslant 0.9U_{g.n} 时，&& I_{op}=I_{op.set}\\&当 0.1U_{g.n}\leqslant U_g\leqslant 0.9U_{g.n} 时，&& I_{op}=U_g^* I_{op.set}=\frac{U_g}{U_{g.n}}I_{op.set}\\&当 U_g\leqslant 0.1U_{g.n} 时，&& I_{op}=0.1I_{op.set}\end{aligned}\right\}\tag{3-31}$$

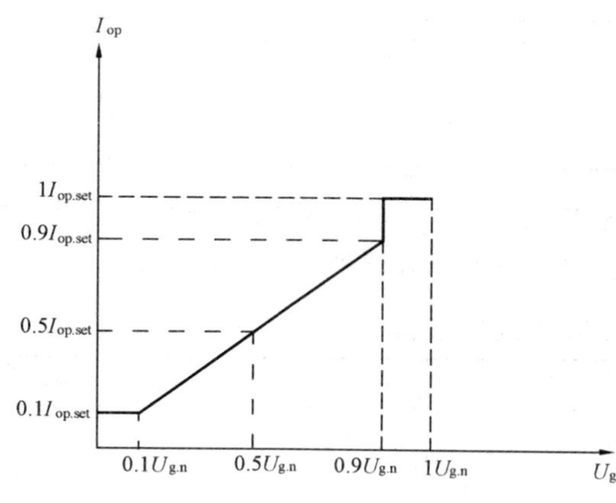

图3-8　电压制动电流动作特性

式中　U_g——发电机机端二次电压；

$U_{g.n}$——发电机额定二次电压；

I_{op}——过电流元件动作电流；

$I_{op.set}$——过电流元件最小动作电流整定值，$I_{op.set}=I_{pickup}$。

2. 反时限动作特性

（1）IEEE反时限动作特性方程。动作时间为

$$t_{op}=T\times\left[\frac{A}{\left(\frac{I_k}{I_{op}}\right)^p-1}+B\right]\tag{3-32}$$

返回时间为

$$t_{rest}=T\times\frac{T_r}{\left(\frac{I_k}{I_{op}}\right)^2-1}\tag{3-32a}$$

式中　t_{op}——动作时间（s）；

T——时间常数整定值（s）；

I_k——短路电流二次值（A）；

I_{op}——动作电流（A）；

A、B、P——反时限动作特性形状常数；

t_{rest}——复归时间（s）；

T_r——复归时间常数。

IEEE反时限动作特性常数见表3-13。

表3-13　IEEE反时限动作特性常数

IEEE反时限特性形状	IEEE反时限特性形状常数			
	A	B	P	T_r
IEEE极端反时限	28.2	0.121 7	2.0	29.1
IEEE非常反时限	19.61	0.491	2.0	21.6
IEEE一般反时限	0.051 5	0.114 0	0.02	4.85

（2）IEC反时限动作特性方程。为

$$t_{op}=T\times\frac{K}{\left(\frac{I}{I_{op}}\right)^{E}-1} \tag{3-33}$$

$$t_{rest}=T\times\frac{T_r}{\left(\frac{I}{I_{op}}\right)^{2}-1}$$

式中符号含义同前。

IEC（BS）反时限动作特性常数见表 3-14。

表 3-14　　IEC（BS）反时限动作特性常数

IEC（BS）反时限特性形状	IEC（BS）反时限特性形状常数		
	K	E	T_r
IEC 标准反时限特性曲线 A（BS142）	0.14	0.020	9.7
IEC 标准反时限特性曲线 B（BS142）	13.50	1.0	43.2
IEC 标准反时限特性曲线 C（BS142）	80.0	2.0	58.2
IEC 短反时限曲线	0.05	0.040	0.50

（3）GE 的 IAC 反时限动作特性方程为

$$t_{op}=T\times\left[A+\frac{B}{\left(\frac{I}{I_{op}}-C\right)}+\frac{D}{\left(\frac{I}{I_{op}}-C\right)^{2}}+\frac{E}{\left(\frac{I}{I_{op}}-C\right)^{3}}\right],t_{rest}=T\times\frac{T_r}{\left(\frac{I}{I_{op}}\right)^{2}-1}$$

式中符号含义同前。

IAC 反时限动作特性常数见表 3-15。

表 3-15　　IAC 反时限动作特性常数

IAC 反时限特性形状	IEEE 反时限特性形状常数					
	A	B	C	D	E	T_r
IAC 极端反时限	0.004 0	0.637 9	0.620	1.787 2	0.246 1	6.008
IAC 非常反时限	0.090	0.795 5	0.10	−1.288 5	7.958 6	4.678
IAC 一般反时限	0.207 8	0.863 0	0.80	−0.418 0	0.194 7	0.990
IAC 短时反时限	0.042 8	0.060 9	0.620	−0.001 0	0.022 1	0.222

（4）GE 的 I^2t 反时限动作特性方程为

$$t_{op}=T\times\frac{100}{\left(\frac{I}{I_{op}}\right)^{2}},\quad t_{rest}=T\times\frac{T_r}{\left(\frac{I}{I_{op}}\right)^{-2}}$$

式中符号含义同前。

（二）整定计算

采用电压制动电流功能，将“Voltage Restraint”设置为“ENABLED”。电压制动的反时限过电流保护，动作电流由机端电压控制特性决定，即机端线电压越低动作电流越小，反时限特性可以根据需要选择要求的特性曲线，G60 型一般可选择 IEEE 极端反时限或非常反时限动作时间特性曲线，由此保护动作时间随故障电流增加而变小，同时还随故障时机端电压降低而变小。

选取 IEEE 极端反时限时，动作时间 $t_{op}=T\times\left[\dfrac{28.2}{\left(\dfrac{I_k}{I_{op.set}\times U_g^*}\right)^2-1}+0.1217\right]$

选取 IEEE 非常反时限时，动作时间 $t_{op}=T\times\left[\dfrac{19.61}{\left(\dfrac{I_k}{I_{op.set}\times U_g^*}\right)^2-1}+0.491\right]$

选取 IEC 标准反时限特性曲线 C（BS142）时，动作时间 $t_{op}=T\times\dfrac{80}{\left(\dfrac{I_k}{I_{op.set}\times U_g^*}\right)^2-1}$

上四式中符号含义同前。

1. 过电流元件起动电流整定值计算

按躲过发电机额定电流计算

$$I_{op.set}=\frac{K_{rel}}{K_{re}}\times I_{g.n} \tag{3-33a}$$

式中 K_{rel}——可靠系数，一般取 1.2～1.3；

K_{re}——返回系数，一般取 0.9～0.95；

$I_{g.n}$——发电机额定二次电流。

2. 电压制动过电流

采用电压制动电流功能，将“Voltage Restraint”设置“ENABLED”。其动作方程为 (3-31)。

3. 主变压器高压侧短路故障分析计算

(1) 主变压器高压侧三相短路故障分析计算。当机组为自并励时，根据发电机励磁参数，可近似计算三相短路电流衰减时间常数。

1) 三相短路电流衰减时间常数 $T_{dk}^{(3)}$

$$T_{dk}^{(3)}\approx(0.9\sim0.96)T'_d\times\frac{1}{1+\dfrac{X_t}{X_d+X_t}\times\dfrac{\cos\alpha_k}{\cos\alpha_0}}$$

$$=(0.9\sim0.96)T'_{d0}\times\frac{X'_d+X_t}{X_d+X_t}\times\frac{1}{1-\dfrac{X_t}{X_d+X_t}\times\dfrac{\cos\alpha_k}{\cos\alpha_0}} \tag{3-33b}$$

$$T'_d=T'_{d0}\times\frac{X'_d+X_t}{X_d+X_t} \tag{3-33c}$$

2) 三相短路临界电抗

$$X_{cri}^{(3)}=\frac{X_d}{\dfrac{\cos\alpha_k}{\cos\alpha_0}-1} \tag{3-33d}$$

上三式中 X_d——发电机直轴同步电抗相对值；

X_t——主变压器归算至发电机额定容量电抗相对值；

X'_d——发电机直轴暂态电抗相对值；

T'_d——励磁绕组暂态时间常数；

T'_{d0}——定子绕组开路阻尼绕组衰减结束后励磁绕组暂态时间常数；

α_0——发电机空载运行时全控桥控制角；

α_k——强励时全控桥控制角。

当 $X_{cri}^{(3)}>X_t$时高压母线三相短路，发电机的短路电流最终衰减为零。

(2) 主变压器高压侧两相短路故障分析。当机组为自并励时，根据发电机励磁参数，可近似计算两相短路电流衰减时间常数。

考虑严重情况，设发电机未并网空载运行时发生两相短路。

1) 两相短路电流衰减时间常数 $T_{dk}^{(2)}$

$$T_{dk}^{(2)}\approx(0.9\sim0.96)T'_d\times\frac{1}{1-\dfrac{2X_t+X_2}{X_d+2X_t+X_2}\times\dfrac{\cos\alpha_k}{\cos\alpha_0}}$$

$$=(0.9\sim0.96)T'_{d0}\times\frac{X'_d+2X_t+X_2}{X_d+2X_t+X_2}\times\frac{1}{1-\dfrac{2X_t+X_2}{X_d+2X_t+X_2}\times\dfrac{\cos\alpha_k}{\cos\alpha_0}}\tag{3-33e}$$

$$T'_d=T'_{d0}\times\frac{X'_d+2X_t+X_2}{X_d+2X_t+X_2}\tag{3-33f}$$

2) 两相短路临界电抗 $X_{cri}^{(2)}$

$$X_{cri}^{(2)}=\frac{X_d}{\dfrac{\cos\alpha_k}{\cos\alpha_0}-1}-(X_t+X_2)\tag{3-33g}$$

上二式中　X_2——发电机负序电抗相对值。

其他符号含义同前。

计算结果为 $X_{cri}^{(2)}<X_t$ 或 $T_{dk}^{(2)}<0$ 时高压母线两相短路时，由于强励作用二相短路电流不衰减，反而增大。

4. 选择 IEEE 极端反时限特性曲线计算

(1) 反时限特性时间常数 T 计算。由于三相短路不衰减时电压制动过电流反时限保护动作时间最小，所以按高压出线出口三相短路时和出线后备保护配合计算（如考虑衰减更能配合），二相短路时由于不衰减，同时机端残压较三相短路时高，所以三相短路时能配合，则二相短路时也能配合。

线路出口短路动作时间。按线路出口短路时保护有选择动作，选取出口故障时电压制动过电流保护最小动作时间比线路最长动作时间 $t_{op.max}$大 Δt，即

$$t_{op}=t_{op.max}+\Delta t\tag{3-33h}$$

高压侧出口三相短路电流 $I_K^{(3)}=\dfrac{I_{g.n}/I_n}{X''_d+X_t}$　(pu)

高压侧出口三相短路机端残压相对值 $U_g^*=\dfrac{X_t}{X''_d+X_t}$，所以有 $\dfrac{I_K^{(3)}}{U_g^*}=\dfrac{I_{g.n}/I_n}{X_t}$，IEEE 极端反时限时间常数整定值 T 计算

$$T=\frac{t_{op.max}+\Delta t}{\dfrac{28.2}{\left(\dfrac{I_{g.n}/I_n}{I_{op.set}X_t}\right)^2-1}+0.1217}\tag{3-34}$$

(2) 机端三相或二相短路时电压制动反时限过电流保护动作时间计算。由于机端三相或

二相短路时电压<0.1$U_{g.n}$，所以动作电流 $I_{op}=0.1I_{op.set}$，动作时间

$$t_{op}=T\times\left[\frac{28.2}{\left(\frac{I_{g.n}/I_{n}}{0.1I_{op.set}X''_{d}}\right)^{2}-1}+0.1217\right] \tag{3-35}$$

(3) IEEE 极端反时限时任何故障点动作时间 t_{op}计算

$$t_{op}=T\times\left[\frac{28.2}{\left(\frac{I_{k}^{(3)}}{I_{op.set}\times U_{g}^{*}}\right)^{2}-1}+0.1217\right] \tag{3-36}$$

5. 选择 IEEE 非常反时限特性曲线计算

与 IEEE 极端反时限特性曲线相同计算

(1) 反时限特性时间常数 T 计算。IEEE 非常反时限时间常数整定值 T 计算

$$T=\frac{t_{op.max}+\Delta t}{\frac{19.61}{\left(\frac{I_{g.n}/I_{n}}{I_{op.set}X_{t}}\right)^{2}-1}+0.491} \tag{3-36a}$$

(2) 机端三相或二相短路时电压制动反时限过电流保护动作时间计算。由于机端三相或二相短路时电压<0.1$U_{g.n}$，所以动作电流 $I_{op}=0.1\ I_{op.set}$，动作时间

$$t_{op}=T\times\left[\frac{19.61}{\left(\frac{I_{g.n}/I_{n}}{0.1I_{op.set}X''_{d}}\right)^{2}-1}+0.491\right] \tag{3-36b}$$

(3) IEEE 非常反时限时任何故障点动作时间 t_{op}计算。为

$$t_{op}=T\times\left[\frac{19.61}{\left(\frac{I_{k}^{(3)}}{I_{op.set}\times U_{g}^{*}}\right)^{2}-1}+0.491\right] \tag{3-36c}$$

6. 选择 IEC 标准反时限特性曲线 C（BS142）计算

(1) 反时限特性时间常数 T 计算。方法同 IEEE 极端反时限相同，IEC 标准反时限特性时间常数 T 计算

$$T=\frac{t_{op.max}+\Delta t}{\frac{80}{\left(\frac{I_{g.n}/I_{n}}{I_{op.set}X_{t}}\right)^{2}-1}} \tag{3-36d}$$

(2) 机端三相或二相短路时电压制动反时限过电流保护动作时间计算。由于机端三相或二相短路时电压<0.1$U_{g.n}$，所以动作电流 $I_{op}=0.1I_{op.set}$，动作时间为

$$t_{op}=T\times\frac{80}{\left(\frac{I_{g.n}/I_{n}}{0.1I_{op.set}X''_{d}}\right)^{2}-1} \tag{3-36e}$$

(3) IEC 标准反时限特性任何故障点动作时间 t_{op}计算。为

$$t_{op}=T\times\frac{80}{\left(\frac{I}{I_{op.set}\times U_{g}^{*}}\right)^{2}-1} \tag{3-36f}$$

7. 电压制动过电流反时限保护，返回时间决定

取返回时间 $T_{rest}=0s$。

8. 系统振荡时电压制动过电流反时限保护动作行为计算

(1) 最大振荡电流 $I_{osc.max}$计算。两侧电势相位差为δ时振荡电流为

$$I_{osc}=\frac{2\times S_{G.N}}{\sqrt{3}U_{G.N}(X''_{d}+X_{T}+X_{S})}\sin\frac{\delta}{2} \tag{3-37}$$

两侧电势相位差 $\delta=180°$时为最大振荡电流

$$I_{osc.max}=\frac{2\times S_{G.N}}{\sqrt{3}U_{G.N}(X''_{d}+X_{T}+X_{S})} \tag{3-37a}$$

最大振荡电流相对值

$$I_{osc.max}=\frac{2}{X''_{d}+X_{T}+X_{S}}\times\frac{I_{g.n}}{I_{n}}(pu) \tag{3-37b}$$

式中 X_S——最大方式时系统阻抗（以发电机额定容量为基准）；

其他符号含义同前。

(2) 振荡时机端最小电压 $U_{osc.min}$计算。两侧电势相位差为 180°时，机端离振荡中心的阻抗为 $X=\frac{X_S+X_T+X''_d}{2}-X''_d=\frac{X_S+X_T-X''_d}{2}$，振荡时机端最小电压相对值为

$$U^{*}_{osc.min}=I^{*}_{osc.max}\times X=\frac{X_T+X_S-X''_d}{X''_d+X_T+X_S} \tag{3-38}$$

(3) 振荡时电压制动过电流反时限保护最小动作时间计算

IEEE 极端反时限最小动作时间 $t_{op}=T\times\left[\frac{28.2}{\left(\frac{I_{osc.max}}{I_{op.set}\times U^{*}_{osc.max}}\right)^{2}-1}+0.1217\right]$ (3-39)

IEEE 非常反时限最小动作时间 $t_{op}=T\times\left[\frac{19.61}{\left(\frac{I_{osc.max}}{I_{op.set}\times U^{*}_{osc.max}}\right)^{2}-1}+0.491\right]$ (3-40)

IEC 标准反时限最小动作时间 $t_{op}=T\times\frac{80}{\left(\frac{I_{osc.max}}{I_{op.set}\times U^{*}_{osc.max}}\right)^{2}-1}$ (3-41)

如计算的动作时间 $t_{op}<\frac{1}{3}T_{per}$时（式中 T_{per}为振荡周期），应采用振荡闭锁。式 (3-39) ～式 (3-41) 计算的动作时间为振荡时 $\delta=180°$保护最小动作时间，由于在振荡过程中随 δ 变化振荡电流在变化，所以动作时间实际随 δ 变化而变化，经详细计算，按式 (3-39) ～式 (3-41) 决定振荡时 $\delta=180°$保护最小动作时间，当 $t_{op}>\frac{1}{3}T_{per}$时，该保护能躲过振动，保护不会误动。反之应采用振荡闭锁。

9. 电压制动过电流反时限保护闭锁设置

(1) TV 断线闭锁。当 TV 断线时电压制动反时限过电流保护可能误动，所以电压制动反时限过电流保护应加设 TV 断线闭锁装置。

（2）振荡闭锁。当系统振荡时电压制动反时限过电流保护通过计算如可能误动时，应加设振荡闭锁装置；通过计算如不可能误动时，可不必加设振荡闭锁装置。

【例 3-7】 某 600MW 机组参数见表 3-16。整定计算该机组电压制动反时限过电流保护。

表 3-16　　某 600MW 机组参数

发电机参数	P_{GN}	U_{GN}	I_{GN}	X_d	X''_d	X'_d	X_2
	600MW	20kV	19 245.6A	215.5%	20.5%	26.5%	20.3%
	$I_{g.n}$	I_n	$I_{g.n}/I_n$	TA 变比	T''_{d0}	$t_{op.max}$	
	3.85A	5A	0.77pu	25 000/5A	8.61s	2.5s	
	自并励发电机励磁参数，发电机空载运行时全控桥 $\alpha_0=82°$；强励时 $\alpha_k=25°$						
主变压器参数	S_{TN}	$X_t\%$	X_t（以 $Z_{g.n}$ 为基准）		X_S（以 $Z_{g.n}$ 为基准）		
	720MVA	20%	0.185		0.0333		

1. 过电流元件起动电流整定值计算

解　（1）选用电压制动相过电流元件。

（2）起动电流整定值计算。按躲过发电机额定电流计算

$$I_{op.set}=\frac{K_{rel}}{K_{re}}\times I_{g.n}=\frac{1.25}{0.95}\times I_{g.n}=1.3I_{g.n}=5A，I^{*}_{op.set}=1.0\ (pu)$$

式中　K_{rel}——可靠系数，取 1.25；

K_{re}——反回系数，取 0.95；

$I_{g.n}$——发电机额定二次电流。

2. 电压制动过电流

选取电压制动的过电流功能元件，“Voltage Restraint”设置“ENABLED”。其动作方程式为式（3-31）。

3. 主变压器高压母线短路故障分析计算

（1）高压母线三相短路故障分析计算。

1）高压母线三相短路电流衰减时间常数由式（3-33c）计算

$$T'_d=T'_{d0}\frac{X'_d+X_t}{X_d+X_t}=8.61\times\frac{0.265+0.185}{2.155+0.185}=1.66(s)$$

$$T^{(3)}_{dk}=(0.9\sim0.96)T'_d\times\frac{1}{1-\dfrac{X_t}{X_d+X_t}\times\dfrac{\cos\alpha_k}{\cos\alpha_0}}$$

$$=(0.9\sim0.96)\times1.66\times\frac{1}{1-\dfrac{0.185}{2.155+0.185}\times\dfrac{\cos25°}{\cos82°}}=3.08\sim3.28(s)$$

2）三相短路临界电抗 $X^{(3)}_{cri}$ 由式（3-33d）计算

$$X^{(3)}_{cri}=\frac{X_d}{\dfrac{\cos\alpha_k}{\cos\alpha_0}-1}=\frac{2.155}{\dfrac{\cos25°}{\cos82°}-1}=0.39$$

因为 $X_t=0.185<X^{(3)}_{cri}=0.39$，所以高压母线三相短路时，发电机的短路电流最终衰减为

零。

高压母线两相短路故障分析计算。考虑严重情况，设发电机未并网空载运行时发生两相短路。

1）高压母线两相短路电流衰减时间常数由式（3-33f）计算

$$T'_{d}=T'_{d0}\frac{X'_{d}+2X_{t}+X_{2}}{X_{d}+2X_{t}+X_{2}}=8.61\times\frac{0.265+2\times0.185+0.203}{2.155+2\times0.185+0.203}=2.64(s)$$

由式(3-33e) 计算 $T^{(2)}_{dk}=(0.9\sim0.96)T'_{d}\times\dfrac{1}{1-\dfrac{2X_{t}+X_{2}}{X_{d}+2X_{t}+X_{2}}\times\dfrac{\cos\alpha_{k}}{\cos\alpha_{0}}}$

$$=(0.9\sim0.96)\times2.64\times\frac{1}{1-\dfrac{2\times0.185+0.203}{2.155+2\times0.185+0.203}\times\dfrac{\cos25^{\circ}}{\cos82^{\circ}}}$$

$$=-6.46\sim6.89(s)$$

2）两相短路临界电抗 $X^{(2)}_{cri}$，按式（3-33g）计算

$$X^{(2)}_{cri}=\frac{X_{d}}{\dfrac{\cos\alpha_{k}}{\cos\alpha_{0}}-1}-(X_{t}+X_{2})=\frac{2.155}{\dfrac{\cos25^{\circ}}{\cos82^{\circ}}-1}-(0.185+0.203)$$

$$=-0.0043<X_{t}=0.185$$

从上计算知 $X^{(2)}_{cri}<X_{t}$ 或 $T_{dk}<0$ 时高压母线两相短路时，二相短路电流不衰减，由于强励作用二相短路电流反而增大。

4. 选取 IEEE 极端反时限特性计算

（1）时间常数 T 计算。

1）线路出口短路动作时间计算。为保证线路出口短路时保护有选择性动作由式（3-33h）计算为

$$t_{op}=t_{op.max}+\Delta t=2.5+0.5=3.0(s)$$

2）高压出线出口三相短路时考虑不衰减，按和出线后备保护配合计算，高压侧出口三相短路电流计算为

$$I^{(3)}_{K}=\frac{I_{G.N}/I_{N}}{X''_{d}+X_{t}}=\frac{19\ 245/25\ 000}{0.205+0.185}=1.974(pu)$$

高压侧出口三相短路机端残压根据分压公式计算为 $U^{*}_{g}=\dfrac{X_{t}}{X''_{d}+X_{t}}=\dfrac{0.185}{0.205+0.185}=0.474$。

3）时间常数由式（3-34）计算为

$$T=\frac{t_{op.max}+\Delta t}{\dfrac{28.2}{\left(\dfrac{I_{g.n}/I_{n}}{I_{op.set}X_{t}}\right)^{2}-1}+0.121\ 7}=\frac{3.0}{\dfrac{28.2}{\left(\dfrac{0.77}{1.0\times0.185}\right)^{2}-1}+0.121\ 7}=1.62\ (s)$$

选取 $T=1.6s$。

（2）机端三相或二相短路时电压制动反时限过电流保护动作时间，由于机端三相或二相短路时电压 $U_{K}<0.1U_{g.n}$，所以动作电流 $I_{op}=0.1I_{op.set}$，动作时间由式（3-35）计算为

$$t_{op}=T\times\left[\frac{28.2}{\left(\dfrac{I_{g.n}/I_{n}}{0.1I_{op.set}X''_{d}}\right)^{2}-1}+0.121\ 7\right]$$

$$= 1.6 \times \left[\frac{28.2}{\left(\frac{0.77}{0.1 \times 1.0 \times 0.205} \right)^2 - 1} + 0.1217 \right] = 0.227(\text{s})$$

靠近机端三相或二相短路时，电压制动反时限过电流保护动作时间为 0.227s，所以动作时间很短。考虑电流衰减，实际动作时间可能要大一些。

(3) 校验振荡时保护动作情况。假设系统电势和发电机电势相等，当发生系统振荡时，最大振荡电流和最低电压计算。

1）最大振荡电流由式（3-37a）计算为

$$I^*_{\text{osc.max}} = \frac{2}{X''_{\text{d}} + X_{\text{T}} + X_{\text{S}}} \times \frac{I_{\text{g.n}}}{I_{\text{n}}} = \frac{2}{0.205 + 0.185 + 0.0333} \times 0.77 = 3.64(\text{pu})$$

2）振荡时发电机最低电压标么值由式（3-38）计算为

$$U^*_{\text{osc.min}} = \frac{X_{\text{T}} + X_{\text{S}} - X''_{\text{d}}}{X''_{\text{d}} + X_{\text{T}} + X_{\text{S}}} = \frac{0.185 + 0.0333 - 0.205}{0.185 + 0.0333 + 0.205} = 0.0314$$

3）系统振荡时保护动作时间由式（3-39）计算为

$$t_{\text{op.osc}} = 1.6 \times \left[\frac{28.2}{\left(\frac{3.64}{1.0 \times 0.1} \right)^2 - 1} + 0.1217 \right] = 0.229\text{s} < 1.5/3 = 0.5(\text{s})$$

以上计算说明：系统发生振荡时，该保护可能会误动，因此当选择 IEEE 极端反时限需采用振荡闭锁。

5. 选取 IEEE 非常反时限特性计算

(1) 时间常数 T 计算由式（3-36a）计算为

$$T = \frac{t_{\text{op.max}} + \Delta t}{\frac{19.61}{\left(\frac{I_{\text{g.n}}/I_{\text{n}}}{I_{\text{op.set}} X_{\text{t}}} \right)^2 - 1} + 0.491} = \frac{3.0}{\frac{19.61}{\left(\frac{0.77}{1.0 \times 0.185} \right)^2 - 1} + 0.491} = 1.78(\text{s})\text{，选取 } T = 1.78\text{s。}$$

(2) 机端三相或二相短路时电压制动反时限过电流保护动作时间，由于机端三相或二相短路时电压 $U_{\text{K}} < 0.1U_{\text{g.n}}$，所以动作电流 $I_{\text{op}} = 0.1I_{\text{op.set}}$，动作时间由式（3-36b）计算为

$$t_{\text{op}} = T \times \left[\frac{19.61}{\left(\frac{I_{\text{g.n}}/I_{\text{n}}}{0.1 I_{\text{op.set}} X''_{\text{d}}} \right)^2 - 1} + 0.491 \right]$$

$$= 1.78 \times \left[\frac{19.61}{\left(\frac{0.77}{0.1 \times 1.0 \times 0.205} \right)^2 - 1} + 0.491 \right] = 0.899(\text{s})$$

(3) 系统振荡时保护动作时间由式（3-40）计算为

$$t_{\text{op.osc}} = 1.78 \times \left[\frac{19.61}{\left(\frac{3.64}{1.0 \times 0.1} \right)^2 - 1} + 0.491 \right] = 0.9\text{s} > 1.5/3 = 0.5(\text{s})$$

以上计算说明：系统发生振荡时，选取 IEEE 非常反时限特性不会误动，可不加装振荡闭锁。

6. 选取 IEC 标准反时限特性曲线

(1) IEC 标准反时限特性时间常数 T 计算。高压出线出口三相短路时和出线后备保护配合计算时间常数由 (3-36d) 计算为 $T=\dfrac{t_{op.max}+\Delta t}{\dfrac{80}{\left(\dfrac{I_{g.n}/I_n}{I_{op.set}X_t}\right)^2-1}}=\dfrac{3.0}{\dfrac{80}{\left(\dfrac{0.77}{1.0\times0.185}\right)^2-1}}=0.599(s)$，取 $T=0.6s$。

(2) 机端三相或二相短路时电压制动反时限过电流保护动作时间。由于机端三相或二相短路时残电压 $<0.1U_{g.n}$，所以动作电流 $=0.1I_{op.set}$，动作时间由式 (3-36e) 计算为

$$t_{op}=T\times\frac{80}{\left(\dfrac{I_{g.n}/I_n}{0.1I_{op.set}X''_d}\right)^2-1}=0.6\times\frac{80}{\left(\dfrac{0.77}{0.1\times1.0\times0.205}\right)^2-1}=0.038(s)$$

(3) 系统振荡时保护动作时间由式 (3-41) 计算为

$t_{op.osc}=0.6\times\left[\dfrac{80}{\left(\dfrac{3.64}{1.01\times0.1}\right)^2-1}\right]=0.038s$，所以系统振荡时保护可能误动。

以上计算说明：当选用 IEC 标准反时限特性曲线 C(BS142) 比选用 IEEE 极端反时限特性在相同的和外部短路故障配合的情况，前者在区内相间短路故障动作时间更短，同时说明系统发生振荡时，选取 IEC 标准反时限特性曲线 C(BS142) 可能会误动，所以应加装振荡闭锁。

7. 各点短路故障时动作时间计算

机端三相或二相短路时电压制动反时限过电流保护动作时间，由于机端三相或二相短路时电压 $U_K<0.1U_{g.n}$，所以动作电流 $I_{op}=0.1I_{op.set}$，动作时间很短。

(1) 选用 IEC 标准反时限特性曲线 C(BS142)，机端三相或二相短路动作时间 $t_{op}=0.059s$。

(2) 选用 IEEE 极端反时限特性曲线，机端三相或二相短路动作时间 $t_{op}=0.227s$。

(3) 选取 IEEE 非常反时限特性曲线，机端三相或二相短路动作时间 $t_{op}=0.899s$。

(4) 选用 IEC 标准反时限特性曲线 C(BS142)，系统振荡时动作时间 $t_{op}=0.038s$。

(5) 选用 IEEE 极端反时限特性曲线，系统振荡时动作时间 $t_{op}=0.229$ s。

(6) 选取 IEEE 非常反时限特性曲线，系统振荡时动作时间 $t_{op}=0.9s$。

8. 电压制动反时限过电流保护返回时间决定

取返回时间 $T_{rest}=0s$，采用瞬时返回。

9. 结论

(1) 选用 IEEE 极端反时限特性曲线。机端三相动作时间 $t_{op}=0.227s$，能防止三相短路时因电流衰减拒动，但系统振荡可能误动，应加装 TV 断线闭锁和系统振荡闭锁。

(2) 选取 IEEE 非常反时限特性曲线。机端三相动作时间 $t_{op}=0.9s$，能防止系统振荡误动，应加装 TV 断线闭锁可不必加装系统振荡闭锁。但自并励磁机组在三相短路时可能拒动，应加装电流记忆回路。

四、G60 型发电机失磁保护

(一) 失磁保护动作判据

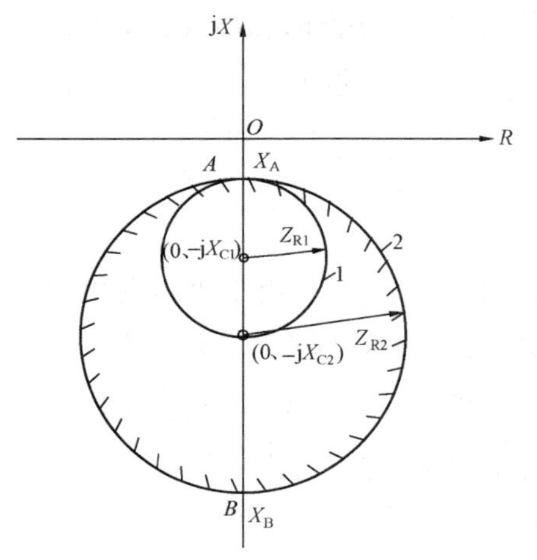

图 3-9 失磁保护阻抗动作判据图

(1) 失磁保护机端阻抗动作判据。由两个下抛圆组成，失磁保护阻抗动作判据如图3-9所示，用以反映不同负荷失磁时机端测量阻抗。图中大圆 2 为异步边界阻抗圆，动作时间可较长，X_A、X_B 分别为异步边界阻抗圆与直轴交点的坐标，用以限定异步边界阻抗圆 2，异步边界阻抗圆 2 的半径为 Z_{R2}，圆心的纵坐标为 X_{C2}。当机端阻抗进入小动作阻抗圆 1，则判发电机失磁后运行情况对机组危害比较严重，要求以较短动作时间动作停机，图中 Z_{R1}、X_{C1} 分别为小动作阻抗圆 1 的半径和圆心的纵坐标，小动作阻抗圆 1 的直径等于发电机额定二次阻抗 $Z_{g.n}$。

(2) 低电压动作判据。机端或高压母线三相同时低电压构成失磁第二个动作判据。

(3) 失磁后经延时 t_1 减出力，系统低电压和阻抗动作判据组成与门，经动作延时 t_2 程序跳闸；机端低电压和阻抗动作判据组成与门，经延时 t_3 程序跳闸。

(4) 采用负序电压动作闭锁失磁保护（与 TV 断线闭锁相同），其负序电压动作值按躲过正常最大负序电压计算。

(5) 小动作阻抗圆 1 动作判据和低电压动作判据组成与门经动作延时 $t_{op}<0.5s$。

(6) 不经低电压动作判据。失磁保护机端阻抗动作判据有不经低电压动作判据，以较长动作延时 1.5～3s 动作于程序跳闸。

（二）整定计算

1. 失磁阻抗特性圆的半径圆心计算

(1) 发电机额定二次阻抗计算

$$Z_{g.n}=\frac{U_{g.n}}{\sqrt{3}I_{g.n}}(\Omega)$$

(2) X'_d、X_d 的阻抗值计算

$$X'_d=X^{*\prime}_d\times Z_{g.n}(\Omega)$$

$$X_d=X^*_d\times Z_{g.n}(\Omega)$$

上三式中 X'_d——发电机直轴瞬变不饱和电抗二次有名值；

X_d——发电机同步电抗二次有名值；

$X^{*\prime}_d$——发电机直轴瞬变不饱和电抗相对值；

X^*_d——发电机同步电抗相对值。

(3) X_A、X_B 计算

$$X_A=-\frac{1}{2}X'_d \quad (3\text{-}42)$$

$$X_B=-\left(X_d+\frac{1}{2}X'_d\right) \quad (3\text{-}42a)$$

(4) 小动作阻抗圆 1 圆心 X_{C1}、半径 Z_{R1} 计算

$$X_{C1}=-\frac{1}{2}(Z_{g.n}+X'_{d})\ (\Omega) \tag{3-43}$$

$$Z_{R1}=\frac{1}{2}Z_{g.n}(\Omega) \tag{3-43a}$$

(5) 异步边界阻抗圆 2 圆心 X_{C2}、半径 Z_{R2} 计算

$$X_{C2}=-\frac{1}{2}(X_{d}+X'_{d})\ (\Omega) \tag{3-44}$$

$$Z_{R2}=\frac{1}{2}Z_{d}(\Omega) \tag{3-45}$$

2. 低电压判据整定值

(1) 系统三相低电压动作整定值，动作电压根据调度提供最低允许运行电压 U_{min} 计算

$$U_{op.3p}=(0.9\sim0.95)\ U_{min}$$

(2) 机端三相低电压整定值，取

$$U_{op.3p}=(0.85\sim0.9)\ U_{g.n}$$

(3) 根据国内实际情况，当发电机失磁时，系统三相电压一般下降很小，系统三相低电压判据不会动作，因此现在广为采用发电机机端三相低电压判据。

3. 负序电压整定值，取

$$U_{2.op}=0.06\text{pu}$$

4. 动作时间整定值

(1) 小动作阻抗圆 1 动作判据和三相低电压判据，动作时间采用 0.3s，动作于程序跳闸。

(2) 异步边界阻抗圆动作判据和三相低电压判据，动作时间取 1.0s，动作于程序跳闸。

(3) 不经三相低电压判据。异步边界阻抗圆动作不经三相低电压判据，动作时间取 1.5～3s，动作于程序跳闸。

五、G60 型发电机失步保护

G60 型发电机失步保护，由失步低阻抗圆（MHO 透镜）元件和相电流元件组成。

（一）失步保护阻抗圆原理动作判据

阻抗圆原理失步保护动作判据如图 3-10 所示，图中由三个不同的透镜圆组成，透镜圆 1 为外环圆，透镜圆 2 为中环圆，透镜圆 3 为内环圆，将阻抗平面分为失步阻抗区外和失步阻抗区内两部分，外环圆、中环圆、内环圆又将失步阻抗区分为 5 区，外环圆、中环圆之间的Ⅰ区，中环圆、内环圆之间的Ⅱ区，内环圆组成的Ⅲ区，内环圆、中环圆之间的Ⅳ区，中环圆、外环圆之间的Ⅴ区，发电机正常运行时机端正序阻抗 $Z_{g}=Z_{g.n}$ 在第一象限的 P 点，在发电机失步状态时机端阻抗 Z_{g} 进入失步阻抗区内，失步保护靠正序阻抗轨迹穿越图 3-10 外环圆和中环圆的时间长短能正确区分系统短路与振荡；靠正序阻抗轨迹穿越内环圆和中环圆的时间段与穿越中环圆和外环圆的时间段的长短能正确区分失步振荡与稳定振荡，从而达到失步保护功能。图中 OA 为正向动作范围；OB 为反向动作范围；δ_{1} 为外环圆限制角；δ_{2} 为中环圆限制角；δ_{3} 为内环圆限制角；φ_{sen} 为正向灵敏角；φ_{-sen} 为反向灵敏角。

（二）整定计算

(1) 发电机额定二次阻抗值计算

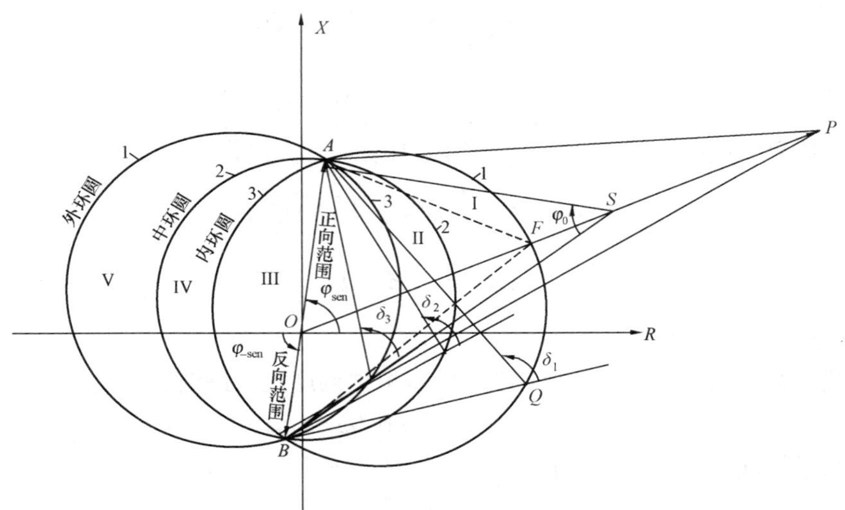

图 3-10　阻抗圆原理（MHO 透镜）失步保护动作判据图

$$Z_{g.n}=\frac{U_{g.n}}{\sqrt{3}I_{g.n}}$$

（2）功率振荡正向阻抗计算

$$\left.\begin{aligned}Z_A=OA=(X_t+nX_S)Z_{g.n}\\ \text{阻抗角取}\ \varphi_S=\varphi_{sen}=75^\circ\sim85^\circ\end{aligned}\right\}\tag{3-46}$$

式中　n——并列运行机组台数；

X_S——系统最大运行方式下的最小系统阻抗相对值（以发电机额定阻抗为基准）；

X_t——变压器阻抗相对值（以发电机额定阻抗为基准）。

由于 G60 失步保护不能判振荡中心在机组内还是机组外，在必要时可采用下式计算以区分振荡中心在机组内还是机组外

$$X_A=OA=X_t\times Z_{g.n}\tag{3-46a}$$

（3）功率振荡反向阻抗计算

$$Z_B=OB=X'_dZ_{g.n}\tag{3-47}$$

$$\text{阻抗角取}\ \varphi_S=\varphi_{-sen}=75^\circ\sim85^\circ$$

（4）内环圆限制角 δ_3 计算。内环圆限制角考虑发电机振荡时，两侧最大电动势角差 φ_i 即动稳极限角，φ_i 由系统调度部门给出，一般 $\varphi_i=120^\circ\sim140^\circ$，取 $\varphi_i=120^\circ$，$\delta_3=180^\circ-\varphi_i=180^\circ-120^\circ=60^\circ$。

（5）外环圆限制角 δ_1 计算。

1）计算方法 1。取外环圆阻抗 Z_{out} 最大电阻分量 $R_{max}=Z_{g.n}\times\cos\varphi_{g.n}/1.3$，计算外环圆周角

$$\varphi_0=2\text{arctg}\frac{(Z_A+Z_B)/2}{R_{max}}=2\text{arctg}\frac{(Z_A+Z_B)/2}{Z_{g.n}\cos\varphi_{g.n}/1.3}=2\text{arctg}\frac{(Z_A+Z_B)}{1.54Z_{g.n}\cos\varphi_{g.n}}\tag{3-48}$$

为可靠起见，外环圆周角放大 20°再计算外环圆限制角，即外环圆限制角整定值

$$\delta_1 = 180° - (\varphi_0 + 20°) = 180° - 2\text{arctg}\frac{(Z_A + Z_B)}{1.54Z_{g.n}\cos\varphi_{g.n}} - 20° \tag{3-49}$$

取外环圆阻抗 Z_{out}最大电阻分量 $R_{max}=Z_{g.n}\times\cos\varphi_{g.n}/2$，计算外环圆周角

$$\varphi_0 = 2\text{arctg}\frac{(Z_A + Z_B)/2}{R_{max}} = 2\text{arctg}\frac{(Z_A + Z_B)/2}{Z_{g.n}\cos\varphi_{g.n}/2} = 2\text{arctg}\frac{(Z_A + Z_B)}{Z_{g.n}\cos\varphi_{g.n}} \tag{3-50}$$

$$\delta_1 = 180° - \varphi_0 = 180° - 2\text{arctg}\frac{(Z_A + Z_B)}{Z_{g.n}\cos\varphi_{g.n}}$$

2）计算方法 2。设在功率因数角为 $\varphi_{g.n}$时，并计算动作阻抗 OS=Z_{op}=0.5$Z_{g.n}$时的外环圆周角 $\varphi_0=\angle ASO+\angle BSO$，$\angle ASO$、$\angle BSO$ 可分别由正弦定理和余弦定理求得

$$\varphi_0 = \angle ASO + \angle BSO = \arcsin\left[\frac{Z_A}{\sqrt{Z_A^2 + Z_{op}^2 - 2Z_A \times Z_{op}\cos(\varphi_{sen} - \varphi_{g.n})}}\sin(\varphi_{sen} - \varphi_{g.n})\right]$$
$$+ \arcsin\left[\frac{Z_B}{\sqrt{Z_B^2 + Z_{op}^2 - 2Z_B \times Z_{op}\cos(180° - \varphi_{sen} + \varphi_{g.n})}}\sin(180° - \varphi_{sen} + \varphi_{g.n})\right] \tag{3-51}$$

外环圆周角放大 20°再计算外环圆限制角整定值，外环圆限制角 $\delta_1=180°-\varphi_0-20°$。

3）计算方法 3。$\varphi_P=\angle APO+\angle BPO=\angle APB$，当功率因数角为 $\varphi_{g.n}$；$OP=Z_{g.n}$时 $\angle APO$、$\angle BPO$ 可分别由正弦定理和余弦定理求得

$$\varphi_P = \angle APO + \angle BPO = \arcsin\left[\frac{Z_A}{\sqrt{Z_A^2 + Z_{g.n}^2 - 2Z_A \times Z_{g.n}\cos(\varphi_{sen} - \varphi_{g.n})}}\sin(\varphi_{sen} - \varphi_{g.n})\right]$$
$$+ \arcsin\left[\frac{Z_B}{\sqrt{Z_B^2 + Z_{g.n}^2 - 2Z_B \times Z_{g.n}\cos(180° - \varphi_{sen} + \varphi_{g.n})}}\sin(180° - \varphi_{sen} + \varphi_{g.n})\right] \tag{3-52}$$

外环圆限制角应在最大负荷条件下对应的正常负荷限制角$\angle APB$ 留有 40°的安全裕量计算。外环圆限制角 $\delta_1=180°-(\angle APB+40°)$；$\delta_1=180°-(\varphi_P+40°)$

【例 3-8】 已知 $Z_{g.n}=15\Omega$，$\cos\varphi_{g.n}=0.9$，$Z_A=3.2\Omega$，$Z_B=4\Omega$。计算某 600MW 发电机组整定外环圆限制角 δ_1。

解 计算方法 1。根据外环圆阻抗 Z_{out} 最大电阻分量 $R_{max}=Z_{g.n}\times\cos\varphi_{g.n}/1.3$，由式(3-48)计算外环圆周角

$$\varphi_0 = 2\text{arctg}\frac{(Z_A + Z_B)}{1.54Z_{g.n}\cos\varphi_{g.n}} = 2\text{arctg}\frac{3.2 + 4}{1.54 \times 15 \times 0.9} = 38.2°$$

为可靠起见，外环圆周角放大 20°由式（3-49）计算外环圆限制角整定值，即

$$\delta_1 = 180° - (\varphi_0 + 20°) = 180° - 38.2° - 20° = 122° \text{ 取 } \delta_1 = 120°$$

根据外环圆阻抗 Z_{out}最大电阻分量 $R_{max}=Z_{g.n}\times\cos\varphi_{g.n}/2$，由式（3-50）计算外环圆周角

$$\varphi'_0 = 2\text{arctg}\frac{(Z_A + Z_B)/2}{R_{max}} = 2\text{arctg}\frac{(Z_A + Z_B)}{Z_{g.n}\cos\varphi_{g.n}}$$

$$\delta_1 = 180° - \varphi'_0 = 180° - 2\text{arctg}\frac{(Z_A + Z_B)}{Z_{g.n}\cos\varphi_{g.n}}$$
$$= 180° - 2\text{arctg}\frac{7.2}{15 \times 0.9} = 180° - 56° = 124° \text{ 取 } \delta_1 = 120°$$

计算方法 2。设在功率因数角为 $\varphi_{g.n}$ 时，由式（3-51）计算动作阻抗为 $Z_{op}=0.5Z_{g.n}$ 时的圆周角 φ_0

$$\varphi_0=\angle ASO+\angle BSO=\arcsin\left[\frac{Z_A}{\sqrt{Z_A^2+Z_{op}^2-2Z_A\times Z_{op}\cos(\varphi_{sen}-\varphi_{g.n})}}\sin(\varphi_{sen}-\varphi_{g.n})\right]$$

$$+\arcsin\left[\frac{Z_B}{\sqrt{Z_B^2+Z_{op}^2-2Z_B\times Z_{op}\cos(180°-\varphi_{sen}+\varphi_{g.n})}}\sin(180°-\varphi_{sen}+\varphi_{g.n})\right]$$

$$=\arcsin\left[\frac{3.2}{\sqrt{3.2^2+7.5^2-2\times3.2\times7.5\times\cos(85^2-25.8°)}}\sin(85^2-25.8°)\right]$$

$$+\arcsin\left[\frac{4}{\sqrt{4^2+7.5^2-2\times4\times7.5\times\cos(180°-85^2+25.8°)}}\sin(180°-85^2+25.8°)\right]$$

$$=\arcsin(0.494\times0.859)+\arcsin(0.394\times0.859)=25.1°+19.8°=45.9°$$

外环圆限制角 $\delta_1=180°-\varphi_0-20°=180°-45.9°-20°=114°$，取 $\delta_1=120°$。通过以上各种方法计算 $\delta_1=120°$。

（6）中环圆限制角 δ_2 计算。δ_2 取外环圆限制角和内环圆限制角的平均值，即

$$\delta_2=0.5(\delta_3+\delta_1)=0.5(120°+60°)=90° \tag{3-53}$$

（7）功率振荡动作时间计算。一般计算式为

$$t_{op}=\frac{T_{per.min}}{360°}(\varphi_1-\varphi_2) \tag{3-54}$$

式中 φ_1、φ_2——系统振荡时相邻限制圆环对应的电动势相角差，即为外环阻抗圆、中环阻抗圆、内环阻抗圆圆周角；

$T_{per.min}$——系统最小振荡周期。

系统最小振荡周期由调度部门给出（系统振荡周期计算时一般为 0.5～1.5s），一般取 $T_{per.min}=0.5$s。

1）动作延时 $t_{op.1}$，为振荡阻抗轨迹穿越外环圆和中环圆所需的时间

$$t_{op.1}=\frac{T_{per.min}}{360°}\times(\varphi_1-\varphi_2) \tag{3-55}$$

2）动作延时 $t_{op.2}$，为振荡阻抗轨迹穿越中环圆和内环圆所需的时间

$$t_{op.2}=\frac{T_{per.min}}{360°}\times(\varphi_2-\varphi_3) \tag{3-56}$$

3）动作延时 $t_{op.3}$，失步保护在跳闸前，阻抗轨迹穿越内环圆所需的时间，为失步保护发出跳闸命令提供必要的安全裕度。取

$$t_{op.3}=\frac{2}{K_{rel}}\times\frac{T_{per.min}}{360°}\times(180°-\varphi_3) \tag{3-57}$$

4）动作延时 $t_{op.4}$，失步保护在跳闸前，阻抗轨迹在内环圆以外、中环圆以内所需的时间，用于延时跳闸方式。$t_{op.4}=t_{op.2}$。

5）复位时间，阻抗轨迹在离开外环圆后，振荡闭锁的复归时间，取出厂设置值 0.05s。

6）自保时间，为跳闸脉冲的扩展延时，取出厂设置值 0.4s。

（8）失步闭锁电流计算。发电机失步时，断路器可能在 $\delta=180°$ 时收到跳闸脉冲，如此时跳闸，断路器主触头受到 2 倍额定电压值，故断路器切断能力大大降低，为保证断路器的

安全，应设置安全闭锁电流，超过安全闭锁电流值应闭锁断路器跳闸脉冲，小于安全闭锁电流值时开放跳闸脉冲。

1）最大失步电流计算。系统最大方式且 $\delta=180°$ 时，振荡电流由式（3-37a）计算。断路器允许断开失步电流 $I_{off.al}$ 计算，详见式（2-236）。

2）当失步允许断开电流 $I_{off.al.set}>I_{osc.max}$ 时，失步闭锁可不用，可采用失步保护早期跳闸模式，设置“EARLY”。

3）当失步允许断开电流 $I_{off.al.set}<I_{osc.max}$ 时，应采用失步保护延迟跳闸模式，设置“DELAYED”。

（9）失步保护开放电流。为提高失步保护安全性，设置失步保护开放元件，采用相电流开放元件。其动作值为 $I_{op}=(1.1\sim1.2)I_{g.n}$ 或 $I_{op}^{*}=(1.1\sim1.2)\ I_{g.n}/I_{n}(pu)$。

（10）滑极次数 $N=2$ 次（应尽可能采用 2 次）。

六、G60 型发电机过励磁保护

（一）发电机变压器组过励磁能力分析

当发电机与主变压器之间无断路器，可共用一套过励磁保护，其整定值按发电机或变压器过励磁能力较低的要求整定。由于目前制造厂所提供的发电机或变压器过励磁能力可信度很低，并且各制造厂提供的发电机或变压器过励磁能力千差万别，所以在整定计算时，应充分考虑这一事实。

（二）发电机过励磁保护整定计算 1

G60 过励磁保护由定时限和反时限过励磁保护组成。选 G60 VOLTS/Hz 1 定时限过励磁保护动作于信号与减励磁；选 G60 VOLTS/Hz 2 反时限过励磁保护动作于全停跳闸。

1. 定时限过励磁保护

和制造厂提供的过励磁能力及 AVR 过励磁限制特性配合计算

（1）过励磁倍数动作整定值 $n_{op.set}$，一般取 $n_{op.set}=\dfrac{U^{*}}{f^{*}}=1.05$。

（2）动作时限，取 $t_{op}=3\sim5s$，动作于发信号与减励磁。

2. 反时限过励磁保护

（1）反时限特性选择。和制造厂提供的过励磁能力及 AVR 过励磁保护动作特性配合计算，经反时限曲线动作方程 A、B、C 和发电机允许过励磁特性反复比较，选取曲线 A 与发电机反时限允许特性最为吻合（但还是不完全吻合），故选取曲线 A 动作方程为

$$t_{op}=\frac{T}{\left[\dfrac{U^{*}/f^{*}}{(U^{*}/f^{*})_{op.min.set}}\right]^{2}-1} \tag{3-58}$$

式中 (U^{*}/f^{*})——发电机过励磁倍数；

$(U^{*}/f^{*})_{op.min.set}$——反时限过励磁保护电压频率比起动整定值 $(U^{*}/f^{*})_{op.min.set}=(U^{*}/f^{*})_{pickup}$；

T——反时限过励磁保护动作时间常数整定值。

（2）反时限过励磁保护最小动作倍数整定值 $n_{op.set}=(U^{*}/f^{*})_{op.min.set}$ 计算。按发电机长期允许过励磁能力 $(U^{*}/f^{*})_{al}$ 计算，即

$$(U^{*}/f^{*})_{op.min.set}=K_{rel}\times(U^{*}/f^{*})_{al} \tag{3-59}$$

式中 K_{rel}——可靠系数取1～1.05。

(3) 反时限过励磁保护动作时间常数整定值 T 计算。按制造厂提供的发电机和变压器中较低过励磁能力计算，由于G60反时限过励磁保护动作特性和发电机允许过励磁特性不能完全吻合，以致其整定计算带来很大的困难，只能用观察比较法进行近似计算。

(4) 反时限过励磁保护动作于解列灭磁。

(5) G60反时限过励磁保护采用相间电压。当机端单相接地时，U 为相间电压，$U^*=1$，过励磁倍数 $U^*/f^*=1$，反时限过励磁保护不动作，动作行为正确；若采用相电压，则机端单相接地时，$U^*=\sqrt{3}$，$U^*/f^*=1.73$，反时限过励磁保护快速动作，动作行为不正确，此时应由发电机定子绕组单相接地保护动作。所以G60反时限过励磁保护采用测量相电压不是发电机过励磁保护特有动作判据，测量相间电压才是过励磁保护特有的动作判据，所以最好改用测量相间电压作过励磁保护动作判据。

【例3-9】 某600MW机组制造厂提供变压器过励磁能力见表3-17；制造厂提供的发电机允许过励磁特性比较见表3-18。整定其过励磁保护。

表3-17　　制造厂提供变压器过励磁能力

变压器满载时过励磁能力							
满载时电压倍数	1.05	1.10	1.25	1.30	1.40	1.50	1.58
满载时持续时间	连续	30min	60s	40s	2s	1s	0.1s
变压器空载时过励磁能力							
空载时电压倍数	1.05	1.10	1.25	1.30	1.40	1.90	2.00
空载时持续时间	连续	连续	120s	60s	10s	1s	0.1s

表3-18　　制造厂家提供的发电机允许过励磁特性比较表

过励磁倍数 $U^*/f^*=k\ (U_n^*/f_n^*)$	1.05	1.10	1.15	1.20	1.25	整定值
允许时间	长期	55s	18s	6s	2s	
$t_{op}=\dfrac{0.415}{\left(\dfrac{U^*/f^*}{1.137}\right)^2-1}$	长期	长期	11.67s	3.64s	1.85s	$(U^*/f^*)_{op.min}=1.137$ T=0.415
$t_{op}=\dfrac{0.64}{\left(\dfrac{U^*/f^*}{1.13}\right)^2-1}$	长期	长期	17.9s	5.01s	2.86s	$(U^*/f^*)_{op.min}=1.13$ T=0.64
$t_{op}=\dfrac{0.61}{\left(\dfrac{U^*/f^*}{1.094}\right)^2-1}$	长期	55s	5.8s	3	2	$(U^*/f^*)_{op.min}=1.094$ T=0.61

解 (1) 反时限过励磁保护最小过励磁动作倍数整定值 $(U^*/f^*)_{op.min.set}$ 计算。按发电机长期允许过励磁能力 $(U^*/f^*)_{al}$ 配合，由式（3-61）计算，取

$$(U^*/f^*)_{op.min.set}=K_{rel}\times(U^*/f^*)_{al}=1.1$$

(2) T 整定值计算。以 $U^*/f^*=1.1$ 动作时间 $t_{op}=55s$；$U^*/f^*=1.15$ 动作时间 $t_{op}=18s$；$U^*/f^*=1.2$ 动作时间 $t_{op}=6s$；代入式（3-60）得以下1组方程

$$\begin{cases}T=55\times\{1.1/[(U^*/f^*)^2_{op.min.set}-1]\};\\T=18\times\{1.15/[(U^*/f^*)^2_{op.min.set}-1]\};\\T=6\times\{1.2/[(U^*/f^*)^2_{op.min.set}-1]\};\end{cases}$$

可解得 $(U^*/f^*)_{op.min}=1.094$，$T=0.61$；$(U^*/f^*)_{op.min}=1.13$，$T=0.64$；和 $(U^*/f^*)_{op.min}=$

1.137，T=0.415。并代入式(3-60)，用观察比较法，制造厂提供发电机允许过励磁特性比较见表3-18，求得比较理想的整定值为$(U^*/f^*)_{op.min}$=1.094，T=0.61。

最终取整定值 $(U^*/f^*)_{op.min.set}$=1.1，T=0.61。

(3) 反时限过励磁保护动作特性方程式（3-60）和发电机过励磁允许时间特性配合很不理想。

(三) 发电机过励磁保护整定计算2

G60保护中除有平滑的连续过励磁特性保护保护外，还可有自定义离散型线性内插法反时限过励磁保护动作特性 n_{op}=（U^*/f^*），可选择采用自定义反时限特性曲线A（Flexcurve A)元件动作出口。目前该保护测量电压仍采用相电压（按正确原理应采用相间电压）。

1. 基准电压整定值

基准电压整定值 $U_b=U_{g.n.p}$=57.7V（如测量电压采用相间电压后应取 $U_b=U_{g.n}$=100V)。

2. 基准频率整定值

基准频率整定值取发电机额定频率 $f_b=f_{g.n}$=50Hz。

3. 过励磁倍数起动整定值 $n_{op.set}=(U^*/f^*)_{op.min.set}$

和制造厂提供的允许过励磁特性配合计算，取过励磁倍数起动整定值 $n_{op.set}$=（$U^*/f^*)_{op.set}$=1.1（U_n^*/f_n^*）=1.1。

4. 发电机自定义反时限过励磁保护动作整定值计算

当主设备允许过励磁时间特性较保守时，取反时限过励磁动作时间整定值和允许过励磁时间特性一致计算；当主设备允许过励磁能力很强时，取反时限过励磁动作时间整定值比允许过励磁时间特性曲线低70%～90%计算。例如，以［例3-9］制造厂家提供的允许过励磁时间数据整定，离散型线性内插法反时限过励磁保护动作特性整定值和制造厂家提供的允许过励磁时间一致计算，离散型线性内插法反时限过励磁保护动作时间特性整定值配合见表3-19。表3-19中过励磁倍数 $k=n$（$U^*/f^*)_{op.set}$，如（$U^*/f^*)_{op.set}$=1.1，则励磁动作倍 $n=k/1.1$。

表3-19　离散型线性内插法反时限过励磁保护动作时间特性整定值配合表

制造厂提供允许过励磁时间特性	过励磁倍数 $U^*/f^*=k$（U_n^*/f_n^*）	1.1	1.13	1.155	1.21	1.26	1.32	1.35
	允许过励磁时间 t_{al}（s）	55	30	19	6	2	0.5	
离散型线性内插法反时限过励磁保护动作时间特性	动作倍数 $U^*/f^*=n$（$U^*/f^*)_{op.set}$	1	1.03	1.05	1.1	1.15	1.2	1.23
	动作时间整定值 $t_{op.set}$（ms）	55 000 (55s)	30 000 (30s)	19 000 (19s)	6000 (6s)	2000 (2s)	500 (0.5s)	100 (0.1s)
	实测动作时间 t_{op}（s）							

5. 结论

自定义离散型线性内插法反时限过励磁保护动作特性，明显优于IEEE极端反时限过励磁保护动作特性。

七、T60型（或T35型）主变压器纵差动保护

(一) T60型（或T35型）主变压器纵差动保护动作判据

T60 型（或 T35 型）主变压器纵差动保护动作判据，与式（3-26）基本相同，增加以下几个判据。

（1）无制动差动速断动作判据。当 $I_d \geqslant I_{d.op.up}$ 时以恒定动作电流 $I_{d.op.up}$ 动作，此时不受制动电流 I_{res} 控制和谐波制动，EF 为无制动的差动速断动作区，比率制动和差动速断完整的动作特性曲线为 $ABCDEF$。

（2）二次谐波制动判据。当 $K_{2\omega}=I_{2\omega}/I_{1\omega} \geqslant K_{2\omega.set}$ 时，比率差动保护被闭锁制动，在整定时可按相制动、按三取二交叉制动、按平均值制动三种不同的方式。

（3）五次谐波制动判据。由于过励磁当 $K_{5\omega}=I_{5\omega}/I_{1\omega} \geqslant K_{5\omega.set}$ 时，比率差动保护被闭锁制动。制动电流 $I_{res}=\max(I_1, I_2, I_3)$，即取各侧最大电流。

$$差动电流\ I_d=|\dot{I}_1+\dot{I}_2+\dot{I}_3|$$

式中 $\dot{I}_1$、$\dot{I}_2$、$\dot{I}_3$——各侧电流相量；

其他符号含义同前。

（二）整定计算

1. 主变压器三点差动保护虚拟绕组和虚拟容量设置分析计算

GE 的 T60 型（T35 型）主变压器三点差动保护基准侧是保护内部根据 TA 最小裕度系数自动选定，对大型变压器多侧（多点）差动保护由于存在各侧 TA 严重不匹配问题，这就存在变压器各侧绕组实际额定容量整定值和虚拟绕组额定容量整定值问题，为了使差动保护基准侧自动根据 TA 最小裕度系数选定在主绕组（主变压器额定容量）侧，避免错误的自动选在厂用分支虚拟绕组侧，保护动作值是基准侧 TA 额定一次电流的相对值，当错误的自动选在厂用分支虚拟绕组侧，则可能出现实际动作电流非常小而引起保护误动作的错误，从而厂用分支为虚拟绕组侧的虚拟额定容量整定值就必须严格的计算确定。以图 3-11 为例说明主变压器三点差动保护虚似绕组虚拟额定容量整定值计算的重要性。图中主变压器 T1 额定容量 $S_N=720$MVA，额定电压比为 525/20kV，各侧电流互感器 TA1、TA2 变比均为 4000/1A，TA3 变比 25 000/1A，TA4 变比 5000/1A，kd 为主变压器三点差动保护：

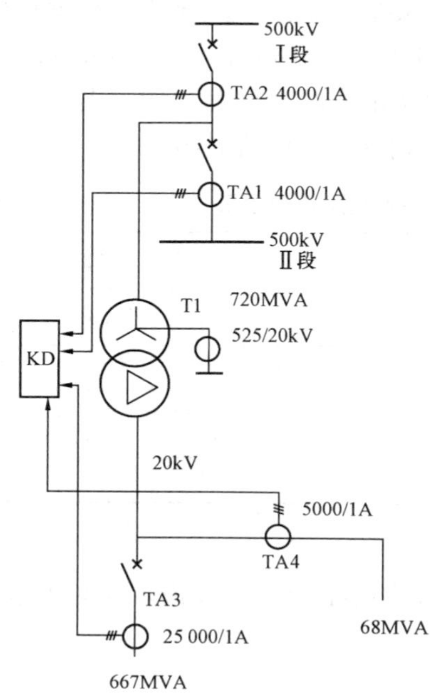

图 3-11 主变压器三点差动保护配置图

变压器高压侧 W1 绕组额定电流 $I_{N1}=\dfrac{720\times10^3}{\sqrt{3}\times525}=791.9$（A）

发电机侧（变压器低压侧）W2 绕组额定电流 $I_{N2}=\dfrac{720\times10^3}{\sqrt{3}\times20}=20\ 785$（A）

当厂用分支虚拟绕组侧虚拟额定容量整定值取 720MVA，则厂用分支 W3 虚拟绕组额定电流 $I_{N3}=\dfrac{720\times10^3}{\sqrt{3}\times20}=20\ 785$（A）

高压侧（W1 绕组，1 侧）TA 裕度系数 $K_{TA.m1}=\text{margin1}=I_{TA.H.N}/I_{T.H.N}=4000/791.9=5.05$。

发电机侧（W2 绕组，2 侧）TA 裕度系数 $K_{TA.m2}=\text{margin2}=I_{TA.M.N}/I_{T.M.N}=25\ 000/20\ 785=1.203$。

高压厂用变压器侧（W3 绕组，3 侧）TA 裕度系数 $K_{TA.m3}=\text{margin3}=I_{TA.L.N}/I_{T.L.N}=5000/20\ 785=0.24$。

由上计算知：保护内部根据 TA 最小裕度系数自动选择基准侧，必然错误自动选定高压厂用变压器 W3 绕组为基准侧，由于保护最小动作电流 $I_{d.op.min}$、拐点 1 制动电流 I_{res1}、拐点 2 制动电流 I_{res2}都是基准电流的相对值。所以当以虚拟绕组 W3 电流为基准时的实际动作电流就非常小，如最小动作电流整定值 $I^*_{op.min.set}=0.3$ 时，实际最小动作电流 $I_{op.min}=0.3\times5000=1500$（A），仅为主变压器额定电流的 $I_{OP.min.set}=1500/20\ 785=0.072\ 5I_{T.N}$，在实际运行中曾发生区外故障时不平衡电流大于此值而误动（实际运行中有此情况误动的案例）。为了不使保护装置错误自动选定高压厂用变压器 W3 绕组为基准侧，应正确计算厂用分支为虚拟绕组侧的虚拟额定容量整定值，以避开自动选择高压厂用变压器 W3 绕组为基准侧，设虚拟绕组的虚拟额定容量整定值 $S_{T.N.3}$，为自动选择主绕组侧为基准侧，则虚拟额定容量整定值应满足下式

$$S_{T.N.3}\leqslant\frac{U_{N3}\times I_{TA.N3}\times S_{T.N}}{U_N\times I_{TA.N}}\tag{3-60}$$

式中 $S_{T.N.3}$——变压器虚拟绕组侧虚拟容量整定值（MVA）；

U_N——变压器主绕组侧额定电压（kV）；

U_{N3}——变压器虚拟绕组侧额定电压（kV）；

$I_{TA.N}$——变压器主绕组侧 TA 一次额定电流（A）；

$I_{TA.N3}$——变压器虚拟绕组侧 TA 一次额定电流（A）；

$S_{T.N}$——变压器主绕组侧额定容量（MVA）。

如图 3-15 中变压器虚拟绕组为高压厂用变压器高压侧，则由式（3-62）计算

$$S_{T.N.3}\leqslant\frac{U_{N3}\times I_{TA.N3}\times S_{T.N}}{U_N\times I_{TA.N}}=\frac{20\times5000\times720}{20\times25\ 000}=144(\text{MVA})$$

为此取厂用分支高压侧虚拟绕组的虚拟额定容量整定值 $S_{T.N.3}<144$MVA，取 $S_{T.N.3}=76$MVA。

则厂用分支高压侧 W3 虚拟绕组额定电流 $I_{N3}=\dfrac{76\times10^3}{\sqrt{3}\times20}=2194$（A）。

高压厂用变压器侧（W3 侧）TA 裕度系数 $K_{m3}=I_{TA.L.N}/I_{T.L.N}=5000/2194=2.28$。

于是差动保护内部根据 TA 最小裕度系数自动正确选定发电机出口侧绕组 W2 为基准侧。

图 3-15 中，变压器虚拟绕组为高压厂用变压器低压侧，低压侧 $U_{N3}=6.3$kV，TA 一次额定电流 $I_{TA.N3}=6000$A，则由式（3-62）计算

$$S_{T.N.3}\leqslant\frac{U_{N3}\times I_{TA.N3}\times S_{T.N}}{U_N\times I_{TA.N}}=\frac{6.3\times6000\times720}{20\times25\ 000}=54(\text{MVA})$$

为此取厂用分支低压侧虚拟绕组的虚拟额定容量整定值 $S_{T.N.3}<54$MVA，取 $S_{T.N.3}=35$MVA。

结论：主变压器三点差动保护内部根据 TA 最小裕度系数自动正确选定主变压器主绕组

W2 为基准侧时，当式（3-62）计算值 $S_{T.N.3}$ 大于高压厂用变压器额定容量时，则虚拟绕组虚拟容量整定值取高压厂用变压器额定容量；当式（3-62）计算值 $S_{T.N.3}$ 小于高压厂用变压器额定容量时，则虚拟绕组虚拟容量整定值取小于式（3-62）计算值

$$S_{T.N.3}=(0.8\sim0.9)\times\frac{U_{N3}\times I_{TA.N3}\times S_{T.N}}{U_N\times I_{TA.N}} \tag{3-61}$$

2. 各侧绕组 TA 裕度系数和平衡系数计算

(1) 各侧额定电流计算。

变压器高压侧（1 侧）额定电流 $I_{T.H.N}=\dfrac{S_{T.N}\times10^3}{\sqrt{3}\times U_{H.N}}$

发电机侧（2 侧）额定电流 $I_{T.M.N}=\dfrac{S_{T.N}\times10^3}{\sqrt{3}\times U_{M.N}}$

上二式中　$S_{T.N}$——变压器额定容量（MVA）；

$U_{H.N}$——变压器高压侧额定电压（kV）；

$U_{M.N}$——变压器中压侧（或发电机侧）额定电压（kV）。

(2) 各侧绕组 TA 裕度系数计算。

高压侧（W1 侧）TA 裕度系数 $K_{TA.m.1}=I_{TA.H.N}/I_{T.H.N}$。

发电机侧（W2 侧）TA 裕度系数 $K_{TA.m2}=I_{TA.M.N}/I_{T.M.N}$。

高压厂用变压器侧（W3 侧）虚拟绕组虚拟额定容量整定值计算，按式（3-63）计算。

高压厂用变压器侧（W3 侧）额定电流 $I_{T.L.N}=\dfrac{S_{T.N.3}\times10^3}{\sqrt{3}\times U_{L.N}}$

高压厂用变压器侧（W3 侧）TA 裕度系数 $K_{TA.m3}=K_{TA.m3}=I_{TA.L.N}/I_{T.L.N}$。

(3) 基准侧决定。保护自动选取绕组最小 TA 裕度系数为基准侧。

说明：GE 保护 4.0 以下版本必须按以上原则计算和整定；4.0 以上版本当设置自动选择基准侧时应按以上原则计算和整定；4.0 以上版本也可强制设置基准侧，此时基准侧可由整定值控制字强制设置。

(4) 计算各侧电流平衡系数（补偿因子）。如以发电机侧为基本侧，各侧平衡系数（补偿因子）：

$$\begin{cases}\text{高压侧(W1 侧)平衡系数 } K_{bal1}=M(1)=K_{TA.m1}/K_{TA.m2}。\\ \text{发电机侧(W2 侧)平衡系数 } K_{bal2}=M(2)=K_{TA.m2}/K_{TA.m2}=1。\\ \text{高压厂变侧(W3 侧)平衡系数 } K_{bal3}=M(3)=K'_{TA.m3}/K_{TA.m2}。\end{cases}$$

式中　$K'_{TA.m3}$——高压厂用变压器侧（W3 绕组，3 侧）以主变压器额定容量计算的 TA 裕度系数；

其他符号含义同前。

3. 最小动作电流 $I_{d.op.min}$（起动电流 I_{pickup}）和第一制动特性线斜率 S_1 计算

(1) 发电机出口无断路器。当发电机出口无断路器或变压器不可能出现和应涌流时，制动特性直线由于通过原点，可取较小最小动作电流整定值 $I_{d.op.min}=0.3I_{t.n}$，起始自然制动电流 $I_{res.0}=I_{d.op.min}/S_1$，用实际运行分接头计算变压器额定电流时，考虑主变压器在额定电流时动作电流不小于 $0.45I_{t.n}$，可取 $S_1=0.45$，起始自然制动电流 $I_{res.0}=I_{d.op.min}/S_1=0.3I_{t.n}/$

0.45=0.67$I_{t.n}$，变压器额定工况下的动作电流 $I_{d.op.n}$=0.45$I_{t.n}$。

(2) 发电机出口装设断路器（或发电机出口虽未装设断路器，但有可能会出现和应涌流时），以往保护用各侧 TA 常选 5P20 型，考虑到 5P20 型 TA 暂态误差较大，且各侧暂态误差严重不一致，所以只能提高最小动作电流和增大制动系数斜率，以防止差动保护误动，这样实际是牺牲保护范围和灵敏度，所以大型发电机变压器组从计算保护整定值的合理性着眼，宜选择 TPY 型 TA 为好，当各侧 TA 用 5P20 型，变压器差动保护应躲过和应涌流计算。制动特性直线由于通过原点，可取 $I_{d.op.min}$=（0.3～0.5）$I_{t.n}$，起始自然制动电流 $I_{res.0}=I_{d.op.min}/S_1$，用运行分接头计算变压器额定电流，取 $I_{d.op.min}$=0.3$I_{t.n}$，考虑主变压器有和应涌流时，变压器在额定电流时动作电流不小于 0.5$I_{t.n}$，取 S_1=0.5，起始自然制动电流 $I_{res.0}=I_{d.op.min}/S_1$=0.3$I_{t.n}$/0.5=0.6$I_{t.n}$，变压器额定工况下的动作电流 $I_{d.op.n}$=0.5$I_{t.n}$（如果取 S_1=0.55，起始自然制动电流 $I_{res.0}=I_{d.op.min}/S_1$=0.3$I_{t.n}$/0.55=0.55$I_{t.n}$，变压器额定工况下的动作电流 $I_{d.op.n}$=0.55$I_{t.n}$）。当用 TPY 型 TA 时，可取变压器额定工况下的动作电流 $I_{d.op.n}$=0.3$I_{t.n}$；S_1=0.3。

4. 第一拐点制动电流 I_{res1} 和第一斜率 S_1 计算

(1) 第一拐点制动电流 I_{res1}。应小于由于直流分量和剩磁引起 TA 饱和的电流值。为使变压器绕组内部短路故障获得较高的灵敏度，希望当制动电流小于 2.5～3 倍变压器额定电流时，制动量不要增加太快，因此取拐点 1 制动电流 I_{res1} 为 2.0 倍变压器额定电流

$$I_{res1} = 2.0I_{t.n}(A),\ I^*_{res1} = 2.0I_{t.n}/I_n(pu)$$

(2) 第一斜率 S_1 按上述计算。

1) 无和应涌流，第一斜率 S_1=0.45。

2) 有和应涌流，第一斜率 S_1=0.5～0.6。

5. 第二拐点制动电流 I_{res2} 和第二斜率 S_2 计算

第二斜率 S_2 的设置，主要考虑区外短路电流很大的情况，TA 容易出现严重暂态饱和，产生很大的差动不平衡电流，此时用提高 S_2 达到强制动的目的，以防止区外短路差动保护误动。

(1) 双母线或 3/2 断路器运行方式用变压器支路内 TA。区外短路流过差动保护 TA 的电流一般不大，区外短路电流远离 TA 饱和点，此时可采用斜率 $S_2=S_1$。同时取第二拐点制动电流 I_{res2}=2.5$I_{t.n}$（A），I^*_{res2}=2.5$I_{t.n}/I_n$（pu）。

(2) 3/2 断路器运行方式。用 3/2 断路器支路内 TA，变压器差动保护区外短路时，高压侧 TA 一般流过很大的区外短路电流，且差动保护用各侧 TA 流过的短路电流相差很大，于是出现较大的差动电流，这时应取较大的制动系数斜率 S_2，取制动系斜率 S_2=0.7～0.8。

(3) 第二拐点制动电流 I_{res2} 计算。I_{res2} 是第二斜线的起点，应小于仅由交流分量引起 TA 饱和的电流值，为使变压绕组内部短路获得较高的灵敏度，区外故障有足够的制动电流，3/2断路器接线方式，用断路器回路内 TA 时，取 I_{res2} 小于 TA 饱和的电流值并小于变压器区外短路电流值，则取第二拐点制动电流

$$I_{res2} = 6I_{t.n}(A),\ I^*_{res2} = 6I_{t.n}/I_n(pu)$$

双母线运行方式，由于区外短路电流一般不超过 3$I_{t.n}$，取 I^*_{res2}=3$I_{t.n}/I_n$（pu）。

6. 二次谐波制动比 $K_{2\omega.set}$ 选择

(1) 根据运行经验二次谐波制动比可取 $K_{2\omega.set}$=15%。

（2）二次谐波制动方式。二次谐波采用按相制动，曾多次出现变压器空载投入时躲不过励磁涌流的情况，根据运行经验T60差动保护二次谐波采用3取2制动方式。

7. 过励磁制动比 $K_{5\omega.set}$ 选择

可取 $K_{5\omega.set}=30\%$。

8. 零序电流补偿设置

大型变压器高压侧均为中性点直接接地方式，因此变压器高压侧应设置零序电流补偿，设置“within zone”。

9. 比率制动差动灵敏度计算

$$K_{sen}=\frac{I_{k}^{(2)}}{I_{d.op}}=1/S$$

10. 差动速断动作电流

（1）按躲过变压器空载投入时的励磁涌流计算。大型变压器按躲过变压器空载投入时的励磁涌流，一般取 $I_{d.op.qu}=(3\sim4)I_{t.n}$。

（2）按躲过差动保护区外短路时最大不平衡电流计算，取

$$I_{d.op.qu}=K_{rel}(K_{ap}K_{cc}K_{i}+\Delta u+\Delta m)I_{k.max}=0.375I_{k.max}$$

双母线接线运行方式。按躲过变压器空载投入时的励磁涌流和变压器差动保护区外短路时最大不平衡电流计算，由于这种运行方式变压器差动保护区外短路时最大不平衡电流不会很大，一般取

$$I_{d.op.qu}=(3\sim4)I_{t.n}$$

3/2断路器接线运行方式，TA用断路器回路5P20级互感器时，按躲过差动保护区外短路时最大不平衡电流计算

$$I_{d.op.qu}=0.375\ I_{k.max}，一般取\ I_{d.op.qu}=(8\sim10)I_{t.n}$$

（3）动作时间。$t_{d.op}=0.0s$。

（4）灵敏度计算

$$K_{sen}=\frac{I_{k}^{(2)}}{I_{d.op.qu}}>1.2$$

式中 $I_{k}^{(2)}$——发电机并网后变压器出口两相短路电流。

八、T60型（T35型）发电机对称过负荷保护

（一）发电机对称过负荷保护1整定计算

选择保护元件：定时限用“PHASE TOC3”；反时限用“PHASE TOC2”。

1. 定时限对称负荷

（1）动作电流整定值

$$I_{op1set}=\frac{K_{rel}}{K_{re}}\times I_{g.n}=\frac{1.05}{0.95}\times I_{g.n}(A)=1.1I_{g.n} \tag{3-62}$$

$$I_{op.set}^{*}=1.1I_{g.n}/I_{n}(pu)$$

（2）动作时间整定值

按和线路后备保护最长动作时间配合计算，取 $t=5s$，动作于信号或减负荷。

2. 反时限对称过负荷保护

（1）发电机对称过负荷允许时间特性为

$$t_{al}=\frac{K_{he.al}}{I_g^{*2}-1}=\frac{37.5}{I_g^{*2}-1} \tag{3-63}$$

式中 $K_{he.al}$——发电机定子绕组允许发热时间常数，大型发电机组 $K_{he.al}=$（37.5～41.5）s，一般取 37.5s；

I_g^*——以定子额定电流为基准的标么电流；

t_{al}——发电机对称过负荷允许时间。

（2）最小动作电流计算。和定时限对称负荷保护配合计算为

$$I_{op2.set}=1.05\times I_{op1.set}=1.15I_{g.n} \tag{3-64}$$

（3）动作时间特性选择择。反时限对称过负荷保护可选择 IEEE 极端反时限特性动作，按式（3-32）计算，或选择 IEC 标准反时限特性动作，按式（3-33）计算，但这两式和发电机对称过负荷允许时间特性 $t_{al}=\frac{K_{he.al}}{I_g^{*2}-1}$ 均不能很好配合，从而其整定值计算，无法严格计算，只能用比较观察法进行计算确定，以某 600MW 机组参数为例整定计算反时限对称过负荷保护。

【例 3-10】 已知：某 600MW 发电机组参数，P_N=600MW，S_N=667MVA，TA 变比 25000/5A。计算过负荷保护整定值。

解 1. 定时限对称过负荷保护整定计算

（1）动作电流整定值 $I_{op.set}=I_{pickup}$ 计算。按躲过发电机额定电流由式（3-62）计算

$$I_{op1.set}=\frac{K_{rel}}{K_{re}}I_{g.n}=\frac{1.05}{0.95}\times I_{g.n}=1.1I_{g.n}=\frac{1.05}{0.95}\times 3.85$$

$$=4.25\text{A},或\ I_{op1.set}^{*}=4.25/5=0.85\ (\text{pu})$$

（2）动作时限计算。按和线路后备保护最长动作时间配合，取 t=5s 动作于信号或减负荷。

2. 反时限对称过负荷保护整定计算

（1）制造厂提供的发电机对称过负荷发热允许时间为式（3-64a）$t_{al}=\frac{K_{he.al}}{I_g^{*2}-1}=\frac{37.5}{I_g^{*2}-1}$ $K_{he.al}$=37.5s，适应范围 10～60s。为此取发热时间常数 K_1=37.5s，最长动作时间取 $t_{op.max}$=60s。

（2）选取 IEEE 极端反时限时。动作时间由式（3-32）计算

$$t_{op}=T\times\left[\frac{28.2}{\left(\frac{I_k}{I_{op2.set}}\right)^2-1}+0.1217\right] \tag{3-64a}$$

1）反时限保护最小动作电流整定值 $I_{op2.set}$ 按和定时限对称过负荷保护配合由式（3-64）计算为

$$I_{op2.set}=1.05\times\frac{1.05}{0.95}\times I_{g.n}=1.05\times 1.1I_{g.n}$$

$$=1.15\ I_{g.n}=1.15\times 3.85=4.4(\text{A}),$$

或 $$I^*_{op2.set}=4.4/5=0.88(pu)$$

2）动作时间常数整定值 T 计算，根据发电机对称过负荷发热允许时间方程，确定两端点的电流相对值 I^*，即 $t_{op}=10s$ 对应电流为 $I^*_{(10)}$；$t_{op}=60s$ 对应电流为 $I^*_{(60)}$。将 $t_{op}=10s$、$t_{op}=60s$ 代入发电机对称过负荷发热允许时间式（3-64a），得 $\frac{37.5}{I^{*2}_{(10)}-1}=10$，解得 $t_{op}=10s$ 对应电流 $I^*_{(10)}=2.179$，并代入反时限动作按式（3-64c）计算

$$T(10)\times\left[\frac{28.2}{(2.179/1.15)^2-1}+0.1217\right\}=10,\text{解得 }T(10)=0.887$$

同理 $\frac{37.5}{I^{*2}_{(60)}-1}=60$，解得 $t_{op}=60s$ 对应电流 $I^*_{(60)}=1.275$，并代入反时限动作式，可得

$$T(60)\times\left[\frac{28.2}{(1.275/1.15)^2-1}+0.1217\right]=60,\text{解得 }T(60)=0.44$$

将 T（10）$=0.887$ 和 T（60）$=0.44$，在 $I^*_g\geqslant1.15$ 分别计算保护动作时间，并和发电机允许的发热特性比较，发电机过负荷允许持续时间为

$$t_{al}=\frac{37.5}{I^{*2}_g-1}\ (s)$$

反时限保护动作时间为

$$t_{op1}=0.44\left[\frac{28.2}{\left(\frac{I}{I_{op2.set}}\right)^2-1}+0.1217\right]\text{ 和 }t_{op2}=0.887\left[\frac{28.2}{\left(\frac{I}{I_{op2.set}}\right)^2-1}+0.1217\right]$$

将允许持续时间 t_{al}，动作时间 t_{op1}，动作时间 t_{op2}，计算结果见表 3-20。

3）选择 IEC 标准反时限特性曲线 C(BS142)。由式（3-33）计算为

$$t_{op}=T\times\frac{80}{\left(\frac{I}{I_{op2.set}}\right)^2-1}\tag{3-64b}$$

① 反时限起动电流整定值 $I_{op2.set}$ 计算同前，为 $I_{op.set}=0.88$（pu）。

② 动作时间常数整定值 T 和发电机对称过负荷允许时间配合计算，由 $80T=37.5$，可计算

$T=37.5/80=0.468$，动作时间特曲线由式（3-64b）计算为

$$t_{op3}=\frac{37.5}{\left(\frac{I}{I_{op.set}}\right)^2-1}$$

动作时间 t_{op3} 计算的结果列入表 3-20 和发电机对称负荷允许发热时间配合比较。

表 3-20　　发电机对称过负荷发热允许时间和反时限保护动作时间比较表

过电流倍数 I^*_g	发电机过负荷允许持续时间 t_{al}（s）	IEEE 极端反时限 $T=0.44$ t_{op1}（s）	IEEE 极端反时限 $T=0.887$ t_{op2}（s）	IEC 标准反时限 $T=0.468$ t_{op3}（s）
1.15	108.506 9			
1.2	85.227 27	176.920 1	356.654 9	534.533 9
1.275	59.940 06	59.677 53	120.304 5	180.198 2

续表

过电流倍数 I_g^*	发电机过负荷允许持续时间 t_{al} (s)	IEEE 极端反时限 $T=0.44$ t_{op1} (s)	IEEE 极端反时限 $T=0.887$ t_{op2} (s)	IEC 标准反时限 $T=0.468$ t_{op3} (s)
1.3	54.347 83	48.532 66	97.837 42	146.515 7
1.325	49.627 79	40.773 52	82.19	123.065 7
1.375	42.105 26	30.687 38	61.862 97	92.582 91
1.4	39.062 5	27.228 36	54.889 9	82.128 91
1.5	30	18.514 63	37.323 82	55.793 9
1.6	24.038 46	13.802 07	27.823 72	41.551 38
1.7	19.841 27	10.864 35	21.901 54	32.672 88
1.8	16.741 07	8.867 001	17.875 07	26.636 4
1.9	14.367 82	7.426 894	14.971 94	22.284 05
2	12.5	6.343 559	12.788 04	19.009 95
2.1	10.997 07	5.501 99	11.091 51	16.466 52
2.2	9.765 625	4.831 537	9.739 939	14.440 25
2.5	7.142 857	3.457 88	6.970 771	10.288 72
3	4.687 5	2.234 804	4.505 161	6.592 287

从表 3-20 可见，IEEE 极端反时限 $T=0.44$ 动作时间 t_{op1} (s)，IEEE 极端反时限 $T=0.887$动作时间 t_{op2} (s)，IEC 标准反时限特性曲线 C（BS142）$T=37.5/80=0.468$ 的动作时间 t_{op3}和允许持续时间 t_{al}均不能很好配合。只能用比较观察法确定取 IEEE 极端反时限 $T=0.44$ 和 t_{al}特性曲线比较接近，但配合并不理想。

（二）三相过电流自定义离散型线性内插法反时限保护整定计算

三相过电流 PHASE TOC 保护，采用离散型线性内插法反时限特性曲线 A（Flexcurve A）元件动作出口。其整定计算方法，以［例 3-10］相同的已知条件，且已知 $X''_d=0.205$，$X_t=0.185$。计算自定义离散型线性内插法反时限保护整定值。

1. 基准电流整定值

基准电流整定值 I_b 等于发电机额定二次电流 $I_b=I_{g.n}=3.85A$。

2. 反时限过电流保护最小动作电流整定值计算

按躲过发电机额定电流由式（3-64）计算

$$I_{op.set}=1.05\times\frac{1.05}{0.95}\times I_{g.n}=1.05\times1.1I_{g.n}=1.15I_{g.n}=1.15\times3.85=4.4(A)$$

或
$$I^*_{op.set}=4.4/5=0.88(pu)$$

3. 发电机自定义离散型线性内插法反时限保护动作时间特性整定值计算

（1）和发电机允许过电流发热时间特性一致计算。发电机自定义离散型线性内插法反时限保护动作时间特性整定值要求按和发电机过电流允许发热时间特性一致计算，发电机允许过电流时间特性 $t_{al}=\dfrac{37.5}{\left(\dfrac{I}{I_{g.n}}\right)^2-1}$，$t_{at}=10\sim60s$

发电机反时限过负荷保护要求的动作时间特性 $t_{op}=\dfrac{K_1}{\left(\dfrac{I}{I_b}\right)^2-1}=t_{al}=\dfrac{37.5}{\left(\dfrac{I}{I_{g.n}}\right)^2-1}$

发电机反时限保护动作时间特性整定值与发电机过电流允许时间特性配合见表 3-21。

（2）按和线路后备保护动作时间配合计算。线路出口短路电流

$$I_{K-1}^{(3)}=\frac{I_{g.n}}{X''_d+X_t}=\frac{I_{g.n}}{0.205+0.185}=2.56I_{g.n}$$

允许时间

$$t_{al}=\frac{37.5}{\left(\dfrac{I}{I_{g.n}}\right)^2-1}=\frac{37.5}{2.56^2-1}=6.75(s)$$

$$I/I_{g.n}=1.3\times2.56=3.3$$

允许时间

$$t_{al}=\frac{37.5}{\left(\dfrac{I}{I_{g.n}}\right)^2-1}=\frac{37.5}{3.3^2-1}=3.79(s)$$

动作时间和线路后备保护动作时间配合计算，所以线路出口短路保护动作时间 $t_{op}=2.5+0.5=3$（s），既能与线路后备保护动作时间配合又能与发电机过电流允许时间配合。

（3）由于 $I/I_{g.n}=1.3\times2.56=3.3$，$I/I_{g.n}\geqslant3.3$，$I/I_{op.set}=2.84$，动作时间 $t_{op}\geqslant1s$，所以当 $I/I_{g.n}=3.5$ 或 $I/I_{op.set}=3$，取动作时间 $t_{op}=1s$ 既能与发电机发热允许时间配合，又能以最小动作时间动作较快速动作。

表 3-21　发电机反时限保护动作时间特性整定值与发电机过电流允许时间特性配合表

允许过电流发热时间特性	发电机过电流倍数 $I/I_{g.n}$	1.15	1.28	1.39	1.5	1.97	2.9	3.3	3.5	4
	允许过电流时间 t_{al}（s）	60	60	40.2	30	13	5.06	3.79	3.3	2.5
离散型线性内插法反时限保护动作时间整定值	动作电流起动倍数 $I/I_{op.set}$	1	1.1	1.2	1.3	1.7	2.5	2.84	3.0	3.45
	动作时间整定值 $t_{op.set}$（ms）	60 000	60 000	40 200	30 000	13 000	5060	3000	1000	1000
	实测动作时间 t_{op}（s）									

4. 结论

自定义离散型线性内插法反时限过电流保护动作特性可和发电机过电流允许时间特性吻合一致，明显优于 IEEE 极端反时限过电流保护动作特性。

九、发电机变压器其他保护

G60 型发电机逆功率保护与第二章第二节十六计算相同；G60 型发电机低阻抗保护与第二章第二节十九计算相同；G60 型发电机低频保护与第二章第二节十八计算相同；G60 型发电机高频率保护与第二章第二节十六计算相同；G60 型发电机过电压保护与第二章第二节十四计算相同；G60 型发电机断水整定计算与第二章第二节二十八计算相同；断路器失灵保护起动详见第二章第二节二十五；T60 型（T35 型）断路器断口闪络保护；主变压器高压侧零序过流保护整定计算与第二章第二节二十一计算相同；主变压器中性点间隙接地保护整定计算与第二章第二节二十二计算相同；主变压器非电量保护（C30 型）整定计算与第二章第二节二十六计算相同；其他均可参阅第二章第二节相应保护整定计算。

第三节 大型发电机变压器组西门子继电保护整定计算

本节主要介绍西门子发电机变压器组保护动作特性、动作判据及整定计算。

一、失磁保护

为判断发电机是否为失磁状态，保护装置测量发电机机端三相电流、三相定子电压及励磁（转子）电压。以静稳、动稳导纳特性为边界，用机端正序电流、正序电压计算测量导纳为动作判据，而不依赖机端电压下降多少。根据机端正序导纳判据的失磁保护能正确反映发电机的稳定与不稳定运行特性。用正序分量计算导纳判据，能保证不对称运行情况下保护也能正确反映发电机是否失磁。

（一）失磁保护动作判据与动作特性

1. 发电机静稳极限有功无功功率及机端导纳特性分析与计算

（1）发电机视在复功率表达式。设 $\dot{U}=U$，$\dot{I}=Ie^{-j\varphi}=I(\cos\varphi-j\sin\varphi)=I_a-jI_r$ 共轭电流相量 $\overset{*}{I}=Ie^{+j\varphi}=I(\cos\varphi+j\sin\varphi)=I_a+jI_r$ 于是发电机视在复功率

$$\dot{S}=\dot{U}\overset{*}{I}=\dot{U}(I_a+jI_r)=\dot{U}I_a+j\dot{U}I_r=P+jQ \tag{3-65}$$

式中 $\dot{S}$——发电机视在复功率；

$\dot{U}$——发电机机端电压相量；

$\dot{I}$——发电机机端电流相量；

$\overset{*}{I}$——发电机机端电流 $\dot{I}$ 的共轭电流相量；

I_a——发电机电流有功分量；

I_r——发电机电流无功分量；

P——发电机有功功率；

Q——发电机无功功率。

（2）发电机机端导纳 Y 表达式。为

$$\left.\begin{aligned}
Y&=\frac{\dot{I}}{\dot{U}}=\frac{\dot{I}\overset{*}{U}}{\dot{U}\overset{*}{U}}=\frac{P-jQ}{U^2}=\frac{P}{U^2}-j\frac{Q}{U^2}=G+jB\\
G&=\frac{P}{U^2}\\
B&=\frac{-Q}{U^2}
\end{aligned}\right\} \tag{3-66}$$

式中 Y——发电机机端导纳；

G——发电机机端电导；

B——发电机机端电纳；

$\overset{*}{U}$——发电机机端电压 $\dot{U}$ 共轭相量；

其他符号含义同前。

导纳平面上发电机机端导纳如图 3-12 所示。图中，横坐标为机端电纳 $B=-Q/U^2=$

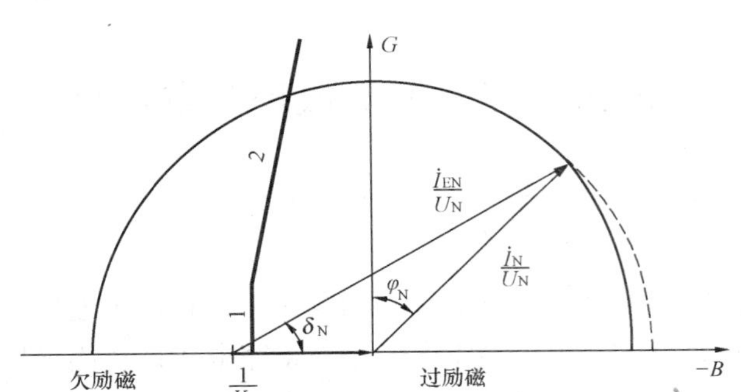

图 3-12 导纳平面上发电机机端导纳图

$-I_r/U$；纵坐标为机端电导 $G=P/U^2=I_a/U$（式中 U_N 为发电机额定电压，I_N 为发电机额定电流，φ_N 为发电机额定功率因数角，$I_{E.N}$ 为发电机额定工况时励磁电流，δ_N 为发电机额定工况时的功角）。第一象限为发电机过励磁运行时的导纳轨迹，第二象限为发电机欠励磁运行时的导纳轨迹，曲线 1、2 为发电机在导纳平面上静稳导纳边界。

（3）同步发电机输出功率。由电机学原理知同步发电机输出有功功率 P 表达式为

$$P=\frac{EU}{X_d}\sin\delta+\frac{U^2}{2}\times\frac{X_d-X_q}{X_dX_q}\sin2\delta \tag{3-67}$$

发电机输出无功功率 Q 表达式为

$$Q=\frac{EU}{X_d}\cos\delta-\frac{U^2}{X_d}\left(1+\frac{X_d-X_q}{X_q}\sin^2\delta\right) \tag{3-68}$$

式中 E——发电机机内电动势；
U——发电机机端电压；
X_d——发电机直（纵）轴同步电抗；
X_q——发电机交（横）轴同步电抗；
δ——$\dot{E}$、$\dot{U}$ 相量相角差即功角。

（4）隐极同步发电机静稳极限有功无功功率及机端导纳特性。隐极同步发电机 $X_d=X_q$，静稳极限时 $\delta=90°$，对应静稳极限时的无功功率

$$Q=-\frac{U^2}{X_d} \tag{3-69}$$

对应静稳极限时的机端电纳

$$b_1=-\frac{Q}{U^2}=-\frac{1}{X_d} \tag{3-70}$$

由式（3-69）、式（3-70）可知：静稳极限时的无功功率 Q 和机端电压平方成正比；而静稳极限时的机端电纳 b_1 和机端电压无关。如果采用机端导纳为同步发电机静稳极限动作判据就具有和机端电压大小无关的优点。

同步发电机运行的极限范围：同步发电机过励运行状态，主要受原动机输入功率和转子励磁绕组温升的限制；同步发电机欠励运行状态，主要受原动机输入功率和定子绕组端部温升以及静稳极限的限制；隐极同步发电机静稳极限理论上的功率极限特性图如图 3-13 所示。图（a）为电压相量图，图中，$\dot{E}=\dot{U}+j\dot{I}X_d$，$\varphi$ 为功率因数角，δ 为功角。图（b）为发电机静稳极限理论上功率极限特性，图中，AB 曲线为发电机过励磁运行时受发电机定子绕组电流限制的极限特性，BC 曲线为发电机受转子励磁绕组温度限制的极限特性，BHD 曲线受发电机原动机有功功率限制的极限特性，DE 曲线为发电机欠励磁运行时受发电机定子绕组

端部温度限制的极限特性，FE 曲线为发电机欠励磁运行时受发电机静稳极限理论限制的极限特性，$FEDHBC$ 曲线为发电机理论上功率极限特性。

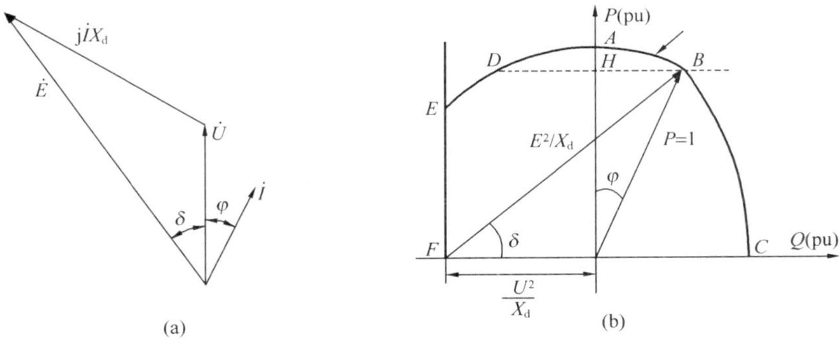

图 3-13　隐极同步发电机静稳极限理论上的功率极限特性图

(a) 电压相量图；(b) 静稳极限理论上功率极限特性

(5) 凸极同步发电机静稳极限有功无功功率特性。凸极同步发电机 $X_d > X_q$，静稳极限时 $\delta < 90°$，凸极同步发电机静稳极限理论上的功率极限特性如图 3-14 所示。图 (a) 为凸极同步发电机电压相量图。图中

$$\dot{E} = \dot{U} + \dot{U} \times \frac{X_d - X_q}{X_q} + j\dot{I}X_d$$

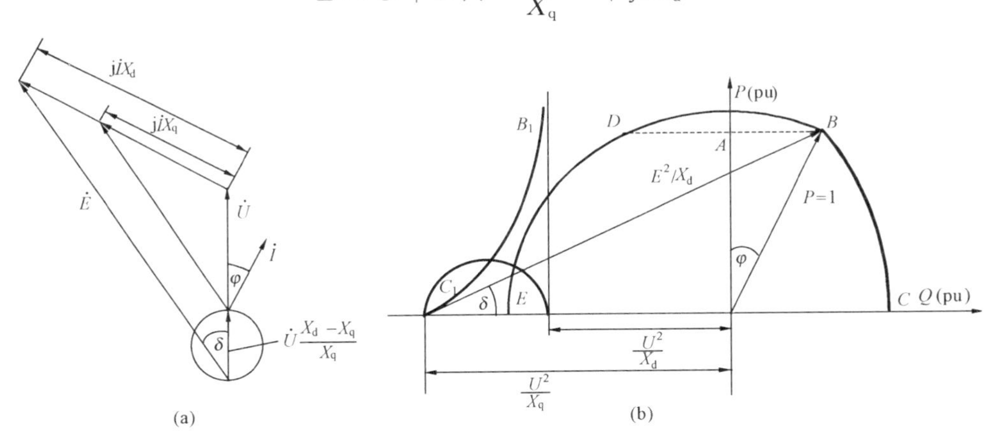

图 3-14　凸极同步发电机静稳极限理论上的功率极限特性图

(a) 电压相量图；(b) 静稳极限理论上功率极限特性

图 (b) 为凸极同步发电机静稳极限理论上功率极限特性。图中，曲线 B_1C_1 为凸极同步发电机静稳极限理论功率极限特性，曲线 EDA 为发电机欠励磁运行时受发电机定子绕组端部温度限制和原动机有功功率限制的功率极限特性，曲线 CBA 为发电机过励磁运行时受转子励磁绕组温度限制和原动机有功功率限制的功率极限特性。

(6) 同步发电机实际静稳功率极限特性。同步发电机在并入电力系统后，由于发电机和无限大系统之间具有联系阻抗 X_{con}（如主压器阻抗和系统阻抗），同时还应适当的考虑安全裕度，所以发电机实际允许的静稳功率极限范围小于理论值。一般发电机制造厂提供并规定了发电机稳定极限有功、无功功率值，发电机失磁保护必须根据制造厂提供规定的发电机静

稳极限有功、无功功率值进行整定。制造厂提供规定的发电机实际静稳极限有功、无功功率如图 3-15 所示。图（a）中，$ABCDEF$ 为隐极同步发电机实际静稳极限有功、无功功率特性曲线。

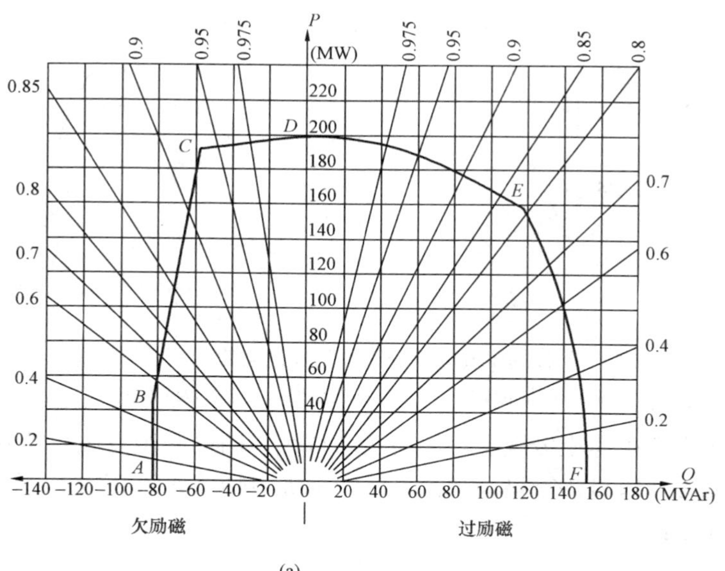

(a)

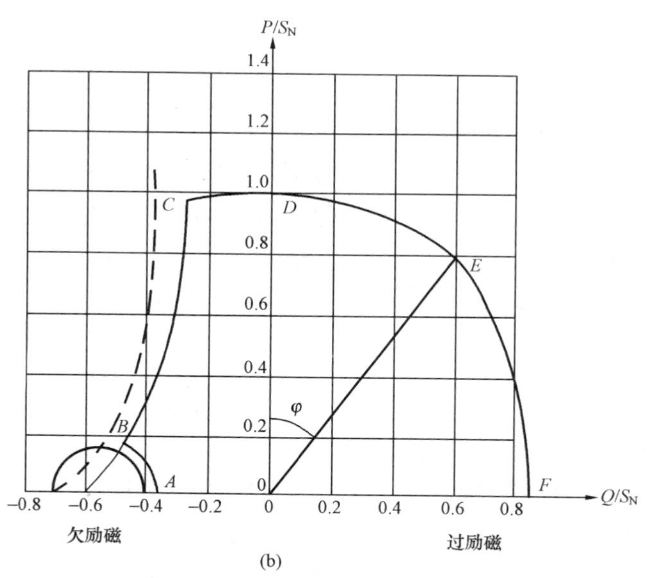

(b)

图 3-15　制造厂提供规定的发电机实际稳定极限有功、无功功率图

（a）某隐极发电机实际稳定极限功率图；（b）某凸极发电机实际稳定极限功率图

图（b）中，$ABCDEF$ 为凸极同步发电机实际稳定极限有功、无功功率特性曲线。E 点为额定负荷点；曲线 DE 为由定子绕组温度限制的有功、无功功率运行极限；曲线 EF 为由转子绕组温度限制的有功、无功功率运行极限。曲线 $ABCD$ 为凸极同步发电机欠励磁运行时受定子绕组温度限制和静稳极限限制实际的有功、无功功率特性曲线。

(7) 同步发电机动稳极限。如果系统负荷突然大幅度变化、运行方式突然变化、系统突然故障，发电机出现暂态量及相应的暂态反应，这就涉及发电机动稳问题，为简化分析和计算，可用暂态参数 X'_d、X'_q 和 E' 替换式 (3-67)、式 (3-68) 中相关量，凸极同步发电机当 $X'_d \approx X_q$ 时，凸极同步发电机理论动稳功率极限特性如图 3-16 所示。图中，曲线 A_1B_1 为凸极同步发电机理论动稳功率极限特性，曲线 B_1C_1 为凸极同步发电机理论静稳态定极限功率特性。曲线 $FEDABC$ 为凸极同步发电机理论极限功率特性。从图 3-16 凸极同步发电机动稳极限知，实际动稳极限功角 $\delta > 90°$，对隐极同步发电机动稳极限相似的分析动稳极限功角 $\delta > 90°$，一般动稳极限功角 $\delta \approx 100° \sim 120°$。

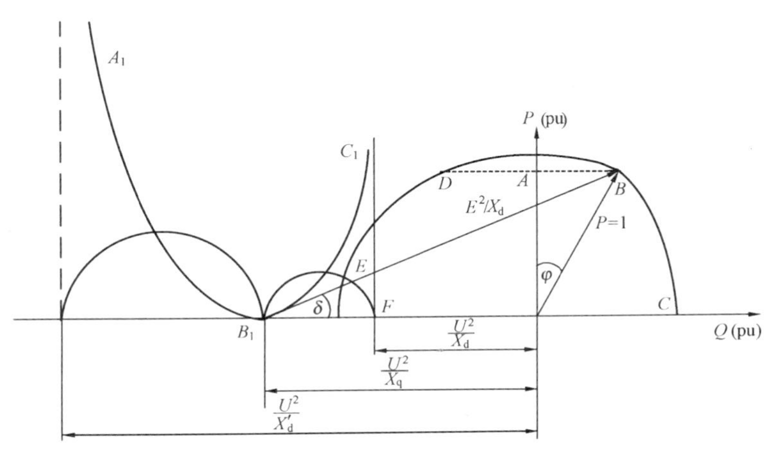

图 3-16 凸极同步发电机理论动稳功率极限特性图

(8) 同步发电机失磁状态各种稳定极限。同步发电机失磁或过励磁状态在功率平面上的各种稳定极限特性曲线如图 3-17 所示。图中，第一象限为发电机过励磁时功率极限特性曲线；第二象限为发电机欠励磁时功率极限特性曲线。

2. 7UM62 系列失磁保护动作特性

图 3-17 为功率平面上同步发电机失磁或过励磁状态的各种稳定功率极限特性曲线图，依此将图 3-17 中 P、Q 除以电压平方可求得导纳平面表示的发电机导纳极限特性图，这样功率平面上同步发电机失磁状态稳定功率极限特性直接变换为导纳平面上的发电机导纳极限特性图。用电导 $G = P/U^2$ 为纵坐标；电纳 $B = -Q/U^2$ 为横坐标在导纳坐标平面上表示的同步发电机失磁保护导纳动作特性如图 3-18 所示。图中，7UM62 系列保护装置的失磁保护具有三个独立自由组合的特性曲线。静稳导纳线与横轴电纳 B 轴交于 $1/X_d$ 附近。静稳导纳边界特性$ABCD$可由两部分具有相同动作延时的动作特性曲线 1、2 组合而成，特性 1 与电纳 B 轴交点横坐标 $\lambda_1 = 1.05 \times \frac{1}{X_d}$ 和倾斜角 $\alpha_1 = 60° \sim 80°$ 的直线 EBC 决定；特性 2 与电纳轴 B 交点横坐标为 $\lambda_2 = 0.9 \times \lambda_1 = 0.95 \times \frac{1}{X_d}$ 和倾斜角 $\alpha_2 = 90°$ 直线 ABF 决定。特性 1、特性 2 组成静稳导纳动作边界特性线$ABCD$，静稳导纳边界特性$ABCD$左侧为导纳动作区，静稳导纳边界特性 $ABCD$ 右侧为导纳制动区。当机端导纳进入静稳导纳边界特性 $ABCD$ 左侧判失去静稳，当机端导纳在静稳导纳边界特性 $ABCD$ 右侧判发电机静稳运行。

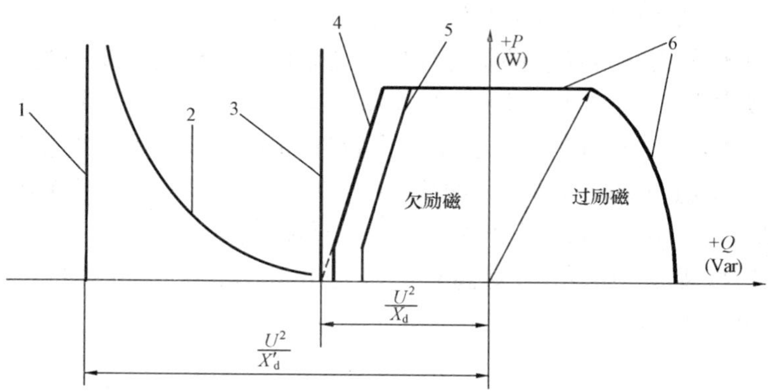

图 3-17 同步发电机失磁或过励磁状态在功率平面上的各种稳定极限特性曲线
1—理论动稳功率极限特性曲线；2—实际动稳功率极限特性曲线；
3—理论静稳功率极限特性曲线；4—实际静稳功率极限特性曲线（$U=U_N$ 时）；
5—实际静稳功率极限特性曲线（$U<U_N$ 时）；6—过励磁时实际功率极限特性曲线

特性 3 为发电机的动稳边界曲线 JH。动稳导纳边界特性曲线与电纳 B 轴的交点，横坐标为 $\lambda_3 \geqslant \frac{1}{X'_d} \sim \frac{1}{X_d} \geqslant 1$，$\alpha_3 = 80° \sim 110°$直线 JH 决定。如果发电机运行时机端导纳进入动稳特性曲线 JH 左侧判发电机已失去动稳，发电机将无法稳定运行，应立即跳闸。

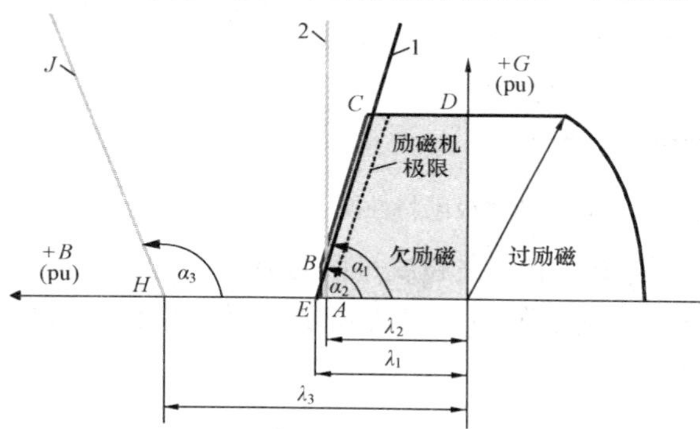

图 3-18 同步发电机失磁保护导纳动作特性图
1—静稳导纳边界动作特性 1；2—静稳导纳边界动作特性 2；
3—动稳导纳边界动作特性 3

3. 失磁保护动作判据

发电机机端电导和电纳计算

$$
\left.\begin{aligned}
\text{机端电导}\quad g(\text{pu}) &= \frac{P/S_{g.n}}{(U/U_{g.n})^2} = \frac{P^*}{U^{*2}} \\
\text{机端电纳}\quad b(\text{pu}) &= \frac{-Q/S_{g.n}}{(U/U_{g.n})^2} = \frac{-Q^*}{U^{*2}}
\end{aligned}\right\} \tag{3-71}
$$

式中符号含义同前。

（1）静稳导纳边界动作判据。

$$
\left.\begin{aligned}
&\text{特性曲线 1，}\lambda_1 = 1.05 \times \frac{1}{X_d}, \alpha_1 = 60° \sim 80\text{；机端导纳 } y \text{ 在特性曲线 1 左侧} \\
&\text{特性曲线 2，}\lambda_2 = 0.9 \times \lambda_1 = 0.95 \times \frac{1}{X_d}, \alpha_2 = 90°\text{；机端导纳 } y \text{ 在特性曲线 2 左侧} \\
&\text{判发电机失去静态稳定} \qquad t \geqslant t_{op1} \text{ 保护动作}
\end{aligned}\right\} \tag{3-72}
$$

（2）静稳边界 $P-Q$ 方程。当 $U=U_{g.n}$时，$P-Q$ 方程为

$$\left.\begin{array}{l} g_0=\dfrac{\lambda_1-\lambda_2}{1-\dfrac{\text{tg}\alpha_1}{\text{tg}\alpha_2}}\times\text{tg}\alpha_1 \\ \text{当 } P\leqslant P_0=g_0\times S_N \text{ 时 } Q=(\lambda_2-P^*/\text{tg}\alpha_2)S_N \\ \text{当 } P>P_0=g_0\times S_N \text{ 时 } Q=(\lambda_1-P^*/\text{tg}\alpha_1)S_N \end{array}\right\} \tag{3-72a}$$

式中 g_0——静稳导纳边界动作特性曲线 1、2 交点的电导；

P、Q——静稳边界动作特性曲线 1、2 的有功功率与无功功率值；

P_0——静稳边界动作特性曲线 1、2 交点的有功功率值；

S_N——发电机额定视在功率值；

P^*——以发电机额定视在功率为基准的有功功率相对值；

λ_1、λ_2、λ_3——以 S_N 为基准的标么值。

其他符号含义同前。

(3) 动稳导纳边界动作判据。

$$\left.\begin{array}{l} \text{动稳定特性曲线 3}\quad \lambda_3=\dfrac{1}{X'_d}\sim\dfrac{1}{X_d}\text{ 且 }\lambda_3\geqslant 1,\alpha_3=80^\circ-110^\circ \\ \text{机端导纳 } y \text{ 在动稳定特性曲线 3 左侧,判发电机失去动稳定} \\ \text{相间电压 } U>25\text{V}, t\geqslant t_{op2} \text{ 保护动作} \end{array}\right\} \tag{3-73}$$

式中 X'_d——发电机暂态电抗不饱和值；

X_d——发电机直轴同步电抗；

其他符号含义同前。

(4) 动稳边界 $P-Q$ 方程。当 $U=U_{g.n}$ 时 $P-Q$ 方程为

$$Q=\{\lambda_3+P^*/\text{tg}(180^\circ-\alpha_3)\}\times S_N \tag{3-73a}$$

式中符号含义同前。

4. 失磁保护功率动作极限变换为阻抗动作边界

(1) 功率平面与阻抗平面的变换。功率平面与阻抗平面的变换如图 3-19 所示。图 (a) 为发电机欠励磁运行时功率平面上理论静稳极限图，$Q_1=-\dfrac{U^2}{X_d}$ 当 $U=1$ 时，$Q_1=-\dfrac{1}{X_d}$，图 (b) 为发电机欠励磁运行时阻抗平面上理论静稳极限图，对应 $Q=Q_1$ 时，阻抗为 $X=X_d$，

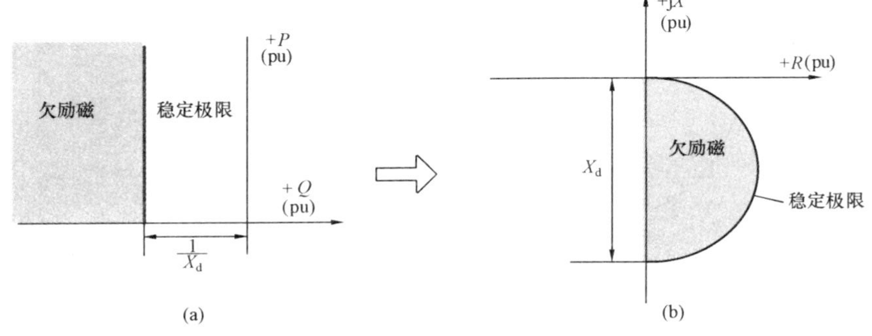

图 3-19 功率平面与阻抗平面的变换图

(a) 功率平面上理论静稳极限图；(b) 阻抗平面上理论静稳极限图

当 $Q \to \infty$ 时，$X=0$。

（2）失磁保护阻抗动作判据与导纳动作判据的比较。阻抗动作极限、导纳动作极限、功率动作极限相互变换，如图 3-20 所示。图中，阻抗平面上 A 点整定阻抗 $X_A=-\mathrm{j}0.5X'_d$ 映射至导纳平面上 A' 点的电纳为

$$b_A=\frac{1}{X_A}=\frac{1}{-\mathrm{j}0.5X'_d}=\mathrm{j}\frac{2}{X'_d} \tag{3-73b}$$

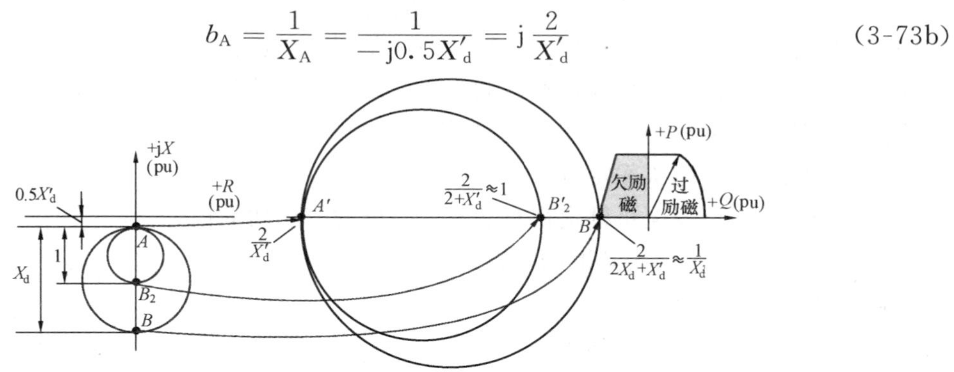

图 3-20 阻抗动作极限、导纳动作极限、功率动作极限相互变换图

阻抗平面上 B_2 点整定阻抗 $X_{B2}=-\mathrm{j}\ (0.5X'_d+Z_b)$ 映射至导纳平面上 B'_2 点的电纳为

$$\left.\begin{aligned} b_{B2}&=\frac{1}{X_{B2}}=\frac{1}{-\mathrm{j}(0.5X'_d+Z_b)}=\mathrm{j}\frac{2}{X'_d+2}\leqslant \mathrm{j}1\\ \text{或 } b_{B2}&=\frac{1}{X_{B2}}=\frac{1}{-\mathrm{j}(0.5X'_d+Z_b)}=\mathrm{j}\frac{2}{X'_d+2}\approx \mathrm{j}1 \end{aligned}\right\} \tag{3-73c}$$

阻抗平面上 B 点整定阻抗 $X_B=0.5X'_d+X_d$ 映射至导纳平面上 B' 点的电纳为

$$b_B=\frac{1}{X_B}=\frac{1}{-\mathrm{j}(0.5X'_d+X_d)}=\frac{2}{-\mathrm{j}(2X_d+X'_d)}\approx \mathrm{j}\frac{1}{X_d} \tag{3-73d}$$

（3）失磁保护阻抗动作整定值与导纳动作整定值的变换。失磁保护阻抗动作整定值与导纳动作整定值的变换如图 3-21 所示。

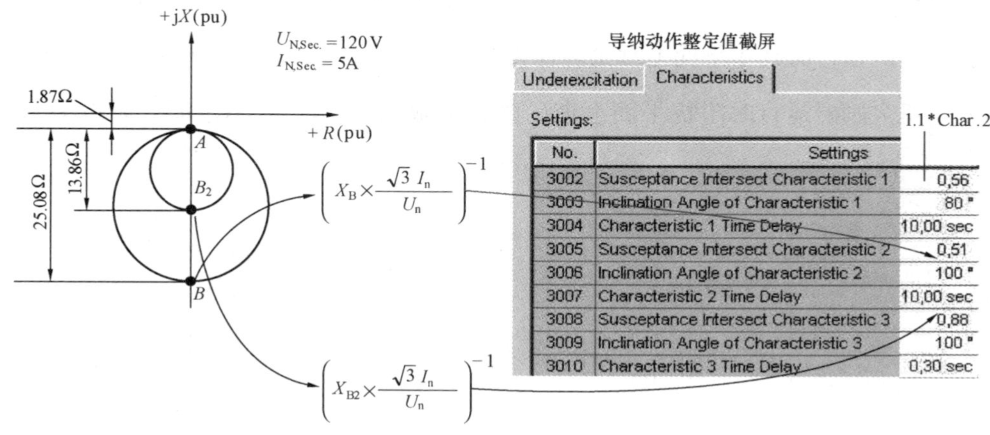

No.	Settings	
3002	Susceptance Intersect Characteristic 1	0,56
3003	Inclination Angle of Characteristic 1	80 °
3004	Characteristic 1 Time Delay	10,00 sec
3005	Susceptance Intersect Characteristic 2	0,51
3006	Inclination Angle of Characteristic 2	100 °
3007	Characteristic 2 Time Delay	10,00 sec
3008	Susceptance Intersect Characteristic 3	0,88
3009	Inclination Angle of Characteristic 3	100 °
3010	Characteristic 3 Time Delay	0,30 sec

图 3-21 阻抗动作整定值与导纳动作整定值的变换图

图中，左侧为阻抗 R、X 平面上阻抗动作边界整定阻抗变换为导纳 G、B 平面上导纳动作边界整定电纳整定值，其中静稳导纳边界动作电纳整定值

$$\lambda_{1.\text{set}} = b_1 = \frac{1}{X_B \times \dfrac{\sqrt{3} \times I_n}{U_n}} = \frac{1}{(25.08 + 1.87) \times \dfrac{\sqrt{3} \times 5}{120}} = 0.5(1/\Omega)$$

动稳导纳边界动作动作电纳整定值

$$\lambda_{3.\text{set}} = b_3 = \frac{1}{X_{B2} \times \dfrac{\sqrt{3} \times I_n}{U_n}} = \frac{1}{(13.86 + 1.87) \times \dfrac{\sqrt{3} \times 5}{120}} = 0.88(1/\Omega)$$

（二）整定计算

1. 静稳导纳边界 1 动作判据整定值计算

（1）静稳导纳边界动作特性 1 电纳整定值 $\lambda_{1.\text{set}}$ 按同步电抗计算。由图 3-25 和式（3-73d）知

$$\lambda_1 = b_A \approx 1/X_d$$

$$\lambda_{1.\text{set}} = 1.05 \times \frac{1}{X_d} \times \frac{K_u}{K_i}(\text{pu}) \tag{3-74}$$

式中 K_u——TV 一次额定电压与发电机额定电压之比；

K_i——TA 一次额定电流与发电机额定电流之比；

其他符号含义同前。

（2）静稳导纳边界动作特性 1 电纳整定值 $\lambda_{1.\text{set}}$ 按静稳极限无功功率 Q_1 计算

$$\lambda_{1.\text{set}} = \frac{Q_1}{\sqrt{3} \times U_{TV.N} \times I_{TA.N}}(\text{pu}) \tag{3-75}$$

式中 Q_1——发电机极限无功功率；

$U_{TV.N}$——失磁保护用 TV 一次额定电压；

$I_{TA.N}$——失磁保护用 TA 一次额定电流；

其他符号含义同前。

取式（3-74）、式（3-75）计算较小值。

（3）倾斜角整定值。取

$$\alpha_1 = 60^\circ \sim 80^\circ \tag{3-76}$$

（4）动作时间整定值。静稳导纳边界动作判据动作时间整定值取 $t_{op1} = 10\text{s}$。

2. 静稳导纳边界 2 动作判据整定值计算

（1）静稳导纳边界动作特性 2 电纳整定值 $\lambda_{2.\text{set}}$ 按同步电抗计算

$$\lambda_{2.\text{set}} = 0.9 \times \lambda_{1.\text{set}} \tag{3-77}$$

（2）静稳导纳边界动作特性 2 电纳整定值 λ_2 按稳定极限无功功率 Q_2 计算

$$\lambda_{2.\text{set}} = \frac{Q_2}{\sqrt{3} \times U_{TV.N} \times I_{TA.N}}(\text{pu}) \tag{3-78}$$

式中 Q_2——发电机极限无功功率；

其他符号含义同前。

取式（3-77）、式（3-78）计算较小值。

（3）倾斜角整定值。取

$$\alpha_2 = 90^\circ \tag{3-79}$$

(4) 动作时间整定值。静稳导纳边界动作判据动作时间整定值取 $t_{op1}=10s$。

3. 动稳导纳边界 3 动作判据整定计算

(1) 动稳导纳边界 3 电纳整定值 $\lambda_{3.set}$。按发电机暂态电抗和直轴同步电抗计算，由图 3-25和式 (3-73b) 知 $\lambda_3=b_{B2}\approx1$，即

$$\lambda_3=\left(\frac{1}{X'_d}\sim\frac{1}{X_d}\right)\text{取 }\lambda_3\geqslant1.0 \tag{3-80}$$

λ_3 整定值为

$$\lambda_{3.set}=\left(\frac{1}{X'_d}\sim\frac{1}{X_d}\right)\times\frac{K_u}{K_i}\quad(pu) \tag{3-81}$$

式中 K_u——TV 一次额定电压与发电机额定电压之比 20/20；

K_i——TA 一次额定电流之比与发电机额定电流 25/19.245；

其他符号含义同前。

(2) 按 $\lambda_3\geqslant1$ 计算。取 $\lambda_3=1.1$，整定值 $\lambda_{3.set}=1.1\times\dfrac{K_u}{K_i}$ (pu) (3-82)

(3) 倾斜角整定值。$\alpha_3=90°\sim110°$，一般取 $\alpha_3=100°$。 (3-83)

(4) 动作时间整定值。动稳导纳边界动作判据动作时间整定值 $t_{op2}=0.3\sim0.5s$，一般取 $t_{op2}=0.3s$。

4. 励磁低电压判据整定计算

励磁低电压判据整定值 $U_{fd.op}$ 计算。按躲过空载额定励磁电压计算

$$U_{fd.op}=(0.5\sim0.8)\frac{U_{fd.x}}{k_u} \tag{3-84}$$

式中 $U_{fd.x}$——发电机空载额定励磁电压；

k_u——发电机励磁电压变比。

5. 低电压闭锁动作电压（闭锁保护功能发电机最小正序电压）整定值计算按经验取 $U_{op}=0.25U_{g.n}$

6. 附加段（静稳导纳边界判据+励磁低电压判据）动作时间按经验取 $t_{op4}=1.0\sim1.5s$

【例 3-11】 某 600MW 发电机组参数，$P_N=600MW$，$S_N=667MVA$，TA 变比 25 000/5A。TV 变比 $\dfrac{20}{\sqrt{3}}/\dfrac{0.1}{\sqrt{3}}$kV，$k_u=20:1$，发电机暂态电抗 $X'_d=20.5\%$，发电机直轴同步电抗 $X_d=217\%$，$U_{fd.x}=140V$。计算失磁保护 7UM62 的整定值。

1. 静稳导纳边界 1 动作判据整定值计算

解 (1) 静稳导纳边界动作特性 1 电纳整定值 λ_1 按同步电抗由式 (3-74) 计算。

$$\lambda_{1.set}=1.05\times\frac{1}{X_d}\times\frac{K_u}{K_i}=1.05\times\frac{1}{2.17}\times\frac{20/20}{25/19.245}=0.372(pu)$$

(2) 静稳导纳边界动作特性 1 电纳整定值 λ_1 按制造厂提供的静稳极限无功功率 Q_1 由式 (3-75) 计算

$$\lambda_{1.set}=\frac{Q_1}{\sqrt{3}\times U_{TV.N}\times I_{TA.N}}=\frac{400}{\sqrt{3}\times20\times25}=0.461(pu)$$

式中 $Q_1=400MVA$；$U_{TV.N}$为失磁保护用 TV 一次额定电压为 20kV；$I_{TA.N}$为失磁保护用

TA 一次额定电流为 25kA。

取较小值，$\lambda_{1.set}=0.372$ (pu)。

(3) 倾斜角整定值。取 $\alpha_1=75°$。

(4) 动作时间整定值。静稳导纳边界动作判据动作时间整定值取 $t_{op1}=10s$。

2. 静稳导纳边界 2 动作判据整定值计算

(1) 静稳导纳边界动作特性 2 电纳整定值 λ_2 按同步电抗由式 (3-77) 计算

$$\lambda_{2.set}=0.9\times\lambda_{1set}=0.9\times0.372=0.335(pu)$$

$$取\ \lambda_{2.set}=0.335(pu)$$

(2) 倾斜角整定值。取 $\alpha_2=90°$。

(3) 动作时间整定值。静稳导纳边界动作判据动作时间整定值取 $t_{op1}=10s$。

3. 动稳导纳边界 3 动作判据整定计算

(1) 动稳导纳边界 3 电纳整定值 λ_3。按发电机暂态电抗和直轴同步电抗由式 (3-80) 计算

$$\lambda_3=\left(\frac{1}{X'_d}\sim\frac{1}{X_d}\right)=\left(\frac{1}{0.306}\sim\frac{1}{2.17}\right)=(3.27\sim0.46)\ 取\ \lambda_3=1.1$$

λ_{3set}整定值由式 (3-81) 计算

$$\lambda_{3set}=\left(\frac{1}{X'_d}\sim\frac{1}{X_d}\right)\times\frac{K_u}{K_i}=\left(\frac{1}{0.306}\sim\frac{1}{2.17}\right)\times\frac{20/20}{25/19.245}$$

$$=(3.27\sim0.46)\times\frac{20/20}{25/19.245}=3.755\sim0.355(pu)$$

(2) 按 $\lambda_3\geqslant1$ 计算。取 $\lambda_3=1.1(pu)$，整定值 $\lambda_{3.set}=1.1\times\frac{K_u}{K_i}=1.1\times\frac{20/20}{25/19.245}=0.85(pu)$。

取 $\lambda_{3.set}=0.85$ (pu)。

(3) 倾斜角整定值。取 $\alpha_3=100°$。

(4) 动作时间整定值。动稳导纳边界动作判据动作时间整定值取 $t_{op2}=0.3s$。

4. 励磁低电压判据整定计算

励磁低电压判据整定值 $U_{fd.op}$计算。按躲过空载额定励磁电压由式 (3-84) 计算

$$U_{fd.op}=(0.5\sim0.8)\times\frac{U_{fd.x}}{k_u}=(0.5\sim0.8)\times140/20=3.5\sim5.6V\ 取\ U_{fd.op}=4V$$

5. 低电压闭锁动作电压（闭锁保护功能发电机最小正序电压）整定值计算

$$U_{op}=0.25U_{g.n}=0.25\times100=25V$$

6. 附加段（静稳导纳边界判据+励磁低电压判据）动作时间计算

附加段动作时间取 $t_{op4}=1.0s$。

二、变压器制动式零序电流差动保护

(一) 动作特性与动作判据

1. 变压器制动式零序电流差动保护接线原理

变压器制动式零序电流差动保护原理接线如图 3-22 所示。图中，T 为 YNd11 接线的变压器，TA 为变压器高压侧三相电流互感器，TA0 为变压器中性侧零序电流互感器，KD0 为制动式零序电流差动保护，$3I_{0.n}$为变压器中性侧零序二次电流，I_a、I_b、I_c 为变压器出口

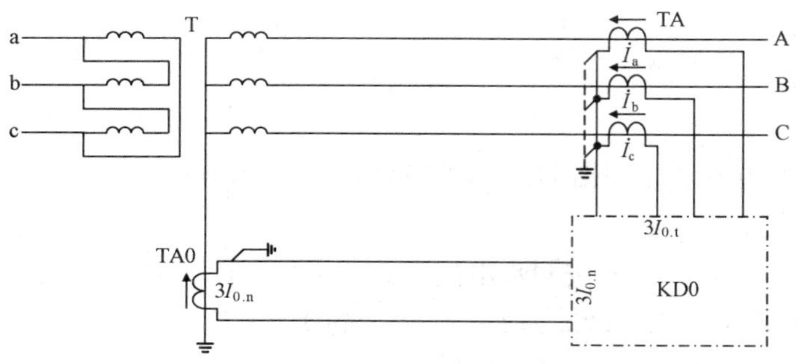

图 3-22 变压器制动式零序电流差动保护原理接线

侧三相二次电流，$3I_{0.t}$为变压器出口侧自产零序二次电流，保护对$3I_{0.n}$和I_a、I_b、I_c三相电流进行计算比较构成制动式零序电流差动保护。

2. 变压器制动式零序电流差动保护动作量与制动量的计算

（1）制动式零序电流差动动作量I_d计算。制动式零序电流差动保护取变压器中性点侧零序电流作为动作量，即差动动作量为

$$I_d = |3\dot{I}_{0.n}| \tag{3-85}$$

式中 $3\dot{I}_{0.n}$——变压器中性点零序电流相量，正方向指向变压器。

（2）制动式零序电流差动保护制动量或制动电流I_{res}计算。计算制动电流I'_{res}表达式为

$$I'_{res}=(|3\dot{I}_{0.n}-3\dot{I}_{0.t}|-|3\dot{I}_{0.n}+3\dot{I}_{0.t}|)=(|3I_{0.n}-3I_{0.t}e^{-j\varphi}|-|3I_{0.n}+3I_{0.t}e^{-j\varphi}|)$$

$$I'_{res}=3I_{0.n}\times\left(\left|1-\frac{3I_{0.t}}{3I_{0.n}}e^{-j\varphi}\right|-\left|1+\frac{3I_{0.t}}{3I_{0.n}}e^{-j\varphi}\right|\right) \tag{3-86}$$

$$3\dot{I}_{0.t}=\dot{I}_a+\dot{I}_b+\dot{I}_c=3I_{0.t}e^{-j\varphi}$$

假定$3I_{0.t}=3I_{0.n}$时

$$I'_{res}=3I_{0.n}\times(|1-1e^{-j\varphi}|-|1+1e^{-j\varphi}|) \tag{3-87}$$

式中 I'_{res}——计算制动电流；

$3\dot{I}_{0.t}$——变压器高压出口侧自产3倍零序电流相量，区外短路故障时正方向指向变压器；

φ——$3\dot{I}_{0.n}$与$3\dot{I}_{0.t}$之间相角差，$\varphi=\angle 3\dot{I}_{0.n}3\dot{I}_{0.t}$；

$\dot{I}_a$、$\dot{I}_b$、$\dot{I}_c$——变压器高压出口侧三相二次电流相量。

保护制动电流I_{res}为

$$\left.\begin{aligned}&\text{当}\ \varphi>90^\circ, I'_{res}>0\ \text{时,制动电流}\ I_{res}=I'_{res}=(|3\dot{I}_{0.n}-3\dot{I}_{0.t}|-|3\dot{I}_{0.n}+3\dot{I}_{0.t}|)\\&\qquad=3I_{0.n}\times\left(\left|1-\frac{3I_{0.t}}{3I_{0.n}}e^{-j\varphi}\right|-\left|1+\frac{3I_{0.t}}{3I_{0.n}}e^{-j\varphi}\right|\right)\\&\text{当}\ \varphi<90^\circ, I'_{res}<0\ \text{时,默认制动电流}\ I_{res}=0\\&\varphi=\angle 3\dot{I}_{0.n}3\dot{I}_{0.t}\end{aligned}\right\} \tag{3-88}$$

零序电流差动保护制动量I'_{res}计算相量如图 3-23 所示，图 3-23(a)中，假定$|\varphi|\leqslant 90°$，变压器区内接地短路故障(假定$3I_{0.n}>3I_{0.t}$时)，由式(3-86)计算知，当$\varphi=90°$时，$I'_{res}=0$；当$\varphi=0°$时，$I'_{res}=-2(3I_{0.t})$；当$\varphi=90°\sim0°$时，$I'_{res}=0\sim-2(3I_{0.t})$，即$|\varphi|\leqslant 90°$时，计算值$I'_{res}$为负值时，装置内部自动设置$I_{res}$为0，制动电流$I_{res}=0$，保护无制动动作。图 3-23(b)中，$|\varphi|>90°$，变压器区外接地短路故障时(假定$3I_{0.n}\geqslant 3I_{0.t}$)，$|\varphi|>90°$时，计算值$I'_{res}$为正值，则制动电流$I_{res}=I'_{res}$。变压器区外接地短路故障当$\varphi=180°$时，$I_{res}=$

$2(3I_{0.t})$；当 $\varphi=90^\circ\sim180^\circ$ 时，$I_{res}=0\sim2(3I_{0.t})$ 变化，保护具有强制动作用。为简化式(3-86)，假定 φ 在 $90^\circ\sim110^\circ$ 变化时，零序电流差动保护制动电流 I_{res} 近似计算式为

$$I_{res}\approx-2\times(3I_{0.t})\times\cos\varphi \tag{3-89}$$

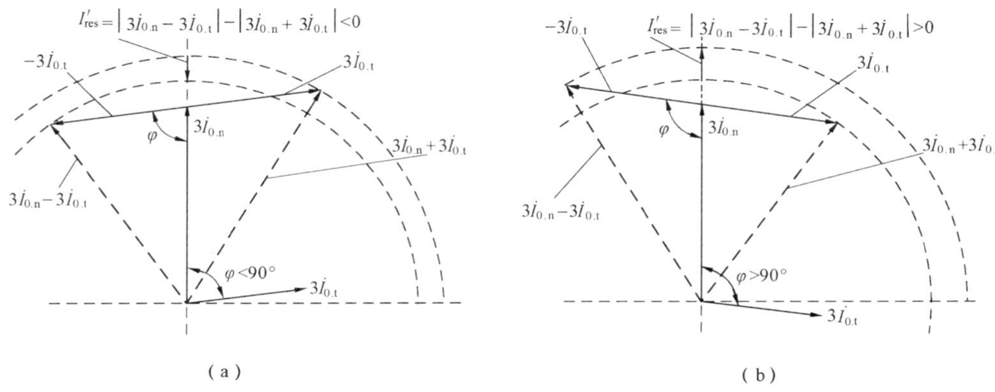

图 3-23 零序电流差动保护制动量 I'_{res} 计算相量图
(a) $\varphi=0^\circ\sim90^\circ$时计算制动电流 $I'_{res}<0$ 相量图；
(b) $\varphi=90^\circ\sim180^\circ$时计算制动电流 $I'_{res}>0$ 相量图

由图 3-23 和式（3-86）分析计算知：制动电流 I_{res} 大小与符号取决于 $\varphi=\angle3\dot{I}_{0.n}3\dot{I}_{0.t}$ 的大小和变压器高压出口侧自产 3 倍零序电流有效值的大小。

3. 变压器制动式零序电流差动保护动作判据

（1）$\varphi=0^\circ\sim90^\circ$时，计算制动电流 $I'_{res}\leqslant0$（I'_{res} 为负值时装置自动取 $I_{res}=0$），此时动作值等于最小动作电流。

（2）$\varphi=90^\circ\sim180^\circ$，制动式零序电流差动保护动作边界条件为 $3I_{0.n}=I_{d.op}$，由此可得动作式为

$$3I_{0.n}=I_{d.op}=I_{d.op.min}+K_{res}I_{res}=I_{d.op.min}+K_{res}\times(|3\dot{I}_{0.n}-3\dot{I}_{0.t}|-|3\dot{I}_{0.n}+3\dot{I}_{0.t}|) \tag{3-90}$$

由式（3-90）经计算

$$3I_{0.n}=I_{d.op}=I_{d.op.min}+K_{res}\times3I_{0.n}\times\left(\left|1-\frac{3I_{0.t}}{3I_{0.n}}e^{-j\varphi}\right|-\left|1+\frac{3I_{0.t}}{3I_{0.n}}e^{-j\varphi}\right|\right) \tag{3-90a}$$

$$1=\frac{3I_{0.n}}{3I_{0.n}}=\frac{I_{d.op}}{3I_{0.n}}=\frac{I_{d.op.min}}{3I_{0.n}}+K_{res}\times\left(\left|1-\frac{3I_{0.t}}{3I_{0.n}}e^{-j\varphi}\right|-\left|1+\frac{3I_{0.t}}{3I_{0.n}}e^{-j\varphi}\right|\right) \tag{3-90b}$$

$$\frac{I_{d.op.min}}{I_{d.op}}=1-K_{res}\times\left(\left|1-\frac{3I_{0.t}}{3I_{0.n}}e^{-j\varphi}\right|-\left|1+\frac{3I_{0.t}}{3I_{0.n}}e^{-j\varphi}\right|\right) \tag{3-90c}$$

$$\frac{I_{d.op.min}}{I_{d.op}}=\frac{I_{d.op.min}}{3I_{0.n}}=1-K_{res}\times\left(\left|1-\frac{3I_{0.t}}{3I_{0.n}}e^{-j\varphi}\right|-\left|1+\frac{3I_{0.t}}{3I_{0.n}}e^{-j\varphi}\right|\right) \tag{3-91}$$

由式（3-90）～式（3-90c）计算得

$$\frac{I_{d.op}}{I_{d.op.min}}=\frac{1}{1-K_{res}\times\left(\left|1-\frac{3I_{0.t}}{3I_{0.n}}e^{-j\varphi}\right|-\left|1+\frac{3I_{0.t}}{3I_{0.n}}e^{-j\varphi}\right|\right)} \tag{3-91a}$$

变压器制动式零序电流差动保护动作判据为

$$\left.\begin{array}{l}\text{当 }\varphi \leqslant 90^\circ\text{ 时，}3I_{0.n} \geqslant I_{d.op} = I_{d.op.min}\text{ 保护按最小动作电流动作} \\ \text{当 }\varphi = 90^\circ \sim 180^\circ\text{ 时} \\ 3I_{0.n} \geqslant I_{d.op} = I_{d.op.min} + K_{res} \times (|3\dot{I}_{0.n} - 3\dot{I}_{0.t}| - |3\dot{I}_{0.n} + 3\dot{I}_{0.t}|) \\ \dfrac{I_{d.op}}{I_{d.op.min}} = \dfrac{1}{1 - K_{res} \times \left(\left|1 - \dfrac{3I_{0.t}}{3I_{0.n}}e^{-j\varphi}\right| - \left|1 + \dfrac{3I_{0.t}}{3I_{0.n}}e^{-j\varphi}\right|\right)} \\ \text{保护按强制动作用动作} \\ \text{当 }\varphi > 100^\circ\text{ 时，实际上制动式零序电流差动保护已不动作}\end{array}\right\} \quad (3\text{-}92)$$

式中 K_{res}——制动系数，内部设置 $K_{res}=4$；

其他符号含义同前。

由上可见制动式零序电流差动保护动作电流 $I_{d.op}$是$(3I_{0.n})$、$(3I_{0.t})$和 φ 的复杂的三元函数。

4. 变压器制动式零序电流差动保护动作特性

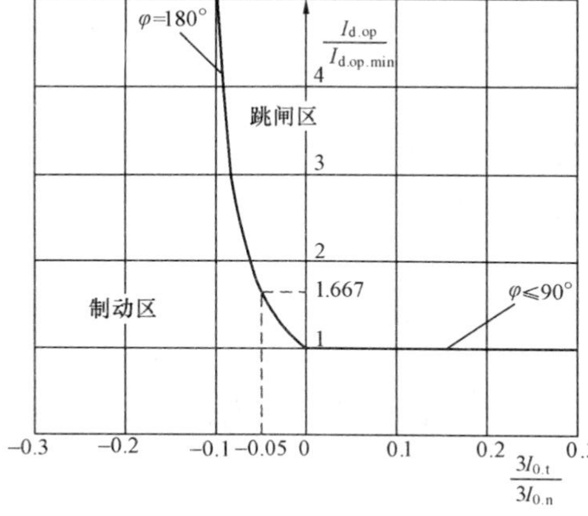

图 3-24 制动式零序电流差动保护电流制动特性曲线图

(1) 制动式零序电流差动保护电流制动特性。制动式零序电流差动保护电流制动特性曲线如图 3-24 所示，图中纵坐标为制动式零序电流差动保护动作电流 $I_{d.op}$与最小动作电流 $I_{d.op.min}$之比，纵坐标为 $I^*_{d.op}=I_{d.op}/I_{d.op.min}$，当 $\varphi\leqslant 90^\circ$ 和 $\varphi=180^\circ$，横坐标为比值$\dfrac{3\dot{I}_{0.t}}{3\dot{I}_{0.n}}$在第一象限 $\varphi\leqslant 90^\circ$，比值$\dfrac{3\dot{I}_{0.t}}{3\dot{I}_{0.n}}=\dfrac{3I_{0.t}}{3I_{0.n}}e^{j0^\circ}$ 为正实数；第二象限 $\varphi=180^\circ$，比值$\dfrac{3\dot{I}_{0.t}}{3\dot{I}_{0.n}}=\dfrac{3I_{0.t}}{3I_{0.n}}e^{j180^\circ}$为负实数。

由式（3-92）计算知

1）当 $\varphi\leqslant 90^\circ$，$I_{d.op}=I_{d.op.min}$。

2）当 $\varphi=180^\circ$，设$(3I_{0.t})/(3I_{0.n})=0.05$，$\dfrac{3I_{0.t}}{3I_{0.n}}e^{j180^\circ}=-0.05$，代入式(3-92)

$$\frac{I_{d.op}}{I_{d.op.min}} = \frac{1}{1 - K_{res} \times \left(\left|1 - \dfrac{3I_{0.t}}{3I_{0.n}}e^{-j\varphi}\right| - \left|1 + \dfrac{3I_{0.t}}{3I_{0.n}}e^{-j\varphi}\right|\right)}$$

$$= \frac{1}{1 - 4 \times (|1 + 0.05| - |1 - 0.05|)} = 1.67$$

同理当$(3I_{0.t})/(3I_{0.n})=0.1$，$\dfrac{3I_{0.t}}{3I_{0.n}}e^{j180^\circ}=-0.1$ 计算得$\dfrac{I_{d.op}}{I_{d.op.min}}=5$

当$(3I_{0.t})/(3I_{0.n})=0.125$，$\dfrac{3I_{0.t}}{3I_{0.n}}e^{j180^\circ}=-0.125$ 计算得$\dfrac{I_{d.op}}{I_{d.op.min}}\to\infty$

当$(3I_{0.t})/(3I_{0.n})=0.2$，$\dfrac{3I_{0.t}}{3I_{0.n}}e^{j180^\circ}=-0.2$ 计算得$\dfrac{I_{d.op}}{I_{d.op.min}}=-1.67$，计算值$\dfrac{I_{d.op}}{I_{d.op.min}}$为负

值，装置默认$\frac{I_{\mathrm{d.op}}}{I_{\mathrm{d.op.min}}}\to\infty$

以上数值和图 3-24 曲线一致。

由此可知：制动式零序电流差动保护动作特性，具有区外接地路故障时，保护被制动而可靠不动作；区内接地路故障时，保护按最小动作电流 $I_{\mathrm{d.op.min}}$非常灵敏动作。区外相间短路故障，虽然由于三相 TA 暂态误差不一致而产生随机的零序不平衡电流 $3I_{0.\mathrm{unb.t}}$，但此时变压器中性点一次侧仅有很小的零序不平衡电流，从而仅有很小的二次不平衡电流 $3I_{0.\mathrm{unb.n}}$，它可用最小动作电流 $I_{\mathrm{d.op.min}}$躲过区外相间短路故障时变压器中性侧的零序不平电流 $3I_{0.\mathrm{unb.n}}$，此时制动式零序电流差动保护不动作。

(2) 制动式零序电流差动保护相角制动特性。制动式零序电流差动保护相角制动特性曲线如图 3-25 所示，图中纵坐标为制动式零序电流差动保护动作电流 $I_{\mathrm{d.op}}$与最小动作电流 $I_{\mathrm{d.op.min}}$之比，即纵坐标为 $I^{*}_{\mathrm{d.op}}=I_{\mathrm{d.op}}/I_{\mathrm{d.op.min}}$，横坐标为零序电流 $3\dot{I}_{0.\mathrm{n}}$和 $3\dot{I}_{0.\mathrm{t}}$之相角差 $\varphi=\angle 3\dot{I}_{0.\mathrm{n}}3\dot{I}_{0.\mathrm{t}}$，由图 3-25 和式 (3-92) 知，当 $\varphi=\angle 3\dot{I}_{0.\mathrm{n}}3\dot{I}_{0.\mathrm{t}}<90^{\circ}$时，制动式零序电流差动保护在无制动特性区工作；当 $\varphi=\angle 3\dot{I}_{0.\mathrm{n}}3\dot{I}_{0.\mathrm{t}}$在 $90^{\circ}\sim180^{\circ}$之间时，制动式零序电流差动保护在制动特性区工作，实际上当 $\varphi=\angle 3\dot{I}_{0.\mathrm{n}}3\dot{I}_{0.\mathrm{t}}>100^{\circ}$时，制动式零序电流差动保护基本上已完全制动，保护不动作。

1) 当 $\varphi\leqslant 90^{\circ}$时，由式 (3-92) 计算

动作电流 $I^{*}_{\mathrm{d.op}}=I_{\mathrm{d.op}}/I_{\mathrm{d.op.min}}=1$，按最小动作电流 $I_{\mathrm{d.op.min}}$非常灵敏的动作。

2) 当 $\varphi=95^{\circ}$，$\frac{3I_{0.\mathrm{t}}}{3I_{0.\mathrm{n}}}=1$ 时，由式 (3-92) 计算

$$\frac{I_{\mathrm{d.op}}}{I_{\mathrm{d.op.min}}}=\frac{1}{1-K_{\mathrm{res}}\times\left(\left|1-\frac{3I_{0.\mathrm{t}}}{3I_{0.\mathrm{n}}}\mathrm{e}^{-\mathrm{j}\varphi}\right|-\left|1+\frac{3I_{0.\mathrm{t}}}{3I_{0.\mathrm{n}}}\mathrm{e}^{-\mathrm{j}\varphi}\right|\right)}$$

$$=\frac{1}{1-4\times(|1-\mathrm{e}^{j95^{\circ}}|-|1+\mathrm{e}^{j95^{\circ}}|)}=1.57$$

3) 当 $\varphi=97.5^{\circ}$，$\frac{3I_{0.\mathrm{t}}}{3I_{0.\mathrm{n}}}=1$ 时，由式 (3-92) 计算

$$\frac{I_{\mathrm{d.op}}}{I_{\mathrm{d.op.min}}}=\frac{1}{1-K_{\mathrm{res}}\times\left(\left|1-\frac{3I_{0.\mathrm{t}}}{3I_{0.\mathrm{n}}}\mathrm{e}^{-\mathrm{j}\varphi}\right|-\left|1+\frac{3I_{0.\mathrm{t}}}{3I_{0.\mathrm{n}}}\mathrm{e}^{-\mathrm{j}\varphi}\right|\right)}$$

$$=\frac{1}{1-4\times(|1-\mathrm{e}^{\mathrm{j}97.5^{\circ}}|-|1+\mathrm{e}^{\mathrm{j}97.5^{\circ}}|)}=3.85$$

4) 当 $\varphi=100^{\circ}$，$\frac{3I_{0.\mathrm{t}}}{3I_{0.\mathrm{n}}}=1$ 时，由式 (3-92) 计算

$$\frac{I_{\mathrm{d.op}}}{I_{\mathrm{d.op.min}}}=\frac{1}{1-4\times(|1-\mathrm{e}^{\mathrm{j}100^{\circ}}|-|1+\mathrm{e}^{\mathrm{j}100^{\circ}}|)}=70.2\text{，保护不动作}$$

5) 当 $\varphi=105^{\circ}$，$\frac{3I_{0.\mathrm{t}}}{3I_{0.\mathrm{n}}}=1$ 时，由式 (3-92) 计算

$\frac{I_{\mathrm{d.op}}}{I_{\mathrm{d.op.min}}}=\frac{1}{1-4\times(|1-\mathrm{e}^{\mathrm{j}105^{\circ}}|-|1+\mathrm{e}^{\mathrm{j}105^{\circ}}|)}=-2.1$，计算值$\frac{I_{\mathrm{d.op}}}{I_{\mathrm{d.op.min}}}$为负值，装置默

认$\frac{I_{d.op}}{I_{d.op.min}}\to\infty$，即保护不动作。

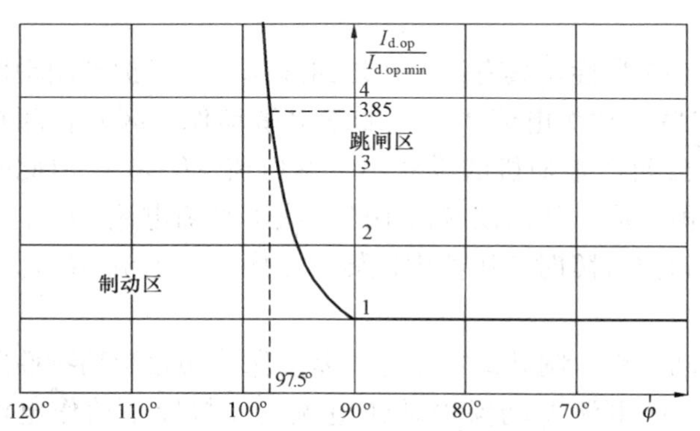

图 3-25 制动式零序电流差动保护相角制动特性曲线图

由上计算知：当$\varphi=100°$制动式零序电流差动保护基本上已完全制动，保护不动作，以上数值和图 3-25 中的制动式零序电流差动保护相角制动特性曲线相符。由图3-25中的制动式零序电流差动保护相角制动特性曲线和式（3-92）计算分析知：

1）变压器区外接地短路故障时，$\varphi=\angle 3\dot{I}_{0.n}3\dot{I}_{0.t}>100°$，制动式零序电流差动保护制动而可靠不动作。

2）变压器区内接地短路故障时，$\varphi=\angle 3\dot{I}_{0.n}3\dot{I}_{0.t}\leqslant 90°$，所以制动式零序电流差动保护无制动而非常灵敏的动作。

3）变压器区外相间短路故障由于三相 TA 暂态误差不一致而产生随机的$3I_{0.unb.t}$，虽然$\varphi=\angle 3\dot{I}_{0.n}3\dot{I}_{0.t}$随机不确定，但此时变压器中性点一次侧仅有很小的零序不平衡电流，从而仅有很小的二次不平衡电流$3I_{0.unb.n}$，它可用最小动作电流整定值$I_{d.op.min.set}$躲过区外相间短路故障时变压器中性侧的零序不平电流$3I_{0.unb.n}$。此时制动式零序电流差动保护不动作。

（3）制动式零序电流差动保护比率制动动作特性。制动式零序电流差动保护比率制动特性如图 3-26 所示。特性曲线 ABC 为制动式零序电流差动保护比率制动动作特性，图中，纵坐标为$I^{*}_{d.op.min}=I_{d.op.min}/I_{d.op.min.set}$，横坐标为流入变压器的各电流有效值之和

$$I_{\Sigma}=I_{a}+I_{b}+I_{c}+3I_{0.n} \tag{3-93}$$

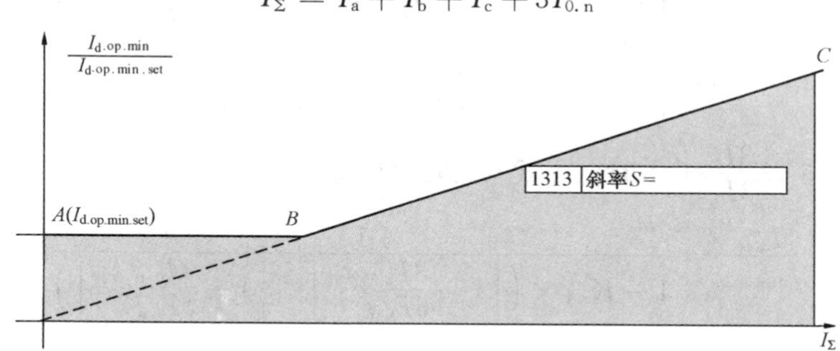

图 3-26 制动式零序电流差动保护比率制动特性图

制动式零序电流差动保护比率制动动作方程为

$$\left.\begin{array}{l}\text{当 } I_{\Sigma}\leqslant I_{d.op.min.set}/S^{❶}\text{ 时}, I_{d.op.min}=I_{d.op.min.set}\\ \text{当 } I_{\Sigma}>I_{d.op.min.set}/S\text{ 时}, I_{d.op.min}=S\times I_{\Sigma}\\ S=\dfrac{I_{d.op.min.set}/I_{t.n}}{3}\end{array}\right\} \tag{3-94}$$

❶ 符号 S 系采用在实际装置中的符号。

式中 I_{Σ}——比率制动特性制动电流；

$I_{d.op.min.set}$——最小动作电流整定值；

$I_{d.op.min}$——最小动作电流计算值；

S——比率制动特性斜率；

$I_{t.n}$——变压器额定二次电流；

其他符号含义同前。

（二）整定计算

1. 投退控制字（1301）设定

保护投入时为on。

2. 最小动作电流整定值（1311）$I_{d.op.min.set}$计算

按躲过正常运行和变压器区外相间短路故障时变压器中性侧的最大零序不平电流$3I_{0.unb.n}$计算，由于此值主要决定于变压器一次三相最大零序不平电流，和TA0误差无关，这是到目前为止不受TA暂态误差影响的最为理想的差动保护，由于一般区外相间短路时变压器一次三相最大零序不平电流不超过$10\%I_{T.N}$，所以可取最小动作电流整定值

$$I_{d.op.min.set}=(0.15\sim0.3)I_{T.N}/n_{TA0} \tag{3-95}$$

一般可取 $I_{d.op.min.set}=(0.15\sim0.2)\ I_{T.N}/n_{TA0}$

式中 $I_{T.N}$——变压器高压侧一次额定电流；

n_{TA0}——变压器高压侧中性点TA0变比。

3. 比率制动系数斜率整定值S（1313A）计算

取比率制动系数斜率整定值

$$S=I^{*}_{d.op.min.set}/3 \tag{3-96}$$

4. 动作时间整定值t_{op}（1312A）计算

取动作时间整定值t_{op}=0.0s。

【例3-12】 变压器S_N=720MVA，额定电压比U_N=525/20kV，额定电流比I_N=791.8/20 785A，TA0变比n_{TA0}=600/1A。计算制动式零序电流差动保护整定值。

1. 投退控制字（1301）设定

解 保护投入取"on"。

2. 最小动作电流整定值（1311）$I_{d.op.min.set}$计算

按躲过正常运行和变压器区外相间短路故障时变压器中性侧的最大零序不平电流$3I_{0.unb.n}$计算，由于此值主要决定于变压器一次三相最大零序不平电流，和TA0误差无关，由于一般区外相间短路时变压器一次三相最大零序不平电流不超过$10\%I_{T.N}$，所以可取最小动作电流整定有名值由式（3-95）计算

$$I_{d.op.min.set}=0.2I_{T.N}/n_{TA0}=0.2\times791.8/600=0.26(\mathrm{A})$$

最小动作电流整定值$I^{*}_{d.op.min.set}=0.26\times600/791.8=0.2$

3. 比率制动系数斜率整定值S（1313A）计算

比率制动系数斜率整定值由式（3-96）计算，$S=0.2/3=0.067$。

4. 动作时间整定值t_{op}（1312A）计算

取动作时间整定值t_{op}=0.0s。

第四章 厂用电继电保护整定计算

第一节 概 述

厂用电系统（以下简称厂用系统）的电流电压保护的整定计算曾存在着一些误区。如某发电厂 300MW 机组厂用系统的继电保护，从 20 世纪 70 年代中期至 80 年代后期，一直沿用定时限过电流保护各级时限相互配合的原则，以至高压厂用变压器（以下简称厂变）高压侧的过电流保护动作时间高达 3s 以上，此种情况在过去很多发电厂厂用系统中也存在。厂用系统的母线或馈线近区短路故障，而故障设备保护拒动或断路器拒动（断路器不能切除短路）的情况在国内屡有发生，此时由高压厂用变压器或其分支带时限的电流、电压保护动作切除短路，如果动作时间过长，必然加重设备损坏程度或使短路范围扩大。为此对厂用系统的继电保护，可归纳以下几点整定计算的原则。

1. 高低压厂用变压器的电流、电压保护整定计算

过去高压厂变分支低电压闭锁过电流保护，动作电压按躲过电动机自起动计算，动作电流按变压器额定电流计算，其动作时间与低压厂变定时限过电流保护动作时间配合计算都高达 2.1s，有的甚至高达 2.6s，这样一级一级配合上去，最后至高压厂变高压侧的电流电压保护动作时间高达 3.1s，这种情况在某厂曾沿用很多年。20 世纪 80 年代中期，高压厂变分支低电压闭锁过电流保护的动作电压按躲过电动机自起动计算，电流元件动作电流按电压元件末端两相短路时有足够灵敏度计算，如按此原则整定，高压厂变分支低电压闭锁过电流保护动作电流都比较大，其动作电流能与各馈线的瞬时电流速断保护动作电流配合，同时在此动作电流时，各馈线 FC 回路高压熔断器考虑到误差后的熔断时间小于或等于 0.1s，则厂用分支的电流、电压保护动作时间可用 0.4～0.5s，而不必与低压厂变定时限过电流保护的动作时间配合，用这种方法整定配合，已正常运行至今。由于厂用系统有电动机的自起动情况，不同于一般用户，也不同于变电站的降压或升压变压器的运行情况，所以与一般变压器的整定计算有很大差异。有的虽然是过电流保护，而实际是带时限的电流速断保护，因此整定计算往往不能简单地按定时限过电流保护处理，这是整定计算人员应引起注意的。

2. 低压厂变过电流保护的动作时间整定计算

其动作电流如已与低压侧各馈线的电流速断保护的动作电流配合，同时此时低压侧的熔断器的熔断时间已小于或等于 0.1s 时，则低压厂变过电流保护的动作时间可用 0.5s；动作电流如与低压侧各馈线的短延时电流速断保护的动作电流配合，则低压厂变过电流保护的动作时间可用 0.6～0.7s，一般最长动作时间不超过 1s（过去很多厂变其动作时间都高达 1.5s 以上）。

3. 快速性、灵敏性和选择性的考虑

厂用系统一次设备短路概率相对高一些，而且短路电流也比较大，有时可能造成极严重的后果。如2000年某厂因厂用系统高压电缆短路，造成一台300MW机组整个户内电缆夹层起火，将一台300MW机组高低压动力电缆及控制电缆全部烧坏；又如1996年某厂因厂用系统高压电缆短路，造成户外20m以上的电缆沟内发生威力很大的爆炸。总之，在国内因高压厂用系统短路故障而造成一次设备严重破坏及事故扩大的事件屡见不鲜。所以厂用系统继电保护整定计算时，在满足选择性要求的同时，要尽可能缩短保护动作时间。有的大型火力发电厂，多台循环水泵（简称循泵）电源直接接自厂用高压母线，这样循泵电动机保护动作时间可为0s；有的大型火力发电厂都有专用的输煤系统电源，由于专用的输煤电源为Ⅱ类负荷，且由6kV不同母线经双回线路供电，为缩短整个厂用系统的动作时限，对这类性质的负荷的电流保护范围，只要不是伸得特别远，应优先考虑快速性，即牺牲局部的选择性换得整体的快速性。

4. 校核变压器允许的自起动容量和自起动时母线残压

在整定计算过程中，应校核变压器允许的自起动容量和自起动时母线残压，以保证重要电动机能可靠地自起动。如某发电厂，1989年7月一台供燃油的重油泵厂用变压器在电动机自起动过程中，由于重油黏度特别高，重油泵过负荷自起动，使自起动母线残压长期为60%额定电压，造成多台重油泵始终未能起动成功，该低压厂变长期过载运行，最后导致变压器油温短时间内迅速上升，致使变压器重瓦斯保护动作。对这种特殊负荷的特殊情况，为确保设备的安全，保护装置及其整定计算应作特殊的处理。

（1）为保证电动机自起动成功，可用低电压保护切除足够容量的电动机，母线电压应保证足以使Ⅰ类电动机自起动成功。

（2）为保证变压器安全运行，除安装短路故障的后备保护外，应考虑加装躲过自起动且具有反时限特性的过负荷跳闸保护。过去在变压器高压侧不装设此保护，但近年来低压厂变高压侧综合保护带有反时限特性的过负荷保护，或低压厂变低压侧装设带智能保护的低压自动空气断路器，可合理整定综合保护带有反时限特性的过负荷保护或低压自动空气断路器的长延时保护，作为低压厂变的过负荷保护。

（3）在设计时要考虑变压器有足够的容量，以保证这种情况所有重要电动机的自起动。

5. 上下级保护时间级差的选择

由于现在大机组的厂用系统保护基本上已不再采用电磁型时间元件，而采用微机保护或高精度时间元件，这样上下级保护时间级差可用0.3～0.4s。

6. 关于高压厂用系统中性点接地方式的选择问题

大型发电机组高压厂用系统中性点接地方式分不接地方式和小电阻接地方式。

（1）厂用系统中性点不接地方式。

1）厂用系统中性点不接地方式单相接地保护作用于信号。过去大部分高压（6.3kV）厂用系统中性点采用不接地方式，当高压厂用系统发生单相接地，且单相接地电流$I_K^{(1)} \leqslant$10A时，允许系统继续运行2h。但实践证明，对于大机组的高压厂用系统，单相接地电流一般虽小于10A（根据对A厂、B厂6台300MW机组6kV厂用系统实测结果，单相接地电流一般都在6～8A之间），而当电缆发生单相接地时，几乎在短时间内均发展为电缆的相间短路。由此可见，高压（6kV）厂用系统中性点采用不接地方式，当高压厂用系统发生单相接地时，不装设作用于跳闸的单相接地保护或仅装设作用于信号的单相接地保护是不安全的。

2）厂用系统中性点不接地方式单相接地保护作用于跳闸。当高压厂用系统单相接地电流超过 10A 或接近 10A 时，应作用于跳闸方式。

3）300MW 及以上机组高压厂用系统中性点不接地系统有条件时亦应作用于跳闸方式。300MW 及以上机组高压厂用系统单相接地电流不超过 10A，如果通过计算选择性和灵敏度满足要求时可采用带 0.5～1s 延时作用于跳闸的单相接地保护。如果高压厂用系统的馈线没有特别长（指几千米长）的电缆，并且当各馈线采用零序电流保护，其动作电流按躲过区外单相接地电流计算，而本设备发生单相接地时又有足够的灵敏度时，则对中性点不接地系统，馈线采用作用于跳闸的单相接地保护。而当单一馈线过长（长度超过数千米的电缆）时，此时各馈线采用简单的零序过电流保护就无法同时满足选择性和灵敏度的要求，对长度过长的单一馈线，可加装带方向的零序过电流保护或适当延长长度过长馈线单相接地保护的动作时间并作用于跳闸。

（2）厂用系统中性点经小电阻接地方式。近年来，单机容量在 300MW 及以上机组的高压厂用系统，为保证单相接地时零序过电流保护同时满足选择性和灵敏性的要求，采用高压厂用变压器中性点经小电阻接地方式，其接地电阻值应遵循各级零序过电流保护既有选择性又有足够的灵敏度，同时单相接地电流在短时间内不导致加重一次设备破坏程度的原则。如 B 厂高压厂用变压器中性点接地电阻采用 20Ω，此时 6.3kV 单相接地时，单相接地电流 $I_{K}^{(1)}=\dfrac{U_{N}}{\sqrt{3}\times R_{N}}=\dfrac{6300}{\sqrt{3}\times 20}=182$（A）。根据这一单相接地短路电流水平，整定的各级零序过电流保护均有很好的选择性和足够的灵敏度，同时一次设备一旦发生单相接地短路，由于由零序过电流保护在 0～1s 时间内切除单相接地短路，基本上不会加重接地短路点的损坏程度。如 B 厂曾发生过两次电动机接线端子上单相接地都由 0s 的零序过电流保护动作，后经检查发现，短路点仅有用肉眼看到的一小麻点。由此可见，高压厂用系统中性点接地电阻值满足单相接地电流为 600～200A 比较合理，高压厂用系统中性点接地电阻 $R_{N}=\dfrac{U_{N}}{\sqrt{3}\times I_{K}^{(1)}}=\dfrac{U_{N}}{\sqrt{3}(200\sim600)}(\Omega)$，即 6kV 厂用系统中性点接地电阻 $R_{N}=(4.6\sim6.06\sim9.09\sim18\sim36)\ \Omega$ [较多采用（6.06～9.09～18）Ω]。

7. 厂用系统继电保护所用电流互感器 TA 的选择

（1）6.3kV 高压电动机和低压厂变保护所用 TA，不应根据电动机或低压厂用变压器的额定电流选择 TA 变比，应根据实际短路电流水平，选择足够大变比、短路电流倍数、容量，以保证保护在各种短路情况下，能可靠动作（国内已多次发生高、低压厂用系统出口短路时因 TA 严重饱和，造成保护拒动的实例）。

（2）高压厂用变压器中性点经小电阻接地 TA0 变比和零序过电流继电器选择。自 20 世纪 90 年代后，高压厂用变压器中性点经小电阻接地方式，其接地电流在（180～800）A 之间，此时高压电动机和低压厂用变压器高压侧单相接地保护，不能再用小电流接地方式的接地电流测量互感器 TA0，根据接地电流的大小，应采用 TA0 变比为（200～800）/（5 或 1）A，同时高压电动机和低压厂用变压器接地零序过电流继电器应和 TA0 二次电流匹配，应能可靠反映最大单相接地电流，即接地电流测量互感器 TA0 和零序过电流继电器内部测量互感器 TA 均不能因接地电流的增大导致饱和或溢出而拒动（实际上此种情况保护拒动在国内已多次发生）。所以在调试时应通入可能的最大接地电流，检查 TA0 和 TA 不应出现饱和现象，继电器也不能因此拒动。

8. 厂用系统（0.4～6.3kV）继电保护整定计算的难点

（1）馈线出口短路电流特别大而 TA 变比过小的矛盾。实际厂用系统中各馈线出口短路电流特别大，而按负荷电流选择 TA 变比过小，以致各馈线出口短路时 TA 出现严重饱和，这基本上是高低压厂用系统共存的问题。当厂用母线近区短路，致使 TA 极度饱和时，TA 二次侧只能输出非常窄的尖顶波，以致馈线出口短路时保护拒动（这种实例在国内屡有发生）。例如，A、B 厂 6.3kV 母线附近或高压电动机入口三相短路电流高达 18kA，如馈线用 100/5 的 TA，则短路电流倍数高达 180 倍。当低压厂变容量为 1250kVA、$u_k\%=6$ 时，0.4kV 母线附近三相短路电流高达 27kA，如低压馈线的电流互感器采用 300/5，则短路电流倍数高达 100 倍。而生产厂家生产的这一电压等级 TA，短路电流倍数和容量都比较小，这使保护更难保证其正确动作。对于这种情况可采用以下措施进行处理。

1）保护用电流互感器。尽可能选用较大的变比、较大的饱和电流倍数、较大的容量。

2）继电保护装置。尽可能安装于就地配电装置上，最大限度减小电流互感器的二次负载。

（2）0.4kV 厂用系统安全可靠性和灵敏度之间的矛盾。0.4kV 厂用系统虽然可采用分级整定一次脱扣的自动空气断路器，由于不能按整定要求调整整定值，会存在低压电缆末端短路时灵敏度不够的问题。特别重要的供电线路（Ⅰ类负荷馈线），如电动机控制中心 MCC 所接负荷数量较多时，还须分两级保护，以便对这种馈线既不能牺牲选择性，又要保证可靠动作。如采用二次型保护，必须考虑电流互感器的极度饱和问题，尽可能选用变比和容量较大的 TA。对这种设备的保护最好采用分级整定一次脱扣的自动空气断路器，与二次型保护配合使用，或采用带有智能型保护的自动空气断路器。在短路电流很大时，二次保护可能拒动，这时由一次脱扣保护动作跳闸。当一次保护灵敏度不够时，可由二次型保护动作跳闸。0.4kV 低压厂用系统保护配置如图 4-1 所示。

1）动力中心 PC 容量在 75kW 及以上的电动机保护。容量在 75kW 及以上且电气距离比较近（指电缆阻抗较小）的电动机保护，可用分级整定瞬时一次脱扣自动空气断路器作相间短路保护，用零序电流互感器 TA0 组成的零序电流速断作单相接地保护，如图 4-1（a）所示。图中 Q1 为带分级整定瞬时动作一次脱扣保护单元 $I_{OP.A,B,C}$ 的自动空气断路器，与零序电流互感器 TA0 和零序过电流保护 $3I_0$ 组成单相接地保护，作为电动机 M1 的保护。

2）动力中心 PC 容量在 75kW 以下的电动机保护。容量在 75kW 以下且电气距离比较远（指电缆阻抗较大）的电动机保护，在满足灵敏度时，优先采用分级整定瞬时一次脱扣的自动空气断路器。电动机入口短路灵敏度不够时（如 $K_{sen}^{(1)}$ 不够），可加装零序电流速断保护。如通过计算，相间短路灵敏度也不够时，可加装二次相间短路保护。电动机入口短路灵敏度不够时由二次型保护动作，靠近母线短路由一次脱扣保护动作，这样可以取得很好的效果。接于动力中心 75kW 以下电气距离比较远的电动机保护配置如图 4-1（b）所示，图中 Q2 为

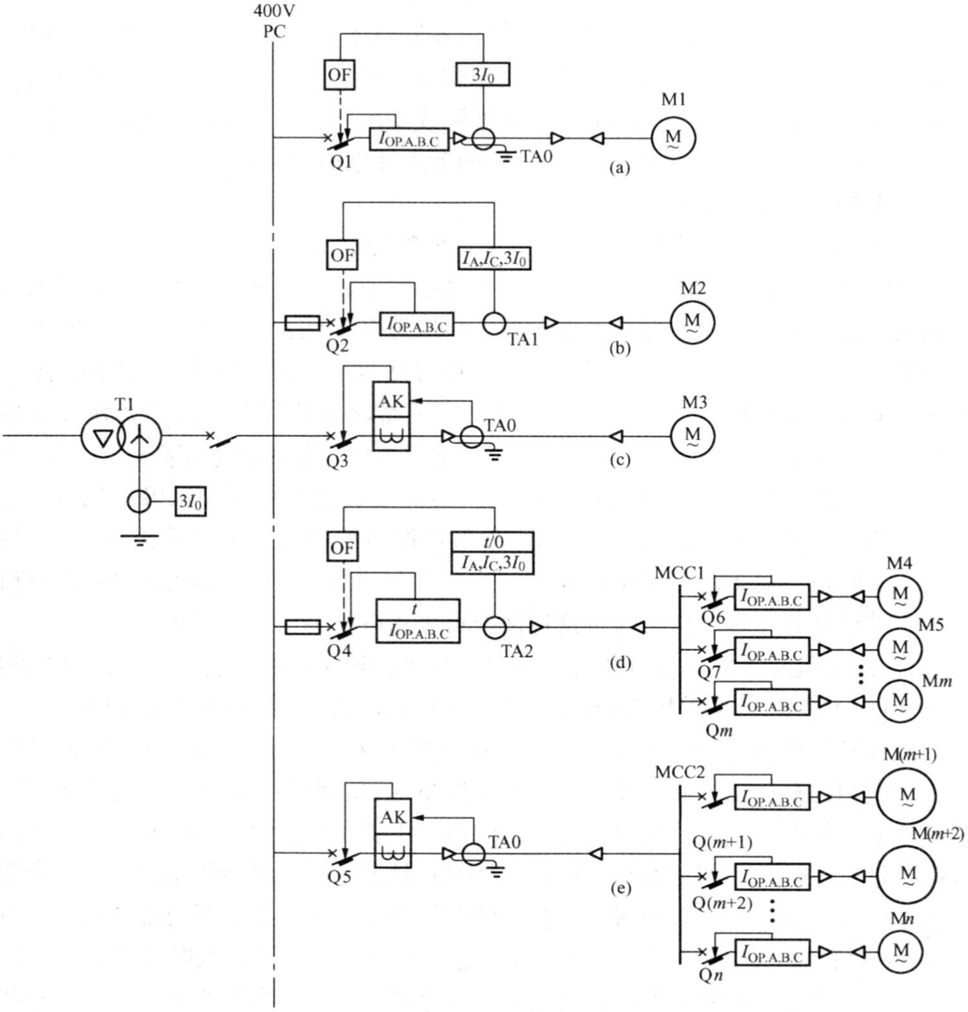

图 4-1　0.4kV 低压厂用系统保护配置图

(a) 接于动力中心 75kW 及以上电气距离比较近的电动机保护配置图；(b) 接于动力中心 75kW 及以下电气距离比较远的电动机保护配置图；(c) 接于动力中心各种额定容量电动机用带智能保护的自动空气断路器保护配置；(d) 低压馈线用分级整定短延时一次脱扣的自动空气断路器加二次型保护配置图；(e) 低压馈线用带智能保护的自动空气断路器保护配置图

带分级整定瞬时动作一次脱扣保护单元 $I_{OP.A,B,C}$ 的自动空气断路器，与电流互感器 TA1 和继电器单元 I_A、I_C、$3I_0$ 组成相间和单相接地的二次型保护，作为电动机 M2 的保护。

3）动力中心 PC 各种额定容量电动机保护。接于动力中心各种额定容量电动机用带智能保护（配置瞬时电流速断、长延时及单相接地保护）AK 的自动空气断路器，如图 4-1(c) 所示。图中，Q3 为带智能保护 AK 的自动空气断路器，作为电动机 M3 的保护。

4）动力中心 PC Ⅰ类负荷馈线（MCC1 电源）保护（一）接于 0.4kV 动力中心 PC Ⅰ类负荷馈线（MCC1 电源），在满足灵敏度要求时，优先采用分级整定短延时动作一次脱扣的自动空气断路器。当单相接地灵敏度不满足要求时，应加装用零序电流互感器 TA0 组成的短延时单相接地保护。当相间短路和单相接地灵敏度均不够时（或在灵敏度、选择性、快速性发生矛盾时），可采用分级整定短延时一次脱扣的自动空气断路器并加装二次型保护（A、C 相继电器单元 I_A、I_C 组成相间短路保护，零序继电器单元 $3I_0$ 组成单相接地保护），低压馈线用分级整定短延时一次脱扣的自动空气断路器加二次型保护配置如图 4-1（d）所示。图中，Q4 为带分级整定短延时 t 动作一次脱扣保护单元 $I_{OP.A,B,C}$ 的自动空气断路器，与电流互感器 TA2 和继电器单元 I_A、I_C、$3I_0$ 组成相间和单相接地短延时 t 的二次型保护，作为电动机控制中心 MCC1 的保护。

5）动力中心 PC Ⅰ类负荷馈线（MCC2 电源）保护（二）接于 0.4kV 动力中心 PC 的所有设备，用分级整定短延时一次脱扣的自动空气断路器。整定计算不满足要求时，可采用带智能保护（配置瞬时电流速断、短延时、长延时及单相接地保护）AK 的自动空气断路器。低压馈线用带智能保护的自动空气断路器保护配置如图 4-1（e）所示，图中 Q5 为带智能保护 AK 的自动空气断路器，作为电动机控制中心 MCC2 的保护。

6）MCC 上所接设备的保护。MCC 上所接设备（电动机和非电动机负荷），一般电动机容量不超过 75kW 时，为简化保护，均可采用不可调整的瞬时一次脱扣自动空气断路器，如图 4-1（d）、（e）中 MCC1、MCC2 所接电动机 M4、M5、…、Mn 的保护，并使用不可调整的瞬时一次脱扣保护单元 $I_{OP.A,B,C}$ 的自动空气断路器 Q6、Q7、…、Qn。近年来 MCC 上所接设备也已广泛采用带智能保护的空气断路器。

第二节　低压电动机及低压馈线继电保护整定计算

一、概述

（1）大型发电机组厂用电的分类。

1）容量大于 200kW 的高压电动机，基本上均属于Ⅰ类负荷。

2）容量小于或等于 200kW 的低压电动机，大部分属于Ⅰ类负荷（如炉水泵、静冷泵、预热器电动机等），少部分属于Ⅱ类负荷。

3）低压馈线（MCC 的电源线）大部分属于Ⅰ类负荷，如汽轮机、锅炉热控电源等等。

（2）低压厂用设备的保护采用以下各种保护方式：

1）低压熔断器保护（近年来大型发电厂 400V 厂用系统已很少再采用低压熔断器保护）。

2）装设不可调整的一次脱扣低压自动空气断路器。

3）装设可分级调整的瞬时或短延时一次脱扣低压自动空气断路器＋单相接地保护。

4）装设可分级调整的瞬时或短延时一次脱扣低压自动空气断路器＋带电流互感器的二次型继电保护。

5）带智能型保护的低压自动空气断路器。

以下分别叙述低压电动机和低压馈线各种不同类型保护的整定计算。

二、低压电动机保护

（一）低压熔断器整定计算

1. 熔件额定电流 $I_{FU.N}$ 计算

（1）按躲过正常负荷电流 I_N 计算，计算式为

$$I_{FU.N}=K_{rel}\times I_{M.N} \tag{4-1}$$

式中 $I_{FU.N}$——熔件额定电流；

K_{rel}——可靠系数，一般取 2～2.5；

$I_{M.N}$——电动机额定电流。

（2）按躲过电动机起动电流计算。根据低压熔断器熔件的熔断特性：

1）在 $5I_{FU.N}$时熔断时间>2s。当电动机起动时间 $t_{st}\leqslant$2s 时，为保证电动机起动时熔件可靠不熔断，则 $5I_{FU.N}=K_{rel}\times I_{st}$。于是有

$$I_{FU.N}=K_{rel}\times\frac{I_{st}}{5}=\frac{I_{st}}{5/K_{rel}}=\frac{I_{st}}{5/2}=\frac{I_{st}}{2.5}$$

2）在 $3I_{FU.N}$时熔断时间>10s。当电动机起动时间 2s$\leqslant t_{st}\leqslant$10s 时，为保证电动机起动时熔件可靠不熔断，则 $3I_{FU.N}=K_{rel}\times I_{st}$。于是有

$$I_{FU.N}=K_{rel}\times\frac{I_{st}}{3}=\frac{I_{st}}{3/K_{rel}}=\frac{I_{st}}{3/2}=\frac{I_{st}}{1.5}$$

因此电动机起动时间 t_{st}=2～10s 时有

$$I_{FU.N}=\frac{I_{st}}{2.5}\sim\frac{I_{st}}{1.5} \tag{4-2}$$

式中 I_{st}——电动机的起动电流，一般 $I_{st}=(6\sim8)I_{M.N}$；

$I_{M.N}$——电动机的额定电流；

K_{rel}——可靠系数，取 2。

（3）按与电磁接触器（电磁起动开关）动作时间配合计算。由于电磁接触器只能断、合电动机的起动电流，不能切除短路电流，所以当电动机或电缆发生短路故障时，应保证熔断器的熔件先熔断，电磁接触器后断开的原则。一般电磁接触器断开时间为 0.04～0.06s，为此要求当电动机或电缆发生短路故障时，熔断器熔件熔断时间 $t_{st}\leqslant$0.02～0.03s。若短路电流 $I_K=(20\sim25)I_{FU.N}$，则熔断器熔件熔断时间 $t_{st}\leqslant$0.02～0.03s。所以为与接触器断开时间配合，要求

$$I_{FU.N}\leqslant\frac{I_K}{25}\sim\frac{I_K}{20} \tag{4-3}$$

式中 I_K——电动机端子入口处的短路电流。

2. 实例

【例 4-1】 整定选择某清水泵电动机 M1（P_N = 45kW，U_N = 380V，I_N = 83.9A）的熔断器，清水泵电动机一次接线如图 4-2 所示。

解 （1）短路电流计算。图中电缆 WL1 型号为 ZRC-VV-1，规格为 3×185＋1×50mm²，长度 L = 20m，表示为 ZRC-VV-1—（3×185＋1×50）mm²—20m（以下用类似的形式表达电缆型号、

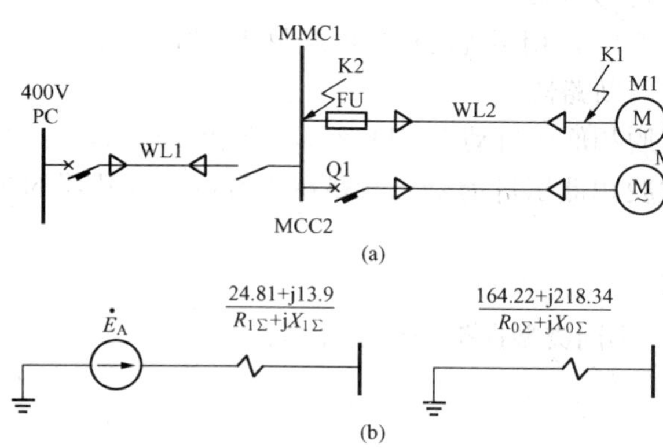

图 4-2 清水泵电动机一次接线图

（a）清水泵电动机一次接线图；（b）等效阻抗图

规格、长度)。

查附录表 B-1 得:

电缆相线正(负)序阻抗 $R_{1.L1}=R_1\times L_1=0.123\times 20=2.46(m\Omega)$

$$X_{1.L1}=X_1\times L_1=0.077\times 20=1.54(m\Omega)$$

电缆相线零序阻抗 $R_{0.L1}=R_0\times L_1=0.123\times 20=2.46(m\Omega)$

$$X_{0.L1}=X_0\times L_1=0.094\times 20=1.88(m\Omega)$$

电缆中性线零序阻抗 $R_{0.n.L1}=3R_{0.n}\times L_1=3\times 0.447\times 20=26.76(m\Omega)$

$$X_{0.n.L1}=3X_{0.n}\times L_1=3\times 0.128\times 20=7.68(m\Omega)$$

电缆 WL2 型号规格为 ZRC-VV-1—(3×50)mm^2—20m,查附录表 B-1 得:

电缆相线正(负)序阻抗 $R_{1.L2}=R_1\times L_2=0.447\times 20=9.4(m\Omega)$

$$X_{1.L2}=X_1\times L_2=0.079\times 20=1.58(m\Omega)$$

电缆相线零序阻抗 $R_{0.L2}=R_0\times L_2=0.447\times 20=9.4(m\Omega)$

$$X_{0.L2}=X_0\times L_2=0.101\times 20=2.02(m\Omega)$$

40mm×4mm 接地扁钢零序阻抗查附录表 B-5 得:

$$R_{0.n.Fe.L2}=3R_{0.n.Fe}\times L_2=3\times 0.75\times 20=45(m\Omega)$$

$$X_{0.n.Fe.L2}=3X_{0.n.Fe}\times L_2=3\times 1\times 20=60(m\Omega)$$

式中 R_1、X_1——电缆相线正序电阻和电抗分量值(mΩ/m);

R_0、X_0——电缆相线零序电阻和电抗分量值(mΩ/m);

$R_{0.n}$、$X_{0.n}$——电缆中性线零序电阻和电抗分量值(mΩ/m);

$R_{0.n.Fe}$、$X_{0.n.Fe}$——40mm×4mm 接地扁钢电阻和电抗分量值(mΩ/m);

L_1、L_2——电缆长度(m)。

系统与低压厂变的阻抗分别为

$$X_{1.S\Sigma}=(X_S+X_T)\frac{U_{bs}^2}{S_{bs}}\times 10^3=(0.444+4.8)\times\frac{0.4^2}{100}\times 10^3=8.4(m\Omega)$$

Yyn12 变压器 $X_{0.T}=8X_T\frac{U_{bs}^2}{S_{bs}}\times 10^3=8\times 4.8\times\frac{0.4^2}{100}\times 10^3=61.4(m\Omega)$

$$R_{1\Sigma}=R_{1.L1}+R_{1.L2}=2.46+9.4=11.86(m\Omega)\text{(略去低压厂变直流电阻)}$$

$$X_{1\Sigma}=X_{1.S\Sigma}+X_{1.L1}+X_{1.L2}=8.4+1.54+1.58=11.52(m\Omega)$$

$$R_{0\Sigma}=R_{0.L1}+R_{0.L2}+R_{0.n.L1}+R_{0.n.Fe.L2}=2.46+9.4+26.76+45=83.62(m\Omega)$$

$$X_{0\Sigma}=X_{0.T}+X_{0.L1}\ X_{0.L2}+X_{0.n.L1}+X_{0.n.Fe.L2}=61.4+1.88+2.02+60=125.3(m\Omega)$$

两相短路电流为

$$I_K^{(2)}=0.866\times\frac{\frac{U_N}{\sqrt{3}}}{\sqrt{R_{1\Sigma}^2+X_{1\Sigma}^2}}=0.866\times\frac{\frac{400}{\sqrt{3}}}{\sqrt{11.86^2+11.5^2}}=\frac{230}{16.48}=14(kA)$$

单相接地电流为

$$I_K^{(1)}=\frac{3\times\frac{400}{\sqrt{3}}}{\sqrt{(2R_{1\Sigma}+R_{0\Sigma})^2+(2X_{1\Sigma}+X_{0\Sigma})^2}}$$

$$=\frac{3\times230}{\sqrt{(2\times11.86+83.62)^2+(2\times11.5+125.3)^2}}=3.77(\text{kA})$$

（2）熔件额定电流计算。

1）由式（4-1）计算，即 $I_{FU.N}=K_{rel}\times I_N=2\times83.9=167.8$（A）。

2）由式（4-2）计算。该清水泵电动机起动时间 $t_{st}=3\sim6s$，使用 RT0 熔断器，当熔断时间为 3～6s 时对应的电流 $I_K=4I_{FU.N}$，于是有

$$I_{FU.N}=K_{rel}\times\frac{I_{st}}{4}=\frac{I_{st}}{4/K_{rel}}=\frac{I_{st}}{4/2}=\frac{6\times83.9}{2}=251(\text{A}),\text{取 } I_{FU.N}=250\text{A}$$

3）由式（4-3）计算。根据相间短路电流计算得

$$I_{FU.N}=\frac{I_K^{(2)}}{25}\sim\frac{I_K^{(2)}}{20}=\frac{8120}{25}\sim\frac{8120}{20}=324\sim400(\text{A})$$

根据单相接地电流计算得

$$I_{FU.N}=\frac{I_K^{(1)}}{25}\sim\frac{I_K^{(1)}}{20}=\frac{3770}{25}\sim\frac{3770}{20}=189\sim150(\text{A})$$

取 $I_{FU.N}=250$A 时满足式（4-1）、式（4-2）和相间短路时条件式（4-3），但不满足单相接地时条件式（4-3），所以应换用瞬时动作一次脱扣低压自动空气断路器保护。

（二）不可调整的瞬时动作一次脱扣低压自动空气断路器整定计算

现在大型发电机变压器组的低压厂用系统，由 MCC 接出的小容量低压电动机基本上全部采用不可调整的一次脱扣低压自动空气断路器（在满足选择性、灵敏度的情况下）。

1. 允许遮断电流 $I_{brk.al}$ 计算

最大短路电流 $I_{K.max}$ 应满足小于低压自动空气断路器允许遮断电流 $I_{brk.al}$，即

$$I_{K.max}<I_{brk.al} \tag{4-4}$$

式中 $I_{K.max}$——出口短路时的最大短路电流；

$I_{brk.al}$——低压自动空气断路器允许的最大断开电流。

2. 额定电流 $I_{Q.N}$ 及一次脱扣动作电流 $I_{Q.OP}$ 计算

对不能调整一次脱扣动作电流整定值的低压自动空气断路器，制造厂生产有两种不同规格的低压自动空气断路器。

（1）用于电动机保护时，M 型一次脱扣动作电流 $I_{Q.OP}$ 为

$$I_{Q.OP}=12I_{Q.N} \tag{4-5}$$

（2）用于非电动机负荷时，E 型一次脱扣动作电流 $I_{Q.OP}$ 为

$$I_{Q.OP}=10\,I_{Q.N} \tag{4-6}$$

不可调整的一次脱扣低压自动空气断路器用于电动机保护时，其一次动作电流按躲过电动机起动电流计算，即

$$I_{Q.OP}=K_{rel}\times K_{st}\times I_{M.N}=1.8\times7\times I_{M.N}=12.6\,I_{M.N} \tag{4-7}$$

式中 K_{rel}——可靠系数，取 1.8；

K_{st}——电动机起动电流倍数，取 7；

$I_{Q.N}$——低压自动空气断路器的额定电流；

$I_{M.N}$——低压电动机额定电流。

3. 额定电流 $I_{Q.N}$ 的计算

用于电动机保护时，不可调整的一次脱扣低压自动空气断路器的额定电流可按两种方法选择。

（1）自动空气断路器的额定电流 $I_{Q.N}=I_{M.N}$，或 $I_{Q.N}$ 略大于 $I_{M.N}$ 时，则选 M 型一次脱扣动作电流 $I_{Q.OP}=12\ I_{Q.N}=12\ I_{M.N}$ 的自动空气断路器。

（2）自动空气断路器的额定电流 $I_{Q.N}=1.2I_{M.N}$，或 $I_{Q.N}$ 略大于 $1.2I_{M.N}$ 时，则选 E 型一次脱扣动作电流 $I_{Q.OP}=10\ I_{Q.N}=12I_{M.N}$ 的自动空气断路器。

（3）灵敏度为

$$K_{sen}^{(1)}=\frac{I_K^{(1)}}{I_{Q.OP}}\geqslant 2 \tag{4-8}$$

式中 $I_K^{(1)}$——电动机入口处单相接地电流。

4. 实例

【例 4-2】 计算选择［例 4-1］中某清水泵电动机 M2 不可调整瞬时动作一次脱扣低压自动空气断路器。

解 （1）低压自动空气断路器允许遮断电流 $I_{brk.al}$ 计算。出口 K2 点最大短路电流为

$$I_{K.max}^{(3)}=\frac{\frac{U_N}{\sqrt{3}}}{X_{1\Sigma}}=\frac{\frac{400}{\sqrt{3}}}{8.43}=27.4(\text{kA})$$

选 $I_{brk.al}=30\text{kA}$。

（2）低压自动空气断路器额定电压 $U_{Q.N}=400\text{V}$。

（3）低压自动空气断路器额定电流 $I_{Q.N}$ 计算。因为电动机额定电流为 83.9A，故选最接近且大于电动机额定电流的低压自动空气断路器额定电流 $I_{Q.N}=100\text{A}$。

（4）一次脱扣动作电流 $I_{Q.OP}$ 计算。按躲过电动机起动电流由式（4-7）计算，即

$$I_{Q.OP}=K_{rel}\times K_{st}\times I_{M.N}=1.8\times 7\times I_{M.N}=12.6\ I_{M.N}=12.6\times 83.9=1057(\text{A})$$

M 型低压自动空气断路器一次脱扣动作电流为

$$I_{Q.OP}=12I_{Q.N}=12\times 100=1200(\text{A})>1057\text{A}$$

取动作时间 $t_{Q.OP}=0\text{s}$。

（5）灵敏度为

$$K_{sen}^{(1)}=\frac{I_K^{(1)}}{I_{Q.OP}}=\frac{3770}{1200}=3.14\geqslant 2$$

（三）分级调整瞬时动作一次脱扣低压自动空气断路器＋单相接地保护的整定计算

直接由 PC 母线供电，且低压电动机容量较大时，此时优先采用可分级调整的瞬时动作一次脱扣低压自动空气断路器＋单相接地保护。

1. 一次脱扣动作电流 $I_{Q.OP}$ 整定计算

（1）按躲过电动机起动电流计算，即

$$I_{Q.OP}=K_{rel}\times K_{st}\times I_{M.N}=(12.6\sim 13.6)\ I_{M.N} \tag{4-9}$$

式中 K_{rel}——可靠系数，为 1.8；

K_{st}——低压电动机起动电流倍数，为 7～8；

$I_{M.N}$——低压电动机一次额定电流。

实际的一次脱扣动作电流整定值 $I_{Q.OP.R}$应大于等于计算值，即 $I_{Q.OP.R} \geqslant I_{Q.OP}$。

（2）灵敏度计算。计算式为

两相短路灵敏度 $$K_{sen}^{(2)} = \frac{\sqrt{3}}{2} \times \frac{I_K^{(3)}}{I_{Q.OP.R}} \geqslant 2 \tag{4-10}$$

单相接地灵敏度 $$K_{sen}^{(1)} = \frac{I_K^{(1)}}{I_{Q.OP.R}} \geqslant 2 \tag{4-11}$$

式中 $I_K^{(3)}$——电动机入口处三相短路电流；

$I_K^{(1)}$——电动机入口处单相接地电流；

$I_{Q.OP.R}$——实际的一次脱扣动作电流整定值。

单相接地不能满足灵敏度要求时，或无法与上一级单相接地保护配合时，应单独加装单相接地的零序过电流保护。

2. 单相接地零序过电流保护整定计算

（1）一次动作电流计算。有零序电流互感器 TA0 的电动机单相接地保护，一次三相电流平衡时，由于三相电流产生的漏磁通不一致，于是在零序电流互感器内产生磁不平衡电流。根据在不同条件下的多次实测结果，磁不平衡电流值 I_{unb}均小于 $0.005I_p$（I_p 为平衡的三相相电流），于是按躲过电动机起动时最大不平衡电流计算，低压电动机单相接地保护动作电流可取

$$3I_{0.OP.set} = K_{rel}K_{unb}K_{st}I_{M.N} = 1.5 \times 0.005 \times 7 \times I_{M.N} = 0.0525I_{M.N}$$

由于 400V 单相接地电流均很大，低压电动机单相接地时灵敏度足够，一般根据经验公式取

$$3I_{0.OP.set} = (0.05 \sim 0.15)I_{M.N} \tag{4-12}$$

式中 $3I_{0.OP.set}$——单相接地零序过电流保护一次动作电流整定值；

K_{st}——低压电动机起动电流倍数；

$I_{M.N}$——低压电动机一次额定电流。

当电动机容量较大时可取

$$3I_{0.OP.set} = (0.05 \sim 0.075)I_{M.N} \tag{4-13}$$

当电动机容量较小时可取

$$3I_{0.OP.set} = (0.1 \sim 0.15)I_{M.N} \tag{4-14}$$

由于单相接地保护灵敏度足够，根据具体情况，$3I_{0.OP.set}$有时可适当取大一些。根据经验，低压电动机单相接地保护一次动作电流一般取 $3I_{0.OP.set}=10 \sim 40A$。

（2）动作时间 $t_{0.op}$计算。取 $t_{0.op}=0s$。

（3）灵敏度为

$$K_{sen}^{(1)} = \frac{I_K^{(1)}}{3I_{0.OP.set}} \geqslant 2 \tag{4-15}$$

式中 $I_K^{(1)}$——电动机入口单相接地短路电流。

（四）分级调整瞬时动作一次脱扣低压自动空气断路器＋二次型保护的整定计算

直接接于 PC 母线额定容量较小的Ⅰ类电动机，电缆截面积也较小，电缆长度又较长，

靠近400V母线短路时，单相接地或三相短路时短路电流高达上万安培，而在电缆末端短路时，短路电流又较小。此时用一次脱扣自动空气断路器单独作电动机保护时，灵敏度可能不够，而用二次型保护，在靠近电源出口短路时，由于电流互感器TA极度饱和，二次保护可能拒动，这时只能采用分级调整瞬时动作一次脱扣低压自动空气断路器＋二次型保护，作为电动机保护（或用智能保护的自动空气断路器作电动机保护）。当靠近400V母线短路时，由分级调整瞬时动作一次脱扣空气自动断路器切除短路；靠近电动机短路时，由二次型保护动作切除短路。

1. 分级调整瞬时动作一次脱扣动作电流整定计算

同本节（三）之1. 的计算方法。

2. 二次型保护相间电流速断保护整定计算

（1）动作电流计算。按躲过电动机起动电流计算，即

$$I_{op}=K_{rel}\frac{K_{st}I_{M.N}}{n_{TA}} \tag{4-16}$$

式中 I_{op}——电流速断保护二次动作电流；

K_{rel}——可靠系数(用1.5)；

K_{st}——电动机起动倍数,一般为6～8；

$I_{M.N}$——电动机额定电流；

n_{TA}——TA变比。

（2）动作时间t_{op}计算。取$t_{op}=0s$。

（3）灵敏度$K_{sen}^{(2)}$为

$$K_{sen}^{(2)}=\frac{I_K^{(2)}}{I_{op}n_{TA}}\geqslant 2 \tag{4-17}$$

式中 $I_K^{(2)}$——电动机入口处两相短路电流。

3. 有零序电流互感器TA0的零序过电流保护整定计算

（1）一次动作电流计算。由于是大接地电流系统，当单相接地时，接地电流达上千安培，动作电流按躲过电动机起动时的不平衡电流整定，由式（4-12）计算。

（2）动作时间计算。取$t_{0.op}=0s$。

（3）灵敏度为

$$K_{sen}^{(1)}=\frac{I_K^{(1)}}{3I_{0.OP.set}}\geqslant 2 \tag{4-18}$$

式中 $I_K^{(1)}$——电动机入口处单相接地电流。

其他符号含义同前。

4. 无零序电流互感器TA0的二次型保护整定计算

（1）用接于A、C相的电流元件KA（I_A）、KC（I_C）作相间短路保护，相间短路保护动作电流的整定计算同式（4-16）。

（2）用接于零序电流滤过器的电流元件K0作单相接地保护整定计算。单相接地保护动作电流按躲过电动机起动时，由于三相电流互感器误差不一致而产生的不平衡电流计算，即

$$3I_{0.op}=K_{rel}\frac{K_{cc}K_{st}K_{ap}\times K_{er}\times I_{M.N}}{n_{TA}}=1.5\times0.5\times7\times2\times0.1I_{m.n}=1.0I_{m.n} \tag{4-19}$$

一般单相接地时灵敏度足够，所以实际上可适当取大一些的值，即

$$3I_{o.op}=(1\sim1.5)I_{m.n} \tag{4-20}$$

式中 $3I_{o.op}$——单相接地保护二次动作电流；

K_{rel}——可靠系数，1.5；

K_{st}——电动机起动电流倍数，一般为6～8，取7；

$I_{M.N}$——电动机一次额定电流；

K_{cc}——三相电流互感器TAa、TAb、TAc的同型系数，型号相同时为0.5；

K_{ap}——非周期分量系数，取$K_{ap}=2$；

n_{TA}——TA变比；

K_{er}——电流互感器在电动机起动时的误差，取0.1；

$I_{m.n}$——电动机额定二次电流。

（五）电动机低电压保护

（1）为保证重要电动机自起动，必要时应加装0.5s延时切除Ⅱ、Ⅲ类电动机的低电压保护，其动作整定值为

$$\left.\begin{aligned}U_{op}&=(0.6\sim0.7)U_n\\t_{op}&=0.5s\end{aligned}\right\} \tag{4-21}$$

（2）生产工艺不允许在电动机完全停转后突然来电时自起动的电动机，根据生产工艺要求加装延时9s的低电压保护切除这些电动机，其动作整定值为

$$\left.\begin{aligned}U_{op}&=(0.4\sim0.45)U_n\\t_{op}&=9.0s\end{aligned}\right\} \tag{4-22}$$

三、低压馈线（MCC电源）保护

由PC接出的低压馈线都送至MCC母线，MCC母线所接负荷大多是容量较小的电动机（额定容量≤75kW）和负荷较小的用电设备，大多属于Ⅰ类性质的重要负荷，如果MCC所接设备的保护是不可调整的瞬时动作一次脱扣低压自动空气断路器，自动空气断路器最大一次动作电流$I_{OP}\leqslant1800A$，且瞬时动作（动作时间均为0s），则低压馈线保护与自动空气断路器速断保护配合。如果MCC所接设备为额定电流≤300A的低压熔断器，此时低压馈线保护应与下一级低压熔断器的熔断时间配合计算。

（一）低压熔断器保护

新建的大机组低压厂用系统不再采用熔断器保护，但早期投运的设备还是存在低压熔断器保护。

1. 低压熔断器熔件额定电流$I_{FU.N}$计算

（1）按躲过正常最大负荷电流$I_{L.max}$计算，即

$$I_{FU.N}=K_{rel}\times I_{L.max} \tag{4-23}$$

式中 K_{rel}——可靠系数，一般取2～2.5。

（2）按躲过MCC可能总自起动电流$I_{st.\Sigma}$计算。低压熔断器熔件的熔断特性：

1）在$5I_{FU.N}$时熔断时间>2s，当电动机自起动时间$t_{st}\leqslant2s$时，为保证电动机自起动时熔件可靠不熔断，则$5I_{FU.N}=K_{rel}\times I_{st.\Sigma}$，于是有

$$I_{FU.N} = K_{rel} \times \frac{I_{st.\Sigma}}{5} = \frac{I_{st.\Sigma}}{5/K_{rel}} = \frac{I_{st.\Sigma}}{5/2} = \frac{I_{st.\Sigma}}{2.5}$$

2）在 $3I_{FU.N}$时熔断时间>10s，当电动机自起动时间 $t_{st} \leqslant 10s$ 时，为保证电动机自起动时熔件可靠不熔断，则 $3I_{FU.N} = K_{rel} \times I_{st.\Sigma}$，于是有

$$I_{FU.N} = K_{rel} \times \frac{I_{st.\Sigma}}{3} = \frac{I_{st.\Sigma}}{3/K_{rel}} = \frac{I_{st.\Sigma}}{3/2} = \frac{I_{st.\Sigma}}{1.5}$$

因此电动机自起动时间 $t_{st} = 2 \sim 10s$ 时有

$$I_{FU.N} = \frac{I_{st.\Sigma}}{2.5} \sim \frac{I_{st.\Sigma}}{1.5} \tag{4-24}$$

式中 $I_{st.\Sigma}$——电动机可能的总自起动电流，一般取 $I_{st.\Sigma} =$ （3～4） $I_{M.N.\Sigma}$；

$I_{M.N.\Sigma}$——参加自起动电动机的额定电流之和；

K_{rel}——可靠系数，取 2。

由于 MCC 上所接电动机一般不可能同时全部自起动，根据以上分析，400V 低压馈线用熔断器熔件的额定电流可按经验公式计算，即

$$I_{FU.N} = (2 \sim 2.5) I_{L.max} \tag{4-25}$$

（二）可分级调整的短延时动作一次脱扣低压自动空气断路器整定计算

1. 短延时过电流保护动作电流计算

（1）与 MCC 母线上所接设备最大速断动作电流配合计算。短延时过电流一次动作电流为

$$I_{OP} = K_{rel} I_{OP.max} \tag{4-26}$$

式中 K_{rel}——可靠系数，取 1.2～1.5；

$I_{OP.max}$——MCC 母线上所接设备最大相电流速断动作电流。

（2）按躲过 MCC 可能总自起动电流 $I_{st.\Sigma}$计算。短延时过电流一次动作电流为

$$I_{OP} = K_{rel} I_{st.\Sigma} \tag{4-27}$$

式中 K_{rel}——可靠系数，取 1.2～1.5；

$I_{st.\Sigma}$——MCC 母线上的总自起动电流（A）。

（3）短延时过电流保护灵敏度计算。计算式为

两相短路时的灵敏系数 $$K_{sen}^{(2)} = \frac{I_K^{(2)}}{I_{OP}} \geqslant 2 \tag{4-28}$$

单相接地短路时的灵敏系数 $$K_{sen}^{(1)} = \frac{I_K^{(1)}}{I_{OP}} \geqslant 2 \tag{4-29}$$

式中 $I_K^{(2)}$——MCC 母线两相短路电流（A）；

$I_K^{(1)}$——MCC 母线单相接地短路电流（A）。

2. 短延时过电流保护动作时间 t_{op} 计算

（1）与 MCC 母线上所接设备最大速断动作时间配合计算。取 $t_{op} = 0.2 \sim 0.3s$。

（2）与熔断器的熔断时间 t_{FU}配合计算。当 MCC 上所接设备有熔断器保护时，应与短延时过电流保护动作时的熔断器熔断时间 t_{FU}配合，即

$$t_{op} = t_{FU} + \Delta t \tag{4-30}$$

式中 t_{op}——短延时过电流保护动作时间；

t_{FU}——短延时过电流保护动作时的熔断器熔断时间；

Δt——时间级差（当 $t_{FU} \leqslant 0.1$s 时，$\Delta t = 0.3$s）。

当 $t_{FU} > 0.1$s 时，各级保护在时间配合上有困难，下一级不宜再用熔断器保护。对以上整定分级调整的短延时一次脱扣保护动作电流，灵敏度和选择性不符合要求时（分级调整的短延时动作一次脱扣动作电流，最小级动作电流比计算值大得多时就出现此情况），则应增设可根据计算值调整的二次型保护。用分级调整的短延时一次脱扣低压自动空气断路器＋带电流互感器的二次型保护，二次型保护用作靠近电缆末端短路的保护，一次脱扣作为靠近电缆始端短路的保护。

（三）分级调整短延时动作一次脱扣低压自动空气断路器＋带电流互感器的二次型保护整定计算

靠近电源出口短路时，短路电流高达数万安培，由于电流互感器 TA 极度饱和，二次型保护可能拒动，此时由分级调整短延时动作一次脱扣元件保护动作切除短路。而靠近 MCC 母线短路，分级调整短延时动作一次脱扣元件灵敏度不够时，由二次型保护动作切除短路。

1. 分级调整短延时一次脱扣动作电流 I_{OP} 计算

整定计算同式（4-26）、式（4-27）。

2. 相间短路二次型保护整定计算

（1）相间短路二次型保护动作电流计算。接于三相电流互感器 TAa、TAc 相电流元件作相间短路保护，动作电流按以下原则计算。

1）按与 MCC 母线上所接设备最大速断动作电流配合计算。短延时过电流一次动作电流 I_{OP} 为

$$I_{OP} = K_{rel} I_{OP.max} \tag{4-31}$$

式中 K_{rel}——可靠系数，取 1.2～1.5；

$I_{OP.max}$——MCC 母线上所接设备最大速断动作电流。

2）按躲过 MCC 可能的总自起动电流 $I_{st.\Sigma}$ 计算，即

$$I_{OP} = K_{rel} I_{st.\Sigma} \tag{4-32}$$

式中 K_{rel}——可靠系数，取 1.2；

$I_{st.\Sigma}$——MCC 母线上电动机可能的总自起动电流。

3）二次动作电流 I_{op} 计算。一次动作电流取式（4-31）、式（4-32）计算的较大值，即

$$I_{op} = \frac{I_{OP}}{n_{TA}} \tag{4-33}$$

（2）动作时间计算。与下一级 0s 配合，取 $t_{op} = 0.3$s。

（3）灵敏度为

$$K_{sen} = \frac{I_K^{(2)}}{I_{op} n_{TA}} \geqslant 1.5 \sim 2 \tag{4-34}$$

式中符号含义同前。

3. 单相接地短路保护整定计算

单相接地短路保护，可用零序电流互感器 TA0（三相负荷为平衡电流时）或三相 TA 组成零序电流滤过器的零序过电流保护（三相负荷为不平衡电流时）。

（1）一次动作电流 $3I_{0.OP}$ 计算。

1）按躲过正常最大不平衡电流计算。由于馈线负荷中一般都有单相负荷，所以正常运行时就有很大的不平衡电流，据经验公式按躲过正常最大不平衡电流计算，即

$$3I_{0.OP}=0.25I_{L.max} \tag{4-35}$$

式中 $I_{L.max}$——馈线正常最大负荷电流。

2）与下一级速断保护配合计算，即

$$3I_{0.OP}=K_{rel}I_{OP.max} \tag{4-36}$$

式中 $I_{OP.max}$——下一级最大速断动作电流；

K_{rel}——可靠系数，取 1.2。

$3I_{0.OP}$取式（4-35）、式（4-36）计算的较大值。

三相 TA 组成零序电流滤过器的零序过电流保护的二次动作电流 $3I_{0.op}$为

$$3I_{0.op}=3I_{0.OP}/n_{TA} \tag{4-37}$$

（2）动作时间计算。与下一级 0s 配合，取 $t_{0.op}=0.2\sim0.3$s。相间短路二次型保护和单相接地短路二次型保护可共用同一时间元件。

（3）灵敏度为

$$K_{sen}^{(1)}=\frac{I_K^{(1)}}{3I_{0.OP}}\geqslant 1.5\sim 2 \tag{4-38}$$

式中 $I_K^{(1)}$——MCC 母线单相接地电流。

四、0.4kV 第一类智能保护整定计算

（一）0.4kV 第一类智能保护[1]动作判据

1. 过负荷长延时保护动作判据

0.4kV 第一类智能保护，动作时间通用公式为

$$t_{op}=\frac{6^b-1}{\left(\frac{I}{I_r}\right)^b-1}t_r=\frac{T_r}{\left(\frac{I}{I_r}\right)^b-1} \tag{4-39}$$

式中 t_{op}——长延时保护动作时间（s）；

I——最大相电流（A）；

I_r——长延时保护一次动作电流整定值（A）；

t_r——长延时保护动作时间整定值（s）；

T_r——长延时保护动作时间常数（s）；

b——长延时保护类型常数；不同的 b，构成不同类型的动作特性曲线，见表 4-1 和表 4-2。

表 4-1　0.4kV 第一类智能保护动作特性方程

保护动作特性类型	b 值	动作特性方程
保护动作特性通用公式	b	$t_{op}=\frac{6^b-1}{\left(\frac{I}{I_r}\right)^b-1}\times t_r$

[1] 0.4kV 第一类智能保护具体对象例子如 MT 断路器 Micrologic 智能保护。

续表

保护动作特性类型	b 值	动作特性方程
HVF 型高压熔断器 FC 配合反时限动作特性	4	$t_{op}=\dfrac{1296}{\left(\dfrac{I}{I_r}\right)^4-1}\times t_r$
EIT 型极端反时限动作时间特性	2	$t_{op}=\dfrac{35}{\left(\dfrac{I}{I_r}\right)^2-1}\times t_r$
VIT 型非常反时限动作时间特性	1	$t_{op}=\dfrac{5}{\left(\dfrac{I}{I_r}\right)-1}\times t_r$
SIT 型标准反时限动作时间特性	0.5	$t_{op}=\dfrac{1.449}{\left(\dfrac{I}{I_r}\right)^{0.5}-1}\times t_r$
DT 型定时限动作时间特性		$t_{op}=t_r$

表 4-2　　0.4kV 第一类智能保护动作时间特性表

动作电流整定值 $I_r=I_r^*\times I_n$	整定值刻度 I_r^*	0.4	0.5	0.6	0.7	0.8	0.9	0.95	0.98	1
动作时间整定值	整定值刻度 t_r（s）	0.5	1	2	4	8	12	16	20	24
DT 型动作时间（s）	$1.5I_r$动作时间	0.5	1	2	4	8	12	16	20	24
	$6I_r$动作时间	0.53	1	2	4	8	12	16	20	24
	$7.2I_r$动作时间	0.53	1	2	4	8	12	16	20	24
SIT 型标准反时限（s）$t_{op}=\dfrac{1.449}{\left(\dfrac{I}{I_r}\right)^{0.5}-1}\times t_r$	$1.5I_r$动作时间	3.2	6.4	12.9	25.8	51.6	77.4	103	129	155
	$6I_r$动作时间	0.5	1	2	4	8	12	16	20	24
	$7.2I_r$动作时间	0.5	0.88	1.77	3.54	7.08	10.6	14.2	17.7	21.2
	$10I_r$动作时间	0.5	0.8	1.43	2.86	5.73	8.59	11.46	14.3	17.2
VIT 型非常反时限（s）$t_{op}=\dfrac{5}{\left(\dfrac{I}{I_r}\right)-1}\times t_r$	$1.5I_r$动作时间	5	10	20	40	80	120	160	200	240
	$6I_r$动作时间	0.5	1	2	4	8	12	16	20	24
	$7.2I_r$动作时间	0.7**	0.81	1.63	3.26	6.52	9.8	13.1	16.3	19.6
	$10I_r$动作时间	0.7***	0.75	1.14	2.28	4.57	6.86	9.13	11.4	13.7
EIT 型极端反时限（s）$t_{op}=\dfrac{35}{\left(\dfrac{I}{I_r}\right)^2-1}\times t_r$	$1.5I_r$动作时间	14	28	56	112	224	336	448	560	672
	$6I_r$动作时间	0.5	1	2	4	8	12	16	20	24
	$7.2I_r$动作时间	0.7**	0.69	1.38	2.7	5.5	8.3	11	13.8	16.6
	$10I_r$动作时间	0.7***	0.7**	0.7**	1.41	2.82	4.24	5.45	7.06	8.48
HVF 型与 FC 配合（s）$t_{op}=\dfrac{1296}{\left(\dfrac{I}{I_r}\right)^4-1}\times t_r$	$1.5I_r$动作时间	159	319	637	1300	2600	3800	5100	6400	7700
	$6I_r$动作时间	0.5	1	2	4	8	12	16	20	24
	$7.2I_r$动作时间	0.7***	0.7**	1.1**	1.1	3.85	5.78	7.71	9.64	11.6
	$10I_r$动作时间	0.7***	0.7***	0.7**	0.7**	1.02	1.53	2.04	2.56	3.07

注　I_N 为一类智能保护一次额定电流。

*　标么值。

**　误差为 0%～ －40%。

***　误差为 0%～－60%。

大型发电机组 0.4kV 低压厂用系统，第一类智能保护，长延时保护一般采用的是 EIT 型极端反时限动作时间特性，其动作判据为：

$$\left.\begin{array}{ll}\text{当 } I \leqslant 1.05I_r \text{ 时,保护动作时间} & t_{r.op} \rightarrow \infty\text{,保护不动作} \\ \text{当 } I > 1.05I_r \text{ 时,保护动作时间} & t_{r.op} = \dfrac{T_{set}}{(I/I_r)^2-1} = \dfrac{35}{(I/I_r)^2-1}t_{r.set}\end{array}\right\} \quad (4\text{-}40)$$

式中 $t_{r.op}$—— 长延时保护动作时间(s)；

I—— 最大相电流(A)；

I_r—— 长延时保护一次动作电流整定值(A)；

$t_{r.set}$——$6I_r$ 动作时间整定值(s)；

T_{set}—— 长延时保护动作时间常数整定值 $T_{set}=35t_{r.set}$(s)。

2. 短延时保护动作判据

(1) 反时限动作特性。当 $I_{sd} \leqslant I \leqslant 10I_r$ 时

$$\left.\begin{array}{l} t \geqslant t_{sd.op} = \dfrac{(10I_r)^2 t_{sd.set}}{I^2} = \dfrac{100t_{sd.set}}{I^{*2}} = \dfrac{T_{2set}}{I^{*2}} \text{ 保护按反时限特性动作} \\ \text{当 } I > 10I_r, t \geqslant t_{sd.op} = t_{sd.set} \text{ 保护按定时限动作}\end{array}\right\} \quad (4\text{-}41)$$

(2) 定时限动作特性。当 $I \geqslant I_{sd}$ 时

$$t \geqslant t_{sd.op} = t_{sd.set} \text{ 保护动作}$$

式中 I——最大相电流 (A)；

I^*——以 I_r 为基准最大电流相对值；

I_{sd}——短延时保护时一次动作电流整定值 (A)；

$T_{2.set}$——短延时保护动作时间常数整定值 $T_{2.set}=100t_{sd.set}$ (s)；

$t_{sd.op}$——短延时保护动作时间 (s)；

$t_{sd.set}$——短延时保护 $10I_r$ 动作时间整定值 (s)。

短延时保护投入反时限动作特性 I^2t—on，最大相电流 $I<10I_r$，动作时间按反时限特性动作；短延时保护投入定时限动作特性 I^2t—off，动作时间按恒定整定时间 $t_{sd.set}$ 动作。如取 $t_{sd.set}=0.4$s，$T_{2.set}=100\times0.4=40$ (s)，$I_{sd}=4I_r$，当 $I=5I_r$，动作时间 $t_{op.5}=40/5^2=1.6$s；短延时保护反时限动作特性时间见表 4-3。

表 4-3　短延时保护反时限动作特性时间表

I/I_r		5	6	7	8	9	10
$t_{sd.op}$ (s)	$t_{sd.set}=0.4$s	1.6	1.1	0.81	0.62	0.5	0.4
	$t_{sd.set}=0.3$s	1.2	0.82	0.606	0.46	0.375	0.3
	$t_{sd.set}=0.2$s	0.8	0.55	0.405	0.31	0.25	0.2
	$t_{sd.set}=0.1$s	0.4	0.275	0.203	0.155	0.125	0.1

3. 瞬时电流速断保护动作判据

当 $I \geqslant I_i$，保护无延时瞬时动作。

式中 I_i——瞬时电流速断保护一次动作电流整定值 (A)。

4. 单相接地短路保护动作判据

$$\left.\begin{array}{l}(1)\ 反时限动作特性，当\ I_g=3I_0\geqslant I_{g.set}\ 时\\ t\geqslant t_{g.op}=\dfrac{(10I_r)^2t_{g.set}}{I_g^2}=\dfrac{100t_{g.set}}{I_g^{*2}}=\dfrac{T_{g.set}}{I_g^{*2}},保护按反时限特性动作\\ 当\ I_g=3I_0\geqslant 10I_r\ 时\\ \qquad t\geqslant t_{g.op}=t_{g.set},保护按定时限动作\\ (2)\ 定时限动作特性，当\ I_g=3I_0\geqslant I_{g.set}\ 时\\ \qquad t\geqslant t_{g.op}=t_{g.set},按定时限动作\end{array}\right\}\quad(4\text{-}42)$$

式中 $I_g=3I_0$——单相接地电流（A）；

I_g^*——单相接地电流以 I_r 为基准的相对值，$I_g^*=I_g/I_r$；

$I_{g.set}$——单相接地保护动作电流整定值（A）；

$T_{g.set}$——单相接地保护动作时间常数整定值 $T_{g.set}=100t_{g.set}$（s）；

$t_{g.op}$——单相接地保护动作时间；

$t_{g.set}$——单相接地电流 $I_g=3I_0=10I_r$ 的动作时间整定值（s）。

单相接地保护投入反时限动作特性 I^2t—on，最大相电流 $I_g<10I_r$，动作时间按反时限特性动作，如取 $t_{g.set}=0.4s$，$T_{g.set}=100\times0.4=40$（s），$I_{g.set}=0.5I_n$；当 $I_g=5I_r$ 动作时间 $t_{g.op.5}=40/5^2=1.6s$；单相接地保护投入定时限动作特性 I^2t—off，动作时间按恒定整定时间 $t_{g.set}$ 动作。单相接地保护反时限动作特性时间与表 4-3 相同。

（1）保护配置 2.0：基本保护（长延时保护＋瞬时保护）和电流表。

（2）保护配置 5.0：选择性保护（长延时保护＋短延时保护＋瞬时保护）和电流表。

（3）保护配置 6.0：选择性保护＋接地保护和电流表。

（4）保护配置 7.0：选择性保护＋漏电保护和电流表。

以下分别叙述 0.4kV 第一类智能保护用于低压厂用变压器 0.4kV 进线断路器、电动机断路器、0.4kV 馈线（MCC 电源线）断路器的整定计算。

（二）低压厂用变压器 0.4kV 进线断路器第一类智能保护整定计算

低压厂用变压器由于高压侧微机综合保护，配置的保护功能较为齐全，一般均已涵盖了低压厂用变压器 0.4kV 进线智能保护全部功能，从而 0.4kV 进线断路器智能保护不作整定，并将该智能保护退出运行，但有必要投入时，可对某些保护进行整定计算。

1. 长延时保护

（1）长延时保护一次动作电流整定值 I_r 计算。按躲厂用变压器低压侧额定电流或正常最大负荷电流计算，即

$$I_r=K_{rel.i}I_{T.N}\tag{4-43}$$

式中 $K_{rel.i}$——动作电流可靠系数，取 1.05～1.2（一般可取 $K_{rel.i}=1.15$）；

$I_{T.N}$——厂用变压器低压侧额定电流（A）。

长延时保护一次动作电流整定倍数值

$$I_r^*=I_r/I_N$$

式中：I_r^* 整定范围为 0.4～0.5～0.6～0.7～0.8～0.9～0.95～0.98～1；I_n 为智能保护一次额定电流（A）。

（2）长延时保护动作时间整定值计算。

1）按和0.4kV出线后备保护最长动作时间$t_{op.max}$配合计算，动作时间$t_{r.op}=t_{op.max}+\Delta t$，考虑短路电流实际值和计算值有误差，长延时保护动作时间常数整定值T_{set}由式（4-40）计算

$$T_{set}=[(I/I_r)^2-1]t_{r.op}=[(K_{rel}K_k/K_{rel.i})^2-1](t_{op.max}+\Delta t)=35\times t_{r.set}$$

$$K_{rel}\neq 1\text{时},T_{set}=[(K_{rel}I_k/I_r)^2-1](t_{op.max}+\Delta t)=35\times t_{r.set}$$

考虑短路电流实际值和计算值有误差，为简化计算取$K_{rel}=1$，可适当取较大的$\Delta t=0.4s$，$K_{rel}=1$时

$$T_{set}=[(I_k/I_r)^2-1](t_{op.max}+\Delta t)=35\times t_{r.set}$$

式中 K_k——厂用变压器低压母线三相短路电流倍数（以厂用变压器额定电流为基准）；

I_k——厂用变压器低压母线三相短路电流（A）；

K_{rel}——短路电流配合可靠系数可取$K_{rel}=1\sim1.1$；

$t_{r.set}$——长延时保护动作时间整定值（s）；

$t_{op.6}$——$6I_r$动作时间整定值（s）；

Δt——时间级差，$K_{rel}=1.1$时$\Delta t=0.3s$，$K_{rel}=1.0$时$\Delta t=0.4s$；

t_r——长延时保护动作时间整定值（s）；

其他符号含义同前。

第一类智能保护长延时动作时间整定值$t_{r.set}$或$6I_r$动作时间$t_{op.6}=t_{r.set}$。

当$K_{rel}\neq1$时 $$t_{r.set}=[(K_{rel}I_k/I_r)^2-1](t_{op.max}+\Delta t)/35 \quad (4\text{-}43a)$$

当$K_{rel}=1$时 $$t_{r.set}=[(I_k/I_r)^2-1](t_{op.max}+\Delta t)/35 \quad (4\text{-}43b)$$

2）按躲过电动机自起动时间$t_{st.\Sigma}$计算

$$t_{r.set}=K_{rel.t}\times t_{st.\Sigma}[(K_{st.\Sigma}/K_{rel.i})^2-1]/35$$

或 $$t_{r.set}=K_{rel.t}\times t_{st.\Sigma}[(I_{st.\Sigma}/I_r)^2-1]/35 \quad (4\text{-}43c)$$

式中 $K_{st.\Sigma}$——电动机自起动电流倍数（以厂用变压器额定电流为基准）；

$I_{st.\Sigma}$——电动机自起动电流（A）；

$K_{rel.t}$——电动机自起动时间可靠系数，$K_{rel.t}=1.2\sim1.5$；

其他符号含义同前。

动作时间整定值$t_{op.6}=t_{r.set}$，取以上计算较大值。$t_{op.6}$可整定范围为0.5～1～2～4～8～12～16～20～24s。

2. 短延时保护

（1）短延时保护一次动作电流整定值I_{sd}计算。

1）按和出线短延时保护最大动作电流$I_{OP.max}$配合计算

$$I_{sd}=(1.15\sim1.2)I_{OP.max} \quad (4\text{-}44)$$

2）按躲过可能的最大自起动电流$I_{st\Sigma}$计算

$$I_{sd}=(1.15\sim1.2)I_{st\Sigma}=(3\sim4)I_{T.N} \quad (4\text{-}44a)$$

动作电流整定倍数值$I_{sd}^*=I_{sd}/I_r$（当长延时保护停用时$I_{sd}^*=I_{sd}/I_n$），并取以上计算的较大值，动作电流整定值范围I_{sd}为1.5～2～2.5～3～4～5～6～8～$10I_r$。

3）厂用变压器低压母线两相短路灵敏度计算

$$K_{sen}=\frac{I_K^{(2)}}{I_{sd}}\geqslant 2$$

（2）短延时保护动作时间整定值 $t_{sd.set}$。短延时保护 $10I_r$ 动作时间为短延时动作时间整定值，按和出线保护配合计算，取 $t_{sd.set}=0.4s$，为和下级较好配合，投入反时限动作特性 I^2t—on；如和下一级保护已能很好配合，则投入定时限动作特性 I^2t—off。

3. 瞬时电流速断保护和单相接地保护和下一级保护无法配合，应退出，置 off

（三）低压电动机断路器第一类智能保护整定计算

1. 长延时保护

（1）长延时保护一次动作电流整定值 I_r 计算。按躲过电动机额定电流或正常最大负荷电流计算，即

$$I_r=K_{rel.i}I_{M.N} \tag{4-45}$$

式中 $K_{rel.i}$——动作电流可靠系数，取 1.05～1.2（一般可取 $K_{rel.i}$=1.15）；

$I_{M.N}$——电动机一次额定电流（A）。

长延时保护一次动作电流整定倍数值 $I_r^*=I_r/I_n$，I_r^* 可取整定范围为 0.4～0.5～0.6～0.7～0.8～0.9～0.95～0.98～1。

（2）长延时保护动作时间整定值计算。按躲过电动机起动时间计算，时间常数整定值 T_{set}，由式（4-40）计算，得

$$\begin{aligned}T_{set}&=[(I/I_r)^2-1]t_{r.op}=K_{rel.t}\times t_{st.max}\times[(K_{st}/K_{rel.i})^2-1]\\&=K_{rel.t}\times t_{st.max}\times[(I_{st}/I_r)^2-1]=35\times t_{r.set}\end{aligned}$$

$6I_r$ 动作时间整定值

$$\begin{aligned}t_{op.6}=t_{r.set}&=K_{rel.t}\times t_{st.max}\times[(K_{st}/K_{rel.i})^2-1]/35\\&=K_{rel.t}\times t_{st.max}\times[(I_{st}/I_r)^2-1]/35\end{aligned} \tag{4-45a}$$

式中 $K_{rel.t}$——动作时间可靠系数，取 1.2～1.5；

$t_{st.max}$——电动机正常最长起动时间（s）。

K_{st}——电动机正常最大起动电流倍数；

I_{st}——电动机正常最大起动电流（A）；

其他符号含义同前。

$t_{op.6}$ 可取整定范围为 0.5～1～2～4～8～12～16～20～24s。

2. 短延时保护

（1）短延时保护一次动作电流整定值 I_{sd} 计算。按躲过电动机起动电流计算

$$I_{sd}=K_{rel}K_{st}I_{M.N}=1.5\times7\times I_{M.N}=10.5I_{M.N} \tag{4-46}$$

动电流整定倍数值 $I_{sd}^*=I_{sd}/I_r$，动作电流整定值范围 I_{sd} 为 1.5～2～2.5～3～4～5～6～8～$10I_r$。

（2）短延时保护动作时间整定值 $t_{sd.set}$。取可整定的最小值 $t_{sd.set}$=0.1s，投入定时限动作特性 I^2t—off。

3. 瞬时电流速断保护

（1）动作电流整定值。瞬时电流速断保护一次动作电流整定值 I_i，按躲过电动机起动电流计算

$$I_i = K_{rel} K_{st} I_{M.N} = 1.5 \times 7 \times I_{M.N} = 10.5 I_{M.N} \tag{4-46a}$$

动作电流整定倍数值 $I_i^* = I_i / I_n$，并取可整定范围值 I_i^* 为 2～3～4～6～8～10～12～15。

（2）动作时间为 0s。

（3）灵敏度计算，$K_{sen} = \frac{I_K}{I_i} \geqslant 2$。

4. 单相接地保护

（1）动作电流整定值。按躲过电动机起动电流计算，一般取动作电流整定值

$$I_{g.set} = (1 \sim 1.2) I_{M.N} \tag{4-47}$$

整定倍数值 $I_{g.set}^* = I_{g.set} / I_N$，并取可整定范围 $I_{g.set}^*$ 为 $0.2 \sim 0.3 \sim 0.4 \sim 0.5 \sim 0.6 \sim 0.7 \sim 0.8 \sim 0.9 \sim 1$，或 $I_{g.set}^*$ 为 $A \sim B \sim C \sim D \sim E \sim F \sim G \sim H \sim J$。

（2）动作时间整定值 $t_{sd.set}$。取可整定的最小值 $t_{sd.set} = 0.1$s，投入定时限动作特性 I^2t—off。

（3）灵敏度计算，$K_{sen} = \frac{I_K^{(1)}}{I_g} \geqslant 2$。

（四）低压馈线（MCC 电源线）断路器第一类智能保护整定计算

1. 长延时保护

（1）长延时保护一次动作电流整定值 I_r 计算。

1）按躲过正常最大负荷电流计算，即

$$I_r = K_{rel.i} I_{max} \tag{4-48}$$

式中 $K_{rel.i}$——动作电流可靠系数，取 1.05～1.2（一般可取 $K_{rel.i} = 1.15$）；

I_{max}——馈线最大负荷电流（A）。

2）按电缆允许电流计算，取

$$I_r = 0.9 \times I_{al} \tag{4-48a}$$

式中 I_{al}——电缆允许电流（A）。

长延时保护一次动作电流整定倍数值 $I_r^* = I_r / I_n$，取可整定范围 I_r^* 为 0.4～0.5～0.6～0.7～0.8～0.9～0.95～0.98～1。

（2）长延时保护动作时间整定值计算。$t_{r.set}$ 按躲过电动机自起动时间 $t_{st.\Sigma}$ 由式（4-40）计算

$$\begin{aligned} t_{op.6} = t_{r.set} &= K_{rel.t} \times t_{st.\Sigma} \times [(K_{st.\Sigma}/K_{rel.i})^2 - 1]/35 \\ &= K_{rel.t} \times t_{st.\Sigma} \times [(I_{st.\Sigma}/I_r)^2 - 1]/35 \end{aligned} \tag{4-48b}$$

式中 $K_{st.\Sigma}$——电动机自起动电流倍数（以最大负荷电流为基准）；

$I_{st.\Sigma}$——电动机自起动电流（A）；

$K_{rel.t}$——电动机自起动时间可靠系数，$K_{rel.t} = 1.2 \sim 1.5$；

$t_{st.\Sigma}$——电动机自起动时间（s）。

其他符号含义同前。

动作时间整定值 $t_{op.6} = t_{r.set}$ 取以上计算较大值。

$t_{op.6}$ 可整定范围为 0.5～1～2～4～8～12～16～20～24s。

2. 短延时保护

(1) 短延时保护一次动作电流整定值 I_{sd} 计算。

1) 对无自起动设备的MCC线路，按馈线总电流 I_{Σ} 计算，可取

$$I_{sd} = 2I_{\Sigma} \tag{4-49}$$

并按躲过一台最大电动机起动电流计算

$$I_{sd} = K_{rel}(I_{\Sigma} - I_{M.N.max} + K_{st}I_{M.N.max}) \tag{4-49a}$$

式中 K_{rel}——可靠系数，K_{rel}=1.2～1.3；

I_{Σ}——馈线总电流（A）；

$I_{M.N.max}$——本MCC最大电动机额定电流（A）；

K_{st}——电动机起动电流倍数。

2) 按和MCC下一级出线瞬时动作保护最大动作电流 $I_{i.dow.max}$ 配合计算

$$I_{sd} = 1.2I_{i.dow.max} \tag{4-49b}$$

3) 按躲过MCC可能的最大自起动电流 $I_{st\Sigma}$ 计算

$$I_{sd} = (1.15 \sim 1.2)I_{st\Sigma} = (3 \sim 4)I_{\Sigma} \tag{4-49c}$$

整定倍数值 $I_{sd}^{*}=I_{sd}/I_{r}$（当长延时保护停用时 $I_{sd}^{*}=I_{sd}/I_{n}$），整定值范围 I_{sd} 为1.5～2～2.5～3～4～5～6～8～10I_{r}，并取以上计算的较大值。

(2) 短延时保护动作时间整定值 $t_{sd.set}$。短延时保护10I_{r}动作时间整定值，按和MCC下一级出线瞬时动作保护配合计算，取 $t_{sd.set}$=0.2s，为和下级较好配合，投入反时限动作特性 $I^{2}t$—on；如动作电流已按式（4-49b）计算和下一级保护已能很好配合，则投入定时限动作特性 $I^{2}t$—off；整定值范围 $t_{sd.set}$ 为0.1～0.2～0.3～0.4s。

(3) 线路末端灵敏度或MCC母线两相短路灵敏度计算，$K_{sen}=\dfrac{I_{K}^{(2)}}{I_{sd}}\geqslant 2$。

3. 瞬时电流速断保护

(1) 一次动作电流按躲过MCC电源线路末端三相短路电流 $I_{K}^{(3)}$ 计算

$$I_{i} = K_{rel}I_{K}^{(3)} \tag{4-50}$$

式中 K_{rel}——可靠系数取1.2。

(2) 动作时间取0s。

(3) 对重要负荷且无法满足选择性整定要求时，可将该保护退出运行。整定值范围 I_{i} 为2～3～4～6～8～10～12～15I_{n}。

4. 单相接地保护

(1) 单相接地保护一次动作电流 $I_{g}=1I_{n}$ (4-51)

可整定范围 I_{g} 为0.2～0.3～0.4～0.5～0.6～0.7～0.8～0.9～1I_{n}，整定倍数值一般取 $I_{g}^{*}=1$；I_{g}^{*} 为 $A\sim B\sim C\sim D\sim E\sim F\sim G\sim H\sim J$。

目前该保护可整定最大值为 $I_{g.set}=I_{n}$，对重要负荷当无法满足选择性整定要求时，可将该保护退出运行。当生产厂家根据用户建议将可整定范围值提高至 $I_{g.set}$ 为0.2～0.3～0.4～0.5～0.6～0.7～0.8～0.9～1～2～3～4～5I_{n}后，单相接地保护一次动作电流 $I_{g.set}$ 可按和下一级零序保护或相间（当下一级无接地保护时）电流速断动作电流配合计算

$$I_{g.set} = K_{rel} \times I_{g1.set} \quad 或 \quad I_{g.set} = K_{rel} \times I_{op.qu.set} \tag{4-51a}$$

式中 K_{rel}——可靠系数，取 1.2～1.3；

$I_{gl.set}$——下一级接地保护动作电流整定值（A）；

$I_{op.qu.set}$——下一级相电流速断保护动作电流整定值（A）。

此时该保护可投入运行。

（2）动作时间，取 $t_{g.set}=0.2s$，经计算为考虑上下级配合，必要时可取 $t_{g.set}=0.4s$ 投入反时限动作特性 I^2t—on。

（3）灵敏度计算，$K_{sen}=\dfrac{I_K^{(1)}}{I_{g.set}}\geqslant 2$。

【例 4-3】 整定计算某厂 600MW 机组下列设备的智能保护。

（1）400V PC 段凝结水输送泵电动机额定功率 90kW，额定电流 $I_{M.N}=180A$；配置施耐德 MT-08H 型断路器智能保护 Micrologic6.0；智能保护一次额定电流 $I_n=400A$。

（2）400V PC 段 1MCC 馈线最大负荷电流 300A，其中最大电动机为 45kW，额定电流 $I_{M.N}=90A$；配置施耐德 MT-08H 型断路器智能保护 Micrologic6.0；智能保护一次额定电流 $I_n=630A$，1MCC 馈线末端三相短路电流为 10 000A，单相接地电流为 3000A。

（3）1250kVA 低压厂用变压器，$u_k\%=6$；额定电压比为 6.3/0.4kV；额定电流比 114.6/1804A；进线配置施耐德 MT-25H 型断路器智能保护 Micrologic6.0；智能保护一次额定电流 $I_n=2500A$。

（4）400V PC 段其他负载计算从略。

1. 凝结水输送泵电动机 MT-08H 型断路器智能保护整定值计算

解 （1）长延时过负荷保护。

1）长延时保护一次动作电流整定值 I_r 计算。按躲过电动机额定电流由式（4-45）计算，即

$$I_r=K_{rel.i}I_{M.N}=1.10\times180=198(A)$$

$$I_r^*=198/400=0.495\ 取\ I_r^*=0.5,\ I_r=0.5I_n=0.5\times400=200(A)$$

2）长延时保护动作时间 t_{op}，按躲过电动机正常最长起动时间 $t_{st.max}=6s$ 计算

$$t_{r.op}=K_{rel.t}\times t_{st.max}=1.3\times6=7.8(s)$$

长延时保护过电流保护 $6I_r$ 动作时间 $t_{op.6}$，按躲过电动机起动时间计算，由式（4-45a）计算

$$\begin{aligned}t_{op.6}=t_{r.set}&=K_{rel.t}\times t_{st.max}\times[(I_{st}/I_r)^2-1]/35\\&=7.8\times[(7\times180/200)^2-1]/35=8.6(s)\end{aligned}$$

$t_{op.6}$ 可整定范围为 0.5～1～2～4～8～12～16～20～24s。取 $t_{op.6}=t_{r.set}=12s$。

通过实例计算，当 $K_{st}=6\sim7$ 时，电动机长延时保护过电流保护动作时间整定值，按 $t_{op.6}=t_{r.set}\approx1.5t_{st.max}$ 计算。

（2）短延时保护计算。

1）一次动作电流整定值 I_{sd}，按躲过电动机起动电流由式（4-46）计算，取

$$I_{sd}=10.5I_{M.N}=10.5\times180=1890(A),I_{sd}=(1890/200)I_r=9.45I_r$$

整定值范围 I_{sd} 为 1.5～2～2.5～3～4～5～6～8～10I_r，所以取 $I_{sd}^*=10$，$I_{sd}=10I_r=2000A$。

2）动作时间整定值，取可整定的最小值 $t_{sd.set}=0.1s$，投入定时限动作特性 I^2t—off。

3）灵敏度计算为

$$K_{sen}=\frac{I_K}{I_{sd}}=\frac{10\ 000}{2000}=5$$

（3）瞬时电流速断保护。

1）一次动作电流整定值 I_i 按躲过电动机起动电流由式（4-46a）计算

$$I_i=10.5\ I_{M.N}=10.5\times180=1890\text{A}, I_i=(1890/400)\ I_n=4.72\ I_n$$

整定值范围 I_i 为 2～3～4～6～8～10～12～15I_n，所以取 $I_i^*=6$，$I_i=6\ I_n=2400$A。

2）动作时间取 0s。

3）灵敏度计算，三相短路电流 $I_K^{(3)}=10\ 000$A，$K_{sen}=\dfrac{I_K^{(3)}}{I_i}=\dfrac{10\ 000}{2400}=4.17$。

（4）单相接地保护整定计算。

1）单相接地保护一次动作电流由式（4-47）计算，$I_{g.set}=(1\sim1.2)\ I_{M.N}$，取 $I_{g.set}=1\times180=180$（A）$=$（180/400）$I_n=0.45I_n$；整定倍数值 $I_{g.set}^*=0.5=$C；$I_g=0.5I_n=200$A。

2）动作时间，电动机取可整定最小值 $t_{g.set}=0.1$s。

3）灵敏度计算，$I_K^{(1)}=3000$A，$K_{sen}=\dfrac{I_K^{(1)}}{I_g}=\dfrac{3000}{200}=15$。

2. 400V PC 段 1MCC 馈线装设施耐德 MT-08H 型断路器智能保护整定值计算

（1）长延时保护。

1）长延时保护一次动作电流整定值 I_r，按躲过正常最大负荷电流 300A 由式（4-48）计算 $I_r=K_{rel.i}I_{max}=1.15\times300=345$(A)。$I_r^*=345/630=0.55$，整定值范围 I_r 为 0.4～0.5～0.6～0.7～0.8～0.9～0.95～0.98I_n，取 $I_r^*=0.6$，$I_r=0.6I_n=378$A。

2）长延时保护动作时间整定值，按躲过馈线电动机自起动可能最长时间 $t_{st.max}=5$s 计算，由式（4-48b）计算，$t_{r.set}=K_{rel.t}\times t_{st.\Sigma}[(I_{st.\Sigma}/I_r)^2-1]/35=1.3\times5\times[(4\times300/378)^2-1]/35=1.68$(s)。整定值范围 $t_{op.6}$ 为 0.5～1～2～4～8～12～16～20～24s 所以取 $t_{op.6}=t_{r.set}=2$s。$I_K^{(3)}=2000$A 时，动作时间

$$t_{r.op}=\frac{T_{set}}{(I/I_r)^2-1}=\frac{35}{(I/I_r)^2-1}t_{r.set}=\frac{35\times2}{(2000/378)^2-1}=2.59\text{(s)}$$

（2）短延时保护计算。

1）一次动作电流整定值 I_{sd}：

① 按躲过馈线电动机可能自起动最大电流 $I_{st.max}$ 由式（4-49c）计算，$I_{sd}=(3\sim4)\ I_\Sigma$ 取 $I_{sd}=3I_\Sigma=3\times300=900$（A）。

② 按躲过馈线带正常负荷和一台最大电动机起动电流 7×90＝630A 由式（4-49a）计算，$I_{sd}=1.2\times(300-90+7\times90)=1008$（A）。

③ 按和下级瞬时动作保护配合由式（4-49b）计算

$$I_{sd}=K_{rel}\ I_{i.dow.max}=1.2\times1200=1440\text{(A)}$$

式中 $I_{i.dow.max}$——下一级保护最大瞬时动作电流 1200A。

$$I_{sd}=(1440/378)\ I_r=3.8\ I_r$$

整定值范围 I_{sd} 为 1.5～2～2.5～3～4～5～6～8～10I_r，所以取 $I_{sd}^*=4$，$I_{sd}=4I_r=$

$4\times378=1512$（A）。

2）动作时间和 MCC 出线的瞬时电流速断保护配合，整定值范围取 $t_{sd.set}=0.2s$，反时限时间常数 $T_{sd.set}=100\times0.2=20s$，$I^*=6$ 动作时间 $t_{op}=20/36=0.56$（s），$I^*=10$ 动作时间 $t_{op}=0.2s$，从以上计算知，如取 $I_{sd}^*=4$，$I_{sd}=4I_r=4\times378=1512$（A），$t_{sd.set}=t_{sd}=0.2s$ 投入定时限动作特性 I^2t—off。

3）线路末端灵敏度计算，$K_{sen}=\dfrac{I_K}{I_{sd}}=\dfrac{10\ 000}{1520}=6.6$

（3）瞬时电流速断保护。

1）一次动作电流按躲过 MCC 电源线路末端三相短路电流 $I_K^{(3)}$ 由式（4-50）计算

$$I_i=K_{rel}I_K^{(3)}=1.2\times10\ 000=12\ 000(A)$$

其中 $I_K^{(3)}=10\ 000A$，为（$3\times150mm^2$）—80m 电缆末端三相短路电流。

$$I_i=(12\ 000/630)I_n=19I_n$$

整定值范围 I_i 为 2～3～4～6～8～10～12～$15I_n$，如取 $I_i=15\ I_n=9450A$，经计算 $I_i=15I_n$，在 MCC 母线出线出口短路保护可能无选择性动作，保护不应投入，但考虑到实际上 $I_i=15I_n$ 接近线路末端 $I_K^{(3)}$，对 400V 系统由于过渡电阻及一次设备接触电阻等影响，一般实际值比计算值偏小，所以在本例中将瞬时电流速断保护投入（如果线路末端 $I_K^{(3)}$ 比 I_i 大得多，则应将瞬时电流速断保护退出或更换 I_n 较大的智能保护）。

2）动作时间取 0s。

（4）单相接地保护。

1）一次动作电流可整定范围值 $I_{g.set}$ 为 0.2～0.3～0.4～0.5～0.6～0.7～0.8～0.9～$1I_n$；$I_{g.set}^*$ 为 $A\sim B\sim C\sim D\sim E\sim F\sim G\sim H\sim J$，取 $I_{g.set}=I_n=630A$，$I_{g.set}^*=1$ 这很难与 1MCC 出线保护配合，建议生产厂家将可整定范围值提高至 $I_{g.set}$ 为 0.2～0.3～0.4～0.5～0.6～0.7～0.8～0.9～1～2～3～4～$5I_n$ 后，取 $I_{g.set}=2I_n=1260A$。

2）动作时间，取 $t_{g.set}=0.4s$ 投入反时限动作特性 I^2t—on。

3）灵敏度计算，$K_{sen}=\dfrac{I_K^{(1)}}{I_g}=\dfrac{3000}{1260}=2.38$

3. 1250kVA 低压厂用变压器进线装设 MT-25H 型断路器智能保护 Micyologi6.0 整定计算

（1）长延时过负荷保护。

1）长延时保护一次动作电流整定值 I_r，按躲过低压厂用变压器额定电流 1804A 由式（4-43）计算，$I_r=K_{rel.i}I_{T.N}=1.10\times1804=1984$（A），取 $I_r=2000A$。$I_r^*=2000/2500=0.8$；$I_r=0.8I_n$，整定值范围 I_r 为 0.4～0.5～0.6～0.7～0.8～0.9～0.95～$0.98I_n$，所以取 $I_r=0.8I_n=2000A$。

2）长延时保护动作时间整定值计算。

①按和 0.4kV 出线短延时保护最长动作时间 $t_{op.max}$ 配合计算，动作时间 $t_{r.op}=t_{op.max}+\Delta t=0.2+0.3=0.5(s)$，$K_{rel.i}=1.10$ 时，由式（4-43a）计算

$$\begin{aligned}t_{r.set}&=[(K_{rel}I_k/I_r)^2-1](t_{op.max}+\Delta t)/35\\&=[(1.1\times30\ 067/2000)^2-1]\times0.5/35=3.9(s)\end{aligned}$$

当 $K_{rel}=1$ 时，$$t_{r.set}=[(I_k/I_r)^2-1](t_{op.max}+\Delta t)/35$$
$$=[(30\ 067/2000)^2-1]\times 0.6/35=3.9(s)$$

式中 $I_K^{(3)}=1804/0.06=300\ 67$ (A)；$I_K^{(3)}/I_r=30\ 067/2000=15$。

②按躲过电动机自起动时间 $t_{st.\Sigma}$ 由式（4-43c）计算

$$t_{r.set}=K_{rel.t}\times t_{st.\Sigma}[(I_{st.\Sigma}/I_r)^2-1]/35$$
$$=1.3\times 5\times[(3.5\times 1804/2000)^2-1]/35=1.65(s)$$

式中 $K_{st.\Sigma}=3.5$；$K_{rel.t}=1.3$；$t_{st.\Sigma}=5s$。

动作时间整定值范围 $t_r=t_{op.6}=(0.5\sim 1\sim 2\sim 4\sim 8\sim 12\sim 16\sim 20\sim 24)s$，所以取 $t_r=t_{op.6}=4s$

$$T_{set}=35\times t_{r.set}=35\times 4=140(s)$$

最大相电流 $I=1.5I_{T.N}=2706A$，动作时间 $t_{op}=\dfrac{T_{set}}{I^{*2}-1}=\dfrac{140}{(2706/2000)^2-1}=169(s)>8s$

最大相电流 $I=2.1I_{T.N}=3780A$ 时，动作时间 $t_{op}=\dfrac{T_{set}}{I^{*2}-1}=\dfrac{140}{(3780/2000)^2-1}=54(s)>8s$

最大相电流 $I=2.77I_{T.N}=5000A$ 时，动作时间 $t_{op}=\dfrac{T_{set}}{I^{*2}-1}=\dfrac{140}{(5000/2000)^2-1}=20(s)>8s$

最大相电流 $I=3.5I_{T.N}=6300A$ 时，动作时间 $t_{op}=\dfrac{T_{set}}{I^{*2}-1}=\dfrac{140}{(6300/2000)^2-1}=15(s)>8s$

最大相电流 $I=16.7I_{T.N}=30\ 000A$ 时，动作时间 $t_{op}=\dfrac{T_{set}}{I^{*2}-1}=\dfrac{140}{(30\ 000/2000)^2-1}=0.62(s)>0.6s$

所以长延时保护能保护变压器过负荷，同时能躲过电动机自起动并能和出线保护动作时间配合。

（2）短延时保护整定计算。

1）短延时保护一次动作电流整定值 I_{sd} 计算。

① 按和出线短延时保护最大动作电流配合由式（4-44）计算

$$I_{sd}=(1.15\sim 1.2)I_{OP.max}=1.2\times 1512=1814(A)$$

② 按躲过可能的最大自起动电流由式（4-44a）计算

$$I_{sd}=(1.15\sim 1.2)I_{st\Sigma}=1.15\times 3\times 1804=6223(A)$$
$$I_{sd}=(6223/2000)I_r=3.1I_r$$

动作电流整定值范围 I_{sd} 为 $1.5\sim 2\sim 2.5\sim 3\sim 4\sim 5\sim 6\sim 8\sim 10I_r$，取 $I_{sd}=3I_r=3\times 2000=6000$（A）。

③变压器低压母线两相短路灵敏度计算，$K_{sen}=\dfrac{I_K^{(2)}}{I_{sd}}=0.866\times 20.8\times 1804/6000=5.37$。

2）短延时保护动作时间整定值 $t_{sd.set}$ 按和出线保护配合计算，动作时间整定值范围 $t_{sd.set}$

为 0.1～0.2～0.3～0.4s，取 $t_{sd.set}=0.4s$。低压母线短路电流 $I_K^{(3)}/I_r=37\ 583/2000=18.8$，动作时间 $t_{op}=0.4s$。则反时限时间常数 $T_{set}=100\times t_{sd.set}=100\times0.4=40$（s），如按馈线末端短路电流为 15 000A，计算短延时保护动作时间为 $t_{op}=\dfrac{40}{(15\ 000/2000)^2-1}=0.724$（s），这说明如采用反时限特性和下一级配合有较为有利的选择性，所以投入反时限动作特性 I^2t—on。

（3）瞬时电流速断保护和单相接地保护和下一级保护无法配合，应置最大并退出。

（五）存在问题

1. 断路器智能保护

断路器智能保护，接地保护可整定动作电流值太小，以致上下级接地保护动作电流整定值很难配合，目前整定计算人员和运行单位有相同的提高单相接地保护可整定范围的愿望，建议生产厂家将接地保护可整定动作电流值范围增大至，$I_{g.set}$ 为 0.2～0.3～0.4～0.5～0.6～0.7～0.8～0.9～1～2～3～4～$5I_n$，以满足上下级配合整定的需要。

2. NS 型断路器保护

厂用系统上下级保护配合及远区单相接地故障时，由于 NS 型断路器保护无单相接地保护，普遍存在相间短路保护无法保护远区单相接地故障，从而造成单相接地故障保护灵敏度不够及上下级无法按选择性切除故障的缺点，这亦是目前整定计算人员和运行单位相同要求 NS 型断路器增设单相接地零序过电流保护，建议生产厂家对 NS 型断路器增设单相接地零序过电流保护功能。

五、0.4kV 第二类智能保护整定计算

概述：目前可整定的第二类智能保护，主要类型有：①用于 0.4kV 动力中心 PC 段 CW1、CW2、CW3 系列万能式断路器智能保护和 CM1E 系列塑壳断路器电子式智能保护及 CM1Z、CM2Z 系列塑壳断路器智能保护；②用于 0.4kV 电动机控制中心 MCC 段的 CM1E 系列塑壳断路器电子式智能保护、CM1Z、CM2Z 系列塑壳断路器智能保护。

（一）第二类智能保护动作判据

1. 过负荷长延时保护动作判据

（1）CW1、CW2、CW3 型断路器常用的长延时保护反时限动作方程。

$$\left.\begin{array}{l}\text{当 } I_{max}\leqslant1.15I_r\text{ 时,保护动作时间 } t_{op}\rightarrow\infty\text{,保护不动作}\\ \text{当 } I_{max}>1.15I_r\text{ 时,保护动作时间}\\ t_{op}=\dfrac{T_{r.set}}{(I_{max}^*)^2}=\dfrac{T_{r.set}}{K^2}=\dfrac{(1.5I_r)^2t_{r.set}}{(KI_r)^2}=\dfrac{2.25t_{r.set}}{K^2}\end{array}\right\}\qquad(4\text{-}52)$$

式中 I_{max}——最大相电流(A)；

I_{max}^*——以 I_r 为基准最大相电流相对值；

I_r——长延时保护一次动作电流整定值(A)；

$T_{r.set}$——长延时保护整定时间常数(s)；

$t_{r.set}$——$1.5I_r$ 动作时间整定值(s)；

K——以 I_r 为基准最大相电流倍数。

CW1、CW2、CW3 型断路器长延时保护整定时间常数 $T_{r.set}=1.5^2t_{r.set}=2.25t_{r.set}$。

(2) CW2 (P25、P26) 型智能保护非常反时限动作方程。CW2 (P25、P26) 型智能保护除具有式 (4-52) 的动作判据外，另外还有为其他使用要求的特殊动作判据，如非常反时限动作方程为：

$$\left.\begin{aligned}&\text{当 } I\leqslant 1.15I_r \text{ 时保护动作时间}\quad t_{op}\rightarrow\infty,\text{保护不动作}\\&\text{当 } I>1.15I_r \text{ 时保护动作时间}\quad t_{op}=\frac{T_{r.set}}{I^*_{max}-1}=\frac{T_{r.set}}{K-1}=\frac{0.5t_{r.set}}{(I_{max}/I_r)-1}\end{aligned}\right\}\quad(4\text{-}53)$$

式中 $t_{r.set}$——$1.5I_r$ 动作时间整定值；

其他符号含义同前。

(3) CW2 (P25、P26) 型智能保护和高压熔断器配合的反时限动作方程为

$$\left.\begin{aligned}&\text{当 } I_{max}\leqslant 1.15I_r \text{ 时,保护动作时间}\quad t_{op}\rightarrow\infty,\text{保护不动作}\\&\text{当 } I_{max}>1.15I_r \text{ 时,保护动作时间}\quad t_{op}=\frac{T_{r.set}}{(I^*_{max})^4-1}=\frac{T_{r.set}}{K^4-1}=\frac{4.0625t_{r.set}}{(I_{max}/I_r)^4-1}\end{aligned}\right\}\quad(4\text{-}54)$$

式中 $t_{r.set}$——$1.5I_r$动作时间整定值。

其他符号含义同前。

(4) CM1E、CM1Z、CM2Z 型断路器长延时保护反时限动作方程为：

$$\left.\begin{aligned}&\text{当 } I_{max}\leqslant 1.15I_r \text{ 时保护动作时间}\quad t_{op}\rightarrow\infty,\text{保护不动作}\\&\text{当 } I_{max}>1.15I_r \text{ 时保护动作时 } t_{op}=\frac{T_{r.set}}{(I^*_{max})^2}=\frac{T_{r.set}}{K^2}=\frac{(2I_r)^2t_{r.set}}{(KI_r)^2}=\frac{4t_{r.set}}{K^2}\end{aligned}\right\}\quad(4\text{-}55)$$

式中 $t_{r.set}$[1]——$2I_r$ 动作时间整定值；

其他符号含义同前。

CM1E、CM1Z、CM2Z 型断路器长延时保护整定时间常数，$T_{r.set}=(2I_r)^2t_{r.set}=4t_{r.set}$。

2. 短延时保护动作判据

(1) CW1、CW2、CW3 型短延时保护动作判据。

$$\left.\begin{aligned}&\text{1) 反时限动作特性 } I^2t-on,\text{当 } I_{sd}\leqslant I_{max}\leqslant 8I_r\\&\text{动作时间 } t\geqslant t_{op}=\frac{T_{sd.set}}{(I_{max}/I_r)^2}=\frac{(8I_r)^2t_{sd.set}}{(KI_r)^2}=\frac{8^2t_{sd.set}}{(I_{max}/I_r)^2}=\frac{64t_{sd.set}}{(I^*_{max})^2}\\&\text{当 } I_{max}\geqslant 8I_r,t\geqslant t_{op}=t_{sd.set}\text{ 保护以定时限动作。}\\&\text{2) 定时限动作特性 } I^2t-\text{off},\text{当 } I_{max}\geqslant I_{sd},t\geqslant t_{op}=t_{sd.set}\\&\text{保护以定时限特性动作}\end{aligned}\right\}\quad(4\text{-}56)$$

式中 I_{max}——最大相电流 (A)；

I^*_{max}——以 I_r为基准最大相电流相对值；

I_{sd}——短延时保护一次动作电流整定值 (A)；

$T_{sd.set}$——短延时保护动作时间常数整定值 $T_{sd.set}=64t_{sd.set}$ (s)；

$t_{sd.set}$——短延时保护动作时间整定值，为 $8I_r$的动作时间 (s)；

K——以 I_r为基准最大相电流倍数；

[1] $t_{r,set}$ 不同类型智能保护有不同的定义，常有 $1.5I_r$、$2I_r$、$3I_r$、$6I_r$…… 或其他不同的 KI_r 的动作时间整定值 $t_{op.K}$。

其他符号含义同前。

(2) CM1E (1Z)、CM2Z 型短延时保护反时限动作方程为：

$$\left.\begin{array}{l}\text{当 } I_{sd} \leqslant I < 1.5I_{sd}\text{，保护以反时限特性动作，}\\ \text{动作时间为 } t \geqslant t_{op} = \dfrac{T_{sd.set}}{(I_{max}^{*})^2} = \dfrac{1.5^2 t_{sd.set}}{K^2} = \dfrac{2.25 t_{sd.set}}{K^2}\\ \text{当 } I_i > I \geqslant 1.5I_{sd}\text{，保护以定时限动作 } t \geqslant t_{op} = t_{sd.set}\end{array}\right\} \tag{4-57}$$

式中 K——以 I_{sd} 为基准最大相电流倍数；

$t_{sd.set}$——短延时保护动作时间整定值为 $1.5I_{sd}$ 的动作时间（s）；

$T_{sd.set}$——短延时保护动作时间常数整定值为 $T_{sd.set}=2.25t_{sd.set}$（s）；

I_i——瞬时电流速断保护一次动作电流整定值（A）；

其他符号含义同前。

3. 瞬时电流速断保护动作判据

$I \geqslant I_i$ 保护无延时瞬时动作。

4. 单相接地短路保护动作判据

$$\left.\begin{array}{l}\text{当 } I_g = 3I_0 \geqslant I_{g.set}, t \geqslant t_{op} = t_{g.set} \text{ 保护动作}\\ \text{单相接地保护可整定动作时间 } t_{g.set} = (0.1 \sim 0.2 \sim 0.3 \sim 0.4)\text{s}\end{array}\right\} \tag{4-58}$$

式中 $I_g=3I_0$——单相接地电流（A）；

$I_{g.set}$——单相接地保护动作电流整定值（A）；

$t_{g.set}$——单相接地保护动作时间整定值（s）。

5. 过负荷预报警动作判据

定时限过负荷预报警

$$\left.\begin{array}{l}I_{max} \geqslant I_{r0}\\ t \geqslant t_{op} = \dfrac{1}{2}t_{r.set} \text{ 预报警动作}\end{array}\right\} \tag{4-59}$$

反时限过负荷预报警

$$\left.\begin{array}{l}I_{max} \geqslant I_{r0}\\ t \geqslant t_{op} = \dfrac{(1.5I_{r0})^2 \times \dfrac{1}{2}t_{r.set}}{I^2} = \dfrac{2.25 \times \dfrac{1}{2}t_{r.set}}{(I/I_{r0})^2} = \dfrac{1.125 \times t_{r.set}}{(I/I_{r0})^2} \text{ 预报警动作}\end{array}\right\} \tag{4-59a}$$

式中 I_{r0}——过负荷预报警动作电流整定值（A）；

其他符号含义同前。

6. 三相电流不平衡或断相保护动作判据

$$\left.\begin{array}{l}\Delta I = \dfrac{I_{max} - I_{min}}{I_{max}}\% \geqslant \Delta I_{set}\\ t \geqslant t_{set}\text{，保护动作报警或跳闸}\end{array}\right\} \tag{4-60}$$

式中 I_{max}——最大相电流（A）；

I_{min}——最小相电流（A）；

ΔI——三相电流不平衡度；

ΔI_{set}——三相电流不平衡度整定值。

7. MCR 功能

断路器合闸过程中或控制器初始化时，发生短路故障立即瞬时动作跳闸。

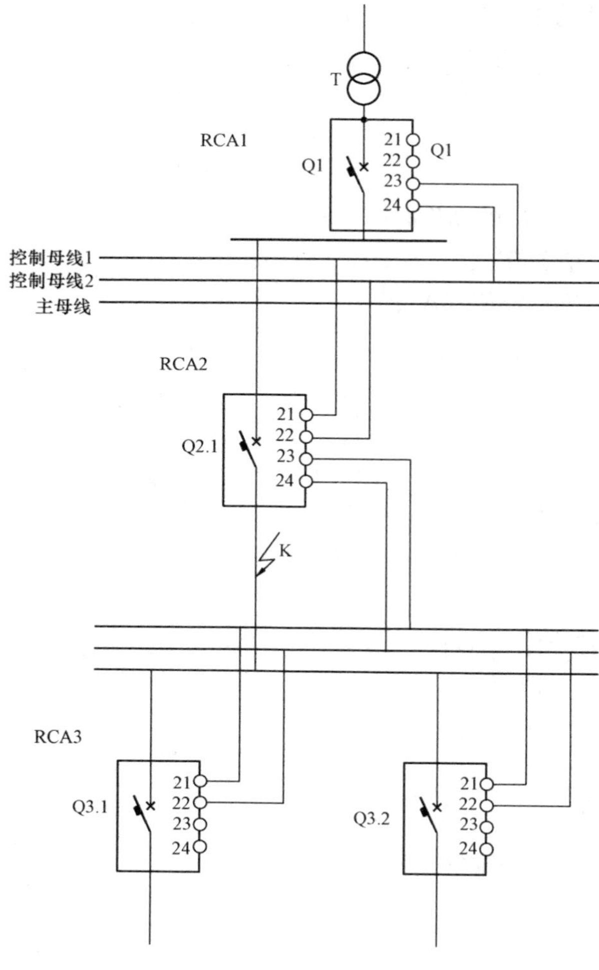

图 4-3 区域 RCA 选择性联锁 ZSI 功能逻辑框图

8. 区域 RCA 选择性联锁 ZSI 功能

当多台 CW2 型断路器上下级连接在一起时，区域 RCA 选择性联锁 ZSI 功能可保证上下级断路器的保护以最快的动作时间选择性动作，区域 RCA 选择性联锁 ZSI 功能逻辑框图如图 4-3 所示。图中，当下一级设备区域 RCA2 的 K 点发生短路故障时，区域 RCA2 断路器 Q2.1 智能保护将检测到区域 RCA2 的故障信号，并送至上一级区域 RCA1 断路器 Q1 智能保护，区域 RCA1 断路器 Q1 智能保护接到区域 RCA2 故障信号，区域 RCA1 断路器 Q1 智能保护按整定延时选择性动作，区域 RCA2 断路器 Q2.1 智能保护同时检查下一级设备区域 RCA3 到达的信号，如未检测到区域 RCA3 的故障信号，区域 RCA2 断路器 Q2.1 智能保护将转变为瞬时动作，瞬时断开区域 RCA2 断路器 Q2.1；区域 RCA2 断路器保护如检测到区域 RCA3 断路器 Q3.1、Q3.2……智能保护的故障信号，区域 RCA2 断路器延时保护，将按整定延时选择性动作，这样保证了以最快的速度上下级具有选择性动作切除短路故障。

（二）低压厂用变压器 0.4kV 进线断路器第二类智能保护整定计算

1. 长延时保护

（1）长延时保护一次动作电流整定值 I_r 计算。按躲过厂用变压器低压侧额定电流或正常最大负荷电流计算，一次动作电流整定值为

$$I_r = K_{rel.i} I_{T.N} \tag{4-61}$$

$$I_r^* = I_r / I_n$$

式中 $K_{rel.i}$——动作电流可靠系数，取 1.0～1.05（由于装置内部已设置 $K_{rel.i}=1.15$）；

I_r——长延时保护一次动作电流整定值；

I_r^*——长延时保护一次动作电流刻度整定值；

$I_{T.N}$——厂用变压器低压侧额定电流（A）；

I_n——断路器智能保护额定电流（A）。

（2）长延时保护动作时间整定值计算。

1）按厂用变压器低压母线短路时和出线短延时保护最长动作时间 $t_{op.max}$ 配合计算，取 $t_{op}=t_{op.max}+\Delta t$，长延时保护过电流保护动作时间常数整定值

$$T_{set}=K_k^2 t_{op}=K_k^2(t_{op.max}+\Delta t)=(I_k/I_r)^2\times(t_{op.max}+\Delta t)$$

式中 K_k——以 I_r 为基准时厂用变压器低压母线三相短路电流倍数；

其他符号含义同前。

动作时间整定值计算

$$t_{op.K}=\frac{T_{set}}{K^2}=\frac{K_k^2(t_{op.max}+\Delta t)}{K^2}=\frac{(I_k/I_r)^2\times(t_{op.max}+\Delta t)}{K^2}$$

式中 $t_{op.K}$——为 KI_r 的动作时间整定值；

其他符号含义同前。

2）按躲过电动机自起动时间计算，长延时过电流保护动作时间常数整定值为

$$T_{set}=K_{st.\Sigma}^2\times K_{rel.t}\times t_{st.\Sigma}=(I_{st.\Sigma}/I_r)^2\times K_{rel.t}\times t_{st.\Sigma}$$

动作时间整定值 $$t_{op.K}=\frac{T_{set}}{K^2}=\frac{(I_{st.\Sigma}/I_r)^2\times K_{rel.t}\times t_{st.\Sigma}}{K^2}$$

式中 $t_{st.\Sigma}$——电动机自起动时间（s）；

$K_{st.\Sigma}$——电动机自起动电流倍数（以 I_r 为基准）；

$K_{rel.t}$——电动机自起动时间可靠系数；

Δt——上下级时间配合级差（s）；

其他符号含义同前。

上下级智能保护动作时间级差取 $\Delta t=$（0.2～0.4）s。

（3）长延时保护 $1.5I_r$ 动作时间整定值 $t_{op1.5}$ 计算。按和出线保护配合计算

$$t_{r.set}=t_{op.1.5}=\frac{T_{set}}{K^2}=\frac{K_k^2(t_{op.max}+\Delta t)}{1.5^2}=\frac{(I_k/I_r)^2\times(t_{op.max}+\Delta t)}{2.25} \tag{4-62}$$

按躲过电动机自起动计算

$$t_{r.set}=t_{op.1.5}=\frac{T_{set}}{K^2}=\frac{K_{st.\Sigma}^2 K_{rel.t}K_{st.t}}{2.25}=\frac{(I_{st.\Sigma}/I_r)^2\times K_{rel.t}\times t_{st.\Sigma}}{2.25} \tag{4-62a}$$

式中符号含义同前。

对于 CW1、CW2、CW3 型长延时保护动作时间整定值 $t_{r.set}$ 取等于或略大于计算 $1.5I_r$ 动作时间 $t_{op1.5}$ 的可整定值，即 $t_{r.set}=t_{op1.5}$。

（4）长延时保护 $2I_{r1}$ 动作时间整定值 t_{op2} 计算。按和出线保护配合计算

$$t_{r.set}=t_{op.2}=\frac{T_{set}}{K^2}=\frac{K_k^2(t_{op.max}+\Delta t)}{2^2}=\frac{(I_k/I_r)^2\times(t_{op.max}+\Delta t)}{4} \tag{4-62b}$$

按躲过电动机自起动计算

$$t_{r.set}=t_{op.2}=\frac{T_{set}}{K^2}=\frac{K_{st.\Sigma}^2 K_{rel.t}K_{st.t}}{4}=\frac{(I_{st.\Sigma}/I_r)^2\times K_{rel.t}\times t_{st.\Sigma}}{4} \tag{4-62c}$$

式中符号含义同前。

对于 CM1E（1Z），CM2Z 型长延时保护动作时间整定值取 $t_{r.set}$ 等于或略大于计算值 $2I_r$

动作时间 $t_{op.2}$ 的可整定值，即 $t_{r.set}=t_{op.2}$。

(5) 同类型其他智能保护 $6I_r$ 动作时间整定值 $t_{r.set}=t_{op.6}$ 计算。按和出线保护配合计算

$$t_{r.set}=t_{op.6}=\frac{T_{set}}{K^2}=\frac{K_k^2(t_{op.max}+\Delta t)}{6^2}=\frac{K_k^2(t_{op.max}+\Delta t)}{36}=\frac{(I_k/I_r)^2\times(t_{op.max}+\Delta t)}{36}$$

按躲过电动机自起动计算

$$t_{r.set}=t_{op.6}=\frac{T_{set}}{K^2}=\frac{K_{st.\Sigma}^2K_{rel.t}K_{st.t}}{36}=\frac{(I_{st.\Sigma}/I_r)^2\times K_{rel.t}\times t_{st.\Sigma}}{36}$$

对于其他同类型智能保护当要求输入 KI_r 动作时间整定值 $t_{r.set}=t_{op.K}$ 时，可取 $t_{r.set}$ 等于或略大于计算值 KI_{r1} 动作时间 $t_{op.K}$ 的可整定值，即 $t_{r.set}=t_{op.K}$。

其中 K 为 1.5、2、3、6、7.2、K…。

2. 短延时保护整定计算

(1) 动作电流计算。

1) 按和出线短延时保护最大动作电流 $I_{OP.max}$ 配合计算

$$I_{sd}=(1.15\sim1.2)I_{OP.max} \tag{4-63}$$

2) 按躲过可能的最大自起动电流 $I_{st\Sigma}$ 计算

$$I_{sd}=(1.15\sim1.2)I_{st\Sigma}=(3\sim4)\ I_{T.N} \tag{4-63a}$$

短延时保护动作电流整定倍数 $I_{sd}^*=I_{sd}/I_r$，取以上计算的较大值。

3) 厂用变压器低压母线两相短路灵敏度计算，$K_{sen}=\dfrac{I_K^{(2)}}{I_{sd}}\geqslant2$。

(2) 短延时保护动作时间整定值 $t_{sd.set}=t_{2.set}$ 计算。

1) 按和出线保护配合计算，取

$$t_{sd.set}=0.4\text{s} \tag{4-63b}$$

2) 当 $t_{sd.set}=t_{2.set}=0.4\text{s}$ 和出线保护已具有很好的选取择性，能很好配合时，可选取定时限保护 I^2t—off。

3) 当定时限保护和出线保护不能配合时，取 $t_{sd.set}=t_{2.set}=0.4\text{s}$ 进一步计算并选取反时限动作特性 I^2t—on。

CW1、CW2、CW3 型短延时保护反时限时间常数，$T_{sd.set}=(8I_r)^2\times t_{sd.set}$，短延时保护反时限动作时间

$$t_{sd.op}=\frac{64t_{r.set}}{(I/I_r)^2} \tag{4-63c}$$

CM1E (1Z)、CM2Z 型短延时保护反时限时间常数 $T_{sd.set}=(1.5I_{sd.set})^2\times t_{sd.set}$，短延时保护反时限动作时间

$$t_{sd.op}=\frac{2.25t_{sd.set}}{(I/I_{sd})^2} \tag{4-63d}$$

3. 瞬时电流速断保护

瞬时电流速断保护与单相接地保护和下一级保护无法配合时，应置最大并退出。

(三) 低压电动机断路器第二类智能保护整定计算

1. 长延时保护

(1) 长延时保护一次动作电流整定值 I_r 计算。按躲过电动机额定电流或正常最大负荷电

流计算

$$I_{r}=K_{rel.i}I_{M.N}=I_{M.N} \tag{4-64}$$

式中 $K_{rel.i}$——动作电流可靠系数，由于装置内部已设置 $K_{rel.i}$=1.15，取 1.0～1.05；

I_r——长延时保护一次动作电流整定值；

$I_{M.N}$——电动机额定电流（A）。

长延时保护一次动作电流整定值 I_r取等于或略大于计算值 I_r的可整定值。

（2）长延时保护动作时间整定值计算。

1）动作时间 t_{op}按躲过电动机正常最长起动时间 $t_{st.max}$计算，即

$$t_{op}=K_{rel.t}\times t_{st.max}$$

式中 t_{op}——长延时保护过电流保护动作时间（s）；

$K_{rel.t}$——动作时间可靠系数，取 1.2～1.5；

$t_{st.max}$——电动机正常最长起动时间（s）。

2）长延时保护过电流保护动作时间常数整定值 T_{set}按躲过电动机起动时间计算

$$T_{set}=K^{2}t_{op}=K_{st}^{2}K_{rel.t}t_{st.max}=(I_{st}/I_{r})^{2}K_{rel.t}t_{st.max}$$

式中 K_{st}——电动机起动电流以 I_r为基准时的倍数；

其他符号含义同前。

3）动作时间整定值计算

$$t_{op.K}=\frac{T_{set}}{K^{2}}=\frac{K_{st}^{2}K_{rel.t}t_{st.max}}{K^{2}}=\frac{(I_{st}/I_{r})^{2}K_{rel.t}t_{st.max}}{K^{2}}$$

（3）长延时保护 1.5I_r动作时间整定值 $t_{op.1.5}$计算。按躲过电动机起动时间计算

$$t_{r.set}=t_{op.1.5}=\frac{T_{set}}{K^{2}}=\frac{K_{st}^{2}K_{rel.t}t_{st.max}}{K^{2}}=\frac{K_{st}^{2}K_{rel.t}t_{st.max}}{2.25}=\frac{(I_{st}/I_{r})^{2}K_{rel.t}t_{st.max}}{2.25} \tag{4-64a}$$

对 CW1、CW2、CW3 型长延时保护动作时间整定值 $t_{r.set}$取等于或略大于 1.5I_r计算动作时间 $t_{op1.5}$的可整定值，即 $t_{r.set}=t_{op.1.5}$。

（4）长延时保护 2I_r动作时间整定值 $t_{op.2}$计算。按躲过电动机起动时间计算

$$t_{r.set}=t_{op.2}=\frac{T_{set}}{K^{2}}=\frac{K_{st}^{2}K_{rel.t}t_{st.max}}{K^{2}}=\frac{K_{st}^{2}K_{rel.t}t_{st.max}}{4}=\frac{(I_{st}/I_{r})^{2}K_{rel.t}t_{st.max}}{4} \tag{4-64b}$$

对 CM1E（1Z）、CM2Z 型长延时保护动作时间整定值 $t_{r.set}$，取等于或略大于 2I_r计算动作时间 $t_{op.2}$的可整定值，即 $t_{r.set}=t_{op.2}$。

（5）6I_r动作时间整定值 $t_r=t_{op.6}$计算。按躲过电动机起动时间计算

$$t_{r.set}=t_{op.6}=\frac{T_{set}}{K^{2}}=\frac{K_{st}^{2}K_{rel.t}t_{st.max}}{K^{2}}=\frac{K_{st}^{2}K_{rel.t}t_{st.max}}{36}=\frac{(I_{st}/I_{r})^{2}K_{rel.t}t_{st.max}}{36}$$

对其他同类型智能保护当要求输入 6I_r动作时间整定值 $t_{r.set}=t_{op.6}$时，$t_{r.set}$取等于或略大于 6I_{r1}计算动作时间 $t_{op.6}$的可整定值，即 $t_{r.set}=t_{op.6}$（或 KI_r 动作时间整定值 $t_{op.K}$）。

2. 短延时保护

电动机一般不设置此保护，当实际上已配置本保护时，可按以下计算整定值。

（1）一次动作电流整定值 I_{sd}，按躲过电动机起动电流计算，即

$$I_{sd}=10.5I_{M.N}$$

I_{sd}取等于或略大于计算的可整定值。

(2) 动作时间整定值，取可整定的最小值 $t_{sd.set}=0.1s$。

(3) 灵敏度计算，$K_{sen}=\frac{I_K}{I_{r2}}\geqslant 2$。

3. 瞬时电流速断保护

(1) 一次动作电流整定值 I_i。按躲过电动机起动电流计算

$$I_i=10.5I_{M.N} \tag{4-65}$$

I_i取等于或略大于计算的可整定值。

(2) 动作时间取 0s。

(3) 灵敏度计算，$K_{sen}=\frac{I_K}{I_{r3}}\geqslant 2$。

4. 单相接地保护

(1) 单相接地保护一次动作电流整定值

$$I_{g.set}=(1\sim 1.2)I_{M.N} \tag{4-66}$$

$I_{g.set}$取等于或略大于计算的可整定值。

(2) 动作时间。取可整定最小值 $t_{g.set}=0.1s$。

(3) 灵敏度计算，$K_{sen}=\frac{I_K^{(1)}}{I_{g.set}}\geqslant 1.5\sim 2$。

（四）馈线负荷（MCC 电源线）断路器第二类智能保护整定计算

1. 长延时保护

(1) 长延时保护一次动作电流整定值 I_r计算。

1) 按躲过正常最大负荷电流计算，即

$$I_r=K_{rel.i}I_{max}=I_{max} \tag{4-67}$$

式中 $K_{rel.i}$——动作电流可靠系数，取 1～1.05；

I_{max}——馈线最大负荷电流（A）。

长延时保护一次动作电流整定值 I_r取等于或略大于计算值 I_r的可整定值。

2) 按电缆允许电流计算，取第一类智能保护整定值取 $I_r=(0.8\sim 0.9)I_{al}$，由于第二类智能保护内部设置了可靠系数为 1.15，所以其整定值应取

$$I_r=0.8\times I_{al} \tag{4-67a}$$

式中 I_{al}——电缆允许电流（A）。

如按电缆允许电流计算，长延时保护一次动作电流整定值 I_r取等于或略大于计算值 I_r的可整定值。

(2) 长延时保护动作时间整定值计算。

1) 长延时保护动作时间常数整定值 T_{set}，按躲过电动机正常自起动时间 $t_{st.\Sigma}$由式（4-52）计算

$$T_{set}=K^2t_{op}=K_{st.\Sigma}^2K_{rel.t}t_{st.\Sigma}=(I_{st.\Sigma}/I_r)^2K_{rel.t}t_{st.\Sigma}$$

式中 $K_{st.\Sigma}$——电动机自起动电流以 I_r为基准时的倍数；

其他符号含义同前。

2) 动作时间整定值计算

$$t_{op.K}=\frac{T_{set}}{K^2}=\frac{K_{st.\Sigma}K_{rel.t}t_{st.\Sigma}}{K^2}=\frac{(I_{st.\Sigma}/I_r)^2K_{rel.t}t_{st.\Sigma}}{K}$$

（3）1.5I_r动作时间整定值$t_{op.1.5}$计算。按躲过电动机正常自起动时间$t_{st.\Sigma}$计算

$$t_{r.set}=t_{op.1.5}=\frac{T_{set}}{K^2}=\frac{K^2_{st.\Sigma}K_{rel.t}t_{st.\Sigma}}{2.25}=\frac{(I_{st.\Sigma}/I_r)^2K_{rel.t}t_{st.\Sigma}}{2.25} \tag{4-67b}$$

对CW1、CW2、CW3型长延时保护动作时间整定值$t_{r.set}$，取等于或略大于1.5I_r计算动作时间$t_{op.1.5}$的可整定值，即$t_{r.set}=t_{op1.5}$。

（4）2I_r动作时间整定值t_{op2}计算。按躲过电动机正常自起动时间$t_{st.\Sigma}$计算

$$t_{r.set}=t_{op.2}=\frac{T_{set}}{K^2}=\frac{K^2_{st.\Sigma}K_{rel.t}t_{st.\Sigma}}{2^2}=\frac{K^2_{st.\Sigma}K_{rel.t}t_{st.\Sigma}}{4}=\frac{(I_{st.\Sigma}/I_r)^2K_{rel.t}t_{st.\Sigma}}{4} \tag{4-67c}$$

对CM1E（1Z）、CM2Z型长延时保护动作时间整定值$t_{r.set}$取等于或略大于计算值2I_r动作时间$t_{op.2}$的可整定值，即$t_{r.set}=t_{op.2}$。

（5）6I_{r1}动作时间整定值$t_{r.set}=t_{op.6}$计算。按躲过电动机正常自起动时间计算$t_{st.\Sigma}$

$$t_{r.set}=t_{op.6}=\frac{T_{set}}{K^2}=\frac{K^2_{st.\Sigma}K_{rel.t}t_{st.\Sigma}}{6^2}=\frac{K^2_{st.\Sigma}K_{rel.t}t_{st.\Sigma}}{36}=\frac{(I_{st.\Sigma}/I_r)^2K_{rel.t}t_{st.\Sigma}}{36}$$

对同类型其他智能保护，当要求输入6I_r动作时间整定值$t_{r.set}=t_{op.6}$时，$t_{r.set}$取等于或略大于计算值6I_{r1}动作时间$t_{op.6}$的可整定值，即$t_{r.set}=t_{op.6}$（或KI_r动作时间整定值$t_{op.K}$）。

2. 短延时保护

（1）对无自起动设备的MCC线路，按馈线总电流I_Σ计算。可取

$$I_{sd}=2I_\Sigma \quad 或 \quad I_{sd}=K_{rel}(I_\Sigma-I_{M.N.max}+K_{st}I_{M.N.max}) \tag{4-68}$$

式中 K_{rel}——可靠系数，$K_{rel.t}=1.2\sim1.3$；

I_Σ——馈线总电流。

（2）按和MCC下一级出线瞬时动作保护最大动作电流$I_{i.dow.max}$配合计算

$$I_{sd}=1.2I_{i.dow.max} \tag{4-68a}$$

（3）按躲过MCC可能的最大自起动电流$I_{st\Sigma}$计算

$$I_{sd}=(1.15\sim1.2)I_{st\Sigma}=(3\sim4)I_\Sigma \tag{4-68b}$$

短延时保护一次动作电流整定值I_{sd}取等于或略大于计算值I_{sd}的可整定值。

（4）动作时间和MCC出线的瞬时电流速断保护配合，取$t_{sd.set}=0.2$s。

1）下一级如果均为瞬时动作保护，选取定时限特性I^2t—off。

2）当定时限保护和出线保护不能配合时，取$t_{sd.set}=0.2$s进一步计算并选取反时限动作性I^2t—on。CW1、CW2、CW3型短延时保护反时限时间常数$T_{sd.set}=(8I_r)^2\times t_{sd.set}$，短寸保护反时限动作时间

$$t_{sd.op}=\frac{64t_{sd.set}}{(I/I_r)^2} \tag{4-69}$$

时

时 M1E（1Z）、CM2Z型短延时保护反时限时间常数$T_{sd.set}=(1.5I_{sd})^2\times t_{sd.set}$，短延时保限动作时间

$$t_{sd.op}=\frac{2.25t_{sd.set}}{(I/I_{sd})^2} \tag{4-69a}$$

戋路末端灵敏度计算，$K_{sen}=\frac{I_K}{I_{sd}}\geqslant2$。

3. 瞬时电流速断保护

(1) 一次动作电流按躲过 MCC 电源线路末端三相短路电流 $I_K^{(3)}$ 计算

$$I_i = K_{rel} I_K^{(3)} \tag{4-70}$$

瞬时电流速断保护一次动作电流整定值 I_i取等于或略大于计算 I_i的可整定值。

(2) 动作时间取 0s。

(3) 线路始端灵敏度计算，$K_{sen} = \dfrac{I_K}{I_i} \geqslant 2$

4. 单相接地保护

(1) 单相接地保护一次动作电流整定值 $I_{g.set}$计算。和下级接地保护或相电流（当下一级无接地保护时）速断保护动作电流配合计算

$$\left.\begin{aligned} I_{g.set} &= K_{rel} \times I_{g1.set} \\ \text{下一级无接地保护时用} \quad I_{g.set} &= K_{rel} \times I_{op.qu.set} \end{aligned}\right\} \tag{4-71}$$

式中 K_{rel}——可靠系数，取 1.2～1.3；

$I_{g1.set}$——下一级接地保护动作电流整定值；

$I_{op.qu.set}$——下一级相电流速断保护动作电流整定值。

(2) 动作时间整定值。取 $t_{g.set}$=0.2s。 (4-72)

(3) 线路末端灵敏度计算，$K_{sen} = \dfrac{I_K^{(1)}}{I_{g.set}} \geqslant 1.5 \sim 2$。

【例 4-4】 整定计算某厂 600MW 机组下列设备的智能保护。

(1) 400V PC 段凝结水输送泵电动机额定功率 90kW，额定电流 $I_{M.N}$=180A；配置 CM2Z-400 型断路器智能保护，I_n=400A。

(2) 400V PC 段 1MCC 最大负荷电流 300A，其中最大电动机为 45kW，额定电流 $I_{M.N}$=90A；1MCC 馈线末端三相短路电流为 10 000A，单相接地电流为 3000A。配置 CM2Z-630 型断路器智能保护，I_n=630A。

(3) 1250kVA 低压厂用变压器，$u_k\%$=6；额定电压比为 6.3/0.4kV；额定电流比 114.6/1804A。进线配置 CW1-2500 型断路器智能保护，I_n=2500A。

1. CM2Z-400 型，智能保护 I_n=400A 整定值计算

解 (1) 长延时保护。

1) 长延时保护一次动作电流整定值 I_r计算。按躲过电动机额定电流或正常最大负荷电流由式 (4-64) 计算，即 $I_r = K_{rel.i} I_{M.N}$ =1.0×180=180 (A) 一次动作电流整定值取可整定最小电流 I_r=200A。

2) 长延时保护动作时间整定值计算。动作时间 t_{op}计算。按躲过电动机正常最长起动时间 $t_{st.max}$=6s 计算，$t_{op} = K_{rel.t} \times t_{st.max}$=1.3×6=7.8 (s)。长延时保护过电流保护 $2I_r$动作时间整定值，按躲过电动机起动时间由式 (4-64b) 计算

$$t_{r.set} = t_{op.2} = \frac{K_{st}^2 K_{rel.t} t_{st.max}}{4} = \frac{(7 \times 180/200)^2 \times 1.3 \times 6}{4} = 95.4(s)$$

取略大于计算的可整定值 $t_{r.set}$=107s。

(2) 短延时保护。

1）一次动作电流整定值 I_{sd}，按躲过电动机起动电流由式(4-65)计算，$I_{sd}=10.5I_{M.N}=10.5\times180=1890$（A），取一次动作电流整定值 $I_{sd}=1900$A。

2）动作时间整定值，取可整定的最小值 $t_{sd}=0.1$s，投入定时限动作特性 I^2t—off。

3）灵敏度计算，三相短路电流 $I_K^{(3)}=10\ 000$A，$K_{sen}=\frac{I_K^{(3)}}{I_i}=\frac{10\ 000}{1900}=5.2$。

(3) 瞬时电流速断保护。

1）一次动作电流整定值 I_i，按躲过电动机起动电流由式（4-65）计算，$I_i=10.5I_{M.N}=10.5\times180=1890$（A），取一次动作电流整定值 $I_i=1900$A 。

2）动作时间取 0s。

3）灵敏度计算，三相短路电流 $I_K^{(3)}=10\ 000$A，$K_{sen}=\frac{I_K^{(3)}}{I_i}=\frac{10\ 000}{1900}=5.2$。

(4) 单相接地保护。

1）单相接地保护一次动作电流由式（4-66）计算 $I_g=(1\sim1.2)I_{M.N}$，取 $I_g=1\times180=180$(A)。

2）动作时间，取可整定最小值 $t_g=0.1$s。

3）灵敏度计算，$I_K^{(1)}=3000$A，$K_{sen}=\frac{I_K^{(1)}}{I_g}=\frac{3000}{180}=16.7$。

2. CM2Z-630 型智能保护整定计算

(1) 长延时保护。

1）长延时保护一次动作电流整定值 I_r，按躲过正常最大负荷电流 300A 由式（4-67）计算，即 $I_r=K_{rel.i}I_{max}=300=300$A，取可整定值 $I_r=315$A。

2）长延时保护动作时间整定值，按躲过馈线电动机 3 倍自起动可能最长时间 $t_{st.max}=5$s 由式（4-67c）计算，$2I_r$动作时间整定值

$$t_{r.set}=t_{op.2}=\frac{K_{sl.\Sigma}^2K_{rel.t}t_{st.max}}{4}=\frac{(3\times300/315)^2\times1.3\times5}{4}=13.3\text{s}$$

取大于计算的可整定时间 $t_{r.set}=60$s。

(2) 短延时保护。

1）一次动作电流整定值 I_{sd}：

① 按躲过馈线电动机可能最大自起动电流 $I_{st.max}$由式(4-68b)计算，$I_{sd}=(3\sim4)I_{M.N.\Sigma}$，取 $I_{sd}=3I_{M.N.\Sigma}=3\times300=900$（A）。

② 按躲过馈线带正常负荷和一台最大电动机起动电流 $7\times90=630$（A）由式（4-68）计算，$I_{sd}=1.2\times(300-90+7\times90)=1008$（A）。

③ 按和下级瞬时动作保护配合由式（4-68a）计算

$$I_{sd}=K_{rel}\ I_{i.dow.max}=1.2\times1200=1440(\text{A})$$

式中 $I_{i.dow.max}$——下一级最大瞬时动作电流，$I_{i.dow.max}=1200$A。

取 $I_{sd}=1450$A。

2）动作时间和 MCC 出线的瞬时电流速断保护配合，取可整定值 $t_{sd.set}=t_{sd}=0.2$s。

3）线路末端灵敏度计算，$K_{sen}=\frac{I_K}{I_{sd}}=10\ 000/1450=6.9$。

(3) 瞬时电流速断保护整定计算。

1) 一次动作电流按躲过 MCC 电源线路末端三相短路电流 $I_K^{(3)}$ 由式 (4-67) 计算

$$I_i = K_{rel} I_K^{(3)} = 1.2 \times 10\ 000 = 12\ 000(A)$$

式中 $I_K^{(3)}$=10 000A。

取可整定的最大动作电流整定值 $I_{i.set}$=14×630=8820 (A)，由上计算知 CM2Z-630 型断路器智能保护 I_n=630A，不符合计算要求，应更换 CW1-2000 型继电器额定电流 I_n=630A，瞬时电流速断保护一次动作电流整定值取 I_i=12 000A。

2) 动作时间取 0s。

(4) 单相接地保护。

1) 单相接地保护一次动作电流，按和下一级接地保护一次动作电流配合计算，下一级接地保护一次动作电流小于 400A，取 $I_{g.set}=I_n$=630A。

2) 动作时间和下一级接地保护动作时间为 0.1s 配合，取 t_g=0.3s。

3) 灵敏度计算，$K_{sen} = \dfrac{I_K^{(1)}}{I_g} = \dfrac{3000}{630} = 4.76$。

3. CW1-2500 型智能保护整定计算

(1) 长延时保护过负荷保护。

1) 长延时保护一次动作电流整定值 I_r，按躲过低压厂用变压器额定电流 1804A 由式 (4-61) 计算，即 $I_r = K_{rel.i} I_{T.N}$ =1.05×1804=1894 (A)，取 1900A。

2) 长延时保护动作时间整定值计算。

①按和 0.4kV 出线后备保护最长动作时间 $t_{op.max}$配合计算，动作时间

$t_{op} = t_{op.max} + \Delta t = 0.2 + 0.4 = 0.6(s)$，$K_{rel.i} = 1.0$ 时，由式(4-62) 计算 $1.5I_r$ 动作时间整定值

$$t_{r.set} = t_{op.1.5} = \frac{(I_K^{(3)}/I_r)^2(t_{op.max}+\Delta t)}{2.25} = \frac{(30\ 067/1900)^2 \times 0.6}{2.25} = 67(s)$$

或 $$t_{r.set} = t_{op.1.5} = \frac{(1.1 I_K^{(3)}/I_r)^2(t_{op.max}+\Delta t)}{2.25} = \frac{(1.1 \times 30\ 067/1900)^2 \times 0.5}{2.25} = 67(s)$$

②按躲过电动机自起动时间 $t_{st.\Sigma}$由式 (4-62a) 计算

$$t_{r.set} = t_{op.1.5} = \frac{T_{set}}{K^2} = \frac{K_{st.\Sigma}^2 K_{rel.t} K_{st.t}}{2.25} = \frac{3.5^2 \times 1.3 \times 5}{2.25} = 35(s)$$

式中 $K_{st.\Sigma}$=3.5；$K_{rel.t}$=1.3；$t_{st.\Sigma}$=5s。

取可整定值 $t_{r.set}=t_{op.1.5}$=120s。

(2) 短延时保护整定计算。

1) 短延时保护一次动作电流整定值 I_{sd}计算。

① 按和出线短延时保护最大动作电流配合由式 (4-63) 计算

$$I_{sd} = (1.15 \sim 1.2) I_{OP.max} = 1.2 \times 3000 = 3600(A)$$

② 按躲过可能的最大自起动电流由式 (4-63a) 计算 $I_{sd} = (1.15 \sim 1.2) I_{st\Sigma} = 3 \times 1804 = 5412(A)$。

取 I_{sd}=5500 (A)。

③ 厂用变压器低压母线两相短路灵敏度计算

$$K_{sen} = \frac{I_K^{(2)}}{I_{sd}} = 0.866 \times 20.8 \times 1804/5500 = 5.9$$

2）短延时保护动作时间整定值 t_{st} 按和出线保护配合计算，取可整定的最大值 $t_{sd}=0.4s$。低压母线短路时 $I_K^{(3)}/I_r = 37\ 583/(1.5 \times 5500) = 4.5$，动作时间 $t_{op}=0.4s$。反时限时间常数 $T_{set}=1.5^2 \times t_{sd.set}=2.25\times 0.4=0.9$（s），如按馈线末端短路电流为15 000A，计算短延时保护动作时间为＝0.4s，这说明如采用反时限特性和下一级配合无有利条件，所以选用设定投入定时限动作特性 I^2t—off。

（3）瞬时电流速断保护与单相接地保护和下一级保护无法配合时，应置最大值并退出。

（五）存在问题

1. CW1、CW2、CW3 系列万能式断路器智能保护

CW1、CW2、CW3 系列万能式断路器智能保护，接地保护可整定动作电流值太小，以致上下级接地保护动作电流整定值很难配合，建议生产厂家将接地保护可整定动作电流值范围增大至 $5I_n$。

2. CM1E（1Z）型断路器智能保护

厂用系统上下级保护配合及远区单相接地故障时，由于CM1E（1Z）型塑壳断路器保护无单相接地保护，普遍存在相间短路保护无法保护远区单相接地故障，从而造成单相接地故障保护灵敏度不够及上下级无法按选择性切除故障的缺点，建议生产厂家对CM1E（1Z）型塑壳断路器增设类似与CM2Z配电型接地保护功能保护。

第三节 低压厂用变压器继电保护整定计算

一、概述

1. 低压厂用变压器接线组别

低压厂变早期采用的是 Yyn12 接线组别，现在基本上都采用 Dyn11（或 Dyn1）接线组别，根据短路电流计算可知：

（1）Yyn12 接线组别的变压器，当低压侧发生单相接地时，其高压侧有两相电流为 $\frac{1}{3}I_K^{(1)}$，另一相电流为 $\frac{2}{3}I_K^{(1)}$，所以高压侧装设电流互感器为不完全星形三电流元件接线。在低压侧发生单相接地时，装设在高压侧保护的灵敏度比高压侧装设电流互感器为不完全星形两电流元件接线要高一倍。

（2）Dyn11 接线组别的变压器。当低压侧发生两相短路时，其高压侧有两相电流为 $\frac{1}{\sqrt{3}}I_K^{(2)} = \frac{1}{2}I_K^{(3)}$，另一相电流为 $\frac{2}{\sqrt{3}}I_K^{(2)} = I_K^{(3)}$，所以高压侧装设电流互感器为不完全星形三电流元件接线方式。在变压器低压侧发生两相短路时，高压侧保护的灵敏度等于低压侧三相短路时的灵敏度，且比高压侧装设电流互感器为不完全星形两电流元件接线的灵敏度要高一倍。

结论：Yyn12 和 Dyn11 接线组别的变压器，高压侧过电流保护应采用 TA 为不完全星形的三电流元件的接线方式或 TA 为完全星形的三电流元件接线方式。

2. 低压厂变切除短路电流的方式

(1) 全部采用真空断路器的方式。

(2) 部分采用真空断路器，即一部分采用真空断路器，另一部分采用真空接触器＋高压熔断器的 FC 回路。

二、低压厂变 FC 回路高压熔断器保护

由于真空接触器只能接通和断开电动机的起动电流或低压厂变的空载电流和负荷电流，而不能断开超过其允许断开电流值的短路电流。例如，额定电压为 7.2kV 的真空接触器，在 6.3kV 回路内允许断开的最大短路电流为 3800A，短路电流超过 3800A 时，应由高压熔断器熔断切除短路电流。用于切断低压厂变短路电流的高压熔断器，既要考虑与本设备的电流速断保护的配合，又要考虑与低压侧馈线保护配合，同时还应保证低压厂变在正常运行时熔断器不能熔断。

(一) 低压厂变高压熔断器的选择和整定计算

1. 额定遮断电流 $I_{brk.N}$ 计算

高压熔断器额定遮断电流 $I_{brk.N}$ 应大于出口故障时的最大短路电流 $I_{K.max}^{(3)}$，即

$$I_{brk.N} > I_{K.max}^{(3)} \tag{4-73}$$

2. 额定电压 $U_{FU.N}$ 计算

高压熔断器额定电压 U_N 应等于或大于最大工作电压 $U_{T.N}$（变压器的额定电压），即

$$U_{FU.N} \geqslant U_{T.N} \tag{4-74}$$

3. 高压熔断器熔件选择计算

选择计算低压厂变高压熔断器熔件额定电流时考虑的三个问题：

(1) 按保证正常最大负荷时熔断器不熔断原则计算。高压熔断器额定电流 $I_{FU.N}$ 应保证正常最大负荷时熔断器不熔断，即

$$I_{FU.N} = K_{rel} I_{T.N} \tag{4-75}$$

式中 $I_{FU.N}$——高压熔断器熔件额定电流；

K_{rel}——可靠系数，取 $K_{rel}=1.3\sim1.5$，一般取 $K_{rel}=1.5$；

$I_{T.N}$——低压厂变高压侧额定电流。

在运行中曾有过 $K_{rel}=1.3$ 时，正常负荷电流时熔断的实例。

(2) 按与低压馈线保护配合原则计算。在厂变低压母线出口三相短路时，熔断器最小熔断时间 $t_{FU.min}$ 应比低压母线上所接馈线保护最长动作时间 $t_{op.max}$ 长一时间级差计算，即

$$t_{FU.min} \geqslant t_{op.max} + \Delta t \tag{4-76}$$

式中 $t_{FU.min}$——考虑到熔断器误差后的最短熔断时间；

$t_{op.max}$——低压母线上所接馈线保护最长动作时间（一般为 0.3s）；

Δt——时间级差（$t_{op.max}=0$s 时 $\Delta t=0.3$s；$t_{op.max}=0.3$s 时 $\Delta t=0.5\sim0.7$s）。

(3) 与真空接触器允许切断的短路电流（3800A）配合计算。为可靠起见，真空接触器允许可靠切断的短路电流 $I_K=0.9\times3800=3400$（A），则熔断器在 $I_K=3400$A 时，考虑到误差（允许误差范围内）后的最大熔断时间 $t_{FU.max}$ 应符合

$$t_{FU.max} \leqslant t_{op} - \Delta t \tag{4-77}$$

式中 t_{op}——电流速断保护动作时间；

$t_{FU.max}$——考虑到误差后 $I_K=3400A$ 时熔断器可能最长熔断时间；

Δt——时间级差，取 $\Delta t=0.3s$。

$t_{FU.max}$一般应小于 0.1s，如该时间 $t_{FU.max}>0.3s$，则高压侧装设的电流速断保护已无意义。当 $I_K=3400A$ 时，$t_{FU.max}<0.1s$，对应的高压熔断器额定电流 $I_{FU.N}\leqslant 200A$，可以与带短延时的电流速断保护配合，同时考虑到 1000kVA 厂变低压侧出口短路时，高压熔断器熔断时间应与馈线保护有足够的时间配合级差。根据以上条件计算的结果，FC 回路用于低压厂变时，高压熔断器额定电流 $I_{FU.N}\leqslant 200A$ 时只适用于 $U_{T.N}=6.3kV$，$S_N\leqslant 1000kVA$，$u_k\%=6$ 的变压器。

低压厂用变压器用国产高压熔断器和 ABB 生产的 CEF 系列高压熔断器熔断时间特性如表 4-4 所示。

表 4-4　低压厂用变压器用国产高压熔断器和 ABB 生产的 CEF 系列高压熔断器熔断时间特性

熔断时间 \ 额定电流倍数		2	3	4	5	6	7	8	10	15	20	25
熔断器额定电流	63A	≥1000s	200s	20s	3s	1s	0.4s	0.25s	0.1s	0.03s	0.02s	<0.02s
	80A	≥1000s	120s	20s	3s	1s	0.4s	0.25s	0.1s	0.03s	0.02s	<0.02s
	100A	≥1000s	120s	20s	3s	1s	0.4s	0.25s	0.1s	0.03s	0.02s	<0.02s
	125A	≥1000s	500s	50s	10s	3s	1.5s	0.5s	0.3s	0.05s	0.02s	<0.02s
	160A	≥1000s	500s	50s	10s	3s	1.8s	1s	0.3s	0.05s	0.02s	<0.02s
	200A	≥1000s	500s	50s	10s	5s	3s	1.5s	0.3s	0.05s	0.03s	<0.02s
	250A	≥1000s	500s	1000s	40s	20s	10s	3s	0.5s	0.15s	0.03s	<0.02s

注　1. 计算 $t_{FU.max}$时考虑 $0.7I_K$ 时熔断特性的熔断时间或 I_K 时高一级额定电流熔件的熔断时间；

2. 计算 $t_{FU.min}$时考虑 $1.3I_K$ 时熔断特性的熔断时间或 I_K 时低一级额定电流熔件的熔断时间。

（二）高压熔断器计算实例

【例 4-5】　低压厂用变压器容量为 1250kVA，$u_k\%=6$，系统阻抗 $X_S=0.444$，选择 FC 回路中高压熔断器。

（1）出口短路时最大短路电流为

$$I_K^{(3)}=\frac{I_{bs}}{X_S}=\frac{9.160}{0.444}=10.6(kA)$$

（2）低压母线短路最大短路电流为

$$I_K^{(3)}=\frac{I_{bs}}{X_S+X_T}=\frac{9160}{0.444+4.8}=1746(A)$$

（3）变压器高压侧额定电流为

$$I_{T.N}=\frac{S_{T.N}}{\sqrt{3}U_{T.N}}=\frac{1250}{\sqrt{3}\times 6.3}=114.5(A)$$

（4）初选 ABB 生产的 CEF 系列高压熔断器。由式（4-73）～式（4-75）得：

额定电压　$U_N=7.2kV$；

额定遮断电流　$I_{brk.N}=45kA$；

初选额定电流　$I_{FU.N}=1.3I_{T.N}=1.3\times 114.5=150$（A），取标称级为 160A。

（5）按与 PC 馈线保护配合原则计算。低压母线短路时最大短路电流 $I_K^{(3)}=1746A$，查熔断器熔断时间特性表 4-4 得熔断器最小熔断时间 $t_{FU.min}\approx 0.1s$。低压侧馈线如全为 0s 的速断保护时，基本上没有时间级差。实际上低压母线所接馈线保护动作时间均为 0.3s，这样低压侧馈线出口短路时，熔断器无选择性熔断，为此额定电流可选取大一级的熔断器。选取 $I_{FU.N}=200A$，查熔断器熔断时间特性表 4-4 知，在 1746A 时，熔断器最小熔断时间 $t_{FU.min}\approx 1s$，这可与低压侧馈线全为 0.3s 的短延时保护很好配合。如考虑 1.3 倍误差后，$I_K=1.3\times 1746=2270$（A）对应的熔断时间为 0.2s，就很难与低压侧馈线全为 0.3s 的短延时保护很好配合。如选 $I_{FU.N}=250A$，在 2270A 对应的熔断时间为 1.1s，则可与低压侧馈线全为 0.3s 的短延时保护很好配合。

（6）高压熔断器熔断时间与真空接触器允许可靠切断的短路电流（3800A）配合计算。$I_{FU.N}=250A$，$I_K=3400A$ 对应的熔断时间为 0.1s，如考虑 1.3 倍误差后，$I_K=3400/1.3=2600$（A）对应的熔断时间为 1s，这就很难与电流速断保护配合。变压器额定容量为 1000kVA、$u_k\%=6$，低压母线短路时最大短路电流为

$$I_K^{(3)}=\frac{I_{bs}}{X_S+X_T}=\frac{9160}{0.444+6}=1420(A)$$

选取 $I_{FU.N}=200A$，查熔断器熔断时间特性表 4-4 知，在 1420A 时，熔断器最小熔断时间 $t_{FU.min}\approx 1.1s$，这可与低压侧馈线全为 0.3s 的短延时保护很好配合。如考虑 1.3 倍误差后，$I_K=1.3\times 1420=1850$（A）对应的熔断时间为 0.9s，则与低压侧馈线全为 0.3s 的短延时保护也能很好配合。$I_{FU.N}=200A$，$I_K=3400A$ 对应的熔断时间为 0.02s，如考虑 1.3 倍误差后，$I_K=3400/1.3=2600$（A）对应的熔断时间为 0.08s（最大熔断时间 $t_{FU.max}=0.1s$），则高压侧短延时电流速断保护动作时间整定值取 0.3～0.4s，可与熔断器熔断时间配合。所以用于低压厂变 FC 回路时，仅适用于低压厂用变压器额定容量≤1000kVA，$u_k\%=6$，熔断器额定电流 $I_{FU.N}\leq 200A$ 的高压熔断器，可较好地与 400V 馈线保护（低压馈线 0.3s 短延时过电流保护）配合，同时也能与高压侧带 0.3～0.4s 的电流速断保护配合。用于低压厂变 FC 回路中的高压熔断器，其额定电流最好不要超过 200A。本实例中容量为 1250kVA、$u_k\%=6$ 的低压厂用变压器，FC 回路中的高压熔断器权衡利弊，熔件由原设计 160A 改选取 $I_{FU.N}=200A$（这与低压馈线 0.3s 短延时过电流保护选择性配合稍差一些）。

近年来，1250kVA 厂用变压器，$I_{FU.N}=160A$，在变压器低压出线短路时，高压熔断器有非选择性熔断；而 $I_{FU.N}>200A$ 时高压侧短路时，真空接触器先于熔断器熔断动作而爆炸的案例。

三、相电流速断保护

（一）动作判据

由于微机保护可以很容易满足符合被保护设备要求的动作判据和动作特性，实现功能齐全的综合保护，近年来在高压厂用系统中的高压电动机和低压厂用变压器的继电保护已广泛采用微机型综合保护。本节将重点叙述国产综合保护（WDZ-3T、NEP-983、WCB-820 型等）和国外 ABB 生产的 SPAJ140C 型综合保护的整定计算。

1. 国产综合保护动作判据

国产综合保护动作判据为

$$\left.\begin{aligned}I_{max}&\geq I_{op.set}\\t&\geq t_{op}\end{aligned}\right\}\tag{4-78}$$

$$I_{max}=\max(I_a、I_b、I_c)$$

式中 I_{max}——三相电流中的最大相电流（A）；

$I_{op.set}$——速断保护动作电流整定值（A）；

t_{op}——速断保护动作时间（固有动作时间为 0.04s）（s）。

2. SPAJ140C 型综合保护动作判据

国外进口厂变用综合保护，其配置和动作判据以及工作特性都是大同小异。今以 ABB 生产的 SPAJ140C 型综合保护作简要介绍。变压器高压侧相电流速断保护根据整定要求可以设置空载投入时相电流速断动作电流翻倍，即空载投入变压器时动作判据为

$$\left.\begin{aligned}I_{max}&\geqslant 2I_{op.set}\\ t&\geqslant t_{op}\end{aligned}\right\}\tag{4-79}$$

式中符号含义同前。

空载投入结束后，相电流速断动作电流恢复至整定值，即正常运行时动作判据为

$$\left.\begin{aligned}I_{max}&\geqslant I_{op.set}\\ t&\geqslant t_{op}\end{aligned}\right\}\tag{4-80}$$

式中符号含义同前。

使用翻倍与否，可在控制字开关 SGF1/5 中设置（0 为不翻倍，1 为翻倍）。

（二）整定计算

1. 用于真空断路器的国产综合保护

（1）相电流速断保护动作电流计算。

1）按躲过厂变低压母线三相短路电流计算，即

$$I_{op}=K_{rel}\frac{I_{K.max}^{(3)}}{n_{TA}}\tag{4-81}$$

式中 I_{op}——速断保护二次动作电流整定值；

K_{rel}——可靠系数，一般取 1.3；

$I_K^{(3)}$——厂变低压母线故障时的最大短路电流；

n_{TA}——电流互感器变比。

2）按躲过空载合闸时励磁涌流计算，即

$$I_{op}=KI_{T.N}/n_{TA}\tag{4-82}$$

式中 K——励磁涌流倍数，取 7～12；

$I_{T.N}$——低压厂变高压侧额定电流；

其他符号含义同前。

动作电流取式（4-81）、式（4-82）计算的较大值。

（2）灵敏度为

$$K_{sen}^{(3)}=\frac{I_K^{(3)}}{I_{op}n_{TA}}\geqslant 2\tag{4-83}$$

式中 $I_K^{(3)}$——低压厂变高压入口处短路电流。

（3）动作时间计算。仅为固有动作时间，动作时间整定值取

$$t_{op}=0\text{s}\tag{4-84}$$

2. 用于真空断路器时SPAJ140C型综合保护

相电流速断保护动作电流计算的整定计算方法基本上同1.，由式（4-81）、式（4-82）计算，不同之处有下面2点。

（1）动作电流整定值用继电器额定电流 I_n 的相对值表示（以下其他保护如过电流保护等均亦如此，下文中不再叙述），即

$$I_{op}^{*}=K_{rel}\frac{I_{K.max}^{(3)}}{n_{TA}}\times\frac{1}{I_n} \tag{4-85}$$

如继电器额定电流 $I_n=5A$ 时，则

$$I_{op}^{*}=K_{rel}\frac{I_{K.max}^{(3)}}{n_{TA}}\times\frac{1}{5}$$

式中 I_{op}^{*}——动作电流相对值（以继电器额定电流为基准）；

I_n——继电器额定电流（如 $I_n=5A$ 或 $I_n=1A$）；

其他符号含义同前。

（2）速断动作电流整定值可以按空载合闸时翻倍整定，也可以按不翻倍整定，这在控制字中设定。由于发电厂厂用变压器电流速断保护不允许伸入低压母线，所以不采用翻倍整定原则。

3. FC回路的国产综合保护（一）

FC回路所用综合保护相电流速断整定计算，需考虑速断保护应与高压熔断器熔断时间配合，所以速断保护一般均带有短延时。

（1）相电流速断保护动作电流计算。

1）与低压侧馈线最大瞬时电流速断保护配合计算。由于电流速断保护带有短延时动作时间，所以其动作电流可以与低压馈线瞬时电流速断保护最大动作电流配合计算，即

$$I_{op}=K_{rel}n_{sen}\times\frac{I_{L.OP.max}}{n_{TA}}\times\frac{U_{L.N}}{U_{H.N}} \tag{4-86}$$

式中 K_{rel}——可靠系数，一般取1.2～1.3；

n_{sen}——低压侧两相短路时高、低压侧电流灵敏系数之比；

$I_{L.OP.max}$——低压馈线最大瞬时速断一次动作电流（A）；

$U_{L.N}$——变压器低压侧额定电压（kV）；

$U_{H.N}$——变压器高压侧额定电压（kV）；

n_{TA}——电流互感器变比。

当用式（4-86）计算时，应考虑变压器接线组别和电流速断保护用TA及继电器接线方式不同时，两侧灵敏度不一致时的配合系数。例如，Dyn11接线的变压器，高压侧用TA不完全星形三元件接线的过电流保护时，低压侧两相短路时高、低压侧电流灵敏系数比为 $n_{sen}=\frac{2}{\sqrt{3}}=1.155$。实际计算时由式（4-86）计算的值一般小于式（4-81）计算的值。

2）按躲过变压器励磁涌流计算。由于带有少许延时，可取

$$I_{op}=K\times\frac{I_{T.N}}{n_{TA}} \tag{4-87}$$

式中 K——励磁涌流倍数（由于带有少许延时，可取 $K=6$～10）；

$I_{T.N}$——变压器高压侧额定电流（A）。

3）按低压母线短路时有一定的灵敏度计算。如由式（4-86）、式（4-87）计算，保护伸入低压侧太远时，则可适当再提高其动作值。按低压母线短路时有一定的灵敏度计算，即

$$I_{op}=\frac{I_K^{(2)}}{K_{sen}n_{TA}} \tag{4-88}$$

式中 K_{sen}——灵敏系数，取1.25；

$I_K^{(2)}$——低压母线两相短路电流（A）。

4）按躲过厂变低压母线短路计算。当厂变低压馈线用短延时速断保护时，动作电流应按躲过厂变低压母线短路计算，即

$$I_{op}=K_{rel}\times\frac{I_{K.max}^{(3)}}{n_{TA}} \tag{4-89}$$

式中符号含义同式（4-81）。

由于低压馈线均为带有短延时电流速断保护，所以实际上低压厂变即使用FC回路，其电流速断保护的动作电流也均应按躲过厂变低压母线短路计算，即由式（4-89）计算。

（2）灵敏度为

$$K_{sen}^{(2)}=\frac{I_K^{(2)}}{I_{op}n_{TA}}\geqslant 2 \tag{4-90}$$

式中 $I_K^{(2)}$——变压器高压出口两相短路电流。

（3）动作时间计算。由于该保护动作后作用于断开真空接触器，所以FC回路电流速断保护动作时间应与熔断器的熔断时间相配合，即 $I_K\geqslant$ 真空接触器允许切断电流（额定断开电流为3800A）时，熔断器应先于保护动作前熔断，FC回路高压熔断器和电流速断保护动作时间特性配合如图4-4所示。图中，在曲线1和曲线2的交点处的短路电流 I_{K1} 时，熔断器和电流速断保护同时动作；当 $I_K>3400$A时，由熔断器熔断切除短路电流；当 $I_{OP.set}<I_K<I_{K1}$ 时，电流速断保护以延时 $t_{op.set}$ 动作切除短路；当 $1.2I_{FU.N}<I_K<I_{OP.set}$ 时，由熔断器熔断切除短路电流。真空接触器允许切断电流为3800A，短路电流 $I_K=0.9\times3800=3400$A时，低压厂变熔断器的最大额定电流为200A，此时其熔断时间约为 $t_{FU.max}=0.05\sim0.1$s。当短路电流 $I_K\geqslant(20\sim25)I_{FU.N}$ 时，$t_{FU.max}$ 一般小于0.04s，即 $I_{FU.N}\leqslant3400/25=136$A时，FC回路电流速断保护可以用固有动作时间与高压熔断器熔断时间配合。

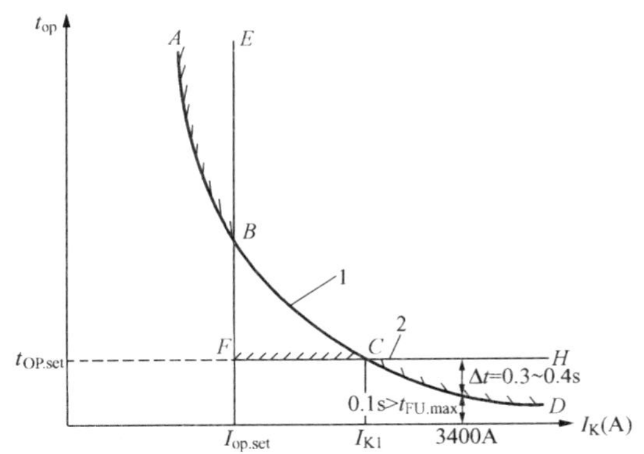

图4-4 FC回路高压熔断器和电流速断保护动作时间特性配合图

1—低压厂变高压熔断器熔断时间特性；2—低压厂变电流速断保护动作时间特性

1）熔断器额定电流 $I_{FU.N}\leqslant125$A时，电流速断保护动作时间为固有动作时间0.06s，取 $I_{FU.N}\leqslant125$A时 $t_{op}=0$s。如固有动作时间<0.06s时，取 $t_{op}=0.1$s。

2）熔断器额定电流 $200\geqslant I_{FU.N}>125$A时，电流速断保护动作时间应带短延时，即

$200A \geqslant I_{FU.N} > 125A$ 时有

$$t_{op} = t_{FU.max} + \Delta t = 0.3 \sim 0.4s$$

式中 t_{op}——电流速断保护动作时间；

$t_{FU.max}$——考虑误差后熔断器最大熔断时间。

FC 回路电流速断保护动作时间整定值为

$$\left.\begin{aligned} &\text{当 } I_{FU.N} \leqslant 125A \text{ 时，为固有动作时间 } 0.06s\text{，即取} \quad t_{op} = 0 \sim 0.1s \\ &\text{当 } 125A < I_{FU.N} \leqslant 200A \text{ 时，} \quad t_{op} = 0.3 \sim 0.4s \end{aligned}\right\} \tag{4-91}$$

4. FC 回路的国产综合保护（二）

有 FC 回路闭锁保护跳闸出口功能的国产综合保护，装置设有当短路电流超过其整定值时，自动将综合保护跳闸出口回路闭锁，以防止真空接触器切断超过其允许的短路电流。所以，具有 FC 回路闭锁保护跳闸出口功能的综合保护，其相电流速断整定计算，不需要考虑电流速断保护动作时间与高压熔断器熔断时间配合，不需要增加短延时，可以采用固有动作时间，这样可以充分利用无时限相电流速断和无时限单相接地零序过电流保护功能，既简化保护的整定计算，同时又有提高保护快速性的优点。有 FC 回路闭锁保护跳闸出口功能的综合保护的整定计算如下。

（1）FC 回路闭锁保护跳闸出口动作电流 I_{art} 计算。当短路电流 $\geqslant I_{brk.FC}$ 时，应按无延时闭锁保护跳闸出口回路原则进行计算，即

$$\left.\begin{aligned} 20I_{TA \cdot n} \geqslant I_{art} = \frac{I_{brk.FC}}{K_{rel}n_{TA}} \\ n_{TA} = \frac{I_{TA.N}}{I_{TA.n}} \geqslant \frac{I_{FC.N}}{I_{TA.n}} \end{aligned}\right\} \tag{4-92}$$

式中 I_{art}——FC 回路闭锁保护出口动作电流整定值（A）；

$I_{brk.FC}$——真空接触器允许断开电流（A）；

$I_{FU.N}$——熔断器额定电流；

$I_{TA.N}$——TA 一次额定电流；

$I_{TA.n}$——TA 二次额定电流（5A 或 1A）；

K_{rel}——可靠系数 1.3～1.5；

n_{TA}——TA 变比。

为防止因 TA 饱和 FC 回路闭锁出口拒动，TA 变比不能太小，I_{art} 整定值不能太大，同时 FC 回路闭锁动作电流整定值应小于 TA 饱和电流，即 TA 一次额定电流 $I_{TA.N} \geqslant I_{FU.N}$。当短路电流 $I_K < 20I_{FC.N}$ 时，保证 FC 回路闭锁出口可靠动作；当 $I_K \geqslant 20I_{FC..N}$ 时，FC 回路闭锁可能因 TA 饱和拒动，但此时熔断器快速熔断，熔断时间 $t_{FU.brk} < 0.05s$，所以式（4-92）就保证短路电流 $I_K > I_{brk.FC}$，而 $I_K < 20I_{FU \cdot N}$ 速断保护出口被闭锁。若 $I_K > I_{brk.FC}$，同时 $I_K > 20I_{FC.N}$，则熔断器先于保护动作而熔断；$I_K < I_{brk.FC}$ 由速断保护动作真空接触器允许切断短路电流，从而达到熔断器、FC 回路闭锁和保护选择性动作的要求。当 TA 变比较小，式（4-92）计算值 $I_{art} \geqslant 100A$ 时，尽可能用 $I_{art} < 100A$ 的整定值（应避免 TA 饱和时 FC 回路闭锁保护拒动）。

（2）相电流速断保护动作电流计算，同式（4-81）。

（3）动作时间，即 $t_{op}=0\sim0.1\text{s}$（保护为固有动作时间）。

5. 用于 FC 回路 ABB 生产 SPAJ140C 型综合保护

同上 3. FC 回路的国产综合保护（一）电流速断保护整定计算，与式（4-85）、式（4-91）相同。

四、过电流保护

（一）动作判据

1. 综合保护动作判据

综合保护（如 WDZ-3、NEP-983、WCB-110、SPAJ140C 型等）动作判据为

$$\left.\begin{aligned} I_{max} &\geqslant I_{op.set} \\ t &\geqslant t_{op} \quad \text{时动作} \end{aligned}\right\} \tag{4-93}$$

式中 I_{max}——三相电流中的最大相电流（A）；

$I_{op.set}$——过电流保护动作电流整定值（A）；

t_{op}——过电流保护动作时间（s）。

2. 综合保护动作时间特性

综合保护（如 WDZ-3T、NEP-983、WCB-110、SPAJ140C 型等）的动作时间特性可以是定时限、一般反时限、正常反时限、非常反时限、超常反时限等。

（1）定时限动作时间特性为

$$t_{op}=t_{op.set}(\text{s}) \tag{4-94}$$

式中 t_{op}——定时限过电流保护动作时间（s）；

$t_{op.set}$——定时限过电流保护动作时间整定值（s）。

（2）正常反时限动作时间特性。当 $I_{max}\geqslant1.1I_{op.set}$时，动作时间为

$$t_{op}=\frac{0.14}{\left(\dfrac{I_{max}}{I_{op.set}}\right)^{0.02}-1}\times T_{op.set} \tag{4-95}$$

式中 $T_{op.set}$——时间常数整定值；

其他符号含义同前。

（3）非正常反时限动作时间特性。当 $I_{max}\geqslant1.1I_{op.set}$时，动作时间为

$$t_{op}=\frac{13.5}{\dfrac{I_{max}}{I_{op.set}}-1}\times T_{op.set} \tag{4-96}$$

式中符号含义同前。

（4）超常反时限动作时间特性。当 $I_{max}\geqslant1.1I_{op.set}$时，动作时间为

$$t_{op}=\frac{80}{\left(\dfrac{I_{max}}{I_{op.set}}\right)^{2}-1}\times T_{op.set} \tag{4-97}$$

式中符号含义同前。

（5）长反时限特性。当 $I_{max}\geqslant1.1I_{op.set}$时，动作时间为

$$t_{op}=\frac{120}{\dfrac{I_{max}}{I_{op.set}}-1}\times T_{op.set} \tag{4-98}$$

式中符号含义同前。

（6）RI 型特殊时间特性。当 $I_{max} \geqslant 1.1I_{op.set}$时，动作时间为

$$t_{op} = \frac{1}{0.339 - 0.236 \times \dfrac{I_{op.set}}{I_{max}}} \times T_{op.set} \tag{4-99}$$

式中符号含义同前。

（7）RXIDG—特性（对数特性）。当 $I_{max} \geqslant 1.1I_{op.set}$时，动作时间为

$$t_{op} = 5.8 - 1.35\ln\left(\frac{I_{max}}{T_{op.set}I_{op.set}}\right) \tag{4-100}$$

式中符号含义同前。

（二）整定计算

大型发电机组的低压厂变一般采用一或二阶段定时限过电流保护作为短路故障的后备保护（有一阶段定时限过电流保护，也有二阶段定时限过电流的综合保护）。由于保护带有延时，对用于真空断路器和 FC 回路的定时限过电流保护具有相同的整定计算原则。

1. 定时限过电流Ⅰ段保护

（1）动作电流计算。按躲过低压厂变电动机可能最大的自起动电流计算，自起动电流可由实测或计算决定。

1）电动机自起动电流 $I_{st.\Sigma}$为

$$\left.\begin{aligned} I_{st.\Sigma} &= \frac{I_{T.N}}{X_S + \dfrac{u_K\%}{100} + \dfrac{S_{T.N}}{K_{st.\Sigma}S_{M.\Sigma}}\left(\dfrac{U_{M.N}}{U_{T.N}}\right)^2} = \frac{I_{T.N}}{X_S + X_T + X_{st.\Sigma}} \\ X_{st.\Sigma} &= \frac{S_{T.N}}{K_{st.\Sigma}S_{M.\Sigma}}\left(\frac{U_{M.N}}{U_{T.N}}\right)^2 \end{aligned}\right\} \tag{4-101}$$

式中 $I_{st.\Sigma}$——电动机群总自起动电流(A)；
$K_{st.\Sigma}$——电动机群总自起动电流倍数,取平均值 $K_{st.\Sigma} = 4 \sim 4.5$；
$I_{T.N}$——变压器额定电流(A)；
$u_K\%$——变压器短路电压的百分值；
X_S——系统至 6kV 厂用母线阻抗相对值(以变压器额定容量为基准)；
$S_{T.N}$——变压器额定容量(kVA)；
$S_{M.\Sigma}$——参加自起动电动机额定容量之和(kVA)；
$U_{T.N}$——变压器低压侧额定电压(如 400V)；
$U_{M.N}$——电动机额定电压(如 380V)；
$X_{st.\Sigma}$——电动机群总自起动等效电抗相对值(以变压器额定容量为基准)；
X_T——变压器电抗的相对值。

2）电动机自起动时低压母线电压相对值 $U_{st.m}$为

$$U_{st.m} = \frac{\dfrac{S_{T.N}}{K_{st.\Sigma}S_{M.\Sigma}}\left(\dfrac{U_{M.N}}{U_{T.N}}\right)^2}{X_S + \dfrac{u_K\%}{100} + \dfrac{S_{T.N}}{K_{st.\Sigma}S_{M.\Sigma}}\left(\dfrac{U_{M.N}}{U_{T.N}}\right)^2} = \frac{X_{st.\Sigma}}{X_S + X_T + X_{st.\Sigma}} \tag{4-102}$$

式中符号含义同式（4-101）。

当$U_{st.m}\leqslant 60\%$时，应加装低电压保护切除足够容量的Ⅱ、Ⅲ类电动机，使$U_{st.m}\geqslant 60\%$，以保证重要电动机自起动。

3）动作电流整定值。按躲过电动机自起动电流计算，即

$$I_{op}=K_{rel}\frac{I_{st.\Sigma}}{n_{TA}} \tag{4-103}$$

式中 K_{rel}——可靠系数，一般取1.1～1.2；

n_{TA}——TA变比。

(2) 定时限过电流保护动作时间计算。与400V低压侧馈线保护最长动作时间配合计算，即

$$t_{op}=t_{op.max}+\Delta t \tag{4-104}$$

式中 $t_{op.max}$——低压厂用母线馈线过电流保护最长的动作时间；

Δt——时间级差。

$t_{op.max}$为馈线带延时过电流保护的最长动作时间或低压馈线熔断器在厂变过电流保护折算至低压侧动作电流时最长的熔断时间。当与馈线保护过电流保护最长的动作时间配合，且上下级均为高精度时间继电器时，时间级差Δt=0.3～0.4s（当上、下级为电磁型时间继电器时，Δt=0.5s）；如与熔断器熔断时间配合，且熔断器熔断时间≪0.1s时，Δt=0.3s；当熔断器熔断时间为0.1～0.5s时，Δt=0.5s；当熔断器熔断时间＞0.5s时，Δt=0.5～0.7s。

(3) 灵敏度计算。计算式为

$$\left.\begin{aligned}&\text{Dyn11 接线的变压器} \quad K_{sen}^{(2)}=K_{sen}^{(3)}=\frac{I_{K.min}^{(3)}}{I_{op}n_{TA}}\geqslant(1.5\sim2)\\&\text{Yyn12 接线的变压器} \quad K_{sen}^{(2)}=0.866\times\frac{I_{K.min}^{(3)}}{I_{op}n_{TA}}\geqslant(1.5\sim2)\end{aligned}\right\} \tag{4-105}$$

式中 $I_{K.min}^{(3)}$——低压母线最小三相短路电流（A）；

其他符号含义同前。

2. 第Ⅱ段定时限过电流保护

有二阶段定时限过电流的综合保护，由于第Ⅰ段定时限过电流保护是按躲过电动机自起动原则计算，所以比其更灵敏的第Ⅱ段定时限过电流保护动作时间必然应躲过电动机自起动时间，因此作短路的后备保护已无意义。为充分应用其第Ⅱ段过电流保护功能，可将其作为变压器严重过负荷保护，动作于跳闸。

(1) 第Ⅱ段过电流保护为严重过负荷保护。按躲过变压器正常过负荷电流和允许的最长时间计算，即

$$\left.\begin{aligned}I_{op}&=K_{rel}I_{T.N}/n_{TA}\\t_{op}&=120\sim180\text{s}\end{aligned}\right\} \tag{4-106}$$

式中 K_{rel}——可靠系数，取1.3～1.5；

$I_{T.N}$——变压器高压侧额定电流；

其他符号含义同前。

(2) 第Ⅱ段过电流保护为短路故障后备保护。按躲过电动机自起动时间计算，即

$$\left.\begin{aligned} I_{op} &= \frac{K_{rel} I_{T.N}}{K_{re} n_{TA}} \\ t_{op} &= 1.2 t_{st.\Sigma} = (8 \sim 10)\text{s} \end{aligned}\right\} \quad (4\text{-}107)$$

式中 K_{rel}——可靠系数，取 1.3～1.3；

K_{re}——返回系数，取 0.95；

其他符号含义同前。

第Ⅱ阶段过电流保护动作于跳闸。

3. 低压厂用变压器反时限过负荷保护整定计算

本保护作低压厂用变压器严重过负荷或短路电流小于 3～4 倍额定电流时保护功能的补充。

(1) 起动电流整定值计算 $I_{op.set}$。按躲过厂变高压侧额定电流或正常最大负荷电流计算

$$I_{op.set} = K_{rel.i} I_{t.n} \quad (4\text{-}108)$$

式中 $K_{rel.i}$——动作电流可靠系数，取 1.1～1.2（一般可取 1.15）；

$I_{t.n}$——厂变高压侧额定二次电流（A）。

(2) 动作方程选定。厂变反时限过负荷保护，一般选用超常反时限动作时间特性，按式（4-97）计算为

当 $I_{max} \geqslant 1.1 I_{op.set}$ 时动作时间

$$t_{op} = \frac{80}{\left(\dfrac{I_{max}}{I_{op.set}}\right)^2 - 1} \times T_{op.set} \quad (4\text{-}108a)$$

(3) 动作时间 t_{op} 计算。

1) 按躲过电动机自起动时间计算，即

$$t_{op} = K_{rel.t} \times t_{st\Sigma}$$

式中 t_{op}——反时限过负荷保护为躲过电动机自起动的动作时间（s）；

$K_{rel.t}$——动作时间可靠系数，取 1.2～1.5；

$t_{st\Sigma}$——电动机自起动时间（s）。

2) 按和低压馈线最长动作时间配合计算，即

$$t_{op} = t_{op.max} + \Delta t$$

(4) 反时限过负荷保护动作时间常数整定值 T_{set} 计算。

1) 按躲过电动机自起动时间按式（4-97）计算为

$$T_{op.set} = \frac{K_{rel.t} \times t_{st\Sigma}}{80}\left[\left(\frac{I_{st\Sigma}}{I_{op.set}}\right)^2 - 1\right] = \frac{K_{rel.t} \times t_{st\Sigma}}{80}\left[\left(\frac{K_{st\Sigma}}{K_{rel.i}}\right)^2 - 1\right] \quad (4\text{-}108b)$$

2) 与低压馈线保护最长动作时间配合按式（4-97）计算为

$$T_{op.set} = \frac{(t_{op.max} + \Delta t)}{80}\left[\left(\frac{I_k^{(3)}}{I_{op.set}}\right)^2 - 1\right] \quad (4\text{-}108c)$$

式中 $t_{op.max}$——低压馈线保护最长动作时间；

$I_k^{(3)}$——低压母线三相短路电流；

Δt——时间级差，取 0.4s；

其他符号含义同前。

取式（4-108b）和式（4-108c）计算较大值。

【例 4-6】 已知：低压厂变额定容量 $S_N=1250\text{kVA}$，$I_N=114.6\text{A}$，$u_k\%=6$，$I_K=1637\text{A}$，电动机自起动时 $I_{st\Sigma}=4$，$t_{st\Sigma}=6\text{s}$，TA 变比 300/5A，$I_{t.n}=114.6/60=1.91$（A），低压馈线最长动作时间 $t_{op.max}=0.3\text{s}$。整定计算反时限过负荷保护整定值。

解 （1）起动电流整定值计算。按躲过厂变高压侧额定电流式（4-108）计算，即

$I_{op.set}=K_{rel.i}I_{t.n}=1.15\times1.91=2.2(\text{A})$

一次动作电流

$$I_{OP.set}=2.2\times60=132(\text{A})$$

（2）动作方程选定。厂变反时限过负荷保护，选用超常反时限动作时间特性。

（3）动作时间 t_{op} 计算。按躲过电动机自起动时间计算，即

$$t_{op}=K_{rel.t}\times t_{st\Sigma}=1.3\times6=8(\text{s})$$

（4）反时限过负荷保护动作时间常数整定值 T_{set} 计算。

1）躲过电动机自起动时间按式（4-108b）计算

$$T_{op.set}=\frac{K_{rel.t}\times t_{st\Sigma}}{80}\left[\left(\frac{I_{st\Sigma}}{I_{op.set}}\right)^2-1\right]=\frac{8}{80}\left[\left(\frac{4}{1.15}\right)^2-1\right]=1.1(\text{s})$$

2）按和低压馈线最长动作时间配合时间级差 $\Delta t=0.4\text{s}$ 的式（4-108c）计算，即

$$T_{op.set}=\frac{(t_{op.max}+\Delta t)}{80}\left[\left(\frac{I_k^{(3)}}{I_{op.set}}\right)^2-1\right]=\frac{0.3+0.4}{80}\left[\left(\frac{1637/60}{2.2}\right)^2-1\right]=1.36$$

取 $I_{op.set}=2.2\text{A}$；$T_{op.set}=1.36\text{s}$。

将整定值代入反时限过负荷保护动作方程可计算出不同电流时的动作时间，并可得反时限过负荷保护动作时间整定特性见表 4-5。

表 4-5　反时限过负荷保护动作时间整定特性表

额定电流倍数	1.32	1.38	1.73	2.3	3.45	4.6	5.75	8.63	11.5	17.3
起动电流倍数	1.15	1.2	1.5	2	3	4	5	7.5	10	15
动作时间（s）	337	247	87	36.27	13.6	7.25	4.5	1.97	1.1	0.49

以上实例在某厂用变压器严重过负荷时反时限过负荷保护曾有正确动作的案例。

4. 过负荷信号

（1）动作电流。取

$$I_{op}=\frac{K_{rel}I_{T.N}}{K_{re}n_{TA}} \tag{4-108d}$$

式中 K_{rel}——可靠系数，取 1.1～1.15；

K_{re}——返回系数，取 0.95；

其他符号含义同前。

（2）动作时间。按躲过电动机自起动计算，取动作时间 $t_{op}=$（5～8）s。动作于信号。用于真空断路器 ABB 生产 SPAJ140C 型综合保护和用于 FC 回路国产综合保护，定时限过电流整定计算与式（4-101）～式（4-105）相同。

五、负序过电流保护

国产低压厂用变压器综合保护，均配置负序过电流保护，作两相短路后备保护，变压器高压侧所设置的定时限过电流保护，由于按躲过电动机自起动计算，其动作电流约为变压器

额定电流的（3.5～4.5）$T_{T.N}$，低压母线短路时灵敏度是足够的，但现实中存在低压馈线短路时，低压馈线保护拒动的情况非常多，而由于负序过电流保护不需躲过电动机的自起动，这比相电流定时限保护有较高的灵敏度。

1. 动作电流整定值

按和低压馈线保护动作电流配合并躲过高压线路非全相运行可能出现的最大负序电流约为 $1.5I_{t.n}$ 计算。即

$$I_{2.op.set}=\max\left\{K_{rel}\frac{I_{L.OP.max}}{\sqrt{3}n_{TA}}\times\frac{U_{L.N}}{U_{H.N}},1.5I_{t.n}\right\} \tag{4-109}$$

式中 $I_{2.op.set}$——负序动作电流整定值（A）；

$I_{L.OP.max}$——低压馈线相电流保护最大动作电流（A）；

K_{rel}——可靠系数，取 1.1～1.15；

$U_{L.N}$——变压器低压侧额定电压（kV）；

$U_{H.N}$——变压器高压侧额定电压（kV）；

$I_{t.n}$——变压器高压侧额定二次电流（A）；

n_{TA}——电流互感器变比。

2. 动作时间整定值

按和低压馈线保护动作时间配合计算，即

$$t_{2.op}=t_{op.max}+\Delta t$$

式中 $t_{op.max}$——低压厂用馈线保护过电流保护最长的动作时间；

Δt——时间级差。

负序过电流保护动作于跳闸。

六、高压侧单相接地零序过电流保护

（一）动作判据

1. 国产综合保护动作判据（一）

（1）相电流作制动量的零序过电流保护动作判据。采用零序电流互感器组成的低压厂变高压侧零序过电流保护，为防止区外短路时在变压器高压侧产生较大不平衡电流，造成高压侧零序过电流保护误动，保护采用最大相电流作制动量的零序过电流保护动作判据为：

$$\left.\begin{aligned}&\text{当 } I_{max}\leqslant 1.05I_{t.n}\text{ 时}\quad 3I_{0.h}\geqslant 3I_{0.op}=3I_{0.op.set}\\&\text{当 } I_{max}>1.05I_{t.n}\text{ 时}\quad 3I_{0.h}\geqslant 3I_{0.op}=\left[1+\frac{\frac{I_{max}}{I_{t.n}}-1.05}{4}\right]\times 3I_{0.op.set}\\&t\geqslant t_{0.op.set}\end{aligned}\right\} \tag{4-110}$$

式中 $3I_{0.h}$——高压侧单相接地零序电流互感器 TA0 的二次电流（A）；

$3I_{0.op.set}$——高压侧单相接地零序过电流保护动作电流整定值（A）；

$3I_{0.op}$——高压侧单相接地零序过电流保护动作电流（A）；

$I_{t.n}$——低压厂变高压侧 TA 变压器额定二次电流（A）；

I_{max}——低压厂变高压侧 TA 最大相二次电流（A）；

$t_{0.op.set}$——零序过电流保护动作时间整定值（s）。

(2) 相电流作制动量的零序过电流保护动作特性。用最大相电流作制动量的零序过电流保护动作特性曲线如图 4-5 所示。图中，AB 段，当 $I_{max}/I_{t.n}<1.05$ 时，$3I_{0.op}=3I_{0.op.set}$；BC 段，当 $I_{max}/I_{t.n}>1.05$ 时，$3I_{0.op}$ 以斜率等于 0.25 按最大相电流增量线性递增。

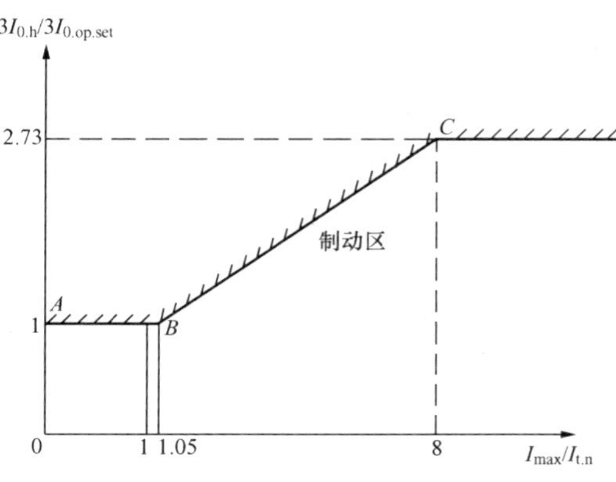

图 4-5 最大相电流作制动量的零序过电流保护动作特性曲线图

2. 国产综合保护动作判据（二）

其他国产综合保护（如 WCB-822、NEP-983A 型等）高压侧单相接地零序过电流动作判据为

$$\left.\begin{aligned}3I_{0.h}&\geqslant 3I_{0.op.set}\\ t&\geqslant t_{0.op.set}\end{aligned}\right\}\tag{4-111}$$

式中符号含义同前。

ABB 生产的 SPAJ140C 型综合保护不含高压侧单相接地零序过电流保护，应单独另行加装高压侧单相接地过电流保护。

(二) 真空断路器综合保护（分裂元件）整定计算

1. 中性点不接地系统单相接地保护整定计算

(1) 一次动作电流整定值 $3I_{0.OP.set}$ 计算。按躲过区外单相接地时流过保护安装处单相接地电流计算，即

$$\left.\begin{aligned}3I_{0.OP.set}&=K_{rel}I_K^{(1)}\\ I_K^{(1)}&=3I_C\end{aligned}\right\}\tag{4-112}$$

式中 K_{rel}——可靠系数（保护动作信号时取 2～2.5；保护动作跳闸时取 2.5～3）；

$I_K^{(1)}$——高压侧单相接地时被保护设备供给短路点的单相接地电流（A）；

I_C——被保护设备的单相电容电流（A）。

(2) 灵敏度为

$$K_{sen}^{(1)}=\frac{I_{K.\Sigma}^{(1)}-I_K^{(1)}}{3I_{0.OP}}\geqslant 1.5\sim 2\tag{4-113}$$

式中 $I_{K\Sigma}^{(1)}$——区内单相接地时接地点的电流（A）；

$3I_{0.OP}$——高压侧单相接地零序过电流保护一次动作电流（A）。

因此当用动作判据式（4-110）时有

$$3I_{0.OP}=\left(1+\frac{I_{max}/I_{m.n}-1.05}{4}\right)3I_{0.OP.set}\tag{4-114a}$$

当用动作判据式（4-111）时有

$$3I_{0.OP}=3I_{0.OP.set}\tag{4-114b}$$

式中符号含义同前。

(3) 动作时间整定值与作用方式。

1) 当 6kV 单相接地电流 $I_K^{(1)}\geqslant 10$A 时，保护动作于跳闸方式，此时动作时间 $t_{0.op}=0.5\sim 1$s。

2）当6kV接地电流 $I_K^{(1)}<10A$ 时，300MW及以上机组，根据计算如果满足选择性和灵敏度要求时，建议作用于跳闸方式，动作时间取 $t_{0.op.set}=0.5\sim1s$。

3）当6kV接地电流 $I_K^{(1)}<10A$ 时，根据计算，如果不能很好满足选择性和灵敏度要求时，动作于信号方式，动作时间取 $t_{0.op.set}=0s$。

2. 中性点经小电阻接地系统单相接地保护整定计算

目前大型发电机组高压厂用系统中性点均为小电阻接地方式。

（1）一次动作电流整定值 $3I_{0.OP.set}$ 计算。

1）按躲过区外单相接地时流过保护安装处单相接地电流计算，按式（4-112）计算。

2）按躲过低压母线三相短路时最大不平衡电流计算。一次三相电流在平衡情况下，由于三相电流漏磁通不一致而产生磁不平衡电流，根据在不同条件下多次实测的结果，磁不平衡电流值 I_{unb} 均小于 $0.005I_p$（I_p 为平衡的三相电流），因此有

$$3I_{0.OP.set}=K_{rel}K_{unb}\frac{I_{T.N}}{X_T}=1.5\times0.005\times\frac{I_{T.N}}{0.06}=0.13I_{T.N}$$

式中 $3I_{0.OP.set}$——单相接地保护一次动作电流整定值（A）；

K_{rel}——可靠系数，取1.5；

K_{unb}——TA0三相磁不平衡电流误差（实测 $K_{unb}<0.005$，取0.005）；

X_T——低压厂变阻抗相对值（一般为0.045～0.06），取0.06；

$I_{T.N}$——厂用变压器高压侧额定电流（A）。

按经验公式计算则有

$$3I_{0.OP.set}=(0.1\sim0.2)I_{T.N} \qquad (4\text{-}115)$$

当变压器容量≤1250MVA，$u_k\leqslant6\%$ 时，取 $3I_{0.OP.set}=(0.15\sim0.2)I_{T.N}$；当变压器容量≥1250MVA，$u_k\geqslant6\%$ 时，取 $3I_{0.OP.set}=(0.1\sim0.15)I_{T.N}$。取式（4-112）、式(4-115)计算的较大值（按经验，800～1250kVA变压器的单相接地保护动作电流整定值 $3I_{0.OP.set}=10\sim15A$；1600kVA及以上的变压器取 $3I_{0.OP.set}=15\sim25A$），即可得到一次动作电流整定值。

（2）灵敏度为

$$K_{sen}^{(1)}=\frac{I_{K.\Sigma}^{(1)}}{3I_{0.OP}}\geqslant2 \qquad (4\text{-}116)$$

$$I_{K\Sigma}^{(1)}=3I_{K0\Sigma}^{(1)}=\frac{\frac{U_N}{\sqrt{3}}}{R_N}\quad(A) \qquad (4\text{-}117)$$

式中 $I_{K\Sigma}^{(1)}$——小电阻接地系统单相接地电流（A）；

U_N——高压侧额定电压（V）；

R_N——高压厂变中性点接地电阻（Ω）。

其他符号含义同前。

（3）动作时间计算。保护为固有动作时间0.04～0.06s，或取 $t_{0.op.set}=0.05s$。

（4）作用于跳闸方式。

（三）FC回路综合保护（分裂元件）整定计算

1. 中性点不接地系统单相接地保护整定计算

整定计算同式（4-112）。

2. 中性点经小电阻接地系统单相接地保护整定计算

（1）一次动作电流计算。同式（4-112）、式（4-115）。

（2）动作时间计算。

1）无 FC 回路闭锁保护跳闸出口功能的动作时间。考虑两相接地短路时与相电流速断保护动作时间相似的配合原则，当短路电流 $I_K \geqslant 3400A$ 时，熔断器应按先于单相接地零序过电流保护动作前熔断的原则计算，同式（4-91）。

2）有 FC 回路闭锁保护跳闸出口功能的动作时间。不必考虑两相接地短路时单相接地零序过电流保护与熔断器熔断时间配合，保护为固有动作时间 0.04～0.06s，或取 $t_{0.op.set}=0.05s$。

（四）注意的问题

（1）高压侧单相接地的零序过电流保护整定计算给出一次动作电流整定值 $3I_{0.OP.set}$，但装置动作判据和装置的整定值要求的都是二次电流倍数，由于零序电流互感器 TA0 和零序电流回路的特殊性，即 TA0 的变比与零序电流回路阻抗有关，且 TA0 一、二次电流是非线性关系，所以往往给定动作电流整定倍数后，其一次动作电流误差较大。所以在现场调试整定值时，应以通入一次动作电流为准，如对相同类型的单相接地保护装置、相同的 TA0 和相同的一次电流整定值，当相同的动作电流整定倍数用在不同设备上时，实际一次动作电流不完全相同（有时实际的一次动作电流相差甚大），这是在整定计算和现场调试中应注意的问题。

（2）中性点经小电阻接地系统，由于单相接地电流在（200～900）A，在单相接地时，高压厂用系统专用零序电流互感器 TA0 及微机综合保护内部测量电流互感器，应避免出现饱和现象，防止造成单相接地保护拒动，所以在投产调试时应通入实际的最大单相接地电流，验证 TA0 及微机综合保护内部测量电流互感器不应饱和，以保证单相接地保护可靠正确动作（低压厂用变压器及高压电动机）。

七、低压侧中性点零序过电流保护

（一）动作判据和动作时间特性

1. 动作判据

综合保护（如 WDZ-3T、NEP-983、WCB-110、SPAJ140C 型等）动作判据为

$$\left.\begin{array}{l} 3I_{0.L} \geqslant 3I_{0.op.set} \\ t \geqslant t_{0.op} \end{array}\right\} \tag{4-118}$$

式中 $3I_{0.L}$——变压器中性点 TA0 二次电流（A）；

$3I_{0.op.set}$——变压器中性点零序保护动作电流整定值（A）；

$t_{0.op}$——零序保护动作时间（s）。

2. 动作时间特性

综合保护（如 WDZ-3T、NEP-983、WCB-110、SPAJ140C 型等）零序过电流保护动作时间特性可以是定时限、正常反时限、非常反时限、超常反时限等。动作时间特性将式（4-94）～式（4-100）中的最大相电流 I_{max}用变压器中心点侧 TA0 二次电流 $3I_{0.L}$替代，相应地将 $I_{op.set}$用 $3I_{0.op.set}$替代，$T_{op.set}$用 $T_{0.op.set}$替代后相同。

（二）变压器中性点零序过电流整定计算

用于真空断路器或 FC 回路各种类型综合保护的整定计算相同。

1. 动作电流计算

(1) 按躲过正常最大不平衡电流计算。根据经验公式有

$$3I_{0.op}=0.25\times\frac{I_{T.L.N}}{n_{TA0}} \tag{4-119}$$

式中 $I_{T.L.N}$——变压器低压侧额定电流（A）；

n_{TA0}——变压器中性点零序电流互感器变比。

(2) 与低压侧电动机及馈线保护配合计算。

1) 电动机及馈线有零序过电流保护时，应与零序过电流保护最大动作电流配合计算，即

$$3I_{0.op}=K_{rel}\times 3I_{0.OP.L.max}/n_{TA0} \tag{4-120}$$

式中 K_{rel}——可靠系数，一般取1.15～1.2；

$3I_{0.OP.L.max}$——电动机或馈线单相接地保护最大动作电流（A）。

2) 电动机或馈线无单相接地零序过电流保护时，应与相电流保护最大动作电流配合计算，即

$$3I_{0.op}=K_{rel}I_{OP.L.max}/n_{TA0} \tag{4-121}$$

式中 K_{rel}——可靠系数，一般取1.15～1.2；

$I_{OP.L.max}$——电动机或馈线相电流保护最大一次动作电流（A）。

如由式（4-121）计算变压器的零序过电流保护动作值$3I_{0.op}$可能太大，以致超过该继电器的整定范围或出现灵敏度不能满足要求的情况时，则电动机或低压馈线应加装单相接地保护。

(3) 灵敏度为

$$K_{sen}^{(1)}=\frac{I_K^{(1)}}{3I_{0.op}n_{TA0}}\geqslant 2 \tag{4-122}$$

式中 $I_K^{(1)}$——变压器低压母线单相接地短路电流。

2. 动作时间$t_{0.op}$计算

变压器中性点零序过电流保护动作时间可用定时限，也可用反时限，根据下一级零序过电流保护动作特性决定。当低压馈线无熔断器保护时，变压器中性点采用定时限零序过电流保护。当低压馈线有熔断器保护时，变压器中性点采用正常反时限零序过电流保护。

(1) 与所有低压馈线零序保护最长动作时间配合计算，即

$$t_{0.op}=t_{0.op.max}+\Delta t \tag{4-123}$$

式中 $t_{0.op.max}$——低压馈线单相接地保护最长动作时间；

Δt——时间级差，取Δt=0.3～0.4s。

(2) 与低压馈线相电流保护配合计算。当低压馈线无零序保护时，应与低压馈线相电流保护配合计算，即

$$t_{0.op}=t_{op.max}+\Delta t \tag{4-124}$$

式中 $t_{op.max}$——低压馈线相电流保护最长动作时间；

Δt——时间级差，一般取Δt=0.3～0.4s。

(3) 与熔断器熔断特性曲线配合计算。低压馈线有熔断器保护时，变压器中性点侧零序

过流应与熔断器熔断特性曲线配合，此时变压器中性点侧零序过流保护可采用反时限特性保护。为与熔断器特性配合，其时限级差可取 0.5～0.7s，变压器中性点侧零序过流保护和低压馈线熔断器特性配合如图 4-6 所示。

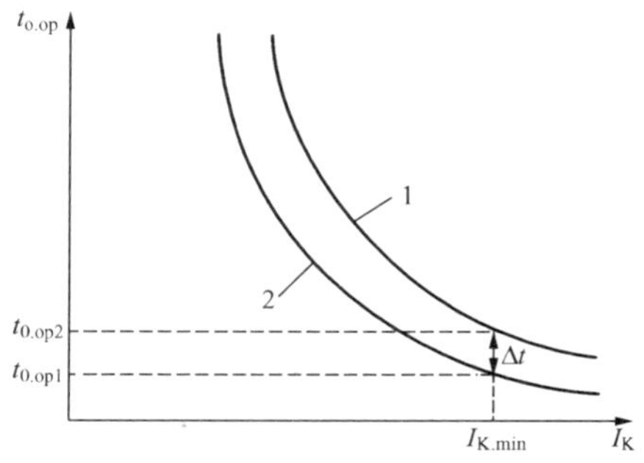

图中，曲线 1 和曲线 2 在整个保护范围内均应有足够的时间级差 $\Delta t=0.5\sim0.7\text{s}$，馈线末端最小单相接地短路电流为 $I_{\text{K.min}}^{(1)}$ 时，变压器中性点零序过电流保护动作时间 $t_{0.\text{op2}}$ 应比馈线由熔断器熔断时间 $t_{0.\text{op1}}$ 大时间级差 $\Delta t=0.5\sim0.7\text{s}$，即

$$t_{0.\text{op2}}=t_{0.\text{op1}}+\Delta t \tag{4-125}$$

图 4-6 变压器中性点侧零序过流保护和低压馈线熔断器特性配合图

1—变压器中性点零序过电流保护动作时间特性曲线；2—低压馈线熔断器熔断时间特性曲线

八、低压侧自动空气断路器智能保护

现在大机组的低压厂变低压侧均装设带智能保护自动空气断路器，而实际上变压器短路故障保护均已设置在高压侧，所以低压带智能保护仅有长延时过电流保护可以使用，其他保护均应停用（如综合保护中已有变压器严重过负荷跳闸保护，则长延时过电流保护也应停用）。智能保护整定计算详见本章第二节四、五。

九、非电量保护

（一）气体保护

1. 轻瓦斯保护

动作于信号。

2. 重瓦斯保护

动作流速 $v_{\text{op}}=0.8\sim1\text{m/s}$，动作于跳闸。

（二）温度保护

一般均作用于信号。

1. 变压器上层油温保护

75℃时动作于信号。

2. 变压器绕组温度保护

100℃时动作于信号。

3. 干式变压器绕组温度保护

100℃时动作于信号。130℃根据现场要求必要时可投跳闸。

十、三点补充说明

1. 低压厂变用 FC 回路国产综合保护整定计算说明

国产综合保护为带有 FC 回路闭锁保护跳闸出口功能的综合保护，装置设有当短路电流超过其整定值时，自动将综合保护跳闸出口回路闭锁，以防止真空接触器切断超过其允许的短路电流。所以，具有 FC 回路闭锁保护跳闸出口功能的综合保护，其相电流速断整定计算不需要考虑电流速断保护动作时间与高压熔断器熔断时间配合，不需要增加短延时，可以采用固有动作时间或采用 0.05～0.1s 延时。这样可以充分利用无时限相电流速断和无时限单相接地零序过电流保护功能，既简化保护的整定计算，同时又具有提高保护快速性的优点。所以，其他生产厂家也可借鉴采用FC回路闭锁保护跳闸出口功能，这对简化保护的整定计算、提高FC回路切除短路电流的安全可靠性、缩短切除短路电流的时间都有益。

2. PC所接低压馈线保护整定计算说明

PC所接低压馈线短延时保护，当接收到下一级保护动作的信息时，判故障存在于下一级馈线，低压馈线按短延时动作；低压馈线短延时保护，当未接收到下一级保护动作的信息时，判故障存在于被保护低压馈线，低压馈线瞬时动作。这样短延时保护动作电流可按馈线末端短路有足够灵敏度计算，也无需考虑与下一级保护配合，既简化整定计算又充分发挥保护快速动作功能。

3. 低压厂变纵差动保护整定计算说明

对容量≥2000kVA的低压厂用变压器应加装纵差动保护，其整定计算与第二章相关计算相同（从略）。但火电机组由于除灰除尘变压器工作条件较差，为晶闸管整流负载，当波形严重不对称时，由于两侧为5P20型TA，差动保护出现较大不平衡电流，正常运行时最大不平衡差电流有时较其他变压器大得多，所以适当取较大最小动作电流整定值 $I_{d.op.min}=(0.8\sim1)I_b=(0.8\sim1)I_{t.n}$，和制动特性斜率取 $S_1=0.5$。

第四节　高压电动机继电保护整定计算

额定容量在200kW以上的电动机都采用高压电动机，额定容量在2000kW及以上的高压电动机，其主保护均应加装电动机纵差动保护或加装按相构成磁平衡差动保护。加装纵差动保护或磁平衡差动保护后，仍应配置电动机动力电缆的电流速断保护，切断短路电流可采用以下两种方式。

（1）可以全部采用真空断路器。

（2）可以部分采用真空断路器和FC回路。对额定功率小于1000kW的电动机，可以用FC回路（额定功率 $P_{M.N}>1000$kW或 $P_{M.N}>630$kW而起动时间较长的电动机应用真空断路器）。用不同方式切除短路电流，继电保护的整定计算原则和方法就不相同。

由于综合保护功能涵盖分裂元件的保护，所以本节只重点叙述国产（同时也照顾到常用的进口）综合保护的整定计算。

一、高压电动机FC回路高压熔断器保护

由于FC回路的真空接触器只能接通和断开电动机的起动电流和负荷电流，而不能断开超过其允许断开电流值的短路电流，如额定电压为6.3kV的真空接触器只可断开小于3800A的短路电流，而短路电流超过3800A时，则需用高压熔断器熔断切除短路电流。用于切断高压电动机短路电流的高压熔断器，应可靠躲过电动机正常运行和起动，并且应有一定的可靠系数，同时又要考虑与保护动作时间的配合。

1. 高压熔断器额定遮断电流 $I_{brk.N}$ 和额定电压 U_N 计算

高压熔断器额定遮断电流 $I_{brk.N}$ 和额定电压 U_N 计算同式（4-73）、式（4-74）。

2. 高压熔断器熔件额定电流 $I_{FU.N}$ 计算

（1）按躲过正常负荷电流 I_N 计算，即

$$I_{FU.N}=K_{rel}\times I_{M.N} \tag{4-126}$$

式中 K_{rel}——可靠系数，一般取 2。

有选择高压熔断器熔件额定电流 $I_{FU.N}=1.7\times I_{M.N}$，如 B 厂一台渣水泵，起动时间<5s、$I_{M.N}=30A$、$I_{FU.N}=50A$，高压熔断器熔件在电动机起动过程中多次熔断，后换用 $I_{FU.N}=63A$ 高压熔断器，电动机起动才正常。

（2）按躲过电动机起动电流计算。高压熔断器熔件额定电流 $I_{FU.N}$应躲过电动机起动电流计算。用于高压电动机的 K81SDX 型高压熔断器熔断时间特性如表 4-6 所示。由表 4-6 可以看出，K81SDX 型熔断器的熔断时间特性如下：

1）电动机起动时间 $t_{st}\leqslant 5s$ 时，由表 4-6 知，在 $6I_{FU.N}$时熔断器熔断时间 $t_{FU.op}>5s$。当电动机起动时间 $t_{st}\leqslant 5s$ 时，为保证电动机起动过程中熔件可靠不熔断，则 $6I_{FU.N}=K_{rel}\times I_{st}$。于是有

$$I_{FU.N}=K_{rel}\times\frac{I_{st}}{6}=2\times\frac{I_{st}}{6}=\frac{I_{st}}{3} \tag{4-127}$$

表 4-6　　**K81SDX 型高压熔断器熔断时间特性表**

熔断时间 \ 额定电流倍数		2	3	4	5	6	7	8	10	15	20	25
熔断器熔件额定电流	80A	≥1000s	350s	50s	20s	7s	3s	1.5s	0.4s	0.05s	0.02s	<0.02s
	100A	≥1000s	350s	50s	20s	7s	3s	1.5s	0.4s	0.05s	0.02s	<0.02s
	125A	≥1000s	350s	50s	15s	7s	3s	1.5s	0.4s	0.05s	0.02s	<0.02s
	160A	≥1000s	350s	50s	15s	7s	3s	1.5s	0.4s	0.05s	0.02s	<0.02s
	200A	≥1000s	350s	50s	15s	7s	3s	1.5s	0.4s	0.05s	0.02s	<0.02s
	225A	≥1000s	350s	50s	15s	10s	4s	1.5s	0.5s	0.09s	0.03s	<0.02s
	250A	≥1000s	350s	70s	30s	10s	5s	1.5s	0.5s	0.15s	0.04s	0.02s
	280A	≥1000s	350s	100s	30s	15s	5s	3s	1s	0.15s	0.05s	0.03s
	315A	≥1000s	500s	200s	60s	20s	10s	5s	2s	0.3s	0.09s	0.03s

注　1. 计算 $t_{FU.max}$考虑 $0.7I_K$ 时熔断特性的熔断时间或 I_K 时高一级额定电流熔件的熔断时间；
2. 计算 $t_{FU.min}$考虑 $1.3I_K$ 时熔断特性的熔断时间或 I_K 时低一级额定电流熔件的熔断时间。

2）电动机起动时间 $10s\leqslant t_{st}\leqslant 30s$ 时，由表 4-6 知，在 $5I_{FU.N}$时 $t_{FU.op}>10s$，$4I_{FU.N}$时 $t_{FU.op}>30s$。当电动机起动时间 $10s\leqslant t_{st}\leqslant 30s$ 时，为保证电动机起动过程中熔件可靠不熔断，则当 $t_{st}=30s$ 时，$4I_{FU.N}=K_{rel}\times I_{st}$。于是有

$$I_{FU.N}=K_{rel}\times\frac{I_{st}}{4}=2\times\frac{I_{st}}{4}=\frac{I_{st}}{2} \tag{4-128}$$

而当 $t_{st}=10s$ 时，$5I_{FU.N}=K_{rel}\times I_{st}$。于是有

$$I_{FU.N}=K_{rel}\times\frac{I_{st}}{5}=2\times\frac{I_{st}}{5}=\frac{I_{st}}{2.5} \tag{4-129}$$

归纳起来，为躲过电动机起动电流，高压熔断器熔件额定电流 $I_{FU.N}$可计算为：

$$\left.\begin{array}{ll}\text{电动机起动时间 } t_{st}\leqslant 5s \text{ 时} & I_{FU.N}=\dfrac{I_{st}}{3}\\ \text{电动机起动时间 } 5s\leqslant t_{st}\leqslant 10s \text{ 时} & I_{FU.N}=\dfrac{I_{st}}{2.5}\\ \text{电动机起动时间 } 10s\leqslant t_{st}\leqslant 30s \text{ 时} & I_{FU.N}=\dfrac{I_{st}}{2}\end{array}\right\} \tag{4-130}$$

式中 I_{st}——电动机的起动电流，一般取 $I_{st}=(6\sim8)I_{M.N}$；

t_{st}——电动机的起动时间；

$I_{M.N}$——电动机的额定电流；

K_{rel}——可靠系数，取 2。

(3) 与真空接触器（FC 回路中的真空接触器）动作时间配合计算。由于真空接触器只能接通和断开电动机起动电流，不能切断大于 3800A 的短路电流，所以当电动机或电缆发生短路故障，$I_K\geqslant 3800A$ 时，应保证熔断器的熔件先熔断，真空接触器后断开的原则。一般综合保护无时限电流速断保护动作固有时间为 0.06s，接触器断开时间>0.02s，由于真空接触器允许断开的最大短路电流为 3800A，为可靠起见真空接触器按可靠切断 3400A 短路电流计算，熔件额定电流应满足以下几点：

1）熔断器额定电流 $I_{FU.N}\leqslant 125A$ 时。当短路电流 $I_K>(20\sim25)I_{FU.N}$时，熔断器熔断时间 $t_{st}<0.02s$，即 $I_{FU.N}\leqslant\frac{3400}{25}=136\ (A)$ 或 $I_{FU.N}\leqslant 125A$ 时，综合保护电流速断不带时限亦可与高压熔断器配合。因此 $I_{FU.N}\leqslant 125A$ 时，综合保护电流速断不带时限（仅有固有时限）可与高压熔断器配合。

2）熔断器额定电流 $225A\geqslant I_{FU.N}>125A$ 时。$I_K=3400A$ 时，熔断器最长熔断时间约为 0.09s，为可靠起见，综合保护电流速断应带时限 0.3～0.4s，可与高压熔断器配合，即 $I_{FU.N}>125A$ 时，综合保护电流速断应带时限 0.3～0.4s。

3）用 FC 回路允许的高压电动机容量和起动时间。与真空接触器允许断开电流配合计算时，高压电动机用高压熔断器最大额定电流不应超过 225A，即

$$I_{FU.N}\leqslant 225A \tag{4-131}$$

由式（4-130）、式（4-131）计算，可得 FC 回路适用电动机起动时间和对应允许电动机额定容量的关系为：

当电动机起动时间 $t_{st}\leqslant 5s$ 时，电动机额定容量为

$$P_{M.N}\leqslant\sqrt{3}U_{M.N}\frac{3\times I_{FU.N}}{K_{st}}\eta\cos\varphi=\sqrt{3}\times6\times\frac{3\times225}{6}\times0.8=935\ (kW)$$

当电动机起动时间 $5s\leqslant t_{st}\leqslant 10s$ 时，电动机额定容量为

$$P_{M.N}\leqslant\sqrt{3}U_{M.N}\frac{2.5\times I_{FU.N}}{K_{st}}\eta\cos\varphi=\sqrt{3}\times6\times\frac{2.5\times225}{6}\times0.8=780\ (kW)$$

当电动机起动时间 $10s\leqslant t_{st}\leqslant 30s$ 时，电动机额定容量为

$$P_{M.N}\leqslant\sqrt{3}U_{M.N}\frac{2I_{FU.N}}{K_{st}}\eta\cos\varphi=\sqrt{3}\times6\times\frac{2\times225}{6}\times0.8$$
$$=630(kW)$$

式中 $\eta\cos\varphi$——电动机效率和功率因数的乘积，平均为 0.8；

其他符号含义同前。

否则应用真空断路器切除短路电流。

二、高压电动机磁平衡差动保护

高压电动机磁平衡差动保护原理接线如图 4-7 所示，图中在电动机出口侧和中性点侧同名相加装一组磁平衡电流互感器 TA_A、TA_B、TA_C，其二次绕组分别接至磁平衡差动继电

器KD，构成磁平衡差动保护。根据磁平衡原理，差动电流中不存在因TA误差原因产生的差电流。在电动机起动时，同相两侧电流产生的磁通，因磁路不对称引起漏磁通不一致，漏磁通不一致在TA内产生不平衡电流，两侧电缆在同时穿过TA时只要安装得比较对称，则正常时不平衡电流几乎为零。在运行中曾对相同的四台电动机（额定电流为240A）的磁平衡纵差动保护实测不平衡电流，结果均不超过0.5%$I_{M.N}$（折算至一次侧不超过1.5A）。电动机起动时产生最大不平衡电流，实测一般也不超过5%$I_{M.N}$（$I_{M.N}$为电动机额定电流）。

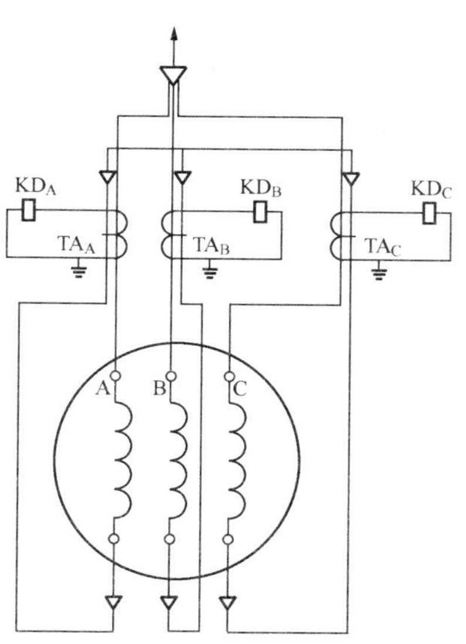

图4-7　高压电动机磁平衡差动保护原理接线图

（一）磁平衡差动保护动作电流计算

同相首尾一次电流经串芯电流互感器后，由于两侧电流产生的磁通大小相等、方向相反，仅有两侧相同电流的漏磁通不一致所产生的磁不平衡电流。根据多次在不同条件下的实测结果，磁不平衡电流值I_{unb}均小于0.005I_p（I_p为一次工作相电流值），为此磁平衡差动保护动作电流可按躲过电动机起动时产生最大磁不平衡电流计算，即

$$I_{d.op}=K_{rel}I_{unb.max}/n_{TA}=K_{rel}K_{er}K_{st}I_{M.N}/n_{TA}$$
$$=1.5\times0.005\times7I_{M.N}/n_{TA}\approx0.05I_{M.N}/n_{TA} \quad (4\text{-}132)$$

式中　$I_{d.op}$——磁平衡差动保护动作电流；

K_{rel}——可靠系数，一般取1.5～2；

$I_{unb.max}$——电动机起动时的最大不平衡电流；

K_{er}——电动机两侧磁不平衡误差，根据实测最大值取K_{er}=0.5%；

K_{st}——电动机起动电流倍数（取K_{st}=7）；

$I_{M.N}$——电动机额定电流（A）；

n_{TA}——磁平衡电流互感器变比。

根据经验取　$$I_{d.op}=(0.1\sim0.2)\ I_{M.N}/n_{TA} \quad (4\text{-}133)$$

（二）磁平衡差动保护动作时间t_{op}整定值计算

磁平衡差动保护的电动机一般都用真空断路器，所以其动作时间仅为继电器固有动作时间，一般取

$$t_{d.op}=0s \quad (4\text{-}134)$$

三、电动机比率制动纵差动保护

（一）比率制动纵差动保护动作判据

电动机比率制动纵差动保护动作特性曲线与图2-1相同。

1. 动作判据

电动机比率制动纵差动保护动作判据与式（2-1）相同。

2. 差动电流和制动电流计算

（1）两侧TA用电流和接线时，差动电流和制动电流与式（2-2）相同。

(2) 两侧 TA 用电流差接线时，差动电流和制动电流与式 (2-3) 相同。

(二) 比率制动纵差动保护整定计算

电动机工作条件基本上与发电机工作条件相似，发电机纵差动保护应躲区外短路最大不平衡电流，而对电动机纵差动保护应躲过电动机起动时的最大不平衡电流。例如，某厂两台 5500kW 的电动机用 BCH-2 型差动保护，整定动作电流为 1.3 倍的电动机额定二次电流 $I_{m.n}$，即差动保护动作电流 $I_{d.op}=1.3I_{m.n}$，但电动机每次起动时差动保护每次均动作，经录波发现电动机每次起动时，差动保护的暂态差动电流每次超过 $1.3I_{m.n}$。用传统的方法计算差动保护的稳态最大不平衡电流 $I_{unb}=K_{cc}K_{er}K_{st}I_{m.n}=0.5\times0.1\times7\times I_{m.n}=0.35I_{m.n}$，暂态最大不平衡电流 $I_{unb}=K_{ap}K_{cc}K_{er}K_{st}I_{m.n}=2\times0.5\times0.1\times7\times I_{m.n}=0.7I_{m.n}$。电动机起动时，经实测起始暂态不平衡差动电流均超过 $1.5I_{m.n}$，而经 0.6s 后实测的稳态不平衡电流不超过 $0.2I_{m.n}$。在国内类似的例子很多，一般可按经验公式计算整定值。

1. 最小动作电流 $I_{d.op.min}$ 计算

按经验公式得

$$I_{d.op.min}=(0.3\sim0.4)I_{M.N}/n_{TA}=(0.3\sim0.4)I_{m.n} \tag{4-135}$$

式中 $I_{M.N}$——电动机额定电流；

n_{TA}——电流互感器变比；

$I_{m.n}$——电动机额定电流二次值。

2. 最小制动电流 $I_{res.min}$ 计算

计算式为

$$I_{res.min}=0.8I_{m.n} \tag{4-136}$$

3. 制动特性线斜率 S 计算

按经验公式得

$$S=0.4\sim0.5 \tag{4-137}$$

4. 灵敏系数 K_{sen} 计算

(1) 区内短路时动作电流计算。由式 (2-1) 得

$$I_{d.op}=S(I_{res}-I_{res.min})+I_{d.op.min} \tag{4-138}$$

$$I_{res}=I_{K.min}^{(2)}/2$$

式中 I_{res}——差动保护制动电流 (A)；

$I_{K.min}^{(2)}$——电动机出口两相短路电流 (A)；

其他符号含义同前。

(2) 灵敏系数为

$$K_{sen}=\frac{I_{K.min}^{(2)}}{I_{d.op}}\geqslant1.5 \tag{4-139}$$

5. 差动保护动作时间计算

由于加装纵差动保护的电动机都用断路器切除短路电流，动作时间（动作时间为固有动作时间）整定值为

$$t_{d.op}=0s \tag{4-140}$$

6. 差动速断动作电流 $I_{d.op.qu}$

按躲过电动机起动时的最大不平衡电流计算，一般电动机起动时的最大不平衡电流不超

过 2.0$I_{m.n}$，根据经验取

$$I_{d.op.qu}=(4\sim5)I_{m.n} \tag{4-141}$$

一般取
$$I_{d.op.qu}=4I_{m.n}$$

四、相电流速断保护

（一）动作判据

1. 国产综合保护动作判据

（1）相电流速断保护动作判据（一）。电动机起动时按高定值动作，起动结束后按低定值动作判据为：

$$\left.\begin{array}{ll}\text{在电动机起动过程中} & I_{max}\geqslant I_{op.h}\\ \text{在电动机起动结束后} & I_{max}\geqslant I_{op.l}\\ & t\geqslant t_{op}\end{array}\right\} \tag{4-142}$$

式中 I_{max}——最大相电流值；
$I_{op.h}$——动作电流高定值；
$I_{op.l}$——动作电流低定值；
t_{op}——动作时间。

（2）相电流速断保护动作判据（二）。电动机起动时按翻 K 倍整定值动作，起动结束后按整定值动作判据为：

$$\left.\begin{array}{ll}\text{在电动机起动过程中} & I_{max}\geqslant I_{op}=K\times I_{op.set}\\ \text{在电动机起动结束后} & I_{max}\geqslant I_{op}=I_{op.set}\\ & t\geqslant t_{op}\end{array}\right\} \tag{4-143}$$

式中 I_{max}——最大相电流值；
I_{op}——速断保护动作电流；
$I_{op.set}$——速断保护动作电流整定值；
K——电动机起动时动作电流翻倍倍数（$K=1\sim2$），可按需整定。

（3）电动机起动判据。当初始电流$<0.12I_{m.n}$时，保护判电动机在静止状态，在 60ms 时间内电流 I_{st}上升到 $I_{st}>1.5I_{m.n}$时，保护判电动机为起动状态；在起动时间 $t_{st}\leqslant t_{st.cal}$（或 $t_{st}\leqslant t_{st.set}$）时，起动电流 I_{st}下降到 $I_{st}\leqslant1.125I_{m.n}$，保护判电动机起动结束；如果电动机在起动时间 $t_{st}>t_{st.cal}$（或 $t_{st}>t_{st.set}$）时，$I_{st}>1.125I_{m.n}$，保护判电动机为起动失败（此时由长起动保护动作出口）。

起动时间为

$$t_{st.cal}=\left(\frac{I_{st.n}}{I_{st.m}}\right)^2 t_{st.al} \tag{4-144}$$

式中 $I_{st.n}$——电动机额定起动电流；
$I_{st.m}$——起动过程中保护测量到的起动电流；
$t_{st.al}$——电动机允许起动时间。

2. SPAM150C 型综合保护动作判据

（1）相电流速断保护动作判据（三）。SPAM150C 型（其他同类型国产综合保护）综合保护为动作判据（三）。电动机起动时按翻 2 倍整定值动作，起动结束后按整定值动作。动

作判据为

$$\left.\begin{array}{ll}\text{电动机起动过程中（动作电流翻倍）} & I_{max}\geqslant 2I_{op}\\ \text{电动机起动结束后} & I_{max}\geqslant I_{op}\\ & t\geqslant t_{op}\end{array}\right\}\tag{4-145}$$

（2）SPAM150C 型保护的电动机起动判据。当初始电流$<0.12I_{m.n}$时，保护判电动机在静止状态，在 60ms 内电流 I_{st}上升到 $I_{st}>1.5I_{m.n}$时，保护判电动机为起动状态；电动机起动时在 100ms 时间内 I_{st}下降到 $I_{st}<1.25I_{m.n}$时，保护判电动机为起动结束。

（二）整定计算

1. 真空断路器国产综合保护整定计算

（1）动作电流高定值 $I_{op.h}$计算。按躲过电动机最大起动电流计算，即

$$I_{op.h}=K_{rel}K_{st}I_{m.n}\tag{4-146}$$

$$I_{m.n}=I_{MN}/n_{TA}$$

式中 K_{rel}——可靠系数取 1.5；

K_{st}——电动机起动电流倍数（在 6～8 之间）；

$I_{m.n}$——电动机额定电流二次值；

I_{MN}——电动机一次额定电流；

n_{TA}——电流互感器变比。

电流互感器一般为不完全星形接线（接线系数为 1）。电动机起动电流倍数 K_{st}应按实测值计算，如无实测值，对直接起动的异步电动机一般取 $K_{st}=7\sim8$；对串励调速或变频调速的电动机取 $K_{st}=4\sim5$，一般取 5 较为合适。按 $K_{st}=7$ 计算的高定值 $I_{op.h}=K_{rel}K_{st}I_{m.n}=1.5\times7\times I_{m.n}=10.5I_{m.n}$，取 $I_{op.h}=(10.5\sim12)I_{m.n}$。曾在数百台高压电动机上采用该定值，经十多年运行未曾在电动机起动时误动作。相反根据制造厂家推荐采用 $K_{rel}=1.3$ 计算时，$I_{op.h}=K_{rel}K_{st}I_{m.n}=1.3\times7\times I_{m.n}=9.1I_{m.n}$，则在多台电动机起动时误动作。

（2）动作电流低定值 $I_{op.l}$计算。

1）按躲过电动机自起动电流计算。电动机自起动电流系指厂用电切换或母线出口短路切除后，厂用电电压恢复过程中电动机的电流，按经验值或实测值确定，即

$$I_{op.l}=K_{rel}K_{ast}I_{m.n}=6.5I_{m.n}\tag{4-147}$$

式中 K_{rel}——可靠系数，取 1.3；

K_{ast}——电动机自起动电流倍数，一般取 5。

2）按躲过区外出口短路时电动机最大反馈电流计算。厂用母线出口三相短路时，根据以往实测，电动机反馈电流的暂态值为 5.8～6.9，考虑保护固有动作时间为 0.04～0.06s，以及反馈电流倍数暂态值的衰减，取 $K_{fb}=6$ 计算动作电流低定值，即

$$I_{op.l}=K_{rel}K_{fb}I_{m.n}=7.8I_{m.n}\tag{4-148}$$

式中 K_{rel}——可靠系数，取 1.3；

K_{fb}——区外出口短路时最大反馈电流倍数，取 $K_{fb}=6$。

综合以上计算，高定值按躲过电动机起动电流计算，低定值取高定值的一半是不合理的，这与电动机起动时动作电流翻倍是同样不合理的，否则可能躲不过区外出口三相短路时电动机反馈电流，也可能躲不过电动机自起动电流。这种例子在国内曾屡有发生，如某发电

厂、某发电厂电动机综合保护速断动作电流在电动机起动时按整定值翻倍原则整定，但未考虑躲过厂用母线出口三相短路时电动机的反馈电流，运行中当高压厂用母线出口短路时造成多台高压电动机同时无故障跳闸。

对直接起动的异步电动机有

$$\left.\begin{aligned}&\text{相电流速断高定值}\quad I_{op.h}=(10.5\sim12)I_{m.n}\\&\text{相电流速断低定值}\quad I_{op.l}=(7.5\sim8)I_{m.n}\end{aligned}\right\}\tag{4-149}$$

对串励调速或变频调速软起动电动机相电流速断动作电流

$$I_{op.set}=I_{op.h}=I_{op.l}=(7.5\sim8)I_{m.n}\tag{4-150}$$

(3)电动机起动时动作电流翻 K 倍计算。可用式(4-146)～式(4-148)计算速断保护动作电流低定值和高定值 $I_{op.l}$、$I_{op.h}$，以动作电流低定值作为动作电流整定值，即 $I_{op.set}=I_{op.l}$，而电动机起动时的动作电流翻倍系数整定值 $K=I_{op.h}/I_{op.l}$，因此对直接起动的异步电动机有

$$\left.\begin{aligned}&I_{op.set}=I_{op.l}\\&K=\frac{I_{op.h}}{I_{op.l}}\end{aligned}\right\}\tag{4-151}$$

对串励调速或变频调速软起动电动机，取 $K=1$ 时的相电流速断动作电流作为动作电流整定值，即

$$I_{op.set}=I_{op.h}=I_{op.l}=(7.5\sim8)I_{m.n}\tag{4-152}$$

(4) 动作时间整定值计算。保护仅有固有动作时间，动作时间整定值取 $t_{op}=0s$。

2. 真空断路器 SPAM150C 型（同类型）综合保护整定计算

(1) 电动机起动时电流速断保护整定值不翻倍整定计算。按躲过电动机最大起动电流计算，见式 (4-146)。

(2) 电动机起动时电流速断保护整定值按翻倍计算。翻倍前的动作电流应按躲过电动机的自起动电流和区外短路时电动机的反馈电流计算。

1) 按躲过电动机的自起动电流计算，见式 (4-147)。

2) 按躲过区外短路电动机反馈电流计算，见式 (4-148)。

3) 按躲过电动机直接起动电流计算，即

$$I_{op.set}=0.5\times K_{rel}K_{st}I_{m.n}\tag{4-153}$$

式中符号含义同前。

4) 电动机起动翻倍动作电流整定值为式 (4-147)、式 (4-148)、式 (4-153) 计算的最大值，即

$$I_{op.set}=1.3\times6\times I_{m.n}=7.8I_{m.n}\tag{4-154}$$

电动机起动翻倍定值动作电流 $2I_{op.set}=2\times7.8I_{m.n}=15.6I_{m.n}$。

由上可知，采用电动机起动时电流速断整定值翻倍的保护，在电动机起动发生短路时，其灵敏度要比不翻倍时降低 1.5 倍，但在电动机起动结束后（正常运行）短路时，其灵敏度可提高 1.34 倍。选择电动机起动时动作电流整定值翻倍还是不翻倍，应根据两种情况计算的实际灵敏度进行比较后决定。但有一点应该肯定，为有利于提高保护动作灵敏度，最好采用式 (4-142) 的动作判据并按式 (4-149) 整定计算，或采用电动机起动时动作电流翻 K 倍的式 (4-143) 的动作判据并按式 (4-151) 整定计算，这样对电动机起动前、后的灵敏度都

能提高且比较合理。

（3）动作时间整定值计算。动作时间整定值取

$$t_{op}=0s \tag{4-155}$$

3. FC 回路综合保护整定计算（一）（无 FC 回路闭锁保护跳闸出口功能的综合保护）

（1）动作电流整定值。根据不同动作判据和不同电动机由式（4-146）～式（4-153）计算。

（2）动作时间计算。与 FC 回路高压熔断器熔断特性曲线配合计算，电流速断保护动作特性和熔断器熔断时间特性配合与图 4-3 相同。F-C 回路电流速断保护动作时间整定值为：

当 $I_{FU.N}\leqslant125A$ 时，为固有动作时间 0.06s，即 $t_{op}=0.05\sim0.1s$

当 $125A<I_{FU.N}\leqslant225A$ 时，$t_{op}=0.3\sim0.4s$ （4-156）

4. FC 回路综合保护整定计算（二）（有 FC 回路闭锁保护跳闸出口功能的综合保护）

国产综合保护的装置当短路电流超过其整定值时，自动将综合保护跳闸出口回路闭锁，以防止真空接触器切断超过其允许的短路电流。所以具有 FC 回路闭锁保护跳闸出口功能的综合保护，其相电流速断整定计算不需考虑电流速断保护动作时间与高压熔断器熔断时间的配合，不需增加短延时（只需固有动作时间），这样可以充分利用无时限相电流速断和无时限单相接地零序过电流保护功能，既简化保护的整定计算，同时又具有提高保护快速性的优点。有 FC 回路闭锁保护跳闸出口功能的综合保护整定计算如下。

（1）FC 回路闭锁保护跳闸出口动作电流 I_{art} 计算与式（4-92）相同。

（2）动作电流整定值。根据不同动作判据和不同电动机由式（4-146）～式（4-154）计算。

（3）动作时间整定值。取 $t_{op}=0.05s$（仅为固有动作时间）。

5. FC 回路 SPAM150C 型（同类型）综合保护的整定计算

（1）速断保护动作电流计算。保护因有延时，已躲过区外出口短路时最大反馈电流，起动时按翻倍计算，未翻倍前动作电流整定值计算如下：

1）按躲过电动机起动电流计算。由式（4-153）计算，即

$$I_{op.set}=0.5\times K_{rel}K_{st}I_{m.n}$$

2）按躲过电动机自起动电流计算。由式（4-147）计算，即

$$I_{op.set}=K_{rel}K_{ast}I_{m.n}=6.5I_{m.n}$$

动作电流整定值取计算值中的较大值。

（2）动作时间计算。与高压熔断器熔断时间配合计算，由式（4-156）计算。

6. 相电流速断保护灵敏度计算

以上整定计算中相电流速断保护灵敏度计算式均为

$$K_{sen}=\frac{I_{K.min}^{(2)}}{n_{TA}I_{op}}\geqslant2 \tag{4-157}$$

式中 $I_{K.min}^{(2)}$——电动机入口最小两相短路电流；

I_{op}——相电流速断保护动作电流（电动机起动过程中或起动结束后的实际动作电流）。

7. 备用厂用电源和工作厂用电源初始相角差较大（20°左右）时电流速断保护整定计算

由于备用厂用电源和工作厂用电源初始相角差较大（20°左右）时，在厂用电切换过程中或备用电源自动投入时电动机自起动电流接近直接起动电流，所以这时综合保护的电流速断保护应按电动机起动时不翻倍或高、低定值均由式（4-146）按躲过电动机起动电流计算，即翻倍系数 $K=1$ 或 $I_{op.set}=I_{op.h}=I_{op.l}=(10.5\sim12)I_{m.n}$。

五、负序过电流保护

电动机三相电流不对称时将产生负序电流 I_2，当电动机一次回路中的一相断线（FC 回路有一相高压熔断器的熔断或电动机一相绕组开焊），电动机一相或两相绕组匝间短路，电动机电源相序接反（电流互感器 TA 前相序接反）等出现很大的负序电流（I_2）时，负序过电流保护或不平衡电流（ΔI）保护（国产综合保护以下统称负序过电流保护，而国外进口综合保护以下统称不平衡电流 ΔI 保护）延时动作切除故障。

（一）动作判据

1. 负序过电流保护动作判据（一）

负序反时限过电流保护动作判据为

$$\left.\begin{array}{ll}\text{当 } I_2>I_{2.op.set}，1<\dfrac{I_2}{I_{2.op.set}}\leqslant 2 \text{ 时} & t_{2.op}=\min\left\{20\text{s}，\dfrac{1}{\dfrac{I_2}{I_{2.op.set}}-1}T_{2.op.set}\right\} \\ \text{当}\dfrac{I_2}{I_{2.op.set}}>2 \text{ 时} & t_{2.op}=T_{2.op.set}\end{array}\right\} \tag{4-158}$$

式中 I_2——电动机负序电流二次值（A）；

$I_{2.op.set}$——负序保护动作电流整定值（A）；

$T_{2.op.set}$——负序保护动作时间整定值（s）；

$t_{2.op}$——负序保护动作时间（s）。

对应式（2-158）的负序过电流保护动作特性如图 4-8 所示。图中，ABC 段，当 $I_2/I_{2.op.set}=1\sim1.05$ 时，$t_{2.op}=20$s；CD 段，当 $2\geqslant I_2/I_{2.op.set}>1.05$ 时，$t_{2.op}$ 按反时限特性动作；DE 段，当 $I_2/I_{2.op.set}>2$ 时，$t_{2.op}$ 按恒定的整定时间 $T_{2.op.set}$ 动作。

2. 负序过电流保护动作判据（二）

负序定时限过电流保护动作判据为

$$\left.\begin{array}{l}I_2\geqslant I_{2.op.set}\\ t_2\geqslant t_{2.op.set}\end{array}\right\} \tag{4-159}$$

式中符号含义同前。

3. 负序过电流保护（不平衡电流保护）动作判据（三）

SPAM150C 型不平衡电流保护的动作判据为

$$\left.\begin{array}{l}\Delta I\geqslant \Delta I_{op.set}\\ t\geqslant t_{2.op}\end{array}\right\} \tag{4-160}$$

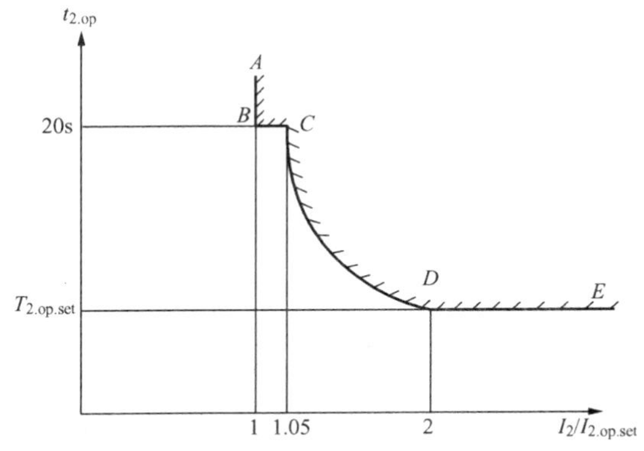

图 4-8 负序反时限过电流保护动作特性曲线

不平衡电流为

$$\Delta I=\frac{I_{m.max}-I_{m.min}}{I_{\theta}}\times 100\% \tag{4-161}$$

不平衡保护动作时间 $t_{2.op}$ 由不平衡电流保护动作时间整定值 $t_{\Delta.set}$ 和实际不平衡电流 $\Delta I\%$ 值决定，即

$$t_{2.op}=f\ (t_{\Delta.set}, \Delta I\%) \tag{4-162}$$

式(4-161)和式(4-162)中 $\Delta I\%$——不平衡电流的百分值(%)；

$I_{m.max}$——电动机最大相电流(A)；

$I_{m.min}$——电动机最小相电流(A)；

I_{θ}——电动机满负荷电流(A)；

$\Delta I_{op.set}$——不平衡动作电流整定值(%)；

$t_{2.op}$——不平衡保护动作时间(s)；

$t_{\Delta.set}$——不平衡保护基本动作时间整定值(s)。

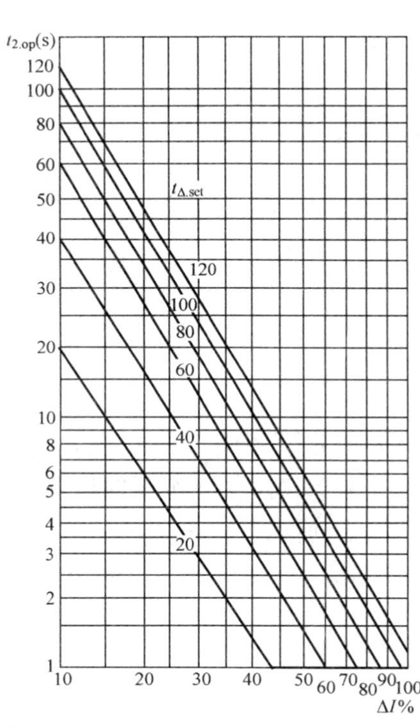

图 4-9 SPAM150C 型不平衡电流保护动作时间特性曲线

SPAM150C 型不平衡电流保护动作时间特性曲线 $t_{2.op}=f(t_{\Delta.set}, \Delta I\%)$ 如图 4-9 所示。图中，不同的基本动作时间整定值 $t_{\Delta.set}$ 对应不同的动作时间特性曲线 $t_{2.op}=f(t_{\Delta.set}, \Delta I\%)$。SPAM150C 型不平衡电流保护的动作判据由 $\Delta I_{op.set}$ 和 $t_{\Delta.set}$ 两参数决定。

（二）整定计算

1. 电动机负序过电流保护整定计算概述

近年来由于电动机负序电流保护整定值不合理，当高压厂用系统某一设备短路故障或高压线路非全相运行或不对称短路引起其他非故障电动机群负序过电流保护误动，以致多次造成停机事件。电动机负序过电流保护应根据不同保护功能进行不同的整定计算。

(1) 电动机两相运行保护功能整定计算。电动机不同负载两相运行时负序电流 I_2 的相对值见表 4-7。

表 4-7 电动机不同负载两相运行时负序电流 I_2^* 的相对值

有功功率相对值 P^*（以 $P_{M.N}$ 为基准）	100	90	80	70	60	58	50
转差率 s	4.45	3.21	2.53	2	1.66	1.58	1.33
电动机负荷电流相对值 $I_m/I_{m.n}$	2.36	1.86	1.59	1.3	1.11	1.0	0.91
负序电流相对值 $I_2/I_{m.n}$	1.36	1.07	0.92	0.75	0.64	0.57	0.52

1）动作电流按保证电动机两相运行可靠动作计算，根据表 4-7，为保证电动机在 60%～90%额定功率两相运行时，负序过电流保护能可靠动作，可取 $I_{2.op}=(0.4\sim0.6)\ I_{m.n}$。

2）动作时间按躲过区外不对称短路故障切除最长时间及按高压线路非全相运行或不对称短路后备保护最长动作时间配合计算取 $t_{2.op}\geqslant3\sim4$s。

(2) 电动机不对称短路故障后备保护功能计算。

1）动作电流按躲过相邻设备两相短路时电动机可能的最大负序电流计算。

2）动作时间按躲过相邻设备出口两相短路时电动机高峰负序反馈电流持续时间计算。

（3）电动机匝间短路故障辅助保护功能整定计算。由于电动机匝间短路故障时具有负序电流特征，但其值一般不大，动作电流应按躲过正常运行时可能的最大负序电流，所以动作电流整定值一般较小，而动作时间整定值必须躲过系统不正常运行出现负序电流最长时间计算。

1）动作电流取 $I_{2.op}=(0.15\sim0.3)I_{m.n}$。

2）动作时间按躲过系统不正常运出现负序电流最长时间取 $t_{2.op}=(6\sim8)$ s。

电动机综合保护，现在均设置两段负序过电流保护，整定计算时可以选择其中两项或兼顾三项进行整定计算，实际上电动机负序过电流保护不同整定原则可能同时具有几种不同保护功能，这由故障的严重程度决定保护动作与否。（注意：主要考虑电动两相运行保护功能，其他只是辅助保护功能且不理想采用不多。）

2. 国产综合保护动作判据（一）的整定计算

（1）负序动作电流计算。电动机两相运行时，负序过电流保护应可靠动作，根据运行经验：

1）电动机在70%额定有功两相运行时。电动机二次线电流约为 $1.3I_{m.n}$，如按负序过电流灵敏度有 1.25 计算，则

$$I_{2.op.set}=\frac{1.3I_{m.n}}{\sqrt{3}\times1.25}=0.6I_{m.n}$$

2）电动机在58%额定功率两相运行时。曾测得电动机二次线电流为 $I_{m.n}$，则

$$I_{2.op.set}=\frac{I_{m.n}}{\sqrt{3}\times1.25}=0.46I_{m.n}$$

考虑电动机两相运行时，负序过电流保护可靠动作宜采用

$$I_{2.op.set}=(0.4\sim0.6)I_{m.n} \tag{4-163}$$

正常运行时电动机负荷电流接近 I_{MN}时，取 $I_{2.op.set}=0.6I_{m.n}$；电动机正常负荷电流较小时，取 $I_{2.op.set}=0.4I_{m.n}$。

（2）动作时间常数整定值 $T_{2.op.set}$计算。由式（4-164）计算

$$T_{2.op.set}=\left(\frac{I_2}{I_{2.op.set}}-1\right)(t_{op.max}+\Delta t) \tag{4-164}$$

式中 $T_{2.op.set}$——负序过电流保护动作时间常数整定值（s）；

I_2——高压线路非全相运行或不对称短路时电动机最大负序电流（A）；

$t_{op.max}$——高压线路非全相运行或不对称短路后备保护最长动作时间（s）；

Δt——时间级差，取 0.5s。

按和相邻设备短路故障切除最长时间配合计算 $T_{2.op.set}=1$s；高压线路非全相运行或不对称短路时高压电动机可能出现最大负序电流约为 $I_2=0.6I_{m.n}$，如动作电流最小整定值为 $I_{2.op.set}=0.4I_{m.n}$高压线路非全相运行或不对称短路后备保护最长动作时间为 2.5s 配合，由式（4-164）计算 $T_{2.op.set}=\left(\frac{I_2}{I_{2.op.set}}-1\right)(t_{op.max}+\Delta t)=\left(\frac{0.6}{0.4}-1\right)\times(2.5+0.5)=1.75$s，取

$$T_{2.op.set}=2\sim3\text{s}$$

3. 综合保护动作判据（二）的整定计算

综合保护动作判据（二）设置一段或多段定时限负序过电流保护，整定值计算可根据现场实际情况选择下列 1～2 种保护功能计算。

（1）电动机两相运行保护功能整定值计算。动作电流整定值按保证电动机两相运行有足够灵敏度由式（4-163）计算；动作时间整定值 $t_{2.op.set}$ 按和高压线路非全相运行或不对称短路后备保护最长动作时间 $t_{op.max}$ 配合计算，$t_{2.op.set}=t_{op.max}+\Delta t=2.5+0.5=3$，取 $t_{2.op.set}=3\sim4s$。

（2）电动机不对称短路故障后备保护功能计算。

1）动作电流按躲过相邻设备两相短路时电动机可能的最大负序电流计算，动作电流取

$$I_{2.op}=(4.2\sim5.2)I_{m.n} \tag{4-165}$$

2）动作时间按躲过相邻设备出口两相短路时电动机高峰负序反馈电流持续时间计算，根据实测高峰负序反馈电流持续时间一般不超过 0.3s，取 $t_{2.op}=0.5s$。

（3）电动机匝间短路故障辅助保护功能整定计算。由于电动机匝间短路故障时具有负序电流特征，但其值一般不大，动作电流应按躲过正常运行时可能的最大负序电流，所以其值一般较小，而动作时间必须躲过系统不正常运行出现负序电流最长时间计算。

1）动作电流取

$$I_{2.op}=(0.15\sim0.3)I_{m.n} \tag{4-166}$$

2）动作时间按躲过系统不正常运行出现负序电流最长时间计算，取

$$t_{2.op}=(6\sim8)\ s \tag{4-167}$$

4. SPAM150C 型不平衡电流保护（ΔI）的整定计算

（1）动作电流计算。SPAM150C 型不平衡电流保护（ΔI）动作电流整定范围为 10%～40%，根据运行经验取

$$\Delta I_{op.set}\%=(30\%\sim40\%)I_{m.n} \tag{4-168}$$

式(4-168)对应的负序电流 $I_2^*=(0.173\sim0.23)I_{m.n}$。

（2）不平衡电流保护基本动作时间整定值 $t_{\Delta set}$ 计算。SPAM150C 型不平衡电流保护（ΔI）动作时间应躲过区外两相短路时电动机的反馈负序电流，并应与切除区外短路最长时间配合。不平衡电流保护最小动作时间恒为 1s，即

$$T_{2.op.min}=t_{op.max}+\Delta t=1s \tag{4-169}$$

式中 $T_{2.op.min}$——不平衡电流保护基本最小动作时间整定值；

$t_{op.max}$——切除高压厂用系统保护最长动作时间；

Δt——时间级差，取 0.4s。

基本动作时间整定值可根据不同情况选择取，一般取

$$t_{\Delta set}=(100\sim120)s \tag{4-170}$$

由于当整定值为 $\Delta I_{op.set}=30\%$，$t_{\Delta set}=60s$ 实际运行中曾多次发生高压线路非全相运行，而非全相保护动作出口跳闸前，电动机不平衡保护误动跳闸。所以实际整定值宜采用较大值 $t_{\Delta set}=100\sim120s$。不平衡保护动作时间 $t_{2.op}$ 可由整定值 $\Delta I_{op.set}\%$，$t_{\Delta set}$，从图 4-9 的曲线求得，如不平衡动作电流整定值 $\Delta I_{op.set}\%=30$，基本动作时间整定值 $t_{\Delta set}=20s$，则当实际不

平衡电流值 $\Delta I\%<\Delta I_{op.set}\%=30$ 时，不平衡保护不动作；$\Delta I\%=\Delta I_{op.set}\%=30$ 时，由 $t_{\Delta.set}=20s$ 决定的动作时间特性曲线，对应 $t_{2.op}=2.8s$，动作；$\Delta I\%=44$ 时，由 $t_{\Delta.set}=20s$ 决定的动作时间特性曲线，对应 $t_{2.op}=1.0s$，动作；$\Delta I\%>44$ 时，由 $t_{\Delta.set}=20s$ 决定的动作时间特性曲线，对应 $t_{2.op}=1.0s$（$t_{2.op}=1.0s$ 为定时限）动作。再如 $\Delta I_{op.set}\%=40$，$t_{\Delta.set}=100s$，则当实际不平衡电流值 $\Delta I\%<\Delta I_{op.set}=40$ 时，不平衡保护不动作；$\Delta I\%=\Delta I_{op.set}=40$ 时，由 $t_{\Delta.set}=100s$ 决定的动作时间特性曲线，对应 $t_{2.op}=6s$，动作；$\Delta I\%=50$ 时，由 $t_{\Delta.set}=100s$ 决定的动作时间特性曲线，对应 $t_{2.op}=4s$，动作；$\Delta I\%=60$ 时，由 $t_{\Delta.set}=100s$ 决定的动作时间特性曲线，对应 $t_{2.op}=2.6s$，动作；$\Delta I\%=100$ 时，由 $t_{\Delta.set}=100s$ 决定的动作时间特性曲线，对应 $t_{2.op}=1s$，动作；$\Delta I\%>100$ 时，由 $t_{\Delta.set}=100s$ 决定的动作时间特性曲线，对应 $t_{2.op}=1.0s$（$t_{2.op}=1.0s$ 为定时限），动作。依次类推，不同整定值 $\Delta I_{op.set}$、$t_{\Delta.set}$ 可求得对应的不同 $\Delta I\%$ 时的动作时间 $t_{2.op}$。以上整定计算同时适用于真空断路器和 FC 回路。

六、单相接地零序过电流保护

（一）动作判据

电动机单相接地保护均用零序电流互感器 TA0 构成的零序过电流保护。

1. 国产综合保护（一）

（1）相电流作制动量的零序过电流保护动作判据。考虑电动机起动时，起动电流对零序过电流保护具有制动作用，这对躲过电动机起动时，防止小接地电流系统的零序保护在电动机起动时误动作有利。其动作判据用电动机二次额定电流 $I_{m.n}$ 替代变压器二次额定电流 $I_{t.n}$ 后与式（4-110）相同。

（2）零序过电流保护动作特性。单相接地零序过电流保护动作特性曲线与图 4-4 相同。

2. 国产综合保护（二）

其他综合保护如 SPAM150C、WDH-820、NEP998A 型单相接地零序过电流保护动作判据为

$$\left.\begin{aligned}&3I_0\geqslant 3I_{0.op.set}\\&t\geqslant t_{0.op.set}\end{aligned}\right\}\tag{4-171}$$

式中符号含义同前。

（二）用真空断路器的综合保护整定计算

单相接地零序过电流保护，不论保护动作判据为二次电流有名值还是二次电流相对值，整定值都应给定单相接地一次动作电流值，在现场调试时也均以一次动作电流为准，这是应特别注意的。

1. 中性点不接地系统单相接地保护动作电流计算

（1）一次动作电流整定值 $3I_{0.OP.set}$ 计算。按躲过区外单相接地时流过保护安装处单相接地电流计算，与式（4-112）～式（4-114）相同。

（2）动作时间整定值与作用方式。

1）当 6kV 单相接地电流≥10A 时，保护动作于跳闸方式，动作时间整定值 $t_{0.op.set}=0.5\sim1s$。

2）当 6kV 接地电流<10A 时，对 300MW 及以上机组，根据计算，如果满足选择性和

灵敏度要求时，建议作用于跳闸方式。动作时间整定值取 $t_{0.op.set}=0.5\sim1s$。

3）当 6kV 接地电流<10A 时，根据计算，如果不能很好地满足选择性和灵敏度要求时，动作于信号方式。动作时间整定值可取 $t_{0.op.set}=0s$。

4）一次动作电流按式（4-112）～式（4-114）计算如不能躲过电动机起动时的不平衡电流，则可适当调整零序电流互感器的安装位置，以减小零序电流互感器二次侧的不平衡电流，如仍然不能满足电动机起动要求，必要时按电动机起动过程中实测的最大不平衡电流值和对应的持续时间相应并适当地提高一次动作电流或动作时间，使其既能躲过电动机起动时的不平衡电流又能满足灵敏度的要求。

2. 中性点经小电阻接地系统单相接地保护整定计算

（1）一次动作电流整定值 $3I_{0.OP.set}$ 计算。

1）按躲过区外单相接地计算，见式（4-112）。

2）按躲过电动机起动时零序不平衡电流计算。一次三相电流在平衡情况下，由于三相电流漏磁通不一致而产生磁不平衡电流。根据多次在不同条件下的实测结果，三相磁不平衡电流值 I_{unb} 均小于 $0.005I_p$（I_p 为平衡三相相电流）。为此高压电动机单相接地保护动作电流为

$$3I_{0.OP.set}=K_{rel}K_{unb}K_{st}I_{M.N}=1.5\times0.005\times7I_{M.N}=0.05I_{M.N}$$

按经验公式为

$$3I_{0.OP.set}=(0.05\sim0.1)\ I_{M.N} \tag{4-172}$$

式中 $I_{M.N}$——电动机一次额定电流。

当电动机容量较大时可取 $3I_{0.OP.set}=0.05I_{M.N}$，当电动机容量较小时可取 $3I_{0.OP.set}=0.1I_{M.N}$，并取式（4-112）、式（4-172）计算的较大值。由于中性点经小电阻接地系统单相接地保护灵敏度足够，根据具体情况有时可适当取大一些。根据经验，高压电动机单相接地保护动作电流一般取 10～40A。

（2）灵敏度计算与式（4-116）、式（4-117）相同。

（3）动作时间计算。真空断路器动作时间整定值取 $t_{0.op.set}=0s$。

（三）用 FC 回路的综合保护整定计算

1. 一次动作电流计算

（1）中性点不接地系统单相接地保护一次动作电流整定值 $3I_{0.OP.set}$ 计算与式（4-112）～式（4-114）相同。

（2）中性点经小电阻接地时，单相接地保护一次动作电流整定值 $3I_{0.OP.set}$ 计算与式（4-112）、式（4-172）、式（4-116）、式（4-117）相同。

2. 动作时间整定计算

（1）无 FC 回路闭锁保护跳闸出口功能的动作时间。考虑两相接地短路时与相电流速断保护动作时间相似的配合原则，当短路电流 $I_K\geqslant3400A$ 时，熔断器应按先于单相接地零序过电流保护动作前熔断的原则计算，与式（4-156）相同。

（2）有 FC 回路闭锁保护跳闸出口功能的动作时间。不必考虑两相接地短路时单相接地零序过电流保护与熔断器熔断时间配合，保护为固有动作时间 0.06s，或取

$$t_{0.op.set}=0.06\sim0.1s$$

七、过热保护

（一）动作判据

1. 国产综合保护

国产综合保护中过热保护功能是在各种运行工况下，建立电动机的发热模型，为电动机提供准确的过热保护。考虑正、负序电流对电动机热效应的不同，在发热模型中采用热等效电流 I_{eq}，其表达式为

$$I_{eq}=\sqrt{K_1 I_1^2+K_2 I_2^2} \tag{4-173}$$

式中 I_{eq}——热等效电流（A）；

I_1——电动机正序电流（A）；

I_2——电动机负序电流（A）；

K_1——正序电流在发热模型中的热效应系数（起动时间内 $K_1=0.5$，起动结束后 $K_1=1$）；

K_2——负序电流在发热模型中的热效应系数，一般取 $K_2=6$。

电动机累积过热量 θ_Σ 为

$$\theta_\Sigma=\int_O^t\left[I_{eq}^2-(1.05I_{m.n})^2\right]dt=\Sigma\left[I_{eq}^2-(1.05I_{m.n})^2\right]\Delta t \tag{4-174}$$

电动机允许过热量 θ_T 为

$$\theta_T=I_{m.n}^{*\,2}T_{he} \tag{4-175}$$

式中 T_{he}——电动机的允许发热时间常数（s）；

$I_{m.n}^*$——电动机额定二次电流相对值。

电动机累积过热量程度 θ_γ 为

$$\theta_\gamma=\frac{\theta_\Sigma}{\theta_T} \tag{4-176}$$

（1）过热保护动作判据。

1）电动机无累积过热量。当 $\theta_\Sigma=0$ 或 $\theta_\gamma=0$，即 $I_{eq}^*\leqslant 1.05$ 时，表示电动机已达到热平衡，无累积过热量。

2）过热报警动作值 θ_a。当 $\theta_a=\theta_\gamma=0.7$ 时，发过热报警信号。

3）过热保护出口动作判据。当 $\theta_\Sigma=\theta_T$ 或 $\theta_\gamma=\frac{\theta_\Sigma}{\theta_T}=100\%$时，判电动机已至过热极限，则过热保护出口动作。

4）过热保护出口动作动作时间。在电动机热平衡破坏时，$I_{eq}^*>1.05$，由 $\theta_\gamma=0$ 开始至 $\theta_\gamma=1$ 的时间为过热保护动作时间 t_{op}，即

$$t_{op}=\frac{T_{he}}{\left(\frac{I_{eq}}{I_{m.n}}\right)^2-1.05^2} \tag{4-177}$$

式中符号含义同前。

（2）过热保护动作后闭锁再起动解除判据。当电动机过热保护动作跳闸后，过热保护累积过热量程度 θ_γ 和电动机温度以散热时间常数 T_{eh} 按指数规律同步衰减，当衰减至 $\theta_\gamma=50\%$ 时，保护出口返回，解除再起动闭锁，允许电动机再次合闸起动。所以过热保护动作后闭锁

再起动解除判据为

$$\theta_{art}=\theta_{\gamma}=50\% \tag{4-178}$$

式中 θ_{atr}——过热闭锁再起动解除整定值。

2. SPAM-150C 型综合保护

(1) 电动机累积过热量为

$$\theta_{\Sigma}=\int_{0}^{t}[I^{*}-(1.05)^{2}]dt=\Sigma[I^{*2}-(1.05)^{2}]\Delta t \tag{4-179}$$

$$I^{*}=\frac{I}{I_{\theta}}$$

式中 I^{*}——电动机相电流以满负荷（额定）电流为基准时的相对值；

I_{θ}——电动机满负荷二次电流（即电动机额定二次电流）。

由式（4-173）可见，国产过热保护检测过热量除反应正序电流热效应外，同时还反应负序电流的热效应，而 SPAM-150C 型综合保护的过热保护仅反应相电流 I 的热效应。

(2) 电动机允许过热量（跳闸动作过热量）θ_{T} 的计算。计算式为

$$\theta_{T}=(1.05I_{\theta}^{*})^{2}T_{he}=(6I_{\theta}^{*})^{2}t_{6x} \tag{4-180}$$

式中 I_{θ}^{*}——电动机满负荷二次电流的标么值（以继电器额定电流为基准）；

T_{he}——电动机的发热时间常数（s）；

t_{6x}——电动机以 $6I_{\theta}$ 冷态起动时过热保护的动作时间（s）。

t_{6x}又称电动机最大安全起动时间（或电动机失速最大安全时间），为电动机由冷态($\theta_{\gamma}=0$）起动（起动电流为 $6I_{\theta}$）至 $\theta_{\gamma}=100\%$时继电器动作的时间。

(3) 电动机累积过热量程度为

$$\theta_{\gamma}=\frac{\theta_{\Sigma}}{\theta_{T}} \tag{4-181}$$

(4) SPAM-150C 型过热保护动作判据。

1) 电动机过热报警动作值 θ_{a}。当 $\theta_{a}=\theta_{\gamma}=\frac{\theta_{\Sigma}}{\theta_{T}}=70\%$时发过热报警信号。

2) 过热保护出口动作判据。当 $\theta_{\Sigma}=\theta_{T}$ 或 $\theta_{\gamma}=\frac{\theta_{\Sigma}}{\theta_{T}}=100\%$时，判电动机已至过热极限，过热保护出口动作。

3) 过热保护动作特性。当 $I^{*}=1.05I_{\theta}^{*}$ 且经 $t\rightarrow\infty$时，$\theta_{\gamma}=\frac{\theta_{\Sigma}}{\theta_{T}}<100\%$，过热保护不动作；当 $I^{*}=1.06I_{\theta}^{*}$ 且经长时间后，$\theta_{\gamma}=\frac{\theta_{\Sigma}}{\theta_{T}}=100\%$，过热保护恰好动作。

(5) 过热保护动作时间 t_{op}。电动机某一过负荷前期累积过热量程度 $\theta_{\gamma.ah}$与相电流的关系，即式为

$$\left.\begin{aligned}&I^{*2}t_{op}=(6I_{\theta}^{*})^{2}t_{6x}(1-\theta_{\gamma.ah})\\&t_{op}=\frac{(6I_{\theta}^{*})^{2}t_{6x}}{I^{*2}}(1-\theta_{\gamma.ah})=\frac{\theta_{T}}{I^{*2}}(1-\theta_{\gamma.ah})\\&(6I_{\theta}^{*})^{2}t_{6x}=\theta_{T}\end{aligned}\right\} \tag{4-182}$$

式中 $\theta_{\gamma.ah}$——电动机过负荷前期累积过热量程度（由热加权系数 P 及前期负荷电流决定）。

其他符号含义同前。

式（4-182）的含义为：

当 $\theta_{\gamma.ah}=0$ 时，过热保护动作时间 $t_{op}=\frac{(6I_{\theta}^{*})^2t_{6x}}{I^{*2}}$。

当 $\theta_{\gamma.ah}=20\%$时，过热保护动作时间 $t_{op}=\frac{(6I_{\theta}^{*})^2t_{6x}}{I^{*2}}(1-0.2)$。

当 $\theta_{\gamma.ah}=50\%$时，过热保护动作时间 $t_{op}=\frac{(6I_{\theta}^{*})^2t_{6x}}{I^{*2}}(1-0.5)$。

在任何 $\theta_{\gamma.ah}$值时，过热保护动作时间 $t_{op}=\frac{(6I_{\theta}^{*})^2t_{6x}}{I^{*2}}(1-\theta_{\gamma.ah})$。

因此在不同的 $\theta_{\gamma.ah}$值时，相同电流 I^* 的过热保护动作时间是不相同的。

（6）热加权系数 P。在前期满负荷电流 I_θ 时，经无限长时间后累积过热量程度 $\theta_{\gamma.ah}$值（即 $I=I_\theta$ 且经 $t\to\infty$时，$\theta_\gamma=\theta_{\gamma.ah}=\theta_\infty$）为

$$P=\lim_{t\to\infty}\theta_\gamma(I_\theta)=\theta_\infty=\theta_{\gamma.ah} \tag{4-183}$$

P 值可以按需整定：

$P=50\%$，即在 I_θ 时经无限长时间后的 $\theta_{\gamma.ah}=50\%$或 $\theta_\infty=50\%$。

$P=80\%$，即在 I_θ 时经无限长时间后的 $\theta_{\gamma.ah}=80\%$或 $\theta_\infty=80\%$。依次类推。

电动机过热保护一般取

$$P=50\% \tag{4-184}$$

（7）散热时间倍率系数 K_C。过热保护动作跳闸后，决定保护 $\theta_\gamma=100\%$时下降速度的常数为散热时间倍率系数 K_C，即

$$K_C=\frac{T_{eh}}{T_{he}} \tag{4-185}$$

式中 K_C——散热时间倍率系数，整定时一般取 $K_C=4$；

T_{eh}——电动机散热时间常数；

T_{he}——电动机发热时间常数。

（8）过热保护动作后闭锁再起动解除判据。SPAM-150C 型过热保护动作后闭锁再起动解除判据与国产综合保护完全相同。

（二）整定计算

1. 国产综合保护

（1）发热时间常数整定值 $T_{he.set}$计算。电动机发热时间常数 T_{he}应由电动机制造厂提供，若制造厂未提供该值（国内电动机生产厂家一般未提供此值），则可按下列方法之一计算。

1）按电动机过负荷能力进行估算。由制造厂提供的电动机过负荷能力，若在过负荷电流倍数 I^* 时允许的运行时间为 t_{al}，则可得

$$T_{he}=(I^{*2}-1.05^2)t_{al} \tag{4-186}$$

式中 T_{he}——电动机发热时间常数；

I^*——过负荷电流倍数；

t_{al}——电动机过负荷 I^* 允许运行时间（s）。

如 $I^*=1.5$ 时，允许运行时间 $t=420$s，则由式（4-186）得 $T_{he}=(1.5^2-1.05^2)\times420=480$（s）。如有若干组过负荷能力数据，则取 T_{he}最小值作为整定发热时间常数。

2）根据电动机运行规程估算。目前实际计算时都根据电动机运行规程估算，在电动机运行规程中有以下规定：

当 $t_{st}<15$s 时，电动机从冷态起动到满速的连续起动允许为 2 次，热态停用后允许再起动 1 次。

当 $t_{st}>15$s 时，冷态起动允许 1 次，再次起动必须间隔 30min，热态停用后再次起动也必须间隔 30min。

由此对一些起动时间较长的电动机，如电动给水泵，送、吸、一次风机，循泵，磨煤机等可按起动时间 $t_{st}=15$s，冷态时起动 2 次或热态时起动 1 次估算，起动电流按实测起动过程中的平均值计算。

按冷态起动 2 次计算，则

$$T_{he}=2(K_1I_{st}^{*2}-1.05^2)t_{st} \tag{4-187}$$

式中 I_{st}^*——电动机实测起动电流倍数；

K_1——正序电流在发热模型中的热效应系数（起动时间内 $K_1=0.5$）；

t_{st}——电动机起动时间（s）。

按热态允许起动 1 次计算，则

$$T_{he}=(K_1I_{st}^{*2}-1.05^2)t_{st} \tag{4-188}$$

式中 $K_1=1$（起动结束后），其他符号含义同前。

例如，测得吸风机在起动过程中平均起动电流 $I_{st}^*=6$，$t_{st}=15$s，则由式（4-187）估算得

$$T_{he}=2\times(0.5\times6^2-1.05^2)\times15=507\text{ (s)}$$

而由式（4-188）估算得

$$T_{he}=(6^2-1.05^2)\times15=523\text{ (s)}$$

取 $T_{he}=500$s。

3）按电动机允许起动电流和允许起动时间计算，即

$$T_{he}=(KI_{st.al}^{*2}-1.05)t_{st.al} \tag{4-189}$$

式中 $I_{st.al}^*$——允许起动电流倍数（如 6）；

$t_{st.al}$——起动电流为 $6I_{m.n}$时的允许起动时间（如 30s）；

K——系数，取 0.5。

则由式（4-189）计算得 $T_{he}=508$s。

4）由散热时间常数 T_{eh}计算 $T_{he.set}$。由散热时间常数 T_{eh}可反算得发热时间常数整定值为

$$T_{he.set}=\frac{T_{eh}}{K_C} \tag{4-190}$$

式中 T_{eh}——电动机散热时间常数；

K_C——电动机散热时间倍率系数。

如 $T_{eh}=30\text{min}$，则 $T_{he.set}=\frac{T_{eh}}{K_C}=\frac{30\times60}{4}=450$（s）。

以上各式计算说明，起动时间较长电动机用各种方法所计算得的电动机最大允许发热时间常数都接近 $T_{he}=400\sim500\text{s}$。因此起动时间较长的电动机，发热时间常数整定值可取 $T_{he.set}=400\sim500\text{s}$。

（2）散热时间整定值 $T_{eh.set}$ 计算。过热保护累积过热量程度 θ_{γ} 在电动机消除过负荷后，其衰减速度应与电动机散热同步减小，这由电动机散热时间常数 T_{eh} 决定。散热时间常数整定值 $T_{eh.set}$ 一般按以下原则确定。

1）一般电动机。散热时间常数整定值 $T_{eh.set}=30\text{min}$。

2）额定容量超过 5000kW 的电动机。如电动给水泵，散热时间整定值 $T_{eh.set}=45\text{min}$。于是有

$$\text{电动机散热时间倍率系数 } K_C=\frac{T_{eh}}{T_{he}}=4$$

（3）电动机起动时间整定值 $t_{st.set}$ 计算。为保证电动机可靠起动，取

$$t_{st.set}=(1.2\sim1.5)\,t_{st.max} \tag{4-191}$$

式中 $t_{st.max}$——电动机正常最长起动时间（s）。

在 A、B 厂对多台电动机进行了实测，其电动机正常最长起动时间见表 4-8。

表 4-8　电动机正常最长起动时间

负荷	循环水泵	电动给水泵	吸风机	送风机	排粉机	磨煤机	凝结水泵	一般电动机
$T_{st.max}$（s）	20	15	20	15	15	20	6	5

注　表 4-8 仅作参考，各电机的起动时间应实测决定。

（4）过热报警值 θ_a 计算。一般取

$$\theta_a=0.7 \tag{4-192}$$

（5）过热闭锁再起动解除整定值 θ_{atr} 计算。一般取

$$\theta_{atr}=0.5 \tag{4-193}$$

2. SPAM150C 型综合保护

（1）电动机满负荷电流计算。按电动机额定电流计算，即

$$I_{\theta}=I_{m.n} \tag{4-194}$$

（2）电动机最大安全起动时间整定值 $t_{6x.set}$ 计算。电动机最大安全起动时间 $t_{6x}=t_{st.max}$，整定值取

$$t_{6x.set}=(1.2\sim1.5)\,t_{st.max} \tag{4-195}$$

(3) 过热保护动作时间特性曲线热加权系数 P 计算。电动机过热保护热加权系数为

$$P=50\% \tag{4-196}$$

(4) 过热报警值 θ_a 计算。一般取

$$\theta_a=70\% \tag{4-197}$$

(5) 过热闭锁再起动解除整定值 θ_{atr} 计算。一般取

$$\theta_{atr}=0.5 \tag{4-198}$$

(6) 电动机散热时间倍率系数 K_C 计算。一般取

$$K_C=4 \tag{4-199}$$

3. 各种类型电动机过热保护可投入报警或跳闸（根据现场实际情况一般宜投入报警）

八、长起动（或堵转）及正序过电流保护

长起动保护功能为起动过程中电动机堵转或重载起动时间过长，电动机起动超过允许的起动时间，电动机起动失败，长起动保护出口动作跳闸。如电动机起动正常，电动机起动结束后，长起动保护自动转为正常运行中的正序过电流保护（电动机运行中过负荷保护）。

（一）动作判据

1. 国产综合保护动作判据

电动机起动过程中保护的计算起动时间 $t_{st.cal}$ 为

$$t_{st.cal}=\left(\frac{I_{st.n}}{I_{st.m}}\right)^2 t_{st.al} \tag{4-200}$$

式中 $t_{st.cal}$——保护自动计算电动机的计算起动时间（s）；

$I_{st.n}$——电动机额定起动电流（A）；

$I_{st.m}$——电动机起动过程中的测量起动电流（为一衰减电流）（A）；

$t_{st.al}$——允许堵转时间（为实际允许最长起动时间）（s）。

$t_{st.al}$应由制造厂提供，如无此值时可取（1.2～1.5）倍实测的正常最长起动时间 $t_{st.max}$，即 $t_{st.al}=$（1.2～1.5）$t_{st.max}$值。对重要的起动时间较长的电动机，如送风机、吸风机、一次风机、循环水泵、电动给水泵等电动机，取 $t_{st.al}=30$s。$I_{st.n}$由制造厂提供，一般为（6～7）$I_{M.N}$。

(1) 长起动保护动作判据为

$$\left.\begin{array}{l}\text{在 } t_{st}\leqslant t_{st.cal} \text{ 时 } I_{max}<1.125I_{m.n}\text{，长起动保护不动作，自动转为正序过电流保护}\\ \text{在 } t_{st}>t_{st.cal} \text{ 时 } I_{max}\geqslant 1.125I_{m.n}\text{，长起动保护动作出口跳闸}\end{array}\right\} \tag{4-201}$$

式中 I_{max}——电动机最大相电流（A）；

其他符号含义同前。

(2) 正序过电流保护 I_1 动作判据。当电动机起动结束后，长起动保护自动转入电动机定子绕组过负荷保护功能，此时为定时限正序过电流保护，其动作判据为

$$\left.\begin{array}{l}I_1\geqslant I_{1.op.set}\\ t_1\geqslant t_{op.set}\end{array}\right\} \tag{4-202}$$

式中 I_1——电动机运行中的正序电流（A）；

$I_{1.op.set}$——正序保护动作电流整定值（A）；

$t_{op.set}$——正序保护动作时间整定值（s）；

t_1——电动机正序电流超过动作电流整定值的持续时间（s）。

2. SPAM150C型综合保护动作判据

SPAM150C型综合保护的长起动保护可由控制字开关SGF/7切换成定时限过电流保护和反时限过电流保护。

（1）反时限过电流长起动（堵转）保护动作判据为

$$I_{st}^{*2}t_{st} \geqslant I_{st,set}^{*2}t_{st.set} \tag{4-203}$$

式中 $I_{st.set}^{*}$——电动机起动电流整定倍数（以继电器额定电流为基准）；

$t_{st.set}$——电动机起动时间整定值（s）；

I_{st}^{*}——电动机起动电流倍数（以继电器额定电流为基准）；

t_{st}——电动机起动时间（s）。

反时限过电流长起动（堵转）保护动作出口。

（2）定时限过电流长起动保护动作判据为

$$\left.\begin{aligned} I^{*} &\geqslant I_{1.op.set}^{*} \\ t &\geqslant t_{1.op.set} \end{aligned}\right\} \tag{4-204}$$

式中 $I_{1.op.set}^{*}$——正序保护动作电流整定值（以继电器额定电流为基准）。

$t_{1.op.set}$——正序保护动作时间整定值（s）。

定时限过电流保护动作出口。

（二）整定计算

1. 国产综合保护长起动保护

（1）电动机额定起动电流 $I_{st.n}$ 计算。计算式为

$$I_{st.n} = K_{st.n} I_{m.n} \tag{4-205}$$

式中 $K_{st.n}$——电动机额定起动电流倍数，一般取 $K_{st.n}=6\sim7$。

（2）电动机起动时间整定值 $t_{st.set}$ 计算。根据实测的正常最长起动时间计算，即

$$t_{st.set} = t_{st.al} = (1.2\sim1.5)\ t_{st.max} \tag{4-206}$$

对起动时间较长的重要电动机，如送风机、吸风机、一次风机、循环水泵、电动给水泵等电动机，取 $t_{st.set}=t_{st.al}=30s$。

2. 国产综合保护正序过电流保护

（1）动作电流整定值 $I_{1.op.set}$ 计算。计算式为

$$\left.\begin{aligned} & I_{1.op.set} = K_{rel} I_{m.n} \\ \text{或}\quad & I_{1.op.set} = K_{rel} I_{L.max} \end{aligned}\right\} \tag{4-207}$$

式中 K_{rel}——可靠系数，取1.3～1.5；

$I_{L.max}$——电动机正常可能最大负荷二次电流（A）；

其他符号含义同前。

（2）动作时间整定值 $t_{1.op.set}$ 计算。按电动机允许过负荷时间内保证电动机安全运行计算，如电动机在 $1.5I_{M.N}$ 时允许运行 420s，电动机自起动时间为 10s，则可取两者中间的适中值，即 $t_{1.op.set}=30\sim60s$。正序保护一般可取

$$t_{1.op.set}=10\sim30s \tag{4-208}$$

3. SPAM150C 型综合保护长起动反时限保护

（1）电动机起动电流整定倍数 $K_{st.set}$。按折算至继电器额定电流计算，即

$$K_{st.set}=K_{st}\frac{I_{m.n}}{I_n} \tag{4-209}$$

式中 $K_{st.set}$——电动机起动电流整定倍数（以继电器额定电流为基准）；

K_{st}——电动机起动电流倍数（以电动机额定电流为基准），一般取 $K_{st}=6\sim8$；

$I_{m.n}$——电动机额定二次电流；

I_n——继电器额定电流。

（2）电动机起动时间整定值。按电动机实测正常最长起动时间由式（4-206）计算。

（3）按 $I_{st}^2t_{st}$ 动作整定，控制字开关 $SGF/7=1$。

4. SPAM150C 型综合保护定时限保护整定计算

（1）电动机起动电流整定倍数 $K_{st.set}$ 计算。同式（4-209）。

（2）电动机起动时间整定值 $t_{st.set}$ 计算。同式（4-206）。

（3）按定时限过电流保护动作整定，取控制字开关 $SGF/7=0$。

综合保护的长起动及正序过电流保护整定计算同样适用于真空断路器和 FC 回路。

九、电动机低电压保护

（1）为保证重要高压电动机自起动，必要时应加装 0.5s 延时切除Ⅱ、Ⅲ类电动机的低电压保护，其动作整定值为

$$\left.\begin{aligned}U_{op}&=(0.6\sim0.7)U_n\\t_{op}&=0.5s\end{aligned}\right\}$$

（2）生产工艺不允许在电动机完全停转后突然来电时自起动的电动机，如一次风机、送风机、排粉机、磨煤机、给煤机等等电动机，根据生产工艺要求加装延时 9s 的低电压保护，动作后切除这些电动机，其动作整定值为

$$\left.\begin{aligned}U_{op}&=(0.4\sim0.45)U_n\\t_{op}&=9.0s\end{aligned}\right\}$$

第五节 高压厂用馈线继电保护整定计算

一、概述

直接接于 6.3kV 母线的单元件设备，如高压电动机、低压厂变等设备保护的整定计算，

在选择性、快速性方面需考虑的问题比较少。实际上 6.3kV 母线也接有少量的馈线，这种馈线一般送至下一级母线如输煤母线（煤场、煤码头等等Ⅱ类负荷），再转送至单元件设备（高压电动机、低压厂变等），这样就增加一级保护。厂用系统的馈线均为电缆线路。电缆总长度不超过 1km 的，可采用电缆差动保护＋定时限过电流保护；电缆总长度超过 1km 的，必要时可加装光纤纵差动保护，或采用两段式电流、电压保护或一阶段短延时定时限过电流保护。

二、电缆差动保护

（一）电缆纵差动保护动作判据

电缆纵差动保护动作判据和动作特性与发电机纵差动保护完全相同。

（二）电缆纵差动保护整定计算

电缆馈线不同于发电机、变压器和电动机，后者有严重相间短路和“轻微”匝间短路（实际为内部短路电流很大的小匝数短路）之分，并希望“轻微”匝间短路时差动保护亦能动作，所以在不误动作的前提下，希望灵敏度越高越好；而电缆馈线都为相间或单相地短路，电缆馈线纵差动保护是相间短路的主保护，所以提高最小动作电流后，仍能保证相间短路有足够高的灵敏度。

1. 最小动作电流 $I_{d.op.min}$ 计算

最小动作电流为

$$I_{d.op.min}=(0.8\sim1)I_n \tag{4-210}$$

2. 制动系数

制动特性线斜率为

$$S=0.5 \tag{4-211}$$

3. 拐点电流或最小制动电流

一般取

$$I_{res.min}=(0.8\sim1)I_n \tag{4-212}$$

4. 差动速断动作电流计算

取电缆末端短路时差动保护动作电流，由式（2-1）得

$$I_{d.op.qu}=I_{d.op}=I_{d.op.min}+S\left(\frac{1}{2}I_{k.max}^{(3)}-I_{res.min}\right) \tag{4-213}$$

按躲过区外短路时最大不平衡电流计算，由于灵敏度足够，因而取计算中的较大值。

$$I_{d.op.qu}=K_{rel}K_{cc}K_{ap}K_{er}I_{k.max}^{(3)}=0.3\sim0.45I_{k.max}^{(3)} \tag{4-214}$$

式中 $I_{d.op.qu}$——电缆纵差动速断动作电流（A）；

$I_{d.op}$——电缆纵差动保护动作电流（A）；

$I_{d.op.min}$——电缆纵差动保护最小动作电流（A）；

S——电缆纵差动保护制动特性线斜率；

$I_{res.min}$——电缆纵差动保护最小制动电流（A）；

$I_{k.max}^{(3)}$——电缆末端最大三相短路电流二次值（A）；

K_{rel}——可靠系数，取 1.5；

K_{cc}——同型系数，取 0.5～1；

K_{ap}——暂态系数，取 2～3；

K_{er}——TA 最大误差，取 0.1；

其他符号含义同前。

5. 电缆末端短路时差动保护灵敏度 K_{sen} 为

$$K_{sen}=\frac{I_{k}^{(2)}}{I_{d.op}}\geqslant 1.5 \tag{4-215}$$

式中 $I_{d.op}$——差动保护动作电流（A）；

$I_{k}^{(2)}$——电缆末端最小两相短路电流 TA 二次值（A）。

6. 差动保护动作时间 $t_{d.op}$ 计算

取差动保护动作时间 $t_{d.op}=0s$。

三、瞬时动作电流电压保护

当电缆长度超过 1km，无法装设电缆纵差动保护时，根据整定计算，瞬时动作的电流电压保护在电缆始端有一定灵敏度时，可装设两段式电流电压保护。

（一）电流速断保护整定计算

1. 动作电流 I_{op} 按躲过电缆末端三相短路电流计算

$$\left.\begin{aligned}&\text{动作电流}\quad && I_{op}=K_{rel}I_{K.f}^{(3)}\\&\text{灵敏系数}\quad && K_{sen}^{(2)}=0.866\frac{I_{K.i}^{(3)}}{I_{op}}\geqslant 2\end{aligned}\right\} \tag{4-216}$$

式中 K_{rel}——可靠系数，取 1.2～1.25；

$I_{K.f}^{(3)}$——电缆末端三相短路 TA 二次最大电流（A）；

$I_{K.i}^{(3)}$——电缆始端三相短路 TA 二次最小电流（A）；

$K_{sen}^{(2)}$——电缆始端两相短路时的灵敏度。

2. 动作时间 t_{op}

动作时间取 $t_{op}=0s$。

一般 6.3kV 厂用馈线阻抗比电源阻抗小得多，这就很难满足式（4-216），这种情况可考虑采用电流闭锁电压速断保护。

（二）电流闭锁电压速断保护整定计算

1. 电流元件按电缆末端短路有足够灵敏度计算而电压元件按躲过电缆末端三相短路计算

由于 6.3kV 厂用母线电源阻抗主要取决于高压厂变的阻抗，所以当运行方式变化时电源阻抗比较恒定，电压元件按躲过电缆末端三相短路可用阻抗分压计算，电流闭锁元件躲过相邻设备的短路故障可按电缆末端两相短路有足够灵敏度计算。

$$\left.\begin{aligned}&\text{动作电流标么值}\quad && I_{op}^{*}=\frac{I_{K.f}^{(2)}}{K_{sen}^{(2)}}\\&\text{动作电压标么值}\quad && U_{op}^{*}=\frac{Z_{L}}{K_{rel}\ (X_{S}+X_{L})}\\&\text{动作时间}\quad && t_{op}=0s\end{aligned}\right\} \tag{4-217}$$

式中 I_{op}^*——电流元件动作电流标么值；

U_{op}^*——电压元件动作电压标么值；

$K_{sen}^{(2)}$——电缆末端两相短路时的灵敏系数；

K_{rel}——可靠系数，$K_{rel}=1.2\sim1.25$；

X_S——6.3kV 母线系统电抗标么值；

X_L——电缆线路电抗标么值；

Z_L——电缆线路阻抗标么值。

2. 实例

【例 4-7】 计算图 4-10 电路图中馈线的电流、电压保护，图 4-10（a）为实际电路图，图 4-10（b）为等效电路阻抗图。图中，6kV 高压母线系统阻抗标么值 $X_S=0.444$，高压电缆为 ZRC—YJV—6/6—（3×240）mm^2—1.5km。

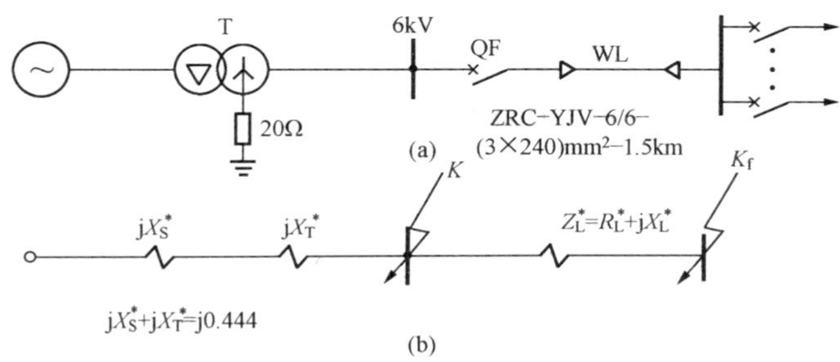

图 4-10 ［例 4-7］的计算电路图

（a）实际电路图；（b）等效电路阻抗图

解 (1)短路电流计算。查附录表 B-3 得电缆阻抗为：

1km 阻抗 $R_L^*=0.2\times1=0.2$，$X_L^*=0.166\times1=0.166$，$Z_L^*=\sqrt{X_L^{*2}+R_L^{*2}}=\sqrt{0.2^2+0.166^2}=0.195$

1.5km 阻抗 $R_L^*=0.2\times1.5=0.3$，$X_L^*=0.166\times1.5=0.25$，$Z_L^*=\sqrt{X_L^{*2}+R_L^{*2}}=\sqrt{0.3^2+0.25^2}=0.39$

电缆始端短路电流标么值 $I_{K.i}^{(3)}=\dfrac{1}{X_S}=\dfrac{1}{0.444}=2.252$

1km 电缆末端短路电流标么值为

$$I_{K.f}^{(3)}=\frac{1}{\sqrt{(X_S+X_L)^2+R_L^2}}=\frac{1}{\sqrt{(0.444+0.166)^2+0.2^2}}=\frac{1}{0.642}=1.558$$

1.5km 电缆末端短路电流标么值为

$$I_{K.f}^{(3)}=\frac{1}{\sqrt{(X_S+X_L)^2+R_L^2}}=\frac{1}{\sqrt{(0.444+0.25)^2+0.3^2}}=\frac{1}{0.756}=1.32$$

(2) 电流速断保护动作电流计算。

1) 1km 电缆。由式（4-216）得

$$I_{op}^*=K_{rel}I_{K.f}^{(3)}=1.2\times1.558=1.87$$

$$K_{sen}^{(2)}=0.866\frac{I_{K.i}^{(3)}}{I_{op}}=0.866\frac{2.252}{1.87}=1.04\leqslant 2$$

2）1.5km电缆。由式（4-216）得

$$I_{op}^{*}=K_{rel}I_{K.f}^{(3)}=1.2\times 1.32=1.584$$

$$K_{sen}^{(2)}=0.866\frac{I_{K.i}^{(3)}}{I_{op}}=0.866\frac{2.252}{1.584}=1.23\leqslant 2$$

根据以上计算知，如用电流速断保护，电缆长度在1～1.5km均无保护作用。

（3）电流闭锁电压速断保护计算。

1）电流元件按电缆末端有一定的灵敏度1.25～1.5计算。由式（4-217）得：

1km电缆 $I_{op}^{*}=\frac{I_{K.f}^{(2)}}{K_{sen}^{(2)}}=0.866\times\frac{1.558}{1.25}=1.08$

1.5km电缆 $I_{op}^{*}=\frac{I_{K.f}^{(2)}}{K_{sen}^{(2)}}=0.866\times\frac{1.32}{1.25}=0.91$

2）电压元件按躲过电缆末端三相短路计算。由式（4-217）得：

1km电缆动作电压 $U_{op}^{*}=\frac{Z_L}{K_{rel}\ (X_S+X_L)}=\frac{0.2}{1.2\times\ (0.444+0.166)}=0.27$

1.5km电缆动作电压 $U_{op}^{*}=\frac{Z_L}{K_{rel}\ (X_S+X_L)}=\frac{0.3}{1.2\times\ (0.444+0.25)}=0.36$

以上计算说明，当电缆长度在1～1.5km时，按选择性整定的无时限电流速断无保护作用。如用电流闭锁电压速断保护，电流元件按电缆末端有一定（或足够）灵敏度计算，电压元件按躲过电缆末端三相短路电流计算，采用这种保护方式有一定的保护作用。

（三）无选择性瞬时电流速断保护

对Ⅱ、Ⅲ类负荷的6.3kV馈线，对短时停电不影响机组正常运行的设备（如输煤系统的电源馈线），为简化保护并缩短保护动作时间，可以适当让瞬时电流速断保护少许伸入受电母线，以保证馈线电缆末端两相短路有一定的灵敏度（$K_{sen}=1.25$）。

1. 无选择性瞬时电流速断保护动作电流计算

按馈线电缆末端两相短路有一定的灵敏系数 $K_{sen}=1.25$ 计算，即

$$I_{op}^{*}=0.866\frac{I_{K.f}^{(3)}}{K_{sen}^{(2)}}=0.866\frac{I_{K.f}^{(3)}}{1.25} \tag{4-218}$$

式中 I_{op}^{*}——电流元件动作电流标么值；

$I_{K.f}^{(3)}$——电缆末端三相短路电流标么值；

$K_{sen}^{(2)}$——电缆末端两相短路时的灵敏系数。

2. 动作时间

一般取 $t_{op}=0s$。

四、定时限过电流保护

1. 动作电流计算

（1）按躲过电动机自起动电流计算。一次动作电流 I_{OP} 为

$$I_{OP}=K_{rel}I_{st\Sigma} \tag{4-219}$$

式中 K_{rel}——可靠系数，取1.15～1.2；

$I_{st\Sigma}$——馈线所接电动机自起动电流（A）。

（2）与母线上所接设备的最大速断动作电流配合计算，即

$$I_{OP}=K_{rel}I_{OP.max} \tag{4-220}$$

式中 $I_{OP.max}$——母线上所接设备的最大速断动作电流（A）；

其他符号含义同前。

如灵敏度足够，尽量取较大的动作电流，并尽可能与下一级速断保护配合，以便缩短整个系统保护动作时间。

（3）灵敏度为

$$K_{sen}^{(2)}=\frac{I_{K.f}^{(2)}}{I_{OP}}\geqslant 1.5 \tag{4-221}$$

式中 $I_{K.f}^{(2)}$——电缆末端两相短路电流；

其他符号含义同前。

2. 动作时间计算

（1）动作电流与下一级瞬时电流速断保护动作电流配合，动作时间为

$$t_{op}=0+\Delta t=0.3s \tag{4-222}$$

（2）动作电流与下一级过电流保护动作电流配合，动作时间为

$$t_{op}=t_{max}+\Delta t=t_{max}+0.3s \tag{4-223}$$

馈线定时限过电流保护尽可能由式（4-220）和式（4-222）计算。

五、单相接地保护

变压器中性点经小电阻接地系统，有条件装设零序电流互感器TA0的馈线时，应尽量加装零序电流互感器的单相接地保护。

1. 中性点不接地系统单相接地保护动作电流计算

（1）一次动作电流$3I_{0.OP.set}$计算。按躲过区外单相接地时流过保护安装处单相接地电流计算，即

$$\left.\begin{aligned}3I_{0.OP.set}&=K_{rel}I_K^{(1)}\\I_K^{(1)}&=3I_C\end{aligned}\right\} \tag{4-224}$$

式中 K_{rel}——可靠系数（保护动作发信号时取2～2.5；保护动作跳闸时取2.5～3）；

$I_K^{(1)}$——高压侧单相接地时，被保护设备供短路点的单相接地电流（A）；

I_C——被保护设备的单相电容电流（A）。

（2）动作时间整定值与作用方式。

1）当6kV单相接地电流≥10A时，动作于跳闸方式，动作时间$t_{0.op}=t_{0.op.max}+\Delta t$。

2）当6kV单相接地电流<10A时，对300MW及以上机组，根据计算，如果满足选择性要求时，建议作用于跳闸方式。动作时间取

$$t_{0.op}=t_{0.op.max}+\Delta t \tag{4-225}$$

式中 $t_{0.op.max}$——下一级单相接地保护最长动作时间；

Δt——时间级差，取0.3～0.4s。

3）当6kV接地电流<10A时，根据计算，如果不能很好地满足选择性要求，动作于信号方式。动作时间可取$t_{0.op}=0s$。

（3）灵敏度为

$$K_{sen}^{(1)}=\frac{I_{K.\Sigma}^{(1)}-I_{K}^{(1)}}{3I_{0.OP}}\geqslant 1.5\sim 2 \tag{4-226}$$

2. 中性点经小电阻接地系统单相接地保护整定计算

（1）一次动作电流整定值$3I_{0.OP.set}$计算。

1）按躲过区外单相接地电流计算。躲过区外单相接地时，流过保护安装处单相接地电流由式（4-224）计算。

2）与下一级单相接地保护配合计算，即

$$3I_{0.OP.set}=K_{rel}3I_{0.OP.max} \tag{4-227}$$

式中 K_{rel}——可靠系数，取1.1～1.15；

$3I_{0.OP.max}$——下一级单相接地保护最大动作电流（A）。

动作电流整定值取上两式计算的较大值。

（2）灵敏度为

$$K_{sen}^{(1)}=\frac{I_{K.\Sigma}^{(1)}}{3I_{0.OP.set}}\geqslant 1.5\sim 2 \tag{4-228}$$

式中符号含义同前。

（3）动作时间计算。与下一级单相接地保护最长动作时间配合计算，即

$$t_{0.op}=t_{0.op.max}+\Delta t \tag{4-229}$$

式中 $t_{0.op.max}$——下一级单相接地保护最长动作时间（s）；

Δt——时间级差，取0.3s。

下一级全为瞬时动作的零序保护时，动作时间$t_{0.op.max}=0s$，则$t_{0.op}=0+0.3s=0.3s$。

高压厂用工作变压器继电保护整定计算见第二章发电机变压器组继电保护整定计算。

第六节 起动/备用高压厂用变压器继电保护整定计算

起动/备用高压厂用变压器，一般采用经同一高压断路器的两台双绕组有载调压变压器供二段6kV母线的接线方式，或采用低压侧为分裂绕组有载调压变压器供二段6kV母线的接线方式。

一、变压器纵差动保护

起动/备用高压厂变为降压变压器，由于系统阻抗远比变压器阻抗小，空载合闸及区外短路切除后电压恢复时的励磁涌流比升压变压器要严重得多。一般的变压器分接头在运行中是不可调的，所以为尽量减少区外短路时变压器纵差动保护的最大不平衡电流，计算差动保护的平衡系数时可按变压器的运行分接头计算，式（2-70）～式（2-72）中取$\Delta u=0$。而起

动/备用高压厂变由于在机组起动前后，母线电压变化较大，一般都采用带负荷调节变压器的分接头，这样计算差动保护的平衡系数应按变压器运行中可能的最高和最低分接头的平均值计算，从而式（2-70）～式（2-72）中的 $\Delta u \neq 0$。由此，起动/备用高压厂变在区外短路时最大不平衡电流比一般变压器的在区外短路时最大不平衡电流要大，起动/备用高压厂变差动保护的整定计算要注意以上特点。

（一）单台变压器纵差动保护整定计算

计算公式为

最小动作电流 $$I_{d.op.min}=(0.5\sim0.7)I_{t.n} \quad (4\text{-}230)$$

拐点电流和制动系数斜率计算，根据不同特性类型的保护分别用式（2-51）、式（2-53a）、式（2-53b）、式（2-69）～式（2-72）和式（2-77）、式（2-83）、式（2-84）。

二次谐波制动比 $$K_{2\omega}=0.15 \quad (4\text{-}231)$$

差动速断动作电流 $$I_{d.op.qu}=(6\sim7)I_{t.n} \quad (4\text{-}232)$$

式中 $I_{t.n}$——单台起动/备用高压厂变器基准侧额定二次电流。

（二）两台变压器组（或分裂绕组变压器）纵差动保护整定计算

计算公式为：

最小动作电流 $$I_{d.op.min}=(0.5\sim0.7)2I_{t.n} \quad (4\text{-}233)$$

拐点电流和制动系数斜率计算，根据不同特性类型的保护分别用式（2-51）、式（2-53）、式（2-53a）、式（2-69）～式（2-72）和式（2-77）、式（2-83）、式（2-84）。

二次谐波制动比 $$K_{2\omega}=0.15 \quad (4\text{-}234)$$

差动速断动作电流 $$I_{d.op.qu}=(6\sim7)2I_{t.n} \quad (4\text{-}235)$$

式中 $I_{t.n}$——起动/备用高压厂用变压器单台变压器对应的基准侧额定二次电流。

二、备用分支低电压过电流保护

低电压元件按躲过电动机自起动时 6kV 母线残压计算，过电流元件按电压元件保护范围末端两相短路灵敏系数 $K_{sen}=1.25\sim1.5$ 计算。动作时间按与其动作电流相配合的下一级电流保护最长动作时间（一般与下一级电流速断配合）配合计算。计算方法与第二章第二节之二十八、“高压厂变分支相间短路保护”相同，低电压动作电压计算与式（2-333）～式（2-335）相同；过电流动作电流计算与式（2-336）～式（2-341）相同；动作时间计算与式（2-344）～式（2-346）相同。

三、低压侧中性点单相接地零序过电流保护

变压器低压侧中性点经小电阻接地方式，单相金属性接地电流约为 200～600A，这样 6kV 电压等级的厂用系统单相接地时，各级单相接地保护有很好的选择性和很高的灵敏度。备用高压厂变当中性点经小电阻接地方式运行时，均装设取自变压器中性点零序电流互感器 TA0 的二次电流 $3I_0$，构成二段式零序过电流保护，其第Ⅰ段跳本分支断路器，第Ⅱ段作用于跳各侧断路器。

（一）零序Ⅰ段保护

1. 零序Ⅰ段保护动作电流 $3I_{0.op.Ⅰ}$ 计算

（1）零序Ⅰ段保护动作电流。按与 6kV 厂用馈线零序过电流保护最大动作电流配合计算，与式（2-354）相同。

(2) 灵敏系数计算与式 (2-355) 相同。

2. 零序Ⅰ段保护动作时间 $t_{0.op.Ⅰ}$ 计算

按与 6kV 厂用馈线零序过电流保护最大动作时间配合计算，与式 (2-356) 相同。

零序Ⅰ段保护作用于跳本分支断路器。

(二) 零序Ⅱ段保护

1. 零序Ⅱ段保护动作电流计算

零序Ⅱ段保护动作电流与零序Ⅰ段保护动作电流相同。

2. 零序Ⅱ段保护动作时间 $t_{0.op.Ⅱ}$ 计算

零序Ⅱ段保护动作时间 $t_{0.op.Ⅱ}$ 应比零序Ⅰ段保护动作时间 $t_{0.op.Ⅰ}$ 长一时间级差 Δt，与式 (2-357) 相同。

零序Ⅱ段保护作用于跳变压器各侧断路器。

四、高压侧单相接地零序过电流保护

大电流接地系统中 YNd11 (YNd1) 及 YNyn12 接线组别降压变压器的单相接地保护，其动作量取自变压器中性点零序电流互感器 TA0 时，由于变压器区内、区外单相接地时，保护装置流过的单相接地电流大小和方向是相同的，因此不论从选择性、灵敏性还是快速性考虑，装设于 TA0 的单相接地保护都无保护功能可言。当动作量取自变压器高压侧三相电流互感器 TA_A、TA_B、TA_C 构成的零序电流滤过器的 $3I_0$，组成二阶段零序过电流保护时，由于变压器区内、区外单相接地时，保护装置流过的单相接地电流两者方向相反，大小也相差甚大，即区内单相接地时短路电流$3\dot{I}^{(1)}_{K0.i}$指向母线，区外单相接地时短路电流$3\dot{I}^{(1)}_{K0.o}$指向变压器，且 $3I^{(1)}_{K0.i} \gg 3I^{(1)}_{K0.o}$，通过计算可知 $3I^{(1)}_{K0.i} \geqslant 10\ (3I^{(1)}_{K0.o})$，所以大电流接地系统中降压变压器单相接地保护，其动作量应取自变压器高压侧三相电流互感器 TA_A、TA_B、TA_C 构成的零序电流滤过器的 $3I_0$，组成二阶段不带方向（或带方向）的零序过电流保护，必然具有很好的选择性、很高的灵敏度、很快的速动性，是合理可取的方式。以下按动作量取自变压器高压侧三相电流互感器 TA_A、TA_B、TA_C 构成的零序电流滤过器的 $3I_0$，组成不带方向（或带方向）的二阶段零序过电流保护进行整定计算。

(一) 不带方向的零序过电流保护整定计算

1. 变压器零序Ⅰ段保护

(1) 动作电流计算。

1) 按躲过高压母线单相接地电流计算，即

$$3I_{0.op.Ⅰ} = K_{rel}K_{0.bar}3I^{(1)}_{K0}/n_{TA} \tag{4-236}$$

$$K_{0.bar} = \frac{X_{0\Sigma}}{X_{0.T}} = \frac{X_{0.S}}{X_{0.S}+X_{0.T}} \tag{4-237}$$

式中 $3I_{0.op.Ⅰ}$——起动/备用高压厂变零序Ⅰ段过电流保护动作电流整定值；

K_{rel}——可靠系数，取 1.2～1.3；

$K_{0.bar}$——起动/备用高压厂变零序电流分支系数；

$3I^{(1)}_{K0}$——高压母线单相接地时最大 3 倍零序电流值；

n_{TA}——电流互感器变比；

$X_{0.T}$——起动/备用高压厂变零序电抗标么值；

$X_{0.S}$——最小运行方式时系统最大零序电抗标么值；

$X_{0.\Sigma}$——起动/备用高压厂变和系统的综合零序电抗标么值。

2）按躲过变压器低压母线三相短路时的最大不平衡电流计算，即

$$3I_{0.op.I}=K_{rel}K_{er}K_{cc}K_{ap}I_{K}^{(3)}/n_{TA} \tag{4-238}$$

式中 K_{rel}——可靠系数，取1.5；

K_{er}——三相TA最大误差，取0.1；

K_{ap}——非周期性分量系数，取2.5～3；

K_{cc}——TA的同型系数，取0.5；

$I_{K}^{(3)}$——变压器低压母线最大三相短路电流。

3）按躲过变压器低压母线单相接地电流计算。接线组别为YNyn0的降压变压器，应按躲过变压器低压母线单相接地电流计算，即

$$3I_{0.op.I}=K_{rel}3I_{K0.1}^{(1)}/n_{TA} \tag{4-239}$$

式中 K_{rel}——可靠系数，取1.3；

$3I_{K0.1}^{(1)}$——低压母线单相接地时高压侧的3倍零序电流。

取式（4-237）、式（4-238）、式（4-239）计算的最大值即为动作电流。当yn侧经小电阻接地时按式（4-239）计算的值一般很小，可以忽略不计。

（2）灵敏度$K_{sen}^{(1)}$计算。变压器零序Ⅰ段过电流保护灵敏度为

$$K_{sen}^{(1)}=\frac{3I_{K0}^{(1)}}{3I_{0.op.I}\times n_{TA}}\geqslant 2 \tag{4-240}$$

式中 $3I_{K0}^{(1)}$——变压器高压出口单相接地时系统供至短路点的单相接地电流（A）。

（3）动作时间计算。由于$3I_{0.op.I}$按躲过高压母线单相接地电流计算，同时考虑该保护为后备保护，按起动/备用高压厂变器零序Ⅰ段过电流保护动作时间与线路快速保护配合计算，动作时间整定值取

$$t_{0.op.I}=0.3\sim 0.4\text{s} \tag{4-241}$$

2. 变压器零序Ⅱ段保护

变压器零序Ⅱ段保护为变压器零序Ⅰ段保护的补充。

（1）零序Ⅱ段保护动作电流$3I_{0.op.II}$计算。与高压线路带延时零序过电流保护配合计算，即

$$3I_{0.op.II}=K_{rel}K_{0.bar}\times 3I_{0.OP.L.max}/n_{TA} \tag{4-242}$$

式中 $3I_{0.OP.L.max}$——高压线路配合段零序过电流保护最大动作电流（A）。

（2）灵敏度计算。变压器零序Ⅱ段过电流保护灵敏度为

$$K_{sen}^{(1)}=\frac{3I_{K0.min}^{(1)}}{3I_{0.op.II}\times n_{TA}}\geqslant 1.5\sim 2 \tag{4-243}$$

式中 $3I_{K0.min}^{(1)}$——主系统失去接地中性点（厂变高压侧中性点仍接地）时最小单相接地电流；

其他符号含义同前。

（3）零序Ⅱ段动作时间计算。与高压线路带延时零序过电流保护配合段最大动作时间配合计算，即

$$t_{0.op.II}=t_{0.op.L.max}+\Delta t \tag{4-244}$$

式中 $t_{0.op.L.max}$——高压线路带延时零序过电流保护配合段最大动作时间（s）；

其他符号含义同前。

变压器不带方向的零序Ⅰ、Ⅱ段过电流保护，实践计算说明一般都能满足变压器高压侧单相接地时选择性、灵敏度和快速性的要求，当不满足要求时可加装带方向的零序Ⅰ或Ⅱ段过电流保护。

（二）带方向的零序Ⅰ段或Ⅱ段过电流保护整定计算

由于变压器区内单相接地时短路电流 $3\dot{I}_{K0.i}^{(1)}$正方向指向母线，变压器区外单相接地时短路电流 $3\dot{I}_{K0.o}^{(1)}$正方向指向变压器，当用式（4-236）计算的值比用式（4-238）计算的值大得多且灵敏度不够时，可采用动作方向指向变压器（$3\dot{I}_{K0.i}$正方向指向母线）的零序Ⅱ段过电流保护，该保护必然具有很高的灵敏度、很好的选择性和快速性计算（证明实际上不带方向的零序过电流均能满足要求）。

1．变压器零序Ⅰ段过电流保护

（1）零序Ⅰ段过电流保护动作电流计算。

1）按躲过变压器低压母线三相短路时的最大不平衡电流计算，见式（4-238）。

2）按躲过变压器低压母线单相接地电流计算。对接线组别为 YNyn10 的降压变压器，应按躲过变压器低压母线单相接地电流计算，见式（4-239）。实践证明，由式（4-239）计算的 $3I_{0.op.I}$基本上可以忽略不计。

3）变压器零序Ⅰ段过电流保护灵敏度由式（4-240）计算。

（2）动作时间计算。可取 $t_{0.op.I}=0.3\sim0.4$s。

2．变压器零序Ⅱ段过电流保护

不带方向零序Ⅱ段过电流保护整定计算同式（4-242）～式（4-244）。

从上述计算知，降压变压器高压侧中性点接地时，零序过电流保护动作量取自变压器高压侧零序电流滤过器，由式（4-236）、式（4-238）计算。动作电流取决于区外单相接地短路时由变压器供给的单相接地零序电流。由于变压器零序电抗≫系统的零序电抗（$X_{0.T}\gg X_{0.S}$），所以与线路零序过流配合原则计算的动作电流比较小。相反，当变压器出口单相接地时，保护装置流过的是系统提供的单相接地短路电流，其值就比较大，此时保护灵敏度也就比较高，动作时间也比较短。如采用单相接地动作方向指向变压器（$3\dot{I}_{K0.i}$正方向指向母线）的零序方向过电流保护，其动作电流按躲过变压器低压母线单相接地电流和三相短路时的不平衡电流计算，则有更高的灵敏度、更好的选择性及快速性。动作量取自变压器接地中性点零序电流互感器 TA0 时，由于变压器区内、区外单相接地时，保护装置流过的单相接地电流是相同的，动作时间应比线路末段保护的时间还要长，这样该保护在区内、区外短路

时均不可能有选择性的动作。所以，用以上方式组成的零序过电流保护与安装于降压变压器中性点侧的零序过电流保护相比，在选择性、灵敏性、快速性方面均有无可争辩的优点。

（三）高压侧零序过电流保护作用方式

高压侧零序过电流保护作用于跳各侧断路器。

五、变压器复合电压闭锁过电流保护

变压器复合电压闭锁过电流保护整定计算与第二章第二节之二十九、“高压厂用变压器组相间短路的后备保护”相同。

（一）复合电压闭锁

复合电压闭锁元件接于低压母线 TV 相间电压。

1. 低电压元件动作电压整定值 U_{op} 计算

按躲过电动机自起动时母线残压计算，计算方法见第二章第二节之二十九，与式（2-333）～式（2-335）相同。一般取 $U_{op}=0.6U_n$。

2. 负序元件动作电压整定值 $U_{2.op}$ 计算

负序元件动作电压计算与式（2-347）～式（2-348）相同，一般取 $U_{2.op}=(0.06\sim0.08)U_n/\sqrt{3}$。

（二）电流元件

1. 动作电流计算

（1）一次动作电流计算。按与低压侧备用分支低电压过电流保护动作电流配合计算，与式（2-350）～式（2-351）相同。

$$\left.\begin{aligned}&\text{两台变压器时}\quad I_{OP}=K_{rel}(n_{sen}I_{OP.L}+I_L)\times\frac{U_{T.L.N}}{U_{T.H.N}}\\&\text{单台变压器时}\quad I_{OP}=K_{rel}n_{sen}I_{OP.L}\times\frac{U_{T.L.N}}{U_{T.H.N}}\end{aligned}\right\}\tag{4-245}$$

式中 I_{OP}——电流元件一次动作电流整定值（A）；

K_{rel}——可靠系数，取 1.15～1.2；

n_{sen}——低压侧两相短路时高、低压侧过电流元件灵敏系数之比。

$I_{OP.L}$——低压侧备用分支低电压闭锁过电流保护一次动作电流整定值（A）；

I_L——两台变压器其中另一台变压器低压侧正常最大负荷电流（A）；

$U_{T.H.N}$——变压器高压侧额定电压（kV）；

$U_{T.L.N}$——变压器低压侧额定电压（kV）。

（2）二次动作电流整定值 I_{op} 计算。计算式为

$$I_{op}=I_{OP}/n_{TA}\tag{4-246}$$

2. 灵敏度计算

YNd11 接线组别的变压器装设于高压侧的三电流元件低压侧，两相和三相短路的灵敏度相同，即

$$K_{sen}^{(2)}=K_{sen}^{(3)}=\frac{I_{k.min}^{(3)}}{I_{op}}\geqslant1.5\tag{2-247}$$

式中 $I_{K.min}^{(3)}$——低压母线最小三相短路电流 TA 的二次值（A）。

YNyn0 接线组别的变压器灵敏度为

$$K_{\rm sen}^{(2)}=0.866\times\frac{I_{\rm k.min}^{(3)}}{I_{\rm op}}\geqslant1.5$$

（三）动作时间计算

动作时间 $t_{\rm op}$与备用分支低电压过电流保护动作时间配合计算，一般取

$$t_{\rm op}=t_{\rm op.L}+\Delta t \tag{4-248}$$

式中 $t_{\rm op.L}$——备用分支低电压过电流保护动作时间；

Δt——时间级差，取 0.3～0.4s。

变压器复合电压过电流保护作用于跳三侧断路器。

六、非电量保护

同升压变压器整定计算。

第七节　厂用系统继电保护整定计算实例

以 A 厂、B 厂 300MW 机组厂用系统（400V 动力中心 PC 供电设备、低压厂用变压器、高压电动机、高压厂用馈线、高压厂用变压器、起动/备用高压厂用变压器）继电保护整定计算为例（由于本书篇幅所限，本实例仅列出单元机组部分典型厂用设备的整定计算，其他未列出部分计算方法与此类同，故从略）进行介绍。

一、低压电动机及低压馈线继电保护整定计算

低压厂用变压器 T1 的 400V 动力中心 PC 供电部分出线设备接线如图 4-11 所示。图中，

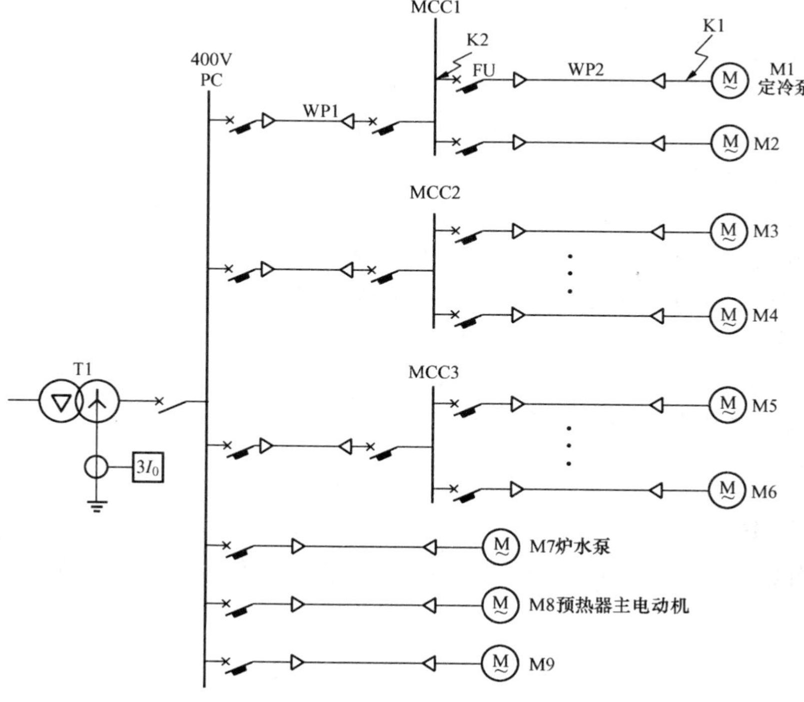

图 4-11　T1400V 动力中心 PC 供电的部分出线设备接线图

低压厂变 T1 参数为：额定容量 $S_{T.N}=1250\text{kVA}$，短路电压 $u_k\%=6$，接线组别为 Dyn11，短路损耗 $P_K=18\text{kW}$。

（一）接于 400VMCC1 的电动机（一般容量≤75kW）保护整定计算

以 1 号机定子冷却水泵电动机 M1 保护整定计算为例说明如下。

定子冷却水泵电动机 M1 的参数：型号为 Y225M-2，额定功率 $P_N=45\text{kW}$，额定电流 $I_N=84\text{A}$，额定电压 $U_N=380\text{V}$，起动电流倍数 $K_{st}=7$，额定转速 $n_n=2970\text{r/m}$，d 接线，B 级绝缘，上海五一电机厂生产。

馈线 WP1 的动力电缆为 ZRC-VV-1—$(3\times185+1\times95)\text{mm}^2$—40m。

动力电缆 WP2 为 ZRC-VV-1—$3\times50\text{mm}^2$—45m。

1. 短路电流计算

计算方法同［例 4-1］，计算过程从略。

（1）K1 点三相短路电流为 $I_K^{(3)}=7.516\text{kA}$。

（2）K1 点单相接地短路电流为 $I_K^{(1)}=2.4\text{kA}$。

2. 低压自动空气断路器额定电流 $I_{Q.N}$ 及一次脱扣电流 $I_{Q.OP}$ 计算

（1）一次脱扣动作电流计算。不能调整定值的低压自动空气断路器，一次脱扣动作电流 $I_{Q.OP}$ 由式（4-7）计算，即

$$I_{Q.OP}=K_{rel}\times K_{st}\times I_{M.N}=1.8\times7\times I_{M.N}=12.6I_{M.N}=12.6\times84=1058(\text{A})$$

（2）额定电流 $I_{Q.N}$ 计算。断路器额定电流 $I_{Q.N}$ 略大于等于电动机的额定电流 $I_{M.N}$，即

$$I_{Q.N}\approx I_{M.N}\geqslant84\text{A}$$

取 $I_{Q.N}=100\text{A}$ 用于电动机的 M 型自动空气断路器，则固定的一次脱扣电流 $I_{Q.OP}=12\times I_{Q.N}=12\times100=1200$（A）>1058A。

（3）灵敏度计算。计算式为：

三相短路灵敏度 $$K_{sen}^{(3)}=\frac{I_K^{(3)}}{I_{Q.OP}}=\frac{7516}{1200}=6.28\geqslant2$$

单相接地的灵敏度 $$K_{sen}^{(1)}=\frac{I_K^{(1)}}{I_{Q.OP}}=\frac{2400}{1200}=2\geqslant2$$

由上述计算知，$I_{Q.N}=100\text{A}$ 用于电动机的 M 型自动空气断路器时，额定电流和一次动作电流及灵敏度均满足发电机定子冷却水泵电动机的要求。其他接于 MCC 所有电动机的整定计算同 1 号机定子冷却水泵电动机 M1，其计算从略。

（二）接于 PC 的 400V 电气距离较近、容量较大的电动机保护整定计算

以 1 号炉水泵电动机保护整定计算为例进行说明。1 号炉水泵一次接线如图 4-11 中的 M7 所示，1 号炉水泵电动机参数：型号为 Y225M-2，额定功率 $P_N=215\text{kW}$，额定电流 $I_N=402\text{A}$，额定电压 $U_N=380\text{V}$，起动电流倍数 $K_{st}=7$，额定转速 $n_n=1450\text{r/m}$，d 接线，B 级绝缘。动力电缆为 ZRC-VV-1/2—$(3\times185\text{mm}^2)$—110m。

保护装置类型：带分级整定一次脱扣的 ME 型自动空气断路器，瞬时一次动作电流为 4-6-8（kA）。

1. 空气断路器速断一次动作电流计算

（1）速断一次动作电流计算。按躲过电动机起动电流由式（4-9）计算，即

$$I_{OP}=K_{rel}K_{st}I_N=1.8\times7\times402=5065(A)，取 6000A$$

式中符号含义同式（4-9），$K_{rel}=1.8$，$K_{st}=7$，$I_N=402A$。

（2）灵敏度计算。

1）短路电流（计算从略，计算方法同本节［例 4-1］，或查相关的短路电流曲线求得）为：

三相短路电流　　$I_K^{(3)}=15.92kA$

单相接地电流　　$I_K^{(1)}=1.49kA$

2）两相短路灵敏度为

$$K_{sen}^{(2)}=0.866\times\frac{15.92}{6}=2.3\geqslant2$$

3）单相接地时的灵敏度为

$$K_{sen}^{(1)}=\frac{1.49}{6}=0.25\leqslant2$$

单相接地时一次脱扣保护不动作。

2. 单相接地零序保护整定计算

相电流保护动作电流为 6000A，相电流保护不能作单相接地保护，应加装带零序电流互感器的单相接地保护。

（1）一次动作电流计算。零序保护一次动作电流按经验公式（4-12）得

$$3I_{0.OP}=(0.05\sim0.15)I_{M.N}=(0.05\sim0.15)\times402=20\sim60(A)$$

取 $3I_{0.OP}=40A$。

（2）动作时间 t_{op} 计算。取 $t_{op}=0s$。

（3）灵敏度为

$$K_{sen}^{(1)}=\frac{1490}{40}=37.25\geqslant2$$

结论：接于 PC 的 400V 电气距离较近、容量较大的电动机采用分级整定瞬时一次脱扣的自动空气断路器＋单相接地零序过电流保护，可以满足电动机保护要求。

其他所有接于 PC 的 400V 电气距离较近、容量较大的电动机采用分级整定瞬时一次脱扣的自动空气断路器＋单相接地的零序保护，整定计算同 1 号炉水泵电动机，其计算从略。

（三）接于 PC 的 400V 电气距离较远、容量较小电动机保护整定计算

由于生产工艺要求接于 PC 的 400V 电气距离较远、容量较小（$P_{M.N}<75kW$）的Ⅰ类电动机在大型发电厂厂用系统中只占极少数，如锅炉空气预热器主电动机，其特点是电缆始、末端短路电流相差甚大，保护配置比较困难。

以 1 号炉空气预热器主电动机 M8 保护整定计算为例进行说明。1 号炉空气预热器主电动机一次接线如图 4-11 中的 M8 所示，1 号炉空气预热器主电动机参数：型号为 Y180M-4，额定功率 $P_N=18.5kW$，额定电流 $I_N=36A$，额定电压 $U_N=380V$，起动电流倍数 $K_{st}=7$，额定转速 $n_n=1470r/m$，d 接线，B 级绝缘。动力电缆为 ZRC-VV-1—3×16mm²－145m。

短路电流计算（计算从略）：电缆末端短路电流 $I_{K.f}^{(3)}=1100A$，$I_{K.f}^{(1)}=807A$。

保护装置类型：原设计为分级整定一次脱扣的 ME 型自动空气断路器，瞬时一次动作电流为 2-3-4kA。

1. 瞬时一次脱扣动作电流整定计算

（1）瞬时一次脱扣动作电流计算。由式（4-9）得

$$I_{OP}=K_{rel}K_{st}I_{N}=1.8\times7\times37=466(A)$$

原设计时采用ME型自动空气断路器，其最小整定一次动作电流为2000A，取 $I_{OP}=$ 2000A。

（2）灵敏度计算。电动机入口短路时的灵敏度为

$$K_{sen}^{(1)}=\frac{807}{2000}=0.4<2,K_{sen}^{(3)}=\frac{1100}{2000}=0.55<2$$

所以，ME型自动空气断路器的一次动作电流无法保护该设备。由于该设备为Ⅰ类负荷，且直接由400V低压母线供电（接于PC动力中心），出口最大短路电流为27kA，如改用CW1-2000/630A、M型智能保护的自动空气断路器，则无时限电流速断保护最小整定电流为

$$I_{OP.min}=0.4\times5\times I_{n}=0.4\times5\times630=1260(A)$$

亦不满足整定要求。为此加装二次型保护，电流互感器TA变比为400/5，且要求短路电流<2000A时能保证保护可靠动作（TA要求等级为5P20），这可与原选用的ME自动空气断路器一次整定动作电流2000A联合使用，以达到保护目的。

2. 三相二次型保护整定计算

（1）电流速断保护动作电流计算。由式（4-16）得

$$I_{op}=K_{rel}\frac{K_{st}I_{M.N}}{n_{TA}}=\frac{I_{OP}}{n_{TA}}=\frac{1.5\times7\times37}{80}=4.9A,取5A$$

一次动作电流 $I_{OP}=5\times80=400(A)$

（2）动作时间 t_{op} 计算，取 $t_{op}=0s$。

（3）灵敏度计算。由式（4-17）得

$$K_{sen}^{(1)}=\frac{807}{400}=2,K_{sen}^{(3)}=\frac{1100}{400}=2.75>2$$

3. 单相接地保护整定计算

本例中用相电流保护也能满足单相接地保护要求，但对较大的电动机，为可靠起见，用接于A、C相电流元件KA（I_A）、KC（I_C）作相间保护，用零相电流元件K0（$3I_0$）作单相接地保护［见图4-1（b）］，这样比较合理。

（1）单相接地保护一次动作电流计算。按躲过电动机起动电流计算，由式（4-19）得

$$3I_{0.OP}=K_{rel}\times K_{ap}\times K_{cc}\times\Delta f_{er}\times K_{st}\times I_{M.N}=1.5\times2\times0.5\times0.1\times7\times37=39(A)$$

由零序电流滤过器组成的电动机单相接地保护动作电流由经验公式（4-20）得

$$3I_{0.OP}=(1\sim1.5)I_{M.N}=37\sim56(A)$$

二次动作电流为

$$3I_{0.op}=\frac{3I_{0.OP}}{n_{TA}}=\frac{37}{80}=0.46(A)$$

由于灵敏度足够，可取 $3I_{0.op}=1A$，一次动作电流为80A。

（2）动作时间 $t_{0.op}$ 计算。取 $t_{0.op}=0s$。

如图4-1（b）所示，在短路电流较大（>2000A）时，由自动空气断路器的一次保护动

作切除短路电流；当短路电流较小时（<2000A），由二次型保护动作切除短路电流。这是用分级整定瞬时一次脱扣 ME 型自动空气断路器，和二次型保护联合使用的保护方式，作为直接接于 400V 母线且容量<75kW 的Ⅰ类电动机的保护计算实例（这类电动机的保护，在大型发电机组厂用系统中只是极个别的例子）。

结论：接于 PC 的 400V 电气距离较远、容量较小的Ⅰ类电动机保护，采用分级整定瞬时一次脱扣 ME 自动空气断路器和二次型保护联合使用的保护方式能很好满足保护要求。

其他类似保护方式的低压电动机整定计算从略。

（四）接于 PC 的 400V 电气距离较短而负荷电流比较大的馈线保护整定计算

以 1 号馈线（MCC2 电源线）保护整定计算（MCC2 电源线为电气距离很短而负荷电流比较大的Ⅰ类馈线设备）为例加以说明。

动力电缆为 ZRC-VV-1/2—$(3\times185+1\times95)\text{mm}^2-20\text{m}$，正常最大负荷电流为 300A。

短路电流计算（计算从略）：电缆末端短路电流 $I_K^{(3)}=15.9\text{kA}, I_K^{(1)}=8.3\text{kA}$。

1. ME 自动空气断路器短延时保护整定计算

分级整定短延时一次脱扣 ME 自动空气断路器保护（整定范围为 3-4-5kA）整定计算方法如下。

（1）短延时保护整定计算。

1）按躲过可能最大自起动电流由式（4-27）计算得

$$I_{OP}=K_{rel}I_{st.\Sigma}=1.3\times4\times300=1560(\text{A})$$

2）与 MCC1 出线动作电流最大的瞬时动作保护（1500A）配合由式（4-26）计算得

$$I_{OP}=K_{rel}I_{OP.max}=1.2\times1500=1800(\text{A})$$

3）为保证电缆末端有足够灵敏度，由式（4-28）计算得

$$I_{OP}=\frac{\sqrt{3}}{2}\times\frac{15\ 300}{2}=6600(\text{A})$$

取延时保护可整定的最小动作电流 $I_{OP}=3000\text{A}$，取延时动作时间 $t_{op}=0.2\text{s}$。

4）MCC1 母线短路时一次脱扣保护灵敏度为

$$K_{sen}^{(1)}=\frac{8300}{3000}=2.77, K_{sen}^{(2)}=0.866\frac{15\ 900}{3000}=4.6, K_{sen}^{(3)}=\frac{15\ 900}{3000}=5.3$$

通过计算灵敏度足够。

5）动作时间。取 $t_{op}=0.2\text{s}$。

2. 单相接地保护整定计算

用动作电流为 3000A 的相电流保护作为单相接地保护，其灵敏度虽然足够，但考虑难于与厂变零序保护配合，原设计采用零序电流互感器 TA0 构成单相接地保护。

（1）单相接地保护动作电流。由式（4-35）按躲过正常最大不平衡电流计算，一次动作电流为

$$3I_{0.OP}=0.25\times300=75(\text{A})$$

（2）灵敏度为

$$K_{sen}^{(1)}=\frac{8300}{100}=83$$

由于灵敏度足够，可取 $3I_{0.OP}=300A$。

（3）动作时间。取 $t_{0.op}=0.2s$。

结论：电气距离很短、负荷电流比较大的Ⅰ类馈线保护，用分级整定短延时一次脱扣的自动空气断路器＋零序电流互感器 TA0 构成单相接地保护可满足要求。

（五）接于 PC 的 400V 电气距离较远的Ⅰ类负荷馈线保护整定计算

接于 PC 的 400V 电气距离较远的Ⅰ类负荷馈线，采用分级整定短延时一次脱扣自动空气断路器保护整定计算方法如下。

以 1 号炉热控电源 MCC3 的电源线保护整定计算为例加以说明。MCC3 馈线用动力电缆为 ZRC-VV-1—(3×95＋1×50)mm^2—150m。

正常最大负荷电流 $I_{L.max}=200A$。

电缆末端短路时的短路电流（计算从略）：$I_{K.f}^{(3)}=5500A, I_{K.f}^{(1)}=2430A$。

电缆出口短路时的短路电流（计算从略）：$I_{K.i}^{(3)}=26\ 800A, I_{K.i}^{(1)}=23\ 000A$。

1. 分级整定短延时一次动作电流整定计算

原设计选用分级整定短延时一次动作电流为 3-4-5kA 的 ME 断路器，如按最小整定值 3000A，则灵敏度为

$$K_{sen}^{(2)}=\frac{\sqrt{3}}{2}\times\frac{I_K^{(3)}}{I_{OP}}=0.866\times\frac{5500}{3000}=1.588<2, K_{sen}^{(1)}=\frac{I_K^{(1)}}{I_{OP}}=\frac{2430}{3000}=0.81<2$$

无法满足保护要求。

通过以上计算，保护作如下改进。

2. 分级整定短延时自动空气断路器＋二次型保护整定计算

A 厂改用分级整定短延时自动空气断路器＋二次型保护。

（1）短延时一次动作脱扣保护。

1）一次动作脱扣电流。取 $I_{OP}=3000A$。

2）动作时间。取 $t_{op}=0.3s$。

（2）二次型保护：选用 TA 变比为 600/5A，等级为 5P20。

1）相间故障保护动作电流计算。与下一级最大速断动作电流配合计算，由式（4-31）得

$$I_{OP}=K_{rel}I_{OP.max}=1.2\times1200=1440(A)$$

按躲过可能最大自起动电流计算，由于该馈线无大电动机，电动机也不可能同时自起动，取 $I_{st}=3I_{L.max}$，由式（4-32）计算得

$$I_{OP}=K_{rel}\times I_{st}=K_{rel}\times3I_{M.N}=1.3\times3\times200=780(A)$$

二次动作电流由式（4-33）计算得

$$I_{op}=\frac{I_{OP}}{n_{TA}}=1500/120=12.5(A)$$

灵敏度由式（4-34）计算得

$$K_{sen}=\frac{I_K^{(2)}}{I_{op}n_{TA}}=0.866\times\frac{5500}{1500}=3.175\geqslant2$$

2）单相接地保护动作电流计算。按躲过最大不平衡电流计算，由式（4-35）得

$$3I_{0.OP} = 0.25I_{L.max} = 0.25 \times 200 = 50(A)$$

由式（4-36）与下一级速断保护配合计算得

$$3I_{0.OP} = K_{rel}I_{OP.max} = 1.2 \times 1200 = 1440(A)$$

由于保护有延时，MCC3 出线单相接地故障而 MCC3 出线自动空气断路器拒动时，由馈线保护动作切断故障也是正确的。

二次动作电流为

$$3I_{0.op} = 1200/120 = 10(A)$$

单相接地灵敏度为

$$K_{sen}^{(1)} = \frac{I_K^{(1)}}{I_{OP}} = \frac{2430}{1200} = 2 > 1.5$$

3）二次型保护动作时间计算。相间和单相接地保护采用同一延时，与下一级 0s 配合计算，取 0.3s。

3. 智能保护的自动空气断路器整定计算

B 厂使用带智能保护的自动空气断路器（型号为 CW1-2000/M 型，I_n＝630A）。整定计算详见［例 4-5］。

结论：接于 PC 的 400V 电气距离较远的 I 类负荷馈线，采用智能保护自动空气断路器或用分级整定短延时一次动作自动空气断路器＋二次型保护可满足要求。

A 厂、B 厂接于 PC 的 400V 其他所有各种不同容量电动机和不同馈线保护的整定计算，类似于本节一、之（一）～（五），其计算从略。

（六）实例整定计算结论

（1）接于 PC 的 400V 设备（电动机和馈线）保护不能采用单一的保护方式，应根据不同情况，配置不同的保护装置才能起到良好的保护效果。

（2）接于 PC 的≥75kW 的电动机保护采用带分级整定的瞬时一次脱扣自动空气断路器保护＋带零序电流互感器组成的单相接地保护，可以很好地满足要求。

（3）带智能保护的自动空气断路器可以普遍满足接于 PC 的 400V 电气设备保护要求。

（4）电气距离较近负荷较大的馈线保护采用带分级整定的一次脱扣短延时自动空气断路器保护＋带电流互感器的二次型保护（带零序电流互感器的单相接地保护），可以较好地满足要求。

（5）接于 PC 的 400V 设备（电动机和馈线）保护，即使加装二次型保护，仍然要与一次脱扣（分级整定瞬时或短延时）保护配合使用，即在近区短路时由一次保护动作，远区短路时由二次型保护动作。有的厂安装二次型保护后，将一次保护全部拆除是不妥当的。也有的厂不经计算就全部采用一次脱扣保护也不合适。A 厂 300MW 机组 400V 厂用系统（PC 出线）应采用分级整定（瞬时或短延时）一次脱扣自动空气断路器＋零序过电流保护或二次型保护。B 厂 300MW 机组 400V 厂用系统（PC 出线）应采用分级整定（瞬时或短延时）一次脱扣自动空气断路器＋零序过电流保护或带智能保护的自动空气断路器。

（6）自 2005 年以来 400V 低压厂用系统保护已不再采用熔断器、分级整定的自动空气断路器和外接 TA 的二次型保护，PC 和 MCC 所有 400V 低压厂用系统均采用带微机智能保护的自动空气断路器和带微机智能保护的塑壳开关，其整定计算详见本节四、五。

二、低压厂用变压器保护整定计算

低压厂用变压器 T1 属于Ⅰ类重要负荷，各级保护必须考虑选择性。对于 Yyn0、Dyn11 接线组别变压器，高压侧 TA 采用不完全星形三电流元件接线保护方式。

（一）真空断路器+SPAJ140C 型综合保护（A 厂）

低压厂用变压器 T1 参数：型号为 SCR8-1250/6，额定容量 $S_N=1.25$MVA，电压变比为 6.3±2×2.5%/0.4，高压侧额定电流 $I_{T.N}=114.6$A，低压侧额定电流 $I_{T.n}=1804$A，短路电压 $u_k\%=6$，接线组别为 Yyn0，运行电压比为 6.3/0.4，运行电流比为 114.6/1804，厂变高压侧电流互感器 TA 变比为 300/5，中性点侧零序电流互感器 TA0 变比为 2000/5。

厂变 T1 阻抗 $X_{1.T1}=0.06\times100/1.25=4.8$。因变压器接线组别为 Yyn0，所以 $X_{0.T}=9\times X_{1.T1}=9\times4.8=43.2$。

系统至 6.3kV 母线阻抗 $X_S=0.444$。

高压电缆为 ZRC-YJV-6/6—3×50mm²—30m，高压电缆阻抗略去不计。

1. 短路电流计算

（1）变压器低压母线三相短路电流 $I_{K.max}^{(3)}$ 计算。由式（1-19）得

$$I_{K.max}^{(3)}=\frac{I_{bs}}{X_S+X_T}=\frac{9160}{0.444+4.8}=1747(\text{A})$$

（2）变压器高压侧出口三相短路电流计算。由式（1-19）得

$$I_{K.max}^{(3)}=\frac{I_{bs}}{X_S}=\frac{9160}{0.444}=20\ 630(\text{A})$$

（3）变压器低压母线单相接地短路电流计算。由式（1-48）得

$$I_K^{(1)}=\frac{3\times I_{bs}}{2X_{1\Sigma}+X_{0\Sigma}}=\frac{3\times144.34}{2\times(0.444+4.8)+9\times4.8}=8.065(\text{kA})$$

2. 电流速断保护

（1）按躲低压母线三相短路电流计算，由式（4-81）得

$$I_{OP}=K_{rel}I_{K.max}^{(3)}=1.3\times1747=2271(\text{A})$$

式中 $K_{rel}=1.3$，$I_{K.max}^{(3)}=1747$A。

（2）按躲过励磁涌流计算，由式（4-82）得

$$I_{OP}=KI_{TN}=12\times114.6=1375(\text{A})$$

式中 $K=12$，$I_{T.N}=114.6$A。

（3）电流速断保护二次动作电流 I_{op} 计算。一次动作电流取 2271A，则二次动作电流为

$$I_{op}=\frac{I_{OP}}{n_{TA}}=\frac{2271}{60}=37.85(\text{A})\text{，取 38A}$$

式中 $n_{TA}=300/5$。

二次动作电流以继电器额定电流（$I_n=5$A）倍数表示为

$$I_{op}^{*}=\frac{I_{op}}{I_n}=\frac{38}{5}=7.6$$

式中 I_n——继电器额定电流（本装置为5A）。

（4）变压器空载合闸时电流速断保护按不翻倍整定。

（5）变压器高压侧入口短路时灵敏度为

$$K_{sen}^{(2)}=0.866\frac{20\ 630}{2247}=9.18>2$$

（6）动作时间 t_{op}。取 $t_{op}=0s$。

3. 定时限过流保护

（1）动作电流。

1）低压厂用变压器T1所接负荷计算。低压厂用变压器T1低压母线所接电动机负荷如表4-9所示，低压厂用变压器T1低压母线所接馈线负荷如表4-10所示，据此可计算参加自起动电动机的总容量。

表4-9　低压厂用变压器T1低压母线所接电动机负荷表

设备名称	1号炉水泵	1号密封风机	1号碱水泵	1号预热器电机	给水泵1号主油泵	给水泵2号主油泵	1号真空泵	2号炉水泵	总容量
额定电流（A）	403	205	150	36	150	150	202	403	1700
额定功率（kW）	215	110	75	18.5	75	75	95	215	878.5

表4-10　低压厂用变压器T1低压母线所接馈线负荷表

设备名称	机6.3m层MCC1	给煤层MCC2	炉0m层MCC3	机0m层MCC4	机6.3m层MCC5	炉热控电汇MCC6	机热控电汇MCC7	机0m层MCC8	机0m层MCC9	实际总负荷
额定电流（A）	200	200	200	200	200	200	200	200	200	700

由表4-9、表4-10可计算电动机额定电流总和为1700A，实际参与自起动的电动机额定电流不超过1500A，因此 $S_{M.N.\Sigma}=\sqrt{3}\times0.38\times1500=987$（kVA）=1MVA。

2）电动机自起动电流计算。由式（4-102）得

$$I_{st.\Sigma}=\frac{I_{T.N}}{(X_S+X_T)\dfrac{S_{T.N}}{100}+\dfrac{1}{K_{st.\Sigma}}\dfrac{S_{T.N}}{S_{M.N.\Sigma}}\left(\dfrac{U_{M.N}}{U_{T.N}}\right)^2}$$

$$=\frac{114.5}{(0.444+4.8)\dfrac{1.25}{100}+\dfrac{1}{4.5}\times\dfrac{1.25}{1}\left(\dfrac{380}{400}\right)^2}=363(A)$$

式中符号含义同式（4-102）。

3）定时限过电流保护动作电流 I_{op} 计算。按躲过电动机自起动电流计算，由式（4-104）得

$$I_{op}=\frac{K_{rel}I_{st.\Sigma}}{n_{TA}}=\frac{1.15\times360}{60}=6.9(A)，取7A$$

式中符号含义同式（4-104）。

继电器动作电流的倍数为

$$I_{op}^{*}=\frac{I_{op}}{I_{n}}=\frac{7}{5}=1.4$$

4）电动机自起动时低压母线电压 $U_{st.m}$ 相对值计算。由式（4-103）得

$$U_{st.m}=\frac{\frac{S_{T.N}}{K_{st.\Sigma}S_{M.N\Sigma}}\left(\frac{U_{M.N}}{U_{T.N}}\right)^{2}}{X_{S}+\frac{u_{K}\%}{100}+\frac{S_{T.N}}{K_{st.\Sigma}S_{M.N\Sigma}}\left(\frac{U_{M.N}}{U_{T.N}}\right)^{2}}=\frac{X_{st.\Sigma}}{X_{S}+X_{T}+X_{st.\Sigma}}$$

$$=\frac{\frac{1}{4.5}\times\frac{1.25}{1}\left(\frac{380}{400}\right)^{2}}{(0.444+4.8)\frac{1.25}{100}+\frac{1}{4.5}\times\frac{1.25}{1}\left(\frac{380}{400}\right)^{2}}=\frac{0.251}{0.0655+0.251}=0.79$$

5）变压器低压母线短路时的灵敏度计算。三相短路时灵敏度为

$$K_{sen}^{(3)}=\frac{I_{K}^{(3)}}{I_{OP}}=\frac{1747}{7\times 60}=4.16$$

（2）动作时间计算。与低压出线最长动作时间配合，根据 400V 出线保护计算，最长时间为 0.7s，由式（4-105）得

$$t_{op}=t_{L.max}+\Delta t=0.7+0.3=1.0\text{s}$$

4. 低压侧零序过电流保护

（1）动作电流计算。

1）按躲过正常时最大不平衡电流计算，由式（4-119）得

$$3I_{0.op}=0.25I_{T.n}=0.25\times 1804=451(\text{A})$$

2）与 300A 熔断器配合计算。A 厂 400V 侧有额定电流为 300A 的熔断器，应与 300A 熔断器配合。为与熔断器很好配合，单相接地保护一次动作电流取 $3I_{OP}=I_{T.N}=1800$A。TA0 变比为 2000/5，$3I_{0.op}=\frac{1800}{400}=4.5$A，动作电流倍数为 $3I_{0.op}^{*}=\frac{4.5}{5}I_{n}=0.9I_{n}$，而 SPAJ140C 型综合保护变压器中性点零序过电流保护动作电流最大整定值为 $0.8I_{n}=0.8\times 5=4$（A），为此取 $3I_{0.op}=4$A 或 $3I_{0.op}^{*}=0.8$。一次动作电流 $3I_{0.OP}=4\times 400=1600$A。

3）低压母线单相接地时灵敏度为

$$K_{sen}^{(1)}=\frac{3I_{K0}^{(1)}}{3I_{0.OP}}=\frac{8080}{1600}=5.05>2$$

（2）动作时间计算。用正常反时限特性由式（4-96）计算，即

$$t_{0.op}=\frac{0.14}{\left(\frac{3I_{k0}^{(1)}}{3I_{0.op.set}}\right)^{0.02}-1}\times T_{0.op.set}$$

式中电流为二次值（A）。

动作时间整定值取 $T_{0.op.set}=0.3$s，单相接地保护与熔断器熔断特性配合见表 4-11。

表 4-11　　单相接地保护与熔断器熔断特性配合表

短路电流倍数（倍） $n=\dfrac{3I_{K0}^{(1)}}{3I_{0.OP.set}}$	短路电流一次值（A） $3I_{K0}^{(1)}$	保护动作时间（s）	额定电流为 300A 的熔断器熔断时间（s）
20	32 000	0.68	0.001
10	16 000	0.89	0.01
5	8000	1.28	0.02
4	6400	1.5	0.05
3	4800	1.9	0.15
2	3200	3	0.2
1.5	2400	5.16	0.5

注　表中动作时间整定值取 $T_{op.set}=0.3s$，采用正常型反时限特性，与额定电流为 300A 的熔断器能很好配合。

5. 高压侧单相接地保护计算

（1）单相接地保护一次动作电流 $3I_{0.OP}$ 计算。A 厂为中性点不接地系统，应按躲过区外单相接地时流过保护安装处单相接地电流计算，高压电缆为 ZRC-YJV-6/6—$(3\times50)mm^2$—10m，查附录表 C-2 得 $I_K^{(1)}=3I_C=0.01A$。考虑到厂用变压器高压侧的全部电容电流不超过 0.5A，由式(4-112)得

$$3I_{0.OP}=K_{rel}I_K^{(1)}=2\times0.5=1(A)$$

式中：$K_{rel}=2$，$I_K^{(1)}=0.5A$。

由于该综合保护中无高压侧单相接地零序过电流保护，需要单独加装分裂元件单相接地继电器，并取一次动作电流 $3I_{0.OP}=2A$（小接地系统用零序电流互感器的单相接地保护，其最小整定值一般只能整定为 1.5～3A）。

（2）灵敏度计算。根据估算，6.3kV 母线 W1 段所接设备全部高压电缆总长约为 6km，查附录表 C-2 知每千米电缆的单相接地电流为 0.8～1A/km。于是有

$$I_K^{(1)}=1\times6=6A(\text{经实测为 }6.5A)$$

$$K_{sen}^{(1)}=\frac{I_{K.\Sigma}^{(1)}-I_K^{(1)}}{3I_{0.OP}}=\frac{6.5-1}{2}=2.75\geqslant1.5$$

（3）动作时间计算。取 $t_{0.op}=0s$，保护动作于发信号。

6. 综合保护装置控制字选择

SPAJ140C 型综合保护工作状态由控制字加权数决定。

（1）控制字开关组 SGF1 选择。

1）选定时限过流，SGF1/1、2、3=0、0、0；

2）断路器失灵保护不用，SGF1/4=0；

3）电流速断定值不自动加倍，SGF1/5=0；

4）变压器中性点零序过电流保护选择正常反时限特性，SGF1/6、7、8=1、1、0；

5）控制字开关组 SGF1/1～8 加权为 01100000=96。

（2）控制字开关组 SGF2 选择。

1）$I>$、$I\gg$、$I_0>$、$I_0\gg$ 均起动指示器手动复归，SGF2/1、2、3、4=1、1、1、1；

2）速断保护投入，SGF2/5=0；

3）零序速断退出，SGF2/6=1；

4) $I_0>$、$I_0\gg$ 不起动重合闸，SGF2/7、8=0。

5) SGF2/1～8 加权为 00101111=47。

(3) 控制字开关组 SGB 选择

1) 各段保护均无闭锁，SGB/1、2、3、4=0、0、0、0；

2) 整定值不能由远方信号控制，SGB/5=0；

3) 相电流、零序过流保护动作后，短路消失则保护返回，无自保持，SGB/6、7=0、0；

4) 无远方解除继电器自保持，SGB/8=0；

5) SGB/1～8 加权为 00000000=0。

(4) 控制字开关组 SGR1 选择跳闸信号输出 TS2（跳厂变高压侧断路器）的保护段。

1) $I>$、$I\gg$、$I_0>$ 跳闸出口接到 TS2，SGR1/2、4、6=1、1、1；

2) $I>$、$I\gg$、$I_0>$ 保护起动信号接到 SS1，SGR1/1、3、5=1、1、1；

3) SGR1/7、8=0；

4) SGR1/1～8 加权为 00111111=63。

(5) 控制字开关组 SGR2 选择保护跳闸信号输出 SS2 的保护段。

1) $I>$、$I\gg$、$I_0>$ 保护跳闸信号接到 SS2，SGR2/1、3、5=1、1、1；

2) SGR2/2、4、6、7、8=0、0、0、0。

3) SGR2/1～8 加权为 000010101=21。

(6) 控制字开关组 SGR3 选择跳闸信号输出 TS1（跳厂变低压侧断路器）的保护段。

1) $I>$、$I\gg$、$I_0>$ 跳闸出口接到 TS1，SGR3/2、4、6=1、1、1；

2) SGR3/1、3、5、7、8=0；

3) SGR3/1～8 加权为 00101010=42。

7. 低压厂用变压器 T1 低压总断路器保护整定计算

A 厂低压厂用变压器 T1 低压侧原设计已装设低压总断路器（智能型保护自动空气断路器 CW1，额定电流 $I_n=2500A$）。整定计算详见［例 4-5］。

A厂其他所有低压厂用变压器整定计算与低压厂用变压器T1类同，其他低压厂用变压器保护整定计算从略。

(二) FC 回路（真空接触器+高压熔断器）+国产综合保护整定计算（B 厂）

低压厂用变压器 T1 参数：型号为 SCR8-1250/6，额定容量 $S_N=1.25MVA$，电压变比为 6.3±2×2.5%/0.4，高压侧额定电流 $I_{T.N}=114.6A$，低压侧额定电流 $I_{T.n}=1804A$，短路电压 $u_k\%=6$，接线组别为 Dyn11，运行电压比为 6.3/0.4，运行电流比为 114.6/1804，厂变高压侧电流互感器 TA 变比为 300/5，中性点侧零序电流互感器 TA0 变比为 2000/5。

原设计高压熔断器为 ABB 生产的 CEF-160A 型，额定电流为 $I_{FU.N}=160A$。

1. 短路电流计算

系统至 6.3kV 母线阻抗 $X_S=0.444$。

B 厂厂变阻抗 $X_{1.T1}=0.06\times100/1.25=4.8$。变压器接线组别为 Dyn11，则

$$X_{0.T1}=X_{1.T}=4.8$$

(1) 厂变低压母线三相短路电流 $I_{K.max}^{(3)}$ 计算。由式 (1-19) 得

$$I_{K.max}^{(3)}=\frac{I_{bs}}{X_S+X_T}=\frac{9160}{0.444+4.8}=1747(A)$$

（2）厂变高压侧出口三相短路电流计算。由式（1-19）得

$$I_{K.max}^{(3)}=\frac{I_{bs}}{X_S}=\frac{9160}{0.444}=20\ 630(A)$$

（3）厂变低压母线单相接地短路电流计算。由式（1-131）得

$$I_K^{(1)}=\frac{3\times I_{bs}}{2X_{1\Sigma}+X_{0\Sigma}}=\frac{3\times 144.34}{2\times(0.444+4.8)+4.8}=28.2(kA)$$

（4）6.3kV单相接地电流计算。6.3kV侧经20Ω小电阻接地，6.3kV单相接地电流由式（4-117）得

$$I_K^{(1)}=\frac{U_N}{\sqrt{3}\times R_N}=\frac{6300}{\sqrt{3}\times 20}=181.9(A)$$

式中U_N=6.3kV，R_N=20Ω。

2. 低压厂用变压器T1高压熔断器核算

（1）按熔断器可靠躲过低压厂用变压器T1额定电流计算，由式（4-75）得

$$I_{FU.N}=K_{rel}I_{T.N}=(1.3\sim1.5)\times114.5=148\sim171(A)$$

式中：K_{rel}=1.3～1.5，$I_{T.N}$=114.5A。

（2）校核高压熔断器和低压侧出线保护配合计算。原设计选择ABB生产的CEF-160A型熔断器，经计算用CEF-250A型熔断器代替。

（3）与真空接触器允许可靠切断的短路电流（3800A）配合计算。经计算采用CEF-200A型熔断器。

（4）权衡利弊决定用CEF-200A型熔断器，计算过程详见［例4-6］。

B厂低压厂用变压器T1采用国产WDZ-3T型综合保护。

3. 相电流速断保护

由于低压母线馈线保护有0.3s短延时，动作电流计算如下：

（1）按躲过低压母线短路电流计算，由式（4-89）得$I_{OP}=K_{rel}I_{K.max}^{(3)}=1.3\times1747=2270$（A）。

（2）按躲过变压器励磁涌流计算，由式（4-87）得$I_{OP}=KI_{TN}=10\times114.5=1145$（A）。

（3）继电器二次动作电流I_{op}计算。一次动作电流取2270A，则二次动作电流为

$$I_{op}=\frac{I_{OP}}{n_{TA}}=\frac{2270}{60}=37.9(A)$$

（4）变压器高压侧入口短路时灵敏度为

$$K_{sen}^{(2)}=0.866\times\frac{20\ 630}{2270}=7.9>2$$

（5）动作时间t_{op}计算。由式（4-91）计算，取t_{op}=0.4s。

4. 定时限过电流保护

其整定计算同本节一、（二）之2.，计算结果如下：

（1）$I_{st.\Sigma}$=363A。

（2）I_{op}=7A。

(3) $U_{st.m}=0.79$。

(4) 动作时间计算。与低压出线最长动作时间配合，根据 400V 出线保护计算，最长时间为 0.7s，由式（4-105）得

$$t_{op}=t_{L.max}+\Delta t=0.7+0.3=1.0(s)$$

5. 低压侧零序过电流保护

(1) 动作电流计算。

1）按躲过正常时最大不平衡电流计算，由式（4-119）得

$$3I_{0.OP}=0.25I_{T.n}=0.25\times1804=451(A)$$

2）与 400V 出线单相接地保护配合计算，B 厂 400V 侧所有低压电动机和馈线均有零序过电流保护，其最大动作电流均不超过 1500A，动作时间均不超过 0.7s。

由式（4-120）得 $3I_{0.OP}=1.15\times1500=1725A$，低压母线单相接地电流为 28 000A，所以低压侧零序过电流保护的动作电流适当可取大一点，其灵敏度也足够。单相接地保护一次动作电流 $3I_{0.OP}=I_{T.N}=1800A$，TA0 变比为 2000/5，于是有

$$3I_{0.op}=\frac{1800}{400}=4.5(A)$$

动作电流倍数
$$3I_{0.op}^{*}=\frac{4.5}{5}=0.9$$

3）低压母线单相接地时灵敏度为

$$K_{sen}^{(1)}=\frac{I_K^{(1)}}{3I_{0.OP}}=\frac{28\ 000}{1800}=15.5>2$$

(2) 动作时间计算。由于 400V 出线无熔断器保护，所以厂变中性点零序过电流保护可采用定时限保护，动作时间整定值由式（4-123）得 $t_{0.op}=t_{0.op.max}+\Delta t=0.7+0.3=1.0$（s），其中 $t_{0.op.max}=0.7s$。

6. 高压侧单相接地保护整定计算

(1) 单相接地保护一次动作电流 $3I_{0.OP.set}$ 计算。

1）按躲过区外单相接地计算。按躲过区外单相接地时流过保护安装处单相接地电流计算，高压电缆为 ZRC-YJV-6/6—（3×50）mm^2—10m，查附录表 C-2 得 $I_K^{(1)}=3I_C=0.01A$，考虑到厂用变压器高压侧的全部电容电流不超过 0.5A，由式（4-112）得

$$3I_{0.OP.set}=K_{rel}I_K^{(1)}=K_{rel}\times3I_C=3\times0.5=1.5(A)$$

式中 $K_{rel}=3$，$I_K^{(1)}=0.5A$。

2）按躲过变压器低压母线短路时的最大不平衡电流计算。根据经验公式（4-115）得

$$3I_{0.OP.set}=(0.1\sim0.2)I_{T.N}=(0.1\sim0.2)\times114.6=11.4\sim22.9(A)$$

取单相接地保护一次动作电流整定值 $3I_{0.OP.set}=15A$。

3）灵敏度计算。高压侧单相接地电流 $I_K^{(1)}=I_{max}=182A$，由式（4-114）可计算单相接地时保护动作电流为

$$3I_{0.OP}=\left(1+\frac{\frac{I_{max}}{I_{T.N}}-1.05}{4}\right)3I_{0.OP.set}=\left(1+\frac{\frac{182}{114}-1.05}{4}\right)\times15=17(A)$$

$$K_{sen}^{(1)}=\frac{I_K^{(1)}}{3I_{0.OP}}=\frac{182}{17}=10.7>2$$

(2) 动作时间计算。与高压熔断器熔断时间配合计算，在两相接地短路时的动作时间整定值由式（4-91）计算，取 $t_{0.op.set}=0.4s$。

高压侧单相接地保护动作于跳闸。

7. 低压总断路器保护整定计算

低压厂用变压器T1低压侧装设智能型保护自动空气断路器MT-25H型。整定计算详见[例4-4]。

（三）真空断路器＋国产综合保护整定计算

低压厂用变压器容量>1250kVA或高压熔断器额定电流>200A者，不宜再采用FC回路保护，应采用真空断路器＋国产综合保护，其计算同本节二、之（二），计算从略。

（四）低压电动机低电压保护整定计算

由于400V的PC所接电动机均为重要电动机，也无生产工艺不允许在电动机完全停转后突然来电时自起动的电动机，同时400V的PC所接电动机全部自起动时厂用变压器容量足够，所以400V的PC所接电动机不必加装低电压跳闸保护。

三、高压电动机保护整定计算

（一）真空断路器＋SPAM150C型综合保护整定计算

以A厂1号循环水泵电动机保护整定计算（A厂高压电动机采用真空断路器＋ABB生产的SPAM150C型综合保护）为例说明如下。

1号循环水泵电动机参数：型号为YKSL2000-144370，额定功率 $P_N=2000kW$，额定电流 $I_N=250.2A$，额定电压 $U_N=6kV$，起动电流倍数 $K_{st}=7$，额定转速 $n_n=424r/m$，双Y接线，F级绝缘，配置差动保护。由于电动机距离电源约1000m，所以难于实现纵差动保护，只能在电动机就地加装磁平衡纵差动保护（磁平衡纵差动保护用串芯电流互感器TA变比为400/5），电源侧加装SPAM150型综合保护（电流互感器TA变比为600/5）联合使用。前者保护电动机内部短路，后者主要作为高压电缆相间短路保护，并作为电动机短路的辅助保护。

高压电缆为ZRC-YJV22-6/6—（3×150）mm^2—1km，查附录表B-3可知每千米阻抗标么值，则电缆电阻标么值 $R^*=0.31\times1=0.31$，电抗标么值 $X^*=0.166\times1=0.166$。

电缆末端三相短路电流为

$$I_K^{(3)}=\frac{I_{bs}}{\sqrt{X_{1\Sigma}^2+R_{1\Sigma}^2}}=\frac{9160}{\sqrt{(0.444+0.166)^2+0.31^2}}=\frac{9160}{0.684}=13\,392(A)$$

1. 磁平衡纵差动保护

(1) 磁平衡纵差动保护动作电流计算。根据运行经验，可用经验公式（4-133）计算磁平衡纵差动保护一次动作电流，得 $I_{d.OP}=(0.1\sim0.2)I_{M.N}=(0.1\sim0.2)\times250=25\sim50$(A)。二次动作电流为

$$I_{d.op}=\frac{25\sim50}{80}=0.3\sim0.6(A)$$

取 $I_{d.op}=0.5A$。

（2）灵敏度计算。如按电动机内部短路时，短路电流为电动机额定电流计算，则

$$K_{sen}=\frac{250}{0.5\times80}=6.24$$

磁平衡纵差动保护由式（4-133）计算时，其灵敏度非常高。

（3）动作时间计算。取 $t_{op}=0s$（固有动作时间），此整定值已运行 8 年之久，经上百台次电动机起动，未发生电动机起动时误动作。由此可见，磁平衡纵差动保护具有电动机内部短路时灵敏度很高，且不受出口和中性点距离远近的限制，同时电动机起动时没有因两侧电流互感器暂态特性不一致而造成纵差动保护误动作的弊端等优点。

2. 电流速断保护

（1）电流速断保护动作电流 I_{op}计算。按躲过电动机起动电流计算，由式（4-146）得

$$I_{op}=K_{rel}K_{st}I_{m.n}=1.5\times7\times250/120=2625/120=21.9(A),取\ 22A$$

式中：$K_{rel}=1.5, K_{st}=7, I_{m.n}=I_{M.N}/n_{AT}=2.08A, I_{M.N}=250A, n_{AT}=600/5, I_n=5A$。

动作电流相对值为

$$I_{op}^{*}=\frac{22}{5}=4.4$$

如按起动时翻倍计算，则正常运行时动作电流应按躲过区外短路时该电动机的反馈电流及自起动电流计算。如靠近 6.3kV 母线短路时，电动机反馈电流约为（6～6.5）I_N，于是未翻倍前的动作电流值 $I_{op}=1.3\times6\times250/120=16.3$（A）。这样电动机起动时翻倍动作电流就为 $2\times16.3=32.6$（A），因此得不偿失，所以不采用电动机起动时动作电流翻倍功能。

（2）灵敏度为

$$K_{sen}^{(3)}=\frac{I_{K.f}^{(3)}}{I_{OP}}=\frac{13\ 392}{2640}=5.07>2$$

式中：$I_{K.f}^{(3)}=13\ 392A$。

（3）动作时间计算。取 $t_{op}=0s$（为固有动作时间 0.04～0.06s）。

电流速断保护动作于跳闸。

3. 单相接地保护

（1）一次动作电流 $3I_{0.OP}$计算。按躲过区外单相接地时流过保护安装处单相接地电流计算，高压电缆为 ZRC-YJV-6/6—（3×150）mm^2—1km，查附录表 C—2 得 $I_K^{(1)}=3I_C=1A$，则

$$3I_{0.OP}=K_{rel}I_K^{(1)}=2.5\times1=2.5(A)$$

式中：$K_{rel}=2.5$，取单相接地保护一次动作电流 $3I_{0.OP}=2.5A$。

（2）单相接地时灵敏度计算。6.3kV 母线所接电缆总长度约为 6km，根据计算和实测结果，单相接地总电流基本上都接近 $I_K^{(1)}=7A$，实测为 6.5A，则

$$K_{sen}^{(1)}=\frac{I_{K.\Sigma}^{(1)}-I_K^{(1)}}{3I_{0.OP}}=\frac{6.5-1}{2.5}=2.2$$

（3）动作时间计算。取 $t_{0.op}=0s$。

（4）因小接地电流系统接地电流＜10A，故单相接地保护动作于信号。

注：A厂 6kV 为小接地电流系统，接地电流<10A，因是早期投产的设备，单相接地保护动作于信号（按现在的观点，应适当提高单相接地保护一次动作电流，即 $3I_{0.OP}=3\sim4A$。此时按准确实测值 $I_{K.\Sigma}^{(1)}=7A$，如取 $3I_{0.OP}=4A$，$K_{sen}^{(1)}=\dfrac{I_{K.\Sigma}^{(1)}-I_{K}^{(1)}}{3I_{0.OP}}=\dfrac{6.5-1}{4}=1.4$，则加装动作延时 $t_{0.op}=1s$ 并校核躲过电动机起动时的不平衡电流后，可以动作于跳闸方式）。

4. 相不平衡电流保护

SPAM150C 型综合保护的不平衡电流保护主要用作电动机断相保护，动作电流整定值按躲过正常运行时最大不平衡电流计算，动作时间应躲过区外不对称短路时电动机的反馈负序电流作用时间。曾有多次出现 $\Delta I_{op.set}=30\%$，$t_{\Delta.set}=60s$ 时在高压线路非全相运行保护动作前，电动机不平衡保护误动。按经验数据可如下整定。

（1）不平衡动作电流整定值 $\Delta I_{op.set}$（%）。取 $\Delta I_{op.set}=30\%$。

（2）不平衡保护基本动作时间整定值 $t_{\Delta.set}$。取 $t_{\Delta.set}=100s$。

（3）不平衡保护最小动作时间整定值。取 $T_{2.op.set}=1s$。

（4）不平衡保护动作时间 $t_{2.op}$。查图 4-9 知，当 $\Delta I=30\%$时，$t_{2.op}=12s$；当 $\Delta I=40\%$时，$t_{2.op}=6s$；当 $\Delta I=60\%$时，$t_{2.op}=2.5s$；当 $\Delta I\geqslant95\%$时，$t_{2.op}=1s$。

（5）相不平衡电流保护动作于跳闸。

5. 过热保护

（1）满负荷电流 I_θ 整定值。由式（4-194）可得

$$I_\theta=I_{m.n}=\frac{I_{M.N}}{n_{TA}}\times\frac{I_n}{I_n}=\frac{250}{120}\times\frac{I_n}{5}=0.417I_n$$

式中符号含义同式（4-194）。

（2）电动机最大安全起动时间整定值 $t_{6x.set}$ 计算。循环水泵正常最长起动时间约为 15s，由式（4-195）计算得 $t_{6x.set}=(1.2\sim1.5)\,t_{st.max}=(1.2\sim1.5)\times15=18\sim22.5$（s），取 $t_{6x.set}=25s$。

（3）过热保护动作时间特性曲线热加权系数 P 计算。电动机过热保护热加权系数由式（4-196）计算，取 $P=50\%$。

（4）过热报警值 θ_a 计算。由式（4-197）计算，取 $\theta_a=70\%$。

（5）过热闭锁再起动解除整定值 θ_{atr} 计算。由式（4-198）计算，取 $\theta_{atr}=0.5$。

（6）电动机散热时间倍率系数 K_C 计算。由式（4-199）计算，取 $K_C=4$。

（7）过热保护动作于跳闸。

6. 电动机长起动保护

（1）电动机起动电流整定倍数 $I_{st.set}^{*}(K_{st.set})$。折算至继电器额定电流，则由式（4-209）计算得

$$I_{st.set}^{*}=K_{st.set}=K_{st}\frac{I_{m.n}}{I_n}=\frac{K_{st}I_{M.N}}{I_n n_{TA}}=\frac{6\times250}{5\times120}=2.5$$

式中：$K_{st}=6$，$I_{M.N}=250A$，$n_{TA}=120$，$I_n=5A$。

（2）电动机起动时间整定值。按躲过电动机最长起动时间计算，由式（4-206）计算得

$$t_{st.set}=t_{st.al}=K_{rel}t_{st.max}=(1.2\sim1.5)\times15=18\sim22.5(s)$$

取 $t_{st.max}=25s$。

(3) 动作特性。按反时限动作特性 $I_{st}^2\times t_{st}$ 动作，取控制字开关 SGF/7=1，动作于跳闸。

7. 低电流元件（停用）

8. 起动时间累计计数器

起动时间累计计数器 1h 内最多起动 2 次，每次起动时间为 15s，则

$$\sum t_{s.i}=30s,起动计算器递减速率\ \Delta\sum t_s=30s/h$$

9. 保护功能控制字 SGF 加权数选择

(1) 高定值在使用中（投入）：SGF/1=1。

(2) 高定值在电动机起动时不翻倍（翻倍停用）：SGF/2=0。

(3) 在过电流比 FCL 选择倍数更高时接地短路跳闸（停用）：SGF/3=1，SGF/4=1。

(4) 相不平衡保护在使用中（不平衡保护投入）：SGF/5=1。

(5) 不准确相序保护在使用中（投入）：SGF/6=1。

(6) 失速（起动）保护基于热应力监测 $I_s^2\times t_s$（用 $I_s^2\times t_s$ 功能）：SGF/7=1。

(7) 低电流保护不使用（停用）：SGF/8=0。

(8) SGF 加权数：SGF/1～8=01 111 101=125。

10. 保护外部控制功能控制字 SGB 加权数选择

(1) SGB/1=0。

(2) SGB/2=0。

(3) SGB/3=0。

(4) SGB/4=0。

(5) SGB/5=0。

(6) SGB/6=0。

(7) SGB/7=0。

(8) SGB/8=0。

(9) SGB 加权数：SGB/1～8=00 000 000=0。

11. 继电器输出编程开关组控制字 SGR1 加权数选择

(1) 热预报信号接到 SS2，SGR1/1=1；

(2) 过热保护跳闸信号不接到 SS2，SGR1/2=0；

(3) 失速（起动）保护不接到 SS2，SGR1/3=0；

(4) 电流速断（高整定过电流信号）不接到 SS2，SGR1/4=0；

(5) 电流不平衡动作信号不接到 SS2，SGR1/5=0；

(6) 接地短路信号接到 SS2，SGR1/6=1；

(7) 低电流保护动作信号不接到 SS2，SGR1/7=0；

(8) 单相接地保护跳闸信号不接到 SS2，SGR1/8=0；

(9) SGR1 加权数：SGB1/1～8=00 100 001=33。

12. 继电器输出编程开关组控制字 SGR2 加权数选择

(1) 热预报信号不接到 SS1，SGR2/1=0；

（2）失速（起动）保护不接到 SS1，SGR2/2=0；

（3）速断（高整定过电流信号）保护信号接至 SS1，SGR2/3=1；

（4）过热跳闸信号接至 SS3，SGR2/4=1；

（5）失速（起动）保护跳闸信号接至 SS3，SGR2/5=1；

（6）不平衡保护跳闸信号接至 SS3，SGR2/6=1；

（7）单相接地保护信号不接到 SS3，SGR2/7=0；

（8）低电流动作信号不接到 SS3，SGR2/8=0；

（9）SGR2 加权数：SGR2/（1～8）=00 111 100=60。

13. 软件开关组在寄存器 A 的控制字 SG4 加权数选择

（1）失速（起动）保护按 $I_s^2 \times t_s$ 动作判据：SG4/1=0；

（2）再起动使能信息 TS1 不被禁止时，SG4/2=0；

（3）I_s 级的起动信号不直接送至输出 SS1，SG4/3=0；

（4）SG4 加权数：SG4/（1～3）=000=0。

A 厂其他高压电动机保护均采用真空断路器+SPAM150C 型电动机综合保护，与 1 号循环水泵整定计算类同，其他电动机保护整定计算从略。

（二）FC 回路+国产综合保护整定计算

以 B 厂 1 号送风机电动机保护整定计算为例加以说明。额定容量≤1000kW 的高压电动机采用 FC 回路（真空接触器+高压熔断器）+国产综合（WDZ-3D 型）保护。

B 厂 1 号送风机电动机参数：型号为 YKK450-4，额定功率 $P_N=630$kW，额定电流 $I_N=71.5$A，额定电压 $U_N=6$kV，起动电流倍数 $K_{st}=7$，额定转速 $n_n=1480$r/m，Y 接线，B 级绝缘，TA 变比为 100/5（建议 TA 变比改用 150/5）。

1. 高压熔断器核算

（1）按可靠躲过电动机额定电流计算。高压熔断器额定电流由式（4-129）计算得

$$I_{FU.N} = K_{rel} I_{M.N} = 2 \times 71.5 = 143(A)$$

式中：$K_{rel}=2$，$I_{M.N}=71.5$A。

（2）电动机起动时熔断器可靠不熔断计算。1 号送风机 $10s \leqslant t_{st} \leqslant 25s$，按躲过电动机起动电流计算，由式（4-130）得

$$I_{FU.N} = I_{st}/2 = 6 \times 71.5/2 = 214(A),取 225A$$

（3）与真空接触器允许断开电流配合计算。真空接触器允许断开电流 $I_K=3400$A 时，K818SDX-225A 型熔断器熔断时间为 0.08～0.1s，与 0.4s 动作时间的电流速断保护能配合。

2. 电流速断保护

WDZ-3D 型国产综合保护的整定计算：

高压电缆为 ZRC-YJV22-6/6—(3×70)mm^2—0.13km。

查附录表 B-4 得电阻标么值 $R^*=0.705 \times 0.13=0.091$，电抗标么值 $X^*=0.181 \times 0.13=0.0234$。

电缆末端三相短路电流为

$$I_K^{(3)} = \frac{I_{bs}}{X_S + X_T + X_L} = \frac{9160}{\sqrt{0.09^2 + (0.444 + 0.023)^2}} = \frac{9160}{0.467} = 19\ 614(A)$$

（1）电动机额定二次电流计算。$I_{m.n}$=71.50/20=3.58（A），取3.6A。

（2）高定值动作电流 $I_{op.h}$ 计算。由式（4-146）按躲过电动机起动电流计算，得

$$I_{op.h} = K_{rel}K_{st}I_{M.N}/n_{TA} = K_{rel}K_{st}I_{m.n} = 1.5 \times 7 \times 71.50/20 = 751/20 = 37.5(A)$$

或
$$I_{op.h}^* = \frac{37.5}{5} = 7.5$$

式中：K_{rel}=1.5，K_{st}=7，$I_{M.N}$=71.5A，n_{AT}=20。

（3）低定值动作电流 $I_{op.l}$ 计算。按躲过区外短路时该电动机的反馈电流及自起动电流计算，由于电流速断保护有0.3～0.4s延时，电动机反馈电流衰减很快，这时可不考虑反馈电流，但应考虑电动机自起动电流，速断保护低定值动作电流 $I_{op.l}$ 按躲过自起动电流计算，由式（4-147）得

$$I_{op.l} = K_{rel}K_{ast}I_{m.n} = 1.3 \times 5 \times 3.57 = 23.2(A)$$

$$I_{op.l}^* = \frac{23.2}{5} = 4.64$$

式中：K_{ast}=5。

（4）灵敏度如按接触器可靠切断电流3400A计算，则灵敏度为

$$K_{sen}^{(3)} = \frac{I_K^{(3)}}{I_{OP}} = \frac{3400}{37.5 \times 20} = 4.53 > 2$$

（5）动作时间。由式（4-156）计算，取 t_{op}=0.4s。

3. 单相接地保护

（1）一次动作电流 $3I_{0.OP}$ 计算。

1）按躲过区外单相接地时流过保护安装处单相接地电流计算。高压电缆为ZRC-YJV-6/6—（3×70）mm²—0.13km，查附录表C-2得 $I_K^{(1)} = 3I_C = 0.13$A，取0.5A。由式（4-112）计算得

$$3I_{0.OP} = K_{rel}I_K^{(1)} = 3 \times 0.5 = 1.5(A)$$

2）按躲过电动机起动时的最大不平衡电流计算。按经验公式（4-172）计算得

$$3I_{0.OP.set} = (0.05 \sim 0.1)I_{M.N} = (0.05 \sim 0.1) \times 71.5 = 3.6 \sim 7.2(A)$$

由于灵敏度足够，取 $3I_{0.OP.set}$=10A。

3）灵敏度计算。出口侧单相接地电流 $I_K^{(1)} = I_{max} = 182$A，由式（4-114）可计算单相接地时保护动作电流，即

$$3I_{0.OP} = \left(1 + \frac{\frac{I_{max}}{I_{T.N}} - 1.05}{4}\right)3I_{0.OP.set} = \left(1 + \frac{\frac{182}{71.4} - 1.05}{4}\right) \times 10 = 13.7(A)$$

$$K_{sen}^{(1)} = \frac{I_{K.h}^{(1)}}{3I_{0.OP}} = \frac{182}{13.7} = 13.3 > 2$$

（2）动作时间计算。为防止两相接地短路时，短路电流>3400A时单相接地保护先于熔断器熔断前动作，可由式（4-156）计算，取单相接地保护动作时间 $t_{0.op}$=0.4s。

（3）单相接地保护动作于跳闸。

4. 负序过电流 I_2 保护

（1）动作电流 $I_{2.op}$ 计算。由式（4-163）可得

$$I_{2.op}=(0.3\sim0.6)I_{m.n}=(0.3\sim0.6)\times3.6=1.1\sim2.2(A),取\ I_{2.op}=1.2A$$

（2）动作时间整定值 $T_{2.op.set}$ 计算。负序过电流保护动作时间应按躲过区外两相短路或非全相运行切除最长时间 $t_{op.max}$ 配合。负序过电流保护动作时间整定值由式（4-164）可得

$$T_{2.op.set}=t_{op.max}+\Delta t=2+0.5=2.5(s)$$

式中：$t_{op.max}=2s$。

（3）负序过电流 I_2 保护动作于跳闸。

5. 过热保护

（1）发热时间常数整定值 $T_{he.set}$ 计算。

1）按冷态起动 2 次计算。由式（4-187）估算，即

$$T_{he}=2(K_1I_{st}^{*2}-1.05^2)t_{st}=2(0.5\times6^2-1.05^2)\times15=507(s)$$

2）按热态允许起动 1 次计算。由式（4-188）估算，即

$$T_{he}=(K_1I_{st}^{*2}-1.05^2)t_{st}=(6^2-1.05^2)\times15=523(s)$$

3）按电动机允许起动电流和允许起动时间计算。由式（4-189）估算，即

$$(KI_{st.al}^{*2}-1.05)I_{m.n}^{*2}t_{st.al}=I_{m.n}^{*2}T_{he}=(0.5\times6^2-1.05^2)\times30=507(s)$$

式中：$I_{st.al}^{*}=6,t_{st.al}=30s,K=0.5$。所以取 $T_{he.set}=500s$。

（2）散热时间常数整定值 $T_{eh.set}$ 计算。送风机电动机散热时间常数整定值取 $T_{eh.set}=30min$。

（3）电动机起动时间整定值 $t_{st.set}$ 计算。送风机电动机正常最长起动时间为 20s，由式（4-191）得

$$t_{st.set}=(1.2\sim1.5)t_{st.max}=(1.2\sim1.5)\times20=24\sim30(s),取\ 30s$$

（4）过热报警值 θ_a 计算。取 $\theta_a=0.7$。

（5）过热保护动作于跳闸。

6. 长起动（或堵转）保护

（1）电动机额定起动电流倍数整定值 $K_{st.n}$。送风机取 $K_{st.n}=7$。

（2）电动机起动时间整定值 $t_{st.set}$ 计算。送风机实测值为 20s，由式（4-191）得

$$t_{st.set}=t_{al.set}=(1.2\sim1.5)t_{st.max}=(1.2\sim1.5)\times20=24\sim30(s),取\ t_{st.set}=30s$$

（3）长起动（或堵转）保护动作于跳闸。

7. 正序过电流保护

（1）动作电流 $I_{1.op}$ 计算。由式（4-207）得

$$I_{1.op}=K_{rel}I_{m.n}=1.3\times3.6=4.7(A)$$

式中：$K_{rel}=1.3$。

（2）动作时间整定值 $t_{1.op.set}$ 计算。如电动机在 $1.5I_{M.N}$ 时允许 420s，自起动时间为 10s，则可取两者之间的适中值，由式（4-208）计算，取 $t_{1.op.set}=30s$。

（3）正序过电流保护动作于跳闸。

用于不同容量和不同类型高压电动机保护的整定计算与1号送风机类同，故B厂其他所有FC回路＋国产电动机综合保护整定计算从略。

（三）真空断路器＋国产综合保护整定计算

以B厂1号给水泵电动机保护整定计算为例加以说明。

B厂给水泵电动机保护方式：真空断路器＋国产综合保护（WDZ-3C型、WDZ-3D型）。

电动机参数：型号为Y800-4，额定功率 $P_{M.N}=5500kW$，额定电流 $I_{M.N}=590A$，额定电压 $U_{M.N}=6kV$，起动电流倍数 $K_{st}=7$，额定转速 $n_{M.N}=1493r/m$，Y接线，B级绝缘，TA变比为1500/5，额定二次电流 $I_{m.n}=590/300=1.97$（A）。

1. 比率制动纵差动保护

300MW机组电动给水泵容量一般为5500～6000kW，$I_{M.N}=590\sim660A$，A厂在20世纪70年代投入运行的两台300MW机组，电动给水泵为5500kW，所用纵差动保护为BCH-2型继电器，两侧为同型号D级电流互感器TA，变比为750/5A，差动保护动作电流首次整定为 $1.3I_N$，结果电动机每次起动时差动保护都误动；后将差动保护动作电流整定为 $1.5I_N$，电动机起动时，纵差动保护仍有2/3的误动概率。经检查两侧电流互感器TA伏安特性基本相同，当用稳态正弦电流通入时，其稳态误差均远小于10%，但在录取电动机起动时两侧TA二次电流波形和差动电流波形时，却发现电动机两侧TA二次电流幅值基本相等，相位基本相差180°，有一侧波形基本上接近正弦波，而另一侧波形严重畸变，同时出现很大的差动电流，且差动电流持续时间长达0.3～0.6s，差动电流有效值高达 $1.5I_N$。经0.6s延时后，TA两侧电流幅值虽未变化，但两侧电流波形立即变为相同的正弦波，且三相差动电流均接近于零，这一现象只能归结于两侧电流互感器暂态特性不一致所致，后只得将差动保护定值提高至 $1.8I_N$，运行至今再未发生误动情况。而其他多台5500kW电动给水泵，两侧采用同型号D级1000/5（或1500/5）电流互感器TA，所用纵差动保护为BCH-2型继电器，差动保护动作电流同样整定为 $1.3I_N$，电动机起动时纵差动保护从未发生误动作。大型电动机亦有采用比率制动特性差动保护误动作的实例，在电动机起动时所录波形与A厂所录波形极为相似。根据以上运行经验，对装设纵差动保护的大型电动机，为使纵差动保护正确可靠工作，宜用较大变比（TA一次额定电流为电动机额定电流的2～2.5倍）的D级电流互感器，这样能较好地防止因电流互感器暂态特性不一致造成电动机在起动过程中差动保护的误动作。

（1）最小动作电流 $I_{d.op.min}$ 计算。按经验公式（4-135）得

$$I_{d.op.min}=(0.3\sim0.4)I_{M.N}/n_{TA}=(0.3\sim0.4)I_{m.n}$$
$$=(0.3\sim0.4)\times1.97=0.6\sim0.8(A)$$

取 $I_{d.op.min}=0.8A$。

（2）最小制动电流 $I_{res.min}$ 计算。按公式（4-136）得

$$I_{res.min}=0.8I_{m.n}=0.8\times1.97=1.57(A)$$

取 $I_{res.min}=1.5A$。

（3）制动系数斜率 S 计算。按经验公式（4-137）得

$$S=(0.4\sim0.5)$$

取 $S=0.5$。

（4）电动机起动时比率制动纵差动保护最大动作电流为

$$I_{d.op}=I_{d.op.min}+S(I_{res}-I_{res.min})=0.8+0.5(13.8-1.5)=6.9(A)$$

（5）差动速断动作电流 $I_{d.op.qu}$ 计算。按躲过电动机起动时最大不平衡电流计算，即

$$I_{d.op}=K_{rel}K_{cc}K_{ap}K_{er}K_{st}I_{m.n}=1.5\times 1\times 3\times 0.1\times 7\times 1.97=6.2(A)$$

取 $I_{d.op.qu}=7.5A$，则 $I^{*}_{d.op.qu}=7.5/1.97=3.8$。因而取 $I^{*}_{d.op.qu}=4$，则 $I_{d.op.qu}=7.9A$。

（6）灵敏系数 K_{sen} 计算。电动机入口两相短路时比率制动特性差动保护动作电流由式（4-138）计算，即

$$\begin{aligned}I_{d.op}&=I_{d.op.min}+S\left(\frac{1}{2}I^{(2)}_{K.min}-I_{res.min}\right)\\&=0.8+0.5\left(0.5\times 0.866\times\frac{20\ 630}{300}-1.5\right)\\&=15(A)>7.9A\end{aligned}$$

由于差动速断动作电流为 7.9A，电动机入口两相短路时比率制动特性差动保护动作电流最大值 $I_{d.op.max}=I_{d.op.qu}\leqslant 7.9A$，因此有

$$K_{sen}=\frac{I^{(2)}_{K.min}}{I_{d.op.qu}n_{TA}}=\frac{59.55}{7.9}=7.5\geqslant 2$$

式中：$I^{(2)}_{k.min}=0.866\times\frac{20\ 630}{300}=59.55(A)$。

（7）动作时间。由于加装纵差动保护的电动机都用断路器切除短路电流，所以动作时间为固有动作时间，取 $t_{d.op}=0s$。

2. 电流速断保护

（1）高定值动作电流。按躲过电动机起动电流计算，由式（4-146）得

$$I_{op.h}=K_{rel}K_{st}I_{m.n}/n_{TA}=1.5\times 7\times 590/300=6200/300=20.7(A)，取\ 21.5A$$

或 $I^{*}_{op.h}=\frac{21.5}{5}=4.3$

（2）低定值动作电流。按躲过区外短路时该电动机的反馈电流及自起动电流计算，如靠近 6.3kV 母线短路时，电动机反馈电流约为（6～6.5）I_N，低定值动作电流由式（4-148）计算得

$$I_{op.l}=1.3\times 6\times 590/300=4600/300=15.3(A)，取\ 15.5A$$

或 $I^{*}_{op.l}=\frac{15.5}{5}=3.1$

（3）灵敏度为

$$K^{(3)}_{sen}=\frac{I^{(3)}_{K}}{I_{OP}}=\frac{20\ 630}{21.5\times 300}=3.2>2$$

（4）动作时间 t_{op} 计算。取 $t_{op}=0s$（固有动作时间为 0.06s）。

3. 单相接地保护

（1）一次动作电流 $3I_{0.OP}$ 计算。

1）按躲过区外单相接地时流过保护安装处单相接地电流计算，高压电缆为 ZRC-YJV-

6/6—（3×240）mm^2—0.05km，查附录表 C-2 得 $I_K^{(1)}=3I_C<1A$。由式（4-112）计算得

$$3I_{0.OP}=K_{rel}I_K^{(1)}=3\times1=3(A)$$

式中：$K_{rel}=3$，$I_K^{(1)}=3I_C=1A$。

2）按躲过电动机起动时的最大不平衡电流计算，由式（4-172）得

$$3I_{0.OP.set}=(0.05\sim0.1)I_{M.N}=(0.05\sim0.1)\times590=29.5\sim59(A)$$

取 $3I_{0.OP.set}=40A$。

（2）灵敏度计算。由于单相接地电流不超过电动给水泵的额定电流，所以单相接地时，接地保护动作电流为 40A，于是有

$$K_{sen}^{(1)}=\frac{I_{K.\Sigma}^{(1)}}{3I_{0.OP}}=\frac{182}{40}=4.55\geqslant2$$

（3）动作时间计算。取动作时间 $t_{0.op}=0s$。

（4）单相接地保护动作于跳闸。

4. 负序过电流 I_2 保护

（1）动作电流 $I_{2.op}$ 计算。由式（4-163）可得

$$I_{2.op}=(0.3\sim0.6)I_{m.n}=(0.3\sim0.6)\times1.97=0.6\sim1.2(A)，取\ I_{2.op}=0.8A$$

（2）动作时间整定值 $T_{2.op.set}$ 计算。负序过电流保护动作时间应按躲过区外两相短路或非全相运行切除最长时间 $t_{op.max}$ 配合，负序过电流保护动作时间整定值由式（4-164）可取

$$T_{2.op.set}=t_{op.max}+\Delta t=2+0.5=2.5(s)$$

式中：$t_{op.max}=2s$。

由于该设备保护比较齐全，负序过电流 I_2 保护主要用于电动机绕组断相等故障，同时整定值也比较小，动作时间整定值可相对长一些，取 $T_{2.op.set}=2.5s$。

（3）负序过电流 I_2 保护动作于跳闸。

5. 过热保护

（1）电动机额定二次电流计算。$I_{m.n}=590/300=1.97$（A）。

（2）发热时间常数整定值 $T_{he.set}$ 计算。

1）根据电动机运行规程要求估算。在电动机运行规程中有以下规定，给水泵电动机从冷态起动到满速的连续起动允许为 1 次，如再次起动必须间隔 45min。由式（4-187）冷态起动 1 次，起动时间 24s 估算，即

$$T_{he.set}=(K_1I_{st}^{*2}-1.05^2)t_{st}=(0.5\times6^2-1.05^2)\times24=405(s)$$

2）按电动机允许起动电流和允许起动时间计算。按式（4-189）估算，即

$$(KI_{st.al}^{*2}-1.05)I_{m.n}^{*2}t_{st.al}=I_{m.n}^{*2}T_{he}=(0.5\times6^2-1.05^2)\times30=507(s)$$

式中：$I_{st.al}^{*}=6$，$t_{st.al}=30s$，$K=0.5$。

3）按电动机过负荷能力进行估算。由式（4-186）计算得

$$T_{he}=(I^{*2}-1.05^2)t_{al}=(1.5^2-1.05^2)\times420=504$$

根据以上计算，取 $T_{he.set}=500s$。

（3）散热时间整定值 $T_{eh.set}$ 计算。电动给水泵电动机散热时间常数 $T_{eh.set}$，根据规程取

$$T_{eh.set}=45min=2700s$$

(4) 起动时间整定值 $t_{st.set}$ 计算。由式 (4-191) 得

$$t_{st.set}=(1.2\sim1.5)t_{st.max}=(1.2\sim1.5)\times20=24\sim30(s),取\ t_{st.set}=25s$$

(5) 过热报警值 θ_a 计算。取 $\theta_a=0.7$。

(6) 过热保护动作于跳闸。

6. 长起动（或堵转）保护

(1) 电动机额定起动电流倍数整定值 $K_{st.n}$。电动给水泵取 $K_{st.n}=7$。

(2) 电动机起动时间整定值 $t_{st.set}$ 计算。电动给水泵实测 $t_{st}=20s$，由式 (4-191) 计算得

$$t_{st.set}=(1.2\sim1.5)t_{st.max}=(1.2\sim1.5)\times20=24\sim30(s),取\ t_{st.set}=25s$$

(3) 长起动（或堵转）保护动作于跳闸。

7. 正序过电流保护

(1) 动作电流 I_{1op} 计算。由式 (4-229) 得

$$I_{1op}=K_{rel}I_{m.n}=1.3\times1.97=2.56(A)$$

式中：$K_{rel}=1.3$。

(2) 动作时间整定值 $t_{1op.set}$ 计算。如电动机在 $1.5I_{M.N}$ 时允许 420s，自起动时间为 10s，则可取两者之间的适中值，由式 (4-229) 得

$$t_{1.op.set}=20s$$

(3) 正序过电流保护动作于跳闸。

(四) 高压电动机低电压保护整定计算

(1) 为保证重要高压电动机自起动，必要时应加装 0.5s 延时切除Ⅱ、Ⅲ类电动机的低电压保护，其动作整定值为

$$U_{op}=(0.6\sim0.7)U_n=60\sim70(V),取\ U_{op}=70V$$

$$t_{op}=0.5s$$

(2) 生产工艺不允许在电动机完全停转后突然来电时自起动的电动机，如一次风机、送风机、排粉机、磨煤机、给煤机等等电动机，根据生产工艺要求加装延时 9s 的低电压保护，动作后切除这些电动机，其动作整定值为

$$U_{op}=(0.4\sim0.45)U_n=40\sim45(V),取\ U_{op}=45V$$

$$t_{op}=9s$$

四、高压厂用馈线保护整定计算

以 B 厂输煤电源馈线保护整定计算（A 厂、B 厂在 6kV 高压厂用工作母线上无高压馈线，B 厂在备用/起动高压厂用变压器高压母线上接有输煤电源馈线）为例加以说明。输煤电源馈线一次系统参数：6.3kV 母线的系统阻抗 $X_S=0.444$，输煤电源馈线电缆为 ZRC-YJV-6/6—2 (3×240) mm^2—0.75km，查附录表 B-4 得电缆阻抗标么值为

$$R_L^*=0.5\times0.2\times0.75=0.075,X_L^*=0.5\times0.166\times0.75=0.062$$

$$Z_L^*=\sqrt{X_L^{*2}+R_L^{*2}}=\sqrt{0.075^2+0.062^2}=0.0975$$

电缆末端短路电流标么值为

$$I_{K.f}^{*(3)}=\frac{1}{X_S+X_L}=\frac{1}{0.444+0.062}=1.976$$

电缆始端短路电流标么值为

$$I_{K.i}^{*(3)}=\frac{1}{X_S}=\frac{1}{0.444}=2.25$$

（一）电流电压瞬时速断保护整定计算

1. 瞬时电流速断保护

按选择性原则整定瞬时电流速断保护，电缆始端短路电流与电缆末端短路电流之比为2.25/1.976=1.14，所以按选择性原则整定瞬时电流速断保护时，无保护功能可言，不能采用。

2. 电流闭锁电压速断保护

电流元件按电缆末端有足够灵敏度计算，电压元件按躲过电缆末端三相短路电流计算，电流闭锁电压速断保护整定值由式（4-127）得

动作电流标么值 $I_{op}^{*}=\frac{I_{K.f}^{(2)}}{K_{sen}^{(2)}}=\frac{0.866\times1.976}{1.25}=1.37$

动作电压标么值 $U_{op}^{*}=\frac{Z_L}{K_{rel}(X_S+X_L)}=\frac{0.0975}{1.2\times(0.444+0.062)}=0.16$

动作时间 $t_{op}=0s$

这样即使电缆始端短路，母线干扰残压也可能超过 $0.1U_N$，保护可能拒动作。结论：对导体截面积大、距离短的6kV电缆馈线（电缆阻抗远小于电源阻抗时），无法实现按选择性原则整定电流电压保护。

（二）无选择性瞬时电流速断保护整定计算

1. 动作电流计算

输煤系统的电源馈线为Ⅱ类负荷的6.3kV馈线，且输煤系统的电源为双电源馈线供电方式，短时停电不影响机组正常运行，为简化保护并缩短保护动作时间，可以适当让瞬时电流速断保护少许伸入受电母线，以保证馈线电缆末端两相短路有一定的灵敏度。按此原则可整定无选择性电流速断保护动作电流，因此按电缆末端两相短路时灵敏系数 $K_{sen}=1.25$ 计算得

$$I_{op}=\frac{I_{K.f}^{(2)}}{K_{sen}n_{TA}}=\frac{0.866\times1.976\times9160}{1.25\times200}=63(A)$$

一次动作电流 $I_{OP}=63\times200=12\,600$（A）。

2. 动作时间

为固有动作时间，$t_{op}=0s$。

3. 无选择性瞬时电流速断保护动作和运行说明

（1）动作说明。由于该保护为按电缆末端两相短路时灵敏系数 $K_{sen}=1.25$ 计算，所以当输煤系统母线出线出口短路时，该保护可能与故障设备保护同时动作（故障设备为高压熔断器保护时熔断时间<0.01s）。

（2）运行说明。正常运行方式时，无选择性瞬时电流速断保护退出工作；当6kV厂用系统由工作母线向备用母线供电的特殊异常运行方式时，无选择性瞬时电流速断保护投入运行［详见本节五、之（三）］。

（三）定时限过电流保护整定计算

1．定时限过电流保护动作电流整定计算依据

输煤系统的电源馈线为Ⅱ类负荷，按躲过最大负荷电流计算，输煤系统电源馈线总负荷电流约为420A（实际正常运行时为3500kW，最大负荷电流约为420A，安装容量约为7300kVA）。根据单元件的电动机和低压厂变的整定计算结果（计算过程从略），最大动作电流和最长动作时间的设备如下。

（1）1、2号输煤变压器（$S_{T.N}=2MVA$，$u_k\%=10$）。采用真空断路器+电流速断保护，速断保护一次动作电流 $I_{OP}=2150A$，$t_{op}=0s$。

（2）1、2号水工变压器（$S_{T.N}=1MVA$，$u_k\%=6$）。为FC回路，熔断器额定电流为200A，3400A时的熔断时间为0.08s。考虑提高一级额定电流为250A，3400A时的熔断时间为0.1s，速断保护动作电流为1823A，动作时间为0.4s。

（3）煤码头电源馈线。电流速断保护动作电流为2580A，$t_{op}=0s$。

2．定时限过电流保护动作电流计算

下面由以上数据计算一次动作电流。

（1）按躲过最大负荷电流计算，即

$$I_{OP}=\frac{K_{rel}I_{L.max}}{K_{re}}=\frac{1.3\times420}{0.95}=575(A)$$

（2）按躲过自起动电流计算，即

$$I_{OP}=K_{rel}K_{st}I_{L.max}=1.15\times5\times420=2415(A)$$

（3）与下一级速断动作电流配合计算，即

$$I_{OP}=K_{rel}I_{OP.max}=1.2\times2580=3354(A)$$

（4）与下一级额定电流最大的高压熔断器配合计算，即

$$I_{OP}=K_{rel}\times3400=1.2\times3400=4000(A)$$

二次动作电流 $I_{op}=\dfrac{4000}{200}=20(A)$

（5）灵敏度为

$$K_{sen}^{(2)}=\frac{I_K^{(2)}}{I_{OP}}=0.866\times\frac{1.976\times9160}{4000}=3.91\geqslant1.5$$

3．动作时间计算

当短路电流达到4000A时，输煤负荷高压熔断器的熔断时间为0.02～0.05s，均小于0.1s。$t_{op}=0.3s$ 与额定电流为200A的高压熔断器可良好配合，取动作时间 $t_{op}=0.3s$。

通过以上计算，定时限过电流保护一次动作电流 $I_{OP}=4000A$，动作时间 $t_{op}=0.3s$，实际上是短延时电流速断保护。权衡利弊，正常运行方式时，可以将无选择性电流速断保护停用。

（四）输煤系统的电源馈线设计时未装设单相接地保护

五、高压厂用变压器6kV电源分支保护整定计算

（一）低电压闭锁过电流保护

6.3kV高压厂用母线所接全部设备（高压电动机、低压厂用变压器、馈线）保护的整

定计算同以上各单元设备保护的整定计算（计算从略），6.3kV 母线 W2 短路故障保护方式及整定值如表 4-12 所示。

表 4-12　　6.3kV 母线 W2 短路故障保护方式及整定值表

序号	被保护设备名称（额定电流）	相间短路故障保护方式（类型）			单相接地短路保护方式（类型）			配合点短路电流和对应的动作时间	
		保护类型	一次动作电流（A）	动作时间（s）	保护类型	一次动作电流（A）	动作时间（s）	熔断器额定电流	熔断器熔断时间
1	一次风机 1B（140.3A）	电流速断保护	1540	0	零序电流速断	15A	0		
2	吸风机 1B(207A)*	电流速断保护	2300	0	零序电流速断	15	0		
3	循环水泵 2(157A)	电流速断保护	1730	0	零序电流速断	15	0		
4	给水泵 1C(590A)	纵差＋电流速断保护	<2250 ＝6500	0 0		40	0		
5	凝结水泵 1B(117A)	FC＋带时限电流速断	1287	0.4		10	0.4	K818SDX 225A	3400A<0.1s
6	前置泵 1B(28.6A)	FC＋带时限电流速断	320	0.1		10	0.1	K818SDX 63A	3400A<0.01s
7	低压厂用工作变 T2（114.6A）	FC＋带时限电流速断	2260	0.4		15	0.4	CEF:200A	3400A<0.1s
8	开冷泵 1B(45.7A)	FC＋带时限电流速断	502	0.1		10	0.1	K818SDX 100A	3400A<0.02s
9	闭冷泵 1B(45.7A)	FC＋带时限电流速断	510	0.1		10	0.1	K818SDX 100A	3400A<0.02s
10	磨煤机 1B(46.7A)	FC＋带时限电流速断	510	0.1		10	0.1	K818SDX 100A	3400A<0.02s
11	磨煤机 1D(46.7A)	FC＋带时限电流速断	510	0.1		10	0.1	K818SDX 100A	3400A<0.02s
12	送风机 1B(71.5A)	FC＋带时限电流速断	790	0.4		10	0.4	K818SDX 225A	3400A<0.1s
13	除尘变 1B(114.6A)	FC＋带时限电流速断	2260	0.4		15	0.4	CEF 160A	3400A<0.1s

* 表中(　　)为一次额定电流。

表 4-12 为 6.3kV 母线 W2 电源分支电流电压保护配置和整定计算的依据，6.3kV 高压厂用系统一次接线如图 4-12 所示。

图中，T1、T2、T5、T6 分别为高压厂工作变压器，T3、T4 为起动/备用（公用）高压厂变。

1. 高压厂用系统可能的运行方式

如图 4-12 所示，根据运行要求规定以下几种运行方式。

（1）正常运行方式。6kV 工作母线 W1、W2，W5、W6 分别由 1 号高压厂变 T1、T2，和 2 号高压厂变 T5、T6 供电；6kV 公用电源母线 W3、W4 分别由 01 号起动/备用（公用）高压厂变 T3、T4 供电。

（2）正常备用供电方式。当任何一台高压厂用变压器因故停用时，其所供电母线由对应

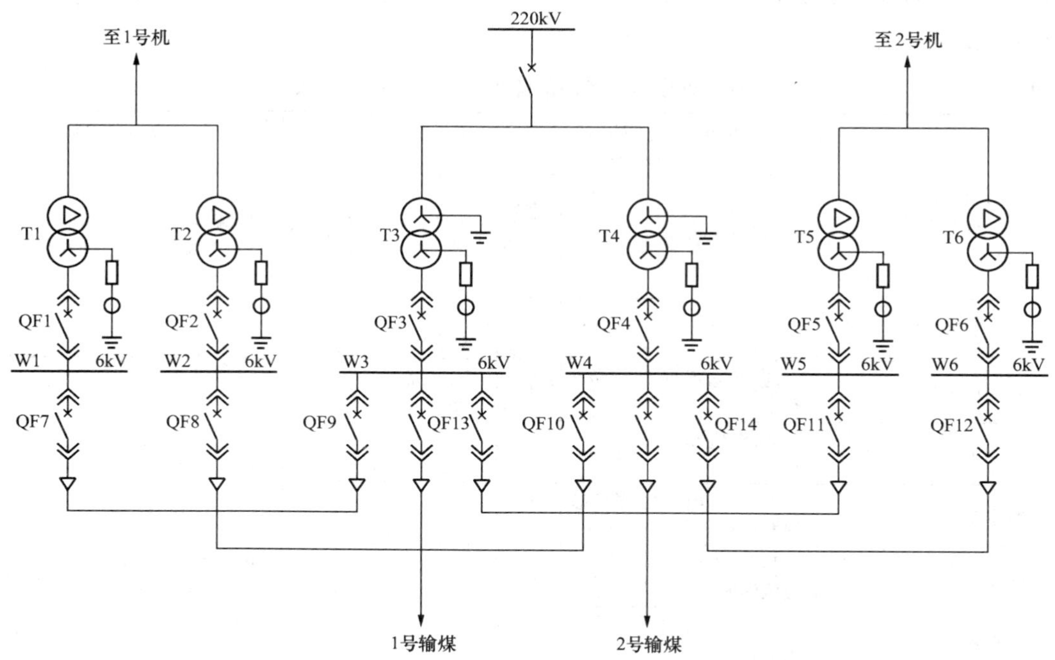

图 4-12 6.3kV 高压厂用系统一次接线图

的公用母线经备用电源分支供电，如 1 号高压厂变 T1 低压断路器 QF1 断开时，6kV 工作母线 W1 由 6kV 公用母线 W3 经断路器 QF7、QF9 供电，其他正常备用供电方式同此。

(3) 异常反备用供电方式。当任何一台 01 号起动/备用（公用）高压厂变 T3 或 T4 因故停用时，其所供电母线由对应的工作母线经备用电源分支供电。如 01 号起动/备用（公用）高压厂变 T3 高压断路器 QF3 断开时，6kV 公用母线 W3 可由 6kV 工作母线 W1 经 QF7、QF9 供电（或由 6kV 工作母线 W5 经 QF11、QF13 供电），其他类同。以上运行方式确定后，各备用分支及各工作分支电流电压保护整定计算可根据规定的运行方式进行整定计算。

(4) 正常运行。6.3kV 工作母线 W2 由 1 号高压厂变 T2 电源分支供电，6kV 公用母线 W4 由起动/备用（公用）高压厂变 T4 电源分支供电，其他类同。

下面以高压厂变 6.3kV 电源分支低电压闭锁过电流保护整定计算为例加以说明。

因为高压厂变既属于发电机变压器组保护的整定计算范围，在第二章第三节之二十三已初步计算，同时高压厂变又属于厂用系统的整定计算范围，为此在厂用系统的整定计算中只需复核其计算的合理性。

2. 动作时间计算

(1) 与出线 0s 速断保护配合计算。考虑正常时与出线 0s 速断保护配合，动作时间为

$$t_{op} = 0.4\text{s}$$

(2) 与备用分支低电压闭锁过电流保护动作时间 0.4s 配合计算。在异常反备用方式时，必须与备用分支低电压闭锁过电流保护动作时间 0.4s 配合，则动作时间选定为

$$t_{op} = 0.4 + 0.3 = 0.7(\text{s})$$

3. A厂6kV分支进线断路器低电压闭锁过电流保护整定值计算结果

由于A厂无异常反备用方式，其厂用分支低电压闭锁过电流保护只需和6kV工作母线出线最大速断动作电流配合，并按电压元件保护范围末端短路时灵敏系数 $K_{sen}=1.25$ 计算。

（1）动作电压。一次动作电压 $U_{OP}=3600V$，二次动作电压 $U_{op}=63V$。

（2）动作电流。一次动作电流 $I_{OP}=5400A$，二次动作电流 $I_{op}=9A$。一次动作电流为5400A时，电压元件保护范围末端短路时 $K_{sen}^{(2)}=\frac{7146}{5400}=1.32$。

（3）动作时间。与6kV所有出线0s电流速断保护配合计算，取 $t_{op}=0.4s$。

（4）保护作用于断开本分支断路器。

4. B厂6kV分支进线断路器低电压闭锁过电流保护整定值计算结果

（1）动作电压。一次动作电压 $U_{OP}=3600V$，二次动作电压 $U_{op}=63V$。

（2）动作电流。一次动作电流 $I_{OP}=5400A$，二次动作电流 $I_{op}=9A$。一次动作电流为5400A时，电压元件保护范围末端短路时 $K_{sen}^{(2)}=\frac{7146}{5400}=1.32$。

（3）动作时间。在异常备用方式时，必须与备用分支低电压闭锁过电流保护动作时间0.4s配合，则动作时间选定为 $t_{op}=0.4+0.3=0.7$（s）。

（4）保护作用于断开本分支断路器。

（二）6.3kV高压厂变T1、T2分支单相接地保护整定计算

B厂6.3kV高压厂变分支设置单相接地保护，与6.3kV工作母线W1（W2）所接设备单相接地保护配合计算，见第二章第三节之二十四。

1. 单相接地零序过电流Ⅰ段保护

（1）零序过电流Ⅰ段动作电流计算。与出线单相接地保护最大动作电流40A配合计算，厂用分支单相接地保护动作电流应与电动给水泵的单相接地保护动作电流配合计算。

单相接地保护一次动作电流 $3I_{0.OP}=K_{rel}\times 3I_{0.OP.max}=1.2\times 40=48$（A），由于单相接地时灵敏度足够，取 $3I_{0.OP}=60A$。

继电器二次动作电流为

$$3I_{op}=3I_{0.OP}/n_{TA0}=60/40=1.5(A)$$

式中：$n_{TA0}=40$。

（2）灵敏度为

$$K_{sen}^{(1)}=\frac{I_K^{(1)}}{3I_{0.OP}}=\frac{182}{60}=3\geqslant 2$$

（3）零序过电流Ⅰ段动作时间计算。单相接地保护Ⅰ段动作时间 $t_{0.op.Ⅰ}$ 与下一级FC回路的单相接地保护动作时间配合计算，取 $t_{0.op.Ⅰ}=t_{op.FC}+\Delta t=0.4+\Delta t=0.4+0.3=0.7(s)$。

保护作用于跳本分支断路器。

2. 单相接地零序过电流Ⅱ段保护

（1）零序过电流Ⅱ段动作电流与零序过电流Ⅰ段动作电流相同，即 $3I_{0.OP}=60A$，$3I_{0.op}=1.5A$。

（2）零序过电流Ⅱ段动作时间计算。单相接地保护Ⅱ段动作时间 $t_{0.op.Ⅱ}$ 与单相接地保护

Ⅰ段动作时间配合计算，即

$$t_{0.op.Ⅱ}=t_{0.op.Ⅰ}+\Delta t=0.7+\Delta t=0.7+0.4=1.1(s)$$

保护作用于全停发电机组。

A厂高压厂用变压器为中性点不接地系统，6.3kV系统单相接地仅有工作母线W1（W2）TV开口三角形$3U_0$过电压保护，其整定值为

动作电压 $3U_{0.op}=10V$

动作时间 $t_{0.op}=3s$

保护动作后作用于发信号。

六、6.3kV工作母线W1、W2（W5、W6）备用分支进线断路器电源保护整定计算

（一）低电压闭锁过电流保护整定计算

B厂低电压元件和过电流元件整定计算同本节之五，考虑异常反备用运行方式，其电压元件和电流元件整定值与工作电源分支应有一定的配合系数。

1. 电压元件动作电压

一次动作电压U_{OP}=3600V，二次动作电压U_{op}=63V。

2. 电流元件动作电流

(1) 异常反备用方式运行时。电流元件整定值与工作电源分支电流元件动作电流应有一定的配合系数计算，即

一次动作电流 $I_{OP}=I_{OP.1}/K_{rel}=5400/1.1=4900$（A）

二次动作电流 $I_{op}=I_{OP}/n_{TA}=4900/600=8.2$（A）

式中 $I_{OP.1}$——工作电源分支电流元件动作电流，为5400A；

K_{rel}——可靠系数，取1.1；

n_{TA}——备用电源分支保护用电流互感器变比，为3000/5。

(2) 正常备用方式运行时。备用电源分支电流元件一次动作电流取4900A，可与工作母线出线0s最大速断动作电流2300A及最大额定电流225A熔断器瞬时熔断电流20×225=4500A的熔断时间配合。

3. 动作时间

(1) 按正常备用方式与6.3kV母线所接设备瞬时电流速断保护配合计算，取t_{op}=0.4s。

(2) 按异常反备用运行方式时与6kV母线W3（W4）所接设备保护配合计算。由于W3（W4）接有带0.3s短延时电流速断保护的输煤电源，如要与输煤电源保护配合，则必须采用动作时间为t_{op}=0.6s，这样所有上一级保护均要再增加0.3s级差。考虑到以下因素：

1）由于6.3kV母线W3（W4）所接设备均为Ⅱ类双电源负荷，所以短时停电并不影响机组的连续运行。

2）异常反备用运行方式是极稀有的特殊运行方式，此时将输煤电源线无选择性动作的瞬时电流速断保护临时投入运行，作为输煤电源短路时的快速保护。这弥补了备用分支保护和输煤电源保护之间无选择性的动作，并与高压厂变T1、T2 6.3kV分支电源低电压闭锁过电流保护动作时间0.7s有选择性地配合[t_{op}=0.7−0.3=0.4（s）即可]，因此不会破坏重要设备的正常运行，也不会造成其他严重后果。所以，6.3kV工作母线W1、W2（W5、W6）的备用分支（备用电源分支）低电压闭锁过电流保护动作时间取t_{op}=0.4s。

B厂 6kV 高压厂用系统相间电流电压保护整定值配置见表 4-13。

表 4-13　　B厂 6kV 高压厂用系统相间电流电压保护整定值配置一览表

序号	被保护设备名称	一次动作电压（V）	一次动作电流（A）	动作时间（s）	保护作用方式
1	6kV 母线 W1、W2 出线最大整定值				
	吸风机电流速断保护		2300A	0s	跳本断路器
	低压厂用变压器 T1、T2		短路电流 4000A	<0.02s	跳两侧断路器（高压侧熔断）
2	6kV 母线 W3、W4 出线最大整定值				
	输煤电源馈线瞬时电流速断保护		12 600A	0s	跳本断路器
	输煤电源馈线定时限电流速断保护		4000A	0.3s	跳本断路器
3	备用分支 WP1、WP2（备用电源分支）低电压闭锁过电流保护	3600V	4900A	0.4s	跳备用分支断路器
5	高压厂用变压器 T1、T2 的 6kV 侧低电压闭锁过电流保护	3600V	5400A	0.7s	跳 6kV 本侧断路器
6	高压厂用变压器 T1、T2 的 20kV 高压侧复合电压闭锁过电流保护	6kV 侧低电压 3600V；6kV 侧负序电压 4V	2560A（6.3kV 侧 8127A）	1.1s	全停发变组
				1.4s	全停发变组
7	备用高压厂用变压器 T3、T4 的 6kV 侧低电压闭锁过电流保护	3600V	5400A	0.7s	跳 6kV 本侧断路器
8	备用高压厂用变压器 T3、T4 的 220kV 高压侧复合电压闭锁过电流保护	6kV 侧低电压 3600V；6kV 侧负序电压 4V	250A（6.3kV 侧 9127A）	1.0s	跳备用高压厂用变压器 T3、T4 三侧断路器

（二）备用电源分支进线断路器保护整定计算说明

（1）正常备用方式运行。低电压闭锁过电流保护和工作母线设备保护能选择性动作。

（2）特殊的异常反备用运行方式。由工作电源向备用母线供电的异常反备用运行方式，此时备用电源分支低电压闭锁过电流保护可能无严格的选择性动作。

1）当输煤电源线短路时。输煤电源线短路且输煤电源线无选择性动作的瞬时电流速断保护拒动时，可能出现备用电源分支低电压闭锁过电流保护无选择性动作。

2）当输煤母线下接设备出口短路时。输煤母线所接负荷出口短路时，输煤电源线无选择性动作的瞬时电流速断保护也可能无选择性动作。

由于特殊的异常反备用运行方式很少出现，发生以上两种故障情况的概率是甚小，同时也不致影响重要的Ⅰ类负荷的供电，这样临时处理是合理可行的方式。

七、起动/备用高压厂变 T3、T4 保护整定计算

（一）纵差动保护整定计算

A厂用 DGT-801A 型纵差动保护整定计算如下。

1. 单台双绕组厂用变压器差动保护 KD1、KD2 的整定计算

（1）基准侧额定二次电流计算。DGT-801A 型差动保护基准侧选变压器低压侧，额定二次电流为

$$I_{t.n}=\frac{25\ 000}{\sqrt{3}\times 6.3\times 600}=3.82(\text{A})$$

（2）低压母线短路电流计算。$X_S=0.023\ 77$，$X_T=0.42$，因此有

$$I_K^{(3)}=\frac{I_{bs}}{X_S+X_T}=\frac{9160}{0.023\ 77+0.42}=20\ 641(\text{A})$$

二次短路电流 $$I_k^{(3)}=\frac{I_K^{(3)}}{n_{TA}}=\frac{20\ 641}{600}=34.4(\text{A})$$

（3）差动保护最小动作电流计算。由式（4-230）计算，取 $I_{d.op.min}=0.6I_{t.n}=0.6\times 3.82=2.3(\text{A})$。

（4）最小制动电流计算。由式（2-51）计算，取 $I_{res.min}=0.8I_{t.n}=0.8\times 3.82=3(\text{A})$。

（5）制动系数斜率 S 计算。由式（2-53a）计算，取 $S=0.5$。

（6）二次谐波制动比计算。由式（4-233）计算，取 $K_{2\omega}=0.15$。

（7）差动速断动作电流 $I_{d.op.qu}$ 计算。由式（4-232）取

$$I_{d.op.qu}=(6\sim 7)I_{t.n}=(6\sim 7)\times 3.82=23\sim 26.7(\text{A})\text{，取 }I_{d.op.qu}=27\text{A}$$

差动速断动作电流相对值 $I_{d.op.up}^{*}=7$

（8）灵敏系数计算。对制动电流由式（2-39a）计算的保护，由式（2-54b）计算

$$I_{d.op}=S\left(\frac{I_{K.min}}{2}-I_{res.min}\right)+I_{d.op.min}=0.5\left(\frac{34.4}{2}-3\right)+2.3=9.4(\text{A})$$

$$I_{K.min}=20\ 641/600=34.4(\text{A})$$

$$K_{sen}=\frac{34.4}{9.4}=3.66$$

（9）变压器连接组别和实际运行变比以及变压器两侧 TA 变比及接线方式。A 厂变压器容量 $S_n=25\ 000\text{kVA}$，连接组别为 YNd11，变压器有载调压变比为 $230_{-10}^{+6}\times 1.5\%/6.3$，变压器实际运行变比为 $230_{-3}^{+1}\times 1.5\%/6.3$。

230kV 侧，TA 变比为 200/5，完全星形 YN 接线方式，二次侧额定电流为

$$I_{h.n}=\frac{S_{T.N}}{\sqrt{3}U_{H.N}n_{TA}}=\frac{25\ 000}{\sqrt{3}\times 230\times 40}=1.57(\text{A})$$

6.3kV 侧，TA 变比为 3000/5，完全星形 YN 接线方式，基准侧额定二次电流为

$$I_n=3.82(\text{A})$$

平衡系数为

低压侧平衡系数 $K_{bal.l}=1$

高压侧平衡系数由式（2-62）计算，$K_{bal.h}=\dfrac{U_{H.N}n_{TA.H}}{\sqrt{3}U_{L.N}n_{TA.L}}=\dfrac{I_{l.n}}{\sqrt{3}I_{h.n}}=\dfrac{3.82}{\sqrt{3}\times 1.57}=1.4$

2. 两台变压器组纵差动保护

两台变压器组纵差动保护 KD_{Σ} 为三侧差动保护。

（1）两侧 TA 变比及接线方式：变压器额定容量 $S_N=2\times25\ 000$kVA，230kV 侧 TA 变比为 1250/5，完全星形 YN 接线方式，高压侧额定二次电流为

$$I_{h.n}=\frac{S_{T.N}}{\sqrt{3}U_{H.N}n_{TA}}=\frac{2\times25\ 000}{\sqrt{3}\times230\times250}=0.502(A)$$

6.3kV、Ⅰ侧 TA 变比为 3000/5，完全星形 YN 接线方式。

6.3kV、Ⅱ侧 TA 变比为 3000/5A，完全星形 YN 接线方式。

保护要求两侧 TA 为电流和接线方式。

变压器联结组别为 YNd11。

差动保护基准侧选自变压器低压侧，一台变压器基准侧额定二次电流为

$$I_{t.n}=3.82(A)$$

平衡系数为

低压侧平衡系数 $K_{bal.l}=1$

高压侧平衡系数由式（2-62）计算 $K_{bal.h}=\frac{U_{H.N}n_{TA.H}}{\sqrt{3}U_{L.N}n_{TA.L}}=\frac{I_{l.n}}{\sqrt{3}I_{h.n}}=\frac{3.82}{\sqrt{3}\times0.251}=8.787$

（2）最小动作电流计算。由式（4-233）计算得 $I_{d.op.min}=0.6I_{t.n}=0.6\times2\times3.82=4.6(A)$。

（3）最小制动电流计算。由式（2-51）计算得 $I_{res.min}=0.8I_{t.n}=0.8\times3.82=3(A)$。

（4）制动系数斜率计算。由式（2-53a）计算，取 $S=0.5$。

（5）二次谐波制动比计算。由式（4-238）计算，取 $K_{2\omega}=0.15$。

（6）差动速断动作电流 $I_{d.op.qu}$计算。由式（4-234）得

$$I_{d.op.qu}=(6\sim7)\times2I_{t.n}=(6\sim7)\times2\times3.82=45.8\sim54.5(A)$$

取 $I_{d.op.qu}=54.5$A，则 $I^*_{d.op.up}=14$。

（7）灵敏系数计算。对制动电流由式（2-38c）计算的保护，区内短路时的动作电流由式（2-54a）计算

$$I_{d.op}=S(K_{res}-I_{res.min})+I_{d.op.min}=0.5\times(34.4-3)+4.6=20.3(A)$$

灵敏系数 $K_{sen}=\frac{34.4}{20.3}=1.7$

B 厂起动/备用高压厂变为 WFB-800 型纵差动保护，计算从略。

（二）变压器分支（进线）低电压过电流保护整定计算

1. 低电压元件动作电压 U_{op}的计算

按躲过最严重自起动时 6.3kV 母线残压计算，见第二章第三节第二十三小节计算结果，残压约为 70%，由式（2-334）得

$$U^*_{op}=\frac{U^*_{st.min}}{K_{rel}}=\frac{0.704}{1.15}=0.61$$

$$U_{op}=U^*_{op}\times U_n=0.61\times105=64(V)，取\ U_{op}=63V$$

2. 过电流元件动作电流 I_{op} 计算

(1) 电压元件按保护范围末端短路有足够灵敏度计算。

1) 电压元件的保护范围。由式 (2-340) 得

$$X_{K.u}=\frac{U_{op}^{*}(X_S+X_T)}{1-U_{op}^{*}}=\frac{0.6(X_S+X_T)}{1-0.6}=\frac{0.6\times 0.444}{0.4}=0.666$$

式中：$X_T+X_S=0.444$。

2) 电压元件保护范围 $X_{K.u}$ 末端两相短路电流为

$$I_K^{(2)}=0.866\times\frac{I_{bs}}{X_S+X_{K.u}}=0.866\times\frac{9160}{0.444+0.666}=7146(A)$$

3) 按电压元件保护范围 $X_{K.u}$ 末端短路时灵敏度 $K_{sen}^{(2)}=1.25$ 计算，由式 (2-341) 得

$$I_{op}=\frac{I_K^{(2)}}{K_{sen}n_{TA}}=\frac{7146}{1.25\times 600}=\frac{5700}{600}=9.5(A)$$

取一次动作电流 $I_{OP}=5400A$，二次动作电流 $I_{op}=9A$。

(2) 与备用电源分支电流元件动作电流配合计算。备用电源分支电流元件动作电流为4900A，过电流元件一次动作电流 $I_{OP}=K_{rel}I_{OP.1}=1.1\times 4900=5400$ (A)。

(3) 与6.3kV公用母线W3、W4出线保护配合计算。按与6.3kV公用母线W3、W4出线输煤电源短延时速断保护最大动作电流配合计算，输煤电源馈线短延时速断保护一次动作电流 $I_{OP}=4000A$，动作时间 $t_{op}=0.3s$。

过电流元件一次动作电流 $I_{OP}=K_{rel}I_{OP.max}=1.15\times 4000=4600$ (A)，取一次动作电流 $I_{OP}=5400A$，二次动作电流 $I_{op}=9A$，则可满足与输煤电源馈线短延时速断保护及备用分支低电压闭锁过电流保护配合。

3. 动作时间计算

(1) 与输煤电源馈线短延时速断保护动作时间配合,则 $t_{op}=0.3+\Delta t=0.3+0.3=0.6(s)$。

(2) 与备用电源分支低电压闭锁过电流保护动作时间配合，则 $t_{op}=0.4+\Delta t=0.4+0.3=0.7$ (s)。为此动作时间取 $t_{op}=0.7s$。

(三) 高压侧复合电压过电流保护

为保证有足够的电压灵敏度，电压同时取自6.3kV母线W3、W4电压互感器TV二次侧，TV变比为 $\frac{6000}{\sqrt{3}}\Big/\frac{100}{\sqrt{3}}$，230kV侧TA变比为1250/5。

1. 相间低电压元件动作电压计算

与分支低电压元件动作电压计算相同，取 $U_{op}=63V$。

2. 负序过电压元件动作电压计算

由式 (2-347) 得

$$U_{2.op}=(0.06\sim 0.09)U_n/\sqrt{3}$$

取 $U_{2.op}=0.07U_n/\sqrt{3}=7/\sqrt{3}=4V$。

3. 电流元件动作电流计算

(1) 与分支过电流配合计算 。分支低电压闭锁过电流的电流元件一次动作电流为

5400A，因此有

$$I_{op}=\frac{K_{rel}n_{sen}I_{op.max}}{n_{TA}}\times\frac{U_{L.N}}{U_{H.N}}=\frac{1.2\times1.15\times5400}{250}\times\frac{6.3}{230}=\frac{204.1}{250}=0.82(A)$$

（2）按考虑正常分支带有一定负荷电流计算。如按正常运行时变压器 6.3kV 侧负荷电流为 600A，另一变压器分支短路时计算，则

$$I_{op}=\frac{K_{rel}(n_{sen}I_{op.max}+I_L)}{n_{TA}}\times\frac{U_{L.N}}{U_{H.N}}=\frac{1.2\times(1.15\times5400+600)}{250}\times\frac{6.3}{230}$$

$$=\frac{224}{250}=0.9(A)，取 1A$$

230kV 侧一次动作电流 $I_{OP}=1\times250=250(A)$

6.3kV 侧一次动作电流 $I_{OP}=250\times\frac{230}{6.3}=9127(A)$

式中 A 厂变压器为 YNd11 联结组别，$n_{sen}=1.15$；B 厂变压器连接组别为 YNyn12，$n_{sen}=1.0$。

4. 电流元件灵敏度计算

此时有

6.3kV 母线短路时高压侧短路电流 $I_K^{(3)}=\frac{I_{bs}}{X_{S.\Sigma}}=\frac{251}{0.444}=568(A)$

A 厂电流元件灵敏系数 $K_{sen}^{(2)}=K_{sen}^{(3)}=\frac{570}{250}=2.3$

B 厂电流元件灵敏系数 $K_{sen}^{(2)}=0.866\times K_{sen}^{(3)}=0.866\times\frac{570}{250}=2$

5. 动作时间计算

（1）A 厂：动作时间与低压侧分支低压过电流动作时间 0.7s 配合计算，取 $t_{op}=0.7+0.3=1$（s），作用于跳两侧三组断路器。

（2）B 厂：动作时间与低压侧分支低压过电流动作时间 0.7s 配合计算，取 $t_{op}=0.7+0.3=1$（s），作用于跳两侧三组断路器。

B 厂 6kV 高压厂用系统相间电流电压保护整定值配置如表 4-8 和图 4-13 所示。

图中，U_{OP}为低压过电流保护一次动作电压；I_{OP}为低压过电流保护一次动作电流；t_{op}为动作时间。

（四）变压器 6.3kV 侧分支单相接地保护

B 厂变压器 6.3kV 中性点经 20Ω 小电阻接地，变压器设置跳闸的单相接地保护。

1. 单相接地保护一次动作电流 $3I_{0.OP}$计算

与 6.3kV 母线 W3（W4）所接出线设备单相接地保护配合计算。在备用电源分支运行时，6.3kV 母线 W3（W4）所接最大出线为电动给水泵，与电动给水泵的单相接地保护动作电流配合计算，即 $3I_{0.OP}=K_{rel}\times3I_{0.OP.max}=1.2\times40=48$（A）。由于灵敏度足够，取 $3I_{0.OP}=60A$，则单相接地保护二次动作电流 $3I_{0.op}=60/40=1.5$（A）。

2. 单相接地保护动作时间计算

起动/备用高压厂变 6.3kV 分支单相接地保护动作时间设置两段，第Ⅰ段跳本分支断路器，第Ⅱ段作用于全停三侧断路器。

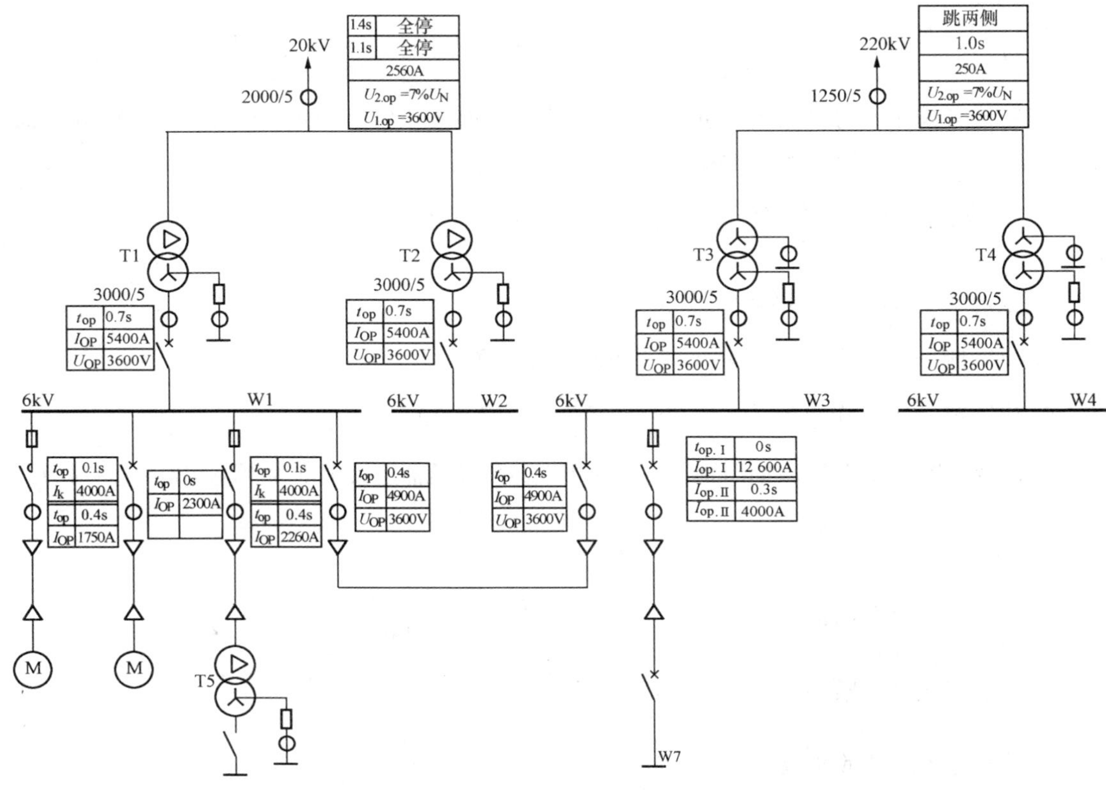

图 4-13　B 厂 6kV 高压厂用系统相间电流电压保护整定值配置图

（1）单相接地保护Ⅰ段动作时间 $t_{0.op.I}$ 计算。与下一级 FC 回路的单相接地保护动作时间 $t_{0.op.FC}$ 配合计算，即

$$t_{0.op.I}=t_{0.op.FC}+\Delta t=0.4+\Delta t=0.4+0.3=0.7\ (s)$$

式中：$t_{0.op.FC}=0.4$s，$\Delta t=0.3$s。

单相接地保护Ⅰ段动作时间 $t_{0.op.I}$ 作用于跳本分支断路器。

（2）单相接地保护Ⅱ段动作时间 $t_{0.op.II}$ 计算。与单相接地保护Ⅰ段动作时间配合计算，即

$$t_{0.op.II}=t_{0.op.I}+\Delta t=0.7+\Delta t=0.7+0.3=1\ (s)$$

单相接地保护Ⅱ段动作时间 $t_{0.op.II}$ 作用于跳起动/备用高压厂变两侧三组断路器。

B 厂 6kV 高压厂用系统单相接地零序过电流保护整定值配置如图 4-14 所示。

A 厂变压器 6.3kV 中性点为不接地系统，6.3kV 仅装设单相接地 TV 开口三角形 $3U_0$ 过电压保护，TV 开口三角形 $3U_0$ 过电压保护动作电压整定值为

$$3U_{0.op}=10V$$

保护动作于发信号。

（五）A 厂变压器高压侧单相接地保护

A 厂高压备用/起动变压器高压侧单相接地保护采用动作量取自变压器高压侧零序电流滤过器的单相接地保护。

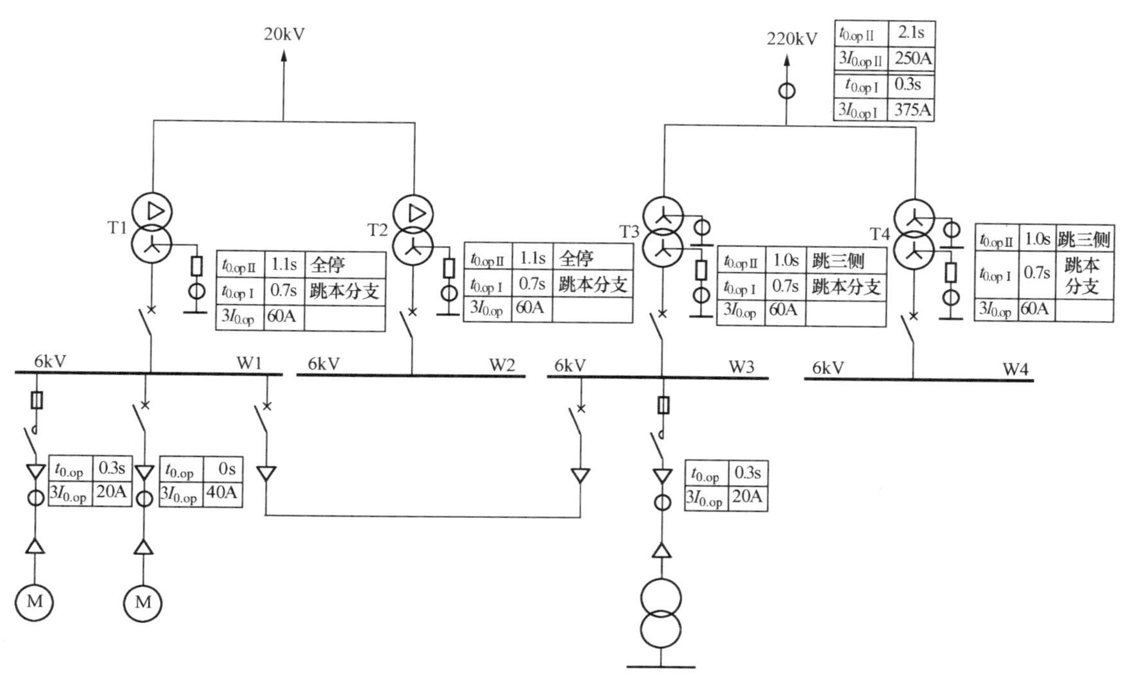

图 4-14　B厂 6kV 高压厂用系统单相接地零序过电流保护整定值配置图

1. 零序过电流Ⅰ段保护

(1) 零序Ⅰ段动作电流计算。应按躲过高压母线单相接地时的零序电流和低压母线三相短路时的最大不平衡电流计算。

1) 按躲过高压母线单相接地电流计算。系统最小运行方式，此时有

阻抗参数 $X_{1.S}=X_{1.\Sigma}=0.0182//0.0831=0.0149$，$X_{0.S}=0.0365//0.0378=0.0186$

A厂高压备变为 YNd11 连接组别，T3、T4 变压器实测零序阻抗近似等于正序阻抗，即 $X_{0.T}=0.21$，$X_{0.\Sigma}=0.0186//0.21=0.0171$。

高压母线单相接地点零序电流由式 (1-45) 计算，即

$$I_{K0\Sigma}^{(1)}=\frac{I_{bs}}{2X_{1\Sigma}+X_{0\Sigma}}=\frac{251}{2\times0.0149+0.0171}=5353\ (A)$$

接地点 3 倍零序电流 $3I_{K0\Sigma}^{(1)}=3\times5353=16\ 060$ (A)

起动/备用高压厂变零序电流分支系数 $K_{0.bar}=\frac{X_{0\Sigma}}{X_{0.T}}=\frac{X_{0.S}}{X_{0.S}+X_{0.T}}=\frac{0.0171}{0.21}=0.081$

流过起动/备用变压器的 3 倍零序电流 $3I_{K0.T}^{(1)}=K_{0.bar}3I_{K0\Sigma}^{(1)}=0.081\times16\ 060=1308$ (A)

按躲过高压母线单相接地时零序Ⅰ段动作电流计算，由式 (4-236) 得

一次动作电流 $3I_{0.OP.I}=K_{rel}K_{0.bar}3I_{K0.T}^{(1)}=1.3\times1308=1700$ (A)

此值误差受 $X_{0\Sigma}$ 的影响很大，当灵敏度足够时可适当取较大值，取 $3I_{0.OP.I}=2500$A，则二次动作电流 $3I_{0.op.I}=2500/250=10$ (A)。

2) 按躲过变压器低压母线三相短路最大不平衡电流计算。变压器低压母线最大三相短路电流由式 (1-16) 得

$$I_{K}^{(3)}=\frac{I_{bs}}{X_{1\Sigma}+X_{1T}}=\frac{251}{0.015+0.42}=577\ (A)$$

按躲过变压器低压母线三相短路最大不平衡电流计算，由式（4-238）得

$$3I_{0.OP.\,I}=K_{rel}K_{er}K_{cc}K_{ap}I_{K}^{(3)}=1.5\times0.1\times0.5\times3\times577=130\ (A)$$

式中：$K_{rel}=1.5$，$K_{er}=0.1$，$K_{ap}=3$，$K_{cc}=0.5$，$I_{K}^{(3)}=577A$。

取上述计算中的最大值，则二次动作电流 $3I_{0.op.\,I}=10A$。

（2）零序Ⅰ段灵敏度计算。变压器高压侧单相接地时流过保护的3倍零序电流为

$$3I_{K0.T}^{(1)}=(1-K_{0.bar})\ 3I_{K0\Sigma}^{(1)}=(1-0.081)\times16\ 060=14\ 760\ (A)$$

由式（4-244）得

$$K_{sen}^{(1)}=\frac{3I_{K0}^{(1)}}{3I_{0.op.\,I}}=\frac{14\ 760}{2500}=6\geqslant2$$

（3）零序Ⅰ段动作时间计算。由于动作电流按躲过高压母线单相接地电流计算，动作时间由式（4-245）得 $t_{0.op.\,I}=0.3s$。

2. 零序Ⅱ段过电流保护

变压器零序Ⅱ段保护为变压器零序Ⅰ段保护的补充，应与线路零序过电流保护Ⅱ段配合计算。

（1）零序Ⅱ段动作电流 $3I_{0.op.\,II}$ 计算。由式（4-242）与高压线路带延时零序过电流Ⅱ段配合计算，高压线路零序Ⅱ段过电流保护最大动作电流 $3I_{0.OP.L.max}=4400A$，则 $3I_{0.op.\,II}=K_{rel}K_{0.bar}\times3I_{0.OP.L.max}/n_{TA}=1.2\times0.081\times4400/250=427/250=1.7$（A），取 $3I_{0.op.\,II}=2.5A$。

（2）灵敏度计算。

1）变压器高压侧单相接地时零序Ⅱ段过电流保护灵敏度为

$$K_{sen}^{(1)}=\frac{3I_{K0}^{(1)}}{3I_{0.op.\,II}n_{TA}}=\frac{14760}{2.5\times250}=23.6$$

2）主系统失去接地中性点（厂变高压侧中性点仍接地）单相接地时零序Ⅱ段过电流保护灵敏度计算。最小单相接地电流为

$$3I_{K0\Sigma.min}^{(1)}=3\ \frac{I_{bs}}{2X_{1\Sigma}+X_{0\Sigma}}=\frac{3\times251}{2\times0.083\ 1+0.21}=2002\ (A)$$

则

$$K_{sen}^{(1)}=\frac{3I_{K0}^{(1)}}{3I_{0.op.\,II}n_{TA}}=\frac{2002}{2.5\times250}=3.2$$

（3）零序Ⅱ段动作时间计算。与高压线路带延时零序过电流保护配合段最大时间配合计算，高压线路零序Ⅱ段过电流保护最大动作时间 $t_{0.op.L.min}=1.9s$，则

$$t_{0.op.\,II}=t_{0.op.L.max}+\Delta t=1.9+0.3=2.2\ (s)$$

通过以上计算说明变压器不带方向的零序Ⅰ、Ⅱ段过电流保护一般都能满足变压器高压侧单相接地时选择性、灵敏度和快速性的要求，当不满足要求时可加装带方向的零序Ⅰ段过电流保护。

（六）B厂高压备用/起动变压器高压侧单相接地保护

B厂高压备用/起动变压器高压侧单相接地保护，采用动作量取自变压器高压侧零序电

流滤过器的单相接地保护。

1. 零序过电流Ⅰ段保护

（1）零序Ⅰ段动作电流计算。按躲过高压母线单相接地时的零序电流和躲过低压母线三相短路时的最大不平衡电流计算。

1）高压母线单相接地电流计算。阻抗参数：$X_{1.S}=X_{1.\Sigma}=0.0149$，$X_{0.S}=0.018\,6$；B厂高压备用/起动变压器为YNyn12连接组别，变压器实测零序阻抗为$0.78Z_{t.n}$，即$X_{0.T}=0.78\times\frac{100}{25}=3.12$；两台变压器等效零序阻抗为$X_{0T1.2}=3.12/2=1.56$，$X_{0.\Sigma}=0.018\,6//1.56=0.018\,5$。高压母线单相接地电流由式（1-45）得

接地点零序电流　$I_{K0\Sigma}^{(1)}=\frac{I_{bs}}{2X_{1\Sigma}+X_{0\Sigma}}=\frac{251}{2\times0.014\,9+0.018\,5}=5200\text{（A）}$

接地点3倍零序电流　$3I_{K0\Sigma}^{(1)}=3\times5200=15\,600\text{（A）}$

起动/备用高压厂变零序电流分支系数为

$$K_{0.bar}=\frac{X_{0\Sigma}}{X_{0.T}}=\frac{X_{0.S}}{X_{0.S}+X_{0.T}}=\frac{0.018\,5}{1.56}=0.011\,86$$

流过起动/备用高压厂变的3倍零序电流为$3I_{K0.T}^{(1)}=K_{0.bar}\times3I_{K0\Sigma}^{(1)}=0.011\,86\times15\,600=185\text{（A）}$

主系统失去接地中性点（厂变高压侧中性点仍接地）时最小单相接地电流为

$$I_{K0\Sigma.min}^{(1)}=\frac{I_{bs}}{2X_{1\Sigma}+X_{0\Sigma}}=\frac{251}{2\times0.015+1.56}=157.9\text{（A）}$$

$$3I_{K0\Sigma.min}^{(1)}=3\times157.9=473.6\text{（A）}$$

零序Ⅰ段动作电流由式（4-236）得

一次动作电流 $3I_{0.OP.Ⅰ}=K_{rel}K_{0.bar}\times3I_{K0.T}^{(1)}=1.3\times185=240\text{（A）}$，取320A

二次动作电流 $3I_{0.op.Ⅰ}=320/250=1.28\text{（A）}$，取1.5A

2）按躲过变压器低压母线三相短路最大不平衡电流计算。变压器低压母线最大三相短路电流由式（1-16）得

$$I_K^{(3)}=\frac{I_{bs}}{X_{1\Sigma}+X_{1T}}=\frac{251}{0.015+0.42}=577\text{（A）}$$

由式（4-238）得

$$3I_{0.OP.Ⅰ}=K_{rel}K_{cc}K_{ap}K_{er}I_K^{(3)}=1.5\times0.5\times3\times0.1\times577=130\text{（A）}$$

式中：$K_{rel}=1.5$，$K_{er}=0.1$，$K_{ap}=3$，$K_{cc}=0.5$，$I_K^{(3)}=577\text{A}$。为可靠起见，取$3I_{0.op.Ⅰ}=260/250=1.09\text{（A）}$。

动作电流取上述计算中的较大值。由于灵敏度足够，适当放大整定值，取二次动作电流$3I_{0.op.Ⅰ}=1.5\text{A}$，则一次动作电流$3I_{0.OP.Ⅰ}=1.5\times250=375\text{（A）}$。

（2）零序Ⅰ段灵敏度计算。变压器高压侧单相接地时流过保护的单相接地电流为

$$3I_{K0.T}^{(1)}=(1-K_{0.bar})\,3I_{K0\Sigma}^{(1)}=(1-0.011\,86)\times15\,600=15\,415\text{（A）}$$

由式（4-240）得

$$K_{sen}^{(1)}=\frac{3I_{K0.T}^{(1)}}{3I_{0.op.Ⅰ}}=\frac{15\,415}{375}=41$$

（3）零序Ⅰ段动作时间计算。由于 $3I_{0.op.Ⅰ}$ 按躲过高压母线单相接地电流计算，同时考虑该保护为后备保护，起动/备用高压厂变零序Ⅰ段过电流保护动作时间应与线路快速保护配合计算，动作时间整定值取 $t_{0.op.Ⅰ}=0.3s$。

2. 零序Ⅱ段过电流保护

（1）零序Ⅱ段动作电流计算。按与线路零序过电流Ⅱ段配合计算，由式（4-242）得

$3I_{0.op.Ⅱ}=K_{rel}K_{0.bar}\times3I_{0.OP.L.max}/n_{TA}=1.2\times0.01186\times4400/250=63/250=0.25$（A）

一次动作电流取 $3I_{0.OP.Ⅱ}=250A$，则二次动作电流为 $3I_{0.op.Ⅱ}=250/250=1A$。

（2）灵敏度计算。变压器零序Ⅱ段过电流保护最小灵敏度为

$$K_{sen}^{(1)}=\frac{3I_{K0.min}^{(1)}}{3I_{0.op.Ⅱ}}=\frac{473.6}{250}=1.98$$

（3）零序Ⅱ段动作时间计算。与高压线路带延时零序过电流保护配合段最大时间配合计算，高压线路零序Ⅱ段过电流保护最大动作时间 $t_{0.op.L.max}=1.9s$，则

$$t_{0.op.Ⅱ}=t_{0.op.L.max}+\Delta t=1.9+0.3=2.2\text{（s）}$$

由于B厂变压器为YNyn12连接组别，不带方向的零序过电流Ⅰ、Ⅱ段保护有很高的灵敏度。

由上述计算说明，降压变压器中性点接地时，零序过电流保护动作量取自变压器高压侧零序电流滤过器时，由式（4-236）～式（4-238）知，动作电流取决于区外单相接地短路由变压器供给的零序电流（实际为变压器零序阻抗的分流），由于变压器零序电抗≫系统的零序电抗（即 $X_{0.T}\gg X_{0.S}$），所以按躲过区外单相接地电流和线路零序过流配合原则计算的动作电流比较小。相反，当变压器出口单相接地时，保护装置流过的是系统提供的单相接地短路零序电流，其值就比较大，此时保护灵敏度也就比较高，动作时间也比较短。动作量取自变压器接地中性点零序电流互感器TA0时，由于变压器区内、区外单相接地时，保护装置流过的单相接地电流是相同的，动作时间应比线路末阶段保护的动作时间还要长，这样该保护在区内、区外短路时均不可能有选择性的动作。所以，用以上方式组成的零序过电流保护与安装于降压变压器中性点侧的零序过电流保护相比，在选择性、灵敏性、快速性方面均有无可争辩的优点。

八、非电量保护的整定计算

（一）高压备用/起动厂用变压器瓦斯保护

1. 轻瓦斯保护

整定动作容积 $V_{op}=250\sim300ml$ 时，瞬时动作于发信号。

2. 重瓦斯保护

备用/起动高压厂用变压器容量为25MVA，为风冷冷却方式。重瓦斯保护的动作流速 $v_{op}=1m/s$ 时，瞬时动作于全停。

（二）备用/起动高压厂用变压器压力释放阀动作保护

备用/起动高压厂用变压器压力释放阀继电器瞬时动作于全停跳闸。

（三）备用/起动高压厂用变压器冷却器故障保护

当备用/起动高压厂用变压器冷却器失去全部电源时，变压器冷却器故障保护动作于发

信号。

（四）备用/起动高压厂用变压器油温高保护

变压器绕组及上层油温温度保护动作于发信号。

（1）上层油温 $T=75$℃时，动作于发信号。

（2）绕组温度 $T=100$℃时，动作于发信号。

发电厂自动装置的整定计算

发电厂自动装置包括发电机自动励磁调节装置，发电机自动准同步装置，高、低压厂用系统的备用电源自动投入装置（厂用电自动切换装置）等等。

第一节 自动励磁调节装置的整定计算

一、概述

大型发电机变压器组的继电保护中均已装设励磁过电流、过励磁（V/Hz）及过电压、失磁（低励磁）等保护，这些保护动作后均作用于停机。但现代自动励磁调节装置（以下简称 AVR），为防止励磁回路过电流、发电机（主变压器）过励磁或过电压、发电机低励磁等不正常运行方式造成不必要的停机，AVR 均应装设具有以下功能的装置。

（1）防止发电机、主变压器的过励磁。为防止因 AVR 故障导致发电机、主变压器过励磁、过电压功能的过励磁（为与励磁过电流相区别，以下有时称 V/Hz）限制和保护。

（2）防止发电机转子绕组励磁回路过电流。为防止因 AVR 故障导致发电机励磁回路过电流造成转子绕组过热功能的励磁过电流限制和保护。

（3）防止发电机低励磁。为防止因 AVR 故障导致发电机低励磁，使发电机大量进相无功运行，甚至造成发电机失步功能的低励磁限制和保护。

在 AVR 中这些具有限制和保护功能的装置，其动作顺序是：先进行限制，使 AVR 恢复至正常状态工作。当限制器动作后 AVR 仍然不能恢复至正常工况工作时，再由 AVR 的保护延时动作，作用于将 AVR 由工作通道切换至备用通道或自动切至手动（或再经延时将 AVR 切至 50Hz 手动），如仍然不能恢复至正常工况工作，最后由发电机继电保护作用于停机。由此可知，发变组保护及 AVR 对以上工况应分四级配合：

第四级为由制造厂提供的发电机（主变压器）允许正常工作极限状态，这是整定限制器和保护定值的依据。

第一级，超过发电机（主变压器）允许正常工作状态一定量并达到一定时间后首先进行限制，使其迅速恢复至正常工作状态。

第二级，当限制无效时，再经一延时后将 AVR 由工作通道切换至备用通道或将 AVR 自动转换为手动（如仍然无效时，再经一延时后将 AVR 退出并切换至 50Hz 手动），使其迅速恢复至正常工作状态。

第三级，当 AVR 由工作通道切换至备用通道或将 AVR 自动转换为手动及切换至 50Hz 手动均无效时，再经一延时由发电机变压器组的继电保护动作于停机。

整定计算的任务，是将以上四级（不同的励磁系统及不同功能的 AVR）进行有机配合计算，既要保证发变组安全运行，又要最大限度减少不必要的停机。

二、过励磁（V/Hz）限制及保护

发电机在起动升压过程中，当出现 AVR 故障，如 AVR 的脉冲触发或可控硅元件（晶闸管）失控而全导通时，发电机、主变压器将出现严重的过励磁、过电压，这对发电机、主变压器的危害特别严重，据估算最严重时可能使机端电压高达 1.4～1.5（甚至更高）倍额定电压。以下为一些具体实例。

（1）1997 年 7 月，某发电厂 3 号机组调停后的起动升压过程中，由于未能发现自动励磁调节器 SWTA 的脉冲触发板有故障，当合上灭磁开关时，出现 AVR 晶闸管全导通，装置虽有 V/Hz 限制和保护功能，但由于过励磁（V/Hz）限制无效，过励磁（V/Hz）保护动作时间太长，以致均未起到应有作用而造成发电机严重过电压，变压器严重过励磁，直至变压器稳态空载电流超过 $0.7I_N$（额定电流），由发变组纵差动保护动作后切断励磁。据估算机端电压已超过 $1.4U_N$（额定电压），这种情况对机组来说其危害非常严重（如无发变组纵差动保护动作，则其后果将不堪设想）。

（2）2001 年 4 月，某发电厂 2 号发电机组采用 WKKL 微机型自动励磁调节器，在正常调节过程中一切正常，但当出现机端电压突变量调节时（加入－10%阶跃），或手动减励磁过程中当励磁减至接近零时，脉冲突然失控，导致晶闸管全导通，在发电机组未并网情况下机端电压瞬即由 $0.9U_{G.N}$（$U_{G.N}$为发电机额定电压）上升至 $1.35U_{G.N}$。此时虽由整定值为 $1.25U_{G.N}$、0s 动作的临时过电压保护动作切断励磁，但由于过电压保护动作电压太高，以至最终电压仍升至 $1.35U_{G.N}$，主变压器空载电流超过 $0.5I_{G.N}$（$I_{G.N}$为发电机额定电流）。此时如无临时过电压保护，其后果也不堪设想（同类型故障在其他发电厂亦多次发生过）。

（3）1987 年 5 月，某发电厂 3 号发电机组在正常运行中，由于 TLG-4 自动励磁调节器测量放大插件接触不良，造成晶闸管失控全导通，机端电压超过 $1.15U_{G.N}$，由发电机过电压保护动作将自动励磁切至 50Hz 手动励磁。

（4）1995 年 8 月，某电厂 50MW 机组强励正常动作后未能返回，引起机端严重过电压，造成厂用变压器严重过励磁，并导致厂用变压器过电流保护动作跳闸。

从上可知，发电机在未并网情况下出现励磁调节器晶闸管失控全导通时，如无专用过励磁、过电压保护迅速切除励磁，此时发电机、主变压器将造成严重过励磁，主变压器稳态空载电流可达到或超过主变压器额定电流，这将严重威胁发变组的安全运行。为确保发变组安全运行，应加装定值可修改且并网前投入、并网后自动退出的专用过励磁或过电压保护。

（一）专用过励磁保护（V/Hz 或过电压）

1. 保护设置原则

该保护的功能是防止发电机在起动升压过程中因 AVR 故障而引起发电机、变压器严重过电压，所以该保护的设置应考虑以下几方面。

（1）在发电机未并网时保护应自动投入，一旦发电机并网后，保护自动退出（或经连接片退出）。

（2）该保护仅作用于断开 AVR 的直流输出开关和灭磁开关。

（3）该保护应在 AVR 和发变组保护中同时设置。

（4）该保护的整定值应保证当 AVR 失控全导通时能迅速切断发电机的励磁电流，防止发电机、主变压器免受危险的过电压。

2. 保护动作判据

在发电机未并网时，过励保护动作后应断开 AVR 的直流输出开关和灭磁开关。动作判据为

$$\left.\begin{aligned}&\text{电压频率比}\ n=\frac{U_g^*}{f_g^*}\geqslant K_{set}\\&t\geqslant t_{5op.set}\end{aligned}\right\}$$

或
$$\left.\begin{aligned}&U_g\geqslant U_{g.op.set}\\&t\geqslant t_{5op.set}\end{aligned}\right\}\tag{5-1}$$

式中 n——电压频率比；

U_g^*——发电机电压相对值；

f_g^*——发电机频率相对值；

U_g——发电机机端电压（V）；

K_{set}——电压频率比的动作整定值；

$U_{g.op.set}$——专用过励磁保护动作电压整定值（V）；

t——超过专用过励磁保护动作电压（电压频率比）整定值的持续时间（s）；

$t_{5op.set}$——专用过励磁保护动作时间整定值（s）。

3. 保护整定计算

根据现场的运行经验，AVR 专用过励磁保护整定值计算方法如下。

（1）动作电压整定值为

$$U_{g.op.set}=(1.1\sim1.15)\,U_{g.n}\tag{5-2}$$

式中 $U_{g.n}$——机端额定二次电压。

（2）电压频率比的动作整定值为

$$K_{set}=1.1\sim1.15\tag{5-3}$$

（3）动作时间整定值 $t_{5op.set}=0s$。

（4）作用方式。专用过励磁保护动作后，断开 AVR 的直流输出开关和灭磁开关（不作用于停机停炉）。

（二）过励磁（V/Hz）限制器动作判据和整定计算

1. 动作判据

动作判据为

$$\left.\begin{aligned}&\text{电压频率比}\ n=\frac{U_g^*}{f_g^*}\geqslant K_{1set}\\&t\geqslant t_{1op.set}=0s\end{aligned}\right\}\tag{5-4}$$

式中 K_{1set}——过励磁（V/Hz）限制器动作电压频率比整定值；

$t_{1op.set}$——过励磁（V/Hz）限制器动作时间整定值；

其他符号含义同前。

限制器动作后，瞬时将 n 限制至 1.05。

2. 整定计算

（1）过励磁（V/Hz）限制器起动值为

$$n=1.06\sim1.08 \tag{5-5}$$

（2）过励磁（V/Hz）限制器动作时间计算。取 $t_{1op.set}=0s$，则

$$\left.\begin{array}{l}\text{过励磁动作电压频率比整定值 } K_{1set}=1.06\sim1.08\\ \text{过励磁动作时间 } t_{1set}=0s\text{，限制 } n=1.05\end{array}\right\} \tag{5-6}$$

（3）作用方式。当过励磁限制动作后：

1）瞬时限制电压频率比 n 至 1.05。

2）限制器动作报警信号。

（三）过励磁保护动作判据和整定计算

1. 动作判据

（1）反时限离散型过励磁保护动作判据。将 AVR 离散型过励磁保护 $1\sim n$ 点的电压频率比动作整定值 $K_{2set.1}$、$K_{2set.2}$、…、$K_{2set.n}$ 和 AVR 离散型过励磁保护 $1\sim n$ 点的动作时间整定值 $t_{2op.1}$、$t_{2op.1}$、…、$t_{2op.n}$ 替代发电机过励磁保护相应的 $K_{3set.1}$、$K_{3set.2}$、…、$K_{3set.n}$ 和 $t_{3op.1}$、$t_{3op.1}$、…、$t_{3op.n}$ 后与式（2-259）相同。

（2）反时限阶梯型过励磁保护动作判据。将 AVR 阶梯型过励磁保护 $1\sim n$ 点的电压频率比动作整定值 $K_{2set.1}$、$K_{2set.2}$、…、$K_{2set.n}$ 和 AVR 阶梯型过励磁保护 $1\sim n$ 点的动作时间整定值 $t_{2op.1}$、$t_{2op.1}$、…、$t_{2op.n}$ 替代发电机过励磁保护相应的 $K_{3set.1}$、$K_{3set.2}$、…、$K_{3set.n}$ 和 $t_{3op.1}$、$t_{3op.1}$、…、$t_{3op.n}$ 后与式（2-260）相同。

2. 整定计算

AVR 过励磁保护和发电机过励磁保护的动作特性应有足够的时间级差，可按式（2-261）相似的配合计算。AVR 离散型或阶梯型过励磁保护，按比发电机过励磁保护特性曲线低一时间级差而比 AVR 过励磁限制动作时间高一时间级差计算，并考虑到该保护作用于工作通道切换至备用通道或自动切至手动后尽早消除发电机过励磁的原则，即

$$\left.\begin{array}{ll}n_1=K_{2set.1}\text{时} & t_{1op}+\Delta t\leqslant t_{2op.1}=t_{3op.1}-\Delta t_1\\ n_2=K_{2set.2}\text{时} & t_{1op}+\Delta t\leqslant t_{2op.2}=t_{3op.2}-\Delta t_2\\ \quad\vdots & \quad\vdots\\ n_n=K_{2set.n}\text{时} & t_{1op}+\Delta t\leqslant t_{2op.n}=t_{3op.n}-\Delta t_n\end{array}\right\} \tag{5-7}$$

式中 $t_{2op.1}$、$t_{2op.1}$、…、$t_{2op.n}$——AVR 过励磁保护离散型（或阶梯型）$1\sim n$ 点的动作时间整定值（s）；

$t_{3op.1}$、$t_{3op.2}$、…、$t_{3op.n}$——发电机过励磁保护离散型（或阶梯型）$1\sim n$ 点的动作时间整定值（s）；

Δt_1、Δt_2、…、Δt_n——AVR 过励磁保护 $1\sim n$ 点与发电机过励磁对应点的动作时间级差（s）；

t_{1op}——AVR 过励磁限制的动作时间（s）；

Δt——AVR 过励磁保护和过励磁限制的动作时间级差（s）。

整定计算时离散型动作判据和阶梯型动作判据整定计算公式都采用式（5-7），为保证各配合点均有 $t_{3op}>t_{2op}>t_{1op}+\Delta t$，所用的时间级差 Δt_1、Δt_2、…、Δt_n 却不是相同的。

（1）AVR 离散型过励磁保护整定计算。如 QFSN2-300/2 型发电机组允许过励磁特性方程为式（2-256），发电机过励磁保护动作整定方程为式（2-258），则由式（2-258）、式（5-7）可得 AVR 过励磁保护动作整定方程为

$$\left.\begin{aligned}&n=1.2367-0.03338\ln t_{2op}\\&\text{或 } t_{2op}=e^{(1.2367-n)/0.03338}\end{aligned}\right\} \tag{5-8}$$

由式（5-8）得 AVR 离散型动作判据过励磁保护各点整定值见表 5-1。

表 5-1　国产引进 QFSN2-300/2 型发电机组 AVR 离散型动作判据过励磁保护各点整定值表

n	1.05	1.06	1.1	1.15	1.2	1.25	1.25+	1.3
主变允许过励磁时间 t_{al1}（s）	∞	∞	9000	1800	360	70	70	10
发电机允许过励磁时间 t_{al2}（s）	∞	∞	2100	378	67	12	12	2.1
发电机过励磁保护动作时间 t_{3op}（s）	∞	∞	1000	100	10	4	2	0.5
整定时间级差 $\Delta t=t_{al2}-t_{3op}$（s）			1100	278	57	8	10	1.6
AVR 过励磁保护动作时间 t_{2op}（s）	∞		60	13.4	3	0.9	0.5	0.1
整定时间级差 $\Delta t=t_{3op}-t_{2op}$（s）			940	86.6	7	3.1	1.5	0.4
AVR 过励磁限制动作时间 t_{1op}（s）	∞	0	0	0	0	0	0	0

表 5-1 对应的发电机允许过励磁特性和发电机、AVR 离散型过励磁保护动作特性配合如图 5-1 所示。

（2）AVR 阶梯型过励磁保护整定计算。AVR 阶梯型动作判据过励磁保护和发电机阶梯型动作判据过励磁保护各点整定值可由式（5-7）计算，发电机及 AVR 阶梯型动作判据过励磁保护各点整定值见表 5-2。

表 5-2　国产引进 QFSN2-300/2 型发电机组 AVR 阶梯型动作判据过励磁保护各点整定值表

n	1.05	1.06	1.1	1.15	1.2	1.25	1.25+	1.3
主变允许过励磁时间 t_{al1}（s）	∞	∞	9000	1800	360	70	70	10
发电机允许过励磁时间 t_{al2}（s）	∞	∞	2100	378	67	12	12	2.1
发电机过励磁保护动作时间 t_{3op}（s）	∞	∞	120	22	5	1	1	0.5
发电机过励磁保护整定点最大时间级差 Δt_{max}（s）			1980	356	62	11	11	1.6
发电机过励磁保护整定点最小时间级差 Δt_{min}（s）				258	45	7	1	1.1
AVR 过励磁保护动作时间 t_{2op}（s）	∞	∞	20	4	0.5	0.2	0.2	0.2
AVR 过励磁保护整定点最大时间级差 Δt_{max}（s）			100	100	18	4.5	0.5	0.3
AVR 过励磁保护整定点最小时间级差 Δt_{min}（s）				2	1	0.5	0.3	0.3
AVR 过励磁限制动作时间 t_{1op}（s）	∞	0	0	0	0	0	0	0

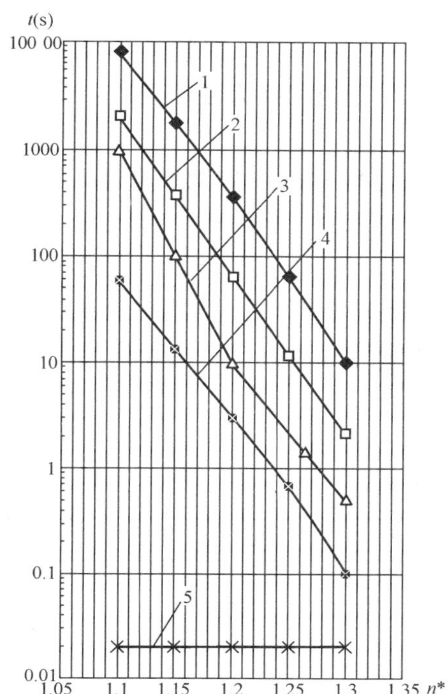

图 5-1 发电机允许过励磁特性和发电机、AVR 离散型过励磁保护动作特性配合图

1—主变压器允许过励磁特性曲线；2—发电机允许过励磁特性曲线；3—发电机过励保护动作特性曲线；4—AVR 过励保护动作特性曲线；5—AVR 过励限制器动作特性曲线

表 5-2 对应的发电机允许过励磁特性和发电机、AVR 阶梯型过励磁保护动作特性配合如图 5-2所示。

由表 5-1、表 5-2 和图 5-1、图 5-2 知，离散型和阶梯型动作判据的过励磁保护整定计算方法相同，但取值完全不同，前者既能充分利用发电机过励磁能力，同时又能较好地与发电机允许过励磁特性配合，后者比前者要差些。

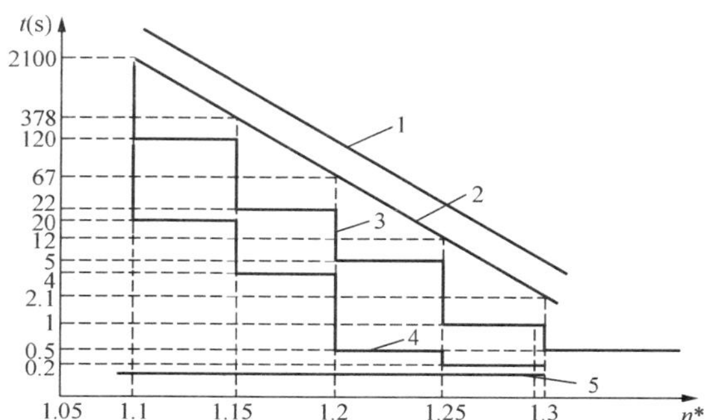

图 5-2 发电机允许过励磁特性和发电机、AVR 阶梯型过励磁保护动作特性配合图

1—主变压器允许过励磁特性曲线；2—发电机允许过励磁特性曲线；3—发电机过励保护动作特性曲线；4—AVR 过励保护动作特性曲线；5—AVR 过励限制器动作特性曲线

实际上目前大多数 AVR 过励磁保护动作特性只有 2～3 段定时限保护特性，这样在整定计算时只能尽可能考虑 $t_{2op} \geq t_{1op} + \Delta t$，在发电机过励磁时尽早由 AVR 过励磁保护动作进行主、从切换或手、自动切换消除发电机过励磁。根据运行经验，可整定 $n=1.1$，$t_{2op}=$ 10s；$n=1.15$，$t_{2op}=5$s；$n=1.2$，$t_{2op}=0.5$s。

其他发电机组如已知其允许过励磁能力，同样可用式（2-261）、式（5-7）计算离散型或阶梯型动作判据的过励磁保护各点整定值，计算过程中发电机组允许过励磁能力、发电机过励磁保护和 AVR 过励磁保护特性曲线不能相交，各点之间均应有足够的时间级差。对自并励励磁系统 AVR 作用于跳闸停机的过励磁保护，采用与发电机过励磁保护相同的整定值。

（四）过励磁限制及保护作用方式的说明

随着 AVR 技术的发展和不断改进完善，AVR 限制及保护作用方式也随之改变并使之完善合理，过励磁限制及保护整定计算和作用方式可按以下原则确定。

1. 具有双通道互为备用功能的三机励磁系统的 AVR

AVR 正常由主柜为工作通道脉冲触发运行，从柜为备用通道，当不论何原因工作通道（主柜）脉冲触发生故障时自动切换为备用通道（从柜）脉冲触发运行（即主、从切换），原主柜自动转为电流闭环运行方式。

（1）第一级过励磁为 AVR 瞬时过励磁限制，将发电机电压频率比 n 限制至 $n=1.05$。

（2）第二级过励磁为 AVR 延时过励磁保护，自动将工作通道切换为备用通道（或进行主、从切换），使 AVR 恢复正常工作。

（3）第三级过励磁为 AVR 延时过励磁保护，当主、从切换不能使 AVR 恢复正常工作，发电机仍然过励磁时经 0.5s 延时封脉冲，跳 AVR 直流输出开关，符合条件时自动合 50Hz 手动励磁。

（4）第四级过励磁为发电机过励磁保护，发电机过励磁保护动作作用于发电机全停方式。

具有双通道互为备用功能的三机励磁系统的 AVR 过励磁限制及保护整定计算配合见表 5-3。

表 5-3　具有双通道互为备用功能的三机励磁系统的 AVR 过励磁限制及保护整定计算配合表

n	1.05	1.06	1.1	1.15	1.2	1.25	1.25^{+}	1.3
主变压器允许过励磁时间 t_{al1}（s）	∞	∞	9000	1800	360	70	70	10
发电机允许过励磁时间 t_{al2}（s）	∞	∞	2100	378	67	12	12	2.1
发电机过励磁保护（第四级）（作用于发电机全停）动作时间 t_{4op}（s）	∞	∞	1000	100	10	4	4	0.5
AVR 过励磁保护（第三级）（作用于封脉冲、跳直流输出开关、合 50Hz 手动励磁）动作时间 t_{3op}（s）			120	22.4	4.2	3	3	0.5
AVR 过励磁保护（第二级）（作用于主从通道切换）动作时间 t_{2op}（s）	∞		60	13.4	3	2	2	0.3
AVR 过励磁限制（第一级）（作用于瞬时限制 $n=1.05$）动作时间 t_{1op}（s）	∞	0	0	0	0	0	0	0

表 5-3 是 AVR 和发电机为离散型动作判据过励磁保护比较合理的配合方式。

2. 具有双通道互为备用功能自并励励磁系统的 AVR

（1）第一级过励磁为 AVR 瞬时过励磁限制，将发电机电压频率比 n 限制至 $n=1.05$。

（2）第二级过励磁为 AVR 延时过励磁保护，自动将工作通道切换为备用通道（或进行主从切换），使 AVR 恢复正常工作。

（3）第三级过励磁为 AVR（或发电机）延时过励磁保护，当主、从切换不能使 AVR 恢复正常工作，发电机仍然过励磁时由第三级过励磁保护动作，作用于发电机全停（作用于发电机全停的 AVR 过励磁保护与发电机过励磁保护整定值相同）。

3. 仅具有自动调节切换为手动调节功能的三机励磁系统的 AVR

早期的 AVR 正常为自动励磁调节方式运行，当 AVR 自动励磁调节方式故障发生过励磁时，可将自动励磁调节方式自动切换为手动励磁方式运行。

（1）第一级过励磁为 AVR 瞬时过励磁限制，将发电机电压频率比 n 限制至 $n=1.05$。

（2）第二级过励磁为 AVR 延时过励磁保护，将自动励磁调节方式运行自动切换为手动励磁方式运行，使 AVR 恢复正常工作，或封脉冲、跳 AVR 直流输出开关，符合条件时自动合 50Hz 手动励磁。

(3) 第三级过励磁为发电机过励磁保护，发电机过励磁保护动作作用于发电机全停方式。

由上可见，具有双通道互为备用方式功能的 AVR 明显比具有自动调节切换为手动调节方式功能的 AVR 更为合理。

4. 自并励静止励磁系统的 AVR

自并励静止励磁系统当 AVR 过励磁保护动作于停机时，可将 AVR 动作于停机的过励磁保护，与发电机过励磁保护采用相同整定值。

三、励磁过电流限制及保护

(一) 发电机允许励磁过电流特性

不同励磁方式（常规三机励磁系统、旋转整流三机励磁系统和静止自并励磁系统）发电机有相同的转子绕组允许励磁过电流特性方程，即

$$\left.\begin{aligned}(I_{fd}^{*2}-1)\ t_{al}&=K_{he.al}\\ I_{fd}^{*}&=\frac{I_{fd}}{I_{fd.N}}\end{aligned}\right\}\tag{5-9}$$

式中 I_{fd}^{*}——发电机转子电流相对值（以发电机转子额定电流为基准）；

I_{fd}——发电机转子电流（A）；

$I_{fd.N}$——发电机额定工况时的转子电流（A）；

$K_{he.al}$——发电机转子励磁绕组允许发热时间常数（对 QFSN2-300/2 型机组，$K_{he.al}=33.75$）；

t_{al}——发电机允许过励磁时间。

(二) AVR 反时限励磁过电流限制、保护动作判据

1. 动作量取自发电机转子电流分流器电压 U_{Ifd}（或经变送器输出电流 I_{Ifd}）的动作判据

常规三机励磁系统和静止自并励磁系统动作量取自发电机转子电流分流器电压 U_{Ifd} 的动作判据。

(1) 起动判据为

$$U_{Ifd}\geqslant U_{Ifd.op.set}\tag{5-10}$$

式中 U_{Ifd}——转子分流器输出电压（mV）；

$U_{Ifd.op.set}$——反时限励磁过电流限制、保护起动时转子分流器输出电压整定值（mV）。

(2) 动作特性判据为

$$\left.\begin{aligned}&\text{AVR 励磁过电流限制动作方程满足 }(U_{Ifd}^{*2}-1)\ t_{1op}\geqslant K_{1.set}\text{ 时动作将 }I_{fd}\text{ 限制为 }I_{fd.n}\\ &\text{AVR 励磁过电流保护动作方程满足 }(U_{Ifd}^{*2}-1)\ t_{2op}\geqslant K_{2.set}\text{ 时动作将 AVR 进行主、从切换}\\ &\text{发电机励磁过电流保护动作方程满足 }(U_{Ifd}^{*2}-1)\ t_{3op}\geqslant K_{3.set}\text{ 时动作于将发电机跳闸停机}\end{aligned}\right\}\tag{5-11}$$

式中 U_{Ifd}^{*}——发电机转子绕组电流分流器输出电压相对值；

$K_{1.set}$、$K_{2.set}$、$K_{3.set}$——分别为 AVR 励磁过电流限制、AVR 和发电机励磁过电流保护动作时间常数整定值（s）；

t_{1op}、t_{2op}、t_{3op}——分别为 AVR 励磁过电流限制、AVR 和发电机励磁过电流保护动作时间（s）；

其他符号含义同前。

2. 动作量取自发电机主励磁机励磁电流分流器的输出电压

旋转整流三机励磁系统动作量取自发电机主励磁机励磁电流分流器输出电压的反时限励磁过电流限制、保护动作判据，当用发电机主励磁机励磁电流分流器的输出电压相对值U_{Ifde}^*替代发电机转子绕组电流分流器输出电压相对值U_{Ifd}^*后，与式（5-10）、式（5-11）相同。

3. 动作量取自发电机主励磁机（副励磁机）交流侧或自并励变压器TA二次电流

用微机采样TA二次电流瞬时值，经软件计算准确反应发电机转子电流I_{fd}的算法，可直接利用发电机转子电流I_{fd}的反时限励磁过电流限制、保护动作判据，当用发电机转子绕组励磁电流相对值I_{fd}^*替代发电机转子绕组电流分流器输出电压相对值U_{Ifd}^*后，与式（5-10）、式（5-11）相同。

（三）AVR反时限励磁过电流限制、保护整定计算

1. 动作量取自发电机转子电流分流器电压U_{Ifd}的整定计算

AVR励磁过电流限制、保护及发电机励磁过电流保护的整定计算应按三级配合原则整定，以国产QFS-300/2型（常规三机励磁系统）和引进国产QFSN2-300/2型（旋转整流励磁系统）300MW发电机机组为例，发电机转子绕组允许发热时间常数$K_{\text{he. al}}=33.75$。

（1）反时限励磁过电流限制、保护起动值按如下三级配合原则整定计算。

1）AVR励磁过电流反时限限制器起动值为第一级，按躲过额定励磁电流计算，即

$$\left.\begin{array}{ll}\text{常规三机励磁系统} & U_{\text{Ifd. op. 1set}}=(1.05\sim1.06)U_{\text{Ifd. n}}\\ \text{旋转整流励磁系统} & U_{\text{Ifde. op. 1set}}=(1.05\sim1.06)U_{\text{Ifde. n}}\end{array}\right\}\tag{5-12}$$

2）AVR励磁过电流反时限保护起动值为第二级，因AVR过励磁限制和过励磁保护为同一起动元件，所以励磁过电流反时限保护和限制起动值按相同值计算，即

$$\left.\begin{array}{ll}\text{常规三机励磁系统} & U_{\text{Ifd. op. 2set}}=U_{\text{Ifd. op. 1set}}\\ \text{旋转整流励磁系统} & U_{\text{Ifde. op. 2set}}=U_{\text{Ifde. op. 1set}}\end{array}\right\}\tag{5-13}$$

式中符号含义同前。

3）发电机励磁过电流反时限保护起动值为第三级，按与AVR励磁过电流反时限保护起动值配合计算，即

$$\left.\begin{array}{ll}\text{常规三机励磁系统} & U_{\text{Ifd. op. 3set}}=1.05U_{\text{Ifd. op. 2set}}\\ \text{旋转整流励磁系统} & U_{\text{Ifde. op. 3set}}=1.05U_{\text{Ifde. op. 2set}}\end{array}\right\}\tag{5-14}$$

式中符号含义同前。

（2）励磁过电流限制、保护时间常数整定值按如下三级配合原则整定计算。

1）发电机励磁过电流反时限保护时间常数整定值$K_{\text{3. set}}$为第三级，按小于或等于发电机转子绕组允许发热时间常数$K_{\text{al}}=33.75$，而大于AVR励磁过电流保护整定时间常数计算，即

$$K_{\text{3. set}}=K_{\text{al}}/K_{\text{rel}}=33.75/(1\sim1.1)=33.75\sim30.8$$

取
$$K_{\text{3. set}}=30\sim33\tag{5-15}$$

2）AVR励磁过电流反时限保护时间常数整定值$K_{\text{2. set}}$为第二级，按小于发电机励磁过电流反时限保护时间常数整定值$K_{\text{3. set}}$，而大于AVR励磁过电流反时限限制器时间常数$K_{\text{1. set}}$计算，即

$$K_{2.set}=K_{3.set}/K_{rel}=30/1.1=27.3$$

取
$$K_{2.set}=27\sim30 \tag{5-16}$$

3）AVR励磁过电流反时限限制器时间常数整定值 $K_{1.set}$ 为第一级，按小于AVR励磁过电流反时限保护时间常数整定值 $K_{2.set}$，而大于发电机正常最大强励时间计算，即

$$K_{1.set}=K_{2.set}/K_{rel}=27/1.1=24.5$$

取
$$K_{1.set}=24\sim27 \tag{5-17}$$

以上整定值均为以发电机转子额定励磁电流为基准时的整定值，如装置内部设定以75mV为基准时，应将以上相应的时间常数归算至75mV，即

$$K'_{set}=K_{set}\left(\frac{U_{Ifd.n}}{75}\right)^2=K_{set}\left(\frac{I_{fd.n}}{I_{fdi.n}}\right)^2 \tag{5-18}$$

式中 $U_{Ifd.n}$——发电机转子额定励磁电流时分流器输出电压（mV）；

$I_{di.n}$——发电机转子励磁电流分流器额定电流（A）；

其他符号含义同前。

以上保护、限制均按反时限特性动作。

2. 动作量取自非发电机转子电流分流器电压 U_{Ifd} 的其他电气量的整定计算

动作量取自发电机主励磁机（副励磁机）交流侧或自并励变压器TA二次电流的整定计算，类似式（5-13）～式（5-17）。

（四）AVR瞬时励磁过电流限制及保护动作判据

当AVR出现严重的瞬时励磁过电流时，应不经延时限制至允许的强励倍数 $K_{fo.al}$（如 $K_{fo.al}=2$）。

1. 瞬时励磁过电流限制动作判据

（1）动作量取自发电机转子电流分流器电压 U_{Ifd} 的动作判据为

$$\left.\begin{array}{l}U_{Ifd.1op.t}\geqslant1.05K_{fo.al}U_{Ifd.n}\\ t_{1op.t}=0s\end{array}\right\} \tag{5-19}$$

式中 $U_{Ifd.1op.t}$——瞬时励磁过电流限制动作转子电流分流器电压整定值（mV）；

$K_{fo.al}$——发电机允许强励倍数（如对QSFN2-300-2型机组，$K_{fo.al}=2$）；

$t_{1op.t}$——瞬时励磁过电流限制动作时间。

（2）动作量取自发电机主励磁机励磁电流分流器的输出电压的动作判据，当用发电机主励磁机励磁电流分流器的输出电压相对值 U^*_{Ifde} 替代发电机转子绕组电流分流器输出电压相对值 U^*_{Ifd} 后，与式（5-19）相同。

（3）动作量取自发电机主励磁机（副励磁机）交流侧或自并励变压器TA二次电流。用微机采样TA二次电流瞬时值，经软件计算准确反应发电机转子电流 I_{fd} 的算法，可直接利用发电机转子电流 I_{fd} 的瞬时励磁过电流限制动作判据，当用发电机转子绕组励磁电流相对值 I^*_{fd} 替代发电机转子绕组电流分流器输出电压相对值 U^*_{Ifd} 后，与式（5-19）相同。

AVR励磁过电流瞬时限制动作，不经延时将发电机转子电流限制为 $I_{fd}=K_{fo.al}I_{fd.n}=(1.8\sim2)\ I_{fd.n}$ 或将主励磁机励磁电流限制为 $I_{fde}=K_{fo.al}I_{fde.n}=(1.8\sim2)\ I_{fde.n}$。

2. 瞬时励磁过电流保护动作判据

（1）动作量取自发电机转子电流分流器电压 U_{Ifd} 的动作判据为

$$\left.\begin{array}{l}U_{\mathrm{Ifd.2op.t}}\geqslant 1.1K_{\mathrm{fo.al}}U_{\mathrm{Ifd.n}}\\t_{\mathrm{2op.t}}=0\sim 0.1\mathrm{s}\end{array}\right\}\quad(5\text{-}20)$$

式中 $U_{\mathrm{Ifd.2op.t}}$——瞬时励磁过电流保护动作转子电流分流器输出电压整定值（mV）；

$t_{\mathrm{2op.t}}$——瞬时励磁过电流保护动作时间（s）；

其他符号含义同前。

（2）动作量取自发电机主励磁机励磁电流分流器的输出电压的动作判据，当用发电机主励磁机励磁电流分流器的输出电压相对值U_{Ifde}^{*}替代发电机转子绕组电流分流器输出电压相对值U_{Ifd}^{*}后，与式（5-20）相同。

（3）动作量取自发电机主励磁机（副励磁机）交流侧或自并励变压器TA二次电流。用微机采样TA二次电流瞬时值，经软件计算准确反应发电机转子电流I_{fd}的算法，可直接利用发电机转子电流I_{fd}的瞬时励磁过电流保护动作判据，当用发电机转子绕组励磁电流相对值I_{fd}^{*}替代发电机转子绕组电流分流器输出电压相对值U_{Ifd}^{*}后，与式（5-20）相同。

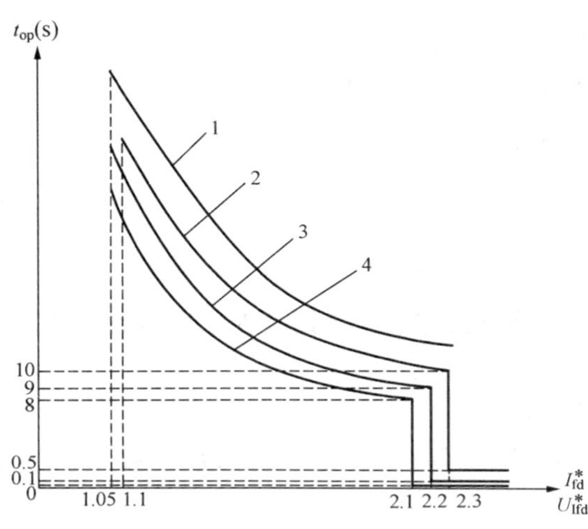

图5-3 发电机励磁过电流限制、保护整定值配合图

1—发电机转子允许励磁过电流特性曲线；2—发电机转子励磁过电流保护动作特性曲线；3—发电机AVR转子励磁过电流保护动作特性曲线；4—发电机AVR转子励磁过电流限制动作特性曲线

瞬时励磁过电流保护经动作时间$t_{\mathrm{2op.t}}=0\sim 0.1\mathrm{s}$延时自动将工作通道切换为备用通道（主、从切换）或自动切至手动，使AVR恢复正常工作。

（五）瞬时励磁过电流限制及保护整定计算

1. 瞬时励磁过电流限制整定计算

（1）当动作量取自发电机转子电流分流器电压时（常规三机励磁系统和自并励静止励磁系统），按式（5-19）计算整定值。

（2）动作量取自发电机主励磁机励磁电流分流器电压（旋转整流三机励磁系统）时，按式（5-19）计算整定值。

（3）动作量取自发电机主励磁机（副励磁机）交流侧或自并励变压器TA二次电流时，按式（5-19）计算整定值。

2. 瞬时励磁过电流保护动作整定计算

（1）当动作量取自发电机转子电流分流器电压时（常规三机励磁系统和自并励静止励磁系统），按式（5-20）计算整定值。

（2）动作量取自发电机主励磁机励磁电流分流器电压（旋转整流三机励磁系统）时，按式（5-20）计算整定值。

（3）动作量取自发电机主励磁机（副励磁机）交流侧或自并励变压器TA二次电流时，按式（5-20）计算整定值。

发电机励磁过电流限制、保护整定值配合如图5-3所示，AVR和发电机励磁过电流限制、保护整定值配合（一）见表5-4。

表 5-4　　AVR 和发电机励磁过电流限制、保护整定值配合（一）表*

发电机转子电流相对值 I_{fd}^{*}	1.1	1.15	1.2	1.5	2	2.1	2.2	2.3
发电机[励磁过电流发热时间常数 $K_{he.al}=33.75$，特性方程为$(I_{fd}^{*2}-1)t_{al}=K_{he.al}=33.75$]的励磁过电流允许时间 t_{al}(s)	160	104.7	76	27	11.3			
发电机［励磁过电流保护发热时间常数整定值 $K_{2.set}=30$，动作方程为（$I_{fd}^{*2}-1$）$t_{3op}=K_{3.set}=30$］的动作时间 t_{3op}（s）	142.9	93	68	24	10			
AVR［励磁过电流保护发热时间常数整定值 $K_{3.set}=27$，动作方程为（$I_{fd}^{*2}-1$）$t_{2op}=K_{2.set}=27$］的动作时间 t_{2op}（s）	128.6	83.7	61.4	21.6	9			
AVR［励磁过电流限制发热时间常数整定值 $K_{1.set}=24$，动作方程为（$I_{fd}^{*2}-1$）$t_{1op}=K_{1.set}=24$］的动作时间 t_{1op}（s）	114	74.4	54.5	19.2	8			
AVR［瞬时励磁过电流限制动作值为 $1.05K_{fo.al}$］的动作时间 $t_{1op.t}$（s）						0	0	0
AVR［瞬时励磁过电流保护动作值为 $1.1K_{fo.al}$］的动作时间 $t_{2op.t}$（s）							0.1	0.1
发电机励磁过电流保护上限保护动作时间 $t_{op.up}$（s）（作用于发电机跳闸停机）								0.5

*　表中以 $K_{he.al}=33.75$s 为依据计算；如要求 $K_{1.set}=30$s，则 $K_{he.al}=40$s 可满足要求。

（六）励磁过电流限制及保护作用方式的说明

随着 AVR 技术的发展和不断改进完善，AVR 励磁过电流限制及保护作用方式也随之改变并使之完善合理，励磁过电流限制及保护整定计算和作用方式可按以下原则确定。

1. 具有双通道互为备用功能的三机励磁系统的 AVR

（1）第一级。AVR 反时限励磁过电流限制动作，延时将发电机励磁电流限制至 $I_{fd}=I_{fd.n}$。

（2）第二级。AVR 反时限励磁过电流保护动作，延时自动将工作通道切换为备用通道（或进行主从切换），使 AVR 恢复正常工作。

（3）第三级。当主从切换后不能使 AVR 恢复正常工作，发电机仍然励磁过电流时，由 AVR 励磁过电流保护再延时 0.5s 封脉冲，跳 AVR 直流输出开关，符合条件时自动合 50Hz 手动励磁。

（4）第四级。发电机反时限励磁过电流保护动作，作用于发电机跳闸停机方式。

（5）当 $I_{fd}=1.05K_{fo.al}I_{fd.n}$时 AVR 瞬时励磁过电流限制动作，不经延时将发电机励磁电流限制至 $I_{fd}=K_{fo.al}I_{fd.n}$。

（6）当 $I_{fd}=1.1K_{fo.al}I_{fd.n}$时 AVR 瞬时励磁过电流保护动作，不经延时自动将工作通道切换为备用通道（或进行主从切换），使 AVR 恢复正常工作。

（7）主从切换后不能使 AVR 恢复正常工作，当 $I_{fd}=1.15K_{fo.al}I_{fd.n}$时 AVR 经 0.1～0.2s 延时励磁过电流保护动作将 AVR 封脉冲，跳 AVR 直流输出开关，符合条件时自动合 50Hz 手动励磁。

（8）发电机上限励磁过电流保护动作，经 0.5s 延时作用于发电机跳闸停机方式。

按以上原则整定计算的 AVR 和发电机励磁过电流限制、保护整定值配合（二）如图 5-5 所示。其他不同类型的 AVR 和发电机励磁过电流限制、保护整定值配合可根据实际的配置，参考表 5-5 进行计算和配合。表 5-5 的计算和配合比较合理。

表 5-5　　AVR 和发电机励磁过电流限制、保护整定值配合（二）表*

发电机转子电流相对值 I_{fd}^{*}	1.1	1.15	1.2	1.5	2	2.1	2.2	2.3
发电机［励磁过电流发热时间常数 $K_{he.al}=33.75$，特性方程为 $(I_{fd}^{*2}-1)t_{al}=K_{he.al}=33.75$］的励磁过电流允许时间 t_{al}（s）	160	104.7	76	27	11.3			
发电机［励磁过电流保护（第四级）发热时间常数整定值 $K_{4.set}=33$，动作方程为 $(I_{fd}^{*2}-1)t_{4op}=K_{4,set}=33$］的动作时间 t_{4op}（s）（作用于发电机跳闸停机）	160	104.7	76	27	11.3			
AVR［励磁过电流保护（第三级）发热时间常数整定值 $K_{3.set}=30$，动作方程为 $(I_{fd}^{*2}-1)t_{3op}=K_{3,set}=30$］的动作时间 t_{3op}（s）（作用于跳 AVR 直流输出开关，合 50Hz 手动励磁）	142.9	93	68	24	10			
AVR［励磁过电流保护（第二级）发热时间常数整定值 $K_{2.set}=27$，动作方程为 $(I_{fd}^{*2}-1)t_{2op}=K_{2,set}=27$］的动作时间 t_{2op}（s）［作用于将 AVR 由工作通道切换为备用通道（主、从切换）］	128.6	83.7	61.4	21.6	9			
AVR［励磁过电流限制（第一级）发热时间常数整定值 $K_{1.set}=24$，动作方程为 $(I_{fd}^{*2}-1)t_{1op}=K_{1,set}=24$］的动作时间 t_{1op}（s）（作用于将发电机励磁电流限制至 $I_{fd.n}$）	114	74.4	54.5	19.2	8			
AVR［瞬时励磁过电流限制动作值为 $1.05K_{fo.al}$］的动作时间 $t_{1op.t}$（s）（作用于将发电机励磁电流瞬时限制至 $K_{fo.al}I_{fd.n}$）						0	0	0
AVR［瞬时励磁过电流保护动作值为 $1.1K_{fo.al}$］的动作时间 $t_{2op.t}$（s）（作用于将 AVR 由主通道切换为备用通道）							0	0
AVR［瞬时励磁过电流保护动作值为 $1.15K_{fo.al}$］的动作时间 $t_{3op.t}$(s)(作用于跳 AVR 直流输出开关,合 50Hz 手动励磁)								0.1
发电机励磁过电流保护上限保护动作时间 $t_{op.up}$（s）（作用于发电机跳闸停机）								0.5

* 表中以 $K_{he.al}=33.75s$ 为依据计算；如要求 $K_{1.set}=30s$，则 $K_{he.al}=40s$ 可满足要求。

2. 具有双通道互为备用功能的自并励励磁系统的 AVR

（1）第一级。AVR 反时限励磁过电流限制动作，延时将发电机励磁电流限制至 $I_{fd}=I_{fd.n}$。

（2）第二级。AVR 反时限励磁过电流保护动作，延时自动将工作通道切换为备用通道

（或进行主从切换），使 AVR 恢复正常工作。

（3）第三级。当主从切换后不能使 AVR 恢复正常工作，发电机仍然励磁过电流时，由 AVR 反时限励磁过电流保护动作封脉冲，跳 AVR 直流输出开关并作用于发电机跳闸停机方式，或由发电机反时限励磁过电流保护动作，作用于发电机跳闸停机方式。

（4）当 $I_{fd}=1.05K_{fo.al}I_{fd.n}$时 AVR 瞬时励磁过电流限制动作，不经延时将发电机励磁电流限制至 $I_{fd}=K_{fo.al}I_{fd.n}$。

（5）当 $I_{fd}=1.1K_{fo.al}I_{fd.n}$时 AVR 瞬时励磁过电流保护动作，不经延时自动将工作通道切换为备用通道（或进行主从切换），使 AVR 恢复正常工作。

（6）主从切换后不能使 AVR 恢复正常工作，当 $I_{fd}=1.15K_{fo.al}I_{fd.n}$时励磁过电流保护动作经延时 0.5s 将 AVR 封脉冲，跳 AVR 直流输出开关并作用于发电机跳闸停机方式，或由发电机上限励磁过电流保护动作，经 0.5s 延时作用于发电机程序跳闸停机方式。

自并励静止励磁系统，当 AVR 励磁过电流保护动作于停机时，可将 AVR 作用于停机的励磁过电流保护和发电机励磁过电流保护采用相同整定值。

3. 仅具有自动切换手动功能的三机励磁系统的 AVR

早期的 AVR 正常为自动励磁调节方式运行，当 AVR 自动励磁调节方式故障发生励磁过电流时，可将自动励磁调节方式自动切换为手动励磁方式运行。

（1）第一级 AVR 反时限励磁过电流限制动作，延时将发电机励磁电流限制为$I_{fd}=I_{fd.n}$。

（2）第二级 AVR 反时限励磁过电流保护动作，延时自动将 AVR 由自动调节切换为手动调节方式，使 AVR 恢复正常工作。也可由 AVR 反时限励磁过电流保护动作直接跳 AVR 直流输出开关，符合条件时自动合 50Hz 手动励磁的方式。

（3）第三级 AVR 励磁过电流保护。当自动调节切换为手动调节方式后不能使 AVR 恢复正常工作，发电机仍然励磁过电流时，由 AVR 励磁过电流保护再延时 0.5s 封脉冲、跳 AVR 直流输出开关，符合条件时自动合 50Hz 手动励磁。

（4）第四级发电机反时限励磁过电流保护，作用于发电机跳闸停机方式。

（5）当 $I_{fd}=1.05K_{fo.al}I_{fd.n}$时 AVR 瞬时励磁过电流限制动作，不经延时将发电机励磁电流限制为 $I_{fd}=K_{fo.al}I_{fd.n}$。

（6）当 $I_{fd}=1.1K_{fo.al}I_{fd.n}$时 AVR 瞬时励磁过电流保护动作，不经延时自动将 AVR 由自动调节切换为手动调节方式，使 AVR 恢复正常工作或跳 AVR 直流输出开关，符合条件时自动合 50Hz 手动励磁。

（7）自动调节切换为手动调节方式后不能使 AVR 恢复正常工作，当 $I_{fd}=1.15K_{fo.al}I_{fd.n}$时 AVR 经 0.1～0.2s 延时励磁过电流保护动作将 AVR 封脉冲，跳 AVR 直流输出开关，符合条件时自动合 50Hz 手动励磁。

（8）发电机上限励磁过电流保护，经 0.5s 延时作用于发电机跳闸停机方式。

50Hz 手动励磁在备用状态时应跟踪于发电机额定工况时的励磁状态。

4. 整定计算结论

发电机及 AVR 励磁过电流限制、保护整定计算可简单归纳如下：

AVR 延时励磁过电流限制、保护起动值　$U_{Ifd.op1.2}=1.05U_{Ifd.n}$；

发电机延时励磁过电流保护起动值　$U_{Ifd.op3}=1.05U_{Ifd.op1.2}$；

AVR 励磁过电流限制动作方程满足 $(U_{\mathrm{Ifd}}^{*2}-1)\ t_{1\mathrm{op}} \geqslant K_{1.\mathrm{set}}$ 时动作于将 I_{fd} 限制为 $I_{\mathrm{fd.n}}$；

AVR 励磁过电流保护动作方程满足 $(U_{\mathrm{Ifd}}^{*2}-1)\ t_{2\mathrm{op}} \geqslant K_{2.\mathrm{set}}$ 时动作于将 AVR 进行主从切换；

发电机励磁过电流保护动作方程满足 $(U_{\mathrm{Ifd}}^{*2}-1)\ t_{3\mathrm{op}} \geqslant K_{3.\mathrm{set}}$ 时动作于跳闸停机；

AVR 瞬时励磁过电流限制起动值 $U_{\mathrm{Ifd.op1.t}}=1.05K_{\mathrm{fo.al}}U_{\mathrm{Ifd.n}}$ 时瞬时限制 $I_{\mathrm{fd}}=K_{\mathrm{fo.al}}I_{\mathrm{fd.n}}$；

AVR 瞬时励磁过电流保护起动值 $U_{\mathrm{Ifd.op2.t}}=1.1K_{\mathrm{fo.al}}U_{\mathrm{Ifd.n}}$ 时瞬时将 AVR 进行主从切换；

发电机上限励磁过电流保护起动值 $U_{\mathrm{Ifd.op.up}}=1.2K_{\mathrm{fo.al}}U_{\mathrm{Ifd.n}}$ 时经 0.5s 动作跳闸停机。

四、低励限制及保护

（一）动作判据

微机型 AVR 的低励限制及保护的动作判据在 P、Q 坐标系统中采用如图 5-4 所示的直线 1、2，这虽与发电机进相运行时稳定条件及定子绕组端部最高温度不超过允许值的非直线 P、Q 曲线有差异，但实际上图 5-4 中的直线 1 和 2 是很接近非直线 P、Q 曲线的，同时也大大简化了装置的整定计算和现场的调试。

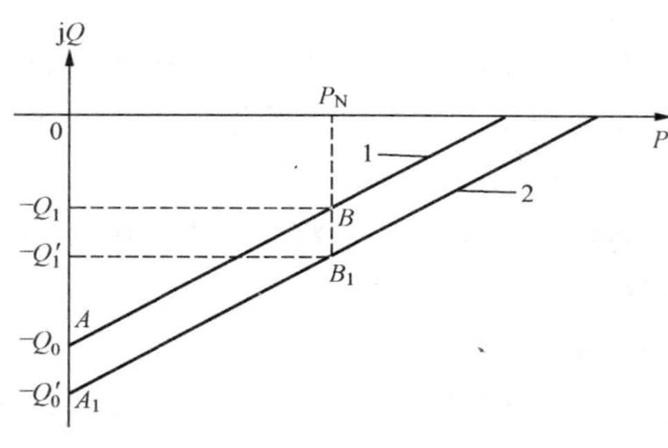

图 5-4　AVR 的低励限制及保护的动作特性曲线

1—低励限制动作特性曲线；

2—低励保护动作特性曲线

1. 低励限制动作判据

动作判据对应图 5-4 低励限制动作特性曲线 1，即由点 A、B 决定的直线。

（1）A 为 $P=0$ 的点。当 $P=0$、$Q \leqslant -Q_0$ 时 AVR 低励限制器动作，限制励磁电流继续下降，并恢复无功 Q 至 $-Q_0$。

（2）B 为 $P=P_{\mathrm{N}}$ 的点。当 $P=P_{\mathrm{N}}$、$Q \leqslant -Q_1$ 时 AVR 低励限制器动作，限制励磁电流继续下降，并恢复无功 Q 至 $-Q_1$。

低励限制动作特性曲线 1 的下侧为低励限制动作区，低励限制动作时将限制励磁电流继续下降，并恢复无功 Q 至动作特性曲线 1 之上，曲线 1 的上侧为低励限制不动作区。

2. 低励保护动作判据

动作判据对应图 5-4 低励保护动作特性曲线 2，即由点 A_1、B_1 决定的直线。

（1）A_1 为 $P=0$ 的点。当 $P=0$、$Q \leqslant -Q'_0$ 时 AVR 低励保护动作，动作后进行主、从切换或自动切至手动励磁，或自动合 50Hz 手动励磁。

（2）B_1 为 $P=P_{\mathrm{N}}$ 点。当 $P=P_{\mathrm{N}}$、$Q \leqslant -Q'_1$ 时 AVR 低励保护动作，动作后进行主、从切换或自动切至手动励磁，或自动合 50Hz 手动励磁。

有时在 P、Q 坐标系统中，动作判据采用根据发电机进相运行时稳定条件及定子绕组端部最高温度不超过允许值的 P、Q 曲线。低励限制及保护的动作整定值应比发电机进相运行允许的 P、Q 曲线有足够的安全系数。

（二）整定计算

1. 发电机允许进相运行条件

低励磁限制曲线可根据发电机允许进相程度和系统实际要求的进相计算，但允许进相无功值必须经发电机允许进相运行条件试验后得出。允许进相运行条件为：

(1) 保证发电机功角≤70°的稳定运行条件。

(2) 保证厂用系统电压不低于最低允许运行电压条件，即厂用母线电压不低于 95%的电动机额定电压。

(3) 保证发电机端电压不低于 95%发电机额定电压（$U_{G.N}$）条件。

(4) 保证发电机定子绕组端部最高温度不超过允许值条件。这是发电机允许进相运行的必要条件，符合前三条件者同时必须符合此条件。

如某发电厂，QFSN2-300/2 型发电机组经进相运行试验得到发电机稳定运行条件，发电机功角≤70°时且满足条件（4）时允许进相运行值为

$$\left.\begin{array}{ll} P=150\text{MW 时} & Q=-100\text{Mvar} \\ P=300\text{MW 时} & Q=-50\text{Mvar} \end{array}\right\} \tag{5-21}$$

以厂用母线电压不低于 95%的电动机额定电压为条件测得

$$\left.\begin{array}{ll} P=150\text{MW 时} & Q=-50\text{Mvar} \\ P=300\text{MW 时} & Q=-38\text{Mvar} \end{array}\right\} \tag{5-22}$$

2. AVR 低励限制整定计算

(1) 系统中不要求发电机进相运行时，低励限制整定曲线一般取

$$\left.\begin{array}{ll} P=0\text{MW 时} & Q=-50\text{Mvar} \\ P=300\text{MW 时} & Q=0\text{Mvar} \end{array}\right\} \tag{5-23}$$

(2) 系统中要求发电机进相运行时，则按发电机进相运行试验结果进行整定计算。

1) 按厂用母线电压不低于 95%的电动机额定电压为条件计算。如 A 厂 300MW 机组 AVR 低励限制整定值为式（5-22）。

2) 按发电机稳定运行功角≤70°允许进相运行条件计算。如 B 厂 300MW 机组 AVR 低励限制整定值为式（5-21）。

3. AVR 低励磁保护整定计算

低励保护动作曲线整定时，将低励限制曲线向下平移一定值，约为发电机额定无功的10%左右，如 300MW 机组低励保护，实际使用时将低励限制曲线向下平移 $Q=-20$Mvar。低励保护动作时将 AVR 工作通道自动切换为备用通道或将 AVR 自动切至手动运行，或仅合 50Hz 手动励磁，AVR 低励保护应先于发电机失磁保护动作。

五、自并励静止励磁系统

自并励静止励磁系统过励磁限制、保护，励磁过电流限制、保护，以及低励磁限制、保护在整定计算时，第一级为 AVR 限制；第二级为 AVR 保护动作于主、从通道切换；当 AVR 保护动作于主、从通道切换后 AVR 仍然不能正常工作时，由第三级 AVR 保护跳直流输出开关、灭磁和跳闸停机，这时 AVR 最后一级保护整定值与发电机保护整定值相同。

第二节 自动准同步装置的整定计算

一、概述

现代发电机都用微机型代替模拟型自动准同步装置，微机型自动准同步装置的特点是通过数字化计算后，动作判据和动作值均非常准确。过去采用模拟型自动准同步装置，从理论

上讲在不同频差值 Δf 时，同步合闸点的恒定导前时间 t_{ah} 等于 $57.3\times\frac{\Delta\delta}{2\pi\Delta f}$，即

$$t_{ah}=57.3\times\frac{\Delta\delta}{2\pi\Delta f} \tag{5-24}$$

式中 t_{ah}——同步合闸点的恒定导前时间；

$\Delta\delta$——被并电压和系统电压相角差；

Δf——被并电压和系统电压频率差。

但实际上在不同频差时，检同步点最关键的导前时间并不真正恒定，而是有一定误差的。现代微机型准同步装置，可使同步合闸的导前时间做到真正恒定，这给准同步装置的整定计算带来了方便。

二、自动准同步装置的动作判据

动作判据为

$$\left.\begin{array}{l}\text{被并两侧电压差判据 } \Delta U\leqslant\Delta U_{set}\\ \text{被并两侧频率差判据 } \Delta f\leqslant\Delta f_{set}\\ \text{同步合闸恒定导前时间判据 } t_{ah}=57.3\dfrac{\delta}{2\pi\Delta f}=t_{ah.set}\\ \text{同步合闸恒定导前角判据（辅助判据）} \delta_{ah}\leqslant\delta_{ah.set}\end{array}\right\} \tag{5-25}$$

式中 ΔU、ΔU_{set}——被并两侧(系统侧和被并的发电机侧)电压差和电压差的整定值(V)；

Δf、Δf_{set}——被并两侧频率差和频率差的整定值（Hz）；

t_{ah}、$t_{ah.set}$——同步点合闸导前时间和恒定导前时间的整定值（s）；

δ_{ah}、$\delta_{ah.set}$——恒定导前角和恒定导前角的整定值。

以上四项条件同时满足时，准同步装置判发电机具备同步条件，立即输出发电机同步合闸脉冲。

三、自动准同步装置的整定计算

1. 被并两侧允许电压差整定值 ΔU_{set} 计算

其整定原则为当在同步点合闸时，不应产生较大的冲击电流，同时不应对两侧电压平衡要求太高而延误同步时间。根据运行经验，应用经验公式得

$$\Delta U_{set}=\pm0.05U_{g.n} \tag{5-26}$$

式中 $U_{g.n}$——发电机额定二次电压。

2. 被并两侧允许频率差整定值 Δf_{set} 计算

其整定原则为当在同步点合闸时，不应产生发电机的强烈振荡，同时不应对两侧频差要求太高而延误同步时间。根据运行经验，应用经验公式得

$$\Delta f_{set}=(0.15\sim0.25)\ \text{Hz} \tag{5-27}$$

一般取 $\Delta f_{set}=0.15$Hz，这相当于同步表在频差作用下，以 6.7s 时间等速旋转一周时的频差。

3. 同步点合闸导前时间整定值 $t_{ah.set}$ 计算

在恒定频差时，断路器合闸于同步点，使同步时合闸冲击电流为最小。恒定导前时间等于同步装置发出合闸脉冲至断路器合闸的全部时间，即

$$t_{ah.set}=t_{on} \tag{5-28}$$

式中 t_{on}——断路器全部合闸时间。

4. 恒定导前角整定值 $\delta_{ah.set}$（辅助条件）计算

按最不利的同步条件，为安全可靠起见，限制发电机同步时产生的冲击电流不超过发电机额定电流条件计算，即

$$I''\leqslant\frac{2U_{G.N}\sin\frac{\delta_{ah.set}}{2}}{X_S+X''_d+X_T} \tag{5-29}$$

所以

$$\delta_{ah.set}=2\arcsin\frac{I''(X_S+X''_d+X_T)}{2U_{G.N}} \tag{5-30}$$

式中 $\delta_{ah.set}$——同步点恒定导前角整定值（°）；

I''——发电机同步时允许冲击电流相对值；

$U_{G.N}$——发电机额定电压标么值，为1；

X_S——归算至发电机额定容量时系统阻抗相对值；

X''_d——发电机次暂态电抗相对值；

X_T——归算至发电机额定容量时主变压器电抗相对值。

当 $I''=1$，$U_{G.N}=1$ 时有

$$\delta_{ah.set}=2\arcsin\frac{I''(X_S+X''_d+X_T)}{2U_{G.N}}=2\arcsin\frac{X_S+X''_d+X_T}{2} \tag{5-31}$$

式中符号含义同前式。

如A、B厂为QSFN2-300-2型机组，取 $X_S=0$，$X_T=0.14$，$X''_d=0.16$，则

$$\delta_{ah.set}=2\arcsin\frac{0.16+0.14}{2}=17.25°$$

所以同步装置导前角整定值取 $\delta_{ah.set}=15°\sim20°$是绝对安全的，一般取 $\delta_{ah.set}=20°$。

5. 同步装置闭锁角整定值 $\delta_{atr.set}$ 计算

对大型发变组的同步装置的闭锁角也可用式（5-31）计算，对QSFN2-300-2型机组，同步装置闭锁角整定值取 $\delta_{atr.set}=15°\sim20°$，一般取 $\delta_{atr.set}=20°$。

6. 同步装置自动调频和自动调压脉冲时间整定

一般根据汽轮机的调速响应和自动励磁装置调节励磁电流的响应进行整定，初设自动调频脉冲时间 $\Delta T_{f.set}=0.1\sim0.2$s，自动调压脉冲时间 $\Delta T_{u.set}=0.1\sim0.2$s，最后在机组起动过程中根据自动调节响应和自动调节效果（在调节过程中既要满足调节稳定，又要尽快缩短调节时间）在现场调试确定。

四、两侧同步辅助变压器计算

发电机同步并列点应当设于主变压器高压侧，同步系统电压取自高压母线TV二次电压，被并电压取自机端TV二次电压，此时主变压器运行变比一般不等于高压母线TV变比和机端TV变比之比，因此当同步装置的系统和被并测量电压（TV二次侧电压）相等时，一次侧同步电压实际上并不相等，即二次侧电压差为零时，一次侧电压差不为零。由于主变压器变比与电压互感器变比不匹配造成的误差 $K_{\Delta u}$ 为

$$K_{\Delta u}=\frac{K_T}{\frac{n_{TV.H}}{n_{TV.G}}}-1 \tag{5-32}$$

式中 $K_{\Delta u}$——主变压器变比与电压互感器变比不匹配造成的误差；

K_T——主变压器变比；

$n_{TV.H}$——高压侧电压互感器变比；

$n_{TV.G}$——发电机机端电压互感器变比。

如220kV系统主变压器运行变比为241.9/20=12.095，高压母线TV变比为220/0.1=2200，机端TV变比为20/0.1=200，则由于主变压器变比与电压互感器变比不匹配造成的误差为

$$K_{\Delta u}=\frac{K_T}{\frac{n_{TV.H}}{n_{TV.G}}}-1=\frac{12.095}{\frac{2200}{200}}-1=0.095\approx10\%$$

同步装置允许电压差 $\Delta U=\pm5\%$，如果在 $\Delta U=+5\%$ 时同步合闸，则实际上一次电压差为+15%，这样同步合闸时可能产生较大的冲击电流。为减少由于主变压器变比与电压互感器变比不匹配造成的附加冲击电流，应加装变比可调整的同步辅助变压器（有的自动准同步装置可设置 $\pm\Delta u_{set}$ 自动补偿 $K_{\Delta u}$）。

1. 系统侧同步辅助变压器计算

（1）高压侧同步电压用57.7V相电压时同步辅助变压器变比计算。当机端电压用相间电压 $U_{ab}=100V$，而220kV系统侧用测量TV二次A相电压 $U_A=57.7$（额定二次相电压为57.7V）时，高压侧同步辅助变压器变比计算如下。

1）220kV系统侧的同步辅助变压器一次侧电压 $U_{1.n}$ 为

$$U_{1.n}=\frac{U_{T.H.N}}{\sqrt{3}\times n_{TV.H}}=\frac{236\ 000}{\sqrt{3}\times2200}=62\ (V)$$

式中 $U_{T.H.N}$——变压器高压侧额定电压，为236kV；

其他符号含义同前。

2）220kV系统侧的同步辅助变压器二次侧电压 $U_{2.n}$ 计算。$U_{2.n}$ 等于同步装置的额定电压，如同步装置额定电压为100V，则 $U_{2.n}=100V$。

3）220kV系统侧的同步辅助变压器的变比计算。如不计TV回路电压降，则选用同步辅助变压器变比为 $n_h=U_{1.n}/U_{2.n}\pm2\times2.5\%$，即

$$n_h=\frac{62V}{100V\pm2\times2.5\%}$$

可满足与主变压器变比 $\frac{236\ (kV)\ \pm2\times2.5\%}{20\ (kV)}$ 匹配的要求。

例如，当主变压器运行于 $\frac{236\ (kV)\ +2.5\%}{20\ (kV)}=\frac{241.9kV}{20kV}$ 时，则同步辅助变压器变比为 $\frac{62}{100-2.5\%}=\frac{62}{97.5}$。此时发电机在同步过程中，当同步二次电压相等时，一次侧同步电压也始终相等。

（2）系统侧同步电压用100V相电压时同步辅助变压器变比计算。机端电压用100V的

U_{ab}电压，高压侧用TV开口三角形的A相电压U_A（额定三次电压为100V），同步辅助变压器加装于220kV侧TV开口三角形的A相电压。

1）220kV侧的同步辅助变压器一次侧电压$U_{1.n}=\frac{U_{T.H.N}}{n_{TV.H}}=\frac{236\ 000}{2200}=107.3$（V）。

2）220kV侧的同步辅助变压器二次侧电压$U_{2.n}$。$U_{2.n}$为同步装置的额定电压，如同步装置额定电压为100V，则$U_{2.n}=100V$。

3）220kV系统侧的同步辅助变压器的变比计算。如不计TV回路电压降，则选用同步辅助变压器变比为$n_h=U_{1.n}/U_{2.n}\pm2\times2.5\%$，即

$$n_h=\frac{107V}{100V\pm2\times2.5\%}$$

可满足与主变压器变比$\frac{236\text{（kV）}\pm2\times2.5\%}{20\text{（kV）}}$完全匹配的要求。

例如，当主变压器运行于$\frac{236\text{（kV）}+2.5\%}{20\text{（kV）}}=\frac{241.9kV}{20kV}$时，则同步辅助变压器变比为$\frac{107}{100-2.5\%}=\frac{107}{97.5}$。此时发电机在同步过程中，当同步二次电压相等时，一次侧同步电压也始终相等。

2. 两侧同步电压和同步装置要求电压不符时

如国外生产的XMC型同步装置两侧要求工作电压为110～130V，而国内配置的电压互感器二次额定电压均为100V，此时为使同步装置正常工作，两侧均必须配置升压的同步辅助变压器。

（1）系统侧的同步辅助变压器的变比计算。XMC型同步装置两侧要求工作电压为110～130V，计算此时系统侧同步辅助变压器变比。

1）系统侧电压取自220kV高压母线测量TV二次A相电压（额定二次相电压为57.7V）时，加装同步辅助变压器的变比为$\frac{62V}{120V\pm2\times2.5\%}$。

2）系统电压取自220kV高压母线TV开口三角形的A相电压（额定二次相电压为100V）时，加装同步辅助变压器的变比为$\frac{107V}{120V\pm2\times2.5\%}$。

（2）发电机侧TV二次侧加装变比为100V/120V的同步辅助变压器。

3. 同步辅助变压器使用时注意的问题

（1）同步辅助变压器按实际运行时的变比确定。新安装机组调试投运前或主变压器分接头变动后，在用同电源定相时，应根据实际情况，考虑到TV回路的实际电压降，调整同步辅助变压器的分接头，使两侧同步二次电压接近相等，即两侧同步二次电压差$\Delta U\approx0V$，并检查两侧同步电压相角差$\delta\approx0°$。

（2）同步辅助变压器尽量选用空载电流和短路电压比较小的变压器。

（3）不同变比的主变压器，同步辅助变压器变比计算方法类同于以上计算。

五、计算实例

A、B厂4台单元机组的同步点在主变压器220kV侧断路器，断路器全部合闸时间为80ms。发变组参数：$X_S=0$，$X_T=0.14$（折算至发电机额定容量），$X''_d=0.16$。采用

XMC-3 型自动准同步装置，装置要求的两侧同步电压为 110～130V。

（一）同步隔离变压器计算

（1）机端加装 100V/120V 升压同步隔离变压器。

（2）A 厂。主变压器运行变比为 241.9kV/20kV，系统侧同步电压取自测量 TV 二次 A 相电压。$U_A=\frac{100}{\sqrt{3}}=57.7$（V），则加装变比为$\frac{62\text{V}}{120\text{V}\pm2\times2.5\%}$的同步隔离变压器，因此变比为$\frac{62\text{V}}{120\text{V}-1\times2.5\%}=\frac{62\text{V}}{117\text{V}}$。

（3）B 厂。主变压器运行变比为 236kV/20kV，系统侧同步电压取自 TV 开口三角形 A 相 100V 相电压，则加装变比为$\frac{107\text{V}}{120\text{V}\pm2\times2.5\%}$的同步隔离变压器，因此变比为$\frac{107\text{V}}{120\text{V}}$。

（二）XMC-3 型自动准同步装置整定计算

1. 被并两侧允许电压差整定值 ΔU_{set} 计算

根据式（5-26），取 $\Delta U_{set}=\pm0.05U_N$。

2. 被并两侧允许频率差整定值 Δf_{set} 计算

在同步点合闸时应不产生发电机的强烈振荡，同时不应对两侧频差要求太高而延误同步时间，根据公式（5-27）取 $\Delta f_{set}=0.15\text{Hz}$。

3. 同步点合闸导前时间整定值 $t_{ah.set}$ 计算

按断路器准确合闸于同步点计算，根据式（5-28），取 $t_{ah.set}=t_{on}=80\text{ms}$。

4. 恒定导前角 $\delta_{ah.set}$ 整定值计算

恒定导前角 $\delta_{ah.set}$ 为辅助条件，当 $I''=1$、$U_{G.N}=1$ 时，根据式（5-30）得

$$\delta_{ah.set}=2\arcsin\frac{I''(X_S+X''_d+X_T)}{2U_N}=2\arcsin\frac{X_S+X''_d+X_T}{2}$$

$$\delta_{ah.set}=2\arcsin\frac{0.16+0.14}{2}=17.25°$$

同步装置的导前角整定值取 $\delta_{ah.set}=20°$。

5. 同步装置的闭锁角整定值 $\delta_{atr.set}$ 计算

发变组的同步装置的闭锁角也可取 $\delta_{atr.set}=20°$。

6. 同步装置自动调频和自动调压的脉冲整定时间 $\Delta T_{f.set}$、$\Delta T_{u.set}$ 计算

同步装置自动调频和自动调压的脉冲时间，一般根据汽轮机的调速响应和自动励磁调节器调节励磁电流的响应进行整定，初设自动调频脉冲时间 $\Delta T_{f.set}=0.1\sim0.2\text{s}$，自动调压脉冲时间 $\Delta T_{u.set}=0.1\sim0.2\text{s}$。

第三节　厂用电快速切换的整定计算

一、概述

现代大机组的 6kV 厂用系统均采用真空断路器，其全部合闸时间可小于 100ms（实际上一般在 60ms 左右），因此目前大机组的厂用电备用电源自动投入装置，均可采用备用电

源快速自动投入装置（以下简称快切装置）。该装置一般具有以下功能：

（1）事故时快速切换自动合备用电源断路器。在工作电源保护动作（发变组保护动作）时起动快切装置，自动断开工作电源断路器，或工作电源断路器偷跳后起动快切。当判断工作电源断路器已断开后，符合快切条件时，不经延时自动合备用电源断路器。

（2）同步捕捉自动合备用电源断路器。不符合快切条件时，经同步捕捉自动合备用电源断路器。

（3）残压闭锁自动合备用电源断路器。当不符合快切和同步捕捉自动合备用电源断路器条件时，经残压闭锁自动合备用电源断路器。

（4）长延时自动合备用电源断路器。当不符合快切和同步捕捉、残压闭锁自动合备用电源断路器条件时，再经长延时自动合备用电源断路器。

（5）厂用系统正常工作切换。具有串联或并联切换、自动或半自动切换等方式。

二、厂用电快速切换装置的动作判据

厂用系统一次电路简图如图 5-5 所示，图中 T 为主变压器，G 为发电机，T1 为高压工作厂变，T2 为高压备用厂变，QF1 为工作电源断路器（正常时为合闸状态），QF2 为备用电源断路器（正常时为热备用状态），QF3、QF4 正常时在合闸状态。

运行中 QF1 突然断开，此时工作母线残压为电动机反馈电压 U_{rem}，备用母线电压为 U_s。U_{rem}有效值、相角、频率均随时间变化而变化，U_{rem}和 U_s 之间相角差 δ 也随之增大，差拍电压 $\Delta\dot{U}=\dot{U}_{rem}-\dot{U}_S$ 也随 $\delta(t)$ 而变化，以极坐标形式可绘出某 300MW 机组 6kV 母线残压相量变化轨迹，如图 5-6 所示。

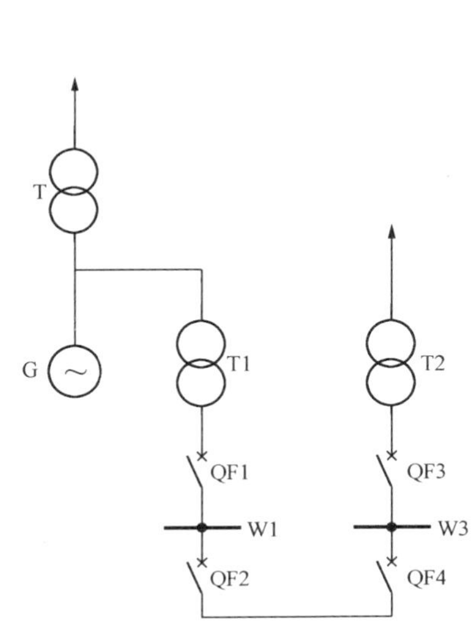

图 5-5　厂用系统一次电路简图

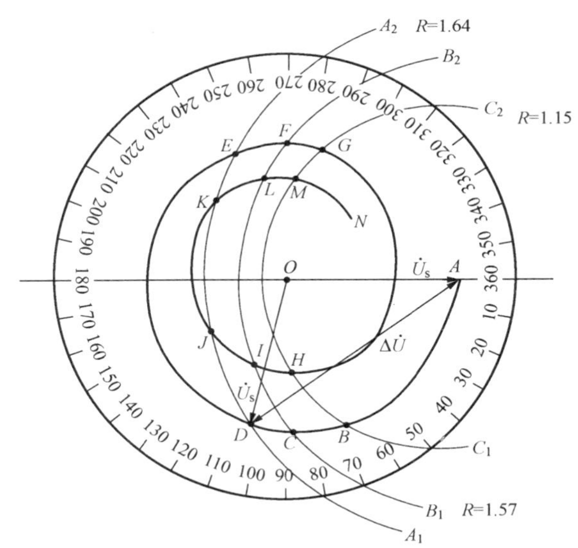

图 5-6　300MW 机组 6kV 母线残压相量变化轨迹

图 5-6 中，曲线 *ABCDEFGHIJKLMN* 为 U_{rem}随时间的变化曲线，合上备用电源后，电动机承受的电压 U_M 为

$$U_M=\frac{X_M}{X_S+X_M}\Delta U \tag{5-33}$$

式中 X_M——电动机和低压厂变负荷折算至高压厂用母线等效自起动综合电抗标么值；

X_S——系统至高压厂用母线阻抗的标么值。

令 $$K=\frac{X_M}{X_S+X_M} \tag{5-34}$$

则 $$U_M=K\Delta U \tag{5-35}$$

为保证电动机安全自起动，应保证 $U_M<1.1U_{M.N}$（$U_{M.N}$为电动机额定电压），则

$$K\Delta U=1.1U_{M.N}$$

当 ΔU、$U_{M.N}$用标么值表示时有

$$\Delta U<1.1/K \tag{5-36}$$

设 $K=0.67$，则 $\Delta U<1.1/K=1.64$。图 5-6 中，以 A 为圆心，1.64 为半径绘弧$\widehat{A_1A_2}$，则$\widehat{A_1A_2}$和曲线 $ABCDE$ 交点的右侧 $DCBA$ 为备用电源合闸的安全区域，允许备用电源合闸，左侧 DE 为禁止合闸区。若 $K=0.95$，则 $\Delta U<1.1/K=1.15$，对应的弧$\widehat{C_1C_2}$的右侧 BA 为合闸安全区，左侧 $BCDEFG$ 为禁止合闸区。从图 5-6 中可求得相应合闸后的安全角和禁止合闸角（A、B 厂的 $X_S=0.111$，$X_M=X_{st}=0.3$，可得 $K=\frac{X_M}{X_S+X_M}=\frac{0.3}{0.111+0.3}=0.73$，则 $\Delta U<1.1/K=1.57$。以 A 为圆心，1.57 为半径可绘弧$\widehat{B_1B_2}$）。

1. 快速切换的动作判据

工作电源断路器不论因何原因断开，且无厂用母线故障保护动作而闭锁快切装置时，若满足条件

$$\left.\begin{aligned}\Delta f\leqslant\Delta f_{art.set}\\ \delta\leqslant\delta_{art.set}\end{aligned}\right\} \tag{5-37}$$

式中 Δf——工作母线电压和备用电源电压的频差（Hz）；

$\Delta f_{art.set}$——频差闭锁整定值（Hz）；

δ——工作母线电压和备用电源电压的相角差（°）；

$\delta_{art.set}$——闭锁相角差的整定值（°）。

不经延时自动合备用电源断路器（图 5-6 中弧$\widehat{A_1A_2}$、弧$\widehat{B_1B_2}$或弧$\widehat{C_1C_2}$的右侧前部）。

2. 同步捕捉自动合闸判据

当不满足式（5-37）但满足下列条件时

$$\left.\begin{aligned}\delta_{ah.on}=\omega_s t_{ah.on}+\frac{1}{2}\frac{d\,\omega_s}{dt}t_{ah.on}^2\\ \text{或}\quad t_{ah.on}=t_{on}\end{aligned}\right\} \tag{5-38}$$

式中 $\delta_{ah.on}$——同步捕捉合闸导前角（°）。

ω_s——合闸点工作母线电压和备用电源电压间的频差角速度（$\omega_s=360\times\Delta f$）（°/ms）；

$t_{ah.on}$——同步捕捉合闸恒定导前时间（ms）；

$\frac{d\,\omega_s}{dt}$——频差角加速度；

$t_{ah.on}$——同步捕捉合闸恒定导前时间（ms）；

t_{on}——断路器全部合闸时间（ms）。

同步捕捉发合闸脉冲，合备用电源断路器（图 5-6 中弧$\widehat{A_1A_2}$或弧$\widehat{B_1B_2}$的右侧后部）。

3. 残压闭锁自动合闸判据

当式（5-37）、式（5-38）均不满足，而满足工作母线残压小于残压闭锁整定值条件时，即

$$U_{rem} \leqslant U_{art.set} \tag{5-39}$$

式中 U_{rem}——工作母线残压值；

$U_{art.set}$——残压闭锁整定值。

残压闭锁发合闸脉冲，合备用电源断路器。

4. 长延时自动合闸判据

以上三种切换方式均未发出备用电源断路器合闸脉冲时，经长延时 $t_{l.set}$后，母线残压经足够时间已衰减至投入备用电源对电动机自起动时的绝对安全值，所以经长延时最后发合备用电源断路器的合闸脉冲，即

$$t_{op} \geqslant t_{l.set} \tag{5-40}$$

式中 t_{op}——长延时动作时间（s）；

$t_{l.set}$——长延时动作时间整值（s）。

5. 辅助判据

（1）备用电源任何情况只允许发一次合闸脉冲，即快切合闸脉冲发出后，应自动闭锁后三种合闸脉冲，以此类推。

（2）厂用工作母线短路时闭锁快切合闸脉冲，即厂用工作母线短路故障保护动作时自动闭锁快切装置。

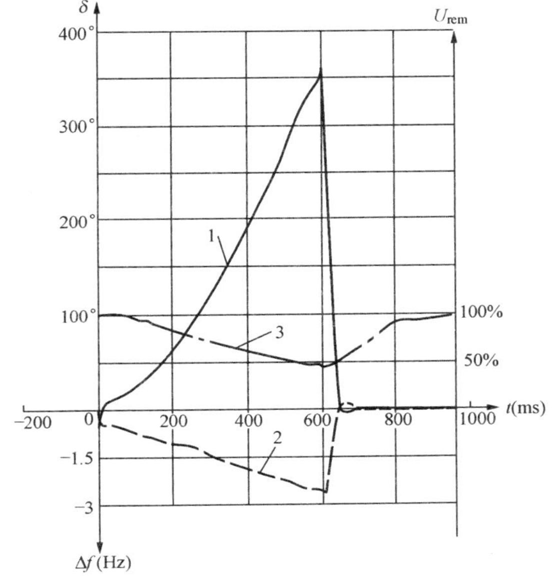

图 5-7 6kV 母线反馈电压与备用电源电压之频差、相角差及电压变化曲线

1—相角差 δ 变化曲线；2—频差 Δf 变化曲线；3—反馈电压 U_{rem}变化曲线

三、厂用电快速切换装置整定计算

（一）快速切换整定计算

300MW 及以上机组 6kV 的厂用系统，当工作电源断开后，6kV 母线电动机的反馈残压值$\dot{U}_{rem}$与备用电源电压$\dot{U}_S$之相角差 δ 及频差 Δf 随时间 t 延长而变化。某 300MW 机组的实测 6kV 母线反馈电压与备用电源电压之频差、相角差及电压变化曲线如图 5-7 所示和见表 5-6。

表 5-6 **300MW 机组 6kV 母线反馈电压特性表**

t（ms）	δ（°）	Δf（Hz）	$U_{rem}/U_N \times 100$	t（ms）	δ（°）	Δf（Hz）	$U_{rem}/U_N \times 100$
0	−1.7	0	101	20	6.6	−0.5	101
0+	−2.4	−0.18	101	30	8.3	−0.53	101
10	1.2	−0.5	101	40	10.1	−0.55	101

续表

t (ms)	δ (°)	Δf (Hz)	$U_{rem}/U_N\times100$	t (ms)	δ (°)	Δf (Hz)	$U_{rem}/U_N\times100$
50	12.3	−0.6	100.5	350	148.5	−1.84	66
60	14.5	−0.61	100.5	400	186	−2.08	61.5
70	16.9	−0.66	99	450	228	−2.34	57.3
80	19.4	−0.7	98.7	500	267	−2.5	52
90	22.2	−0.76	98	550	315	−2.77	47.7
100	25.2	−0.81	96	600	346.5	−2.87	45.4
110	28.4	−0.88	95	610	357	−2.95	43.1
120	31.7	−0.91	94	650	0	0	51.7
130	35.5	−0.93	93.5	700	0	0	63.4
140	38.5	−0.95	91	750	0	0	76.1
150	42.2	−1.03	90.6	800	0	0	90.3
200	63	−1.19	84	850	0	0	92
250	87.6	−1.14	76.9	900	0	0	94.3
300	116	−1.61	72.3	950	0	0	96

1. 频差闭锁整定值 $\Delta f_{art.set}$ 计算

频差闭锁值一般按实测数据选定，如无实测数据，可参考表 5-6 的数据整定。闭锁频差整定值取

$$\Delta f_{art.set}=K_{rel}\Delta f_{max}=(1.3\sim1.5)\times1=1.3\sim1.5\ (\text{Hz}) \tag{5-41}$$

式中 Δf_{max}——快切合闸过程中实际最大频差值（Hz）。

一般可取

$$\Delta f_{art.set}=1.5\text{Hz} \tag{5-42}$$

2. 快切合闸闭锁整定角 $\delta_{art.set}$ 计算

（1）允许合闸极限角 δ_{lim} 计算。如图 5-6 所示，根据电动机自起动时端电压不超过 $1.1U_N$ 条件，可求得允许合闸极限角 δ_{lim}（图 5-6 中，当 $K=0.95$ 时，可求得 $\delta_{lim}=68°$；$K=0.67$ 时，$\delta_{lim}=107°$），最严重情况是合闸过程中电动机反馈电压还未衰减。允许合闸极限角 δ_{lim} 为

$$\delta_{lim}=2\arcsin\frac{\frac{1.1U_N}{2}}{U_N}=66° \tag{5-43}$$

因此断路器合闸点（指断路器已合上点）$\delta_{lim}\leqslant60°\sim66°$。

（2）合闸过程角 δ_{on} 计算。按实际频差 Δf_{re} 及断路器全部合闸时间 t_{on} 计算合闸过程角 δ_{on} 为

$$\delta_{on}=360°\times\Delta f_{re}\times t_{on} \tag{5-44}$$

（3）合闸闭锁整定角 $\delta_{art.set}$ 为

$$\delta_{art.set}=\delta_{lim}-\delta_{on} \tag{5-45}$$

式中 δ_{on}——合闸过程角（°）；

Δf_{re}——快切动作时的实际频差（Hz）；

t_{on}——断路器合闸全部时间（s）。

（二）同步捕捉合闸整定计算

（1）同步捕捉合闸恒定导前角 $\delta_{ah.on}$ 整定计算。当快切装置未能发出合闸脉冲时，应尽可能使反馈电压与备用电源电压第一次相位重合时合上断路器，此时对电动机冲击最小，电动机起动最有利。为此可计算同步捕捉合闸恒定导前角 $\delta_{ah.on}$ 为

$$\delta_{ah.on}=-360°\times\Delta f_{re.2}\times t_{on} \tag{5-46}$$

式中 $\Delta f_{re.2}$——同步捕捉合闸过程中实际频差平均值。

$\Delta f_{re.2}$ 应实测决定，如无实测值可从表 5-6 中查得。

（2）同步捕捉合闸恒定导前时间 $t_{ah.on}$ 整定计算。同步捕捉合闸功能基本上都采用恒定导前时间 $t_{ah.on}$ 同步捕捉合闸，装置自动测量各瞬时频差，并根据整定的同步捕捉合闸导前时间不断计算离同步点的时间。当计算时间正好等于断路器合闸时间时，发合闸脉冲。同步捕捉合闸恒定导前时间 $t_{ah.on}$ 由式（5-38）得

$$t_{ah.on}=t_{on} \tag{5-47}$$

此时可使同步捕捉合闸于理想的同步点。

（3）同步捕捉合闸频差闭锁整定值 $\Delta f_{art.set}$ 计算。当 Δf 超过频差闭锁整定值 $\Delta f_{art.set}$ 时，则闭锁同步捕捉合闸。同步捕捉合闸闭锁频差整定值一般取

$$\Delta f_{art.set}=4\sim5\text{Hz} \tag{5-48}$$

（三）残压闭锁切换整定计算

在快切和同步捕捉合闸均未发出合闸脉冲时或由于断路器合闸时间 $t_{on}>100$ms 不具备快切要求时，备用电源自动投入可用慢切功能，但应在反馈电压较小时才允许合闸。

（1）当 $t_{on}=60\sim100$ms 时，残压闭锁整定值为

$$U_{art.set}=40\%U_N \tag{5-49}$$

式中 U_N——母线额定电压 TV 二次值。

（2）当 $t_{on}>100$ms 时，残压闭锁整定值应按反馈电压实际衰减曲线，由合闸瞬间反馈电压 $U_{rem}=40\%U_N$ 向前推 t_{on} 后求得反馈电压值（此值即为残压闭锁电压值），使合闸残压 $\leqslant40\%U_N$，这时 $U_{rem.set}>40\%U_N$。例如，当 $t_{on}=200$ms 而残压由 $60\%U_N$ 衰减至 $40\%U_N$ 所需时间约为 200ms 时，可取残压闭锁整定电压 $U_{rem.set}=0.6U_N$。

（四）长延时合闸时间整定值 $t_{l.set}$ 计算

以上三种切换方式均未发出备用电源断路器合闸脉冲，残压经足够时间已衰减至投入备用电源绝对安全值时，经长延时动作时间作最后一次合闸。长延时动作时间整定值一般取

$$t_{l.set}=3\ (\text{s}) \tag{5-50}$$

四、计算实例

A、B 厂 6.3kV 备用电源为 ABB 制造的真空断路器，其快切装置整定值计算如下。

（1）真空断路器全部合闸时间（合闸辅助中间继电器）实测值 $t_{on}=60\sim64$ms。

（2）正常运行时，工作母线电压和备用母线电压相角差 $\delta_0=-2.7^\circ\sim-5.4^\circ$，工作电源断开后，快切装置合备用电源断路器过程中实测频差约为 $\Delta f=(-0.6\sim-0.8)$ Hz。

（3）同步捕捉合闸过程中的实测频差约为（$-2.75\sim-2.95$）Hz。

（4）工作母线和备用电源母线 TV 变比均为 6/0.1，同电源两母线 TV 二次电压相角差为 0°。

（一）快切功能整定计算

1. 频差闭锁整定值 $\Delta f_{\text{art. set}}$ 计算

使用快速切换合闸功能，闭锁频差整定值由式（5-41）得

$$\Delta f_{\text{art. set}}=(1.3\sim1.5)\times1=1.3\sim1.5\ (\text{Hz})$$

取 $\Delta f_{\text{art. set}}=1.5$Hz。

2. 快切合闸闭锁整定角 $\delta_{\text{art. set}}$ 计算

（1）允许合闸极限角 $\delta_{\lim}$ 计算。由式（5-43）得

$$\delta_{\lim}=2\arcsin\frac{\frac{1.1U_{\text{N}}}{2}}{U_{\text{N}}}=66^\circ$$

取 $\delta_{\lim}=60^\circ$。

（2）合闸过程角 δ_{on} 计算。由式（5-44）得

$$\delta_{\text{on}}=360^\circ\times\Delta f_{\text{re}}\times t_{\text{on}}=360^\circ\times0.75\times0.06=16.2^\circ$$

（3）合闸闭锁角 $\delta_{\text{art. set}}$ 整定值计算。由式（5-45）得

$$\delta_{\text{art. set}}=\delta_{\lim}-\delta_{\text{on}}=60^\circ-16.2^\circ=43.8^\circ$$

取 $\delta_{\text{art. set}}=40^\circ$。

（二）同步捕捉合闸整定计算

1. 同步捕捉合闸恒定导前角 $\delta_{\text{ah. on}}$ 计算

由式（5-46）得

$$\delta_{\text{ah. on}}=-360^\circ\times\Delta f_{\text{re. 2}}\times t_{\text{on}}=-360^\circ\times2.8\times0.06=-60.5^\circ$$

取 $\Delta f_{\text{re. 2}}=2.8$Hz。

2. 同步捕捉合闸恒定导前时间 $t_{\text{ah. on}}$ 计算

由式（5-47）得

$$t_{\text{ah. on}}=t_{\text{on}}=60\text{ms}$$

3. 同步捕捉闭锁频差计算。一般取

$$\Delta f_{\text{art. set}}=5\text{Hz}$$

（三）残压闭锁切换整定计算

由于断路器全部合闸时间 $t_{\text{on}}=60$ms，残压闭锁整定值由式（5-49）得

$$U_{\text{art. set}}=40\%U_{\text{N}}$$

（四）长延时合闸

长延时动作时间整定值由式（5-50）得

$$t_{\text{l. set}}=3\text{s}$$

小结 发电机变压器组继电保护及自动装置整定计算结束语

1. 整定计算前对保护动作判据必须十分清楚

同一类型的保护，不同生产厂家的保护动作判据可能完全不相同，从而其整定计算有很大差异，所以在整定计算前对保护动作判据必须十分清楚。

2. 保护基准值的问题

不同厂家生产的保护，其基准值往往用不同方式和不同的基准值。

(1) 电流基准值。有的是以被保护设备额定二次电流为基准，即 $I_{g.n}=\frac{I_{GN}}{n_{TA}}$；有的是以TA额定二次电流为基准，如5A（或1A)，这样对整定值中涉及电流基准值的整定常数均应归算至保护所用的基准值（如发电机定子电流过负荷、转子表层负序过负荷等等的时间常数都与基准值有关)。

(2) 电压基准值。有的是以被保护设备额定二次电压为基准，即 $U_{g.n}=\frac{U_{G.N}}{n_{TV}}$，有的是以TV额定二次相间电压100V为基准，这样对涉及电压基准值的整定值均应归算至保护所用的基准电压值（如当发电机额定二次电压为105V，而保护的基准电压为100V时，当发电机过励磁保护电压整定倍数以发电机额定二次电压为基准计算时，这就出现误整定。此时应将电压整定倍数归算至100V，如发电机过励磁保护电压整定倍数按发电机额定二次电压为基准计算值为1.1时，输入装置的实际整定值应为 $1.1\times\frac{105}{100}=1.155$)。与电压基准值相关的其他整定值，都应归算至保护设置的基准值。

(3) 励磁电流基准值。保护动作量取自发电机转子励磁电流或主励磁机励磁电流分流器时，涉及基准值时，有的以发电机额定工况时励磁电流分流器输出电压为基准，有的以分流器额定电流时分流器输出电压75mV为基准，这样励磁过电流保护的整定常数应归算至以分流器额定电流或75mV为基准时的值。如第二、三、四章中涉及的时间常数 K_{set} 以及表5-5中类似式（$I_{fd}^{*2}-1$）$t_{op}=K_{set}$ 中的散热时间常数1，应分别归算为

$$K'_{set}=K_{set}\left(\frac{I_{fd.n}}{I_{di.n}}\right)^2=K_{set}\left(\frac{U_{Ifd.n}}{U_{di.n}}\right)^2 \tag{5-51}$$

$$\left(\frac{I_{fd.n}}{I_{di.n}}\right)^2=\left(\frac{U_{Ifd.n}}{U_{di.n}}\right)^2 \tag{5-52}$$

$$(I_{fd}^{*2}-1)\ t_{op}=K_{set} \tag{5-53}$$

式中 I_{fd}^{*}——发电机励磁电流相对值（以发电机额定工况时励磁电流 $I_{fd.n}$ 为基准)。

即式(5-53)变为

$$\left.\begin{aligned}\left[I'^{*2}_{fd}-\left(\frac{I_{fd.n}}{I_{di.n}}\right)^2\right]t_{op}=K'_{set}=K_{set}\left(\frac{I_{fd.n}}{I_{di.n}}\right)^2\\ K'_{set}=K_{set}\left(\frac{I_{fd.n}}{I_{di.n}}\right)^2=K_{set}\left(\frac{U_{Ifd.n}}{U_{di.n}}\right)^2\end{aligned}\right\} \tag{5-54}$$

式中 I'^{*}_{fd}——发电机励磁电流相对值（以励磁电流分流器额定电流 $I_{di.n}$ 为基准)。

(4) 保护基准值用整定值方式。建议生产厂家对保护基准值，采用整定值输入保护装置的方式，这样比较灵活方便，也不易出现误整定。

3. 保护与自动装置整定值的单位

不同类型、不同功能、不同厂家生产的装置整定值所用单位各不相同，有时同一类型同一功能不同生产厂家的装置或同一生产厂家不同类型不同功能装置其整定值单位均可能不相同，这往往给整定计算及整定值的选定带来不必要的错误和麻烦，所以整定计算前对装置整定值单位必须非常清楚，以避免计算错误。如动作电流整定值有采用有名值 A 为单位、被保护设备额定二次电流（$I_{g.n}$、$I_{t.n}$）为单位、保护用 TA 额定二次电流（I_n 为 1A 或 5A）为单位；动作电压整定值有采用有名值 V 为单位、被保护设备额定二次电压（$U_{g.n}$、$U_{t.n}$）为单位、保护用 TV 额定二次电压（U_n=100V 或 $U_{n.p}$=57.7V）为单位；动作阻抗整定值有采用有名值 Ω 为单位、被保护设备额定二次阻抗（$Z_{g.n}$、$Z_{t.n}$）为单位、保护用 TA 额定二次电流、TV 额定二次电压计算额定二次阻抗（Z_n）为单位，不同单位整定值完全不相同。

第四节　大机组零功率切机装置的整定计算

一、概述

零功率切机装置（又称为停机解列装置），零功率切机装置仅作为发电厂内部安全停机的自动装置，其功能为大型发电机—变压器组正常运行时由于某种原因，突然发生主变压器高压侧断路器或线路断路器跳闸，发电机无法向系统送出有功、无功功率，并当无法稳定孤岛供厂用电运行时，厂用电因无法起动切换而失电、导致热力系统辅机设备工作不正常，此时必须考虑大型发电机—变压器组配置专用的零功率切机装置，快速检测这种异常工况，装置动作后关闭汽轮机主汽门、起动锅炉 MFT、灭磁及切换厂用电源，以保证机组安全，由于未设置零功率切机装置造成事故的案例。

(1) 某甲发电厂升压站直流系统 110V 接地，在查找直流系统接地过程中导致主变压器高压侧 3/2 断路器相继跳闸，发电机甩负荷。因原设计未考虑 3/2 断路器联跳机组的逻辑，汽机超速至 3250r/min，危急保安器动作关主汽门，关主汽门后因没有发生逆功率（逆功率定值为−3MW），故不起动发变组保护出口，发电机带厂用电，机组转速下降到 2150r/min 时，手动拉开励磁开关，起动发电机变压器组保护，厂用电切换成功。

(2) 某乙发电厂 500kV 系统一条线路带一台发电机运行，另一条线路和另一台发电机检修，500kV 线路保护动作跳开线路断路器，引起发电机突然甩负荷，汽轮机危急保安器动作停机，不联跳发电机保护，发电机带厂用电不能维持稳定孤岛运行，厂用电快速切换不成功，导致厂用电消失。直流油泵自起动不成功而引起大轴弯曲，损失重大。

所以对突然发生主变压器高压侧断路器或线路断路器跳闸，发电机无法稳定孤岛供厂用电运行时，为保证机组安全，应设置零功率切机装置。

二、大机组零功率切机装置动作判据

(一) 动作判据

1. 主变压器高压侧断路器投/停状态动作判据

由主变压器高压侧断路器位置和功率判据组成主变压器的投/停状态判据。

（1）主变压器高压侧断路器投运状态判据。当主变压器高压侧断路器在合闸运行状态，断路器动断辅助触点输出 $K=1$（或断路器合闸位置继电器 HWJ 触点输出 $K=1$），发电机功率 $P>P_{set}$ 判主变压器高压侧断路器在合闸投运状态组成与门判主变压器投入运行。即

$$\left.\begin{array}{l}K=1\\P\geqslant P_{set}\\I\geqslant I_{set}\\\text{同时满足判主变压器高压侧断路器投运行状态}\end{array}\right\}\tag{5-55}$$

式中 P_{set}——发电机正常最小运行功率整定值；

I_{set}——发电机正常最小运行电流整定值。

（2）主变压器高压侧断路器停运状态判据。当主变压器高压侧断路器在断开运行状态，断路器动断辅助触点输出 $K=0$（或断路器合闸位置继电器 HWJ 触点输出 $K=0$），发电机功率 $P<P_{set}$ 判主变压器高压侧断路器在断开停运行状态。即

$$\left.\begin{array}{l}K=0\\P<P_{set}\\I<I_{set}\\\text{同时满足判主变压器高压侧断路器断开停运行状态}\end{array}\right\}\tag{5-56}$$

（3）主变压器高压侧断路器投/停不对应状态判据。当主变压器高压侧断路器在断开运行状态，断路器动断辅助触点输出 $K=0$（或断路器合闸位置继电器 HWJ 触点输出 $K=0$），发电机功率 $P>P_{set}$；或断路器动断辅助触点输出 $K=1$（或断路器合闸位置继电器 HWJ 触点输出 $K=1$），发电机功率 $P<P_{set}$、$I>I_{set}$，判主变压器高压侧断路器投运状态，发异常告警信号。即

$$\left.\begin{array}{l}K=0\\P>P_{set}\\\text{或}\\K=1\\P<P_{set}\\\text{判主变压器高压侧断路器合闸投运行状态发异常告警信号}\end{array}\right\}\tag{5-57}$$

2. 装置起动判据

当电网发生影响发电机送出功率的事故时，装置能可靠的起动，进入事故判别状态；而在其他运行情况下装置不起动。装置起动判据由相电流差突变量起动判据和功率突变量起动判据组成或门，持续时间 5ms 起动元件动作。装置起动判据为

$$\left.\begin{array}{l}\text{相电流突变量动作判据 }\Delta I_{ph}=||i_K-i_{K-T}|-|i_{K-T}-i_{K-2T}||\geqslant\Delta I_{set}\\\text{功率突变量动作判据 }\Delta P=|P_t-P_{t-0.2s}|\geqslant\Delta P_{set}\end{array}\right\}\tag{5-58}$$

式中 ΔI_{ph}——A、B、C 相电流突变量；

i_K——短路时采样值；

i_{K-T}——短路时前一个周期采样值；

i_{K-2T}——短路时前二个周期采样值；

ΔI_{set}——电流突变量起动整定值；

ΔP——当时有功功率值与 0.2s 前有功功率差的绝对值；

P_t——事故时有功功率值；

$P_{t-0.2s}$——事故前 0.2s 有功功率值；

ΔP_{set}——突变量起动功率整定值。

3. 主变压器零功率故障动作判据

判断主变压器是否出现零功率故障，以事故时刻的功率小于事故功率整定值；事故前 0.2s 功率大于事故前 0.2s 功率整定值；三相电流小于投运电流整定值；任两相电流有效值在 20ms 前后之差大于电流突变量起动整定值；持续时间大于故障判断延时整定值，则判主变压器零功率故障。即

$$\left.\begin{array}{l} P_t < P_{t.set} \\ P_{t-0.2s} \geqslant P_{t-0.2s.set} \\ I_{3ph} < I_{set} \\ |\Delta I| = |I_k - I_{k-20ms}| \geqslant \Delta I_{set} \\ t \geqslant t_{set} \\ \text{判主变压器零功率故障} \end{array}\right\} \tag{5-59}$$

式中 P_t——事故时刻的测量功率值；

$P_{t.set}$——事故时刻功率整定值；

$P_{t-0.2s}$——事故时刻前 0.2s 测量功率值；

$P_{t-0.2s.set}$——事故时刻前 0.2s 功率整定值；

$|\Delta I|$——任两相电流有效值在 20ms 前后之差；

I_k——事故时刻电流有效值；

I_{k-20ms}——事故时刻前 20ms 电流有效值；

ΔI_{set}——电流突变量起动整定值。

同时满足式（5-59）中 5 个条件，判零功率故障，零功率切机装置动作。

4. 动作逻辑

零功率切机装置动作逻辑框图如图 5-8 所示。

三、大机组零功率切机装置整定计算

（一）动作判据整定计算

1. 主变压器高压侧断路器停/投运行状态判据整定值计算

（1）主变压器高压侧断路器位置状态判据投入。投入主变压器高压侧断路器位置继电器 HWJ 或断路器动断辅助触点判据，投入与退出应根据实际运行方式决定。

（2）投运功率整定值 P_{set} 计算。大型发电机正常稳定运行功率一般不小于 $40\% P_{G.N}$，为此取

$$P_{set} = (0.3 \sim 0.4) P_{G.N} \tag{5-60}$$

（3）投运的电流整定值 I_{set} 计算。大型发电机正常稳定运行主变压器高压侧电流一般不小于 $40\% I_{T.N}$，为此取

$$I_{set} = (0.3 \sim 0.4) I_{T.N} \tag{5-61}$$

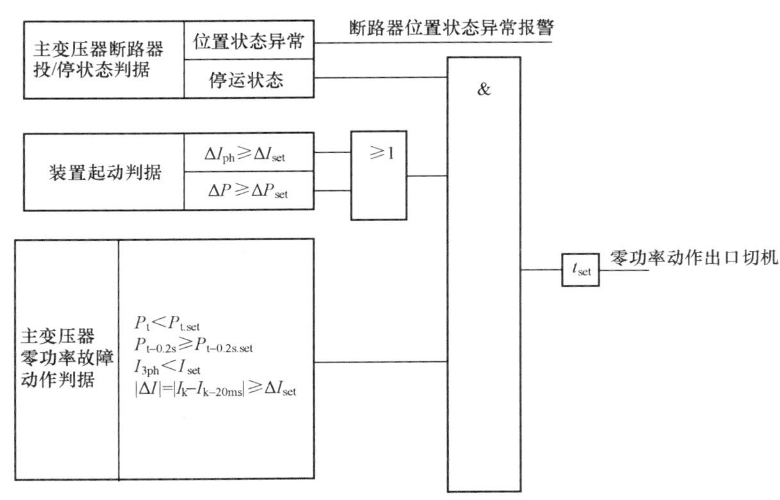

图 5-8　零功率切机装置动作逻辑框图

2. 装置起动判据整定值计算

(1) 相电流差突变量起动整定值 ΔI_{set} 计算。主变压器高压侧断路器突然断开，运行电流一般突降至零，所以可取

$$\Delta I_{set} = (0.2 \sim 0.3) I_{T.N} \tag{5-62}$$

(2) 功率突变量起动整定值 ΔP_{set} 计算。主变压器高压侧断路器突然断开，有功功率一般突降至零，所以可取

$$\Delta P_{set} = (0.2 \sim 0.3) P_{G.N} \tag{5-63}$$

3. 主变压器零功率故障动作判据整定值计算

(1) 事故前功率整定值 $P_{t-0.2s.set}$。大型发电机正常稳定运行主变压器功率一般不小于 $(30\% \sim 40\%) P_{G.N}$，为此取事故前功率整定值

$$P_{t-0.2s.set} = (0.3 \sim 0.4) P_{G.N} \tag{5-64}$$

(2) 事故后功率整定值 $P_{t.set}$。大型发电机在运行时当主变压器功率突然降至 $2\% P_{G.N}$ 以下，应认为主变压器为零功率运行，事故后功率整定值 $P_{t.set}$ 应大于功率零飘值，并应躲过发电机突然停机时，主变压器倒送厂用电最小实际有功功率计算。为此取事故后功率整定值

$$P_{t.set} = (0.015 \sim 0.03) P_{G.N} \tag{5-65}$$

4. 动作时间整定值 t_{set} 计算

取动作时间整定值 $t_{set} = 0.05s$。

5. 动作方式

零功率切机装置动作于跳主变压器三侧断路器全停发电机、起动厂用电切换。

四、计算实例

某厂 4×600WM 发电机组，主变高压侧 3/2 断路器接线方式，由两条 500kV 线路向系统送电，TV 变比 $\frac{500}{\sqrt{3}} / \frac{0.1}{\sqrt{3}}$kV；TA 变比 2000/5A，计算零功率切机整定值。

1. 主变压器高压侧断路器停/投运行状态判据整定值计算

(1) 主变压器高压侧断路器位置状态判据投入。投入主变压器高压侧断路器位置继电器

（断路器辅助触点）判据。

（2）投运功率整定值 P_{set} 计算。由式（5-60）计算

$$P_{set}=(0.3\sim0.4)P_{G.N}=(0.3\sim0.4)\times600=180\sim240(MW)，取\ P_{set}=240MW$$

（3）投运的电流门槛整定值 I_{set} 计算。$I_{T.N}=\dfrac{600\times10^3}{0.9\times\sqrt{3}\times525}=733(A)$，由式（5-61）计算

$$I_{set}=(0.3\sim0.4)I_{T.N}=(0.3\sim0.4)\times733=220\sim293(A)，取\ I_{set}=300A$$

2. 装置起动判据整定值计算

（1）相电流差突变量起动整定值 ΔI_{set} 计算。由式（5-62）计算

$$\Delta I_{set}=(0.2\sim0.3)I_{T.N}=(0.2\sim0.3)\times733=146\sim220(A)，取\ \Delta I_{set}=210A$$

（2）功率突变量起动整定值 ΔP_{set} 计算。由式（5-63）计算

$$\Delta P_{set}=(0.2\sim0.3)P_{G.N}=(0.2\sim0.3)\times600=120\sim180(MW)，取\ P_{set}=180MW$$

3. 主变压器零功率故障动作判据整定值计算

（1）事故前功率整定值 $P_{t-0.2s.set}$。由式（5-64）计算

$$P_{t-0.2s.set}=(0.3\sim0.4)P_{G.N}=(0.3\sim0.4)\times600=180\sim240(MW)，取\ P_{set}=240MW$$

（2）事故后功率整定值 $P_{t.set}$。由式（5-65）计算

$$P_{t.set}=(0.015\sim0.03)P_{G.N}=(0.015\sim0.03)\times600=9\sim19(MW)，取\ P_{t.set}=15MW$$

4. 动作时间整定值 t_{set} 计算

取动作时间整定值 $t_{set}=0.05s$。

5. 动作方式

零功率切机装置动作于跳闸主变压器三侧断路器全停发电机、起动厂用电切换。

第六章 大型发电厂继电保护和自动装置的运行技术

第一节 概 述

保证继电保护和自动装置正确动作的重要环节，除由制造厂提供高质量的装置、设计单位正确合理的设计、安装单位正确高质量地安装和检验外，在机组正常运行后，主要取决于运行中的维护、检修和管理等运行技术工作。大型发电厂继电保护和自动装置的运行技术所涵盖的内容有：

（1）继电保护的整定计算与定值管理工作。

（2）现场定期检查、定期检验与检验管理工作。

（3）缺陷处理与缺陷管理工作。

（4）继电保护运行分析工作。

（5）反事故措施和技术改进与反措管理工作。

（6）图纸管理工作。

（7）设备定级管理工作。

（8）其他有关技术工作。

第二节 现场定期检验与检验管理工作

按期保质进行现场定期检查、定期检验，是运行技术中为提高继电保护正确动作率的重要环节之一，定期检验应注意以下诸问题。

一、严格执行定期检验的周期

严格执行定期检验的周期，即对保护装置执行应修必修、修必修好的原则。

二、把住定期检验的质量

定期检验应牢牢把住检验的质量。继电保护不正确动作（误动和拒动）的原因，不外乎设计原因、制造质量原因、安装和检验原因、运行技术（整定计算、现场检验、现场工作措施等等）原因。有时往往只要把住其中一个关口，就能避免一次重大事故的发生。如1996年，某厂一台300MW机组的高压厂变分支低电压闭锁过电流保护和其他后备保护，错误地经发电机逆功率保护闭锁，以致机组投运后不久，由于6kV厂用母线短路，而高压厂变分支低电压闭锁过电流保护经逆功率保护闭锁而拒动。最后导致高压厂变严重损坏，由发变组后备保护动作切断短路的重大设备事故。按理设计人员不该出现将高压厂变分支低电压闭锁过电流保护和其他后备保护经发电机逆功率保护闭锁的错误设计。其次生产厂家根据常识应该很容易发现这一并不复杂的错误。同时使用部门（即运行部门）在整定计算时，以及安装部门安装检验时都能据继电保护的常识很容易发现并消除这一简单的原则性错误。如果以上各环节之一发现其错误，就可以避免这一次重大的设备事故。这虽不属于定期检验的质量问题，但却是与检验的质量有关的问题，是值得定期检验借鉴的。要保证定期检验的质量，检验人员必须做到以下各点。

1. 检验前的准备工作

（1）定期检验前必须了解清楚装置的运行情况。如运行中出现的异常情况、装置的缺陷情况及查阅以往历次检验报告等等。这样可以有的放矢地解决装置在运行中已存在的缺陷和问题。

（2）定期检验前必须熟悉有关图纸。为防止在检验过程中误跳运行设备，必须事先了解清楚一次系统运行方式，熟悉被检验装置的图纸，清楚被检验装置和其他运行设备的联系和关系，以及检验前应做好防止误动的措施和其他安全措施。继电保护往往会遇到被检验的装置出口动作时，除跳本设备的断路器外同时联动跳其他运行中的设备（断路器），如果不断开联跳运行设备的跳闸回路，一旦被检验装置出口动作，将造成误跳运行设备，这种情况在国内曾多次发生过。

1）检验过程中造成装置误跳闸事故之一。检验过程中由于不熟悉设备图纸，未做必要的安全措施。2004 年 3 月，某变电站在检验远方切机装置时，由于切机跳闸连接片未断开，以致发生检验过程中将对端某发电厂（站）切除多台 300MW 容量机组的重大事故。

2）检验过程中造成装置误跳闸事故之二。2004 年 6 月 1 日，某发电厂在 220kV 母差及其回路改造过程中，事先不熟悉该母差二次回路的特点，不熟悉另外一套运行中的母差和改造工作的关系，也未采取其他任何防止误碰运行设备的措施，以致在工作过程中，不慎误碰造成运行母差出口回路接地，引起运行母差保护出口中间误动作，将 220kV 甲母线所接设备全部跳闸（两台发电机组、四路 220kV 线路、一台公用变、一台起动变同时跳闸）的重大事故。

3）检验过程中造成装置误跳闸事故之三。1998 年 6 月，某厂 11 号机组在大修过程中，进行定期检验时，由于不熟悉设备图纸，未采取必要的安全措施（主变压器高压侧Ⅰ段零序过流保护，跳 220kV 联络断路器连接片未断开）。在进行主变压器高压侧零序过流保护传动检验时，误将运行中的 220kV 联络断路器断开（类似的事故在国内曾多次发生过）。

以上实例说明，事先了解清楚一次系统运行方式，熟悉被检验装置二次回路的图纸，清楚被检验装置和其他运行设备的联系和关系，工作前采取防止误动、误碰等安全措施，是避免在检验过程中误跳运行设备最有效的措施。

（3）定期检验前必须熟悉被检验装置工作原理、检验目的、检验方法、检验结果正确性的判断等等。定期检验前除学习有关的检验规程和制度、熟悉被检验装置的图纸外，还应十分清楚保护装置的工作原理（保护装置动作判据等）。除应掌握正确的检验方法外，还应清楚该做哪些项目，清楚做每一检验项目的目的，清楚检验结果正确性的判断，千万不能为做而做走过场，不能依葫芦画瓢。

1）1996 年 8 月 7 日，某厂检验人员对非常简单的机电强行励磁装置，在检验时做了整定值检验和回路的传动检验。但不清楚检验目的，也不清楚检验结果正确的判断，以致检验结束后未能发现低电压继电器的动断触点接成动闭触点的错误，在投入机电强行励磁装置时，装置立即误动作，造成发电机误强励，导致发电机过电压和严重过电流。这说明检验人员对非常简单的机电强行励磁装置工作原理不清楚，同时对机电强行励磁装置回路检验目的和检验结果正确与否均不清楚，检验项目虽全做到了，但却未能发现检验结果是错误的，以致造成令人难于置信的误动作。

2）1997 年，某厂两台 300MW 机组微机型保护改造过程中，制造厂设置发变组差动保护所用电流互感器变比和变压器变比错误（设置于保护软件程序中的电流互感器变比和变压器变比与实际设备不符），以及发电机定子过负荷、转子表层负序过负荷保护制造厂软件中设置的基准值不合理（应设置为发电机额定二次电流，却设置为电流互感器额定二次电流），且实际的保护装置与说明书也不一致，以致发生多套差动保护和多套定子过负荷、转子表层负序过负荷保护出现错误的结果。但并未能在检验工作完毕前及时发现其错误，直至多套定子过负荷、转子表层负序过负荷保护在另一台机组上已错误运行达两年之久，幸而一次系统未发生故障，否则保护就可能误动作。以上错误虽然是制造厂的失误，但检验人员（制造厂检验人员和运行单位检验人员）如果清楚保护工作原理和动作判据，清楚保护每一检验项目的目的和检验结果的判断，则在检验过程中就可及时发现检验数据错误，并及时纠正装置内部的错误设置。本事例中，从差动保护两侧最小动作电流比和保护的平衡系数不一致，就可发现差动保护电流互感器变比、变压器变比设置的错误。从发电机定子过负荷、转子表层负序过负荷保护动作时间不符合式（2-158），［即（$I_{g}^{*2}-K_{2}$）$t=K_{he.al}$］和式（2-173）［即（$I_{2}^{*2}-I_{2\infty}^{*2}$）$t=A$］，就能及时发现制造厂基准电流设置的错误。对以上错误，由于整定计算人员在一次偶然的现场检查中，发现定子过负荷保护、转子表层负序过负荷保护动作时间不符合要求，主变压器各侧最小动作电流比值不符合平衡系数，才及时发现多套保护软件内设置错误，后由制造厂修改软件及时消除保护隐患。实际上，以上问题在国内多台发电机组上也曾出现类似的情况。

2．检验不漏项目

正确的检验方法和检验不漏项目、仔细观察和正确判断检验结果是检验质量最重要的保证。漏检验项目是设备存在隐患和造成保护误动和拒动的重要原因之一，如果检验时做到不漏项目，检验结果观察仔细（有时检验项目虽然做了，但检验结果未观察齐全，这实际上也是漏项），可以避免很多多发性和重复误动、拒动的事故，以下实例充分说明这一点。

（1）多发漏检验项目之一。外加电流法及带负荷检验，是发现发电机、变压器差动保护 TA 极性接线错误最有效的方法，但实际中往往将该项目遗漏（从 20 世纪 50 年代开始至今仍存在该检验的漏项），以致在国内曾反复多次出现发电机或变压器纵差动保护在正常无短路时或区外短路时的误动。

1）1992 年 10 月 4 日，某变电站 330kV 大型变压器，在更换差动保护用 TA 后，未进行带负荷检验差动保护 TA 电流回路接线正确性，以致区外短路时，由于差动 TA 实际极性接错，造成差动保护误动的跳闸事故。

2）1997 年 4 月 21 日，某发电厂 2 号主变压器纵差动保护，TA 极性接错，也未进行带负荷检验差动保护 TA 电流回路接线正确性，以致区外短路时，由于差动 TA 实际极性接错，造成差动保护误动的跳闸事故。

3）1998 年 7 月 2 日，某变电站 1 号主变压器纵差动保护，TA 极性接错，也未进行带负荷检验差动保护 TA 电流回路接线正确性，在区外 10kV 线路短路时，由于差动 TA 实际极性接错，造成差动保护误动的跳闸事故。类似的实例举不胜举。

（2）多发漏检验项目之二。零序功率方向过电流保护及其他具有电流电压之间相位关系的带负荷检验，是检查零序功率方向过电流保护及其他具有电流电压之间相位接线错误的最有效的方法，这也是自 20 世纪 50 年代就很重视的检验项目。但由于该项目漏检验，全国已造成数以百计的零序功率方向过电流保护的拒动和误动事故，直至近年还存在这一多发性的漏检验项目。

1）1991 年 3 月至 7 月，某发电厂由于零序功率方向元件电流电压元件方向接反，又未进行带负荷检验电流（$3I_0$）电压（$3U_0$）接线的正确性，在同一厂不同的设备上，先后有四次因零序功率方向过电流保护在区内外短路时，出现同一原因的误动和拒动的事例。

2）1994 年 5 月 16 日至同年 7 月 1 日，某变电站由于零序功率方向元件电流电压元件方向接反，也未进行带负荷检验电流（$3I_0$）电压（$3U_0$）接线的正确性，先后有三次因零序功率方向 $3U_0$ 方向接反，而在区外短路时引起高频闭锁零序过电流方向误动的事例。

（3）多发漏检验项目之三。TA、TV 回路通流检验法，是保证 TA、TV 二次回路接线完整性和正确性最有效的方法之一，但却也是多发漏检验的项目，这一点必须引起重视。

1）1984 年 9 月 5 日，某厂由于 PLH－11 零序电流保护回路断开，而该回路被另一导线分路短接，这本来用 TA 二次电流回路通流检验并观察继电器的动作情况是不难发现其错误的，但由于在做 TA 二次电流回路通流检验时未观察零序过电流继电器是否动作，以致未能及时发现这一隐患。结果在一次系统单相接地短路时，零序功率方向过电流保护拒动，造成其他保护越级跳闸的扩大事故。

2）1994 年 7 月 3 日和 8 月 1 日，某厂 TA 二次绕组为 YN 接线，由于未做 TA 二次分相通流检验，以致有两条 220kV 线路母差用 TA 的 N 中性线长期开断未能及时发现，结果在区外线路单相接地时，造成 220kV 母差保护两次误动跳闸的重大事故。

（4）多发漏检验项目之四。回路传动检验和回路独立检查法，是发现保护逻辑回路和控制二次回路正确性，发现消除寄生回路的重要方法。错误接线回路和寄生回路，往往是设计安装错误形成的，有时其错误相当隐蔽，但只要回路检验项目齐全，检验前有完善的动作检验卡（保护及控制回路传动检验卡），回路中的错误是可以事先发现和消除的。从 20 世纪 50 年代开始至今多次出现交直流电源混接、交直流电缆芯混用，造成交流经长距离电缆芯间电容耦合，也曾多次导致变压器重瓦斯保护误动作跳闸事故。如某厂 500kV 的 750MVA 变压器瓦斯保护因交直流混接和交直流混用于同一长距离电缆中，分别于 1989 年 5 月 5 日和 1994 年 6 月 28 日两次引起变压器重瓦斯保护误动作事故。

直流回路中的寄生电路也是造成保护误动的隐患。检查和消除以上隐患的方法有：

1）仔细审阅原理展开图，及时发现原理上接线的错误（如同一继电器一对触点，是否有同时起动不同功能的继电器线圈或其他不应相连接的错误接线等等）。

2）用回路独立检查法，在将本设备的二次回路的直流电源全部断开情况下，送上各相关的交流电源，根据图纸检测各直流电位点有无交流电压。如直流电位点存在交流电压，则应查明原因并消除之。

3）多组直流电源的设备，应分别只投入其中一组直流电源，然后检测其他各点不相关的回路中对地是否有正、负电位，如未送直流的回路中任意一点存在对地有正或负电位时，应查明原因并予以消除。

如某发电厂一台300MW机组，在2000年6个月时间的大修改造过程中，继电保护全部更换为微机型保护，更换了全部一、二次电缆和全部高低压一二次厂用电设备，由于在改造和检验时项目做得齐全，特别是保护分部特性、整组特性，电流、电压回路通流检验，保护和断路器传动检验，以及用外加电流电压法检验保护回路和同期回路的正确性检验，在整个检验过程中，曾发现保护出口回路设计不合理（如双重化的两套保护，不同时作用于断路器两组跳闸线圈），断路器失灵保护起动回路接线设计错误，交直流电缆多处混用的设计错误，差动保护用TA接线错误，不同直流操作回路之间多处相连的寄生回路错误等等。在检验过程中，在图纸上发现错误，及时修改图纸和修改实际接线，做到发电机起动过程中，在进行发电机组开短路检验及保护带负荷检验时，未曾发生一处电流、电压回路在极性与相位和相序上的错误。

3. 避免定期检验的“三多三少”

继电保护及自动装置在定期检验过程中，往往会出现所谓三多三少的误区。

（1）电气特性重视多机械性能重视少。检验过程中，往往偏重于保护的电气特性，对保护的电气特性注意较多；忽视保护的机械特性，对保护的机械特性注意较少。而保护的薄弱环节往往在机械部分，如二次线接线螺丝的松动，二次线绝缘的磨损和破坏（造成接地和短路的隐患），微电子元件的假焊、虚焊，接插件接触不良，导电体及绝缘的积灰受湿，动静触点接触不良，接线端子连接片连接不良等等，在检验过程中往往不够重视，实践证明这是引起保护不正确动作的重要原因之一。

（2）整定值重视多电气回路重视少。检验过程中，往往偏重于保护的整定值，对保护的整定值注意较多；忽视二次回路，对二次回路注意较少。而保护的薄弱环节往往是二次回路，回路的检验项目有时形式上做了，由于对回路注意少以及不够重视，造成遗漏项目多，回路中的隐患、缺陷就相对多，如交直流混用，寄生回路，交直流回路不完整，回路接线错误或接线不良，TA、TV极性接线错误不能及时发现，以致造成保护误动和拒动，实践证明这也是引起保护不正确动作的另一重要原因之一。

（3）复杂保护（复杂工作）重视多简单保护（简单工作）重视少。检验过程中，往往偏重于较复杂的保护（复杂工作），对复杂的保护（复杂工作）注意较多；而忽视简单保护、简单的元器件（简单工作），对简单保护、简单的元器件（简单工作）注意较少。而保护的薄弱环节往往发生在被忽视的简单保护、简单的元器件（简单工作）上。如某厂发电厂事先发现某厂生产的引进集成电路JL-6型、JGL-Ⅲ型电流继电器在运行中频繁损坏，曾经提出应有计划地全部更换为电磁型继电器，由于该继电器是简单继电器，并用于400V低压设备上，虽已提出三年，但由于继电保护人员不够重视，直至某一重要的低压厂用分支发生JL-6继电器运行中损坏误动，造成一台300MW机组被迫停机事故后，才开始重视并更换该类型的继电器。

所以定期检验三多三少（这里的“少”是忽视和遗漏含义的泛指）是认识上的误区。以上各频繁多发性的误动原因大都是出自三少上，正确客观地对待，三多仍要坚持，而三少要纠正，这是提高定期检验质量的重要环节之一。

4. 抓住把关检验项目

每年一次的定期检验是部分定期检验，部分定期检验应牢牢抓住把关项目，部分定期检验把关项目实际是检验时的关键项目。部分定期检验的把关项目有：

(1) 二次回路清扫、检查，螺丝紧固。

(2) 机械部分的检查、外观检查、绝缘检查。

(3) 不同保护关键电气特性的把关检验项目，如微机差动保护电气特性的把关检验项目有：

1) 应从保护屏端子上通入各侧及各相电流，检验微机保护的采样值。

2) 检验各侧及各相最小动作电流。

3) 检验差动保护动作逻辑回路（从屏端子上通入电流，直至出口动作）等。

其他各类保护，也都应分别列出各自的电气特性把关检验项目。

(4) 整组通流检验各保护的逻辑回路及其他二次回路。

(5) 控制和保护回路的传动检验（从输入动作量至断路器、灭磁、关闭主汽门等出口动作）。

5. 定期检验的四卡及一记录

建立完整、正确的定期检验四卡及一记录，是防止检验过程中误跳运行设备的有效措施，是防止检验过程中误将高电压加至弱电回路而损坏装置的有效措施，是防止检验过程中产生误检验整定值的有效措施，是防止检验过程中对二次回路误检验和漏检验（漏项）的有效措施，也是防止检验结束时对二次回路误拆误接线（遗忘恢复原接线）的重要措施。

(1) 安全措施卡。安全措施卡是防止检验过程中误跳运行设备的有效措施。应根据正确并符合现场实际设备的一、二次图纸和有关的检验规程，以及过去历次事故经验教训，简明扼要地列出检验过程中所有危及人身、装置、防止误跳运行设备的全部安全措施。其内容主要包括：

1) 列出并指明装置上带电部位、带电端子及防止误碰的措施。

2) 列出并指明装置在检验过程中可能误跳其他运行设备的情况，及防止误跳运行设备的措施（如断开相应的跳闸连接片或拆开相应的跳闸线）。

3) 列出检验时通流加压的端子号。

4) 列出检验时应拆断的有关二次线的端子。为防止检验通流加压时进入其他相关运行设备或运行装置，造成其他运行装置误动，列出检验时应拆断的有关二次线的端子。

5) 列出检验时为保证安全的其他措施。

(2) 绝缘检验卡。绝缘检验卡是防止检验过程中误将高电压加至弱电回路而损坏装置的有效措施。应根据正确并符合现场实际设备的一、二次图纸和有关的检验规程，以及过去历次事故经验教训，简明扼要地列出绝缘检验过程中的安全措施。其内容主要包括：

1) 测绝缘或加压的部位和端子。

2) 防止高压误加至弱电回路损坏微电子元器件的措施。指明应拆开的端子或二次线，应短接或接地的端子，应拔出（隔绝）微电子元器件（模块）的插件。

3) 防止高压误加至或串入运行设备的措施。指明应隔绝或拆开的端子和二次线。

4）二次强电回路耐压检验时，除采取以上措施外，并应在加压的设备和装置上悬挂“耐压试验高压危险”的警告牌，必要时应派专人监护。

5）特别强调一点，在有微机保护（微电子元件保护）设备检测绝缘或耐压检验时，应做好绝对保证不受串入高压而损坏微电子元件的措施（微电子元件严禁测绝缘和耐压检验）。

（3）整定值卡。整定值卡是防止检验过程中误整定的有效措施。根据整定单或整定书列出各种运行方式应检验的详细整定值。

（4）保护和控制回路传动检验卡。它是防止检验过程中对二次回路误检验和漏检验（漏项）的有效措施。应根据正确并符合现场实际设备的一、二次图纸和有关的检验规程，以及过去历次事故的经验教训，简明扼要地列出如下内容：

1）检验项目。

2）检验方法（通流或加压）。

3）检验顺序。

4）检验的动作结果（列出应动作的继电器、应动作的信号、应动作的断路器或开关等等）。

（5）现场拆接线专用记录簿。由于在检验过程中常常会因某种需要，临时拆线、接线，临时断开、接通连接片，为了防止检验结束时遗忘恢复二次回路原接线或跳闸连接片检验前的状态，应建立现场检验过程中的拆线、接线记录簿。拆线、接线专用记录簿用于记录检验过程中的如下有关内容：

1）记录临时拆断的二次线。

2）记录临时连接的二次线。

3）记录临时断开的连接片。

4）记录临时接通的连接片。

5）检验结束时按记录簿在现场进行逐项逐条检查核对并恢复原状态。

6. 严格执行三级验收

三级验收是防止误检验和检验漏项的好办法。

（1）工作负责人验收。

（2）班组长或班组技术人员验收。

（3）专职工程师验收。

7. 检验报告的审核制度

保证检验质量的最后一关是检验结束及时整理完整的检验报告，并经专职技术人员进行审核签名。一旦发现有怀疑和错误之处应立即重做或补做相应的检验项目。

第三节 继电保护运行分析

一、运行异常情况分析

继电保护一旦出现异常情况，应及时分析其动作情况，从保护异常动作分析中有时可以发现其他一、二次设备严重的隐患。

（1）保护异常情况往往与一次设备异常运行有关。1981 年 6 月，某厂用 220kV 旁路断路器代替带有一次电流为400A（二次电流为1.67A）线路的合闸过程中，出现带方向的零序过电流Ⅳ段保护（动作电流整定值为0.8A，动作时间为4s）动作的异常现象，由于是旁路代线路的操作过程，所以未造成任何影响，于是再次合闸，零序过电流Ⅳ段再次动作，后进一步查阅图纸，带方向的零序过电流Ⅳ段和手动合闸加速零序过电流Ⅳ段共用一信号继电器，所以实际上是手动合闸加速零序过电流Ⅳ段保护动作。于是怀疑是断路器三相合闸不同时造成不平衡零序电流，导致手动合闸加速零序过电流Ⅳ段保护动作（手动合闸时解除零序功率方向，并不经4s延时动作）。最后查明是220kV旁路断路器三相不同时合闸时间达150ms，已大大超过4ms的允许值。在将220kV旁路断路器进行检修并经调整后，断路器三相不同时合闸时间<4ms，手动合闸才运行正常。

（2）变压器无故障跳闸。2004年9月，某厂投入商业运行不久，在切换负荷过程中，一台1000kVA低压厂变带两台除灰、除尘及输煤负荷时，变压器6.3kV侧所带负荷电流指示为48A，为变压器额定电流的52%，运行不久变压器过负荷保护（整定动作电流 $I_{OP}=1.5I_{T.N}$，动作时间 $t_{op}=120s$）动作跳闸，初步确定保护可能误动作。经进一步检查分析后查明是变压器电流指示错误，DCS内电流互感器TA变比错误设置为300/5A（实际TA变比为100/5A），所以变压器实际电流为144A（变压器已过负荷50%），所以变压器已异常过负荷运行，$1.1I_{T.N}$的过负荷报警信号虽早已动作，但运行人员未注意到这一异常情况，直到变压器另一过负荷保护动作跳闸。后经及时分析，找出变压器异常过负荷原因，改变变压器运行方式，消除变压器异常过负荷，才避免发生变压器损坏事故。

（3）调节器励磁输出不正常。2002年6月15日，某厂一台300MW机组在额定负荷运行时，WKKL-2A型双微机励磁调节器励磁输出电压不正常，在寻找原因时，发现调节器输出分流器在励磁电流为140A时，分流器一次侧两端电压高达10V，后检查分流器接线螺母松动，在大电流通过时出现过热，导致固定电器元件的绝缘板已大面积过热发黑烧焦，差一点引起火灾，随后临时调停发电机组，经处理这一严重隐患后，才投入运行正常，避免了一次重大恶性事故。

二、继电保护和自动装置动作分析

继电保护和自动装置正确与不正确动作分析包括：①现象和动作过程。②动作行为的评价。③不正确动作（误动和拒动）原因的分析。④提出防止误动、拒动的措施和对策或改进方案。

继电保护动作正确率的高低，从一个侧面反映继电保护工作的好坏程度，每当一次设备发生故障或异常运行时，首先动作的是继电保护装置，每次继电保护装置的误动作和拒动作，都或多或少给电力系统造成一定的损失，电力系统中很多重大事故，往往是由于继电保护不正确动作，将事故扩大为系统瓦解、大面积停电和设备严重损坏。当一次系统发生故障时，对动作后切除故障的保护和靠近故障点未动作的保护，以及在故障过程中误动作的保护，对其动作行为（正确动作、误动作、拒动作的行为）均应进行客观、科学、正确、实事求是的分析并进行评价，对误动作和拒动作的保护通过分析，找出不正确动作的原因，然后提出对保护合理的改进措施、改进方案或防止不正确动作的对策，避免事故多次重复发生。如果原因不明，就没有针对性的对策，也就无法避免不正确动作的再次发生。实际上没有原因不明的误动和拒动，原因不明是暂时的，有原因存在是肯定的。从数十年运行的教训中，凡是在短时期内重复多次发生同一继电保护装置的不正确动作，都是不正确动作保护暂时原因不明，并继续运行造成的，这一现象在国内外是屡见不鲜的。所以及时查明不正确动作原因，提出对策和改进措施，是避免保护装置多次重复误动的关键。

1. 科学客观地分析并找出不正确动作原因

（1）差动保护重复多次误动的事例。2001 年 7 月 31 日，某发电厂 300MW 机组的运行参数为：$P=300$MW，$Q=160$Mvar，$I_G=9850$A，主变压器 20kV 侧二次电流 $I_t=3.27$A（变压器额定二次电流 $I_{t.n}=3.56$A），主变压器差动保护最小动作电流 $I_{d.op.min}=0.5I_{t.n}=1.8$A，制动系数斜率 $K_{res}=0.5$，拐点电流 $I_{res.min}=0.8I_{t.n}=2.8$A。主变压器差动保护运行中突然动作于全停，根据当时现象，一次系统无任何扰动，经检查微机差动保护（WFB-01 型）正常，整定值正确。检查 TA 二次电流回路连接良好，确定纵差动保护是无故障误动作，但当时误动原因暂时不明，系统急于用电，由于该机组配有双重化主保护，于是决定暂将误动的变压器纵差动保护由跳闸改为动作信号，发电机组继续并网运行。运行后自 7 月 31 日至 8 月 11 日短短 11 天，该差动保护又先后发生多达数十次误动作（由于该保护已暂时退出，所以未造成跳闸停机），且每次动作时，动作电流均在 2A 左右（动作时差动电流均超过整定值），最后差动保护由瞬时动作转为稳态动作，这是进一步检查差动保护误动作原因的良好机会，于是检测动作的差动保护回路各点电流。该误动的变压器纵差动保护接线检测如图 6-1 所示，按图在保护屏 M 点实测 B、C 相电流为 3.2A，而 A 相电流为 0.56A，然后到机端 TA 端子箱 L 点检测各点电流，基本上和保护屏检测结果相同，再到 TA 输出端子（接线端子罩壳内侧处）RI 点检测 A、B、C 三相电流基本相等正常，随后再检测 TA 接线端子罩壳外侧 RO 处电缆芯线的电流，发现 A 相电流为 0.56A，仅仅相距 100mm（经 TA 接线端子不锈钢罩壳）两点电流就完全不相同，再仔细检查发现现场设备有明显振动，特别是 TA 接线端子不锈钢罩壳和电缆绝缘之间也有不停的振动和摩擦，并发现不锈钢罩壳和电缆绝缘接触处有磨损的绝缘粉末，且多芯电缆绝缘已有不同程度的磨损。由于当时机组在运行中，同一电缆绝缘磨损处还有其他差动保护用的电缆，但已可肯定主变压器差动误动

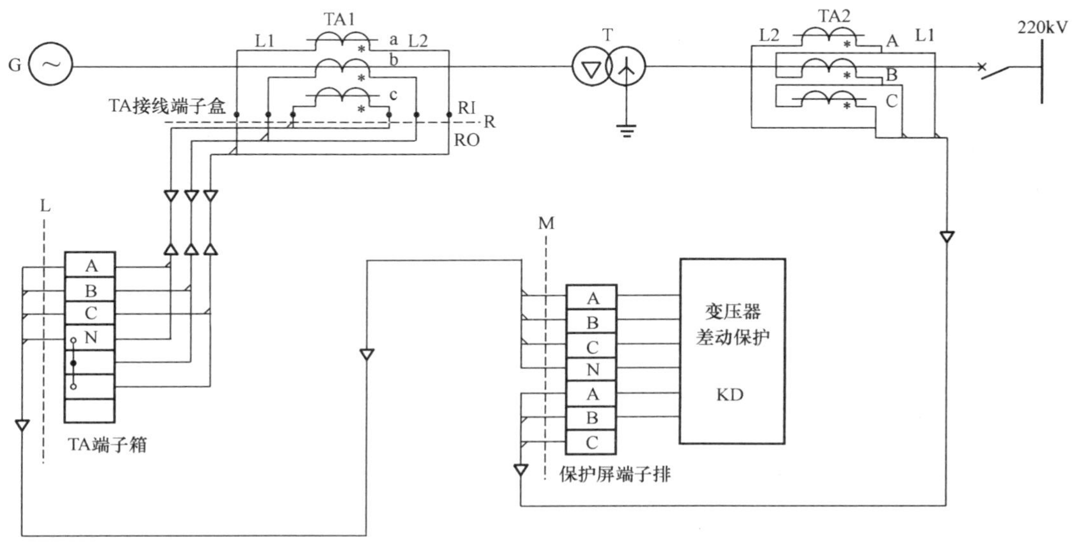

图 6-1 误动的变压器纵差动保护接线检测图

原因就是 TA 的 B 相电缆在点 R 处接地造成的。当天晚上低谷负荷时机组经调停后进行缺陷处理，发现 B 相的点 R 处有用肉眼难以发现约为 0.5～1mm 直径的裸铜体，并与 TA 接线端子不锈钢罩壳接触，造成 TA 二次电缆 B 相接地，B 相电流经接地点分流，产生差电流导致差动保护误动作。后进一步检查发现，同类型的 TA（上海互感器厂生产的封闭母线套筒 TA）在同一部位的其他各相也存在多处将 TA 二次电缆绝缘磨破的缺陷（不久其他兄弟厂也多次发生同类型机组类似的故障和缺陷）。后在机组小修时对此缺陷进行较为彻底的改进：①更换多根绝缘损坏的二次电缆。②对封闭母线及振动的 TA 进行加固以减小振动源的振动。③将上海互感器厂生产的封闭母线套筒 TA 接线端子不锈钢罩壳拆除，更换为与电缆绝缘线无接触的绝缘罩壳。自此以后运行正常。

此实例说明：

1）保护误动原因不明是暂时的。

2）保护误动原因暂不明时，即使一次设备要继续运行，有条件时（不失去保护）要尽可能将误动作保护暂时退出运行，并抓住一切机遇及早找出真实的误动原因并予以消除。这是防止保护多发性重复误动的有效方法，否则此例可能会出现多次重复主变压器纵差动保护误动跳闸事故。如 1999 年 10 月 25 日和 10 月 27 日，另一发电厂同型机组由于相同原因，发电机主变压器纵差动保护分别误动作跳闸停机两次。

（2）发电机定子绕组三次谐波单相接地保护多次误动事例。20 世纪 80 年代开始，大机组 100%定子单相接地保护已广为采用并投入跳闸，但运行不久发电机定子绕组三次谐波单相接地保护就频繁误动，造成多次跳闸停机事故。20 世纪 90 年代初大机组 100%定子单相接地保护中的保护范围为 25%（理论保护范围为 50%）的三次谐波单相接地保护都由动作跳闸改为动作报警信号。如某厂两台 300MW 机组在 1998 年投产时，将 100%定子单相接地保护中的三次谐波接地保护作用于信号，95%$3U_0$ 基波零序过电压单相接地保护作用于跳闸停机。运行不久，于 2001 年 8 月 19 日开始至 9 月 6 日，2 号机三次谐波定子一点接地保护多次动作发信号，有时一天动作数十次之多。三次谐波接地保护整定值为 $K_{set}=\dfrac{U_{3\omega.T}}{U_{3\omega.N}}=1.2$，动作时间为 2s。发电机有功在 260～280MW 之间、无功为 115Mvar 时，每次动作时测得机端三次谐波电压 $U_{3\omega.T}=1.9\sim2.4$V，机尾三次谐波电压 $U_{3\omega.N}=1.2\sim1.8$V，比值 K 在 1.28～1.8 之间变化，变化非常明显，装置屏幕显示值和端子实测值基本一致。在相同条件下，测量 1 号机装置屏幕显示值为 $U_{3\omega.T}=2.2\sim2.4$V，$U_{3\omega.N}=2.7\sim2.8$V，比值 $K=0.86\sim1$ 而且比较稳定。由以上测量数据可知，1 号机机尾三次谐波电压在 2.7V 左右，而 2 号机尾三次谐波电压在 $U_{3\omega.N}=1.2\sim1.8$V 之间，后者明显低于正常值，因此分析为 2 号发电机中性点外侧设备回路的异常可能性比较大（不排除发电机中性点外侧设备回路绝缘下降）。保护装置也不完全排除绝对不是误动作（但误动作可能性比较小）。当时故障点锁定于发电机中性点引出线和中性点接地变压器至接地点之间的范围内。自 9 月 17 日开始，该保护动作持续时间更长，至 9 月 20 日保护长期动作不返回，于是再次对发电机中性点侧检查，发现发电机中性点侧接地开关动刀处由于运行中振动，其压紧弹簧及螺丝均振落，致使接地开关动刀松动，造成 $U_{3\omega.N}$ 下降至 1.1～1.8V。临时处理后 $U_{3\omega.N}=2.7\sim2.9$V 为正常值。所以 1、2 号机在正常负荷情况下，机端三次谐波电压 $U_{3\omega.T}=2.3\sim2.4$V，中性点侧三次谐波

电压 $U_{3\omega.N}$=2.7～2.8V，比值 K=0.86 左右。后在机组小修时将接地开关缺陷彻底消除，至今运行已四年未再发生该保护误动。

该保护在 1989 年另有数家发电厂因类似的原因在短期内分别误动，接连数次跳闸停机，而在 2003 年也有多台 300MW 机组有类似误动原因和类似误动情况发生。对发电机定子绕组三次谐波单相接地保护至今基本上达成以下共识：①发电机定子绕组三次谐波单相接地保护目前只能作用于信号。②发电机定子绕组三次谐波单相接地保护多次误动的主要原因是由于发电机中性点至接地点之间各部件连接不良造成，特别是由于接地开关松动或连接螺丝的松动，以及其他导电体之间连接不良造成。

（3）发电机定子绕组匝间短路纵向基波零序过电压保护多次误动的事例。发电机定子绕组匝间短路纵向基波零序过电压保护动作判据薄弱，即发生匝间短路时纵向基波零序电压比较小，所以躲过正常运行时纵向基波零序动作电压也比较小；而区外短路时产生的纵向基波不平衡电压，实际上有时比较大，所以区外短路时极易误动作。如提高纵向基波零序动作电压，则发电机匝间短路时灵敏度就又比较低。

1）某厂在 1996 年 12 月 26 日投产的 300MW 机组，于 1997 年 11 月 18 点 58 分正常运行中突然无故障跳闸停机。机组当时运行情况：有功为 305MW，无功为 150Mvar，机端电压为 20kV，系统无任何操作和扰动。根据发电机在各种工况时测得，专用 TV 最大不平衡电压不超过 0.4V，整定灵敏段动作电压为 2V，灵敏段三次谐波电压整定为 2V（正常运行时实测为 2V），灵敏段三次谐波制动系数为 0.5，灵敏段动作时间整定值为 0.2s。不灵敏段动作电压整定值为 6V，专用 TV 断线闭锁不平衡电压整定值为 8V。当时机组运行无任何异常情况，无任何操作，同时根据其他发电厂早已频频传来该保护误动作的信息，于是判断该保护为原因暂时不明的误动作。根据当时机组无匝间短路现象，且机组匝间短路的概率甚小，决定机组可以并网发电，待机组并网正常后暂将匝间短路纵向不平电压保护由跳闸改发信号，并加强监视其运行（在运行中检测纵向不平电压，的确曾测到 0.9～2V 摆动的纵向不平衡电压，但随后又恢复到 0.2V 以下）。该保护在运行中又曾多次出现误动发信号（已退出跳闸），一年后机组大修时，重点检查该保护和专用 TV 及其回路，发现专用 TV 有不稳定的匝间短路，后更换一组专用 TV，同时该保护增加负序功率方向闭锁，并在不同负荷时反复测量发电机纵向不平衡电压，仅在 0.065～0.4V 之间，采用原整定值至今，并经区外短路考验无误动。此例说明发电机定子绕组匝间短路纵向零序过电压保护，除区外短路易误动作外，专用 TV 及其回路不良也是引起其误动作的多发原因，应加强对专用 TV 检验，并说明未查明和消除的误动原因是保护多次重复误动的根源。

2）其他发电厂也多次发生专用 TV 瞬时不稳定匝间绝缘不良引起误动跳闸停机的例子。

（4）厂用系统单相接地保护多次误动作的事例。厂用系统单相接地保护由于零序电流互感器 TA0 安装接线错误，曾造成单相接地保护多次误动作的跳闸停机事故。

1）某发电厂 1998 年 12 月和 1999 年 1 月分别投入两台 300MW 机组，1999 年 3 月 10 日，2 号炉两路 400V 给煤机电源正常运行中同时由零序过电流保护误动跳闸，造成 2 号机组被迫停机停炉。其误动原因为安装于三相四线电缆上的零序电流互感器 TA0 电缆的中性线未在 TA0 内回穿就接地，400V 三相四线 TA0 零线错误接线如图 6-2(a)所示。图中一旦两地之间由某种原因有地电流 I_E 时，此时在两地之间就出现电位差 ΔU，从而电缆中性线及

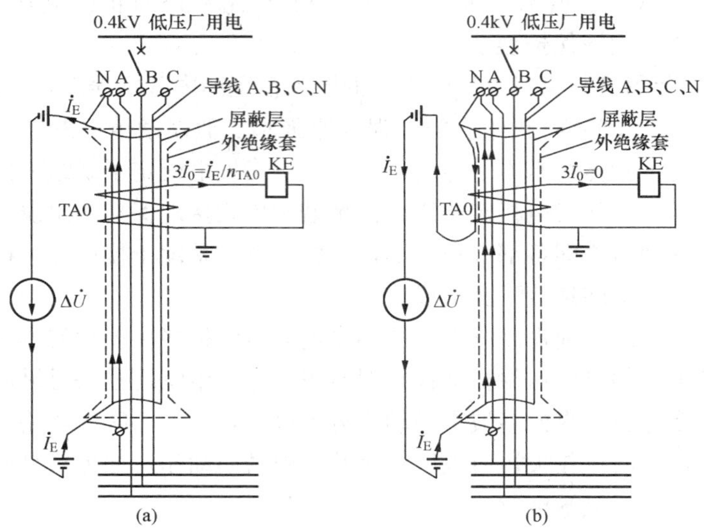

图 6-2　400V 三相四线 TA0 安装接线图

（a）400V 三相四线 TA0 中性线错误接线图；

（b）400V 三相四线 TA0 中性线正确接线图

接地线内就有电流 I_E，由于电缆中性线未经 TA0 回穿，电流 I_E 经 TA0 传变至二次侧，电流 $3I_0=I_E/n_{TA0}$（n_{TA0} 为 TA0 变比），使零序电流继电器 KE 误动。而正确的接法必须将中性线经 TA0 正确回穿后再接地，400V 三相四线 TA0 零线正确接线如图 6-2（b）所示。此时即使有地电位差电流 I_E，经 TA0 的综合地电流为 $\dot{I}_E+(-\dot{I}_E)=0$，流经 KE 的电流 $3I_0=0$，于是 KE 不会误动，只有在 TA0 和负载之间单相接地时继电器 KE 才动作。

随后在同一厂 400V 厂用系统，多处发现三相四线 TA0 中性线相同的错误安装接线，并立即纠正，消除再次重复误动的事故。

2）2001 年 4 月，某发电厂 2 号炉两台 6kV 一次风机单相接地零序过电流保护无故障同时动作跳闸，造成 2 号机炉被迫停机停炉。经现场检查，高压电动机综合保护一次动作电流为 10A，动作后保护显示动作电流和整定值相符，保护通电检查正常。因为一次系统无单相接地短路，所以锁定为高压电动机单相接地保护为误动作。首当其冲的误动作原因是怀疑一次风机零序保护用的 TA0 安装和接线的错误，其他原因如继电器问题、二次回路接线问题经检验无错误。一次电缆同相相碰也可以基本上予以排除。于是锁定 TA0 安装和接线的错误，但当时反复检查未能发现 TA0 安装和接线的错误，而错误地认为 TA0 安装和接线正确。因为根据当时动作现象分析，除 TA0 安装和接线的错误可以出现两台一次风机零序保护无故障同时动作跳闸外没有别的原因，于是再次锁定 TA0 安装和接线有错误，最后终于发现过去数次检查都错跑仓位（断路器仓位在上，TA0 接线箱在楼层下电缆桥架上，容易走错仓位），以致未能及时发现 2 号炉两台一次风机 TA0 接线的错误，2 号炉两台一次风机 TA0 错误接线如图 6-3（a）所示。图中电动机动力电源电缆的屏蔽接地线未在 TA0 内正确回穿，而电缆另一端的屏蔽接地线在异地接地，一旦两地之间由某种原因有地电流 I_E 时，此时在两地之间就出现电位差 ΔU，从而在电缆屏蔽接地线内就有地电流 I_E。由于电缆的屏

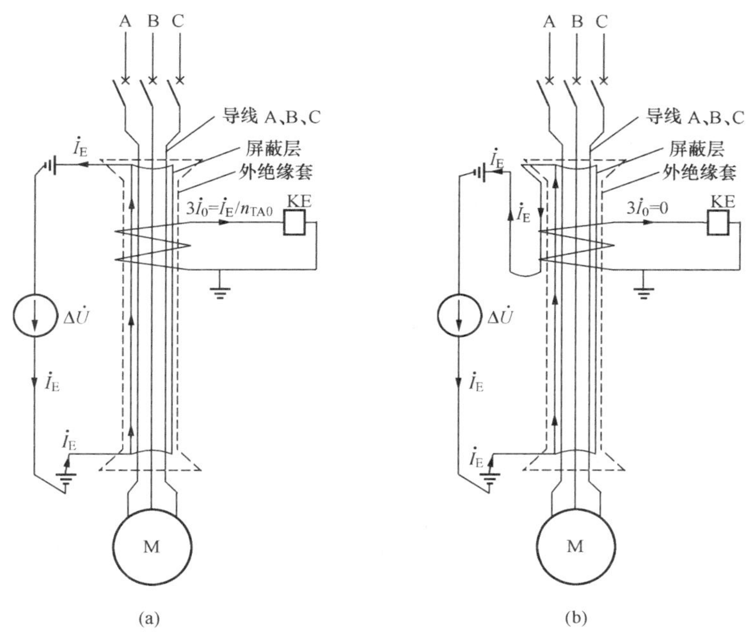

图 6-3 一次风机 TA0 接线图

(a) 一次风机 TA0 错误接线图；(b) 一次风机 TA0 正确接线图

蔽接地线未在 TA0 内正确回穿，电流 I_E 经 TA0 传变至二次侧，电流 $3I_0=I_E/n_{TA0}$（n_{TA0} 为 TA0 变比），使零序电流继电器 KE 误动。一次风机 TA0 正确接线如图 6-3（b）所示。图中正确的接法必须将电缆的屏蔽接地线在 TA0 内正确回穿后再接地，此时即使有地电位差电流 I_E，经 TA0 的综合地电流为 $\dot{I}_E+(-\dot{I}_E)=0$，流经 KE 的电流 $3I_0=0$，于是 KE 不会误动，只有在 TA0 和负载之间单相接地时继电器 KE 才动作。后进一步检查又发现多台高压电动机的单相接地保护具有相同安装接线错误，经改正后至今再未发生类似的误动作事故。

3）1998 年 11 月，某发电厂 6kV 输煤电源在离其 100m 处有一 400V 电缆短路接地，造成该 6kV 侧输煤电源单相接地保护（保护一次动作电流为 10A，动作时间为 0s。）误动作跳闸。其误动原因为，6kV 电动机动力电源电缆的屏蔽接地线在 TA0 内回穿前未绝缘并已碰在接地的金属电缆支撑架上，造成电缆屏蔽地线在 TA0 内回穿前已接地的错误接线，如图 6-4 所示。当异地 400V 电缆接地短路时产生很大的单相接地短路电流，该电流经分流后在图 6-5 中产生地电流 I_E，流经未短路电缆的接地线。图 6-4 中的地电流 $\dot{I}_E=\dot{I}_{E1}+\dot{I}_{E2}$，其中 $\dot{I}_{E1}$ 为接地线未回穿前的分流接地电流，$\dot{I}_{E2}$ 为流经回穿接地线的地电流，TA0 中的合成电流为 $\dot{I}_{E1}=\dot{I}_E-\dot{I}_{E2}$。当 $I_{E1}\geqslant 3I_{0.OP}$（$3I_{0.OP}$ 为继电器一次动作电流）时，KE 继电器动作，所以 TA0 正确的安装应将回穿的接地线先绝缘再回穿接地。某发电厂在 1996 年 6 月和另一发电厂在 1997 年也相继发生类似的误动跳闸。

（5）变压器差动保护动作行为的分析。1996 年 7 月 13 日，某厂一台主变压器 220kV 侧

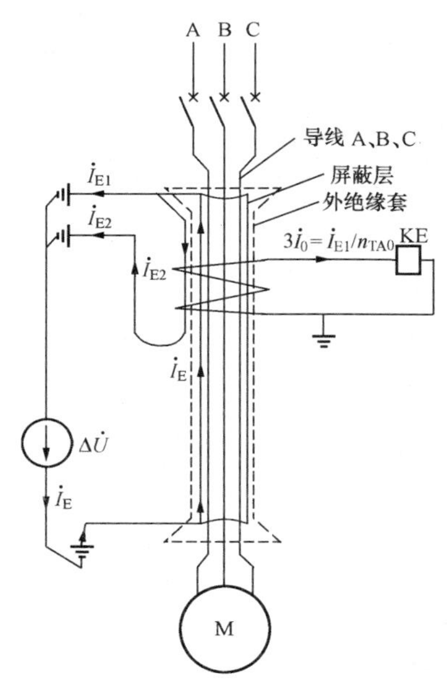

图 6-4 电缆的屏蔽接地线在 TA0 内回穿前已接地的错误接线图

B 相穿墙套管因故折断，但未接地（相当一相断线运行），1 号主变压器差动保护拒动，造成 1 号主变压器零序过电流保护动作，先后跳开五台主变压器各侧断路器，造成全厂停电的重大事故[4]。根据进一步分析知，差动保护不动作是正确的（不是拒动作），而 1 号主变压器零序过电流保护动作，先后跳开五台主变压器，造成全厂停电事故，是保护配置上的错误，与变压器差动保护不动作无关。变压器高压侧 B 相套管折断（B 相断线）未接地为纵向不对称故障，两侧正、负序电流为穿越性故障电流，理论上不产生差动电流。变压器两侧零序电流其中一侧被变压器低压侧一次 d 绕组滤去，而另一侧被变压器高压侧 TA 二次侧 d 绕组（或微机算法中用 TA 二次相电流相量差）滤去，也不产生差动电流，所以一相断线变压器纵差动保护理论上不产生差动电流。由此可知，变压器 YN 侧 B 相断线时，虽然高压 YN 侧 B 相一次电流为 0，低压 d 侧一次三相电流均不为零，但实际上差动保护两侧电流仍然平衡，仅有两侧 TA 误差不一致产生的不平衡差电流。差动保护在此情况下不动作是正确的。为避免本实例中的全厂停电，主变压器应分别装设中性点直接接地的零序过电流保护和中性点间隙接地零序保护。

（6）发电机转子绕组一点接地保护多发性误动原因的分析。20 世纪 70 年代开始，国内广泛采用叠加工频交流电压测量发电机转子绕组对地导纳的方法，构成导纳型转子一点接地保护。在双水内冷机组上，由于发电机转子引线拐脚漏水造成转子一点接地，曾多次正确动作，及时发现经停机检修，避免故障进一步扩大，曾起过积极有效的作用。但在各使用单位也曾长期出现频繁误动，造成运行人员的困扰。经分析其误动原因是，用于大型发电机组转子绕组对地有一较大电容 C_{fd} 和测量轴电刷与转子大轴间的接触电阻 ΔR_X 的影响，导致装置测量到的对地等效绝缘电阻 R_{eq}、等效电导 g_{eq} 和转子绕组对地实际绝缘电阻 R_{fd}、实际电导

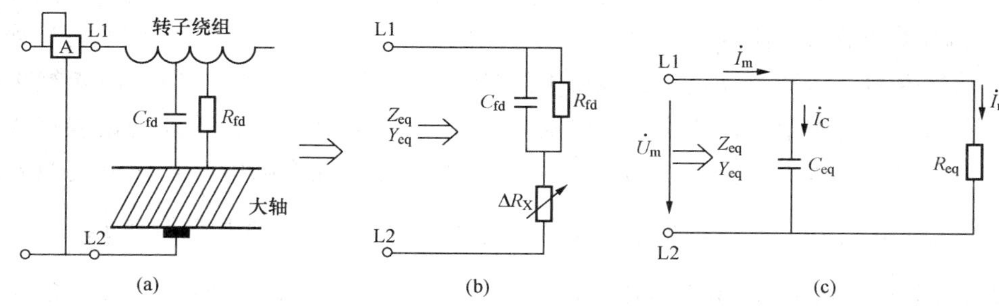

图 6-5 发电机转子绕组一点接地导纳型保护的测量电路图

（a）发电机转子绕组一点接地导纳型保护的测量电路图；（b）发电机转子绕组对地绝缘电阻等效电路图；（c）装置测量对地绝缘电阻等效电路图

g_{fd}不相同，发电机转子绕组一点接地导纳型保护的测量电路如图 6-5 所示。图 6-5（b）中转子绕组与大轴之间实际绝缘电阻 R_{fd}、转子绕组对地电容 C_{fd}相并联，进一步考虑到测量轴电刷与转子大轴间存在不能忽略的接触电阻 ΔR_X，由端子 L1、L2 测得的等效阻抗 Z_{eq}、等效导纳 Y_{eq}分别为

$$Z_{eq} = \Delta R_X + \left(R_{fd} /\!/ \frac{1}{j\omega C_{fd}}\right) = \Delta R_X + A - jB \tag{6-1}$$

$$Y_{eq} = 1/Z_{eq} = \frac{1}{\Delta R_X + A - jB} \tag{6-2}$$

$$R_{eq} = \frac{(\Delta R_X + A)^2 + B^2}{\Delta R_X + A} \tag{6-3}$$

$$C_{eq} = \frac{1}{\omega} \times \frac{B}{(\Delta R_X + A)^2 + B^2} \tag{6-4}$$

$$A = \frac{R_{fd}}{1 + (\omega C_{fd} R_{fd})^2} \tag{6-5}$$

$$B = \frac{\omega C_{fd} R_{fd}^2}{1 + (\omega C_{fd} R_{fd})^2} \tag{6-6}$$

若 $R_{fd} \gg 1/(\omega C_{fd})$，则 $B = 1/(\omega C_{fd})$，$A = \frac{1}{\omega^2 C_{fd}^2 R_{fd}}$，且有

$$R_{eq} = \frac{(\Delta R_X + A)^2 + (1/\omega C_{fd})^2}{\Delta R_X + A} \tag{6-7}$$

$$C_{eq} = \frac{1}{\omega^2 C_{fd}} \times \frac{1}{(\Delta R_X + A)^2 + (1/\omega C_{fd})^2} \tag{6-8}$$

式中 R_{fd}、C_{fd}——转子绕组与大轴之间实际绝缘电阻和实际电容；

R_{eq}、C_{eq}——装置测得的等效电阻和等效电容；

ΔR_X——轴电刷与转子大轴间的接触电阻。

由此可见，装置测得的等效电阻 R_{eq}和等效电容 C_{eq}均与 ΔR_X 有关。当 R_{fd}＝100kΩ 时，R_{eq}、C_{eq}与 C_{fd}、ΔR_X 的关系如表 6-1 所示。由表 6-1 知：

表 6-1　当 R_{fd}＝100kΩ 时，R_{eq}、C_{eq}与 C_{fd}、ΔR_X 的关系

C_{fd} (μF)	ΔR_X（Ω）	0	100	150	200	250	300	350	400	500	750	1000	1250	1500	2000
0.5	R_{eq}（kΩ）	100	80.3	73.2	67.2	62.2	57.9	54.1	50.8	45.4	36.1	30.6	26	23	19
	C_{eq}（kΩ）	0.5	0.499	0.498	0.498	0.497	0.496	0.495	0.494	0.492	0.486	0.479	0.47	0.46	0.439
1	R_{eq}（kΩ）	100	50.48	40.5	33.9	29.2	25.6	22.9	20.7	17.4	12.7	10.3	8.8	7.7	6.9
	C_{eq}（kΩ）	1	0.997	0.995	0.992	0.989	0.895	0.98	0.977	0.966	0.934	0.894	0.848	0.8	0.7
1.5	R_{eq}（kΩ）	100	31.1	23.3	18.6	15.6	13.4	11.8	10.6	8.8	8.46	5.53	4.77	4.46	4.25
	C_{eq}（kΩ）	1.5	1.49	1.49	1.48	1.47	1.46	1.45	1.44	1.4	1.32	1.2	1.09	0.98	0.778

续表

C_{fd} (μF)	ΔR_X (Ω)	0	100	150	200	250	300	350	400	500	750	1000	1250	1500	2000
2	R_{eq} (kΩ)	100	20.3	14.86	11.5	9.5	8.1	7.1	6.4	5.3	4.05	3.5	3.2	3.2	3.21
	C_{eq} (kΩ)	2	1.99	1.98	1.96	1.94	1.92	1.9	1.87	1.8	1.62	1.41	1.22	1.05	0.78
2.5	R_{eq} (kΩ)	100	14.1	9.9	7.7	6.4	5.4	4.8	4.3	3.7	2.9	2.6	2.5	2.58	2.82
	C_{eq} (kΩ)	2.5	2.48	2.46	2.43	2.4	2.38	2.3	2.25	2.14	1.84	1.53	1.26	1.03	0.71
3	R_{eq} (kΩ)	100	10.2	7.1	5.5	4.57	3.9	3.48	3.15	2.7	2.2	2.12	2.05	2.25	2.56
	C_{eq} (kΩ)	3	2.97	2.94	2.89	2.83	2.76	2.69	2.6	2.44	1.98	1.59	1.2	1	0.66

1）C_{fd}越大，ΔR_X 对 R_{eq}的影响越大。

2）当 ΔR_X 很小（如 $\Delta R_X<50\Omega$），$C_{fd}<3\mu F$，导纳继电器动作整定电阻 $R_{fd.set}=5k\Omega$ 时，导纳继电器不会误动。

3）当 $\Delta R_X>100\Omega$ 时，保护测得的电阻 R_{eq}远小于转子绕组对地的实际电阻 R_{fd}，此时保护极有可能误动作。

4）根据以上分析，用叠加交流时不论用何方法测量发电机转子绕组对地绝缘电阻，都存在相同的受 C_{fd}和 ΔR_X 的影响问题，该类保护都会产生相同原因的误动。

2. 改进措施（改进方案）与对策

上述（1）～（6）的诸实例说明，一旦保护装置动作：①首先分析其动作行为是否正确。②如果不正确动作，应分析和找出误动和拒动原因。③当原因暂时不明时，权衡利弊，决定误动保护是否暂时退出投跳（有双重化保护或该保护功能的被保护设备出现故障概率很小时，如发电机匝间短路保护，可以考虑在查明原因前暂时由投跳闸改为投信号），待查明真实的不正确动作原因并消除隐患或改进后再投入跳闸。

（1）防止上述差动保护重复多次误动事例的措施。在未查明该差动保护不正确动作原因前，将其由跳闸改为信号（因有双重化保护，这样处理仍不失主保护），后在运行中虽多次误动而未跳闸停机，却始终未停止分析和寻找保护误动原因，在短期内终于找出是 TA 二次 B 相电缆绝缘磨破接地，造成主变压器差动保护误动，并彻底消除隐患后投入跳闸，通过借鉴，并发现消除多处类似的缺陷和隐患，这才避免了该机组在运行中差动保护多次误动停机事故。

（2）防止发电机定子绕组三次谐波单相接地保护多次误动事例的措施。某发电厂 1988 年第一次发生发电机定子绕组三次谐波单相接地保护无故障误动跳闸停机，在未找到原因时仍然将该保护投入跳闸，不久又出现相同情况的误动跳闸停机。类似的情况在其他发电厂也频频发生，直至达成共识后才采取以下措施：

1）将发电机定子绕组三次谐波单相接地保护由跳闸改为发信号。

2）加强对发电机中性点至接地点之间各部件的导电体（如接地变压器的连接螺丝、接地开关的动静触点及其他连接导电体）的监视和检查。

（3）防止发电机定子绕组匝间短路纵向基波零序过电压保护多次误动事例的措施。

1）一旦该保护误动，如原因暂时不明，由于发电机匝间短路概率较小，可暂时停用该保护，待查明原因并消除隐患后再投入跳闸。

2）加强对专用 TV 的监视、检验，防止专用 TV 匝间短路。

3）将该保护加以改进。增加负序功率方向闭锁，负序功率流向发电机内部时闭锁纵向基波零序过电压保护，负序功率流向母线时开放纵向基波零序过电压保护，或采用其他的防止区外短路误动的措施。

4）纵向基波零序过电压保护整定值。应根据在不同负荷时反复测量的发电机最大纵向不平电压 $U_{01.unb.max}$，计算灵敏段动作电压整定值 $U_{01.op.I}=(1.5\sim2)U_{01.unb.max}$。

5）研制和采用新型动作判据的发电机匝间短路故障保护。

（4）防止厂用系统单相接地保护多次误动作事例的措施。

1）及时查明 TA0 安装接线错误造成误动的原因。

2）TA0 的安装和接线应正确，即电缆中性线或电缆屏蔽接地线均应先绝缘，后回穿，再接地，屏蔽接地线回穿时应与电缆所安装的 TA0 一一对应，不能张冠李戴。

3）举一反三，寻找、消除其他设备类似的隐患，避免类似事故多次重复发生。

（5）防止主变压器 220kV 侧穿墙套管折断引发全厂停电的措施。某发电厂因一台主变压器 220kV 侧 B 相穿墙套管因故折断，但未接地（相当两相运行），1 号主变压器差动保护拒动（经上述分析知，该差动保护不动作是正确的，不属于拒动），造成 1 号主变压器零序过电流保护动作，先后跳开五台主变压器，造成全厂停电事故，是保护配置上的错误。其改进措施是：

1）主变压器加装中性点直接接地的零序过电流保护，动作于断开被保护主变压器断路器。

2）加装中性点间隙接地零序过电流、零序过电压保护，动作时间为 0.3～0.4s，动作于断开被保护的主变压器断路器，是避免类似事故发生的关键。

（6）防止导纳型转子一点接地保护误动的措施。为使导纳型转子一点接地保护正确工作，应保证测量轴电刷与转子大轴间的接触电阻 $\Delta R_X<50\Omega$，为此应增加测量轴电刷与转子大轴之间压力，定期清除油污，定期更换测量轴电刷，增设一对电刷（与原位置相差 90°），防止电刷和刷架发生共振等措施。

第四节　运行设备反事故措施和技术改进

电力系统随着时代的发展，随着人们认识的改变，随着电力系统安全运行对继电保护自动装置要求的提高，以及运行中保护发生各种不正确动作的经验教训，及时制定可行的结合实际情况的反事故措施计划和技术改进计划，并按计划付诸实施，是使保护配置与保护性能不断完善、不断提高，减少重大事故发生的有效方法。

一、反事故措施

继电保护反事故措施要点和各单位根据实际情况制订的反事故措施实施细则，是全体继电保护人员数十年来工作经验的总结，是数十年来继电保护频繁不正确动作，并造成重大损失后总结出来的经验教训。有些是从 20 世纪 50 年代开始就多次提出应接受的教训，但直到如今仍然反复未得到彻底纠正，最典型的有以下诸方面的问题。

1. 电流互感器TA二次回路多点接地的反事故措施

几组不同TA组合的二次电流回路，如差动保护和各种双断路器主接线保护的电流回路只能一点接地，接地点宜选在主控室内。而实际上差动保护TA二次回路多点接地早在20世纪50年代就提出应予纠正，但直到近年来在设计和安装工作中还不断出现这一错误，其频繁出现的原因仅是设计、安装、运行中无意识疏忽造成的，只要有严格的工作作风和认真对待TA二次回路只允许一点接地的原则，则这一原则性错误是不难纠正和消除的。

2. 电压互感器TV二次绕组中性线N（N零线）多点接地的反事故措施

多组TV二、三次绕组零线接地问题，其认识过程有先后之分，认识程度有深浅之别。从20世纪50年代至80年代，国内不论新老运行的厂、站，从设计、安装、运行几乎无一例外都存在经控制室零相小母线（N600）连通的多组TV二次绕组和三次绕组的中性线在开关场多点接地，同时在控制室零相小母线（N600）也接地，甚至在各自的保护屏上还将N600分别接地（20世纪50年代末建成投运的某厂就是这一情况），而TV二次绕组YN的中性线与三次绕组开口三角形的N线共线（合用同一芯线）也普遍存在。直至20世纪80年代中期，全国各电力系统的事故通报频繁出现由于经控制室零相小母线（N600）连通的多组TV二次绕组和三次绕组的中性线在开关场多点接地（同时在控制室零相小母线N600也接地），以及TV二次绕组YN的中性线和三次绕组开口三角形的N线共线，造成零序功率方向和接地距离保护在区外短路时误动和区内短路时拒动的事故后，才开始认识到这是错误的。如某厂在20世纪80年代中后期，根据当时事故通报中的要求，开始进行反措，历经两年时间才实现220kV母线两组TV二次绕组和三次绕组的中性线在开关场实现一点接地，同时拆除控制室零相小母线N600和各保护屏上N600的接地点，以及TV二次绕组YN的中性线与三次绕组开口三角形的N线不共线（原为各自独立的芯线）。实际上这一反措并不彻底，对线路侧同期和重合闸用的TV仍然存在开关场接地的隐患。直至20世纪90年代部颁反事故措施要点正式下达后再次进行反措，将控制室零相小母线N600一点接地，并拆除开关场N600接地点，线路侧同期和重合闸用的TV的中性线N也单独引接至控制室零相小母线N600，并将WXB-11C保护屏内继电器测量绕组中性线N与开口三角形测量绕组的中性线N分别引至端子排（端子排连接片拆开）后再分别接至N600小母线。现在各组TV接地点符合反事故措施要点的原则：

（1）经控制室零相小母线（N600）连接的多组TV二次绕组和三次绕组回路，在控制室将N600小母线一点接地。

（2）各组TV二次绕组中性点和三次绕组开口三角形在开关场的接地点均应断开，为保证接地可靠，各组TV二次绕组中性线不得接有可能断开的断路器、接触器或熔断器等。在控制室一点接地的各组TV二次绕组，在开关场将二次绕组中性点经放电电压符合反措要求的放电间隙或氧化锌阀片接地。

（3）各组TV二次绕组YN的N线（YN绕组的A、B、C、N用4芯）和三次绕组的N线（开口三角形绕组接线的L、N用2芯）均由各自独立的电缆芯线从开关场引至控制室，分别接N600接地小母线，即各组TV二次绕组中性线N和三次绕组的中性线N不公用共线（其他任何TV二次绕组的N线也不公用共线）。

（4）在保护屏内继电器测量绕组中性线N和开口三角形测量绕组的中性线N分别引至

端子排（端子排上也不能相连），再分别接至N600小母线。至今生产厂出厂的WXB-11C等保护屏内继电器测量绕组中性线N和开口三角形测量绕组的中性线N（或L线）仍然在端子排上相连，这是不规范的（下有实例说明）。TV二、三次绕组与保护之间正确接线如图6-6所示，图中TV1为220kV正母线电压互感器二、三次绕组，TV2为220kV副母线电压互感器的二、三次绕组，TVX为线路同期和重合闸用的电压互感器的二次绕组。

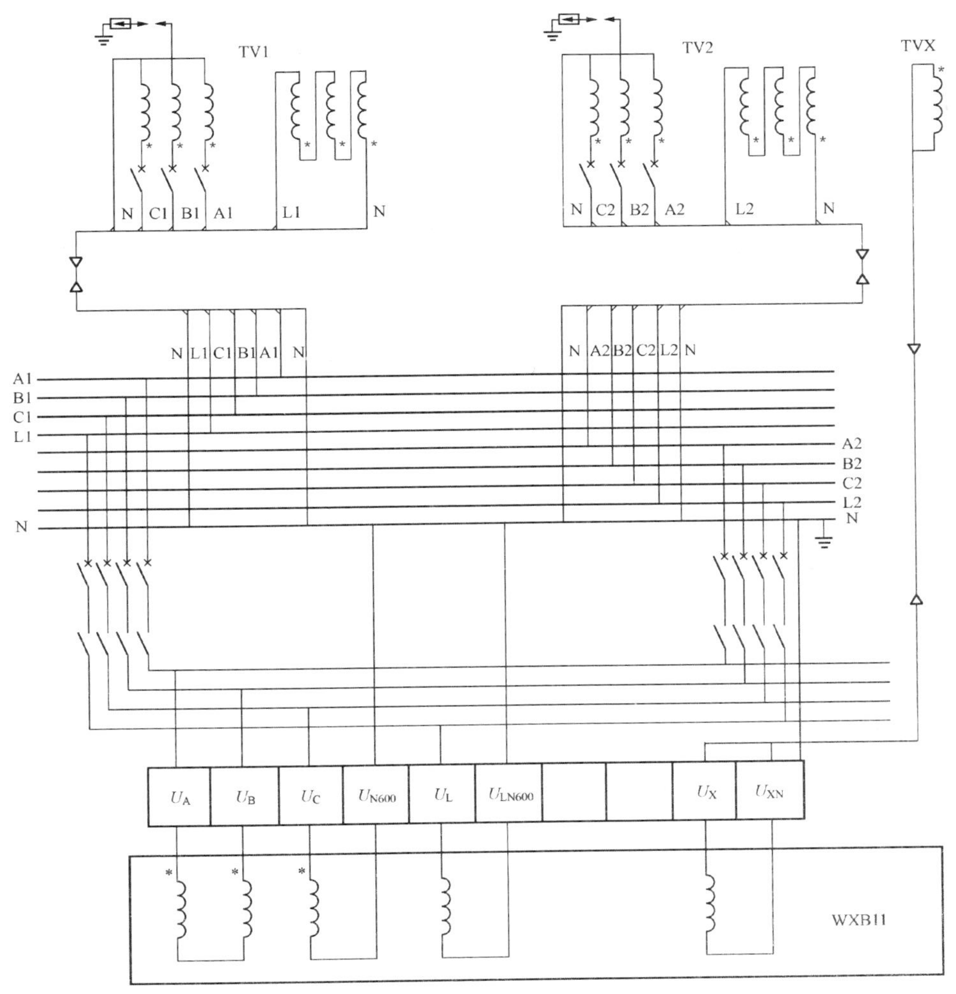

图6-6 TV二、三次绕组与保护之间正确接线图

3. 违反TV反措要求保护不正确动作的典型实例

反措要点颁发多年来，不久前还频繁出现因未严格执行TV反措造成零序功率方向保护在区外短路误动和区内短路拒动的实例。

（1）TV二、三次绕组共用N线造成保护误动之一。1996年10月3日5点30分，某站PXW-32型微机高频闭锁零序功率方向过电流保护在区外短路时误动。后查明原因为TV二次绕组YN的中性线N和三次绕组开口三角形的中性线N共线造成误动。TV二次绕组N线和三次绕组N线共线的错误接线之一如图6-7所示，图中TV二、三次绕组中性线N共用一电缆芯线，R 分别为开口三角形 L、N 电缆芯线自开关场至主控室的直流电阻，当三次绕组开口三角形存在 P 和 M 点短路时，出现以下情况：

1）TV 正确接线。当一次系统单相接地时，PXW-32 保护自产 $3\dot{U}_0$ 电压由式（1-26）得

$$3\dot{U}_0=\dot{U}_{a.n}+\dot{U}_{b.n}+\dot{U}_{c.n} \tag{6-9}$$

式中 $\dot{U}_{a.n}$、$\dot{U}_{b.n}$、$\dot{U}_{c.n}$——分别为 TV 二次绕组的三相电压相量。

2）TV 错误接线（TV 按图 6-7 错误接线，同时三次绕组开口三角形存在 P 和 M 点短路时）。当一次系统单相接地时，电阻 R 上的电压降为$\frac{1}{2}\sqrt{3}$（$3\dot{U}_0$），于是 PXW-32 保护测量绕组测量到的三相电压相量为

$$\left.\begin{aligned}\dot{U}_{a.o}&=\dot{U}_{a.n}-\frac{1}{2}\sqrt{3}\ (3\dot{U}_0)\\ \dot{U}_{b.o}&=\dot{U}_{b.n}-\frac{1}{2}\sqrt{3}\ (3\dot{U}_0)\\ \dot{U}_{c.o}&=\dot{U}_{c.n}-\frac{1}{2}\sqrt{3}\ (3\dot{U}_0)\end{aligned}\right\} \tag{6-10}$$

式中 $\dot{U}_{a.o}$、$\dot{U}_{b.o}$、$\dot{U}_{c.o}$——分别为保护测量绕组测量到的三相电压相量。

将式（6-10）代入式（1-26）得保护自产 $3\dot{U}'_0$ 为

$$3\dot{U}'_0=\dot{U}_{a.o}+\dot{U}_{b.o}+\dot{U}_{c.o}=3\dot{U}_0-3\ \frac{1}{2}\sqrt{3}\ (3\dot{U}_0)\ =\left(1-3\ \frac{1}{2}\sqrt{3}\right)\ (3\dot{U}_0)\ =-1.6\ (3\dot{U}_0)$$

即

$$3\dot{U}'_0=-1.6\ (3\dot{U}_0) \tag{6-11}$$

由式（6-9）、式（6-11）知，图6-7所示接线在一次系统单相接地时，保护检测到的自产 $3\dot{U}'_0$ 与 TV 按正确接线时检测到的自产 $3\dot{U}_0$ 方向相反，同时保护测量到的三相电压为 $\dot{U}_{a.o}$、$\dot{U}_{b.o}$、$\dot{U}_{c.o}$，与实际故障时的三相电压 $\dot{U}_{a.n}$、$\dot{U}_{b.n}$、$\dot{U}_{c.n}$在数值上和相位上也完全不相同，于是可能出现 PXW-32 型微机高频闭锁零序功率方向过电流保护和接地距离保护在区外短路时误动，在区内短路时拒动的事故。

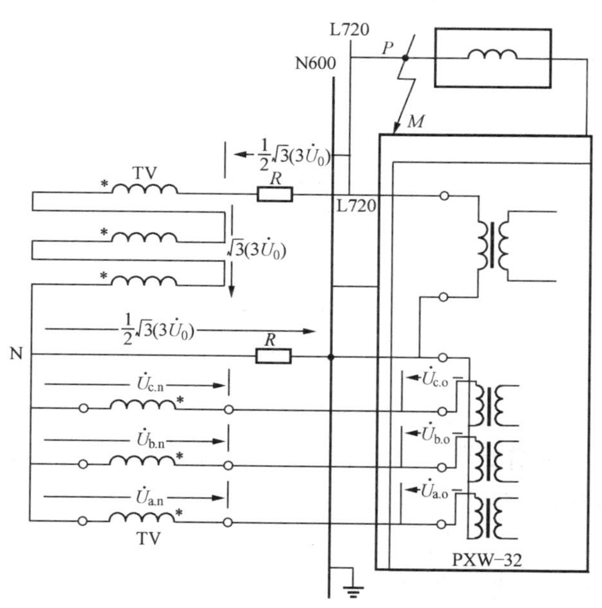

图 6-7 TV 二次绕组 N 和三次绕组 N 共线的错误接线图之一

（2）TV 二、三次绕组共用 N 中性线造成保护误动之二。1997 年 1 月 24 日，某厂 WXB-11C 型微机高频闭锁零序功率方向过电流保护在区外短路时误

动。其原因类似于前例之一。TV 二、三次绕组共用 N 线错误接线之二如图 6-8 所示。图中 TV 二、三次绕组中性线 N 共用一电缆芯线，且三次绕组开口三角形极性接反，于是出现以下情况：

1）TV 正确接线。当一次系统单相接地时，WXB-11C 型保护自产 $3\dot{U}_0$ 电压由式(1-26)得

$$3\dot{U}_0=\dot{U}_{a.n}+\dot{U}_{b.n}+\dot{U}_{c.n} \tag{6-12}$$

式中符号含义同式（6-9）。

2）TV 错误接线（TV 按图 6-8 错误接线，同时三次绕组开口三角形极性接反时）。当一次系统单相接地时，WXB-11C 保护测量绕组测量到的三相电压相量为

$$\left.\begin{aligned}\dot{U}_{a.o}&=\dot{U}_{a.n}-\sqrt{3}\ (3\dot{U}_0)\\ \dot{U}_{b.o}&=\dot{U}_{b.n}-\sqrt{3}\ (3\dot{U}_0)\\ \dot{U}_{c.o}&=\dot{U}_{c.n}-\sqrt{3}\ (3\dot{U}_0)\end{aligned}\right\} \tag{6-13}$$

式中符号含义同式（6-10）。

将式（6-13）代入式（1-26）得保护自产 $3\dot{U}'_0$ 为

$$3\dot{U}'_0=\dot{U}_{a.o}+\dot{U}_{b.o}+\dot{U}_{c.o}=3\dot{U}_0-3\sqrt{3}\ (3\dot{U}_0)\ =\ (1-3\sqrt{3})\ (3\dot{U}_0)\ =-4.169\ (3\dot{U}_0)$$

即

$$3\dot{U}'_0=-4.169\ (3\dot{U}_0) \tag{6-14}$$

由式（6-12）、式（6-14）知，图 6-8 所示接线在一次系统单相接地时，保护检测到的自产 $3\dot{U}'_0$ 和按 TV 正确接线时检测到的自产 $3\dot{U}_0$ 方向相反，同时保护测量到的三相电压为 $\dot{U}_{a.o}$、$\dot{U}_{b.o}$、$\dot{U}_{c.o}$，与实际故障时的三相电压 $\dot{U}_{a.n}$、$\dot{U}_{b.n}$、$\dot{U}_{c.n}$在数值上和相位上也完全不相同，于是可能出现 WXB-11C 型微机高频闭锁零序功率方向过电流保护和接地距离保护在区外短路时误动，在区内短路时拒动的事故。

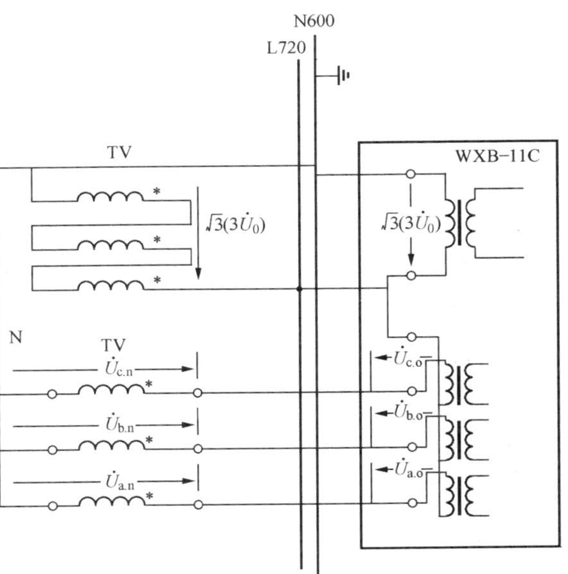

图 6-8　TV 二、三次绕组共用 N 线错误接线图之二

上述实例之二说明，如 TV 二、三次绕组 N 不共线，但保护屏内，保护三相电压测量绕组 YN 的 N 线与零序电压测量绕组的 L 或 N 相连时，从 N600 接地小母线引入单一的二次 N600 线且接于 $3U_{0.L}$时保护仍然误动；只有将 WXB-11C 型微机保护三相电压测量绕组 YN 的 N 线与零序电压测量绕组的 $3U_{0.N}$（或 $3U_{0.L}$）线相连的连接片拆开，$3U_{0.N}$接至小母线 N600，$3U_{0.L}$接至 L720 时，才能彻底避免以上错误接线时保护的不

正确动作。所以保护屏内，保护三相电压测量绕组 YN 的 N 线和零序电压测量绕组的 L 或 N 线或其他 TV 二次绕组均不能因正常运行时是同电位就在保护屏内直接相连，而应分别在接地小母线 N600 处相连。TV 及保护屏内正确接线如图 6-9 所示，图中 U_N 和 $3U_{0N}$ 在保护屏的端子排上分别接至接地小母线 N600。图 6-9（a）所示为保护屏内端子 U_N 和端子 $3U_{0L}$ 相连后接至小母线 L720 的错误接线图；图 6-9（b）所示为保护屏内端子 U_N 和端子 $3U_{0L}$（或 $3U_{0N}$）分别接至小母线 L720、N600 的正确接线图。

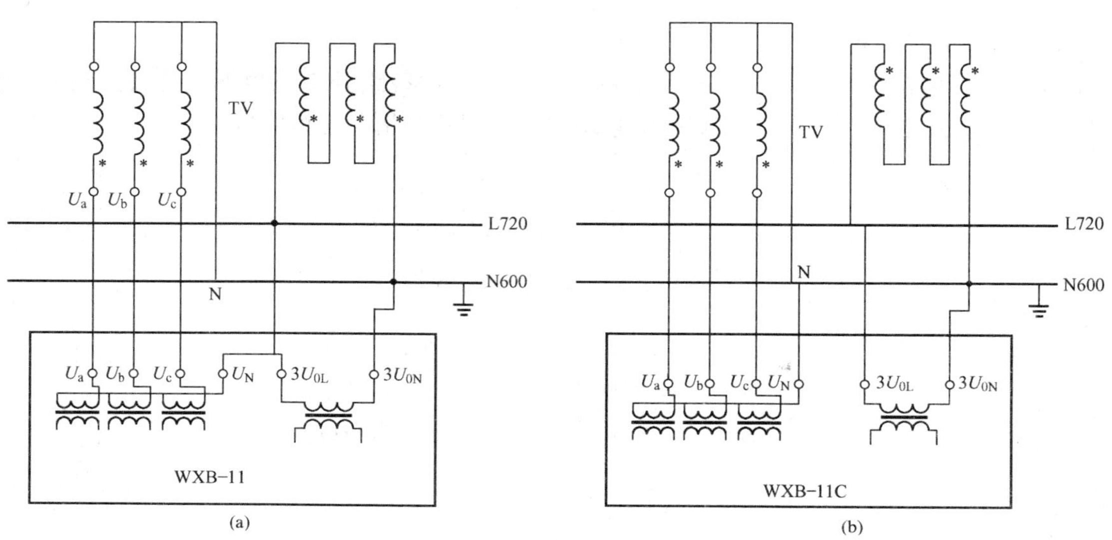

图 6-9　TV 及保护屏内正确接线图

（a）保护屏内端子 U_N 和 $3U_{0L}$ 相连后接至小母线 L720 的错误接线图；
（b）保护屏内端子 U_N 和 $3U_{0L}$（或 $3U_{0N}$）分别接至小母线 N600、L720 的正确接线图

4. 重要低压电动机低电压释放引起停机停炉的反事故措施

20 世纪 50～60 年代曾频繁出现重要低压电动机当瞬时（短时）低电压时低电压释放引起停机停炉事故，后经对重要低压电动机低电压释放进行改造，采用直流操作开关或经自保持方式在瞬时（短时）低电压时保持重要低压电动机仍在合闸运行状态的反事故措施，避免不必要的停机停炉事故，起到良好的效果。由于新老人员交替，20 世纪 90 年代开始至今又重复频繁出现重要低压电动机当瞬时（短时）低电压时低电压释放引起停机停炉事故，所以应再次重视并重申设计、安装、运行部门应执行重要低压电动机当瞬时（短时）低电压时低电压不能释放和运行中的重要低压电动机已采用低电压释放的交流接触器一律改为直流操作开关或经自保持方式在瞬时（短时）低电压时保持重要低压电动机仍在合闸运行状态的反事故措施。

5. 错误采用电动机停止运行状态判据引起停机停炉的反事故措施

保护（热机保护）用电动机断路器分闸动断辅助触点作为电动机停止运行状态判据，由于错误采用电动机断路器分闸位置继电器动断触点作为电动机停止运行状态判据，近年在大型发电机组上已频繁发生控制直流电源短时失电时引起停机停炉事故，所以用电动机停止运行状态判据的保护，凡是将断路器分闸位置继电器动断触点作为电动机停止运行状态判据，

均应改为断路器分闸动断辅助触点作为电动机停止运行状态判据，作为错误采用电动机停止运行状态判据引起停机停炉的反事故措施。

二、技术改进

技术改进和反事故措施是紧密相连的，技术改进和反事故措施在运行技术中占有极重要的位置，而反事故措施的依据除反措要点外，对电力系统事故通报中兄弟厂、站的经验教训也是进行反措的重要依据，所以对每次事故通报中有关继电保护的经验教训都要认真学习，结合本单位继电保护的实际情况，对照借鉴，然后提出并编制反事故措施计划和技术改进计划，使保护配置和保护性能不断完善和提高，这对整个电力系统的正常安全运行有着极其重要的作用。以下举例说明继电保护不断进行技术改造的实例。

1. 非全相运行保护及非全相运行失灵保护改造

20 世纪 60～70 年代，非全相运行保护及非全相失灵保护在国内未达成共识，20 世纪 80 年代开始，频繁出现机组的非全相运行，并造成大型发电机组转子严重损坏的事故，但开始的反事故措施并不完善，未根本上解决发电机非全相运行造成发电机转子损坏事故，同时对加装非全相失灵保护的重要性和必要性也未达成共识。如某厂的四台 300MW 机组，对加装非全相失灵保护的改造方案和其必要性在 20 世纪 80 年代末就曾经过多次讨论，直到 1993 年最后制定改造方案并在同年实施，其接线如图 2-31 所示（详见第二章第二节）。

（1）用 220kV 断路器的三相动合触点并联和三相动断触点并联组成与门，再与高压侧负序电流或零序电流组成与门作为非全相运行判据。

（2）经第一延时动作跳本断路器。

（3）上述（1）的判据和保护出口组成与门经第二延时动作解除母差保护（失灵保护）的复合电压闭锁并起动失灵保护。该保护从 1993 年运行至今未发生异常情况。

2. 发变组断路器失灵保护改进

高压输电线断路器失灵保护早在 20 世纪 70 年代就已开始广为采用，但发变组断路器失灵保护却不容易被继电保护人员接受。其原因是发变组故障概率比较小，断路器失灵概率也很小，所以发变组断路器失灵保护动作的概率就更小，而失灵保护误动率很高，所以形成发变组断路器失灵保护的安装和投运没有必要的认识。但随着电力系统的扩大和发展：①确实存在发变组故障，而其断路器又失灵的事故。②由于未投入发变组断路器失灵保护，最后造成主设备严重损坏事故和电力系统事故的扩大，这对整个电力系统造成的损失非常惨重。于是原电力部正式下文要求大型发电机变压器组都应加装并投入断路器失灵保护。如某厂在接到上级有关文件就立即组织有关继电保护人员学习讨论，统一认识，制定发变组断路器失灵保护改造和投运的方案，经上级部门审批后，不久就结合一次设备大修，逐台对发变组实施断路器失灵保护的改造方案。在实施方案中，除对机组起动失灵保护按图 2-31 改进完善外，还对其逻辑动作回路进行仔细的检验，并对失灵保护（母差保护）出口回路加装复合电压闭锁（复合电压闭锁出口跳闸回路是防止母差保护和失灵保护误动的最重要措施）。历经两年多时间，发变组断路器失灵保护改造基本完成，在 20 世纪 80 年代中后期，发变组断路器失灵保护正式投入至今，未发生任何异常和不正确动作，效果较好。

3. 发变组微机保护改进

1998 年 12 月和 1999 年 2 月，某发电厂投入两台 300MW 发电机变压器组，采用 WFB-

100型发变组微机保护装置，运行不久，因该微机保护模块质量问题，曾先后多次因保护模块损坏造成保护多次误动跳闸停机事故。该保护属运行不久的装置，存在着不少薄弱环节，后经多次反复讨论，以现场改动最少，方法最简单，既不降低保护动作的可靠性，又大大减少保护的误动概率为原则，于是决定对WFB-100型发变组微机保护进行以下的技术改进。

(1) 加装保护起动元件。在原运行保护动作回路中加装正常时闭锁保护，故障时解除闭锁的起动元件。起动元件应符合以下条件：

1) 起动元件的动作判据。应与被闭锁的保护具有相同的起动动作判据，如比率制动纵差动保护的起动元件，动作判据为对应保护的差电流≥保护最小动作电流，整定值取被闭锁差动保护的最小动作电流（其他保护的起动元件类同）。

2) 起动元件模块。起动元件模块应用独立的模块，即不能与被闭锁的保护合用同一模块，这样保证保护模块损坏时，起动元件可靠闭锁。

3) 提高起动元件可靠性的冗余度。为保证一次设备故障时，保护可靠动作，应有相同原理的两组独立起动元件在动作逻辑中组成或门后，与被闭锁的保护组成与门后动作出口。

(2) 保护的出口回路改进。原设计各保护出口分两组，分别作用于断路器的两组跳闸线圈，这实际上降低保护双重化和跳闸线圈双重化的效果，为此结合机组大修和保护改进，将保护跳闸出口回路改为任一保护全停动作时，同时作用于断路器两组跳闸线圈，并同时作用于停机、停炉、跳灭磁开关、跳厂用分支断路器、起动厂用电事故快速切换装置的改进方案。自2000年12月改进投运至今，两台机组未发生因保护模块故障而造成保护误动，同时区外短路时相应保护起动元件均动作正确。通过这次技术改造，保护动作可靠性的冗余度得到了很大的提高，经5年时间运行考验，改造后的保护未发生任何原因的误动，运行效果比较理想。

第五节　技　术　管　理

为提高管理水平，必须建立健全各种管理制度，各种管理制度的建立是使各项工作规范化的重要保证，每次继电保护发生重大事故时，基本上都能从技术管理上找出漏洞，所以建立健全、完善并认真执行各项技术管理制度，是继电保护和整个电力系统安全运行的重要保证之一。

一、定值管理制度

定值管理制度的内容有：

(1) 建立完整齐全并符合实际设备的参数档案。

(2) 按有关整定计算条例或有关计算导则建立完整的整定计算稿。

(3) 有调度部门提供并经领导审定的运行方式和运行参数。

(4) 科学的编制整定方案。整定方案应经过有关专业人员讨论、审核和主管领导批准，整定方案包括以下诸文件。

1) 整定方案对系统近期发展的考虑。

2) 各类保护整定计算原则。

3) 完整的整定计算稿。

4）整定计算表（包括整定允许的最大负荷）。

5）变压器中性点接地方式的安排。

6）正常和可能的各种运行方式的安排。

7）建立全厂标有一次动作整定值的保护配置图。

8）编制运行中的保护存在的问题和改进方案。

9）建立主系统和厂用系统一次接线图及正序、零序阻抗图。

10）现场执行的整定值通知单。

（5）根据系统参数的变化情况、系统保护的变动情况，每年对有关的继电保护整定值作一次全面的修正计算，对变动的整定值应按新的整定值通知单执行。

（6）编制整定值通知单的规定。

1）不同运行方式整定值。

2）经审批的整定值通知单一式多份。运行现场、检验部门、继电保护班组、继保专职人员、编制人员、主管领导各留一份。

（7）各级继电保护部门保护整定应有明确的分工和职责范围。

二、检验管理制度

（1）运行中或准备投运的保护装置，都应按部颁检验条例和有关检验规程经过检验合格后方可正式投入运行。

（2）保护的定期检验应事先编制年、季、月检验计划。

（3）检验过程中严格执行《电业安全工作规程》及有关的“保安规程”，按符合实际设备的正确图纸和“现场检验规程”进行现场检验工作。对复杂的检验工作，应按事先编制的检验方案进行检验。

（4）检验时使用配有符合准确要求的专用仪器、仪表。

（5）现场检验（其他现场工作）必须携带应有的符合现场设备的图纸。现场检验（其他现场工作）不携带图纸是坏工艺，应坚决纠正。

（6）继电保护检验时应认真做好检验记录。检验结束立即整理检验报告，并将检验中发现和解决、存在的问题向运行人员及时交代清楚，并在现场运行专用的继电保护工作记录簿中记录清楚，检验负责人和运行负责人应共同签名。

（7）继电保护动作不正确时应组织进行现场检验，找出保护不正确动作原因。

（8）现场检验报告要有专职人员审核，并妥善保管。

三、缺陷管理制度

（1）运行中的设备一旦出现缺陷或不正常的运行情况，应由发现者填写缺陷单，在缺陷登记簿上记录备案，根据缺陷的轻重缓急程度，有计划地进行消除或立即消除缺陷。

（2）建立专用的缺陷记录簿。应记录：

1）缺陷发生的日期、时间，缺陷的情况，缺陷发现人签名。

2）缺陷消除情况，缺陷消除人签名。

3）缺陷条数统计记录，发现缺陷条数、消除缺陷条数、累计缺陷条数的统计。

四、反措管理制度

（1）建立反措专用文档。收藏有关反措内容的上级来文，如部颁反措要点，上级颁发的反措实施细则，历年来上级有关反措内容的其他来文等等，以备查阅和作为编制反事故措施计划的依据。

（2）建立本部门反措专用文档。对本厂继电保护历年的反措计划完成和执行情况进行定期汇总记录。

（3）每年编制下年度的反措和技术改进计划及季、月度的实施计划。

（4）对每次事故通报中针对继电保护的反措条文或对策建有专用文档。根据轻重缓急制定当前或年度的反措计划。

（5）设有专人负责反措管理。

五、图纸管理制度

正确并符合现场实际设备的继电保护图纸是继电保护现场工作的依据，图纸管理目的是始终使图纸保持和现场设备一致，保持图纸100％的正确性，图纸管理和整定值管理及检验管理是继电保护三大管理工作，是继电保护正常工作的重要保证。

（1）要设专人负责图纸管理工作。

（2）建有符合现场实际的一次系统图。

（3）建有保护一次整定值配置图。

（4）建有每一设备独立编号的专用图纸夹（袋）。每一设备必须具备符合实际设备的以下图纸：

1）继电保护原理展开图（附有设备表的TA、TV交流回路展开图和保护直流回路展开图）。

2）控制操作系统二次回路展开图（附有设备表）。

3）信号回路原理展开图（附有设备表）。

4）二次回路端子排接线图（操作屏、保护屏、断路器及其他现场设备端子排图）。

5）屏内接线图（操作屏、保护屏、断路器及其他现场设备二次接线图）。

6）屏面布置图（附有设备表）。

（5）所有图纸应保持正确，保持与实际设备接线一致，保持清洁完好。

（6）一旦发现图纸和现场设备接线不一致时，应查明是图纸错误还是实际设备接线错误，查明后按正确地进行修改。

（7）当设备改进或其他原因接线需变更时，首先应修改图纸，并注明修改原因、修改日期，由修改人签名，经技术专职审核，对主设备及重要设备的图纸修改还须经主管的技术领导批准后，设备才能按图施工。

（8）下列场所应各备有完整的继电保护及有关的二次图纸。

1）供运行人员备查的现场图纸。

2）供继电保护人员现场工作的图纸（继电保护人员现场工作必须携带图纸，要杜绝现场工作不带图纸的坏习惯）。

3）继电保护班组备有两份完整的图纸。其中一份为工作时查阅的图纸，另一份为备用的图纸。

4）继电保护专职人员备有专用图纸。

5）厂部技术档案室备有一份完整的图纸。

（9）正式归档的图纸均应经审批后方能生效，并有设计（修改）、校对、审核、批准人签名（日期）。

六、运行管理制度

继电保护的运行管理是防止运行中出现疏漏，造成保护不正常或错误运行的重要环节。如由于运行管理不善，在操作过程中由于未执行有关继电保护的操作规定或运行规程中对继电保护的规定不完备，或操作票中遗漏相应的继电保护操作条文，容易出现一次设备在操作过程中造成继电保护的误动。以下是近年来发生的一些实例。

（1）1996 年 11 月 5 日，某厂、站用 220kV 旁路断路器代 2 号主变压器断路器时，在 220kV 旁路断路器合闸操作前，因未将 2 号主变压器差动保护暂时停用，以致合上旁路断路器后，引起 2 号主变压器差动保护误动作跳闸事故。

（2）1996 年 12 月 12 日，某厂、站用 220kV 旁路断路器代 3 号主变压器断路器时，未将 3 号主变压器差动保护暂时停用，以致合上旁路断路器后，引起 3 号主变压器差动保护误动作跳闸事故。

（3）1998 年 2 月 25 日，某厂、站用 220kV 旁路断路器代 2 号主变压器断路器时，未将 2 号主变压器差动保护暂时停用，以致合上旁路断路器后，引起 2 号主变压器差动保护误动作跳闸事故。

（4）1999 年 1 月 16 日，某厂、站用 110kV 旁路断路器代 2 号主变压器断路器时，未将 2 号主变压器差动保护暂时停用，以致合上旁路断路器后，引起 2 号主变压器差动保护误动作跳闸事故。

（5）1995 年 10 月 6 日，某厂在寻找直流系统接地时，事先未了解厂用系统失直流时能引起 4 台给煤机跳闸的情况（运行规程中未明确运行中不能断开某些厂用系统控制直流电源的规定），当拉断 14 号机组（300MW）厂用系统直流控制电源时，引起 4 台给煤机无故障跳闸，导致 14 号炉失去主燃料保护 MFT 动作停机、停炉的事故（后将给煤机控制回路改进，当失直流时给煤机改为不跳闸电路）。

（6）2004 年 7 月 5 日，某厂在寻找直流系统接地时，事先未了解 2 号炉炉水泵，输入 MFT 的炉水泵跳闸判据误用断路器位置继电器动断触点（正确的接线应用断路器动断触点），以致在拉断 6kV 高压厂用系统直流操作电源时，断路器位置继电器动断触点返回，造成 2 号炉 MFT 动作停机、停炉的事故（后将 2 号炉炉水泵断路器位置继电器动断触点改为断路器动断触点）。

（7）1999 年 8 月 3 日，某厂在寻找直流系统接地时，拉直流导致低阻抗保护失压误动，引起发电机组跳闸停机事故。

（8）1993 年 9 月 12 日，某厂日本国日立公司生产的发电机低电压闭锁电流保护，电压取自机端 TV，电流取自发电机中性点侧 TA 二次电流，且动作电流小于发电机额定电流，机端 TV 二次熔断器熔断时具有闭锁该保护的功能，但在恢复 TV 二次熔断器时，保护自动解除 TV 断线闭锁时间小于复合电压返回时间，以致造成低电压闭锁电流保护误动跳闸停机事故。虽然事故发生的原因是该保护存在整定值和配置原理的不合理，同时运行中对 TV 断线失压再恢复电压时保护可能误动作未采取应有的正确措施，同时也反映出运行中规章制度的不完善。

运行管理应包括以下内容。

1. 编制符合本厂设备的继电保护运行规程

继电保护运行规程内容应有：

(1) 一次系统运行方式变更时应更改对应的保护整定值的规定。

(2) 一次系统运行方式变更时投入或停用的保护的规定（接通和断开对应的跳闸连接片）。

(3) 一次系统运行方式变更时规定设备对应的最大允许负荷电流。

(4) 倒闸操作时应有保护对应操作的条文（在操作票中应有保护对应操作的条文，如上述旁路断路器代主变压器断路器时，应将主变压器差动保护暂时停用的操作条文）。

2. 运行现场应建立有利运行的各种记录簿

(1) 继电保护现场工作记录簿。每当继电保护检修工作结束时，继电保护人员应向运行人员口头和书面交代本次工作情况，包括整定值、二次回路变更情况，以及做了那些工作等等，并应双方签名。

(2) 继电保护动作记录簿。每当一次系统故障时，应详细记录故障发生时间、所有保护动作情况，并将已知的一次系统故障情况记录清楚。

(3) 继电保护异常情况记录簿。运行中继电保护的任何异常情况均应有书面记录，并立即告知继电保护人员，进行及时处理。

(4) 继电保护定期检查记录簿。运行现场应设有继电保护定期检查记录簿，将定期检查的日期、时间，检查的情况记录清楚，以便有据可查。

(5) 继电保护缺陷记录簿。运行现场建有继电保护缺陷记录簿，记录发现缺陷的内容、日期、时间，并由发现人签名。

(6) 特殊保护投入、停用记录簿。如输电线路纵向高频保护投入和停用专用记录簿，记录高频保护停用原因、日期、时间和再次投入日期、时间，以便于对某些投、停频繁的保护进行分析、统计、考核。

七、设备定级管理制度

(1) 全厂保护应有正确统计的套数。

(2) 所有保护应以被保护设备为单位并作为整体进行评级和定级。

(3) 新安装的保护应在第一次定期检验后开始定级。运行中的保护装置，每次定期检验后进行定级，当发现缺陷并消除缺陷后重新定级。

(4) 建立定级记录簿。年终对保护装置定级情况进行一次全面分析，提出消除缺陷的措施计划，并逐级上报。

(5) 一类设备所有保护装置，其技术状况应良好，性能应完全满足一次系统安全运行要求，并符合以下主要条件：

1) 保护屏、继电器元件、附属设备及二次回路无缺陷。

2) 装置原理、接线及整定值正确，符合有关规程、条例的规定并有反事故措施要求。

3) 图纸资料（检验报告、技术参数）齐全，符合实际。

4) 检验期限、项目及质量符合规程要求。

5）运行条件良好（抗干扰措施）。

（6）二类设备的保护装置比一类设备稍差，但保护装置无重大缺陷，技术状况和性能不影响系统安全运行。

（7）三类设备的保护装置是配置不全，技术性能不良，因而影响系统安全运行（如动作不可靠或可能误动作等）。如主要保护装置有下列情况之一者，应评为三类设备。

1）保护未满足系统安全运行的要求（如故障切除时间过长，母差保护、线路高频保护应投入而未投入，变压器瓦斯保护未能可靠投入跳闸等）。

2）未满足反事故措施要求。

3）供运行人员操作的连接片（硬压板）、把手、按钮等没有标志。

4）图纸不全或不符合实际现场设备。

5）故障录波器不能完好录波或未投入运行。

第六节 其他技术问题

一、保护动作的跳闸方式

保护动作跳闸方式有：

（1）全停。全停系指保护动作时，同时作用于关闭汽轮机主汽门和调门、跳高压主断路器、灭磁（跳灭磁开关）、跳厂用分支断路器，起动快切装置进行厂用电事故自动切换。

（2）逆功率程序跳闸。国内外都曾发生发电机带负荷突然解列，而汽轮机主汽门和调门关闭失灵，从而造成汽轮机超速飞车的严重恶性事故。发变组非短路故障的异常运行等不正常运行方式的保护，如发电机冷却水断水保护、主变压器冷却器故障保护、发电机失磁保护、失步保护等等可作用于先关闭汽轮机主汽门和调门，待判断汽轮机主汽门和调门已全关闭（逆功率继电器动作后），再经主汽门关闭辅助触点和逆功率继电器组成与门的程序跳闸保护作用于全停，这是防止汽轮机超速飞车的重要措施。

（3）解列不灭磁与解列灭磁。解列不灭磁与解列灭磁的目的是尽可能减少停机停炉，但目前大型发电机组基本上无法实现，因大型发电机组在带一定负荷后，突然解列时锅炉无法维持稳定燃烧，所以解列不灭磁与解列灭磁的跳闸方式实践证明无实际意义。如某厂在20世纪70年代初投运的国产第一台300MW机组至1996年投运的第四台300MW机组，在原设计时均考虑4种不同的跳闸方式，即解列、解列灭磁、逆功率程序跳闸（20世纪70年代还无此跳闸方式）和全停方式，但实践运行证明解列、解列灭磁无法实现，最后只采用逆功率程序跳闸和全停方式。

二、电流互感器选择问题

1. 电流互感器TA对差动保护工作的影响

随着电力系统容量不断的增大，主设备出口短路电流也相应地大大增加，如大型发电厂220kV系统出口最大短路电流目前都已高达40～45kA，如果TA变比为1250/5，则短路电流倍数已高达30倍以上。长度为300m、截面积为6mm^{2}的铜芯二次电缆的直流电阻约为0.9Ω，此时TA二次等效负载电阻为1Ω左右，最高稳态负载电压高达360V。

主设备短路保护中，原理最完善、构成最简单的保护装置是发电机、变压器比率制动型纵差动保护。实践证明，发电机或变压器比率制动型纵差动保护最小动作电流取得过小时，当出现远区外短路、区外短路切除后电压恢复、带有一定负荷的变压器在相邻变压器空载合闸时出现和应涌流时，变压器纵差动保护往往容易误动作。主要原因是变压器或发电机两侧TA暂态传变特性不一致，造成在区外短路或有突变量电流时产生难以计算的不平衡电流，以致造成纵差动保护误动作。在无奈的情况下只能适当提高发电机、变压器比率制动型纵差动保护的最小动作电流和制动系数斜率，目前实际上只能根据经验公式计算，发电机比率制动型纵差动保护最小动作电流 $I_{d.op.min}=(0.2\sim0.4)I_{g.n}$，最小制动电流 $I_{res.min}=0.8I_{t.n}$，制动系数斜率 $K_{res}=0.4\sim0.45$；升压变压器比率制动型纵差动保护 $I_{d.op.min}=(0.5\sim0.6)I_{t.n}$，$I_{res.min}=0.8I_{t.n}$，$S=0.5$；降压变压器比率制动型纵差动保护 $I_{d.op.min}=(0.6\sim0.8)I_{t.n}$，$I_{res.min}=0.8I_{t.n}$，$S=0.5$。但这不是解决问题的最好办法，是通过牺牲发电机变压器小匝数短路的灵敏度，用提高比率制动型纵差动保护定值来换取消除因变压器或发电机两侧TA暂态传变特性不一致的误动，只是权宜之计。而较适宜的办法是消除误动的根源，解决各侧TA暂态传变特性不一致的因素，有条件时各侧尽可能采用暂态传变特性一致的TPY级TA或其他传变一次电流更理想的新型TA，以降低比率制动型纵差动保护整定值，达到发电机变压器小匝数短路时保护能灵敏、可靠的动作。

2. 差动保护用TA的选择

对300MW及以上的大型发电机组，差动保护TA的选择和计算起着十分关键的作用。根据系统短路电流和TA的实际二次负载，严格地遵循TA计算选择导则选择TA，尽可能在变压器各侧选择稳态和暂态特性接近相同的TA。这对大型发电机变压器的纵差动保护的工作性能肯定能有所改善和提高，但达到完全理想的程度还是很困难的（TA暂态过程的误差是造成大型发电机变压器纵差动保护误动的主要原因。如果选用TPY级电流互感器，则对减小TA暂态过程的误差，降低比率制动型纵差动保护最小动作电流和制动系数斜率，提高主设备内部小匝数短路故障灵敏度，减少发电机变压器纵差动保护误动等有很大的帮助），这样能适当兼顾保护的灵敏度和尽可能减少差动保护误动作的概率。

3. 电流互感器TA对其他保护工作的影响

近年来在35kV系统和6kV厂用系统中，的确曾多次出现在电流保护计算灵敏度很高的情况下，发生电流速断保护及定时限过电流保护拒动的实例。这主要是当一次设备发生短路时，短路电流大大超过TA的饱和倍数，即在短路电流作用下，TA极度饱和时，TA二次绕组传变的电流波形极度畸变，甚至二次绕组只能产生波宽很窄的尖脉冲电流，以致造成过电流元件拒动作。大型发电厂6kV厂用母线出口处短路电流 $I_K^{(3)}=20\sim22kA$（对应高压厂用变压器额定容量为25MVA，$u_k=10.5\%$），如6.3kV母线出口短路时，TA变比为100/5，则短路电流倍数高达200～220倍。0.4kV低压厂用母线出口处短路电流 $I_K^{(3)}=27\sim28kA$（对应低压厂变压器额定容量为1.25MVA，$u_k=6\%$），如0.4kV母线出口短路时，TA变比为400/5，此时短路电流倍数高达68～70倍。如此高的短路电流倍数，0.4～6kV的TA无论如何难于保证过电流元件能正确可靠地动作，唯一的办法是尽可能选用变比较大、饱和倍数较高、容量较大的TA，保护装置尽可能安装于靠近TA的就地开关柜上，保护用TA一次额定电流不能按（1/2～2/3）负荷电流的原则选择。实践证明，6.3kV厂用系统，选用 TA 变比为 400/5，TA 二次饱和电压为 70～100V，保护安装于就地高压断路器柜上，这样当高压电缆出口三相短路故障时，电流速断保护均能可靠动作切断短路。所以 0.4～6kV 的出线尽可能按最大短路电流时 TA 稳态特性不要极度饱和的原则选择 TA。

三、微机保护采样溢出问题

微机保护在最大短路电流采样时，不能因短路电流太大而使保护电流互感器（保护内部电流互感器）饱和、A/D 模数转换器溢出，有时出口短路 TA 二次最大短路电流可能高达 200A 以上，此时如电流采样溢出，保护可能拒动或误动，其后果必然很严重，所以这是制造和运行时必须引起重视和注意的问题（在运行实践中已遇到这类实际问题）。

附　　录

附录 A　短路电流衰减曲线和衰减表

表 A-1　　汽轮发电机运算曲线数字表（X_{cal}＝0.12～3.45）

X_{cal} \ t (s)	0	0.01	0.06	0.1	0.2	0.4	0.5	0.6	1	2	4
0.12	8.963	8.603	7.186	6.400	5.220	4.252	4.006	3.821	3.344	2.900	2.526
0.14	7.718	7.467	6.441	5.839	4.878	4.040	3.829	3.673	3.200	2.795	2.512
0.16	6.763	6.545	5.660	5.146	4.336	3.649	3.481	3.359	3.060	2.706	2.490
0.18	6.020	5.844	5.122	4.697	4.016	3.429	3.288	3.186	2.944	2.659	2.476
0.20	5.432	5.280	4.661	4.297	3.715	3.217	3.099	3.016	2.825	2.607	2.462
0.22	4.938	4.813	4.296	3.988	3.487	3.052	2.951	2.882	2.729	2.561	2.444
0.24	4.526	4.421	3.984	3.721	3.286	2.904	2.816	2.758	2.638	2.515	2.425
0.26	4.178	4.088	3.714	3.486	3.106	2.769	2.693	2.644	2.551	2.467	2.404
0.28	3.872	3.705	3.472	3.274	2.939	2.641	2.575	2.534	2.464	2.415	2.378
0.30	3.603	3.536	3.255	3.081	2.785	2.520	2.463	2.429	2.379	2.360	2.347
0.32	3.368	3.310	3.063	2.909	2.646	2.410	2.360	2.332	2.299	2.306	2.316
0.34	3.159	3.108	2.891	2.754	2.519	2.308	2.264	2.241	2.222	2.252	2.283
0.36	2.975	2.930	2.736	2.614	2.403	2.213	2.175	2.156	2.149	2.148	2.250
0.38	2.811	2.770	2.597	2.487	2.297	2.126	2.093	2.077	2.081	2.109	2.217
0.40	2.664	2.628	2.471	2.372	2.199	2.045	2.017	2.004	2.017	2.099	2.184
0.42	2.531	2.499	2.357	2.267	2.110	1.970	1.946	1.936	1.956	2.052	2.151
0.44	2.411	2.382	2.253	2.170	2.027	1.900	1.879	1.872	1.899	2.006	2.119
0.46	2.302	2.275	2.157	2.082	1.950	1.825	1.817	1.812	1.845	1.963	2.088
0.48	2.203	2.178	2.069	2.000	1.879	1.774	1.759	1.756	1.794	1.921	2.057
0.50	2.111	2.088	1.988	1.924	1.813	1.717	1.704	1.703	1.746	1.880	2.027
0.55	1.913	1.894	1.810	1.757	1.665	1.589	1.581	1.583	1.635	1.785	1.953
0.60	1.748	1.732	1.662	1.617	1.539	1.478	1.474	1.479	1.538	1.699	1.884
0.65	1.610	1.596	1.535	1.497	1.431	1.382	1.381	1.388	1.452	1.621	1.819
0.70	1.492	1.479	1.426	1.393	1.336	1.297	1.298	1.307	1.375	1.548	1.734
0.75	1.390	1.379	1.332	1.302	1.253	1.221	1.225	1.235	1.305	1.484	1.596
0.80	1.301	1.291	1.249	1.223	1.179	1.154	1.159	1.171	1.243	1.424	1.474
0.85	1.222	1.214	1.176	1.152	1.114	1.094	1.100	1.112	1.186	1.358	1.370
0.90	1.153	1.145	1.110	1.089	1.055	1.039	1.047	1.060	1.134	1.279	1.279
0.95	1.091	1.084	1.052	1.032	1.002	0.990	0.998	1.012	1.087	1.200	1.200
1.00	1.035	1.028	0.999	0.981	0.954	0.945	0.954	0.968	1.043	1.129	1.129
1.05	0.985	0.979	0.952	0.935	0.910	0.904	0.914	0.928	1.003	1.067	1.067
1.10	0.940	0.934	0.908	0.893	0.870	0.866	0.876	0.891	0.966	1.011	1.011
1.15	0.898	0.892	0.869	0.854	0.833	0.832	0.842	0.870	0.932	0.961	0.961
1.20	0.860	0.855	0.832	0.819	0.800	0.800	0.811	0.825	0.898	0.915	0.915
1.25	0.825	0.820	0.799	0.786	0.769	0.770	0.781	0.796	0.864	0.874	0.874
1.30	0.793	0.788	0.768	0.756	0.740	0.743	0.754	0.769	0.831	0.836	0.836

续表

X_{cal} \ t (s)	0	0.01	0.06	0.1	0.2	0.4	0.5	0.6	1	2	4
1.35	0.763	0.758	0.739	0.728	0.713	0.717	0.728	0.743	0.800	0.802	0.802
1.40	0.735	0.731	0.713	0.703	0.688	0.693	0.705	0.720	0.769	0.770	0.770
1.45	0.710	0.705	0.688	0.678	0.665	0.671	0.682	0.697	0.740	0.740	0.740
1.50	0.686	0.682	0.665	0.656	0.644	0.650	0.662	0.676	0.713	0.713	0.713
1.55	0.663	0.659	0.644	0.635	0.623	0.630	0.642	0.657	0.687	0.687	0.687
1.60	0.642	0.639	0.623	0.615	0.604	0.612	0.624	0.638	0.664	0.664	0.664
1.65	0.622	0.619	0.605	0.596	0.586	0.594	0.606	0.621	0.642	0.642	0.642
1.70	0.604	0.601	0.587	0.579	0.570	0.578	0.590	0.604	0.621	0.621	0.621
1.75	0.586	0.583	0.570	0.562	0.554	0.562	0.574	0.589	0.602	0.602	0.602
1.80	0.570	0.567	0.554	0.547	0.539	0.548	0.559	0.573	0.584	0.584	0.584
1.90	0.540	0.537	0.525	0.518	0.511	0.521	0.532	0.544	0.550	0.550	0.550
1.95	0.526	0.523	0.511	0.505	0.498	0.508	0.520	0.530	0.535	0.535	0.535
2.00	0.512	0.510	0.498	0.492	0.486	0.496	0.508	0.517	0.521	0.521	0.521
2.05	0.500	0.497	0.486	0.480	0.474	0.485	0.496	0.504	0.507	0.507	0.507
2.10	0.488	0.485	0.475	0.469	0.463	0.474	0.485	0.492	0.494	0.494	0.494
2.15	0.476	0.474	0.464	0.458	0.453	0.463	0.474	0.481	0.482	0.482	0.482
2.20	0.465	0.463	0.453	0.448	0.443	0.453	0.464	0.470	0.470	0.470	0.470
2.25	0.455	0.453	0.443	0.438	0.433	0.444	0.454	0.459	0.459	0.459	0.459
2.30	0.445	0.443	0.433	0.428	0.424	0.435	0.444	0.448	0.448	0.448	0.448
2.35	0.435	0.433	0.424	0.419	0.415	0.426	0.435	0.438	0.438	0.438	0.438
2.40	0.426	0.424	0.415	0.411	0.407	0.418	0.426	0.428	0.428	0.428	0.428
2.45	0.417	0.415	0.407	0.402	0.399	0.410	0.417	0.419	0.419	0.419	0.419
2.50	0.409	0.407	0.399	0.394	0.391	0.402	0.409	0.410	0.410	0.410	0.410
2.55	0.400	0.399	0.391	0.387	0.383	0.394	0.401	0.402	0.402	0.402	0.402
2.60	0.392	0.391	0.383	0.379	0.376	0.387	0.393	0.393	0.393	0.393	0.393
2.65	0.385	0.384	0.376	0.372	0.369	0.380	0.385	0.386	0.386	0.386	0.386
2.70	0.377	0.377	0.369	0.365	0.362	0.373	0.378	0.378	0.378	0.378	0.378
2.75	0.370	0.370	0.362	0.359	0.356	0.367	0.371	0.371	0.371	0.371	0.371
2.80	0.363	0.363	0.356	0.352	0.350	0.361	0.364	0.364	0.364	0.364	0.364
2.85	0.357	0.356	0.350	0.346	0.344	0.354	0.357	0.357	0.357	0.357	0.357
2.90	0.350	0.350	0.344	0.340	0.338	0.348	0.351	0.351	0.351	0.351	0.351
2.95	0.344	0.344	0.338	0.335	0.333	0.343	0.344	0.344	0.344	0.344	0.344
3.00	0.338	0.338	0.332	0.329	0.327	0.337	0.338	0.338	0.338	0.338	0.338
3.05	0.332	0.332	0.327	0.324	0.322	0.331	0.332	0.332	0.332	0.332	0.332
3.10	0.327	0.326	0.322	0.319	0.317	0.326	0.327	0.327	0.327	0.327	0.327
3.15	0.321	0.321	0.317	0.314	0.312	0.321	0.321	0.321	0.321	0.321	0.321
3.20	0.316	0.316	0.312	0.309	0.307	0.316	0.316	0.316	0.316	0.316	0.316
3.25	0.311	0.311	0.307	0.304	0.303	0.311	0.311	0.311	0.311	0.311	0.311
3.30	0.306	0.306	0.302	0.300	0.298	0.306	0.306	0.306	0.306	0.306	0.306
3.35	0.301	0.301	0.298	0.295	0.294	0.301	0.301	0.301	0.301	0.301	0.301
3.40	0.297	0.297	0.293	0.291	0.290	0.297	0.297	0.297	0.297	0.297	0.297
3.45	0.292	0.292	0.289	0.287	0.286	0.292	0.292	0.292	0.292	0.292	0.292

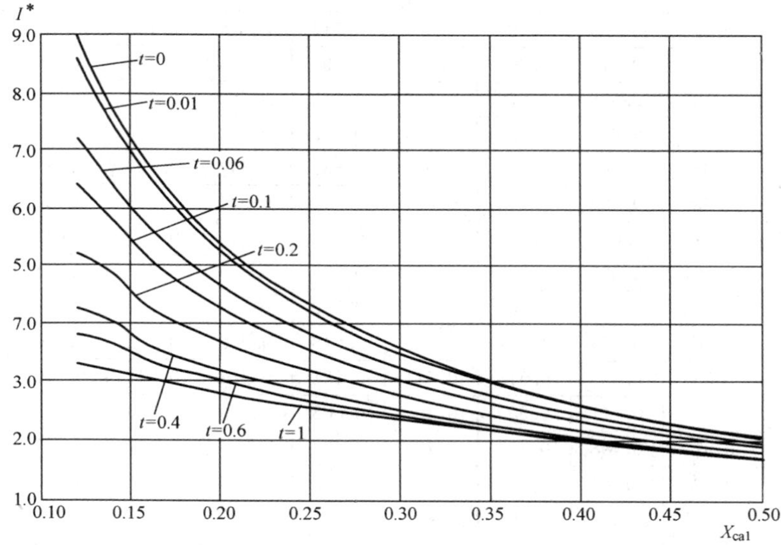

图 A-1 汽轮发电机运算曲线（一）（X_{cal}=0.12～0.50）

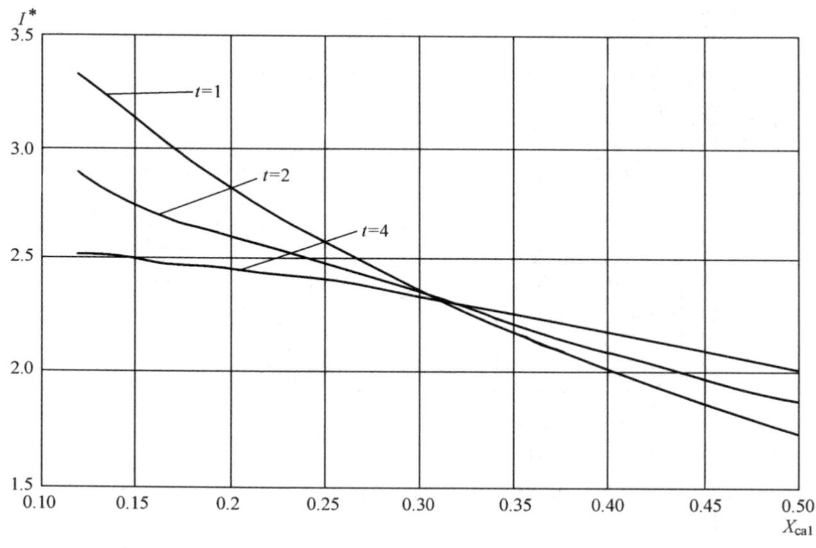

图 A-2 汽轮发电机运算曲线（二）（X_{cal}=0.12～0.50）

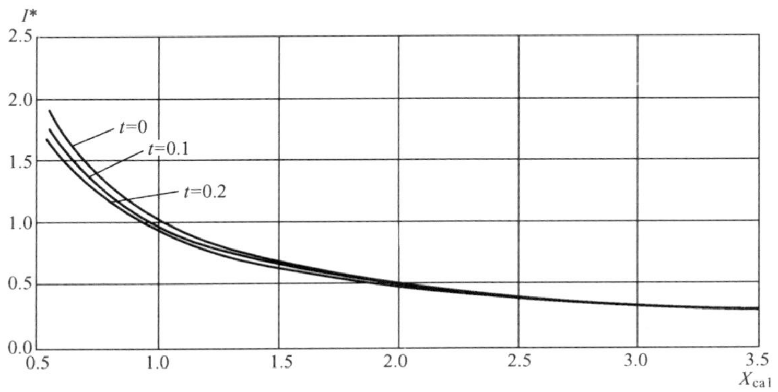

图 A-3 汽轮发电机运算曲线（三）（X_{cal}＝0.50～3.45）

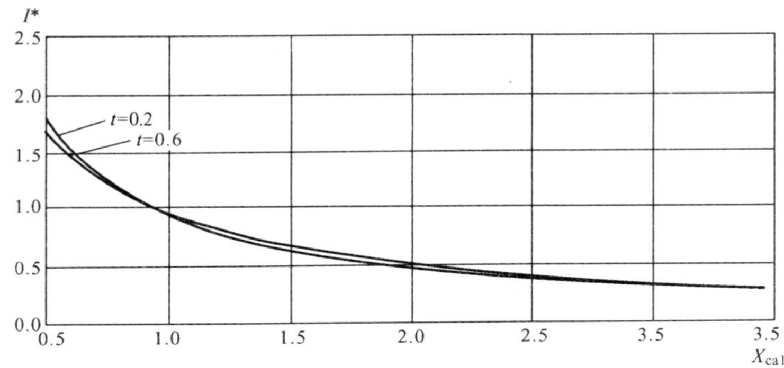

图 A-4 汽轮发电机运算曲线（四）（X_{cal}＝0.50～3.45）

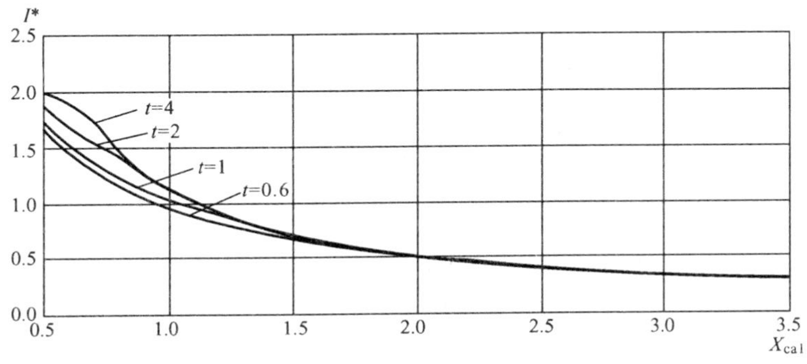

图 A-5 汽轮发电机运算曲线（五）（X_{cal}＝0.50～3.45）

表 A-2　　　　水轮发电机运算曲线数字表（X_{cal}＝0.18～3.45）

X_{cal} \ t (s)	0	0.01	0.06	0.1	0.2	0.4	0.5	0.6	1	2	4
0.18	6.127	5.695	4.623	4.331	4.100	3.933	3.867	3.807	3.650	3.500	3.350
0.20	5.526	5.184	4.297	4.045	3.856	3.754	3.716	3.681	3.563	3.378	3.234
0.22	5.055	4.767	4.026	3.806	3.633	3.556	3.531	3.508	3.430	3.302	3.191
0.24	4.647	4.402	3.764	3.575	3.433	3.378	3.363	3.348	3.300	3.220	3.151
0.26	4.290	4.083	3.538	3.375	3.253	3.216	3.208	3.200	3.174	3.133	3.098
0.28	3.993	3.816	3.343	3.200	3.096	3.073	3.070	3.067	3.060	3.049	3.043
0.30	3.727	3.574	3.163	3.039	2.950	2.938	2.941	2.943	2.952	2.970	2.993
0.32	3.494	3.360	3.001	2.892	2.817	2.815	2.822	2.828	2.851	2.895	2.943
0.34	3.285	3.168	2.851	2.775	2.692	2.699	2.709	2.719	2.754	2.820	2.891
0.36	3.095	2.991	2.712	2.627	2.574	2.589	2.602	2.614	2.660	2.745	2.837
0.38	2.922	2.831	2.583	2.508	2.464	2.484	2.500	2.515	2.569	2.671	2.782
0.40	2.767	2.685	2.464	2.398	2.361	2.388	2.405	2.422	2.484	2.600	2.728
0.42	2.627	2.554	2.356	2.297	2.267	2.297	2.317	2.336	2.404	2.532	2.675
0.44	2.500	2.434	2.256	2.204	2.179	2.214	2.235	2.255	2.329	2.467	2.624
0.46	2.385	2.325	2.164	2.117	2.098	2.136	2.158	2.180	2.258	2.406	2.575
0.48	2.280	2.225	2.079	2.038	2.023	2.064	2.087	2.110	2.192	2.348	2.527
0.50	2.183	2.134	2.001	1.964	1.953	1.996	2.021	2.044	2.130	2.293	2.482
0.52	2.095	2.050	1.928	1.895	1.887	1.933	1.958	1.983	2.071	2.241	2.438
0.54	2.013	1.972	1.861	1.831	1.826	1.874	1.900	1.925	2.015	2.191	2.396
0.56	1.938	1.899	1.798	1.771	1.769	1.818	1.845	1.870	1.963	2.143	2.355
0.60	1.802	1.770	1.683	1.662	1.665	1.717	1.744	1.770	1.866	2.054	2.263
0.65	1.658	1.630	1.559	1.543	1.550	1.605	1.633	1.660	1.759	1.950	2.137
0.70	1.534	1.511	1.452	1.440	1.451	1.507	1.535	1.562	1.663	1.846	1.964
0.75	1.428	1.408	1.358	1.349	1.363	1.420	1.449	1.476	1.578	1.741	1.794
0.80	1.336	1.318	1.276	1.270	1.286	1.343	1.372	1.400	1.498	1.620	1.642
0.85	1.254	1.239	1.203	1.199	1.217	1.274	1.303	1.331	1.423	1.507	1.513
0.90	1.182	1.169	1.138	1.135	1.155	1.212	1.241	1.268	1.352	1.403	1.403
0.95	1.118	1.106	1.080	1.078	1.099	1.156	1.185	1.210	1.282	1.308	1.308
1.00	1.061	1.050	1.027	1.027	1.048	1.105	1.132	1.156	1.211	1.225	1.225
1.05	1.009	0.999	0.979	0.980	1.002	1.058	1.084	1.105	1.146	1.152	1.152
1.10	0.962	0.953	0.936	0.937	0.959	1.015	1.038	1.057	1.085	1.087	1.087
1.15	0.919	0.911	0.896	0.898	0.920	0.974	0.995	1.011	1.029	1.029	1.029
1.20	0.880	0.872	0.859	0.862	0.885	0.936	0.955	0.966	0.977	0.977	0.977
1.25	0.843	0.837	0.825	0.829	0.852	0.900	0.916	0.923	0.930	0.930	0.930
1.30	0.810	0.804	0.794	0.798	0.821	0.866	0.878	0.884	0.888	0.888	0.888
1.35	0.780	0.774	0.765	0.769	0.792	0.834	0.843	0.847	0.849	0.849	0.849
1.40	0.751	0.746	0.738	0.743	0.766	0.803	0.810	0.812	0.813	0.813	0.813
1.45	0.725	0.720	0.713	0.718	0.740	0.744	0.778	0.780	0.780	0.780	0.780
1.50	0.700	0.696	0.690	0.695	0.717	0.746	0.749	0.750	0.750	0.750	0.750
1.55	0.677	0.673	0.668	0.673	0.694	0.719	0.722	0.722	0.722	0.722	0.722

续表

X_{cal} \ t (s)	0	0.01	0.06	0.1	0.2	0.4	0.5	0.6	1	2	4
1.60	0.655	0.652	0.647	0.652	0.673	0.694	0.696	0.696	0.696	0.696	0.696
1.65	0.635	0.632	0.628	0.633	0.653	0.671	0.672	0.672	0.672	0.672	0.672
1.70	0.616	0.613	0.610	0.615	0.634	0.649	0.649	0.649	0.649	0.649	0.649
1.75	0.598	0.595	0.592	0.598	0.616	0.628	0.628	0.628	0.628	0.628	0.628
1.80	0.581	0.578	0.576	0.582	0.599	0.608	0.608	0.608	0.608	0.608	0.608
1.85	0.565	0.563	0.561	0.566	0.582	0.590	0.590	0.590	0.590	0.590	0.590
1.90	0.550	0.548	0.546	0.552	0.566	0.572	0.572	0.572	0.572	0.572	0.572
1.95	0.536	0.533	0.532	0.538	0.551	0.556	0.556	0.556	0.556	0.556	0.556
2.00	0.522	0.520	0.519	0.524	0.537	0.540	0.540	0.540	0.540	0.540	0.540
2.05	0.509	0.507	0.507	0.512	0.523	0.525	0.525	0.525	0.525	0.525	0.525
2.10	0.497	0.495	0.495	0.500	0.510	0.512	0.512	0.512	0.512	0.512	0.512
2.15	0.485	0.483	0.483	0.488	0.497	0.498	0.498	0.498	0.498	0.498	0.498
2.20	0.474	0.472	0.472	0.477	0.485	0.486	0.486	0.486	0.486	0.486	0.486
2.25	0.463	0.462	0.462	0.466	0.473	0.474	0.474	0.474	0.474	0.474	0.474
2.30	0.453	0.452	0.452	0.456	0.462	0.462	0.462	0.462	0.462	0.462	0.462
2.35	0.443	0.420	0.442	0.446	0.452	0.452	0.452	0.452	0.452	0.452	0.452
2.40	0.434	0.433	0.433	0.436	0.441	0.441	0.441	0.441	0.441	0.441	0.441
2.45	0.425	0.424	0.424	0.427	0.431	0.431	0.431	0.431	0.431	0.431	0.431
2.50	0.416	0.415	0.415	0.419	0.422	0.422	0.422	0.422	0.422	0.422	0.422
2.55	0.408	0.407	0.407	0.410	0.413	0.413	0.413	0.413	0.413	0.413	0.413
2.60	0.400	0.399	0.399	0.402	0.404	0.404	0.404	0.404	0.404	0.404	0.404
2.65	0.392	0.391	0.392	0.394	0.396	0.396	0.396	0.396	0.396	0.396	0.396
2.70	0.385	0.384	0.384	0.387	0.388	0.388	0.388	0.388	0.388	0.388	0.388
2.75	0.378	0.377	0.377	0.379	0.380	0.380	0.380	0.380	0.380	0.380	0.380
2.80	0.371	0.370	0.370	0.372	0.373	0.373	0.373	0.373	0.373	0.373	0.373
2.85	0.364	0.363	0.364	0.365	0.366	0.366	0.366	0.366	0.366	0.366	0.366
2.90	0.358	0.357	0.357	0.359	0.359	0.359	0.359	0.359	0.359	0.359	0.359
2.95	0.351	0.351	0.351	0.352	0.353	0.353	0.353	0.353	0.353	0.353	0.353
3.00	0.345	0.345	0.345	0.346	0.346	0.346	0.346	0.346	0.346	0.346	0.346
3.05	0.339	0.339	0.339	0.340	0.340	0.340	0.340	0.340	0.340	0.340	0.340
3.10	0.334	0.333	0.333	0.334	0.334	0.334	0.334	0.334	0.334	0.334	0.334
3.15	0.328	0.328	0.328	0.329	0.329	0.329	0.329	0.329	0.329	0.329	0.329
3.20	0.323	0.322	0.322	0.323	0.323	0.323	0.323	0.323	0.323	0.323	0.323
3.25	0.317	0.317	0.317	0.318	0.318	0.318	0.318	0.318	0.318	0.318	0.318
3.30	0.312	0.312	0.312	0.313	0.313	0.313	0.313	0.313	0.313	0.313	0.313
3.35	0.307	0.307	0.307	0.308	0.308	0.308	0.308	0.308	0.308	0.308	0.308
3.40	0.303	0.302	0.302	0.303	0.303	0.303	0.303	0.303	0.303	0.303	0.303
3.45	0.298	0.298	0.298	0.298	0.298	0.298	0.298	0.298	0.298	0.298	0.298

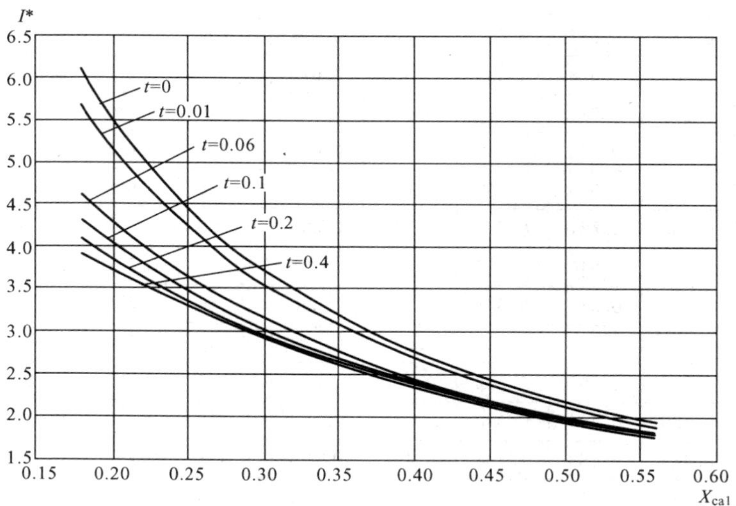

图 A-6 水轮发电机运算曲线（一）（X_{cal}=0.18～0.56）

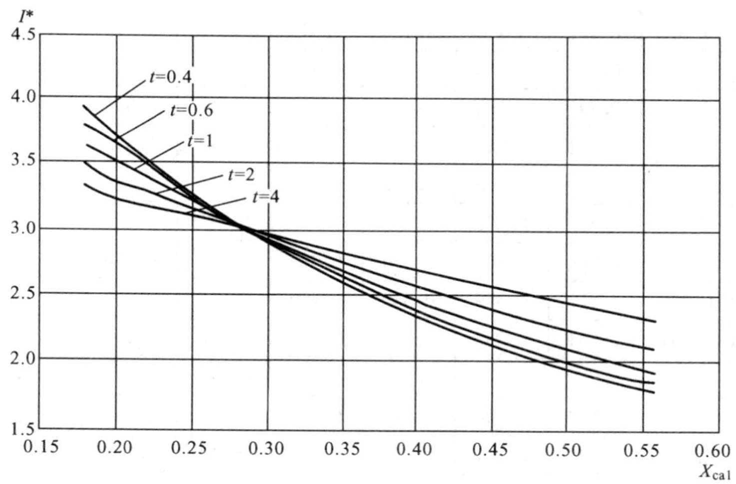

图 A-7 水轮发电机运算曲线（二）（X_{cal}=0.18～0.56）

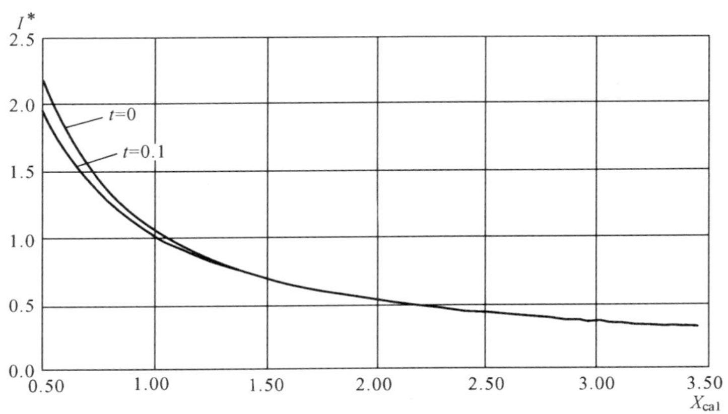

图 A-8 水轮发电机运算曲线（三）（X_{cal}=0.50～3.50）

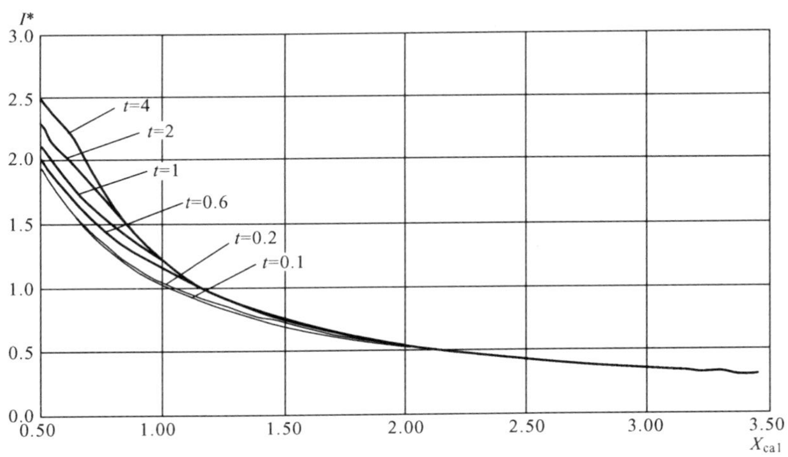

图 A-9 水轮发电机运算曲线（四）（X_{cal}=0.50～3.50）

附录B 1000V及以下低压短路电流计算

一、低压厂用系统短路电流计算规则

基本上与高压系统的短路电流计算相同，但在具体计算时，另应考虑以下几个特点：

（1）短路电路各元件的有效电阻，包括开关和电器的接触电阻，不能忽略不计，但可忽略短路点的电弧电阻和导体连接点的接触电阻。

（2）三相均装有多匝电流互感器一次绕组的电阻应予以考虑。

（3）动力电缆的直流电阻不能忽略。

（4）低压回路由于电阻分量比较大，所以低压回路的短路电流只考虑周期性分量。

二、三相和两相短路电流周期性分量有效值的计算

（一）阻抗计算

1. 厂变低压侧阻抗计算

（1）正序电阻为

$$R_{1.\mathrm{T}}=P_{\mathrm{K}}\frac{U_{\mathrm{T.N}}^{2}}{S_{\mathrm{T.N}}^{2}}\quad (\mathrm{m\Omega}) \tag{B-1}$$

式中 $R_{1.\mathrm{T}}$——厂变归算至低压侧额定电压的正序电阻（mΩ）；

P_{K}——厂变短路损耗（kW）；

$U_{\mathrm{T.N}}$——厂变低压侧额定电压（V）；

$S_{\mathrm{T.N}}$——厂变额定容量（kVA）。

（2）正序阻抗为

$$Z_{1.\mathrm{T}}=\frac{u_{\mathrm{k}}\%}{100}\times\frac{U_{\mathrm{T.N}}^{2}}{S_{\mathrm{T.N}}} \tag{B-2}$$

式中 $Z_{1.\mathrm{T}}$——厂变归算至低压侧额定电压的正序阻抗（mΩ）；

$u_{\mathrm{k}}\%$——厂变短路电压。

（3）正序电抗为

$$X_{1.\mathrm{T}}=\sqrt{Z_{1.\mathrm{T}}^{2}-R_{1.\mathrm{T}}^{2}} \tag{B-3}$$

式中 $X_{1.\mathrm{T}}$——厂变归算至低压侧额定电压的正序电抗（mΩ）。

（4）零序电阻分量。厂变归算至低压侧额定电压的零序电阻分量 $R_{0.\mathrm{T}}$ 为

$$R_{0.\mathrm{T}}=R_{1.\mathrm{T}} \tag{B-4}$$

（5）零序电抗分量。变压器接线组别为Yyn0时，厂变归算至低压侧额定电压的零序电抗 $X_{0.\mathrm{T}}$ 分量应由实测值计算，如无实测值，可近似计算为

$$X_{\mathrm{T.0}}=(8\sim10)\,X_{1.\mathrm{T}} \tag{B-5}$$

变压器接线组别为Dyn11（Dyn1）时则

$$X_{0.\mathrm{T}}\approx X_{1.\mathrm{T}} \tag{B-6}$$

2. 低压电缆阻抗计算

(1) 相线正序电阻分量 $R_{1p.L}=R_{1p}\times L$ (mΩ)。

(2) 相线正序电抗分量 $X_{1p.L}=X_{1p}\times L$ (mΩ)。

(3) 相线零序电阻分量 $R_{0p.L}=R_{0p}\times L$ (mΩ)。

(4) 相线零序电抗分量 $X_{0p.L}=X_{0p}\times L$ (mΩ)。

(5) 中性线零序电阻分量 $3R_{0N.L}=3R_{0N}\times L$ (mΩ)。

(6) 中性线零序电抗分量 $3X_{0N.L}=3X_{0N}\times L$ (mΩ)。

(7) 接地扁钢零序电阻分量 $3R_{0Fe.L}=3R_{0Fe}\times L$ (mΩ)。

(8) 接地扁钢零序电抗分量 $3X_{0Fe.L}=3X_{0Fe}\times L$ (mΩ)。

其中，R_{1p}、X_{1p}分别为电缆相线每米的正序电阻和电抗 (mΩ)；R_{0p}、X_{0p}分别为电缆相线每米的零序电阻和电抗 (mΩ)；$R_{0p}=R_{1p}$；$3R_{0N}$、$3X_{0N}$分别为电缆中性线每米的零序电阻和电抗 (mΩ)；$3R_{0Fe}$、$3X_{0Fe}$分别为接地扁钢每米的零序电阻和电抗 (mΩ)；L为电缆长度 (m)。

3. 电缆每米阻抗计算

500V电缆的正、负序电阻、电抗、阻抗及相线零序电阻、电抗，中性线的零序电阻、电抗可按表B-1～表B-5计算。表B-1为500V聚氯乙烯交联绝缘和橡皮绝缘三相四芯电力电缆每米阻抗值 (mΩ/m)，表B-2为1000V油浸纸绝缘三相四芯电力电缆每米阻抗值 (mΩ/m)，表B-3为1000V以下三相电力电缆每米阻抗值 (mΩ/m)，表B-4为6～20kV三芯电力电缆每米阻抗值 (mΩ/m) 和每千米阻抗标么值，表B-5为接地扁钢交流零序电阻 R_{0Fe}和零序内感抗 X_{0Fe} (mΩ/m)。

表B-1 500V聚氯乙烯交联绝缘和橡皮绝缘三相四芯电力电缆每米阻抗值 (mΩ/m)

线芯标称截面 (mm^2)	$t=65$℃时电缆线芯电阻 R_{1P}、R_{0N}				铅皮电阻 R_{0N}	橡皮绝缘电缆			聚氯乙烯绝缘电缆		
	铝		铜			正、负序电抗 X_{1P}、X_{2P}	零序电抗		正、负序电抗 X_{1P}、X_{2P}	零序电抗	
	相线 R_{1P}	中性线 R_{0N}	相线 R_{1P}	中性线 R_{0N}			相线 X_{0P}	中性线 X_{0N}		相线 X_{0P}	中性线 X_{0N}
3×4+1×2.5	9.237	14.778	5.482	8.772	6.38	0.106	0.116	0.135	0.100	0.114	0.129
3×6+1×4	6.158	9.237	3.665	5.482	5.83	0.100	0.115	0.127	0.099	0.115	0.127
3×10+1×6	3.695	6.158	2.193	3.665	4.10	0.097	0.109	0.127	0.094	0.108	0.125
3×16+1×6	2.309	6.158	1.371	3.655	3.28	0.090	0.105	0.134	0.087	0.104	0.134
3×25+1×10	1.507	3.695	0.895	2.193	2.51	0.085	0.105	0.131	0.082	0.101	0.137
3×35+1×10	1.077	3.695	0.639	2.193	2.02	0.083	0.101	0.131	0.080	0.100	0.138
3×50+1×16	0.754	2.309	0.447	1.371	1.75	0.082	0.095	0.131	0.079	0.101	0.135
3×70+1×25	0.538	1.507	0.319	0.895	1.29	0.080	0.094	0.123	0.078	0.099	0.127
3×95+1×35	0.397	1.077	0.235	0.639	1.06	0.080	0.094	0.126	0.078	0.097	0.125
3×120+1×35	0.314	1.077	0.188	0.639	0.98	0.078	0.092	0.126	0.076	0.095	0.130
3×150+1×50	0.251	0.754	0.151	0.447	0.89	0.077	0.092	0.126	0.076	0.093	0.120
3×185+1×50	0.203	0.754	0.123	0.447	0.81	0.077	0.091	0.131	0.076	0.094	0.128

表 B-2　　1000V 油浸纸绝缘三相四芯电力电缆每米阻抗值（mΩ/m）

线芯标称截面（mm^2）	t=80℃时电缆线芯电阻 R_{1P}、R_{0N}				铅皮电阻 R_{0N}	正、负序电抗 X_{1P}、X_{2P}	零序电抗	
	铝		铜					
	相线 R_{1P}	中性线 R_{0N}	相线 R_{1P}	中性线 R_{0N}			相线 X_{0P}	中性线 X_{0N}
3×4+1×2.5	9.71	15.53	5.761	9.22	6.40	0.098	0.11	0.12
3×6+1×4	6.47	9.71	3.84	5.76	5.54	0.093	0.11	0.12
3×10+1×6	3.88	6.47	2.3	3.84	4.98	0.088	0.11	0.12
3×16+1×6	2.43	6.47	1.44	3.84	4.00	0.082	0.10	0.13
3×25+1×10	1.58	3.88	0.94	2.30	3.14	0.073	0.10	0.13
3×35+1×10	1.13	3.88	0.67	2.30	2.94	0.073	0.09	0.13
3×50+1×16	0.79	2.43	0.47	1.44	2.41	0.070	0.09	0.13
3×70+1×25	0.57	1.58	0.38	0.94	1.95	0.069	0.08	0.11
3×95+1×35	0.42	1.13	0.25	0.67	1.72	0.069	0.08	0.11
3×120+1×35	0.33	1.13	0.20	0.67	1.47	0.070	0.08	0.12
3×150+1×50	0.26	0.79	0.16	0.47	1.26	0.068	0.09	0.11
3×185+1×50	0.21	0.79	0.13	0.47	1.06	0.068	0.09	0.12

表 B-3　　1000V 以下三相电力电缆每米阻抗值（mΩ/m）

线芯标称截面（mm^2）	聚氯乙烯绝缘电缆				橡皮绝缘电缆					油浸纸绝缘电缆				
	t=65℃时电缆线芯电阻 R_{1P}		正、负序电抗 X_{1P}、X_{2P}	相线零序电抗 X_{0P}	t=65℃时电缆线芯电阻 R_{1P}		铅皮电阻 R_{0N}	正、负序电抗 X_{1P}、X_{2P}	相线零序电抗 X_{0P}	t=65℃时电缆线芯电阻 R_{1P}		铅皮电阻 R_{0N}	正、负序电抗 X_{1P}、X_{2P}	相线零序电抗 X_{0P}
	铝	铜			铝	铜				铝	铜			
3×4	9.237	5.482	0.093	0.125	9.237	5.482	6.93	0.099	0.125	9.71	5.761	7.57	0.091	0.121
3×6	6.158	3.665	0.093	0.121	6.158	3.665	6.38	0.094	0.118	6.47	3.841	6.71	0.087	0.114
3×10	3.695	2.193	0.087	0.112	3.695	2.193	6.28	0.092	0.116	3.88	2.3	5.97	0.081	0.105
3×16	2.309	1.371	0.082	0.106	2.309	1.371	3.66	0.086	0.111	2.43	1.44	5.2	0.067	0.103
3×25	1.507	0.895	0.075	0.106	1.507	0.895	2.79	0.079	0.107	1.58	0.94	4.8	0.065	0.089
3×35	1.077	0.639	0.072	0.09	1.077	0.639	2.25	0.075	0.102	1.13	0.67	3.89	0.063	0.085
3×50	0.754	0.447	0.072	0.09	0.754	0.447	1.93	0.075	0.102	0.79	0.47	3.42	0.062	0.082
3×70	0.538	0.319	0.069	0.086	0.538	0.319	1.45	0.072	0.099	0.57	0.336	2.76	0.062	0.079
3×95	0.397	0.235	0.069	0.085	0.397	0.235	1.18	0.072	0.097	0.42	0.247	2.2	0.062	0.078
3×120	0.314	0.188	0.069	0.084	0.314	0.188	1.09	0.071	0.095	0.33	0.198	1.94	0.062	0.077
3×150	0.251	0.151	0.070	0.084	0.251	0.151	0.99	0.071	0.095	0.26	0.158	1.66	0.062	0.077
3×185	0.203	0.123	0.070	0.083	0.203	0.123	0.90	0.071	0.094	0.21	0.13	1.4	0.062	0.076

表 B-4　　6～20kV 三芯电力电缆每米阻抗值（mΩ/m）和每千米阻抗标么值

电缆线芯标称截面（mm^2）	电阻 r(Ω/km)、r^*(1/km,为 100MVA, 6.3kV 的标么值)				电抗 x(Ω/km)、x^*(1/km,为 100MVA 的标么值)					
	铝芯		铜芯		6kV		10kV		18kV	
	r	r^*	r	r^*	x	x^*	x	x^*	x	x^*
3×25	1.280	3.225	0.740	1.864	0.085	0.214	0.094	0.085 3	0.136	0.041 7
3×35	0.920	2.318	0.540	1.361	0.079	0.199	0.088	0.079 8	0.129	0.039 8
3×50	0.640	1.612	0.390	0.983	0.076	0.191	0.082	0.074 4	0.119	0.036 7
3×70	0.460	0.159	0.280	0.705	0.072	0.181	0.079	0.071 7	0.116	0.035 8
3×95	0.340	0.857	0.200	0.504	0.069	0.174	0.076	0.068 9	0.110	0.034 0
3×120	0.270	0.680	0.158	0.398	0.069	0.174	0.076	0.068 9	0.107	0.033 0
3×150	0.210	0.529	0.123	0.310	0.066	0.166	0.072	0.065 3	0.104	0.032 1
3×185	0.170	0.428	0.103	0.260	0.066	0.166	0.069	0.062 6	0.100	0.030 9

表 B-5　　接地扁钢交流零序电阻 R_{0Fe} 和零序内感抗 X_{0Fe}（mΩ/m）

钢材规格	计算时采用的电流（A）	零序电阻 R_{0Fe}（mΩ/m）	零序电抗 X_{0Fe}（mΩ/m）
2（40×4）(mm)	600～1000	0.65	0.55
	1000～2500	0.4	0.5
	>2500	0.38	0.4
（40×4）(mm)	600～1000	1.1	1.15
	1000～2500	0.8	1.1
	>2500	0.75	0.9
（25×4）(mm)	600～1000	1.4	1.5
	1000～2500	1.15	1.2
	>2500	0.9	1

4. 接地扁钢零序电阻、电抗计算

接地扁钢零序电阻 $3R_{0Fe}$、电抗 $3X_{0Fe}$ 的计算如下。

（1）2×（40×4mm^2）扁钢。计算式为

$$3X_{0Fe}=3\times0.5L=1.5L\ (m\Omega),\quad 3R_{0Fe}=3\times0.4L=1.2L\ (m\Omega)$$

（2）40×4mm^2 扁钢。计算式为

$$3X_{0Fe}=3\times1.1L=3.3L\ (m\Omega),\quad 3R_{0Fe}=3\times0.8L=2.4L\ (m\Omega)$$

（3）25×4mm^2 扁钢。计算式为

$$3X_{0Fe}=3\times1.2L=3.6L\ (m\Omega),\quad 3R_{0Fe}=3\times1.15L=3.45L\ (m\Omega)$$

5. 故障点综合阻抗计算

（1）故障点综合正序电阻 $R_{1\Sigma}=R_{1.S}+R_{1.T}+R_{1p.L}$。

（2）故障点综合正序电抗 $X_{1\Sigma}=X_{1.S}+X_{1.T}+X_{1p.L}$。

（3）故障点综合零序电阻 $R_{0\Sigma}$（三相四线）$=R_{0.T}+R_{0p.L}+3R_{0N.L}$。

（4）故障点综合零序电抗 $X_{0\Sigma}$（三相四线）$=X_{0.T}+X_{0p.L}+3X_{0N.L}$。

(5) 故障点综合零序电阻 $R_{0\Sigma}$ (三相三线) $=R_{0.T}+R_{0p.L}+3R_{0Fe.L}$。

(6) 故障点综合零序电抗 $X_{0\Sigma}$ (三相三线) $=X_{0.T}+X_{0p.L}+3X_{0Fe.L}$。

(二) 三相短路电流周期性分量有效值的计算

计算式为

$$I_K^{(3)}=\frac{U_N}{\sqrt{3}Z_{1\Sigma}}=\frac{U_N}{\sqrt{3}\sqrt{R_{1\Sigma}^2+X_{1\Sigma}^2}} \quad (kA) \tag{B-7}$$

式中 U_N——低压网络平均额定线电压(如 380V 系统为 400V);

$Z_{1\Sigma}$、$X_{1\Sigma}$、$R_{1\Sigma}$——分别为故障点综合阻抗、电抗、电阻(mΩ)。

(三) 两相短路电流周期性分量有效值的计算

计算式为

$$I_K^{(2)}=\frac{\sqrt{3}}{2}\times\frac{U_N}{\sqrt{3}Z_\Sigma}=\frac{U_N}{2\sqrt{R_\Sigma^2+X_\Sigma^2}}=\frac{\sqrt{3}}{2}I_K^{(3)} \quad (kA) \tag{B-8}$$

三、单相接地短路电流的计算

(一) 对称分量法计算

单相接地短路电流为

$$I_K^{(1)}=3\times I_{K1}^{(1)}=3I_{K0}^{(1)}=3\times\frac{\frac{U_N}{\sqrt{3}}}{\sqrt{(2R_{1\Sigma}+R_{0\Sigma})^2+(2X_{1\Sigma}+X_{0\Sigma})^2}} \quad (kA) \tag{B-9}$$

式中 U_N——低压网络平均额定线电压(如 380V 系统为 400V);

其他符号含义同前。

(二) 回路电流法计算

(1) 三相四线制网络每相的综合阻抗为

$$\left.\begin{aligned}R_{xl\Sigma}&=\frac{2R_{1\Sigma}+R_{0\Sigma}}{3}\\X_{xl\Sigma}&=\frac{2X_{1\Sigma}+X_{0\Sigma}}{3}\\Z_{xl\Sigma}&=\sqrt{R_{xl\Sigma}^2+X_{xl\Sigma}^2}\end{aligned}\right\} \tag{B-10}$$

式中 $Z_{xl\Sigma}$、$X_{xl\Sigma}$、$R_{xl\Sigma}$——分别为短路电路每相的综合阻抗、电抗、电阻(mΩ);

其他符号含义同前。

(2) 单相接地短路电流为

$$I_K^{(1)}=\frac{\frac{U_N}{\sqrt{3}}}{Z_{xl\Sigma}}=\frac{\frac{U_N}{\sqrt{3}}}{\sqrt{R_{xl\Sigma}^2+X_{xl\Sigma}^2}} \quad (kA) \tag{B-11}$$

式中符号含义同前。

附录C　10kV及以下单相接地电容电流的计算

高压厂用系统中性点不接地时，单相接地时的接地电流为3倍该系统的相对地电容电流总和，即

$$I_K^{(1)}=3I_{C.\Sigma} \tag{C-1}$$

高压厂用系统的电容电流包括高压电缆（主要的）电容电流，以及厂变高压侧、高压电动机、母线及所在系统的其他电器的电容电流。一般按计算高压电缆电容电流之和乘1.25为总电容电流（电缆、电动机、变压器、配电装置）。

一、高压电缆电容电流计算

（一）具有金属保护层的三芯电缆每相对地电容值（μF/km）

具有金属保护层的三芯电缆每相对地电容值（μF/km）见表C-1，其单相接地电容电流为

$$I_K^{(1)}=3I_{C.\Sigma}=\sqrt{3}U_N\times\omega C\times10^{-3}=\sqrt{3}U_N\times2\pi f_N C\times10^{-3} \tag{C-2}$$

式中　$I_K^{(1)}$——单相接地电容电流（A）；
U_N——厂用系统额定线电压（kV）；
ω——角频率；
f_N——额定频率（Hz）；
C——厂用系统每相电容（μF）。

表C-1　具有金属保护层的三芯电缆每相对地电容值（μF/km）

电缆截面积（mm^2）	U_N（kV）			
	1	3	6	10
10	0.35～0.335	—	0.2	—
16	0.39～0.40	0.3	0.23	—
25	0.5～0.56	0.35	0.28	0.23
35	0.53～0.63	0.42	0.31	0.27
50	0.63～0.82	0.46	0.36	0.29
70	0.72～0.91	0.55	0.40	0.31
95	0.77～1.04	0.56	0.42	0.35
120	0.81～1.16	0.64	0.46	0.37
150	0.86～1.11	0.66	0.51	0.44
185	0.86～1.21	0.74	0.53	0.45
240	1.18～1.25	0.81	0.58	0.46

（二）6～10kV电缆和架空线路的单相接地电流$I_K^{(1)}$

6～10kV电缆和架空线路的单相接地电容电流$I_K^{(1)}$也可通过下述方法近似求得。

（1）6kV电缆线路。计算式为

$$I_K^{(1)}=\frac{95+2.84S}{2200+6S}U_N \quad (A/km) \tag{C-3}$$

（2）10kV 电缆线路。计算式为

$$I_K^{(1)}=\frac{95+1.44S}{2200+0.23S}U_N \quad (A/km) \tag{C-4}$$

式中 S——电缆截面积（mm^2）；

U_N——厂用系统额定电压（kV）。

（3）6kV 架空线路。近似为 $I_K^{(1)}=0.015$（A/km）。

（4）10kV 架空线路。近似为 $I_K^{(1)}=0.025$（A/km）。

（三）6～10kV 电缆线路的单相接地电容电流 $I_K^{(1)}$

6～10kV 电缆线路的单相接地电容电流 $I_K^{(1)}$ 近似值计算也可由表 C-2 查得。

表 C-2　6～10kV 电缆线路的单相接地电容电流 $I_K^{(1)}$（A/km）近似值表

电缆截面积（mm^2）		3×10	3×16	3×25	3×35	3×50	3×70	3×95	3×120	3×150	3×185	3×240
U_N（kV）	6	0.33	0.37	0.46	0.52	0.59	0.71	0.82（0.98）	0.89（1.15）	1.1（1.33）	1.2（1.5）	1.3（1.7）
	10	0.46	0.52	0.62	0.69	0.77	0.9	1.0	1.1	1.3	1.4	1.5

注　括号内为实测值。

二、50～300MW 机组低压厂用网络 0.4kV 单相对地电容和单相接地电容电流

50～300MW 机组低压厂用网络 0.4kV 单相对地电容和单相接地电容电流如表 C-3 所示。

表 C-3　50～300MW 机组低压厂用网络 0.4kV 单相对地电容和单相接地电容电流

单机容量（MW）	变压器容量（kVA）	单相接地电容（μF）	单相接地电容电流（A）
50	800	1.0	0.21
100	1000	1.5	0.31
125	1000	2.7	0.56
200	1000	3.7	0.77
300	1000	6.5～8.2	1.35～1.78

附录D 自并励发电机短路电流计算

自并励（无串联自复励）式发电机的励磁系统及三相短路电流衰减曲线如图 D-1 所示，自并励式发电机的励磁系统如图 D-1（a）所示，励磁电源取自发电机机端电压 U_g，经整流变压器 TR 和晶闸管 VT 供给转子绕组直流电流。

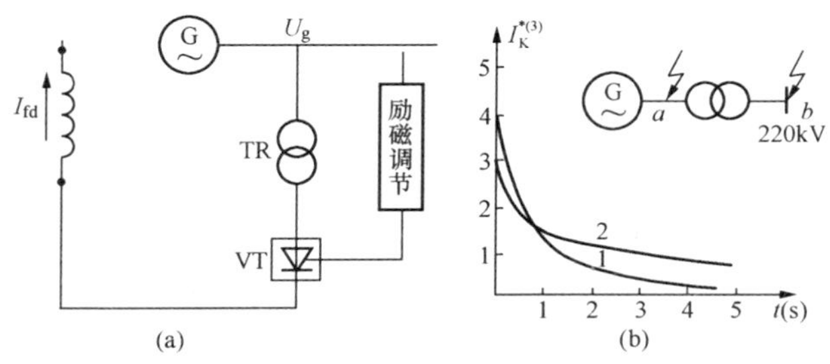

图 D-1 自并励（无串联自复励）式发电机的励磁系统及三相短路电流衰减曲线图
（a）自并励式发电机的励磁系统图；（b）三相短路电流衰减曲线图
1—机端 a 处短路时；2—高压侧 b 处短路时

当发电机外部发生对称或不对称短路时，机端电压 U_g 下降，励磁电流 I_{fd} 随之减小。若机端三相短路，$U_g=0$，则短路电流将逐渐衰减到零，如图 D-1（b）所示。图（b）中曲线 1 即为机端三相短路电流 $I_K^{*(3)}$ 的衰减曲线，大约在短路后 1s，$I_K^{*(3)}$ 即已减小为 1（发电机额定电流），5s 左右已接近于零。对于过流保护，若 $I_{op}=1.4$，$t=3\sim5$s，则此后备保护完全失去作用。高压侧短路时，$I_K^{*(3)}$ 衰减曲线如图 D-1（b）中的曲线 2 所示，其衰减速度要慢些，但也不能认为后备保护一定不失效。

自并励式励磁系统虽有上述缺点，但由于它的励磁调节反应速度快、无旋转部分、能快速灭磁和快速减磁、接线和结构简单、主机轴系长度短和日常维护工作量小，普遍为各种容量的发电机和调相机所采用。继电保护工作者必须认真分析计算发生短路电流衰减现象的条件，并采取有效措施保证继电保护的后备功能。

为熟悉计算自并励发电机外部短路的方法和原始资料，特举一例加以说明。

已知发电机参数 $x_d=2.26$，$x'_d=0.1705$，$x''_d=0.0685$，$T'_{do}=1.94$s，$T''_{do}=0.0895$s，转子绕组电阻 $R_{fd}=238\Omega$。整流变压器短路阻抗（二次值）$x_{TR}=0.258\Omega$。静态励磁初始控制角 $\alpha_0=62.7°$，强励控制角 $\alpha_k=29°$。当外接电抗 $x_s=0.293$ 时，计算三相短路电流的衰减情况。

（1）外接电抗临界值 $x_{s.cr}$。只有当外接电抗 $x_s<x_{s.cr}$ 时短路电流才呈不断衰减的形状，此时有

$$x_{s.cr}=\frac{x_d}{C_\alpha-1} \tag{D-1}$$

而 $$C_\alpha = \cos\alpha_k / \cos\alpha_0 = \cos 29° / \cos 62.7° = 1.91$$

故有 $$x_{s.cr} = \frac{2.26}{1.91 - 1.0} = 2.5$$

今外接电抗 $x_s = 0.293 < x_{s.cr}$，所以短路电流必然随时间增长而减小，最终衰减为 0。

（2）自并励发电机外部三相短路电流暂态时间常数 $T_{d.k}^{(3)}$ 为

$$T_{d\cdot k}^{(3)} = T'_d \frac{R_{fd}}{\left(1 - C_\alpha \frac{x_s}{x_d + x_s}\right)(R_{fd} + R_D)} \tag{D-2}$$

其中 $$T'_d = T'_{d0} \frac{x'_d + x_s}{x_d + x_s}$$

$$R_D = 0.995 x_{TR} = 0.246\Omega$$

根据原始资料求得 $T_{d\cdot k}^{(3)} = 0.448$（s）。

（3）三相短路电流值。计算式为

超瞬变电流 $$I''_k = \frac{1}{x''_d + x_s} = 2.77$$

瞬变电流 $$I'_k = \frac{1}{x'_d + x_s} = 2.16$$

三相短路电流 $$I_{k*}^{(3)} = (I''_k - I'_k)\,e^{-t/T''_d} + I'_k e^{-t/T_{dk}^{(3)}} \tag{D-3}$$

其中 $$T''_d = T''_{d0} \frac{x''_d + x_s}{x'_d + x_s} = 0.069\ (\text{s})$$

考虑到所讨论的发电机（模拟机）容量很小，整流变压器在发电机空载时仍吸取 0.066 5的电流，因此将发电机空载的瞬变电流 2.16 修正为 2.16+0.066 5≈2.23。超瞬变电流取近似不作修正，仍为 2.77。由此得

$$I_K^{*(3)} = (2.77 - 2.23)\,e^{-t/0.069} + 2.23 e^{-t/0.448} \tag{D-4}$$

由式（D-4）可求得三相短路电流随时间的衰减值，如表 D-1 所示。

表 D-1　三相短路电流随时间的衰减值

t (s)	0.1	0.2	0.3	0.5	0.7	1	1.5
$I_K^{*(3)}$	1.81	1.42	1.14	0.73	0.485	0.24	0.078

（4）外部两相短路电流计算。由对称分量法得正、负序电流为

$$\dot{I}_{k1}^{(2)} = -\dot{I}_{k2}^{(2)} = -j \frac{1}{x''_d + x_2 + 2x_s} \tag{D-5}$$

如果是空载短路，则故障相电流 $I_k^{(2)} = \sqrt{3} I_{k1}^{(2)}$。

在计算两相短路的正序电流时，有关时间常数按以下公式计算

$$\left.\begin{aligned} T''^{(2)}_d &\approx T''^{(3)}_d \\ T'^{(2)}_d &= T'_{d0} \frac{x'_d + x_s + x_{2\Sigma}}{x_d + x_s + x_{2\Sigma}} \\ T_{dk}^{(2)} &= T'^{(2)}_d \frac{R_{fd}}{R_{fd} + R_D} \Big/ \left(1 - C_\alpha \frac{x_s + x_{2\Sigma}}{x_d + x_s + x_{2\Sigma}}\right) \end{aligned}\right\} \tag{D-6}$$

上述近似计算两相短路的方法当然是不严格的，主要问题是将两相短路等效为三相短路计算时，只好承认正序电压对励磁电流的影响了。进一步的分析说明，当$U_2/U_1<50\%$时，上述近似计算误差不大。

有了自并励式发电机外部短路电流随时间的变化关系，就明确了对后备保护的要求。当后备保护动作时间和衰减短路电流发生矛盾时，应采用低电压自保持过电流具有记忆功能的后备保护，以防止后备保护拒动作。

参 考 文 献

1. 王维俭. 电气主设备继电保护原理与应用. 2 版. 北京：中国电力出版社，2002.

2. 大型发电机变压器继电保护整定计算导则. 中华人民共和国电力行业标准，1999.

3. 崔家佩等. 电力系统继电保护与安全自动装置整定计算. 北京：中国电力出版社，1993.

4. 国家电力调度通信中心编. 电力系统继电保护典型故障分析. 北京：中国电力出版社，2001.

5. 关于微机型比率制动原理主变压器差动保护执行反措的通知. 江苏省电力调度通信中心，电调［2002］60 号，2002.

6. 高春如等. 叠加交流电压转子一点接地保护误动的分析. 继电器，1994-3.

7. 高春如. 大机组高压厂用工作变压器低电压闭锁过电流保护整定原则的商榷. 华东电力技术，1983-3.

8. 高春如. 自动励磁调节器的低励限制器的工作原理和整定计算及调试. 华东电力技术，1991-4.

9. 高春如等. 防止大型发电机变压器低阻抗保护误动的措施. 华东电力技术，1991-4.

10. 高春如等. 发电厂 10kV 及以下供电系统接地保护应用. 电力系统自动化，2003-23.

11. 高春如等. 厂用电快切装置整定计算及使用. 华东电力，1999-10.

12. 高春如等. 高压电动机综合保护整定计算探讨，电力系统自动化，2001-23.

13. 高春如. 自动励磁调节器整定计算的探讨. 电力系统自动化，2003-3.

14. 国家电力调度通信中心编. 电力系统继电保护规定汇编. 2 版. 北京：中国电力出版社，2001.

15. 电力工业部西北电力设计院编. 电力工程设计手册第一册（1987 年编）. 北京：中国电力出版社，1997.

16. 高春如等. 大型发电机定子绕组单相接地保护方式的商榷. 电力自动化. 2006-20.

17. Dr：Hans-Joachim Herrmann，高迪军，基于导纳测量方法的发电机失磁保护——极为贴近发电机的运行极限图. 第一届水利电力发电技术国际会议论文集. 北京：中国电力出版社，2006.